V. Storch · U. Welsch

Kurzes Lehrbuch der Zoologie

Kurzes Lehrbuch der Zoologie

Begründet von
Adolf Remane · Volker Storch · Ulrich Welsch

Fortgeführt von
Volker Storch und Ulrich Welsch

8., neu bearbeitete Auflage

Mit 309 Abbildungen

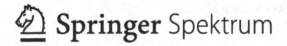

Prof. Dr. Dr. h. c. Volker Storch
Zoologisches Institut der Universität Heidelberg
Im Neuenheimer Feld 230
69120 Heidelberg

Prof. Dr. Dr. Ulrich Welsch
Anatomische Anstalt der Universität München
Pettenkoferstraße 11
90336 München

ISBN 978-3-8274-2967-4

ISBN 978-3-8274-2968-1 (eBook)
DOI 10.1007/978-3-8274-2968-1

Die Deutsche Nationalbibliothek verzeichnet diese Publikation in der Deutschen Nationalbibliografie; detaillierte bibliografische Daten sind im Internet über http://dnb.d-nb.de abrufbar.

Springer Spektrum

© Springer-Verlag Berlin Heidelberg 2004, Softcover 2012

Planung und Lektorat: Dr. Ulrich G. Moltmann, Martina Mechler
Satz: klartext, Heidelberg
Einbandentwurf: SpieszDesign, Neu-Ulm

Gedruckt auf säurefreiem und chlorfrei gebleichtem Papier

Springer Spektrum ist eine Marke von Springer DE. Springer DE ist Teil der Fachverlagsgruppe Springer Science+Business Media.
www.springer-spektrum.de

Vorwort zur 1. Auflage

Kurze Lehrbücher für die einzelnen Fachgebiete sind heute besonders notwendig, aber auch schwer zu schreiben. Das gilt besonders für die Biologie, die sich nach wie vor in einer explosiven Ausdehnungsphase befindet. Eigentlich ist Biologie nicht ein einziges Fachgebiet, sondern eine Wissenschaftsschicht, vergleichbar dem ganzen Komplex der Wissenschaften von der unbelebten Natur, von der Physik bis zur Astronomie, Geologie und Ozeanographie. Wie es die Astronomie mit Sternen als gewordenen Einmaligkeiten und historischen Abläufen zu tun hat, so befaßt sich die Biologie mit gewordenen Arten und phylogenetischen Abläufen. Wie die Physik sucht sie nach Gesetzen, wie Chemie und Kristallographie hat sie es mit Strukturproblemen zu tun. All das wird überlagert von der größeren Komplexität und der Dynamik der Lebensvorgänge.

In dieser Situation kann ein Lehrbuch entweder ausgewählte Kapitel oder eine stark konzentrierte Gesamtübersicht geben. Wir haben uns für den zweiten Weg entschieden.

Biologie ist heute vielfach mit anderen Fächern, vor allem Chemie und Physik, verzahnt. Die hierfür notwendigen Kenntnisse müssen aus entsprechenden Lehrbüchern entnommen werden. Voraussetzung für die Lektüre dieses Buches ist auch, dass der Student das in Schulbüchern gebrachte biologische Wissen beherrscht.

Da heute die Gesamtliteratur nicht mehr von einem und auch nicht von dreien bewältigt werden kann, enthält das Buch sicher eine Reihe von Fehlern und Lücken. Wir bitten daher die Fachkollegen, uns auf solche hinzuweisen, damit sie bei späteren Auflagen ausgemerzt werden können.

Zahlreiche der für das Verständnis von biologischen Texten so wichtigen Zeichnungen wurden dankenswerterweise von Frau G. Kleber hergestellt.

Kiel, im Herbst 1971

Adolf Remane
Volker Storch
Ulrich Welsch

Vorwort zur 8. Auflage

Für die 8. Auflage dieses Lehrbuches, welches zum ersten Mal 1972 erschien, haben wir den gesamten Text inhaltlich und formal überarbeitet sowie zahlreiche neue Abbildungen aufgenommen.

Der Stoff gliedert sich jetzt in 18 (statt bisher 16) Kapitel »Allgemeine Zoologie«, die über 400 Seiten einnehmen, und einen gut 180 Seiten langen Überblick über das Tierreich, die »Systematische Zoologie«.

Wir sind der Auffassung, dass eine breite Grundlage im Fach Zoologie eine gute Voraussetzung sowohl für eine spätere wissenschaftliche Forschung als auch für eine interessante Lehre darstellt. Die lange Liste der Fachkollegen, die einzelne Kapitel und zusammen das gesamte Buch durchgesehen haben, zeigt, dass die Neuerungen auf einer Grundlage basieren, über die in unserem Sprachraum weitgehend Übereinstimmung herrscht. Allerdings lehrt die Erfahrung, dass man es nicht jedem Kritiker recht machen kann.

In den Kapiteln Zelle, Hormone, Abwehr/Immunsystem und Entwicklung sind die Neuerungen sehr umfangreich, da in diesen Gebieten besonders viele Wissenschaftler intensiv forschen, insbesondere mit molekularbiologischen Techniken.

Viele Abbildungen wurden umgestaltet, und die Gesamtheit der Illustrationen haben wir um 25 erhöht, was sicher zur Auflockerung des Textes beiträgt. Zum ersten Mal erscheinen im Kurzen Lehrbuch der Zoologie Fotos. Manche sind recht unkonventionell, aber sicher einprägsam.

Wir hoffen, dass auch diese Auflage Freude an der Zoologie hervorruft und zur Verbreitung biologischen Wissens beiträgt und danken all denen, die durch Kritik und mit neuen Abbildungen zum Gelingen beigetragen haben.

Zu besonders umfangreichen Textänderungen regten die folgenden Kollegen an: Prof. Dr. Gerd Alberti (Greifswald), Prof. Dr. Thomas Bauer (Kiel), Prof. Dr. Horst Bleckmann (Bonn), Prof. Dr. Dr. h. c. Thomas Bosch (Kiel), Prof. Dr. Alfred Buschinger (Darmstadt), Prof. Dr. Holger Dathe (Eberswalde), Frau PD Dr. Claudia Distler (Bochum), Prof. Dr. Hans Günter Gassen (Darmstadt), Prof. Dr. Armin Geus (Marburg), Prof. Dr. Jörg Oehlmann (Frankfurt/Main), Prof. Dr. Hans-Dieter Pfannenstiel (Berlin), Prof. Dr. Dr. Gerhard Roth (Bremen), Dr. Thomas Schmitt (Trier), Prof. Dr. Dr. h.c. Eberhard Schnepf (Heidelberg), Prof. Dr. Dr. h.c. Peter Sitte (Freiburg), Prof. Dr. Volker Sommer (London), Frau PD Dr. Heike Wägele (Bochum), Prof. Dr. Wilfried Westheide (Osnabrück), Prof. Dr. Wolfgang Wickler (Seewiesen) sowie Frau Prof. Dr. Irene Zerbst (Berlin).

Die neuen Abbildungen wurden von folgenden Personen hergestellt: Frau Gisela Adam, Herrn Michael Gottwald und Frau Claudia Kempendorf in Heidelberg sowie Frau Barbara Reyerman, Herrn Horst Ruß, Frau Claudia Köhler und Frau Pia Unterberger in München.

Heidelberg und München,	Volker Storch
im Sommer 2004	Ulrich Welsch

Inhaltsverzeichnis

Einführung: Geschichte der Zoologie

Die Zoologie erfuhr im Abendland ihre erste Entfaltung in der griechischen Antike. Als ihr eigentlicher Begründer gilt Aristoteles (384–322 v. Chr.). Anders als sein Lehrer Platon (427–347 v. Chr.), der die Welt unserer Erfahrung als Abbild von »Ideen« auffasste, die das wahre Wesen der Dinge darstellen, und anders als Sokrates, der nur für den Menschen nützliche Forschung gelten ließ, begann Aristoteles, empirisch die lebende Natur in allen Einzelheiten zu untersuchen. Er beschrieb die äußere Erscheinung vieler Tiere, ihre anatomischen Verhältnisse, Lebensweise und Individualentwicklung. Als Erzieher Alexander des Großen erhielt er später von dessen Eroberungszügen unbekannte Tiere und Pflanzen aus allen Regionen des bis nach Ägypten und Indien ausgedehnten Reiches. Aristoteles besuchte von 367–347 Platons Akademie und lehrte und forschte ab 335 v. Chr. im Lykeion, einem öffentlichen Gymnasium in Athen. Die Exaktheit seiner vergleichenden Tierbeobachtungen wurde wie die der Pflanzenbeschreibungen seines Schülers und Nachfolgers Theophrastos (372–288 v. Chr.), erst nach der Renaissance in Europa wieder erreicht, als man methodisch und theoretisch an ihn anknüpfte.

In den dazwischenliegenden ca. 1700 Jahren gab es im Hellenismus (Herophilos, Erasistratos), im alten Rom und im Mittelalter vor allem die von der praktischen Medizin geförderten anatomischen Forschungen. Der römische Arzt Galenus (129 bis ca. 200) und sein System der Medizin galten bis zum 17. Jahrhundert als Autorität, neben Enzyklopädien wie die »Naturalis historia« des Plinius (23–79), deren zoologische Teile noch im 18. Jahrhundert zu Rate gezogen wurden. Für seine eigenen Untersuchungen standen Galenus nur Tiere, vor allem Affen und Schweine, zur Verfügung. Die magischen und animistischen Empfindungen der Römer und die leibfeindliche Einstellung des Neuplatonismus in der Spätantike duldeten keine Sektionen des menschlichen Leichnams. Diese Haltung blieb,

durch das Christentum eher gefördert, über Jahrhunderte hinweg bestimmend, obwohl ein offizielles Verbot von kirchlicher Seite nie ausgesprochen worden war.

Die naturwissenschaftlichen Kenntnisse der Antike wurden durch arabische Ärzte bewahrt, weitervermittelt und vermehrt; besonders auf Gebieten wie der Heilmittellehre, die die Kenntnis der Naturalien aller drei Naturreiche einschloss (Avicenna, um 980–1030; Averroes 1126–1198). An ihre Aristoteles-Kommentare knüpften weitere mittelalterliche Persönlichkeiten an, wie der Hohenstaufenkaiser Friedrich II (1194–1250), Begründer der ersten staatlichen Universität Europas (Neapel).

In seiner Schrift »De arte venandi cum avibus« schildert Friedrich II nicht nur die Beizjagd mit Falken, sondern auch die innere Anatomie von Vögeln, erörtert Beziehungen zwischen Körperbau und Lebensweise und die Mechanik des Vogelfluges, macht erste nähere Angaben über den Vogelzug und verbessert unrichtige Angaben von Aristoteles, dessen Schriften er ins Lateinische übersetzen ließ.

Der Dominikaner Albertus Magnus (1193–1280) suchte Verbindungen zwischen antikem Wissen und christlichem Dogma herzustellen und beschäftigte sich auf ausgedehnten Fußreisen mit eigenen Naturbeobachtungen. Sein zoologisches Werk (deutsche Übersetzung »Thierbuch«, 1545) enthält 26 Kapitel, wovon 19 Aristoteles-Kommentare und sieben eigene Studien darstellen. Durch sachliche Beschreibungen von Aussehen, Vorkommen und Lebensweise einheimischer Tierarten unterscheidet es sich deutlich von den damals verbreiteten Tierbüchern (»Bestiarien«), die nach dem Vorbild des in Alexandrien entstandenen »Physiologus« (2. Jahrhundert) vorwiegend Tierfabeln, verknüpft mit christlicher Moral, enthalten.

Die Renaissance mit ihrer geistigen Entfaltung brachte auch rasche Fortschritte in der Biologie. Dies galt vor allem für Italien, wo sogar schon seit

Anfang des 14. Jahrhunderts wieder erste Lehr- und Forschungssektionen an menschlichen Leichen vorgenommen worden waren.

Leonardo da Vinci (1452–1519) fertigte Hunderte von anatomischen Zeichnungen an und erkannte – wie in der Antike bereits Xenophanes –, dass die Versteinerungen Reste früherer Lebewesen sind.

In der Zwischenzeit hatte man diese meist für Produkte einer mystischen Bildungskraft gehalten.

Eine grundlegende Reform der menschlichen Anatomie leitete erst das Werk von Vesalius ein. Der in Brüssel geborene Andreas Vesalius (1515–1564), der in seinen wissenschaftlich fruchtbarsten Jahren in Padua wirkte, schuf aufgrund eigener Studien das große Werk: »De humani corporis fabrica libri septem«. Es ist das erste große Lehrbuch der Anatomie, dessen Wirkung auf Kunst und Wissenschaft bis weit in das 18. Jahrhundert hineinreichte. Vesalius war Angriffen von kirchlicher Seite ausgesetzt, weil er dem Mann die volle Rippenzahl zuerkannte (eine sollte ihm doch für Evas Erschaffung genommen worden sein). Auch seine Korrekturen der anatomischen Befunde des Galenus wurden zunächst nicht akzeptiert. Vesalius verließ nach Erscheinen seines Werkes Italien und ging nach Spanien.

Aus der Fülle der italienischen Anatomen und oft sehr vielseitigen Naturforscher des 16. und 17. Jahrhunderts seien noch die folgenden genannt: G. Fallopio, G. Fabricio, B. Eustachio, C. Varolio, A. Cesalpino und M. A. Severino.

Am Anfang der neuzeitlichen Zoologie steht eine Reihe umfangreicher Tierbeschreibungen, vor allem der Vögel und der »Meerestiere«: Pierre Belon (1517–1564) »De aquatilibus libri duo …« (1553); Guillaume Rondelet (1507–1566) »Libri de piscibus marinis …« (1554/55); Ippolito Salviani (1512–1572) »Aquatilium animalium historiae liber« (1554). Belon brachte 1555 als Erster die Bearbeitung einer einheitlichen Tiergruppe heraus: »L'Histoire de la nature des oyseaux …«. Als Zoographen der frühen Neuzeit sind Konrad Gesner (1516–1565) und Ulisse Aldrovandi (1522–1605) bekannter. Beide bemühten sich, das gesamte Tierreich darzustellen. Die Bände der »Historia animalium« (1551–1587) haben einen mehr philologisch-enzyklopädischen Charakter. Aldrovandis »Ornithologia«, vor allem aber sein Werk »De animalibus insectis libri VII« (1602) sind von Bedeutung. Das Buch über die

Insekten ist das Erste seiner Art. Bis dahin galt die wissenschaftliche Beschäftigung mit den Insekten als eine Tätigkeit ohne Würde, Anstand und Nutzen.

Eine große Bedeutung gewann im 17. Jahrhundert die Erfindung des Mikroskops, mit dem neue Tierformen entdeckt wurden. Einer der größten Mikroskopiker dieser Zeit war Antony van Leeuwenhoek (1632–1723), ein Autodidakt, der seine Linsen selbst schliff. Er entdeckte die Welt der Protozoen und Rotatorien sowie die Bakterien, er studierte die Spermien vieler Tiere und beobachtete beim Frosch die Vereinigung von Ei und Samenzelle.

In der mikroskopischen Anatomie trat Marcello Malpighi (1628–1694) hervor, der viele Tiere untersuchte. Nach ihm sind die Malpighi-Körper (Milz, Niere) der Wirbeltiere und die Malpighi-Gefäße der Insekten benannt; er entdeckte die Blutcapillaren.

Jan Swammerdam (1637–1680), ein Arzt aus Leiden, bearbeitete Anatomie und Entwicklung wirbelloser Tiere, besonders von Insekten und Krebsen. Sein Werk »Biblia naturae« wurde erst Jahrzehnte nach seinem Tod publiziert.

Das 17. Jahrhundert ist außerdem gekennzeichnet durch das Bemühen, die gerade entdeckten Gesetze der Mechanik auch auf die Lebensvorgänge anzuwenden. Der hervorragendste Vertreter der »Neuen Philosophie«, René Descartes (1596–1650), behandelt z. B. die Frage, wie eine Maschine gestaltet sein müsste, die dem menschlichen Körper ähnlich ist. Die Entdeckung William Harveys (1578–1657), dass das Herz wie eine Pumpe arbeitet, passte gut zur neuen, mechanistischen Auffassung. Harvey hatte in seiner Schrift »Exercitatio anatomica de motu cordis et sanguinis in animalibus« (1628) den »großen Blutkreislauf« beschrieben, ohne jedoch Verbindungen zwischen Arterien und Venen entdeckt zu haben. Der Begriff »Kreislauf« war allerdings schon von A. Cesalpino (1519–1603) geprägt worden, der neben Ibn an Nafis und M. Servetus als einer der Entdecker des »kleinen Blutkreislaufs« (Lungenkreislaufs) gilt.

Versuche der Einteilung des Tierreichs folgten zunächst Aristoteles und der arabischen Tradition: Man ordnete die Lebewesen, beginnend mit Kristallen über Pflanzen, Korallen bis zum Menschen in einreihiger, aufsteigender Stufenfolge (Scala rerum), ja, sie wurde mit Engeln und Erzengeln bis zum dreieinigen Gott verlängert.

Diese Idee des Aufstieges verband sich im 18. Jahrhundert mit der Kontinuitätsauffassung von Leibniz (1646–1716), sodass man nach verbindenden Zwischenstufen suchte, auch für Tier und Mensch.

Mit diesem Kontinuitätsprinzip des Mittelalters hatte bereits John Ray (1627–1705) gebrochen, als er die »Ornithologia« (1676) herausgab und die »Synopsis animalium quadrupedum et serpentium« (1693) sowie die »Historia insectorum« (1710) verfasste. Auf seiner Methode baute Carl von Linné (1707–1778) auf, als er die Lebewesen in einander subordinierten systematischen Gruppen (Klassen, Ordnungen, Gattungen) zusammenfasste (»encaptische Hierarchie«). Seine »Systema naturae« (1735) bot diese Klassifizierung von Tieren, Pflanzen und Mineralien auf zehn Großfolio-Seiten in übersichtlicher Tabellenform dar, wurde zu seinen Lebzeiten bis zur 12. Auflage (1766) ständig erweitert und bildete fortan den Maßstab für Tierbeschreibungen. Ab der 10. Auflage (1757–1759) führte er die (für die Pflanzen schon 1753 angewandte) »binäre Nomenklatur« konsequent auch für das Tierreich ein und kennzeichnete die Arten mit zwei lateinischen Namen, einem Substantiv für die Gattung (Genus) und einem Adjektiv für die Art (Species). Diese Methode wirkte als Erlösung, da sie bald eine sichere Bestimmung und Identifizierung bereits beschriebener Arten erlaubte. Es bildeten sich naturhistorische Gesellschaften, in denen Laienforscher ihre Studien betreiben und Sammlungen austauschen konnten.

Die Großgruppen bildete Linné zunächst nach traditionellen Gesichtspunkten ohne Rücksicht auf Verwandtschaft, führte aber 1758 tief greifende Reformen durch, als er die Klasse Mammalia und Ordnung Primates (mit Einschluss des Menschen) bildete.

Linné war nicht nur Systematiker, er sah auch ökologische Zusammenhänge. In seiner Schrift »Politia naturae« verfolgt er Nahrungsketten und Stoffkreislauf.

Im 18. Jahrhundert wurde die Zoologie in breiter Front vorangetrieben. Der Pfarrer Johann A. E. Goeze studierte eifrig die Eingeweidewürmer, der Theologe H. S. Reimarus (1694–1768) schrieb eine Instinktlehre; der Schuldirektor Sprengel publizierte 1793 das prächtige Werk »Das entdeckte Geheimnis der Natur in Bau und in der Befruchtung der Blumen«, das viele Beobachtungen über die Wechselbeziehungen zwischen Insekten und Blüten enthält. René Antoine de Réaumur (1683–1757) bereicherte mit seinem mehrbändigen Werk »Mémoires pour servir à l'histoire des insectes« viele Teilgebiete der Biologie und arbeitete z. B. über Perlenbildung, die Seide der Spinnen, Regeneration und elektrogene Organe.

Die Rolle von Mann und Frau in der Entwicklung des Keimes war ein viel diskutiertes Thema dieser Zeit. Nachdem man die Bedeutung von Ei und Sperma erkannt hatte, entstand der Streit, ob das Ei für die weitere Entwicklung das bestimmende Element sei (Ovisten) oder der Samen (Animalculisten). Vertreter der Ovisten wiesen darauf hin, dass in der Parthenogenese Eier ohne Samenzelle volle Organismen liefern (Charles Bonnet [1720–1795] hatte bei Blattläusen die Parthenogenese entdeckt). Lazzaro Spallanzani (1729–1799), ein bedeutender Experimentator seiner Zeit, zog Froschmännchen Hosen an und verhinderte so den Zutritt des Spermas zu den Eiern: Die Eier entwickelten sich dann nicht. Weiterhin war damals die Ansicht verbreitet, dass der Organismus schon im Keim vorgebildet ist und sich später nur entfaltet (Präformationslehre). Spätere Beobachtungen zeigten aber, dass die Entwicklung aus dem Ei kein einfaches Entfalten fertig vorgebildeter Geschöpfe war. Durch vergleichende Untersuchungen widerlegte dann Ch. F. Wolff (1738–1794) die Präformation und zeigte, dass Neubildungen (Epigenese) den Ablauf der Keimentwicklung bestimmen. Die endgültige Klärung des Wechselspiels von Anlage (Genom) und Umwelt brachten erst Genetik und Entwicklungsphysiologie.

Ein anderes Problem jener Zeit war die Urzeugung. Aristoteles hatte die Tiere u. a. eingeteilt in animalia vivipara, animalia ovipara und animalia sponte nascentia. Die »von selbst entstehenden« Tiere sollten aus Schlamm hervorgehen, etwa in einem ausgetrockneten Gewässer nach dem Regen. Diese Auffassung wurde in den folgenden Jahrhunderten beibehalten, man ließ Ratten aus Abfall entstehen und Fliegen aus faulendem Fleisch. F. Redi (1626–1698) demonstrierte, dass keine Fliege aus faulendem Fleisch entsteht, wenn man eine Gazeglocke über dieses stülpt. Lange hielt sich die Urzeugungslehre für Parasiten, und noch der Philosoph Arthur Schopenhauer (1788–1860) glaubte, dass Läuse aus Ausdünstungen des Körpers entstehen. Hier wirkten C. Th. v. Siebold (1804–1885) mit seinen Untersuchungen über den Entwicklungsgang von Bandwürmern und R. Leuckart (1822–1898) mit seiner Bearbeitung von Trichinen bahnbrechend.

Schwieriger war die Urzeugung für die Welt der Mikroorganismen zu widerlegen, glaubte man doch in den Aufgüssen Kleinstlebewesen leicht aus totem Material herstellen zu können, obwohl schon Spallanzani gezeigt hatte, dass kein Lebewesen entsteht, wenn man einen Heuaufguss unter Luftabschluss eine Zeit lang kocht. Die Überwindung der Urzeugungstheorie gelang erst Louis Pasteur (1802–1895) und Robert Koch (1843–1910). Von da an galt der Satz »Omne vivum e vivo« für den Bereich von den Bakterien bis zu den Säugetieren. Diese Klärung ermöglichte erst die Bekämpfung der Parasiten und Infektionskrankheiten sowie die aseptische und antiseptische Behandlung.

Gegen Ende des 19. Jahrhunderts wurden auch zahlreiche Krankheiten erforscht, die von tierischen Parasiten verursacht werden. Als Beispiel sei nur die Malaria genannt, deren Kreislauf durch die Arbeiten von Ch. L. A. Laveran (1845–1922), R. Ross (1857–1932) und anderen aufgeklärt wurde. In diese Zeit fallen auch große Fortschritte in Umwelthygiene und Schädlingsbekämpfung.

Als man entdeckte, dass mikroskopische Lebewesen durch Aufgüsse auf Heu, Kleie u. a. »hergestellt« werden konnten, wurde die Demonstration des »Lebens im Wassertropfen« in Gesellschaften und an Fürstenhöfen beliebt.

Die Fülle der neu entdeckten Kleintiere von Protozoen über Rotatorien, Turbellarien bis zu vielen Larvenformen zeigen die Werke von O. F. Müller (1730–1784) »Animalia infusoria« und von Ch. G. Ehrenberg (1795–1876) »Die Infusionsthiere als vollkommene Organismen« (1838).

Man erkannte zunächst nicht die Sonderstellung der Protozoen als Einzeller, sondern glaubte in ihnen die Organe vielzelliger Tiere zu sehen, jedoch schon F. Dujardin (1801–1862) und v. Siebold entdeckten die Einzelligkeit der Protozoen. Robert Hooke (1635–1703) hatte in einem Schnitt durch Kork die Zellwände der Pflanzen entdeckt. M. Schleiden (1804–1881) begründete 1838 die Zelltheorie für Pflanzen, erkannte die Bedeutung des Zellkerns, den R. Brown wenige Jahre zuvor gesehen hatte, und entdeckte den Nucleolus. Th. Schwann (1810–1882) stellte 1839 die Zelltheorie für Tiere auf. Später entdeckte man die Chromosomen, ihr Verhalten bei der Zellteilung und die genauen Vorgänge bei der Befruchtung (O. Hertwig [1849–1922] an Seeigeleiern, O. Bütschli [1848–1920] an Nematoden). W. Flemming (1843–1905) entdeckte 1880 die Mitose bei Tieren. A. Weismann (1834–1904) stellte die Lehre von der Keimbahn auf.

Das Hauptarbeitsgebiet im 18. und 19. Jahrhundert lag in der Suche nach der natürlichen Verwandtschaft der Tiere und der Entwicklung der vergleichenden Anatomie. Man hatte erkannt, dass viele Merkmale in enger Korrelation stehen, sodass man aus der Kenntnis einzelner Organe die Existenz anderer voraussagen konnte. Das demonstrierte z. B. Georges L. Cuvier (1769–1832) an einem fossilen Säugetierskelet aus dem Gips von Montmartre (Paris). Der Unterkiefer ragte etwas aus dem Gestein hervor und zeigte einen eingebogenen Winkel, was ein Kennzeichen der Beuteltiere ist. Cuvier prophezeite daraufhin die Existenz eines Beutelknochens und legte ihn tatsächlich bei der Präparation frei. Diese Möglichkeit, zutreffende Voraussagen machen zu können, gab der vergleichenden Forschung einen mächtigen Impuls. Bald erkannte man den Unterschied zwischen Analogien und Homologien. Johann Wolfgang von Goethe (1749–1832) bemühte sich in seinen Arbeiten über den Schädel und besonders den Zwischenkiefer um Nachweis und Kennzeichnung von Homologien. Damals verschmolzen die Forschungsrichtungen der Anatomie, Zoologie und speziell der Systematik, da das schon von Linné gesehene natürliche System auf Homologien beruhte.

Ein wichtiges Forschungszentrum entstand 1794 in Paris im Jardin des Plantes durch die Gründung des Musée nationale d'histoire naturelle. Hier wurden auch Professuren für Zoologie errichtet. Eine erhielt Geoffroy de St. Hilaire (1772–1844). Er begleitete Napoleon auf seinem Zug nach Ägypten, entdeckte dort den Flösselhecht *Polypterus* und widmete sich vergleichend anatomischen Studien, vor allem an Wirbeltieren. Im Museum wirkten auch Jean Baptiste de Lamarck (1744–1829) und Cuvier.

Lamarck bearbeitete vor allem wirbellose Tiere, besonders die Mollusken, unter Einbeziehung der fossilen Formen. Bekannt geworden ist er durch seine Formulierung des Evolutionsgedankens. Er stellte die Verwandtschaft von Tieren im Stammbaumschema dar und bemühte sich sogar um eine kausale Erklärung der Evolution. Gebrauch sollte die Organe in der Evolution verstärken, Nichtgebrauch sie verkümmern lassen. Man versteht heute unter Lamarckismus die Auffassung, dass individuell erworbene Änderungen der Organisation genetisch manifestiert werden können (Vererbung erworbener Eigenschaften, besser Erblichwerden von Modifikationen). Sein bekanntestes Werk ist die »Philosophie Zoologique« (1809), sein bedeutendstes die »Histoire naturelle des animaux sans vertèbres« (1815–1822).

Der Evolutionsgedanke war außer von Lamarck auch von seinem Landsmann und einem Zeitgenossen Linnés, Georges L. de Buffon (1707–1788), in dessen aus 44 Bänden bestehender »Histoire naturelle« und von Erasmus Darwin (1731–1802), dem Großvater von Charles Darwin geäußert worden.

Lamarcks Gegenpart war Cuvier. Geboren in Montbéliard, das damals als Mömpelgardt zu Württemberg gehörte, kam er auf die Karlsschule in Stuttgart. In der Normandie studierte er Meerestiere; mit seiner fünfbändigen »Leçons d'anatomie comparée« begründete er die vergleichende Anatomie als Wissenschaft. Er wurde daraufhin nach Paris berufen und ist durch seine Studien an fossilen Säugetieren und das zusammenfassende Werk »Règne animal« bekannt geworden, dessen Bilder lange Zeit in Tierkundebüchern Verwendung fanden. Die verschiedenen fossilen Formen aufeinander folgender Epochen erklärte er anhand seiner Katastrophenlehre: Die Lebewesen früherer Zeiten sollten durch Katastrophen vernichtet und durch Neuschöpfungen ersetzt worden sein. Die Existenz fossiler Menschen hielt er für unmöglich. Cuvier bekleidete hohe öffentliche Ämter; als er starb, sollte er gerade französischer Innenminister werden.

Im Jahre 1859 trat Charles Darwin (1809–1882; Abb. A) mit seinem Buch »The origin of species by means of natural selection« hervor, das großes Aufsehen erregte, am Tag des Erscheinens schon ausverkauft war und der Biologie einen mächtigen Impuls gab. Darwin war Arztsohn und studierte zunächst Medizin. Nach der Teilnahme an Operationen, die damals ohne Narkose stattfanden, konnte er nach eigenen Worten bei diesem Beruf nicht bleiben, sondern bereitete sich auf die Laufbahn eines Geistlichen vor. Entscheidend für sein weiteres Leben wurde die Teilnahme an der fünf Jahre dauernden Erdumseglung der »Beagle«, die ihm – da Geldmittel nicht zur Verfügung standen – nicht vergütet wurde. Auf ihr erkannte er die geographische Abwand-

lung vieler Arten und entdeckte z. B. die ausgestorbenen Säugetiere des La-Plata-Gebietes. Im Buch »Origin of Species« brachte er in mühsamer Kleinarbeit alle Fakten zusammen, die für eine Evolution der Lebewesen sprachen. Als wesentliche Evolutionsfaktoren stellte er Variabilität, Überproduktion von Nachkommen und Selektion heraus. Da die Zeit nach einer Kausalforschung auch im Bereich des Lebens drängte, war es diese Erklärung, die neben dem reichen Material den Sieg der Evolutionslehre brachte. Darwins Hauptwerk erschien erst etwa zwei Jahrzehnte nach der Rückkehr von der Erdumseglung, nicht zuletzt durch das Drängen seiner Freunde J. D. Hooker (1817–1911) und C. Lyell (1797–1875). Ähnliche Gedanken wie Darwin hatte A. R. Wallace (1823–1913), einer der ersten Tiergeographen, in einer Veröffentlichung geäußert. 1871 erregte ein weiteres Werk Darwins Aufsehen: »Die Abstammung des Menschen«.

Mitstreiter für die Evolutionslehre waren in England Thomas Henry Huxley (1825–1895) und in Deutschland Ernst Haeckel (1834–1919), der der »Apostel des Darwinismus« bis in populäre Schriften hinein wurde. Letzterer erhob die biogenetische Regel, nach der die Ontogenie die Phylogenie wiederholt, zum Grundgesetz. In den USA spielte der Botaniker Asa Gray (1810–1888) eine wichtige Rolle als Multiplikator der Ideen Darwins (Abb. A).

Die biogenetische Regel regte die Erforschung der Ontogenie stark an, da man hier Merkmale finden konnte, die auf Vorfahren hinwiesen. Inzwischen lagen über die Entwicklungsgeschichte (Embryologie) schon umfangreiche Werke vor, etwa von K. E. von Baer (1792–1876), dem Entdecker der Eizelle der Säugetiere.

M. H. Rathke (1793–1860) fand die Kiementaschen der Embryonen von Vögeln und Säugern. In dieser Zeit wurde auch die Bedeutung der Keimblätter erkannt. R. Remak (1815–1865) prägte die Begriffe Ecto-, Ento- und Mesoderm.

Gegen Ende des 19. Jahrhunderts ging jedoch die Entwicklungsgeschichte andere Wege. Die kausalen Vorgänge der Umbildungen vom Ei bis zum Erwachsenen rückten in den Vordergrund des Interesses; W. Roux (1850–1924) ging dieser Frage experimentell nach und begründete die Entwicklungsphysiologie.

Die Erforschung der natürlichen Verwandtschaft und der Homologien blieb lange im Vordergrund biologischer Arbeiten und wurde durch die Errichtung biologischer Stationen wie

Helgoland, Neapel, Plymouth, Roscoff u. a. stark gefördert. Als hervorragender vergleichender Anatom des späten 19. Jahrhunderts gilt C. Gegenbaur (1826–1903).

Einen Aufschwung erlebte im 19. Jahrhundert auch die Ökologie. Wichtig war, dass außer der Ökologie einzelner Arten das Zusammenwirken vieler Species in einer Biozönose erforscht wurde, z. B. durch K. Möbius (1825–1908), der diesen Begriff 1877 prägte.

Diese Arbeitsrichtung wurde durch V. Hensen (1835–1924) und K. Brandt (1854–1931) zur Untersuchung des Stoffkreislaufes im Meer er-

weitert. Hierfür waren Meeresbakteriologie und Meereschemie notwendig. Beide wurden von dem Kieler Zoologen Brandt ins Leben gerufen.

Die Physiologie entwickelte sich rasch – vorwiegend von der Medizin aus – und wurde, da Frosch, Maus, Ratte und Kaninchen als Hauptuntersuchungsobjekte dienten, im Wesentlichen eine Physiologie terrestrischer Wirbeltiere.

Einer der wichtigsten Vertreter der naturwissenschaftlich exakten Richtung der Physiologie war J. E. Purkinje (1787–1869) in Breslau, der die mikroskopische Anatomie beispielsweise durch die mit seinem Schüler G. G. Valentin

Abb. A Charles Darwin, der Begründer der Evolutionstheorie im 19. Jahrhundert. Seine Frau Emma, geb. Wedgwood (1808–1896) unterstützte seine Arbeit. Ihre Religiosität war jedoch ein Grund, weswegen Darwin seine Gedanken zur Evolution erst so spät publizierte. Thomas Henry Huxley (1825-1895): geschickter Vorkämpfer Darwins in England, Ernst Haeckel (1834–1919): engagierter Verfechter Darwins in Deutschland, Asa Gray (1810-1888): amerikanischer Botaniker an der Harvard University, verbreitete Darwins Gedanken in der Neuen Welt

gemachte Entdeckung der Flimmerbewegung zu einer Mikrophysiologie weiter entwickelte. Als Begründer einer vergleichenden Physiologie wird Johannes Müller (1801–1858) angesehen, aus dessen Berliner anatomischem Museum, das damals den Mittelpunkt vergleichend-anatomischer und physiologischer Forschung darstellte, so bekannte Männer wie Du-Bois Reymond, Helmholtz, Kölliker, Remak, Reichert, Schwann, Stannius und Virchow hervorgingen.

Claude Bernard (1813–1878) begründete die Lehre von der inneren Sekretion. W. Beaumont (1785–1853) gewann an einem Mann namens St. Martin wichtige Erkenntnisse über die Verdauung. St. Martin war durch einen Schuss schwer verletzt und von Beaumont wiederhergestellt worden, behielt jedoch eine Öffnung im Leib, durch die man das Innere des Magens inspizieren konnte. H. Helmholtz (1821–1894) trat mit seinen Untersuchungen über die Physiologie der Sinne hervor, E. Du-Bois Reymond (1818–1896) schuf die Grundlagen der Muskel- und Nervenphysiologie.

Eine historische Besonderheit ist die Entdeckung der Vererbungsgesetze durch Johann Gregor Mendel (1822–1884) im Jahre 1865. Diese wichtigen Gesetze wären in der Diskussion über die Evolution sehr nutzbringend gewesen, aber man beachtete sie nicht. Mendel trat früh in den Augustinerorden ein, studierte in Wien und lebte später im Kloster in Brünn, wo er seine Kreuzungsversuche mit Erbsen anstellte.

Das 20. Jahrhundert ist durch die rapide Entwicklung auf fast allen Gebieten gekennzeichnet. Sehr wichtig war die Wiederentdeckung der Mendelschen Vererbungsgesetze durch C. Correns, E. Tschermak und H. de Vries zu Beginn des Jahrhunderts. Zuerst an Varianten von Kulturpflanzen ermittelt, konnte Lang 1904 auch die Geltung der Gesetze für Tiere nachweisen; 1907 wurde auch ihre Anwendbarkeit auf den Menschen gezeigt (Ch. B. Davenport, Eugen Fischer). 1903 hatten Th. Boveri und W. S. Sutton die Chromosomentheorie der Vererbung begründet. Durch die Wahl der leicht züchtbaren Fliege *Drosophila* konnte Th. H. Morgan (1866–1945) die Genetik rasch vorantreiben (Chromosomenkarten), bis in den 50er und 60er Jahren die Genetik von Bakterien und Viren die Führung übernahm. Inzwischen hatte auch de Vries die Erscheinung der Mutation erklärt, in den 20er Jahren löste man dann Mutationen schon künstlich durch Röntgenstrahlen aus (H. J. Muller, 1927). Bald

widmete man sich auch der Genetik von Populationen. Entscheidend für eine Synthese der Genetik mit der Evolutionsforschung wurden Arbeiten von R. A. Fisher, J. B. S. Haldane und S. Wright um 1930 und das Werk von Th. Dobzhansky (1900–1975) »Genetics and the origin of species« (1937).

Gleichzeitig erfolgte die Suche nach der Erbsubstanz. Die Vermutung, dass sie in den Chromosomen liege, wurde bestätigt. O. Th. Avery erbrachte 1943 den Nachweis, dass Desoxyribonucleinsäure (DNA) die Erbsubstanz ist. J. D. Watson, F. H. C. Crick (Abb. B) und M. H. F. Wilkins beschrieben 1953 die Molekülstruktur der DNA als Doppelhelix und erklärten ihren Replikationsmechanismus. In den 60er Jahren folgten die Entschlüsselung des genetischen Codes durch M. W. Nirenberg, H. G. Khorana und S. Ochoa und die Entdeckung der Genregulation – zunächst an Bakterien – durch F. Jacob, J. Monod und A. Lwoff. In den 70er Jahren wurden die Nucleosomen-Struktur des Chromatins und die Intron-Exon-Struktur eukaryotischer Gene entdeckt. Wenig später gelang es, DNA-Abschnitte gezielt enzymatisch außerhalb der Zelle zu vermehren (Polymerasekettenreaktion, PCR). In den 90er Jahren begannen umfangreiche Programme, um die Basensequenz des Erbgutes verschiedener Organismen zu bestimmen. 2001 war das Genom des Menschen nahezu vollständig bekannt.

Mit chemischen und physikochemischen Methoden wurde das große Problem der Entstehung des Lebens auf der Erde erfolgreich bearbeitet (S. L. Miller, A. Oparin, S. W. Fox, M. Eigen).

Während sich die Genetik in den letzten Jahrzehnten stark in den molekularen Bereich ausgedehnt hat, sind auch Gebiete der Physiologie (vegetative Physiologie) stark von der Chemie beeinflusst worden. Es wurden die Strukturen von Vitaminen, Hormonen und Enzymen aufgeklärt und die Hauptwege des Stoffwechselgeschehens dargestellt. Die vielen Wissenschaftler, die hier zu nennen wären, gehören vorwiegend der Biochemie an, einem sich rasch ausdehnenden Fachgebiet, das Tiere, Pflanzen, Bakterien und Viren bearbeitet, wenn auch zunächst nur wenige ausgewählte Objekte.

Ein weiteres intensiv vorangetriebenes Arbeitsgebiet betrifft Bau und Funktion von Nervensystem, Sinnesorganen und Muskeln (animalische Physiologie). C. Golgi (1843–1929) und S. Ramon

y Cajal (1852–1934) legten um die Jahrhundertwende das Fundament unserer Kenntnisse über
das Nervensystem. In den folgenden Jahrzehnten
wurde die Impulsleitung der Nervenzellen erklärt
(E. D. Adrian, Ch. S. Sherrington, J. Erlanger,
H. S. Gasser) und bis zum Ionenmechanismus
beschrieben (J. Eccles, A. L. Hodgkin, A. F. Huxley). Die chemische Übertragung an den Synapsen wurde erkannt (H. H. Dale, O. Loewi). Fortschritte auf diesem Gebiet waren vor allem
infolge der Weiterentwicklung von Elektronik
und Mikroelektrodentechnik möglich.

Ebenfalls durch Fortschritte der Technik
erhielt die Morphologie große Impulse: Das
Elektronenmikroskop erschloss die Ultrastruktur der Zellen, sodass seit den 50er Jahren das
Bild der Zellen entstand, das heutige Lehrbücher
vermitteln.

Die breite verbindende Brücke von der Biologie zur Chemie und Physik brachte nicht nur der
Biologie Vorteile; die Bionik, also die Erforschung der Konstruktion der Lebewesen, brachte
auch der Technik neue Anregungen und Erfolge.

Nach der Vervollkommnung der Gewebekultur
durch A. Carrel (1873–1944), der Entdeckung
artgemäßer und herkunftgemäßer Entwicklung
und des Organisator-Effektes durch H. Spemann (1869–1941) konnte ein neuer Einblick in
die physiologischen Vorgänge der Entwicklung
gewonnen werden. Auch die Entwicklungsbiologie ist heute stark molekularbiologisch orien-
tiert.

Eine Entfaltung erfuhr schließlich die Verhaltensforschung. Natürlich hatten schon frühere
Forscher die Lebensweisen beobachtet und beschrieben. August Rösel von Rosenhof (1705–
1759) war durch seine »Insektenbelustigungen«
(1753) bekannt geworden, 1879 publizierte H.
Fabre (1823–1915) Beobachtungen über Verhaltensweisen von Insekten, J. Pawlow (1849–1936)
bereitete mit seinen berühmten Untersuchungen
über unbedingte und bedingte Reflexe bei der
Futteraufnahme des Hundes den Boden für eine
kausale Verhaltensforschung vor; O. Heinroth
(1871–1945) publizierte genaue Verhaltens-
studien über Vögel, K. v. Frisch (1886–1982)

Abb. B James Watson (geb. 1928)
und Francis Crick (1916–2004) vor einem
Modell der DNA. Diese beiden Wissenschaftler revolutionierten die Biologie des
20. Jahrhunderts. Ungelöst bleiben indes
Probleme des Schutzes der organis-
mischen Vielfalt, für die sich Lina Hähnle
(1851–1941) – Vogelmutter mit Courage –
als Gründerin des heutigen NABU ein-
setzte. Ebenfalls ungeklärt ist unser Verhältnis zu anderen Tieren. Jane Goodall
(geb. 1934) schuf den Brückenschlag zu
unseren nächsten Verwandten, den
Schimpansen

beschrieb das Verhalten der Bienen und analysierte ihre »Sprache«, aber erst die Untersuchungen und theoretischen Darlegungen von K. Lorenz (1903–1989) und N. Tinbergen (1907–1988) brachten den Aufschwung der Verhaltensforschung. Neuerdings kommen viele Anregungen aus der Soziobiologie.

In der Gegenwart entwickelt sich die Zoologie – allerdings unter anderen Begriffen wie Molekularbiologie, Zellbiologie, Neurobiologie, Ethologie, Immunologie, Ökologie usw. firmierend – in bislang unübertroffener Geschwindigkeit weiter. Ihre zunehmende Bedeutung für die Lösung gegenwärtiger und zukünftiger Probleme der Menschheit und ihr Beitrag zu unserem eigenen Selbstverständnis werden von immer weiteren Kreisen der Bevölkerung registriert. Vielfach faszinieren die neuen Erkenntnisse, manchmal irritieren jedoch die Möglichkeiten, die durch sie eröffnet werden.

Der Erkenntnisfortschritt kann als ansteigende Kurve mit Oszillationen beschrieben werden. Er geht zurück auf die Tätigkeit einer internationalen Wissenschaftler-Gemeinde (scientific community), die durch ein naturwissenschaftliches Ethos geeint ist. Dieses kann folgendermaßen umrissen werden: Primat der Erkenntnis, Verpflichtung zur Rationalität, symmetrische Argumentation (Abwägen von These und Antithese, wobei es nicht zum Informationsabweis kommen darf).

Die Mitglieder der scientific community, die am Erkenntnisfortschritt mitarbeiten (Wissenschaftler = Forscher), publizieren ihre Daten in Fachzeitschriften, indem sie sie in den Kontext des schon bestehenden Wissens stellen. Bevorzugte Sprache ist heute Englisch. Als Publikationsorgane stehen allein in der Zoologie viele Hundert zur Auswahl. Wissenschaftler erarbeiten Primärdaten und erlangen damit Primärkompetenz. Durch ihre Publikationen wird die wissenschaftliche Erkenntnis zu öffentlichem Wissen und kann einer Prüfung unterzogen werden. Hält sie dieser stand, wird sie nach dem Konsensusprinzip anerkannt. Von Sekundärkompetenz spricht man, wenn jemand sich der Primärdaten anderer bedient und diese weitergibt. Primärkompetenz ist in unserer Zeit ein wichtiges Bindeglied zahlreicher Wissenschaftler, die im Allgemeinen zu internationalen Assoziationen zusammengeschlossen sind und ohne Einschränkungen Publikationen austauschen sollten. Nur eine globale scientific community kann die anstehenden Probleme lösen. Derzeit kommt der überwiegende Teil der biologischen Primärdaten aus einer sehr kleinen Anzahl von Ländern.

Eine besondere Bedeutung kommt auch der Verbreitung von Wissen zu. Im 19. Jahrhundert hat Alfred Edmund Brehm (1829–1884) zoologische Kenntnisse zunächst in sechs Bänden (1863–1869) und später in zehn Bänden als »Brehms Tierleben« einer breiten Bevölkerung näher gebracht. Um die Jahrhundertwende folgte Otto Schmeil (1860–1943) mit verschiedenen Werken, die zeitweise an 90% der deutschen weiterführenden Schulen verwendet wurden und eine Gesamtauflage von über 20 Millionen erreichten. Mit der Ausbreitung des Fernsehens wurde auch dieses Medium in den Dienst der Wissenschaft gestellt. Bernhard Grzimek (1909–1987) begann 1956 mit der Serie »Ein Platz für Tiere« und begeisterte ein Millionen-Publikum.

A Allgemeine Zoologie

1 Zelle

a   Aufbau der Zelle

Die elementare strukturelle und funktionelle Einheit aller lebenden Systeme ist die Zelle. Sie entstand vor ca. 3,5 Milliarden Jahren als kleinstes lebensfähiges, selbstständiges, offenes System, das sich im Zustand des Fließgleichgewichts erhält. Zellen tauschen mit ihrer Umwelt Stoffe, Energie, Entropie und Informationen aus und bewahren ein größtmögliches Maß an Ordnung. Bei allen Metazoen treten Zellen in Verbänden auf, bei den Protozoen sind sie eigenständige Organismen.

Die ersten Zellen waren sehr kleine prokaryotische Zellen, die noch keinen Kern und keine Organellen im Cytoplasma besaßen. Noch heute erfolgreich lebende Beispiele solcher Zellen sind die Eubakterien. Vor ca. 1,5 Milliarden Jahren entstanden aus prokaryotischen Zellen eukaryotische Zellen (**Eucyten**). Diese sind oft 10–20 µm groß, besitzen eine Zellmembran, einen Zellkern, der die DNA enthält, und das Cytoplasma mit Grundcytoplasma, Zellorganellen, Cytoskelet und Zelleinschlüssen. Eukaryotische Zellen treten bei den Metazoen in vielen verschiedenen Typen auf; beim Menschen unterscheidet man gut 200 strukturell deutlich unterscheidbare Zelltypen.

Membranen und Membrantransport

Jeder Eucyt wird von einer **Membran** umgeben (**Zellmembran, Plasmamembran**), die etwa 10 nm dick ist, und enthält in seinem Inneren Membransysteme, welche die Zellorganellen aufbauen bzw. begrenzen. Die Membranen der Organellen sorgen für die intrazelluläre Kompartimentierung. Die Zellmembran dient der Abschirmung des Zellinneren gegen den Extrazellulärraum. Membranen sind immer asymmetrisch, sie trennen Grundcytoplasma (»Plasma«, P) von »Nichtplasma« (E). Diese Asymmetrie

wird besonders deutlich in Hinsicht auf die Membranproteine, deren Zuckerkomponenten sich immer auf der E-Seite finden, wie meist auch das Aminoende. Zwischen den Membranen verschiedener Organellen besteht ein enger Zusammenhang (**Membranfluss**). Die Membranen der Kernhülle können mit den Membranen des Endoplasmatischen Reticulums (ER) kommunizieren. Das Endoplasmatische Reticulum steht über Vesikel mit dem Golgi-Apparat in Verbindung, und dessen Vesikel können mit der Zellmembran verschmelzen. Die Plasmamembran vermittelt und kontrolliert die Interaktionen der Zelle mit der Umgebung. Grundlegender Bestandteil der Membran ist eine Doppelschicht polarer Lipidmoleküle (Phospholipide, Glykolipide, Cholesterin, Abb. 4a).

Die Doppelschicht ist bei normaler Umgebungstemperatur flüssig-kristallin. Wenn die Umgebungstemperatur absinkt, bildet sich eine festere, kristallgitterförmige Anordnung aus. Die Zelle kann die Viskosität der Lipid-Doppelschicht kontrollieren, indem sie die Komponenten der Phospholipide modifiziert: Kurze oder stark ungesättigte Fettsäuren vermindern die Viskosität. Die beiden Lagen, die die Doppelschicht aufbauen, sind so angeordnet, dass die Fettsäuren zum Membraninneren weisen, während die polaren Regionen nach außen zeigen (Abb. 4a).

Bestimmte Stoffe können durch die Lipid-Doppelschicht diffundieren. Grundsätzlich gilt, dass die Diffusion um so rascher erfolgt, je kleiner die betreffenden Moleküle sind. So stellt die Zellmembran für O_2 und CO_2 nur eine schwach wirksame Diffusionsbarriere dar, Glucose dagegen diffundiert kaum noch durch die Doppelschicht.

Lipophile (fettlösliche) Substanzen können Membranen relativ leicht passieren, aber auch hydrophile (wasserlösliche) Stoffe vermögen die Lipid-Doppelschicht zu durchqueren, wenn sie Proteine mit hydrophilen Kanälen enthält, die diesen Transport bewerkstelligen.

Manche Erbkrankheiten beruhen auf Störungen von Struktur bzw. Funktion solcher Membrankanäle. Ein Beispiel bietet die Mucoviscidose (= cystische Fibrose), bei der ein Chloridkanal defekt ist, was zu schweren Funktionsstörungen von Drüsen, z. B. des Pankreas, und Epithelien mit einem apikalen Flüssigkeitsfilm, z. B. dem Bronchialepithel, führt.

Für den Durchlass von Wasser besitzen viele Zellmembranen Wasserkanäle (Aquaporine). Eine Hauptzelle im Sammelrohr der Säugetierniere enthält ca. 10^7 solcher Kanäle, deren Durchlässigkeit z. T. regulierbar ist.

Ionen, niedermolekulare Stoffe und Makromoleküle bedürfen besonderer Transportsysteme, um die Membran zu durchqueren. Hierbei handelt es sich um **Membran-Transportproteine,** die nur bestimmte Verbindungen, oft nur eine bestimmte Molekül-Art, transportieren. Die bisher bekannten Membran-Transportproteine sind »Multipass«-Transmembranproteine, d. h., ihre Polypeptidkette durchdringt die Lipid-Doppelschicht mehrfach. Sie ermöglichen den von ihnen transportierten Substanzen den Durchtritt durch die Membran, ohne dass sie mit dem hydrophoben Inneren der Lipid-Doppelschicht in Kontakt kommen.

Man unterscheidet zwei Gruppen von Membran-Transportproteinen, **Carrier- und Kanalproteine.** Alle Kanal- und viele Carrierproteine lassen Moleküle aufgrund eines Konzentrations- oder elektrochemischen Gradienten durch die Membran hindurch (**erleichterte Diffusion** oder **passiver Transport**). Es gibt aber auch Carrier, die Stoffe aktiv gegen Gradienten durch die Membran pumpen (**aktiver Transport**).

Ein **Carrier** (Träger) ist ein Molekül, welches die zu transportierende Substanz (Ionen oder niedermolekulare Stoffe wie Monosaccharide, Aminosäuren und Nucleotide) auf der einen Membranseite bindet, unter Konformationsänderung zur anderen transportiert und dort in das wässrige Medium entlässt.

Manche Carrier transportieren Moleküle eines Typs in einer Richtung (**Uniports**); andere arbeiten als **Co-Transport-Systeme,** d. h., der Transport einer Molekülart hängt vom gleichzeitigen oder nachfolgenden Transport einer zweiten Molekülart ab. Diese beiden Moleküle kön-

nen in gleicher Richtung (**Symport**) oder entgegengesetzt (**Antiport**) transportiert werden. Glucose-Aufnahme in Zellen erfolgt im Allgemeinen mit Carrier-Systemen, die als Uniports arbeiten. In Darm (Abb. 104b) und Niere (Abb. 133) erfolgt die Glucose-Aufnahme im Symport mit Na^+-Ionen.

Ein in fast allen tierischen Plasmamembranen anzutreffendes Antiport-System ist die **Na^+-K^+-ATPase-Pumpe.** Sie pumpt Na^+ aus der Zelle heraus und K^+ hinein. Etwa ein Drittel des gesamten Energieverbrauchs aller Zellen wird für den Betrieb dieser Pumpe benötigt, im Falle von Nervenzellen sogar zwei Drittel.

Als weiteres Beispiel für einen Antiport sei das **Anionen-Transportprotein** der Erythrocytenmembran (Abb. 29e) genannt, das Cl^- gegen HCO_3^- austauscht (Chlorid-Verschiebung, S. 270, Abb. 125).

Kanalproteine enthalten hydrophile Poren, die meistens hochselektiv sind. Da sie im Allgemeinen am Ionentransport beteiligt sind, spricht man auch von **Ionenkanälen.** Ihre Transportgeschwindigkeit kann mehr als 100-mal höher sein als bei den schnellsten Carrier-Molekülen. Derzeit kennt man über 50 verschiedene Typen von Ionenkanälen.

Die Ionenkanäle sind nicht immer geöffnet. Je nach Typ werden sie durch mechanischen Reiz (mechanisch kontrollierte Kanäle), Bindung eines Signalmoleküls (Liganden-kontrollierte Kanäle) oder durch Veränderung des Potentials an der Membran (Spannungs-kontrollierte Kanäle) verändert.

Im Allgemeinen ist die Plasmamembran nicht durchgängig für hydrophile Moleküle, die größer als l nm sind. Dennoch muss die Zelle auch mit größeren Molekülen interagieren können, die für die Abstimmung der Aktivität von verschiedenen Zellformen mit den Bedürfnissen des Gesamtorganismus von Bedeutung sind. Solche Substanzen (z. B. Hormone, Neurotransmitter, Immunglobuline, Lipoproteine) können ihre Wirkung auf die Zelle dadurch ausüben, dass sie sich als Liganden mit **Receptormolekülen,** die in die Zellmembran eingefügt sind, verbinden (Abb. 3). Receptormoleküle sind große Glykoproteine. Manche stehen mit einem in der Membran benachbarten Enzymprotein in Zusammenhang, das nach Ligandenbindung intrazelluläre Vorgänge auslöst. Andere werden nach spezifischer Bindung des von außen kommenden Liganden durch Endocytose (s. S. 17) ins Zellinnere verla-

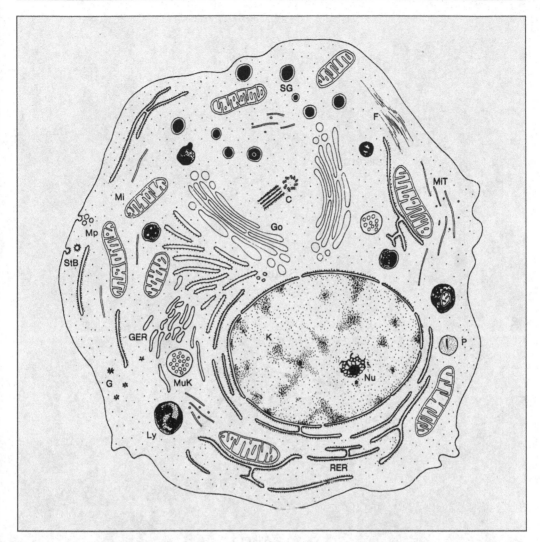

Abb. 1 Bau einer tierischen Zelle. Ultrastruktur (elektronenmikroskopische Darstellung). K: Zellkern, Nu: Nucleolus, P: Peroxisom, MiT: Mikrotubuli, F: Filamente, SG: Sekretionsgranula, Mi: Mitochondrium, C: Centriolen, Go: Golgi-Stapel, Mp: glatte Mikropinocytosebläschen, StB: Stachelsaumbläschen, GER: glattes Endoplasmatisches Reticulum, MuK: multivesikulärer Körper, G: Glykogen, Ly: Lysosom, RER: ribosomenbesetztes Endoplasmatisches Reticulum

gert. Bei einer Reihe von Receptoren vermitteln G-Proteine zwischen Receptormolekülen und intracytoplasmatischer Reaktionskette.

Besonders gut untersucht ist die receptorvermittelte **Endocytose** des Cholesterins. **Cholesterin** ist ein wichtiger Bestandteil von Membranen (Abb. 4a). Im Blut von Säugern wird es vor allem in Form von Cholesterin-Protein-Komplexen transportiert, die eine relativ geringe Dichte auf-

weisen (**Low-Density-Lipoproteine, LDL**). Das Proteinmolekül gibt dem Komplex seine kugelige Gestalt und bindet an Receptorproteine der Zellmembran. Nach Endocytose gelangt das LDL in Lysosomen, wo das Cholesterin freigesetzt wird, und der Receptor kehrt zur Zellmembran zurück. Defekte LDL-Receptoren vermögen kein LDL aus der Blutbahn aufzunehmen. Es kommt zu einem hohen Cholesterinspiegel im

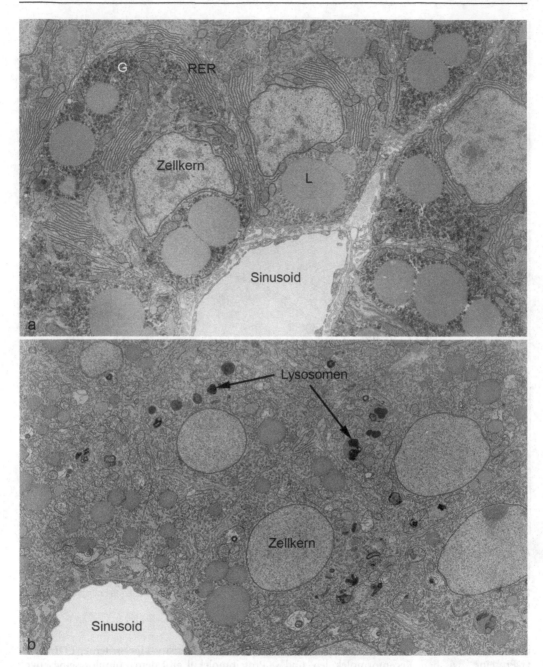

Abb. 2 Zellen sind variabel: Transmissionselektronenmikroskopische Darstellung (= Ultrastruktur) von Leberzellen des Aals *(Anguilla)*. **a)** Leberzellen eines gesunden Aals mit normaler Verteilung und Ultrastruktur der Zellorganellen, z. B. parallelen Zisternen des rauhen Endoplasmatischen Reticulums (RER) und der Zelleinschlüsse (Glykogen (G), Lipidtropfen (L). Die Zellkerne zeigen ein normales Chromatinmuster. **b)** Leberzellen eines Rheinaals nach einer Brandkatastrophe, bei der es zu einer erheblichen Belastung durch Schadstoffe im Rhein kam: Das Endoplasmatische Reticulum ist fragmentiert und glatt, die Zahl der Lysosomen ist erhöht, die aktiven Kerne besitzen vorwiegend helles Euchromatin. Vergr. 5500×. Fotos: T. Braunbeck (Heidelberg)

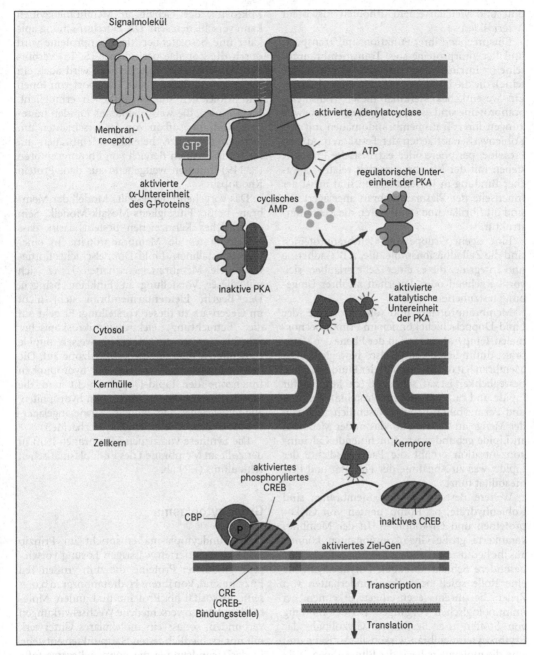

Signalmolekül

Membran-
receptor

aktivierte
α-Untereinheit
des G-Proteins

GTP

aktivierte Adenylatcyclase

ATP

regulatorische Unter-
einheit der PKA

cyclisches
AMP

inaktive PKA

aktivierte
katalytische
Untereinheit
der PKA

Cytosol

Kernhülle

Zellkern

Kernpore

aktiviertes
phosphoryliertes
CREB

CBP

P

inaktives CREB

aktiviertes Ziel-Gen

CRE
(CREB-
Bindungsstelle)

Transcription

Translation

Abb. 3 Signalweg von der Bindung eines Signalmoleküls an einen Membranreceptor, der an ein G-Protein gekoppelt ist. Die aktivierte Untereinheit des G-Proteins verbindet sich mit der Adenylatcyclase, die cyclisches AMP generiert. Dieses aktiviert die vom cyclischen AMP abhängige Proteinkinase A (PKA), deren aktivierter Teil in den Zellkern wandert, wo er das genregulatorische CREB-Protein (CRE-bindendes Protein) phosphoryliert. Dieses Protein besitzt an der DNA eine CRE (cyclic AMP response element) genannte eigene Bindungsstelle. Nach Anlagerung des Co-Aktivators CBP (CREB-bindendes Protein) an CREB setzt die Transcription ein. Dieser Signalweg ist weit verbreitet und kontrolliert zahlreiche Vorgänge in der Zelle von Hormonbildung bis zur Bildung von Proteinen beim Langzeitgedächtnis

Blut und vielfach einem erhöhten Risiko für Arteriosklerose.

Entsprechend ihrer Funktion sind Transport- und Receptorproteine sog. **Transmembranproteine (= intrinsische = integrale Membranproteine)**, die die Lipid-Doppelschicht durchsetzen. Ein wesentliches Merkmal dieser Transmembranproteine sind die hydrophoben Wechselwirkungen ihrer Transmembrandomänen mit den Kohlenwasserstoffketten der Fettsäuren. Andere Proteine, periphere oder **extrinsische Proteine,** stehen mit der Membran mittels relativ schwacher Bindung in Beziehung und sind meist der Innenseite der Plasmamembran angelagert. Sie sind oft fibrillär und stabilisieren die Membranstruktur.

Eine eigene Gruppe von Membranproteinen sind die **Zelladhäsionsmoleküle,** z. B. Cadherine und Integrine, die es einer Zelle erlauben, sich vorübergehend oder dauerhaft an ihrer Umgebung festzuheften.

Membranproteine und die Moleküle der Lipid-Doppelschicht können im Prinzip bei normalen Temperaturen frei in der Ebene der Membran diffundieren, sind also beweglich: Die Membran hat die Eigenschaft der **Fluidität.** Diese Beweglichkeit ist z. T. sehr groß (ca. 1 μm/sec für Lipide und ca. 1 μm/min für Proteine). Fluidität und Permeabilität hängen wesentlich auch von der Menge an Calcium ab, das in der Membran an Lipide gebunden ist. Zunehmende Calciumkonzentration erhöht die Packungsdichte der Lipide, was zu Abnahme der Fluidität und Permeabilität führt.

Weitere Bestandteile von Membranen sind **Kohlenhydrate,** oft Komponenten von Glykoproteinen und Glykolipiden. In der Membran verankerte große Glykokomponenten können aus ihr herausragen und an ihrer Oberfläche eine besondere Schicht aufbauen (**Glykocalyx**), die eine Rolle spielt beim Aneinanderhaften von Zellen, bei ihrem gegenseitigen Erkennen, bei immunologischen Vorgängen, bei der Bindung von Stoffen u. a. Bestimmte Glykolipide der Erythrocytenmembran wirken als Antigene und sind die molekulare Basis der Blutgruppen.

Oft weist die Plasmamembran einer Zelle an verschiedenen Stellen unterschiedliche Zusammensetzung auf. In Epithelien unterscheidet sich die **apikale Membran** in ihren Eigenschaften deutlich von der **basolateralen Membran:** Apikale Membranen können dichte Bürstensäume ausbilden, basolaterale nur locker angeordnete

Mikrovilli, der Gehalt an Membranenzymen kann verschieden sein. Die Durchmischung apikaler und basolateraler Membranproteine wird durch die Zonulae occludentes (S. 15) verhindert. Durch solche Unterschiede wird auch ein selektiver unidirektionaler Transport von Ionen und Molekülen durch Epithelien ermöglicht. Membranen, die weitgehend aus Lipiden bestehen, sind am Aufbau von Isolierschichten um Nervenzellfortsätze beteiligt, Membranen im lichtrezipierenden Bereich von Photoreceptoren (S. 119) bestehen weitgehend aus dem Protein Rhodopsin.

Das vorgehend dargestellte Modell der Membran heißt **Flüssigkeits-Mosaik-Modell.** Sein wesentliches Kennzeichen besteht darin, dass einzelne integrale Membranproteine in einer flüssigkristallinen Lipid-Doppelschicht flottieren. Viele Membraneigenschaften lassen sich mit dieser Vorstellung in Einklang bringen. Der Begriff **Elementarmembran** steht nicht im Gegensatz zu dieser Vorstellung. Er geht auf die Betrachtung elektronenmikroskopischer Schnittpräparate zurück; diese weisen dunkle Außenlinien und eine helle Mittelzone auf. Die helle Mittelzone entspricht der hydrophoben Innenzone der Lipid-Doppelschicht und die dunklen begrenzenden Linien den hydrophilen, außen gelegenen Lipidanteilen sowie angelagerten Molekülen (Proteinen, Polysacchariden).

Die Synthese von neuen Membranen läuft in der Zelle an Membranen des Endoplasmatischen Reticulums (ER) ab.

Grundcytoplasma

Das Grundcytoplasma entspricht im Prinzip einer konzentrierten wässrigen Lösung vorwiegend globulärer Proteine, die zum großen Teil Enzyme sind. Von ihrem Hydratationsgrad hängt seine Viskosität ab. Proteine und andere Moleküle sind durch verschiedene Wechselwirkungen verbunden, sodass ein molekulares Gitterwerk mit unterschiedlich festen Haftpunkten entsteht. In das Grundcytoplasma können Reservestoffe (Glykogen, Lipide) eingelagert sein, in ihm findet die Synthese wichtiger Stoffe wie Aminosäuren, Fettsäuren und Monosaccharide statt, in ihm befindet sich das Cytoskelet, schließlich enthält es die Ribosomen, die Orte der Proteinsynthese (S. 9). Der pH-Wert des Grundcytoplasmas ist immer leicht basisch. Nichtgrundcytoplasmatische Kompartimente haben meist einen mehr oder minder sauren Inhalt.

Zellkern (Nucleus)

Der auffälligste und dementsprechend schon in der ersten Hälfte des 19. Jahrhunderts entdeckte Bestandteil der Zelle ist ihr Kern. Er enthält die Chromosomen (S. 46) in artkonstanter Zahl. In den meisten Zellen besitzt er kugelförmige bis ellipsoide Gestalt, bisweilen ist er gelappt, manchmal verzweigt. Selten tritt er in Zweizahl, öfter in Mehrzahl auf (quergestreifte Skeletmuskelzellen der Säugetiere). Wenn sich der Zellkern nicht gerade im Zustand der Teilung befindet oder sich darauf vorbereitet, enthält er Chromatin, Kerngrundsubstanz und Nucleolus (Abb. 1).

Das **Chromatin** entspricht dem Chromosomenmaterial im Interphasekern und besteht aus Desoxyribonucleinsäure (DNA, DNS) und Proteinen, insbesondere den Histonen. Man unterscheidet **Heterochromatin** (stark kondensierte, kräftig anfärbbare und wenig stoffwechselaktive Anteile) und **Euchromatin** (helle, lockere, stärker am Stoffwechselgeschehen beteiligte Areale). Vor der Kernteilung kondensiert sich das gesamte Chromatinmaterial.

Die Kerngrundsubstanz (nukleäre Matrix) liegt in den Zwischenräumen des Chromatingerüstes; sie besteht aus löslichen Proteinen und einem filamentösen Kernskelet.

Der Nucleolus (Kernkörperchen) tritt meist einzeln oder in geringer Anzahl in Zellkernen als besonders dichte Struktur hervor. Aus Hautdrüsenkernen von Fischegeln (*Piscicola*) wurden 300, aus Eizellen von Amphibien sogar über 1 000 Nucleoli pro Nucleus beschrieben. Die Aufgabe der Nucleoli besteht in der Synthese von ribosomaler RNA, der rRNA. Nucleoli sind Teile des genetischen Apparates (Nucleolusorganisator, SAT-Chromosom, S. 48) und enthalten Protein sowie RNA. Ihre hohe Produktivität in der RNA-Bildung erklärt sich dadurch, dass die Gene des Nucleolusorganisators repetitiv sind, d. h., sie liegen in einer Vielzahl (bis über 20 000) identischer Kopien hintereinander in der DNA vor. In Ausnahmefällen sind Nucleoli extrachromosomal (Genamplifikation, S. 329).

Während der Kernteilung verschwinden die Nucleoli und werden anschließend neu gebildet.

Der Zellkern wird von zwei Membranen begrenzt (**Kernhülle**), die zwischen sich einen 40–70 nm breiten Spalt freilassen (Perinuclearzisterne) und als Teil des Endoplasmatischen Reticulums angesehen werden können. Die äußere Membran entspricht völlig einer Membran des rauhen ER, die innere ist anders gebaut und liegt einem peripher im Kern gelegenen filamentösen Filz (**Kernlamina**) an, der die Kernform stabilisiert und aus dem Protein Lamin besteht. In unregelmäßigen Abständen gehen beide Membranen ineinander über und bilden den Rand ca. 30–100 nm weiter Poren (**Kernporen**, Abb. 1). Diese sind dynamische Strukturen und stellen Orte eines kontrollierten Transportes von RNA und ribosomalen Untereinheiten vom Kern ins Cytoplasma sowie von Proteinen aus dem Cytoplasma in den Kern dar. Kernproteine können nur an Ribosomen im Cytoplasma gebildet werden. Sie enthalten besondere Signalsequenzen für den Transport in den Nucleus und werden aktiv durch die Poren geschleust. Die Poren sind also nicht einfache Öffnungen, sondern komplexe molekulare Strukturen. Kleine, wasserlösliche Moleküle diffundieren durch den zentralen Bereich der Pore.

Endoplasmatisches Reticulum (ER), Ribosomen

In fast allen Tierzellen kommt ein lockeres Netzwerk von Zisternen (flachen Membransäcken) vor, die einen Durchmesser von 40–70 nm besitzen und von einer Membran begrenzt werden. Bisweilen sind die Zisternen zu Röhrchen verengt, oder einzelne Abschnitte verlieren die Verbindung zum übrigen System und liegen als Vesikel im Cytoplasma. Die Gesamtheit der Röhrchen, Zisternen und Vesikel wird Endoplasmatisches Reticulum (ER) genannt. In Zellen, in denen es besonders stark entwickelt ist, ist es auch lichtmikroskopisch erkennbar. In Drüsenzellen kannte man seit langem das »Ergastoplasma«, einen mit basischen Farbstoffen anfärbbaren (basophilen) Bereich im Cytoplasma, der dichten Lagen des RER entspricht. Auch aus Nervenzellen waren parallele RER-Zisternen (s. u.) als Nissl-Substanz beschrieben worden. Aus der Skeletmuskulatur wurde schließlich schon um die Jahrhundertwende ein Röhrensystem bekannt, das dem glatten Endoplasmatischen Reticulum entspricht (SR-System, Abb. 38). Es lassen sich zwei Formen des ER unterscheiden:

1. das rauhe Endoplasmatische Reticulum,
2. das glatte Endoplasmatische Reticulum.

Das rauhe ER (RER), das dem Ergastoplasma und der Nissl-Substanz entspricht, ist außen mit zahlreichen Ribonucleoproteinpartikeln, den Ribosomen, besetzt (Abb. 4b). An ihnen findet die Synthese z. B. für Membran- und Exportproteine statt. Während dieses Vorganges sind sie mit mRNA zu Aggregaten verbunden.

Ribosomen sind kleine Strukturen im Grundcytoplasma mit einen Durchmesser von 30 nm. Sie können zu Millionen pro Zelle vorkommen. Sie sind entweder an Membranen des ER gebunden oder liegen frei im Grundcytoplasma und bestehen etwa je zur Hälfte aus Protein und ribosomaler RNA (rRNA). Im Grundplasma tierischer Zellen treten sie als 80S-Ribosomen auf (S = Sedimentationskonstante, angegeben in Svedberg-Einheiten), in Mitochondrien sind sie kleiner (70 S). Sie bestehen aus zwei ungleichen Untereinheiten (Abb. 18), die unter Mitwirkung von Mg^{2+} zusammengehalten werden.

Vielfach sind Ribosomen zu Gruppen vereinigt, deren Zusammenhalt durch mRNA gewährleistet ist (Polysomen, Polyribosomen). Entsprechend der Funktion der Ribosomen findet sich das rauhe ER besonders stark ausgeprägt in Zellen, die Exportproteine synthetisieren. Die sich bildende Polypeptidkette trägt an ihrem Anfang ein Signal, das die Bindung der betreffenden Ribosomen an einen Receptor in der ER-Membran herbeiführt. Freie Ribosomen bilden Proteine für das Grundcytoplasma und Mitochondrien.

Das glatte ER ist nicht mit Ribosomen besetzt und kann verschiedene Funktionen übernehmen. In Leberzellen der Wirbeltiere ist es für Entgiftungsvorgänge sowie den Lipidstoffwechsel von Wichtigkeit und wird bei Belastung des Organismus durch Pharmaka stark vermehrt. Bestimmte Proteine des glatten ER, besonders die der Cytochrom-P450-Familie, katalysieren die Entgiftungsreaktionen, die letztlich dazu führen, dass aus schädlichen Verbindungen durch Hydroxylierung, Methylierung, Acetylierung und Verknüpfung mit Glucuronsäure wasserlösliche Stoffe entstehen, die über die Nieren eliminiert werden können.

In den Gonaden (in den Leydig-Zellen und im Tertiärfollikel sowie im Corpus luteum) sowie der Nebennierenrinde ist das glatte ER mit dem Aufbau von Steroidhormonen eng verknüpft

und bildet schließlich in den resorbierenden Zellen des Darmepithels ein Transportsystem für Lipide und in den Belegzellen des Magens für Chloridionen. Als Bindeglied zwischen Nervensystem und kontraktilen Fibrillen wird das glatte ER bei der Muskulatur besprochen (S. 80).

Möglicherweise gehören die annulierten Lamellen dem endoplasmatischen Reticulum an; ihre Funktion ist noch unbekannt. Es handelt sich um speziell konfigurierte Membransysteme, die relativ häufig in Eizellen, aber auch in anderen Zelltypen vorkommen. Die Einzelelemente der annulierten Lamellen ähneln der Perinuclearzisterne, indem sie von Poren durchsetzt sind.

Golgi-Apparat

Im Jahre 1898 entdeckte Camillo Golgi in Nervenzellen einen Komplex netzartig miteinander verwobener Fäden, der nach ihm Golgi-Apparat oder Golgi-Komplex genannt wurde (Abb. 1, 4d). Im elektronenmikroskopischen Bild erweist sich dieser als ein Membransystem, das aus Ansammlungen flacher Zisternen besteht, die von unterschiedlich großen Bläschen oder Vakuolen umgeben sind (Abb. 1, 4d). Jedes einzelne dieser Systeme wird Golgi-Stapel oder Dictyosom genannt. Golgi-Stapel liegen im Allgemeinen morphologisch und funktionell zwischen dem Endoplasmatischen Reticulum und der Plasmamembran. Sie sind polar aufgebaut: Von der proximalen, oft konvexen (= cis-, = Bildungs-) Seite wird vielfach Material, das in Bläschen verpackt dem rauhen ER entstammt, aufgenommen und weiterverarbeitet. Von der distalen, oft konkaven (= trans-, Reifungs-)Seite werden membranumschlossene Vesikel abgeschnürt. In vielen Zellen ist die Membran der cis-Golgi-Zisternen relativ dünn (6 nm) und ähnelt damit ER-Membranen; die Membranen der distalen Zisternen sind dagegen dicker (ca. 10 nm) und ähneln damit der Plasmamembran. Die Polarität der Dictyosomen äußert sich auch in Bezug auf den Kohlenhydratanteil und die Enzymausstattung der Zisternenmembranen. In vielen Zellen sind die Golgi-Zisternen um die Centriolen herum ausgebildet, die zusammen mit Mikrotubuli und Filamenten die Centrosphäre bilden. Eine Hauptfunktion des Golgi-Apparates liegt in seiner Beteiligung am Sekretionsvorgang. Im ER synthetisierte Produkte können zum und durch den Golgi-Apparat hindurch transportiert und

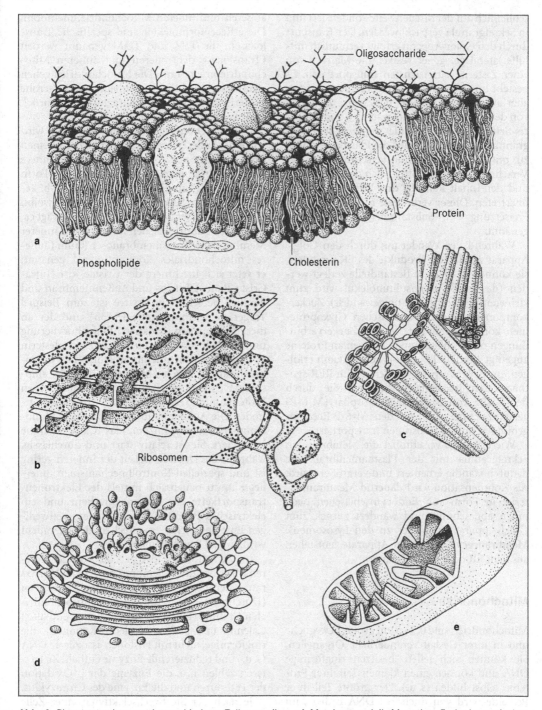

Abb. 4 Plasmamembran und verschiedene Zellorganellen. **a)** Membranmodell, **b)** rauhes Endoplasmatisches Reticulum mit Zisternen, Röhren und Vesikeln, **c)** Centriolen, **d)** Golgi-Stapel (Dictyosom), **e)** Mitochondrium (aufgeschnitten, um die Cristae zu zeigen)

schließlich auf der distalen Seite kondensiert und in Sekretgranula verpackt werden. Der Transport durch den Golgi-Apparat erfolgt vermutlich mithilfe lateral gelegener Vesikel, die Material von einer Zisterne zur nächsten transportieren. Es besteht hinsichtlich des Transportmechanismus aber auch die Hypothese, dass ganze Zisternen von der cis- zur trans-Seite wandern und auf der cis-Seite ständig neu gebildet werden. Die Sekretgranula wandern dann auf die Plasmamembran zu, mit der ihre Membran verschmilzt. An der Verschmelzungsstelle öffnet sich das Granulum, und der Inhalt kann in den Interzellularraum übertreten. Dieser verbreitete Mechanismus der Freisetzung von Substanzen wird **Exocytose** genannt.

Während der Wanderung durch den Golgi-Apparat werden die Produkte des ER verändert, sie können in kleinere Bestandteile zerlegt werden (das große Proinsulinmolekül wird zum kleineren Insulinmolekül umgewandelt), Zuckerkomponenten von sekretorischen Glykoproteinen können verändert werden, Zuckerverbindungen oder Sulfatgruppen können an Proteine angefügt werden, Phosphorylierung kann erfolgen. Im Golgi-Apparat werden die im RER synthetisierten lysosomalen Enzyme, die durch den Besitz von Mannose-6-Phosphat (M-6-P) gekennzeichnet sind, an den M-6-P-Receptor gebunden und in Lysosomen transportiert.

Wie erwähnt, verschmilzt die Membran von Sekretgranula mit der Plasmamembran, die dadurch ständig erneutert und vergrößert wird. Als Kompensation wird dauernd Membranmaterial in Form von Endocytosebläschen nach innen abgeschnürt und wandert zurück zum Golgi-Apparat (und/oder zu den Lysosomen): **Membranrecycling.** Golgi-Apparate entstehen aus dem ER oder durch Teilung.

Mitochondrien

Mitochondrien sind 0,3–5 μm große, bewegliche und in ihrer Gestalt veränderliche Organellen. Sie können sich teilen, besitzen ringförmige DNA und können einen kleinen Teil ihrer Proteine selbst bilden (s. u.). Der größte Teil ihrer Proteine wird von nucleärer DNA codiert, im Cytoplasma synthetisiert und in die Mitochondrien transportiert. Sie finden ihr Ziel, das Mitochondrium, mithilfe einer Signalsequenz, von Chaperonen und Receptormolekülen in der äußeren und inneren Mitochondrienmembran. Diese Receptormoleküle sind spezifische Translokasen, die TIM und TOM genannt werden (Translokase der inneren und äußeren Mitochondrienmembran). Die Mitochondrien gehen stammesgeschichtlich auf phagocytierte aerobe bakterienähnliche Mikroorganismen zurück (Endosymbiontentheorie, S. 367).

Das Mitochondrium (= Mitochondrion) wird von einer äußeren Membran begrenzt. Auf einen 8 nm breiten Spalt folgt nach innen die innere Mitochondrienmembran, die sich in Form von Röhren (**Tubuli**), Falten (**Cristae,** Abb. 4e) oder Säckchen (**Sacculi**) in das Lumen vorwölbt. Der Durchmesser beider Membranen beträgt ca. 6 nm. Der Raum zwischen äußerer und innerer Membran wird intermembranöser Raum (äußeres mitochondriales Kompartiment) genannt; er setzt sich ins Innere der Cristae fort (Intra-Crista-Raum). Innen- und Außenmembran sind deutlich verschieden. Erstere ist zum Beispiel Träger der Atmungskette (S. 33) und der an diese gekoppelten oxidativen Phosphorylierung und enthält Cardiolipin, letztere Cholesterin (welches der Innenmembran fehlt). Die Innenmembran ist durch auf Stielen sitzende, ellipsoide Elementarpartikel gekennzeichnet, einen Proteinkomplex, an dem die ATP-Synthese stattfindet. Die Außenmembran enthält u. a. Monoaminoxidase, ein Enzym, das Catecholamine inaktiviert. Sie ist relativ starr und durchlässig, während die Durchlässigkeit der inneren gering ist und speziellen Kontrollmechanismen unterliegt; an ihr bauen sich mittels der **Elektronentransportkette** ein **Protonengradient** und ein **elektrisches Potential** auf, die einem zeitweiligen Energiespeicher entsprechen, der gebraucht wird, um ATP aufzubauen.

Im Zentrum befindet sich der von der inneren Mitochondrienmembran umgebene **Matrixraum,** der u. a. die **mitochondrialen Ribosomen** (Durchmesser ca. 15 nm), die **intramitochondrialen Granula** (Durchmesser ca. 30 nm, enthalten Calcium und andere bivalente Kationen), die ringförmige, nicht mit Histonen assoziierte **DNA** (s. u.) und reduzierende Enzyme enthält. Zu letzteren zählen u. a. die Enzyme der β-Oxidation der Fettsäuren und die Enzyme des Citratzyklus.

Je nach der Stoffwechselaktivität einer Zelle variieren Zahl der Mitochondrien und Dichte ihrer Einfaltungen. In wenig stoffwechselaktiven Zellen treten sie nur vereinzelt auf, ihre Innenstruktur erscheint recht einfach. In aktiven

Geweben, in denen beispielsweise Stoffe in größerem Umfang transportiert oder Fette aus Kohlenhydraten synthetisiert werden, oder in Muskelzellen, in denen chemische Energie in mechanische transformiert wird, treten große Mengen von Mitochondrien mit eng gelagerten inneren Membranen auf.

In manchen Einzellern kommen mehr als 500 000 Mitochondrien vor, in Endothelzellen von Blutgefäßen weniger als 100, in den parasitischen Trypanosomen nur ein einziges, und in einigen Zelltypen (z. B. reifen Erythrocyten der Säuger) und bei manchen Protozoen (z. B. *Entamoeba, Pelomyxa*) fehlen sie.

Im Matrixraum liegen zwei bis sechs kreisförmige DNA-Moleküle (mitochondriale DNA = mtDNA) ohne Introns und mit nur drei Promotoren. Die mtDNA besteht in Zellen des Menschen aus etwa 16 000 Nucleotidpaaren. Sie umfasst 37 Gene und codiert für 13 Proteine der Atmungskette, zwei Arten von ribosomaler RNA (Bestandteil von mt-Ribosomen) und 22 tRNA-Arten (für die Synthese mitochondrialer Proteine).

Die mDNA ist ein Bestandteil des Genotyps und kann – je nach Mitochondrienzahl – bis zu 0,5% des DNA-Gehalts einer somatischen Zelle ausmachen. Ihre Vererbung ist rein mütterlich. Man geht davon aus, dass Mitochondrien bei Zellteilungen »zufällig« auf die Tochterzellen verteilt werden (Heteroplasmie).

Hydrogenosomen

Hydrogenosomen sind von einer Membran begrenzte Organellen, in denen durch Oxidation von Pyruvat ATP gewonnen und Wasserstoff freigesetzt wird. Sie kommen bei vielen anaerob, z. B. im Schlamm, im Pansen oder Darm lebenden Protozoen vor. Hydrogenosomen produzieren Wasserstoff mithilfe des Enzyms Hydrogenase, welches nur bei Abwesenheit von Sauerstoff Protonen zu Wasserstoff reduzieren kann. Einige Hydrogenosomen besitzen DNA.

Lysosomen

Diese Organellen werden von einer Membran umgeben und sind durch ihr niedriges pH sowie ihre Enzyme charakterisiert, insbesondere saure Hydrolasen. Die Lysosomenmenbran besitzt eine Protonen-ATPase, die für die hohe Protonenkonzentration in den Lysosomen verantwortlich ist. Die Hauptfunktion der Lysosomen besteht im Abbau von in die Zelle aufgenommenen Stoffen oder Partikeln, z. B. Bakterien (**Heterophagie**), sowie in der Verdauung eigener, verbrauchter Zellorganellen (**Autophagie**). Haben sie zelleigene Bestandteile aufgenommen, spricht man von **Cytolysosomen** oder **Autophagosomen**, andernfalls von **Heterolysosomen**. Von vielen Zellen ist bekannt, dass die Lysosomen ihre abbauenden Enzyme auch in den Extrazellularraum abgeben können. Entsprechend ihrem augenblicklichen Funktionszustand sind die Lysosomen sehr unterschiedlich strukturiert. Sie entstehen im Golgi-Apparat. Wenn die neu gebildeten Lysosomen (**primäre Lysosomen**) mit abzubauenden Substanzen zusammentreffen bzw. sich mit einer Vakuole (**Phagosom**) verbinden, die einen Fremdkörper aufgenommen hat, verändert sich ihre Binnenstruktur (**sekundäre Lysosomen**).

Endstadien sind oft mit nicht verdaulichen Substanzen angefüllt und werden in manchen Zellen auch Lipofuscingranula genannt. Von einigen Substanzen (z. B. Vitamin A) ist bekannt, dass sie die Durchlässigkeit der Lysosomenmembran beeinflussen können. Es wird zunehmend deutlich, dass Lysosomen nicht nur einfache verdauende Zellorganellen sind, sondern einem komplexen System mit vielen Funktionen entsprechen. In der Schilddrüse erfolgt in ihnen die Freisetzung von T_3 und T_4 aus dem Thyroglobulin. In vielen Zellen spielt das lysosomale System eine regulierende Rolle im Stoffwechsel, indem es die mit Liganden besetzten Endocytosebläschen aufnimmt, die Liganden weiterverarbeitet und die Receptoren mit der zugehörigen Membran in Form von kleinen Bläschen wieder zur Plasmamembran zurückkehren lässt. Beim Abbau der Liganden können wirksame Bestandteile in das Grundcytoplasma abgegeben werden, wo sie den Stoffwechsel beeinflussen. Eine ganze Reihe von Krankheiten beruht auf genetisch bedingten lysosomalen Dysfunktionen.

Proteasomen sind im Grundcytoplasma gelegene Proteasekomplexe, die nicht von einer Membran umgeben sind und, ähnlich wie Lysosomen, in die Zelle aufgenommene Substanzen abbauen können. Sie bauen auch nicht mehr funktionstüchtige Enzymproteine des Grundcytoplasmas ab.

Peroxisomen

Es handelt sich um von einer Elementarmembran umgebene Zellorganellen, die in zahlreichen Zelltypen vorkommen, besonders häufig in Leber und Niere der Wirbeltiere. Sie sind vermutlich trotz Fehlens von eigener DNA selbstreplizierend und enthalten verschiedene Enzyme (z. B. die **Katalase,** welche H_2O_2 in Wasser und Sauerstoff zerlegt), die an freien Ribosomen im Cytoplasma gebildet werden und in die Peroxisomen importiert werden müssen. Peroxisomen führen Oxidationsreaktionen mit molekularem Sauerstoff aus, d. h., sie entziehen organischen Substraten mit Hilfe von molekularem Sauerstoff Wasserstoffatome. Dabei entsteht **Wasserstoffperoxid,** das für weitere Oxidationen verwendet wird, z. B. von Phenolen und Ethanol. Solche Oxidationen sind insbesondere in Leber und Niere im Rahmen von Entgiftungsprozessen von Bedeutung. Der Überschuss von H_2O_2 wird von der Katalase beseitigt, die bis zu 40% des Proteins in den Peroxisomen ausmacht. Manche Peroxisomen enthalten einen kristallinen Binnenkörper aus Uratoxidase, das Nucleoid.

Centriolen

Centriolen sind zylinderförmige Körper, die meist in Zweizahl vorkommen und mit ihren Längsachsen senkrecht zueinander stehen (Abb. l, 4 c). Die Wände bestehen aus neun Sätzen von Mikrotubuli; die einzelnen Sätze enthalten meist drei eng miteinander verbundene Mikrotubuli (**Tripletts**). Von Centriolen geht die Bildung der Basalkörper von Cilien und der Mikrotubuli der Kernteilungsspindel aus (Abb. 22).

Centriolen sind mit diffus verteilten Proteinen assoziiert, hier entstehen Mikrotubuli (s. u.); der gesamte Komplex wird als **Centrosom** bezeichnet.

Cytoskelet

Dem Cytoskelet werden Mikrotubuli und verschiedene Filamente zugerechnet. Es ist an der Erhaltung der Zellgestalt, an Zellbewegungen, intrazellulärem Transport und Zellteilung beteiligt.

a Mikrotubuli

Mikrotubuli sind Röhren unterschiedlicher Länge von 20–30 nm Durchmesser. Sie bestehen aus dem Protein **Tubulin,** das in zwei Formen (α- und β-Form) vorkommt; α- **und** β-**Tubuline** lagern sich zu Dimeren zusammen, die 13 Protofilamente bilden, aus denen sich die Mikrotubuli zusammensetzen (Abb. 7b, c). Das β-Tubulin ist besonders konservativ und von Protozoen bis zu Säugetieren sehr ähnlich. Die Mikrotubulus-Untereinheiten können an einem Ende (**Plus-Ende**) rascher hinzugefügt werden als am anderen (**Minus-Ende**). Entfernung von Untereinheiten kann an beiden Enden stattfinden. Besonders zahlreich kommen Mikrotubuli z. B. in Axopodien von Heliozoen und in Nervenzellausläufern vor. Sie bauen die **Mitosespindel** auf und bilden die wesentlichen strukturellen Komponenten von Kinocilien (Abb. 7). Man schreibt ihnen Stützfunktion zu; außerdem sind sie an Bewegungsvorgängen beteiligt. Unter ATP-Verbrauch werden entlang der Mikrotubuli dyneingebundene Vesikel zum Minusende und kinesingebundene Vesikel zum Plus-Ende bewegt. Dynein und Kinesin sind Motorproteine. Cytoplasmatische Mikrotubuli sind relativ labile Strukturen, die z. B. bei niedriger Temperatur verschwinden. Bei Experimenten mit Mikrotubuli wird oft von Colchicin und Vinblastin Gebrauch gemacht, welche die Assoziation der Tubulin-Untereinheiten verhindern.

Für Mikrotubuli sind **Nucleationsorte** (= **MTOCs** = **microtubule organizing centers**) bekannt, an denen sie inserieren und von denen sie gebildet werden. Nucleationsorte sind v. a. die Centrosomen.

b Actinfilamente

Actin findet sich in verschiedener Anordnung in fast allen Zellen. Das globuläre Actin (G-Actin) polymerisiert vielfach zu Actinfilamenten (F-Actin). Letztere haben einen Durchmesser von ca. 6 nm. Wie die Mikrotubuli werden auch sie an einer Seite dauernd verlängert, an der anderen verkürzt. Actinfilamente spielen eine wichtige Rolle bei Bewegungsvorgängen, indem sie mit Myosinfilamenten kontraktile Systeme aufbauen, die in Muskelzellen (s. S. 76) besonders hoch entwickelt sind. Sie stabilisieren weiterhin Zellen und können in der Zellperipherie konzentriert und mit der Zellmembran verknüpft sein; zusammen mit dem Spectrinfilamentsystem (ca. 5 nm dicken Filamenten) stabilisiert Actin die Zellmembran. In Epithelzellen bildet Actin im Inneren von Mikrovilli ein formstabilisierendes Filamentsystem. Es gibt zahlreiche unterschiedliche Begleitproteine von Actin, die dessen Polymerisationsgrad festlegen und spezielle Funktionen steuern. Actinfilamente werden durch Cytochalasin B zerstört, Phalloidin (Gift des Knollenblätterpilzes) stabilisiert sie dagegen und verhindert ihre Depolymerisation.

c Myosinfilamente

Einen weiteren Filamenttyp können Myosinmoleküle aufbauen. Er kommt in Muskelzellen vor (s. S. 79) und misst oft ca. 15 nm im Durchmesser. Myosine sind aber auch in vielen nichtmuskulären Zellen mit Actin vergesellschaftet gefunden worden. Sie fungieren dabei stets als Motorproteine.

d Intermediärfilamente

Sie haben eine Dicke von etwa 10 nm und liegen damit zwischen den beiden vorher genannten Cytoskelet-Komponenten. Sie durchziehen das Cytoplasma einzeln oder gebündelt und sind die wesentlichen Cytoskeletanteile mit Stützfunktion. In Epithelzellen enden sie häufig an Desmosomen. Man kann verschiedene Typen unterscheiden, die gewebsspezifisch sein können: Bei Säugern kommen **Cytokeratine** (in der Epidermis »Tonofilamente« genannt) in Epithelzellen vor, **Vimentinfilamente** in Zellen mesenchymaler Herkunft (z. B. Bindegewebs-, Fett-, Knochen- und Endothelzellen), **Desminfilamente** in Muskelzellen, **Neurofilamente** in Nervenzellen, **Gliafilamente** z. B. in Astrocyten. Diese Proteine sind für die Tumordiagnostik von Bedeutung, da sie sich sehr konservativ verhalten und in metastasierten Tumoren noch deren Herkunft verraten. Auch die **Lamine A und B,** die eine verfestigende Schicht an der Innenseite der Kernhülle, die sog. Kernlamina bilden, gehören zu den Intermediärfilamenten.

Oberflächendifferenzierungen von Zellen

a. Glykocalyx: Zellen sind im Allgemeinen von einer kohlenhydratreichen Schicht (Glykocalyx) umhüllt, die unterschiedlich dick sein kann und die in der Zellmembran verankert ist. Diese Schicht ist wesentlich für viele funktionelle Eigenschaften von Zellen und unterscheidet sich daher von Zelltyp zu Zelltyp.

b. Zellkontakte: In Zellverbänden kommt es zur Ausbildung unterschiedlich gebauter Kontaktzonen zwischen Membranen benachbarter Zellen (Abb. 5).

1. Nur im Bereich der **Zonula occludens (Verschlusskontakt, tight junction)**, einem typischen Zellkontakt in Epithelien, liegen die benachbarten Zellmembranen direkt aneinander, und zwar in Form von Leisten, die anastomosieren können und mehr oder weniger parallel zur Epitheloberfläche verlaufen. Die benachbarten Membranen werden durch Stränge von Transmembranverbindungsproteinen (Occludin, Claudin) zusammengehalten. An einer Zonula occludens wird der Interzellularraum versiegelt, sodass der Stofftransport durch diesen Raum hindurch unterbunden bzw. behindert wird. Die Zahl der Membranleisten (7–8 im Epithel der Amphibienharnblase, 1–2 in vielen Endothelzellen von Säugetieren) bestimmt das Ausmaß der Einschränkung des interzellulären Stofftransportes. Man findet Zonulae occludentes dort, wo Barrieren aufgebaut werden sollen, z. B. in Epithelien von Hohlorganen, wo zwischen dem Lumen und dem umgebenden Gewebe ein ungehinderter Stoff- und Flüssigkeitsaustausch vermieden werden muss (Darm, Niere, viele Blutcapillaren, Leberepithelien [um die Gallencanaliculi] u. a.). Zonulae occludentes sind in ihrer Ausprägung nicht starr, sondern können sich mit verschiedenen physiologischen Zuständen verändern. Sie sind besonders hoch entwickelt bei Vertebraten, kommen aber auch bei Wirbellosen vor, sie markieren die Grenze zwischen apikaler und basolateraler Zellmembran.

2. Die punktförmige **Macula adhaerens (Desmosom)** dient dem mechanischen Zusammenhalt der Zellen (Zell-Zell-Adhäsion) und der Verankerung intermediärer Filamente. Die Zellmembranen der benachbarten Zellen

bleiben im Bereich dieser Zellkontakte annähernd durch den üblichen oder etwas erweiterten Interzellularspalt getrennt, der hier **Transmembran-Glykoproteine (Cadherine)** enthält. Die Cadherine der sich gegenüberliegenden Zellmembranen werden durch Calcium zusammengehalten und überbrücken so den Interzellularspalt.

Auf der cytoplasmatischen Seite sind diese Zellkontakte durch das Protein **Desmoplakin** gekennzeichnet, das hier mit weiteren Proteinen eine Verankerungsstruktur für intermediäre Filamente, insbesondere für Cytokeratine, bildet. Die **Zonula adhaerens** (intermediäre Junktion) läuft als Band um die Zellen. Auch in ihrem Bereich sind die Zellen über calcium-

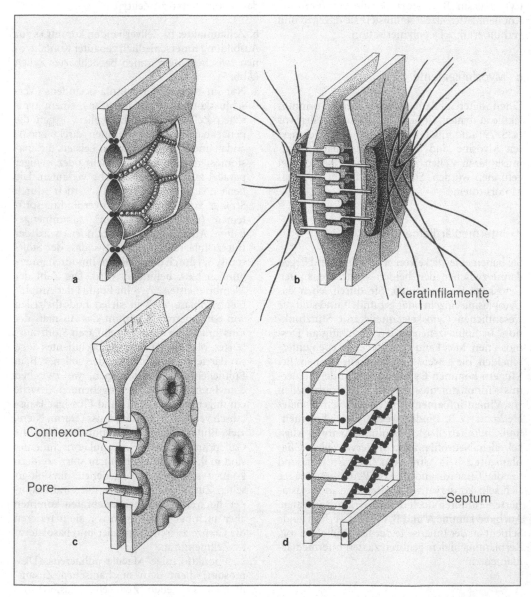

Abb. 5 Zellkontakte. **a)** Zonula occludens, **b)** Macula adhaerens (Desmosom), **c)** Macula communicans (gap junction, Nexus), **d)** septierte Junktion. Zellkontakte können punktförmig (Maculae) oder gürtelförmig (Zonulae) sein

abhängige Cadherine verbunden. Auf ihrer cytoplasmatischen Seite befindet sich eine Verankerungsplaque aus Cateninen, Plakoglobulin und anderen Proteinen, in die Actinfilamente eingebettet sind.

3. Von besonderer physiologischer Bedeutung sind die **gap junctions (Maculae communicantes, Nexus)**. Die Zellmembranen nähern sich hier auf 2–4 nm (normaler Abstand zwischen zwei Zellen ca. 20 nm). In dieser Zone der Annäherung findet man punktförmige Regionen, in denen die benachbarten Zellen direkt in Kontakt kommen und über feine Kanäle miteinander kommunizieren (**intercytoplasmatische Kanäle**). Über diese etwa 1,5 nm weiten Kanäle können kleine Moleküle ausgetauscht werden; selbst cyclisches AMP kann hier von einer Zelle in die nächste wandern. Sie ermöglichen auch die ungehinderte Ausbreitung von Erregungen und bauen im Nervensystem elektrische Synapsen auf. Die Kanäle bestehen aus Transmembranproteinen, welche Strukturen bilden, die man **Connexone** nennt. Mehrere hundert Connexone liegen in einer Macula communicans. Jedes Connexon besteht aus sechs Untereinheiten (Connexinen, Abb. 5c). Man findet gap junctions u. a. zwischen glatten Muskelzellen, Herzmuskel- und vielen Epithelzellen. Gap junctions können rasch auf- und abgebaut werden.

4. Kennzeichnend für Gewebe von Wirbellosen sind die **septierten Junktionen**, die bei den einzelnen Gruppen eine recht unterschiedliche Feinstruktur aufweisen. Es wurden u. a. regelmäßig gefaltete, die benachbarten Zellen verbindende Leisten (z. B. bei Mollusken und Arthropoden) oder ein kompliziertes dreidimensionales System von Stäben (Cnidaria) beschrieben. Spezifische Funktionen dieses Zellkontakttyps sind bisher nicht sicher bekannt, vermutlich behindern sie den Transport durch den Interzellularraum und verbinden Zellen mechanisch.

c. Transitorische Oberflächenstrukturen: Veränderliche Differenzierungen der Oberfläche sind die **Pseudopodien** und **Endocytosebläschen**. Pseudopodien stehen im Dienst von Fortbewegung und Nahrungsaufnahme. Bei Protozoen kommen sie in vielfältiger Gestalt vor (S. 445), sind aber auch bei vielen Zellformen der Metazoen ausgebildet. Sie dienen der Fortbewe-

gung und Aufnahme größerer Partikel in die Zelle (**Phagocytose**). Die Partikel werden außen an die Zellmembran angeheftet und gelangen nach Abschnürung membranumschlossen ins Innere der Zelle. Ähnlich werden Flüssigkeiten in kleinen, glattwandigen Membranbläschen von der Oberfläche ins Zellinnere transportiert (**Pinocytose** Abb. 6). Sind sie auf der Cytoplasmaseite von einem feinen Belag aus dem Protein Clathrin bedeckt, nennt man sie **Stachelsaumbläschen (coated vesicles)**. **Clathrin** ist ein Protein, das in der Evolution kaum verändert wurde. Es besteht aus drei großen und drei kleineren Polypeptidketten, die eine dreiarmige Struktur (**Triskelion**) bilden. In ihrer Gesamtheit treten sie zu einem stabilisierenden Netz zusammen, das die cytoplasmatische Seite der Zellmembran bedeckt. Nach Ausbildung der Bläschen löst sich das Clathrin von der Vesikelmembran und kehrt zur Zellmembran zurück. Solche clathrinbedeckten Bläschen transportieren Stoffe in die Zelle, die zuvor an bestimmte Receptormoleküle der Plasmamembran gebunden wurden (receptorvermittelte Endocytose). Die Receptoren können sich in der Zellmembran bewegen und wandern zunächst in clathrinbedeckte Einsenkungen (**coated pits**) der Membran, die sich dann als Bläschen abschnüren. Allgemein nennt man die Art der Stoffaufnahme mittels abgeschnürter Vesikel **Endocytose**. Sie kann schließlich zum Abbau der aufgenommenen Substanzen führen, nachdem Lysosomen aus dem Zellinneren mit den Phago- und Pinocytosevesikeln verschmolzen sind. Dem dauernden Transport von Membranmaterial ins Innere wirkt ein umgekehrter Transport entgegen, der Membranen zur Oberfläche zurückbefördert (**Membran-Recycling**). In Vesikeln kann die Zelle auch unverdauliche Reste oder Sekrete nach außen abgeben (**Exocytose**). Bei Amöben kann die gesamte Zellmembran innerhalb einer Stunde mehrmals ins Innere aufgenommen und wieder in die Peripherie zurückverlagert werden. Trotz dieser raschen Umbauten behalten Zellmembran und intrazelluläre Membranen ihre charakteristische Zusammensetzung.

d. Dauerhafte Oberflächenstrukturen: Stabilere Oberflächendifferenzierungen sind das basale Labyrinth, Mikrovilli und Kinocilien.

Das **basale Labyrinth** besteht aus schmalen, tiefen Einfaltungen der basolateralen Plasmamembran und findet sich insbesondere in Epi-

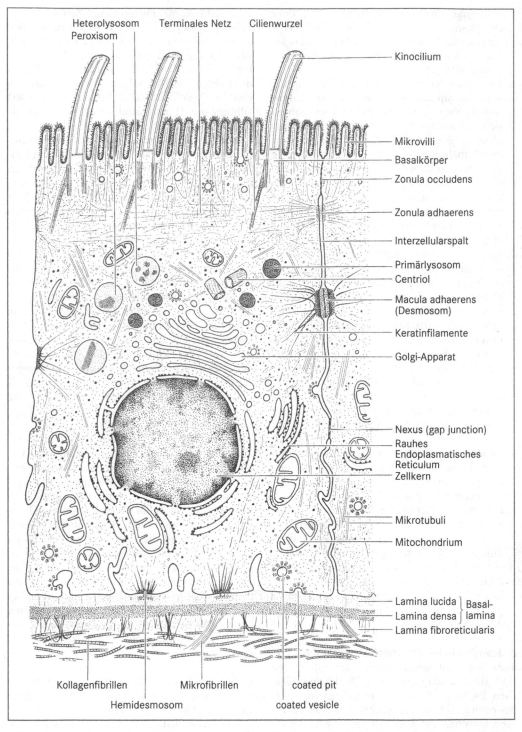

Abb. 6 Epithelzelle mit apikalem Mikrovillisaum und Kinocilien sowie unterlagernder Basallamina und subepithelialen Kollagenfibrillen

thelzellen, in denen sich ein aktiver Flüssig-keitstransport abspielt (Malpighi'sche Gefäße, Nierentubuli [Abb. 132], Salzdrüsen der Sauropsiden).

Die apikale Zellmembran vieler resorbieren-der, aber auch anderer Zellen, besitzt z. T. dicht stehende, fingerförmige Plasmaausstülpungen, die **Mikrovilli** genannt werden. Sie enthalten in vielen Zellen Actin und basal Myosin. Bei besonders regelmäßiger Anordnung spricht man von einem Bürstensaum (Abb. 104).

Kinocilien (= Cilien, Wimpern, Geißeln) sind lange, bewegliche Fortsätze der Zelloberfläche, die in allen Tiergruppen ähnlich aufgebaut sind und die möglicherweise zur Grundausstattung des Eucyts gehören. Oftmals (Knorpelzellen, Hypophysenzellen u. a.) sind sie rudimentär. Ihre Oberfläche wird vom Plasmalemm gebildet, im Inneren liegen peripher meist neun Mikrotubu-lus-Paare (Abb. 7a). Ein Partner (A-Tubulus) besteht aus 13, der andere (B-Tubulus) aus zehn Protofilamenten; im Zentrum finden sich zwei getrennte Mikrotubuli, die von einer Zentral-scheide umgeben werden. Diese steht über Radi-alspeichen mit den A-Tubuli in Verbindung. Die Dyneinarme, die von den A-Tubuli ausgehen, treten mit dem nächsten Mikrotubuluspaar in Wechselwirkung und bewirken die Krümmung der Cilie. Die Nexine verbinden die Tubuluspaare und setzen ihrem Gleiten elastischen Widerstand entgegen (Abb. 7).

Basal laufen die peripheren Tubuli meist in den Zellkörper und bilden einen zylinderförmi-gen **Basalkörper** (= Kinetosom), während die zwei zentralen Tubuli oft an einer horizontal gestellten Basalplatte enden. Basalkörper gehen aus Centriolen hervor und bestehen wie diese aus neun Sätzen zu je drei Mikrotubuli. An ihnen können umfangreiche faserige, oft periodisch quergestreifte Verankerungs- oder Wurzelstruk-turen ansetzen.

Treten Cilien in Einzahl an einer Zelle auf, werden sie oft **Geißeln** (Flagellen) genannt, kom-men sie in Vielzahl vor, heißen sie auch **Wim-pern**. Der Begriff Kinocilie soll zum Ausdruck bringen, dass sich die Cilien bewegen. Die Bewe-gungsweise ist bei Flagellen und Cilien unter-schiedlich. Bei Geißeln laufen gewöhnlich sym-metrische ebene Wellen von der Basis zur Geißelspitze, jedoch kann die Fortpflanzung der Welle auch umgekehrt erfolgen. Oft nimmt die Bewegung die Form einer schraubenförmigen Welle an. Bei Wimpern besteht jeder Bewegungs-

zyklus aus einem Vorschlag und einer Rück-schwingung. In einem Wimperfeld schlagen die Cilien, die in der Schwingungsebene stehen, metachron, d. h. mit einer Phasenverschiebung, die umso größer ist, je weiter die Cilien vonein-ander entfernt sind. In der dazu senkrecht ste-henden Ebene schlagen sie isochron, d. h. in gleicher Phase.

Cilien kommen gewöhnlich in ausgedehnten Streifen oder Bändern vor. Cirren oder Membra-nellen an der Oberfläche von Ciliaten und Rota-torien bestehen aus Gruppen von Cilien, ebenso die Kämme der Ctenophoren.

Chemische Bestandteile

In den Zellen und Geweben der Tiere stehen fol-gende Gruppen organischer Verbindungen im Vordergrund: Kohlenhydrate, Proteine, Lipide und Nucleinsäuren.

Kohlenhydrate

Kohlenhydrate stellen für Tiere eine sehr wich-tige Energiequelle dar. Daneben sind sie aber auch Strukturelemente innerhalb und außerhalb von Zellen. Glucose und Glykogen sind Beispiele für Energielieferanten, Proteoglykane (Mucopo-lysaccharide) und Chitin für Strukturelemente. Kohlenhydrate sind Polyhydroxyaldehyde oder -ketone und werden nach dem Besitz von Alde-hyd- oder Ketogruppe Aldosen oder Ketosen genannt. Ein Beispiel für eine Aldose ist Glucose, für eine Ketose Fructose. Kohlenhydrate können neben Kohlenstoff (C), Wasserstoff (H) und Sauerstoff (O) auch Stickstoff (N) und Schwefel (S) enthalten.

Die Kohlenhydrate werden in drei Haupt-gruppen gegliedert: 1. Monosaccharide, 2. Oligo-saccharide, 3. Polysaccharide.

Monosaccharide sind einfache Zucker, die nach der Zahl ihrer Kohlenstoffatome klassifi-ziert werden (Pentosen, Hexosen usw.). **Oligo-saccharide** sind größere Zuckermoleküle, die bei hydrolytischer Spaltung zwei bis sechs einfache Zucker liefern. Disaccharide zerfallen in zwei Monosaccharide. Bekannte Disaccharide sind Maltose, Lactose und Saccharose. **Polysaccharide** bestehen aus einer großen Zahl durch glykosi-dische Bindungen zusammengeschlossener Mono-

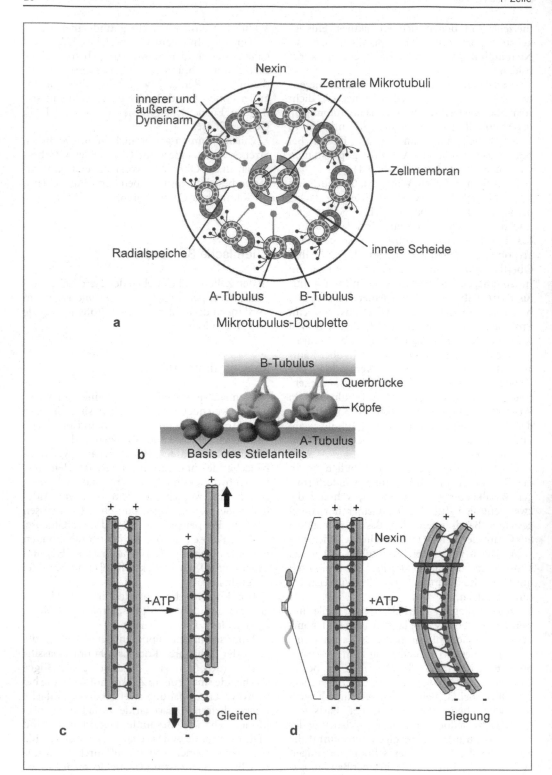

a   Mikrotubulus-Doublette

b

c

d

saccharide. Beispiele sind das weit verbreitete Glykogen und das Chitin. Ersteres ist eine Speicherform von Glucose und kann 10^5 Glucosereste enthalten. Letzteres ist ein wichtiges Strukturelement (Abb. 44).

Hyaluronsäure, Proteoglykane und **Glykosaminoglykane** bilden komplizierte Kohlenhydrate, die die nicht-fibrillären Komponenten der interzellulären Grundsubstanz aufbauen. Hyaluronsäure, ein lineares Polysaccharid von hohem Molekulargewicht, kann in Lösung auftreten, z. B. in der Gelenkflüssigkeit, wo sie für deren Viskosität verantwortlich ist. Sie kann auch zentrale fädige Struktur von hochmolekularen Komplexen sein, in denen ihr zahlreiche Proteoglykane seitlich angelagert sind. Solche Komplexe bauen wesentliche Teile der Grundsubstanz von Binde- und Knorpelgewebe auf. Aufgrund ihrer negativen elektrischen Ladung binden sie Wasser, was zur Schaffung von Diffusionsräumen im Bindegewebe beiträgt. Die Proteoglykane bestehen ihrerseits aus einer zentralen Polypeptidkette, der seitlich Glykosaminoglykane (z. B. Chondroitinsulfat, Dermatansulfat, Keratansulfat) anliegen.

Mucine (Schleime) sind hochmolekulare Eiweiß-Kohlenhydratverbindungen, in denen der Kohlenhydratanteil deutlich überwiegt. Sie werden von epithelialen Zellen gebildet und erfüllen z. B. in Haut, Darmtrakt, Atemtrakt und Genitaltrakt die verschiedenartigsten Funktionen.

Proteine (Eiweiße)

Proteine sind die vielseitigsten Moleküle der Organismen. Sie sind sehr groß (Molekulargewicht von etwa 5 000 bis über 1 Million) und werden zunächst aus 20 verschiedenen **Aminosäuren** zusammengesetzt, welche durch **Peptidbindungen** miteinander verknüpft sind. An diesen Aminosäuren können nach der Proteinsynthese noch Veränderungen erfolgen. Alle Aminosäuren, die in Proteinen nur in der L-Form auftreten, besitzen wenigstens eine Amino- und eine Carboxylgruppe, die beide mit dem gleichen Kohlenstoffatom verbunden sind, das α-C-Atom genannt wird. Dieses C-Atom ist weiterhin mit einem Wasserstoff-Atom und einer für die verschiedenen Aminosäuren jeweils charakteristischen Seitenkette verknüpft. Sind nicht mehr als ungefähr zehn Aminosäuren miteinander verbunden, spricht man von Oligopeptiden. Polypeptide enthalten bis zu etwa hundert Aminosäuren. Sind mehr vorhanden, nennt man die Aminosäurenkette Protein. Die Reihenfolge der Aminosäuren in den Ketten (**Aminosäuresequenz**) wird als **Primärstruktur** der Proteine bezeichnet.

Eine Kette besteht jeweils aus verschiedenen Aminosäuren, ist also ein Heteropolymer. Amino- und Carboxylgruppe verschiedener Aminosäuren werden unter Wasseraustritt zu einer Peptidbindung geknüpft; deren Spaltung erfolgt unter Einführung von Wasser (Hydrolyse). Jede Kette verfügt über ein Aminoende (N-Terminus) und ein Carboxylende (C-Terminus). Die Biosynthese beginnt mit ersterem.

Enzyme und viele Hormone sind Proteine. Bei ihnen kann zunächst eine nicht voll funktionsfähige Vorstufe (Proenzym, Prohormon) aufgebaut werden, deren Aktivierung durch Entfernung genau festgelegter Teilsequenzen erfolgt (**limitierte Proteolyse**). Die Massenverluste im

---

Abb. 7 Molekulare Struktur von Kinocilien. **a)** Schematischer Querschnitt durch eine Kinocilie. Die zwei zentralen Einzelmikrotubuli und die neun peripheren Doppelmikrotubuli (Mikrotubulus-Doubletten) bilden das Axonem. Die zentralen Mikrotubuli sind durch Proteinbrücken verbunden. Einer der zwei zentralen Mikrotubuli trägt Filamente. Die Dyneinarme und die Radialspeichen treten nur in bestimmten Abständen entlang der Längsachse auf. Die A-Tubuli bestehen aus 13, die B-Tubuli aus 10 Protofilamenten. Das Protein Tektin verbindet A- und B-Tubulus. **b)** Zwei Dyneinmoleküle des äußeren Dyneinarms eines A-Tubulus. Das Molekül ist mit der Basis seines Stielanteils am A-Tubulus befestigt. Die reversible Bindung an den B-Tubulus erfolgt über Querbrücken, die Teil der Köpfe des Moleküls sind. In Anwesenheit von ATP werden die Querbrücken zum B-Tubulus ständig gelöst und neu gebildet. Dies führt zur Biegung des Axonems, weil die Doubletten durch Nexin verbunden sind und sich deswegen nicht gegeneinander verschieben können. **c), d)** Biegung des Axonems. **c)** Wenn das Nexin, das die benachbarten Mikrotubulus-Doubletten verbindet, durch Proteolyse abgebaut wird, gleiten die Doubletten nach ATP-Zusatz parallel aneinander vorbei. Die Bewegung der Querbrücken der Dyneinköpfe ist Ursache für dieses Aneinandervorbeigleiten. **d)** Im intakten Axonem sind aber die Doubletten durch das Nexin verbunden. Das bewirkt, dass die Doubletten nach ATP-Zusatz nicht aneinandervorbeigleiten können, sondern verbogen werden

Zuge der Aktivierung können wenige Prozent bis über die Hälfte des ursprünglichen Moleküls betragen.

Die Ketten sind in bestimmter Weise gedreht und gefaltet, sodass eine charakteristische räumliche Anordnung vorliegt, die **Kettenkonformation** genannt wird. Sie wird durch schwache Bindungen (Wasserstoffbrücken, elektrostatische und hydrophobe Bindungen) und kovalente Bindungen (Disulfidbrücken) aufrechterhalten. Der Begriff Kettenkonformation umfasst die ebenfalls gebräuchlichen Ausdrücke Sekundär- und Tertiärstruktur, die jedoch nicht scharf getrennt werden. Eine häufige **Sekundärstruktur** ist eine regelmäßig aufgebaute Schraube mit 3,6 Aminosäureresten pro Windung und einer Identitätsperiode von ca. 0,54 nm (**α-Helix**). Die Anordnung der gedrehten Ketten in Schichten, Fasern oder globulären Gebilden wird als **Tertiärstruktur** bezeichnet. Bei vielen sehr großen Eiweißkörpern sind mehrere Untereinheiten (Polypeptidketten) mit Tertiärstruktur aggregiert: **Quartärstruktur** eines Proteins. Auf diese Weise kommt es zu den eingangs erwähnten großen Molekulargewichten. Eine einzelne Polypeptidkette überschreitet selten ein Molekulargewicht von 60 000. Die Herausbildung der Quartärstruktur kann automatisch in richtiger Weise ohne Zufuhr von Energie und Information erfolgen (**Selbstorganisation,** self assembly). Es handelt sich dabei um ein wichtiges Prinzip molekularer Gestaltbildung, das z. B. beim Aufbau von Ribosomen in Erscheinung tritt: Teilt man diese experimentell in ihre Bestandteile, so vermögen letztere unter geeigneten Bedingungen zu reassoziieren und synthetisieren dann wieder Proteine.

Die Komplexität ihres Aufbaues ist für die Spezifität der Proteine, wie sie z. B. bei Enzym- und Immunreaktionen deutlich wird, verantwortlich. Die Spezifität geht im Prozess der Denaturierung verloren (Alkoholbehandlung, Erhitzen, UV-Strahlen usw.).

Es werden zwei Proteingruppen unterschieden: Skleroproteine und globuläre Proteine. Zu den **Skleroproteinen** gehören die unlöslichen Stütz -und Gerüstproteine, z. B. das Keratin der Haare, Nägel und Federn sowie Kollagen, Elastin, Myosin und Seidenfibroin. Diese Proteine besitzen eine Faserstruktur und bestehen oft aus Ketten, z. B. α-Helices, die, wie beim α-Keratin der Haare, geordnet nebeneinander liegend, zu einem Seil verdreht sind. Die **globulären Pro-**teine (= **Sphaeroproteine**) sind lösliche und oft mehr oder minder kugelige Gebilde mit vielen hydrophilen Seitenketten an ihrer Oberfläche. Hier liegen polare und geladene Gruppen, sodass diese Proteine in wässriger Lösung mit einer Hydrathülle umgeben sind. Zu den globulären Proteinen gehören auch die Histone, die im Zellkern vorkommen und hier mit Nucleinsäure verbunden sind.

Proteine können mit einem Nichtproteinanteil (**prosthetische Gruppe**) Komplexe bilden. Beispiele sind Lipo- und Glykoproteine.

Eine weitere bedeutsame Protein- (z. T. Glykoprotein-)gruppe sind die bei Pflanzen und Tieren verbreitet auftretenden **Lectine**. Sie kommen in der Hämolymphe, in Sekreten und Zellmembranen vor, wo sie an Erkennung und Bindung von Substanzen beteiligt sein können, die in ihrem Molekül bestimmte Kohlenhydratanteile (z. B. Glucose und Mannose) besitzen. Sie werden z. B. aus den Corticalgranula von Amphibieneizellen nach der Befruchtung freigesetzt und verbinden die Bestandteile der gelatinösen Oberflächenschicht zu einer festen Hülle, die vermutlich das Eindringen weiterer Spermien verhindert. Experimentell verursachen sie z. B. Agglutination von Erythrocyten oder Induktion der Mitose von Lymphocyten.

Aus der Fülle weiterer wichtiger Glykoproteine seien noch die Adhäsionsmoleküle der Bindegewebsmatrix genannt, 1) die **Fibronectine,** die sowohl in Körperflüssigkeiten als auch im Bindegewebe und besonders an Basalmembranen vorkommen. Sie spielen eine wichtige Rolle bei den Interaktionen und der Verbindung von Zellen mit Bestandteilen der extrazellulären Matrix, z. B. bei Zelladhäsion, Zellbewegungen, Zelldifferenzierung, der Organisation des Cytoskelets und der Zellgestalt. 2) Die **Laminine** gehören zu den wichtigsten Komponenten der Basallamina.

Lipide

Unter diesem Begriff vereint man Stoffe, die in nicht- oder schwach polaren Reagentien löslich sind. Zu den Lipiden kann man zählen: Glyceride (z. B. Triglyceride als Brennstoffspeicher, aus Glycerin und drei Fettsäuren verestert), freie Fettsäuren (zirkulierende Brennstoffe), Lipoproteine (Transportkomplexe von Lipiden und Proteinen), Phospholipide (Bestandteile von Zellmembranen und oberflächenaktiven Filmen, wie

z. B. in den Lungenalveolen, Ester des Glycerins, die zwei Fett- und eine Phosphorsäure enthalten), Sphingolipide (Membranbestandteile), Sterole (Membranbestandteile und mit Hormonfunktionen, Cholesterin, Nebennierenrindensteroide, Geschlechtssteroide, Vitamin D), Carotinoide (Pigmente, Vitamin A), Prostaglandine (Regulatormoleküle). Nach einer anderen Einteilung lassen sich nichtpolare und polare Lipide unterscheiden.

a. Den **nichtpolaren Lipiden** werden die Triglyceride und Cholesterinester zugerechnet. Sie sind praktisch wasserunlöslich und sind nicht direkt am aktiven Stoffwechsel beteiligt, sondern entsprechen Energie- oder Cholesterinspeichern, die in der Zelle als Lipidtröpfchen erkennbar sind. Die Mehrzahl der Säugetiertriglyceride ist aus langkettigen (12 und mehr C-Atome) Fettsäuren aufgebaut, die nach Resorption im Darm über das Lymphgefäßsystem abtransportiert werden; in der Milch kommen aber auch kurz- (bis 4 C-Atome) und mittelkettige (6–10 C-Atome) Fettsäuren vor, die nach der Resorption über den Blutweg abtransportiert werden. Um in Mitochondrien zu gelangen, benötigen langkettige Fettsäuren ein Transportsystem (Carnitin-Transferase), kurz- und mittelkettige Fettsäuren durchdringen die Mitochondrienmembranen ohne solche Träger. Über 90% der Säugerfettsäuren besitzen eine gerade Zahl an C-Atomen. Zahl und Lage der Bindungen variieren. Treten nur Einfachbindungen auf, spricht man von gesättigten, treten Doppelbindungen auf, von ungesättigten Fettsäuren. Die häufigsten Fettsäuren des Menschen sind Palmitin- (16 C-Atome) und Stearinsäure (18 C-Atome), die beide vollgesättigt sind. Ölsäure unterscheidet sich von der Stearinsäure dadurch, dass zwischen den C-Atomen 9 und 10 eine Doppelbindung vorliegt. Andere Fettsäuren haben zwei, drei oder vier Doppelbindungen. Obwohl die meisten Fettsäuren aus Glucose aufgebaut werden können, trifft dies nicht für die sog. essentiellen Fettsäuren zu (z. B. Linol- und Linolensäure), die der Mensch mit der Nahrung aufnehmen muss. Aufgrund der geringen oder fehlenden Wasserlöslichkeit erfolgt der Transport von Lipiden durch Bindung an bestimmte Trägerproteine. Freie Fettsäuren sind an Albumine gebunden, für Vitamin A existiert ein spezielles Trägerprotein. Triglyceride, Cholesterinester und Carotinoide (nichtpolare Lipide) befinden sich im Inneren von großen kugeligen Lipoproteinen; sie werden von einer Schicht polarer Lipide (meist Phospholipide und Cholesterin) sowie Proteinen bedeckt. Aufgrund ihrer Größe und Zusammensetzung lassen sich mehrere Typen von Lipoproteinen unterscheiden, z. B. Chylomikronen, Lipoproteine sehr geringer, geringer und hoher Dichte.

b. Zu den **polaren (= amphipathischen) Lipiden,** die beschränkt wasserlöslich sind, zählen freie Fettsäuren, Cholesterin, Phospho- und Sphingolipide. Diese Lipide, die direkt am aktiven Stoffwechsel beteiligt sind, bilden in Konzentrationen, die über die geringe Löslichkeit hinausgehen, Aggregate, und zwar Micellen (Fettsäuren) oder lamelläre Schichten (»Myelinfiguren«, Phospho- und Sphingolipide).

Nucleinsäuren und Nucleotide

Die Nucleinsäuren bleiben an Menge hinter den besprochenen Stoffklassen zurück, sind aber von großer Bedeutung für Proteinsynthese und Vererbungsprozesse (S. 40). Sie bestehen aus Pentosen, Phosphorsäureresten und heterozyklischen Basen. Dem Kohlenhydrat-Anteil entsprechend unterscheidet man zwei Typen: **Desoxyribonucleinsäure (DNA)** mit Desoxyribose und **Ribonucleinsäure (RNA)** mit Ribose. Als Basen kommen vorwiegend fünf Heterozyklen in Betracht, die sich vom Purin (Adenin, Guanin) und Pyrimidin (Cytosin, Uracil und Thymin) ableiten (Abb. 8a). Thymin kommt fast nur in DNA, Uracil fast nur in RNA vor. Dem chemischen Unterschied der Nucleinsäuren entsprechen biologisch verschiedene Funktionen: DNA speichert genetische Informationen, RNA ist unmittelbar an der Synthese von Proteinen beteiligt.

Die Verbindung einer der genannten Basen mit einer Pentose wird **Nucleosid** genannt. Wird dieses mit einer Phosphorsäure verestert, entsteht ein **Nucleotid.** Nucleinsäuren stellen Polymerisationsprodukte der Nucleotide dar (Polynucleotide). Das DNA-Molekül besteht bei allen Tieren aus zwei Polynucleotid-Strängen, die zu einer **Doppelschraube (Doppelhelix)** miteinander verdreht sind. Eine schematische Darstellung der besonders weit verbreiteten B-Konformation des DNA-Moleküls zeigt Abb. 8a, b. Die beiden Nucleotidstränge sind plektonemisch umeinander gedreht, d. h., sie können ohne Aufdrehen nicht voneinander getrennt werden.

Der Gesamtdurchmesser der Doppelschraube beträgt etwa 2 nm; pro Umdrehung der Schraube sind zehn Nucleotide vorhanden; das Molekulargewicht kann mehr als 1 Milliarde betragen. Jeder Strang der Doppelhelix wird von alternierenden Phosphat- und Desoxyriboseeinheiten aufgebaut. Jedes Nucleotid ist durch den Phosphatrest mit dem anschließenden Nucleotid verbunden. Diese Verknüpfung erfolgt immer zwischen dem dritten Kohlenstoffatom des Zuckermoleküls (3') eines Nucleotids mit dem fünften Kohlenstoffatom (5') des Zuckermoleküls im folgenden Nucleotid. Jeder Polynucleotidstrang erhält so eine Polarität. Die beiden Stränge eines DNA-Moleküls sind gegenläufig polar (antiparallel). Im Inneren des Doppel-

stranges befinden sich die Stickstoffbasen. Es bilden sich zwischen den Basen der beiden Stränge Wasserstoffbrücken aus, sodass der Zusammenhalt der Polynucleotidstränge gewährleistet ist. Die Brücken entstehen in Zweizahl zwischen Adenin und Thymin und in Dreizahl zwischen Cytosin und Guanin (Abb. 8a).

DNA-Moleküle verschiedener Organismen unterscheiden sich durch die Anzahl der Nucleotidpaare und damit in der Größe, in deren Reihenfolge und im Verhältnis der Paare zueinander. Aufgrund der komplementären Bindung verhalten sich Adenin : Thymin und Cytosin : Guanin jeweils wie 1:1. Der Adenin-Thymin-Anteil übertrifft bei Tieren mit 50-60% den Cytosin-Guanin-Anteil.

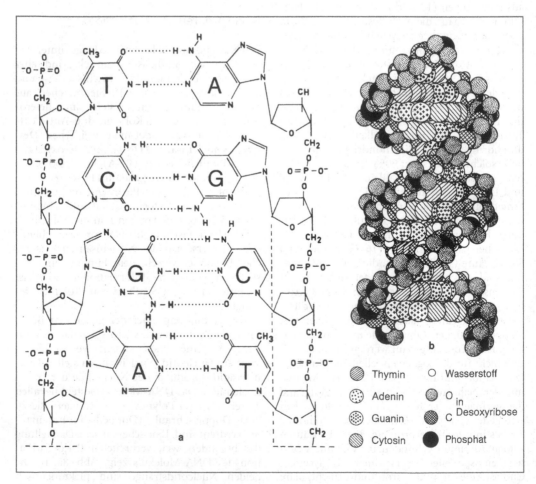

Abb. 8 Desoxyribonucleinsäure. **a)** Schematische Darstellung des molekularen Aufbaus; A: Adenin, T: Thymin, C: Cytosin, G: Guanin; **b)** Kalottenmodell der Doppelhelix

Die DNA verfügt über die Fähigkeit, sich identisch nachzubilden. Dieser Vorgang, die **Replikation (Reduplikation)**, findet zwischen zwei Mitosen in der Interphase statt (S. 44). Auf eine Mitose folgt zunächst eine Phase ohne DNA-Synthese (G_1-Phase, engl. gap = Lücke), dann eine Phase der DNA-Synthese (S-Phase), in der die DNA des Zellkerns verdoppelt wird, und schließlich die G_2-Phase, an die sich die nächste Mitose anschließt. Solche Zellzyklen können sehr verschieden lang sein (s. S. 44).

Die Replikation ist aufgrund der Länge des plektonemischen DNA-Moleküls und wegen der Antiparallelität beider Stränge ein komplizierter Vorgang. Sicher ist, dass am Ende beide entstandenen Moleküle aus je einem alten und einem neuen Strang bestehen: **semikonservative Replikation**. Die Replikation findet unter teilweiser Öffnung der Doppelhelix (Abb. 9) und unter deren Rotation statt. An den dann freistehenden Basen eines jeden Stranges kann ein komplementärer Strang aus Desoxynucleosidtriphosphaten entstehen. Die hier mitwirkenden DNA-Polymerasen sind in der 5'–3'-Richtung richtungsspezifisch, d.h., sie können nur 3'-Enden von Nucleotidsträngen verlängern. Wegen der Antiparallelität wachsen die beiden neuen Stränge in gegenläufiger Richtung. Die Replikation läuft am Leit-(Leading-)Strang kontinuierlich ab, der Folge-(Lagging-)Strang wird in kurzen Schüben in Fragmenten von etwa 1 000 Nucleotiden (Okazaki-Fragmente) nachgeholt, die später durch DNA-Ligasen verknüpft werden. Die DNA-Moleküle der Eukaryoten-Chromosomen verfügen über viele Replikationseinheiten (Replicons), die jeweils mit einem Startpunkt beginnen. Wichtig ist noch, dass die DNA-Polymerasen nur das Kettenwachstum, nicht deren Beginn bewerkstelligen können und dass die Anfangsstücke der Kette nicht aus DNA, sondern aus RNA bestehen. Die DNA-Replikation beginnt mit einem kurzen RNA-Stück (Primer), das durch RNA-Polymerase synthetisiert wird, im Laufe der DNA-Synthese wieder entfernt, durch DNA ersetzt und mittels Ligase verbunden wird. Die RNA-Primer werden erst ersetzt, wenn die DNA-Polymerisation den nächsten Primer erreicht hat. Im Unterschied zu DNA-Polymerasen benötigen RNA-Polymerasen keinen Primer. Eine bemerkenswerte Besonderheit der DNA-Polymerasen ist der Korrektur-(Proof-Reading-)Mechanismus: Falsch eingebaute Nucleotide können wieder herausgeschnitten und durch richtige ersetzt werden.

Die DNA ist in Funktionsabschnitte gegliedert, die als Gene bezeichnet werden. Man unterscheidet Gene, in denen die Information für die Synthese von Proteinen verschlüsselt ist (Struktur- und Regulationsgene, S. 330), und Gene mit der Information für die RNA-Synthese. Außer-

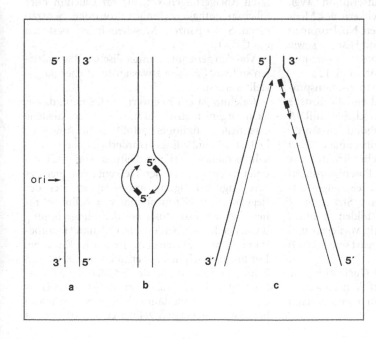

Abb. 9 Replikation von DNA, deren Helixstruktur nicht dargestellt ist. **a, b)** Öffnung des Doppelstranges am Startpunkt ori, es bilden sich kurze RNA-Primer, an deren freien 3'-Enden DNA-Stränge durch DNA-Polymerasen ankondensiert werden (b), wobei es zu exakter Basenpaarung mit den elterlichen Strängen kommt. Durch weitere Strangtrennung wird auf einem Strang kontinuierlich DNA synthetisiert, auf dem anderen werden fortgesetzt Okazaki-Fragmente gebildet und durch Ligasen zu einheitlichen Strängen verbunden. Die RNA-Primer werden dann abgebaut. Es entsteht schließlich eine im Elektronenmikroskop erkennbare Replikationsgabel **(c)**

dem finden sich Zwischenbereiche zur Trennung der Gene sowie Schaltbereiche (Operator, Promotor).

Obwohl der haploide DNA-Gehalt einer Säugerzelle Platz für etwa 10^6 Gene bietet, besitzen die Zellen vermutlich nur 30 000–50 000 Gene. Diese Diskrepanz erklärt sich daraus, dass ein relativ großer Anteil der DNA aus sich sehr oft wiederholenden Sequenzen besteht (hochrepetitive DNA, sie kann in 10^6 identischen Kopien vorkommen und 20% der DNA einnehmen; mittelrepetitive DNA, 10^4 Kopien). Nur etwa die Hälfte der Säuger-DNA besteht aus Sequenzen, die nur einmal oder wenige Male vorkommen (singuläre Sequenzen). Besonderes Interesse hat eine Gruppe mittelrepetitiver Sequenzen erlangt, die zwischen verschiedenen Stellen im Genom »umherspringen« (transponiert werden) können (**transponierbare Elemente,** jumping genes). Ihre Bedeutung ist unklar. Sie entsprechen den Transposons der Bakterien, die sich unabhängig vom normalen Rekombinationsmechanismus an verschiedenen Stellen der DNA einfügen können.

Die DNA ist eine relativ starke Säure, die im Zellkern der Eukaryoten durch basische Proteine (Histone) neutralisiert wird: Es entstehen **Nucleosomen,** die aus einem Komplex aus acht Histonmolekülen und einem 1,6mal um diese herumgewickelten DNA-Abschnitt bestehen. Histone stabilisieren die Doppelhelix und regulieren Replikation und Transcription (vgl. S. 330). In einem diploiden Zellkern des Menschen kommen ca. 30 Millionen Nucleosomen vor. Gemeinsam bilden DNA und Histone sowie eine Reihe von Gerüstproteinen das Chromatin. DNA gibt es auch in Mitochondrien (S. 12).

Die RNA entsteht als Polymerisationsprodukt von Ribonucleotiden und enthält anstelle des Thymins Uracil. Man unterscheidet mRNA (messenger-RNA, Boten-Ribonucleinsäure), tRNA (transfer-RNA), rRNA (ribosomale RNA) und kleine RNAs. Die räumliche Struktur der RNA-Moleküle kommt durch Basenpaarungen antiparalleler Bereiche des Einzelstranges zustande, wobei aufeinander folgende Strangstücke haarnadelförmige Strukturen bilden können, ungepaarte Teile schleifenförmig vorliegen und auch weit entfernte Bereiche gepaart sein können (Abb. 19).

Die tRNA enthält 70 bis 90 Nucleotide. Die Länge der mRNA wechselt stark je nach auszuführender Synthese, ihr Molekulargewicht kann einige Millionen erreichen.

Die rRNA bildet mit den ribosomalen Proteinen die der Proteinsynthese dienenden Ribosomen.

Wie die DNA sind auch mRNA und rRNA gewöhnlich mit Proteinen assoziiert. Die Vorläufer der mRNA werden im Nucleus sogleich nach ihrer Synthese an globuläre sog. Informoferen gebunden. Die fertige mRNA assoziiert sich mit spezifischen Proteinen zu kleineren Informosomen.

Außer in der DNA und der RNA spielen die Nucleotide bei biologischen Oxidationen und der Energieübertragung in der Zelle eine wesentliche Rolle (Adenosinphosphate, Flavinadenin- und Nicotinamidadenindinucleotide).

Mineralische Bestandteile

Das Zusammenwirken der genannten Stoffgruppen ist nur in wässrigem Medium möglich, in dem eine große Zahl verschiedener Ionen gelöst ist. Die Wichtigkeit dieser Stoffe dokumentiert sich z. B. bei folgenden Vorgängen: Säuren-Basen-Gleichgewicht, Diffusion, Osmose, aktiver Transport (Na^+, K^+, Ca^{++}, H^+), Knochenstoffwechsel (Ca^{++}, $[PO_4]$ ---), Atmung (Fe^{+++}), Nervenleitung (Na^+, K^+), Muskelkontraktion (Na^+, K^+, Ca^{++}) u. v. a.

Feste Mineralien kommen z. B. in extrazellulären Ablagerungen vor, die oft Calcium oder Silicium enthalten. Einige Protozoen besitzen einen Silikatpanzer, Muschelschalen bestehen aus $CaCO_3$.

Von den genannten mineralischen Bestandteilen soll das Calcium etwas ausführlicher dargestellt werden.

Calcium ist ein zweiwertiges Element, das in allen Organismen vorkommt und verschiedene essentielle Funktionen erfüllt. Seine Anwesenheit ist z. B. unbedingt erforderlich bei der Muskelkontraktion, bei der Leitung von Aktionspotentialen entlang der Nervenfasern, bei der Erregungsübertragung an Synapsen, bei der Regulation der Permeabilität von Zellmembranen, bei der Exocytose, bei der Blutgerinnung u. v. a. Bei den Wirbeltieren ist Calcium Hauptbestandteil von Skeletsubstanzen wie Knochen, Dentin und Schmelz; aber auch im Skelet von Echinodermen oder in den Schalen der Mollusken und im Panzer vieler Crustaceen ist Calcium ein wesentlicher Bestandteil. Bei einer Reihe von hormonal angeregten zellulären Reaktionen ist

Calcium der zweite Botenstoff (second messenger). Bei Wirbeltieren werden Calciumaufnahme und -ausscheidung sowie der Calciumspiegel in den Körperflüssigkeiten sehr aufwendig mittels einer Reihe von Hormonen (Parathormon, Vitamin D, Calcitonin, s. S. 206) reguliert. Im Blut der Säugetiere liegen Calciumionen nur in geringer Konzentration frei vor; der größere Teil ist komplex (an Phosphat, Citrat u. a.) oder an Plasmaprotein gebunden. Die häufigsten Harnsteine des Menschen bestehen aus Calciumphosphat oder Calciumoxalat.

Im Cytoplasma existiert eine Anzahl von calciumbindenden Proteinen, zu denen z. B. das Troponin C der Skelettmuskulatur und das ähnlich aufgebaute, ubiquitäre **Calmodulin** gehören. Calmodulin ist offenbar ein im ganzen Tierreich wichtiger cytoplasmatischer Calciumreceptor; es reguliert – calciumabhängig – die Aktivität vieler zellulärer Proteine, z. B. zyklische Nucleotid-Phosphodiesterasen und Adenylatcyclasen, membrangebundene Calcium-ATPasen und Kinasen. Es wurde berechnet, dass eine typische Tierzelle 10^7 Moleküle Calmodulin enthält. Bindung von Calcium verändert die Konfiguration des Calmodulinmoleküls in der Weise, dass es mit anderen Proteinen interagieren kann. Je nach Calciumbeladung sind verschiedene Konformationen möglich, die jeweils Kontaktaufnahme mit bestimmten Zielproteinen erlauben. So können quantitative Unterschiede von freien Calciumionen in unterschiedliche zelluläre Reaktionen umgesetzt werden.

b Zellstoffwechsel

Unter **Stoffwechsel (Metabolismus)** versteht man die Gesamtheit der chemischen Umsetzungen im Organismus. Zur Aufrechterhaltung des Stoffwechsels ist ein intensiver Stoffaustausch zwischen Tier und Umwelt erforderlich. Dieser erfolgt durch die Körperoberfläche oder über spezielle Organe: Magen-Darm-Trakt, Atmungs- und Exkretionsorgane. Er lässt sich gliedern in Stoffaufnahme, Stofftransport im Körper zwischen den Geweben, Stoffumwandlung in den Zellen und Stoffabgabe. Bei Stoffaufnahme und -abgabe wird untergliedert in feste, flüssige und gasförmige Stoffe (CO_2, O_2). Aufnahme von O_2 und Abgabe von CO_2 werden als Atmung bezeichnet. Die Aufnahme von festen und flüssigen Substanzen erfolgt durch Resorption und Verdauung (Kapitel 9). Die Abgabe von Substanzen umfasst verschiedene Prozesse: die Abgabe unverdaulicher Teile der Nahrung, die im Darmlumen zurückbleiben (**Defäkation**), das Unschädlichmachen von Fremdstoffen und die Ausscheidung von Stoffwechselendprodukten (**Exkretion;** Kapitel 12) sowie die Abgabe von Stoffen, die eine biologische Funktion erfüllen (**Sekretion**).

In den Organismus werden also dauernd Stoffe aufgenommen, die in ihm umgebaut und wieder aus ihm entfernt werden. Er stellt somit ein offenes System dar, das sich in einem stationären Zustand befindet, den man **Fließgleichgewicht** nennt. Um- und Abbau der Nahrungsstoffe befinden sich in einem **dynamischen Gleichgewicht,** laufen unter **steady-state**-Bedingungen ab und dienen der Gewinnung biologisch nutzbarer Energie und liefern Bausteine zum Aufbau zelleigener Substanzen. Die chemischen Reaktionen vollziehen sich unter der katalytischen Wirkung von Enzymen. Aufbauender Stoffwechsel wird als **Anabolismus,** abbauender als **Katabolismus** bezeichnet. Als **Wirkungsgrad** bezeichnet man den Prozentsatz der Energie einer Stoffumwandlung, der für physiologische Funktionen genutzt werden kann. Für die Energiegewinnung stehen Kohlenhydrate, Fette und Proteine zur Verfügung, deren Energiegehalt (»physiologischer Brennwert«) jedoch unterschiedlich ist. Fette liefern bei der Oxidation im Organismus (**biologische Oxidation**) ca. 9,3 kcal/g (39 kJ), Kohlenhydrate und Proteine ca. 4,1 kcal/g (17 kJ). Energieumsetzungen lassen sich auf einige grundlegende Prozesse zurückführen. Die entscheidenden Schritte sind **Oxidationen** (bei denen Wasserstoff von den Substraten auf Coenzyme übertragen wird). Wird der Wasserstoff schließlich mittels Atmungssauerstoff zu Wasser oxidiert, so spricht man von aerobem Stoffwechsel, laufen die Vorgänge ohne Sauerstoff ab, wird der Stoffwechsel als anaerob bezeichnet. Die bei diesen Reaktionen freiwerdende Energie wird in energiereichen Verbindungen (u. a. Adenosintriphosphat, ATP) oder Ionengradienten aufgefangen und kann dann metabolische Prozesse aller Art antreiben.

Der Wasserstoff der Substrate kann, neben der Produktion von ATP, auch für die Synthese von Zellbestandteilen benutzt werden (s. u.).

Die Gesamtenergiemenge, die pro Zeiteinheit umgesetzt wird, entspricht der Stoffwechselrate. Die Energie kann als äußere Arbeit und Wärme in Erscheinung treten oder wird gespeichert. Der Energieumsatz wird von zahlreichen Faktoren beeinflusst, davon sind die wichtigsten Muskeltätigkeit, Stoffaufnahme, -transport und -umwandlung sowie Umgebungstemperatur; aber auch Körpergröße, Alter, Geschlecht, Körpertemperatur u. a. beeinflussen die Umsatzgröße.

Die Menge an Kohlenhydrat, Fett und Protein, die im Körper in einem bestimmten Zeitabschnitt oxidiert wird, kann aus dem ausgeatmeten Kohlendioxid, dem eingeatmeten Sauerstoff und der Stickstoffausscheidung berechnet werden. Das Verhältnis von gebildetem CO_2 zu verbrauchtem O_2 wird als respiratorischer Quotient (RQ) bezeichnet. Er beträgt für die Oxidation von Kohlenhydraten 1, von Fetten 0,7, von Proteinen 0,8. Entsprechend dem Anteil der drei Stoffklassen am Stoffwechsel liegt der aktuelle RQ eines Tieres gewöhnlich zwischen 0,7 und 1,0.

Die Stoffwechselintensität ist in den einzelnen Tiergruppen verschieden. Träge oder festsitzende Formen haben einen niedrigen, lebhafte einen höheren Stoffwechsel. Aus einer höheren Stoffwechselintensität leitet sich nicht unbedingt biologische Überlegenheit ab, denn solche Tiere sind z. B. bei ungünstigen Umweltbedingungen besonders anfällig. Unter den Endothermen (»Warmblütern«, Homoiothermen) besitzen innerhalb einer Gruppe kleinere Tiere einen intensiveren Stoffwechsel als große. Mit steigender Körpertemperatur nimmt die Stoffwechselrate zu. Bei steigender Außentemperatur lässt sich oft unterschiedliches Verhalten beobachten: bei vielen Ectothermen (»Kaltblütern«, Poikilothermen), z. B. Fischen, eine Zunahme, bei vielen Säugern dagegen zunächst eine deutliche Abnahme, da der Aufwand für die Wärmeproduktion abnimmt.

Stoffwechselleistungen können auch vorübergehend eingestellt werden, wie die widerstandsfähigen und fast wasserfreien Trockenstadien von Protozoen, Rotatorien und Tardigraden zeigen (**Kryptobiose, Anabiose**).

Der Stoffwechsel stellt ein Fließgleichgewicht dar und ist sehr kompliziert reguliert. Viele Stoffwechselketten und -zyklen sind selbstregulierend, d. h., sie passen die Lieferung ihrer Produkte dem Verbrauch an. Daneben kann über Stoffwechselprodukte, Hormone oder das Nervensystem von außerhalb der Zellen in den Zellstoffwechsel eingegriffen werden.

Enzyme

Enzyme (Fermente) sind katalytisch wirksame Eiweißkörper, die von Zellen hergestellt werden und sämtliche chemischen Reaktionen und als Folge alle physiologischen Grundvorgänge wie Atmung, Wachstum, Muskelkontraktion, Verdauung, Exkretion usw. ermöglichen. Als Katalysatoren erhöhen sie die Geschwindigkeit von Reaktionen, ohne selbst in ihnen verbraucht zu werden. Ohne Enzyme wäre ein Stoffwechsel, wie er die Zellen lebender Organismen kennzeichnet, nicht möglich, weil die Stoffwechselvorgänge ohne diese Biokatalysatoren nur außerordentlich langsam abliefen und nicht regulierbar wären. Man benennt die Enzyme nach der Substanz, auf die sie einwirken (Substrat), und der Reaktion, die sie katalysieren.

Die Enzyme lassen sich in die folgenden sechs Gruppen einteilen:

1. **Oxidoreduktasen.** Sie katalysieren die Aufnahme und Abgabe von Elektronen bzw. von Wasserstoff (Oxidasen, Dehydrogenasen).
2. **Transferasen.** Sie katalysieren die Übertragung einer chemischen Gruppe von einem Donator- auf ein Acceptor-Molekül (z. B. Transaminasen, Kinasen).
3. **Hydrolasen.** Sie spalten Moleküle mit Hilfe von Wasser, das hierbei zerlegt und in die Reaktionsprodukte aufgenommen wird (Phosphatasen, Esterasen, Peptidasen, Glucosidasen). Zu dieser Klasse gehören alle Verdauungsenzyme.
4. **Lyasen.** Sie zerlegen Moleküle ohne Beteiligung von Wasser (z. B. Katalase).
5. **Isomerasen.** Sie katalysieren intramolekulare Umgruppierungen.
6. **Ligasen.** Sie verknüpfen Moleküle unter Spaltung einer energiereichen Bindung (meist des ATP).

Für die katalytische Wirksamkeit eines Enzyms ist seine intakte Molekülstruktur (Raumstruktur) unentbehrlich. Besonders wichtig ist das aktive Zentrum, der Bereich des Enzyms, in dem sich das Substrat spezifisch anlagert und umgesetzt wird. Der Enzym-Substrat-Komplex ist Voraussetzung für die schnelle Bildung des Produkts. Viele Enzyme brauchen für die Katalyse einen Nichtprotein-Anteil (**Coenzym, Cofaktor**), der, falls er fest gebunden ist, auch prosthetische Gruppe genannt wird. In einem solchen Fall wird der Proteinanteil Apoenzym genannt; das gesamte Enzym, das also aus Apoenzym und Cofaktor besteht, heißt dann Holoenzym. Das Coenzym (Cosubstrat) bindet wie das Substrat an das aktive Zentrum. Viele höhere Tiere können ihre Coenzyme nicht selbst bilden und müssen sie mit der Nahrung aufnehmen. Viele Vitamine sind Vorstufen von Coenzymen.

Manche Enzyme sind **Metalloproteine**, sie enthalten im katalytischen Zentrum z. B. Mg, Cu, Fe, Zn, Mn.

Die wichtigste Eigenschaft der Enzyme ist ihre katalytische Spezifität. Hierunter versteht man die Fähigkeit, unter vielen, zum Teil sehr ähnlichen Substanzen nur die spezifische zu erkennen und nur die spezifische Reaktion zu katalysieren (**Substrat- und Reaktionsspezifität**). Manche Enzyme sind absolut spezifisch, d. h., sie akzeptieren nur ein einziges Substrat und katalysieren nur eine einzige Reaktion. Andere Enzyme setzen einige strukturell sehr ähnliche Substrate um, wiederum andere sind nur dahingehend spezifisch, dass sie z. B. eine bestimmte Bindung, die in verschiedenen Stoffen auftreten kann, spalten. Bei Enzymen spielt auch die stereochemische Spezifität eine Rolle; von zwei optischen Isomeren (**Enantiomeren**) wird gewöhnlich nur ein Vertreter umgesetzt.

Ein bestimmtes Substrat mit verschiedenen chemischen Bindungen und Gruppierungen kann also von verschiedenen Enzymen ganz unterschiedlich behandelt werden. Eine Aminosäure kann z. B. von einer Oxidase, Decarboxylase oder Transaminase umgewandelt werden. Regulationen im Stoffwechsel können durch Änderung der Aktivitäten bestimmter Enzyme erreicht werden (s. u.).

Viele Enzyme arbeiten in Gruppen, wobei das Produkt der einen Enzymreaktion das Substrat für die jeweilige nächste ist, und können so Stoffwechselwege definieren, z. B. die Glykolyse. Sind mehrere Enzyme zu einem Komplex zusammengelagert, spricht man von einem Multienzymkomplex, wie man ihn etwa beim Aufbau von Fettsäuren findet.

Biologisch wichtige Substanzen sind metastabil, d. h., sie sind im physiologischen Temperaturbereich sehr reaktionsträge. Als **Aktivierungsenergie** (cal/Mol umgesetztes Substrat) bezeichnet man den Energiebetrag, um den die Moleküle die mittlere Energie der Ausgangsstoffe mindestens übertreffen müssen, um reagieren zu können. Chemiker machen sich diese Tatsache oft zunutze, indem sie einem Reaktionsgemisch Energie zufügen (durch Erhitzen), um die Reaktion zu beschleunigen. Enzyme arbeiten jedoch nach einem anderen Prinzip. Als Katalysatoren haben sie die Fähigkeit, die Aktivierungsenergie für ihre spezifische Reaktion herabzusetzen, sodass diese bei physiologischen Temperaturen mit ausreichender Geschwindigkeit ablaufen kann (Abb. 10). Aber wie alle chemischen Reaktionen sind auch die enzymkatalysierten Reaktionen temperaturabhängig. Sie besitzen jedoch eine optimale Temperatur. Oberhalb dieser Temperatur (die vielfach zwischen 40 und 50 °C liegt) verlieren fast alle Enzyme die für die Katalyse essentielle Raumstruktur und werden inaktiviert, sodass die Reaktionsgeschwindigkeit abnimmt. Kälte inaktiviert Enzyme dagegen gewöhnlich nicht, verlangsamt aber die Reaktionsgeschwindigkeit. Enzyme sind weiterhin pH-empfindlich; die Mehrheit hat ihr Optimum um pH 7, aber z. B. das eiweißspaltende Pepsin des Magens der Wirbeltiere arbeitet wirkungsvoll nur bei niedrigem pH (Optimum bei pH 2). Bestimmte Enzyme können leicht durch Gifte wie Blausäure, Jodessigsäure und Fluoride inaktiviert werden. Die tödlichen Cyanide schalten eisenhaltige Enzyme, besonders Cytochromoxidase, aus, wodurch in sehr kurzer Zeit die Zellatmung und damit die aerobe ATP-Produktion unterbunden wird. Enzyme können außerhalb ihrer normalen Wirkungsstätte an einem anderen Platz im Körper giftig wirken. Ein mg Trypsin (Verdauungsenzym des Pankreas) im Blut einer Ratte z. B. wirkt tödlich, weil es in die Blutgerinnung eingreift. Bei Schlangen-, Bienen- und Skorpiongiften tragen Enzyme zur schädlichen Wirkung bei, weil sie Blutzellen und die Membranen anderer Zellen zerstören.

Durch Mutationen können Enzyme so verändert werden, dass sie ihre Aktivität verlieren. Erkennbar werden solche Mängel häufig an Blockierungen bestimmter Stoffwechselwege.

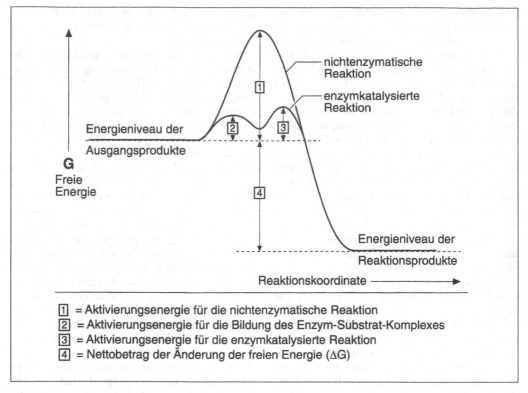

Abb. 10 Wirkungsweise der Enzyme: Herabsetzung der Aktivierungsenergie

Wichtige Störungen bestehen z. B. in Blockierungen des Stoffwechsels der Aminosäuren Phenylalanin und Tyrosin. Fehlt beim Menschen das Enzym, das normalerweise Phenylalanin in Tyrosin umwandelt, so häuft sich im Blut Phenylalanin an und stört die Entwicklung des Nervensystems. Im Urin können Phenylbrenztraubensäure, Phenylmilchsäure, Phenylessigsäure und ihre Glutaminverbindungen nachgewiesen werden. Diese Anomalie wird Phenylketonurie genannt und verursacht geistige Störungen, welche nicht selten Ursache von Schwachsinn sind. Fehlen Enzyme, die Tyrosin zu Melanin (= Pigment) umwandeln, kommt es zur Ausbildung von albinotischen Organismen. Eine weitere Blockierung durch fehlende Enzyme kann auf dem Stoffwechselweg von Tyrosin zum Schilddrüsenhormon Thyroxin vorkommen. Das Resultat sind in diesem Falle bestimmte Formen des Kretinismus.

Jeder Zelltyp besitzt entsprechend seiner Funktion eine charakteristische Ausstattung mit Enzymen. Die Steuerung ihrer Aktivität ist Voraussetzung für das Stoffwechselgeschehen, da ja auf- und abbauende Vorgänge in einer Zelle geregelt nebeneinander ablaufen müssen. Dabei muss die Rate jeder einzelnen Reaktion dem augenblicklichen Bedarf genau angepasst sein. Dies wird durch verschiedene molekulare Mechanismen erreicht.

Bei der Aktivitätssteuerung der Enzyme steht ihre Beeinflussung durch bestimmte Produkte des Stoffwechsels (Metaboliten), die daher Effektoren genannt werden, im Vordergrund. Ein Effektor kann an eine spezifische Stelle des Enzyms (ein regulatorisches Zentrum) angelagert werden und verändert dadurch die Raumstruktur des Enzymproteins und mithin dessen Affinität zum Substrat oder die maximale Umsatzgeschwindigkeit (oder beides), sodass eine Erhöhung oder Verminderung der Enzymaktivität resultiert. Ein Effektor kann auf verschiedene Enzyme eines Stoffwechselweges gleichzeitig wirken, aber auch die Enzyme verschiedener Wege hemmen oder fördern. Als Effektor fungiert auch das ATP, das wichtigste Produkt des energieliefernden Stoffwechsels. Steigt seine Konzentration an, wird der Abbau weiteren Substrates gehemmt. Wenn ATP in einer Zelle vermehrt gespalten wird, so entstehen Produkte (Orthophosphat, ADP und AMP), die als Aktivatoren der ATP-Hemmung entgegenwirken. Substratabbau und damit verbundene ATP-Synthese werden verstärkt.

Vitamine

Vitamine sind unbedingt erforderliche Nahrungsbestandteile, die im Stoffwechsel oft Coenzyme bilden. Keine Coenzymfunktion haben z. B. die Vitamine A und D (s. u.). Vitamine sind ebenso wie die essentiellen Fett- und Aminosäuren lebensnotwendige organische Moleküle, die der Körper nicht selbst herstellen kann und die deswegen mit der Nahrung aufgenommen werden müssen. Der Vitaminbedarf der einzelnen Tierarten ist unterschiedlich; so brauchen die meisten Tiere kein Vitamin C in ihrer Nahrung, weil sie diese Substanz selbst synthetisieren können. Meerschweinchen, Affen und der Mensch dagegen benötigen es in ihrer Nahrung. Insekten brauchen nur wenige Vitamine, z. B. die der B-Gruppe. Man unterscheidet fett- und wasserlösliche Vitamine. Bei massiver Überdosierung können erstere im Fett in gefährlichen Mengen angereichert werden, letztere werden bei übermäßiger Aufnahme über den Urin eliminiert.

1. Fettlösliche Vitamine

Vitamin A (= Retinol). Dieses Vitamin steht in enger chemischer Beziehung zum Carotin und tritt in besonders hoher Konzentration in Butter, Fischleberöl und im Eidotter auf. Die Vorstufe Carotin, die in Pflanzen als Farbstoff verbreitet ist (Tomaten, Möhren), kann im Darm gespalten und in Tierzellen zu Vitamin A umgebaut werden. Vitamin A übt eine Schutzwirkung auf Epithelien der Haut, Cornea und der Verdauungs- und Atmungswege aus. Vitamin-A-Aldehyd (Retinal) ist entscheidend wichtig beim Sehvorgang (S. 118).

Vitamin D (= Calciferol). Dieses Vitamin ist ein Steroid und kann unter Einfluss des Sonnenlich-tes in der Haut aus Cholesterin gebildet werden. Es gelangt in den Kreislauf und wirkt in den Zielgeweben wie ein typisches Steroidhormon. Unter bestimmten Bedingungen reicht die Bildung aber nicht aus, sodass es mit der Nahrung aufgenommen werden muss. Es wird in reichem Maße in Leberölen, Butter, Milch und Eiern angetroffen. Vitamin D ist notwendig für die normale Resorption von Calcium und Phosphat im Darm. Bei Vitamin-D-Mangel erfolgen verzögerte und schlechte Ausbildung der Knochensubstanz (Rachitis). Dieses Vitamin erfüllt seine Funktion meist parallel zum Parathormon (s. auch S. 206).

Vitamin E (= Tocopherol). Beim Menschen ist der Mangel von Vitamin E mit Haltungsstörungen und Degenerationen im Nervensystem verbunden. Vitamin E ist ein Antioxidans, das vermutlich toxische Oxidationsprodukte (Sauerstoffradikale) unschädlich macht.

Vitamin K (= antihämorrhagisches Vitamin). Mangelerscheinungen dieses Vitamins bestehen in einer Neigung zum Bluten aufgrund von Blutgerinnungsstörungen. Beim Menschen wird Vitamin K z. T. von der Darmflora gebildet und kann nur in Anwesenheit von Gallensalzen resorbiert werden.

2. Wasserlösliche Vitamine

Vitamin B$_1$ (= Thiamin). Dieses Vitamin enthält zwei heterozyklische Ringe und ist das Coenzym der Decarboxylasen und der Aldehydtransferasen. Es spielt eine besonders wichtige Rolle bei der oxidativen Decarboxylierung der Brenztraubensäure (Pyruvatdehydrogenase) und der α-Ketoglutarsäure im Citronensäurezyklus. Hefe, Leber, Nüsse und Getreide sind thiaminreiche Nahrungsmittel. Bei Störungen des Kohlenhydratabbaues, die auf Thiaminmangel beruhen, lassen sich zunächst Müdigkeit und Appetitlosigkeit beobachten. Später treten Degenerationen von Nerven- und Muskelgewebe auf. Dieses Krankheitsbild (Beri-Beri) trat im 19. Jahrhundert verbreitet in Asien auf, wenn die Nahrung fast ausschließlich aus poliertem Reis bestand.

Vitamin B$_2$ (= Riboflavin). Dieses Vitamin ist in Form von Flavin-Mononucleotid (FMN) oder Flavin-adenin-dinucleotid (FAD) Bestandteil von mehr als 50 Enzymen, davon besonders wichtigen in der Atmungskette. Es ist in ähnlichen Nährstoffen wie das Thiamin verbreitet. Riboflavinmangel wird an Hauterkrankungen und Wachstumsstillstand sichtbar.

Niacin und Niacinamid (Nicotinsäure und Nicotinsäureamid). Die besondere Bedeutung des Niacinamids liegt darin, dass es Teil der Nicotinamid-Nucleotide (Coenzyme von Dehydrogenasereaktionen s. S. 33) ist. In geringem Maße kann Niacinamid aus der essentiellen Aminosäure Tryptophan synthetisiert werden. Fehlen dieses Vitamins führt zu speziellen Hautkrankheiten (Pellagra), Darm- und Hirnstörungen. Es ist reichlich vorhanden in frischem Gemüse, Fleisch und Getreide.

Folsäure und Cobalamin (Vitamin B_{12}). Diese beiden Vitamine sind nötig, um ein normales Blutbild aufrechtzuhalten. Mangel an Vitamin B_{12} beruht meistens auf dem Fehlen des intrinsic factors, der im Magen gebildet wird und zur Resorption dieses Vitamins notwendig ist. Cobalamine sind große, schlecht-lipidlösliche Moleküle, die auch im Körper an Transportproteine gebunden sind. Sie entstammen tierischen Produkten (Fleisch, Leber, Milch u. a.). Ausschließlich pflanzliche Kost oder anhaltende Störung der Cobalaminresorption führen zu schweren Mangelerscheinungen wie perniziöser Anämie und Schäden im Rückenmark. Folsäure wird zur DNA-Synthese benötigt. Diese Funktion setzt die Anwesenheit von Cobalamin voraus. Folsäuremangel führt relativ rasch zu Anämie.

Pantothensäure. Als Teil des Coenzyms A nimmt die Pantothensäure eine wichtige Stelle im Zucker-, Fett- und Proteinstoffwechsel ein. Nahrungsstoffe, die viel Pantothensäure enthalten, sind Eier, Fleisch, Süßkartoffeln und Erdnüsse. Mangelerscheinungen sind Hautkrankheiten, Grauhaarigkeit und Schäden in der Nebenniere; sie sind unter normalen Bedingungen sehr selten.

Vitamin B_6 (Pyridoxin). Diese Verbindung liefert ein wichtiges Coenzym (Pyridoxalphosphat) zahlreicher Enzyme im Stoffwechsel der Aminosäuren. Tiere, die ohne Vitamin B_6 ernährt werden, wachsen nicht, werden anämisch und besitzen atrophierte Lymphknoten.

Vitamin C (Ascorbinsäure). Dieses Vitamin gehört zu den biologischen Redoxsystemen und wirkt als Cosubstrat sowie Antioxidans. Es ist in besonders hohem Maße in frischem Obst enthalten. Blutendes Zahnfleisch, lockere Zähne, schmerzende Gelenke und allgemeine Schwäche sind Symptome bei Fehlen von Vitamin C, das eine wichtige Rolle bei der Kollagensynthese spielt. Schwere Mangelerscheinungen dieses Vitamins werden Skorbut genannt. An dieser Krankheit starben in vergangenen Jahrhunderten viele Seefahrer, bevor man herausfand, dass z. B. Sauerkraut und Citrusfrüchte Abhilfe schaffen. Der Mensch hat einen sehr hohen Bedarf an Vitamin C: 75 mg/Tag.

Vitamin H (Biotin). Biotin ist die prosthetische Gruppe mancher Carboxylasen. Mangelerscheinungen bestehen v. a. in entzündlichen Hautkrankheiten und Haarausfall.

Energiereiche Verbindungen

Die Endprodukte der enzymatisch katalysierten Oxidationen im Organismus (biologische Oxidation) sind Kohlendioxid und Wasser.

Die Wasserstoffoxidation findet in der Atmungskette statt und entspricht formal der Knallgasreaktion. Während aber bei dieser die Energie schlagartig frei wird und als Wärme verpufft, wird die in hintereinander geschalteten Reaktionen freiwerdende Energie der biologischen Oxidation als energiereiches Phosphat gespeichert: ADP wird zu ATP phosphoryliert (Abb. 11). Die beiden Anhydridbindungen des Phosphats im ATP sind »energiereich«, d. h., bei ihrer Spaltung wird viel biologisch verwertbare Energie frei, und diese kann für energiebenötigende (endergonische) Vorgänge genutzt werden. Pro Molekül Wasser können maximal drei Moleküle ATP gewonnen werden. Neben ATP existieren weitere energiereiche Verbindungen, z. B. die Phosphagene Phosphoarginin (in vielen Wirbellosen) und Phosphokreatin (bei Wirbeltieren). Beide dienen als Energiespeicher für schnelle Rephosphorylierung von ADP zu ATP, z. B. bei starker Muskelaktivität.

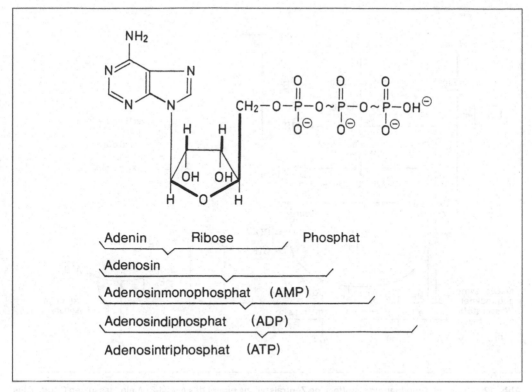

NH_2

$CH_2-O-P-O\sim P-O\sim P-OH^{\ominus}$

Adenin   Ribose   Phosphat

Adenosin

Adenosinmonophosphat   (AMP)

Adenosindiphosphat   (ADP)

Adenosintriphosphat   (ATP)

Abb. 11 Energiereiche Phosphate

Zellatmung

Unter Zellatmung versteht man den intrazellulären Abbau der Nährstoffe, der mit dem Verbrauch von O_2 und der Produktion von CO_2 einhergeht (Abb. 12).

Die chemische Energie der Nahrungsstoffe wird bei der Zellatmung in einer Serie von Oxidationen in der Zelle verfügbar. Die biologische Oxidation verläuft in Form von Dehydrierungen. Dabei wird den Substraten Wasserstoff entzogen und auf Coenzyme (s. u.) übertragen. Dieser Vorgang wird von Dehydrogenasen katalysiert. Der Wasserstoff bzw. sein Elektron wandert dann über eine Reihe spezifischer Acceptoren zum Sauerstoff. Diese Serie von Redoxsystemen wird **Atmungskette** genannt. Der Fluss der Elektronen entspricht einem Energiegefälle, und dieses wird genutzt, um H^+-Ionen (Protonen) aus dem Matrixraum in den Intermembranraum der Mitochondrien zu pumpen. Die Energie des Elektronenflusses wird also in Form eines Pro-

tonengradienten, d. h. eines elektrochemischen Gradienten aufgefangen. H^+ kann nur durch den ATP-Synthese-Komplex ($FoF_1ATPase$), der in der Mitochondrienmembran einen Protonenkanal bildet, ins Innere der Mitochondrien zurückkehren. Dabei wird die Energie des elektrochemischen Gradienten durch einen bisher unbekannten Mechanismus genutzt, um aus ADP und Orthophosphat ATP zu synthetisieren. Da der Elektronentransport und die ATP-Synthese (oxidative Phosphorylierung) durch einen chemischen Gradienten gekoppelt sind, spricht man von chemoosmotischer Kopplung.

Ein besonders wichtiger Wasserstoffempfänger (-acceptor) ist das Nicotinamid-adenindinucleotid (NAD^+). Es überträgt als NADH den Wasserstoff von den Substraten auf die Atmungskette. In Zellen wird Wasserstoff jedoch auch für Synthesen benötigt. Für reduktive Synthesen existiert ein weiterer Wasserstoffacceptor/-donator, das nahe verwandte Nicotinamid-adenin-dinucleotid-phosphat (NADPH).

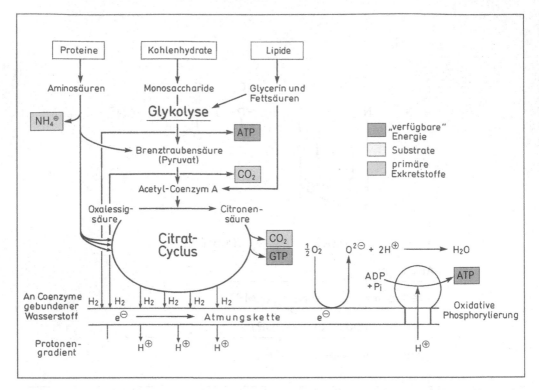

Abb. 12 Abbau der Grundnahrungsstoffe. Eine Zentralstellung nimmt das Acetyl-CoA ein, das in den Citratcyclus eingeht und dort zu CO_2 oxidiert wird. Der Wasserstoff wird über Coenzyme in die Atmungskette geschleust (s. Text).

Die Existenz von zwei Coenzymsystemen trägt dazu bei, dass Anabolismus und Katabolismus getrennt reguliert werden können.

Der Wasserstoff des NADH wird vom Enzym NADF-Dehydrogenase aufgenommen, das ein Bestandteil der Atmungskette ist und als prosthetische Gruppen u. a. Flavinmononucleotid und Eisen enthält, und an Ubichinon weitergegeben. Über Ubichinon führen auch andere Wasserstoffträger ihren Wasserstoff in die Atmungskette ein, die Succinatdehydrogenase aus dem Citratzyklus und das Flavin-adenin-dinucleotid-(FAD-) haltige Flavoprotein, das Wasserstoff aus dem Fettsäureabbau transferiert. Dem Ubichinon folgen Cytochrome, Hämoproteine, die nur Elektronen transportieren. Schließlich überträgt die Cytochromoxidase (enthält die Cytochrome a, a_3) die Elektronen auf den Atmungssauerstoff, sodass O^{2-} entsteht, welches sich dann mit Wasserstoffionen zu Wasser verbindet.

Die Atmungskette ist ein Beispiel für ein Fließgleichgewicht im Organismus, das laufend Wasserstoff von Nährstoffen aufnimmt und Sauerstoff reduziert, wobei Wasser entsteht. Wenn das System an einer Stelle nicht funktioniert, z. B. infolge Vergiftung des Cytochroms a_3 durch CN^- (Kaliumcyanid), bricht es zusammen. Sauerstoffmangel verhindert Zellatmung, jedoch können Zellen auch ohne Sauerstoff (anaerob) zumindest für einige Zeit leben. In diesem Fall dient Pyruvat (Anion der Brenztraubensäure) als H-Acceptor des NADH (wasserstoffbeladenes NAD^+) und wird dabei zu Lactat (Anion der Milchsäure) reduziert, das sich als Endprodukt anhäuft (anaerobe Glykolyse). Die Energie, die dabei biologisch nutzbar wird, entspricht etwa 5 % der bei aerobem Stoffwechsel. So liefert 1 Mol Glucose bei anaerober Glykolyse (mit Lactat als Endprodukt) nur 2 Mol ATP, bei vollständiger Oxidation zu CO_2 und H_2O aber 38 Mol ATP. An sauerstoffarmes Milieu angepasste Organismen (z. B. Darmparasiten) leben jedoch vielfach anaerob. Oftmals benutzen diese Formen besondere Reaktionen, um die anaerobe ATP-Ausbeute zu erhöhen, und bilden Endprodukte, die sie in die Umgebung ausscheiden können (S. 271).

Anaerobe ATP-Bildung ist aber auch bei höheren Tieren und beim Menschen bedeutsam, z. B. in den roten Blutzellen der Säugetiere, die keine Mitochondrien besitzen. In der Skeletmuskulatur der Beine wird bei Kurzstreckenlauf – z. B. Sprint beim Sport – ATP ganz überwiegend anaerob gebildet. Das entstehende Lactat sammelt sich dann in den Muskelzellen an und ruft schnell Ermüdungserscheinungen hervor. Während der Erholung ist verstärkte Lungenatmung zu beobachten, bis der Ruhezustand wieder hergestellt ist (Rückzahlung einer Sauerstoffschuld).

Die Milchsäure, die von den Muskelzellen ins Blut diffundiert, wird zur Leber transportiert, wo sie in Glucose umgewandelt und wieder ins Blut abgegeben wird. So kann die Glucose zurück zu den Muskelzellen gelangen und hier in Form von Glykogen gespeichert werden.

Wie eingangs erwähnt, entstehen beim aeroben Abbau aller Nährstoffe CO_2 und H_2O. Eine wichtige Zwischenstufe ist dabei stets ein C_2-Fragment. Fast alle Brennstoffe erscheinen irgendwann auf dieser C_2-Stufe, die ein Acetyl-Rest ist, der an ein Coenzym gebunden ist, das schwefelhaltige Coenzym A (CoA). Das an Coenzym A gebundene C_2-Fragment heißt Acetyl-Coenzym A (= aktivierte Essigsäure).

Die C_2-Stufe wird von einzelnen Brennstoffen auf unterschiedliche Weise erreicht. Aus Kohlenhydraten entsteht in der Glykolyse die Brenztraubensäure (Pyruvat). Das Pyruvat wird durch einen Multienzymkomplex der inneren Mitochondrienmembran (Pyruvatdehydrogenase) weiterverarbeitet, es wird CO_2 abgespalten, Wasserstoff wird auf NAD^+, der Acetylrest auf CoA übertragen. Fettsäuren bestehen aus langen geradzahligen C-Ketten, von denen ebenfalls Fragmente auf CoA übertragen werden. Auch manche Aminosäuren liefern Acetyl-CoA.

Glykolyse

Der Abbau der Glucose zu Pyruvat wird Glykolyse genannt. Glucose wird in vielen Geweben als Glykogen, einem Glucosepolymer, gespeichert. Vom Glykogen werden durch das Enzym Phosphorylase Glucoseeinheiten phosphorolytisch (nicht hydrolytisch) abgespalten, sodass Glucose ohne ATP-Verbrauch in einer aktivierten Form, nämlich als Glucosephosphat, vorliegt, welche

mit Fructose-6-phosphat im Gleichgewicht steht. Letzteres wird mittels ATP durch das Enzym Phosphofructokinase zu Fructose-1,6-bisphosphat phosphoryliert, dann durch die Aldolase in zwei Triosephosphate gespalten. Phosphofructokinase ist das regulatorische »Schlüsselenzym« der Glykolyse, seine Aktivität wird durch den zellulären Energiestatus (in manchen Organen zusätzlich durch extrazelluläre Signale wie Hormone) gesteuert (ATP ist ein allosterischer Inhibitor, AMP und anorganisches Phosphat heben die Hemmung auf). Triosephosphat (Glycerinaldehyd-Phosphat) wird durch die Übertragung von Wasserstoff auf NAD^+ und die Einfügung von anorganischem Phosphat zu Glycerinsäurebisphosphat oxidiert. Die Energie dieser Oxidation wird in folgenden Reaktionen zum Aufbau von ATP verwendet, der Wasserstoff gelangt von NADH in die Mitochondrien. Glycerinsäurebiphosphat wird in Pyruvat umgewandelt, wobei zwei ATP gewonnen werden. Aus einem Molekül Glucose werden so netto zwei ATP gewonnen und außerdem zwei Pyruvat bereitgestellt. Diese Form von ATP-Bildung nennt man Substratkettenphosphorylierung (vgl. oxidative Phosphorylierung). Eigentlich werden $2 \times 2 = 4$ ATP-Moleküle gebildet, es wurden aber zwei für die Phosphorylierung der Glucose zuvor verbraucht. Liegt für die Oxidation des in der Reaktionskette entstandenen NADH kein Sauerstoff vor, so kann der Wasserstoff, wie schon erwähnt, auf Pyruvat übertragen werden, welches dabei zu Lactat reduziert wird. Bei Anwesenheit von Sauerstoff mündet NADH der Glykolyse in die Atmungskette ein. Das Pyruvat wird dann oxidativ decarboxyliert, sodass Acetyl-Coenzym A (= aktivierte Essigsäure, ACoA) entsteht.

Triglyceridabbau

Triglyceride werden hydrolytisch in Glycerin und Fettsäuren gespalten. Die Fettsäuren werden in C_2-Einheiten zerlegt und verbinden sich mit CoA zu Acetyl-CoA, das in den Citronensäurezyklus eingeschleust wird. Der Abbau der Fettsäuren wird auch β-Oxidation genannt, weil das β-Atom (das dritte C-Atom) oxidiert wird (Abb. 13).

Im Fall der Stearinsäure (18 C, Molekulargewicht 284) kann die β-Oxidation achtmal erfolgen. Dabei entstehen 9 Moleküle Acetyl-CoA, aus

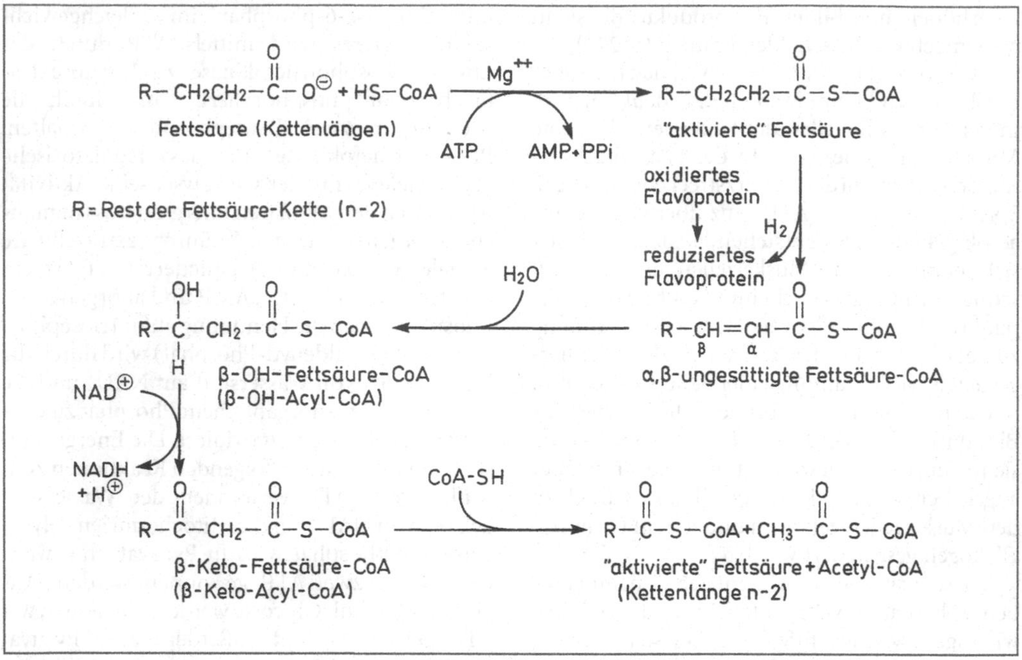

Abb. 13 Vereinfachte Darstellung der β-Oxidation der Fettsäuren. Als erster Schritt erfolgt eine Aktivierung der Fettsäure durch Addition von Coenzym A; dann folgen Wasserentzug, Wasseranlagerung, eigentliche β-Oxidation, erneute Zufuhr von CoA und Abspaltung von Acetyl-CoA. R: Rest der Fettsäurekette

denen $9 \times 12 = 108$ ATP gebildet werden können (Abb. 13). Pro β-Oxidation können zusätzlich 5 ATP-Moleküle entstehen (2 aus $FADH_2$, 3 aus NADH), also 40 ATP-Moleküle minus 2, die für die anfängliche Aktivierung verbraucht wurden, d. h. 38 ATP, insgesamt 146 ATP. Man erkennt daraus, dass Fettsäuren sehr ergiebige Energiespeicher sind, denn Glucose (Molekulargewicht 180) liefert nur maximal 38 ATP.

Citratzyklus

Der Abbau des Acetyl-CoA erfolgt in einer zyklisch ablaufenden Reaktionsfolge (Abb. 14): Zunächst wird der C_2-Rest mit einem C_4-Molekül verbunden. Die daraus entstehende C_6-Verbindung verliert anschließend ein CO_2-Molekül. Der C_5-Verbindung wird ein CO_2-Molekül entzogen, sodass ein C_4-Molekül vorliegt. Dieses wird zu dem ursprünglichen C_4-Molekül umgebaut und steht damit wieder zur Aufnahme eines C_2-Moleküls (Acetyl-CoA) zur Verfügung und kann damit in einen neuen Zyklus eintreten. Das

Nettoergebnis dieses Zyklus ist die Umwandlung von Acetyl in 2 CO_2-Moleküle und die Produktion von 3 NADH und 1 $FADH_2$, sowie von 1 GTP. Er wird Citrat- und Citronensäurezyklus nach einer Verbindung genannt, die bei Beginn dieses Zyklus auftritt. Im Einzelnen besteht die Reaktionsfolge aus folgenden Schritten:

1. Zunächst reagiert Acetyl-CoA mit der C_4-Verbindung Oxalacetat (Ketosäure). Daraus entstehen freies CoA und Citrat. Die Hydrolyse der C ~ S-Bindung liefert die Energie der Citratsynthese.

2. und 3. Das Citrat wird in zwei Schritten, aber unter Beteiligung nur eines Enzyms, zu Isocitrat umgebaut (die Alkoholgruppe wird von Position 4 zu Position 5 gebracht).

4. Durch Oxidation dieser Position entsteht ein instabiles Zwischenprodukt, das am Enzym gebunden bleibt: Oxalsuccinat (Salz der Oxalbernsteinsäure, einer β-Ketosäure). H-Acceptor ist NAD^+. Diese Oxidation betrifft nicht die C-Atome der ursprünglichen Acetylgruppe.

5. Oxalsuccinat wird an Position 3 oxidativ decarboxyliert; es entsteht α-Ketoglutarat. Diese

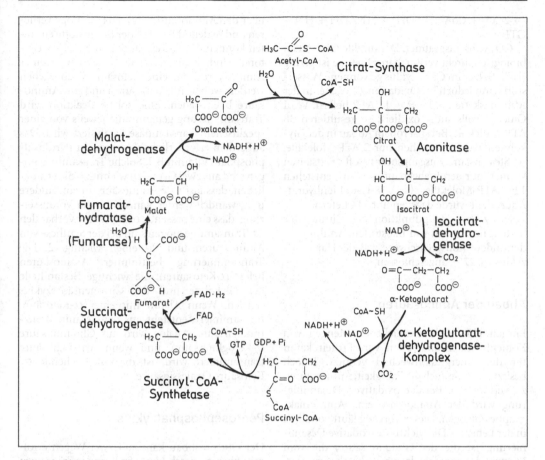

Abb. 14 Citratzyklus. Pi: anorganisches Orthophosphat

C_5-Verbindung wird ebenfalls oxidativ decarboxyliert, die Reaktionsfolge ist aber komplizierter als die Decarboxylierung des Isocitrats und erfolgt analog der Decarboxylierung des Pyruvats in einem Multienzymkomplex aus drei Enzymen. Dabei verliert α-Ketoglutarat CO_2, wird auf CoA übertragen, und Wasserstoff gelangt über Liponsäure auf NAD^+. Es resultieren NADH und Succinyl-CoA. Aus letzterem entsteht Bernsteinsäure (Succinat). Die bei der Spaltung freiwerdende Energie wird genutzt, um aus Guanosindiphosphat (GDP) Guanosintriphosphat (GTP) zu bilden (GDP und GTP sind dem ADP und ATP analoge Verbindungen).

6. Vom Succinat wird Wasserstoff abgespalten, sodass Fumarat, eine Substanz mit einer Doppelbindung, entsteht; FAD ist der Wasserstoffacceptor.

7. An Fumarat wird Wasser angelagert, sodass Malat (Salz der Äpfelsäure) entsteht. Das Enzym Fumarathydratase zeichnet sich durch große Substratspezifität aus. Durch eine abschließende Wasserstoffabspaltung (NAD^+ ist der Acceptor) regeneriert sich die Ausgangsverbindung des Zyklus, das Oxalacetat. Die abgespaltenen Wasserstoffatome werden von 3 NAD^+ und 1 FAD aufgenommen und in der Atmungskette zu Wasser oxidiert. Dabei werden elf ATP-Moleküle gebildet. Ein weiteres, dem ATP äquivalentes Molekül (GTP) entsteht durch Umwandlung von Succinyl-CoA zu Succinat.

Zusammenfassend lässt sich der Zyklus also folgendermaßen darstellen: Acetyl-CoA + 2H$_2$O → 2CO$_2$ + 8[H] 4$^+$ CoASH, oder genauer: Acetyl-CoA + 2H$_2$O + GDP + Pi + FAD + 3NAD$^+$

$\rightarrow 2CO_2 + CoA + FADH_2 + 3(NADH + H^+) + GTP$.

CO_2 wird ausgeatmet. Der direkte Gewinn an biologisch direkt verwertbarer Energie ist gering (1 GTP). Der im Citratzyklus gewonnene Wasserstoff kann jedoch bei Oxidation zu Wasser in der Atmungskette $3 \times 3 + 2 = 11$ ATP liefern. Wird Glucose vollständig oxidiert, so resultieren 38 ATP-Moleküle. Bei anaerobem Abbau in der Glykolyse dagegen entstehen nur 2 ATP-Moleküle. Ist Stearinsäure Ausgangsbrennstoff (Fettsäuren können nur aerob abgebaut werden), entstehen 146 ATP-Moleküle. Ein 18-C-Kohlenhydrat-Äquivalent würde dagegen nur 114 liefern.

Die zweite Hauptfunktion des Citratzyklus besteht im Umbau von Baustoffen. An ihn werden andere Stoffwechselwege, z. B. der Harnstoffzyklus (S. 275), angeschlossen.

Abbau der Aminosäuren

Enthält eine Zelle ausreichende Mengen von Kohlenhydraten und Fetten, wird Protein kaum für den Energiestoffwechsel genutzt. Jedoch besitzt die Zelle auch die Fähigkeit, Aminosäuren zu verbrennen. Bei der oxidativen Desaminierung wird der Aminosäure eine Ammoniakgruppe entzogen. Dieser Vorgang läuft vor allem in der Leber ab. Die wichtigste oxidative Desaminierung ist die der Glutaminsäure, die vom Enzym Glutamatdehydrogenase katalysiert wird. Da das freie NH_3 giftig ist, wird es auf unterschiedliche Arten ausgeschieden. Die durch NH_3-Abgabe aus der Aminosäure entstandene α-Ketosäure wird je nach ihrer Restgruppe wie ein Fett oder Kohlenhydrat abgebaut. Ist z. B. Alanin die Ausgangsaminosäure, entsteht bei der Desaminierung Brenztraubensäure, die dann in den Mitochondrien vollständig abgebaut werden kann oder als Vorstufe zur Synthese von Glucose dient (Gluconeogenese). Alanin ist daher ein Beispiel für eine glucogene Aminosäure. Leucin dagegen ähnelt nach NH_3-Abspaltung einer Fettsäure. Leucin ist ein Beispiel für eine ketogene Aminosäure. Ihr Abbau gibt direkt Acetyl-CoA. Einige Aminosäuren sind sowohl glucogen als auch ketogen. Für jede Aminosäure existiert also eine entsprechende α-Ketosäure. Umgekehrt kann aus einer bestimmten α-Ketosäure eine entsprechende Aminosäure durch Anfügen einer Aminogruppe entstehen. Mit Kenntnis dieser Tatsache wird ein zweiter Weg verständlich,

über den Aminosäuren ihre NH_2-Gruppe verlieren und in den Abbauweg der Brennstoffe eintreten können. Da α-Ketosäuren gute NH_2-Acceptoren sind, kann z. B. die NH_2-Gruppe einer Aminosäure a an eine Ketosäure b abgegeben werden, wobei eine Ketosäure a und eine Aminosäure b entstehen. Eine solche Reaktion wird Transaminierung genannt, die jeweils von einer spezifischen Transaminase katalysiert wird. Das außerdem erforderliche Coenzym ist Pyridoxalphosphat (Vitamin B_6). Solche Transaminierungen sind aus zwei Gründen wichtig: 1. Sie ermöglichen, dass fast jede Aminosäure in eine andere umgewandelt werden kann unter der Voraussetzung, dass eine passende α-Ketosäure vorhanden ist. Transaminierungen sind bei der Synthese von Aminosäuren und Proteinen wichtig. 2. Die Transaminierung bestimmter Aminosäuren liefert α-Ketosäuren, die wichtige Bestandteile der Glykolyse und des Citronensäurezyklus werden. Wenn Alanin mit einer α-Ketosäure transaminiert, entsteht aus dem Alanin Brenztraubensäure. Analog wird aus Glutaminsäure α-Ketoglutarsäure, und wenn Asparaginsäure transaminiert wird, ist die entsprechende α-Ketosäure Oxalessigsäure.

Pentosephosphatzyklus

Der Glucoseabbau kann auf zwei Wegen erfolgen: über die geschilderte Spaltung in Triosen zu Brenztraubensäure, die dann in Acetyl-CoA umgewandelt wird, und über den direkten oxidativen Abbau (Pentosephosphatzyklus, Hexosemonophosphat-shunt). Dieser Zyklus dient nicht dem vollständigen Abbau der Hexosen. Seine Hauptfunktion besteht darin, Pentosephosphate, die besonders während des Wachstums zum Aufbau von Nucleinsäuren nötig sind, bereitzustellen. Weiterhin liefert er reduziertes NADP, das für zahlreiche Synthesen, z. B. von Fettsäuren oder Cholesterin, unerlässlich ist.

Oxidativer Stress

Mit der Nutzung des Sauerstoffs zur Energiegewinnung entstand auch das Gefahrenpotential der dabei entstehenden Sauerstoffradikale. Diese Gefahrenquelle wird oxidativer Stress genannt. Die sauerstoffabhängige Metabolisierung von Glucose läuft in Organismen nicht perfekt ab. Sie führt zwar zu einem Gewinn von 38 Molekülen ATP (anstelle von zwei durch die anaerobe Glykolyse), aber die Reduktion von Sauerstoff zu Wasser erfasst 2% des verfügbaren Sauerstoffs nicht. Aus diesem Sauerstoff können Radikale entstehen, die im Übermaß oder bei mangelnden zelleigenen Schutzmechanismen körpereigene Strukturen angreifen. Freie Radikale sind meist sauerstoffhaltig und werden als reaktive Sauerstoffspecies (ROS = reactive oxygen species) bezeichnet. Entstehen von ihnen mehr als entgiftet werden, treten Schäden an DNA, Proteinen und Membranen auf (Abb. 15).

Sehr reaktiv ist das Superoxidanion-Radikal, welches in der mitochondrialen Atmungskette entsteht. Normalerweise wird es durch das Enzym Superoxiddismutase zu Wasserstoffperoxid umgesetzt, welches wiederum unter Beteiligung von Katalase und dem Glutathionsystem zu Wasser reduziert wird.

Nicht abgefangene Radikale schädigen insbesondere Enzyme der Atmungskette und bewirken damit einen Rückgang der Energieproduktion. Geschädigte Mitochondrien produzieren ihrerseits vermehrt Sauerstoffradikale.

Neben der Atmungskette spielen auch der Abbau von Catecholaminen und deren Autoxidation (S. 147) eine wichtige Rolle bei der Bildung von Oxidantien, insbesondere im Gehirn. Besonders betroffen sind dopaminerge Neurone.

Neben reaktiven Sauerstoffspecies entstehen auch stickstoffhaltige Oxidantien, z. B. Stickstoffmonoxid. Letzteres reagiert mit dem Superoxidanion-Radikal zur Bildung von Peroxynitrit, einem der stärksten Oxidantien in Organismen. Das Peroxynitrit-Radikal wird insbesondere von reduzierten Glutathion abgefangen. Glutathion ist ein schwefelhaltiges Tripeptid, steht in der Zelle im Gleichgewicht mit dem Glutathiondisulfid, welches als Oxidationsprodukt unter der Vermittlung der Glutathion-Peroxidase entsteht. Dabei wird Wasserstoffperoxid reduziert. Das Enzym Glutathion-Reduktase wiederum katalysiert die Rückreaktion zu Glutathion.

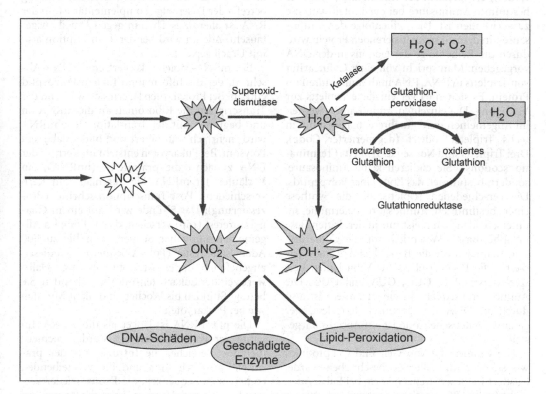

Abb. 15 Oxidativer Stress. Freie Radikale entstehen als Produkte des Stoffwechsels und greifen körpereigene Strukturen an. Es handelt sich meist um sauerstoffhaltige Verbindungen (reaktive Sauerstoffspecies, ROS = reactive oxygen species)

Proteinsynthese

Die Proteinsynthese wird von der DNA kontrolliert, die den Informationsspeicher darstellt, nach dessen Programm Aminosäuren zu Proteinen zusammengesetzt werden. Der Informationsspeicher ist in Eucyten in den Chromosomen der Zellkerne lokalisiert, aber der Syntheseort, an dem die Aminosäuren zusammengefügt werden, sind die Ribosomen, die sich im Cytoplasma befinden. Es sind also folgende Fragen zu beantworten:

1. Wie ist die Information für die Proteinsynthese in der DNA verschlüsselt (codiert)?
2. Wie wird der Code von der DNA zu den Ribosomen übertragen?
3. Wie erfolgt an den Ribosomen die spezifische, codegemäße Proteinsynthese?

1. Die Schlüsselschrift besteht in der Sequenz der heterozyklischen Basen in der DNA (Abb. 8). Drei aufeinander folgende Basen (**Basentriplett, Codon**) entsprechen der Information, dass eine bestimmte Aminosäure bei der Proteinsynthese zu verwenden ist. Die Reihenfolge der Aminosäuren in dem zu synthetisierenden Protein wird durch die Reihenfolge der Codons in der DNA vorgegeben: Man spricht von einer **Colinearität** von Tripletts in DNA, RNA und Aminosäuren im Protein. Es stehen 64 verschiedene Tripletts zur Verfügung. Die einzelnen Aminosäuren werden im Allgemeinen durch mehrere, maximal durch sechs Tripletts codiert (**degenerierter Code**). Drei Tripletts sind **Nonsense-Tripletts** (**Terminationscodons**). Sie codieren keine Aminosäure, sondern bestimmen das Ende eines Polypeptids. Die verschiedenen Tripletts, die die Synthese einer bestimmten Aminosäure determinieren, unterscheiden sich meist nur in der dritten Base (**Wobble-Base**). Wesentlich für die Codierung sind demnach oft die Basen 1 und 2 eines Tripletts. Die RNA-Tripletts für Valin lauten beispielsweise GUU, GUC, GUA und GUG. Die Aminosäurensequenz in einem Protein ist also durch die DNA, d. h. genetisch, festgelegt. Der gesamte genetische Code ist auf Abb. 16 dargestellt.

Die Colinearität von Gen und Genprodukt, wie sie hier für Bakterien beschrieben wurde, existiert in dieser strengen Form bei Eukaryoten nicht (vgl. S. 26, repetitive Sequenzen; S. 40, 44, Prozessierung, Spleißen).

2. Der DNA-Code (die genetische Information) wird von der DNA auf mRNA übertragen. Diesen Vorgang nennt man **Transcription**. Sein Zweck besteht darin, vielfache Kopien von der DNA herzustellen, die zu den Proteinsyntheseorten der Zelle, den Ribosomen, wandern. Wie bei der früher geschilderten semikonservativen DNA-Replikation öffnet sich die DNA-Doppelhelix zur Transcription. Im Bereich eines der freiliegenden DNA-Stränge, dem **codogenen Strang**, werden im Zellstoffwechsel bereitgestellte RNA-Bausteine, die Nucleosidtriphosphate, an komplementäre Basen der DNA angelagert. Mit Hilfe **DNA-abhängiger RNA-Polymerase** werden sie unter Abspaltung von Pyrophosphat zu einer RNA-Kette verbunden. Am codogenen DNA-Strang verläuft die Ablesung vom Genanfang zum Genende in 3' → 5'-Richtung, die Synthese in 5' → 3'-Richtung. Die Synthese beginnt an einem besonderen DNA-Abschnitt, der als **Promotor** bezeichnet wird.

Entlang der DNA bildet sich also eine mRNA, die zu dem als Matrize verwendeten DNA-Strang betreffs der Basenfolge komplementär ist. In der RNA ist allerdings Thymin gegen Uracil ausgetauscht, Adenin wird bei der Transcription also mit Uracil gepaart.

Ein mRNA-Molekül kopiert einen DNA-Abschnitt, der die Information für ein Polypeptid enthält. Bei Prokaryoten lagern sich während der Transcription die Ribosomen an die mRNA an und beginnen mit der Translation. Jede mRNA wird mehrfach translatiert und bildet dabei ein Polysom. Bei Eukaryoten entsteht im Kern an der DNA zunächst die **prä-mRNA** (**hnRNA**), ein Vorläufer der mRNA. Sie durchläuft im Kern verschiedene Post-Transcriptionsschritte (**Prozessierung**): Das 5'-Ende wird mit einem Guanylsäurerest (**cap**) versehen, das 3'-Ende im Allgemeinen mit einer Sequenz von bis zu 200 Adenylsäureresten (**Poly-A-Sequenz**). Mit diesen angehefteten Enden ist wohl die lange Halbwertzeit der Eukaryoten-mRNA verbunden. Sie beträgt Stunden bis Wochen und nicht Minuten wie bei Prokaryoten.

Die prä-mRNA ist länger als die mRNA. Im Laufe der **Post-Transcription** werden nichtcodierende Bereiche, die **Introns**, aus der prä-mRNA ausgeschnitten und die verbleibenden codierenden Sequenzen, die **Exons**, wieder verbunden. Diesen Vorgang bezeichnet man als **Spleißen** (splicing; Abb. 17).

1. Stelle	2. Stelle: U	C	A	G	3. Stelle
U	UUU Phe	UCU Ser	UAU Tyr	UGU Cys	U
U	UUC Phe	UCC Ser	UAC Tyr	UGC Cys	C
U	UUA Leu	UCA Ser	UAA ochre	UGA opal	A
U	UUG Leu	UCG Ser	UAG amber	UGG Trp	G
C	CUU Leu	CCU Pro	CAU His	CGU Arg	U
C	CUC Leu	CCC Pro	CAC His	CGC Arg	C
C	CUA Leu	CCA Pro	CAA Gln	CGA Arg	A
C	CUG Leu	CCG Pro	CAG Gln	CGG Arg	G
A	AUU Ile	ACU Thr	AAU Asn	AGU Ser	U
A	AUC Ile	ACC Thr	AAC Asn	AGC Ser	C
A	AUA Ile	ACA Thr	AAA Lys	AGA Arg	A
A	AUG Met	ACG Thr	AAG Lys	AGG Arg	G
G	GUU Val	GCU Ala	GAU Asp	GGU Gly	U
G	GUC Val	GCC Ala	GAC Asp	GGC Gly	C
G	GUA Val	GCA Ala	GAA Glu	GGA Gly	A
G	GUG Val	GCG Ala	GAG Glu	GGG Gly	G

Abb. 16 Der genetische Code. Die Tripletts der Nucleotidbasen in der mRNA (Uracil [U], Cytosin [C], Adenin [A], Guanin [G]) codieren folgende Aminosäuren: Phenylalanin (Phe), Leucin (Leu), Isoleucin (Ile), Methionin (Met), Valin (Val), Serin (Ser), Prolin (Pro), Threonin (Thr), Alanin (Ala), Tyrosin (Tyr), Histidin (His), Glutamin (Gln), Asparagin (Asn), Lysin (Lys), Asparaginsäure (Asp), Glutaminsäure (Glu), Cystein (Cys), Tryptophan (Trp), Arginin (Arg), Glycin (Gly), Ochre, Amber und Opal sind Terminationscodons

3. An den Ribosomen erfolgt die **Translation** (Abb. 18), die Übertragung der genetischen Information von der mRNA auf das zu synthetisierende Protein. In diesem Vorgang nehmen die tRNAs (Abb. 19) eine bedeutende Funktion ein, weil sie an einem Molekülende eine Aminosäure ans Ribosom transportieren können und eine Nucleotidsequenz, das Anticodon, für das korrespondierende Codon der mRNA enthalten.

Die mRNA tritt zunächst mit der kleinen Untereinheit des Ribosoms in Kontakt, die sich dann mit der großen verbindet (Abb. 18). Die zur Proteinsynthese benötigten Aminosäuren werden mit ATP unter Beteiligung von Enzymen aktiviert und auf die dazugehörige tRNA übertragen. Dieser Vorgang wird durch Enzyme katalysiert, die entsprechend ihrer Funktion Aminoacyl-tRNA-Synthetasen genannt werden. Für die meisten Aminosäuren gibt es mehr als eine spezifische tRNA. Alle bisher bekannten tRNA-Moleküle weisen jedoch Gemeinsamkeiten auf (Abb. 19). Die aus etwa 70 bis 90 Nucleotiden bestehende Kette ist so aufgefaltet, dass eine konstante Moleküllänge resultiert. An einer Schleife des Moleküls findet sich das dreibasige Anticodon, mit dem sich die tRNA an das komplementäre mRNA-Triplett anheften kann. Die Basen des Anticodons sind niemals intramolekular gepaart. Am Acceptorarm hängt an einem der freien Enden der Polynucleotidkette (3'-Ende) ein Aminosäuremolekül. Die konstante Länge der tRNA-Moleküle bringt, wenn sie auf der mRNA aufgereiht sind, die Aminosäuren des Gegenpols in einen solchen Abstand zueinander, dass Peptidbindungen geknüpft werden können.

An den Ribosomen existieren zwei Bindungsorte für mit Aminosäure beladene tRNA: A-Ort (**Aminoacyl-tRNA-Bindungsort**) und P-Ort (**Peptidyl-tRNA-Ort**) (Abb. 18a). Eine neu ankom-

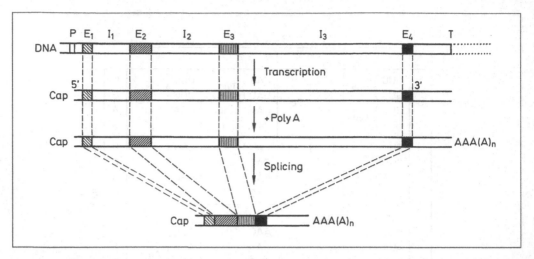

Abb. 17 Modell der Prozessierung der prä-mRNA. Die mit I_1–I_3 bezeichneten Introns werden durch Spleißen (splicing) entfernt. Die codierenden Exons (E_1–E_4) sind also über das gesamte primäre Transcript verteilt; P: Promotor, T: Terminator

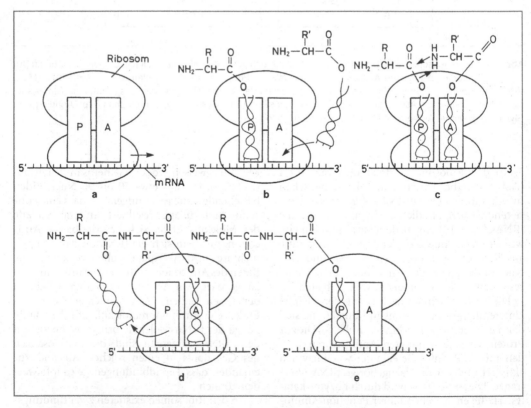

Abb. 18 Translation, **a)** Ribosom mit P- und A-Ort, kleine Untereinheit mit mRNA in Kontakt; **b)** erste Aminoacyl-tRNA am P-Ort, Einrücken eines zweiten Moleküls in den A-Ort; **c)** Verknüpfung der Aminosäuren; **d)** Entlassung der ersten tRNA aus dem P-Ort; **e)** die zweite Aminoacyl-tRNA ist an den P-Ort gerückt

mende Aminoacyl-tRNA wird am A-Ort unter Verknüpfung von mRNA-Codon und tRNA-Anticodon angelagert (außer der ersten, die gleich an den P-Ort rückt: Initiation). Sie wird dann unter Mitwirkung eines Proteins und unter Energieverbrauch (GTP) zusammen mit der mRNA verschoben, sodass sie an den P-Ort gelangt, wo die Peptidbindung mit einer nachgerückten Aminosäure über die ribosomale Peptidyl-Transferase geknüpft wird (Abb. 18b, c). Jetzt wird die tRNA aus dem Ribosom entlassen (Abb. 18d). Mit jeder Verschiebung von Ribosom gegen mRNA kann eine neue Aminoacyl-tRNA in die A-Position einrücken, sodass auf diese Weise die gesamte mRNA abgelesen werden kann und die Aminosäurenkette schrittweise verlängert wird.

Bei der Translation unterscheidet man drei Vorgänge: Initiation, Elongation und Termination. Der Start oder die **Initiation** ist jener Vorgang, bei dem die mRNA zunächst mit Hilfe der Ribosomenbindungsstelle angelagert wird. Eine spezielle Start-tRNA (meistens für Methionin), verschiedene Proteine (Initiationsfaktoren) und die kleine Untereinheit des Ribosoms bilden den Startkomplex, in dem Anticodon der tRNA mit dem Startcodon der mRNA gepaart sind, die große Untereinheit des Ribosoms wird angelagert, und die peptidische Bindung der Aminosäuren kann beginnen. Die Verknüpfung der Aminosäuren zur Polypeptidkette führt zur Verlängerung der Kette (**Elongation**). Zum Abschluss (**Termination**) kommt es, wenn ein Stop-Codon erreicht ist. Durch Terminationsfaktoren werden die synthetisierten Polypeptide dann freigesetzt. Nach der Translation zerfallen die Ribosomen in Untereinheiten. Die mRNA kann von mehreren Ribosomen zugleich abgelesen werden; solche Assoziationen werden Polysomen genannt. In Polysomenverbänden lesen mehrere Ribosomen nacheinander die mRNA ab.

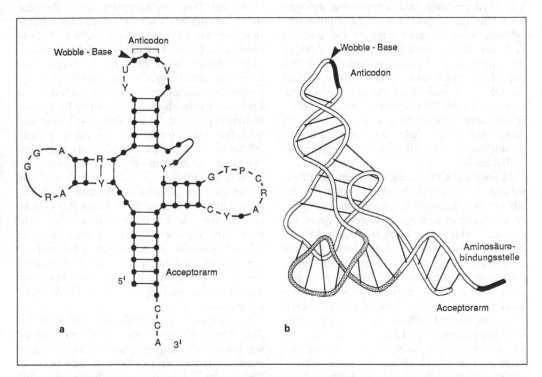

Abb. 19 Transfer-RNA (tRNA). **a)** Schema der Sekundärstruktur mit vier Armen, die als Doppelhelix ausgebildet sind, und vier Schleifen, in denen das Molekül einkettig ist (Kleeblattmodell). Positionen mit stets gleicher Basenbesetzung sind durch Buchstaben markiert (A: Adenin, C: Cytosin, P: Pseuduridin, R: Purinbase, T: Ribothymidin, V: verändertes Purin, Y: Pyrimidinbase). Die tRNA enthält gehäuft seltene Basen. **b)** Dreidimensionales Strukturmodell einer tRNA: Das 3'-Ende fungiert als Acceptor für den Aminosäurerest, die Anticodonschleife als Paarungspartner des entsprechenden Codons der mRNA am Ribosom

Das bei der Translation entstandene Protein kann in der Zelle verbleiben oder ausgeschleust werden (»Exportprotein«). Hierüber entscheidet die Sequenz der ersten 12–15 Aminosäuren der wachsenden Kette, die später abgeschnitten wird: Bei allen Exportproteinen besteht diese Signalsequenz hauptsächlich aus hydrophoben und einigen basischen Aminosäuren, die sich in der Lipidschicht der Zellmembran verankern. In Analogie zur RNA-Prozessierung nennt man das Zurechtschneiden der Polypeptidkette, das auch mit dem Herausschneiden von Abschnitten aus dem Inneren der Polypeptidkette einhergehen kann, Protein-Prozessierung.

Bei Eukaryoten erfolgt die Proteinsynthese entweder an freien Ribosomen im Cytosol (z. B. Proteine der Mitochondrien) oder an den am ER angelagerten Ribosomen (rauhes ER). Die Proteine gelangen durch verschiedene Prozesse (z. B. Signalproteine) ins Lumen des ER und werden in Membranen eingebaut, in Lysosomen verpackt und stehen der Zelle als Struktur-, Immun-, Reserveproteine oder Enzyme zur Verfügung.

c Zellzyklus, Chromosomen, Mitose, Meiose, Apoptose

Zellzyklus. Zellen vermehren sich, indem sie ihre Masse verdoppeln und sich dann zweiteilen. Verdoppelung und Zweiteilung erfolgen beim Chromatin ganz präzise (**Chromosomenzyklus**), weniger exakt dagegen bei anderen Zellbestandteilen (**cytoplasmatischer Zyklus**). Im Chromosomenzyklus wechseln DNA-Verdoppelung und Mitose (S. 48), in deren Verlauf die DNA auf zwei Tochterkerne verteilt wird, miteinander ab. Der cytoplasmatische Zyklus besteht aus Zellwachstum und Cytokinese, in deren Verlauf die Zelle zweigeteilt wird. Die Gesamtheit dieser zyklischen Vorgänge wird als Zellzyklus bezeichnet.

Mitose und **Cytokinese**, also Kern- und Zellteilung, waren der Mikroskopie schon im 19. Jahrhundert zugänglich; sie sind daher besonders eingehend untersucht worden. Beide zusammen bilden die **M-Phase** (nach M von Mitose), die jedoch nur einen kleinen Teil des Zellzyklus ausmacht. Viel länger ist die **Interphase**; sie nimmt etwa 90% des Zellzyklus ein. In ihr wird die DNA in einem bestimmten Zeitabschnitt repliziert (**S-Phase**; S von Synthese). Zwischen M- und S-Phase liegt eine Zeitspanne sehr unterschiedlicher Länge, die G_1-Phase (G von gap = Lücke). Zwischen S- und nächster M-Phase liegt die G_2-Phase. Bei rasch sich teilenden Zellen, z. B. in der Frühentwicklung, kann ein Zellzyklus in weniger als einer Stunde durchlaufen werden, bei anderen Zellen aber über 100 Tage dauern. Diese großen Unterschiede beruhen in erster Linie auf der Länge der G_1-Phase.

Der Zellzyklus wird durch verschiedene intra- und extrazelluläre Signalmoleküle kontrolliert (Abb. 20). Das sehr komplexe Kontrollsystem überwacht den zeitlichen Ablauf und das sequentiell korrekte Einsetzen der einzelnen Zyklusphasen. Es besitzt Flexibilität und Anpassungsmöglichkeiten an spezifische Zelltypen und Umweltveränderungen. Es sorgt dafür, dass die einzelnen Zyklusphasen nach dem Start an ihrem Ende eindeutig abgeschlossen sind. Es enthält Sicherungssysteme für den Fall, dass Fehler unterlaufen. Das Kontrollsystem kann den Zellzyklus an spezifischen check-points anhalten. Wichtige Überwachungspunkte liegen vor Beginn der Mitose (G2-check-point) und vor Einsetzen der Anaphase (Metaphase-check-point) und vor Beginn der S Phase (G1-check-point). Vor Einsetzen der Mitose wird z. B. überprüft, ob die DNA-Replikation korrekt abgeschlossen ist. Vor Einsetzen der Anaphase der Mitose wird überprüft, ob alle Chromosomen an der Spindel befestigt sind. Am Ende der G1- Phase wird geprüft, ob die DNA-Replikation einsetzen soll.

Eine wesentliche Rolle im Kontrollsystem des Zellzyklus spielt eine Familie von Proteinkinasen, die cyclinabhängige Kinasen (Cdks) genannt werden. Die Menge dieser Kinasen ändert sich im Verlauf der Zyklusphasen. Sie bewirken damit zyklische Änderungen der Phosphorylierung derjenigen intrazellulären Proteine, die den Ablauf der wichtigsten Stationen des Zellzyklus regulieren. Die zyklischen Änderungen der Cdk-Aktivität werden von einer Reihe von Enzymen

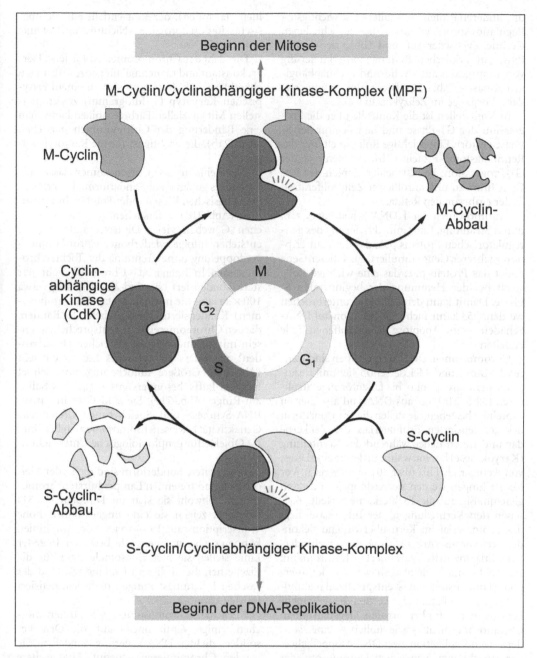

Abb. 20 Einfache Darstellung der Kontrollmechanismen des Zellzyklus. Cyclin-abhängige Kinase (CdK) verbindet sich nacheinander mit unterschiedlichen Cyclinen zu einem Proteinkomplex, um verschiedene Phasen des Zyklus einzuleiten. Die Aktivität der CdK wird durch Cyclin-Abbau beendet. Nur die Cycline der S-Phase (S-Cyclin) und der M-Phase (M-Cyclin) sind auf der Zeichnung dargestellt. Diese Cycline interagieren mit einer einzigen CdK; die entstehenden Proteinkomplexe werden M-Cyclin/cyclinabhängiger Kinasekomplex (= M-CdK = MPF = mitosis promoting factor) und S-Cyclin/cyclinabhängiger Kinasekomplex (= S-CdK) genannt. Weitere Cycline beeinflussen das Ende von G1 und bereiten die Zelle auf die DNA - Replikation vor (G1/S - Cyclin) oder beeinflussen die Endphase von G1 (G1-Cyclin)

und anderen Proteinen reguliert. Die wichtigsten Regulationsproteine sind die verschiedenen Cycline. Zyklischer Auf- und Abbau der Cycline führt zur zyklischen Bildung und Aktivierung von Komplexen aus Cyclin und cyclinabhängigen Kinasen (Abb. 20). Diese Aktivierung setzt dann Vorgänge im Zellzyklus in Gang.

In Krebszellen ist die Kontrolle über die Progression der G1-Phase und den Beginn der S-Phase gestört. Eine wichtige Rolle spielt hier das Retinoblastoma-Protein (Rb), ein Hemmer der G1-Progression. Verlust beider Kopien des Rb-Gens führt zu unkontrollierter Zellproliferation in der embryonalen Retina.

Chromosomen- und DNA-Schädigung, z. B. durch Strahlung, führt zur Aktivierung des genregulatorischen Proteins p53, das die Transcription mehrerer Gene stimuliert. Eins dieser Gene bildet das Protein p21, das eine wichtige Rolle spielt bei der Hemmung der beginnenden S-Phase. Damit kann der Zellzyklus unterbrochen werden. p53 kann auch – als Reaktion auf DNA-Schäden – eine Apoptose der betroffenen Zelle einleiten.

Chromosomen. Die Chromosomen sind während Mitose und Meiose schon lichtmikroskopisch sichtbare, punkt- bis fadenförmige Strukturen (Abb. 21a), die aus DNA und assoziierten Proteinen bestehen. Sie stellen die Transportform des kondensierten Erbmaterials der Zellkerne dar und treten daher während der **Kernteilung (Karyokinese)** hervor, während der sie eine Länge von weniger als 1 bis über 30 µm aufweisen. Vor Kernteilungen werden sie verdoppelt und dann gleichmäßig auf die Tochterkerne verteilt. Zwischen den Kernteilungen, der Interphase, liegt das Erbmaterial im Kern überwiegend dekondensiert vor als »Arbeitsform«, die ungehinderten Enzymzutritt garantiert (Euchromatin; Heterochromatin bleibt auch während der Interphase kondensiert und ist entsprechend inaktiv).

Verwirrung kann beim Lernen die gebräuchliche Nomenklatur hervorrufen: Liegen in einem Chromosom nicht – wie üblich – eine, sondern nach Replikation zwei DNA-Doppelhelices vor, spricht man von einem Chromosom, das aus zwei **Chromatiden** besteht. Auch vor der Meiose repliziert sich die DNA, und jedes Chromosom besteht aus zwei Chromatiden; paaren sich homologe Chromosomen in der Meiose, bezeichnet man sie als **Bivalente.**

Die Trockenmasse der Chromosomen besteht zu 35% aus DNA, zu 40% aus basischen Prote-inen (Histonen), der Rest entfällt auf nichtbasische Residualproteine (Nichthiston-Proteine, S. 48) und RNA.

Die Zahl der Chromosomen ist für jede Tierart konstant und manchmal für ganze Gattungen charakteristisch. Sie lassen sich zu einem arttypischen **Karyotyp** (= **Idiogramm**) zusammenstellen Mit speziellen Färbetechniken kann man eine Bänderung der Chromosomen darstellen (Abb. 21b), die wichtig ist für die Karyotypanalyse.

Der Feinbau der Chromosomen lässt sich besonders gut an einer Sonderform, den großen, interphasischen **Riesen-** oder **Polytänchromosomen** (Abb 21d) untersuchen, die z. B. in manchen Geweben vieler Dipteren auftreten. Sie entstehen infolge wiederholter Chromosomenverdoppelung ohne Trennung der Tochterchromosomen. In ihnen ist das Chromatin nicht sehr stark kondensiert (sie sind also sehr lang: etwa 100 × so lang wie normale Metaphasechromosomen). Kondensierte **Querscheiben** oder **Banden,** die den **Chromomeren** (s. u.) entsprechen, wechseln mit dekondensierten Bereichen (**Interbanden**) ab, sodass ein typisches Muster entsteht (Abb. 21d). Größere Auflockerungen bezeichnet man als **Puffs,** besonders große auch als **Balbiani-Ringe** (Abb. 21e). Sie sind Orte intensiver RNA-Synthese- und -Speicherung (differentielle Genaktivität). Riesenchromosomen stellen ideale Objekte für genphysiologische Untersuchungen dar.

Eine weitere Sonderform sind die in der Meiose (s. u.) auftretenden **Lampenbürstenchromosomen.** Obwohl sie sich im Diplotän (S. 51) befinden, zeigen sie eine ungewöhnlich hohe Transcriptionsrate. In Oocyten von Amphibien können sie bis zu einem Jahr bestehen. In erster Linie stellen sie hier ribosomale RNA für die Eizelle her, die in diesem Umfang während der raschen Furchungsteilungen nicht synthetisiert werden könnte.

In Pachytänchromosomen (S. 51) treten knötchenförmige Verdickungen auf, die Orte besonders dichter DNA-Lagerung darstellen. Sie werden **Chromomeren** genannt. Eine weitere Baueigentümlichkeit der Chromosomen ist die **Primäreinschnürung,** das **Centromer,** in dessen Bereich auch das **Kinetochor** – die Spindelansatzstelle – liegt. Am Kinetochor, einem Proteinkomplex, sind die Kinetochor-Mikrotubuli befestigt. Am Centromer ist das Chromosom im Allgemeinen geknickt, sodass zwei Chromoso-

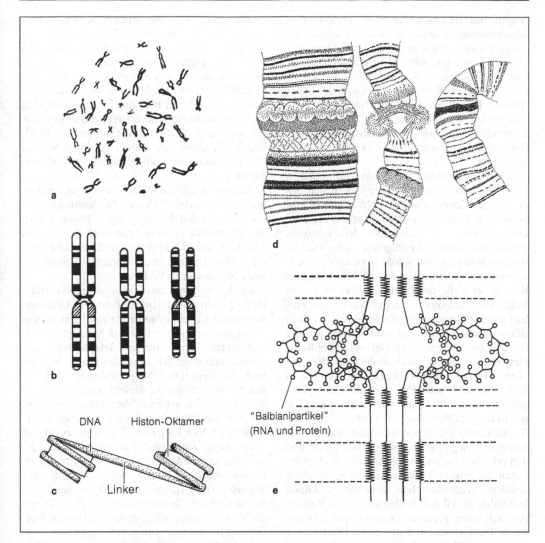

Abb. 21 Chromosomen. **a)** Chromosomensatz eines Menschen (Mann); **b)** Chromosomen 1–3 des Menschen mit Bändermuster, das nach Färbung hervortritt und die sichere Identifizierung der einzelnen Chromosomen ermöglicht; **c)** Modell der Organisation der DNA in Nucleosomen. Die aus acht Molekülen aufgebauten Histonkomplexe, um die die DNA gewunden ist (Nucleosom), verbindet ein Linker (Linker-DNA); **d)** Ausschnitte aus gleichen Riesenchromosomen einer Mücke *(Chironomus),* jedoch aus verschiedenen Organen, um die unterschiedliche Struktur zu zeigen; **e)** schematische Darstellung einer Puffbildung. Es sind vier Chromatiden dargestellt, deren DNA an einer Stelle zu einem Puff entfaltet ist

menschenkel entstehen. Bisweilen liegt das Centromer so weit terminal, dass der Eindruck entsteht, das Chromosom sei einschenklig. Die Lage der Centromeren ist konstant und wird zur Typisierung von Chromosomen herangezogen. Sind beide Schenkel gleich lang, heißen die Chromosomen **metazentrisch,** sind sie von ähn-

licher Länge, **submetazentrisch.** Ist das Centromer am oder nahe am Chromosomenende lokalisiert, spricht man – etwas uneinheitlich – von **telo- bzw. akrozentrischen** Chromosomen. Wenn es kein umschriebenes Centromer gibt, sondern die Spindelfasern in ganzer Länge des Chromosoms angreifen, verwendet man den

Begriff **holozentrisch.** Bisweilen existiert eine **Sekundäreinschnürung,** an welcher an einigen Chromosomen nach erfolgter Kernteilung der Nucleolus gebildet wird (**Nucleolus-Organisator,** Nucleolareinschnürung). Der Nucleolus-Organisator codiert für ribosomale RNA (rRNA). Der durch die Nucleolareinschnürung abgesetzte, knopfförmige, kurze Chromosomenendabschnitt wird als **Satellit,** das gesamte Chromosom manchmal als **SAT-Chromosom** bezeichnet.

Die Chromosomen sind im Wesentlichen DNA-Histonkomplexe, in ihrer Gesamtheit bilden sie das **Chromatin.** Die DNA liegt als Doppelhelix vor, im replizierten Zustand als zwei Doppelhelices. Sie bildet mit den Histonen regelmäßig aufeinander folgende Komplexe, die **Nucleosomen** genannt werden, sodass eine perlschnurartige Struktur entsteht. Ein diploider Kern einer Zelle des Menschen besitzt ca. 30 Millionen Nucleosomen. Jedes Nucleosom enthält einen **oktameren Histonkomplex,** der flach ellipsoidische Gestalt hat und dessen größter Durchmesser 10 nm misst. Der oktamere Komplex besteht aus je zwei Molekülen der sog. »Core«-**Histone H2A, H2B, H3** und **H4,** die zu den bestkonservierten Proteinen der Eukaryoten gehören. Jedes Oktamer wird von einem ca. 60 nm langen DNA-Abschnitt (entspricht ca. 160 Basenpaaren) knapp zweimal umwickelt. Zwischen den negativen Ladungen der DNA und den positiven Ladungen von Arginin- und Lysinresten der Histonmoleküle kommt es zu relativ stabilen elektrostatischen Bindungen. Dieser kompakte Anteil des Nucleosoms wird **Rumpfpartikel** (**core particle**) genannt. Benachbarte solche Partikel werden durch einen DNA-Strang verbunden (**Linker**), der aus ca. 60 Basenpaaren besteht. Im Bereich dieser Linker setzen bevorzugt Nucleasen an. Es wird z. T. vermutet, dass eine bestimmte Zuordnung von Nucleosomen und Nucleotidsequenzen bestehen kann (phasing).

Ein weiteres Histonmolekül, **H1,** beteiligt sich nicht am Aufbau der Rumpfpartikel, sondern erfüllt eine wichtige Funktion bei der Ausbildung übergeordneter Chromatinstrukturen. H1 beeinflusst damit den Kondensationszustand des Chromatins, d. h., die Rumpfpartikel können zu unterschiedlich dichten Strukturen zusammengelagert werden. Unterschiedliche Präparationsverfahren erbringen entweder 10 nm dicke **Nucleofilamente** (**Basisfilamente**) oder 30 nm dicke **Chromatinfibrillen.** Nucleofilamente bestehen aus einer dichten Reihe von Nucleosomen, die an ihren schmalen Rändern aneinander grenzen. Für die Chromatinfibrillen existieren derzeit zwei Modelle: das Solenoidmodell (Schraubenstruktur mit sechs Nucleosomen pro Windung) und das Nucleomermodell (superbeads; weniger geordnete größere Gebilde, die auch aus Nucleosomen aufgebaut sind). Durch solcherart Zusammenlagerungen werden die Chromosomen zunehmend kürzer und dicker.

Nucleosomenfreie DNA ist selten und macht nur bis zu 2% der DNA aus (Nucleolus-Organisator, Startstellen der Replikation, Promotoren). In den besonders dicht gepackten Kernen von Spermien sind die Histone durch die sehr basischen niedermolekularen **Protamine** ersetzt, die keine Nucleosomen bilden.

Unabhängig von den Histonen und Nichthistonproteinen gibt es im Zellkern ein **Chromosomenskelet (chromosome scaffold),** das in zwei Ausprägungen bekannt ist: als Metaphase-scaffold (ist für die Struktur der Metaphasechromosomen verantwortlich) und als Kern-scaffold im Interphasekern. Die DNA ist wahrscheinlich mit kurzen Abschnitten in diesem Skelet so verankert, dass zwischen zwei Verankerungspunkten aus fünf bis 200 Basenpaaren bestehende **DNA-Schleifen (DNA-loops)** vorliegen, die nicht mit dem Chromosomenskelet verbunden sind. Die Verankerungsstellen heißen **SARs (scaffold attached regions).** Sie umfassen Bindestellen für **Topoisomerase II,** ein Enzym, das wesentlicher Bestandteil des Chromosomenskelets ist. Durch die Verankerungspunkte getrennte DNA-Schleifen sind funktionell voneinander getrennt.

In den Körperzellen der Tiere kommen im Allgemeinen zwei sehr ähnlich aussehende Chromosomensätze vor (**diploider Zustand**), wovon einer vom Vater, der andere von der Mutter stammt. Die einander entsprechenden Chromosomen dieser beiden Sätze werden als homolog bezeichnet. Liegt nur ein einfacher Chromosomensatz vor, nennt man ihn **haploid.** Chromosomen, die Gene der Geschlechtsbestimmung tragen, werden **Hetero-** oder **Geschlechtschromosomen** genannt (X- und Y-Chromosom), die anderen **Autosomen.**

Mitose (Abb. 22). Die Mitose ist eine **Kernteilung,** in deren Verlauf die Chromosomen auf zwei Tochterkerne verteilt werden, die untereinander erbgleich und mit dem Ausgangskern genetisch identisch sind. Sie gliedert sich in Pro-, Prometa-, Meta-, Ana- und Telophase.

In der oft sehr lange dauernden **Prophase** werden die Chromosomen zunehmend kondensiert und daher lichtmikroskopisch gut erkennbar. Jedes einzelne besteht zu diesem Zeitpunkt schon aus zwei identischen Tochterchromosomen (auch **Chromatiden** genannt), die im Bereich der Centromeren zusammengehalten werden (Abb. 22a). Diese Verdoppelung ist in der S-Phase der vorausgegangenen Interphase erfolgt. In der Prophase beginnt die Spindelbildung, ausgehend von den Centriolen, die sich zu Beginn der Mitose geteilt haben und an die entgegengesetzten Pole der Zelle gerückt sind.

In der **Prometaphase** wird die Kernhülle in kleine Zisternen zerlegt, die später in der Spindel und um sie herum zu finden sind.

In der anschließenden **Metaphase** ist der Spindelapparat (Abb. 22c) vollständig ausgebildet: Um je zwei Centriolen an den Spindelpolen arrangieren sich sternförmig Mikrotubuli (**Asterenbildung**), die z. T. zu den Kinetochoren (Kinetochor-Mikrotubuli) ziehen, z. T. das Centrosom an der Zellmembran verankern (astrale Mikrotubuli) und z. T. mit den Mikrotubuli des gegenüberliegenden Centrosoms in Kontakt treten (Polmikrotubuli). Die Chromosomen sind jetzt maximal kondensiert, d. h., sie sind kurz und dick und am Äquator der Spindel aufgereiht. Die Kondensation bringt fast alle Genaktivitäten zum Erliegen.

In der **Anaphase** (Abb. 22d) rücken die Tochterchromosomen eines jeden Chromosoms auseinander und bewegen sich unter Vermittlung der Mikrotubuli mit einer Geschwindigkeit von einem bis mehreren μm pro Minute auf die Spindelpole zu.

Ist die Wanderung beendet, spricht man von der **Telophase** (Abb. 22e). Die Tochterchromosomen verlieren jetzt durch Dekondensation ihre optische Individualität, eine neue Kernhülle entsteht (Abb. 22f), und die Nucleoli, die in der Prophase aufgelöst worden waren, treten wieder hervor.

Während der Mitose kommt es zu einer engen Nachbarschaft oder zu direktem Kontakt zwischen Spindelapparat und Vesikeln sowie Zisternen, die sich aus Golgi-Apparat, Endoplasmatischem Reticulum und Resten der Kernhülle herleiten. Auf Abb. 22 wurden die Membransysteme in einer Metaphase dargestellt. Ihre Bedeutung liegt z. B. in der Regulation der Calcium-

ionenkonzentration, der eine große Bedeutung bei der Mitose zukommt. Die Gesamtheit des Mitoseapparates wird bei Vielzellern von einer durchbrochenen Hülle von ER-Zisternen umgeben, die größere Zellbestandteile wie Mitochondrien außerhalb der Spindel halten. Im Allgemeinen ist die **Mitose (Kernteilung, Karyokinese)** mit einer **Zellteilung (Cytokinese)** verbunden (Abb. 22f). Während der Cytokinese teilt sich das Cytoplasma. Ein kontraktiler Ring aus Actinfilamenten, zu Beginn der Anaphase an der Innenseite der Plasmamembran entstanden, zieht die Zellmembran zwischen den beiden Tochterkernen unter dem Einfluss von Myosin zusammen. Er wird nach der Zellteilung wieder aufgelöst.

Die Frage, wodurch Zellteilungen initiiert werden, warum es also zur Zellproliferation kommt, ist noch nicht klar zu beantworten. Aus einer bestimmten Korrelation zwischen Zell- und Kernvolumen bei den Teilungen hat man geschlossen, dass eine kritische Zellmasse nicht überschritten werden kann. In der Tat ist wohl die Menge sog. Mitosefaktoren ausschlaggebend.

Eine wichtige Funktion kommt auch der Teilungsspindel zu. Verhindert man experimentell ihre Bildung, bleibt die Verteilung der Chromosomen aus, und der Mitoseprozess ist in der Metaphase arretiert.

Unter **Endomitose** versteht man die Verdoppelung des Chromosomensatzes ohne Auflösung der Kernhülle und ohne Spindelbildung. Nach der Verdoppelung trennen sich die Tochterchromosomen.

Bei der **Polytänisierung** dagegen trennen sich die vervielfachten Chromatiden nicht, sondern bilden Bündel, sog. Polytän- oder Riesenchromosomen, von denen bereits die Rede war (Abb. 21d).

Bei der **Amitose** wird der Kern von einem Mikrotubuliring umgeben und durchläuft eine Teilung, bei der das Chromatin offenbar im Interphasestadium verbleibt.

Meiose (Abb. 23). Die Meiose (**Reifeteilung**) führt vom diploiden zum haploiden Zustand des Zellkerns und erfolgt immer in zwei Teilungsschritten: Im ersten (**Meiose I, Reduktionsteilung**) wird die Chromosomenzahl von diploid auf haploid reduziert, im zweiten (**Meiose II, Äquationsteilung**) teilen sich die Chromosomen des haploiden Satzes der Länge nach.

Zugleich ist die Meiose Voraussetzung jeder Art geschlechtlicher (sexueller) Fortpflanzung und damit die Grundlage der Durchmischung

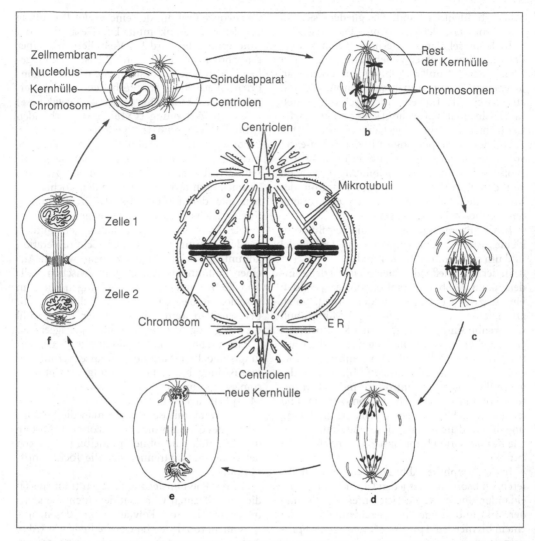

Abb. 22 Mitose. **a)** Prophase, **b)** Prometaphase, **c)** Metaphase, **d)** Anaphase, **e)** Telophase, **f)** Cytokinese, im Zentrum: schematische Darstellung der Membransysteme in der Metaphase (nach elektronenmikroskopischen Befunden); ER: endoplasmatisches Reticulum

des Genbestandes einer Art von Generation zu Generation (**Rekombination** des Genpools).

Beim Eintritt in die Meiose I ist die Replikation der DNA noch nicht abgeschlossen. Über die ganzen Chromosomen verteilt gibt es noch nichtreplizierte DNA-Abschnitte. Vor Eintritt in die Meiose heften sich die Enden der Chromosomen an die Kernhülle.

Wie bei der Mitose werden bei der Meiose I Pro-, Prometa-, Meta-, Ana- und Telophase

unterschieden. Innerhalb der **Prophase,** die sich über Wochen oder Jahre erstrecken kann, werden weitere Stadien unterschieden:

1. **Leptotän.** Die Chromosomen werden als feinfädige Stränge erkennbar (auch **Chromonemen** genannt). Sie sind in für jedes Chromosom charakteristischen Abständen zu Chromomeren verdichtet.

2. **Zygotän.** Die homologen Chromosomen legen sich zu Paaren aneinander (**Synapsis**).

Man nennt sie jetzt auch **Bivalente**. Da die Chromomerenmuster beider Partner, des mütterlichen und des väterlichen Chromosoms, übereinstimmen, erinnern die Chromosomenpaare im Lichtmikroskop an Strickleitern. Im Elektronenmikroskop erkennt man als Verbindungsstruktur den sog. **synaptonemalen Komplex**, der vorwiegend aus Proteinen besteht. Er vermittelt die Homologenpaarung nach Art eines Reißverschlusses und ist die Voraussetzung für das crossing-over und die Chiasmabildung. Während der Formierung des synaptonemalen Komplexes wird die noch nicht verdoppelte DNA repliziert.

3. **Pachytän**. Die Chromosomen verkürzen sich, in den gepaarten Chromosomen treten deutlich je zwei Chromatiden auf (**Tetraden, Vierstrangstadium**), die DNA-Replikation wird jetzt abgeschlossen (**Reparatursynthese**). Das Pachytän ist die Phase des **crossing-over**, d. h., es finden Austauschvorgänge zwischen Chromatiden verschiedener, aber gepaarter Chromosomen statt. Dabei beteiligt sich jeweils nur eine Chromatide eines Chromosoms.

4. **Diplotän**. Verkürzung und Verdickung der Chromosomen schreiten fort. Hier kann ein langer Ruhezustand (**Dictyotän**) eingeschaltet sein, bei Frauen von der Geburt bis zur Follikelreifung, also von minimal etwa zwölf Jahren (**Menarche**: Auftreten der ersten Menstruation, Eintritt in die Geschlechtsreife) bis maximal etwa 50 Jahren (**Menopause**: Ende der Menstruationszyklen, Ende der Reproduktionsphase). Es gibt allerdings auch den umgekehrten Vorgang: Auflockerung der Chromosomenstruktur mit intensiver Transcription (Lampenbürstenchromosomen, S. 46). Die Bivalenten rücken im Diplotän teilweise auseinander, werden aber noch an den Punkten zusammengehalten (**Chiasmata**), wo Austauschvorgänge stattgefunden haben.

5. **Diakinese**. Die Kondensation der Chromosomen nimmt über das in der Metaphase der Mitose erreichte Ausmaß zu.

Mit Erreichen der Metaphase ist die Kernhülle aufgelöst, und der Spindelapparat ist ausgebildet. Die Chromosomenpaare ordnen sich in der Äquatorialebene an, wobei das Centromer des mütterlichen Chromosoms zu einem Zellpol, das Centromer des väterlichen zum anderen gerichtet ist. Die Ausrichtung bleibt dem Zufall überlassen. Während der Anaphase rücken die nun-

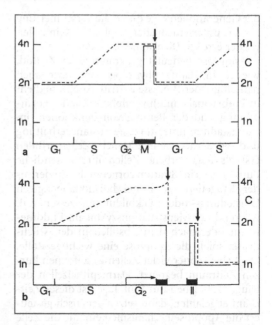

Abb. 23 Veränderungen in der Chromosomenzahl n (durchgezogene Kurven) und der DNA-Menge c (unterbrochene Kurven) während der Mitose (a) und der Meiose (b). Abszissen: Zellzyklusphasen bzw. Zeitachsen. M: Mitose, I, II: Meiose I und II, G_1, S, G_2, entsprechende Phasen des Zellzyklus, Pfeile: Kernteilungen

mehr getrennten Chromosomen auseinander und sind in der Telophase an den Polen der Zelle angekommen. Die diploide Chromosomenzahl ist damit auf die haploide reduziert.

Die zwei Tochterkerne teilen sich anschließend erneut, wobei sich die Chromosomen in ihre Chromatiden teilen. Jetzt liegen also vier Kerne vor. Die zweite Teilung wurde früher vom Ablauf her als Mitose angesehen, von der sie sich allerdings grundlegend unterscheidet: Vor der Meiose II gibt es keine DNA-Replikation; das Resultat der Meiose II sind erbungleiche Kerne; in der Metaphaseplatte der Meiose II liegt ein haploider Chromosomensatz.

Die Meiose halbiert den diploiden auf den haploiden Zustand und trennt auf diese Weise Diplo- und Haplophase. Letztere ist bei vielzelligen Tieren im Allgemeinen auf Fortpflanzungszellen beschränkt (S. 297). Des Weiteren bewirkt sie zwei wichtige genetische Effekte: Umbau der Chromosomen (Rekombination) und Neuverteilung der väterlichen und mütterlichen Chromosomen. Der diploide Zustand wird in der Generationenfolge durch die Verschmelzung zweier unterschiedlicher haploider Keimzellen wieder erreicht (Syngamie, s. S. 300).

Apoptose bedeutet programmierter Zelltod, wie er im Laufe physiologischer, aber auch pathologischer Prozesse auftritt. Apoptose dient in Embryonal- und Juvenilphase v. a. der Formbildung und der Reifung von Funktionen; im Adultstadium unterstützt sie Zustandserhaltung und -wiederherstellung. Manche Zellen erfüllen erst als abgestorbene Zellen ihre wesentliche Funktion, so im Stratum corneum der Epidermis der Säugetiere. Auch bei hormonabhängigen Umstellungs- oder Rückbildungsprozessen, z. B. während des Menstruationszyklus im Endometrium oder nach dem Abstillen in der Milchdrüse, spielt die Apoptose eine wichtige Rolle. Die Lebensdauer vieler Zellen ist auf einen kurzen Zeitraum begrenzt. Darmepithelzellen der Säuger z. B. leben nur fünf Tage. Ist dieser Zeitraum abgelaufen, dann setzen genetisch gesteuert die Apoptosemechanismen ein, die die Zelle absterben lassen.

Apoptose geht einher mit Ablösung der betroffenen Zelle aus dem Zellverband, Schrumpfung, Chromatinkondensation, DNA-Fragmentierung, Zerlegung von Kern, ER, Golgi-Apparat und Cytoskelet. Beteiligt sind insbesondere drei Komponenten:

1. Die Regulator-Proteine der Bcl-2-Familie, die an der Regulation von Membrankanälen beteiligt sind. Bcl 2 ist ein Protein, das Apoptose verhindert, wohingegen das Protein Bax proapoptotisch wirkt.
2. Mitochondrien, die als Initiatoren und Integratoren fungieren.
3. Caspasen, spezielle Proteasen, die Proteine in einer Kaskade substratspezifisch zerlegen. In der intakten Zelle liegen sie als inaktive Procaspasen vor. Sind sie einmal aktiviert, z. B. durch Bax, ist die Apoptose nicht mehr aufzuhalten. Trophische Faktoren, z. B. die Neurotrophine, zu denen der Nervenwachstumsfaktor (NGF) zählt, verhindern Apoptose.

Apoptose ist von der Nekrose zu unterscheiden. Nekrose ist der Zelltod durch irreparable exogene Schädigung.

Die abgestorbenen Zellen werden durch Makrophagen abgebaut oder aus Epithelverbänden ausgestoßen.

2 Gewebe und Gewebsflüssigkeiten

Verbände ähnlich differenzierter Zellen und ihrer Abkömmlinge (**Interzellularsubstanzen**) nennen wir Gewebe. Es werden konventionell vier Grundgewebe unterschieden: Epithel-, Binde-, Nerven- und Muskelgewebe. Zellbiologisch stehen sich einerseits Epithel- und Nervengewebe sowie andererseits Binde- und Muskelgewebe nahe. Auch zwischen Epithel- und Muskelgewebe gibt es engere chemische und evolutionsbiologische Übereinstimmungen.

a Epithelgewebe

Alle geschlossenen zellulären Schichten, die Oberflächen bedecken und Hohlräume auskleiden, werden Epithelien genannt. Sie bestehen aus dicht beieinander liegenden Zellen, die durch Kontaktstrukturen miteinander verbunden sind und eine **polare Differenzierung** in Zellapex (zeigt zur Epitheloberfläche) und in Zellbasis (zeigt zum subepithelialen Bindegewebe) aufweisen. Sie enthalten keine Blutgefäße. Epithelien lagern einer extrazellulären **Basalmembran** (Membrana basalis) auf, die im Lichtmikroskop als feine glykoproteinreiche Linie erkennbar ist. Im Elektronenmikroskop besteht sie im Allgemeinen aus drei Schichten: 1. der **Lamina lucida** (hell im Elektronenmikroskop), die unmittelbar unter der basalen Plasmamembran liegt und spezifische chemische Komponenten, z. B. das Multiadhäsionsprotein Laminin, enthält, 2. der **Lamina densa** (dicht im Elektronenmikroskop), welche v. a. aus Kollagen (Typ IV) und Heparansulfat besteht, und 3. der unterschiedlich dicken **Lamina fibroreticularis,** die oft aus Kollagenfibrillen vom Typ III und bei Säugern auch aus Mikrofibrillen aufgebaut ist. Die Lamina fibroreticularis bildet eine Brücke zum typischen subepithelialen Bindegewebe. Lamina lucida und Lamina densa bilden gemeinsam die **Basallamina** (Abb. 6).

Bei der Zusammenlagerung der Epithel- und anderer Zellen spielen nicht nur die Zellkontakte (S. 15), sondern auch **Zell-Adhäsionsmoleküle** eine Rolle. Es handelt sich um Zelloberflächen-Glykoproteine, die den spezifischen Erkennungsvorgang vermitteln. Diese Proteine sind entweder Ca^{2+}-abhängig (**Cadherine**) oder nicht (Glykoproteine aus der **Immunglobulin-Überfamilie,** wie z. B. das N-CAM [neural cell adhesion molecule]). Beide Gruppen der Adhäsionsmoleküle spielen eine große Rolle in der Morphogenese. Vermutlich besitzt jede Zelle eines Gewebes eine spezifische Kombination von Membranglykoproteinen, die sie zu spezifischer Bindung an andere Zellen und an die extrazelluläre Matrix befähigt.

Wegen ihrer exponierten Lage nutzen sich Epithelien meist rasch ab. Es gibt im Epithelverband **Stammzellen,** die abgestorbene Zellen ersetzen können. Der Zellumsatz ist hoch. Kontrollverlust über den Zellumsatz kann zur Entstehung von Karzinomen führen. Karzinome gehen immer aus Epithelien hervor.

Alle drei Keimblätter sind befähigt, Epithelien zu bilden. Das die Körperoberfläche aufbauende ectodermale Epithel ist sehr vielgestaltig (Abb. 24) und wird **Epidermis** genannt. Das dem Mesoderm entstammende Epithel, welches die sekundäre Leibeshöhle auskleidet, bezeichnet man als **Coelothel** oder **Mesothel.** Das mesodermale Epithel, das das Lumen von Blutgefäßen begrenzt, wird **Endothel** genannt. Das resorbierende Darmepithel ist ein entodermales Epithel.

Die strukturelle Klassifizierung der Epithelien stützt sich auf zwei Kriterien: die Form und die Schichtung der Zellen. Nach ihrer Gestalt spricht man von Platten-, kubischem und Zylinderepithel (Abb. 24). Die stark abgeflachten **Plattenepithelien** kleiden Blut- und Lymphgefäße, Leibeshöhle und Lungenalveolen aus. **Kubische Epithelzellen** setzen z. B. das Amnionepithel zusammen. **Zylinderepithelien** (prismatische Epithelien) sind typisch für den Darmkanal und manche Integumente (Mollusken). Tragen Epithelien apikal Kinocilien, spricht man von **Wimperepithelien.**

Während bei Wirbellosen einschichtige Epithelien vorherrschen, kommen bei Wirbeltieren, besonders an der Körperoberfläche, auch mehrschichtige vor. Ein Sonderfall des einschichtigen Epithels ist das mehrreihige Epithel, dessen Zellen alle auf einer gemeinsamen Basallamina stehen, aber nur z. T. die Oberfläche erreichen.

Auch **Drüsen** sind aus Epithelzellen aufgebaut. Diese werden Drüsenepithelien genannt und von den zuvor beschriebenen Oberflächenepithelien unterschieden. Drüsen bilden Sekrete, die eine Aufgabe im Rahmen der Gesamtfunktion des Organismus erfüllen. Im einfachsten Fall

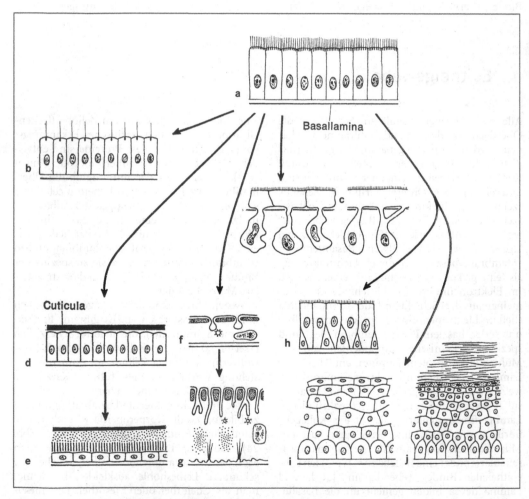

Abb. 24 Verschiedene Epitheltypen. **a)** Einschichtiges, prismatisches Flimmer- = Wimperepithel, **b)** Geißelepithel, **c)** versenktes Epithel (zellig und syncytial), **d, e)** Epithelien mit Cuticula, **f, g)** Epithelien mit intrasyncytialem »Panzer« nach elektronenmikroskopischen Befunden; nur bei Rotatorien (f) und bei Acanthocephalen (g), **h)** mehrreihiges Epithel, **i)** unverhorntes, **j)** verhorntes, mehrschichtiges Plattenepithel

sind einzelne Epithelzellen zu Drüsenzellen, d. h. sezernierenden Zellen, differenziert (Becherzellen, Abb. 25). Meist sind jedoch ganze Drüsenzellkomplexe aus dem Epithelverband in das unterlagernde Gewebe versenkt. Je nachdem, ob ein Ausführgang vorhanden ist oder fehlt, spricht man von **exokrinen** oder **endokrinen Drüsen**. Nach ihrer Gestalt unterscheidet man unter den exokrinen Drüsen azinäre (beerenförmige), tubuläre (schlauchförmige) und alveoläre (bläschenförmige) Drüsen (Abb. 25). Ist ihr Gang unverzweigt, spricht man von einfachen, ist er verzweigt, von zusammengesetzten Drüsen. Drüsen sind zumeist typische Bestandteile von Schleimhäuten (Abb. 25). Die Art der Sekretabgabe (Extrusion) führt zu folgender Einteilung: **Holokrine Sekretion:** Die gesamte Zelle füllt sich mit Sekretvorstufen (zumeist Lipiden) und wird aus dem Epithelverband abgestoßen. Beispiel: Talgdrüsen der Säugetiere.

Apokrine Sekretion: Ein Teil des apikalen Cytoplasmas geht bei der Sekretabgabe verloren. Beispiel: Duft- und Milchdrüsen der Säugetiere. Apokrine Drüsen sezernieren stets auch merokrin.

Merokrine (= ekkrine) Sekretion: Die Drüsenzellen verpacken ihr Sekret in membranbegrenzte Granula, die an die Zelloberfläche wandern. Hier verschmilzt ihre Membran mit der Zellmembran. Dabei öffnet sich das Granulum, und der Inhalt – zumeist Peptide oder Proteine – kann aus der Zelle austreten (**Exocytose**). Beispiel: Pankreas der Säugetiere.

Drüsen, die Schleime (Mucine) produzieren, werden oft **mukös**, solche, die vorwiegend proteinhaltige Substanzen bilden, werden oft **serös** genannt. Diese Unterteilung ist bei Speicheldrüsen und Drüsen der Atemwege der Tetrapoden nützlich. Außerdem gibt es Drüsen, die ganz andere Stoffgruppen produzieren.

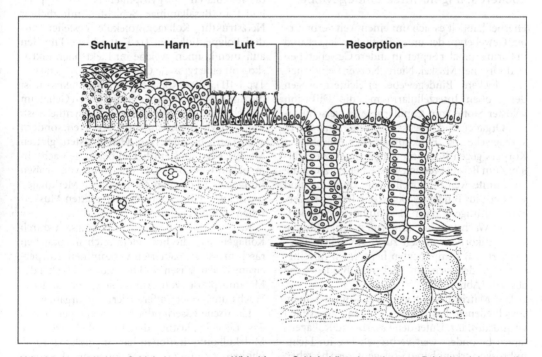

Abb. 25 Verschiedene Schleimhauttypen von Wirbeltieren. Schleimhäute bestehen aus Epithel und darunterliegendem Bindegewebe (Lamina propria). Häufig kleiden sie Hohlorgane aus. Hier sind folgende Formen dargestellt: Schleimhaut mit mehrschichtigem, unverhorntem Plattenepithel, das Schutz gewährt, Übergangsepithel aus der Harnblase, das besonders dehnbar ist, respiratorisches Epithel mit Flimmer- und Schleimzellen (= Becherzellen) aus der Luftröhre sowie einschichtiges, resorbierendes Epithel mit tubulärer (links) und azinärer oder alveolärer Drüse (rechts) aus dem Darmkanal

b Bindegewebe

Unter Bindegewebe versteht man eine Reihe von Gewebsformen, die aus locker verstreuten Zellen und umfangreicher extrazellulärer Substanz (= Matrix) bestehen. Die Matrix füllt den extrazellulären Raum (Interstitium, interstitiellen Raum) aus, und ihre Zusammensetzung bestimmt die Eigenschaft der verschiedenen Bindegewebstypen. Wenn ein Bindegewebe Skeletfunktion hat, nennt man es auch Stützgewebe. Die Matrix besteht im Wesentlichen aus einem Gerüst an Faserproteinen, die ihr Form, Stütze und Zugfestigkeit (Kollagen) oder Elastizität (Elastin) verleihen, und aus einem hydratisierten Polysaccharidgel aus Hyaluronsäure und Proteoglykanen, welches die Diffusion von Nährstoffen, Metaboliten u. a. ermöglicht und Druckkräfte absorbiert.

Lockeres, ungeformtes Bindegewebe

Hierbei handelt es sich um einen weit verbreiteten Gewebetyp, der unter Epithelien lagert und in Form schmaler Septen in andere Gewebetypen und Organe (Muskel, Niere, Nerven) eindringt. Das lockere Bindegewebe erleichtert wegen der großen Interzellularräume die Diffusion gelöster Stoffe vom Capillarnetz zu verschiedenen Organen und umgekehrt. Weiterhin hat dieses Gewebe eine Funktion bei der Abwehr des Körpers gegen infektiöse Organismen zu erfüllen: Zum Beispiel verlassen bei einer Entzündung bestimmte weiße Blutzellen die Blutbahn und wandern ins Bindegewebe, wo sie Bakterien zerstören. Antigene regen B-Lymphocyten zu klonalem Wachstum an und rufen eine Bildung von Antikörpern in den zu Plasmazellen differenzierten B-Lymphocyten hervor, ein Abwehrvorgang, der sich im lockeren Bindegewebe abspielt (Abb. 52).

Die Matrix besteht aus zwei Komponenten: verschiedenen Fasertypen und der amorphen Grundsubstanz. Unter den Fasern sind Kollagenfasern besonders weit verbreitet. Die im Lichtmikroskop erkennbaren Kollagenfasern bestehen aus Bündeln oft 40–100 nm dicker Kollagenfibrillen, hochpolymeren Aggregaten der Kollagenmoleküle (Abb. 26).

Kollagen umfasst eine Familie meist fibrillärer Makromoleküle, die sowohl in den einzelnen

Tiergruppen als auch in den einzelnen Organen eines Organismus chemische Besonderheiten aufweisen, z. B. schwankt der Gehalt an Zuckerseitenketten. Spezielle Kollagene treten im Bindegewebe mancher Wirbelloser auf, beispielsweise das **Spongin** bei Schwämmen, oder in den Cuticulae bestimmter Wurmgruppen, etwa bei Anneliden und Nematoden. Das mutabile Bindegewebe der Echinodermen besteht aus relativ dicken Kollagenfibrillen, die mit Proteoglykanen und besonderen Proteinen (Stiparin, Anti-Stiparin, Tensilin) in Verbindung stehen. Dieses Bindegewebe ist innerviert und kann seine mechanischen Eigenschaften sehr schnell verändern, es kann weich und verformbar oder steif und fest sein.

Bei Säugetieren lassen sich ca. 20 Typen des Kollagens unterscheiden: so tritt Typ I u. a. in Knochen und Haut auf, Typ II im Knorpel, Typ III u. a. in lymphatischen Organen (bildet hier die retikulären = argyrophilen Fasern), Typ IV bildet in Basallaminae Schichten mit dichter Netzstruktur. Kollagenmoleküle bestehen aus drei Polypeptidketten (α-Ketten), die **Fibrillen** aufbauen können, welche im Elektronenmikroskop oft eine typische Querstreifung zeigen (v. a. Typ I-III). Allen Kollagenformen gemeinsam ist die Aminosäure **Hydroxyprolin,** deren Gehalt im Gewebe ein Maß für die Kollagensynthese ist. Kollagen wird nicht nur von **Fibrocyten,** sondern auch von **Chondrocyten, Osteoblasten, glatten Muskelzellen** und **Epithelien** hervorgebracht. In manchen Geweben, z. B. der Wand von großen Blutgefäßen, kommen Zellen vor mit Merkmalen sowohl von Fibrocyten als auch glatten Muskelzellen (**Myofibroblasten**).

Kollagenabbau erfolgt relativ langsam durch **Kollagenasen,** die besonders reich in manchen rasch invasiven Bakterien vorkommen. Körpereigene Kollagenasen sind besonders aktiv bei der Metamorphose von Amphibien und anderen Wachstums- oder Differenzierungsvorgängen.

Elastische Fasern oder Membranen enthalten das Eiweiß **Elastin,** das reversibel dehnbare Molekülkonfigurationen hat. Sie bestehen morphologisch aus zwei Komponenten, 1. einem umfangreichen »amorphen« Anteil aus Elastin und 2. den Mikrofibrillen, die einen Durchmesser von ca. 10 nm besitzen, und aus dem Glykoprotein-Fibrillin bestehen. Hervorgebracht werden elastische Fasern ebenso wie Kollagenfasern

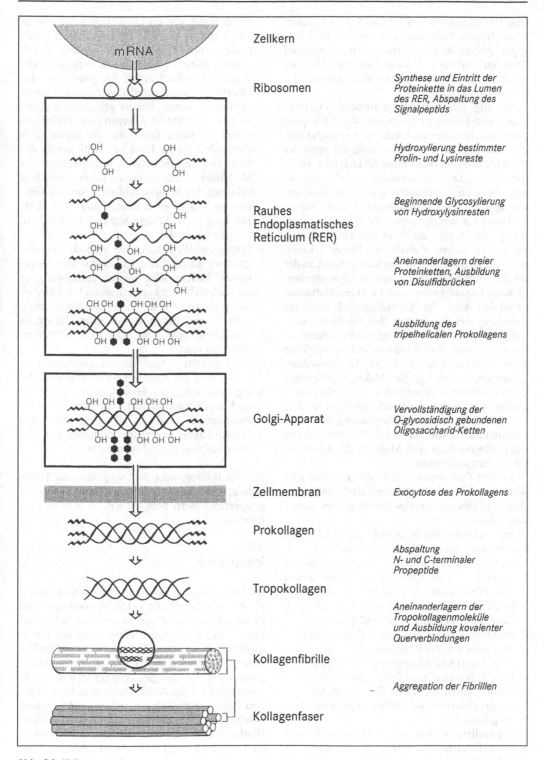

Abb. 26 Kollagensynthese

und Proteoglykane von Fibrocyten und glatten Muskelzellen. Bemerkenswert ist ihre Resistenz gegen Abbau und Zersetzung. An ägyptischen Mumien sind sie z. T. so gut erhalten, dass sie noch Untersuchungen über den Aufbau der Gefäßwand gestatten.

Wichtige Bestandteile der amorphen Grundsubstanz der Bindegewebsmatrix sind Glykoproteine und die makromolekularen **Proteoglykane,** u. a. das Aggrecan. Dieses enthält ein **zentrales Protein,** dem **Glykosaminoglykanketten** angeheftet sind. Letztere bestehen aus alternierend angeordneten Uronsäuren und Hexosaminresten und sind **Polyanionen** mit sauren Sulfat- und/oder Carboxylgruppen. Proteoglykane binden große Mengen an Wassermolekülen. Einen besonders hohen Gehalt an Proteoglykanen weist die Grundsubstanz des Knorpels auf, in der an das zentrale Proteingerüst als Glykosaminoglykane **Chondroitin-** und **Keratansulfatketten** gebunden sind. Im Gelenkknorpel wird bei Belastung das Wasser aus den Proteoglykanen freigesetzt und bei Entlastung wieder aufgenommen. Im Knorpel sind zahlreiche Proteoglykane über Verbindungsproteine an **Hyaluronsäure** gebunden, sodass große Makromolekülkomplexe entstehen. Hyaluronsäure (= Hyaluronat = Hyaluronan) ist ein außerordentlich großes Glykosaminoglykan ohne Sulfatgruppen mit einer molaren Masse von bis zu 8×10^6 Dalton. Es ist ein phylogenetisch altes Molekül, das schon bei Cnidariern vorkommt.

Zu den Glykoproteinen zählen z. B. Nidogen sowie Laminin, die Bestandteile der Basallamina sind, und Fibronectin, das Zellen mit der Matrix verbindet.

Im lockeren Bindegewebe der Wirbeltiere kommen v. a. folgende Zelltypen vor:
1. **Fibrocyten,** faserbildende Zellen mit langen Fortsätzen. Besonders aktive Zellen nennt man Fibroblasten. Sie bilden mit Chondrocyten, Osteoblasten, Osteocyten und z. T. auch glatten Muskelzellen eine Zellfamilie.
2. **Makrophagen,** große, freie Zellen, die im Bindegewebe wandern können. Sie fressen (phagocytieren) Krankheitserreger und Fragmente toter Zellen und beeinflussen andere Zellen.
3. **Plasmazellen.** ER-reiche Zellen, die Antikörper produzieren und aus B-Lymphocyten hervorgehen.
4. **Mastzellen.** Sie bilden u. a. Heparin (hemmt Blutgerinnung) und Histamin (bewirkt erhöhte Permeabilität der Capillaren und Kon-

traktion der glatten Muskulatur). Sie spielen eine wesentliche Rolle bei allergischen Reaktionen vom Typ I. Diese werden durch Immunglobuline vom Typ E vermittelt, die sich mit spezifischen IgE-Receptoren auf der Oberfläche der Mastzellen verbinden. Kommt es nun zwischen den so gebundenen Antikörpern und einem Allergen (z. B. Pollen) zu einem Kontakt, führt dies in kurzer Zeit (Sekunden bis zu 1 Std.) zu Aktivierung der Mastzellen mit Freisetzung von verschiedenen Mediatoren (z. B. Histamin, chemotaktischen Faktoren für Eosinophile und Neutrophile), was zu Krankheitszeichen führt (z. B. Entzündung von Schleimhäuten, Hautjucken, Asthma bronchiale).
5. **Fettzellen.** Weißes Fett ist vielfach Energiespeicher, kann aber auch strukturelle Funktionen haben; seine Zellen enthalten eine umfangreiche Fettkugel. Braunes Fett ist Wärmeproduzent; seine mitochondrienreichen Zellen enthalten zahlreiche Fetteinschlüsse. Es kommt embryonal, postnatal und bei Winterschläfern vor.
6. **Melanocyten.** Diese dunkel pigmentierten Zellen sind oft stark verzweigt und sind für Pigmentierung der Haut, der Iris und z. T. auch von Schleimhäuten verantwortlich.
7. **Eosinophile** sind im Bindegewebe von Schleimhäuten verbreitet und haben u. a. Abwehrfunktion gegen Wurmparasiten.

Straffes Bindegewebe liegt vor, wenn die Interzellularsubstanz ganz überwiegend aus dicht gelagerten Fasern besteht, z. B. in Sehnen und Bändern.

Mesogloea

Die Mesogloea der Porifera, Cnidaria und Ctenophora ist eine primär zellfreie, kollagen- und proteogly-kanreiche Schicht zwischen Ecto- und Entoderm, deren Abgrenzung gegen die Basalmembran nicht immer leicht ist. Die unmittelbar unter dem Epithel gelegenen Anteile enthalten Laminin. In die Mesogloea einiger Medusen, z. B. *Aurelia* oder *Rhizostoma*, wandern aus dem Epithel Zellen ein, die sich am Aufbau der Mesogloea beteiligen und ihr den Charakter eines typischen Bindegewebes verleihen. Bei den Schwämmen liegen in der Mesogloea besonders viele verschiedene Zellen (S. 456).

Stützgewebe
(Knorpel- und Knochengewebe, Abb. 27)

Knorpel ist festes, elastisches und verformbares Stützgewebe, das im Allgemeinen Skeletfunktion hat. Seine meist rundlichen Zellelemente (**Chondrocyten**) sind in eine umfangreiche, kollagenfaserhaltige Interzellularsubstanz (Matrix) eingebettet, die glasig homogen erscheinen kann und aus Wasser (60–70%), Hyaluronsäure, Proteoglykanen (v. a. Aggrecan) mit den Glykosaminoglykanen Chondroitinsulfat und Keratansulfat sowie den Kollagenen Typ II, IX, X und XI aufgebaut ist. Bei Haien und im höheren Alter auch beim Menschen kommt es zur Einlagerung von Kalksalzen. Die Knorpelzellen ernähren sich über Diffusion von Nährstoffen durch die meist gefäßlose Grundsubstanz. Das Wachstum des Knorpels findet durch Vermehrung der Grundsubstanz im Inneren (intussuszeptionelles Wachstum) und durch Neubildung von Knorpelmatrix an der Peripherie (Perichondrium) statt (Appositionswachstum). Knorpelzellen lagern im Allgemeinen in einer besonders proteoglykanreichen Matrix in kleinen Gruppen zusammen; die oft zwei oder vier Zellen einer solchen Gruppe bilden ein sog. **Chondron** (Territorium). Da sie sich von einer Mutterzelle herleiten, wird ein Chondron auch isogene Zellgruppe genannt. Knorpel kommt als Skeletsubstanz bei Wirbellosen und Wirbeltieren vor.

Knochen ist fest, wenig elastisch und kaum verformbar. Er tritt ausschließlich bei Wirbeltieren auf und hat Stützfunktion sowie die Aufgabe eines Mineralspeichers (P, Ca u. a.).

Knochen baut sich aus Zellen, einer festen mineralischen Phase (ca. 65%) und einer eng mit ihr verbundenen organischen Matrix (ca. 35%) auf, die zu 90 bis 95% aus Kollagen besteht. Die mineralische Phase enthält v. a. Calcium und Phosphat, die amorphes **Calciumphosphat** und den kristallinen **Hydroxylapatit** bilden. Das Kollagen übt einen wesentlichen Einfluss auf die Ablagerung der anorganischen Phase aus. Die Mineralisierung (»Verkalkung«) beginnt nach Sekretion der organischen Grundsubstanz. Eine Reihe von Faktoren reguliert die Verkalkung: Anorganisches Phosphat und Proteoglykanaggregate sowie Osteocalcin üben z. B. eine hemmende Wirkung aus; Parathormon, Vitamin D und Calcitonin sind wichtige hormonale Faktoren, die am Calcium- und Phosphatstoffwechsel regulierend beteiligt sind.

Die organische Matrix des Knochens wird von **Osteoblasten** abgeschieden, die sich aus dem embryonalen Mesenchym entwickeln. Die Matrix verkalkt durch Ablagerung von Hydroxylapatit, das sich aus Calcium und Phosphat aufbaut. Im Laufe der Knochenbildung mauern sich viele Osteoblasten in die verkalkte Matrix ein; sie werden dann **Osteocyten** genannt. Die Osteocyten bleiben über lange Fortsätze untereinander und mit der Oberfläche des verkalkten Knochens verbunden, sodass ihre Ernährung gewährleistet ist. Knochenresorption erfolgt durch vielkernige Zellen, die **Osteoklasten,** die sich aus monocyten-ähnlichen Zellen entwickeln. Bei der Auflösung der mineralischen Phase spielt eine Absenkung des pH-Wertes im Bereich der Osteoklasten eine Rolle. Die organische Matrix wird durch Kollagenasen und andere Proteasen, die von den resorbierenden Osteoklasten sezerniert werden, abgebaut. Die Geschwindigkeit des Knochenabbaus wird v. a. durch Parathormon stimuliert. Die endokrinen Drüsenzellen der Parathyroidea besitzen Calciumsensoren. Das Parathormon verbindet sich mit spezifischen Receptoren an den Osteoblasten, die ihrerseits die Osteoklasten aktivieren.

Im Knochengewebe finden während des ganzen Lebens Auf- und Abbauprozesse statt, die sich im Allgemeinen die Waage halten. Die Umbauvorgänge werden von der mechanischen Belastung und zahlreichen hormonalen Faktoren, z. B. Parathormon und Oestrogenen beeinflusst.

Es lassen sich zwei Formen der Knochenbildung unterscheiden:
Desmale Knochenbildung: Der Knochen entsteht direkt aus mesenchymalen Stammzellen, die sich über Osteoprogenitorzellen (Knochenvorläuferzellen) zu Osteoblasten umformen.

Chondrale Knochenbildung (Ersatzknochenbildung): Knorpelig angelegte Strukturen werden durch Knochengewebe ersetzt. Zum Beispiel werden die langen Röhrenknochen zunächst knorpelig angelegt. Dann bildet sich um ihr Mittelstück eine perichondrale Knochenmanschette aus, gleichzeitig verkalkt die Matrix des Knorpels. Von außen dringen dann Chondroklasten (knorpelabbauende Zellen; entsprechen den Osteoklasten) in den Knorpel ein und bauen seine verkalkten Teile ab. Dadurch entsteht eine Markhöhle, in die Bindegewebe, Gefäße und Osteoblasten eindringen, die von innen her Kno-

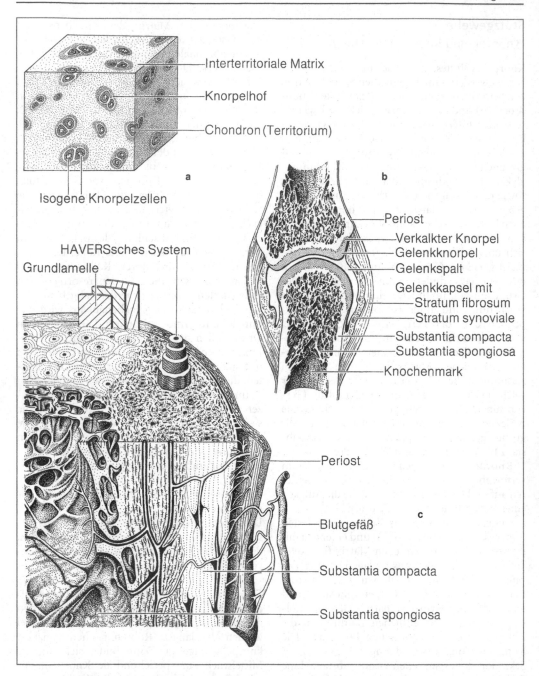

Interterritoriale Matrix

Knorpelhof

Chondron (Territorium)

a

Isogene Knorpelzellen

HAVERSsches System

Grundlamelle

b

Periost
Verkalkter Knorpel
Gelenkknorpel
Gelenkspalt
Gelenkkapsel mit
Stratum fibrosum
Stratum synoviale
Substantia compacta
Substantia spongiosa
Knochenmark

Periost

c

Blutgefäß

Substantia compacta

Substantia spongiosa

Abb. 27 a) Blockdiagramm eines Knorpelstückes, **b)** Gelenk. Oben: Knochen mit Gelenkpfanne, unten: Knochen mit Gelenkkopf; **c)** Blockdiagramm eines Lamellenknochens. Knochensubstanz ist bei dem abgebildeten Röhren-knochen einer Extremität im Wesentlichen auf die Randzone beschränkt. Im Inneren befindet sich die Markhöhle. Die Knochenlamellen bauen entweder miteinander verbackene röhrenförmige Strukturen mit zentralem Blutgefäß (Havers'sche Systeme = Osteone) auf oder bilden den ganzen Knochen umfassende innere und äußere Grund-lamellen (= Generallamellen), die den innen gelegenen Markraum auskleiden und die kompakte Außenzone des Knochens begrenzen. Auch das Spangensystem am Rande der Markhöhle besteht aus Lamellenknochen

chengewebe aufbauen. Die äußere Knochenmanschette und die sich innen bildenden Knochenbälkchen vereinigen sich miteinander.

Der fertige Knochen kann in verschiedenen Lebensperioden des Individuums und in den einzelnen Wirbeltiergruppen unterschiedlich strukturiert sein. Bei Larven oder jungen Tieren findet man oft ein unregelmäßiges dreidimensionales Strebenwerk von Knochenbälkchen (**Geflechtknochen**). Bei älteren Tieren kann das Knochengewebe kompakte Schichten bilden. Bei manchen Reptilien, z. B. den Dinosauriern, und vielen Säugern wird der erwachsene Knochen **Lamellenknochen** genannt. Er besteht aus zahllosen miteinander verbackenen Knochenröhren (Osteonen), in deren Zentrum eine Arterie (**Havers'sches Gefäß**) verläuft. Die Osteone können sehr feste Regionen ausbilden (**Substantia compacta**) oder ein lockeres System von Knochenbalken (**Substantia spongiosa**). Der Oberfläche eines Knochens lagert eine wichtige Bindegewebsschicht auf, die **Periost** genannt wird

und aus deren inneren Anteilen sich Knochenzellen entwickeln können (Abb. 27c).

Die Anatomie von Knochen liefert Schulbeispiele für Leichtbauweisen im Tierreich, bei denen mit minimalem Materialaufwand die erforderliche Festigkeit erreicht wird:

Das Sandwichprinzip – zarte, wabige Struktur zwischen zwei festen Abschlussschichten – ist im Schädel realisiert (Abb. 28a). Druck- und Biegestabilität werden so mit geringem Gewicht verbunden.

In der Spongiosa von Oberschenkelhals und -kopf ist das Skeletmaterial flächig in Zonen gleicher Spannung (= Trajektorien) angeordnet und hält so Druck- und Zugspannungen stand. Die Flächen dieser trajektoriellen Konstruktion durchkreuzen einander rechtwinklig und durchziehen den Knochen (Abb. 28b).

Veränderten Belastungen vermag sich der Knochen anzupassen, sodass das trajektorielle System schon nach relativ kurzer Zeit wieder optimiert ist.

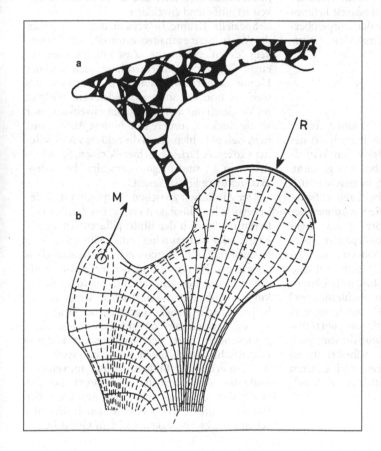

Abb. 28 Beispiele für Bauweisen knöcherner Strukturen. **a)** Schnitt durch Schädelknochen eines Vogels *(Caprimulgus);* Sandwich-Prinzip: Zwei dünne Deckblätter bilden zusammen mit einer relativ dicken, aber leichten und zerbrechlichen Zwischenschicht eine leichte und widerstandsfähige Platte. **b)** Anordnung der Knochenbälkchen im proximalen Femurende *(Homo);* trajektorielle Struktur. Gelenk oben rechts. Durchgezogene Linien: Druckspannungstrajektorien; unterbrochene Linien: Zugspannungstrajektorien. M: Muskelzug, R: resultierende Last

Knochen können in unterschiedlicher Weise miteinander in Kontakt treten. Im Bereich von **Gelenken** sind die in Beziehung stehenden Knochenelemente mit Knorpel bedeckt (Abb. 27b), der Gelenkbereich wird von einer bindegewebigen Kapsel umschlossen, deren innere Schicht (Synovialmembran) die hyaluronsäurereiche viscöse Gelenkflüssigkeit (»Gelenkschmiere«) abscheidet und die Menge an Flüssigkeit im Gelenk kontrolliert.

Knorpel und Knochen sind die bekanntesten Skeletgewebe. Die Entwicklung von Skeletgewebe lässt im Tierreich zwei Linien erkennen. Die erste geht über intrazelluläre Skleriten-, Faser und Flüssigkeitseinlagerungen und findet sich vor allem bei Wirbellosen. Ein Beispiel für letzteres ist das **chordoide Gewebe,** das durch große intrazelluläre flüssigkeitsgefüllte Vakuolen gekennzeichnet ist, für die Ausbildung eines Turgors verantwortlich sind. Die zweite Linie führt zur Ablagerung extrazellulären Materials, das zunächst als Gallerte, dann in Form von Fasern, Knorpel und Knochen auftritt. Das extrazelluläre Material kann im Körper (**Endoskelet;** Echinodermen, Vertebraten) oder an der Körperoberfläche (**Exoskelet,** Cuticula; Nematoden, Articulaten) abgelagert werden.

Amöbocyten

In allen Metazoen-Stämmen kommen freibewegliche Zellen vor, die sich aktiv nach Art der Amöben bewegen können. Bei vielen Wirbellosen werden sie daher Amöbocyten genannt. Kommen sie im Coelom vor, heißen sie auch **Coelomocyten.** Bei den Wirbeltieren entsprechen ihnen die **Leukocyten.** Die Funktionen der Amöbocyten sind vielfältig. Sie fressen eingedrungene Bakterien und Fremdkörper, transportieren Exkretstoffe usw. Amöbocyten können sogar den Körper verlassen, z. B. beim Abtransport von Exkreten bzw. Farbstoffen. Bei Holothurien können sie in den Darmhohlraum vordringen, hier Nahrungspartikel aufnehmen und ins Gewebe zurückkehren. Als **Phorocyten** transportieren sie bei Salpen *(Doliolum)* die vom Stolo abgeschnürten Knospen zum Nährfortsatz an der Ventralseite. Bei Mollusken und anderen Tieren können Amöbocyten auch einen Wundverschluss bilden.

Körperflüssigkeiten und ihre Kompartimente

Die Zellen fast aller Vielzeller werden von Extrazellularflüssigkeit umspült, die in ihrer Zusammensetzung der des Meerwassers ähnelt (inneres Medium) und die durch das Integument von der Umwelt (äußeres Medium) abgeschlossen ist. Aus dieser Flüssigkeit entnehmen die Zellen O_2 und Nährstoffe, in sie hinein werden Stoffwechselprodukte abgeschieden. Bei Lebewesen mit einem geschlossenen Blutgefäßsystem ist die **Extrazellularflüssigkeit** auf zwei Räume verteilt: die **interstitielle Flüssigkeit,** die die Zellen der Gewebe umgibt, und das **Blutplasma,** das zusammen mit den Blutzellen in den Blutgefäßen zirkuliert. Bei Säugetieren ist etwa $\frac{1}{3}$ des Gesamtkörperwassers extrazellulär, $\frac{2}{3}$ sind intrazellulär (**Intrazellularflüssigkeit**). In Intra- und Extrazellularraum ist die Verteilung der Elektrolyten ungleich, Na^+ z. B. tritt extrazellulär in sehr hohen Konzentrationen auf, K^+ ist dagegen v. a. intrazellulär verbreitet. Die interstitielle Flüssigkeit ist auffallend eiweißarm.

Spezielle Räume in verschiedenen Organen der Wirbeltiere enthalten extrazelluläre Flüssigkeit, deren chemische Zusammensetzung in engen Grenzen reguliert wird. Beispiele sind der **Liquor cerebrospinalis** in den Ventrikeln des Gehirns und im Subarachnoidalraum (enthält im Vergleich mit dem Blut kaum Eiweiß und nur wenig Zucker), vordere und hintere Augenkammer, Gelenkhöhlen. Auch die Sekrete verschiedener exokriner Drüsen (Schweißdrüsen, Speicheldrüsen u. a.) sind in gewissem Sinn besondere extrazelluläre Flüssigkeiten.

Der Austausch zwischen Blutplasma und der interstitiellen Flüssigkeit erfolgt bei den Wirbeltieren im Bereich der **Blutcapillaren.** Treibende Kräfte des Austausches sind Filtration und Resorption, die durch den hydrostatischen Druck der Blutsäule und den kolloid-osmotischen Druck der gelösten intra- und extravaskulären Substanzen angetrieben werden. Der **hydrostatische Druck** (mechanischer Druck der Flüssigkeitssäule) verringert sich vom arteriellen zum venösen Ende der Capillare, der **kolloidosmotische Druck** bleibt ungefähr gleich und liegt am arteriellen Ende unter und am venösen Ende über dem hydrostatischen Druck. Das hat zur Folge, dass im arteriellen Abschnitt der Capillare infolge des relativ hohen hydrostatischen Drucks Flüssigkeit aus dem Gefäß in das

Gewebe übertritt (Filtration) und im venösen Abschnitt infolge des relativ hohen kolloid-osmotischen Drucks vor allem der Eiweiße des Blutes Flüssigkeit in das Gefäß gelangt (Reabsorption). Die interstitielle Flüssigkeit kann zusätzlich über die Lymphgefäße abgeführt werden. Für den Stoffaustausch spielt außerdem die Diffusion eine wichtige Rolle.

Bei Formen mit einem offenen Gefäßsystem, z. B. Arthropoden und den meisten Mollusken, wird die gesamte extrazelluläre Flüssigkeit Hämolymphe genannt.

Blutflüssigkeit (Blutplasma). Das Blutplasma – oder die Hämolymphe – enthält Elektrolyte, Nährstoffe, Stoffwechselprodukte, Gase, Vitamine und zahlreiche Proteine. Dabei lässt sich beobachten, dass deren Konzentration bei einfachen Organismen niedrig (0,2 – 1 mg/ml), bei hoch entwickelten Formen wie Arthropoden und Vertebraten dagegen hoch ist (35 – 65 mg/ml). Bei den Wirbeltieren lassen sich diese Proteine zwei Gruppen zuordnen, den Albuminen und den Globulinen. Das Vorkommen von **Albuminen** bei Fischen ist noch umstritten, bei den Amphibien sollen sie Kaulquappen oft noch fehlen. Bei Landwirbeltieren stellen sie dagegen den größten Anteil der Plasmaproteine, beim Menschen etwa 60%. Ihre Hauptfunktion ist die Aufrechterhaltung des kolloid-osmotischen Druckes, sie wirken damit einem Wasserverlust entgegen. Außerdem können sie Ionen (z. B. Ca^{2+}), Vitamine, Pharmaka, Thyroxin u. v. a. transportieren. Die **Globuline** lassen sich elektrophoretisch drei Gruppen zuordnen: α-, β-, γ-Globulinen. α-Globuline (Glyko- und Lipoproteine) sind u. a. am Lipid-und Kupfertransport beteiligt; β-Globuline (Lipoproteine) transportieren ebenfalls Lipide und außerdem Eisen; in diese Gruppe gehört auch das Fibrinogen. Die γ-Globuline bilden die **Antikörper** (S. 99). Außerdem treten im Plasma zahlreiche Enzyme auf.

Die Synthese der Blutproteine erfolgt v. a. in der Leber (Albumin, Lipoproteine sowie Blutgerinnungsfaktoren wie Prothrombin und Fibrinogen) und den Plasmazellen (γ-Globuline). Bei den meisten Wirbellosen sind in der Blutflüssigkeit auch die Atmungspigmente gelöst.

Blutgruppen. Wenn Blut verschiedener Individuen auf einem Objektträger vermischt wird, kommt es oft vor, dass die Erythrocyten miteinander verklumpen – ein Vorgang, der **Agglu-**tination genannt wird. Mitunter lösen sich dabei die Erythrocyten auch auf (**Hämolyse**). Kommt es zur Agglutination, spricht man von einer Unverträglichkeit (**Inkompatibilität**) der beiden Blutproben. Damit wäre bei den getesteten Individuen auch eine gegenseitige Transfusion von Blut kontraindiziert, da infolge der Agglutination beispielsweise Capillaren verstopft und durch Hämolyse Nierentubuli geschädigt würden u. a.

Ursache für die Agglutination ist eine Antigen-Antikörper-Reaktion. Die Membran der Erythrocyten enthält eine Reihe spezifischer Glykolipide, die als Antigene wirken. Sie werden **Agglutinogene (Hämagglutinogene)** genannt. Die spezifischen Antikörper gegen diese Antigene zirkulieren im Blutplasma und werden **Agglutinine** genannt. Bei der Antigen-Antikörper-Reaktion kommt es zu Aneinanderlagerung der Erythrocyten und Verklumpung. In einem Individuum enthält das Blut normalerweise nur Agglutinine, die nicht mit den eigenen Erythrocyten reagieren, andernfalls käme es zu Selbstagglutination.

Das Blut jedes Individuums ist durch einen spezifischen Satz an Erythrocyten-Agglutinogenen (z. B. AB0, Rh, P, Kell, Lewis) gekennzeichnet. Manche dieser Agglutinogene sind relativ schwach, andere führen rasch und effektiv zum Verklumpen von Blutzellen.

Besonders wichtig ist das AB0-System des Menschen. Man unterscheidet in ihm vier Gruppen, von denen drei (A, B und AB) durch Erythrocyten-Antigene gekennzeichnet sind, die ebenfalls A, B und AB genannt werden; ihnen fehlen jeweils die entsprechenden Antikörper: Anti-A, Anti-B und Anti-AB. Erythrocyten der vierten Gruppe (0) haben weder A- noch B-Antigene, und das zugehörige Blutplasma enthält Anti-A- und Anti-B-Antikörper.

Blutgruppe A wird in die Untergruppen A_1 und A_2 unterteilt; die häufigen A_1-Erythrocyten agglutinieren in Anwesenheit von Anti-A schneller und intensiver als A_2-Erythrocyten. Die Antigene der Erythrocyten bilden sich schon während der Entwicklung aus und bleiben das ganze Leben lang unverändert. Die Serumantikörper dagegen entstehen erst im Laufe der Kindheit und verschwinden im Alter weitgehend. Die Vererbung der Blutgruppen folgt den Mendelschen Gesetzen. In der menschlichen Bevölkerung sind die Blutgruppen unterschiedlich verteilt. In Mitteleuropa besitzen ca. 40% der

Menschen Blutgruppe A, knapp 40% Gruppe 0, gut 10% Gruppe B und ca. 6% Gruppe AB. In Ostasien ist die Gruppe B relativ häufiger.

Geformte Anteile des Blutes. Die Blutzellen (**Hämocyten**) werden häufig in weiße (**Leukocyten**) und rote (**Erythrocyten**) unterteilt. Die Leukocyten der Wirbellosen werden vielfach Amöbocyten genannt. Die Erythrocyten der Wirbeltiere sind arm an Zellorganellen, bei Säugern fehlt ihnen im ausgereiften Zustand sogar der Kern. Ihre Lebensdauer beträgt beim

Menschen drei bis vier Monate. Sie entstehen hier im roten Knochenmark und werden in der Milz abgebaut. Sie enthalten Hämoglobin und transportieren O_2 und CO_2 (S. 67). Auch bei vielen Wirbellosen existieren organellarme Erythrocyten, z. B. bei Brachiopoden. Die Leukocyten der Wirbeltiere erfüllen ihre Aufgaben in der Hauptsache außerhalb der Blutbahn. Man unterscheidet:

1. **Granulocyten** (Abb. 29). Diese Gruppe umfasst Blutzellen mit segmentiertem Kern

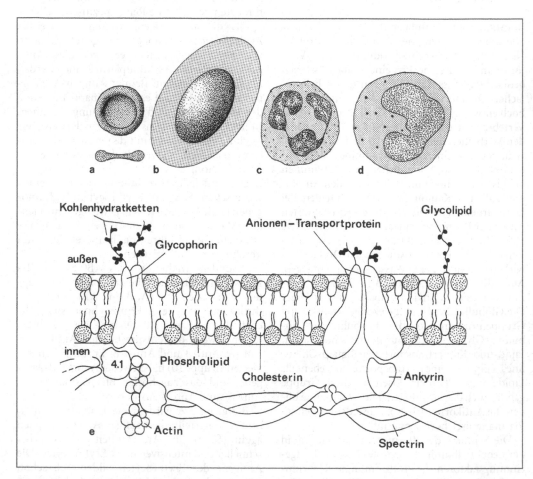

Abb. 29 Blutzellen. **a–d)** Verschiedene Blutzellen von Wirbeltieren. **a)** Kernloser reifer Erythrocyt des Menschen (oben: Aufsicht, unten: Schnittbild); **b)** Erythrocyt eines Frosches (kernhaltig); **c)** segmentkerniger neutrophiler Granulocyt; **d)** Monocyt; **e)** molekulare Struktur der Erythrocytenmembran von Säugetieren. Die Strukturproteine Spectrin, Actin und Protein 4.1 bilden ein Maschenwerk an der Innenseite der Membran, das für die Gestalt der Erythrocyten verantwortlich ist; in die Lipid-Doppelschicht (Phospholipide und Cholesterin) sind andere Proteine wie die Glykophorine und das Anionen-Transportprotein eingelassen, die außen Kohlenhydratketten tragen und innen über Ankyrin und Protein 4.1 mit Spectrin bzw. Actin verbunden sind. Auch Glykolipide sind in der Membran verankert

und spezifischen cytoplasmatischen Granula. Nach ihrer Reaktion mit Farbstoffen unterscheidet man neutro-, eosino- und basophile Granulocyten. **Neutrophile** erfüllen wichtige Aufgaben bei der unspezifischen Abwehr von Bakterien und anderen pathogenen Mikroorganismen. An ihnen ist beim Menschen gelegentlich das weibliche Geschlechtschromatin in Gestalt der sog. Trommelschlegel erkennbar. **Eosinophile** treten bei Parasitenbefall und Allergien vermehrt auf. Während die Granula dieser beiden Granulocyten z. T. Lysosomen darstellen, sind die Einschlüsse der seltenen **Basophilen** denen der Mastzellen vergleichbar. Sie enthalten Histamin und das die Blutgerinnung hemmende Heparin. Neutrophile vermögen auch Superoxidanionen zu bilden, die zusammen mit vielen anderen antibakteriellen Sustanzen am Abtöten von Bakterien beteiligt sind.

2. **Lymphocyten.** Es handelt sich um kleine oder mittelgroße Zellen mit relativ großem Kern und schmalem Cytoplasmasaum. Sie umfassen B- und T-Lymphocyten, die eine entscheidende Rolle im Rahmen der Immunität spielen (S. 98).
3. **Monocyten.** Es handelt sich um große Zellen mit nierenförmigem Kern. Sie verlassen die Blutbahn und entwickeln sich u. a. zu **Makrophagen.**
4. Im Blut der Wirbeltiere kommen weiterhin **Thrombocyten** vor, die bei der Blutgerinnung den ersten Wundverschluss bilden und weitere Prozesse der Blutgerinnung auslösen. Bei den Säugetieren entsprechen ihnen die Blutplättchen, Zellfragmente, die von Riesenzellen v. a. des Knochenmarks (**Megakaryocyten**) abgeschnürt werden.

Blutzellbildung (Haematopoese)

Blutzellen der Wirbeltiere werden in spezialisiertem Bindegewebe gebildet, das in den einzelnen Vertebratengruppen in sehr unterschiedlicher Lokalisation auftritt. Außerdem bilden bei Embryonen meistens andere Organe Blutzellen als bei den Erwachsenen. Blutzellbildendes Gewebe gibt es in der Niere (oft bei Embryonen, larvalen Neunaugen, adulten Teleosteern), den Gonaden (Haie, Lungenfische), der Leber (Embryonen fast aller Vertebraten sowie adulte Teleosteer, Amphibien und Reptilien), der Darmwand

(Neunaugenlarven), einem Gewebestrang oberhalb des Rückenmarks (adulte Neunaugen), den lymphatischen Organen (soweit vorhanden alle Vertebraten), im roten Knochenmark (Tetrapoden) und im Bereich des Herzens (Störe). Die Haematopoese ist von ausreichender Nahrungszufuhr (u. a. Eiweiß, Eisen, Vitamine, z. B. Vit. B_6, Vit. B_{12} und Folsäure) abhängig und wird hierarchisch reguliert.

Die Blutzellbildung geht beim erwachsenen Säugetier von pluripotenten haematopoetischen Stammzellen (HSC) aus (Abb. 30). Diese können sich sowohl selbst erneuern als auch differenzieren. Bei der Differenzierung gehen aus den Stammzellen zuerst frühe, dann intermediäre und später Vorläuferzellen (Progenitorzellen) hervor, deren Entwicklungsmöglichkeiten zunehmend eingeengt werden. Die frühe Vorläuferzelle (GEMML) kann sich noch in Granulocyten, Erythrocyten, Monocyten, Megakaryocyten und Lymphocyten differenzieren. Die intermediären Vorläuferzellen GEMM, GM, ME und L haben einen Teil der Differenzierungsmöglichkeiten verloren, GM z. B. ist nur noch Ursprungszelle für Granulocyten und Monocyten und ME für Megakaryocyten und Erythrocyten. Späte Vorläuferzellen differenzieren sich dann nur noch zu einem Zelltyp. Die Steuerung der Differenzierung erfolgt anfangs v. a. durch Expression verschiedener Transcriptionsfaktoren (z. B. c-Myb, PU.1 und E2A), später durch Cytokine (Interleukine = IL) und koloniebildende Faktoren (CSF).

Blutgerinnung

Die wichtigste chemische Reaktion gegen Blutverlust ist die Blutgerinnung. Für die Bildung des Gefäßverschlusses ist v. a. das farblose Protein **Fibrin** verantwortlich. Es entsteht aus einer löslichen Vorstufe, dem **Fibrinogen.** Die Umwandlung wird katalysiert durch das Enzym **Thrombin,** das seinerseits in Anwesenheit von Ca^{++}-Ionen und dem Protein **Thromboplastin** aus einer inaktiven Vorstufe, dem **Prothrombin,** hervorgeht. Die Bildung von Prothrombin erfordert Vitamin K. Die Blutgerinnung hängt von einer großen Zahl weiterer Faktoren ab. Normales menschliches Blut gerinnt nach 3−8 min bei 37 °C. Ein Blutgerinnsel löst sich nach Stunden oder wenigen Tagen wieder auf. Verantwortlich hierfür ist das proteolytische Enzym **Plasmin** (= **Fibrinolysin**), das normalerweise als inaktive

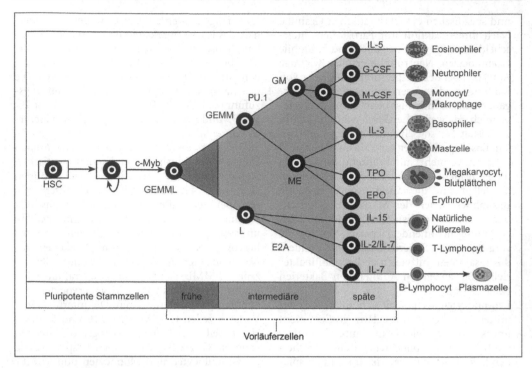

Abb. 30 Schematische Darstellung der Blutzellbildung (Haematopoese) bei Säugetieren. Die Entwicklung beginnt mit der pluripotenten Blutstammzelle (HSC), läuft über verschieden weit differenzierte Vorläufer-(Progenitor-)Zellen und endet mit den ausdifferenzierten Blutzellen. Vermutlich können sich Basophile und Mastzellen aus verschiedenen intermediären Vorläuferzellen differenzieren. EPO: Erythropoetin, TPO: Thrombopoetin, weitere Abkürzungen siehe Text

Vorstufe im Blutplasma vorkommt. Die Blutgerinnung wird durch **Heparin** verhindert, das von den Basophilen und frei im Bindegewebe liegenden Mastzellen synthetisiert wird. Heparin verhindert gleichzeitig das Zusammenklumpen der Blutplättchen und ist allgemein verantwortlich dafür, dass das Blut normalerweise flüssig ist.

Pigmente

Pigmente sind Farbstoffe, die sowohl im sozialen Zusammenleben der Tiere als auch bei zahlreichen physiologischen Prozessen eine Rolle spielen, z. B. in Form der Atmungspigmente beim O_2-Transport oder des Sehpurpurs in Lichtreceptoren. Im Folgenden sollen kurz die Eigenschaften der wichtigsten Pigmente dargestellt werden.

1. **Melanin.** Die Melaninpigmente sind im Allgemeinen dunkelbraun oder schwarz, können

aber auch hellere Farbtöne besitzen. Chemisch leitet sich Melanin von der Aminosäure Tyrosin her. Es kommt oft in Geweben mit hoher Mitosetätigkeit vor, z. B. in der Epidermis, in Haaren und Federn und auch in Tumoren. Es ist in allen größeren Tiergruppen nachgewiesen und oft in besonderen Farbzellen (Chromatophoren) in Granula gespeichert. So enthält z. B. der Tintensack der Cephalopoden Melanin, das fein verteilt oder als fester Farbklumpen Feinde ablenkt. Das Pigment der Hypobranchialdrüse mancher Neogastropoden, das Dibromindigo, ist dem Melanin chemisch verwandt (Purpurfarbstoff).

2. **Naphthochinone.** Neben Melaninen kommen bei manchen Seeigeln rote und braune Pigmente vor, die aus Naphtholen und Chinonen bestehen und auch Echinochrome genannt werden. Vermutlich kommt diesen Pigmenten z. T. die Rolle eines Sauerstoffträgers zu. Sie aktivieren außerdem die Atmung von Seeigel-

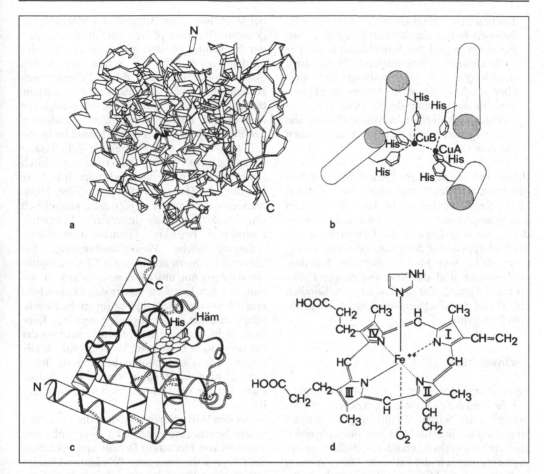

Abb. 31 Darstellung der Raumstruktur und der aktiven Zentren von Atempigmenten. **a, b)** Hämocyanin des Decapoden *Panulirus*. **a)** Monomer des Hämocyanins; N: N-terminales Ende, C: C-terminales Ende der stark gefalteten Polypeptidkette; dunkle Punkte: Region der zwei Kupferatome. Das Gesamtmolekül des Hämocyanins von *Panulirus* besteht aus sechs Monomeren, **b)** Vier Helices aus dem Hämocyaninmonomer mit den sechs Histidinresten (His), die zwei Kupferatome (CuA und CuB) tragen (aktives Zentrum). **c)** Vereinfachte Darstellung des Myoglobins; fünf lange Alpha-Helices sind schematisierend als Stäbe gezeichnet; Häm: Hämgruppe, His: Histidinrest, N: N-terminales Ende, C: C-terminales Ende der Polypeptidkette. Das Hämoglobinmonomer ist ganz ähnlich aufgebaut, **d)** Struktur des Häms; am oberen Rand der Histidinrest, der auch auf der Abbildung c dargestellt ist; I–IV: Pyrrolringe

eiern. Periodische Ablagerungen dieser Pigmente in den Kalkplättchen des Panzers führen zur Bildung von Jahresringen.

3. **Carotinoide.** Sie werden wegen ihrer Fettlöslichkeit auch Lipochrome genannt und entstammen stets pflanzlicher Nahrung. Die Farbe dieser Pigmentgruppe ist infolge einer großen Zahl konjugierter Doppelbindungen meist gelblich, orange oder rot. Diese Farbstoffgruppe ist in ganz unterschiedlichen Organen lokalisiert (Nervengewebe von Mollusken, Haut von Arthropoden, Tunicaten und Vertebraten). Ein Carotinoidderivat ist auch das Vitamin A.

4. **Tetrapyrrole.** Das am weitesten verbreitete Tetrapyrrolpigment, das Porphyrin Häm, ist Bestandteil von Enzymen, Coenzymen und dem sauerstofftransportierenden Hämoglobin (Abb. 31). Im Hämmolekül liegt eine Verbindung von vier Pyrrolringen mit einem

Eisenatom vor. Hämoglobin ist bei vielen Wirbellosen frei in der Körperflüssigkeit gelöst, bei anderen und den Wirbeltieren kommt es in Blutzellen vor. Eine verwandte Verbindung, das Myoglobin, ist Sauerstoffträger und -Speicher im Muskelgewebe. Andere Porphyrine sind für die Färbung der Körperhaut verantwortlich, z. B. der Schalen von Mollusken und von Vogeleiern und der Haut der grünen *Bonellia viridis.*

Biline sind Pigmente, die beim Abbau von Porphyrinen, z. B. des Hämoglobins, entstehen. Bei Wirbeltieren werden sie in der Leber gebildet und gelangen als Gallenfarbstoffe in den Dünndarm. Sie sind Ursache der Grünfärbung von Fischschuppen und der Grün- oder Rotfärbung einer Reihe von Molluskenschalen. Seltenere Vorkommen sind die Knochen einiger Fische *(Belone)* (grün), das Kalkskelet von Korallen (blau) und die Schuppen von Schmetterlingsflügeln (blaugrün).

Farbwechsel

Beim morphologischen Farbwechsel verändert sich die Zahl der pigmenthaltigen Zellen (= Chromatophoren). Solche Veränderungen verlaufen langsam über Tage und Wochen. Beim physiologischen Farbwechsel verändert sich die Lage der Pigmentgranula in der Farbzelle. Dieser Vorgang verläuft rasch (in Minuten, Sekunden oder Millisekunden).

Die **Chromatophoren** liegen meist locker verteilt in der Haut oder im Bindegewebe innerer Organe. Nach ihrer Farbe unterscheidet man **Melanophoren** (schwarz), **Leukophoren** (weiß), **Erythrophoren** (rot), **Xanthophoren** (gelb), **Guano- oder Iridiophoren** (reflektierend bzw. irisierend). Die Melanophoren werden speziell

bei Wirbeltieren im Allgemeinen **Melanocyten** genannt. Chromatophoren enthalten meist nur ein Pigment. An den Chromatophoren der Cephalopoden (Abb. 32) setzen sternförmig glatte Muskelzellen an, deren Kontraktionszustand die Größe der einzelnen Pigmentzelle bestimmt. Bei den anderen Tieren erfolgt der Farbwechsel durch intrazelluläre Wanderung der Pigmentkörnchen aus der Kernnähe in die z. T. sehr langen und verzweigten Zellfortsätze und umgekehrt. Diese Wanderung wird durch Reize von außen wie Licht oder durch nervöse Impulse und Hormonwirkung ausgelöst. Melanocyten der Teleosteer werden z. B. sympathisch und parasympathisch innerviert. Sympathicusimpulse bewirken Pigmentkonzentration, parasympathische Pigmentausbreitung. Bei Elasmobranchiern scheinen die Chromatophoren dagegen nur unter Hormoneinfluss zu stehen. Bei den Reptilien besitzt das Chamaeleon einen besonders fein abgestimmten Farbwechselapparat, der unter doppelter nervöser Kontrolle steht. Bei anderen Eidechsen steht wieder der hormonale Einfluss im Vordergrund *(Anolis, Draco).* Die Guanophoren besitzen in ihrem Cytoplasma Guanin, das in Form kleiner, dichter Plättchen für die Lichtreflexion verantwortlich ist.

Bei den Wirbeltieren entstehen die Farbzellen in der Neuralleiste neben dem Neuralrohr und wandern von hier aus in Dermis und Epidermis des Körpers, sie versorgen z. B. Haare und Federn mit Pigment. Die Melanocyten kommen verbreitet auch außerhalb der Haut vor. Bei Reptilien z. B. finden sie sich in arttypischer Verteilung unter dem Peritonealepithel, im Bindegewebe, in Hirnhäuten, im Knochenmark und an vielen anderen Stellen. Vielleicht haben sie hier die Funktion, die Temperatur an bestimmten Stellen im Körperinneren zu erhöhen.

c Nervengewebe

Nervenzellen (= **Neurone** oder **Ganglienzellen**) und das mit ihnen funktionell und strukturell eng verknüpfte Gliagewebe entstammen meist dem Ectoderm. Die Differenzierung der jungen Neuroblasten beginnt mit dem Aussenden eines

langen Fortsatzes (**Axon**), der durch parallel gelagerte Neurofilamente, Mikrotubuli und Komponenten des Actin-Myosin-Systems gekennzeichnet ist. Später wachsen vom kernhaltigen Teil der Zelle (**Perikaryon**, **Soma**) weitere kurze,

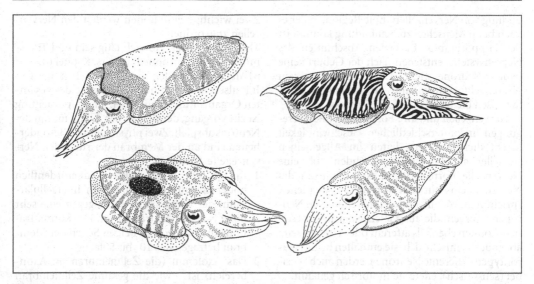

Abb. 32 Farbwechsel bei *Sepia*. Die verschiedenen Muster signalisieren unterschiedliche Stimmungen.

vielfach verzweigte Fortsätze (**Dendriten**) aus (Abb. 33). Axon und Dendrit werden meist funktionell definiert: Über die Membran des Axons verlassen nervöse Impulse das Perikaryon, über die der Dendriten werden Impulse dem Perikaryon zugeleitet. Der Begriff Neurit wird sowohl als Synonym für Axon als auch als Oberbegriff für Axon und Dendrit gebraucht. Als axonalen Transport bezeichnet man die Wanderung von Vesikeln, Organellen, Viren und Proteinen im Cytoplasma. Er kann in beiden Richtungen ablaufen (Geschwindigkeit: 0,5 bis über 400 mm/ Tag: langsamer und schneller axonaler Transport). Der schnelle anterograde Transport führt vom Soma zu den Enden von Dendriten und Axon und transportiert Vesikel entlang von Mikrotubuli mithilfe des Motorproteins Kinesin. Retrograd (von der Peripherie zum Zentrum) werden z. B. Nervenwachstumsfaktor, aber auch Polio- und Herpesviren mit einer Geschwindigkeit von ca. 25 cm am Tag transportiert.

Die Gestalt der Nervenzellen führt zu ihrer Klassifikation (Abb. 33): 1. Vom Perikaryon geht nur ein Fortsatz aus: unipolar. 2. Zwei Fortsätze verlassen das Perikaryon: bipolar. 3. Ursprünglich bipolare Zellen, bei denen die Anfangsstücke von Dendrit und Axon verschmelzen: pseudounipolar. 4. Vom Perikaryon gehen zahlreiche Fortsätze aus: multipolar.

Die Größe der Perikarya wechselt beträchtlich: Die Körnerzellen des Kleinhirns erreichen einen Durchmesser von 4 µm, bei den Pyramidenzellen des Großhirns beträgt er 130 µm. Die Ausläufer der Neurone können meterlang werden, so die der Vorderhornzellen der Wirbeltiere, die vom Rückenmark bis in die Extremitätenenden reichen (Giraffe!).

Neben diesen gestaltlichen Besonderheiten zeigen auch die Zellorganellen einige typische Merkmale: Der meist kugelförmige Zellkern ist sehr stoffwechselaktiv und enthält einen großen Nucleolus (intensive Proteinsynthese). Der Golgi-Apparat ist besonders umfangreich und wurde daher auch in Ganglienzellen entdeckt. Das granuläre endoplasmatische Reticulum des Perikaryons tritt lichtmikroskopisch häufig in Form körniger oder scholliger Gebilde auf (**Nissl-Substanz**, Tigroid). Oft enthält das Cytoplasma Pigmente (Lipofuscin: gelblich, lipidhaltig), Melanin oder Eisenablagerungen in kolloider oder körniger Verteilung. Die bisweilen auch mehrkernigen Nervenzellen verlieren mit der Ausdifferenzierung ihr Teilungsvermögen. Abgetrennte Zellfortsätze werden regeneriert und wachsen in der alten Bahn nach (**Neurobiotaxis**).

Nervenzellen sind sehr langlebige Zellen. Nach einer Phase intensiver Vermehrung zu Beginn der Entwicklung, die z. T. zu einem Überschuss an Neuronen führt, der durch z. T. umfangreiches Absterben von Nervenzellen korrigiert wird, kommt es bei Säugern nach der Geburt im Allgemeinen nur noch zu mäßiger bis geringer Neubildung von Nervenzellen. Eine Region, in der es auch beim Menschen zu Neubildung kommt, ist der Hippocampus. In vielen Abschnitten des Nervensystems entstehen nach der Geburt keine neuen Neurone mehr. Das Auswachsen von Nervenzellfortsätzen und die Neubildung von Synapsen bleiben dynamische Prozesse.

Nervenzellen und ihre Fortsätze können Erregungen in unterschiedlicher Geschwindigkeit leiten; dickere Fasern leiten im Allgemeinen schneller als dünnere. Je nachdem, ob eine Nervenzelle normalerweise zum Zentrum des Nervensystems hin oder von diesem weg leitet, spricht man von afferenten oder efferenten Neuronen. Nerven, die aus vielen Neuronen bestehen, können ebenfalls afferent oder efferent sein, aber auch gemischt, d. h. sie enthalten beide Neurontypen. Afferente Neurone werden auch sensibel (sensorisch), efferente motorisch genannt.

Zwei wichtige Funktionen werden den Nervenzellen zugeordnet:
a) Sie können sekretorisch tätig sein und Transmitter sowie Hormone bilden (s. Kapitel 6).
b) Alle Nervenzellen dienen der Leitung von Impulsen und verbinden so Organe des gesamten Organismus miteinander. Die Impulsleitung ist ein Vorgang, der sich an der Zellmembran des Neurons abspielt. Zwei physiologische Besonderheiten sind an der Membran der ruhenden Nervenzelle festzustellen:
1. In der Zelle findet sich ein außerordentlich hoher Gehalt an K^+-Ionen, im Interzellularraum der Umgebung liegt dagegen eine sehr hohe Na^+-Konzentration vor. Die Konzentrationsunterschiede an beiden Seiten der Membran betragen das 10- bis 50fache.
2. Das Axolemm (die Zellmembran im Axonbereich) ist – wie die gesamte Zellmembran

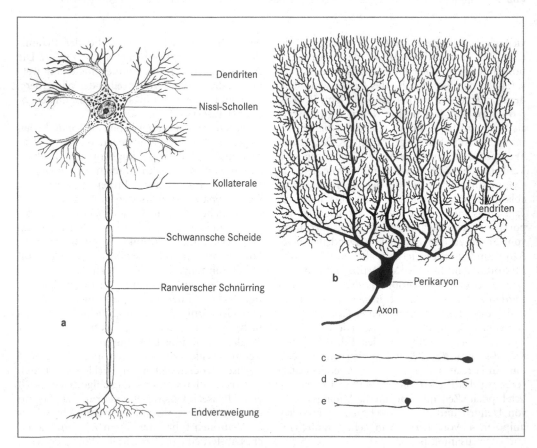

Abb. 33 a) Aufbau eines multipolaren Neurons, **b)** Purkinje-Zelle aus dem Kleinhirn der Säugetiere, **c)** unipolare, **d)** bipolare, **e)** pseudounipolare Nervenzelle

von Nervenzellen – polarisiert: Die Außenfläche weist gegenüber der Innenfläche mehr positive elektrische Ladungen auf (Abb. 34). Diese Potentialdifferenz ist das **Membranruhepotential,** das im ganzen Tierreich etwa -70 bis $-90\,mV$ beträgt. Ist es über diesen Ruhewert erhöht, sprechen wir von **Hyperpolarisation.** Ist das Ruhepotential erniedrigt (d.h. weniger negativ), spricht man von **Depolarisation.**

Das Membranpotential ist ein Diffusionspotential, welches auf die unterschiedliche Verteilung der Ionen zurückzuführen ist, die durch aktive und passive Mechanismen aufrechterhalten wird (Abb. 34):

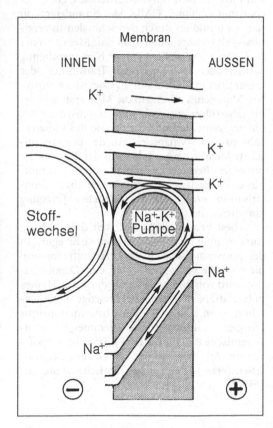

Abb. 34 Ruhepotential: passive und aktive Bewegungen von Kalium- und Natriumionen durch die Membran. Der gezeichnete Durchmesser der Kanäle entspricht der Größe des betreffenden Ionenstroms, die Steilheit der Kanäle der treibenden Kraft für den Ionenstrom. Entgegengesetzte Ströme werden durch die Na⁺-K⁺-Pumpe bewerkstelligt

1. Eine Natrium-Kalium-Pumpe (Na⁺-K⁺-ATPase) sorgt für die Aufrechterhaltung der ungleichen Verteilung der Na⁺- und K⁺-Ionen. Diese ATPase pumpt ständig Na⁺ aus der Zelle heraus und K⁺ in die Zelle hinein. Dadurch ist in der Zelle die K⁺-Konzentration ca. 35-mal höher und die Na⁺-Konzentration ca. 20-mal niedriger als die entsprechenden Ionenkonzentrationen im Extrazellularraum. Dieser aktive Transportprozess verbraucht Energie in Form von ATP.
2. Die Membran besitzt eine geringe Ruhe-Na⁺-Leitfähigkeit und ist unter Ruhebedingungen für Na⁺-Ionen kaum durchlässig. Der Na⁺-Konzentrationsunterschied gleicht sich daher nicht gleich wieder durch Na⁺-Rückdiffusion aus.
3. Für K⁺ ist die Membran der ruhenden Nervenzelle gut durchlässig, d.h., sie besitzt eine hohe K⁺-Leitfähigkeit. Wegen des hohen Konzentrationsunterschiedes diffundieren daher K⁺-Ionen von innen nach außen. Die Diffusion schon weniger K⁺-Ionen führt wegen ihrer positiven Ladung zu einer Verzerrung der Ladungsverhältnisse an der Membran (Diffusionspotential). Dieses Potential steigt an, bis es den Konzentrationsgradienten als Triebkraft für den K⁺-Ausstrom fast kompensiert.
4. Cl⁻, HCO₃⁻ und Ca²⁺ sind auch am Ruhepotential beteiligt. Das Ruhemembranpotential ist also im Wesentlichen ein Mischpotential aus einem K⁺- und einem Na⁺-Diffusionspotential, wobei der Anteil des ersteren wegen der höheren K⁺-Permeabilität stark überwiegt.

Biochemisch entsprechen die Pumpen der auf S. 4 behandelten **Natrium-Kalium-Pumpe,** die in Nervenzellmembranen (aber auch im Plasmalemm von Muskel- und Nierenzellen) besonders häufig vorkommen. Die Diffusion erfolgt durch Ionenkanäle (S. 4), welche selektiv sind und Ionen entsprechend ihren elektrochemischen Gradienten passieren lassen. Besonders gut ist der Natriumkanal bekannt. Bei einer Öffnungszeit von 1 ms kann er 10^4 Na⁺-Ionen passieren lassen; im Ranvier'schen Schnürring liegen bis über $2\,000$ Kanäle pro μm^2. Na⁺-Kanäle werden durch Tetrodotoxin, ein Gift der Kugelfische (S. 592), selektiv blockiert.

Im Gegensatz zum Ruhepotential, das in allen Nervenzellen dauernd aufrechterhalten werden muss, verstehen wir unter dem **Aktionspotential** eine kurzfristige Umladung der Membran, die sich über das Axon ausbreitet und den Leitungsvorgang darstellt. In diesem Fall steigt die Na^+-Permeabilität auf das über 500fache, ein massiver Ionenstrom ergießt sich in das Zellinnere und lädt dieses positiv auf. Anschließend steigt die Durchlässigkeit der Membran für K^+, es erfolgt ein K^+-Ausstrom, der die Potentialumkehr wieder aufhebt. Dann wird der ursprüngliche Zustand durch die Pumpen wiederhergestellt. Ist das Ruhepotential wieder erreicht, kann das nächste Aktionspotential folgen.

Das Aktionspotential (AP) wird mit einer für die jeweilige Nervenzelle konstanten Geschwindigkeit weitergeleitet.

Es erreicht immer eine bestimmte Höhe, im Allgemeinen um 120 mV, d. h., die Nullinie wird um 40 mV überschritten (Überschuss, overshoot) (Abb. 36). Dem steilen An- und Abstieg des AP, dem Spitzenpotential (spike), folgen oft langsame Nachpotentialschwankungen.

Der gesamte beschriebene Vorgang des AP, seine Leitung und die Wiederherstellung des Ruhepotentials sind eine Antwort der Nervenzelle auf eine Veränderung in ihrer Umwelt. Diese nennen wir **Reiz,** gleichgültig, welcher Natur sie ist. Die Antwort der Zelle auf diesen Reiz mit den beschriebenen Membranveränderungen wird **Erregung** genannt. Die Umwandlung eines Reizes in eine Erregung ist also eine der wesentlichen Aufgaben der Nervenzelle. Da das AP immer die gleiche Höhe erreicht, muss die Intensität eines Reizes durch die Anzahl der AP in der Zeiteinheit verschlüsselt (codiert) werden: Je stärker ein Reiz, desto höher ist die Anzahl der AP in der Zeiteinheit. Wir sprechen von einer **Frequenzmodulation,** d. h., jeder Reizstärke ist eine bestimmte Anzahl von AP in der Zeiteinheit zugeordnet.

Wie andere Zellen sind auch die Neurone durch Interzellularspalten voneinander getrennt; diese können vom AP im Allgemeinen nicht überbrückt werden, aber von Stoffen (Überträgern, Neurotransmittern, S. 147). Derartige Kontaktstellen, an denen in Potentialschwankungen verschlüsselte Nachrichten übermittelt werden, nennt man **Synapsen,** je nach ihrer Leitungsrichtung werden sie auch afferent oder efferent genannt. Abb. 35 zeigt die Rekonstruktion einer Synapse: Auffallend sind die vielen Mitochondrien und die Bläschen, die den Überträgerstoff enthalten (synaptische Vesikel). Erreichen Aktionspotentiale eine derartige Endstation einer Nervenzelle, dann wird Transmitter aus der Zelle abgegeben, und zwar eine Menge, die der Frequenz der AP proportional ist, d. h., die in der Aktionspotentialfrequenz verschlüsselte Nachricht der Reizstärke wird jetzt umcodiert in eine der Reizstärke entsprechende Menge eines **Neurotransmitters.** Diese Überträgersubstanz – es kann je nach Neurontyp Acetylcholin, ein Catecholamin, Glutamat, GABA oder ein anderer Stoff sein – diffundiert durch den schmalen Interzellularspalt (synaptischen Spalt) zur Membran der nächsten Nervenzelle. In einer Nervenendigung können auch zwei oder mehr Transmitter oder transmitterähnliche Stoffe in Coexistenz auftreten. Man nennt allgemein die Membran, aus der die Überträger entlassen werden, präsynaptisch, die gegenüberliegende, zu der sie diffundieren, sub- bzw. postsynaptisch. An der postsynaptischen Membran verbindet sich der Transmitter mit einem Receptormolekül (Receptor), woraufhin es beispielsweise wiederum zu einer Depolarisation und einer fortgeleiteten Erregung kommen kann.

Es besteht auch die Möglichkeit, dass ein Neurotransmitter nicht eine fortgeleitete Erregung in der postsynaptischen Zelle hervorruft, sondern diese gerade verhindert. Nicht eine Depolarisation wird von ihm bewirkt, sondern eine **Hyperpolarisation.** Wir nennen derartige Potentialerhöhungen, die also den Informationsfluss blockieren, **inhibitorische (hemmende) postsynaptische Potentiale (IPSP).** Tritt eine Depolarisation ein, sprechen wir von einem **excitatorischen (erregenden) postsynaptischen Potential (EPSP).**

Abb. 35 Synapsen. Oben: blockdiagrammatische Darstellung einer chemischen Synapse mit präsynaptischem membranassoziiertem Gitter in der Axonendigung. Dense core vesicles enthalten oft modulierende Neuropeptide. Unten: Motorische Endplatte, **a), b)** Lichtmikroskopie, in Seitenansicht (a) und Aufsicht (b). **c)** Elektronenmikroskopie; die Basallamina der Muskelzelle bleibt auch im synaptischen Spalt erhalten, die Membran der Muskelzelle ist dort stark gefaltet. Die Nervenendigung ist bis zum Kontaktbereich mit der Muskelzelle von Ausläufern der Schwann-Zellen bedeckt

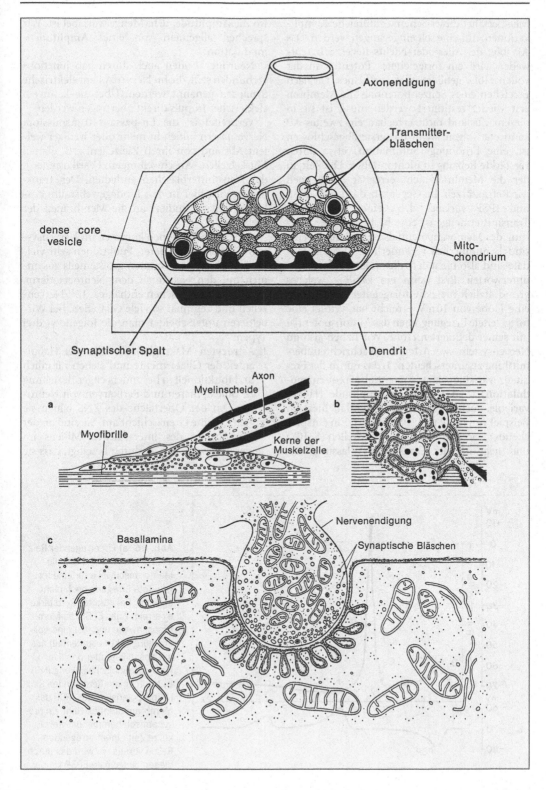

Axonendigung

Transmitter-
bläschen

dense core
vesicle

Mito-
chondrium

Synaptischer Spalt

Dendrit

a

Axon

Myelinscheide

Myofibrille

Kerne der
Muskelzelle

b

c

Basallamina

Nervenendigung

Synaptische Bläschen

Meist erfährt dieses Schema zahlreiche Komplikationen. Auf eine soll eingegangen werden. Das AP folgt der Alles-oder-Nichts-Regel, d. h., entweder wird ein fortgeleitetes Potential in der vollen Höhe gebildet oder gar keines. Da nach Erreichen eines Spitzenpotentials die Membran erst wieder restituiert werden muss, ist sie in diesem Zustand nicht erregbar, ein zweites AP kann erst folgen, wenn das erste abgeschlossen ist, eine Erhöhung (Summation) etwa durch verstärkte Reizung ist nicht möglich. Die Zeit, in der die Membran nicht erregbar ist, nennen wir **Refraktärzeit.** Im Gegensatz dazu sind EPSP und IPSP variabel, d. h., einer bestimmten Transmittermenge ist eine bestimmte Veränderung des Membranpotentials zuzuordnen. Beide sind kontinuierlich veränderlich. Diese Potentiale sind also nicht der Alles-oder-Nichts-Regel unterworfen. Erst wenn ein EPSP – welches grundsätzlich nie aktiv fortgeleitet wird – etwa eine Höhe von 10 mV erreicht hat, erfolgt eine fortgeleitete Erregung, eben das Aktionspotential mit seiner definierten Höhe. Wir haben also im Nervensystem zwei Arten der Nachrichtenübermittlung zu unterscheiden: 1. das nur in der Frequenz variable Aktionspotential (**Frequenzmodulation**), 2. das in seiner Amplitude (Höhe) variable, nicht fortgeleitete Potential, hier am Beispiel von EPSP und IPSP erklärt. Ein entsprechender Vorgang erfolgt an Sinneszellen (S. 107) und liegt bei der Transmitterentlassung vor,

wo die Amplitude, d. h. Menge, variabel ist. Wir sprechen allgemein von einer **Amplitudenmodulation.**

Neurone können auch durch gap junctions verbunden sein, die im Nervensystem **elektrische Synapsen** genannt werden. Über sie kann ein elektrischer Impuls direkt übertragen werden.

Verbreitet ist die **En-passant-Transmission:** Nervenfasern bilden in mehr oder weniger weitem Abstand von ihren Zielzellen, z. B. glatten Muskelzellen, Anschwellungen (Varikositäten), die Transmitterbläschen enthalten. Der Transmitter wird hier in den Bindegewebsraum entlassen und diffundiert an die Membranen der Zielzellen.

Außer den Neuronen kommen im Nervensystem **Gliazellen** vor, deren Funktionen sehr vielfältig sind. Sie entstammen größtenteils zusammen mit den Neuronen dem Neuroectoderm. Das ZNS des Menschen enthält ca. 10^{11} Nervenzellen und zehnmal so viele Gliazellen. Bei Wirbeltieren unterscheidet man die folgenden drei Typen:

1. **Astrocyten** (Makroglia). Sie stellen den Hauptanteil der Gliaelemente und stehen räumlich und funktionell in besonders enger Beziehung zu Blutcapillaren und Perikaryen von Neuronen. An der Oberfläche des ZNS bauen sie vielfach eine Grenzschicht auf. Sie sind an der Homöostase des interstitiellen Milieus im Nervengewebe v. a. dadurch beteiligt, dass sie

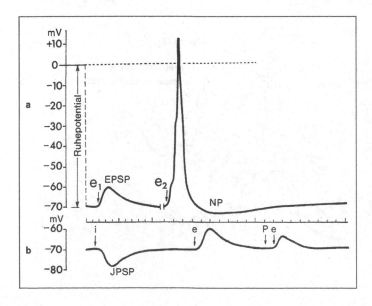

Abb. 36 a) Ein erregender Reiz e_1 bewirkt ein EPSP, das die Membranschwelle für eine fortgeleitete Erregung noch nicht erreicht. Bei höherer Reizstärke e_2 erreicht das EPSP die Membranschwelle und löst eine Vollerregung (Aktionspotential) aus mit anschließender positiver Nachpotentialschwankung (NP). **b)** Nach einem hemmenden Reiz i hyperpolarisiert das IPSP das Membranpotential. Geht ein präsynaptisch hemmender Reiz P kurze Zeit einem erregenden Reiz e voraus, so wird das durch diesen ausgelöste EPSP kleiner

Kaliumionen, die bei Erregung von Neuronen im Interzellularraum akkumulieren, aufnehmen. Sie können außerdem Protonen, Glutamat und GABA aus dem Interzellularraum entfernen. Sie sind verzweigte Zellen mit längeren Fortsätzen und untereinander über Nexus (gap junctions) verbunden und können Kalium bei Bedarf wieder freisetzen. Durch diese Umverteilung des Kaliums tragen sie zu optimaler Einstellung des extrazellulären Ionenmilieus im Nervensystem bei. Außerdem spielen sie eine wichtige Rolle im Energiestoffwechsel des Nervensystems.

2. **Oligodendrogliazellen** und **Schwann'sche Zellen** sind Zellen, die Markscheiden um Nervenfasern herum aufbauen, erstere im ZNS, letztere in peripheren Nerven. Schwann'sche Zellen lagern sich während der Entwicklung auswachsenden Nervenzellfortsätzen an. Zwischen zwei benachbarten Schwann'schen Zellen bleibt ein schmaler Abstand frei, der **Ranvier'sche Schnürring** (Abb. 37b). Es kommt dann dazu, dass sich die Zellen viele Male um die Nervenfaser herumwickeln (Abb. 37a, b). Aus den Teilen der Zelle, die die Wicklung aufbauen, wird das Cytoplasma herausge-

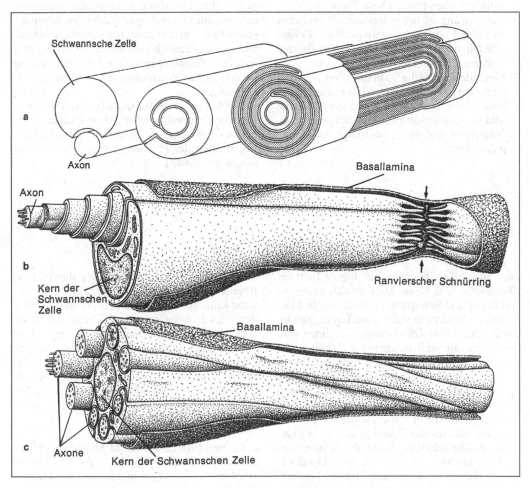

Abb. 37 a) Ausbildung der Myelin-(Mark-)scheide durch eine Schwann'sche Zelle. Rechts sind die Zellmembranen doppelt konturiert, links und in der Mitte als einfacher Strich. **b)** Myelinisiertes Axon mit Ranvier'schem Schnürring; Schwann'sche Zellen umgeben ein einzelnes Axon. **c)** Mehrere Axone sind in eine Schwann'sche Zelle eingebettet; der gesamte Komplex bildet einen sog. markarmen (= marklosen) Nerven

presst; die Wicklung besteht nur aus Plasmamembranmaterial und wird **Mark**- oder **Myelinscheide** genannt. Besonders in vegetativen Nerven ist zu beobachten, dass sich mehrere Nervenfasern in das Cytoplasma einer Schwann'schen Zelle einsenken, ohne dass Wicklungen entstehen. In solchen Fällen spricht man von markarmen oder marklosen Nerven (Abb. 37c). Marklose Nerven leiten deutlich langsamer als myelinisierte. Mit der Anlage der Schwann'schen Scheide ist die saltatorische Erregungsleitung verbunden, d. h. eine Potentialumkehr tritt nur im Bereich der Ranvier'schen Schnürringe (Abb. 37b) auf, die Schwann'schen Zellen werden durch Stromschleifen überbrückt. Diese Form der Erregungsleitung ist besonders schnell (bis über 100 m/sec) und energiesparend. Im ZNS baut eine Oligodendrogliazelle die Myelinscheiden mehrerer Nervenfasern auf.

3. **Mesoglia (Mikroglia).** Diese Zellen entstammen dem Blut (Monocyten), vermögen amöboid zu wandern und zu phagocytieren. Sie sind die immunkompetenten Zellen des Nervensystems und auch in der Lage, Antigen zu präsentieren.

Auch bei Wirbellosen sind Gliazellen weit verbreitet, z. T. sind sie an der Kompartimentierung des Nervengewebes beteiligt, z. T. können sie einfache Markscheiden aufbauen und auch sekretorisch aktiv sein.

Zur Glia wird oft auch das **Ependym** gerechnet, die epitheliale Auskleidung der liquorgefüllten Hohlräume des ZNS. Die normalen Ependymzellen sind über gap junctions und Zonulae adhaerentes verbunden und im Allgemeinen dicht bewimpert. Lokal kann das Ependym (meist in Form lang gestreckter, über tight junctions verbundener **Tanycyten**) die circumventrikulären Organe aufbauen. Vermutlich haben diese z. T. sekretorische, z. T. sensorische Funktionen. Ihnen werden u. a. das **Subfornicalorgan**, das **Subcommissuralorgan** (bildet den **Reissner'schen Faden** in den caudalen Ventrikelabschnitten und im Zentralkanal des Rückenmarks) und auch das **Pinealorgan** zugerechnet. Bei Fischen ist der **Saccus vasculosus** ein circumventrikuläres Organ.

Der Liquor cerebrospinalis (s. S. 62) wird von speziellen Ependymzellen, den Plexusepithelzellen, in besonders gefäßreichen dünnwandigen Abschnitten der Hirnwand, den **Plexus choroidei**, abgeschieden.

d Muskelgewebe

Fast alle Zellen besitzen die Eigenschaft der Kontraktilität, d. h., sie können sich reversibel verkürzen und Bewegungen ausführen. In Muskelzellen (Myocyten) steht diese Eigenschaft im Vordergrund aller Zellleistungen. In ihnen wird chemische Energie in mechanische Arbeit umgewandelt. Dies ist die Grundlage für Körperbewegungen, Herzschlag, Darmperistaltik und viele andere Vorgänge. In allen Muskelzellen baut sich der kontraktile Apparat aus den filamentären Molekülen Actin und Myosin sowie einer größeren Zahl zusätzlicher Proteine auf. In quergestreiften Muskelzellen bilden die kontraktilen Proteine hochgeordnet strukturierte Myofibrillen, in glatten Muskelzellen bilden die kontraktilen Proteine weniger regelmäßig aufgebaute Strukturen. Wesentliche Grundlage des Kontraktionsmechanismus ist das Aneinandervorbeigleiten der Actin- und Myosinfilamente. Die

Kontraktion wird im Allgemeinen durch einen Impuls des Nervensystems ausgelöst. Muskelgewebe kann aus allen Keimblättern hervorgehen, den weitaus überwiegenden Teil bildet das Mesoderm. Bei Cnidariern enthalten die ecto- und entodermalen Epithelschichten basal gelegene Fortsätze mit Muskelfilamenten (Epithelmuskelzellen, Abb. 39a). Muskelzellen können einzeln auftreten oder kompakte Formationen bilden (Muskeln des Bewegungsapparates oder muskuläre Schichten im Darmtrakt).

1. Glatte Muskulatur. Glatte Muskulatur bildet die kontraktile Komponente in der Wand vieler Hohlorgane, bei Wirbeltieren z. B. des Magen-Darm-Kanals, der Harn- und Geschlechtswege und der Blutgefäße. Auch die Myoepithelzellen vieler exokriner Drüsen sind glatte Muskelzellen. Bewegungen der glatten Muskulatur sind relativ langsam, sie ermüdet aber nicht schnell und kann große Kraft entwickeln, z. B. im Uterus der Säugetiere bei der Geburt.

Glatte Muskelzellen sind zumeist spindelförmig, können aber auch verzweigt sein. Sie haben einen länglichen Zellkern, und ihr Cytoplasma ist mit kontraktilen Filamenten angefüllt. Der kontraktile Apparat baut sich aus Actin- (Durchmesser 4–8 nm) und Myosinfilamenten (Myosin Typ II, Durchmesser ca. 15 nm) auf. 13 bis 14 Actinfilamente sind einem Myosinfilament zugeordnet. Sie bilden gemeinsam eine einfache sarkomerähnliche Struktur, deren Endpunkte in kleinen Verdichtungen verankert sind, die den Z-Streifen der quergestreiften Muskelzellen entsprechen und wie diese α-Actinin enthalten. Viele solcher sarkomerähnlichen Einheiten sind kettenförmig hintereinander geschaltet. So entstehen längs- oder schräg verlaufende kontraktile Strukturen, die nebeneinander in der Zelle verlaufen. Den Actinfilamenten ist das Protein Tropomyosin zugeordnet. Ein weiteres actinassoziiertes Protein ist das Caldesmon, das im Ruhezustand das Aneinandervorbeigleiten von Actin und Myosin verhindert. Die Kontraktion wird, z. B. auf einen Nervenimpuls hin, durch Calcium ausgelöst. Das eingeströmte Calcium bindet an Calmodulin. Der Calmodulin-Calcium-Komplex führt auf zwei funktionell zusammengehörigen Wegen zur Kontraktion. 1) Er bindet an Caldesmon, das sich daraufhin von Actin-Tropomyosin löst, womit das Aneinandervorbeigleiten von Actin- und Myosinfilamenten eingeleitet wird, und 2) er aktiviert eine Myosin-Leichtkettenkinase, die die sog. regulatorische leichte Kette des Myosins phosphoryliert, wodurch der bewegliche Kopf des Myosinmoleküls für die Kontaktaufnahme mit dem Actin aktiviert wird.

Glatte Muskulatur wird vom vegetativen Nervensystem innerviert und von lokalen Faktoren beeinflusst. Moleküle, die die Tätigkeit dieser Muskulatur koordinieren, sind z. B. Noradrenalin, Acetylcholin, Stickstoffmonoxid, Oxytocin, Histamin und Serotonin. Die Synapsen des vegetativen Nervensystems bleiben meist über eine Distanz von 5–20 μm von der glatten Muskulatur getrennt (en-passant-Synapsen).

Die glatten Muskelzellen vieler innerer Organe (z. B. des Magen-Darm-Kanals und vieler größerer Blutgefäße) sind über gap junctions funktionell gekoppelt. Eine solche Muskulatur wird glatte Muskulatur vom single-unit-Typ genannt. Sie besitzt Zentren mit spontaner Erregungsbildung und ist verhältnismäßig unabhängig vom vegetativen Nervensystem. In anderen Organen, z. B. in den Atemwegen und im Ciliarkörper, sind die einzelnen glatten Muskelzellen voneinander getrennt und werden einzeln innerviert: multiunit-Typ der glatten Muskulatur.

2. Quergestreifte Muskulatur. Sie ist in der Lage, schnelle Bewegungen auszuführen und bildet den Bewegungsapparat vieler Wirbelloser und der Wirbeltiere (**Skeletmuskulatur**) und kann in dieser Funktion sogar bei Medusen auftreten. Sie kommt oft aber auch an anderer Stelle vor, z. B. im gesamten Bereich des Verdauungstraktes vieler Tiere. Die lang gestreckten, faserförmigen, selten verästelten Zellen sind viel größer als die glatten Muskelzellen (z. T. viele cm lang) und besitzen zahlreiche Kerne (bis mehrere 1 000). Es handelt sich um **Syncytien.** Die vielkernigen Muskelzellen, auch **Muskelfasern** genannt, entstehen bei Wirbeltieren durch Verschmelzung von Vorstufen, sog. **Myoblasten.** Je mehr Kerne die Muskelzelle besitzt, desto mehr kontraktile Fibrillen sind ausgebildet. Der Aufbau dieser Fibrillen ist für die Querstreifung (Bänderung) der Zellen verantwortlich. Abb. 38 vermittelt ein Bild der Fibrillen bei elektronenmikroskopischer Auflösung mit der regelhaften Anordnung der Actin- und Myosinfilamente (siehe auch weiter unten).

Die Skeletmuskelzellen sind außen – wie glatte und Herzmuskelzellen – von einer Basallamina umhüllt, über die sie mit dem umgebenden Bindegewebe verbunden sind. Die Zellmembran bildet tief ins Cytoplasma eingesenkte Einstülpungen, die Transversaltubuli (T-Tubuli), die Erregungen ins Innere dieser großen Zellen leiten. An der Stabilisierung der Zellmembran ist das Protein Dystrophin beteiligt, das in und unter der Zellmembran liegt und auch mit dem Laminin der Basallamina verbunden ist. Bei der erblichen Duchenne-Muskeldystrophie fehlt das Dystrophin, was dazu führt, dass betroffene Kinder schon mit zehn bis zwölf Jahren nicht mehr gehen können. Im Cytoplasma sind Mitochondrien und glattes ER gut entwickelt. Letzteres ist Calciumspeicher und spielt somit für die Kontraktion eine wichtige Rolle.

3. Herzmuskulatur der Wirbeltiere. Sie stellt eine besondere Form der quergestreiften Muskulatur dar, die konstant in Aktion ist. Die Muskelzellen sind verzweigt (Abb. 39e), der Kern (meist in Einzahl) ist mittelständig und oft polyploid. Mechanisch und funktionell sind die Herzmuskelzellen durch auffallende Haftstrukturen (**Glanzstreifen**) verbunden, an deren Aufbau v. a. desmosomale Kontakte und halbe Z-Linien beteiligt sind. Funktionell sind Herzmuskelzellen durch gap junctions elektrisch gekoppelt – eine Voraussetzung für die rasche, verzögerungsfreie Erregungsausbreitung im Herzmuskel.

4. Schräggestreifte Muskulatur (helicalgestreifte Muskulatur): Dieser Muskeltyp kommt bei vielen Wirbellosen vor, z. B. Turbellarien, Nematoden, Mollusken, Anneliden und baut hier den Lokomotionsapparat auf. Im Prinzip sind schräggestreifte Muskeln aufgebaut wie quergestreifte, die Z-Linie ist allerdings nicht rechtwinklig zur Längsachse angelegt, sondern etwa in einem Winkel von 45°. Bei der Kontraktion schieben sich dicke und dünne Filamente ineinander,

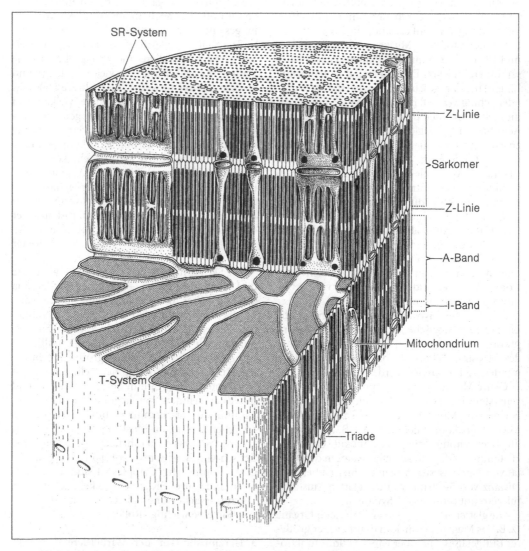

Abb. 38 Schematische Darstellung eines Ausschnitts einer quergestreiften Muskelzelle. Das Plasmalemm mit seinen Einstülpungen (T-System) ist doppelt konturiert gezeichnet, die Membranen des sarkoplasmatischen Reticulums (SR-System) und der Mitochondrien sind einfache schwarze Linien

außerdem nähert sich der Winkel der Z-Linie zur Längsachse 90°. Auf diese Weise werden sehr große Kontraktionen ermöglicht.

Der **Kontraktionsmechanismus** ist am besten vom quergestreiften Typ bekannt: Hier besteht jede Muskelfibrille aus regelmäßig angeordneten Sarkomeren. Jedes **Sarkomer** ist ein Zylinder, welcher im Säugetierskeletmuskel eine Länge von ca. 2 µm besitzt. Es stellt die funktionelle Einheit der Muskelzelle dar. Im Musculus biceps brachii des Menschen z. B. sind 10 Billionen Sarkomere regelmäßig angeordnet. Über den Aufbau eines Sarkomers und dessen Lage in der Muskelzelle informieren Abb. 38–40. Dicke und dünne Filamente, nach ihren Hauptbestandteilen **Myosin-II** und **Actin** benannt, sind an senkrecht dazu verlaufenden Gittern von Gerüsteiweißen befestigt, die als Linien (nach dem histologischen Präparat) oder Scheiben bezeichnet werden (**Z-** und **M-Scheibe** [-**Linie**]). Pro Sarkomer setzen etwa 1 000 dicke (= Myosin-)Filamente an der M-Scheibe an, an der Z-Scheibe etwa 2 000 dünne (= Actin-)Filamente. Im Querschnitt sind beide Filamenttypen regelmäßig

zueinander angeordnet (Abb. 40). Da der myosinhaltige Anteil im polarisationsoptischen Bild stark doppelbrechend erscheint, wird er auch **A-** (**anisotropes**) **Band** genannt. Der nur Actin enthaltende Anteil beiderseits der Z-Linie ist schwach anisotrop oder **isotrop** (**I-Band**). Im Lichtmikroskop erscheint das A-Band dunkel, das I-Band hell. Als **H-Zone** bezeichnet man den mittleren Teil eines Sarkomers, in dem im Ruhezustand keine Actinfilamente liegen.

Neben Actin und Myosin-II gibt es im Sarkomer zwei weitere filamentäre Proteine. **Titin** (Connectin) ist ein elastisches Protein, das einerseits in der M-Scheibe und andererseits in der Z-Scheibe verankert ist. Es ist die längste Polypeptidkette im tierischen Organismus. Es ist den Myosinfilamenten angelagert (sechs Titinmoleküle kommen auf ein Myosinfilament) und ist für die sog. Ruheelastizität eines Skelet- oder Herzmuskels (Ruhe-Dehnungskurve) verantwortlich. **Nebulin** begleitet die Actinfilamente und hält sie in Position. Capping-Proteine stabilisieren die Enden der Actinfilamente.

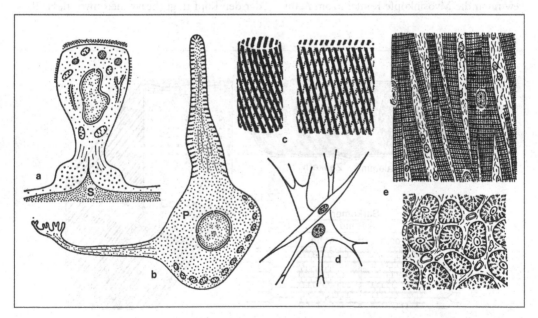

Abb. 39 Verschiedene Muskelzelltypen. **a)** Epithelmuskelzelle von *Hydra;* auf dem Zellapex Sekret, basal Fortsätze, die der Stützlamelle (S; Mesogloea) aufliegen und Myofilamente enthalten (elektronenmikroskopisch). **b)** Kahnmuskelzelle (schräg gestreift) von *Ascaris*. Vom Perikaryon (P) gehen zwei Fortsätze aus, einer zieht zum Nervensystem, der andere enthält die kontraktile Substanz (elektronenmikroskopisch). **c)** Schematische Darstellung der kontraktilen Substanz in schräggestreiften Muskelzellen. Jedes A-Band tritt als breite, dunkle Linie hervor. **d)** Glatte Muskelzellen, **e)** Herzmuskulatur von Wirbeltieren; oben: längs, unten: quer, **c–e)** lichtmikroskopisch

Bei der Kontraktion der Sarkomeren gleiten die dünnen Filamente mit den Z-Scheiben zur Sarkomermitte: Das Sarkomer verkürzt sich bei gleich bleibender Länge seiner Einzelelemente. Die Kontraktion wird über **Querbrücken** zwischen Actin und Myosin bewirkt: Schon im Ruhezustand hat jedes Myosinfilament rechtwinklig abstehende Vorsprünge (**Myosinköpfe**), die einander im Abstand von 14,3 nm folgen. Sie erreichen zwar ab und zu das Actinfilament, ein Sperrproteinkomplex (**Troponin/Tropomyosin-System**) verhindert jedoch eine Wechselwirkung zwischen Myosin und Actin. Erreicht ein Nervenimpuls die Muskelzelle, so breitet sich auf deren Membran ein Aktionspotential aus, welches auf transversalen Einstülpungen (**T-System**, Abb. 38) weit in die Zelle eindringen kann. An Kontaktstellen mit dem endoplasmatischen Reticulum der Muskelzelle (sarkoplasmatischem Reticulum, **SR-System**, Abb. 38), den **Triaden** (manchmal **Dyaden**), wird jetzt Ca^{++} aus dem SR-System ins Grundcytoplasma transportiert. Es schaltet den Troponin/Tropomyosin-Sperrmechanismus ab, indem es durch seine Bindung an Troponin dessen Konformation ändert. Jetzt gewinnen die Myosinköpfe Kontakt zum Actin,

indem sie sich senkrecht an ein Actinfilament anheften (Querbrücken). Sie neigen sich dann um 45° und drücken das dünne Filament in Richtung Sarkomermitte. In Gegenwart von **ATP** löst sich die Verbindung, dann kann sich der Zyklus wiederholen. Ist kein ATP vorhanden, bleibt das System über Querbrücken in der 45°-Stellung verbunden (**Totenstarre**). Die zyklische Wechselwirkung von Myosin und Actin wiederholt sich, solange die Ca^{++}-Konzentration einen bestimmten Wert nicht unterschreitet. Das ist nur wenige Millisekunden der Fall, da das SR-System das Ca^{++} über eine Ca^{++}-ATPase in der SR-Membran wieder in sein Lumen zurückpumpt. Der Sperrmechanismus schaltet sich dann wieder ein.

Auf der molekularen Ebene stellt sich der kontraktile Apparat folgendermaßen dar (Abb. 41): **Myosine** sind gestreckte Motorproteinmoleküle, an deren einem Ende sich ein abgeknickter Kopf mit ATPase-Aktivität befindet. Er setzt chemische Energie frei, die in Bewegungsenergie umgesetzt wird. Enzymatisch lassen sich Myosinmoleküle in einen gestreckten, leichten Teil (light meromyosin, LMM) und einen schweren Teil, der den Kopf trägt (heavy meromyosin, HMM),

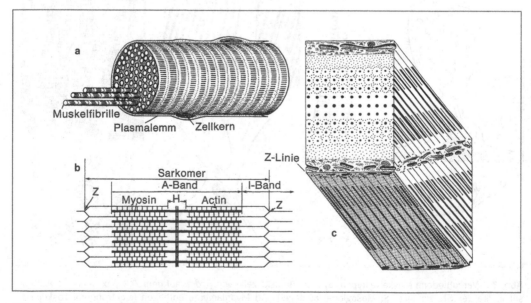

Abb. 40 Quer- (a, b) und schräggestreifte Muskulatur (c). **a)** Blockdiagramm einer Muskelzelle mit zwei Zellkernen und herausgezogenen Muskelfibrillen. **b)** Schematische Darstellung der Ultrastruktur eines Sarkomers im Längsschnitt; H: H-Zone (in der Mitte M-Linie), Z: Z-Linie. **c)** Blockdiagramm eines Nematodenmuskels. Beachte das unterschiedliche Erscheinungsbild in den drei Ebenen

zerlegen. Myosinmoleküle ordnen sich parallel und polymerisieren zu Filamenten, aus denen die abgewinkelten Köpfe (die Querbrücken der vorangehenden Darstellung) in gesetzmäßiger Weise herausragen. **Actine** bestehen aus globulären Molekülen (G-Actin), die sich zu Filamenten (F-Actin) aggregieren. Diese bestehen jeweils aus zwei verdrillten Ketten hintereinander liegender G-Actinmoleküle.

Der erwähnte Sperrproteinkomplex, der die feste Bindung von Actin an Myosin verhindert, besteht aus einer Tropomyosinkette, die schraubig auf das F-Actin aufgelagert ist und durch Troponin in dieser Position gehalten wird. Tropomyosin besteht aus zwei verdrillten α-Helices. Bei erhöhten Calciumwerten kommt es zur Bindung ATP-beladener Myosinköpfe an das Actin.

Kohlenhydrate stellen eine Energiequelle der Skelettmuskulatur dar. Da die Energie der Koh-

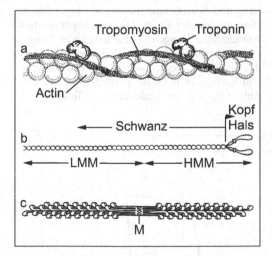

Abb. 41 Molekularer Aufbau der Myofibrillen. **a)** Funktionsfähiges Actin-Filament. Globuläres Actin ist zu filamentären, helicalen Doppelsträngen polymerisiert (F-Actin). Um das filamentäre Actin windet sich Tropomyosin (besteht auch aus umeinander gewundenen Helices). In regelmäßigen Abständen ist Troponin an Actin gebunden. **b)** Myosin ist ein Doppelmolekül, das enzymatisch in LMM (light meromyosin) und HMM (heavy meromyosin) gespalten werden kann. Es ist ein Motorprotein, das in Schwanz, Hals und Kopf gegliedert wird, in der Halsregion ist es beweglich. **c)** Myosinfilament, aus ca. 300 polymerisierten Myosinmolekülen bestehend. Die Polarität des Myosins ergibt ein Stäbchen mit einer Mittelzone (M), in der Myosine durch ein Protein festgehalten werden

lenhydrate nicht schnell genug verfügbar ist, dient das ATP als primärer Energiespeicher und -lieferant. Sekundärer Energiespeicher und Energielieferant zur Regeneration des ATP sind Argininphosphat (bei Wirbellosen) und Kreatinphosphat (v. a. bei Wirbeltieren). Der ATP-Vorrat wird zur Hauptsache bei Abbau von Glykogen aufgefüllt. Bleibt die O_2-Versorgung des Skelettmuskels, z. B. bei großer Anstrengung, zurück, so wird die Atmungskettenphosphorylierung reduziert. Die ATP-Resynthese wird dann vorwiegend aus der Glykolyse bestritten.

Anders arbeitet die Flugmuskulatur langdauernd fliegender Insekten (Schmetterlinge, Wanderheuschrecken): Sie ist auf Fettverbrennung spezialisiert. Bei gleichem Gewicht liefert das Fett eine wesentlich höhere Ausbeute an ATP als Kohlenhydrate. Die Flugmuskulatur einer Wanderheuschrecke könnte die Flügel mit ihrem Kohlenhydrat nur 20 min lang bewegen. Muskeln, die ihre Energie aus dem Fettabbau beziehen (β-Oxidation, Citratzyklus, Atmungskette), sind immer auf Sauerstoff angewiesen. O_2-Versorgung wird durch ein dichtes Tracheensystem gewährleistet.

Ähnliche physiologische Verhältnisse gelten für die Herzmuskulatur der Wirbeltiere. Auch sie gründet ihren energieliefernden Stoffwechsel v. a. auf Fettsäureoxidation.

Die Stoffwechselintensität einzelner Muskeln ist sehr unterschiedlich, die der Bienenflugmuskeln z. B. 50-mal höher als die der Skelettmuskulatur des Menschen. Bei Wirbeltieren unterscheidet man **rote Muskelfasern**, die für Ausdauerleistungen gebraucht werden (mit reicher Gefäßversorgung, zahlreichen Mitochondrien und viel Myoglobin) und **weiße Muskelfasern** für schnelle Bewegungen und kurze Belastungen (mit geringerer Gefäßversorgung, geringem Myoglobingehalt und wenigen Mitochondrien). Letztere arbeiten vorwiegend glykolytisch. Intermediäre Fasern nehmen eine Zwischenstellung ein.

Die beschriebenen Vorgänge in der Muskelzelle gehen auf ihre Aktivierung durch Ausläufer von Nervenzellen (Motoneurone) zurück, die mit den quergestreiften Skelettmuskelfasern Synapsen ausbilden (**neuromuskuläre Synapse, motorische Endplatte**, Abb. 35). Als Transmitter fungiert bei Wirbeltieren **Acetylcholin**.

Ein motorisches Neuron kann mehrere Muskelzellen innervieren und bildet mit diesen eine **motorische Einheit**. Eine Muskelzelle kann von einem motorischen Neuron versorgt werden (**mononeuronale Innervation**) oder von mehreren (**polyneuronale Innervation**). Schließlich kann eine Nervenzelle lediglich mit einer Synapse in Kontakt mit einer Muskelzelle treten (monoterminale Innervation) oder mit mehreren (multiterminale Innervation).

Die Membran der Muskelzelle kann auf Nervenimpulse mit einer fortgeleiteten Erregung antworten und dem Alles-oder-Nichts-Gesetz unterworfen sein (**schnelle phasische, Zuckungsfasern**) oder nur mit einer Depolarisation am Innervationsort antworten (**langsame, tonische Fasern**). In beiden Fällen kommt es zur Kontraktion; schnelle Fasern erschlaffen aber nach einem Impuls bereits nach einigen Millisekunden, bei langsamen kann sich dieser Vorgang über Minuten hinziehen. Muskeln können beide Fasertypen enthalten, und in einer Muskelzelle können beide Reaktionen durch verschiedene Nervenendigungen hervorgerufen werden (»langsames« Axon, »schnelles« Axon). Die für die einzelne schnelle Faser gültige Gesetzmäßigkeit der Alles-oder-Nichts-Kontraktion gilt nicht für den gesamten Muskel. Bei ihm führt sich steigernde Reizung zu einer kontinuierlichen Zunahme der Kontraktion oder der Hubhöhe bis zu einem Maximum, das auch nicht durch verstärkte Reizung überschritten wird. Dieses Verhalten beruht darauf, dass zunächst nur ein Teil der Fasern aktiviert wird und die einzelnen Fasern unterschiedliche Reizschwellen aufweisen. Bei Kontraktionen unterschiedlichen Ausmaßes werden also in einem Muskel verschieden viele Zellen rekrutiert. Im Gegensatz zum Skeletmuskel ist die Herzmuskulatur der Wirbeltiere aufgrund der speziellen Verknüpfung der Fasern als Ganzes dem AoN-Gesetz unterworfen.

Die Membran der Skeletmuskelfaser ist nur kurze Zeit nicht erregbar (refraktär), vom Beginn des AP-Anstieges bis zur einsetzenden Abfallphase. In diesem Zeitraum beginnt die Kontraktion. Da der kontraktile Apparat selbst keine Refraktärperiode hat, können noch vor Einsetzen der Erschlaffung wiederholt gesetzte Reize wirksam werden. Dadurch erfolgen weitere, sich summierende Aktivierungen der kontraktilen Strukturen, die zu einer weit über das Ausmaß einer Einzelzuckung hinausgehenden Verkürzung und Spannungszunahme der Faser führen (**Summation der Kontraktionen, Superposition von Einzelzuckungen**). Bei andauernder Einwirkung schnell wiederholter Reize verschmelzen die einzelnen Reizantworten zu einer Dauerkontraktion (**tetanische Kontraktion, Tetanus,** Abb. 42). Die zur Auslösung des Tetanus not-

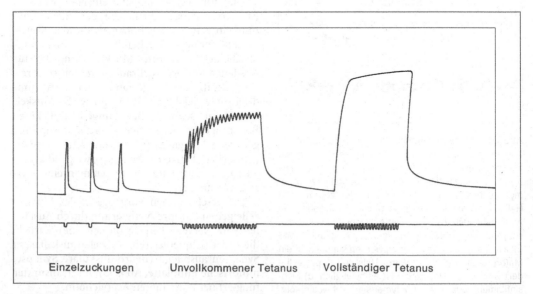

Einzelzuckungen   Unvollkommener Tetanus   Vollständiger Tetanus

Abb. 42 Kontraktion eines Muskels (obere Registrierung) bei unterschiedlicher Reizfrequenz (untere Reihe). Bei drei Reizen/Sekunde erfolgen Einzelzuckungen, bei 20 Reizen/Sekunde wird ein unvollständiger Tetanus registriert, bei 50 Reizen/Sekunde ein vollkommener Tetanus

wendige Impulsfrequenz ist bei den einzelnen Muskelfasern verschieden und variiert bei Säugern von 50–100 Hz. Tetanus kommt nicht nur bei der einzelnen Muskelfaser, sondern auch beim Gesamtmuskel vor. Er fehlt infolge der langen Refraktärzeiten beim Herzmuskel.

Nur ein Teil der gesamten von den kontraktilen Elementen geleisteten Arbeit kann auf eine Last am Muskel einwirken. Bindegewebige Strukturen im Muskel, aber v. a. auch die elastischen Eigenschaften des Muskelproteins Titin erzeugen einen elastischen bzw. auch viscoelastischen Dehnungswiderstand. Dieser nimmt in Abhängigkeit von der Muskeldehnung zu und verzögert bei einer Kontraktion die Verkürzung eines Muskels.

Es werden beim Skeletmuskel zwei Kontraktionstypen unterschieden, die jedoch nur Extremfälle darstellen und meist gemischt auftreten: a) **Isometrische Kontraktion:** Es wird nur Spannung, aber keine nennenswerte Verkürzung entwickelt. b) **Isotonische Kontraktion:** Der Muskel kontrahiert sich unter Verkürzung bei gleich bleibender Spannung. Mischformen, bei denen es sowohl zur Verkürzung als auch zur Spannungszunahme kommt, werden **auxotonische Kontraktionen** genannt. Mit dem Begriff Muskelspannung bezeichnet man oft die Kraft, mit der ein Muskel an seiner Last zieht. Ein weiterer, häufig gebrauchter Begriff ist Muskeltonus, der jedoch unterschiedlich definiert wird; man versteht hierunter z. B. den Widerstand eines Muskels gegen Formveränderungen oder einen Ruhezustand innerer Spannung.

Bewegungsmuskeln sind oft mit der Haut zu einem **Hautmuskelschlauch** verbunden. Dieser ist ursprünglich geschlossen; äußere Ring- und innere Längsmuskeln arbeiten gegen eine flüssigkeitsgefüllte Leibeshöhle (**Hydroskelet**). In der Verbindung mit der Ausbildung eines starren Skelets kommt es zur Auflösung der einheitlichen Muskellage. An einem Exoskelet (Arthropoden, Mollusken) setzen die Muskeln über Anteile des Cytoskelets und Desmosomen an einem Endoskelet (Wirbeltiere) über Sehnen (bestehen v. a. aus Kollagenfasern) an. Bei Echinodermen setzen die Muskelzellen mit breiten desmosomenähnlichen Strukturen direkt an den Skleriten an.

Elektrogene Organe: Bei mehreren Fischfamilien werden Schwanz- und Rumpfmuskulatur, selten auch Augenmuskulatur, zu elektrogenen Organen umgebildet, die meist durch eine Fettschicht isoliert sind. Beim Zitteraal (*Electrophorus*) machen sie etwa ⅓ des Körpergewichts aus. Sie bestehen aus gallertartigen, mit Blutgefäßen reich versorgten, nur von einer Seite innervierten Platten, die in Säulen hintereinander angeordnet sind. Die Entladung erfolgt auf nervöse Impulse gleichzeitig in allen Platten, wobei oft hohe Spannungen erreicht werden. Die Funktion besteht in einer Lähmung bzw. Tötung von Beutetieren. Bei den sog. schwachen elektrischen Fischen (z. B. Mormyridae in Afrika) dienen die wesentlich schwächeren elektrischen Impulse, die in bestimmter Frequenz ausgesandt werden, der Orientierung in trüben Gewässern. Einige Formen grenzen wahrscheinlich durch derartige elektrische Entladungen ihre Reviere ab (vgl. auch S. 128).

3 Integument

Zusammen mit darunter liegenden bindegewebigen Anteilen (**Dermis**) bildet das die Körperoberfläche bedeckende ectodermale Epithel (**Epidermis**) das Integument (= **Haut**), welches den Tierkörper einerseits vor Einwirkungen der Umwelt schützt, ihm andererseits aber auch über in der Haut liegende Receptoren verschiedenartige Informationen vermittelt. Außerdem besitzt das Integument eine wichtige Funktion als Ort des Stoffaustausches (Atmung, Ernährung, Exkretion) und der Abwehr von Krankheitserregern. Wimperepithelzellen dienen oft dem Stofftransport an der Oberfläche, kleine Organismen können sich mit Hilfe des Wimperschlages fortbewegen. Außerdem ist die Haut durch besondere Oberflächenstrukturen, Farbmuster und Muskelgruppen oft Ausdrucksmittel des Verhaltens. Alle Tiergruppen besitzen spezifische Integumentstrukturen, die zu ihrer Kennzeichnung herangezogen werden können.

Die Oberfläche der **Schwämme** wird von einem Epithelverband gebildet, dessen flache Zellen sich rasch voneinander zu lösen und mit anderen Zellen neue Bindungen einzugehen vermögen (**Pinakocyten**). Weiterhin bilden sie Filamente aus, mit deren Hilfe sie sich kontrahieren können. Die Epidermiszellen der Süßwasserschwämme besitzen kontraktile Vakuolen, die sonst nur bei Protozoen auftreten.

Die Epidermis der **Cnidaria** ist durch die nur bei ihnen auftretenden Nesselzellen und durch Epithelmuskelzellen charakterisiert.

Die **Nesselzellen** (Cnidoblasten, Cnidocyten) bilden in ihrem Cytoplasma **Nesselkapseln** (Cniden, Nematocysten), die kompliziertesten Sekretionsprodukte im Tierreich. Sie dienen dem Festhalten und der Vergiftung der Beute sowie der Verteidigung. Jede Cnide stellt eine doppelwandige Kapsel dar, deren Innenwand distal nach innen eingestülpt und zu einem langen Faden ausgezogen ist (Abb. 43a–c). Ein spezialisierter Cilienapparat (**Cnidocil**) ragt vom Cnidoblasten über die Körperoberfläche empor und bewirkt

auf Reizung eine Kontraktion der Cnide und das explosionsartige Ausschleudern des Fadens (Abb. 43b–e). Die Wirkung der Cniden kann auch für den Menschen sehr unangenehm werden. In den Tropen z. B. können verschiedene Cnidaria Hautverbrennungen und Fieberanfälle hervorrufen (Milleporiden, Siphonophoren, Scyphozoen und Cubozoen). Die **Würfelquallen** (Cubomedusen) *Chironex fleckeri* und *Chiropsalmus quadrigatus* gelten als die giftigsten Meeresorganismen. An den Folgen einer Berührung kann der Mensch innerhalb von Sekunden bis Minuten sterben. Histologische Untersuchungen an den betroffenen Hautpartien zeigten, dass die Nematocysten die gesamte Epidermis des Menschen durchschlagen hatten. Die Gifte sind niedermolekulare Peptide mit cardio-, myo- und neurotoxischer Wirkung. Der Tod tritt nach akutem Herzversagen ein. Während des Auftretens dieser Medusen in australischen Küstengewässern werden in großen Gebieten im Norden und Nordosten des Landes Badeverbote ausgesprochen.

Vereinzelt hat man Cniden auch bei Ctenophoren, Turbellarien und Nudibranchiern gefunden. Sie stammen aber vermutlich immer aus der aus Cnidariern bestehenden Nahrung und werden auch bei diesen Tiergruppen zur Verteidigung verwendet (**Kleptocniden**).

Die **Epithelmuskelzellen** der Cnidaria stellen Epithelzellen dar, die in basalen Ausläufern Myofilamente besitzen.

Die Epidermis der **Ctenophoren** besitzt in Bändern angeordnete Wimperplatten, die aus verklebten Cilien entstanden sind und der Fortbewegung dienen. Ausschließlich bei dieser Gruppe kommen **Kolloblasten** (Klebzellen, Abb. 207b) vor, die bei der Nahrungsaufnahme Verwendung finden.

Bei vielen **Plathelminthen** wird der Körper von einem **versenkten Epithel** bedeckt, d. h. dass der Basallamina ein Cytoplasmasaum aufliegt, dessen Zellkerne jedoch in Aussackungen weit in

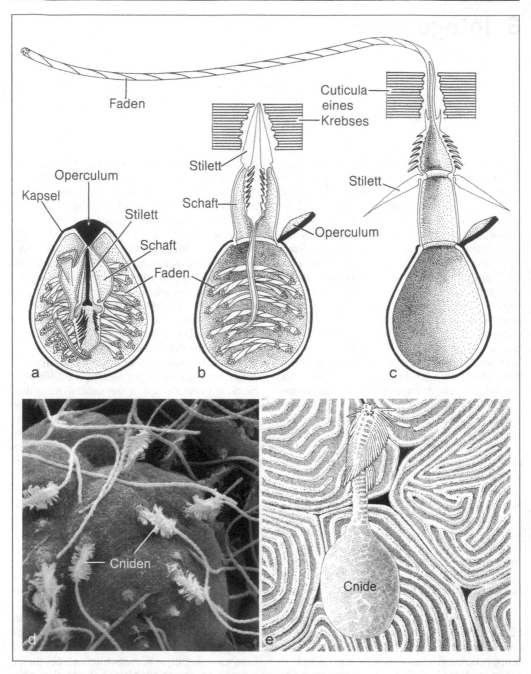

Abb. 43 Cnide (Nesselkapsel) von *Hydra* im Ruhezustand **(a)**, bei der Explosion **(b)** und entladen **(c)**. Die Cnide besteht aus einer Kapsel, deren innere Lage sich an einer Stelle als Schaft und Faden in das Lumen einstülpt. Auf Reizung werden diese beiden Teile ausgestülpt. Am Schaft ansitzende Stilette können einen Arthropodenpanzer durchschlagen **(b)**. Der sich anschließend vollständig ausstülpende Faden **(c)** kann Gift entlassen. **d)** Rasterelektronenmikroskopische Aufnahme von ausgeschleuderten Cniden des Hydroidpolypen *Hydractinia;* Vergr. 1800×. **e)** Cnide der Wurzelmundqualle *Catostylus,* deren Faden in die Epidermis eines Fisches eingeschlagen ist (Länge der Kapsel 6 µm; nach rasterelektronenmikroskopischer Aufnahme)

das unterlagernde Gewebe hineinversenkt sind. Bei den Trematoden treten häufig im Plasmasaum kräftige proteinhaltige Stacheln auf. Bei den darmlosen Bandwürmern ist der distale Epidermissaum durch die Ausbildung eng stehender Mikrovilli stark vergrößert und ermöglicht so die Aufnahme von Nahrungsstoffen (**parenterale Ernährung**). Bei Trematoden und Cestoden bilden sich im Laufe ihrer Entwicklung die senkrecht zur Körperoberfläche verlaufenden Zellmembranen zurück: Es entsteht ein **Syncytium**. Ein Syncytium ist ein Cytoplasmabezirk, der zunächst in Form von Einzelzellen angelegt wird, dessen trennende Membranen sich dann aber auflösen. Natürlich sind Syncytien insgesamt membranbegrenzt. Besondere Sekretionsprodukte der Epidermis der Turbellarien sind die **Rhabditen**. Sie sind stabförmig und werden bei Reizung der Tiere ausgestoßen.

Bei einer Reihe von Wirbellosen scheiden Zellen des Integumentes besonders verfestigte Strukturen ab, die dem Schutz, der Stabilisierung und oft dem Ansatz von Muskeln dienen.

Eine extrazelluläre Lage, die der Epidermis im ganzen Bereich aufliegt, nennt man **Cuticula**. Sie kann zu einem Panzer verstärkt sein (**Exoskelet**). Die Starrheit dieser Struktur hat zur Folge, dass sich derartige Tiere beim Wachstum häuten müssen. Liegt eine Schutzschicht größeren Epidermisbereichen locker auf, spricht man von einer **Schale**. Schließlich kann das Mesoderm einen Kalkpanzer bilden, der an die Oberfläche treten und die Epidermis verdrängen kann. Einen Sonderfall stellen **Rotatorien** und **Acanthocephalen** dar, die im distalen Teil ihres epidermalen Syncytiums einen intrazellulären Panzer ausbilden (Abb. 24 f, g), der von Poren durchbrochen wird, in die das apikale Plasmalemm hineinzieht. Über diese Einstülpungen kann ein Stoffaustausch erfolgen. Bei den Acanthocephalen wird auf diese Weise die resorbierende Körperoberfläche wie bei den Cestoden (aber auf anderem Wege) um ein Vielfaches vergrößert.

Bei den **Nematoden** gibt die Epidermis eine mehrschichtige Cuticula nach außen ab. Die Cuticula der **Anneliden** besteht aus Lagen von Kollagenfibrillen, welche zwischen die apikalen Mikrovilli eingelagert werden (Abb. 244a).

Arthropoden besitzen eine Cuticula, deren wesentliches Bauelement Chitin ist, der nach dem Kollagen am weitesten verbreiteten fibrillären Substanz im Tierreich. Die Cuticula besteht meist aus drei Schichten: Epi-, Exo- und Endocuticula (Abb. 44a); zwischen den letzten beiden kann noch eine Mesocuticula ausgebildet sein. Der besonders dünnen **Epicuticula** fehlt Chitin, sie enthält Wachsester, Polyphenole (Cuticulin), Alkane und Alkene. Sie stellt die wichtigste Permeabilitätsbarriere dar, die Wachsester sind für Wasser undurchlässig, Cuticulin für Gase. Die Oberfläche der Epicuticula weist oft vieleckige Skulpturen auf, welche in der Entwicklung entstehen und den Verlauf der Epidermiszellgrenzen wiedergeben (Abb. 44 a, b).

Die anderen Cuticulaschichten, auch als **Procuticula** zusammengefasst, bestimmen Dicke und mechanische Eigenschaften des Exoskelets. Wichtigstes Strukturelement sind Chitin-Protein-Komplexe. **Chitin** ist ein Polysaccharid, das aus Chitobiose-Einheiten (Abb. 44d) zusammengesetzt und in oberflächenparallelen Fibrillen organisiert ist (Abb. 44c). Die **Exocuticula** ist besonders hart, sie kann an Gelenkhäuten und anderen weichen Regionen fehlen, hier dominiert dann die **Endocuticula**. Beide sind aus unterschiedlich dicken Lamellen aufgebaut, in denen die Chitinfibrillen in typischer Weise angelegt sind (Abb. 44c). Besonders bei Krebsen werden in die Procuticula noch Calciumsalze eingelagert.

Die Cuticula wird von Drüsenausführgängen und von nur 1–2 μm dicken Poren- oder Wachskanälen durchbrochen, über welche Oberflächensubstanzen ersetzt werden können. Besonders spezialisiert ist die Cuticula im Bereich von Haaren und Sensillen (S. 132). Haare werden von einer Zelle, der **trichogenen Zelle**, aufgebaut, die von einer Geschwisterzelle, der **tormogenen Zelle**, umhüllt wird. **Haare** können sehr vielgestaltig sein, sie bauen den Pelz von Hummeln und Bienen sowie das Schuppenkleid der Schmetterlinge auf.

Die Cuticula der Arthropoden wird periodisch gehäutet. Ursprünglich ist die Zahl der **Häutungen** groß (über 30); sie erstrecken sich über das ganze Leben. In vielen Gruppen wurde ihre Zahl jedoch stark vermindert, Häutungen setzen dann mit Erreichen des Erwachsenseins aus. Abb. 44b vermittelt einen Eindruck vom Ablauf der Häutung: Zunächst wird eine neue Epicuticula gebildet, durch die hindurch Enzyme sezerniert werden, welche die alte Endocuticula verdauen. Dann wird eine neue Procuticula synthetisiert, anschließend folgt der Schlüpfvorgang, die neue Cuticula streckt sich, wird dunkler und erhärtet

(**Sklerotisierung**). Die Sklerotisierung ist irreversibel, eine Schlüsselsubstanz dieses Vorganges ist N-Acetyldopamin. Die bei der Häutung zurückgelassene Cuticula (**Exuvie**) besteht v. a. aus Exocuticula. Die Häutung wird hormonal gesteuert (S. 213).

Die Schale der **Mollusken,** welche vorwiegend aus Calciumcarbonat aufgebaut ist, entsteht auf der Rückenseite des Embryos und breitet sich dann über die gesamte Dorsalfläche aus. Sie kann erhebliche Ausmaße annehmen: Die größten Ammoniten der Kreide maßen 2,5 m im Durchmesser, die heute im Indopazifik verbreitete Muschel *Tridacna* kann bei einer Länge von 1,35 m ein Schalengewicht von 250 kg erreichen. Bei allen Unterschieden in der Ausgestaltung der

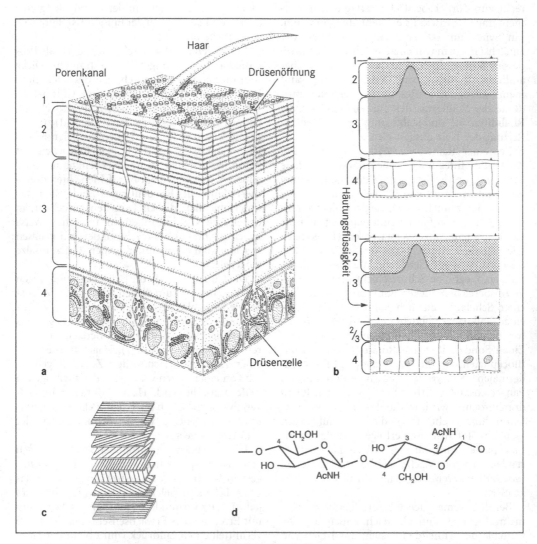

Abb. 44 Cuticula der Arthropoden. **a)** Blockdiagramm des Integumentes. 1. Epicuticula, 2. Exocuticula, 3. Endocuticula, 4. Epidermis. Beachte, dass Exo- und Endocuticula aus zahlreichen Lamellen aufgebaut sind (vgl. c). **b)** Schematische Darstellung des Häutungsverlaufes; Ziffern wie bei a. Nachdem Teile der Endocuticula durch Enzyme der Häutungsflüssigkeit verdaut wurden, wird eine neue Epicuticula gebildet. Dann folgen die weiteren Cuticulaanteile. **c)** Darstellung der Chitinlagen innerhalb einer Lamelle der Endocuticula. **d)** Formel des Disaccharids Chitobiose, der Grundeinheit des Chitins

Schale (S. 500) lässt sich doch ein verbreitetes Schema darstellen: Das die Schale unterlagernde Gewebe (**Mantel, Pallium**) bildet in seiner Peripherie (Mantelrand) neues Schalenmaterial. Hier synthetisiert eine Zone von Sekretzellen Glykoproteine, die zum **Periostracum** polymerisieren. Wie bei der Arthropoden-Cuticula werden die Proteine durch Chinone vernetzt (Sklerotisierung). Unter dem Periostracum kristallisiert Calciumcarbonat in einem schmalen Flüssigkeitsraum, in den Proteine als Kristallisationskeime sezerniert werden. Da diese rhythmisch abgegeben werden, kommt es zu unterschiedlicher Kristallbildung: Unmittelbar unter dem Periostracum entstehen aufrechte Prismen (**Ostracum**), nach innen folgen bei vielen Gruppen plattenförmige Kristalle, deren Lage und Dicke im Licht Interferenzfarben entstehen lassen (**Hypostracum, Perlmuttschicht**). Wenn tote Fremdkörper oder Parasiten in den Bereich oberhalb des Mantelepithels gelangen, werden sie von derartigen Kristallen umschlossen (Perlenbildung).

Vom Körperoberflächenepithel abgeschiedene **Gehäuse,** in die der Körper zurückgezogen werden kann, werden auch von den **Bryozoen** u. a. gebildet. Sekrete der Epidermis werden häufig mit körperfremden Stoffen zu Gehäusen verbunden, die oft von den Bewohnern verlassen werden können (Polychaeten, viele Insektenlarven, Pogonophoren, Pterobranchia).

Unter den **Hemichordaten** besitzen die **Pterobranchier** eine einfache einschichtige Epidermis, die in regelmäßigem Muster Mikrovilli trägt, zwischen denen Bakterien liegen können, wie dies von vielen Wirbellosen bekannt ist. Die **Enteropneusten** sind durch eine sehr hohe mehrreihige Epidermis gekennzeichnet, die neben Wimperzellen eine Fülle von Schleimzellen enthält.

Bei den **Echinodermen** (Abb. 45) tritt die einschichtige meist bewimperte Epidermis in ihrer Bedeutung hinter der Dermis, dem bindegewebigen Anteil des Integumentes, stark zurück. Die Dermis bildet das **Kalkskelet** (Abb. 276) der Stachelhäuter samt seinen Anhängen (Stacheln, »Greifzangen« = Pedicellarien). Zwischen den Mikrovilli der Epidermiszellen von Echinodermen und Hemichordaten ist eine zarte Cuticula aus Glykoproteinen ausgebildet.

Die Epidermis der **Tunicaten** scheidet eine z. T. farbige, z. T. transparente Schicht (**Mantel, Tunica**) ab, die reich an Eiweiß und Kohlenhyd- raten (Cellulose) ist. In den Mantel wandern aus dem subepidermalen Gewebe verschiedene freie Zellen ein.

Die Haut der **Wirbeltiere** besteht aus einer **mehrschichtigen Epidermis**, der mit ihr verzahnten bindegewebigen **Lederhaut (Dermis, Corium)** sowie bei den gleichwarmen (homoiothermen) Vögeln und Säugetieren der fettreichen **Subcutis**, der eine besondere Bedeutung bei der Thermoregulation und als Energiespeicher zukommt. Die Epidermis, die noch bei primitiven Chordaten (*Branchiostoma*, Copelaten, Tunicaten) einschichtig ist, ist bei Fischen und wasserlebenden Amphibien zwar relativ einfach gebaut, aber immer mehrschichtig. Bei Fischen enthält sie noch Schleimzellen, bei Amphibien gibt es schon Anzeichen einer Verhornung. Bei den landlebenden Wirbeltieren verhornen die distalen Epidermislagen vollständig (**Keratinisierung**) und es entsteht ein **Stratum corneum**, dessen kernlose Zellen nur noch aus einer dichten Matrix und in diese eingelagerte Keratinfilamente bestehen. Der Interzellularraum zwischen den verhornten Zellen wird durch spezifische Lipide versiegelt. Diese Lage kann im Ganzen gehäutet (Natternhemd bei Schlangen) oder in Form kleiner Schüppchen abgestoßen werden. Neue Zellen werden dauernd von der Basalschicht (**Stratum basale**) und dem darüber liegenden **Stratum spinosum** nachgebildet. Verhornung und Wachstum stehen unter dem Einfluss verschiedener Faktoren: epidermalem Wachs-

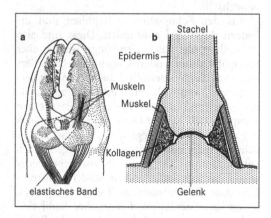

Abb. 45 Strukturen des Echinodermenintegumentes. **a)** Pedicellarium eines Seesterns, **b)** gelenkige Verbindung zwischen Stachel und Hautpanzer mit Halteapparat aus Muskulatur und mutabilem Kollagen, Seeigel

tumsfaktor, Chalonen (hemmen die Zellproliferation), Vitamin A (Mangel bewirkt übermäßige
Verhornung) u. a. Bei den höheren Wirbeltieren
ist die Epidermis durch zahlreiche Sonderbildungen gekennzeichnet: Verdickungen treten
häufig als Schwielen oder Sohlenballen auf, deren
oberflächliche Leistenmuster genetisch bedingt
sind und z. B. in der Kriminalistik wertvolle
Diagnosemerkmale darstellen (Fingerabdrücke).
Die **Hornschuppen** und -schilde der Reptilien
sind ebenfalls Verstärkungen des Stratum corneum (Abb. 46). Die Schuppen der Eidechsen
und Schlangen überdecken einander oft dachzie-
gelartig und dienen bei letzteren auch zur Fortbewegung. Bei Krokodilen und Schildkröten sind
dagegen Schilde ausgebildet, die von Knochenplatten unterlagert werden können. Bei Vögeln
und Säugern haben sich die Epidermisschuppen
noch in einzelnen Bereichen erhalten (Beine der
Vögel, Schwanz der Nagetiere). Große Schuppen
haben die altweltlichen Schuppentiere und die
neuweltlichen Gürteltiere sekundär wieder hervorgebracht. Ebenfalls Hornbildungen stellen
Krallen, Nägel und Hufe dar, die jeweils basal
nachwachsen und so Abnutzungen im distalen
Bereich wieder ausgleichen. Auch die Hornzähne
der Neunaugen sind Epidermisbildungen. Das
Horn der Boviden (Rinder, Schafe, Ziegen, Antilopen) und Gabelböcke wird von einer Hornscheide umgeben und von einem Knochenzapfen des Os frontale sowie von Bindegewebe,
Blutgefäßen und Nerven ausgefüllt. Hörner werden im Gegensatz zu Geweihen der Hirsche nicht
gewechselt.

Aus den Schuppen der Reptilien sind die
Federn der Vögel entstanden. Diese sind also
ebenfalls epidermalen Ursprungs, werden aber
von später absterbendem Coriumgewebe (Feder-
seele) im basalen Bereich ausgefüllt. Wir unterscheiden Kontur-, Dunen- und Fadenfedern. Die
z. T. sehr großen Konturfedern besitzen einen
komplizierten Aufbau (Abb. 46), der besonders
gut durch Zahlen belegt wird: Vom Schaft der
Schwungfeder eines mittelgroßen Vogels gehen
jederseits etwa 1 000 Rami ab, von denen jeder
wiederum 550 Radii (Haken- und Bogenstrah-
len) trägt. Dunenfedern sind einfacher gebaut,
ihnen kann der Schaft fehlen, ihre Radii sind
nicht miteinander verhakt. Sie bauen das Federkleid der Jungvögel auf und sind bei adulten
Tieren den Konturfedern unterlagert. Die Fadenfedern schließlich bestehen aus einem dünnen
Schaft mit wenigen Radii. Bei den meisten

Vögeln wird das Federkleid einmal im Jahr
erneuert (Mauser), meist nach der Brutzeit.

Auch die **Haare der Säugetiere** (Abb. 47) entstammen der Epidermis, sind wie Federn in das
Corium eingelagert und bestehen aus vielen verhornten Epithelzellen. Sie bilden wie die Federn
eine thermische Schutzschicht und sind keine
Dauerbildungen, sondern werden im Laufe des
Lebens ständig ersetzt.

Die Epidermis der Wirbeltiere besteht nicht
nur aus den Epithelzellen (**Keratinocyten**), die
stets über kräftige Desmosomen verbunden sind,
sondern auch aus anderen Zelltypen. Bei allen
Wirbeltieren kommen granulahaltige **Merkel-
zellen** vor, die innerviert sind und Mechanoreceptoren sind. Bei Säugern existieren weiterhin
Melanocyten (Pigmentzellen) und **Langerhans-
Zellen**; letztere sind unreife dendritische Zellen
der Haut (s. S. 102).

Bei allen Wirbeltieren bildet die Epidermis
Drüsen aus. Bei Fischen treten v. a. ein- oder
mehrzellige Schleimdrüsen auf, die oft Giftstoffe
produzieren; bei Tiefseefischen sind schleimpro-
duzierende Drüsen zu Leuchtorganen umgewandelt. Bei einigen Schwarmfischen bildet die Epidermis Schreckstoffe, die bei Artgenossen im
Schwarm eine Schreck- und Fluchtreaktion auslösen. Amphibien besitzen Schleim- und Körner-
drüsen, die vor Austrocknung schützen und
Giftstoffe hervorbringen, z. B. Toxine gegen
Mikroorganismen. Tiere, deren Toxine unwirk-
sam gemacht werden, sterben deshalb in wenigen
Tagen durch Hautinfektionen. Bei Sauropsiden
treten Drüsen zurück; wichtig ist die **Bürzeldrüse**
der Vögel, die an der Oberseite des Bürzels mündet. Mit dem öligen Sekret wird das Gefieder
geschmeidig gemacht und vor Benetzung durch
Wasser geschützt. Besonders gut entwickelt ist sie
bei vielen Schwimmvögeln. Das Bürzeldrüsen-
sekret besteht ganz überwiegend aus Wachsen,
d. h. aus Estern langkettiger Fettsäuren und Alkohole. Die Fettsäuren sind häufig verzweigt. Die
chemische Zusammensetzung der Wachse ist in
den einzelnen Vogelordnungen verschieden und
kann für die Systematik verwendet werden.

Unter den Säugern spielen die **apokrinen
Duftdrüsen** eine besondere Rolle für das soziale
Zusammenleben. Sie entstehen aus Haaranlagen, die Sekretion setzt mit Erreichen der
Geschlechtsreife ein. Die **Schweißdrüsen** – wie
die Duftdrüsen tubulär – spielen u. a. eine Rolle
bei der Thermoregulation. Die **Talgdrüsen** sind
holokrine, mehrschichtige Drüsen, die meistens

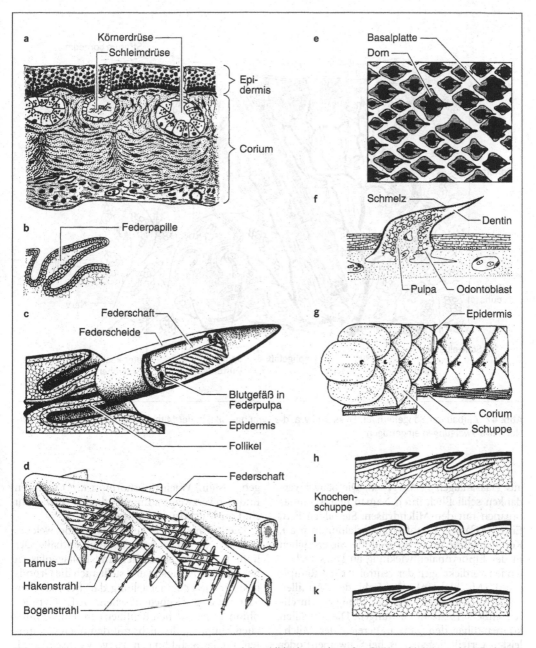

a) Körnerdrüse, Schleimdrüse, Epidermis, Corium

b) Federpapille

c) Federschaft, Federscheide, Blutgefäß in Federpulpa, Epidermis, Follikel

d) Federschaft, Ramus, Hakenstrahl, Bogenstrahl

e) Basalplatte, Dorn

f) Schmelz, Dentin, Pulpa, Odontoblast

g) Epidermis, Corium, Schuppe

h) Knochenschuppe

i)

k)

Abb. 46 Integumentbildungen von Wirbeltieren. **a)** Amphibienhaut mit großen Drüsen; **b)** Anlage einer Feder mit zweischichtiger Epidermis; **c)** Feder kurz vor dem Aufreißen der äußeren Epidermisschicht (= Federscheide, dicke, schwarze Linie). Die darunter liegende Epidermis differenziert sich zu Leisten, aus denen Rami und Strahlen (Radii) hervorgehen; **d)** schematische Darstellung des Aufbaues der Fahne einer Konturfeder; **e)** Aufsicht auf mit Placoidschuppen besetzte Haifischhaut; **f)** Haut eines Haies mit Placoidschuppe, deren Aufbau dem eines Zahnes ähnelt; **g)** Blockdiagramm der Teleosteerhaut (durchsichtig gedachte Epidermis in linker Bildhälfte abgetrennt); mittlere Schuppenreihe mit Poren des Seitenliniensystems; **h)** Schnitt durch Eidechsenhaut (Hornschuppen von Knochenschuppen unterlagert); **i)** Schnitt durch Eidechsenhaut, die lediglich Hornschuppen trägt; **k)** Schnitt durch Schlangenhaut mit dachziegelartigen Hornschuppen

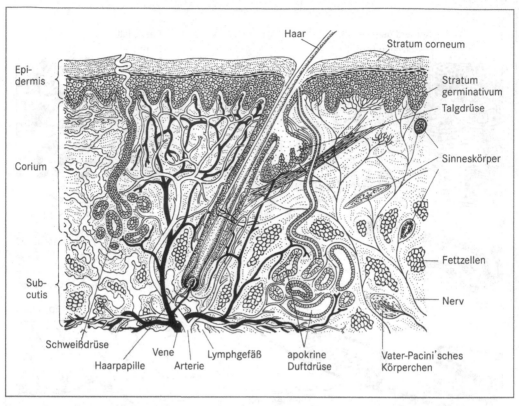

Epi-
dermis

Corium

Sub-
cutis

Haar

Stratum corneum

Stratum
germinativum

Talgdrüse

Sinneskörper

Fettzellen

Nerv

Schweißdrüse

Haarpapille   Vene   Lymphgefäß   apokrine   Vater-Pacini'sches
                        Arterie   Duftdrüse   Körperchen

Abb. 47 Aufbau der Säugetierhaut. Links sind v. a. die Lymphgefäße, in der Mitte die Blutgefäße und rechts die Nervenverzweigungen eingetragen

aus Haaranlagen hervorgehen. Die Säuger verdanken schließlich ihren Namen den Mammaorganen mit den **Milchdrüsen.** Sie bilden Fett, Eiweiß (Casein, Lactoferrin, Lactalbumin u. a.), Kohlenhydrate und Mineralstoffe. Sie entstehen in der Embryonalentwicklung an längs verlaufenden Verdickungen der ventrolateralen Rumpfwand (Milchleisten). Die Zahl der Mamillen (Brustwarzen) steht oft in Beziehung zur durchschnittlichen Anzahl der Jungen. Die Mamillen können über den ganzen Bereich der Milchleisten verteilt liegen (z. B. bei Schweinen) oder auf den Leisten- (z. B. bei Boviden) oder Brustbereich (bei Primaten, Seekühen, Elefanten) beschränkt sein. Milchbildung erfolgt unter dem Einfluss des Prolactins, die Milchabgabe unter dem des Oxitocins. Die ruhende Mamma enthält wenige Drüsengänge mit Drüsenknospen, die während der Gravidität unter hormonalem Einfluss (Oestrogen, Progesteron, placentales Lacto-

gen, Insulin, Wachstumshormon u. a.) wachsen und sich verzweigen. Im männlichen Geschlecht sind die Milchdrüsen rudimentär.

Die **Dermis** besteht aus Bindegewebe, welches Gefäße, Nerven und Receptoren enthält. Der hohe Gehalt an elastischen und Kollagenfasern bewirkt ihre Festigkeit und stellt auch die Grundlage für die Lederherstellung dar. Bei manchen Tiergruppen (Knochenfischen, z. T. Gymnophionen, zahlreichen Reptilien) enthält sie **Knochenschuppen,** die nicht mit den oben erwähnten Epidermisbildungen zu verwechseln sind. Solche Knochenschuppen waren besonders kennzeichnend für die ältesten Vertebraten, bei denen sie einen sehr festen Knochenpanzer aufbauten, von dem sich außer den erwähnten Knochenschuppen auch die Hautknochen herleiten. Auch **Chromatophoren** liegen in der obersten Schicht des Coriums, entstammen aber dem Ectoderm (Neuralleiste).

Die sich anschließende **Subcutis** ist lockerer gebaut als das Corium, sie stellt einen wichtigen Fettspeicher dar (Blubber der Wale). Corium und Subcutis spielen bei der Thermoregulation der Homoiothermen eine wichtige Rolle. Mit seinen zahlreichen freien Zellen (Plasmazellen, Leukocyten, Makrophagen) bildet das Corium weiterhin eine Barriere gegen Bakterien und andere Krankheitserreger.

Integumentstrukturen gehören zu den viel untersuchten Objekten der **Bionik (Biotechnik)**, einer Kombination biologischer und technischer Wissenschaften.

Als Beispiel seien das Resilin und die Haut von wasserlebenden Wirbeltieren aufgeführt:

Resilin ist ein Protein, das durch eine besonders hohe Elastizität gekennzeichnet ist und als Bauelement z. B. in der Cuticula von Insekten vorkommt. Resilinhaltige Strukturen können durch relativ langsame Muskelbewegungen gespannt werden und die Energie weitgehend speichern; sie sind am Aufbau der Flügelgelenke beteiligt und ermöglichen Flöhen den weiten Sprung, der mit einer Beschleunigung erfolgt, die Muskeln nicht bewerkstelligen könnten.

Bei Haien vermindern die Plakoidschuppen den Strömungswiderstand. Die Schuppen weisen feine, in Strömungsrichtung verlaufende Längsriefen auf; die Riefen der einzelnen Schuppen ergänzen sich zu Stromlinien, die am Haikörper entlang ziehen und durch die Grenzschicht des Wassers hindurchgeführt wird. Damit wird die Wandreibung verringert. Dieser sog. Riblet-Effekt wird heute in der Technik vielfach genutzt: Riblet-Folien gibt es – als Imitation der Hai-Oberfläche – als Überzüge von Flugzeugen und Hochgeschwindigkeitsbooten sowie zur Reduktion der Oberflächenreibung in Röhren und bei Schwimmkleidung von Hochleistungssportlern.

Anders als bei Haien wird bei Knochenfischen der Reibungswiderstand herabgesetzt. Ihre zahlreichen Epidermisdrüsen sezernieren ein Sekret (den bekannten Schleim an der Oberfläche von Teleosteern), der den Reibungswiderstand auf mehr als die Hälfte reduziert und damit schnelle Flucht- bzw. Beutefangbewegungen ermöglicht. Technische Anwendung findet dieses Prinzip bei langen Feuerwehrschläuchen: Durch den Zusatz bestimmter Mittel wird der Reibungswiderstand in der Schlauchleitung herabgesetzt; der zum Spritzen notwendige Druck kann so vermindert werden.

4 Abwehr, Immunsystem

Alle Organismen besitzen Abwehrmechanismen (Immunmechanismen), die sie gegen diverse schädliche Einwirkungen, welche von der belebten, aber auch unbelebten Natur ausgehen können, schützen. Diese Schutzfunktion übernimmt das Immunsystem. Es erkennt Alarmsignale und potentiell schädliche Mikroorganismen (Viren, Bakterien, Pilze) sowie tierische Parasiten und leitet Maßnahmen zu deren Bekämpfung ein. Es begrenzt mithilfe von Entzündungsreaktionen den Schaden, den die Krankheitserreger anrichten, kann aber auch von diesen überrannt werden. Oft ist es so effektiv, dass gar keine Symptome auftreten.

Das Immunsystem hat, von einigen Ausnahmen abgesehen, auch die Fähigkeit, »Selbst« und »Nicht-Selbst« zu unterscheiden. Das bedeutet, dass es die Molekülkonfigurationen und Zellen des Individuums, in dem es operiert, von fremden Zellen oder Molekülgruppierungen, die in dessen Körper eindringen oder seine äußeren und inneren Oberflächen besiedeln, unterscheiden kann.

Das Immunsystem lässt sich in zwei Bereiche unterteilen: das angeborene (innate, unspezifische) und das adaptive (erworbene, spezifische) Immunsystem (Abb. 48).

a Angeborenes Immunsystem

Das angeborene Immunsystem der Wirbeltiere ist spätestens ab der Geburt aktiv und richtet sich gegen ein breites Spektrum von Mikroorganismen und vielzelligen Parasiten, ohne dass zuvor eine Exposition stattgefunden hat. Es reagiert sofort nach einer Infektion (das erworbene Immunsystem erst nach vier bis sieben Tagen), und seine Tätigkeit wird in Form einer Entzündungsreaktion erkennbar. Ihm stehen eine ganze Reihe von verschiedenartigen Abwehrmechanismen zur Verfügung, die am besten von Säugetieren und vom Menschen bekannt sind, zu einem erheblichen Teil aber bei allen Tieren vorkommen.

Zellen des angeborenen Immunsystems der Säugetiere sind Makrophagen, neutrophile und eosinophile Granulocyten (= Neutrophile und Eosinophile) und natürliche Killerzellen (NK-Zellen). Die Neutrophilen bekämpfen besonders effektiv Bakterien, die Eosinophilen spielen eine Rolle bei der Abwehr von Parasiten, speziell von Würmern. Makrophagen und Neutrophile phagocytieren und töten pathogene Mikroorganismen und Pilze (Abb. 48).

Makrophagen der Säugetiere sezernieren Cytokine (s. u.) und Chemokine (s. u.). Sie können auch Fragmente der Komplementfaktoren (s. u.) erkennen, die die Oberfläche von extrazellulären Bakterien bedecken können und in dieser Form von Makrophagen und auch Neutrophilen erkannt und phagocytiert werden. Makrophagen können die angeborene Immunantwort direkt initiieren, liefern aber auch einen entscheidenden Beitrag bei der Effektorphase der adaptiven Immunantwort.

Die Zellen des angeborenen Immunsystems erkennen mit Receptormolekülen in der Zellmembran zahlreiche Mikroorganismen. Sie erkennen insbesondere solche, die Oberflächenmoleküle besitzen, welche in der Welt der Mikroorganismen weit verbreitet sind und die im Laufe der Evolution konserviert blieben. Viele Mikroorganismen entwickeln sich aber schneller als ihre Wirte und bilden z. B. Kapseln, die ihre

Oberfläche bedecken, sodass sie nicht erkannt werden können. Viren besitzen keine konstanten Oberflächenmoleküle und werden daher selten direkt von Makrophagen erkannt. Dies gelingt aber mithilfe spezieller Zellen, den dendritischen Zellen des adaptiven Immunsystems, das eng mit dem angeborenen System zusammenwirkt. Oft führt die angeborene Immunantwort schließlich zur Aktivierung des adaptiven Systems.

Komplement ist ein System von Plasmaproteinen, die Komplementfaktoren genannt werden und eine Kaskade von proteolytischen Reaktionen an der Oberfläche von pathogenen Bakterien und anderen Krankheitserregern auslösen und die sogar die krankmachenden Mikroorganismen abtöten können.

Cytokine sind kleine Proteine, die von Zellen abgegeben werden und das Verhalten anderer Zellen beeinflussen. Cytokine werden v. a. von Lymphocyten produziert. Sie werden dann auch Lymphokine oder Interleukine (IL) genannt. Cytokine haben spezifische Cytokinreceptoren. Eine ganze Reihe von Interleukinen wird auch von anderen Zellen als Lymphocyten gebildet, z. B. von Makrophagen, Mastzellen, Fibroblasten und Nierenzellen. Letztere bilden ein Cytokin (Interleukin), das Erythropoietin, welches die Erythrocytenbildung stimuliert. Cytokine agieren auto-, para- und endokrin.

Chemokine sind kleine, chemoattraktive Proteine, die Wanderung und Aktivierung von Zellen, speziell phagocytierende Zellen und Lym-

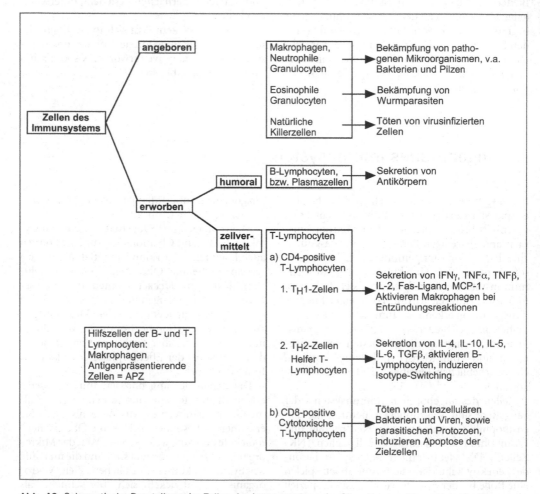

Abb. 48 Schematische Darstellung der Zellen des Immunsystems der Säugetiere und ihrer Hauptfunktionen

phocyten, stimulieren. Sie spielen eine wesentliche Rolle bei der Entzündung und werden von Makrophagen, Fibroblasten, Endothelzellen, Blutplättchen, T-Lymphocyten und anderen Zellen abgegeben. Oft werden sie als spezielle Cytokine angesehen.

Das angeborene Immunsystem ist wohl bei allen **Wirbellosen** gut entwickelt und schon bei Einzellern (Amöben) vorhanden. Amöben können zwischen Nahrung und anderen Amöben unterscheiden und auch den eigenen Zellleib erkennen. Sie weisen manche Übereinstimmun-

gen mit Makrophagen auf, die u. U. ursprüngliche, recht eigenständige Merkmale erhalten haben. Der stammesgeschichtliche Ursprung der Lymphocyten und der dendritischen Zellen ist unbekannt.

Bei *Drosophila* und Säugern gibt es gemeinsame Gene, die den **Toll-Signalweg** zur Aktivierung des Transcriptionsfaktors NFkappaB codieren. Dieser aktiviert seinerseits Gene, die bei der angeborenen Immunantwort wesentlich sind. Am Anfang dieses Signalweges steht der Toll-Receptor (Abb. 49a) (auch Toll genannt, bei

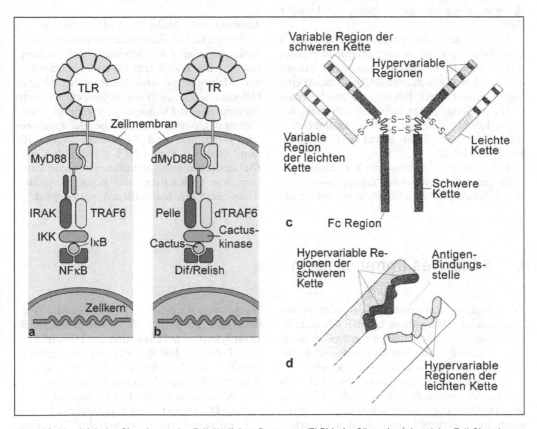

Abb. 49 Vergleich des Signalwegs des Toll-ähnlichen Receptors (TLR) beim Säugetier **(a)** und des Toll-Signalwegs bei *Drosophila* **(b)**. Die intrazelluläre Domäne von TLR interagiert beim Säugetier mit dem Adapterprotein MyD88. Die entsprechende Domäne des Toll-Receptors (TR) von *Drosophila* interagiert mit dem entsprechenden Protein dMyD88. Der nächste Schritt in beiden Signalwegen erfolgt über die Interaktion von sog. Todesdomänen, beim Säuger zwischen MyD88 und IRAK, bei Drosophila zwischen dMyD88 und Pelle. IRAK und Pelle sind Serinkinasen. Beim Säuger wird über weitere Proteine (TRAF6, IKK und IkB) der dimere Transcriptionsfaktor NFkB aktiviert. Bei *Drosophila* existieren homologe Proteine (dTRAF6, Cactuskinase und Cactus), der entsprechende Transcriptionsfaktor heißt bei *Drosophila* Dif/Relish. Im Kern werden jeweils spezifische Gene aktiviert. **c)** Schematische Darstellung der Struktur eines Antikörpers, der aus zwei langen schweren Ketten und zwei kurzen leichten Ketten besteht, die jeweils durch Disulfidbrücken verbunden sind. **d)** Die eigentliche Antigenerkennung und Bindung erfolgt an den hypervariablen Regionen der variablen Region

Drosophila) bzw. der Toll-like-Receptor (bei Säugern). Bei Säugern gibt es zehn Toll-like-Receptor-Gene, die die Toll-like-Receptor-Proteine codieren, welche bei vielen Abwehrmechanismen beteiligt sind und Infektionen mit Mikroben erkennen. Die Toll-like-Proteine binden zahlreiche biologische Moleküle, insbesondere solche krankmachender Mikroorganismen. Bei Defekten dieser Receptoren können z. B. bakterielle Lipopolysaccharide (LPS) nicht erkannt und bekämpft werden. Lipopolysaccharide sind eine entzündungsauslösende Komponente der Zellwand gramnegativer Bakterien. Toll-like-Receptoren wecken auch ruhende dendritische Zellen auf.

Lipopolysaccharide gramnegativer Bakterien und Produkte vieler anderer Mikroben aktivieren NFkappaB in Lymphocyten und anderen Zellen. Lipopolysaccharide setzen zunächst eine Signalsequenz durch Bindung an den Receptor CD14 in Gang. Dieser verbindet sich dann mit dem Toll-like-Receptor TLR-4. Grampositive Bakterien interagieren direkt mit Toll-like-Receptor TLR-2.

Bei *Drosophila* werden nach Bindung von pathogenen Bakterien- und Pilzkomponenten an die Toll-Receptoren schließlich antibakterielle Peptide abgegeben, bei Säugern führen sie zur Expression costimulatorischer Moleküle auf dendritischen Zellen im Gewebe. Sie sind hier also am adaptiven Immunsystem beteiligt.

Andere Receptoren, z. B. der fMLP-Receptor des angeborenen Immunsystems, binden und identifizieren andere bakterielle Molekülkomponenten. fMLP gehört zu einer Receptorfamilie, zu der auch die Photoreceptormoleküle Rhodopsin und Bakteriorhodopsin gehören. Aktivierung solcher Receptoren aktiviert G-Proteine, die dann eine Reihe von intracytoplasmatischen Zellfunktionen aktivieren.

Antibakterielle Moleküle. Viele Epithelien und auch manche freie Zellen sezernieren antimikrobielle Peptide, z. B. Defensine, Kathelicidine, Lysozym und Lactoferrin. Defensine werden z. B. von Makrophagen und Neutrophilen (Alpha-Defensine), aber auch von Epithelien, z. B. dem Bronchial- und Darmepithel, sezerniert (Beta-Defensine). Weitere Mechanismen der angeborenen Immunität sind Sauerstoffradikale, NO, saure Hydrolasen und HCl, schützende Oberflächenstrukturen (Cuticulae, Hornschichten), komplexe Glykocalyces mit negativen elektrischen Ladungen, mucociliäre Apparate u.v. a.

b   Adaptives Immunsystem

Die adaptive Immunantwort erscheint in der Evolution der Wirbeltiere bei den Chondrichthyes, den Agnathen fehlt sie offenbar noch. Wesentliches Kennzeichen des adaptiven Systems ist die klonale Selektion der Lymphocyten.

Das adaptive Immunsystem entwickelt sich v. a. in der Juvenilphase bzw. in der Kindheit, aber im Prinzip das ganze Leben lang in Anpassung an Infektionen mit jeweils spezifischen pathogenen Mikroorganismen oder Parasiten. Da das adaptive Immunsystem in Gestalt von B- und T-Gedächtniszellen ein »Gedächtnis« hat, bedeutet die adaptive Immunreaktion lebenslangen Schutz (lebenslange »Immunität«) gegen Reinfektion mit demselben pathogenen Agens. Hierauf beruht auch der Schutz nach Impfungen.

Zellen des adaptiven Immunsystems sind die Lymphocyten (Abb. 51). Von ihnen gibt es zwei Haupttypen, die beide auf eine gemeinsame Vorläuferzelle (Progenitorzelle) zurückgehen, die **B-Lymphocyten (B-Zellen)** und die **T-Lymphocyten (T-Zellen)**. Die Bezeichnung B-Lymphocyt bezieht sich auf die Bursa Fabricii der Vögel, wo ihre Entstehung entdeckt wurde, und bone marrow (Knochenmark), wo sie bei Säugetieren entstehen. Die Bezeichnung T-Lymphocyt bezieht sich auf den Thymus, wo sich die T-Lymphocyten differenzieren. Von beiden Lymphocytentypen können bösartige Erkrankungen ausgehen, lymphatische Leukämien und maligne Lymphome.

Naive B-Lymphocyten, wie sie z. B. im Blut auftreten, sind etwa 6 bis 8 µm große Zellen mit rundlichem Kern, der von einem schmalen Cytoplasmasaum umgeben ist. Nach Aktivierung werden sie größer, und ihre Kernstruktur verändert sich. Aktivierte, ausgereifte B-Lymphocyten werden Plasmazellen genannt; sie produzieren Antikörper. Nach einer Infektion entstehen immer auch B-Gedächtniszellen.

Es gibt zwei Hauptgruppen von T-Lymphocyten: CD4- und CD8-positive-T-Lymphocyten. CD4 und CD8 sind spezielle Coreceptoren in der Membran der T-Lymphocyten. Diese Coreceptoren sind mit dem T-Zell-Antigenreceptor assoziiert. CD8-T-Zellen töten insbesondere virusinfizierte Zellen ab. Diese pathogenen Mikroorganismen befinden sich im Cytosol der infizierten Zellen. CD4-T-Zellen aktivieren andere Zellen und lassen sich auf zwei Gruppen verteilen: $T_H 1$-Zellen (»Entzündungs-T-Zellen«), die Makrophagen aktivieren, phagocytierte Mikroorganismen abzutöten, und $T_H 2$-Zellen (»T-Helfer-Zellen«), die B-Zellen aktivieren, Antikörper zu produzieren; $T_H 2$-Zellen können auch CD8-T-Lymphocyten aktivieren. CD4-Zellen erkennen Antigenfragmente pathogener Mikroorganismen, die in vesikulären (Endosomen, Lysosomen) Kompartimenten, v. a. in dendritischen Zellen, aber auch Makrophagen entstanden sind.

Lymphocyten können praktisch gegen jedes fremde Antigen eine Immunantwort in Gang setzen. Dies ist möglich, weil jeder einzelne Lymphocyt (B- und T-Lymphocyten) eine einzigartige Variante des Receptormoleküls besitzt, mit dem die Lymphocyten Antigene erkennen. Dieser Receptor wird Antigenreceptor genannt.

Antigene sind Substanzen, die eine adaptive Immunreaktion auslösen. Ursprünglich wurden sie als Molekülkonfigurationen definiert, die die Bildung von Antikörpern induzieren. Aber auch die molekularen Konfigurationen, die von T-Lymphocyten erkannt werden, heißen Antigene. Da es auch Antigene gibt, die keine Antikörperbildung induzieren, werden Antigene, die zur Bildung von Antikörpern führen, auch Immunogene genannt. Antikörper, die sich gegen körpereigene Moleküle richten, heißen Autoantikörper.

Die Gesamtpopulation aller B- und T-Lymphocyten stellt ein riesiges Reservoir an Receptoren dar, das in Bezug auf die Antigenbindungsstelle sehr verschiedenartig ist. Die Zahl aller verschiedenen T-Zell-Receptoren geht in die Millionen. Die Diversität aller Antigenreceptoren der B- und T-Zellen soll eine Zahl von 10^8 erreichen. Diese unglaubliche Vielfalt beruht auf einem einzigartigen genetischen Rearrangierungsmechanismus der molekularen Receptorstruktur.

B-Zell-Antigenreceptor, Antikörper, T-Zell-Antigenreceptor

Der B-Zell-Antigenreceptor (BCR) ist eine membranständige Form des Antikörpers, den die B-Zelle nach ihrer Aktivierung und Differenzierung zur Plasmazelle sezerniert. Die B-Zell-Antigenreceptormoleküle sind Immunglobuline (Ig), und der Antigenreceptor der B-Zellen wird daher auch Membran-Immunglobulin (mIg) genannt. Die membranständigen und die sezernierten Antikörper sind Moleküle, die der Bekämpfung pathogener Mikroorganismen dienen. Sie werden von reifen Plasmazellen gebildet. Eine solche Zelle sezerniert 2 000 Antikörpermoleküle pro Sekunde.

Antikörper bestehen aus vier Polypeptidketten, zwei identischen leichten Ketten (aus etwa 220 Aminosäuren) und zwei identischen schweren Ketten (aus etwa 440 Aminosäuren). Die Ketten werden zusammengehalten durch eine Kombination nichtkovalenter und kovalenter Bindungen. Letztere sind Disulfidbrücken. Das Molekül besteht aus zwei identischen Hälften (Abb. 49 c). Alle Antikörpermoleküle besitzen eine Schwanzregion, die Fc-Region, und zwei gleichartige Antigenbindungsstellen. Es gibt fünf Klassen der schweren Ketten (alpha, delta, epsilon, gamma und my), jede mit verschiedenen biologischen Eigenschaften, welche diese fünf Klassen kennzeichnen und die IgA, IgD, IgE, IgG und IgM genannt werden.

Im Laufe der Differenzierung der B-Zellen wird IgM als erste Ig-Klasse von einer sich differenzierenden B-Zelle gebildet; solche Zellen heißen unreife naive B-Zellen. Viele B-Zellen stellen die IgM-Bildung nach kurzer Zeit auf eine andere Ig-Klasse um (Antikörper-Switching, zunächst auf IgD). IgD wird von reifen naiven B-Zellen gebildet, die damit in die Lage versetzt werden, auf fremde Antigene zu reagieren. IgM- und IgD-Bildung erfolgten noch ohne Antigen.

IgG ist die verbreitetste Ig-Klasse; es wird in den sekundären Immunorganen gebildet. Die Schwanzregion des Moleküls, die Fc-Region, bindet an Fc-Receptoren von Neutrophilen und Makrophagen, was die Phagocytose von Mikroorganismen erleichtert. Die Fc-Region bindet auch an Komplement. IgG sind die einzigen placentagängigen Antikörper. Sie sind auch in der Muttermilch, werden im Darm des Neugeborenen aufgenommen und schützen es gegen Infektionen.

IgA bildet die Antikörperklasse, die sich in Sekreten findet, z. B. in der Tränenflüssigkeit, im Speichel, auch in der Milch, in den Sekreten des Darmes und der Atemwege. IgA wird von Plasmazellen im Bindegewebe gebildet und mit einem spezifischen Protein, der sekretorischen Komponente, durch das Epithel zum Lumen transportiert.

IgE bindet mit seinem Fc-Ende mit hoher Spezifität an einen eigenen Fc-Receptor, der auf Mastzellen und Basophilen im Blut vorkommt. Bindung von Antigenen an solche an Mastzellen gebundene IgE-Moleküle aktiviert diese Zellen und veranlasst sie, biologisch aktive Amine, speziell Histamin, und verschiedene Cytokine zu sezernieren. Das hat eine Reihe von Folgen, u. a. werden Venolen weit gestellt und durchlässig für Blutflüssigkeit (Oedembildung), was hilfreich ist für das Verlassen von Leukocyten, Antikörpern und Komplement in einer Entzündungsregion.

Histamin wird auch bei Allergien ausgeschüttet und zwar in vermehrtem Ausmaß. Mastzellen sezernieren weiterhin Faktoren, die Eosinophile anlocken. Diese Zellen haben auch Fc-Receptoren, die IgE binden, und töten Parasiten, speziell, wenn diese mit IgE bedeckt sind. Antigene, die Allergien auslösen, werden auch Allergene genannt. Abb. 50 zeigt eine kleine Auswahl typischer Allergene (Pollen, Tierhaare, Hausstaubmilbe). Die Allergene führen – IgE-vermittelt – zur Aktivierung der Mastzellen, deren freigesetzte Sekrete zu den Symptomen führen, unter denen Allergiker leiden müssen: Hautjucken, Hautschwellung, Hautrötung, Schwellung der Nasenschleimhaut, Abgabe wässrigen Nasensekrets, Entzündung von Konjunktiva und Bronchialschleimhaut, Spasmen der Atemwege usw.

Alle Antikörper der höheren Wirbeltiere haben außer den fünf Klassen von schweren Ketten zwei Typen – kappa und lambda – leich-

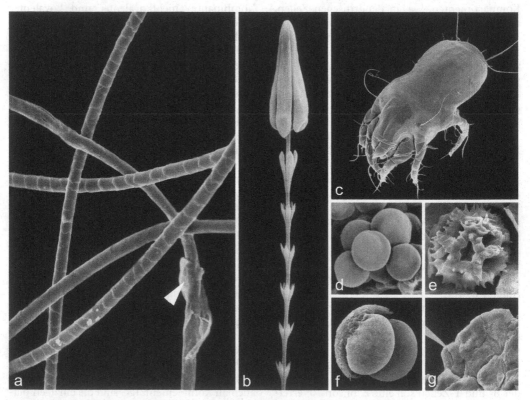

Abb. 50 Typische Allergene, wie sie in Wohnungen in Mitteleuropa vorkommen. **a)** Haare eines Bewohners sowie eine Kunststofffaser (Pfeilkopf), **b)** Haar eines Teppichkäfers *(Anthrenus)*, **c)** Hausstaubmilbe *(Dermatophagoides)*, etwa 0,2 mm lang, **d)–f)** Pollen, **d)** Hasel, **e)** Korbblütler, **f)** Kiefer, **g)** Epidermisschuppen eines Bewohners. Rasterelektronenmikroskopische Aufnahmen, Vergrößerungen unterschiedlich. Foto c: G. Alberti (Greifswald)

ter Ketten, die sich funktionell nicht unterscheiden. Die leichten Ketten können sich mit jedem Typ der schweren Ketten verbinden. Ein einzelnes Antikörpermolekül besteht aber immer aus zwei identischen leichten und zwei identischen schweren Ketten (Abb. 49c, d).

Sowohl leichte als auch schwere Ketten besitzen variable Sequenzen am N- und konstante Sequenzen am C-terminalen Ende (an der Schwanzregion). Die leichten Ketten haben ein 110 Aminosäuren langes, variables Ende und ein ähnlich langes, konstantes Ende. Die variable Region der schweren Ketten ist auch 110 Aminosäuren lang, deren konstante Region umfasst 330 bis 440 Aminosäuren. Die N-terminalen Enden von leichten und schweren Ketten liegen einander gegenüber und bilden die Antigenbindungsstelle.

Die Variabilität der Aminosäuresequenz dieser Stelle ist die strukturelle Grundlage der Diversität der Antigenbindungsstellen. Die variable Region tritt in Millionen verschiedener Varianten auf, mit deren Hilfe Millionen verschiedener Antigene erkannt werden können. Der B-Zell-Receptor verhält sich also ähnlich wie der T-Zell-Receptor. Die Diversität der variablen Regionen auf den schweren und den leichten Ketten ist zumeist auf drei kleine Stellen, die hypervariablen Regionen, beschränkt. Die anderen Bereiche der variablen Regionen sind strukturelle Bereiche und bei allen Antikörpern relativ einheitlich.

Es sind nur fünf bis zehn Aminosäuren, die die hypervariable Region in der Antigenbindungsstelle bilden. Daher sind auch die Antigendeterminanten, die ein Antikörper erkennt, relativ klein, und sie bestehen oft nur aus wenigen (bis gut 20) Aminosäuren an der Oberfläche eines globulären Proteins.

Der **T-Zell-Antigenreceptor** (= T-Zell-Receptor = TCR; Abb. 51) ist zwar im weiteren Sinne mit Immunglobulinen verwandt, im Detail aber deutlich verschieden. Er ist in der Lage, Bruchstücke von Antigenen zu erkennen, die sich von fremden Proteinen oder pathogenen Mikroorganismen herleiten, die in Wirtszellen eingedrungen sind.

Er besteht aus einem disulfidverbundenen Heterodimer aus den hochvariablen Alpha- und Beta-Ketten, die mit dem nichtvariablen CD3 einen Komplex in der T-Zellmembran bilden. Jeder T-Lymphocyt trägt ca. 30 000 T-Zell-Receptoren. Die Alpha- und Beta-Ketten dienen der Antigenerkennung. CD3 besteht aus vier Ketten, die der Signaltransduktion dienen. Den natürlichen Killerzellen, die morphologisch Lymphocyten ähneln, fehlt ein Antigenreceptor. Sie gehören zum angeborenen Immunsystem.

Ein ausgereifter naiver (hatte noch keinen Antigenkontakt) in den Blutstrom übertretender T-Lymphocyt trägt nur Antigenreceptoren einer einzigen Spezifität. Diese Spezifität wird während der Entwicklung des Lymphocyten in Kno-

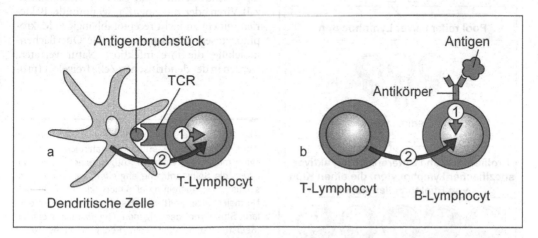

Abb. 51 T- und B-Lymphocyten werden durch 2 Signale aktiviert. Bei den T-Lymphocyten **(a)** gehen beide Signale von den antigenpräsentierenden dendritischen Zellen aus. Diese präsentieren einmal das an MHC-Protein gebundene Antigenbruchstück (1), das vom T-Zell Antigenreceptor (TCR) erkannt wird. Das zweite Signal (2) ist das B7-Glykoprotein, das auch co-stimulatorisches Molekül genannt wird. B-Lymphocyten **(b)** werden durch Antigenbindung an einen membranständigen Antikörper (1) und durch einen CD4-positiven T-Lymphocyten (2) aktiviert

chenmark und Thymus von einem einzigartigen genetischen Mechanismus erzeugt, der Millionen verschiedener Varianten der Gene hervorbringt, die die Receptormoleküle codieren. Die Spezifität der einzelnen T-Lymphocyten ist also verschieden: Die vielen Millionen Lymphocyten tragen viele Millionen verschiedener Antigenreceptorspezifitäten. Jeder Mensch hat so sein eigenes T-Lymphocytenreceptorrepertoire. Wenn ein Antigen mit einem Receptor eines reifen naiven Lymphocyten reagiert, wird dieser spezielle T-Lymphocyt aktiviert und beginnt sich zu teilen. So entsteht ein Klon identischer Zellen, deren Receptor das gleiche Antigen bindet (Theorie der klonalen Selektion, Abb. 52). Die am Ende dieser Vermehrung und Differenzierung entstehenden effektorischen T-Lymphocyten bekämpfen das Antigen. Wenn das Antigen eliminiert ist, ist die Immunantwort beendet. Sie bleibt aber im Gedächtnis einiger der aktivierten Zellen, die auch nach Ende der Immunreaktion weiter existieren und bei einem erneuten Befall mit demselben Antigen sehr schnell proliferieren und das Antigen meist ohne Krankheitszeichen eliminieren (**T-Gedächtniszellen, immunologisches Gedächtnis**). Lymphocyten, die sich gegen körpereigene Moleküle wenden, werden vor Abschluss ihrer Reifung eliminiert (klonale Deletion).

Antigenpräsentation: T-Lymphocyten erkennen Antigene nur, wenn ihnen Bruchstücke davon an der Oberfläche von spezifischen Zellen präsentiert werden (Abb. 52). Solche Antigene entstammen intrazellulären Viren der anderen intrazellulären pathogenen Mikroorganismen. Die antigenpräsentierenden Zellen der T-Lymphocyten sind die **dendritischen Zellen** (= interdigitierende dendritische Zellen). Diese nehmen z. B. Viren oder von einer Kapsel umhüllte Bakterien mit einem nicht receptorabhängigen Makropinocytosemechanismus auf. Die Oberflächenmoleküle, die ihre infektiöse Natur verraten, werden in der dendritischen Zelle freigelegt (pro-

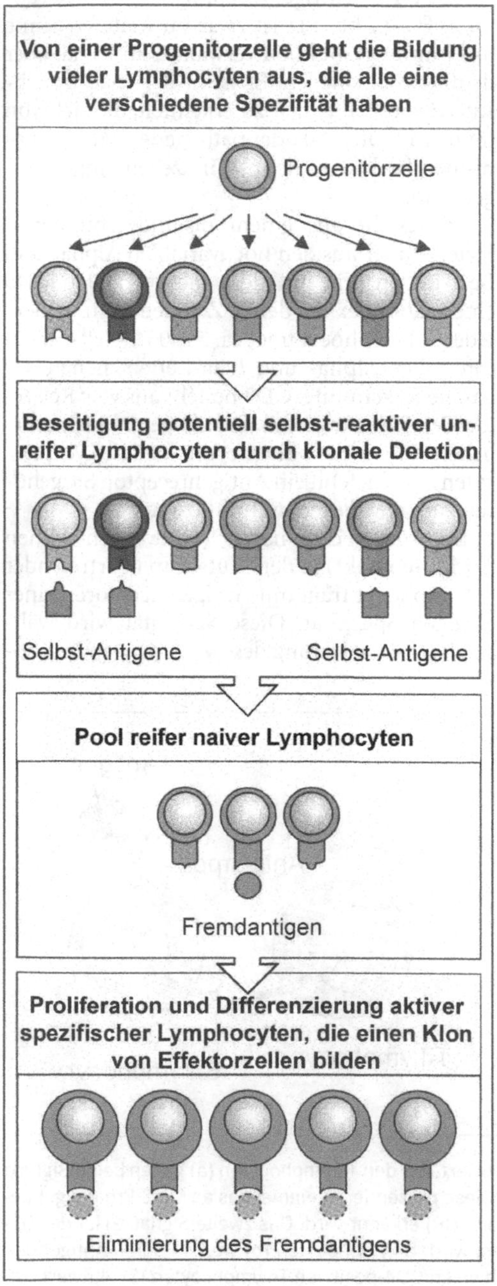

Von einer Progenitorzelle geht die Bildung vieler Lymphocyten aus, die alle eine verschiedene Spezifität haben

Progenitorzelle

Beseitigung potentiell selbst-reaktiver unreifer Lymphocyten durch klonale Deletion

Selbst-Antigene   Selbst-Antigene

Pool reifer naiver Lymphocyten

Fremdantigen

Proliferation und Differenzierung aktiver spezifischer Lymphocyten, die einen Klon von Effektorzellen bilden

Eliminierung des Fremdantigens

Abb. 52 Klonale Deletion und klonale Selektion. Aus einer Progenitorzelle entstehen zahlreiche Lymphocyten mit jeweils eigenem Antigenreceptor. Lymphocyten, die Selbstantigene angreifen, werden vor Abschluss ihrer Ausreifung eliminiert (klonale Deletion). Normalerweise greift also das Immunsystem molekulare Strukturen des eigenen Organismus nicht an (Selbsttoleranz). Wenn ein Receptor eines reifen naiven Lymphocyten ein Fremdantigen bindet, wird er aktiviert und beginnt sich zu teilen. So entsteht ein Klon identischer Zellen (klonale Selektion), deren Receptoren alle dasselbe Antigen binden und es, wenn sie als Effektorzellen ausdifferenziert sind, vernichten

zessiert). Die derart aktivierten dendritischen Zellen binden Bruchstücke des Antigens an MHC-Moleküle und verlagern sie so an ihre Zelloberfläche, wo sie in ganz spezifischer Weise eingebaut und den T-Lymphocyten präsentiert werden. Auch Makrophagen können den T-Lymphocyten Antigene präsentieren.

Die **MHC-Proteine** werden in einem großen, hochpolymorphen Cluster von Genen codiert, der bei der Erforschung von Immunreaktionen gegen Transplantate entdeckt wurde und Major Histocompatibility Complex (MHC) genannt wurde. Jedes Individuum hat ein eigenes MHC-Repertoir. Die MHC-Proteine werden beim Menschen auch HLA-Proteine genannt.

Zwei Hauptgruppen von MHC-Molekülen werden unterschieden: MHC-Klasse-I- und MHC-Klasse-II-Moleküle. Antigenpeptidbruchstücke, die im Cytosol vieler Zellen durch die Aktivität der Proteasomen – einem multikatalytischen Proteasekomplex – entstehen, werden an MHC-Klasse-I-Moleküle gebunden und an die Zelloberfläche gebracht. Hier werden die Antigenbruchstücke von CD8-T-Zellen erkannt. Antigenpeptide, die in vesikulären Zellkompartimenten (v. a. in Makrophagen, dendritischen Zellen und B-Lymphocyten) entstehen, werden an MHC-Klasse-II-Moleküle gebunden, an die Oberfläche transportiert und hier von CD4-T-Zellen erkannt. Die CD4- und CD8-T-Zellen werden auf diese Weise aktiviert und beginnen die Bekämpfung von den entsprechenden pathogenen Mikroorganismen. Ein großer Teil der CD4-T-Zellen aktiviert B-Zellen, die schon ein spezifisches Antigen gebunden haben. Die B-Zellen können auch durch pathogene Antigene direkt und durch sog. follikuläre dendritische Zellen aktiviert werden.

MHC-Klasse-I- und MHC-Klasse-II-Proteine sind auf den verschiedenen Körperzellen unterschiedlich verteilt. Alle kernhaltigen Körperzellen können von Viren befallen werden und exprimieren MHC-Klasse-I. In besonders reichem Maße exprimieren die Zellen des Immunsystems Klasse-I-Moleküle. Leber-, Nieren- und Nervenzellen exprimieren sie dagegen nur in mäßigem Ausmaß. Reife Erythrocyten der Säuger exprimieren so gut wie keine Klasse-I-Moleküle, infizierte Erythrocyten werden daher von CD-8-positiven cytotoxischen T-Lymphocyten zumeist nicht erkannt, was sich Malariaerreger *(Plasmodium)* zunutze machen. MHC-Klasse-I-Moleküle präsentieren auch körpereigene Peptide, das

»Selbst«, an der Zelloberfläche und werden daher von T-Lymphocyten nicht angegriffen.

MHC-Klasse-II-Moleküle werden von CD-4-positiven T-Lymphocyten erkannt. Diese aktivieren Effektorzellen des Immunsystems. Daher werden MHC-Klasse-II-Moleküle normalerweise auf B-Lymphocyten, dendritischen Zellen und Makrophagen (und den Epithelzellen der Thymusrinde) gefunden. Wenn CD-4-positive T-Zellen Peptide, die an MHC-Klasse-II-Moleküle auf der Oberfläche von B-Lymphocyten gebunden sind, erkennen, stimulieren sie die Antikörperbildung der B-Zellen. Makrophagen werden durch CD-4-positive T-Zellen aktiviert, phagocytierte Krankheitserreger zu zerstören. T-Zellen exprimieren wie andere kernhaltige Zellen MHC-Klasse-I-Moleküle, aber beim Menschen nur wenige MHC-Klasse-II-Moleküle (bei der Maus gar keine). Die Expression der MHC-Moleküle wird durch Cytokine reguliert, speziell durch Interferone. Diese können sogar die Expression von MHC-Klasse-II-Molekülen auf Zellen induzieren, die normalerweise keine MHC-Klasse-II-Moleküle exprimieren.

Die Bedeutung der großen Zahl an MHC-Genen und -allelen wird darin gesehen, dass dadurch ein breites Spektrum an Antigenen erkannt werden kann. Dabei ist die MHC-Diversität in der Gesamtpopulation immer deutlich größer als die des Einzelindividuums. Beim Stichling *Gasterosteus aculeatus* wurden bei einem Individuum bis zu acht MHC-Allele, in der Gesamtpopulation aber ein Vielfaches davon festgestellt. Bei der individuellen Diversität gibt es ein Optimum. Abweichungen davon nach unten oder oben sind nachteilig. So vergrößert eine stark erhöhte Diversität die Zahl möglicher Kombinationen von Selbstantigen mit MHC-Protein. T-Lymphocyten, die mit solchen Kombinationen zu stark reagieren, werden zwar bei der negativen Selektion eliminiert, um Autoreaktivität zu vermeiden; dabei wird aber auch das T-Lymphocyten-Reservoir für das Erkennen von pathogenen Mikroorganismen reduziert.

Interessant ist die Korrelation bestimmter MHC-Muster mit Gerüchen. Bei Tieren und Mensch beeinflussen die MHC-Gene die Bevorzugung von Gerüchen, die von anderen Individuen ausgehen können. Bei einigen Säugetieren wurde beobachtet, dass Partner mit deutlich verschiedenem MHC-Muster bevorzugt werden, was z. B. bei Tieren, die in größeren Sozialverbänden leben, Inzucht vermeidet und die

Heterozygotie optimiert. Beim Stichling dagegen bevorzugen weibliche Tiere anhand olfaktorischer und visueller Informationen Männchen mit einer großen Anzahl verschiedener MHC-Allele, wobei keine entscheidende Rolle spielt, ob die MHC-Allele dem eigenen MHC-Muster ähneln oder nicht. Die Zahl der MHC-Allele spiegelt den Immunstatus wider, eine hohe Zahl macht ein Männchen attraktiv und weist z. B. auf Parasitenresistenz hin. Tatsächlich leiden Stichlinge mit geringer MHC-Diversität häufiger an Bandwurmerkrankungen als Tiere mit hoher MHC-Vielfalt. Durch olfaktorische und visuelle Wahrnehmung der Allelzahl bleiben auch seltene Allele in der Population erhalten und die MHC-Vielfalt bleibt gewahrt.

Beim Menschen wurde festgestellt, dass Individuen für sich selbst bestimmte Duftstoffe, wie sie in Parfums oder Rasierwassern vorliegen, bevorzugen. Auch diese Bevorzugung ist mit bestimmten MHC-Mustern korreliert. Die bevorzugten Parfums verstärken den Eigengeruch und weisen somit auf das eigene MHC-Muster und den immungenetischen Status hin. Frauen bevorzugen im Allgemeinen den Geruch von Männern mit MHC-Muster, das stark von dem eigenen abweicht. Dies erhöht hinsichtlich der Nachkommen auch in diesem Fall Heterozygotie und Abwehrkräfte gegen pathogene Mikroorganismen und vermeidet Inzucht.

Die geschilderte Zweiteilung des adaptiven Immunsystems, die durch die B-Zellen und die T-Zellen gekennzeichnet ist, soll nicht bedeuten, dass diese zwei Abteilungen nicht auch eine Reihe von Gemeinsamkeiten haben. Beide besitzen Recombination Activating Genes (*RAGs*), *RAG 1* und *RAG 2*, die die Proteine RAG 1 und RAG 2 codieren. Diese sind entscheidend wichtig für das Receptorgen-Rearrangement, das ja für die adaptive Immunantwort kennzeichnend ist. Mäuse, denen diese Gene fehlen, bilden keine B- und T-Zell-Receptoren und haben damit keine funktionsfähigen Lymphocyten. B- und T-Zellen entwickeln sich aus einer gemeinsamen Vorläuferzelle im Knochenmark. Beider Entwicklung ist von funktionell ähnlichen Zellen abhängig, die der B-Zellen von Stromazellen im Knochenmark, die der T-Zellen von den Thymusepithelzellen. Auch die Aktivierung der B- und T-Zell-Receptoren und die ausgelöste Signalsequenz weisen Ähnlichkeiten auf.

Lymphocyten werden aktiviert: 1. durch ein Signal, das vom Antigen ausgeht, und 2. durch ein Signal, das von einer anderen Zelle kommt. Bei den B-Lymphocyten kommt das erste Signal vom Antigen, das an das membranständige Ig-Molekül gebunden ist. Das zweite Signal kommt von einer aktivierten T-Zelle (T-Helfer-Zelle).

Bei den T-Lymphocyten kommen beide Signale von den aktivierten dendritischen Zellen, die ja das Antigen aufgenommen und abgebaut haben (Abb. 51).

Die Effektorfunktionen der B- und T-Zellen sind sehr verschieden. Die B-Zellen sezernieren antigenspezifische Antikörper. Nur B-Zellen zeigen somatische genetische Veränderungen (somatische Hypermutation und Isotyp-Switching) bei ihrer Differenzierung. Die T-Zellen interagieren direkt mit infizierten Zellen. Sie setzen dabei abtötende Proteine (z. B. Perforine, Granzyme und Apoptose initiierende Faktoren) und Cytokine frei, die wesentliche Effekte auf andere Zellen des Immunsystems haben.

Das adaptive Immunsystem überwindet die Beschränkungen des angeborenen Immunsystems und ermöglicht das Erkennen einer unabsehbar großen Vielfalt von Molekülen. B- und T-Zellen können fast jedes vorkommende Pathogen erkennen und angreifen.

c   Organe des Immunsystems

Die Zellen des Immunsystems der Säuger entstehen im **Knochenmark,** wo viele von ihnen auch heranreifen. Sie verlassen anschließend das Knochenmark und sind dann im gesamten Organismus präsent, um ihn zu schützen. Die Lymphocyten besiedeln die lymphatischen Organe, wo sie sich differenzieren und mit pathogenen Mikroorganismen auseinander setzen können.

Die Stammzellen aller Blutzellen, die pluripotenten, haemopoetischen Stammzellen, befinden sich im Knochenmark. Aus ihnen gehen sukzessiv Vorläufer-(Progenitor-)zellen der Blutzellen mit zunehmend eingeschränktem Differenzierungspotential hervor. Natürliche Killerzellen, T- und B-Lymphocyten besitzen eine gemeinsame lymphatische Progenitorzelle. Aus der myeloischen Vorläuferzelle entwickeln sich die Zelllinien, die zu Makrophagen, Granulocyten, dendritischen Zellen und Mastzellen führen. Die unmittelbaren Vorstufen der Makrophagen sind die Monocyten im Blut. Dendritische Zellen sind darauf spezialisiert, Antigene aufzunehmen und sie den Lymphocyten (v. a. den T-Lymphocyten) zum Erkennen vorzuweisen. Unreife, den T-Zellen zugeordnete dendritische Zellen, befinden sich überall im Gewebe, wo sie erhebliche Mengen an extrazellulärer Flüssigkeit aufnehmen. Treffen sie dabei auf ein Pathogen, reifen sie heran und wandern in lymphatische Organe, v. a. in die Lymphknoten.

Über die Rolle der Mastzellen im Rahmen der Immunität ist erst wenig bekannt. Vermutlich spielen sie eine Rolle beim Schutz von Schleimhautoberflächen. Bei Entstehung und Ablauf von allergischen Prozessen kommt ihnen eine wesentliche Rolle zu.

Lymphatische Organe sind spezifisch strukturierte Gewebe mit zahlreichen Lymphocyten und einem Grundgerüst aus nicht-lymphoiden Zellen. Molekulare Interaktionen zwischen den Lymphocyten und den nicht-lymphoiden Zellen sind wichtig in Hinsicht auf Lymphocytendifferenzierung und das Einsetzen der adaptiven Immunantwort.

Es werden **primäre und sekundäre lymphatische Organe** unterschieden. In den primären lymphatischen Organen – Knochenmark und Thymus – entstehen die Lymphocyten. In den sekundären lymphatischen Organen – Lymphknoten, Milz und schleimhautassoziierten lymphatischen Organen – werden die adaptiven Immunantworten initiiert.

Der **Thymus** besitzt ein Grundgerüst aus locker angeordneten, mit langen Fortsätzen versehenen Epithelzellen, die an der Oberfläche des Organs eine geschlossene Epithelschicht bilden. Diese Grenzschicht ist Teil der Blut-Thymus-Schranke, die das Thymusgewebe gegen seine Umgebung abschirmt und ein einzigartiges Milieu für die Ausreifung der T-Lymphocyten schafft.

Das Thymusgewebe gliedert sich in Rinde und Mark. Die Rinde ist lymphocytenreich und besitzt ein Grundgerüst ectodermaler Epithel-

zellen, die MHC-I- und MHC-II- Proteine exprimieren. Das Mark ist durch locker angeordnete Lymphocyten und entodermale Epithelzellen gekennzeichnet. Neben Epithelzellen und T-Lymphocyten kommen im Thymus dendritische Zellen und Makrophagen vor. Der Thymus hat den Höhepunkt seiner Entwicklung vor der Pubertät, danach bildet er sich zurück (Thymusinvolution). Die T-Lymphocyten im Thymus sind sehr stressempfindlich und können in Stresssituationen zu Millionen zugrunde gehen.

Die T-Lymphocyten differenzieren sich in der Thymusrinde. Anfangs besitzen sie weder CD- 4- noch CD- 8-Oberflächenproteine (sie sind doppelt negativ); dann exprimieren sie beide Proteine CD-4 und CD-8 und sind jetzt doppelt positiv. Mittels eines sehr komplexen Prozesses entstehen dann – vielleicht nach dem Zufallsprinzip – entweder CD-4- oder CD-8- positive T-Lymphocyten. Solche ausgereiften Zellen finden sich im Thymusmark, von wo aus sie den Thymus verlassen.

Im Laufe der Ausreifung unterliegen die T-Lymphocyten einer positiven und einer negativen Selektion. Bei der positiven Selektion spielen die Rindenepithelzellen eine wichtige Rolle; hierbei sollen die T-Lymphocyten lernen, das »Selbst« (also mithilfe von MHC-I-präsentierte körpereigene Molekülkonfigurationen) zu erkennen, es aber nicht anzugreifen. Nur die T-Lymphocyten, die diesen Test bestehen, überleben und werden positiv selektioniert. Die T-Lymphocyten, die den Test nicht bestehen, werden eliminiert und von Makrophagen abgebaut. Die Tatsache, dass die molekularen Konfigurationen des eigenen Körpers, die auch Selbstantigene genannt werden, nicht angegriffen werden, wird als Selbsttoleranz bezeichnet. Bei der negativen Selektion werden die T-Lymphocyten, die selbstreaktiv sind, über den Apoptosemechanismus eliminiert und auch von Makrophagen abgeräumt. Bei dieser negativen Selektion spielen die dendritischen Zellen eine wesentliche Rolle. Auch die B-Zellen unterliegen einer Selektion; autoreaktive B-Zellen werden z. T. schon im Knochenmark eliminiert.

Ausgereift treten die Lymphocyten ins Blut über. Hier zirkulieren sie einerseits ständig; andererseits können sie das Blut verlassen und sich phasenweise in den sekundären lymphatischen Organen aufhalten. Der Wechsel von Aufenthalt in Blut und sekundären lymphatischen Organen wird auch Lymphocytenrezirkulation

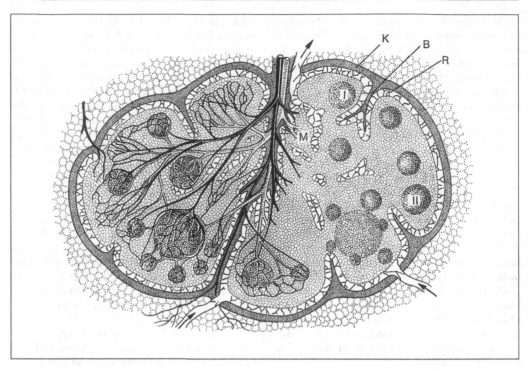

Abb. 53 Schematisch dargestellter Lymphknoten eines Säugetiers. Die Blutgefäße (Arterien schwarz, Venen geringelt) sind nur auf der linken Bildhälfte eingezeichnet. Die Pfeile deuten die Richtung des Lymphstromes an. Der Lymphknoten ist von einer Bindegewebskapsel (K) umgeben, von der einzelne Fortsätze (Balken, B) in die Tiefe ziehen und die an mehreren Stellen von zuführenden Lymphgefäßen durchbrochen wird. Die Lymphe tritt dann in relativ weite Räume unter der Kapsel (Randsinus, R) über und fließt am Hilus (Eintritts- und Austrittsstelle der Blutgefäße) wieder ab. Im Rindenbereich liegen Lymphfollikel (I) ohne Reaktionszentrum, Sekundärfollikel (II) mit Reaktionszentrum. Im Inneren bildet sich das lymphatische Gewebe weniger geordnete Markstränge (M) aus, die vor allem Lymphocyten und Plasmazellen enthalten

genannt. Beim erwachsenen Menschen sind stets ca. 25 % der Blutleukocyten Lymphocyten.

Krankmachende Mikroorganismen und Parasiten kommen auf verschiedenen Wegen in den Körper und können überall eine Infektion auslösen. Pathogenes Antigen und Lymphocyten treffen sich u. a. in den sekundären lymphatischen Organen, in denen B-Lymphocyten die Lymphfollikel besiedeln und die T-Lymphocyten die parafollikulären Regionen (in der Milz bilden sie die periarterielle Lymphocytenscheide [PALS]).

Die **Lymphknoten** (Abb. 53) sind in das System der Lymphgefäße eingeschaltet. In den Lymphknoten erfolgen die Abwehrreaktionen gegen Pathogene, die in die Lymphgefäße eingebrochen sind und sich über diese ausbreiten.

Die **Milz** ist komplex in den Blutstrom eingeschaltet, hier werden ins Blut eingedrungene Krankheitserreger bekämpft.

In den **schleimhautassoziierten lymphatischen Organen (mucosa-associated lymphatic tissues = MALT)** werden Infektionen bekämpft, die über Schleimhautoberflächen in den Körper eindringen. Zu diesen Organen zählen v. a. die Tonsillen (Gaumen-, Rachen- und Zungenmandeln), die Peyer'schen Plaques des Dünndarmes und das lymphatische Gewebe im Blinddarm bzw. Appendix vermiformis.

5 Sinneszellen und Sinnesorgane

Tiere sind imstande, auf verschiedene Energieformen ihrer Umwelt außerordentlich empfindlich zu reagieren und sie in Erregungsvorgänge (über Nerven fortgeleitete Aktionspotentialfolgen) umzusetzen. Diese Fähigkeit, auf Veränderungen des Energieflusses der Umwelt (**Reize**) anzusprechen (**Reizbarkeit, Irritabilität**), setzt Strukturen voraus, die zu deren Aufnahme (Reception) befähigt sind: die Sinnes- oder Receptorzellen. Energie kann in verschiedener Weise wirksam werden: chemisch, thermisch, mechanisch und elektromagnetisch. Den zahlreichen wahrzunehmenden Variablen der Umwelt stehen ebenso viele verschiedene Receptortypen gegenüber, wodurch die Unrichtigkeit der verbreiteten Auffassung von den fünf Sinnen veranschaulicht wird. Innerhalb eines Sinnes (einer **Modalität**) können verschiedene **Qualitäten** unterschieden werden, beispielsweise innerhalb des Geschmackssinnes süß, sauer, salzig, bitter.

Je nachdem, ob die Receptoren Reize aus der Umwelt des Organismus oder Veränderungen in ihm selbst registrieren, spricht man auch **von Extero(re)ceptoren** und **Intero(re)ceptoren**. Die Interoreceptoren werden bisweilen in Receptoren in Eingeweiden (**Visceroreceptoren**) und im Bewegungsapparat (**Proprioreceptoren**) eingeteilt. Auch die Verknüpfung mit dem Nervensystem wird zu ihrer Klassifizierung herangezogen: **1. Primäre Sinneszellen.** Sie besitzen einen ableitenden Zellfortsatz (Axon) und erreichen mit ihrem Receptorpol die Epitheloberfläche. Das Perikaryon kann im Epithelverband liegen oder unter diesen verlagert sein. In Gestalt und Organellenbestand entsprechen sie spezialisierten Neuronen. Sie sind weit verbreitet. Beispiel: Riechzellen der Wirbeltiere (Abb. 55). **2. Sekundäre Sinneszellen.** Sie werden als spezialisierte Epithelzellen angesehen. Durch Synapsen stehen sie mit einer afferenten Nervenfaser in Kontakt. Früher nur von Wirbeltieren bekannt (z. B. Geschmacksreceptoren, Abb. 55b), wurden sie inzwischen auch für mehrere Wirbellose beschrieben. **3. Sinnesnervenzellen (periphere sensible Neurone).** Das Perikaryon liegt unter dem Epithel und sendet Dendriten zum Ort der Reizaufnahme. Sie können hier frei enden (freie Nervenendigung) oder von Hüllzellen umgeben sein. Sie erreichen die Oberfläche von Epithelien nicht. Beispiel: In Spinalganglien der Wirbeltiere gelegene Nervenzellen, deren sensorische Endigungen den Vater-Pacini'schen Körperchen angehören (Abb. 47, 54).

Receptorzellen können also verschiedenen Ursprungs sein: Eine sekundäre Sinneszelle ist eine Epithelzelle, die anderen beiden Typen sind Neurone (Receptorneurone). Alle untersuchten Receptorzellen reagieren auf Veränderungen in ihrer Umwelt in vieler Hinsicht übereinstimmend, sodass ihre Zusammenfassung aus funktionellen Gesichtspunkten erfolgt.

Jede Receptorzelle hat eine niedrige Schwelle für eine spezifische Energieform und für alle anderen eine wesentlich höhere. Reize, die schon bei geringer Energie wirken, nennt man adäquat für die betreffende Receptorzelle. Sie reizen die Sinneszelle unter natürlichen Bedingungen. Rufen andere Energieformen eine fortgeleitete Erregung hervor, so entsteht zentralnervös derselbe »Eindruck« wie bei adäquater Reizung. Beispiel: Wenn das Auge des Menschen belichtet wird (**adäquater Reiz**), durch einen Stoß getroffen oder der Nervus opticus gereizt wird (**inadäquater Reiz**), entsteht jedesmal eine Lichtempfindung.

Wie bei anderen Zellen ist die Membran der Receptorzellen polarisiert. Das Ruhepotential nimmt bei Einwirkung eines Reizes mit dessen Intensität graduell ab. Diese Veränderung wird als **Receptorpotential** bezeichnet. Sie kommt dadurch zustande, dass die Permeabilität für Natrium und andere Ionen steigt. Wie für EPSP und IPSP beschrieben, wird auch hier Reizintensität in einem kontinuierlich veränderbaren, elektrischen Potential verschlüsselt. Die Receptorzelle dient also nicht nur als Empfänger, sondern auch als Energieumwandler, d. h., Licht, Druck usw. werden in elektrochemische Energie transformiert. Außerdem wirkt die Receptorzelle als **Verstärker.** Die Energie, die nötig ist zur Entstehung eines Receptorpotentials, entstammt der Sinneszelle selbst, nicht dem Reiz. So antworten Haarzellen der Cochlea von Säugetieren auf Schwingungen, deren Amplitude kleiner ist als der Durchmesser eines Wasserstoffatoms, und bestimmte Photo- und Chemoreceptoren reagieren schon nach dem Auftreffen eines Photons bzw. Moleküls mit einem Receptorpotential. Ein Reiz muss mit einer Mindestintensität (**Schwellenintensität**) eine Mindestzeit (**Nutzzeit**) einwirken, um eine Erregung hervorzurufen.

Das Receptorpotential wird nicht aktiv weitergeleitet. Es bleibt zunächst auf die der Reizquelle zugewandten Seite der Sinneszelle beschränkt, wo es sich mit exponentiell abnehmender Amplitude ausbreitet, und kann über längere Zeit bestehen bleiben. Erst bei Erreichen eines bestimmten Wertes ruft es in der benachbarten Membran eine von seinem Ausmaß abhängige Folge von Aktionspotentialen hervor. Bei sekundären Sinneszellen erfolgt bei einer bestimmten Höhe des Receptorpotentials eine Freisetzung von Transmittersubstanz, die in der postsynaptischen Nervenfaser ebenfalls eine Folge von Aktionspotentialen hervorruft.

Entstehungsort des Receptorpotentials und der fortgeleiteten Aktionspotentiale sind räumlich voneinander getrennt. Abb. 54 demonstriert diese Zusammenhänge an dem besonders gut untersuchten Vater-Pacini'schen Körperchen.

Bleibt das Receptorpotential über die Dauer des ersten Aktionspotentials hinaus bestehen, so entsteht ein zweites. Auf diese Weise werden Dauerreize bzw. ein durch sie hervorgerufenes länger anhaltendes Receptorpotential in eine Serie von Aktionspotentialen übersetzt. Man kann somit zwei Phasen der Erregungsbildung unterscheiden:

1. Bildung eines von der Reizintensität graduiert abhängigen Receptorpotentials: **Transduktion.**
2. Bildung von Aktionspotentialfolgen unterschiedlicher Frequenz: **Transformation.**

Zwischen Höhe des Receptorpotentials und Impulsfrequenz besteht bei allen daraufhin untersuchten Receptoren eine lineare Abhängigkeit. Die Beziehung zwischen Reizintensität und Höhe des Receptorpotentials und entsprechend zwischen Reizintensität und Aktionspotential-

frequenz (**Über-alles-Beziehung**) ist dagegen unterschiedlich. Graphische Darstellungen dieser Abhängigkeitsverhältnisse (**Kennlinien**) sind in Abb. 54 dargestellt. **Lineare Kennlinien** sind für viele Interoreceptoren typisch, z. B. Muskelspindeln (S. 145), Dehnungsreceptoren (Presso-, Baroreceptoren) in der Wand von Blutgefäßen und Streckreceptoren von Krebsen. Viele Exteroreceptoren, wie Lichtsinneszellen, weisen eine **logarithmische Kennlinie** auf, d. h., die Impulsfrequenz nimmt linear mit dem Logarithmus der Reizintensität zu. Sie funktionieren in einem sehr viel größeren Intensitätsbereich als Receptoren mit einer linearen Kennlinie. Sinneszellen mit **Extremwertkennlinie** werden durch eine bestimmte mittlere Reizintensität maximal erregt, durch niedrigere und höhere weniger. Hierher gehören Thermoreceptoren.

Bei Reizung fällt vielfach die Impulsfolge mit der Zeit auf ein niedrigeres, konstantes Niveau ab (**Adap[ta]tion**). Geschwindigkeit und Ausmaß der Adaptation sind wichtige Kennzeichen von Receptoren und werden als Grundlage benutzt für die Einteilung in 1. **tonische Receptoren,** bei denen die Adaptation langsam erfolgt und die Entladung während der Reizung andauert (z. B. Schmerzreceptoren), und 2. **phasische Receptoren,** bei denen die Adaptation schnell erfolgt (z. B. Vater-Pacini'sche Körperchen; Abb. 54). Tonische Receptoren verfügen meist über Spontanaktivität. In den meisten Fällen liegen die Verhältnisse jedoch so, dass man von **phasisch-tonischen Receptoren** zu sprechen hat.

Oft sind Receptorzellen mit Hilfseinrichtungen zu Receptororganen (Sinnesorganen) zusammengefasst. Bevor eintreffende Reize die Receptoren erregen, werden sie geleitet, gefiltert oder transformiert (**Reizleitung**): Der das Sinnesorgan erreichende Reiz (**Eingangsreiz**) ist nicht identisch mit dem Reiz, der die Sinneszelle erreicht (**Nutzreiz**). Reizleitendes System des Wirbeltierauges ist der dioptrische Apparat. Er absorbiert z. B. beim Menschen mittels eines Kynurenin-Glucosids in der Linse UV-Licht, das die Receptoren folglich nicht erreicht. Bei Entfernung der Linse erreicht UV-Licht die Receptoren und ruft eine Erregung hervor. Die Transformation lässt sich am Säugetierohr erläutern: Eingangsreiz ist der Wechsel des Schalldrucks, Nutzreiz die Ablenkung der Kinocilien der Haarzellen im Cortischen Organ (Abb. 69, S. 136).

Die einzelnen Receptorzellen sind oft nur imstande, einen Ausschnitt des gesamten Empfindlichkeitsumfanges eines Sinnesorgans zu re-cipieren. So sprechen Stäbchen und Zapfen des Säugetierauges in verschiedenen Intensitäts-bereichen an, und die maximale Empfindlich-keit verschiedener Zapfensorten verteilt sich auf Licht unterschiedlicher Wellenlängen. Die Be-reichsaufteilung ist besonders deutlich bei Intero-receptoren im Gelenk zwischen den beiden dista-len Gliedern (Pro- und Daktylopodit) der Extremitäten von Krabben (PD-Organ). Ein Teil der Receptoren informiert nur über Bewegun-gen, andere vermitteln Eindrücke über die er-reichte Endstellung. Auch die Bewegungsrecep-

toren lassen sich weiter klassifizieren (Recepto-ren für langsame, schnelle Bewegungen usw.). Zudem beeinflussen sich in manchen Sinnes-organen die einzelnen Sinneszellen gegenseitig, z. B. durch inhibitorische Wechselwirkung (Auge): Die Aktivität eines Receptors hemmt über Inter-neurone die seiner Nachbarn (laterale Inhibition).

Viele Receptoren reagieren so empfindlich, dass schon spontane Vorgänge in ihnen selbst ein Receptorpotential hervorrufen (**spontane Ruheaktivität, Spontanaktivität**). Solche Infor-mationen sind wertlos, denn durch den Receptor sollen wichtige Vorgänge seiner Umwelt über-

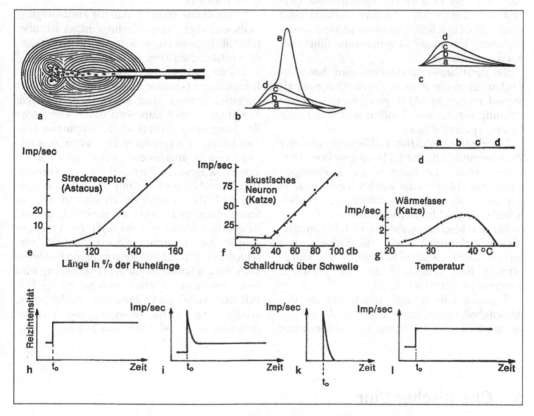

Abb. 54 Physiologie von Receptoren. **a–d)** Vater-Pacini'sche Körperchen. **a)** Aufbau: Eine Nervenendigung wird von einer Bindegewebshülle umgeben. Die Myelinscheide der Nervenendigung beginnt bereits im Inneren des Vater-Pacini'schen Körperchens, wo auch noch der erste Ranvier'sche Schnürring liegt. **b)** Das Receptorpotential beginnt in der nichtmyelinisierten Nervenendigung. Verschiedene Drucke (a, b, c, d, e) werden registriert, nur der stärkste (e) ruft ein Aktionspotential hervor. Identische Antworten erhält man, wenn die Bindegewebshülle ent-fernt wurde. **c)** Wird der erste Ranvier'sche Schnürring blockiert, bleiben die Receptorpotentiale zwar bestehen, Aktionspotentiale werden jedoch nicht ausgelöst. **d)** Wird die sensible Nervenendigung durchtrennt, bleiben alle Reaktionen aus. **e–g)** Kennlinien von Receptoren, **e)** linear, **f)** logarithmisch, **g)** Extremwertkennlinie, **h–l)** Verlauf der Erregungsgröße (Impulsfrequenz) nach Sprungreizen bei verschiedenen Receptortypen, **h)** Verlauf des Sprungreizes, **i)** phasisch-tonischer Receptor, **k)** phasischer Receptor, **l)** tonischer Receptor

mittelt werden. Durch Konvergenz, d. h. dadurch, dass mehrere Sinneszellen in synaptischem Kontakt mit einer afferenten Nervenzelle stehen, wird erreicht, dass erst ihre Gesamtheit imstande ist, ein fortgeleitetes Potential in dem Neuron hervorzurufen.

Die dargestellten Vorgänge sind für alle Receptorzellen als prinzipiell übereinstimmend anzunehmen. Dem Receptorpotential ist jedoch ein auf die Reizung folgender Primärvorgang vorgeschaltet, den man Reiz-Erregungswandlung oder sensorische Signaltransduktion nennt.

Diese **Transduktion** bewirkt die Steuerung der Öffnung von Ionenkanälen in der Receptorzellmembran, sei es über ein second-messenger-System (Chemo- und Photoreceptoren) oder direkt durch den Reiz (Elektro- und Mechanoreceptoren). Der ausgelöste Ionenstrom führt zum Receptorpotential.

Bei der Chemotransduktion wird Adenylat-Cyclase über ein Protein aktiviert, worauf als second messenger cAMP entsteht, welches zur Öffnung von Kationenkanälen und damit zum Receptorpotential führt.

Die Phototransduktion verläuft über mehrere Zwischenstufen, die auf S. 118 dargestellt werden. Zuerst werden Lichtquanten durch Photopigmente absorbiert, zuletzt werden Ionenkanäle in der Sinneszellmembran geöffnet (bei Wirbellosen) oder geschlossen (bei Wirbeltieren).

Bei der Mechanotransduktion führt mechanische Verformung direkt zur Öffnung von Ionenkanälen. Zwischen Reizbeginn und Kanalöffnung liegt demgemäß eine extrem kurze Latenzzeit von 10^{-5} Sekunden.

Transduktionsvorgänge treten oft an den Außengliedern von Sinneszellen auf, die modifizierte Cilien sind. Als »Innenglieder« bezeichnet man den mehr proximalen Anteil der Sinneszelle, der durch viele Mitochondrien gekennzeichnet ist (Energie für die Verstärkerwirkung des Receptors).

Orientierung. Die von Receptoren aufgenommenen Informationen haben oft bestimmte Orientierungsreaktionen zur Folge. Diese werden unterteilt in Tropismen, Kinesen und Taxien.

Unter **Tropismus** versteht man ein gerichtetes Wachstum sessiler Tiere, z. B. Hydrozoen und Bryozoen, in Abhängigkeit von der Einfallsrichtung des Reizes. Manche Formen wachsen z. B. dem Licht entgegen (positiv phototrope Formen), manche vom Licht weg (negativ phototrope Formen).

Unter **Kinese** versteht man die Fortbewegung freibeweglicher Tiere, die ungerichtet ist, aber schließlich zu einem Aufenthalt in einer besonders zuträglichen Zone (Praeferendum) führt.

Taxien sind gerichtete Bewegungen auf eine Reizquelle zu (positive Taxien) oder von ihr fort (negative Taxien). Hier werden unterschieden: 1. **Klinotaxis** (der Kurs wird durch »Abtasten« der Umgebung gefunden), 2. **Tropotaxis** (das Tier bewegt sich geradlinig fort, wenn in seinen symmetrisch angelegten Sinnesorganen Erregungsgleichgewicht herrscht) und 3. **Telotaxis** (das Tier ist in der Lage, mit seinen Sinnesorganen direkt die Richtung des eintreffenden Reizes festzustellen; es bewegt sich geradlinig auf die Reizquelle zu oder von ihr fort). Die Orientierung in einem bestimmten, von 0° und 180° verschiedenen Winkel zur Reizquelle heißt **Menotaxis**. Bei der **Sonnenkompass-Orientierung** wird eine bestimmte Fortbewegungsrichtung beibehalten, wobei die Orientierung an der Sonne erfolgt, deren Winkelbewegung aber mit der inneren Uhr (S. 386) »verrechnet« wird.

a   Chemischer Sinn

Zu den chemischen Sinnen rechnet man Interoreceptoren, die für die Regulation der Atmung, der osmotischen Verhältnisse usw. des Körperbinnenmediums wichtig sind, und Exteroreceptoren des Geruchs (oft mit niedriger Reizschwelle) sowie des Geschmacks (oft mit hoher Reizschwelle). Die biologische Bedeutung der Exteroreceptoren liegt im Auffinden von Partner, Nahrung, Wohnraum usw. Sie liegen bei weichhäutigen Wirbellosen als primäre oder sekundäre Sinneszellen bevorzugt an exponierten Körperstellen: am Kopfrand und den Tentakeln bei Cnidariern, Turbellarien, Schnecken, an Mantelrand und Siphonen der Muscheln, den Ambulakralfüßchen der Echinodermen usw.

Geruchssinn: Seine Receptoren liegen bei höheren Wirbeltieren als primäre Sinneszellen im dorsalen Teil der Nasenhöhle, der **Regio olfactoria** (Abb. 55). Der übrige Bereich der Nasenhöhle, die **R. respiratoria,** dient dem Aufwärmen und Anfeuchten der Atemluft. Bei Amphibien und manchen Reptilien sind olfaktorische Areale inselartig von respiratorischen umgeben (»olfaktorische Knospen«).

Allgemein unterscheidet man **Makrosmatiker** und **Mikrosmatiker** (Tiere mit gut oder weniger gut ausgebildetem Geruchsvermögen) sowie Anosmatiker (Wale), die nicht riechen können.

Besonders deutlich wird der Unterschied im Riechvermögen einzelner Formen anhand folgender Daten. Während das Riechepithel des Menschen 5 cm² umfasst, misst das eines Schäferhundes 140 cm², im ersten sind 5 Millionen,

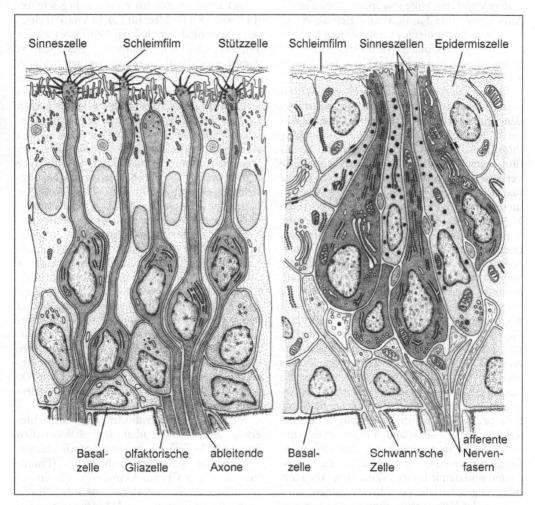

Sinneszelle   Schleimfilm   Stützzelle   Schleimfilm   Sinneszellen   Epidermiszelle

Basal-   olfaktorische   ableitende   Basal-   Schwann'sche   afferente
zelle   Gliazelle   Axone   zelle   Zelle   Nervenfasern

Abb. 55 Links: Ultrastruktur des Riechepithels eines Säugers. Die Sinneskolben gehören zu primären Sinneszellen, deren ableitende Axone basal das Riechepithel verlassen. Distal tragen sie bis zu 50 µm lange Cilien, die in einen Schleimfilm eingebettet sind. Die Cilienmembran besitzt Sensorproteine, die von einer riesigen Genfamilie (bis ca. 750 Gene, die auf mehrere Chromosomen verteilt sind) codiert werden. Die Sensorproteine sind an G-Proteine gekoppelt, die die Leitfähigkeit der Cilienmembran verändern. Die Sinneszellen des olfaktorischen Systems von Säugern haben eine Lebensdauer von etwa einem Monat. **Rechts:** Ultrastruktur einer Geschmacksknospe von Teleosteern. Die sekundären Sinneszellen (Lebensdauer: 10 Tage) tragen apikal Mikrovilli und stehen basal in synaptischem Kontakt mit ableitenden Nervenfasern (Dendriten)

im zweiten über 200 Millionen Receptorzellen gezählt worden. Das Riechvermögen des Hundes ist dem des Menschen in hohem Maße überlegen.

Aus der Anatomie des Geruchsorgans auf dessen Funktion rückzuschließen ist jedoch nicht immer sinnvoll. Vögel galten allgemein als mikrosmatisch. Tatsächlich dürfen wir aufgrund vieler experimenteller Befunde inzwischen davon ausgehen, dass Brieftauben (aber auch andere Vögel) mit Hilfe von Spurenstoffen in der Atmosphäre ihre Position zum Heimatort bestimmen und zu diesem über mehrere hundert Kilometer zurückfinden. Wie diese Geruchsnavigation funktioniert, ist allerdings noch nicht geklärt.

Leistungsunterschiede des Riechepithels können durch Stoffeinwirkungen hervorgerufen werden. Hunde erfahren z. B. nach Aufnahme von Fettsäuren eine wesentliche Verschlechterung ihres Geruchssinnes, die im Verlauf von vier bis fünf Tagen in eine um das Dreifache gesteigerte Verbesserung umschlägt. Dem entspricht die Beobachtung, dass Hunde bzw. Wölfe im Allgemeinen vier bis fünf Tage nach einer größeren Mahlzeit (Fettsäuren) eine neue Beute aufspüren.

Reptilien besitzen außer der Regio olfactoria noch das **Jacobson's sche Organ (Organon vomeronasale)**, einen blind endigenden Schlauch, der vom Mundhöhlendach nasenwärts verläuft. Schlangen vermögen mit seiner Hilfe Beute zu verfolgen, indem sie Geruchsstoffe mit der Zunge vor dessen Öffnung bringen. Auch bei Amphibien und Säugern tritt das Organon vomeronasale auf, bei Primaten ist es rückgebildet. Die Axone der Sinneszellen des Vomeronasalorgans enden im Bulbus olfactorius accessorius, von wo aus bei Säugern Fasern in den Hypothalamus ziehen. Hier werden Hormone gebildet, welche eine Rolle bei der Regulation der Fortpflanzung spielen. Männliche Katzen und Huftiere können mit Hilfe des Vomeronasalorgans den Gehalt an Sexualhormonen im Urin weiblicher Tiere registrieren und damit Informationen über die Fortpflanzungsbereitschaft erhalten (Flehmen).

Auch der Nervus trigeminus, der 5. Hirnnerv der Wirbeltiere (S. 155), ist am Geruchssinn beteiligt. Mit freien Nervenendigungen erreicht er die Regio olfactoria und ermöglicht beim Menschen z. B. die Wahrnehmung des Duftes von Meerrettich, Zwiebel und Pfefferschote (Chili). Auch bei Fischen ist der Nervus trigeminus an der Chemoreception beteiligt.

Besonders leistungsfähig ist der Geruchssinn vieler Fische. Ihre Nase ist im Allgemeinen nicht mit der Mundhöhle verbunden. Sie kann eine Öffnung aufweisen (Stichling) oder zwei Öffnungen (Hecht), sodass ein Wasserdurchstrom erfolgt, wenn der Fisch schwimmt. Bei Fischen mit sehr gutem Geruchsvermögen kann durch Cilienschlag auch ein Wasserstrom erzeugt werden, wenn das Tier sich nicht fortbewegt (Aal, Elritze).

Lachse, die im Süßwasser aus dem Ei geschlüpft sind, wandern ins Meer und suchen nach mehreren Jahren olfaktorisch ihren Geburtsort wieder auf, um sich hier fortzupflanzen. Der Lachs ist darauf angewiesen, an seinem eigenen Schlüpfort wieder Eier bzw. Spermien abzugeben. Versetzt man reife Tiere in ein anderes Gewässer, so legen sie die Geschlechtsprodukte nicht ab. Auch Lachse, denen das olfaktorische Epithel verschlossen wurde, kamen nicht zur Eiablage, weil sie sich an Verzweigungen des Flusses nicht zum Weiterschwimmen »entschließen« konnten. Die heute weithin zu beobachtende grobe Verschmutzung und Vergiftung der Flüsse rottet die Lachsbrut aus. Derartige Flüsse werden unter normalen Bedingungen nicht wieder besiedelt.

Hohe Leistungen des Geruchssinnes kennzeichnen auch viele Insekten. Sie übertreffen z. T. sogar die Wirbeltiere. So legen manche Schlupfwespen ihre Eier in im Holz bohrende Larven von Holzwespen, die auch mehrere Zentimeter unter der Oberfläche ausgemacht und von bohrenden Larven anderer Insekten unterschieden werden. Die Erzwespe *Lariophagus distinguendus* legt ihre Eier in Kornkäferlarven, die wiederum in Getreidekörnern leben. Im Versuch fanden die Hymenopteren aus ca. 100 000 gesunden Getreidekörnern fast alle 100 infizierten heraus.

Auch das Zusammenfinden der Geschlechter erfolgt bei Insekten über den olfaktorischen Sinn. Von Weibchen werden oft Stoffe abgegeben, die die Männchen herbeilocken (**Pheromone**). Deren Chemoreceptoren reagieren oft nur auf diesen einen Stoff, einzelne Moleküle reichen zur Aktivierung des Männchens, welches das Weibchen über kilometerweite Entfernungen aufsucht.

Derartig empfindliche Receptororgane bestehen bei Arthropoden oft aus bipolaren Sinneszellen, die von Hüllzellen begleitet werden, welche ein poröses Cuticulaareal bilden. Die Sinneszellen tragen distal eine Cilie, die in zahlreiche

Fortsätze aufgefächert ist, in die je ein Mikrotubulus hineinzieht. Man nennt diese Receptororgane ungeachtet ihrer Funktion bei Arthropoden Sensillen.

Geschmackssinn: Die Geschmacksreceptoren der Wirbeltiere liegen als sekundäre Sinneszellen in Geschmacksknospen (Abb. 55) entweder im Epithel der Mundregion oder – bei Fischen – über die gesamte Körperoberfläche verteilt. Ihre Ableitung erfolgt über verschiedene Nerven: N. facialis, N. glossopharyngeus und N. vagus.

Der Mensch empfindet neben den fünf Hauptgeschmacksqualitäten (süß, sauer, salzig, bitter und umami) alkalisch und metallisch. Die Receptoren finden sich gehäuft an Spitze, Rändern und Basis der Zunge, spärlicher dagegen auf dem Zungenrücken, im Rachen, im Kehlkopfbereich und im oberen Oesophagus. Der Begriff »umami« stammt aus dem Japanischen und bedeutet »nach Fleisch schmeckend«. Diese Geschmacksqualität wird durch den G-Protein-gekoppelten Glutamatreceptor mGluR4 vermittelt. Glutamat wird als Geschmacksverstärker verwendet.

Beim Menschen wird die Zahl der Geschmacksreceptoren im Laufe eines 80-jährigen Lebens auf 1/3 reduziert. Den verschiedenen Qualitäten entsprechen vermutlich verschiedene Receptoren. Darauf weist der zeitlich unterschiedliche Ausfall der Qualitäten nach Giftbehandlung (Cocain) hin.

Die Geschmackssinnesorgane (Kontaktchemoreceptororgane) der Insekten und einiger Arachniden sind haarförmige Sensillen, die distal eine Öffnung tragen, an die Cilien von Receptorzellen herantreten.

b Temperatursinn und Thermoregulation

Die Temperatur wirkt allgemein auf die Reaktionsgeschwindigkeit chemischer Umsetzungen und speziell auf bestimmte Receptoren. Dadurch wird der Organismus in die Lage versetzt, sein Temperaturoptimum aufzusuchen. Thermoceptoren sind als Extero- und Interoreceptoren im Tierreich weit verbreitet, über ihre Struktur ist jedoch wenig bekannt.

Beim Menschen unterscheidet man in der Haut oberflächlich liegende Kältepunkte (Krause'sche Endkolben) und tiefer gelegene, spärlicher vorhandene Wärmepunkte (Ruffini'sche Organe).

Bei Absenkung der Hauttemperatur steigt die Frequenz der Aktionspotentiale der Nervenfasern der Kältereceptoren beträchtlich an und sinkt in kurzer Zeit auf den für jede Temperatur charakteristischen Wert. Je niedriger die Temperatur ist, desto höher ist die Frequenz dieser Dauerentladung. Steigt die Temperatur über 40°C an, dann hört die Impulsbildung der Kältereceptoren auf. Bei weit höheren Temperaturen beginnen sie wieder vermehrt Impulse zu leiten, womit die Grundlage für die paradoxe Kälteempfindung gegeben ist (Auslösen einer »Gänsehaut« beim Einsteigen in ein heißes Bad). Die Wärmereceptoren verhalten sich insgesamt umgekehrt; sie beginnen mit ihrer Impulsaussendung bei ca. 25°C und erreichen ein Maximum zwischen 39°C und 48°C.

Wie andere Receptoren sind auch die Thermoreceptoren als Messglieder eines Regelkreises aufzufassen, der hier am Beispiel der Temperaturregulation der Homoiothermen (Organismen mit ± gleich bleibender, hoher und geregelter Körperkerntemperatur: Vögel, Säuger) erklärt werden soll.

Ein Regelkreis besteht aus Mess-, Schalt- und Stellglied. Das Messglied (der Receptor oder Fühler) misst an der Regelstrecke, d.h. der Strecke, in der ein Wert konstant gehalten werden soll, die Messgröße, in unserem Fall die Temperatur, die auf einen Sollwert eingestellt werden soll, der im Allgemeinen genetisch bedingt ist (Führung). Jede Abweichung des Sollwertes vom Istwert wird gemessen und setzt das Schaltglied in Aktion. Hier findet eine Vorzeichenumkehr statt (Verpolung), d.h. im Falle der Temperatur, dass verringerte Regelstreckentemperatur (= –) einen kompensierenden Wiederanstieg (= +) bewirkt und umgekehrt. Ein System ohne Verpolung nennt man Störungsverstärker, d.h., verringerte Temperatur würde weitere Erniedrigung bewirken (im Organismus angewendet bei der Weckreaktion; vgl. Aufwachmechanismus, S. 164). Das Schaltglied betätigt das Stellglied, welches den Sollwert der Regelstrecke einstellt. Im Fall der Thermoregulation wirkt es als Heizung oder Kühler.

Für die dargestellten Mechanismen sind auch andere Begriffe im Gebrauch: **negative Rückkopplung** für Verpolung, **positive Rückkopplung** für Störungsverstärker.

Regelkreise spielen auf allen Ebenen der Organisation eine wichtige Rolle – vom Molekularen bis zu Populationen – und erhalten ein Gleichgewicht (**Homoeostase**).

Regelkreise sind geschlossen: Die durch das Stellglied veränderte Regelgröße wird durch Messglieder (Receptoren) fortlaufend gemessen. Unterbrechung des Kreises bewirkt Zusammenbruch des Regelsystems. Veränderungen des Istwertes werden durch Störglieder bewirkt, die an der Regelstrecke angreifen (in diesem Fall Temperatur). Bei der **Thermoregulation** der Homoiothermen sind Receptoren im Hypothalamus (im Zwischenhirn) Messglieder für die Bluttemperatur. Die hypothalamischen Gefäße stellen also die Regelstrecke dar, der Sollwert beträgt hier beim gesunden Menschen 37 °C. Als Stellglieder dienen bei Heizung Betätigung der Skeletmuskulatur (Kältezittern), Aktivierung der inneren Organe (v. a. Leber) und Kontraktion der peripheren Blutgefäße (Vasokonstriktion), d. h. verminderte Wärmeabgabe, und bei Kühlung Erweiterung der peripheren Gefäße (Vasodilatation), Schweißdrüsenaktivierung und Atmungssteigerung. Während die Aktivierung von Schweißdrüsen z. B. beim Menschen einen wesentlichen Mechanismus der Thermoregulation darstellt, wird bei manchen Säugern und Vögeln überschüssige Wärme über die Atemwege abgegeben, z. B. durch Hecheln (Abb. 56d, e). Beim Hecheln erfolgt die Einatmung vorwiegend durch die Nase, das Ausatmen durch den Mund. Bei der Nasenpassage von trockener Außenluft kommt es zur Verdunstung an den feuchten Schleimhäuten und zu deren Abkühlung. Aus der Lunge wird eine bis 38 °C aufgewärmte und wasserdampfgesättigte Luft durch den Mund ausgeatmet. Gut geregelte Steuerung dieses Luftstromes durch Nase, Lunge und Mund erlaubt eine wesentliche Steigerung der Wärmeabgabe ohne Atemfrequenzänderung und Änderung der Atemtiefe. Bei höherer Wärmebelastung allerdings kommt es zur Hyperventilation und damit zu starkem CO_2-Verlust aus dem Blut (respiratorische Alkalose).

Abgabe von Schweiß und Hecheln sind mit Wasserverlust in großem Maße verbunden. Diesen können sich Wüstenbewohner nicht leisten. Tatsächlich fehlt ihnen oft Trinkwasser, und kleine Wüstensäuger decken 90 % ihres Wasserbedarfs aus dem Oxidationswasser der Atmungskette, die verbleibenden 10 % sind freies Wasser aus der Nahrung. Schweißdrüsen haben sie nicht, dennoch verlieren sie den Hauptteil ihres Wassers über Evaporation (70 %), nur einen kleineren Anteil über Urin (25 %) und Faeces (5 %). Ein wichtiger Mechanismus zum Einsparen von Wasser liegt in der doppelten Nasenpassage des Atemluftstromes (Abb. 56a): Wird trockene Luft über die feuchte Nasenschleimhaut eingeatmet, so kommt es – wie oben beschrieben – an der Grenzfläche zum Verdunsten von Wasser und damit zur Abkühlung des Gewebes; Schleimhaut- und Luftstromtemperatur nähern sich einander an. Bei der Ausatmung streicht die wassergesättigte, 38 °C warme Luft aus der Lunge über die kalte Schleimhaut der Nase, wird abgekühlt und verliert einen Großteil ihres Wassers (Abb. 56c). Die durch die Nase ausgeatmete Luft von kleinen Wüstensäugern kann auf diese Weise wesentlich unter die Außentemperatur gekühlt werden.

Ein weiteres Problem der Thermoregulation ist bei Tieren zu lösen, die in sehr kalter Umgebung leben. Ihr Körper ist zwar weit gehend

Abb. 56 Thermoregulation. **a)** Gegenstromwärmeaustauscher mit zeitlicher Trennung (Nasenpassage): Bei der Einatmung fließt die Luft in umgekehrter Richtung wie bei der Ausatmung (vgl. Text); **b)** Gegenstromwärmeaustauscher mit räumlicher Trennung (Walflosse, Vogelbein): Das Blut fließt in parallel verlaufenden, einander folgenden Gefäßabschnitten (vgl. Text); **c)** schematische Darstellung der Wasserrückgewinnung aus der Ausatmungsluft der Känguruhratte bei verschiedenen Umgebungstemperaturen. Die getüpfelten Säulen zeigen die Wassermenge, die benötigt wird, um die eingeatmete Luft von 25 % relativer Feuchte (RF) bei Körpertemperatur (38 °C) in der Lunge aufzusättigen. Die bei der Ausatmung zurückgewonnene Wassermenge wird durch die hellen Säulen dargestellt. Sie ist in starkem Maße temperaturabhängig: Nachtaktivität (= Aktivität bei geringerer Außentemperatur) bedeutet höheren Wasserrückgewinn, **d), e)** Luftstrom durch Nase (d) und Mund (e) eines hechelnden Hundes. Die horizontalen Linien an beiden Seiten der senkrechten Linie zeigen den Luftstrom beim Ein- und Ausatmen. Die mittleren Volumina sind durch Vektoren an der Nasenspitze des Hundes dargestellt

durch Isolationsschichten (Gefieder, Haarkleid, Fett) geschützt, ihre Extremitäten verlieren jedoch dauernd Wärme (Flossen von Walen, Beine von Stelzvögeln). Vom Standpunkt der Wärmeersparnis ist hier der Gegenstromwärmeaustausch (Abb. 56b) bedeutungsvoll: In solchen Extremitäten laufen Venen und Arterien von einem Durchmesser von etwa 1 mm einander in der Weise parallel, dass die Blutströme von Venen und Arterien in entgegengesetzter Richtung fließen und dass die Venen außen liegen. Ihr relativ kaltes Blut wird von den innen liegenden Arterien aufgewärmt. Es kommt so zur venösen Rückführung der Wärme in den Körper und somit zu einem minimalen Wärmeverlust.

Auch bei sehr hohen Außentemperaturen können Gegenstromwärmeaustauscher eine wichtige Rolle spielen: Es ist bekannt, dass bei großen Säugetieren heißer Klimate (z. B. Antilopen) Körpertemperaturen bis zu 46 °C erreicht werden. Im Gehirn dagegen – der Regelstrecke des oben beschriebenen Regelkreises – bleibt die Temperatur wesentlich niedriger. Die Erklärung ist folgendermaßen: Bevor die das Gehirn versorgenden Arterien (Carotiden, S. 252) in dieses eintreten, verästeln sie sich vielfach und treten in engen Kontakt mit einem feinen Venengeflecht, dessen Blut aus den Nasengängen kommt. Hier wurde es durch Hecheln heruntergekühlt und erniedrigt nun im Gegenstromaustauscher

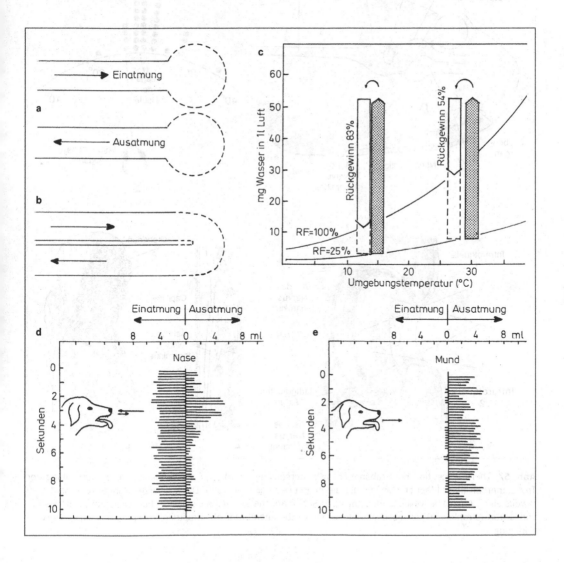

zwangsläufig die Temperatur des arteriellen Blutes vor seinem Eintritt in das Gehirn.

Wir haben also zwei Mechanismen des Wärmeaustausches kennen gelernt: den Wärmeaustausch durch räumliche Trennung und den durch zeitliche Trennung im Austauschsystem (Abb. 56).

Bei der Thermoregulation ist ein weiterer Vorgang von Bedeutung: die Störgrößenaufschaltung, d. h., die Störgröße wird schon gemessen,

bevor sie sich auf die Regelstrecke ausgewirkt hat. Dies erfolgt durch die eingangs erwähnten Exteroreceptoren (Kälte- und Wärmepunkte der Haut): Ihre Reizung bewirkt eine vorbeugende Schaltgliedbetätigung.

Bei allen Homoiothermen kommen **Sollwertverstellungen** vor: pathologisch im Fieber, normalerweise in Form endogener Rhythmen (Winterschlaf, Tag-Nacht-Rhythmus, weiblicher Zyklus). Sollwertverstellung kann des Weiteren

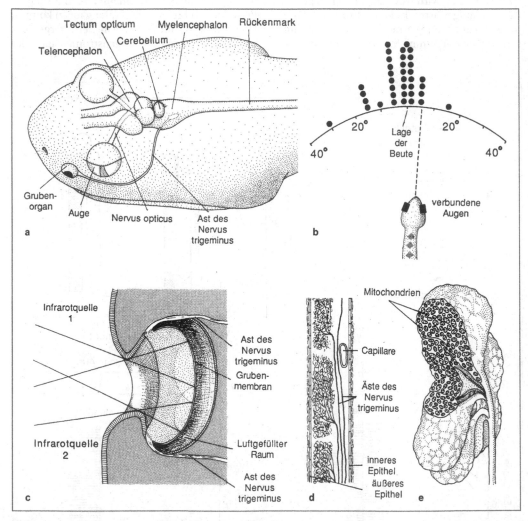

Abb. 57 Thermoreception bei Grubenottern (Klapperschlangen). **a)** Kopf mit Grubenorgan, **b)** Darstellung der Treffsicherheit einer Klapperschlange, der die Augen verbunden wurden. Die schwarzen Punkte repräsentieren jeweils einen Angriff bei verbundenen Augen. **c)** Schematische Darstellung eines Grubenorgans und des Verlaufs von Infrarotstrahlen, **d)** geweblicher Aufbau der Grubenmembran, **e)** ultrastruktureller Aufbau einer Nervenendigung

durch Thyroxin und psychische Erregung über Adrenalin erfolgen.

Auch poikilotherme Tiere besitzen Thermoreceptoren, die oft sehr viel genauere Informationen vermitteln als z. B. die des Menschen. Während bei uns drei Wärmepunkte pro cm² Haut liegen, besitzen Grubenottern in Vertiefungen zwischen Nasenloch und Auge etwa 150 000/cm². Eine Klapperschlange kann mit ihren Temperatursinnzellen die Größe und Gestalt von Beutetieren rezipieren (Abb. 57).

Diese Empfindlichkeit wird auf die außergewöhnliche Oberflächenvergrößerung der Nervenendigungen und deren Organellenbestand zurückgeführt. Die stark erweiterten Nervenendigungen, die zum Trigeminus gehören, sind mit Mitochondrien angefüllt und werden als Mitochondriensäcke bezeichnet (Abb. 57e). Tiere lassen sich auf bestimmte Temperaturen dressieren: Wiedererkennen findet immer statt, gleichgültig ob sie aus wärmerer oder kälterer Umgebung in den Testraum kommen (absoluter Temperatursinn).

c Lichtsinn

Reaktionen von Zellen auf bestimmte Wellenlängen des elektromagnetischen Wellenspektrums zwischen 300 und 800 nm sind die Grundlage der Lichtreception (**Photoreception**). Bei Tieren sind spezialisierte Sinneszellen entstanden, die Pigmente enthalten (**Photopigmente**), welche durch Licht verändert werden. Entsprechend der Menge veränderten Photopigmentes können Hell-Dunkel-Abstufungen recipiert werden (**Hell-Dunkel-Sehen**). Spezialisierung eines Teils der Photopigmente auf enge Bereiche des sichtbaren Spektrums führte zu **Farbsehen**.

Vielfach sind Lichtreceptoren in Organen zusammengefasst (Augen, Lichtsinnesorgane), die schnelle Reaktionen des Organismus ermöglichen. Bei bestimmter Gruppierung der Receptorzellen kann auch die Richtung des einfallenden Lichtes festgestellt werden (z. B. Konzentration von Lichtsinneszellen an Vorder- und Hinterende von Oligochaeten). Die mit der Evolution der Receptoren verbundene Differenzierung des Nervensystems ermöglicht Bildanalyse, Bewegungs- und Entfernungssehen. Mit der Ausbildung eines bildentwerfenden Systems, des **dioptrischen Apparates**, kann ein mehr oder weniger scharfes Bild auf dem Lichtsinneszellverband (= **Retina**) entworfen werden (**Formensehen**).

Der Bereich des elektromagnetischen Wellenspektrums, auf den die Photoreceptoren reagieren, ist in den einzelnen Tiergruppen recht verschieden. Beim Menschen erstreckt er sich von etwa 400–800 nm, UV-Licht wird also nicht gesehen; für Bienen beträgt das Spektrum 300–670 nm, Rot fällt also aus. Entfernt man beim Menschen die Augenlinse, so wird Licht von weniger als 350 nm wahrgenommen.

Hautlichtsinn (dermatoptischer Sinn): Die meisten Tiergruppen besitzen eine Photosensibilität in einem großen Bereich der Körperoberfläche, ohne dass man die Receptoren kennt. Auch innere Organe reagieren auf Licht, so die Mesenterien von *Metridium*, die Iris des Aales, das Rückenmark von Ammocoetes-Larven, das letzte Abdominalganglion mancher Krebse, Radiärnerven der Seeigel u. v. a. Der Hautlichtsinn wird bei der Lichtorientierung des Gesamttieres oder seiner Teile angewendet, so bei sessilen Formen (Einziehen von Tentakeln, Siphonen usw. auf Belichtung oder Beschattung). Der Seeigel *Diadema* bewegt seine Stacheln bei Veränderung des einfallenden Lichtes. Allerdings ist bei ihm nur das Gebiet der Radiärnerven sensibel. Der Seeigel *Lytechinus* reagiert auf einen feinen Lichtstrahl, der seine Aboralseite trifft, indem er Objekte mit seinen Ambulakralfüßchen und Pedicellarien aufnimmt und vor den Lichtstrahl schiebt. Allgemein sind die Reaktionen eines Tieres, die durch den Hautlichtsinn vermittelt werden, langsamer als jene, die durch Augen vermittelt werden.

Lichtsinnesorgane (Augen)

Photochemische Prozesse: Der Primärvorgang in Photoreceptoren besteht in der Absorption von Lichtquanten durch Sehpigment (Photopigment), das dabei verändert wird. Am besten bekannt ist das **Rhodopsin (Sehpurpur)**, das in den Stäbchen der Wirbeltiere und den Lichtsinneszellen verschiedener Wirbelloser nachgewiesen wurde. Es besteht aus dem Protein **Opsin (Skotopsin)** und **11-cis-Retinal**, einem Stereoisomer des Aldehyds von Retinol (Vitamin A_1). Bei Auftreten eines Lichtquants wird 11-cis-Retinal in **all-trans-Retinal** umgewandelt (**photochemische Isomerisation**, Abb. 58). Da Opsin nur mit der cis-Form einen Komplex bildet, zerfällt das Rhodopsin in einer Reaktionskette, deren erste Schritte die Erregung der Sinneszellen einleiten, und an deren Ende der ausgeblichene Farbstoff steht, dessen Regeneration in der Dunkelheit über Vitamin A_1 erfolgt. Die Signalübertragung von der photochemischen Isomerisation bis zur postsynaptischen Nervenzelle ist relativ gut bekannt. Ausgehend von einem lichtaktivierten

Rhodopsinmolekül führt eine **Enzymkaskade** über das membrangebundene Protein **Transducin** (G-Protein, GTPase) zur Aktivierung von etwa 10^2 Phosphodiesterasemolekülen, von denen wiederum jedes etwa 10^3 Moleküle des **cyclischen GMP** hydrolysiert. Letzteres hält bei Vertebraten in Dunkelheit die Na^+-Kanäle offen; die Hydrolyse von cGMP hat also den Verschluss der Kanäle zur Folge und bewirkt auf diese Weise eine **Hyperpolarisation**.

Der Lichtaktivierung des Rhodopsins folgen mehrere Veränderungen des Opsins, bis sich Opsin und Retinal trennen. Die Neusynthese von Rhodopsin erfolgt bei Wirbeltieren im Verlaufe von Dunkelreaktionen im benachbarten Pigmentepithel.

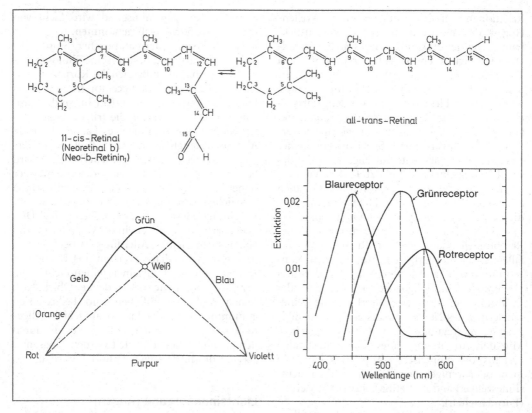

Abb. 58 Oben: Photochemische Isomerisation. Unten links: Farbendreieck: Die reinen Spektralfarben sind von der linken Ecke beginnend aufgetragen. Die Mischung von zwei Farben auf derselben Seite ergibt dazwischenliegende Farbtöne. Mischung von Rot und Violett ergibt Purpur, das nicht im Sonnenspektrum vorkommt. Die an den Ecken des Dreiecks stehenden Farben sind die Grundfarben, die sich nicht durch Mischung erzeugen lassen. Mischung von Farben zweier verschiedener Seiten des Dreiecks ergibt keinen neuen Farbton, verändert wird nur der Sättigungsgrad. Farbenpaare, die Weiß ergeben, nennt man Komplementärfarben. Die sie verbindende Gerade verläuft durch den Weißpunkt. Unten rechts: Spektren dreier Sehfarbstoffe in Zapfen der Retina des Menschen

Es sind heute drei Klassen von Sehpigmenten bekannt. Neben den am weitesten verbreiteten **Rhodopsinen** mit 11-cis-Retinal als Chromophor die **Porphyropsine** mit 3-Dehydroretinal als Chromophor (bei Süßwasserfischen und einigen Amphibien) und die **Xanthopsine** mit 3-Hydroxyretinal als Chromophor (bei einigen Insekten).

Farbsehen: Farbsehen kommt bei Arthropoden, Mollusken und Wirbeltieren vor. Unter den Säugern werden Ratten, Kaninchen, Halbaffen u. a. als farbenblind angesehen, besonders farbtüchtig sind die Affen und der Mensch.

Die Farbreceptoren sprechen auf einen engeren Ausschnitt des sichtbaren Spektrums an. In der Retina farbensehender Tiere gibt es zwei bis vier verschiedene Farbreceptoren mit unterschiedlichen Absorptionsmaxima. Beim Menschen existieren drei verschiedene Zapfentypen. Dieser experimentelle Befund entspricht der **Dreikomponententheorie** (trichromatische Theorie des Farbsehens) von Young und Helmholtz aus dem 19. Jahrhundert, die auf der psychologischen Feststellung basiert, dass aus den drei **Grundfarben (Primärvalenzen)** Rot, Grün und Violett fast alle anderen Farben mischbar sind. Diese Gesetzmäßigkeit lässt sich am Farbendreieck erklären (Abb. 58).

Neben der Farbenanalyse nach trichromatischem Prinzip in den Photoreceptorzellen wurde in Ganglienzellen der Retina oder im Zentralnervensystem noch das **Gegenfarbenprinzip** nachgewiesen, das ebenfalls auf eine Theorie aus dem 19. Jahrhundert zurückgeht (Goethe, Hering): Durch Gegenfarben (Rot-Grün, Blau-Gelb) gereizte Receptorzellen rufen bei dazugehörigen Ganglienzellen gegenteilige Potentialveränderungen hervor. Das kurzwellige Licht bewirkt Hyperpolarisation, das langwellige Depolarisation, ein dazwischenliegender Bereich (Indifferenzpunkt) verändert das Ruhepotential nicht.

Receptorzellen: Die Receptorzellen stellen primäre Sinneszellen dar, deren apikaler, recipierender Saum besonders differenziert ist. Oft ist er durch besonders angelegte Mikrovilli stark vergrößert. Wir sprechen dann vom **Rhabdomer-Typ**, der v. a. bei Protostomiern vorkommt (Abb. 59). Bei den Cnidariern und Deuterostomiern dominiert der **Cilien-Typ**. Hier steht apikal eine Cilie, deren Plasmamembran besonders stark gefaltet ist (Abb. 59). Im Bereich der Plasmalemmeinfaltungen liegt das Sehpigment offenbar membrangebunden vor. Die Sehzellen der Wirbeltiere, Stäbchen und Zapfen (s. u.), sind lang gestreckte Zellen, die auch dem Cilien-Typ zugehören. Kennzeichnend ist das Außenglied dieser Zellen, das der Cilie entspricht: Es besteht aus übereinander geschichteten Membranstapeln, die die Photopigmente enthalten; bei den Zapfen entsprechen die Membranstapel Einfaltungen der Zellmembran, bei den Stäbchen sind sie intrazelluläre scheibenförmige Membransäcke (Abb. 59k). Die Membranscheiben, die je ca. 10 000 Moleküle des Sehfarbstoffes enthalten, werden ständig neu gebildet, ein Außenglied wird bei der Ratte in ungefähr zehn Tagen erneuert. Distal werden die verlorengehenden Membranscheiben (disc shedding) vom Pigmentepithel (s. u., Abb. 61) phagocytiert und lysosomal abgebaut.

Retina: Photoreceptoren stehen meist in Verbänden zusammen, die man Retina nennt. Ursprünglich ist eine flache Retina. Durch Einwölbung des Sinneszellverbandes entstehen becherförmige, dann blasenförmige Retinae (Grubenauge, Blasenauge, Lochkameraauge, Abb. 59). Kleine Augen unterschiedlicher Struktur werden oft als Ocellen bezeichnet, so auch die Medianaugen der Arthropoden, die bei Krebsen oft auf Larvalstadien beschränkt sind (Naupliusaugen, Abb. 154f), aber auch die einzigen Augen der Adulten sein können (Copepoden, Abb. 257a). Ihre Funktion ist nicht ganz klar; u. a. beeinflussen sie als Stimulationsorgane die motorische Aktivität und ermöglichen die Extrapolation des Dämmerungsverlaufs. Eine besondere Augenform stellen die Pigmentbecherocellen der Turbellarien und Hirudineen dar.

Bei manchen Anneliden, Mollusken und v. a. bei Arthropoden lagern sich einfache Augen – dem Bau nach enge Grubenaugen – zu **Komplexaugen (Facettenaugen)** zusammen (Abb. 62, 248). Die Einzelaugen, die man in Komplexaugen Ommatidien nennt, sind durch Pigmentzellen voneinander getrennt. Auch bei anderen Augen treten **Pigmentzellen** auf, die die Receptoren abschirmen (Schutzpigmentzellen).

Unterschiedlich ist die Ausrichtung der recipierenden Säume zum einfallenden Licht. Sind sie dem Licht zugekehrt, spricht man von **eversen Augen,** muss der Lichtstrahl erst die Receptorzelle durchdringen, um an den recipierenden Saum zu gelangen, nennt man das Auge **invers.**

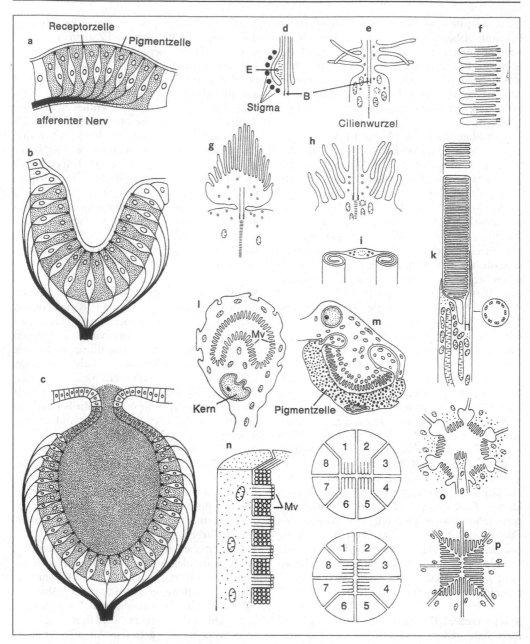

Abb. 59 Lichtsinnesorgane und -receptoren. **a)** Flache Retina der Meduse *Aurelia*. **b)** Grubenauge der Napf-schnecke *Patella*. **c)** Blasenauge des Prosobranchiers *Haliotis*. Bei a–c sind die Receptorpole der Sinneszellen, die im Folgenden elektronenmikroskopisch dargestellt sind, schwarz gehalten. **d–k)** Cilien-Typ der Photoreceptoren. **d)** Cilie von *Euglena*. B: Basalkörper, E: Erweiterung der Cilienbasis. **e)** Hydromeduse. **f)** Sabellide (Polychaeta). **g)** Ascidie. **h)** Seestern. **i)** Ctenophore. **k)** Wirbeltier; oben: Zapfen, unten: Stäbchen, rechts: Querschnitt durch Cilie. **l–p)** Rhabdomer-Typ der Photoreceptoren. **l)** Egel. Mv: Mikrovilli. **m)** Opheliide (Polychaeta). **n)** Decapode (Crus-tacea). Links: Längsschnitt durch ein Ommatidium. Die Mikrovilli (Mv) zweier Sinneszellen greifen ineinander Rechts: Querschnitte durch Ommatidien auf verschiedener Höhe, **o)** Fliege: Offenes Rhabdom im Querschnitt, **p)** Biene: Geschlossenes Rhabdom im Querschnitt

Photoreceptoren adaptieren schnell. Stellt man das Auge eines Menschen im Experiment fest, so verschwindet der Bildeindruck, um dann bruchstückweise wieder aufzutauchen, abermals zu verschwinden usw. Durch rasche Augenbewegungen (Sakkaden) wird erreicht, dass eine Receptorzelle der Fovea centralis in Entfernung einer Armlänge noch eine daumennagelgroße Fläche »abtastet«.

Sehr unterschiedlich ist das räumliche Auflösungsvermögen ausgeprägt. Die Sehschärfe ist umso größer, je kleiner der Abstand zweier Punkte oder Linien sein kann, wenn sie noch getrennt wahrgenommen werden (**Minimum separabile**). Als Maß für die Sehschärfe gibt man den Sehschärfenwinkel an. Am höchsten ist die Sehschärfe bei einigen Greifvögeln und Primaten.

Verschieden ist auch das zeitliche Auflösungsvermögen (**Verschmelzungsfrequenz**) von Einzelbildern in Lichtsinnesorganen. Frösche können fünf Bilder pro Sekunde getrennt wahrnehmen, Tauben bis 150, Libellen bis 300. Die Verschmelzungsfrequenz ist helligkeits- und temperaturabhängig. So kann der Mensch im Kino ca. 20, bei Tageslicht dagegen ca. 60 Einzelbilder pro Sekunde gerade nicht mehr trennen.

Retina der Wirbeltierseitenaugen (Abb. 61): Die Seitenaugen sind die paarigen Augen der Wirbeltiere, die auf paarige Ausstülpungen des Zwischenhirns zurückgehen (Abb. 60). Die Retina der Seitenaugen ist invers und enthält neben zwei strukturell unterscheidbaren Receptorzelltypen (**Zapfen, Stäbchen**) weitere Neurone und Gliazellen. Sie wird auch Netzhaut genannt (Abb. 61).

Die Receptorzellen sind in den Augen einzelner Wirbeltiere verschieden verteilt. Nachttiere (Eulen, Fledermäuse) haben fast nur Stäbchen, Tagtiere außerdem zahlreiche Zapfen. Tagvögel, Schlangen und Schildkröten besitzen fast ausschließlich Zapfen. Zapfen stehen vorwiegend in einer zentral gelegenen Einsenkung, der Fovea centralis (Abb. 60), zur Peripherie werden sie seltener. Die Zapfen ermöglichen Farbsehen bei hoher Sehschärfe, die Stäbchen Dämmerungssehen bei geringer Sehschärfe (Duplizitätstheorie des Sehens), Stäbchen sind wesentlich lichtempfindlicher als Zapfen.

Diese unterschiedliche Funktion von Stäbchen und Zapfen lässt sich besonders deutlich an der Retina vieler niederer Wirbeltiere zeigen. Bei ihnen ändern die Receptoren je nach Belichtung ihre Stellung (**Retinomotorik**). Bei größerem Lichteinfall sind die Receptorpole der Stäbchen zwischen die Mikrovilli des Pigmentepithels getaucht, die Zapfen hingegen kontrahiert und dem einfallenden Licht ausgesetzt. Bei geringem Lichteinfall kontrahieren sich die Stäbchen, und die Zapfen treten zwischen die Mikrovilli der Pigmentzellen.

Zudem führen die Farbstoffgranula der Pigmentzellen Wanderungen durch: Bei hoher Lichtintensität werden sie in die Mikrovilli verschoben, bei geringer ziehen sie sich zurück.

Retinomotorische Vorgänge sind bei Säugetieren und vielen Vögeln nur verhältnismäßig gering ausgeprägt.

Beim Menschen stehen ca. 100 Millionen Sehzellen 1 Million ableitende Nervenfasern des Nervus opticus gegenüber. Mehrere Sinneszellen sind also mit einer Ganglienzelle verknüpft, nur in der **Fovea centralis** ist das Verhältnis 1:1.

Bei höheren Primaten enthält die Fovea gelbes Pigment, man spricht dann von der **Macula lutea (gelber Fleck)**.

Am leistungsfähigsten ist das Auge einiger Vögel, bei Wasser- und Steppenvögeln kann die Fovea als horizontales Band ausgebildet sein, die Zapfendichte erreicht 1 Million/mm^2 (Mensch: 140 000). Zwei Foveae besitzen Vögel, die Entfernungen besonders gut feststellen können (Greifvögel, Schwalben, Kolibris, Eisvögel). Mit zunehmender Dichte der Zapfen nimmt die Gefäßversorgung der entsprechenden Retinaareale ab, und stattdessen entwickelt sich bei den Vögeln ein spezielles Organ, der **Pecten** (Kamm), der von der Hinterwand des Augenbechers in den Glaskörper vorspringt, reich pigmentiert und vaskularisiert ist und v. a. die Retina mit Sauerstoff und Nährstoffen versorgt.

Augen von Nachttieren sind sehr lichtempfindlich, aber die Retina löst schlecht auf. Hier wird maximale Summation erreicht. So sind bei Fledermäusen 1 000 Stäbchen mit einer Nervenzelle verbunden. Überdies besitzen die Augen vieler nachtaktiver Tiere reflektierendes **Gewebe (Tapetum lucidum)**. Das Licht passiert bei ihnen die Receptorzelle zweimal. Tapeta lucida enthalten bei Wirbeltieren häufig Guaninkristalle.

Retina der Arthropoden mit Komplexaugen (Abb. 62). Das Arthropoden-Komplexauge (Facettenauge) besteht aus **Einzelaugen (Ommatidien)**, die jeweils drei bis elf **Receptorzellen**

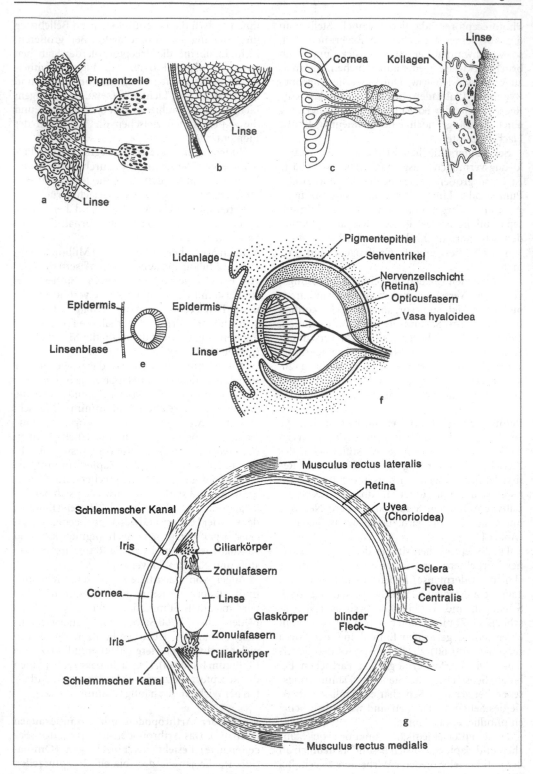

Pigmentzelle

Linse

a Linse

b

Cornea Kollagen

Linse

c

d

Lidanlage

Epidermis

Linsenblase

Epidermis

Linse

e

Pigmentepithel

Sehventrikel

Nervenzellschicht
(Retina)

Opticusfasern

Vasa hyaloidea

f

Musculus rectus lateralis

Retina

Uvea
(Chorioidea)

Schlemmscher Kanal

Iris

Ciliarkörper

Zonulafasern

Cornea

Linse

Sclera

Fovea
Centralis

Glaskörper

blinder
Fleck

Iris

Zonulafasern

Ciliarkörper

Schlemmscher Kanal

g

Musculus rectus medialis

(**Retinulazellen**) enthalten, ursprünglich bei Insekten wohl acht. Durch Pigmentzellen (**Iriszellen**) sind sie vollständig oder z. T. voneinander getrennt. Ommatidien können zu wenigen ein Komplexauge aufbauen oder zu Tausenden. Die Augen von Libellen und der tropischen Rennkrabbe *Ocypode* sollen 30 000 Ommatidien enthalten. Das Licht erreicht die Receptorzelle durch zwei Linsen (**Cornea** und **Kristallkegel [Conus]** [Abb. 62]). Die Sinneszellen gehören zum Rhabdomer-Typ, die Mikrovillisäume sind zum Zentrum des engen, lang gestreckten Ommatidiums gerichtet und stehen senkrecht zu seiner Längsachse; sie enthalten das Photopigment. Die Gesamtheit der Mikrovilli eines Ommatidiums nennt man **Rhabdom,** die einer Sinneszelle **Rhabdomer.** Die Gesamtheit der Sinneszellen eines Ommatidiums bezeichnet man als **Retinula.** Bei einem offenen Rhabdom berühren sich die Rhabdomere verschiedener Sinneszellen nicht (z. B. bei Fliegen), beim geschlossenen (fusionierten) legen sie sich eng aneinander (Abb. 59o, p). Beide Formen kommen bei Insekten vor. Krebse besitzen andere Rhabdome: Ihre Rhabdomere stellen meist nicht einen kontinuierlichen Mikrovillisaum dar, sondern weisen Lücken auf, in die Mikrovilli anderer Sinneszellen hineinragen (Abb. 59n).

Nach einem anderen Einteilungsprinzip werden Appositions- und Superpositionsauge unterschieden. Beim **Appositionsauge** reicht das Rhabdom bis zum Kristallkegel, beim Superpositionsauge ist es nur basal ausgebildet (Abb. 62). Beim Appositionsauge sind die Ommatidien in ganzer Länge voneinander durch Schutzpigmentzellen isoliert, beim Superpositionsauge nicht. Das **Superpositionsauge** kommt v. a. bei nachtaktiven Formen vor, das Appositionsauge bei tagaktiven; sie werden daher auch skotopische und photopische Augen genannt. Die Sinneszellen des Appositionsauges werden nur durch Lichtstrahlen gereizt, die in das betreffende Ommatidium einfallen, die der Superpositionsaugen auch durch abgeleitete Lichtstrahlen benachbarter Ommatidien. Zum Begriff »neuronales Superpositionsauge« hat die Beobachtung an einigen Insektenaugen mit offenem Rhabdom geführt, dass die Axone eines Ommatidiums jeweils unterschiedlich geschaltet werden: sechs oder sieben Axone aus einem Ommatidium verteilen sich auf sechs bis sieben verschiedene Neurone. Jedes dieser Neurone wiederum erhält insgesamt Axone aus sechs oder sieben Ommatidien und bildet damit eine Grundeinheit (optical cartridge).

Eine besondere Leistung der Facettenaugen besteht in der Wahrnehmung der Schwingungsebene polarisierten Lichtes. Diese hängt mit der Ausrichtung der Mikrovilli der Receptorzellen und der Festlegung der Photopigmente in der Membran (Abb. 62e) zusammen. Die Sehfarbstoffmoleküle absorbieren bevorzugt Licht einer

---

Abb. 60 a–d) Verschiedene Linsentypen, **a)** *Nereis* (Polychaeta). Die Linse besteht aus Fortsätzen von Pigmentzellen. **b)** *Pecten* (Kammuschel). Vielzellige Linse. **c)** Cephalopode. Entwicklungsstadium der Linsenbildung; die Linse entsteht aus Fortsätzen der Cornea. **d)** *Peripatus*. Die Linse besteht aus einem Sekret von Epithelzellen. **e), f)** Entwicklungsstadien der Augenbildung von Säugetieren. **e)** Linsenblase, die sich von der Epidermis abgeschnürt hat und in die Tiefe verlagert ist. **f)** Vollständige Augenanlage eines späteren Stadiums. Der doppelwandige Augenbecher entsteht aus dem Zwischenhirn, äußere (Pigmentepithel) und innere Wand (Retina) sind durch den Sehventrikel getrennt, der zeitlebens erhalten bleibt. Durch den Glaskörper ziehen Blutgefäße (Vasa hyaloidea) zur Versorgung der Linse, die in diesem Stadium schon ihren zentralen Hohlraum weit gehend verloren hat. **g)** Schnitt durch das Auge eines erwachsenen Menschen. Der Augapfel wird außen von einer festen Bindegewebsschicht (Lederhaut, Sclera) begrenzt, an die sich nach innen die gefäßreiche Aderhaut (Uvea, Chorioidea), das Pigmentepithel und die Netzhaut (Retina) anschließen. An der Sclera setzen die Augenbewegungsmuskeln an, von denen Musculus rectus lateralis und medialis eingezeichnet sind. Die Fovea centralis ist eine Einsenkung der Retina. Sie entspricht der Stelle des schärfsten Sehens. In ihrer Nähe liegt der receptorfreie blinde Fleck; hier verlassen die Axone der multipolaren Ganglienzellen der Retina als Nervus opticus den Augapfel. Die Linse ist über die Zonulafasern am Ciliarkörper befestigt, der ein System unterschiedlich ausgerichteter glatter Muskelzellen enthält, deren Öffnung (Pupille) durch ectodermale glatte Muskulatur erweitert und verengt werden kann. Weiterhin enthält die Iris Chromatophoren. Über den Schlemmschen Kanal fließt das von den Fortsätzen des Ciliarkörpers gebildete Kammerwasser ab. Die reich innervierte Hornhaut (Cornea) besteht aus einem mehrschichtigen äußeren Epithel, das der Epidermis entstammt, einem gefäßfreien Bindegewebe, das sich in die Sclera fortsetzt, und einem inneren einschichtigen Corneaepithel

bestimmten Schwingungsrichtung (Dichroismus). Es sind jeweils bestimmte Sehzellen, die auf eine bestimmte Schwingungsrichtung bevorzugt reagieren. Da die Polarisation des Himmelslichtes vom jeweiligen Sonnenstand abhängig ist, können sich z. B. Insekten nach dem Sonnenstand richten, auch wenn die Sonne hinter Wolken verborgen ist; der freie Himmel muss nur irgendwo sichtbar bleiben.

Dioptrischer Apparat (Abb. 60, 62): Das erste lichtbrechende System, auf das ein in ein Auge eintretender Strahl trifft, nennt man oft Cornea. Es kann sich z. B. um Cuticulabildungen handeln wie bei Arthropoden (Abb. 62) oder um Epithel und mesodermale Anteile wie bei Wirbeltieren (Abb. 60). Unter der **Cornea** liegen weitere licht

brechende Systeme, bei Wirbeltieren z. B. die bikonvexe **Linse** und der **Glaskörper** (Abb. 60), bei Arthropoden der **Kristallkegel** (Abb. 62).

Linsen können aus ganzen Zellen aufgebaut sein, z. B. bei einigen Muscheln, Polychaeten, Arthropoden und Wirbeltieren. Ein zweiter Linsentyp wird von Fortsätzen der Pigmentzellen aufgebaut (manche Polychaeten) oder von Fortsätzen der Epidermiszellen (Cornealzellen, Cephalopoden). Eine dritte Möglichkeit ist bei Schnecken, Onychophoren und Arthropoden mit pseudoconen Augen verwirklicht: Hier werden Linsen von extrazellulären Sekreten aufgebaut. Sehr unterschiedlich ist die Gestalt der Linsen. Bei Nachttieren sind sie oft kugelförmig. Dadurch werden auch die mehr seitlich einfallenden Strahlen noch ins Auge geleitet.

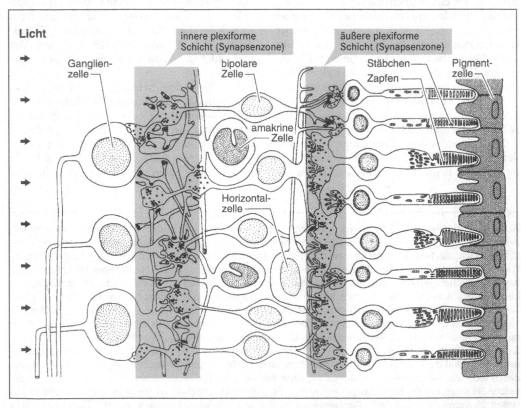

Abb. 61 Feinstruktur der Primatenretina, Lichteinfall links. Receptorfortsätze der Sinneszellen (Stäbchen und Zapfen) werden ständig erneuert, verbrauchtes Membranmaterial wird von den Pigmentzellen (rechts im Bild) aufgenommen. In jedem Stäbchen liegen 600 bis 1 000 scheibenförmige Membranzisternen (Discs). Hauptkomponenten ihrer Membran sind Rhodopsin und hochungesättigte Fettsäuren. In der Retina sind drei Neurontypen (Lichtsinneszellen, bipolare Zellen und Ganglienzellen) hintereinander geschaltet; Horizontalzellen und Amakrine schaffen Querverbindungen

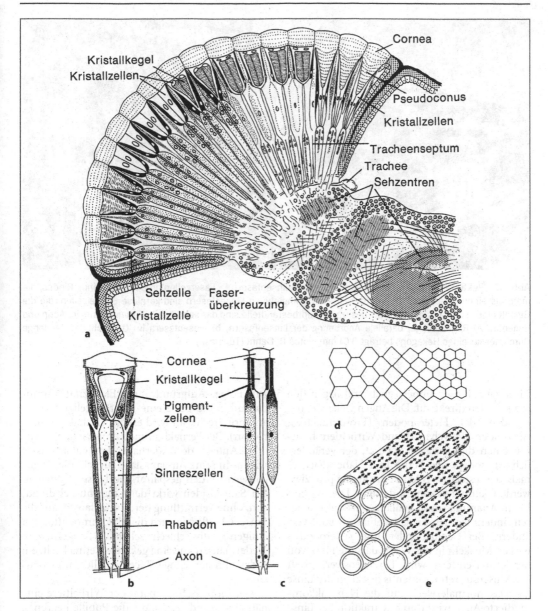

Abb. 62 Komplexauge. **a)** Kombiniertes Schema eines Schnittes durch ein Komplexauge und dazugehörige Seh-zentren. Unter der Cornea liegt als weiterer Teil des dioptrischen Systems ein verschieden ausgebildeter Kristall-kegel, der von Kristallzellen gebildet wird. Er kann außerhalb der Kristallzellen liegen (Pseudoconus, die linken vier und die rechten drei Ommatidien) und vollständig mit der Cornea verschmelzen. Der Kristallkegel kann auch inner-halb der Kristallzellen gebildet werden (Euconus), oder die Kristallzellen weisen keinerlei besondere Differenzie-rungen auf, der Kern liegt zentral (acones Auge). **b), c)** Ommatidien aus Appositions- **(b)** und Superpositionsauge **(c)**. Die Corneaoberflächen sind nicht immer so glatt wie hier dargestellt, feine, regelmäßige Vorsprünge der Cuti-cula können eine Verminderung der Lichtreflexion bewirken (Entspiegelung). **d)** Muster der polygonal ausgeform-ten Cornealinsen einer Fliege in Aufsicht; beachte die erheblichen Formunterschiede der Facetten. **e)** Ausschnitt des Rhabdomers einer Retinulazelle. Die Zellmembranen enthalten Rhodopsinmoleküle, deren Absorptionsachsen der Längsachse der Mikrovilli entsprechen (Pfeile). So kann die Schwingungsrichtung von polarisiertem Licht wahrgenommen werden

Abb. 63 Elektronenmikroskopische Darstellung der Linsenfasern (= Faserzellen) in der Linse eines Rindes, die mehr als einen Zentimeter lang werden. Die sehr langlebigen Linsenfasern sind kernlose Epithelzellen, die die Gestalt eines sechseckigen Prismas besitzen. Hauptbestandteile sind das sehr stabile Protein Kristallin, Actin und Vimentin. **a)** Regelmäßige, parallele Anordnung der Linsenfasern, **b)** Linsenfasern im Querschnitt. Der lange Durchmesser eines Hexagons beträgt 0,01 mm. Fotos R. Dahm (Tübingen)

Meist sind Linsen unbeweglich und liegen den Sinneszellen direkt auf. Die Augen vieler Cephalopoden, der Heteropoden (Prosobranchia), Alciopiden (Polychaeta) und Wirbeltiere besitzen einen dioptrischen Apparat, der veränderlich ist, sodass aus Ferne und Nähe gleichermaßen ein scharfes Bild auf die Retina projiziert werden kann (**Akkommodation**). Die Wirbellosen, Anamnia sowie Schlangen akkommodieren, indem sie den Linsen-Retina-Abstand verändern. Bei Cephalopoden und Heteropoden wirken Muskeln in der Weise, dass die Linse von der Retina entfernt wird. Bei Teleosteern greift der Musculus retractor lentis direkt an der Linse an. Das normalerweise auf die Nähe akkommodierte Auge wird durch Retraktion der Linse auf die Ferne eingestellt. Bei landlebenden Amphibien liegen andere Verhältnisse vor: Das normalerweise auf die Ferne eingestellte Auge wird durch einen Protraktor nahakkommodiert. Bei Amnioten wird die Gestalt der Linse verändert. Die Linse der Säugetiere (Abb. 60, 63) ist durch die radiären Zonulafasern mit dem Ciliarkörper verbunden, in dem verschieden orientierte Muskelzellen liegen. Ihre Kontraktion hat eine Verlagerung des Ciliarkörpers nach vorn und ein Erschlaffen der Zonulafasern zur Folge. Aufgrund ihrer Elastizität nimmt daraufhin die Linse eine mehr kugelige Gestalt an, ihre Brechkraft wird erhöht (Nahakkommodation). Bei Fernakkommodation ziehen elastische Anteile der Aderhaut den Ciliarmuskel wieder in seine Ausgangslage zurück, die Zonulafasern werden gespannt, die Linse abgeflacht. Bei Sauropsiden wirkt der Ciliarmuskel direkt, d. h. ohne Vermittlung der Zonulafasern, auf die Linse. Überflüssig wird die Akkommodation bei einigen relativ schlecht sehenden Säugern, z. B. Fledermäusen, die eine gefaltete Retina besitzen, sodass immer einige Receptorzellen im Focus sind.

Der dioptrische Apparat der Wirbeltiere enthält eine Blende (Iris), die die Pupille begrenzt. Bei Selachiern und Tetrapoden kann sie durch antagonistische Muskeln (Musculus sphincter pupillae, M. dilatator pupillae) verändert werden. Verkleinerung der Pupille bewirkt Abblendung der Randstrahlen, Vergrößerung der Tiefenschärfe und Abnahme des eintretenden Lichtes. Die Pupillengröße wird reflektorisch eingestellt, entweder über eigene Receptoren oder über die Lichtreceptoren der Retina.

Die Abbildung durch den dioptrischen Apparat ist mit folgenden Fehlern behaftet:

1. **Sphärische Aberration**, d. h., die Strahlen am Linsenrand werden stärker gebrochen als die in der Nähe der optischen Achse.
2. **Chromatische Aberration**, d. h., kurzwellige Strahlen werden stärker als langwellige gebrochen.
3. **Astigmatismus.** Die Cornea ist zumeist in vertikaler Richtung stärker als in horizontaler gekrümmt.

Diese Fehler werden in der Retina auf unbekannte Weise von Nervenzellen verrechnet.

Auswirkungen der Erregung von Photoreceptoren auf das Verhalten

a) Wirkung auf die Haltung: Vor allem bei Arthropoden werden durch Lichteinwirkung die Erregungsmuster in bestimmten Muskelgruppen und damit die Haltung der Tiere beeinflusst.

b) Photokinetische Wirkung: Bei vielen Tieren ermöglicht das Licht erst die Bewegung oder steigert sie. Im Dunkeln sind viele Organismen bewegungsunfähig (manche Medusen, Taginsekten). Während bei den Medusen die durch Lichteinwirkung induzierte Aktivität in der Dunkelheit nachwirkt, fällt der Schmetterling *Macroglossum* bei Dunkelheit schlagartig zu Boden.

c) Phototaktische Einstellung: Sie erfordert Richtungssehen. Mit **Skototaxis** bezeichnet man das Verhalten lichtscheuer Tiere, das Dunkle aufzusuchen (Asseln). Der **Lichtrückenreflex** besteht darin, dass das Tier dem einfallenden Licht den Rücken zukehrt. Er wirkt teils allein (Insektenlarven, Cladoceren, Libellen) oder zusammen mit statischen Reflexen (Decapoden, Fische). Manche Tiere gebrauchen das Licht zur Orientierung, bewegen sich aber nicht auf die Lichtquelle zu oder von ihr fort, sondern in einem bestimmten Winkel zu ihr. Die Sonne dient hier als Kompass, daher spricht man von **Sonnen-** oder **Lichtkompassorientierung (Photomenotaxis).** Sie ist bei vielen Tieren nachgewiesen (Strandflöhen, Wolfsspinnen, Bienen [Abb. 88], Ameisen, Fischen, Schildkröten, Vögeln u. a.). Bienen können ihren Stockgenossen durch den Schwänzeltanz den Kurs zu einer Nahrungsquelle mitteilen.

d) Optomotorische Reaktionen: Sie bezwecken das Beibehalten des Gesichtsfeldes bei Eigenbewegungen. Dies äußert sich in Augen-, Kopf- oder Körperbewegungen. Sie zeigen sich beim Vorbeiführen gleichartiger Streifenmuster am Auge des Tieres als ruckartige kompensatorische Gegenbewegung der Augen.

e) Wirkung der Lichtintensitätsminderung (Schatten): Schatten ruft Rückzieh- und Ausweichbewegungen bei vielen Tieren hervor (*Balanus*-Extremitäten, Schneckenfühler). Man spricht vom **Schattenreflex.**

Leuchten (Biolumineszenz) und Leuchtorgane

Viele Tiere senden Licht aus. Besonders verbreitet ist diese Fähigkeit bei Meerestieren, wo sie in fast allen Gruppen von Einzellern *(Noctiluca)* bis zu Fischen vorkommt. Sehr selten ist Leuchten bei Süßwassertieren, verbreiteter bei Landtieren (Leuchtkäfern, einigen Hundertfüßern, Schnecken u. a.). Das Leuchten erfolgt in Zellen in einzelnen Leuchtgranula, die, soweit untersucht, Mitochondrien ähnlich sind, und in Leuchtgeweben, z. B. im Fettkörper von Insekten, oder in Leuchtorganen. Komplizierte Leuchtorgane ähneln in ihrem Bau oft Augen. Einwärts von dem Leuchtgewebe wird dann eine Reflektorschicht gebildet, in der Guanin- oder Uratkristalle das Licht reflektieren; an sie schließt sich eine dunkle Tapetumschicht an, und innen liegt eine Linse. In Einzelfällen können noch Lider die Lichtaussendung gestatten oder verhindern, oder das Leuchtorgan wird durch Muskeln einwärts gedreht, sodass die Aussendung unterbrochen wird. Leuchtdrüsen können einen leuchtenden Schleim ausstoßen.

Leuchtorganismen produzieren kaltes Licht, bei dem über 90% der Energie in Licht umgewandelt werden. Sie arbeiten also viel rationeller als technische Leuchtkörper, bei denen der größte Teil der Energie als Wärme frei wird. Das Licht wird durch chemische Prozesse erzeugt (Chemolumineszenz). Meist treten zwei isolierbare Stoffe zusammen, das Luciferin und die Luciferase, ein Enzym, das bei Anwesenheit von O_2 das Luciferin verwandelt. Vereinzelt sind auch andere Reaktionen wirksam. So kommen bei der Meduse *Pelagia* leuchtende Proteine vor, die ohne Anwesenheit von Luciferase und O_2 funktionieren; in Einzelfällen sind ATP, Calcium- oder Magnesiumionen für die Lichterzeugung notwendig.

Viele Tiere (Fische, Feuerwalzen, Tintenfische) haben Leuchtorgane, aber keine eigene Leuchtfähigkeit. Sie kultivieren in ihren leuchtenden Zellen Leuchtbakterien und können sogar deren Leuchten durch Variieren der Sauerstoffzufuhr regulieren. Bei Feuerwalzen (Tunicaten) werden Dauerstadien der Leuchtbakterien von Hilfszellen des Eies aufgenommen und durch diese auf Nachkommen übertragen.

Die biologische Bedeutung des Leuchtens ist recht verschieden und nur teilweise bekannt. Wenn der Körper mit einer Garnitur von Lämpchen besetzt ist, die bisweilen sogar verschiedenartig sind, mag dieses Lichtmuster im Dunkeln der Erkennung der Artgenossen dienen wie das Färb- und Fleckenmuster im Hellen. Das ist bei Leuchtkäfern experimentell bewiesen. Bei man-

chen Fischen mit großen Leuchtorganen in Augennähe, die auf- und abgeblendet werden können, vermutet man eine zeitweise Erhellung des Gesichtsfeldes durch das Organ, sozusagen durch eine körpereigene Taschenlampe. In manchen Fällen dienen Leuchtorgane der Anlockung der Beute. Anglerfische der Tiefsee tragen auf ihrer Angel ein Lämpchen, das bewegt werden kann, bei anderen Fischen liegen Leuchtorgane am Mundeingang. Wird leuchtende Substanz ausgestoßen, wie bei manchen Copepoden, so dient diese offenbar der Vernebelung des Tieres vor einem Feind. Auch manche Fische (Leuchtheringe) stoßen bei Störungen einen Leuchtstrahl aus. In vielen Fällen wissen wir aber über eine biologische Bedeutung des Leuchtens nichts, z. B. bei leuchtenden Korallentieren (Seefedern), bei den Einzellern *Noctiluca*, *Ceratium* u. a. Vielleicht ist das Leuchten hier nur eine Begleiterscheinung des Stoffwechsels.

d Elektrischer Sinn

Elektroreceptoren sind vor allem von den Knochenfischfamilien Gymnotidae (in Südamerika) und Mormyridae (in Afrika) sowie von Knorpelfischen (Haien, Rochen) bekannt, kommen aber auch bei Säugern (Schnabeltieren) vor. Sie sind bei Fischen aus dem Seitenliniensystem hervorgegangen und treten bevorzugt in der Kopfregion auf. Bei Knochenfischen stehen sie in engem funktionellen Zusammenhang mit elektrogenen Organen: Mormyriden produzieren intermittierend Stromstöße, die Gymnotiden einen fast ununterbrochenen Strom, Haie und Rochen besitzen dagegen nur selten elektrogene Organe. Die elektrischen Fische bauen um sich ein schwaches elektrisches Feld auf (Abb. 64), wobei die Schwanzspitze negativ gegenüber dem Kopf ist. Wenn Gegenstände mit einer anderen Leitfähigkeit als der des Wassers in das Feld geraten, wird dessen Symmetrie verändert (Abb. 64), was von den Elektroreceptoren registriert wird. Auf diese Weise können sich die elektrischen Fische in trüben Gewässern und bei Dunkelheit orientieren. Haie vermögen mit ihren Elektrorecepto-

ren Potentialveränderungen, die bei der Bewegung der Atemmuskeln von Beutefischen entstehen, festzustellen.

In der Haut der Gymnotiden und Mormyriden werden zwei verschiedene Organe mit Elektroreceptoren unterschieden: das ampulläre, das tonisch auf lang anhaltende elektrische Reize antwortet, und das rasch adaptierende tubuläre Receptororgan. Es handelt sich um Einsenkungen der Haut, die mit Gallerte gefüllt sind. An ihrer Basis stehen die sekundären Sinneszellen.

Auch die elektrischen Sinnesorgane der Haie und Rochen (Lorenzinische Ampullen) entsprechen gallertegefüllten Epidermiseinstülpungen, die mit sekundären Sinneszellen bestückt sind. Letztere sind bei im Salzwasser lebenden Formen bis über 10 cm lange Schläuche, deren Wandung hochgradig isoliert, sodass die elektrische Spannung zwischen ihrer Mündung und dem Sinnesepithel über diesem zusammengezogen wird. Die Schlauchlänge bestimmt somit die Empfindlichkeit.

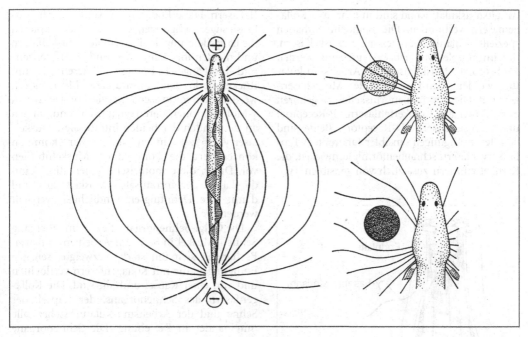

Abb. 64 Schematische Darstellung des elektrischen Feldes von *Gymnarchus niloticus*. Der dunkle Kreis entspricht einem Gegenstand mit geringerer Leitfähigkeit als der des Wassers und stößt die Feldlinien ab, der helle Kreis stellt einen Gegenstand mit höherer Leitfähigkeit dar und zieht die Feldlinien an

e Mechanische Sinne

Mechanoreceptoren werden durch Deformation gereizt. Als Muskel- und Sehnenspindeln informieren sie über die Spannung von Muskeln oder Sehnen und sind so am Einhalten des Körpergleichgewichts beteiligt. Informationen über Gelenkstellungen vermitteln die Ruffini'schen Körperchen der Wirbeltiere und Borstenfelder der Insekten. Oft sind Mechanoreceptoren mit Schwerekörpern verbunden und dienen dann der Reception der Schwerkraft (Statocysten). Schallwellen werden von mit Hilfsapparaten versehenen Mechanoreceptororganen recipiert. Mit ihrer Ausbildung ist meist eine spezielle Sprache verbunden, die eine Kommunikation der Tiere untereinander ermöglicht.

Proprioception

Die Proprioception (Tiefensensibilität) umfasst Stellungssinn, Kraftsinn und Bewegungssinn. Ihr werden insbesondere die Proprioreceptoren zugezählt, aber funktionell gehören ihr auch das Vestibularisorgan und die Mechanoreceptoren der Haut an.

Die Proprioreceptoren umfassen bei Wirbeltieren die Muskelspindeln, die Golgi-Sehnenorgane und Gelenkreceptoren. Die **Muskelspindeln** messen Gelenkstellung und die Geschwindigkeit der Bewegung, die zu Stellungsänderung führt. Zu ihnen gehören die sog. D- und P-Receptoren. Die Geschwindigkeit der Stellungsänderung wird von D-Receptoren gemessen, die endgültige Gelenkstellung von P-Receptoren.

Die Muskelspindeln dienen somit der Regelung der Muskellänge. Sie liegen parallel zur

Arbeitsmuskulatur und sind mit ihr über Kollagenfasern verbunden. Die Spindeln enthalten spezielle schlanke, quergestreifte Muskelfasern, die intrafusale Muskelfasern genannt werden (Abb. 65); die Muskelfasern der Arbeitsmuskulatur werden dann extrafusale Muskelfasern genannt. Die intrafusalen Muskelfasern gehören zwei Typen an: Kernkettenfasern (P-Receptor) und Kernsackfasern (D-Receptor). Beide sind von den Endigungen sensibler (afferenter) Typ-Ia-Nervenfasern schraubenförmig umwickelt, die Kernkettenfasern zusätzlich von sensiblen Typ-

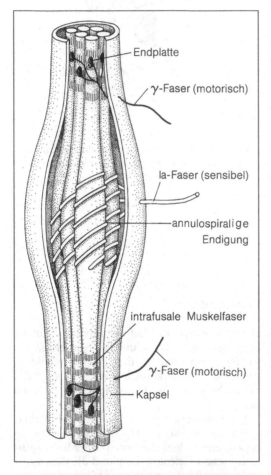

Abb. 65 Schematische Darstellung einer Muskelspindel mit einer Gruppe intrafusaler Muskelzellen (Säugetier). Die Muskelzellen werden von einer Bindegewebskapsel umgeben und sensibel sowie motorisch innerviert. Die gammamotorischen Fasern befinden sich an den Enden der Muskelzellen, wo Muskelfibrillen ausgebildet sind

Endplatte

γ-Faser (motorisch)

Ia-Faser (sensibel)

annulospiralige Endigung

intrafusale Muskelfaser

γ-Faser (motorisch)

Kapsel

II-Fasern. Diese Endigungen werden auch anulospiralige Endigungen genannt. Sie rezipieren die Längsdehnung der intrafusalen Muskelfasern und melden ihre Länge (Ia- und II-Afferenzen) und ihre Längenänderung (Ia-Afferenzen) zum Rückenmark. Die intrafusalen Muskelfasern werden auch motorisch innerviert und zwar von γ-Motoneuronen, deren synaptische Endigungen an den Enden der beiden intrafusalen Muskelfasertypen zu finden sind. Hier kommen konzentriert die kontraktilen Muskelfibrillen vor. Durch diese motorische Innervation kann die Länge der intrafusalen Muskelfasern und damit ihre Dehnungsempfindlichkeit verstellt werden.

Die **Golgi-Sehnenorgane** liegen am Übergang Sehne - Muskel in Serie zur Arbeitsmuskulatur. Es handelt sich um stark verzweigte, sensible Endigungen, die mit Kollagenfasern verflochten und von einer Kapsel umhüllt sind. Die Kollagenfasern des Sehnenorgans, der Kapsel, der Sehne und der Arbeitsmuskulatur stehen alle miteinander in Beziehung. Die Sehnenorgane dienen v.a. der Regelung der Muskelspannung und werden schon durch Kontraktion weniger motorischer Einheiten der Arbeitsmuskulatur erregt. Ihre Ib-Afferenzen erreichen zusammen mit Gelenkafferenzen, einem Teil der Ia- und II-Afferenzen der Muskelspindeln sowie aus dem Gehirn absteigenden Impulsen, sog. Ib-Interneurone, die all diese multimodalen Informationen integrieren. Diese Interneurone hemmen die α-Motoneurone des eigenen Muskels (autogene Hemmung). Über erregende Interneurone aktivieren die Afferenzen der Sehnenorgane und der Muskelspindeln antagonistischer Muskeln. Während also z.B. ein Beuger zunehmend gehemmt wird, wird der zugehörige Strecker zunehmend erregt. Damit wird sowohl eine zu starke Dehnung als auch eine übermäßige Kontraktion eines Muskels verhindert.

Bei willkürlich eingeleiteten Muskelbewegungen werden α- (erreichen Arbeitsmuskulatur) und γ-Motoneurone (erreichen intrafusale Muskelfasern der Muskelspindeln) gemeinsam aktiviert. Der Längensensor, d.h., die intrafusalen Fasern, kann so auf einen Sollwert eingestellt werden. Weicht die Muskellänge davon ab, z.B. durch eine unerwartete Verlagerung des Körperschwerpunkts, wird die α-Innervation nachgeregelt (Lastkompensationsreflex). Erwartete Änderungen der Muskellänge können durch supraspinal (z.B. Nucleus ruber und Formatio reticularis) gesteuerte Aktivität der γ-Fasern präzisiert werden, indem die Vordehnung der intrafusalen Fasern und damit deren Dehnungsempfindlichkeit erhöht wird.

Soll ein Dehnungsreflex (z. B. der Patellarsehnenreflex) beendet werden, passiert Folgendes: Die Muskelspindeln des Streckmuskels werden entdehnt. Dies bewirkt einen Rückgang der Erregung der Ia-Fasern. Die Sehnenorgane hemmen das α-Motoneuron über Ib-Interneurone. Die α-Motoneurone hemmen sich selbst rückläufig, und zwar über Axonkollateralen, die die kleinen hemmenden glycinergen Renshaw-Zellen erreichen, die ihrerseits die α-Motoneurone erreichen (recurrente Hemmung).

Muskelreceptororgane gibt es verbreitet auch bei Wirbellosen, wo sie besonders gut bei Crustaceen und anderen Arthroproden untersucht sind. Sie bestehen aus besonderen Muskelfasern, die von speziellen sensiblen Nervenfasern versorgt werden. Sie registrieren den Spannungszustand oder die Verlängerung des Muskels und treten in zwei Typen auf: als langsame und als schnelle Muskelfasern. Die dazugehörigen Receptorneurone, deren Perikaryen unmittelbar in Nachbarschaft der entsprechenden Muskelfaser liegen, sind demzufolge entweder tonisch (langsam) oder rasch adaptierende Zellen. Diese Muskelfasern erhalten auch Kollaterale der motorischen Nervenfasern, die die Normalmuskulatur versorgen. Dadurch kontrahieren sich die sensiblen Muskelfasern gleichzeitig mit den normalen Muskelfasern und können den normalen Bewegungsablauf sowie eventuelle Störungen registrieren. Die sensiblen Nervenzellen werden von hemmenden Axonen aus den segmentalen Ganglien innerviert, wodurch ihre Impulse unterdrückt werden können. Wie bei Wirbeltieren ist der oben geschilderte Apparat auch in viele Bewegungsmuster von Wirbellosen eingeschaltet und fungiert im Wesentlichen als Dehnungsreceptor. Im Abdomen der Decapoden ist er an den raschen Bewegungen des Schwanzes bei Flucht beteiligt.

Druck- bzw. Tastsinn: Die einfachsten Mechanoreceptoren sind freie Nervenendigungen, die selten bei weichhäutigen Wirbellosen, oft bei höheren Wirbeltieren von Begleitzellen umgeben sind, die als Druckpolster angesehen werden, für die Erregung der Dendriten aber von geringer Bedeutung zu sein scheinen (Abb. 54). Besonders bekannt sind bei Wirbeltieren die Vater-Paci-

ni'schen Körperchen, deren Nervenendigungen von lamellenartig angeordneten Zellen umgeben werden, die epidermalen Merkel'schen »Tastzellen« sowie die säulenartig angelegten Eimer'schen Organe in der Schnauze des Maulwurfs. Häufig treten Dendriten von Tastreceptoren auch mit Haaren in Verbindung (Schnurrhaare von Säugetieren [Sinushaare]).

Bei Arthropoden sind Sinneshaare weit verbreitet. Ihre Dendriten tragen distal eine Cilie, in deren Spitze zahlreiche Mikrotubuli liegen (Tubularkörper), denen eine Funktion bei der Reiztransduktion zukommen soll. Setzen diese Cilien an besonders leicht beweglichen Haaren an, spricht man von Becherhaaren oder **Trichobothrien.** Sie kommen beispielsweise bei vielen Arachniden, Diplopoden, Pauropoden, Symphylen und Insekten vor und werden durch schwachen Luftzug bewegt. Steifer eingelenkte Haare fungieren als Tasthaare. In beiden Fällen wirkt die Bewegung der Haare als Reiz. Bei den Spaltsinnesorganen der Spinnentiere und den ähnlichen campaniformen Sensillen der Insekten ist dagegen die Verformung einer Cuticulaspalte der Eingangsreiz.

Von den Sinneshaaren der Arthropoden leiten sich die Stiftsinnesorgane (**Scolopidien**) ab, die v. a. bei Antennaten vorkommen. Jedes Scolopidium setzt sich aus ein bis drei Sinneszellen zusammen, deren Perikaryen weit unter der Epidermis liegen. Die Cilien stehen mit einem Cuticulakegel in Verbindung (Scolops, Stift, Abb. 66). Scolopidien kommen im Rumpf oder in Extremitäten vor (Chordotonalorgane). Im zweiten Fühlerglied von Thysanuren und pterygoten Insekten sind Scolopidien hohlzylinderartig angelegt (**Johnston'sches Organ**). Ihre Stifte stehen mit der weichen Gelenkhaut zwischen zweitem Fühlerglied (Pedicellus) und erstem Antennengeißelglied in Verbindung. Das Johnston'sche Organ recipiert Bewegungen der Antennengeißel. Es ist ein besonders empfindliches Gehörorgan und dient z. B. der Geschlechterfindung. Stehen Scolopidien mit Tracheen in Verbindung, die straff gespannten, dünnen Integumentarealen unterlagert sind, spricht man von **Tympanalorganen.** Das spezialisierte Integument (Tympanicum) arbeitet als Schalldruckempfänger (s. u.), die Trachee dient zur Reizleitung, das gesamte System als Gehörorgan.

Bei weichhäutigen Wassertieren sind cilienbesetzte Zellen als primäre oder sekundäre Sinneszellen verbreitet. In Ciliennähe stehen häufig

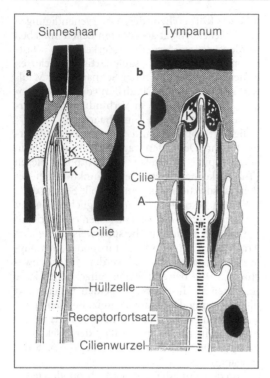

Abb. 66 Receptorfortsatz und cuticulare Hilfsstrukturen (schwarz und gepunktelt) verschiedener Mechanoreceptoren von Insekten. **a)** Sinneshaar einer Biene, **b)** Scolopidium aus dem Tympanalorgan der Wanderheuschrecke. A: Actinbündel, S: Scolops, K: extrazelluläre Kappe bzw. Scheide, T: Tubularkörper

regelmäßig angeordnete härchenförmige Zellfortsätze, die große Mikrovilli sind und oft Stereocilien oder auch Stereovilli genannt werden (so bei Cnidariern, Echinodermen, Oligochaeten, Seitenliniensystem und Ohr der Wirbeltiere).

Die sekundären Sinneszellen des **Seitenliniensystems** von Fischen und wasserlebenden Amphibien stehen in Gruppen (**Neuromasten**). Sie können oberflächlich exponiert sein (Epidermalneuromasten) oder in Kanälen liegen (Kanalneuromasten). Die Kanäle sind Epidermiseinstülpungen und stehen über Poren mit dem umgebenden Wasser in Verbindung.

Die Receptorzellen ähneln denen des Innenohrs (Abb. 68, 69). Sie tragen apical ein Kinocilium und viele Stereovilli, deren Länge mit der Nähe zum Kinocilium zunimmt. Kinocilium und Stereovilli werden von einer Gallerte

(Cupula) umhüllt. Das Seitenliniensystem registriert selbst kleinste Wasserbewegungen und steht im Dienst von Strömungsreception und Identifikation sich bewegender Objekte (Räuber, Beute, Sozialpartner).

Eine besondere Form des Drucksinnes, insbesondere für Schwingungen des den Körper tragenden Untergrundes, ist der **Vibrationssinn**, dessen Receptoren auf mechanische Schwingungen niederer Frequenzen (200–400 Hz) ansprechen. Besonders vibrationsempfindlich sind Receptoren zwischen Tibiotarsus und Fibula der Vögel, die der Ausbalancierung beim Sitzen im Schlaf dienen. Bei Arthropoden sind Trichobothrien, Scolopidien, campaniforme Sensillen und Spaltsinnesorgane besonders wichtig. Vibratorische Signale spielen z. B. bei vielen Spinnen eine bedeutende Rolle. Die wirksamen Reize erreichen das Tier über die Luft (Trichobothrien) oder über die Unterlage (Spaltsinnesorgane). Letztere kommen auf den Beinen als zusammengesetzte lyriforme Organe vor.

Berührungsreize induzieren bei allen Tieren bestimmte Verhaltensweisen. Häufig sind Flucht- und Abwehrbewegungen, bei Arthropoden Totstellreflex und Autotomie (Abwerfen von Körperteilen an präformierten Stellen; Krebse und Weberknechte). Manche Tiere legen sich großenteils an umgebende Gegenstände an (Thigmotaxis), Wegfall derartiger Berührungen löst zentralnervöse Unruhe aus. Unter Rheotaxis versteht man die Einstellung gegen eine Strömung (wichtig für Organismen, die in Fließgewässern leben).

Statischer Sinn: Statoreceptoren recipieren die Schwerkraft und ermöglichen die Orientierung des Körpers relativ zur Schwerkraft. Die Receptoren liegen in Statocysten der Wirbellosen, bei Wirbeltieren spricht man von Statolithenorganen (Utriculus, Sacculus; Abb. 67b). Viele Tiere erhalten ihr Gleichgewicht einfach durch günstige Gewichtsverteilung, so die Siphonophoren mit Gasblasen oder Schwimmkäfer mit Atemluft. Statocysten treten in drei Formen auf: 1. In einem flüssigkeitsgefüllten Bläschen liegt ein beweglicher Einschlusskörper (Statolith) von größerem spezifischen Gewicht. Dieser drückt auf die im Bläschenepithel liegenden cilienbesetzten Receptoren. Bei jeder Lageänderung werden andere Sinneszellen gereizt. Solche Statocysten kommen z. B. bei Plathelminthen, Mollusken und manchen Anneliden vor. 2. Bei einem weite-

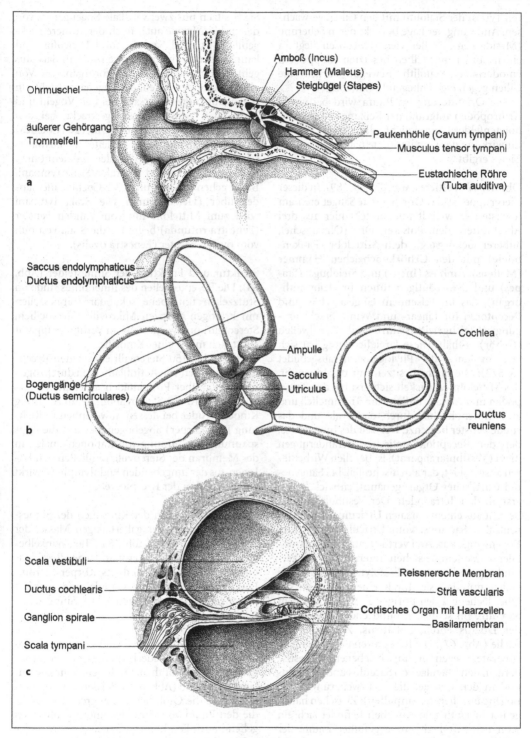

Amboß (Incus)
Hammer (Malleus)
Steigbügel (Stapes)

Ohrmuschel

äußerer Gehörgang
Trommelfell

a

Paukenhöhle (Cavum tympani)
Musculus tensor tympani

Eustachische Röhre
(Tuba auditiva)

Saccus endolymphaticus
Ductus endolymphaticus

Cochlea

Ampulle

Bogengänge
(Ductus semicirculares)

Sacculus
Utriculus

b

Ductus
reuniens

Scala vestibuli

Ductus cochlearis

Ganglion spirale

Scala tympani

c

Reissnersche Membran

Stria vascularis

Cortisches Organ mit Haarzellen
Basilarmembran

Abb. 67 Ohr der Säugetiere (Mensch). **a)** Äußeres Ohr, Mittelohr und Eustachi'sche Röhre, **b)** Innenohr, **c)** Cochlea im Querschnitt (zu Einzelheiten des Corti'schen Organs s. Abb. 69)

ren Typ ist der Statolith mit den Cilien verwachsen. Änderung der Lage bewirkt deren Scherung (Mysidaceen). 3. Bei vielen Medusen liegt in einem außen mit Cilien besetzten Klöppel ein entodermaler Statolith. Bewegung drückt die Cilien gegen das umliegende Gewebe.

Die Orientierung im Raum wird bei vielen Arthropoden aufgrund der Reizung von Gelenkborstenfeldern ermöglicht, die sich durch die Einwirkung der Gravitation je nach Stellung des Tieres ergibt.

Ohr der Wirbeltiere (Abb. 67–69, 289). In dieser Tiergruppe ist das Ohr bei den Säugetieren am höchsten entwickelt und besteht hier aus drei Abschnitten: dem **äußeren Ohr** (Ohrmuschel, äußerer Gehörgang), dem **Mittelohr (Paukenhöhle)** mit den **Gehörknöchelchen Hammer (Malleus), Amboss (Incus)** und **Steigbügel (Stapes)** und dem häutigen **Innenohr (Labyrinthorgan)**, das im Felsenbein eingelagert ist und Receptoren für Linear- und Winkelbeschleunigung **(Gleichgewichtssinn)** und Schallwellen **(Gehör)** enthält. Diese Dreigliederung hat sich erst im Laufe der Phylogenie herausgebildet (S. 572): Die Fische besitzen nur das Innenohr, das Mittelohr entwickelt sich erst bei den Tetrapoden und ist nach außen vom Trommelfell und zum Innenohr hin durch das ovale und das runde Fenster begrenzt. Der Teil des Innenohres, der der Reception statischer Veränderungen dient **(Vestibularapparat)**, ist bei allen Wirbeltieren ausgebildet, der akustische Teil, bei Säugetieren **Corti'sches Organ** genannt, entwickelt sich erst ab den Tetrapoden. Der Vestibularapparat besteht aus einem dorsalen **Utriculus** und einem ventralen **Sacculus**; vom Utriculus gehen drei **Bogengänge** aus, zwei vertikale und ein horizontaler. Diese Räume stehen untereinander in Verbindung und sind mit Endolymphe gefüllt. Bei Haien münden sie durch einen Gang an die Oberfläche, bei den übrigen Formen zieht vom Sacculus ein schmaler, blind endigender Gang, der **Ductus endolymphaticus**, zur Hirnoberfläche (Abb. 67). Die Receptoren des Vestibularapparates liegen in umschriebenen Sinnesfeldern, in den **Maculae** von Sacculus und Utriculus und in den **Cristae**, die in Erweiterungen der Bogengänge liegen **(Ampullen)**. Zwischen häutigem Labyrinth und Knochen befindet sich ein schmaler, mit Perilymphe gefüllter Raum, der mit der Arachnoidea (Hirnhaut) kommuniziert. Das Labyrinth der Agnatha ist einfacher gebaut.

Sie besitzen nur zwei vertikale Bogengänge, von denen bei *Myxine* auch noch der vordere rückgebildet ist, und Sacculus und Utriculus sind kaum gegeneinander abgegrenzt. Vom Sacculus geht die Entwicklung des Gehörorgans aus. Von einem besonderen Teil, der Lagena, entsteht ein schlauchförmiger Fortsatz. Bei den Vögeln und Krokodilen verläuft dieser gestreckt, bei den Säugern wickelt er sich zur **Schnecke (Cochlea)** auf. Der Perilymphraum begleitet die auswachsende Schnecke. Seinen dorsalen Teil nennt man Scala vestibuli, seinen ventralen Scala tympani. Beide gehen an der Spitze der Cochlea ineinander über **(Helicotrema)**. Die Scala tympani wird zum Mittelohr hin vom runden Fenster **(Fenestra rotunda)** begrenzt, die Scala vestibuli vom ovalen Fenster **(Fenestra ovalis)**.

Struktur und Funktion der Sinnesfelder (Abb. 68): Die Receptorzellen des Innenohres sind von Stützzellen umgebene sekundäre Sinneszellen mit kräftigen apikalen Mikrovilli (Stereocilien, Stereovilli) und wenigstens im Vestibularapparat zusätzlich mit je einer Kinocilie.

Die 30 bis 150 Stereovilli einer jeden Receptorzelle werden von Actinfilamenten durchzogen und apikal über Proteinfäden miteinander verbunden. Wird das Stereovillibündel in Richtung Kinocilie (oder bei dessen Abwesenheit in Richtung Basalkörper) abgebogen, bewirkt die Zugspannung die Öffnung von Kationenkanälen in der Membran der Stereovilli. Einfließen von K^+-Ionen aus der umgebenden Endolymphe bewirkt Depolarisation der Receptorzelle.

Cristae: Die Spitzen der Kinocilien der Sinneszellen sind mit einer gallertartigen Masse, der Cupula, verbunden (Abb. 68a). Bei Winkelbeschleunigungen, d. h. bei rotatorischen Beschleunigungen des Kopfes und des Körpers, strömt Endolymphe gegen die Cupula und verbiegt diese, sodass es zur Erregung der Sinneszellen kommt.

Maculae: Die Sinneszellen sind von einer extrazellulären Schicht bedeckt, in die Calciumcarbonatkristalle **(Statolithen, Otolithen, Statokonien)** eingelagert sind (Abb. 68b). Bei den Actinopterygiern sind die Otolithen umfangreiche Gebilde, die den Raum von Utriculus und Sacculus weit gehend ausfüllen können. Reizung der Maculae erfolgt durch Scherkräfte, die über Statolithen auf die Sinneszellen einwirken. Die Macula des

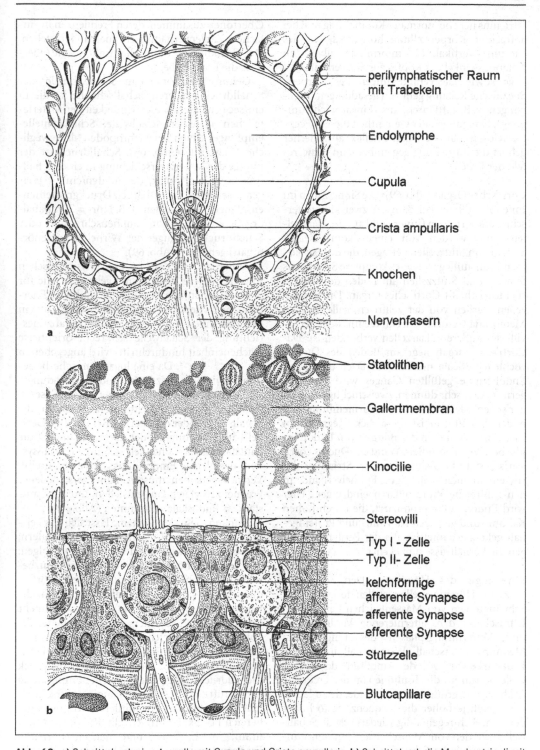

perilymphatischer Raum
mit Trabekeln

Endolymphe

Cupula

Crista ampullaris

Knochen

Nervenfasern

Statolithen

Gallertmembran

Kinocilie

Stereovilli

Typ I - Zelle

Typ II- Zelle

kelchförmige
afferente Synapse

afferente Synapse

efferente Synapse

Stützzelle

Blutcapillare

Abb. 68 a) Schnitt durch eine Ampulle mit Cupula und Crista ampullaris, **b)** Schnitt durch die Macula utriculi mit zwei Typen von Receptorzellen und Statolithen

Utriculus liegt bei normaler Kopfhaltung und bei aufrechter Körperstellung horizontal, die des Sacculus vertikal. Sie informieren über den Neigungswinkel des Kopfes zur Schwerkraft und Lage sowie Lageveränderungen des Körpers. Spezifische Reizung geht von geradlinigen Bewegungen, z. B. Liftfahren, aus (Linearbeschleunigung). Erregungen der Gesamtheit dieser Receptoren lösen charakteristische Reflexe aus. Hierher gehört die Einstellung gegenüber dem Schwerefeld der Erde.

Corti'sches Organ (Abb. 69): Die Sinneszellen im Innenohr bilden bei Säugern zwei klar unterschiedene Gruppen (**innere und äußere Haarzellen**) und werden von einem komplizierten System von Stützzellen getragen, die der Basilarmembran aufliegen. Dieses komplexe System aus Sinnes- und Stützzellen am Boden des Ductus cochlearis heißt Corti'sches Organ. Die Sinneszellen werden von der zellfreien, gallertartigen Membrana tectoria bedeckt, die mit den Stereovilli der äußeren Haarzellen verbunden ist. Das Corti'sche Organ liegt am Boden des **Ductus cochlearis (Scala media).** Das Dach dieses mit Endolymphe gefüllten Ganges wird bei Säugern von der sehr dünnen, zweischichtigen **Reissner'schen Membran (Vestibularmembran)** gebildet. Bei Vögeln ist diese dick (**Tegmentum vasculorum**) und an der Bildung von Endolymphe beteiligt. Die äußere Wand des Ductus cochlearis besteht bei Säugern aus der **Stria vascularis,** einem mehrschichtigen Epithelverband, in den zahlreiche Blutcapillaren eindringen. Hier wird Endolymphe produziert, die durch hohen Kalium- und geringen Natrium- und Proteingehalt gekennzeichnet ist. Bei der Perilymphe liegen die Verhältnisse umgekehrt.

Physiologie des Hörsinnes. Den adäquaten Reiz für Hörsinneszellen stellen longitudinale Schwingungen von Massenteilchen dar (Schall, Ultraschall), d. h. alternierende Verdichtungs- und Verdünnungsphasen des umgebenden Mediums (Luftschall, Wasserschall usw.). Die **Lautstärke** wird von der Amplitude der Schallwelle bestimmt, die **Tonhöhe** von der Frequenz (Abb. 70): je größer die Amplitude, desto lauter der Schall; je höher die Frequenz, desto höher der Ton. Sich regelmäßig wiederholende Schallwellen werden vom Menschen als Töne empfunden, aperiodische Schwingungen als Geräusch. Klänge setzen sich aus einem Grundton und

Obertönen zusammen, deren Frequenzen in einfachen Zahlenverhältnissen zueinander stehen. Der Grundton bestimmt die Tonhöhe, die Obertöne die Klangfarbe.

Gehörorgane können auf Schallschnelle oder Schalldruck reagieren. **Schallschnelle** ist die in cm/sec gemessene Geschwindigkeit der Materieteilchen in einer Schallwelle. **Schallschnelleempfänger** treten bei Arthropoden als bewegliche Haare auf (Abb. 66). **Schalldruck** ist der infolge der Materieverschiebung in einer Schallwelle erzeugte Druck, der in $dyn/cm^2 = \mu bar$ gemessen wird. Er wird durch **Druckgradientenempfänger** der Insekten (z. B. Hör- = Tympanalorgane an Beinen von Laubheuschrecken) oder **Schalldruckempfänger** der Wirbeltiere (Gehörorgan) gemessen (Abb. 69).

Außerdem werden in der physiologischen Akustik weitere Maßsysteme gebraucht, die für den Menschen von Wichtigkeit sind. Die Energiemenge (Reizstärke, Schallintensität), die in der Zeiteinheit durch eine zur Fortpflanzungsrichtung der Schallwelle senkrecht orientierte Flächeneinheit hindurchtritt, wird angegeben in $erg \cdot sec^{-1} \cdot cm^{-2}$. Da eine logarithmische Beziehung zwischen Reizstärke und Empfindungsstärke besteht (**Weber-Fechner'sches Gesetz**), wendet man eine logarithmische Skala an, die Schallstärke- oder dB-Skala (1 **Bel** [B] = 10 Dezibel [dB]). Wichtig bei der Lärmmessung ist die Lautstärkeskala. Es handelt sich um ein Maßsystem, das gleiche Empfindungsstärke beschreibt. Versuchspersonen müssen Töne verschiedener Frequenzen gleich laut einstellen, um zur Lautstärke = Phonskala zu kommen (Abb. 70).

Anhand dieser Maßsysteme lässt sich das Leistungsvermögen von Gehörorganen erläutern; das soll zunächst am Ohr des Menschen erfolgen. Der Jugendliche besitzt einen Hörfrequenzbereich von 16 bis 20000 Hz. Die obere Hörfrequenzgrenze sinkt im Alter auf 5000 Hz, d. h., die beiden oberen Oktaven können nicht mehr gehört werden. Die Unterschiedsschwelle für die Tonhöhe ist im Bereich von 80–600 Hz am feinsten (0,1%) und nimmt mit höherer und niedrigerer Frequenz ab. Der Schwellenschalldruck (Schalldruck, der gerade noch eine Empfindung hervorruft), ist frequenzabhängig (Hörschwellenkurve, Abb. 70). Im mittleren Tonfrequenzbereich (1–2 kHz) erreicht die Kurve ihr Minimum, im höchsten und tiefsten hörbaren Frequenzbereich muss der Schalldruck um mehrere Zehnerpotenzen höherliegen, um eine Erre-

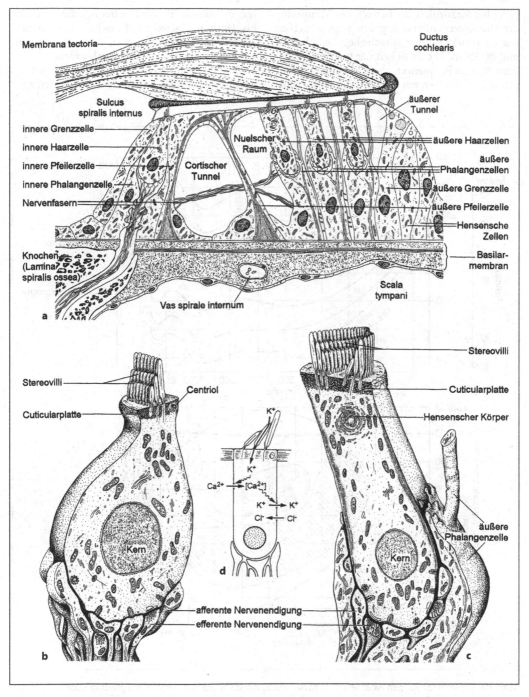

Abb. 69 a) Schnitt durch das Corti'sche Organ, **b)** innere Haarzelle, **c)** äußere Haarzelle, **d)** Schema der Ionen-
ströme bei der Erregung einer Haarzelle. Die inneren Haarzellen sind sensorisch, die äußeren haben dagegen mehr
effektorische Funktionen. Sie rezipieren Schall und verstärken durch aktive Längenänderung lokal die Wanderwellen. Erst dadurch werden die Stereovilli der inneren Haarzellen abgebogen, sodass Receptorpotentiale enste-
hen. Diese führen zur Freisetzung von Transmitter (Glutamat)

gung hervorzurufen. Im Bereich des Minimums der Hörschwellenkurve liegt unser Sprachgebiet. Die Lautstärke unserer Sprache liegt zwischen 40 und 80 Phon. Die Fähigkeit der meisten Säugetiere, höhere Frequenzen als der Mensch zu rezipieren, ist in extremem Maß bei den Fledermäu-

sen entwickelt, deren Hörfrequenzbereich sich bis 180 kHz erstreckt. Ultraschallemission und -reception sind bei ihnen zu einem besonderen Orientierungsmechanismus verbunden.

Das Hörvermögen der übrigen Wirbeltiere ist unterschiedlich gut. Viele Vögel haben eine

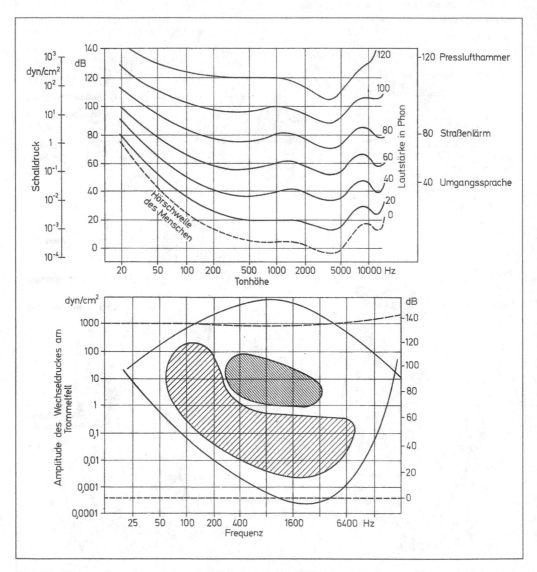

Abb. 70 Oben: Beziehungen zwischen dem Schalldruck, der dB-Skala und den Kurven gleicher subjektiver Lautstärke (Phonskala). Die dB-Skala ist frequenzunabhängig; die Phonskala dient der Beurteilung des subjektiven Phänomens der Lautstärke und ist frequenzabhängig. Unten: Hörfläche. Untere Begrenzung: Hörschwellenkurve, obere Begrenzung: Schmerzschwellenkurve. Grob schraffiertes Feld in der Hörfläche: Nebensprachgebiet; eng schraffiertes Feld: Hauptsprachgebiet. Die obere gestrichelte Kurve bezeichnet die Fühlschwelle, bei der ein Kitzeln im Ohr des Menschen auftritt

untere Hörfrequenzgrenze bei 50 Hz, die obere liegt maximal bei etwa 30 kHz. Für viele Reptilien wurden ähnliche Werte registriert; Schlangen und Schildkröten sind relativ unempfindlich. Bei Fischen liegen andere Verhältnisse vor als bei den übrigen Wirbeltieren: Oft dient die Macula sacculi der Schallwahrnehmung, bisweilen auch die Macula utriculi. Bei den Fischen, die ein besseres Hörvermögen besitzen, sind schallleitende Organe mit dem Sacculus verbunden (S. 579). Bei den Ostariophysen unter den Teleosteern hat die Schwimmblase die Rolle des Trommelfells und damit der Schallübertragung übernommen. Die Verbindung zum Sacculus wird durch Weber'sche Knöchelchen hergestellt, die umgewandelte Rippen- und Wirbelteile darstellen. Sie grenzen an eine trommelfellartige verdünnte Stelle der Schädelkapsel und übertragen die Schallwellen auf einen mit Perilymphe gefüllten Raum, der mit den Sacculi in Verbindung steht. Die obere Hörfrequenzgrenze reicht bei den Ostariophysen bis 7 kHz, bei den Physoclisten bis ca. 1 kHz. Als Empfänger für die Luftdruckschwankungen wirkt bei Säugern das mit dem Hammerstiel verbundene Trommelfell, das als Fläche um eine Achse schwingt, die an seinem oberen Rand verläuft. Die Schallwellen werden bei den Säugetieren durch drei Gehörknöchelchen, bei anderen Tetrapoden durch eins (S. 572) auf das wesentlich kleinere ovale Fenster übertragen, wobei eine Druckverstärkung auf das 20fache erreicht wird. Die für den Menschen wichtigsten Schallfrequenzen, die der eigenen Sprache, liegen im Bereich der besten Leistungen des Trommelfell-Mittelohr-Apparates. Die Schwingungen des Steigbügels übertragen sich auf die Perilymphe des Ductus cochlearis und laufen helicotremawärts. Es resultiert eine Flüssigkeitsbewegung im Ductus cochlearis, die die Membrana tectoria gegen die Stereocilien der Haarzellen schert. Diese Scherung ist der adäquate Reiz der Haarzellen.

Die Wanderwellen, welche bei Säugern und Vögeln die Basilarmembran ausbauchen, steigern ihre Amplitude bis zu einem Maximum, um dann rasch abzufallen. Die Distanz vom ovalen Fenster bis zum Ort der Maximalamplitude ändert sich mit der Frequenz der Schallwelle. Hohe Töne erreichen ihre Maximalamplitude nahe der Schneckenbasis, niedrige näher am Helicotrema. Zusammengesetzte Schallwellen werden auf diese Weise zerlegt (Frequenzdispersion). Neben dieser örtlichen Dispersion gibt es

eine zeitliche, da die Wellengeschwindigkeit für verschiedene Frequenzen unterschiedlich ist. Da die mechanischen Eigenschaften der Basilarmembran nicht im ganzen Verlauf identisch sind (die Basilarmembran ist am Steigbügel schmaler als am Helicotrema), ist zudem die Wanderwellengeschwindigkeit bei fester Frequenz nicht konstant, sie nimmt helicotremawärts ab. Aufbau und Form der Basilarmembran unterscheiden sich in auffallender Weise bei den einzelnen Säugetierarten.

Sinneszellen des Gehörorgans werden nicht nur afferent, sondern auch efferent innerviert (Abb. 69b–d). Letzteres trifft insbesondere für die äußeren Haarsinneszellen zu (Abb. 69c). Man nimmt an, dass dadurch die Erregungsstärke der inneren Haarsinneszellen (der eigentlichen Hörsinneszellen) beeinflusst wird.

Lumbosacrales Gleichgewichtsorgan der Vögel

Als bipede Wirbeltiere mit oft annähernd horizontaler Körperhaltung sind die Vögel mit speziellen Anforderungen an den Gleichgewichtssinn konfrontiert. Neben einem typischen Gleichgewichtsorgan im Innenohr besitzen sie im Bereich des lumbosacralen Rückenmarks einzigartige Strukturen, die dem Gleichgewichtssinn dienen. Es handelt sich um segmental angelegte, knöchern umrahmte bogengangsähnliche Gebilde, die mit dem liquorhaltigen Subarachnoidalraum des Rückenmarks kommunizieren. Die Rückenmarkshäute bilden hier große Liquorräume über segmentalen, ventrolateralen, lappenartigen Anhängen des Rückenmarks. In diesen gelegene Neurone sind wahrscheinlich Sinneszellen, die durch die verzögerten Bewegungen des Liquors während der Körperbewegungen erregt werden. Sie liegen seitlich des dorsomedian gelegenen Glykogenkörpers, einer weiteren Rückenmarksspezialisierung der Vögel, die vermutlich eine Energiereserve darstellt.

Stimme und Stimmorgane, Echoorientierung

Die Erzeugung von Lauten mit biologischer Bedeutung ist bei Arthropoden und Wirbeltieren verbreitet. Oft sind das nicht die von uns wahrnehmbaren Tonbereiche, sondern Ultraschalltöne (Delphine, kleine Zikaden, Fledermäuse und viele Kleinsäuger). Die Stimme des Menschen hat beim Mann den Bereich von ca. 80–520 Hz, bei der Frau ca. 170–1050 Hz, erreicht bei Vögeln 3500 Hz und bei manchen Arthropoden 4000–8000 Hz.

Stimmorgane arbeiten nach verschiedenen Prinzipien.

1. Schrillorgane (Stridulationsorgane). Mit Zähnchen oder Rippen besetzte harte Flächen werden gegen eine harte Kante oder Fläche gerieben. Die Lauterzeugung ist ähnlich wie beim Reiben eines Kammes an einer harten Leiste. Für Schrillorgane sind die Arthropoden mit ihren cuticularen Platten und Leisten prädisponiert; diese finden sich hier in großer Zahl, nicht nur bei Insekten, sondern auch bei Spinnentieren und manchen Krebsen. Es können dabei Beine an Flügeln oder am Vorderkopf gerieben werden, Teile von Bauchplatten oder Flügeln gegeneinander bewegt werden usw. Selbst innerhalb einzelner Ordnungen sind ganz verschiedene Schrillorgane ausgebildet (Wanzen, Käfer, Heuschrecken). Die Feldheuschrecken stridulieren durch Reiben ihrer Hinterschenkel an Flügeladern, die Laubheuschrecken und Grillen durch Aneinanderreiben der Flügel. Ähnlich entstehen Geräusche, die Fische durch Kiefer oder Flossenstrahlen erzeugen.

2. Blasorgane. Membranen oder Lippen werden durch strömende Luft in Schwingungen versetzt. Hierher gehören die Stimmorgane der Wirbeltiere: Larynx (Kehlkopf) und Syrinx. Im Larynx werden vorspringende Stimmbänder gebildet, zwischen denen die Luftpassage zur Stimmritze eingeengt wird. Durch Muskeln sind die Stimmlippen verstellbar, während der normalen Atmung sind sie schlaff. Eine Larynxstimme haben Frösche, Geckos und Säuger. Bei Vögeln gehören ihr nur einfache Laute an, z. B. Zischen der Gänse und Störche, Schleifen des Auerhahnes. Bei ihnen ist ein neues Stimmorgan am Übergang der Trachea in die Bronchien entstanden, die Syrinx. Hier geraten trommelfellähnliche Membranen in der Wand der Trachea oder Bronchien durch die Luft in Schwingungen. Unter den Insekten werden Blaslaute durch die Tracheenluft beim Totenkopf *(Acherontia)* erzeugt. Verschiedene Hilfsorgane dienen der Resonanz und der Modulation von Tonhöhe und Klangfarbe. Frösche haben vielfach Schallblasen

im Bereich der Mundhöhle, Säuger (z. B. der Orang Utan) Luftsäcke, die Ausstülpungen des Kehlkopfbereiches sind, die Männchen der Enten Knochenblasen an der Syrinx; Zunge und Lippen wirken bei der Lautbildung mit.

3. Trommelorgane der Zikaden. Am ersten Abdominalsegment liegen cuticulare Platten, die von einem Luftsack unterlagert sind. Durch Muskeln können sie in rascher Folge eingebeult werden und sich durch ihre Elastizität wieder einebnen. Die Laute entstehen ähnlich wie bei einem hin- und hergebogenen Blechdeckel.

Gleichfalls durch Muskeln werden bei manchen Fischen (Knurrhahn, Trommelfisch) die Wände der Schwimmblase in Schwingungen versetzt und erzeugen Geräusche. Die Muskeln stammen von der Hypobranchialmuskulatur.

In großer Mannigfaltigkeit existieren noch **Lautsignale,** die aus zufälligen Geräuschen entstehen. Das Hacken mit dem Schnabel, das Kauen mit den Kiefern, das Aufschlagen von Körperteilen auf den Boden, das Schlagen und Schwirren von Flügeln ergeben als Nebeneffekt Geräusche. In Einzelfällen sind aus solchen Nebengeräuschen biologisch wirksame Laute geworden, z. B. das Trommeln der Buntspechte als Balzruf, das Schnabelklappern der Störche, das Klopfen der Klopfkäfer (Anobiidae) und Hasen, der Flugton der Mückenmännchen als Lockruf für die Weibchen, das Klingeln der Schellenten und das Zähneknirschen von Affen. Die biologische Bedeutung ist vielseitig und dient meist der innerartlichen Kommunikation. Das ist dort deutlich, wo nur ein Geschlecht Lautorgane trägt, wie bei den Singzikaden, oder wo nur ein Geschlecht singt. Hier dient die artlich verschiedene Lautstrophe der Anlockung des anderen Geschlechts. Im Experiment liefen Grillenweibchen auf den Schalltrichter eines Telefons zu, das den Gesang des Männchens aus einem anderen Zimmer übermittelte. Bei Heuschrecken gibt es aber auch einen »Rivalengesang«, und bei Vögeln und Säugern gibt es eine Fülle von Lockrufen, Anwesenheitsrufen, Balzrufen, Bettellauten, Drohlauten, Warnrufen usw. Der Gesang der Vogelmännchen bedeutet: Hier ist ein Platz (als Brutterritorium) mit Mann. Da viele Vogelmännchen noch individuelle Laute in ihren Gesang einbauen, bedeutet der Amselgesang sogar: Hier ist der Amselmann A mit erobertem und verteidigtem Territorium. Jeder der Laute kann noch differenziert sein. Der Hahn hat verschiedene Warnrufe für Gefahr aus der Luft und Gefahr am Boden, Meerkatzen haben besondere Warnlaute für Schlangen, Kampfadler usw.

Einige Nachtschmetterlinge, vor allem Noctuiden, produzieren zwar Ultraschallpulse, benutzen sie aber nicht zur Echoortung, sondern um ihren Feinden, den Fledermäusen, zu signalisieren, dass sie nicht genießbar sind.

Manche Wirbeltiere benutzen das Echo ihrer eigenen Lautsignale bei der Orientierung, wodurch es ihnen gelingt, sich ein genaues Abbild von ihrer Umgebung zu machen. Unter den Vögeln sind es der südamerikanische Fettschwalm und Salanganen-Arten Südostasiens, die in Höhlen nisten. Bei den Säugern kommt Echoorientierung bei Microchiropteren, *Rousettus*-Flughunden und Walen vor. Unter den Fledermäusen sind es v. a. die Kleinfledermäuse, die Laute im Ultraschallbereich ausstoßen, deren Echo von den Tieren mit Sicherheit auch aus einem Gewirr von zahlreichen Geräuschen ähnlicher Frequenz herausgehört wird. Unter den Megachiropteren besitzt offenbar nur *Rousettus* die Fähigkeit, sich im Dunkeln mittels Echoorientierung zurechtzufinden. Laute und Hörsysteme der Microchiropteren sind an verschiedenartige Jagdbiotope angepasst. Die Frequenzen, die die Fledermäuse benutzen, liegen meistens im Bereich von 20 000 Hz (= 20 kHz) bis 130 000 Hz (= 130 kHz), extreme Varianten liegen bei 12 kHz und 210 kHz. Im Allgemeinen können sie also vom Menschen nicht gehört werden. Die Laute werden im Kehlkopf erzeugt und durch Nase (Rhinolophiden u. a.) oder Mund (Vespertilioniden u. a.) ausgestoßen.

Die meisten Fledermäuse benutzen zur Echoortung sogenannte frequenzmodulierte (FM-) Laute. Diese Ortungslaute beginnen typischerweise bei 80 kHz und laufen innerhalb weniger Millisekunden durch alle Frequenzen bis etwa 20 kHz. Solche FM-Signale werden v. a. zur Entfernungsbestimmung (Laufzeit von Ortungslautbeginn bis Eintreffen des Echos) benutzt. Hufeisennasen und Hipposideriden senden vor dem FM-Teil stets einen längeren Tonteil (6–50 msec) eines artspezifischen Frequenzbandes (*Rhinolophus ferumequinum* ca. 80–85 kHz, *Rh. hipposiderus* ca. 102–115 kHz) aus. Mit diesem sog. constant frequencing (CF-)Ortungslaut detektieren sie besonders gut den Flügelschlag ihrer Beuteinsekten. Diese Fledermausarten können meist nur flügelschlagende Insekten entdecken, was einige Nachtinsekten ausnutzen, indem sie den Flug sofort einstellen, wenn sie die Fledermaus hören.

Die Laute der Megadermatidae sind sehr kurz: beim Suchen dauern sie 1,7 msec, beim Anflug auf Beute 0,4 msec. Die Menge der abgegebenen Laute ist sehr variabel und kann unmittelbar vor Ergreifen der Beute über 300/sec betragen. Die Frequenz wird wie bei Vespertilioniden moduliert. Die Laute werden durch die Nase ausgestoßen. Ihre Schallstärke ist relativ gering. Fledermäuse mit relativ leisen Lauten werden auch »flüsternde« Fledermäuse genannt, sie nehmen im Allgemeinen Beute vom Boden oder von Blättern auf.

Die Laute der *Rousettus-Arten* werden mit der Zunge hervorgebracht. Sie sind kurz dauernd (bis 5 msec) und von niedriger Frequenz, sodass das menschliche Ohr sie hören kann. Sie weisen keine Frequenzmodulation auf und bestehen aus einer Mischung verschiedener Frequenzen.

Mit Hilfe der Echoorientierung sind die Fledermäuse in der Lage, sehr effektiv Beute zu erwerben. Eine 8,2 g schwere *Myotis lucifugus* kann in 70 Minuten 1,3 g Nahrung (Insekten) fangen, das bedeutet, dass pro Stunde ca. 500 Insekten erbeutet wurden; eine 5,3 g schwere *Pipistrellus* hatte 1,4 g Nahrung in 30 Minuten verzehrt. Im Experiment war *Myotis lucifugus* in der Lage, bis zu 1200 *Drosophila* in einer Stunde zu fangen.

Hufeisennasen können Drähten, die 0,08 mm dick sind, ausweichen. *Megaderma* mit einer Spannweite von 40 cm ist in der Lage, ohne Reduktion ihrer Geschwindigkeit und ohne sich zu verletzen, durch 14 cm weite Löcher zu fliegen. Die fischfressende *Noctilio* lokalisiert ihre Beute, indem sie geringfügige Veränderungen der Wasseroberfläche wahrnimmt. Völlig untergetauchte Fische entgehen ihrer Wahrnehmung.

Das äußere Ohr der Fledermäuse ist ungewöhnlich vielgestaltig und kann annähernd Körpergröße erreichen (*Plecotus*). Hufeisennasen (Rhinolophidae) und Hipposideriden, Fledermäuse, die relativ lange Töne als Ortungssignale benutzen, bewegen beim Ausstoßen der Laute oft die Ohren. Das knöcherne Gehäuse des Innenohres ist im Gegensatz zu den Verhältnissen bei der Mehrzahl der Säuger weit gehend von den übrigen Schädelknochen isoliert. Dadurch wird verhindert, dass unerwünschte Laute, z. B. aus dem Mundbereich oder vom anderen Ohr, über die Schädelknochen in das Innenohr gelangen.

Die Cochlea ist außerordentlich lang (bei *Rhino-lophus* 20 mm; beim 2500-mal schwereren Menschen ist sie nur 32 mm lang). Schließlich sind die beiden hinteren (unteren) Hügel des Mittelhirndaches bei den Microchiropteren ungewöhnlich groß. Sie verarbeiten Erregungen aus der Cochlea.

Unter den Walen stoßen Delphine bei ruhigem Schwimmen alle 15 bis 20 Sekunden eine Lautserie aus, bei Annäherung an einen Gegenstand erhöht sich die Zahl der Laute auf mehrere

100. Die Frequenz erreicht 200 kHz. Das Auflösungsvermögen bleibt aber wegen der höheren Schallgeschwindigkeit (in der Luft 340 m/sec, im Wasser 1500 m/sec, d. h., ein Ton von 50 kHz hat in der Luft eine Wellenlänge von 6,8 mm und im Wasser von 30 mm) unter dem der Fledermäuse. Laute im Ultraschallbereich können auch von anderen Säugetieren, z. B. Spitzmäusen und jungen Nagetieren, ausgestoßen werden und dienen dort der innerartlichen Kommunikation.

6 Nervensystem

Mithilfe des Nervensystems nimmt ein Tier seine Umwelt wahr und erkennt die Bedeutung der vielen Signale, die pausenlos auf es einwirken. Diese Leistung, die ihm das tägliche Überleben sichert, ist im Wesentlichen an die Aktivität der spezifischen Zellen des Nervensystems, der Nervenzellen (Neurone) und der Gliazellen, gebunden, die sich beide aus derselben Anlage entwickeln. Neurone sind Zellen, die spezialisiert sind, Erregungen hervorzubringen, zu integrieren und fortzuleiten. Erregungen fließen ihnen von Receptorzellen oder anderen Nervenzellen zu, und sie leiten diese Erregungen über oft sehr lange Fortsätze zu anderen Neuronen oder Effektorzellen, die – wie z. B. Muskel- und Drüsenzellen – meist außerhalb von Nervensystemen liegen.

Zwei Haupteigenschaften kennzeichnen Nervensysteme: Sie agieren und reagieren. Im Rahmen der Fähigkeit zu reagieren hat das Nervensystem eine wichtige Rolle bei der Regulation der Homoeostase, indem es z. B. versucht, störende, von außen kommende Einflüsse auszuschalten oder Kompensationsmechanismen in Gang zu setzen. Die Eigenschaft, auch aktiv von sich aus agieren zu können, bedeutet, dass ein Nervensystem Prozesse zu initiieren vermag, indem es z. B. einen bestimmten Zustand des Organismus oder eine Verhaltensphase verändert.

Sog. »niedere« und »höhere« Tiere unterscheiden sich v. a. in der Ausdifferenzierung ihrer Nervensysteme. Ein Vergleich des Nervensystems verschiedener Tiere zeigt, dass höhere im Allgemeinen sehr viel mehr Nervenzellen besitzen als niedere, selbst wenn Tiere gleicher Körpergröße verglichen werden, z. B. ein Seeigel und eine Maus. Diese Aussage gilt jedoch nicht generell: Viele Insekten und Cephalopoden haben sehr viel mehr Neurone (letztere bis hundert Millionen) als manche Wirbeltiere (z. B. Lungenfische und Amphibien). Hoch entwickelte Nervensysteme sind die komplexesten Systeme in Organismen.

Nervensysteme sind typischerweise von Basalmembranen umgeben oder liegen innerhalb der Basalmembran von Epithelien (z. B. bei Cnidarier-Polypen oder Hemichordaten) und sind damit von den übrigen Kompartimenten des Körpers getrennt.

Im Zentralnervensystem vieler Tiere bilden peripher gelegene, dicht gelagerte Fortsätze von Gliazellen eine noch unter der Basalmembran gelegene Grenzschicht, die der Aufrechterhaltung der Homöostase des Gehirns dienen.

Bindegewebe kann eine spezielle Hüllschicht aufbauen, bei Oligochaeten (Lumbricus) treten darin sogar glatte Muskelzellen auf. Das Zentralnervensystem der Vertebraten ist von bindegewebigen Schichten, den **Hirn-** und **Rückenmarkshäuten** (**Meningen**) umhüllt, die bei den einzelnen Wirbeltiergruppen unterschiedlich differenziert sind (Abb. 74, 75). Bei den Säugern lassen sich die Meningen folgendermaßen gliedern (Abb. 74): Außen liegt die harte Hirnhaut, die **Dura mater,** die im Bereich des Gehirns mit der inneren Knochenhaut (Endost) der Schädelknochen verwächst; nach innen folgt die **Arachnoidea,** der sich die gefäßreiche **Pia mater** anschließt, welche dem Gehirn unmittelbar aufliegt. Arachnoidea und Pia bilden gemeinsam die **Leptomeninx** (weiche Hirnhaut, Abb. 74). Zwischen Arachnoidea und Pia mater befindet sich der **Subarachnoidalraum,** in dem **Liquor cerebrospinalis** zirkuliert, der von hier aus über die Piagefäße und die Arachnoidalzotten von den venösen Sinus der Dura resorbiert wird (Abb. 74). Diese Sinus sammeln das aus dem Gehirn kommende Blut. Im Bereich des Rückenmarks bleiben Dura mater und Endost der Wirbel durch den fett- und gefäßreichen **Epiduralraum** getrennt.

Bei den Wirbeltieren sind auch die peripheren Nerven von speziellen Bindegewebshüllen umgeben, die den Interzellularraum im Nerven vom umgebenden Gewebe abgrenzen. Auch Blutgefäße, die in das Nervensystem eindringen, enthalten meistens spezielle Barrieren, die einen beliebigen Stoffaustausch zwischen Blutraum und Interzellularraum des Nervengewebes (und umgekehrt) verhindern. Wesentliche Komponenten dieser Barriere (**Blut-Hirn-Schranke**) sind abdichtende Zellkontakte des Capillarendothels sowie die biochemischen Eigenschaften, z. B. hinsichtlich Enzymbesatz der luminalen Membran und verstärkte lysosomale Aktivität der Endothelzellen. Die Bedeutung der den Blutcapillaren angelagerten Füßchen von Gliazellen (Astrocyten) besteht darin, dass sie den Stofftransport zwischen Blutcapillaren und Neuronen vermitteln. Die Blut-Hirn-Schranke wird von fettlöslichen Stoffen vergleichsweise leicht durchbrochen, z. B. von Ethanol und Nicotin. Für essentielle, wasserlösliche Stoffe gibt es spezifische Transportsysteme, z. B. für D-Glucose. Auch in den Ganglien der Wirbellosen bleibt die Hämolymphe stets durch morphologisch und funktionell charakterisierbare Barrieren vom Interzellularraum des Nervensystems getrennt. Bei Insekten durchbrechen lediglich die Endverzweigungen der Tracheen die trennenden Schichten und berühren unmittelbar Nervenzellen. Diese Befunde belegen eine spezielle Zusammensetzung der interstitiellen Flüssigkeit im Nervensystem, die für die normale Funktion der Nervenzellen aufrechterhalten wird und daher gegen den übrigen Körper abgegrenzt werden muss. Beispielsweise ist bei Insekten nachgewiesen worden, dass im interneuronalen Interzellularraum das für die Erregungsleitung wichtige Ion Natrium in recht hoher Konzentration in konstanter Menge vorkommt, während der Natriumspiegel im übrigen Körper Schwankungen unterworfen ist. Bei Säugetieren kontrollieren die Astrocyten die Zusammensetzung des interzellulären Raumes. Sie halten z. B. die Kaliumkonzentration konstant und können auch freigesetzte Transmitter, z. B. Glutamat, aufnehmen.

Eigenartig ist, dass das Zentralnervensystem der Wirbeltiere im Inneren ein zusammenhängendes Raumsystem birgt, das eine Flüssigkeit mit spezifischer Zusammensetzung, den **Liquor cerebrospinalis,** enthält. Im Gehirn bildet dieses Raumsystem die **Ventrikel,** im Rückenmark den **Zentralkanal.** Der Liquor wird in sehr dünnen und blutgefäßreichen Abschnitten der Hirnwand gebildet und von Venen der Hirnhäute resorbiert. Die Bedeutung des Liquors ist nicht klar. Die chemische Zusammensetzung des Liquors, der mit der Interzellularflüssigkeit zwischen den Nervenzellen weit gehend kommuniziert, unterscheidet sich konstant von der des Blutes; Liquor enthält z. B. beim Menschen nur Spuren von Eiweiß und relativ wenig Glucose. Bei Säugern tritt Liquor in den Subarachnoidalraum über (Abb. 75) und bietet wohl einen Schutz gegen Erschütterungen.

Strukturelle und funktionelle Gliederung der Nervensysteme

Nervensysteme können oft in drei Hauptbestandteile gegliedert werden: Nervennetze, Ganglien und Nerven. Die ursprünglichste Art der Anordnung von Nervenzellen ist die des Nervennetzes (**Nervenplexus**), in dem sich Impulse nach allen Seiten ausbreiten können. Solche Netze sind oft in einer Ebene ausgebreitet und kommen z. B. bei Cnidariern, Plathelminthen, Echinodermen und Hemichordaten vor, sind jedoch auch bei Formen mit höher entwickeltem Nervensystem in einzelnen Organen anzutreffen, z. B. in der Wand des Magen-Darm-Kanals der Wirbeltiere. Das Netz besteht bei Cnidariern aus synaptisch verbundenen oder vermutlich sekundär verschmolzenen einzelnen Nervenzellfortsätzen, bei Plathelminthen aus **Marksträngen** (zu Strängen verdichtetem Nervengewebe, das Perikaryen und Nervenfasern enthält), bei Wirbeltieren aus Bündeln von Nervenzellfortsätzen, in die auch Ganglien eingelagert sein können. Ob die Nervennetze der Wirbellosen wirklich so einfach sind wie bisher angenommen, wird von manchen Autoren bestritten. Selbst bei *Hydra* gibt es schon Ringverdichtungen an Mund und Fuß.

Ein **Ganglion** ist eine Konzentration von Perikaryen, die oft im Verlauf von Marksträngen auftreten. In größeren Ganglien gibt es gewöhnlich funktionelle Unterteilungen, die als Zentren (Kerne, Kerngebiete) bezeichnet werden und die durch **Interneurone** (Neurone, welche mit ihren Fortsätzen weder direkt mit einem Receptor noch mit einem Effektor verbunden sind) verknüpft sein können. Interneurone haben eine große Bedeutung beim Aufbau von Gehirnen, denn sie bilden die Grundlage zu assoziativen Leistungen, die im Zuge einer progressiven Entwicklung in allen Stämmen immer mehr zunehmen. Ganglien fehlen noch den Polypen von Hydrozoen, treten aber bei Medusen auf. Sehr große oder eine zentrale Stellung einnehmende

Ganglien werden im Allgemeinen **Gehirne** oder **Cerebralganglien** genannt. Größere Bahnen aus Nervenzellfortsätzen innerhalb von Gehirnen heißen **Tractus.**

In Ganglienketten von Wirbellosen werden die längs verlaufenden Nerven- oder Markstränge **Konnektive,** die Querverbindungen dagegen **Kommissuren** genannt (z. B. im Strickleiternervensystem der Articulaten).

Nerven sind Leitungsbahnen, die aus Fortsätzen von Nervenzellen bestehen, deren Perikaryen in Sinnesorganen oder Ganglien liegen. Sie können von Gliazellen umhüllt sein und leiten Erregungen aus Ganglien oder Gehirnen in die Peripherie oder umgekehrt.

Faserreiche Anteile mit vielen synaptischen Kontakten in Ganglien oder Gehirnen werden **Neuropil** genannt.

Kommt es in einem Nervensystem zu einer abgrenzbaren Konzentration aus Ganglien und Faserbahnen, wird dieser kompaktere Anteil **Zentralnervensystem (ZNS)** genannt und von lockerer angeordneten peripheren Fasern und Ganglien, die dann das **periphere Nervensystem** umfassen, abgegrenzt. Bei Wirbeltieren bilden Gehirn und Rückenmark das Zentralnervensystem, bei Insekten besteht es aus Oberschlund- und Unterschlundganglion sowie Bauchganglienkette.

Nerven werden wie Neurone häufig funktionell gegliedert: **Afferente (sensible) Nerven** leiten Erregungen von Receptorzellen zum ZNS, **efferente (motorische)** vom ZNS zu Erfolgsorganen, z. B. der Muskulatur. Afferente und efferente Nerven werden jeweils noch in somatische und viscerale Komponenten unterteilt. **Somatosensible** Fasern leiten von Haut und Skeletmuskulatur zentralwärts, **viscerosensible** leiten Erregungen von den Eingeweiden zum ZNS, **somatomotorische** Nerven verlaufen zur Skeletmuskulatur, **visceromotorische** Fasern versorgen v. a. die Muskulatur von Darmtrakt und Blutgefäßen.

Weiterhin können Neurone entsprechend ihrer Transmittersubstanz untergliedert werden: cholinerge Neurone (Transmitter: Acetylcholin), adrenerge Neurone (Transmitter: Noradrenalin [Norepinephrin] und Adrenalin [Epinephrin]), dopaminerge Neurone, glutamaterge Neurone usw. Peptiderge Neurone setzen Peptide an ihren Endigungen frei.

Dem Nervensystem kommt auch trophische (= ernährende) Funktion zu. Aufbau und Tätigkeit bestimmter Organe werden nur aufrechterhalten, wenn sie innerviert werden. Bei Durchtrennung der zuführenden Nerven gehen sie zugrunde. In allen Tiergruppen ist nachgewiesen worden, dass bestimmte Neurone Hormone in Hämolymphe, Blut oder den interstitiellen Raum abgeben. Dementsprechend findet man Receptoren für viele Transmitter auch an Zellen, die nicht in typischer Weise innerviert sind.

Reflexe

Grundeinheit der Nerventätigkeit ist der **Reflexbogen:** Sinnesorgan – afferentes (sensibles) Neuron – eine oder mehrere Synapsen in zentraler Integrationsstation – efferentes (motorisches) Neuron – Erfolgsorgan (Effektor). Bei den Wirbeltieren liegt die zentrale Integrationsstation in Rückenmark und Gehirn, bei Wirbellosen meistens in den Ganglien. Einfachste Reflexbögen besitzen nur eine Synapse zwischen afferentem und efferentem Neuron: **monosynaptische Reflexe.** Bei **polysynaptischen Reflexen** sind ein oder mehrere Zwischenneurone (Interneurone) zwischen afferentes und efferentes Neuron eingeschaltet.

Monosynaptischer Reflex (**Muskeleigenreflex**) bei Wirbeltieren: Dehnung eines Muskels führt zu seiner Kontraktion (**Dehnungsreflex, Eigenreflex**). Das Sinnesorgan, das die Dehnung wahrnimmt, ist die **Muskelspindel.** In der Spindel gebildete Impulse werden durch schnell leitende sensible Ia-Fasern dem ZNS zugeleitet und dort direkt auf motorische Neurone (α-Motoneurone), die denselben Muskel versorgen, umgeschaltet. Dehnungsreflexe sind beim Säuger die einzigen monosynaptischen Reflexe. Sie ermöglichen sowohl die Konstanthaltung der Länge eines Muskels als auch eine Verstellung der Muskellänge und sind damit für Haltung und Bewegung des Tieres außerordentlich wichtig. Die Reflexzeit beträgt nur 30 Millisekunden.

Die monosynaptische Aktivierung der α-Neurone führt also zu einer Kontraktion der Arbeitsmuskulatur des eigenen Muskels. Gleichzeitig haben die Ia- und II-Afferenzen der Muskelspindeln über ein hemmendes Interneuron auch Verbindung mit der Arbeitsmuskulatur des Antagonisten des erregten Muskels, der also gehemmt wird. Wenn z. B. ein Beuger (Agonist) erregt wird, wird gleichzeitig der am selben Gelenk angreifende Strecker (Antagonist) gehemmt (antagonistische Hemmung). Mit Hilfe des Dehnungsreflexes kann die Länge eines Muskels konstant gehalten werden. Droht z. B. durch den Einfluss der Schwerkraft ein Extremitätengelenk einzuknicken, dann werden dabei die Spindeln in den Streckern gedehnt, was blitzartig zu einer Kontraktion des Muskels führt, wodurch die ursprüngliche Gelenkstellung wiederhergestellt wird.

Im Folgenden soll kurz auf einige typische neuronale Verknüpfungen hingewiesen werden, die v. a. dazu dienen, schwache Impulse zu verstärken oder zu starke zu dämpfen. Von **Divergenz** sprechen wir, wenn sich das Axon eines Neurons in mehrere Kollaterale aufteilt und mit mehreren Neuronen Synapsen bildet. Dementsprechend laufen auf die meisten Neurone Axone mehrerer anderer Neurone zu: **Konvergenz**. An einem motorischen Neuron im Rückenmark der Säugetiere enden beispielsweise ca. 6 000 Axone, die teils erregende, teils hemmende Synapsen bilden (Abb. 35). Von der Summe der zu einem bestimmten Zeitpunkt wirksamen synaptischen Prozesse hängt es ab, ob das Motoneuron ein fortgeleitetes Aktionspotential fortsendet oder nicht.

Die einfachste Möglichkeit, unterschwellige Erregungen überschwellig zu machen, besteht in einer Verstärkung neuronaler Aktivität: **Bahnung**. Hierunter versteht man, dass sich kurz hintereinander ausgelöste EPSP in ihrer erregenden Wirkung auf ein Neuron addieren, bis von diesem ein Aktionspotential ausgesandt wird (zeitliche Bahnung). Bahnung kann auch erreicht werden, wenn gleichzeitig zwei schwache Impulse, die jeder für sich zu keinem Aktionspotential an einer weiteren Nervenzelle führen, an einer Nervenzelle ein fortgeleitetes Aktionspotential hervorrufen (räumliche Bahnung). Hemmende Schaltkreise führen zur Unterdrückung von Erregungen. Es existieren hemmende Schaltkreise, die auf die Erregung selbst zurückwirken, oder solche, die während eines Erregungsvorganges andere Erregungen unterdrücken oder einen Erregungsprozess von benachbarten Aktivitäten abschirmen.

1. **Antagonistische Hemmung.** Wie bereits erwähnt, erregen die sensiblen Neurone, die Impulse aus den Muskelspindeln leiten, Motoneurone, die denselben Muskel erreichen, während sie die antagonistischen Motoneurone hemmen.
2. **Negative Rückkopplung** (= Feedback-Hemmung). Hier wirken hemmende Interneurone auf die Zellen zurück, von denen sie aktiviert wurden. Ein Beispiel bieten die glycinergen **Renshaw-Zellen** im Rückenmark der Säuger, die mit Motoneuronen verknüpft sind und diese inhibieren. Je stärker das Motoneuron erregt wird, desto stärker wird auch die Renshaw-Zelle erregt. Geringe Aktivität der Motoneurone wird ungestört an die Muskulatur weitergeleitet, während überschüssige Aktivität gedämpft wird.
3. **Laterale Hemmung** (Umfeldhemmung). Diese Form der Hemmung ähnelt der negativen Rückkopplung. Die hemmenden Interneurone wirken aber nicht nur auf die erregte Zelle zurück, sondern besonders stark auf benachbarte Zellen. Sie ist besonders verbreitet in sensorischen Systemen und kann prae- oder postsynaptisch ausgebildet sein. Hier steht sie im Dienste einer Kontrastverschärfung oder Kontrastbildung.
4. **Vorwärtshemmung:** Hier findet eine Hemmung unabhängig davon statt, ob die gehemmte Zelle vorher erregt war oder nicht. Ein Beispiel bietet die Verknüpfung Korb-Purkinje-Zelle im Kleinhirn (Abb. 82).

Positiv rückgekoppelte Schaltkreise können zum Kreisen von Erregungen führen und dadurch eine bestimmte neuronale Aktivität für längere Zeit aufrechterhalten. Eine andere Möglichkeit, die Wiederholung einer einmal hervorgerufenen Aktivität zu erleichtern, bietet die **posttetanische Potenzierung**. Hierunter versteht man die Erscheinung, dass wiederholte (tetanische) Benutzung einer Synapse zu einer Vergrößerung der synaptischen Potentiale führt.

Unbedingte Reflexe sind angeboren (ererbt). Ein **bedingter Reflex** ist dagegen eine Reflexantwort auf einen Reiz, der ursprünglich diese Antwort nicht auslöste. Er wird durch wiederholte Paarung dieses Reizes mit einem anderen Reiz, der normalerweise die betreffende Reflexantwort hervorruft, erworben. Ein bekanntes Beispiel bietet die Speichelabsonderung bei Hunden, die normalerweise durch Zerkauen von Fleisch hervorgerufen wird, dann aber auch durch Erblicken des Fleisches oder sogar durch ein Klingelsignal, das zunächst gleichzeitig mit der Fütterung ertönte, ausgelöst wird.

Bedingte Reflexe bilden einen wichtigen Bestandteil des Lernens.

Überträgerstoffe (Transmitter)

Ein Überträgerstoff wird an einer Nervenendigung freigesetzt und bewirkt eine lokale Veränderung der Eigenschaften der Membran des Erfolgsorgans. Eine Substanz erfüllt die Definition eines Überträgerstoffes, wenn sie und die Enzyme für ihre Synthese im Cytoplasma eines Neurons nachweisbar sind. Sie muss weiterhin bei Aktivierung eines Neurons am Axonende freigesetzt werden. Der Effekt des Transmitters muss auch experimentell an einem Erfolgsorgan (Effektor) hervorgerufen werden können. Zudem müssen bestimmte Inaktivierungsmechanismen für den Transmitter vorhanden sein. Weit verbreitet im gesamten Tierreich sind folgende Überträgerstoffe: Acetylcholin, Dopamin, Noradrenalin, Adrenalin, 5-Hydroxytryptamin; außerdem existieren zahlreiche weitere Transmitter wie z. B. Glycin, Asparaginsäure, Glutamat und γ-Aminobuttersäure (GABA). Neben dem eigentlichen Überträgerstoff können ein oder mehrere Peptide abgegeben werden, z. B. Noradrenalin mit dem körpereigenen Opiat Enkephalin. Die Bedeutung der Peptide liegt möglicherweise in der Modifizierung der Transmitterwirkung (**Neuromodulation**).

Acetylcholin (ACh). Das ACh-System umfasst folgende Einheiten (Abb. 71): 1. das Synthese-Enzym **Cholin-Acetyltransferase** (ChAT), 2. einen Speichermechanismus des ACh in Form kleiner Bläschen im präsynaptischen Bereich, 3. Receptoren am Erfolgsorgan, mit denen ACh reagiert, wodurch eine lokale Änderung der Eigenschaften der Zelloberfläche des Erfolgsorgans ausgelöst wird. Der Receptor kann u. a. durch **Curare** (an motorischer Endplatte), **Atropin** (an vielen Drüsen- und glatten Muskelzellen) blockiert werden.

Dementsprechend unterscheidet man zwei Haupttypen von Acetylcholinreceptoren: nicotinische (N-) und muscarinische (M-)ACh-Receptoren. Nicotinische, die auch durch Nicotin erregt werden können, finden sich an Skeletmuskelzellen und in vegetativen Ganglien, muscarinische, die auch durch das Fliegenpilzgift Muscarin erregt werden können, finden sich insbesondere in den Organen der Eingeweide. Der N-ACh-Receptor ist gleichzeitig ein Ionenkanal, der M-ACh-Receptor beeinflusst seine Zielzellen über G-Proteine. 4. **Cholinesterase** (AChE), ein abbauendes Enzym, das durch **Physostigmin**

(Eserin) gehemmt wird. Die Verbindung von ACh mit dem Receptor verändert die Membranpermeabilität des Erfolgsorgans. Bei Wirbeltieren wirkt ACh depolarisierend an der motorischen Endplatte, an Ganglienzellen und vielen glatten Muskelzellen, hyperpolarisierend an den Schrittmacherzellen des Herzens. ACh kann den Calciumeinstrom fördern und dadurch z. B. Drüsenzellen aktivieren. Bei Wirbeltieren hat ACh Transmitterfunktion 1. an der motorischen Endplatte, 2. an zentralen Synapsen, 3. an Synapsen aller Ganglien des vegetativen Nervensystems, 4. an Endigungen postganglionärer Fasern des Parasympathicus und selten auch des Sympathicus (Schweißdrüsennerven). Bei vielen Wirbellosen, v. a. bei Arthropoden und Mollusken, hemmt ACh die Herztätigkeit, kann aber auch erregender Transmitter sein (manche Ganglien von Mollusken).

Dopamin, Noradrenalin, Adrenalin (Catecholamine). Die Biosynthese des Adrenalins geht von der Aminosäure Tyrosin aus, die wiederum aus Phenylalanin entstehen kann (Abb. 71). In vielen Teilen des Nervengewebes wird dieser Prozess nur bis zu einer bestimmten Zwischenstufe – z. B. Dopamin – geführt, und sowohl Dopamin, Noradrenalin als auch Adrenalin, die alle der Stoffgruppe der Catecholamine angehören, spielen eine Rolle als Transmitter. Die Catecholamine werden in Nervenzellen z. T. in spezifischen Granula gespeichert und bilden hier mit ATP, Calcium und dem Protein **Chromogranin** einen Molekülkomplex. Freigesetztes Noradrenalin kann wieder in die Axonendigung aufgenommen und neu verwendet werden. Experimentell setzt **Ephedrin** Noradrenalin frei; **Reserpin** verhindert seine Speicherung. Adrenalin wird beim Säugetier außerdem in den Nebennierenmarkszellen gebildet, die modifizierten Nervenzellen entsprechen. Da es in diesem Fall in die Blutbahn abgegeben wird, hat es Hormonfunktion. Die Catecholamine wirken auf Zielzellen, indem sie sich mit spezifischen Receptormolekülen an deren Plasmamembran verbinden. Es werden vier Receptortypen unterschieden, die alle über G-Proteine wirken und jeweils unterschiedliche Effekte auslösen: α_1-, α_2-, β_1-, β_2-Receptoren. α_1-Receptoren bewirken – vermittelt z. T. durch Inositoltriphosphat – Anstieg des intrazellulären Ca^{++}-Gehaltes, α_2-Receptoren hemmen über das G_i-Protein (S. 198) Adenylat-Cyclase, wodurch der intrazelluläre cyclische AMP-Spiegel absinkt,

β_1- und β_2-Receptoren aktivieren Adenylat-Cyclase, was zum Anstieg des cyclischen AMP führt. β_1-Receptoren sind v. a. am Herzmuskel lokalisiert, physiologisch bewirken sie über Calciumeinstrom u. a. Frequenzanstieg und Zunahme der Kontraktionskraft. β_2-Receptoren bewirken an glatter Muskulatur Erschlaffung, α_1-Receptoren verursachen dagegen oft Kontraktion dieser Muskulatur.

Viele Zellen, z. B. Fettzellen, besitzen mehrere Catecholaminreceptortypen, deren Häufigkeit sich im Übrigen unter verschiedenen physiologischen Zuständen (Alter, Schlaf, Stress, Schwangerschaft, Sport, Meditation u. a.) verändert.

Noradrenalin ist der Transmitter in den postganglionären Fasern des Sympathicus höherer Vertebraten. Es kommt ebenso wie Dopamin auch im ZNS vor, wo es erregend wirkt.

Auch 5-Hydroxytryptamin (5-HT, **Serotonin**) ist im Nervensystem zahlreicher Wirbelloser und Wirbeltiere verbreitet. Im ZNS der Wirbeltiere besitzt es im Allgemeinen dämpfende oder hem-

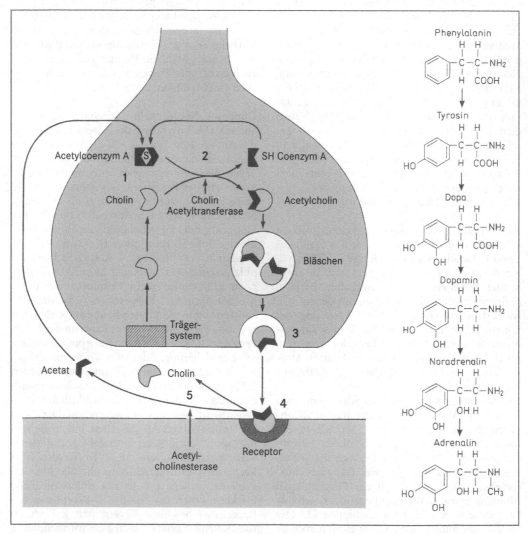

Abb. 71 Neurotransmitter. Links: Synthese (1, 2), Freisetzung (3), Verbindung mit einem Receptor der postsynaptischen Membran (4) und Spaltung (5) des Acetylcholins; Cholin-Acetyltransferase = Cholinacetylase. Rechts: Synthese des Adrenalins aus Phenylalanin

mende Wirkung. Entsprechend ist es in Zentren, die den Schlaf beeinflussen, in hoher Konzentration vorhanden. Wie Adrenalin und Noradrenalin kommt es als Hormon auch außerhalb des Nervensystems vor.

Gamma-Aminobuttersäure (GABA) und **Glycin** sind wichtige hemmende Transmitter im ZNS der Wirbeltiere. Der Glycinreceptor ist ein ligandengesteuerter Ionenkanal, der die Leitfähigkeit für Chlorid erhöht. Die GABA-Receptoren gehören zwei Subtypen an: ligandengesteuerten Ionenkanälen (erhöhen Leitfähigkeit für Chlorid) und einem G-Protein-gekoppelten Receptor (beeinflusst Kalium- und Calciumleitfähigkeit). **Glutamat** ist der wichtigste erregende Transmitter im ZNS der Säugetiere, kommt aber auch im ZNS der anderen Wirbeltiere und der Arthropoden vor. Die Wirkung von Glutamat wird über verschiedene Receptoren vermittelt, die mehrheitlich ligandengesteuerte Ionenkanäle sind und die Leitfähigkeit für Natrium und Kalium sowie z. T. auch für Calcium erhöhen (AMPA-, Kainat-, NMDA- und andere Receptorsubtypen).

Neuropeptide: Außer den klassischen Transmittern enthalten viele Nervenzellen (zentral und peripher gelegene) im Perikaryon und in den Fortsätzen Neuropeptide. Die Bedeutung dieser Peptide ist vielfältig und oft noch unvollständig bekannt. Als Beispiel sei erwähnt, dass das autonome Nervensystem aller Wirbeltiere peptidhaltige Fasern (peptiderge Fasern) enthält. So befinden sich z. B. in Herz, Leber und Niere Fasern mit Neurotensin und Substanz P. Auffällig ist, dass viele dieser Peptide nicht nur in Nervenzellen und ihren Ausläufern, sondern auch in endokrinen Zellen beispielsweise des Darmtraktes, vorkommen. Es wird daher auch von einem disseminierten neuroendokrinen System gesprochen. Das Neuropeptid Y (NPY) wird u. a. im Hypothalamus freigesetzt und steigert Hungergefühl und Appetit. Es ist eines von mehreren Neuropeptiden, die die Nahrungsaufnahme kontrollieren.

Übersicht der Nervensysteme in verschiedenen Tiergruppen

Die Komplexität eines Nervensystems entspricht dem Ausbildungsgrad der motorischen Aktivität eines Tieres; bei sessilen Formen bestehen die zentralen Teile des Nervensystems oft nur aus einem einzigen Ganglion.

Das Nervensystem der **Cnidaria** enthält v. a. bi- und multipolare Neurone. Die Neurone bilden im Allgemeinen Nervennetze (Abb. 72a), aber auch Ringe, insbesondere bei Medusen. Neurone leiten sich bei Cnidariern von Ecto- und Entoderm ab. Die Erregungsleitung erfolgt oft in allen Richtungen, die Synapsen sind meist nicht polarisiert, die Leitungsgeschwindigkeit ist relativ langsam (4–15 cm/sec). Einige schneller leitende Bahnen (1 m/sec) vermitteln Schutzreaktionen oder aktivieren bei manchen Medusen den kontraktilen Apparat der Epithelmuskelzellen bei der Jagd auf Beute.

Bei Medusen sind Nervenbahnen gefunden worden, die nur in einer Richtung leiten. Bei manchen kommen sogar einfache Ganglien mit verschiedenen Neuronentypen vor, besonders in der Nähe der Statocysten und Augen. Bei Seeanemonen und Medusen treten tonische (langsam relaxierende) und phasische (schnell relaxierende) Muskeln auf, was auf eine Doppelinnervation der Muskulatur hindeutet. Auch in den Epithelien scheinen z. T. zwei oder sogar mehr voneinander relativ unabhängige Nervennetze vorzukommen, die auf verschiedene Reize ansprechen und unterschiedliche Reaktionen auslösen können. In Hydrozoenkolonien breiten sich Erregungen abhängig von der Intensität des Reizes unterschiedlich weit aus. Bei *Hydractinia* kontrahieren sich die meisten Einzelpolypen der ganzen Kolonie nach einem lokalen Reiz, während die Dactylozoide – oft am Rande des Schneckenhauses gelegen, auf dem die Kolonie wächst – peitschenförmige Bewegungen ausführen. Bei vielen Cnidariern kommen auch spontane Aktivitäten vor, die vermutlich von Schrittmachern in Ganglien oder Nervennetzen ausgehen.

Bei den **Bilateria** lassen sich zwei Entwicklungsreihen verfolgen, die erste führt vom Nervennetz über eine Konzentration in Längssträngen zum ventral gelegenen Strickleiternervensystem (Protostomia). Die zweite Reihe geht ebenfalls vom Nervennetz aus und führt zur Ausbildung eines dorsal eingefalteten Neuralrohres (Deuterostomia).

Die **Plathelminthes** besitzen sehr variabel ausgebildete Nervensysteme. Manche Formen weisen Nervennetze mit kaum einer Andeutung eines Cerebralganglions auf. Andere haben neben einem peripheren Nervennetz einen im

Kopfbereich gelegenen Ganglienkomplex, von dem aus mehrere netzartig miteinander verbundene Längsstränge in den Körper ziehen (Abb. 72b). Hoch entwickelte Arten sind durch komplexe Gehirne und nur wenige Markstränge gekennzeichnet.

Bei den **Nematoda** ist als Gehirn eine den Darm umgreifende vordere Ringkommissur (Commissura cephalica) entwickelt, von der mehrere Längsstränge ausgehen (Abb. 72f). Die Zahl der Nervenzellen ist konstant und relativ niedrig. So wurden in der Ringkommissur einer *Ascaris*-Art 162 Zellen gezählt.

Der Organisationsgrad des Nervensystems der **Mollusca** ist außerordentlich verschieden und erreicht bei manchen Formen nur den der Plathelminthen, bei den Cephalopoden dagegen durchaus den von Wirbeltieren. Zum Grundplan der Conchifera (Abb. 72k) gehören sechs Paare von Ganglien: Supraoesophageal- (= Cerebral-), Pedal-, Pleural-, Buccal-, Pallial- und Visceralganglien), denen weitere zugefügt sein können. Die Ganglien sind über Konnektive und Kommissuren verbunden, wodurch u. a. ein Ring um den Oesophagus und eine Schlinge, die in die Eingeweide zieht, gebildet werden. Die Torsion des Eingeweidesackes bei den Gastropoden führt dazu, dass die Pleurovisceralschlinge (-stränge) sich in einer 8-förmigen Figur überkreuzen, was **Chiastoneurie** genannt wird (Abb. 72l).

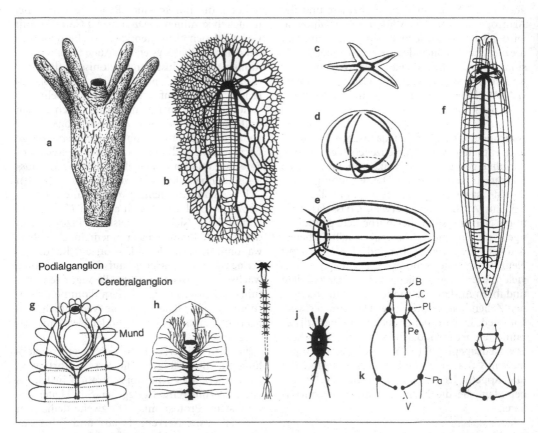

Abb. 72 Nervensysteme von Wirbellosen. **a)** Nervennetz von *Hydra,* **b)** Turbellar, **c–e)** Nervensysteme von Echinodermen, **c)** Seestern, **d)** Seeigel, **e)** Seegurke, **f)** Nervensystem eines Nematoden mit Nervenring (Commissura cephalica) im vorderen Körperbereich, **g)** Nervensystem eines primitiven Polychaeten mit zwei lateralen Nervensträngen (mit Podialganglien) und dem medianen Strickleiternervensystem (tetraneurales Nervensystem), **h)** Oligochaet, **i)** Euphausiacee, **j)** Copepode, **k)** Ausgangsstadium des Gastropoden-Nervensystems; B: Buccalganglion, C: Cerebralganglion, Pl: Pleuralganglion, Pe: Pedalganglion, Pa: Pallialganglion, V: Visceralganglion; **l)** Prosobranchier mit Chiastoneurie

Bei höheren Formen (Opisthobranchiern und Pulmonaten) hat sich aus diesem Zustand sekundär wieder eine einfache Visceralschlinge ohne Überkreuzung (**Euthyneurie**) gebildet. Bei vielen Nudibranchiern und Pulmonaten kommt es zur Konzentration und Verschmelzung der Ganglien.

Die Cephalopoden sind die höchstentwickelten Mollusca mit komplexen, z. T. sehr rasch ablaufenden Bewegungen, kompliziert gebauten Sinnesorganen, rascher Lernfähigkeit und besonders großem Gehirn, das aus zahlreichen miteinander verschmolzenen Ganglien besteht und eine circumoesophageale Masse von Nervengewebe darstellt. Die mikroskopische Ausdifferenzierung ist bemerkenswert: Es existieren verschiedene Nervenzelltypen, darunter Riesenneurone, Rindenbildungen, Kerngebiete u. a. Besonders komplex sind die Lobi optici mit einer Rinde aus mindestens fünf Schichten.

Das Zentralnervensystem zeigt in den beiden Gruppen der **Articulata,** den Annelida und Arthropoda, einen grundsätzlich ähnlichen Aufbau, der aber bei den Anneliden noch besser erkennbar ist. Bei diesen Tieren liegt im Akron ein Gehirn, das entsprechend seiner Zuordnung zu den peripheren Receptoren in drei Abschnitte zu gliedern ist und im mittleren Teil Assoziationsgebiete, die **Corpora pedunculata,** enthält. Eine weitere Komponente des ZNS ist die **Bauchganglienkette,** welche mit dem Gehirn durch circumoesophageale Konnektive verbunden ist. Die feinere Ausdifferenzierung des Gehirns der Anneliden ist sehr unterschiedlich, bei manchen Polychaeten zeigt es sogar einen komplexeren Feinbau als bei ursprünglichen Arthropoden. In solchen hoch entwickelten Polychaetengehirnen lagern im vorderen Abschnitt Zentren für Palpen und Stomodaeum, im mittleren Bereich Zentren für Antennen und Augen und im hinteren Anteil Zentren für das vermutlich chemosensible Nuchalorgan.

Von der ventromedianen Bauchganglienkette gehen im Allgemeinen pro Segment beiderseits drei Nerven aus. Nerven vom Gehirn und den ersten ventralen Ganglien versorgen den vorderen Bereich des Darmtraktes und dessen Neurone, die Darmsekretion und -motorik beeinflussen. Die Ventralganglien steuern Bewegungsformen und verarbeiten sensorische Informationen.

Im Bauchmark der Poly- und Oligochaeten treten **Riesenfasern** auf, die bei dem Polychaeten *Myxicola* einen Durchmesser von 1,5 mm erreichen können. Sie entsprechen entweder Fortsätzen einzelner Neurone oder entstehen durch Verschmelzung von Axonen mehrerer Neurone. Riesenfasern können durchgehend verlaufen oder segmentale Synapsen bilden. Bei manchen Arten sind sie von myelinähnlichen Hüllen umgeben. Die Mehrzahl der Riesenfasern verlässt das Zentralnervensystem nicht. Sie vermitteln v. a. rasche Rückziehbewegungen in Wohnröhren.

Bei ursprünglichen Polychaeten treten wie bei Mollusken noch vier Längsstränge auf (**Tetraneurie;** die Ganglien der lateralen Stränge nennt man Podialganglien; Abb. 72 g).

Bei den Arthropoda verschmelzen drei Ganglienpaare mit dem Cerebralganglion (hier **Archicerebrum** genannt) der Anneliden zum **Komplexgehirn** (Abb. 73), welches auch als **Oberschlundganglion** bezeichnet wird. Die drei angelagerten Ganglienpaare bilden **Proso-, Deuto-** und **Tritocerebrum.** Archi- und Prosocerebrum werden als **Protocerebrum** zusammengefasst. Das Oberschlundganglion liegt im Kopf vor und über der Mundöffnung. Ebenfalls noch im Kopf, aber unter und hinter der Mundöffnung, sind drei weitere Ganglienpaare zu einem **Unterschlundganglion** (kann bei Crustaceen fehlen) zusammengefasst. Es ist mit dem Oberschlundganglion durch lange Konnektive verbunden. Das Archicerebrum versorgt die Augen und enthält die Corpora pedunculata; im Prosocerebrum finden sich weitere assoziative Neuropile; das Deutocerebrum versorgt die ersten Antennen, das Tritocerebrum die zweiten Antennen und den Verdauungstrakt (über das stomatogastrische System); das Unterschlundganglion versorgt die drei Paar Mundgliedmaßen. Ventral besitzen die Arthropoden wie die Anneliden eine Bauchganglienkette (Strickleiternervensystem), in der ebenfalls Verschmelzungsprozesse zu beobachten sind (Abb. 72 j). Die Bauchganglien bilden oft eine einheitliche, nach vorne verlagerte Ganglienmasse (Spinnen, Fliegen).

Von den primär segmentalen Bauchganglien ziehen Nerven in die Peripherie. Auffallend ist, dass ein Körpersegment nur ca. ein Dutzend motorische Fasern enthält, während z. T. Tausende von sensiblen Fasern zentralwärts verlaufen. Viele Gruppen weisen einen unpaaren Mediannerven auf, der Fasern zum Herzen und den Tracheenöffnungen abgibt. Formen mit lang gestrecktem Abdomen (Krebse, Skorpione u. a.) besitzen vielfach Riesenfasern, die rasche Bewe-

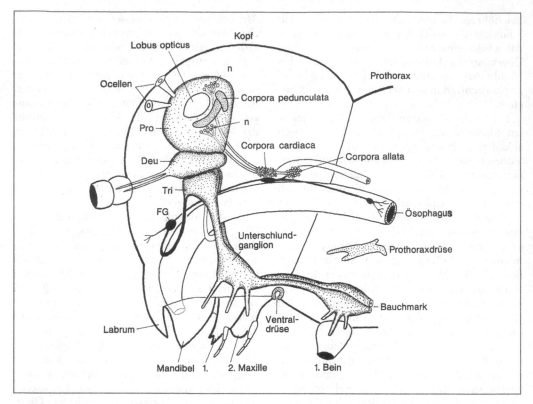

Abb. 73 Zentralnervensystem und Bildungs- sowie Abgabestellen von Hormonen bei einem Insekt. Pro: Protocerebrum, Deu: Deutocerebrum, Tri: Tritocerebrum, FG: Frontalganglion, n: neurosekretorische Neurone. Die Nerven aus dem Deutocerebrum führen in die Antennen

gungen des Hinterleibes vermitteln. Bei Insekten sind Riesenfasern besonders vielgestaltig, bei Dipteren initiieren sie vermutlich rasch die Reaktionen, welche zum Abfliegen führen.

Hemichordata. Diese ursprünglichen Deuterostomier besitzen noch ein epitheliales Nervensystem, d. h., die Neurone mit ihren Perikaryen und Fortsätzen sind innerhalb von ecto- und entodermalen Epithelien gelagert. Auch bei Echinodermen und bei Chordaten ist primär ein epitheliales Nervensystem vorhanden. Die Pterobranchier bilden ein kleines Ganglion in der dorsalen Epidermis aus, das den Tentakelapparat versorgt. Die Enteropneusten besitzen schnell leitende Riesenfasern, die rasche Rückzugsbewegungen erlauben. Sie bilden eine Konzentration von Nervengewebe, das sog. **fächerförmige Organ,** an der Basis des sehr beweglichen Prosomas aus. Eine weitere Konzentration von Nervengewebe entsteht im Bereich des Mesosomas; hier entsteht eine neuralrohrähnliche Struktur, das **Kragenmark.**

Auch bei **Echinodermata** (Abb. 72c–e) ist verbreitet ein epitheliales Nervensystem zu finden, das sowohl in ecto- und entodermalen als auch in mesodermalen Epithelien (Coelomepithelien) vorkommt. Es existiert aber auch im Bindegewebe gelagertes Nervengewebe, das bei den Crinoiden besonders mächtig entwickelt ist und nicht durch Basalmembranen oder Perineuralscheiden vom Bindegewebsraum abgetrennt ist.

Die **ectoneurales System** genannte Unterabteilung des Nervensystems lagert v. a. im Epithel der Ambulakralrinne und ist wohl vorwiegend sensorisch. Im Mundbereich geht dieser Teil des Nervensystems in den Nervenplexus des Darmtraktes über. Das **hyponeurale System** liegt bei vielen Echinodermen im Epithel des Somatocoels in enger Nachbarschaft des ectoneuralen

Systems, bei Crinoiden liegt es dagegen im Bindegewebe und ist bei diesen Tieren enger mit dem aboralen System (s. u.) verbunden. Bei manchen Echinodermen, v. a. See- und Schlangensternen, existieren Hinweise darauf, dass das hyponeurale System motorisch ist. In den Coelomepithelien aller Echinodermen treten in reichem Maße Nervenzellen auf, die vermutlich die kontraktilen Fortsätze der Coelomepithelien oder – wenn vorhanden – intraepitheliale Muskelzellen versorgen. Auch die Gonaden werden über Nervenfasern versorgt, die im Epithel des Gonocoels liegen. Zusätzlich enthält das Bindegewebe im Bereich der Gonaden viele Nervenfasern. Das **aborale (apikale) System** ist bei den Crinoiden besonders hoch entwickelt und befindet sich intra- und extraepithelial in der Wand des gekammerten Organs und entsendet von hier u. a. kräftige Nerven in die Arme, Pinnulae, Zirren und in den Stiel (wenn vorhanden). Aufgrund der wohlkoordinierten, z. T. recht schnellen Bewegungen (z. B. von Schwimmbewegungen) der Comatuliden ist zu vermuten, dass dem apikalen System bei den Crinoiden koordinierende, d. h., letztlich »zentrale« Aufgaben zukommen. Den anderen Echinodermen wird v. a. aufgrund von elektrophysiologischen Untersuchungen die Existenz eines Zentrums im Nervensystem oft abgesprochen. Die kräftigen Beugemuskeln der Crinoidenarme werden von Fasern der Armnerven innerviert. Eine besondere Gruppe im Bindegewebe gelegener, großer neurosekretorischer Neurone, die **juxtaligamentären Zellen,** versorgt das mutabile Bindegewebe, das die Echinodermen kennzeichnet. Die juxtaligamentären Zellen werden ihrerseits von mindestens zwei verschiedenen Nervenfasertypen innerviert. Auf den recht hohen Differenzierungsgrad des Nervensystems der Echinodermata deutet auch die Vielzahl nachgewiesener Transmitter, darunter Acetylcholin, biogene Amine, GABA und viele Neuropeptide hin.

Alle **Chordata** besitzen ein dorsal gelegenes **Neuralrohr,** das durch Einfaltung des Neuroectoderms entsteht und das wenigstens in der Embryonalentwicklung auftritt und rostral ein Sinnesbläschen mit verschiedenen Receptorzellen besitzt. Bei Ascidien geht es im Laufe der Metamorphose verloren und wird durch ein einfaches Cerebralganglion ersetzt. *Branchiostoma* besitzt ein gut ausgebildetes Neuralrohr, dessen Vorderende (»Hirnbläschen«) wohl sekundär vereinfacht ist. Bestandteil seines Neuralrohres

sind zahlreiche Lichtreceptoren. Untersuchungen an *Branchiostoma* deuten darauf hin, dass das Hirnbläschen und ein erheblicher Teil des vorderen Neuralrohres (bis zum 4. Somiten) dieser Tiere mit dem Zwischenhirn und dem Rhombencephalon der Vertebraten homolog sind. Vom Neuralrohr gehen regelmäßig dorsale Nerven mit sensorischen und visceromotorischen Komponenten aus.

Am Aufbau des **Nervensystems der Vertebraten** und der Mehrzahl der zugeordneten Receptororgane einschließlich zugehöriger Bindegewebsstrukturen beteiligen sich die **Plakoden** und die **Neuralleiste,** die aus neuroectodermalem Material bestehen, das sich von der Neuralplatte abgliedert. Die Entstehung der Plakoden und der Neuralleisten sowie ihrer vielfältigen Derivate, z. B. Spinalganglien, Riech- und Seitenlinienorgane sowie Innenohr, bedeutet eine wichtige evolutive Neuerung der Vertebraten, die den übrigen Chordaten fehlt und die die spezifische Ausformung des Nervensystems und der dem Gehirn zugeordneten Receptororgane bedingt.

Das Nervensystem der Wirbeltiere ist in seinem zentralen Teil in Gehirn und Rückenmark gegliedert. Beide enthalten einen mit Liquor cerebrospinalis gefüllten zentralen Hohlraum und sind von Meningen umhüllt (Abb. 74, 75).

Ein Querschnitt durch das **Rückenmark** zeigt eine typische Verteilung des Nervengewebes. Zentral liegt die **graue Substanz** (Perikaryen und Fasern), peripher weiße (myelinisierte Fasern) (Abb. 75). Die **weiße Substanz** besteht aus Tractus (Faserbündeln), die entweder zum Gehirn ziehen (aufsteigende = ascendierende Fasern) oder ihren Ursprung im Gehirn besitzen (absteigende = descendierende Fasern). Ein Teil der Fasern verläuft nur innerhalb des Rückenmarks (Eigenapparat). Abb. 76 zeigt eine Übersicht über die wichtigsten Bahnen beim Menschen. Ihre Bezeichnungen ergeben sich aus den Regionen im Zentralnervensystem, die sie verknüpfen. Der Tractus corticospinalis des Menschen beispielsweise verbindet den motorischen Cortex des Telencephalons mit Interneuronen im Rückenmark (= Medulla spinalis), die motorischen Vorderhornzellen (s. u.) benachbart sind. Die Mehrzahl der Fasern dieser Bahn kreuzt im Stammhirn, in der sog. Pyramide, zur anderen Seite und läuft dann als Tractus corticospinalis lateralis abwärts (Abb 76), ein kleiner Teil der Fasern bleibt auf der Seite, auf der sie entspringen, und bildet den Tractus corticospinalis anterior.

Die graue Substanz des Rückenmarks zeigt meist eine kennzeichnende Querschnittsfigur (H-Figur, Schmetterlingsfigur), die auf dem Vorkommen von zwei dorsalen und zwei ventralen leistenförmigen Vorsprüngen beruht. Diese werden Hinter- oder Dorsalhörner bzw. Vorder- oder Ventralhörner genannt. Lateral lassen sich im Allgemeinen Seitenhörner erkennen. Dieser strukturellen Gliederung entspricht eine funktionelle: Ventral liegen motorische, dorsal sensorische Neurone. Innerhalb dieser zwei Gruppen lassen sich viscerale und somatische Nervenzellen unterscheiden, sodass insgesamt vier funktionelle Gruppen existieren, die von ventral nach dorsal folgendermaßen angeordnet sind: soma-

tomotorisch, visceromotorisch, viscerosensorisch, somatosensorisch. Die visceralen Neurone liegen vorwiegend im Bereich der Seitenhörner

Vom Rückenmark gehen seitlich in segmentaler Anordnung die **Spinalnerven** ab. Ursprünglich (Abb 75, 76) sind es auf jeder Seite zwei Nerven pro Segment (heute noch bei Neunaugen): ein ventraler, somatomotorischer und ein dorsaler, sensorischer und visceromotorischer Nerv. Bei Knochenfischen und Haien verschmelzen wie bei Myxinoiden und Tetrapoden aber diese zwei Nerven in kurzem Abstand vom Rückenmark zu einem Spinalnerven. Die ehemalige Trennung lässt sich aber noch an der stets vorhandenen ventralen und dorsalen Wurzel erken-

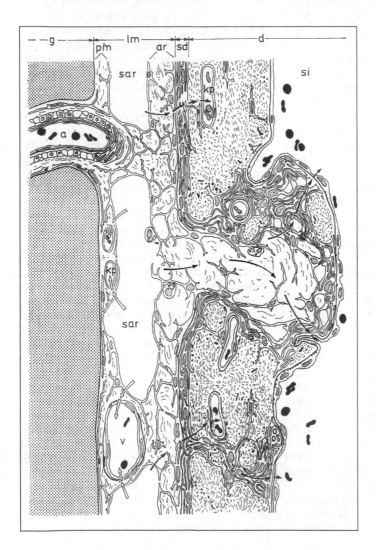

Abb. 74 Darstellung einer Arachnoidalzotte (Villus arachnoidalis) in der Dura mater des Gehirns der Säugetiere. In den Subarachnoidalraum gelangt vom 4. Hirnventrikel aus durch drei Öffnungen der Hirnwand Liquor cerebrospinalis. Die Pfeile markieren die Drainage des Liquors. Weiße Pfeile: Resorption durch Gefäße der Pia mater. Schwarze Pfeile: Resorption durch Gefäße der Dura mater. g: Oberfläche einer Gehirnwindung; lm: Leptomeninx (bestehend aus Pia mater [pm] und Arachnoidea [ar]); d: Dura mater; sd Subduralraum, hier grenzen Dura und Leptomeninx unmittelbar aneinander. Unter artifiziellen Bedingungen und bei Verletzungen kann hier ein Spaltraum entstehen, a: Arterie, v: Vene, kp: Capillare, si: intraduraler Sinus (venöses Gefäß), sar: Subarachnoidalraum

nen. Bei den höher entwickelten Formen verlässt dann auch ein großer Teil der visceromotorischen Komponente das Rückenmark über die ventrale Wurzel. In der dorsalen Wurzel liegt stets das sensible **Spinalganglion**. Der Spinalnerv teilt sich nach kurzem Verlauf in drei Äste (Rami). In Höhe der Extremitäten bilden die Spinalnerven Geflechte (Plexus); auch das Rückenmark ist an diesen Stellen deutlich verdickt als Folge einer Konzentration von Nervengewebe, das die Gliedmaßen versorgt. Das Rückenmark der Vögel besitzt im Sakralbereich eine Besonderheit in Form des **Glykogenkörpers**. Es handelt sich

dabei um eine Ansammlung von glykogenhaltigen Astrocyten, die die dorsale Oberfläche des Rückenmarks aufwölben. Im caudalen Abschnitt des Rückenmarks der Haie und Knochenfische bilden neurosekretorische Nervenzellen die **Urophyse** (s. S. 201). Das Rückenmark der Neunaugen enthält als Besonderheit keine Blutgefäße, und seine Fasern, darunter auch Riesenfasern, weisen keine Myelinscheide auf.

Die vom Gehirn ausgehenden Nerven (**Hirnnerven**, Abb. 77, 78) sind einander nicht gleichwertig wie die Spinalnerven; der zweite Hirnnerv, der Nervus (N.) opticus (II), ist beispielsweise

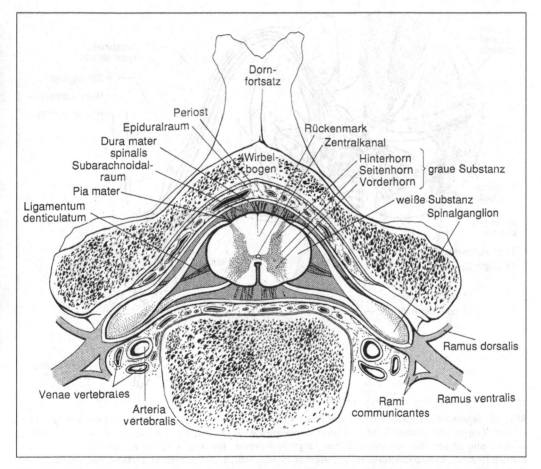

Abb. 75 Querschnitt durch Wirbelsäule und Rückenmark eines höheren Primaten. Der stets recht kurze Spinalnerv entsteht durch Zusammenschluss der dorsalen und ventralen Spinalnervenwurzeln und teilt sich in Rami, über welche die verschiedenen Körperregionen versorgt werden. Das Rückenmark wird von mehreren Hüllen und dem Subarachnoidalraum umgeben und ist seitlich an Bändern (Ligamenta denticulata) befestigt. Der Epiduralraum, der im Hirnbereich fehlt, liegt zwischen Dura mater und Periost der Wirbel und enthält einen Venenplexus und Fettgewebe

ein nach außen verlagerter Hirntrakt. Außerdem sind die Hirnnerven innerhalb der Wirbeltiere nicht gleichförmig ausgebildet. Der N. trigeminus besitzt bei Amnioten drei Äste, bei Anamnieren dagegen vier.

Die Hirnnerven lassen sich in unterschiedlicher Weise gliedern, z. B. nach ihrer Funktion. Sensorisch sind N. olfactorius (I), N. opticus (II) und N. statoacusticus (VIII). Sie leiten Informationen von der Riechschleimhaut, der Retina und vom

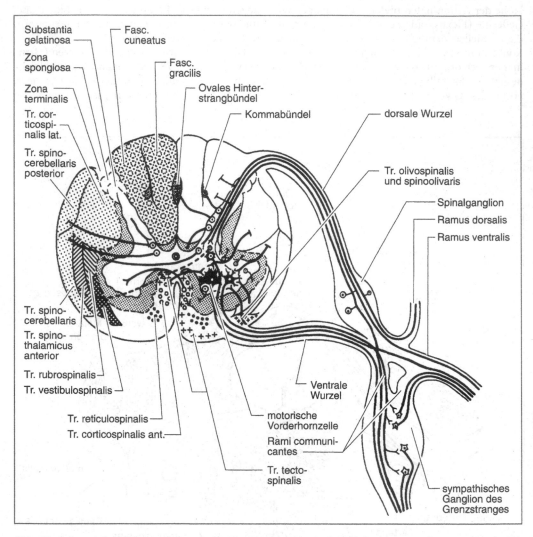

Abb. 76 Schema eines Rückenmarksquerschnitts vom Menschen mit Spinalnervenverzweigung und sympathischem Ganglion des Grenzstranges. Die peripher gelegene weiße Substanz des Rückenmarks, der Markmantel, besteht zum größten Teil aus markhaltigen, längs verlaufenden Nervenfasern, die zu auf- und absteigenden Bahnen (Tractus, Tr) zusammentreten. Aufsteigende Bahnen sind: 1. das Hinterstrangsystem, das aus Fasciculus (= Faserbündel) cuneatus und Fasciculus gracilis besteht, die dem Gehirn v. a. mechanosensible Informationen aus der Haut, den Muskelspindeln, den Sehnenspindeln und Gelenkstellungssensoren zuleiten, und 2. das Vorderseitenstrangsystem, das einerseits dem Kleinhirn die unter 1 genannten mechanosensiblen Informationen zuführt (Tractus spinocerebralis anterior und posterior) und andererseits Thermosensibilität und Schmerz leitet (v. a. der Tractus spinothalamicus) Die Mehrzahl der anderen genannten Tractus führen absteigende, im Dienste der Motorik stehende Fasern (s. auch Text)

Innenohr zum ZNS. Motorisch sind der N. oculomotorius (III), N. trochlearis (IV), N. abducens (VI) und N. hypoglossus (XII). III, IV und VI versorgen die Augenbewegungsmuskulatur, XII die Zungenmuskulatur, III enthält zusätzlich parasympathische Fasern für die inneren Augenmuskeln (Iris, Ciliarkörper). In allen Nerven dieser Gruppe wurden übrigens auch sensible Fasern nachgewiesen.

Die Aufgabe aller übrigen Hirnnerven, der **Kiemenbogen- = Branchialnerven,** war ursprünglich die Versorgung der Kiemenbogenregion. Ein Kiemenbogennerv enthält visceromotorische, viscerosensible, somatosensible und oft auch parasympathische Komponenten, die bei Fischen Muskulatur, Schleimhaut, Haut und Drüsen des Kiemendarmes (und seiner Derivate bei den Tetrapoden) versorgen. Bei den Säugetieren entsteht der N. trigeminus (V) vielleicht aus zwei Kiemenbogennerven und enthält sensible Fasern, die v. a. Gesicht, Zunge und Zähne versorgen; motorisch innerviert er die Kaumuskula-

tur. Der N. facialis (VII) versorgt bei Säugern motorisch v. a. die mimische Muskulatur; sensorische Fasern dieser Nerven versorgen vorn gelegene Geschmacksknospen der Zunge, parasympathische Anteile innervieren die Mehrzahl der großen exokrinen Drüsen des Kopfes. Der N. glossopharyngeus (IX) enthält motorische und sensible Fasern, die den Rachenraum versorgen; außerdem innerviert er Receptoren der Carotisgabelung (S. 245) und die Geschmacksknospen des hinteren Zungenbereichs und parasympathisch einen Teil der Speicheldrüsen. Der N. vagus (X) enthält motorische (Kehlkopf), sensible und parasympathische Fasern; letztere versorgen Eingeweide von Hals-, Brust- und oberem Bauchraum. Der N. accessorius (XI) entspricht im Wesentlichen einer motorischen Wurzel des N. vagus und versorgt v. a. den Musculus trapezius.

Das Seitenliniensystem besitzt vermutlich eigene Nerven. Bei den meisten Wirbeltieren existiert ein weiterer Hirnnerv, der Nervus ter-

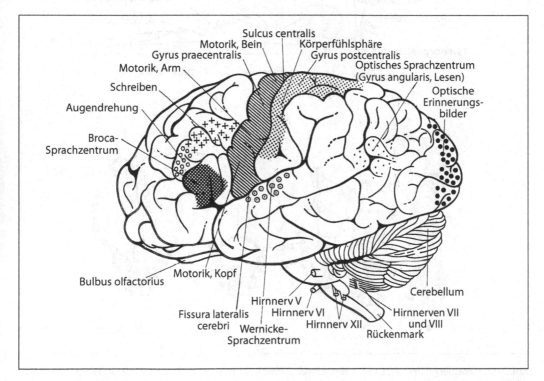

Abb. 77 Gehirn des Menschen in Ansicht von links: Nur einige Rindenzentren wurden eingezeichnet. Das Broca-Sprachzentrum formt die Sprache in ihrem Wortlaut und Satzbau, das Wernicke-Sprachzentrum ist für einfaches Wort- und Sprachverständnis zuständig

minalis, der von der Nasenhöhle zum Endhirn
läuft. Bei Teleosteern vermittelt er wahrscheinlich die Wahrnehmung von Pheromonen, die auf
die Riechschleimhaut treffen.

Das Gehirn der Vertebraten gliedert sich
primär in zwei Abschnitte: das vorn gelegene

Prosencephalon (Vorderhirn) und das **hintere
Rhombencephalon (Rautenhirn)**. Im Laufe der
weiteren Entwicklung teilt sich das Prosencephalon in das vorn gelegene Telencephalon (Endhirn) und das dahinter liegende Diencephalon
(Zwischenhirn). Das Rhombencephalon weist

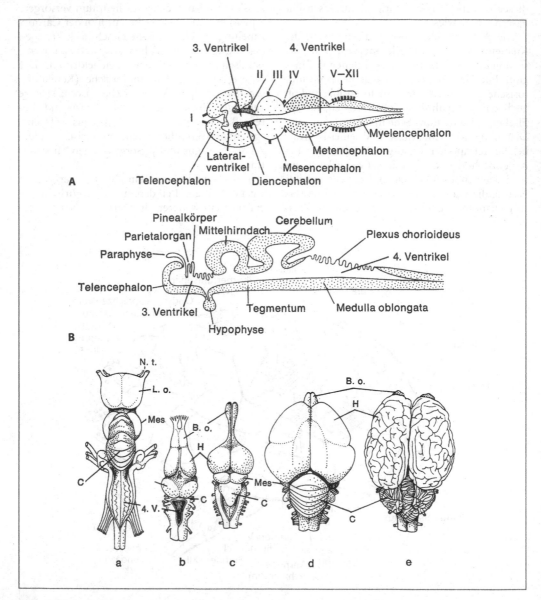

Abb. 78 Wirbeltiergehirne. **A), B)** Schematisch dargestellter Aufbau des Wirbeltiergehirns. **A)** Horizontalschnitt,
B) Sagittalschnitt. I–XII Hirnnerven. Unten. Dorsalansicht verschiedener Wirbeltiergehirne, **a)** Hai, **b)** Frosch,
c) Alligator, **d)** Gans, **e)** Pferd. C: Cerebellum, B. o.: Bulbus olfactorius, H: Hemisphären des Telencephalons, L.
o.: Lobus olfactorius, Mes.: Dach des Mesencephalons, N. t.: Nervus terminalis, 4. V.: Vierter Ventrikel

einen grundsätzlich ähnlichen Aufbau wie das Rückenmark auf und bleibt in seinen ventralen Anteilen, die insgesamt **Tegmentum** genannt werden, recht einheitlich; dorsal lassen sich aber einige Differenzierungen erkennen: vorn, also unmittelbar im Anschluss an das Zwischenhirn, das Tectum opticum, eine besonders bei Vögeln umfangreiche paarige Aufwölbung. Hinter dem Tectum opticum liegt als weitere dorsale Auffaltung das Cerebellum (Kleinhirn). Rein deskriptiv wird das Rhombencephalon der erwachsenen Wirbeltiere oft schematisch in drei Teile gegliedert: das **Mesencephalon (Mittelhirn)**, das dem Zwischenhirn folgt und dorsal das Tectum opticum und ventral den vorderen Teil des Tegmentums umfasst, das **Metencephalon (Hinterhirn)**, dem dorsal das Kleinhirn und ventral der mittlere Teil des Tegmentums angehören, und das **Myelencephalon (Nachhirn = Medulla oblongata)**, das den hinteren Teil des Rhombencephalons umfasst, der zum Rückenmark überleitet.

Ein Teil dieser Begriffe, z. B. Medulla oblongata und Tegmentum, wird nicht ganz einheitlich gebraucht. Der Begriff Hirnstamm umfasst im Allgemeinen Mittelhirn, Brücke und Medulla oblongata.

Das **Telencephalon (Endhirn)** gliedert sich in zwei große Ausstülpungen, die **Hemisphären**, die zentral Ventrikelräume bergen und an deren Spitzen sich die **Bulbi olfactorii** abgliedern. Diese nehmen Erregungen aus der Riechschleimhaut auf und leiten sie über den Tractus olfactorius an das restliche Endhirn weiter. Die Bulbi sind bei Formen mit gutem Riechvermögen sehr groß, bei Arten mit rückgebildetem Riechvermögen (Walen, Menschenaffen) sind sie verhältnismäßig klein.

Das Telencephalon erhält bei den Gnathostomen Informationen aus allen Sinnesorganen, aus dem olfaktorischen System über die Bulbi olfactorii, aus den anderen Sinnesstrukturen über den dorsalen Thalamus. Lediglich von Agnathen ist bisher noch nicht sicher bekannt, inwieweit das Telencephalon neben Informationen aus dem olfaktorischen System auch andere sensorische Zuflüsse erhält.

Offensichtlich ist das Telencephalon von Anfang an ein wichtiges Integrationszentrum aller Sinnesorgane; es lassen sich jedoch innerhalb der Wirbeltiere und der einzelnen Wirbeltiergruppen gewisse Trends z. B. hinsichtlich der quantitativen Repräsentation der einzelnen Sinnesorgane im Endhirn erkennen. Solche Trends, z. B.

in Bezug auf die Verkleinerung der Areale des Geruchssinnes, treten vielfach unabhängig voneinander auf, z. B. innerhalb der Actinopterygier und der Primaten.

Die Architektur des Telencephalons, besonders die der Hemisphären, verändert sich innerhalb der Vertebraten in auffallender Weise. Bei Urodelen, Gymnophionen und Anuren ist die graue Substanz, die vorwiegend aus Zellkörpern (Perikaryen) der Nervenzellen besteht, ventrikelnah konzentriert und ähnelt einem frühen Ontogenesestadium bei Amnioten. Bei Knorpelfischen, Knochenfischen und bei allen Amnioten verteilen sich die Perikaryen während der Ontogenese von der ventrikelnahen Lage ausgehend über die gesamte Hemisphärenwandung. Im Einzelnen ist das Bild kompliziert, und in jeder Wirbeltiergruppe gibt es charakteristische Besonderheiten im telencephalen Bau. Allerdings ist bei allen Wirbeltieren ein ähnlicher Grundbauplan der Hemisphären erkennbar, und die Unterschiede in den einzelnen Gruppen liegen oft v. a. in der quantitativ erfassbaren Ausstattung (Abb. 79–81). Immer lässt sich ein ventral gelegenes **Subpallium** von einem dorsalen **Pallium** unterscheiden. Das Subpallium gliedert sich in das mediale Septumgebiet und das laterale Striatum; das Pallium wird in drei Zonen gegliedert: das laterale, dorsale und mediale Pallium.

Bei Sauropsiden, v. a. Reptilien, und extrem ausgeprägt bei den Säugetieren sind weite Teile des Palliums cortical organisiert. Von einem Cortex spricht man, wenn die Perikaryen und Fasern der Nervenzellen des Palliums in funktionell unterschiedlichen oberflächenparallelen Schichten organisiert sind. Die Abgrenzung von lateralem, dorsalem und medialem Pallium bzw. Cortex beruht vor allem auf funktionellen Analysen.

Von der Topographie her meinen die älteren Begriffe Palaeopallium, Neopallium und Archipallium im Wesentlichen das Gleiche wie die neueren Begriffe laterales, dorsales und mediales Pallium. Bei den Säugetieren wird dann der laterale (Palaeo-)Cortex primär olfaktorischer (piriformer) Cortex und der mediale (Archi-)Cortex Hippocampusregion genannt. Beide sind meist durch eine Dreischichtung gekennzeichnet und werden mit benachbarten, funktionell angeschlossenen Rindenregionen als Allocortex zusammengefasst. Archi- und Palaeocortex bilden als Allocortex ein Rindengebiet, das einen sechsschichtigen Rindentyp umgreift: den Neocortex. Bei aller regionalen Verschiedenheit hat dieser

Cortexteil eine ganz einheitliche Ontogenese. Er wird deshalb auch Isocortex genannt.

Alle Sauropsiden bilden im Bereich des lateralen Palliums eine in den Ventrikel hineinragende Leiste (auch Ganglienhügel genannt), die dorsale ventrikuläre Leiste heißt. Heute gilt als gesichert, dass dieser leistenförmige Vorsprung der Sauropsiden im Allgemeinen und der Vögel im Besonderen dem Neocortex der Säuger funktionell entspricht, allerdings nicht cortical organisiert ist. Das Telencephalon der Vögel weist viele Besonderheiten auf, was auch in der Nomenklatur zum Ausdruck kommt, in der sich z. T. ältere und modernere Erkenntnisse widerspiegeln.

Sauropsiden und Säuger haben ein großes Telencephalon entwickelt. Die Strukturen sind in beiden Gruppen insofern etwas verschieden, als bei den Säugern der Zuwachs bei corticaler Organisation über Furchenbildung zustande kommt, während die Sauropsiden große Zellmassen im Inneren des Endhirns anhäufen. Funktionell bestehen allerdings große Ähnlichkeiten. In beiden Gruppen endet die Sehbahn in zwei Repräsentationsgebieten. Bei Vögeln ist das

im Wulst (entspricht einem etwas vorgewölbten dorsalen Pallium) und im Ectostriatum, einem Teil des Neostriatums. Bei den Säugern sind das der primäre visuelle Cortex (Area striata der Primaten) und angrenzende Rindengebiete. Auch die Hörbahn erreicht in beiden Gruppen das Endhirn (Feld L im Neostriatum der Vögel, primärer auditorischer Cortex der Säuger).

Grundsätzlich vergleichbar ist auch die somato-sensorische Bahn, die bei Vögeln in Wulst und Nucleus basalis (Teil des Neostriatums) endet und bei Säugern im somatosensorischen Cortex des Gyrus postcentralis (Abb. 77). Weiterhin gibt es hier wie dort mehr oder weniger lange absteigende Bahnen aus dem Telencephalon, die der schnellen, willkürlich aktivierbaren Motorik dienen können.

Schließlich finden sich sowohl bei Vögeln als auch bei Säugern im Bereich des Palliums und seiner Derivate bei einzelnen Gruppen ausgedehnte Assoziationsgebiete.

Der Cortex vieler Säuger bildet Windungen (Gyri) und Furchen (Sulci) aus. Der Isocortex von Elefanten und Primaten ist besonders hoch

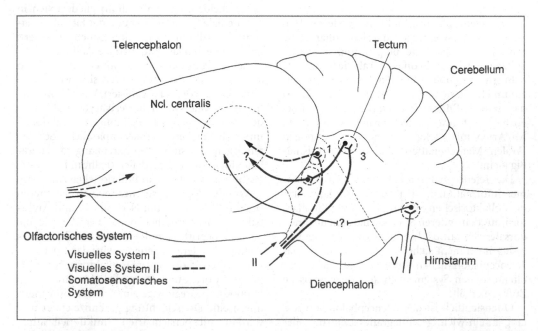

Abb. 79 Schematische Darstellung der bisher bekannten sensorischen Systeme im Gehirn des Ammenhais. Der Nucleus centralis entspricht pallialen Anteilen des Telencephalons und erhält Informationen des visuellen und somatosensorischen Systems. Andere sensorische Bahnen (z. B. Seitenliniensystem) sind weniger gut bekannt. 1: Corpus geniculatum laterale, 2: optischer Nucleus ventrolateralis thalami, 3: optische Anteile im Tectum, II: N. opticus, V: N. trigeminus

entwickelt und macht einen großen Teil des Gesamthirns aus. Beim Menschen mit einem Hirnvolumen von ca. 1 250 ccm nimmt der Isocortex einschließlich zugehöriger weißer Substanz ca. 50 % des Gesamthirns ein.

Äußerlich ist das Telencephalon der Säuger oft in Frontal-(Stirn-), Parietal-(Scheitel-), Tempo-

ral-(Schläfen-) und Occipital-(Hinterhaupts-) lappen gegliedert.

Das Striatum (bei Säugern Nucleus caudatus und Putamen, bei Vögeln Palaeostriatum augmentatum genannt) hat bei vielen Vertebraten motorische Funktionen und steht in enger Wechselbeziehung zum Cortex des Endhirns. Bei

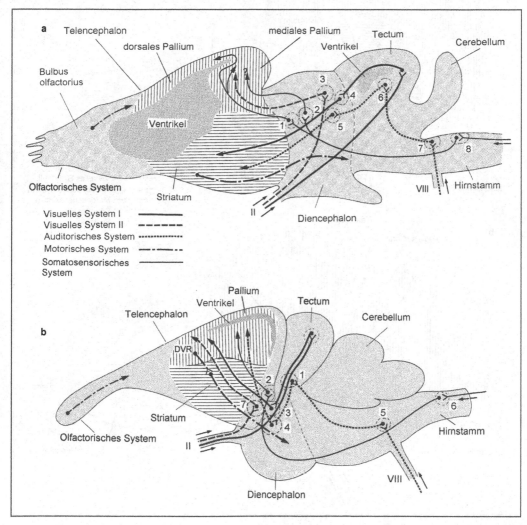

Abb. 80a, b Schematische Darstellung sensorischer und motorischer Bahnen im Gehirn von Anuren **(Amphibien, a)** und Kaiman **(Reptilien, b)**. Weniger bekannte Bahnen, z. B. diejenigen, die über den Trigeminus eintretende Informationen weiterleiten, sind nicht eingezeichnet. Das visuelle System (II) wird im Tectum umgeschaltet. **a)** 1: ventraler Thalamus, 2: Nucleus (Ncl.) anterior thalami, 3: Ncl. posterocentralis anterior, 4: Ncl. posterolateralis, 5: Ncl. posterocentralis, mittlerer Anteil, 6: Torus semicircularis, 7: Ncll. dorsalis et ventralis des Octavo-Lateralis-Systems, 8: Ncl. cuneatus gracilis, II: N. opticus, VIII: N. statoacusticus (N. octavus). **b)** 1: Torus semicircularis, 2: Ncl. medialis posterior, 3: Ncl. rotundus, 4: Ncl. reuniens, 5: Ncl. cochlearis, 6: Ncl. cuneatus/gracilis, 7: dorsaler Thalamus, II: N. opticus, VIII: N. statoacusticus.

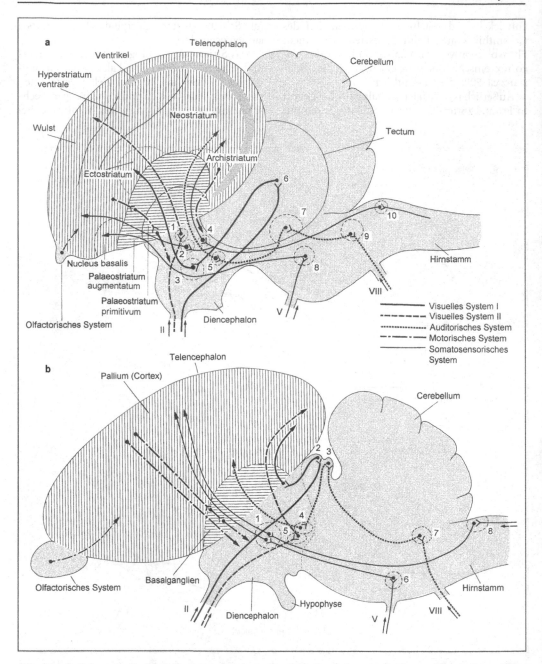

Abb. 81a, b Schematische Darstellung sensorischer und motorischer Bahnen im Gehirn von **Vögeln (a)** und **Säugern (b). a)** Vogel; hoch entwickelte Differenzierung des Telencephalons. 1: dorsaler Thalamus, 2: Ncl. dorsalis intermedius ventralis anterior, 3: Ncl. rotundus, 4: Ncl. dorsolateralis posterior, pars caudalis, 5: Ncl. ovoidalis, 6: Colliculus cranialis des Tectums, 7: Ncl. mesencephalicus lateralis, pars dorsalis, 8: Ncl. sensorius N. trigemini, 9: Ncll. cochleares, 10: Ncl. cuneatus/gracilis, II: N. opticus, V: N. trigeminus, VIII: N. statoacusticus. **b)** Säuger 1: Ncll. ventralis posteromedialis et posterolateralis, 2: Colliculus cranialis des Tectums, 3: Colliculus caudalis des Tectums, 4: Corpus geniculatum mediale, 5: Corpus geniculatum laterale, 6: Ncl. sensorius (pontinus, principalis) N. trigemini, 7: Ncll. cochleares, 8: Ncl. cuneatus/gracilis, II: N. opticus, V: N. trigeminus, VIII: N. statoacusticus

Primaten stellt es ein Handlungs- und Bewegungsgedächtnis für bewährte und eingeübte Handlungen dar und ist unabdingbar für selbstinitiierte Bewegungen.

Das Septum erhält Fasern aus primären Riechzentren und dem medialen Pallium und erreicht seinerseits das mediale Pallium mit dem Hippocampus und den Hypothalamus. Es lässt sich dem limbischen System zuordnen, das für Lernen und Gedächtnisbildung sowie Ernährung, Sexualität und Aggression zuständig ist.

Zwischen linker und rechter Endhirnhemisphäre bestehen bei allen Vertebraten Faserverbindungen (Kommissuren). Eine besonders große Faserverbindung ist das Corpus callosum (Balken), das die Placentalia kennzeichnet, aber als kleine Struktur nahe der Commissura dorsalis auch bei Monotremata und Marsupialia vorkommt. Es verbindet isocorticale Bereiche.

Das **Diencephalon (Zwischenhirn)** ist ein relativ kleiner Hirnabschnitt, der oft von anderen Teilen überdeckt wird. Er birgt zentral den dritten Ventrikel. Seine dorsale Wand wird Epithalamus, die lateralen Wände Thalamus, die ventralen Hypothalamus genannt. Hinzu kommen Sub- und Metathalamus (Ncl. subthalamicus und Corpora geniculata medialia und lateralia). Vom Diencephalon geht die Bildung der Seitenaugen aus, und auch Teile des dorsalen Daches haben sich zu Lichtreceptoren (Pineal- und Parietalorgan; Medianaugen) ausgestaltet. Bei Vögeln und Säugern ist nur das Pinealorgan vorhanden (Zirbeldrüse); seine Funktion besteht v. a. darin, das Hormon Melatonin zu bilden (S. 204). Ein endogener Rhythmus wird dabei durch das wechselnde Lichtangebot der Umwelt gesteuert. Außerdem wurde eine magnetische Empfindlichkeit des Pinealorgans nachgewiesen. Der Thalamus ist obligatorische Durchgangs- und Umschaltstelle motorischer und sensorischer Bahnen zum Endhirn. Beispiele sind Nucleus ventralis posteromedialis und lateralis des somatosensorischen Systems. Dorsal liegt ein weiteres Integrationszentrum der Eingeweidetätigkeit, die Habenula. Im Bereich des Hypothalamus liegen neurosekretorische Kerngebiete, höhere Koordinationszentren des autonomen Systems und die Neurohypophyse. Eine Besonderheit des Zwischenhirns der Knorpel- und Knochenfische ist eine basale, hinter der Hypophyse gelegene, reich mit Blutgefäßen versehene Aussackung unbekannter Funktion, der Saccus vasculosus.

Das **Tectum opticum** ist besonders bei Wirbeltieren mit leistungsfähigen Augen außer bei Primaten ein bedeutendes Integrationszentrum, und bei höheren Formen ist es wichtige Schaltstelle für sensorische Bahnen aus Auge und Innenohr, die hier unter Umgehung des Telencephalons direkt auf motorische Bahnen umgeschaltet werden (z. B. reflektorische Blickmotorik).

Dem **Kleinhirn (Cerebellum)** werden Informationen aus dem Innenohr (Gleichgewicht), dem Seitenliniensystem und den Sinnesorganen der Proprioreception (Muskelspindeln, Sehnenorgane) und aus dem Endhirn zugeführt. Es ist mit allen motorischen Zentren im Nebenschluss verbunden und erhält direkt oder indirekt Informationen aus allen Sinnesorganen. Aufgrund seiner Verbindungen ist es befähigt, die verschiedenen motorischen Zentren aufeinander abzustimmen, und ist unentbehrlich, um Bewegungsabläufe zeitlich zu koordinieren. Abbildung 82 zeigt ein vereinfachtes Schaltschema der Neurone in der Kleinhirnrinde der Säuger. Excitatorische Kletter- und Moosfasern aktivieren die Kleinhirnkerne und die Purkinje-Zellen. Die Purkinje-Zellen sind inhibitorisch und unterdrücken durch Hemmung die permanent aktivierten Kleinhirnkerne. Dazwischen liegen verschiedene, ebenfalls inhibitorische Interneurone. Über diese Interneurone kann die Hemmung der Kleinhirnkerne durch die Purkinje-Zellen aufgehoben werden. Die Kleinhirnkerne entsenden mächtige Bahnen zu motorischen Kernen im Tegmentum (Ncl. ruber) und zum motorischen Thalamus (Ncl. ventralis lateralis) und nehmen Einfluss auf die gesamte Motorik. Die relative Größe des Kleinhirns schwankt innerhalb der Vertebraten außerordentlich. Es ist verhältnismäßig groß bei Tieren, die im dreidimensionalen Raum leben oder aus anderen Gründen eine besondere Koordinationsleistung der Motorik erbringen müssen. Das größte Kleinhirn besitzen die Nilhechte (Mormyridae), wobei eine Beziehung zu der Elektroreception dieser Fische vermutet wird. Myxinoidea fehlt wohl ein Kleinhirn, bei Neunaugen ist es sehr klein.

Das **Tegmentum** (Hirnstamm) enthält in seiner grauen Substanz die Kerngebiete der Hirnnerven und Teile der Formatio reticularis (s. u.), in der wesentliche Zentren des autonomen Nervensystems liegen, z. B. Atmungs- und Kreislaufzentren. Im Folgenden sollen einige funktionell zusammengehörige Systeme dargestellt werden, die oft Bestandteile aus unterschiedlichen Gebieten enthalten.

Formatio reticularis (F. R.). Die bereits erwähnte Formatio reticularis ist ein bevorzugt basal im Rhombencephalon liegendes System von Kerngebieten und Faserzügen, das sich vom Zwischenhirn bis zum Rückenmark erstreckt. Es ist ein phylogenetisch sehr altes Koordinationssystem des ZNS der Wirbeltiere. Bei ursprünglichen Formen enden die meisten aufsteigenden sensorischen Bahnen in der Formatio reticularis und werden von hier aus mit motorischen Impulsen beantwortet. Auch bei den Säugern laufen Anteile aller zum Thalamus und zum Endhirn aufsteigenden Bahnen noch durch die-

ses System. Das Gleiche trifft für die absteigenden Bahnen zu.

Stimulation bestimmter Anteile der F. R. bewirkt Wachwerden eines schlafenden Tieres.

Diese Weckwirkung erstreckt sich auf den gesamten Cortex und lässt sich an kennzeichnenden Hirnwellen ablesen. Wie wichtig diese reticulo-corticalen Verbindungen sind, zeigt ihre Durchtrennung, die tiefe Bewusstlosigkeit zur Folge hat. Vermutlich wird diese Bahn auch von dämpfenden oder stimulierenden Drogen beeinflusst. Die Weckwirkung, die in hohem Maße Folge der in die F. R. einlaufenden Erregungen aus den Sinnesorganen ist, ist unspezifisch, da die spezifischen Sinnesmodalitäten durch Konver-

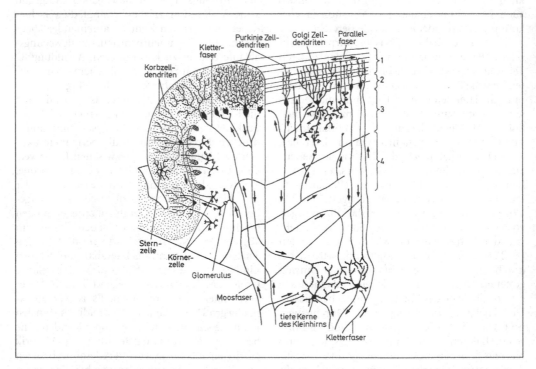

Abb. 82 Blockdiagramm der Kleinhirnrinde (Säuger) mit den Hauptzelltypen und den in die Rinde ziehenden Moos- und Kletterfasern, die beide erregend wirken. Die Moosfasern innervieren Körnerzellen in komplexen Synapsenfeldern (Glomeruli). Die Axone der Körnerzellen laufen zur Oberfläche des Kleinhirns, wo sie sich verzweigen und die Parallelfasern bilden, die Purkinje-Zellen, Golgi-Zellen, Korbzellen und Sternzellen erregen. Die Axone der Purkinje-Zellen sind die einzigen Fasern, die Erregungen aus der Kleinhirnrinde hinausführen, sie enden mit inhibitorischen Synapsen (GABA) in den Kleinhirnkernen. Nicht alle Purkinje-Zellen sind voll ausgezeichnet; die Endverzweigungen der Korbzellen (links im Bild) umhüllen die Perikaryen der Purkinje-Zellen. Die Glomeruli bestehen aus Endverzweigungen einer Moosfaser mit ca. 20 Körnerzellen; diese Synapsen werden von Golgi-Zellen gehemmt.

1–3: graue Substanz der Rinde, 1: Molekularschicht, 2: Schicht der Perikaryen der Purkinje-Zellen, 3: Körnerschicht, 4: weiße Substanz

genz verloren gehen. Der Formatio reticularis lassen sich auch Zentren, die den Schlaf beeinflussen, zuordnen. Ihre Neurone enthalten als Transmitter Serotonin.

Von den motorischen Zentren der F. R. gehen Haltereflexe aus, die der Schwerkraft entgegenwirken. Sie sind an der Aufrechterhaltung der normalen Körperstellung beteiligt. Weiterhin liegen hier bahnende Zentren, die die Erregbarkeit von Muskelspindeln steigern.

Limbisches System. Das limbische System ist ein phylogenetisch altes Integrationszentrum der Wirbeltiere, das Erregungen aus der Außenwelt, v. a. solche, die aus dem Riechorgan kommen, und solche aus dem inneren Milieu, z. B. den Eingeweiden, integriert und beide koordiniert. Ihm gehören beim Säugetier corticale (z. B. Hippocampus und Gyrus cinguli) und subcorticale (z. B. der Amygdala-Komplex, die Nuclei septi und der Nucleus thalami anterior) Anteile an. Der Hippocampus ist für den Transfer von Gedächtnisinhalten vom Kurzzeit- zum Langzeitgedächtnis essentiell. Der Amygdala-Komplex (Mandelkern) lässt sich in drei Bereiche gliedern: 1. den Zentralbereich, der vegetative und affektive Grundfunktionen steuert, 2. den cortical-medialen Bereich, der olfaktorische Reize einschließlich sozialer Gerüche (Pheromone) verarbeitet, und 3. den basolateralen Bereich, der mit komplexen emotionalen Zuständen und mit emotionalem Lernen zu tun hat. Aus dem limbischen System heraus laufen Erregungen vor allem in drei Bereiche: 1. zur Hypophyse (damit hat das limbische System Einfluss auf das endokrine System); 2. zu den Eingeweiden (über Zentren des Mittelhirns und der Medulla oblongata); 3. zum Bewegungsapparat (über Großhirnrinde und Substantia nigra).

Es hat v. a. induzierende Wirkung auf Lernen, Flucht, Aggression und sexuelle Aktivität. Beim Menschen beeinflusst es Umgänglichkeit, Furcht, Gedächtnis, Erinnerungen u. a.

Motorische Areale. Motorik wird auf verschiedenen Ebenen des Zentralnervensystems koordiniert. Immer wird letztlich auf eine gemeinsame motorische Endstrecke zugegriffen, die als Motoneuron im Hirnstamm (Hirnnerven) oder Rückenmark gelegen ist. Im Gehirn liegen einander übergeordnete Zentren in der Formatio reticularis des Hirnstammes, in thalamischen Gebieten des Zwischenhirns und im Endhirn.

Vor allem bei Vögeln und Säugern, aber auch bei anderen Vertebraten kontrolliert das Endhirn auf verschiedenen, allerdings miteinander verflochtenen Wegen die muskuläre Aktivität.

Funktionell lassen sich Zielmotorik, die für zielgerichtete Bewegungen (z. B. Greifen, Kopfwendung und Gehen) verantwortlich ist, und Stützmotorik unterscheiden, die die Stellung im Raum und das Gleichgewicht des Körpers kontrolliert. Ziel- und Stützmotorik sind aufeinander angewiesen und laufen gleichzeitig ab. Beide erhalten ständig über Sinnesorgane Informationen aus der Peripherie, die für die normale Funktion der Motorik unabdingbar ist, weswegen auch von Sensomotorik gesprochen wird.

Alle motorischen Bahnen im Zentralnervensystem enden an den Alpha-Motoneuronen im Vorderhorn des Rückenmarks bzw. an den entsprechenden Neuronen im Stammhirn, die motorische Kopfnerven bilden. Diese Motoneurone sind die Endstrecke für die Aktivierung der Skeletmuskulatur. Nur wenige Nervenfasern erreichen die Alpha-Motoneurone monosynaptisch; zu solchen Fasern zählen viele Axone der Pyramidenbahn. Die meisten motorischen Fasern enden an hemmenden oder erregenden Zwischenneuronen, die ihrerseits die Alpha-Motoneurone erreichen. Ein solches Neuron wird von vielen hundert Nervenfasern direkt oder indirekt erreicht.

Willkürbewegungen sind von drei Bereichen der frontalen Endhirnrinde abhängig: Der primäre motorische Cortex (MC) steuert einzelne Muskeln oder Muskelgruppen; der davor gelegene prämotorische Cortex (PMC, Area 6) steuert das Zusammenspiel von Muskeln und Gelenken; der supplementär motorische Cortex (SMA, mediale Area 6) kontrolliert komplexe Bewegungsabläufe und deren Planung. Diese drei Bereiche stehen z. T. in hierarchischer Beziehung zueinander (SMA – PMC – MC), z. T. arbeiten sie parallel, in dem sie getrennt subcorticale motorische Regionen erreichen.

Unter dem Begriff »Pyramidenbahn« versteht man Nervenfasern, die in Area 4 und Area 6 sowie auch im sensorischen Gyrus postcentralis entspringen und gemeinsam den Tractus corticospinalis aufbauen. Dieser zieht zum Rückenmark und kreuzt ganz überwiegend im Bereich der Pyramide (Ventralseite der Medulla oblongata) auf die Gegenseite. Ein Teil der Fasern erreicht direkt Alpha- (und Gamma-)Motoneurone, z. B. die Alpha-Motoneurone, die die

Fingerbewegungen steuern; ein anderer Teil endet an Interneuronen des Rückenmarks, die ihrerseits mit Alpha-Motoneuronen beider Rückenmarkshälften synaptisch verknüpft sein können.

Neben der Endhirnrinde gibt es subcorticale Zentren für die Steuerung der Motorik. Zu diesen Zentren zählen die Basalganglien, verschiedene Kerne des Thalamus und das Kleinhirn.

Eine besondere Bedeutung für die Motorik haben die Basalganglien. Hierbei handelt es sich um große Kerngebiete in der Tiefe des Endhirns (Nucleus caudatus, Putamen, Globus pallidus und Substantia nigra). Die Basalganglien werden einerseits von der gesamten Endhirnrinde erregt (von Neuronen mit dem Transmitter Glutamat), andererseits sind sie dem motorischen Cortex vorgeschaltet und hemmen ihn sehr oft. Sie beeinflussen so Koordination und Geschwindigkeit von Bewegungsabläufen. Für die Funktion wichtiger Bereiche der Basalganglien ist ihre sowohl erregende als auch hemmende Beeinflussung durch dopaminerge Fasern aus der Substantia nigra, einem Kerngebiet im ventralen Mittelhirn, verantwortlich. Ausfall der dopaminergen Neurone führt zum Krankheitsbild des Morbus Parkinson. Symptome dieser Krankheit sind u. a. Bewegungsarmut, Bewegungsverlangsamung, verminderte Mimik, Ruhetremor und erhöhter Muskeltonus (S. 169).

Sensorische Areale. Das sensorische System umfasst alle Strukturen, die der Aufnahme, Weiterleitung und Verarbeitung von Informationen aus der Umwelt und aus dem eigenen Körper dienen. Scharf umrissene Strukturen finden sich in den Bahnen des olfaktorischen, somatosensorischen, auditorischen und visuellen Systems (Abb. 79–81).

Das olfaktorische System (Abb. 79–81) aller Vertebraten beginnt in der Regio olfactoria der Nasenhöhle. Es verläuft über den Bulbus olfactorius und den Tractus olfactorius zum Septum und zum lateralen Pallium (Palaeopallium bzw. Palaeocortex).

Das somatosensorische System ist in einen spinalen und einen trigeminalen Teil gegliedert. Der spinale Teil führt die Information aus der Rumpfregion über die Ncll. cuneatus und gracilis zu Kernen des Thalamus, von wo aus das Telencephalon erreicht wird (Abb. 79–81).

Der trigeminale Teil kommt aus der Gesichts- bzw. Kopfregion und zieht im Hirnstamm pa-

rallel zu dem spinalen Teil via Thalamus zum Endhirn. Nur bei den Vögeln ist ein Tractus quintofrontalis ausgebildet, der vom somatosensorischen Hirnstammkern (Ncl. sensorius nervi trigemini) direkt zum Telencephalon ohne Umschaltung im Thalamus zieht (Abb. 81a). Wegen der fehlenden Umschaltung ist diese Bahn sehr schnell.

Das auditorische System wird im Hirnstamm und im Tectum umgeschaltet, erreicht dann Kerngebiete im Diencephalon, um schließlich im Endhirn zu enden (Abb. 80, 81).

Das visuelle System aller Vertebraten scheint über zwei Bahnen zu verlaufen (Abb. 79–81). Ein tectofugaler Teil verläuft von der Retina zum Tectum und gelangt von dort nach Umschaltung im Thalamus zum Endhirn. Der zweite, thalamofugale Teil geht nicht über das Tectum, sondern die retinalen Efferenzen erreichen sofort Kerngebiete des Thalamus, die dann zum Endhirn projizieren. Auch hier ist durch das Einsparen einer synaptischen Umschaltung die Erregungsleitungsgeschwindigkeit hoch.

Autonomes Nervensystem (Abb. 83). Aufgabe des autonomen (vegetativen) Nervensystems ist die Aufrechterhaltung der Homoeostase, d. h. eines ausgeglichenen inneren Milieus. Hierher gehören z. B. die Regelung der Körpertemperatur, des Kreislaufs, der Atmung, der Exkretion, der Sekretion und des chemischen Gleichgewichts der Körperflüssigkeiten. Es kommt dabei zu enger Zusammenarbeit mit dem endokrinen System. Zielort des autonomen Systems, das zentrale und periphere Neurone enthält, sind die Eingeweide, also vor allem Magen-Darm-Kanal, Herz, Blutgefäße, Lungen, Urogenitalsystem, Drüsen, Iris des Auges und Haarfollikel. In diesen Organen sind es meistens die glatten Muskelzellen bzw. Myoepithelzellen, auf die das autonome System einwirkt. Auf Drüsenzellen kann es auch direkt einen Einfluss ausüben. Das autonome System lässt sich anatomisch und funktionell in zwei Anteile gliedern: das sympathische und das parasympathische System. Die Anatomie des sympathischen und parasympathischen Systems ist bei Teleosteern, Amphibien, Reptilien, Vögeln und Säugern grundsätzlich ähnlich. Bei Kieferlosen und Haien ist ihr Aufbau einfacher und weniger deutlich geordnet. Parasympathische Nerven verlassen das ZNS über Hirnnerven (N. oculomotorius, N. facialis, N. glossopharyngeus und N. vagus) und bei Amnioten auch über sakrale

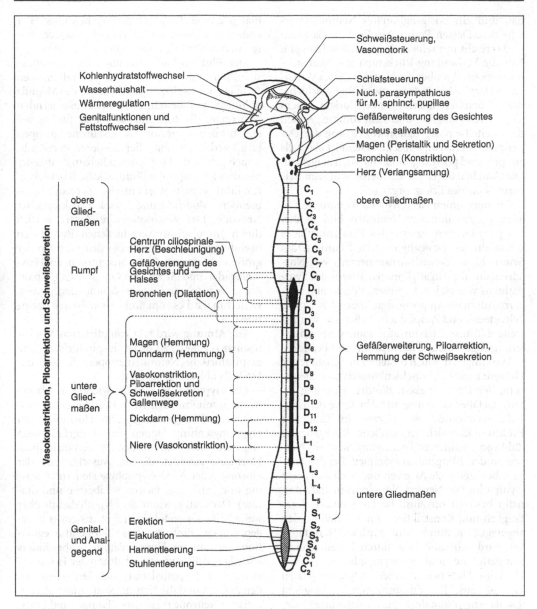

Abb. 83 Schema der sympathischen und parasympathischen Ursprungskerne sowie der mutmaßlichen Lokalisation einiger vegetativer Zentren im Tegmentum. Kernsäule des Sympathicus im Rückenmark schwarz

Spinalnerven des Rückenmarks. Sympathische Nervenfasern treten nur aus dem Rückenmark im Hals-, Thorax- und Lumbalbereich aus. Alle vegetativen Fasern werden peripher einmal umgeschaltet. Die Umschaltung der sympathischen Fasern erfolgt in einer parallel zur Wirbelsäule verlaufenden Ganglienkette (Grenzstrang,

Paravertebralganglien, Truncus sympathicus), die beidseitig ausgebildet und mit den Spinalnerven verbunden ist (Abb. 76), oder in einer Reihe größerer Ganglien in Nähe der hinteren Aorta (Kollateralganglien). Infolge der Umschaltung in einem Ganglion lassen sich ein präganglionäres Neuron, das sein Perikaryon im Rückenmark hat, und ein postganglionäres Neuron unterscheiden. Dessen Perikaryon liegt im Ganglion und erreicht mit seinem Axon das Erfolgsorgan. Nur die Verbindung Rückenmark – Nebennierenmark erfolgt über ein Neuron. Dieses Verhalten erklärt sich aus der Entwicklungsgeschichte des Nebennierenmarks. Es entspricht einem vegetativen Ganglion und stellt somit eigentlich das zweite (= postganglionäre) Neuron dar. Das periphere parasympathische System ist ebenfalls aus prä- und postganglionären Fasern aufgebaut. Die Ganglien liegen jedoch meistens in unmittelbarer Nähe des Erfolgsorgans.

Im autonomen Nervensystem kommt ACh in allen präganglionären Neuronen und in den postganglionären Fasern des Parasympathicus sowie einigen postganglionären Neuronen des Sympathicus (Schweißdrüsennerven) vor; Noradrenalin in postganglionären Fasern des Sympathicus von Haien, Reptilien, Vögeln und Säugern; Adrenalin in postganglionären Fasern von Teleosteern und Amphibien. Außerdem wurden weitere Transmitter im autonomen Nervensystem nachgewiesen, z. B. Dopamin und Peptide.

Wirkungen des ACh bestehen in Zunahme der Drüsentätigkeit, Bronchienkonstriktion, Steigerung der Darmtätigkeit, Blutdrucksenkung infolge Gefäßerweiterung und Abnahme der Kontraktionsamplitude am Herzen. Im Laufe der Evolution lässt sich ein deutlicher Rückgang der Zahl von cholinergen (parasympathischen) Nerven an den Blutgefäßen erkennen. Bei den Säugern besitzen viele Arterien nur noch adrenerge (sympathische) Nerven. Noradrenalin und Adrenalin besitzen oft ähnliche Funktionen. Herztätigkeit und Konstriktion von Arterien werden angeregt (v. a. durch Adrenalin), die Darmtätigkeit wird gehemmt (v. a. durch Noradrenalin). Sympathische und parasympathische Nerven üben im Allgemeinen einen entgegengesetzten Einfluss aus. Ihr Zusammenspiel ermöglicht jeweils eine optimale Tätigkeit der Eingeweideorgane. Höhere autonome Zentren liegen v. a. in der Medulla oblongata, dem Hypothalamus, dem limbischen System und sogar in der Großhirnrinde.

Der Nervus vagus hemmt beim Menschen die Herzfrequenz und die Muskulatur der Vorhöfe, nicht aber die der Kammern. Der Sympathicus aktiviert hingegen Vorhof und Kammern, hat also bei beiden eine positiv inotrope Wirkung. Gesteuert werden diese autonomen Nerven von Arealen in der Medulla oblongata und weiter cranial gelegenen Regionen des Tegmentums. Hier enden sensorische Fasern von Dehnungsreceptoren in den Vorhöfen und in den Hohlvenen.

Der **Blutkreislauf** wird über Kreislaufreflexe stabilisiert und reguliert. Die zentralnervösen Anteile dieses Reflexbogens liegen in der Medulla oblongata und bestehen aus kreislaufsteuernden Neuronen, die topographisch und funktionell eng mit den respiratorischen Neuronengruppen (s. u.) verknüpft sind. Hier existieren zwei funktionell getrennte Areale, deren Reizung entweder Blutdruckanstieg oder Blutdruckabfall bewirken. Ihr Einfluss besteht in antreibender oder hemmender Modifizierung vasokonstriktorischer Neurone. Das vasomotorische Zentrum wird durch Impulse aus verschiedenen Receptoren beeinflusst: Baroreceptoren in den Wänden der größeren Arterien, Chemoreceptoren an Halsschlagader und Aorta, die O_2- und CO_2-Spannung registrieren, sowie Schmerzreceptoren; weiterhin wird es vom limbischen System beeinflusst.

Die **Atmung** wird von komplizierten Mechanismen reguliert, zu denen inspiratorische und exspiratorische Neuronengruppen (S. 266) der Medulla oblongata gehören.

Der **Hypothalamus** ist das wichtigste subcorticale autonome Zentrum. Hier liegen neuroendokrine Kerngebiete, die ihre Hormone vom Hypophysenhinterlappen ins Blutgefäßsystem abgeben. Weiterhin werden im Hypothalamus Hormone gebildet, die die Ausschüttung der Hormone der Adenohypophyse steuern (releasing und inhibiting factors = Liberine und Statine). Dadurch gewinnt der Hypothalamus über weite Teile des endokrinen Systems einen übergeordneten Einfluss. Das Temperaturregulationszentrum im Hypothalamus ist besonders wichtig für die Aufrechterhaltung der Homoeostase. Der Hypothalamus reguliert weiterhin den Appetit und die Nahrungsaufnahme. Receptorische Neurone registrieren Hunger und Durst und leiten die Nahrungsaufnahme ein. Das Appetitzentrum besitzt Daueraktivität, die nach der Nahrungsaufnahme vorübergehend durch die Aktivität eines Sattheitszentrums gehemmt wird. Hier liegt außerdem ein Zentrum für sexuelles Verlangen, das Neurone enthält, die die Konzentration zirkulierender Östrogene und Androgene registrieren. Der Hypothalamus ist mit vielen Hirnarealen verbunden, z. B. mit dem limbischen System und auch der Endhirnrinde. Autonome Vorgänge können mit willkürlichen

Aktionen koordiniert werden, wie es z. B. von der Entleerung der Harnblase bekannt ist.

Das autonome Nervensystem ist von den übrigen Teilen des Nervensystems, die vorwiegend Reize der äußeren Umwelt aufnehmen und verarbeiten, nicht isoliert und begleitet z. B. zahlreiche Vorgänge der Willkürmotorik. So wird Muskeltätigkeit von Veränderungen im Kaliber der Blutgefäße und von gesteigerter Herz- und Lungentätigkeit begleitet. Sogar Gedanken und Erinnerungen, die einen emotionalen Inhalt besitzen, haben ihre autonome Komponente in Form von Gefäßveränderungen in der Gesichtshaut (Erröten, Erblassen) oder gesteigerter Schweißbildung, wie wohl jeder aus eigener Erfahrung weiß oder im Laufe des Studiums noch lernen wird. Das **Nervensystem des Darmes** ist schwer einzuordnen. Es entsteht aus der Neuralleiste und besitzt eine außerordentlich hohe Autonomie und besteht beim Menschen aus ca. 10^8 Neuronen (ebensoviel wie im Rückenmark), die in der Darmwand gelegene (intramurale) Plexus aufbauen, die v. a. die glatte Muskulatur und Drüsenregionen versorgen. Das intramurale System wird von außen durch Sympathicus und Parasympathicus beeinflusst.

Das Gehirn des Menschen – Störungen

Das Gehirn des Menschen ist der Sitz von Intelligenz und Verstand, Lernfähigkeit, Bewusstsein, Gefühlsleben, Fantasie sowie Ich-Erfahrung und damit des Denkens sowie der Persönlichkeit.

Fortschritte in Mikroskopie und Elektrophysiologie in den letzten Jahren des 19. Jahrhunderts und in der ersten Hälfte des 20. Jahrhunderts zeigten, dass das Gehirn aus einem sehr komplizierten System von Zellen besteht und dass elektrische Stimulation des Gehirns Bewegungen auslösen kann.

Heute gibt es mehr Neurowissenschaftler, die sich mit dem Gehirn beschäftigen als Zoologen. Dementsprechend differenziert ist das Bild, welches wir derzeit vom Gehirn des Menschen haben.

Die Patch-Clamp-Technik erlaubt elektrophysiologische Experimente am isolierten Neuron, Elektroencephalographie (EEG) dient der Messung elektrischer Ströme am intakten Gehirn, Computertomographie und Kernspintomographie vermitteln ein dreidimensionales Bild des Gehirns. Speziell durch die Kernspintomogra-

phie werden Regionen im Gehirn sichtbar gemacht, die zu bestimmten Zeiten und unter bestimmten Bedingen besonders aktiv sind.

Besondere Anstrengungen werden unternommen, um Erkrankungen des Gehirns zu verstehen, zumal die Zahl der Betroffenen in unserer Gesellschaft wegen der erhöhten Lebenserwartung zunimmt.

Die **Alzheimer-Krankheit** betrifft fast ausschließlich alte Menschen und verursacht eine Form der Demenz. 20 Millionen Menschen sind davon weltweit betroffen, in Deutschland leben etwa 1 Million Morbus-Alzheimer-Kranke. Der Arzt Alois Alzheimer (1864–1915) beschrieb 1907 das Krankheitsbild, das mit massiver Atrophie basaler Vorderhirnstrukturen und der Endhirnrinde einhergeht. An der Entstehung dieser Krankheit sind unterschiedliche genetische Komponenten beteiligt. Alzheimer fand im Gehirn neben schlingenförmigen filamentären Strukturen, die aus abnorm phosphorylierten Tau-Proteinen bestehen, sog. Plaques: absterbende und abgestorbene Neurone, die von aktivierten Gliazellen umgeben werden. Wesentlicher Bestandteil dieser Plaques ist das Aβ-Amyloid, welches sich aus dem großen Amyloidvorläuferprotein (APP) herleitet. Das Protein ist ein Transmembranprotein, dem beim Gesunden neuroprotektive Wirkung zugeschrieben wird.

Der **Morbus Parkinson** bricht meist in der zweiten Lebenshälfte aus und ist in der Regel durch ständiges Zittern der Hände, Muskelrigor sowie verlangsamte Bewegungsabläufe, auch der Mimik, gekennzeichnet. Später kommen oft Depressionen und eingeschränkte kognitive Funktionen dazu. Männer sind häufiger betroffen als Frauen; in Deutschland leiden etwa 300 000 Menschen an dieser Krankheit, die durch eine Degeneration von Neuronen in der Substantia nigra gekennzeichnet ist. Damit geht eine verringerte Dopaminproduktion einher, die wiederum zu verminderter Kontrolle von Bewegungsabläufen führt. Mit L-Dopa, das in den Basalganglien zu Dopamin umgesetzt wird, können die Symptome für eine gewisse Zeit abgeschwächt werden.

Auch der **Schlaganfall** (Apoplex) ist insbesondere ein Problem der zweiten Lebenshälfte. Etwa 250 000 Personen erleiden in Deutschland jährlich einen Schlaganfall. Als besonders wichtige Risikofaktoren sind Bluthochdruck, Rauchen und Übergewicht zu nennen. Beim Schlaganfall kommt es zu einer plötzlich einsetzenden Unterbrechung der Durchblutung im Gehirn. Die Folgen (Lähmung, Sprachstörungen u. a.) sind abhängig vom Umfang des betroffenen Gehirnareals und dem Einsetzen der Therapie, die auf Wiederherstellung des Blutflusses zielt.

Unter **Epilepsie** versteht man eine pathologische Synchronisierung der Aktivität vieler Neurone, die dann gleichzeitig und ungebremst aktiv werden. Wenn sich diese Aktivität auf das ganze Gehirn ausbreitet, kommt es zum »Großen Anfall« (grand mal). In Deutschland leben derzeit 800 000 Epileptiker. Das Risiko für Anfälle ist in den ersten Lebensjahren und nach dem 60. Lebensjahr besonders hoch. Etwa 70% der Betroffenen können heute nach medikamentöser Therapie anfallsfrei leben; in schweren Fällen verbleibt als einschneidende therapeutische Maßnahme die chirurgische Entfernung der Region im Gehirn, von der die »Hypersynchronisierung« der Nervenzellen ausgeht.

Multiple Sklerose (MS) ist eine demyelinisierende Erkrankung des ZNS, die Frauen häufiger als Männer betrifft. Sie tritt vorwiegend im Alter zwischen 20 und 40 Jahren auf und ist durch Entzündungen gekennzeichnet, deren Ursache neben genetischer Prädisposition in einer Autoimmunreaktion gegen das myelin basic protein (MBP) der Myelinscheide von Nervenbahnen im ZNS zu bestehen scheint. Die Krankheit verläuft häufig in Schüben. Die Therapie zielt auf eine selektive Dämpfung der Autoimmunreaktionen. Die Symptome hängen von der Lokalisierung der Entzündungsherde ab.

Die **Creutzfeldt-Jakob-Krankheit** ist zwar selten, aber in den letzten Jahren im Zusammenhang mit BSE (s. u.) in das Interesse breiter Bevölkerungsschichten gerückt. Die Krankheit ist mit einer raschen Abnahme geistiger Leistungsfähigkeit verbunden; sie tritt bevorzugt nach dem 50. Lebensjahr auf. Als Ursachen werden Viren und Prionen (Oberflächenproteine an Neuronen, die ihre Faltung ändern) diskutiert. Die Creutzfeldt-Jakob-Krankheit weist Ähnlichkeiten mit dem Rinderwahnsinn (der Bovinen Encephalopathie, BSE) auf, einer Krankheit bei Rindern, die durch Degeneration des Gehirns gekennzeichnet ist.

7 Verhalten

Tiere – und auch Menschen – diagnostizieren Objekte, z. B. Beutetiere und Geschlechtspartner, nicht in der Vielfalt ihrer Merkmale. Sie reagieren meist auf einige wenige **Schlüsselreize,** die Handlungen bewirken. Schlüsselreize werden in **Attrappenversuchen** ermittelt. Durch schrittweise Vereinfachung der Attrappen wurde deutlich, dass sie oft sehr einfach sind (Abb. 84). So reagiert ein Stichlingsmännchen auf jeden unterseits roten Gegenstand, der etwa seine Größe besitzt, mit Kampfverhalten; formgetreue Attrappen, denen der rote Bauch fehlt, werden dagegen kaum bekämpft (Abb. 84a). Junge Amseln sperren von einem bestimmten Alter an gezielt gegen jede Attrappe eines Vogels, die aus einer größeren und einer kleineren schwarzen Scheibe besteht (Abb. 84b). Hält man ihnen nur eine Scheibe vor, richten sie ihren Kopf gegen deren höchsten Punkt. Neben optischen können auch chemische, akustische, taktile Reize usw. als Auslöser wirken (Reaktion der Nachtfaltermännchen auf Duftstoffe der Weibchen, Anlocken der Heuschreckenweibchen durch Zirpen der Männchen). Auch die Bewegungsrichtung des Schlüsselreizes ist oft von Bedeutung: Hunde jagen von ihnen sich fortbewegende »Attrappen«, auch wenn es sich um Autos handelt. Oft haben nicht die Schlüsselreize des natürlichen Lebensraumes optimale Wirkung, sondern künstlich hergestellte, **übernormale (überoptimale) Reize.** Austernfischer bevorzugen z. B. Attrappeneier, die so groß sind, dass sie sie gar nicht bebrüten können (Abb. 84c) und ziehen ein Fünfergelege dem eigenen Dreiergelege vor. Junge Silbermöwen reagieren auf einen spitzen roten Stab mit drei weißen Ringen intensiver mit Pickreaktionen als auf die naturgetreue Schnabelattrappe (Abb. 84d). Der Weibchensprung des Stubenfliegenmännchens wird durch größere Attrappen übernormal stark ausgelöst. Das verstärkte Reagieren auf übernormale Schlüsselreize nutzt z. B. das Kuckucksjunge, das mit seinem großen Rachen mehr Antworten der Pflegeeltern auslöst als deren eigene Junge. Einen breiten Raum nehmen Schlüsselreize auch im Verhaltensrepertoire des Menschen (und anderer Primaten) ein. Abb. 84e und f illustrieren die Mimik beim Grußverhalten bzw. bei Drohgebärden.

Eine Verhaltensweise ist außer von der Form des Schlüsselreizes von der **Handlungsbereitschaft (Motivation)** des Tieres abhängig: Bei hoher Handlungsbereitschaft kann schon ein schwacher Reiz das komplette Verhalten auslösen, bei geringer Handlungsbereitschaft ist dagegen ein starker Reiz nötig. Eine Handlung kann durch mehrere unabhängige Merkmale ausgelöst werden, die sich in ihrer Wirkung addieren oder einander hemmen (Reizsummenphänomen). Häufiger interagieren Schlüsselreize allerdings, d. h., sie werden multiplikativ verarbeitet.

Auslöser sind spezielle Schlüsselreize, die in Anpassung an die Wahrnehmung eines anderen Tieres entstanden sind.

Schlüsselreize bewirken das Aufsuchen von Nahrungsquellen, die Flucht vor Feinden usw. Ihre maximale Entfaltung haben sie in den Beziehungen zwischen Artgenossen, sei es zwischen Geschlechts- oder Sozialpartnern oder Kindern und Eltern. Die Auslöser werden hier meist dem Partner demonstriert: Ein gefärbter Kehlsack wird bei der Balz aufgeblasen, Federn mit Mustern werden entfaltet usw. Die Balz ist oft durch komplizierte Folgen von Auslösern gekennzeichnet (Laute, Bewegungen, Farben), sodass das Erkennen der eigenen Art gewährleistet ist. Nahe stehende Arten sind in der Balz meist deutlich unterschieden. Vor der Paarung oder Begattung kann ein Wechselspiel von Signaldarbietungen durch Männchen und Weibchen erfolgen, erst diese Kette von Auslösern und Handlungen **(Balzkette)** führt zur Endhandlung. Das ist besonders eingehend bei der Begegnung der Geschlechter des Stichlings untersucht worden. Signalsetzungen führen nicht notwendigerweise zu Handlungen des Partners. Sie können auch Mitteilungen über »Stimmung« und Handlungs-

bereitschaft eines Tieres sein. Das Gesicht vieler Säuger einschließlich des Menschen setzt durch seine mimische Muskulatur solche Stimmungssignale (Abb. 84 e, f). Knochenfische haben für ihre »Stimmungen« spezifische Farbmuster.

Eine **Signalsprache** ist bei sozialen Insekten entstanden. Die Tänze, die eine Spurbiene nach gefundener Nahrungsquelle im Stock ausführt, informieren andere Bienen über deren Entfernung, Richtung zum Sonnenstand, Qualität und Quantität. Duftsignale spielen eine große Rolle beim Zusammenfinden der Geschlechter, bei der Markierung einer Nahrungsquelle oder des Reviers.

In den letzten Jahren hat in der Ethologie eine Betrachtungsweise zunehmend Fuß gefasst, welche die Auswirkung des Verhaltens von Tieren auf die Umwelt und umgekehrt deren Rückwirkung auf das Tier quantitativ zu erfassen versucht (**Öko-Ethologie, Soziobiologie**). Der Anpassungswert von Verhaltensweisen und seine phylogenetische Entstehung spielen dabei eine wesentliche Rolle.

Da durch die Öko-Ethologie eine Reihe neuer Begriffe eingeführt wurde, die zu Missverständnissen führen können, seien einige hier kurz erläutert:

Fitness verwendet man als ein Maß für den Anteil der Gene, mit dem ein Individuum am Genbestand der folgenden Generation beteiligt ist. Über die größte Fitness verfügt, wessen Gene (relativ) am häufigsten in der nächsten Generation auftreten. Diese kann erreicht werden über die eigene Fortpflanzung (**direkte individuelle** oder **Darwin-Fitness**) und/oder über die Fortpflanzung nahe verwandter Individuen, die ja teilweise dieselben Gene tragen (**indirekte individuelle** oder **Hamilton-Fitness**). In beiden Fällen liegt genetischer Eigennutz vor; das elterliche **Investment** in die Nachkommen fördert letztlich die eigenen Gene (**Genegoismus**). Je nach Fortpflanzungsstrategie wird ganz unterschiedlich in die nächste Generation investiert (S. 291). Nicht selten führen Tiere Handlungen aus, welche altruistisch zu sein scheinen, insbesondere gilt das für den Funktionskreis der Brutfürsorge (S. 193). Was wie »echter« Altruismus aussieht, ist in Wirklichkeit **Pseudoaltruismus**, weil es ja – genetisch gesehen – bei diesen scheinbar selbstlosen Verhaltensweisen versteckte Vorteile gibt.

Im Zusammenhang mit diesem Phänomen findet auch der Begriff Verwandten-Selektion (kin selection) Verwendung. In der Tat gibt es im Tierreich zahlreiche Fälle, wo Individuen sich nicht fortpflanzen, stattdessen aber bei der Aufzucht von Verwandten helfen (Wildhunde, Krallenaffen, Blaubuschhäher, Ameisen, Bienen; S. 184).

Die Soziobiologie bleibt zudem nicht beim Sozialverhalten stehen, sondern sieht auch Sittlichkeit, Moral, Politik, Kultur, metaphysisches Denken und Religion des Menschen letztlich als Produkte der Evolution. Sie hat insbesondere bei Verhaltensanalysen von Primaten und anderen Säugetieren die Augen dafür geöffnet, dass zahllose Verhaltensweisen des Menschen im Tierreich ihre Wurzeln haben.

Abb. 84 Schlüsselreize. **a)** Stichlingsattrappen; oben: formgetreue Nachbildung, jedoch nicht mit rotem Bauch; darunter: vereinfachte, rotbauchige Nachbildungen, die Angriffe von Stichlingsmännchen auf sich ziehen. **b)** Junge Amseln sperren in Richtung des kleinen Teils der Pappscheibe, die als Elternattrappe über des Nest gehalten wird. **c)** Ein Austernfischer versucht, ein Riesenei einzurollen. **d)** Naturgetreue Kopfattrappen einer Silbermöwe und roter Stab mit weißen Binden, der bei Jungtieren besonders wirksam ist. **e)** Augengruß (Balinese, Papua, Französin). Beim Augengruß werden die Brauen für etwa 1/6 sec ruckartig hochgezogen; signalisiert werden Erkennen und Freundlichkeit. **f)** Drohen (wütendes Mädchen, Mandrill, Schauspieler). Beim Drohen werden die Mundwinkel herabgezogen; signalisiert wird Aggression. (e) und f) aus Eibl-Eibesfeldt)

a Angeborenes Verhalten

Angeboren bedeutet nicht, dass das Verhalten schon von der Geburt an ausgeführt wird, sondern dass in den Erbanlagen die Disposition zum Handlungsablauf verankert ist; das Verhalten selbst kann erst viel später durch Situationen des inneren Milieus (Hormonspiegel, Instinktreifung) oder Außenwelt, z. B. Erscheinen der Auslöser, auftreten. Angeborene Verhaltensweisen müssen auch nicht über längere Zeit erhalten bleiben, bisweilen laufen sie nur kurzfristig ab. So wirft der frischgeschlüpfte Kuckuck Eier und Junge der Pflegeeltern aus dem Nest (angeborene Reaktion), doch nach wenigen Tagen reagiert er nicht auf neu in das Nest gelegte Eier.

Starre Bewegungen, die einen Außenreiz nur zum Anstoß benötigen, vom Tier nicht erlernt werden müssen und die für die Art kennzeichnend sind wie körperliche Merkmale, nennt man **Erbkoordinationen** oder **Instinktbewegungen**.

Sie werden normalerweise durch **Orientierungsbewegungen (Taxien)** überlagert, die in allen Phasen ihres Ablaufes von Reizen abhängig sind und das Verhalten plastischer gestalten. Das Zusammenwirken der beiden – **Instinkthandlung** oder **formkonstante Verhaltensweise** genannt – soll an zwei Beispielen erläutert werden.

Legt man einer Graugans ein Ei in die Nähe ihres Nestes, so befördert sie dieses ins Nest zurück, indem sie es mit der Schnabelunterseite schiebt (Erbkoordination, Abb. 85a) und Unregelmäßigkeiten der Unterlage durch sorgfältiges Balancieren ausgleicht (Orientierungsbewegung). Nimmt man dem Tier das Ei fort, läuft die Erbkoordination weiter ab. Die Balancierbewegungen dagegen bleiben aus.

Das Beutefangverhalten von Fröschen (Abb. 85b) ist dadurch gekennzeichnet, dass Orientierungsbewegung und Erbkoordination nicht gleichzeitig ablaufen, sondern nacheinander. Zunächst richtet sich der Frosch auf ein Beutetier (Orientierungsbewegung), dann schleudert er die Zunge hervor (Erbkoordination). Erbkoordination und Orientierungsbewegung können zu verschiedenen Zeiten in der Individualentwicklung einsetzen: So beherrschen neugeborene Mäuse zwar die Kratzbewegungen (Erbkoordination), können sie aber noch nicht gerichtet einsetzen (Orientierungsbewegung).

Zentralnervöse oder in Sinnesorganen gelegene Filtermechanismen, die eine Verknüpfung zwischen einem Schlüsselreiz und einer spezifischen Handlung herstellen, nennt man **Auslösemechanismus (AM)**. Ist diese Verknüpfung angeboren, spricht man von einem angeborenen Auslösemechanismus (AAM). Der AAM kann in der Individualentwicklung auf ein breites Reiz-

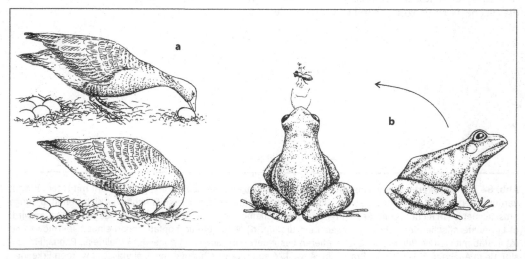

Abb. 85 Erbkoordination und Orientierungsbewegung. **a)** Eirollbewegung der Graugans. **b)** Beute fangender Frosch

spektrum reagieren und später durch Erfahrung verändert werden. Man spricht dann von einem durch Erfahrung ergänzten Auslösemechanismus (**EAAM**). Schließlich besteht die Möglichkeit, dass nur noch erlernte Auslöser eine Reaktion hervorrufen: erworbener Auslösemechanismus (EAM).

Die Ermittlung angeborenen Verhaltens erfolgt durch den Kaspar-Hauser-Versuch oder durch Kreuzungsexperimente.

Im **Kaspar-Hauser-Versuch** werden Tiere unter Erfahrungsentzug aufgezogen. Verhaltensweisen, die unter diesen Bedingungen auftreten, sind in ihrem Ablauf weitgehend erbgesteuert.

Nicht immer ist die Vielgestaltigkeit des Verhaltens angeboren, sondern nur ein Grundgerüst. Hühnerküken picken zunächst nach allen Flecken einer bestimmten Größe; diese Breite des Auslösemechanismus wird durch Erfahrung auf Körner eingeschränkt. Die Vielgestaltigkeit wird am besten am Vogelgesang erläutert, der mit allen Feinheiten im Kaspar-Hauser-Versuch studiert wurde. Einfache Laute oder Gesänge werden angeboren gekonnt: Manche Vogelarten produzieren isoliert nur ein einfaches Grundschema des Gesanges, das erst durch Hören anderer Vögel, bevorzugt Vögel der eigenen Art, zum vollen Gesang entwickelt wird. Wieder andere übernehmen den ganzen Gesang von ihren Eltern, der Gimpel z. B. von seinem Vater, die brutparasitierenden Paradieswitwen Afrikas von ihrem speziellen Wirtsvogel. Hier ist nicht der Gesang, sondern die Fähigkeit, Gesänge auf dem Wege der Tradition zu übernehmen, angeboren.

Der Nachweis von **Erbbedingtheit** ist für viele Verhaltensweisen durch Kreuzung gelungen:

Bastarde zwischen Jagdfasan und Haushuhn nehmen beim Krähen eine Körperhaltung ein, die zwischen denen der Eltern liegt.

Von Papageien *(Agapornis)* weiß man, dass im Nestbau von Bastarden unharmonische Mischungen aus Elementen des Verhaltens beider Eltern auftreten können.

Ein einfacher monohybrider Erbgang wurde für die Winkbewegung der Larven des Nematoden *Rhabditis inermis* nachgewiesen. Diese Verhaltensweise (Abb. 174b) erhöht die Chancen, ein Insekt als Transportwirt zu erreichen. Winken dominiert über Nichtwinken, die erste Filialgeneration verhält sich uniform, in der zweiten erfolgt ein Aufspalten 3 : 1 (vgl. Kapitel 15).

Auch Pleiotropie (S. 345) wurde nachgewiesen: Bei den sog. Tanzmäusen ist ein Gen mutiert;

neben mehreren strukturellen Veränderungen tritt als Verhaltensdefekt taumelnde Fortbewegungsweise auf.

Am eindrucksvollsten ist die Kreuzung zweier Bienenrassen, einer »hygienischen« und einer »unhygienischen«. Erstere entfernt in der Zelle abgestorbene Puppen, nachdem der Deckel der Zelle abgehoben wurde. Letztere lässt die Puppen in den Zellen verwesen. »Unhygienisch« ist dominant, der Erbgang dihybrid. Ein Gen ist verantwortlich für das Öffnen der Zellen, das andere für das Abtransportieren der toten Tiere.

Unter **Handlungsbereitschaft** bzw. **Motivation** (»Trieb«) versteht man das Phänomen, dass Tiere durch eine innere Schaltung für eine bestimmte Tätigkeit handlungsbereit werden. Die innere Einschaltung erfolgt beim Fortpflanzungstrieb durch Hormone, man kann durch Injektion von Geschlechtshormonen Tiere auch außerhalb der Fortpflanzungsperiode zur sexuellen Aktivität bringen. Nicht genau bekannt sind die Mechanismen der Einschaltung des Nahrungstriebes, also die Entstehung des Hungers. Dieser richtet sich weit gehend nach dem Defizit an Stoffen im Körper, bei Salzmangel entsteht Salzhunger, bei Kalkmangel Kalkhunger. Das Turbellar *Microstomum*, das Süßwasserpolypen (z. B. *Hydra*) frisst und deren Nesselkapseln in sein Gewebe als »Kleptocniden« einbaut, jagt Hydren, wenn sein Nesselkapselbestand gering geworden ist. Mit der Einschaltung des Triebes erlangen bestimmte Objekte erhöhte Bedeutung, sie werden primäre Valenzen. In der Fortpflanzungsperiode werden die Auslöser des Geschlechtspartners besonders attraktiv, für den nestbauenden Vogel hingegen Grashalme, Federn usw. Sind die Objekte nicht anwesend, beginnt das Tier mit Umherlaufen oder -tasten (**Appetenzverhalten**). Das Erscheinen des Objektes erhöht die Aktivität und löst die Handlung aus. Die Intensität eines Triebes wächst mit dem Abstand von seiner letzten Erfüllung. Es tritt ein **Triebstau** ein. Sein Anwachsen führt zu einer Senkung der Reizschwelle, sodass schließlich die Handlung am »falschen« Objekt vollzogen werden kann (**Fehllaufhandlung**). Spechte, die Eicheln zusammentragen und in Spalten in der Borke von Baumstämmen stecken, tun dasselbe mit ähnlich geformten Steinen, wenn nicht genügend Eicheln vorhanden sind. Im Extremfall kann die Handlung als Leerlaufhandlung ohne auslösendes Objekt ablaufen.

Eingeleitete Verhaltensweisen können am weiteren Ablauf gehindert werden. Dann sind verschiedene Reaktionen des Tieres möglich: Entweder die Verhaltensweise wird modifiziert (umorientiert) oder nur am Ansatz ausgeführt (Intention). Intentionsbewegungen treten auch bei ungenügendem Erregungspegel auf.

Für **umorientiertes Verhalten** geben Tiere ein Beispiel, die einen Gegner angreifen, währenddessen aber erkennen, dass dieser für sie eine Gefährdung darstellt. Der Angriff wird dann auf ein anderes Objekt umgeleitet. So kann ein Nashorn einen auf ein Fahrzeug eingeleiteten Angriff auf einen Strauch umleiten.

Intentionsbewegungen kann man beobachten, wenn man sich einem Vogel so langsam nähert, dass er zwar nicht völlig ruhig bleibt, aber auch noch nicht auffliegt. Er zeigt dann seine Intention durch Anheben der Flügel usw. Nähert man sich ihm weiter, fliegt er ab, entfernt man sich, bleibt er sitzen.

Reizsituationen können auch dergestalt sein, dass verschiedene, u. U. gegensätzliche Verhaltensweisen gleichzeitig aktiviert werden. Dann kommt es zum Konflikt, und das Tier kann jetzt mit einer Bewegung aus einem dritten Funktionsbereich aufwarten (**Übersprungverhalten**). Zwei Beispiele mögen das Gesagte erläutern:

Bienen trinken zunächst Zuckerwasser (Saugtendenz); mit zunehmender Füllung des Honigmagens kommt eine Abflugtendenz auf, die durch das Anheben der Antennen kenntlich ist. Sind beide Tendenzen etwa gleich groß, putzt die Biene sich (Übersprungverhalten), auch wenn sie ganz sauber ist.

Manche Huftiere und kämpfende Vögel machen Bewegungen wie bei der Nahrungsaufnahme, wenn Flucht- und Angriffsdrang einander die Waage halten.

Häufig entstammen die Übersprungbewegungen den Funktionskreisen von Körperpflege, Nahrungsaufnahme und Nestbau.

Angeborenes Verhalten wird oft instinktiv genannt, der Begriff **Instinkt** wird aber in verschiedenem Umfang verwendet, l. wie eben erwähnt, für alle angeborenen Verhaltensweisen von Reflexen, 2. für komplexe Leistungen, in die einfachere Formen wie Reflexe, Automatismen, Bewegungskoordinationen, Taxien eingebaut sind und von höheren Nervenzentren kooperativ zur Handlung zusammengeschaltet werden. Früher nahm man an, Instinkthandlungen müssten starre Zwangsabläufe ohne die Fähigkeit zu Regulationen sein. Inzwischen sind Reparaturleistungen etwa im Wabenbau der Biene oder an Netzen von Spinnen nachgewiesen. Auch das Verhaltensmuster kann den Notwendigkeiten entsprechend abgeändert werden, z. B. das Verhalten gegenüber Drohnen im Bienenstaat bei Ausfall der Königin, die Leistungen im Stock usw. Hierin gleichen die Instinkthandlungen vielen Reaktionsabläufen im Körper, die reguliert werden können.

Im vorangegangenen Text über angeborenes Verhalten werden zum erheblichen Teil Zusammenhänge dargestellt, die im Rahmen der »Vergleichenden Verhaltensforschung« im Sinne von K. Lorenz und N. Tinbergen erarbeitet wurden. An ihnen wird in neuerer Zeit vermehrt Kritik geübt.

Beim angeborenen – genetisch vorgegebenen – Verhalten wird zunehmend deutlich, dass es viele Fälle gibt, in denen Parasiten mit in ihrem Genom verankerter Information das Verhalten ihres Wirtes steuern, oft genug zu dessen Nachteil (z. B. Cercarie von *Dicrocoelium dendriticum*, die in das Unterschlundganglion ihres Ameisenwirtes eindringt; S. 478). Man kann in solchen Fällen des **heteronomen Verhaltens** oft nur schwer unterscheiden, wem das betreffende Verhalten »angeboren« ist. Statt um Gene eines anderen Organismus kann es sich auch um Viren handeln. So veranlassen beispielsweise Tollwutviren einen männlichen Fuchs, Weibchen und Nachwuchs zu verlassen, umherzustreunen und jeden zu beißen, der ihm begegnet. Dem Fuchs nützt dieses Verhalten nicht, aber dem Virus, das so in neue Wirte gelangt.

b Lernvorgänge

Über die Schicht angeborener Reaktionen werden neue, individuell erworbene, erlernte Verhaltensweisen und Auslösemechanismen gelagert, die dem Tier weitere, der jeweiligen Umwelt angepasste Reaktionen ermöglichen. Sicher kennen wir Lernhandlungen erst von Plattwürmern an, sie erfordern offenbar ein komplexes Nervensystem. Allerdings behielten Regenwürmer und Planarien einfache Lernhandlungen (Kriechen an einer Gabelstelle des Weges nach der Seite ohne Strafreiz) nach Amputation des Gehirns bei. Offen ist die Frage, wann die ersten Lernvorgänge in der Individualentwicklung möglich sind. Von vielen Vogelarten wurde bekannt, dass Embryonen in verschiedenen Eiern über Rufe miteinander Kontakt aufnehmen und so eine Synchronisation im Schlüpfen ermöglichen. Auch zwischen Embryo und Mutter kann intensiver akustischer Kontakt bestehen.

Es gibt verschiedene Stufen und unterschiedliche Arten des Lernens.

Prägung ist eine besondere, obligatorische Lernform mit stabilem, irreversiblem Ergebnis, das während einer begrenzten sensiblen Periode erreicht wird. Zu unterscheiden ist zwischen Nachfolgeprägung, sexueller Prägung, Nahrungsprägung, Milieuprägung und motorischer Prägung (z. B. Vogelgesang, Tötungsbiss). Hauptuntersuchungsthema war der Anschluss von eben geschlüpften Jungvögeln an ein Elterntier, dem sie zuerst nachlaufen. Prägend kann auch ein Vogel anderer Art, ein Mensch oder ein Gegenstand sein. Erbrütete Stockenten streben einem Elterntier zu; das geschieht in einer bestimmten Zeit, der sensiblen Phase. Im Alter von 13 bis 17 Stunden hat diese Prägungsbereitschaft ihr Maximum. Eine Prägung kann verschieden lange anhalten, u. U. lebenslang. In manchen Fällen ist eine Umprägung möglich, in anderen nicht. Der prägende Partner kann für die einzelnen Lebenstätigkeiten verschieden sein. So kann eine Dohle den Menschen als Elternkumpan, Krähen als Ausflugs- und junge Dohlen als Kinderkumpane haben. Seltsamerweise ist der in der Jugend angenommene Elternkumpan später oft auch der Geschlechtskumpan. Vögel, die von einer anderen Vogelart ausgebrütet werden, balzen später Vögel dieser Art an (Abb. 86a). Nur wenn diese nicht anwesend sind, werden Vögel der eigenen Art angebalzt. Hier, wie in vielen Fällen, wurde nicht auf ein Individuum, sondern auf die Art geprägt. Junge Gänse, die auf den Menschen geprägt sind, laufen jedem Menschen nach. Bei der Partnerprägung erfolgt aber eine individuelle Bindung an einen Partner, ebenso kennen Vögel und Säuger ihre Jungen persönlich. Während der ersten Tage nach dem Schlüpfen (meist 3 bis 5 Tage) kann man die Nestjungen noch auswechseln, später werden untergeschobene Jungtiere angegriffen.

Interessant ist der Befund, dass es mit Ablaufen der sensiblen Phase zur Degeneration in bestimmten Hirnarealen kommen kann.

Gewöhnung (Habituation). Dieser Begriff bezeichnet die Fähigkeit von Tieren, auf wiederholt auftretende Reize nicht mehr zu reagieren. Diese »Desensitivierung« betrifft jedoch nur bestimmte Reize, während der Schwellenwert anderer, die dieselbe Reaktion auslösen, unverändert bleibt. Als Beispiel sei der Süßwasserpolyp *Hydra* genannt, der in fließendem Wasser dauernd passiv bewegt wird und auf die Wasserbewegung nicht mit Kontraktion antwortet. Wird er jedoch von einem Beutetier berührt, reagiert er sogleich.

Assoziationslernen (Konditionierung). Zwischen einer Situation und einem Verhalten wird eine Assoziation hergestellt. Pawlow ließ beim Füttern von Hunden gleichzeitig einen Glockenton erklingen: Nach einiger Zeit sonderte der Hund Speichel ab, wenn ohne Fütterung der Glockenton erklang. Es hatte sich eine Assoziation zwischen Glockenton und Speichelabgabe gebildet, ein sog. bedingter Reflex. Auf diese Weise war also ein neuer Auslöser entstanden.

Bedingte Reflexe können schon im Rückenmark von Wirbeltieren gebildet werden, wie Frösche zeigen, denen die Gehirn-Rückenmark-Verbindung durchtrennt wurde.

Nicht alle angeborenen (**unbedingten**) **Reflexe** können zur Bildung bedingter Reflexe herangezogen werden, z. B. der Kniesehnenreflex des Menschen.

Im Dressurversuch werden durch Belohnung und Strafe neue Assoziationen gebildet. Bienen, die einige Zeit auf einem blauen Plättchen mit Zuckerwasser gefüttert wurden, fliegen nachher die Farbe Blau an, auch wenn auf ihr kein Futter

Abb. 86 Lernvermögen. **a)** Prägung. Ein von Möwchen aufgezogener Zebrafink balzt die Attrappe eines Möwchenweibchens an. **b)** Assoziationslernen: »Pawlowscher Hund« mit Oesophagus- und Magenfistel. **c–e)** Werkzeuggebrauch. **c)** Ein Schimpanse wischt mit Blattstücken, die zu einem Tupfer geformt wurden, den Schädel eines getöteten Pavians aus, um die letzten Hirnreste zu erlangen. **d)** Mit den Händen streifen Schimpansen Blätter eines Zweiges ab, um dann mit diesem Termiten aus ihrem Bau zu angeln **(e)**

geboten wird. In der Natur erfolgt eine »Selbstdressur« durch Versuch und Irrtum. Durch Erfahrung wird gelernt, welche Objekte und Situationen aufgesucht und welche gemieden werden müssen. Nicht nur neue Auslöser, sondern auch neue Bewegungsfolgen können andressiert werden, wie jeder Zirkus zeigt. Schimpansen lernen Spielmarken zu verwenden, um aus einem Automaten Früchte zu ziehen; sie öffnen nacheinander zahlreiche Schlösser, um zum Futter zu gelangen. Assoziationen festigen sich zusehends durch längere »Erfahrung« und klingen allmählich wieder ab.

Nachahmung und Tradition: Wie erwähnt, übernehmen Vögel aus dem, was sie hören, bestimmte Lautfolgen in ihren Gesang. Hier erfolgt, ähnlich der Prägung, eine plötzliche und zäh beibehaltene Nachahmung. Sie ermöglicht die Ausbildung von Traditionen. Verhaltensweisen können so von Generation zu Generation

weitergegeben werden und sich innerhalb eines Gebietes ausbreiten. Meisen öffneten zuerst in England die Metalldeckel von Milchflaschen und schlürften Sahne aus. Diese Sitte breitete sich durch Nachahmen von einzelnen Zentren rasch aus. In einer Gruppe von Japanmakaken begann ein Jungtier, die Nahrung (Bataten) zu waschen. Dieses Verhalten wurde von den anderen, mit Ausnahme der Ältesten, übernommen und zu einem festen Bestandteil ihres Verhaltensrepertoires.

Gedächtnis: Lernen setzt voraus, dass Informationen im Nervensystem abrufbar gespeichert werden. Bevor es zu einer stabilen Gedächtnisspur (Engramm) kommt, läuft die Stunden oder Tage dauernde Konsolidierung (Encodierung) ab, während der die Erinnerungsspuren leicht zerstört werden können, z. B. durch Unterkühlung, Elektroschocks, Pharmaka und verminderte Sauerstoffzufuhr. Die Konsolidierung ist mit einer Reihe von Vorgängen im Nervensystem verbunden, z. B. der Ausbildung veränderter Hirnströme, vermehrter RNA- und Proteinsynthese.

Bei allen Tieren unterscheidet man Kurzzeit- und Langzeitgedächtnis.

Gedächtnis bei Tierprimaten und Mensch. Reize aus der Umwelt werden für sehr kurze Zeit (< 1 sec) im **sensorischen Gedächtnis** festgehalten. Ein kleiner Teil dieser Informationen gelangt sofort in das **primäre Gedächtnis**, das Informationseinheiten, z. B. Zahlen oder Buchstabengruppen, für einige Sekunden (bis wenige Minuten) speichern kann und daher auch **Kurzzeitgedächtnis** genannt wird. Beim Menschen wird die Information meist schon auf dieser Ebene des Gedächtnisses verbalisiert. Die Speicherkapazität des Kurzzeitgedächtnisses ist gering; Menschen können selten mehr als zehn Zahlen, Fakten oder Ereignisse gleichzeitig im Gedächtnis behalten. Häufiges Üben bewirkt Langzeitspeicherung im **sekundären Gedächtnis** (**Konsolidierung**). Dieses Gedächtnis ist Teil des **Langzeitgedächtnisses** und hat eine sehr große Kapazität. Es speichert Gedächtnisinhalte für Stunden bis Jahre. Zum Langzeitgedächtnis gehört auch das **tertiäre Gedächtnis,** das ebenfalls eine sehr große Kapazität besitzt. Hier werden oft gebrauchtes Wissen und häufig geübte Dinge gespeichert, die lebenslang nicht vergessen werden und jederzeit sehr schnell abrufbar sind. Potentiell ist das Langzeitgedächtnis zeitlich und hinsichtlich seines Umfangs unbegrenzt.

Das Kurzzeitgedächtnis beruht wahrscheinlich auf kreisenden Erregungen in den beteiligten Neuronenverbänden, das Langzeitgedächtnis dagegen v. a. auf biochemischen Mechanismen, zu denen langfristige genomische Veränderungen und Verstärkung synaptischer Aktivität (longterm potentiation = LTP) an corticalen Dendriten gehören. Am LTP-Mechanismus sind Glutamat und dessen AMPA- und NMDA-Receptoren beteiligt. Über den AMPA-Receptor strömt Na^+ in die Zelle und depolarisiert sie; über den NMDA-Receptor strömt Ca^{2+} in die Zelle und bewirkt hier eine ganze Reihe von Stoffwechselschritten. Wiederholte Reizung erhöht die Effektivität der AMPA-Receptoren und führt zu deren vermehrtem Einbau in die postsynaptische Membran.

Die im sensorischen Gedächtnis aufgenommenen Sinnesreize werden in Bruchteilen von Sekunden mit Inhalten des Langzeitgedächtnisses verglichen und bewertet. Bewertungs- und Gedächtnissystem hängen immer eng zusammen. Bewertungen erfolgen stets aufgrund des Gedächtnisses, und Gedächtnis ist nicht ohne Bewertung möglich. Das visuelle Langzeitgedächtnis ist im Occipitallappen, das auditorische Langzeitgedächtnis im oberen temporalen Cortex lokalisiert, also in Cortexarealen, die die Wahrnehmung visueller oder auditiver Inhalte verarbeiten.

Die Weiterverarbeitung der in das sensorische Gedächtnis aufgenommenen Informationen kann unbewusst oder bewusst erfolgen. Bei unbewusster Verarbeitung, z. B. auf dem täglichen Weg zur Arbeit, spricht man von automatisierter Aufmerksamkeit. Die bewusste Verarbeitung wird oft durch neue oder überraschende Umweltinformationen ausgelöst. Sie erfolgt zunächst im primären Gedächtnis (Kurzzeitgedächtnis), das in mehreren Hirnregionen lokalisiert ist, und kann zur Setzung von Prioritäten führen.

Das Gedächtnis lässt sich auch nach anderen Gesichtspunkten untergliedern. Das sog. **Deklarative Gedächtnis** (= **explizite Gedächtnis**) umfasst alles Wissen, das wir bewusst reproduzieren können. Der Hippocampus wird als »Organisator« dieses Gedächtnisses angesehen, die Inhalte dieses Gedächtnisses sind aber in der Endhirnrinde lokalisiert, z. B. im Occipitalcortex, was das visuelle Gedächtnis betrifft. Für das Abrufen dieser Gedächtnisinhalte genügt das Auftreten eines Teilereignisses. Deklaratives Wissen ist vom Bewusstsein geleitet. Im Rahmen des deklarativen Gedächtnisses wird vielfach eine Unterteilung in episodisches und semantisches Gedächtnis vorgenommen. Das **episodische Gedächtnis** erinnert sich an Ereignisse, Personen und Objekte in Zusammenhang mit einer bestimmten Zeit oder einen bestimmten Ort. Das **semantische Gedächtnis** umfasst Kenntnisse von Fakten und Ereignissen, die nicht mit einem bestimmten Ort oder einer bestimmten Zeitperiode verbunden sind. Es ist unser Wissensgedächtnis und ruft auch die Bedeutung des Wissens ab. Es verknüpft Objekte und Ideen direkt oder durch im episodischen Gedächtnis gespeicherte Bilder oder Symbole, die diesen Bildern zugewiesen wurden.

Eine andere Gedächtnisart ist das **procedurale** oder **implizite Gedächtnis.** Es umfasst alle Fertigkeiten, die charakteristischerweise zunächst eingeübt werden müssen und die dann beherrscht werden, ohne dass genau gewusst wird, wie etwas abläuft. Das procedurale Gedächtnis wird nicht notwendigerweise vom Bewusstsein begleitet. Seine Inhalte sind, wenn eingeübt, nicht mehr im Cortex lokalisiert, sondern vermutlich im Striatum, der Brücke und im Kleinhirn.

Vermutlich gibt es noch eine weitere Form des Gedächtnisses, in dem die Fähigkeit zu klassifizieren und zu kategorisieren lokalisiert ist (**kategoriales Gedächtnis**). Es ermöglicht angesichts der Verschiedenheit von Objekten das Gemeinsame herauszufinden und Einzelobjekte bestimmten Kategorien zuzuordnen.

Das **emotionale Gedächtnis** verknüpft Ereignisse, Erfahrungen und Vorstellungen mit einer Gefühlsbewertung, z. B. Angst, Wohlbefinden, Sicherheit, Genuss und Entspanntsein. An Ereignisse, die mit solchen Gefühlen verbunden sind, erinnert man sich besser als an emotional neutrale Ereignisse. Die basolaterale Amygdala ist mit dieser Gedächtnisart verbunden.

Das **Arbeitsgedächtnis** ist im Alltag besonders wichtig. Es begleitet jede Tätigkeit und umfasst meistens nur wenige Sekunden, die nötig sind, um eine Handlung sequentiell nach Plan und zielgerichtet ausführen zu können.

Gedächtnisleistungen können moduliert werden. Leichter Stress, der von erhöhten Adrenalin- und Noradrenalinspiegeln begleitet ist, stärkt das Gedächtnis. Exzessiv hoher Adrenalinspiegel schwächt das Gedächtnis.

Auch bei Vögeln finden wir erstaunliche Gedächtnisleistungen. Junge, allein ziehende Vögel finden dank eines genetisch fixierten Ortsgedächtnisses zielsicher über Hunderte oder Tausende Kilometer hinweg ihr Überwinterungsgebiet, und genauso finden sie ihren Weg zurück.

Einige Vögel, z. B. manche Meisenarten und manche Rabenvögel, legen vor Beginn des Winters Vorräte an. Dies kann an Hunderten verschiedenen Stellen erfolgen. Diese werden mit großer Sicherheit nach Wochen und Monaten wiedergefunden, obwohl Landschaft und Aussehen der Bäume sich im Winter verändern. Versteckende Arten haben größere Hippocampusformationen als nicht-versteckende vergleichbare Arten. Der Hippocampus ist bei Vögeln ein recht dynamischer Hirnteil. Vergrößerung beruht auch auf Zunahme der Nervenzellzahl. Im Herbst nimmt die Neuronenzahl bei versteckenden Arten zu.

Auch Insekten lernen, komplexe Aufgaben zu lösen. Dementsprechend gut sind ihre Gedächtnisleistungen.

Bei Bienen sind am Gedächtnis mehrere Hirnregionen beteiligt: Antennenlobus, Pilzkörper und laterales Protocerebrum. Es lassen sich folgende Gedächtnistypen unterschieden: 1. das frühe Kurzzeitgedächtnis (early short term memory, eSTM). Es erstreckt sich über Sekunden und kann noch leicht gestört werden und ist mit erhöhter Acetylcholinreceptor-Aktivität verbunden; 2. das späte Kurzzeitgedächtnis (late short term memory, lSTM) konsolidiert Gelerntes. Es ist Voraussetzung für die Überführung einer gelernten Assoziation ins Langzeitgedächtnis (long term memory, LTM). Es wird begleitet durch erhöhte Stickoxidsynthese und lang anhaltende Proteinkinase-A-Aktivität im Antennenlappen. Das frühe LTM ist nicht auf Proteinsynthese angewiesen. Das späte LTM setzt nach drei Tagen ein und beruht auf Proteinsynthese. Es existiert weiterhin ein intermediäres Gedächtnis (ITM), das sich nach einmaliger Konditionierung erst nach Minuten bildet. Bei *Drosophila* wurden bisher sechs Gene gefunden, die meisten davon auf dem x-Chromosom, die Gedächtnisleistungen beeinflussen. Bienen besitzen erstaunliche Ortskenntnisse und haben u. a. ein Gedächtnis für Streckenflüge und Landmarken.

Generalisieren und Zählen: Honigbienen und einige Wirbeltiere haben die Fähigkeit, aus einer Vielzahl verschiedener Strukturen das Gemeinsame herauszufinden. Affen lassen sich auf den Gruppenbegriff Vogel dressieren. Eine extreme Abstraktion ist das Zählen. Manche Vögel können bis über 10 zählen.

Einsicht (Intelligenz) nennt man die Fähigkeit, eine spezielle Aufgabe nicht über den Umweg von Versuch und Irrtum zufällig zu lösen, sondern durch Begreifen der Zusammenhänge direkt zu meistern. Am deutlichsten wird dies, wenn das Tier Gegenstände verwendet und ihre Eigenschaften zur Erlangung des Ziels einsetzt (Abb. 86c–e). Schimpansen schoben unter eine im Käfig hoch hängende Banane Kisten oder richteten eine Stange gegen die Banane und kletterten an ihr rasch hinauf. Solcher Werkzeuggebrauch und sogar Ansätze einer Werkzeugherstellung wurden auch bei frei lebenden Schimpansen festgestellt. In einer Gruppe, die sich auch von Termiten ernährte, formten sie Zweige zu kleinen Stöcken, die in die Löcher des Termiten-baues gesteckt und dann mit den daran festgebissenen Termiten herausgezogen wurden. Zerkleinerte Blätter verwendeten sie als Schwämme, mit denen sie Wasser aus Baumhöhlen aufnahmen und in den Mund drückten. Schimpansen sind in der Lage, aus einem Labyrinth mit nur einem Ausgang herauszufinden.

Benutzung von Werkzeugen kann auch angeborenermaßen erfolgen. Sandwespen klopfen den Sand über ihrer Bruthöhle mit einem Steinchen fest. Ein Galapagosfink bricht Kakteenstacheln ab und benutzt sie zum Hervorholen von Insekten aus Spalten und Löchern. Der Laubenvogel *Ptilonorhynchus violaceus* malt seine Laube an, indem er Beeren und Holzkohle »zerkaut« und die mit viel Speichel gemischte Farbe mit Rindenstücken oder Blättern als Pinsel aufträgt.

Psychisch nennt man beim Menschen die im bewussten Erleben empfundenen Willensakte, Stimmungen, Gefühle. Inwieweit die Tiere eine solche **Psyche** besitzen, kann nicht mit Sicherheit gesagt werden, da wir sie ja nur aus eigenem Erleben kennen. Immerhin gibt es eine Reihe von Indizien, dass auch höheren Wirbeltieren eine solche Psyche zugeschrieben werden kann. Es gelang, eine Verständigung mit Schimpansen über eine Zeichensprache herzustellen, die für Taubstumme entwickelt wurde. Die Affen verwenden wie Menschen Bezeichnungen wie »ich«, »du«, »traurig« usw. Ferner wurde Ratten und Affen die Möglichkeit gegeben, sich über Elektroden, die in bestimmte Stellen des Zwischenhirns eingeführt waren, selbst zu reizen. Bestimmte Reizungen wurden intensiv erstrebt und sogar Hindernisse wie ein elektrisch geladener Zaun überwunden.

Spielen: Unter Spielen versteht man einen Verhaltensbereich mit Aktivitäten, die im Moment ihres Auftretens nicht ihre eigentliche Funktion erfüllen, aber mit hohem Energieaufwand betrieben werden. Spielverhalten kommt v. a. bei Säugern und hier vorwiegend bei Jungtieren vor. Beim Spielen können verschiedene Handlungen ablaufen, eingeübt und neue Assoziationen gebildet werden. Die Lernbereitschaft ist beim Spielen besonders groß. Im Rahmen des Spieles kommt dem Neugierverhalten (Exploration) eine wichtige Bedeutung zu. Handlungsweisen aus verschiedenen Funktionskreisen werden an einem Objekt ausprobiert, sodass latentes Wissen erlangt wird, das im Bedarfsfall angewendet werden kann.

Meme: Mit dem Begriff Mem werden – in Anlehnung an den Begriff Gen – Ideen, Verhaltensweisen und Fertigkeiten bezeichnet, die durch Imitation sehr rasch von Mensch zu Mensch übertragen werden und sich rund um den Globus ausbreiten können. Im Einzelnen zählen dazu auch Modeerscheinungen (Kleidermode), Kunststile, Rezepte, Vorlieben, Erfindungen, Melodien, Techniken der Werkzeugherstellung, Sprach- und Sprechweisen, Schlagwörter, Zeremonien, religiöse Vorstellungen usw. Gene werden durch Zeugung verbreitet, Meme durch Überzeugung und Nachahmung.

Von Genen können Kopien gemacht werden; sie sind »Replikatoren«, die Organismen sind »Vehikel« für die Gene. Meme sind Imitationseinheiten in der Kultur des Menschen. Mit dem Erwerb der Fähigkeit zur Imitation kommt es zu einer zweiten Form der Selektion, mit Auslese unter wettstreitenden Ideen und Verhaltensweisen. Meme, die einen hohen Anpassungswert besitzen, persistieren und können bewirken, dass die Gene der Menschen, in denen sie sich festgesetzt haben, ebenfalls überleben.

c Sozialverhalten

Der soziale Zusammenschluss kann in offenen Gesellschaften, deren Angehörige weitgehend austauschbar sind, und in geschlossenen Gesellschaften erfolgen. Im letzten Fall differenzieren die Gruppenmitglieder, die in vielfältigen Beziehungen zueinander stehen, zwischen ihresglei-chen und Angehörigen fremder Gruppen, denen Indifferenz oder Aggression entgegengebracht wird.

Beide Gesellschaftsformen können individualisiert oder anonym sein, d. h., man kennt einander persönlich oder nicht.

Im Folgenden soll an Wirbeltieren und Insekten gezeigt werden, wie reich das Verhaltensinventar auf dem Sektor des sozialen Zusammenschlusses sein kann. Beide Gruppen sind hochorganisiert, aber auf verschiedenen Wegen entstanden. Das gilt auch für ihr Sozialleben. Während die Staaten der Insekten eine fast konfliktfreie Organisation und Kooperation in ihrem anonym-geschlossenen Gefüge erreicht haben, haben sich bei vielen Wirbeltieren individualisiert-geschlossene Gruppen gebildet, die durch Rangordnung und Ansätze zur Cliquenbildung oft konflikt-geladen sind.

Rangordnung bei Wirbeltieren

Rangordnungen können gemischtgeschlechtig (bei Hühnern) oder nach Geschlechtern getrennt sein. Im letzteren Fall sind sie in beiden Geschlechtern entweder voneinander unabhängig (z. B. bei Pavianen), oder der Rang des Weibchens entspricht jeweils dem des mit ihm gepaarten Männchens (z. B. bei Dohlen).

Die Entstehung einer Rangordnung lässt sich besonders gut auf dem Hühnerhof beobachten. Schon wenige Wochen alte Küken nehmen bisweilen voreinander Haltungen an, die Kampfstellungen andeuten. Wenig später hackt eines, das andere weicht zurück. Wenn auch anfangs die Beziehungen noch etwas schwanken, so werden sie später gefestigt. Das Verhalten der Ranghöheren gegenüber den Rangniederen wird meist als Dominanz bezeichnet, das der Rangniederen als Subordination. Oft entscheidet das erste Auftreten, also Aussehen und Imponiergehabe u. a., welche Stellung ein Tier in der Rangordnung einnimmt. Das rangoberste Tier wird als Alpha-Tier bezeichnet, es folgen weitere, die nach dem griechischen Alphabet benannt werden, das rangniedrigste hat die Bezeichnung Omega-Tier erhalten.

Allgemeine Aktivitäten der Ranghöheren. Die Stellung in der Rangordnung kann das Leben nachhaltig beeinflussen. Am Ruheplatz ist um den Ranghohen oft ein Leerraum, die anderen nähern sich ihm nur gehemmt und zögernd. An Ein- und Durchgängen geht der Ranghöhere voran, sogar bei Fischen wurde ein Voran-schwimmen des Ranghohen durch einen Gang festgestellt. Allgemein beansprucht der Ranghohe einen größeren Individualraum um sich, die Individualräume Rangniederer respektiert er gar nicht oder wenig. Trotzdem erfolgt keine Isolierung des Ranghohen von der Gruppe, da er eine hohe soziale Attraktion auf die Mitglieder ausübt. So rennen Mantelpaviane bei Gefahr zum Alpha-Männchen. Auch das Omega-Tier behält bisweilen von allen anderen Distanz.

Besonders offensichtlich ist die Ranggliederung am Futterplatz. Vor allem bei Affen wurde Aneignung der Nahrung durch den Ranghöheren festgestellt. Diese ist keineswegs stets mit einem Gewaltakt verbunden. Der Rangniedere pflegt eine ihm hingeworfene Nahrung nicht zu ergreifen, wenn sich der Ranghöhere nähert. Oft greift dann das zurückgewiesene Tier andere rangniedere Tiere der Gruppe an. Es kommt sogar zur Nahrungsverweigerung in Gegenwart der Ranghohen. Ein solcher Selbstausschluss rangniederer Mitglieder einer Gruppe von der gemeinsamen Nahrungsaufnahme wird bei verschiedenen Tieren beobachtet. Auch auf die Paarung hat die Rangordnung eine nachhaltige Wirkung. Ranghohe Männchen kommen in viel höherem Prozentsatz zur Begattung als rangniedere, das scheint bei allen untersuchten Formen der Fall zu sein. Oft ziehen ranghohe Männchen rangniedere Weibchen den ranghöheren bei der Begattung vor. Unklar ist die Ursache dieser Präferenz. Vielleicht dominiert hier Sexappeal über Ranghöhe. Rangniedere Hennen geben den Sexuallaut am häufigsten, bei rangniederen Pavianweibchen wurde die größte Schwellfähigkeit der Genitalregion festgestellt. Oft sind Ranghöhere durch eine größere Aktivität ausgezeichnet als Rangniedere. Das äußert sich z. B. bei Affen in größerer Mobilität, Eindringen in fremde Territorien und größere Experimentierfreudigkeit. Im Versuch wurden Mäuse aggressiver nach wiederholten Siegen, nach mehreren Niederlagen dagegen nahm die Aggressivität ab. Eine Beeinträchtigung der Lernfähigkeit wurde bei Tauben festgestellt, wenn ein ranghöheres Tier zugegen war. Durch manipulierte Siege des Rangniederen über den Ranghöheren wurde das Rangverhältnis umgekehrt. Jetzt ging von dem emporgestiegenen Tier die hemmende Wirkung aus.

Es gibt verschiedene Wege, um diese negativen Seiten der Rangordnung zu mildern. Oft unterwirft sich der aufgebende Partner, das bewirkt bei vielen Säugetieren Beißhemmung des Ranghöheren. Gelegentlich zeigt der Verlierer auch kindliches Verhalten oder fordert zur Paarung auf. Ein anderer Weg zur Abschwächung des Rangkampfes ist der Kommentkampf. In festgelegten Bewegungsabläufen werden die Waffen so geführt, dass der Partner nicht lebensgefährlich verletzt wird. Nicht selten wird der Kampf völlig aufgegeben, und ein Imponieren oder Drohen entscheidet bei einer Begegnung über die Rangstellung. Durch Haare- oder Federsträuben wird der Körper scheinbar größer, auch durch Demonstration der Waffen (Zähne) kann die Entscheidung schon herbeigeführt werden. Manche Affen imponieren mit erigiertem Penis. Dieses Verhalten kann, wenn die Clitoris groß und erigierbar ist, auch von Weibchen ausgeübt werden (Hyänen). Vielfach wird auch durch Laute gedroht.

Pflichten der Ranghohen. Oft kann man die Rangordnung als eine Form der Schutzherrschaft bezeichnen. So suchen Paviane in Gefahr beim Alpha-Männchen Schutz. Bei Affenhorden gibt der Führer den Fluchtweg an, deckt aber auch den Rückzug usw. Ranghöhere werden oft angebettelt und geben dann Nahrung ab. Ein neues Element kommt durch den Beistand, den Tiere einander gewähren, in die Rangordnung. Dann bestimmen nicht mehr Leistung und Verhalten des Einzelwesens den sozialen Status, sondern dieser beruht auf der Wirkung von Kleinverbänden in der Gruppe: So bilden Dohlen innerhalb des Sozialverbandes Ehen, die eine starke persönliche Bindung und auch gegenseitigen Beistand der Partner einschließen. Dadurch entsteht ein gemeinsames Kraftpotential innerhalb der Gruppe. Auf diese Weise kann ein rangniederer Partner durch Eheschließung bzw. Verlobung mit einem starken Partner sofort avancieren. Das aufgerückte Weibchen von Dohlen beispielsweise wird in die Rangstufe des Männchens eingegliedert. Wer sie gestern noch hackte, wird jetzt von ihr verfolgt.

Rangordnungen sind dynamisch, d.h., jedes Einzelwesen kann in ihr auf-, aber auch absteigen (Dominanzwechsel). Der Aufstieg geschieht durch Auseinandersetzung mit dem Rangnachbarn; er mag ohne Kampf durch einen reinen Imponiereffekt oder durch Überwindung des nächsthöheren Rangnachbarn vor sich gehen. Aus der hierarchischen Struktur der Rangordnung ergibt sich, dass Rangkämpfe besonders zwischen Ranggleichen mit Aufstiegstendenz bzw. Rangnachbarn stattfinden. Das ist bei Dohlen, Rindern und anderen Tieren beobachtet worden (»Kollegen-Effekt«).

Kein Tier hat seine Stellung in der Sozialordnung sicher inne. Abnormes Verhalten, Krankheit, usw. führen oft zu Ausstoßreaktionen. Oft genügt schon eine belanglose Veränderung, so ein Farbfleck, der am Hühnerkamm angebracht wurde, eine schief aus dem Gefieder herausstehende Feder usw., dass sich Artgenossen auf das betreffende Tier stürzen. Auch das Unterlassen normaler Verhaltensweisen kann Ausstoßungen hervorrufen. Eine reiche Ernährung junger Singvögel im Versuch kann die Eltern dazu bringen, diese aus dem Nest zu werfen. Das Ausbleiben der Bettelreaktion bewirkt die Ausstoßung.

Auch die Inbesitznahme eines Territoriums kann auf die Rangordnung wirken. Es existiert offenbar ein Ancienitätsprinzip, das Vorrecht des zuerst Dagewesenen: In einem Versuch wurden zehn Ratten in einen Kasten gesetzt, sie krochen zusammen und duldeten sich gegenseitig. Setzte man aber erst eine Ratte in den Kasten und nach einer Stunde eine weitere, wurde diese von der ersten sofort angegriffen. Die Okkupation des Kastens als eigenes Territorium hatte bereits stattgefunden. Derartige Territorien werden von den Revierinhabern »markiert«, d.h. mit Duftstoffen versehen, die für die Gruppe charakteristisch sind. Oft werden sie mit dem Harn, bisweilen mit dem Kot abgegeben. In gruppeneigenen Territorien sind es besonders die ranghohen Männchen, die bevorzugt das Markieren besorgen und Kontrollgänge an der Grenze durchführen. Das Markieren dient wohl nicht nur der Besitzergreifung und -dokumentation: In neutralen und umstrittenen Gebieten wird oft nur eine Anwesenheitsmarke angebracht.

Die Sozialgefüge einiger Wirbeltiere erinnern an die von Insekten: Die ostafrikanischen Nacktmulle (*Heterocephalus glaber*, Abb. 87) bauen mit Zähnen und Extremitäten 2–3 km lange unterirdische Gangsysteme, die sie in Kolonien von durchschnittlich 70 bis 80 Individuen bewohnen. Bei einer Temperatur von etwa 30 °C und wassergesättigter Luft im Gangsystem leben diese fast blinden Nagetiere, sich vorwärts und rückwärts gleichermaßen geschickt bewegend, unter etwa konstanten Bedingungen. Ihr Stoffwechsel ist der niedrigste, der bisher von Säugern bekannt ist, die Körpertemperatur beträgt 32 °C und kann nur geringfügig geregelt werden.

Jede Kolonie enthält eine Königin, die das für Kleinsäuger ungewöhnliche Alter von über zehn Jahren erreicht. Nur diese bringt Junge hervor, und das alle drei bis sechs Monate. In kurzen

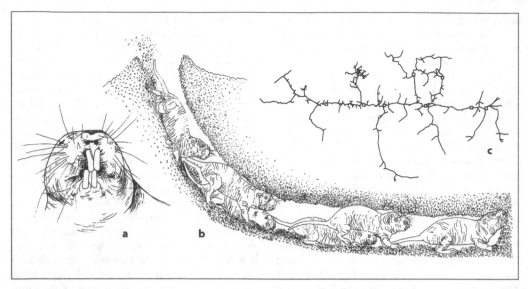

Abb. 87 Nacktmull *(Heterocephalus glaber)*. **a)** Mundpartie mit freiliegenden Schneidezähnen, **b)** Bau im Längs-schnitt: Die Bewohner lockern das Substrat mit den Zähnen und transportieren es dann kooperativ aus der Öffnung, **c)** Gangsystem in Aufsicht

Abständen patroulliert die Königin – das dominierende Tier der Kolonie – durch das Gangsystem. Sie kopuliert nur mit ein bis zwei Männchen, die nach wenigen Jahren ersetzt werden.

Die Königin und ihre Sexualpartner gehören mit etwa 9 cm Länge zu den größten Tieren der Kolonie. Weitere große Individuen fungieren bei Gefahr als Verteidiger; sie verbringen allerdings viel Zeit schlafend in Nestkammern. Die Mehrzahl der Tiere ist kleiner, sie sind vorwiegend mit Tunnel- und Nestbau, Nahrungssuche und Säubern des Gangsystems beschäftigt. Bei Gefahr warnen diese die »Soldaten«.

Eine besondere Bedeutung kommt der »Latrine« der Kolonie zu, die – vielleicht über Pheromone – auf das geregelte Miteinander wirkt. Junge werden zunächst von der Königin gesäugt und dann von anderen mit Pflanzensubstanz und Kot gefüttert. Koprophagie, also das Fressen der eigenen Faeces, scheint obligatorisch zu sein.

Wird die Königin aus dem Sozialgefüge entfernt, wächst aus der Gruppe der größten Individuen eine neue nach.

Ähnliche Sozialgefüge gibt es wohl bei südamerikanischen Nagern.

Insektenstaaten (Sozietäten)

Die nahezu 15 000 bekannten staatenbildenden Insekten verteilen sich im Wesentlichen auf zwei Gruppen: Termiten und Hymenopteren.

1. Die Staaten der **Termiten** werden von beiden Geschlechtern gleichermaßen aufgebaut. Auch Jungtiere gehören dazu. In der Königskammer leben König und Königin (Abb. 88f). Relativ oft leben in Termitenstaaten mehrere Könige und Königinnen.

2. In den Staaten der **Aculeaten (Hymenopteren)** herrscht das weibliche Geschlecht vor. Die Entwicklungsstadien (Maden) dieser holometabolen Insekten werden im Staat bis zu ihrer Verpuppung gefüttert. Innerhalb der Aculeaten sind staatenbildende Arten vielfach parallel aus solitären entstanden: bei Wespen, stachellosen Bienen (Meliponinae), Hummeln, Honigbienen, Ameisen sowie einigen Furchenbienen (Halictinae). Alle solitären Verwandten der sozialen Hymenopteren geben den abgelegten Eiern einen Nahrungsvorrat mit. Wenn die zuerst gelegten Eier ihre Entwicklung vollendet haben, bevor das Muttertier Eiablage und Zellenbau abgeschlossen hat, ist die Grundvoraussetzung für einen Familienstaat gegeben. Dieses Stadium errei-

chen manche Furchenbienen: Hier bauen die Töchter im Nest der Mutter weitere Zellen und versorgen die Eier, welche die Mutter gelegt hat, mit Proviant.

Eine andere Möglichkeit der Staatenbildung besteht darin, dass einst isolierte Weibchen zusammentreffen. So kommen bei den Feldwespen (*Polistes*) im Frühjahr mehrere Weibchen, die allein überwintert haben, zusammen, um ein Nest zu gründen. Unter ihnen legt nur eine Eier (Königin), während die anderen zu Arbeiterinnen werden. Wenn im Herbst der Spermavorrat der Königin aufgebraucht ist, entstehen parthenogenetisch Männchen. Im Allgemeinen überwintern nur begattete, junge Weibchen.

Die einjährigen Staaten der übrigen sozialen Insekten entstehen von einem Weibchen aus, sind also Großfamilien. Auch viele der Dauerstaaten der Ameisen und Termiten gehen von einem Weibchen oder Pärchen aus, später können sich diese Staaten teilen, wie z. B. bei der Honigbiene, oder ein Staat nimmt begattete Weibchen nach dem Hochzeitsflug als Adoptivköniginnen auf. Eine Besonderheit auch der einfachen Staaten besteht in der Unfruchtbarkeit der erstgeschlüpften Töchter. Sie werden zu sterilen Arbeiterinnen. Die erste Etappe des Soziallebens ist die Brutpflegegemeinschaft von Mutter und sterilen Töchtern. Diese einfachen Staaten sind kurzlebig und dauern bei uns nur einen Sommer; im Herbst entstehen aus den Larven vollentwickelte fruchtbare Weibchen und Männchen (Drohnen). Nach der Paarung zerstreuen sich die Weibchen und gründen im kommenden Frühjahr wieder einen solchen kurzlebigen Insektenstaat. Unsere Hummeln und Wespen leben nach diesem Prinzip. Die höchste Etappe ist die Dauerfamilie, die jahrzehntelang bestehen kann. Diese Stufe haben manche tropischen Wespen, die Meliponinen, Honigbienen und Ameisen erreicht.

Die Individuenzahl eines Staates kann bei Termiten und Ameisen bis in die Millionen gehen. Ein lebenskräftiges Bienenvolk besteht aus 35 000 bis über 50 000 Mitgliedern. Ein besonderes Problem der Insektenstaaten liegt daher in einer intensiven Nutzung der Nahrungsquellen. Am Beispiel von Hymenopteren und Blüten sollen drei verschiedene Strategien blumenbesuchender Insekten erklärt werden:

Unter den stachellosen Bienen (Meliponinae) wurde die Gattung *Trigona* besonders intensiv untersucht. *Trigona* kämpft um die Erhaltung ihrer Nahrungsquellen. Wie man an natürlichen Ressourcen (Blüten) und an künstlichen (Zuckerlösungen) hat nachweisen können, ist die Aggression zwischen Kolonien derselben Art am stärksten, größere Species sind aggressiver als kleine, höhere Zuckerkonzentration der angebotenen Lösung führt zu besonders vielen Toten im Kampf um die Nahrung. Große, aggressive Arten verfügen über große Kolonien und wirkungsvolle Rekrutierung, d. h., sie können schnell andere Individuen ihrer eigenen Kolonie an einer Futterquelle zusammenziehen, um diese auszubeuten und bei Bedarf zu verteidigen.

Die Nahrungserwerbs-Strategie der Hummeln (*Bombus*) weist grundsätzlich andere Züge auf: Rekrutieren können sie nicht, und Nahrungsquellen werden nicht verteidigt. Einzelne Tiere spezialisieren sich, jede Kolonie verfügt über verschiedene Spezialisten. Eine Sammlerin besucht zunächst die Blüten mehrerer Pflanzenarten und beschränkt sich im Folgenden auf die Quelle mit dem größten Nettogewinn; Umschalten auf andere, ergiebigere Blüten ist bei Versiegen der zuerst gewählten Nahrungsquelle möglich. Das Ergebnis besteht in einer sehr guten Ausbeutung verschiedener Ressourcen ohne Aggression.

Bei Honigbienen schließlich spielen Rekrutierung, individuelle Spezialisierung, Blütenstetigkeit, Lernvermögen und die Fähigkeit, reiche und diffus verteilte Ressourcen gleichermaßen zu nutzen, eine wichtige Rolle. Ihre Lerngeschwindigkeit ist signalabhängig. Trotz der Spezialisierung der einzelnen Honigbienen kann die Kolonie auf Veränderung des Nahrungsangebotes rasch reagieren: Als Art sind sie Blütengeneralisten: Bewertung der Ressourcen erfolgt über Spurbienen, die tanzend über die Nahrung informieren. Als Spurbienen fungieren nur wenige Bienen, ein sehr viel größerer Anteil wartet auf der Tanzfläche und ist rekrutierbar.

Innerhalb des Staates findet eine Nahrungsverteilung nach Bedarf statt. Die normale Hymenopterenarbeiterin sammelt mehr, als ihr eigener Nahrungsbedarf erfordert. Der Überschuss wird in dem zu einem Kropf erweiterten hinteren Ösophagusabschnitt, dem Honigmagen, gespeichert. Aus ihm wird auf Anforderung Nahrung hervorgewürgt. In mancher Beziehung anders sind die Termiten. Ihnen fehlt ein Kropf als Sozialmagen, dafür sind die Speicheldrüsen als Futterdrüsen z. T. enorm entwickelt und dienen zur Fütterung bestimmter Gruppen im Stock.

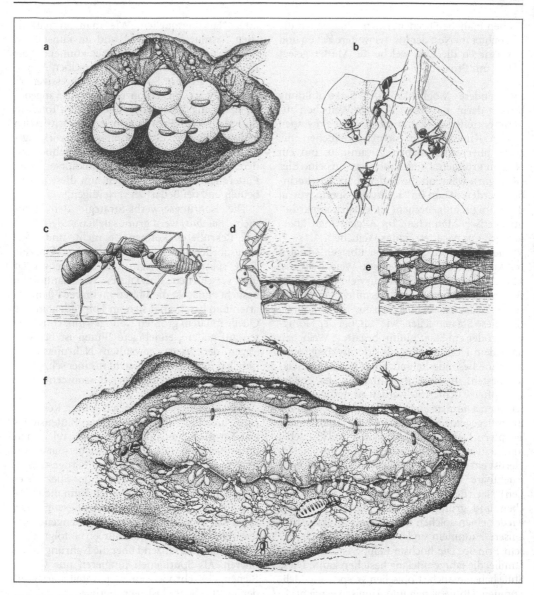

Abb. 88 Staatenbildende Insekten. **a)** *Myrmecocystus.* Vorratskammer mit an der Decke hängenden lebenden Honigtöpfen. Rechts oben eine normale Arbeiterin, die Futter bei einem Honigtopf abnimmt. **b)** *Atta* (Blattschneiderameise). Arbeiterinnen beim Abschneiden eines Blattstückes (rechts) und beim Abtransport (links). Auf einem Blattstück sitzt eine Arbeiterin, die parasitische Fliegen abwehrt. **c)** Eine Ameise betrillert mit ihren Antennen eine Blattlaus, die dann einen Tropfen kohlenhydrathaltigen Kot (Honigtau) abgibt, **d), e)** Eingänge zu einer Kolonie von *Colobopsis.* **d)** Ein «Portier» verschließt mit dem Kopf den Eingang, eine Arbeiterin begehrt Einlass. **e)** Ein größerer Eingang wird von drei Pförtnerinnen verschlossen. **f)** Blick in die Kammer des Königspaares einer Termite *(Macrotermes).* In der Mitte liegt die Königin, deren Hinterleib durch die mächtige Entwicklung der Ovarien stark aufgetrieben ist. Neben ihr befindet sich der wesentlich kleinere König, der jedoch die anderen Individuen erheblich an Größe übertrifft. Das Königspaar erreicht ein Alter von mehreren Jahren; währenddessen findet zu wiederholten Malen eine Begattung statt. Die am Hinterende in großer Zahl austretenden Eier werden von Arbeiterinnen in Empfang genommen und in den Brutbereich des Stockes transportiert. Das Paar wird von zahlreichen Arbeiterinnen umgeben und von Soldaten bewacht

Außerdem findet eine Stoffweitergabe durch den After statt. Es ist aber nicht der Kot, der von anderen Termiten aufgenommen wird, sondern ein heller Tropfen, der symbiotische Flagellaten enthält. Einige spezielle Lösungen des Ernährungs- und Transportproblems seien hier dargestellt.

a) Nomadentum. Nomaden wechseln ihr Nahrungsgebiet. Das gilt z. B. für die Treiberameisen der warmen Regionen Amerikas (Ecitoninae) und der Alten Welt (Dorylinae). In bestimmten Zeiträumen verlassen sie ihr Nest und wandern, mit ihrer Brut beladen, an andere Orte. Der Rhythmus in der Brutpflege bedingt den Aufbruchstermin. Er liegt an dem Tag, an dem die Larven aus den Eiern schlüpfen. Die Nomadenphase wird abgebrochen, sobald sich die Larven verpuppen. Bei *Eciton* kann die Nomadenphase 12 bis 17 Tage dauern, die stationäre Phase etwa 20 Tage.

Treiberameisen können Koloniegrößen von 20 Millionen Individuen erreichen (*Dorylus nigricans* in Afrika). In kooperativen Aktionen können sie auf Raubzügen neben Insekten Nestlinge von Vögeln und Säugern töten. Von *Eciton* ist bekannt, dass sie Wespennester überfallen. Die rasche und wirkungsvolle Kooperation wird durch sog. Rekrutierungspheromone gefördert: Von den Entdeckern einer potentiellen Futterquelle abgegeben, bringen sie rasch große Teile einer Kolonie zu einer gemeinsamen Tätigkeit zusammen.

b) Ackerbauende Ameisen und Termiten. Die etwa 200 Arten der Blattschneiderameisen Mittel- und Südamerikas legen unterirdisch oder in der Tiefe ihres Nestes Pilzgärten in Kammern an, die 20 cm Ø erreichen können. Die Pilzmyzele bilden an der Oberfläche Wucherungen, die von den Ameisen verzehrt werden. Als Nahrung für die Pilze wird z. B. der Kot verwendet, oft auch Blätter und Holz.

Die Blattschneiderameisen schneiden mit ihren Kiefern Blattstücke ab (Abb. 88b), schleppen diese ins Nest, speicheln sie ein und fügen sie den Pilzgärten zu. Man hat berechnet, dass innerhalb weniger Jahre durch eine *Atta*-Kolonie mehrere Tonnen Blätter geerntet werden (eine Königin kann 20 Jahre alt werden, ein Volk von *Atta sexdens* 8 Millionen Individuen umfassen). Bei Masseneinsätzen kann es in kürzester Zeit zur Entlaubung von Bäumen kommen, jedoch selten zu deren Absterben. Durch eine hochselektive

Nutzung verschiedener Baumarten wird die Umgebung einer Kolonie quasi bewirtschaftet. Die Wichtigkeit der Pilze kommt auch im Verhalten der jungen Königin zum Ausdruck, die Stammmutter eines neuen Volkes wird. Vor dem Ausschwärmen zum Hochzeitsflug nimmt die werdende Königin ein Stück des heimatlichen Pilzkuchens in eine Tasche in der Mundhöhle auf. Mit ihm verlässt sie das Nest. Wenn sie nach der Begattung ein Erdloch gegraben hat, von dem aus das neue Nest entstehen soll, würgt sie den Pilzkuchen hervor und betreut ihn, indem sie ihn von Zeit zu Zeit mit Kot düngt.

Die Pilzgärten der Termiten besitzen im Verhältnis zur Volksgröße einen geringeren Umfang, sie werden auf zerkautem Holz, Gras usw. angelegt.

c) Viehhaltung der Ameisen. Viele Ameisen haben enge Beziehungen zu Blattläusen entwickelt, deren kohlenhydrathaltigen Kot sie fressen (Abb. 88 c). Im einfachsten Fall suchen die Ameisen Blattläuse auf und ergreifen von der Blattlauskolonie dadurch Besitz, dass sie einen Hirten bei ihr postieren, der hier eine Woche aushalten kann. Radioaktiver Phosphor wurde in einen Baum eingeführt und konnte anschließend in den Blattläusen, die auf ihm lebten, und in den Ameisen eines nahen Nestes festgestellt werden, nicht aber in einem anderen benachbarten. Der Bewacher einer Kolonie dient also vermutlich der Sicherung der Nahrungsquelle für den eigenen Staat. Dass Ameisen gelegentlich Blattläuse abschleppen und fressen, widerspricht nicht der Pflege. Die Blattläuse sind also nicht nur Milchvieh, sondern auch Schlachtvieh.

Einen Schritt mehr in der Fürsorge zeigen uns die »Blattlauspavillons«. Es werden Kolonien mit Erdwällen oder Dächern versehen. Weiter geht die Pflege bei *Lasius*-Arten, die die Wintereier der Blattläuse im Herbst aufnehmen, ins Nest tragen und dort stapeln. Im Frühjahr werden die geschlüpften jungen Blattläuse auf ihre Nährpflanze getragen.

Die höchste Stufe des Haustierdaseins erreichen verschiedene Blatt- und Schildläuse, die in Ameisennestern leben, v. a. denen von *Lasius*. Die Haustiere werden wie die eigene Brut verteidigt, bei Gefahr abtransportiert und auch an frische Wurzeln gesetzt. Die jungen Königinnen von mehreren *Acropyga*-Arten nehmen auf ihren Hochzeitsflug weibliche Schildlauslarven mit, die sich später parthenogenetisch fortpflanzen.

Wanderhirten der Gattung *Dolichoderus* transportieren ihre Symbionten, Schildläuse der Gattung *Malaiococcus,* stets an frische Triebe verschiedener Pflanzenarten, nehmen sie beim Nestwechsel mit und haben stets auch eine Anzahl davon im Nest.

d) Nahrungsvorräte. Viele soziale Insekten legen Nahrungsvorräte an. Während primitive Bienen die Vorräte nur für die kommenden Larven sammeln, legen die Honigbienen in vielen Waben echte Depots an (Honig). Ameisen legen dagegen im Allgemeinen keine Nahrungsspeicher an, da sie in der kalten Jahreszeit in Winterstarre fallen, in der sie sich nicht bewegen und keine Nahrung aufnehmen. Waldameisen *(Formica)* allerdings speichern Fette und Proteine in Jungarbeiterinnen, die im folgenden Frühjahr als Ammen die heranwachsende Geschlechtstierbrut füttern. Obwohl die Bienen im Winter ihren Stock nicht verlassen, erstarren sie nicht. Sie sammeln sich in einer dichten Traube, in der die Tiere oft die Lage wechseln, die äußeren begeben sich zeitweise in die wärmere Innenschicht, andere an die Oberfläche. Sinkt die Innentemperatur des Stockes bis ca. +10 °C ab, beginnen die Bienen zu schwirren, d. h., sie erzeugen durch Muskeltätigkeit Wärme, sodass die Temperatur über der lebensgefährdenden Temperaturgrenze bleibt.

In Klimazonen mit periodischen Trockenzeiten gibt es auch Ameisen, die Nahrungsdepots anlegen (Honig- und Körnersammler). *Myrmecocystus*-Arten amerikanischer Trockengebiete sammeln zuckerhaltige Exsudate von Eichengallen und wohl auch Blattlaushonig. In Zeiten des Überflusses werden junge Arbeiterinnen mit dieser Nahrung gefüttert, sodass sich ihr Kropf ausdehnt und die ganze Ameise schließlich eine kleine, etwa erbsengroße Kugel wird (Abb. 88a). So entstehen die lebenden Honigtöpfe, die fast unbeweglich sind und bisweilen gruppenweise am Dach von Vorratskammern sitzen. In Zeiten des Nahrungsmangels würgen die Honigtöpfe auf Anforderung den Honig portionsweise wieder hervor. Die Erscheinung, dass Staatsangehörige als Werkzeuge gebraucht werden, ist in Ameisenstaaten verbreitet. Bei *Colobopsis*- und *Camponotus*-Arten bilden Arbeiter die »Türen« der Nesteingänge, in welche ihr abgeplatteter Kopf hineinpasst (Abb. 88d, e). Kommt eine normale Arbeiterin an diese Tür, so ziehen diese Portiers ihren Kopf zurück und geben den Eingang frei. Es kommt allerdings auch vor, dass die Portiers mit den abgeflachten Köpfen im Inneren des Nestes sitzen und die gewöhnlichen Arbeiterinnen den Kopf in die Öffnungen halten.

e) Diebs- und Gastameisen. Bei einer ganzen Reihe von Ameisen ist der Eingriff in die Substanz einer anderen Art die Regel (Lestobiose, Kleptobiose). Es handelt sich um Arten mit sehr kleinen Arbeitern, die schmale Gänge zu den Nestern größerer Arten treiben oder sich direkt unter oder in deren Nestern ansiedeln. Einige Knotenameisen (Myrmicinae) leben auf gleiche Weise bei Termiten. Allgemein wird Nahrung aus den Kammern geholt. In ihrem Verhalten ähnlich sind die Gastameisen, nur ist ihr Nahrungsbezug noch direkter. Sie betteln bei den Wirtsameisen und werden von ihnen gefüttert *(Formicoxenus)*. *Solenopsis* frisst die Brut des Wirtes.

f) Sozialparasitische Ameisen. Hierzu gehören verschiedene Kategorien: Inquilinen nennt man Ameisen, deren Königinnen sich zu einem intakten Wirtsvolk gesellen (z. B. *Teleutomyrmex schneideri*). Temporäre Parasiten benutzen das Wirtsvolk nur zur Koloniegründung, eliminieren seine Königin und setzen sich an deren Stelle. Später leben sie mit eigenen Arbeiterinnen (*Formica rufa, Bothriomyrmex* sp. u. a.).

Schließlich gibt es Sklavenhalter. Diese gründen ihre Kolonien wie die temporären Parasiten. Die junge Königin der Sklavenhalter-Art dringt in ein Wirtsnest ein und versucht, dessen Königin(innen) – und bei vielen Arten auch alle adulten Arbeiterinnen – zu töten oder zu vertreiben. Junge Wirtsarbeiterinnen aus der übernommenen Brut ziehen zunächst Sklavenhalter-Arbeiterinnen auf, die später benachbarte Wirtsnester überfallen und daraus Nachschub an Puppen der Wirts- bzw. Sklavenart rauben. Die meisten Sklavenhalterarten sind völlig auf die Hilfe ihrer Sklaven angewiesen, die Futter beschaffen, das Nest ausbauen und die Brut der Sklavenhalter aufziehen.

Formica sanguinea führt Sklavenjagden durch und gewinnt *F. fusca* als Sklaven. Auch kann die Königin allein in das Nest von *F. fusca* eindringen, dort raubt sie eine Anzahl Puppen, mit denen sie sich umgibt. Die aus diesen Puppen schlüpfenden Arbeiterinnen von *F. fusca* behandeln sie als eigene Königin, füttern sie und pflegen ihre Brut. So entstehen gemischte Nester. Aus der Sklavenjägerei kann also Brutparasitismus entstehen. Bei Erdhummeln *(Bombus terrestris)* drängen die spät schlüpfenden Weibchen oft in schon bestehende Nester der gleichen Art ein, bringen die eingesessene Königin um und setzen sich an ihre Stelle. Derartige Okkupationen können aber auch bei fremden Arten erfolgen, so bei vielen Ameisen: Wenn eine Königin von *Strongylognathus testaceus* sich bei der Rasenameise *Tetramorium* einnistet, bleibt die *Tetramorium*-Königin am Leben. Die *Tetramorium*-Arbeiter pflegen beide Königinnen und auch die Larven beider Arten.

Die Königin von *Bothriomyrmex decapitans* dringt in das Nest von *Tapinoma* und hier in die Zelle der Königin ein. Sie besteigt die viel größere *Tapinoma*-Königin und schneidet ihr mit ihren Kiefern in mehrstündiger Arbeit den Kopf ab. Die Königin der braunen Wiesenameise *(Lasius umbratus)* erjagt nach dem Hochzeitsflug zunächst eine Arbeiterin von *L. niger* und zerbeißt diese. Dann dringt sie in das Nest von *L. niger* ein, wird hier zunehmend gepflegt, während die *L. niger*-Königin als Fremdling behandelt wird und umkommt.

Sklavenhalter können in einigen Gattungen allmählich die Zahl der eigenen Arbeiterinnen und damit die Sklavenraubzüge reduzieren, sodass als abgeleitete Formen »degenerierte« Sklavenhalter entstehen. Formal ähneln ihre Sozietäten denen der Inquilinen, anders als bei diesen werden jedoch die Wirtsköniginnen eliminiert. Die Lebensdauer solcher Völker ist dann begrenzt auf die Lebensdauer der Wirtsart-Arbeiterinnen, die während der Koloniegründung im Nest vorhanden waren.

Inquilinen sind ihren jeweiligen Wirtsarten oft so nahe verwandt, dass direkte Entwicklung der Parasiten aus ihrer jeweiligen Wirtsart wahrscheinlich ist. Molekulare Daten weisen darauf hin, dass in solchen Fällen sympatrische Speziation stattgefunden haben dürfte.

Außer den Problemen von Nahrungsbeschaffung und -transport sind die der **Kommunikation und Arbeitsteilung** im Insektenstaat zu lösen.

a) Sprache. Die Kommunikation erfolgt über Signale, die von verschiedenen Sinnesorganen recipiert werden und angeborene Reaktionen auslösen. Besonders genau sind wir über die Sprache der Bienen informiert.

Bienen können ihren Stockgenossen mitteilen, wo von ihnen gefundene Nahrungsquellen lokalisiert sind. Sind diese geruchlos (Zuckerwasser), setzen die Bienen Duftsignale mit Drüsen, die zwischen den hinteren Rückenschilden des Abdomens liegen und vorgestülpt werden. Der Imker nennt diesen Vorgang »sterzeln«.

Bienen können aber auch Nahrungsquellen in größeren Entfernungen mitteilen, und die im Stock alarmierten Bienen fliegen gerichtet auf dieses Fernziel zu. Diese Mitteilung erfolgt nach der Rückkehr von der Futterquelle über eigenartige Bewegungen (Tänze), die die Biene auf den Waben vollführt. Man unterscheidet Rund- und Schwänzeltanz (Abb. 89). Der Rundtanz signalisiert eine Futterquelle in der Nähe des Stockes (ca. 80–100 m), er gibt keine Richtungsweisung. Der Schwänzeltanz enthält aber eine gerade Zeigelinie, die immer wieder beschritten wird und zu deren Ausgangspunkt die tanzende Biene zurückkehrt. Bienen, die eine bestimmte Futterquelle melden, haben immer die gleiche Richtung der Zeigelinie, Bienen von anderen Futterquellen eine andere. Die Aufschlüsselung eines Tanzes geht aus Abb. 89 hervor. Durch Modifikationen des Tanzes können auch bestimmte Eigenschaften der Futterquelle mitgeteilt werden; zudem gibt es Dialekte innerhalb der Art. In ähnlicher Weise wie die Nahrungsquelle wird auch die künftige Wohnung signalisiert. Je besser deren Qualität benotet wird, desto lebhafter wird getanzt, desto mehr Bienen fliegen hin, um sie zu prüfen und selbst in Werbetänzen für sie einzutreten.

Auch andere soziale Insekten verfügen über Kommunikationsmittel. Findet eine Ameise eine Beute, die sie nicht allein abtransportieren kann, so legt sie am Boden mit einem Drüsensekret eine Duftspur. Diese ist flüchtig und vergeht in wenigen Minuten. Dies genügt, um eine Reihe von Ameisen auf ihr zur Fundstelle zu führen. Ist die Abschlepparbeit schnell getan, so verschwindet die Spur bald, dauert sie länger, so eilen Ameisen wieder zum Alarm ins Nest. Durch sie wird die Spur erneuert, und es bleibt der Wegweiser für die Dauer der Arbeit bestehen. Nestgenossen werden oft zum neuen Nistplatz getragen.

Auch bei Hummeln und stachellosen Bienen spielen Duftstraßen eine wichtige Rolle. Die begattungsfähigen männlichen Hummeln legen Duftstraßen an, auf denen sie patrouillieren und Weibchen abfangen. Duftwege für die Nahrungsfindung legen die Meliponinen der Tropen an; sie markieren auf dem Weg zur Futterstelle bestimmte hervorragende Punkte mit Drüsensekret.

Mitglieder eines Insektenstaates erkennen sich untereinander als zusammengehörend, während die Individuen anderer Sozietäten, auch wenn sie derselben Art angehören, sofort Feindreaktionen auslösen. In den Grenzgebieten zweier Ameisenstaatsterritorien, an denen solche Begegnungen alltäglich stattfinden, können lang dauernde Grenzkämpfe entstehen.

Entscheidend sind Duftsignale, die als Uniform dienen. Der Sozialduft ist ein Drüsensekret, welches an der Cuticula haftet. Alkoholwäsche oder längere Isolierung eines Tieres vom Stock bringen ihn zum Verschwinden. Setzt man es in den eigenen Stock zurück, wird es von seinen Stockgenossen intensiv untersucht und u. U. bekämpft. Bei Bienen wurde Entsprechendes beobachtet. Von einem dreigeteilten Staat wurden zwei Gruppen mit Heidehonig gefüttert, die dritte mit Zuckerwasser. Abermals zusammengeführt, bekämpften sich Heidehonig- und Zuckeresser. Der Sozialgeruch war also durch die Ernährung verschieden geworden.

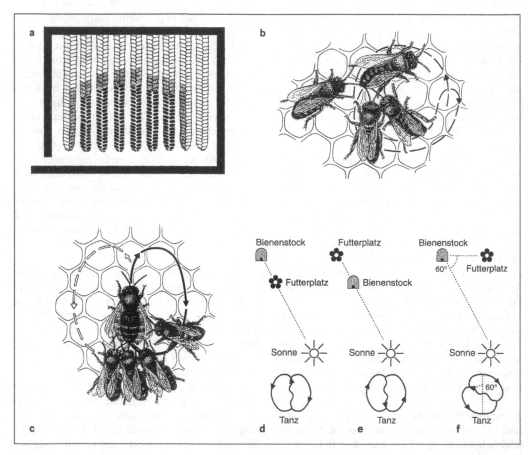

Abb. 89 a) Bienenstock mit senkrecht angeordneten Waben im Längsschnitt. Schwarz: Zellen mit Brut; punktiert: Zellen mit Blütenstaub; weiß: Honigzellen; **b)** Rundtanz einer Nektarsammlerin auf der Wabe. Die Tänzerin wird von drei Bienen verfolgt, die die Nachricht aufnehmen, **c)** Schwänzeltanz, **d–f)** Richtungsweisung beim Tanz auf der vertikalen Wabenfläche im Bienenstock. **d)** Der Weg zum Futterplatz führt in Richtung der Sonne; die Biene läuft beim Schwänzeltanz nach oben, **e)** Der Weg vom Bienenstock zum Futterplatz führt von der Sonne weg; die Biene läuft nach unten. **f)** Der Futterplatz liegt 60° links von der Sonne; die Biene hält einen entsprechenden Winkel zur Vertikalen ein (Übersetzung des Winkels zur Sonne, der beim Flug zum Futterplatz einzuhalten ist [Photomenotaxis] auf die Richtung zur Schwerkraft)

b) Arbeitsteilung. Im komplizierten Insektenstaat muss eine Reihe von Aufgaben bewältigt werden, um diesen funktionsfähig zu halten. Dabei kann es zur Kastenbildung kommen (Polymorphismus, Polyphänismus) oder zur Aufteilung des Lebens in Perioden mit verschiedenen Aktivitäten (Polyethismus). Letzterer wurde besonders an Honigbienen untersucht.

Der Lebenslauf einer Arbeitsbiene lässt sich in drei Hauptabschnitte zu je etwa zehn Tagen einteilen, von denen die beiden ersten vorwiegend mit Innenarbeit im Stock verbracht werden.

1. Lebensabschnitt: Nach dem Schlüpfen aus der Puppe reinigt sich die junge Biene, dann kriecht sie in leere Zellen und versieht deren Wände leckend mit einem bakteriziden Sekret. Nur in so behandelten Zellen legt die Königin wieder Eier. Anschließend verfüttern die Jungbienen Pollen und Honig aus den Reservoiren an ältere Larven und ernähren Jungmaden mit dem Sekret ihrer Speicheldrüsen, die nach dieser Ammenzeit rückgebildet werden.

2. Lebensabschnitt: Sie bauen jetzt Zellen, nicht wie die Wespen aus zerkautem Holz, auch nicht wie viele Termiten mit Kotklümpchen, sondern aus Wachs, das in Drüsen produziert wird, die an der Bauchseite zwischen den Hinterleibsringen münden und während der Bauzeit der Arbeiterin besonders stark entwickelt sind. In dieser Zeit beginnen die Bienen mit den ersten Ausflügen in Stocknähe und schaffen Abfälle (alte Zelldeckel usw.) nach draußen. Viele gehen hierbei zugrunde. Anschließend nehmen sie den Flugbienen den Honig ab, verteilen ihn und füllen ihn in die Vorratszellen. Gegen Ende dieses Abschnittes wird die Biene Wächter. Sie bezieht Posten am Einflugsloch, falls einer frei ist, kontrolliert die einfliegenden Bienen und wehrt Fremde ab.

3. Lebensabschnitt: In dieser Zeit wird die Biene Sammlerin. Sie fliegt nach Nektar und Pollen aus und bringt ihn heim. Ein kleiner Prozentsatz von Individuen, die Spurbienen, erkunden neue Ressourcen. Ist eine ergiebige Futterquelle gefunden, kehren sie in den Stock zurück und tanzen dort. Bei ungünstiger Witterung verbleiben die Sammlerinnen im Stock. Länger als das Leben der Sommerbienen währt das der überwinternden Bienen. Eine Königin lebt vier bis fünf Jahre.

Die geschilderte Reihenfolge der Tätigkeiten ist nicht starr. Die Umstellung erfolgt allmählich, außerdem können die Bedürfnisse des Staates die Tätigkeiten in weitgehendem Maße umstimmen. Zudem nehmen bei vielen Arbeiterinnen Ruhephasen und Inspektionsgänge, welche immer zu sozialgebundener Tätigkeit führen, recht viel Zeit ein. Solche Individuen sind bei Bedarf schnell rekrutierbar. Ähnliche Tendenzen findet man bei Ameisen. Ihre Beharrungstendenz leitet schon zu einer beruflichen Sonderung über, oft bis zur Kastengliederung, d. h., innerhalb eines Staates sind körperlich stark verschieden ausgebildete Gruppen vorhanden (Soldaten, Arbeiter, Geschlechtstiere). Die Kasten wandeln sich im Laufe ihres Lebens nicht ineinander um. Die Soldaten sind Verteidiger. Sie stellen sich um arbeitende Kolonnen, um die Eingänge usw., die Kiefer nach außen gerichtet. Sie besitzen vielfältige Verteidigungsmittel, große Kiefer, Zähne usw. Manche können ihren Speichel einige Zentimeter weit schleudern, andere entleeren aus Stirndrüsen ein zerstäubendes, stark riechendes Sekret. Die Termitensoldaten sind unfähig, Nahrung zu suchen; sie werden von den Arbeitern mit Futterflüssigkeit ernährt.

Über die Ursachen der Kastenbildung sind wir v. a. durch Untersuchungen an Bienen unterrichtet. Hier existieren zwei Weibchentypen: die eierlegende Königin und die sterile Arbeiterin. Die Königin verlässt den Stock nur zu einigen Hochzeitsflügen am Anfang ihres Daseins, auf denen die Begattungen stattfinden, danach legt sie Eier. Die befruchteten Eier, die zu Königinnen werden, entwickeln sich in großen Weiselzellen, die Arbeiterlarven in den üblichen sechseckigen Zellen der Wabe, die noch etwas kleiner sind als die Zellen, in denen die Drohnen entstehen. Die Königinnenlarven werden mit einer quantitativ und qualitativ anderen Nahrung gefüttert und etwa zehnmal so oft inspiziert und gefüttert wie Arbeiterlarven. Königin und Arbeiterin sind also trophogene Modifikationen. Im Gegensatz dazu beruht die Entstehung der Drohnen auf genetischer Grundlage. Sie entwickeln sich aus unbefruchteten (haploiden) Eiern. Auch bei einigen Meliponinae und wenigen Ameisen wurden bei der Kastendetermination wirksame genetische Mechanismen beobachtet. Die Unfruchtbarkeit der Arbeiterinnen ist aber bei vielen Arten nicht endgültig. In einem königinnenlosen Staat können die Eierstöcke der Arbeiterinnen zu wachsen beginnen. Die Arbeiterinnen werden allerdings nicht begattet, und die unbefruchteten Eier entwickeln sich wie bei Ameisen und Hummeln zu

Männchen (Drohnenbrütigkeit eines Stockes). Normalerweise werden Gonaden in ihrer Entfaltung durch die Königin gehemmt, die einen Hemmstoff produziert (Pheromon). Die Wirkung der Königin liegt nicht nur in der Hemmung. In Anwesenheit der lebenden Königin beginnen bereits 50 Arbeiterinnen mit dem Wabenbau, in Anwesenheit einer toten Königin beginnen die Bienen erst mit dem Bau, wenn 200 zusammengekommen sind. Ohne Königin ist dazu das Zusammensein von 10 000 Arbeiterinnen erforderlich.

Auch die Neubildung von Insektenstaaten erfolgt nach bestimmten Gesetzen. Im einfachsten Fall steht am Anfang ein einzelnes begattetes Weibchen oder, wie bei den Termiten, ein Paar. Im Sommer erheben sich oft Massen von geflügelten Ameisen aus den Nestern. Es sind Geschlechtstiere, die sich auf den Hochzeitsflug begeben. Die zukünftige Königin verliert nach der Begattung ihre Flügel und baut in der Erde eine Kammer. Wie Hummel- und Wespenkönigin arbeitet die Königin einiger ursprünglicher Ameisen zunächst noch, die Mehrzahl legt nur Eier. Wenn Königinnen keine Nahrung aufnehmen, müssen sie von eigener Substanz leben, reduzieren ihre Flugmuskeln und fressen oft den Großteil der abgelegten Eier. Mit Ausschlüpfen der ersten Arbeiterinnen beginnt das Leben der Sozietät. Die erste Zeit, in der die Königin allein ist, kann bis zu einem Jahr dauern. Oft tun sich mehrere Königinnen zur Gründung eines Staates zusammen. Diese Gemeinschaft kann bestehen bleiben. Bei *Formica yessensis* von Hokkaido wurden Kolonieverbände mit 45 000 Nestern auf 30 qkm mit 300 Millionen Arbeiterinnen und 1 Million Königinnen gefunden. In einem Nest der heimischen *Formica polyctena* können 5 000 Königinnen leben. Diese Art bildet Kolonien mit Dutzenden bis Hunderten von Nestern. Auch die Neugründung der Termitenstaaten erfolgt nach einem Massenflug geflügelter Geschlechtstiere, die später die Flügel abwerfen. Die Weibchen locken mit Pheromonen Männchen an; dann wird im Tandemlauf (Liebesspaziergang) gewandert. Die Begattung erfolgt, nachdem beide eine Gründungskammer bezogen haben, unter Umständen nach Wochen, wenn die Gonaden ausgereift sind, und auch später immer wieder, anders als bei der Mehrzahl der sozialen Hymenopteren.

Auch eine Teilung des Staates kann erfolgen (Soziotomie). Dann ziehen Kolonnen aus dem Nest aus: Außer einem Königspaar sind alle Kasten an diesem Ausmarsch beteiligt, die Arbeiter schleppen sogar junge Larven und Eier mit. An anderer Stelle bauen sie ein neues Nest, während die zurückgebliebenen das alte Nest weiterbewohnen. Am bekanntesten ist die Soziotomie der Bienen. Die alte Königin verlässt den Stock mit einem Teil des Volkes. Irgendwo sammeln sie sich in einer Schwarmtraube, bevor sie Spurbienen folgen, die einen neuen Nistplatz ausfindig gemacht haben. Wie schon gesagt wird das Ziel durch Schwänzeltanz angezeigt. Sein Tempo signalisiert die Entfernung (100 m: 10 Schwänzelläufe in 15 Sekunden, 1 000 m: 3 Schwänzelläufe in 15 Sekunden). Da zunächst mehrere (bis über 20) potentielle Nistplätze zur selben Zeit gemeldet werden, gilt es, den besten herauszufinden. Dieser Vorgang kann sich über Tage oder sogar zwei Wochen erstrecken. Erst dann fliegt der Schwarm zielgerichtet ab. Die Entscheidung fällt nach intensiver Auskundschaftung durch Spurbienen und ohne Einwirkung der Königin. Im Stock übernimmt eine neu geschlüpfte Königin die Stelle der alten und beginnt nach ihren Hochzeitsflügen mit der Eiablage.

Lange Zeit glaubte man, dass die Abläufe im Insektenstaat starr seien. Man sprach von Instinkten, die Zwangsabläufe seien. Tatsächlich wird aber eine Königin, die dem Staat genommen wurde, oft ersetzt. Nimmt man einem Bienenstaat die nahrungsholenden Arbeiterinnen, so bietet sich zwar nach zwei Tagen ein Bild des Verfalls: Innendienst-Bienen verhungern, Larven werden aus ihren Zellen gezogen und gefressen, doch am dritten Tag fliegen ein bis zwei Wochen alte Tiere aus und kehren beladen zurück, obwohl sie durch die volle Entwicklung ihrer Speicheldrüsen als Brutammen gekennzeichnet sind. Es findet bei entsprechenden Bedürfnissen des Staates eine Veränderung des Verhaltens der Individuen statt. Diese Regulation erstreckt sich über weite Bereiche. Im Herbst werden die Drohnen, die bisher gefüttert wurden, aus dem Stock gedrängt und getötet (Drohnenschlacht). Entzieht man einem Volk während dieser Vorgänge die Königin, so werden die Männchen schon nach Stunden nicht mehr verfolgt, sondern sogar wieder gefüttert. Wird die Königin nach zwei Tagen dem Volk wiedergegeben, greifen die Arbeiterinnen die Drohnen abermals an. Dieser Vorgang kann als Anpassung verstanden werden. Nach dem Verlust der Königin können Drohnen für die Begattung einer jungen neuen Königin notwendig sein. Eine weitere Regulation zeigen die »niederen Termiten« (z. B. Kalotermitidae): Entnimmt man einem Stock Vorstadien der geflügelten Geschlechtstiere, die schon Flügelscheiden besitzen, und setzt sie zusammen, so entstehen aus einigen normale geflügelte Geschlechtstiere, andere werden zu Ersatzgeschlechtstieren, die ihre Flügelscheiden behalten, wieder andere bilden Flügel und Facettenaugen im Laufe weiterer Häutungen zurück. Bald sind aus der zuerst gleichartigen Geschwistergemeinschaft alle Kasten wieder entstanden.

Der **Altruismus der Arbeiterinnen** bei den Hymenopteren wird damit erklärt, dass Schwestern in der Mutterfamilie näher miteinander verwandt sind ($r = 3/4$) als mit eigenen Töchtern ($r = 1/2$). Der Verwandtschaftskoeffizient r bezeichnet die Wahrscheinlichkeit, mit der Gene in Geber und Empfänger übereinstimmen. Arbeiterinnen können damit einen höheren Fortpflanzungserfolg »ihrer Gene« erzielen, wenn sie ihrer Mutter helfen, weitere Schwestern (Jung-

königinnen) aufzuziehen, als wenn sie – nach Begattung – in gleicher Zahl eigene Töchter erzeugten. Ursache ist die Haploidie der Männchen: Jedes Männchen kann nur einen Typ genetisch identischer Spermien erzeugen. Befruchtete Eier einer Königin haben damit vom gemeinsamen Vater 50% ihrer Genausstattung gemeinsam, dazu im Mittel die üblichen 25% von dem diploiden Chromosomensatz der Mutter. Voraussetzung für das Prinzip ist allerdings, dass die Königin von nur einem Männchen begattet wird. Bei Termiten, den einzigen staatenbildenden Insekten mit diploiden Männchen und Weibchen, folgen auf das Gründerpaar oft mehrere Generationen von Ersatzgeschlechtstieren, die im Nest verbleiben und Inzucht betreiben. Auch hier kann es zu ungewöhnlich enger Verwandtschaft innerhalb der Sozietät kommen, sodass »Altruismus«, Verzicht auf direkte Reproduktion, sich nicht nachteilig auswirkt, dass die Gene der »Altruisten« dennoch erhalten bleiben.

8 Hormone und endokrines System

a Allgemeine Endokrinologie

Das endokrine System koordiniert und reguliert mithilfe von Signalmolekülen, den Hormonen, die Funktionen der verschiedenen Organe des Körpers. Weitere Organsysteme, die mittels Signalmolekülen koordinierende und steuernde Funktionen besitzen, sind Nerven- und Immunsystem. Die Hormone werden ins Blut abgegeben und erreichen so ihre Zielzellen. Diese besitzen Receptormoleküle auf der Zellmembran oder im Cytoplasma bzw. im Kern, die vom Hormon erkannt werden. Die Hormone steuern grundlegende Prozesse der Organismen wie Stoffwechsel, Wasser- und Elektrolythaushalt, Reifung, Wachstum und Fortpflanzung. Hormone und hormonähnliche Signalmoleküle müssen nicht nur auf dem Blutweg verteilt werden. Sie können auch im Bindegewebe über kürzere Strecken diffundieren und so ihre Zielzellen erreichen (parakrine Signalgebung). Wenn Hormone auf die Zelle, die sie sezerniert hat, zurückwirken, spricht man von autokriner Signalgebung oder autokriner Wirkung. Typische endokrine Zellen sind Epithelzellen, oft auch Nervenzellen. Para- und autokrine Mechanismen spielen sich im Allgemeinen im Bindegewebe und zwischen Blutzellen ab.

Die Tatsache, dass Nervenzellen und endokrine Zellen identische oder ähnliche Stoffe bilden, spricht für enge Verwandtschaft zwischen diesen Zelltypen.

Da das Bedürfnis nach einem bestimmten Hormon je nach der Lage des inneren und äußeren Milieus schwanken kann, müssen Mechanismen existieren, die die verfügbare Menge eines Hormons beeinflussen können. Ein verbreiteter Regelmechanismus ist die **negative Rückkopplung:** Wenn ein bestimmter Bereich des endokrinen Systems dadurch gestört wird, dass ein Hormon in unphysiologisch hoher Konzentration im Körper auftritt, dann setzen biochemische Mechanismen ein, die die zirkulierende Hormonmenge wieder auf das normale Maß zurückführen; sinkt der Hormonspiegel andererseits zu tief ab, gibt es andere Mechanismen, die ihn wieder auf das physiologische Maß ansteigen lassen.

Biochemie: Die meisten Hormone lassen sich drei großen Stoffklassen zuordnen (Abb. 90): 1. **Aminosäuren** bzw. Aminosäurederivaten, **Peptiden** oder Peptidderivaten, **Proteinen** bzw. Glykoproteinen, 2. **Steroiden**, 3. **Biogenen Aminen.**

Weitere Substanzen mit Hormoncharakter sind spezielle Fettsäuren (Eikosanoide), Cytokine, Amide und Stickstoffmonoxid (NO). Letzteres hat eine nur wenige Sekunden während Halbwertszeit, wird z. B. in Endothelzellen gebildet und hat vielfältige Wirkungen. Es erweitert z. B. Blutgefäße und relaxiert Bronchialmuskulatur.

Manche Hormone bestehen aus Untereinheiten, die sich von einem oder von mehreren Vorläufermolekülen (**Prohormonen**) herleiten. Ein bestimmtes Peptidhormon, z. B. Somatostatin, kann aus verschiedenen Prohormonen entstehen. Ein großes Prohormon kann in verschiedenen Zelltypen zu verschiedenen definitiven Hormonen metabolisiert werden, je nach Enzymbesatz der betreffenden Zelle; ein bekanntes Prohormon ist das Proopiomelanocortin, aus dem MSH, ACTH, β-Endorphin und andere Wirkstoffe hervorgehen können.

Für die meisten Steroidhormone ist Cholesterin der wesentliche Ausgangsstoff. Aus diesem geht das endgültige Hormon über zahlreiche Zwischenstufen hervor.

Speicherung: Viele endokrine Zellen können das synthetisierte Hormon in geringem Maße speichern. Eins der wenigen endokrinen Organe, die einen größeren Hormonvorrat speichern können, ist die Schilddrüse – ihre Hormonreserve reicht bei manchen Kleinsäugern etwa zwei Wochen, beim Menschen einige Monate.

Freisetzung: In protein- oder peptidbildenden endokrinen Organen wird das Hormon in membranbegrenzte Granula verpackt, die ihren Inhalt exocytotisch freisetzen. In steroidbildenden Zellen besteht ein wahrscheinlich Ca^{++}-vermittelter Membran-Durchtrittsmechanismus, wobei Verschmelzungen von Liposomen-Membranen mit der Zellmembran eine Rolle spielen. Die Synthese und Freisetzung von Hormonen kann durch andere Hormone stimuliert werden. Die Mehrzahl der Adenohypophysenhormone, z. B. ACTH und TSH, stimulieren periphere endokrine Organe, in diesem Falle Nebennierenrinde und Schilddrüse. Die Freisetzung kann weiterhin von bestimmten physiologischen Phasen (Tag-Nacht-Rhythmus, ontogenetischen Entwicklungsstufen) und von neuralen Einflüssen bestimmt werden.

Transport: Im Blut werden die meisten Hormone an Serumproteine, vor allem Albumine,

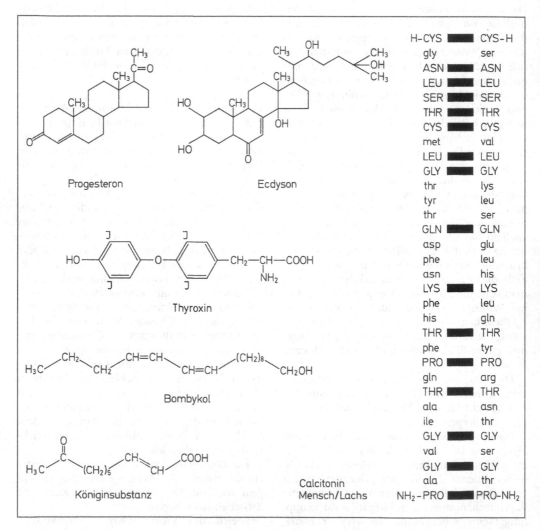

Abb. 90 Strukturformeln von Hormonen und Pheromonen. Rechts Vergleich der Aminosäuresequenz im Calcitonin von Mensch und Lachs. Identische Aminosäuren in Großbuchstaben und durch schwarze Balken gekennzeichnet

gebunden transportiert. Einige Hormone werden sogar an spezifische Trägerproteine gekoppelt (Schilddrüsenhormone, Steroidhormone). Vom Thyroxin ist z. B. bekannt, dass nur 0,03 % in freier, metabolisch wirksamer Form im Blut vorliegen; 99,97 % sind an Eiweiß gebunden. Zwischen dem Hormon und den Trägerproteinen besteht ein Verteilungsgleichgewicht, wodurch die Einstellung eines konstanten freien Hormonspiegels möglich ist.

Abbau: Inaktivierung, Abbau und Ausscheidung von Hormonen können im Zielorgan selbst erfolgen oder in anderen Organen wie Leber und Niere. Steroidhormone werden vor ihrer Ausscheidung oft noch chemisch verändert, um ihre Löslichkeit in den Ausscheidungsflüssigkeiten zu verbessern.

Regulation der Hormonproduktion: Für manche Hormone ist ein ziemlich konstanter Blutspiegel erforderlich, und es müssen Mechanismen bestehen, die den Hormonspiegel messen oder eine mit dem Hormon in Beziehung stehende Größe. Die Produktion mancher Hormone wird durch Signale aus dem Blut gesteuert, z. B. steuert der Calciumspiegel die Produktion des Parathormons oder der Glucosespiegel die Insulinproduktion. Manche peripheren Hormone werden in negativer Rückkopplung von Hypophysenhormonen beeinflusst, die wiederum von hypothalamischen Hormonen gesteuert werden; z. B. hemmt ein Anstieg der peripheren Schilddrüsenhormone T_3 und T_4 die TSH-Zellen der Hypophyse, was zur Folge hat, dass die Schilddrüse selbst weniger stimuliert wird und daher weniger Hormon freisetzt. Bei Abfall des peripheren Schilddrüsenhormons läuft der Vorgang umgekehrt. Ein vergleichbares Beispiel bietet das Testosteron (Abb. 91). Es gibt auch Beispiele für positive Rückkopplung: Ansteigendes Östradiol stimuliert die LH-Freisetzung vor der Ovulation. Die Rückkopplungsmechanismen arbeiten oft schnell – in Minuten oder Stunden. Allgemein gesagt ist das Nervensystem – v. a. der Hypothalamus – oft das Zentrum der Sollwerteinstellung. Periphere Messfühler registrieren den Istwert an Hormon-

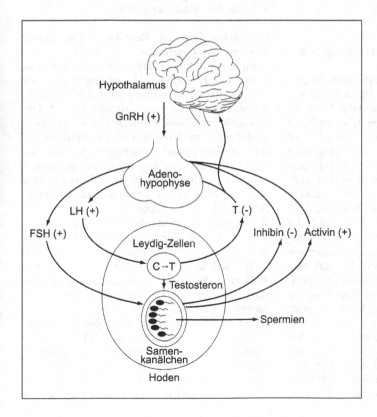

Abb. 91 Regulation der Freisetzung des männlichen Geschlechtshormons Testosteron (T), dessen Ausgangssubstanz Cholesterin (C) ist, und der Spermienbildung durch die Adenohypophysenhormone LH und FSH sowie das hypothalamische GnRH. Inhibin hemmt, Activin fördert die FSH-Abgabe in der Adenohypophyse. Beide werden von den Sertoli-Zellen in den Samenkanälchen im Hoden gebildet.

konzentration oder Erfolgsprodukt (z. B. Glucose). Mittels Rückkopplung wird der Sollwert eingestellt. Zu negativer Rückkopplung kommt es, wenn der Sollwert überschritten wird. Ausnahmsweise erfolgt positive Rückkopplung, wenn der Sollwert nicht erreicht wird.

Für viele Hormone sind zyklische Veränderungen der Konzentration im Laufe von Wochen oder während des Ablaufs eines Tages bekannt geworden. Besonders auffällig sind sie während des Menstruationszyklus der höheren Primaten. Das Cortisol des Menschen hat einen ausgeprägten Tagesrhythmus, es erreicht morgens zwischen 6 und 8 Uhr seine höchste Konzentration und fällt dann im Laufe des Tages kontinuierlich ab. Wachstumshormon wird v. a. nachts stoßweise ausgeschüttet.

Hormonreceptoren

Die Zielzellen der Hormone sind mit spezifischen Receptormolekülen ausgestattet, die den Effekt der Hormone vermitteln. Diese Receptoren liegen entweder im Cytoplasma, bzw. im Kern, oder in der Zellmembran.

Intrazelluläre Receptoren, Kernreceptoren

Hormone mit intracytoplasmatischem Receptormolekül sind überwiegend Steroidhormone, die aufgrund ihrer Lipidlöslichkeit die Zellmembran leicht durchqueren und den Receptor durch Diffusion erreichen. Es entsteht entweder ein Hormon-Receptor-Komplex im Cytoplasma (wie beim Glucocorticoid Cortisol und bei anderen Steroidhormonen), der dann in den Kern wandert, oder der Hormonreceptor liegt im Kern selbst (wie bei den Schilddrüsenhormonen T3 und T4, 1,25-Dihydroxyvitamin D und der Retinsäure). In beiden Fällen erfolgt die Bindung an die spezifischen regulatorischen Sequenzen der DNA, was entweder zur Transcription bestimmter Gene oder zur Hemmung der Transcription führt. Auf molekularer Ebene weisen alle intracytoplasmatischen und Kernreceptoren Ähnlichkeiten auf und werden der Steroidhormonreceptor-Superfamilie zugerechnet. Es sind Proteine mit einer DNA-Bindungsdomäne, einer Hormonbindungsdomäne und einer transcriptionsaktivierenden Domäne. Diese Receptoren binden als Dimere an die DNA. Die Verbindung

mit der DNA führt oft innerhalb von ca. 30 Minuten zu einer schnellen Primärantwort, der dann nach Stunden eine länger andauernde Sekundärantwort folgt.

Beispiele für die einsetzende Proteinsynthese nach Steroidhormonstimulation bieten Prostata und Samenblase männlicher Säugetiere (Testosteronwirkung). Die genaktivierende Wirkung des Insektensteroidhormons Ecdyson kann sogar lichtmikroskopisch erkannt werden. Dieses Hormon ruft die Bildung spezifischer Auftreibungen (Puffs) in Riesenchromosomen hervor (Abb. 21).

Receptoren in der Zellmembran (Abb. 92)

Hormonreceptoren in der Zellmembran können fünf großen Gruppen zugeordnet werden:

- G-Protein-gekoppelte-Sieben-Transmembran-Receptoren (GPCRs),
- Tyrosinkinase-Receptoren,
- Serinkinase-Receptoren
- Cytokin-Receptoren und
- Guanylylcyklase-Receptoren.

G-Protein-gekoppelte Receptoren mit sieben Transmembrandomänen sind große Proteinkomplexe, die funktionell mit den **G-Proteinen** sowie einem weiteren Membranprotein mit Enzymfunktion verbunden sind. Die extrazelluläre Domäne ist von variabler Größe. Die intrazelluläre Domäne besitzt einen Platz zum Andocken von G-Proteinen. Sie besitzen oft intrazelluläre **second messenger** (z. B. cyclisches AMP). Hormonbindung an diese Receptoren kann aber auch Phospholipase C aktivieren, was zur Zunahme freien, cytosolischen Calciums führt und Proteinkinase C aktiviert. Dieser Receptortyp vermittelt die Wirkung sehr vieler Hormone, und zwar großer Proteinhormone (z. B. LH und PTH), kleiner Peptidhormone (z. B. TRH und Somatostatin), von biogenen Aminen (z. B. Noradrenalin, Dopamin, Serotonin) und sogar von Prostaglandinen und Mineralstoffen wie Calcium.

Die G-Proteine bilden eine große Proteinfamilie, die Guanin-Nucleotide (GTP und GDP) binden. Sie bestehen aus verschiedenen Untereinheiten (α-, β-, γ-Untereinheiten). Hormonbindung an den Receptor führt über verschiedene Zwischenschritte dazu, dass die Untereinheit G α

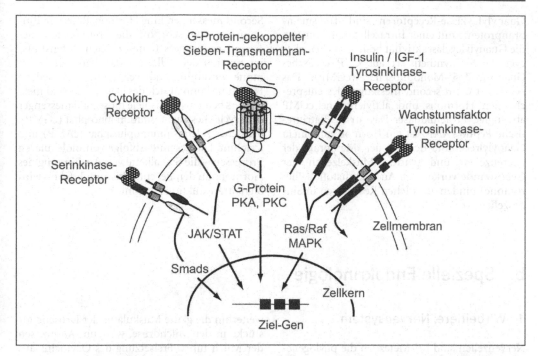

Abb. 92 Verschiedene Membranreceptoren, die nach Hormonbindung auf unterschiedlichen Wegen Zielgene erreichen. Die zahlreichen Abkürzungen bezeichnen Signale für die Receptoren oder Proteine des intrazellulären Signalwegs. Smads: Transcriptionsfaktoren; JAK: Januskinase; STAT: Transcriptionsfaktoren (signal-transducers and activators of transcription); PKA: Proteinkinase A, PKC: Proteinkinase C; Ras: Mitglied der Familie der GRP-bindenden Proteine; Raf: spezielle Kinase im Ras-Signalweg; MAPK: mitogen activated protein kinase; IGF-1: insulinähnlicher Wachstumsfaktor 1

aktiviert wird und das Signal zu unterschiedlichen Enzymen, z. B. Adenylat-Cyclase oder Phospholipase C weiterleitet. Adenylat-Cyclase bildet als second messenger cyclisches AMP, das die Proteinkinase A aktiviert (Abb. 92). Phospholipase C aktiviert die Proteinkinase C und die Freisetzung intrazellulären Calciums.

Tyrosinkinase-Receptoren sind komplexe Receptormoleküle mit extrazellulärer glykosylierter hormonbindender Domäne und intrazellulärer Tyrosinkinasedomäne. Hierher gehören der Insulinreceptor und Wachstumsfaktorreceptoren. Der Insulinreceptor ist ein Tetramer mit zwei extrazellulären α-Untereinheiten, die das Insulin binden, und zwei β-Untereinheiten, die eine Transmembrandomäne und insulinabhängige Tyrosinkinaseaktivität besitzen. Autophosphorylierung der Tyrosinreste des Receptors setzt die intrazelluläre Signalkaskade in Gang.

Die **Serinkinase-Receptoren** binden Act/vine, transformieren den Wachstumsfaktor Beta,

Anti-Müller-Hormon und morphogenetische Knochenproteine. Diese Hormone wirken im Allgemeinen lokal, also para- oder autokrin. Die Receptoren transduzieren das Receptorsignal und sind außerdem Transcriptionsfaktoren.

Die Familie der **Cytokin-Receptoren** besitzt selbst keine Kinaseanteile, jedoch sind mit ihr Tyrosinkinasen (sog. Januskinasen) assoziiert. Die Bindung des Hormons an den Receptor aktiviert die Januskinasen. Diese aktivieren und phosphorylieren spezifische genregulatorische Proteine, die STATs (signal transducers and activators of transcription). Diese wandern in den Kern, wo sie die Transcription spezifischer Gene aktivieren. Bei diesen Phosphorylierungsvorgängen spielen die cytoplasmatischen Januskinasen eine wesentliche Rolle. An Vertreter dieser Receptorfamilie binden das Wachstumshormon, Prolactin, Erythropoetin und viele Cytokine, z. B. Interleukin 3 und Interferon.

Guanylylcyklase-Receptoren sind Transmembranproteine mit einer intrazellulären Domäne, die Guanylylcyclaseaktivität besitzt (= Guanylatcyclase). Sie synthetisiert aus GTP cyclisches Guanosin-3´,5´-Monophosphat (cGMP). Das cGMP ist dann second messenger des entsprechenden Hormons und aktiviert eine cGMP abhängige Proteinkinase. Das atriale natriuretische Peptid (ANP) ist ein Hormon mit einem Guanylylreceptor, der in der Membran der Nierenzellen und glatten Muskelzellen der Gefäßwände vorkommt. Auch Duftstoffe (Pheromone) binden an solchen Receptoren in Sinneszellen.

Second messenger. Eine Hormon-Receptor-Bindung bewirkt sehr oft die Freisetzung eines second messengers (eines zweiten Botenstoffs) im Inneren der Zelle, der das Signal der Hormone aufnimmt und weitergibt. Verschiedene Hormone können sich des gleichen second messengers bedienen. Beispiele für second messenger sind cyclisches Guanosinmonophosphat (cGMP), cyclisches Adenosinmonophosphat (cAMP) und Calcium. Die gesamte Abfolge von molekularen Prozessen – die Signalkette von der Bindung des Hormons an den Receptor bis zum Effekt – wird Signaltransduktion genannt.

b   Spezielle Endokrinologie

1. Wirbeltiere, Nervensystem

Nervenzellen sind bei Metazoen die phylogenetisch älteste Bildungsstelle von Hormonen oder hormonähnlichen Wirkstoffen.

Bei den Wirbeltieren ist der Hypothalamus das übergeordnete Zentrum vieler Bereiche des endokrinen Systems. Er bildet zwei Gruppen von Hormonen: 1. die hypothalamischen Effektorhormone und 2. die hypothalamischen Steuerhormone.

Die Effektorhormone wirken direkt auf ihre Zielzellen. Sie werden im Nucleus supraopticus und im Nucleus paraventricularis gebildet und wandern per axonalem Transport in die Neurohypophyse, wo sie gespeichert werden. Sekretion erfolgt nach Stimulation des Perikaryons, was die Entstehung eines Aktionspotentials auslöst, das zur Freisetzung des Hormons in den Blutstrom führt. Hypothalamische Effektorhormone sind bei Nichtsäugern Vasotocin, bei Säugern Ocytocin und Vasopressin (ADH). Diese Nonapeptide wandern aus den Perikaryen des Hypothalamus mittels axonalen Transports, an spezifische Trägerproteine (Neurophysine) gebunden, in die Neurohypophyse (Abb. 93a). Ein Organ, in dem, wie in der Neurohypophyse, Hormonspeicherung und -ausschleusung stattfinden, wird **Neurohämalorgan** genannt.

Das **Ocytocin** der Säugetiere spielt eine Rolle beim Einsetzen der Wehen, indem es Kontraktion der Uterusmuskulatur bewirkt. Es stimuliert weiterhin die glatte Muskulatur der Drüsenendstücke in der Milchdrüse, was zum Auspressen der Milch führt. Freisetzung des Ocytocins aus der Neurohypophyse erfolgt nach Stimulation der Zitzen durch die Jungtiere.

Vasopressin heißt auch **antidiuretisches Hormon (ADH)**, weil es an der Kontrolle des Erhaltes von Körperwasser beteiligt ist. ADH bewirkt durch Einbau von Aquaporinen Wasserdurchlässigkeit der Sammelrohre in der Niere, wodurch Wasser aus der anfänglich hypotonen Sammelrohrflüssigkeit ins Gewebe zurückströmen kann und der Harn konzentriert wird. Die Kontrolle der ADH-Abgabe erfolgt im Hypothalamus, wo die Neurone, die das ADH hervorbringen, auch als Osmoreceptoren wirken und die Osmolarität des Blutes messen. Nimmt die Osmolarität zu, geben sie vermehrt ADH ab, woraufhin weiterer Wasserverlust unterbunden wird (Antidiurese). Weiterhin wird die ADH-Sekretion stimuliert durch: Blutvolumenverlust, der von Volumenreceptoren (Carotissinus, Aortenbogen, linker Vorhof) registriert wird, verschiedene andere Stressformen, Nicotin und andere Drogen. Hypoosmolarität und Hypervolämie (z.B. bei vermehrter Wasserzufuhr) führen zu Abfall des ADH und vermehrter Wasserausscheidung (Diurese). ADH wurde u.a. auch im Endhirn festgestellt und besitzt einen Einfluss auf Lernverhalten und Gedächtnis.

Hypothalamische Steuerhormone fördern oder hemmen die Freisetzung von Hormonen der Adenohypophyse. Fördernde Hormone heißen »Freisetzungshormone« (releasing hormones, RH, Liberine), hemmende Hormone werden »hemmende Steuerhormone« (release inhibiting hormones, Statine) genannt. Diese Hormone wandern mithilfe des axonalen Transports in den Hypophysenstiel, wo sie im Bereich der Eminentia mediana in das hypothalamisch-hypophysäre Pfortadersystem (Spezialgefäße) abgegeben werden, das sie in die Adenohypophyse bringt. Die Freisetzung der Steuerhormone erfolgt mittels mehrerer Mechanismen; wichtig ist die negative Rückkopplung mit peripheren Hormonen. Beispiele für die Steuerhormone sind: 1. growth hormone releasing hormone (= GHRH, fördert Freisetzung von Wachstumshormon); 2. growth hormone release inhibiting hormone (= SRIF, Somatostatin, hemmt Abgabe von Wachstumshormon, ACTH und FSH); 3. prolactin releasing factors (= PRF, fördern Abgabe von Prolactin); 4. prolactin release inhibiting factor (= PRIF, Dopamin, hemmt Abgabe des Prolactins); 5. corticotropin releasing hormone (= CRH, Corticoliberin, fördert Abgabe des Corticotropins ACTH); 6. thyrotropin releasing hormone (= TRH, Thyroliberin, fördert Freisetzung von TSH = Thyrotropin); 7. gonadotropin releasing hormone (= GnRH, Gonadoliberin, fördert Abgabe der Gonadotropine FSH und LH).

Die **Urophyse** ist ein Neurohämalorgan am hinteren Ende des Rückenmarks der Knochenfische, unmittelbar vor dem Filum terminale. Die zugehörigen großen Perikaryen der neurosekretorischen Neurone liegen weiter vorn im Rückenmark.

Die Urophyse kommt in sehr unterschiedlicher Ausprägung nur bei Knochenfischen vor. Elasmobranchier besitzen jedoch ähnliche, große, neurosekretorische Neurone im hinteren Rückenmark, die aber keine Urophyse bilden, sondern ihre Hormone lokal abgeben. Agnathen und allen anderen Vertebraten fehlen Urophyse oder neurosekretorische Neurone im hinteren Rückenmark. Aus der Urophyse wurden zwei Peptidhormone isoliert: **Urotensin I** (UI) und **Urotensin II** (UII). Die Funktionen der zwei Hormone sind bisher kaum bekannt. Vermutet werden vasopressorische Aktivität sowie Aufgaben im Wasser- und Mineralhaushalt der Fische.

Außer den genannten Neurohormonen Ocytocin, ADH und Urotensin bilden Neurone eine Vielzahl von Peptiden, die **Neuropeptide** genannt werden und deren Funktion oft nicht eindeutig geklärt ist. Es bestehen folgende, sich nicht gegenseitig ausschließende Hypothesen: Sie können Transmitterfunktion haben, sie können die klassischen Transmitter beeinflussen (Neuromodulatoren), sie haben möglicherweise trophische (ernährende, unterhaltende) Funktion in ihren Zielzellen, sie beeinflussen die Durchblutung des ZNS. Der Befund, dass viele der Neuropeptide nicht nur in zentralen und peripheren Neuronen vorkommen, sondern auch in endokrinen Zellen, wie z. B. im Darmtrakt, spricht für einen gemeinsamen Ursprung. Beispiele sind:

1. **Substanz P.** Dieses Peptid ist bei Säugetieren vermutlich Transmitter der Schmerzbahn. Es wurde auch in Neuronen des Auerbach'schen Plexus im Darm und in intestinalen endokrinen Zellen gefunden. Bei Wirbellosen ist Substanz P weit verbreitet, z. B. in Neuronen der Fußscheibe und der Tentakel von *Hydra* und im Gehirn von Mollusken, Arthropoden und Tunicaten.

2. **Pankreozymin-Cholecystokinin** (PKZ-CK). Auch dieses Peptid kommt bei Vertebraten in Neuronen und endokrinen Darmzellen vor; es bewirkt Gallefluss und Abgabe von Pankreasenzymen. Bei *Hydra* ist es in sensiblen Neuronen um die Mund-After-Öffnung herum nachgewiesen.

3. **Endogene Opiatpeptide.** Die endogenen Opiate, die **Enkephaline** und **Endorphine,** kommen in Neuronen des Gehirns, in endokrinen Drüsen (Hypophyse, Nebenniere, Ovar, Hoden) und im Darmtrakt vor, und selbst im Casein der Milch treten Sequenzen mit Opiatcharakter auf. Dieser Stoffgruppe werden zehn bis 15 Peptide zugerechnet, die aus fünf bis 31 Aminosäuren aufgebaut sind. Sie haben morphinähnliche, schmerzlindernde (= analgetische) Eigenschaften, Einfluss auf das Verhalten und Funktionen als Neurotransmitter oder Neuromodulatoren. Sie spielen vermutlich eine Rolle bei Gedächtnis, Lernen, Appetit- und Temperaturregulation, Fortpflanzung, Stressreaktionen, Beruhigung, Reizbarkeit, Erregbarkeit u. a.

Adenohypophyse

Die Hypophyse (Abb. 93a) setzt sich aus zwei Anteilen zusammen: der **Adenohypophyse** und der **Neurohypophyse** (= Hinterlappen = pars

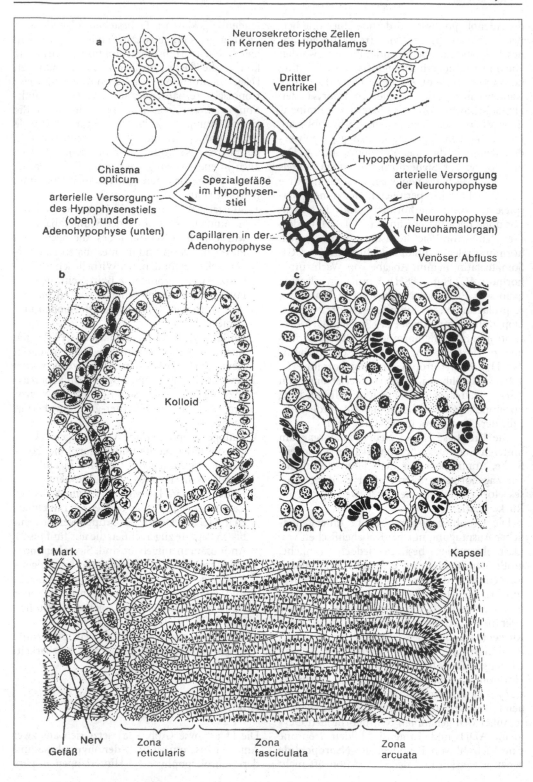

a

Neurosekretorische Zellen
in Kernen des Hypothalamus

Dritter
Ventrikel

Chiasma
opticum

Hypophysenpfortadern

arterielle Versorgung
der Neurohypophyse

Spezialgefäße
im Hypophysen-
stiel

arterielle Versorgung
des Hypophysenstiels
(oben) und der
Adenohypophyse (unten)

Neurohypophyse
(Neurohämalorgan)

Capillaren in der
Adenohypophyse

Venöser Abfluss

b

B

Kolloid

c

H O

B

d Mark   Kapsel

Nerv   Zona   Zona   Zona
Gefäß   reticularis   fasciculata   arcuata

neuralis). Die Adenohypophyse gliedert sich in Vorderlappen (pars distalis), Mittellappen (pars intermedia) und den Trichterlappen (pars tuberalis).

Die Hormone der Adenohypophyse lassen sich in zwei Gruppen einteilen: 1. die Hormone, die direkt auf Zielgewebe einwirken, ohne dass ein weiteres peripheres Hormon eingeschaltet wird (nicht-glandotrope Hormone), 2. die Hormone, die nachgeordnete endokrine Drüsen beeinflussen (glandotrope Hormone). Die nicht-glandotropen Hormone werden in acidophilen Zellen gebildet. Zu ihnen zählen Wachstumshormon und Prolactin. Die glandotropen Hormone werden in basophilen Zellen gebildet; zu ihnen zählen das adrenocorticotrope Hormon (ACTH, Corticotropin), das thyroideastimulierende Hormon (TSH, Thyrotropin), die Gonadotropine FSH sowie LH und das melanocytenstimulierende Hormon (MSH).

a. Melanocytenstimulierendes Hormon (MSH, Intermedin): Es wird vor allem im Mittellappen der Adenohypophyse gebildet und fördert die Dispersion der Melaningranula in den Pigmentzellen der Haut, wodurch die Tiere dunkler werden, und die Vermehrung der Melanophoren. Auf diese Weise wird eine Anpassung der Tiere an ihre Umwelt ermöglicht. Es existieren drei Peptide mit MSH-Wirkung: 1. das α-MSH, das aus 13 Aminosäuren besteht, die bei allen Wirbeltieren in gleicher Anordnung vorkommen und die mit den ersten 13 Aminosäuren des ACTH identisch sind; 2. das β-MSH, welches meist aus 18 Aminosäuren besteht, deren Anordnung bei den einzelnen Wirbeltiergruppen Unterschiede aufweist; 3. γ-MSH, welches gewisse Übereinstimmungen mit β-MSH und ACTH aufweist.

b. Adrenocorticotropes Hormon (ACTH, Corticotropin): ACTH aktiviert die Nebennierenrinde und regt dort v. a. die Bildung der Glucocorticoide und Rindenandrogene an.

c. Somatotropin (somatotropes Hormon, STH, Wachstumshormon): Unter dem Einfluss von STH werden Zellen vergrößert, und es nimmt die Zahl der Mitosen zu. Es fördert das Längenwachstum an den Epiphysenfugen. Weiterhin hat dieses Hormon Stoffwechseleffekte; akute Effekte ähneln denen des Insulins, z. B. wird die Aufnahme von Glucose in Zellen gefördert. Langfristig werden Proteinsynthese und Lipolyse (Fettmobilisierung) gesteigert. Beim Erwachsenen führen folgende Faktoren zur STH-Abgabe: Fasten, Blutzuckerabfall, Muskelarbeit, bestimmte Aminosäuren (z. B. Arginin, Histidin und Lysin), Fieber, Catecholamine und viele andere. Es entfaltet seine Wirkung z. T. direkt, z. T. indirekt über intermediäre Stoffe, die Somatomedine, die dem Insulin ähneln (= insulinähnliche Wachstumsfaktoren, insulinlike growth factors) und in der Leber gebildet werden.

d. Prolactin: Das Prolactin ähnelt chemisch und funktionell dem STH. Es fördert die Milchproduktion und steigert Brut- und Mutterinstinkte. Es unterdrückt sexuelle Aktivität und reproduktive Funktionen.

Bei Amphibien begünstigt es – ähnlich wie bei Insekten das Juvenilhormon – die larvale Phase und unterdrückt die Metamorphose, die vom Thyroxin eingeleitet wird. Es fördert das Wachstum bei Eidechsen, die Entwicklung der Brutflecken bei Vögeln und die Sekretion der Kropfmilch bei Tauben. Vermutlich spielt Prolactin auch eine Rolle im Leben der Amniotenembryo-

---

Abb. 93 Hormondrüsen von Wirbeltieren. **a)** Schematische Darstellung der Verbindungen zwischen Hypothalamus und Hypophyse. Die neurosekretorischen Zellen des Hypothalamus enden an den Spezialgefäßen im Hypophysenstiel und an Gefäßen der Neurohypophyse. Im ersten Fall beeinflussen ihre Sekrete die Adenohypophyse, im zweiten werden sie aus der Neurohypophyse abgegeben und wirken auf periphere Organe. **b)** Histologischer Aufbau der Schilddrüse. Die Thyroidea besteht aus zahlreichen Bläschen (Follikeln), die von einem einschichtigen Epithel begrenzt werden, das die Schilddrüsenhormone T3 und T4 produziert. Diese werden zunächst als Prohormon (Thyroglobulin) im Kolloid, das das Lumen der Follikel ausfüllt, gespeichert. B: Blutgefäß mit Erythrocyten. **c)** Histologischer Aufbau der Parathyroidea. Sie besteht aus epithelialen Zellsträngen, die von zahlreichen Blutgefäßen (B) begleitet werden. Es lassen sich zwei Zellformen unterscheiden: Hauptzellen (H), die das Parathormon bilden, und mitochondrienreiche oxyphile Zellen (O), eine besondere physiologische Phase der Hauptzellen. **d)** Histologischer Aufbau der Nebenniere eines Säugetieres (Huftier). Das Organ wird von einer Bindegewebskapsel umgeben, an sich die Rinde anschließt, welche in drei Zonen gegliedert ist: Zona arcuata (= Zona glomerulosa beim Menschen), Zona fasciculata, Zona reticularis. Zentral folgt das Nebennierenmark

nen, indem es einen Einfluss auf den Stofftransport durch die Embryonalhäute ausübt. Die Amnionflüssigkeit von Säugerembryonen enthält hohe Konzentrationen an Prolactin. Bei vielen Fischen regt Prolactin die Aufnahme von Natrium durch die Kiemen an. Weiterhin fördert es die Retention von Natrium im Körper. Eine vergleichbare Funktion hat Prolactin im Darm von Teleosteern und Säugern; hier fördert es die Resorption von Wasser, Natrium-, Chlorid- und Calciumionen.

e. Thyrotropes Hormon (TSH, Thyrotropin): TSH fördert alle wichtigen Funktionen der Schilddrüse, z. B. Jodaufnahme, Thyroglobulinsysthese sowie T3- und T4-Freisetzung.

f. Gonadotropine: Zu den Gonadotropinen zählt man zwei Glykoproteine, das **Luteinisierungshormon** (= **LH** = interstitielle Zellen stimulierendes Hormon = ICSH) und das **Follikel stimulierende Hormon** (= **FSH**). Beide bestehen aus zwei Untereinheiten, von denen die α-Untereinheit bei beiden Hormonen sehr ähnlich ist und auch beim TSH vorkommt. Die β-Untereinheit ist bei den drei Hormonen verschieden. FSH reguliert bei Frauen Wachstum und Reifung der Follikel im Ovar, beim Mann regt es die Spermiogenese an. LH stimuliert bei beiden Geschlechtern die Steroidhormonbildung in den interstitiellen Zellen und induziert bei Frauen den Follikelsprung im Ovar, außerdem ist es für die Bildung des Corpus luteum (Gelbkörper) verantwortlich. Die Freisetzung von LH und FSH ist kompliziert und erfolgt zyklisch. Beim Menschen existieren beim LH z. B. ein Monatsrhythmus und ein Rhythmus im Abstand von wenigen Stunden (pulsierende Freisetzung).

Placenta

Ähnliche Wirkung wie die Gonadotropine besitzen Hormone, die in der Placenta gebildet werden. **Choriongonadotropin** (beim Menschen: humanes Choriongonadotropin = HCG) ähnelt in seiner Wirkung dem LH und wird beim Menschen v. a. in den ersten drei Schwangerschaftsmonaten in der Placenta gebildet und wirkt anregend auf den Gelbkörper, der sich zum Corpus luteum graviditatis umwandelt. Das Choriongonadotropin wird frühzeitig und reichlich im Harn ausgeschieden und kann als Schwan-

gerschaftsfrühnachweis verwendet werden. Vom dritten Schwangerschaftsmonat an werden von der Placenta vermehrt **Gestagene** und **Oestrogene** gebildet, das Corpus luteum graviditatis verliert dann an Bedeutung. Das Progesteron der Placenta fördert unter anderem das Uteruswachstum. Weiterhin bildet die Placenta ein lactogenes Hormon (**Chorionsomatomammotropin**), welches die Bildung der Milchdrüsen mit beeinflusst und Ähnlichkeit mit dem Prolactin und dem Wachstumshormon hat; sie bildet außerdem mehrere Hormone, deren Funktion noch fraglich ist.

Pinealorgan (Zirbeldrüse, Epiphyse)

Im Pinealorgan der Wirbeltiere entsteht das **Melatonin,** ein Hormon, das sich vom Serotonin herleitet. Die primäre Funktion des Pinealorgans, das Zellen mit photoreceptiven und sekretorischen Strukturen enthält, ist vermutlich die zeitgerechte Abstimmung von Fortpflanzung und Jahreszeit. Melatonin bewirkt bei niederen Wirbeltieren Konzentration der Melaningranula in den Pigmentzellen und damit Aufhellung der Tiere. Wirkstoffe des Pinealorgans hemmen bei jungen Säugern die Entwicklung der Gonaden, bei älteren den Oestrus. Bei Belichtung im Frühjahr werden sie vermindert gebildet, sodass ihre Hemmwirkung fortfällt.

Nebennierenrinde

Die Nebennierenrinde der Säuger (Abb. 93d), die dem Interrenalorgan der Nicht-Säuger entspricht, bildet die lebensnotwendigen Corticosteroide, die in drei Gruppen gegliedert werden: Mineralocorticoide, Glucocorticoide und Nebennierenrindenandrogene. Die **Mineralocorticoide** wirken auf den Wasser- und Elektrolythaushalt. Wichtigstes Mineralocorticoid ist das Aldosteron, das die Natriumrückresorption aus Harn, Speichel, Schweiß und Magensaft steigert. In der Niere wird unter dem Einfluss des Aldosterons Natrium im Austausch gegen Kalium und Wasserstoff rückresorbiert und parallel dazu passiv Wasser aufgenommen. **Glucocorticoide** (z. B. Cortisol) haben vielfältige Wirkungen. Sie stellen energiereiche Substrate in physischen und psychischen Stresssituationen bereit; die Lipolyse wird stimuliert, durch Hemmung der Glykolyse im Muskel steigt der Blutglucosespiegel, der Proteinabbau wird vielfach angeregt, wobei die freigesetzten Aminosäuren v. a. der Gluconeogenese in der Leber dienen. Glucocorticoide beeinflussen vielfältig die Blutzellbildung: Thrombocyten- und Erythrocytenbildung wird z. B. angeregt; Lymphocyten, Monocyten und Eosinophile werden dagegen unterdrückt. Als Medikamente, z. B. Prednisolon oder Dexamethason, haben sie entzündungshemmende und immunsuppressive Wirkung. Sie werden erfolgreich bei allergischen Krankheiten, Ekzemen, Asthma bronchiale u.v.a. eingesetzt. Die Corticosteroide mit androgener Wirkung, v. a. **Androstendion**, beeinflussen die Ausbildung der Geschlechtsmerkmale zur männlichen Seite hin.

Nebennierenmark

Im Nebennierenmark der Säuger (Abb. 93d), das dem chromaffinen System (Adrenalsystem) der Nicht-Säuger entspricht, werden die **Catecholamine Adrenalin** und **Noradrenalin** gebildet. Adrenalin ist ein Adaptationshormon, das dem Körper eine Anpassung an Belastungen ermöglicht. Es steigert rasch den Fett- und Glykogenabbau und wirkt auf das ZNS erregend. Beide Amine beeinflussen Kreislauffunktionen. Die Zellen des Nebennierenmarks entstammen dem Neuralleistenmaterial. Da sie postganglionären sympathischen Neuronen entsprechen, wird verständlich, dass die von ihnen abgegebenen Catecholamine z. B. bei Säugern auch Transmitter (Noradrenalin) des Sympathicus sind.

Stannius-Körper

Die Stannius-Körper sind kleine drüsige Organe auf der Oberfläche der Nieren von Holosteern und Teleosteern; anderen Vertebraten fehlen sie. Bei Teleosteern kommen sie in geringer Zahl (2–8), bei Holosteern in großer Zahl (Amia ca. 300) vor. Die Drüsenzellen bilden ein Peptidhormon, dessen Aminosäuresequenz bekannt ist und das unterschiedliche Namen erhalten hat: **Hypocalcin, Teleocalcin, Stanniocalcin**. Es senkt bei Fischen den Blutcalciumspiegel. Fische besitzen auch Ultimobranchialkörper, die das Calcitonin bilden. Das Fisch-Calcitonin wirkt bei Säugern stark hypocalcämisch, d. h., es senkt den Blutcalciumspiegel; bei Fischen selbst ist dieser

Effekt geringer ausgebildet. Warum Fische zwei hypocalcämische Hormone besitzen, ist bisher unbekannt.

Schilddrüse (Thyroidea)

Die Schilddrüse (Abb. 93b) bildet die Hormone **Trijodthyronin** (T_3) und **Tetrajodthyronin** (T_4, Thyroxin; Abb. 90) und bei Säugern auch Calcitonin. Jod ist essentieller Bestandteil von T_3 (3 Jodatome) und T_4 (4 Jodatome), wobei T_3 das eigentlich wirksame Hormon ist; ein relativ geringer Anteil an T_3 entsteht schon in der Schilddrüse, der größere Anteil entsteht durch eine Monodejodinase im Zielgewebe aus T_4. Beide haben ihren Receptor im Zellkern und beeinflussen so die Transcription. Sie steigern den O_2-Verbrauch in den Zellen, die Eiweißsynthese im Cytoplasma, den Lipid- und Kohlenhydratstoffwechsel und die Enzymaktivität in den Mitochondrien. Diese Effekte sind bei wechselwarmen Wirbeltieren nicht sehr stark ausgeprägt, bei Fischen steht vermutlich ein Einfluss auf Wasser- und Mineralhaushalt im Vordergrund. Bei Urodelen und Reptilien beeinflussen die Schilddrüsenhormone die Häutung, bei manchen Vögeln die Mauser. Sie sind unerlässlich für die normale Entwicklung der Organe, besonders der Knochen und des Gehirns.

Unterfunktion (Hypothyreose) bei Geburt führt unbehandelt zu Kretinismus und ist bei Erwachsenen u. a. durch Einlagerung hydrophiler Mucopolysaccharide in die Haut, anhaltende Müdigkeit, Lethargie, Verstopfung, intellektuelle und motorische Verlangsamung u.v.a. gekennzeichnet. Überfunktion (Hyperthyreose) führt zu anhaltender Nervosität, psychischer Instabilität, Schlaflosigkeit, Zittern, Wärmeunverträglichkeit, massivem Schwitzen, Gewichtsverlust bei normalem oder gesteigertem Appetit und zu anderen Symptomen. Schilddrüsenvergrößerung wird unabhängig von der Ursache als Kropf bezeichnet.

Bei Amphibien fördern Schilddrüsenhormone die Differenzierung von der Larve zum erwachsenen Tier (Metamorphose). Larven mit fehlender oder gestörter Schilddrüsenfunktion behalten die larvale Organisation und werden so geschlechtsreif (Neotenie). Beispiele bieten manche Urodelen, deren geschlechtsreife Larven bei *Ambystoma* Axolotl heißen.

Ultimobranchialkörper

Diese endokrine Drüse ist bei den Nicht-Säugern als eigenes Organ ausgebildet, bei Säugern wandert ihr Gewebe meist während der Embryonalentwicklung in die Schilddrüse ein und bildet hier die C-Zellen. Ihr Hormon, das **Calcitonin,** senkt den Calcium- und Phosphatspiegel im Blut und fördert die Einlagerung von Calcium in das unverkalkte Osteoid des Knochens. Es senkt den Blutcalciumspiegel durch Hemmung der Osteoklasten und Stimulation der Calciumausscheidung in der Niere. Im Gehirn bewirkt es Schmerzlinderung.

Parathyroidea (Epithelkörperchen, Nebenschilddrüse)

Vitamin D

Das Hormon der Parathyroidea (**Parathormon, PTH, Parathyrin**) hat einen wichtigen Einfluss auf die Menge des extrazellulären ionisierten Calciums. Seine Freisetzung wird von der Blutserumkonzentration des Calciums geregelt. Anstieg der Calciummenge hemmt, Absinken steigert die Ausschüttung. Parathormon hält also – zusammen mit Vitamin D und Calcitonin – den Blutcalciumspiegel auf seinem Normalwert, was für zahlreiche Prozesse im Organismus von entscheidender Wichtigkeit ist (z. B. Blutgerinnung, Muskelkontraktion). Es greift in den Knochenstoffwechsel ein und mobilisiert dessen Mineralstoffe. In der Niere fördert es die Phosphatausscheidung und auch Calciumreabsorption. Die durch Parathormon hervorgerufene Förderung der Calciumaufnahme im Darmtrakt ist abhängig von Vitamin D. Die Parathyroidea ist bei niederen Wirbeltieren wohl von untergeordneter Bedeutung, bei Fischen fehlt sie.

Vitamin D (s. S. 31) repräsentiert ein eigenes Hormonsystem. Das eigentliche Vitamin D_3 (**Cholecalciferol**) wird in der Leber in 25-OH-D_3 (**Calcidiol**) und dieses in der Niere in 1,25 $(OH)_2$-D_3 (**Calcitriol**) umgewandelt. Calcitriol ist das wirksame Hormon, es bewirkt nicht nur im Darm, sondern auch in der Niere die Resorption von Calcium und Phosphat und begünstigt damit die Mineralisierung des Knochens. Parathormon fördert die Bildung des Calcitriols in der Niere, Oestrogene begünstigen die Entstehung des Calcidiols in der Leber.

Endokrines Pankreas

In besonderen Zellgruppen des Pankreas, den Langerhans'schen Inseln, werden mindestens drei Hormone gebildet: in den B-Zellen das Insulin, in den A-Zellen das Glucagon, in den D-Zellen der Säuger **Somatostatin.** In vielen Inseln wird in bestimmten Zellen das **pankreatische Polypeptid (PP)** gebildet, welches das exokrine Pankreas und den Darm vielfältig beeinflusst.

Insulin hat in erster Linie die Aufgabe, Energiereserven zu schaffen, wenn ein Überschuss an frei verfügbaren Energieträgern – vor allem Glucose – vorliegt. Seine Wirkungen sind sehr komplex. Insulin fördert den Durchtritt von Glucose durch die Zellmembran und die Bildung von Glykogen, u. a. in Leber- und Muskelzellen, sowie die Fettsynthese in Fettzellen. Weiterhin fördert Insulin die Aufnahme von Aminosäuren in Muskel- und Fettzellen, es steigert die Kaliumaufnahme in Zellen, es kann die Eiweißsynthese fördern. Insulin bremst Lipolyse, Glykogenolyse und Proteolyse, stimuliert andererseits Glykolyse. Anstieg der Blutzuckerkonzentration steigert, Abfall hemmt die Insulinbildung.

Glucagon, das bei vielen Wirbeltieren auch im Magen-Darm-Trakt gebildet wird, tritt bei Absinken des Blutzuckerspiegels vermehrt auf und fördert den Glykogenabbau in der Leber. Glucagon (und auch Adrenalin) führt also zum Abbau von Energiespeichern, während Insulin energiereiche Substrate konserviert und aufbaut.

Somatostatin hemmt die Freisetzung von Insulin und Glucagon.

Gonaden (Hoden, Ovar)

In Hoden und Ovarien (Abb. 91, 92, 94) werden die Sexualhormone gebildet. Ihre Produktion erfolgt in geringen Mengen auch in der Nebennierenrinde und während der Schwangerschaft auch in der Placenta. Man unterscheidet männliche (**Androgene**) und weibliche (**Oestrogene, Gestagene**) Geschlechtshormone. Beide Geschlechter bilden, allerdings in unterschiedlichen Konzentrationen, sowohl männliche als auch weibliche Sexualhormone.

Das wichtigste männliche Sexualhormon, das die sekundären Geschlechtsmerkmale ausprägt, ist das **Testosteron,** das vor allem unter dem Einfluss von LH in den **Leydigschen Zellen** des Hodens gebildet wird. Es ist z. T. ein Prohormon,

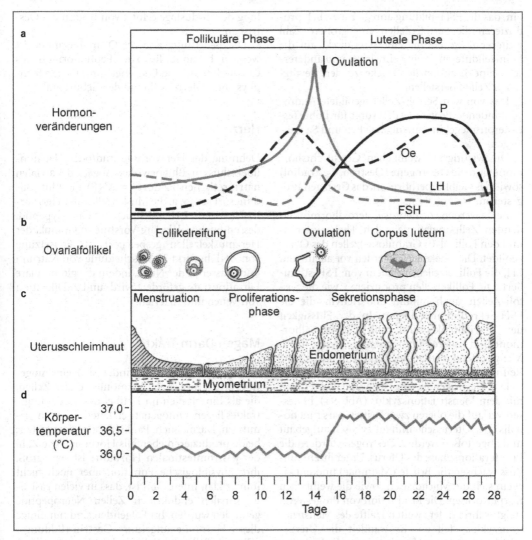

a

Hormon-
veränderungen

b

Ovarialfollikel

c

Uterusschleimhaut

d

Körper-
temperatur
(°C)

Abb. 94 Diagrammatische Darstellung der wichtigsten Veränderungen im Menstruationszyklus der Frau. 1. Zyklushälfte: follikuläre Phase, 2. Zyklushälfte: luteale Phase. **a)** Konzentrationskurven der Gonadotropine und Ovarialhormone im Blut: LH: luteinisierendes Hormon (beachte den steilen Anstieg vor der Ovulation), FSH: Follikelstimulierendes Hormon, P: Progesteron, Oe: Östrogen. **b)** Veränderungen eines Ovarialfollikels. Ein dominanter Tertiärfollikel (Graaf'scher Follikel) (Eizelle: kleiner weißer Kreis mit Punkt) wächst heran, ovuliert und bildet sich zum Corpus luteum (Gelbkörper) um (vergleiche Abb. 138). **c)** Veränderungen der Uterusschleimhaut (des Endometriums). Ihre obere Schicht wird bei der Menstruation abgestoßen; sie wächst dann wieder heran (Proliferationsphase) und ist in der 2. Zyklushälfte sekretorisch aktiv (Sekretionsphase). **d)** Basaltemperaturkurve

aus dem am Zielort als aktiver Metabolit das **Dihydrotestosteron** entstehen kann. Gemeinsam mit dem FSH reguliert Testosteron auch die Bildung der Spermien, wobei das Ziel dieser Hormone vor allem die Sertoli-Zellen sind, die dann ihrerseits auf die Keimzellen einwirken. Die **Sertoli-Zellen** des Hodens produzieren das Hormon **Inhibin,** das auf Hypothalamus und Hypophyse wirkt und die FSH-Sekretion senkt (Abb. 91). Ein weiteres Hormon der Sertoli-Zellen ist das **Acti-**

vin, das die FSH-Bildung anregt. Zusätzlich produzieren die Sertoli-Zellen eine größere Zahl weiterer Faktoren, die einerseits direkt auf die Keimzelldifferenzierung einwirken und andererseits eine funktionelle Brücke zu den Leydigschen Zellen herstellen.

Das von den Sertoli-Zellen gebildete Androgenbindende Protein (ABP) sorgt für hohe Testosteronspiegel in Samenkanälchen und Samenwegen.

Die wichtigsten weiblichen Geschlechtshormone sind die **Oestrogene (Oestron, Oestradiol)** sowie das Gelbkörperhormon, das Gestagen **Progesteron.**

Beide werden von den zwei steroidhormonbildenden Zellpopulationen, den Theka interna- und den Follikel-(= Granulosa-)zellen des Ovars gebildet. Die Thekazellen werden vor allem vom LH, die Follikelzellen vor allem vom FSH stimuliert. Die Follikelzellen produzieren, wie die Sertoli-Zellen, auch Inhibin und Activin, die die FSH-Sekretion modulieren. In der Flüssigkeit der Ovarialfollikel sind zahlreiche Sexualhormone und andere Faktoren nachgewiesen, deren Menge offenbar streng reguliert wird und die die Reifung der Eizelle beeinflussen.

Die Oestrogenbildung schwankt bei Frauen mit dem Menstruationszyklus (Abb. 94), in dessen Verlauf die oberen zwei Drittel (pars functionalis) der Uterusschleimhaut zyklisch aufgebaut und abgestoßen werden. Oestrogene fördern die Proliferationsphase des Uterus. Unter ihrem Einfluss wachsen die Brüste (Mammae) und entwickeln sich die Milchdrüsen sowie die weiblichen Körperformen. Die Produktion von Progesteron steigt während der zweiten Hälfte des Menstruationszyklus steil an. Es wandelt die Uterusschleimhaut um und bereitet sie für die Nidation eines befruchteten Eies vor. Es beschleunigt die Atmung und stimuliert die cerebralen Zentren der Thermoregulation. Die morgendliche Körpertemperatur ist in der zweiten Zyklushälfte um 0,3–0,5 °C höher als in der ersten.

Andere Säuger als manche Affen und Mensch menstruieren nicht, ihnen fehlt also Abstoßung und Neuaufbau der Uterusschleimhaut, wenn keine Befruchtung erfolgt. Ihr Sexualzyklus wird Oestrus-Zyklus genannt; er ist durch auffallendes sexuelles Verhalten, v. a. der Weibchen, während der Ovulation gekennzeichnet (Brunst = Oestrus). Die endokrinen Vorgänge unterscheiden sich auch etwas von denen des Menstruationszyklus, so kann die Lutealphase fehlen. Die Zäh-

lung der Zyklustage erfolgt von Beginn des Oestrus an.

Die Bedeutung anderer Ovarialhormone ist weniger bekannt. **Relaxin** (Peptidhormon aus Corpus luteum und Endometrium) lockert Symphyse und Uterus während der Geburt auf.

Herz

Dehnung der Herzvorhöfe und/oder Natriumüberschuss im Blut bewirken Abgabe des **atrialen natriuretischen Faktors (= ANF)** ins Blut. Bildungsort sind v. a. die Muskelzellen der Herzvorhöfe (Atrien). Es handelt sich um ein Polypeptid, dessen hochmolekulare Vorstufe in Granula der Herzmuskelzellen gespeichert ist. Freisetzung von ANF bewirkt 1. Ausscheidung von Natrium und Wasser in der Niere, indem die glomeruläre Filtrationsrate gefördert wird, und 2. Dilatation von Venen und Arterien.

Magen-Darm-Trakt

Im Magen-Darm-Trakt findet sich eine ungewöhnlich große Zahl hormonbildender Zellen, die als Einzelzellen im Epithel des Verdauungstraktes liegen. Ontogenetisch leiten sich vom primitiven Darm auch Pankreas und Lunge her; beide produzieren ebenfalls Hormone. Die Zahl der **gastrointestinalen Hormone** ist sehr groß, ihre physiologische Funktion aber noch nicht immer klar. Interessant ist, dass in vielen gastrointestinalen endokrinen Zellen Neuropeptide gefunden wurden. Im Folgenden sind nur einige dieser Hormone aufgeführt. **Gastrin** (Bildungszellen: G-Zellen im Pylorus des Magens) steigert u. a. Magensaft- und Gallensekretion, Salzsäurebildung und Pepsinproduktion des Magens (Abb. 103); es fördert die H_2O- und Elektrolytabgabe in Magen, Pankreas, Brunner-Drüsen u. a., stimuliert die glatte Muskulatur vieler Abschnitte des Verdauungstraktes und relaxiert Sphinkter, z. B. den Pylorussphinkter. **Cholecystokinin** wird im Dünndarm gebildet, regt die Gallenblase zur Entleerung an und steigert die Enzymproduktion des Pankreas. **Sekretin** (Dünndarm) steigert die Menge des wasser- und bicarbonathaltigen Pankreassaftes. **Vasoaktives intestinales Polypeptid (VIP), gastrisches inhibitorisches Polypeptid (GIP), Motilin, pankreatisches Polypeptid, Enteroglucagon, Neuroten-**

sin und **Substanz P** sind weitere gastrointestinale Hormone; **Serotonin** (5-HT) ist ein Hormon endokriner Darmzellen, der enterochromaffinen Zellen, aber auch Transmitter von Neuronen. **Histamin** steigert u. a. die HCl-Bildung im Magen.

Niere

Abnahme der Nierendurchblutung, wie sie bei einem Mangel an Blutvolumen auftreten kann, führt zu Abgabe von **Renin** aus den juxtaglomerulären Zellen der Niere. Das Renin ist ein Enzym, das aus dem in der Leber gebildeten Protein **Angiotensinogen** das Peptid **Angiotensin I** abspaltet. Aus dem Angiotensin I entsteht durch Abspaltung einer Aminosäure mittels des **konvertierenden Enzyms** (converting enzyme), das v. a. in der Lunge vorkommt, das stark vasokonstriktorische **Angiotensin II**. Dieses Peptid stimuliert außerdem die Abgabe von **Aldosteron.**

Erythropoietin ist ein hormonales Glykoprotein mit einem Molekulargewicht von 34 000, das in der Niere und daneben auch in der Leber gebildet wird. Es stimuliert die Bildung roter Blutzellen, der Erythropoese. Seine Konzentration im Blut wird durch das Verhältnis von Sauerstoffangebot zu Sauerstoffbedarf bestimmt. Gewebehypoxie (Absinken des Sauerstoffgehalts im Gewebe) führt zu einem Anstieg des Erythropoietinspiegels. Die Sauerstoffsensoren befinden sich in den Nieren. Erythropoietin treibt Proliferation und Differenzierung der Stammzellen von Erythrocyten an.

Zur Calcitriolbildung in der Niere s. S. 206.

Gewebehormone

Besonders schwer zu definieren sind die Gewebehormone. Bei ihnen handelt es sich im Allgemeinen um Wirkstoffe, die in den Interzellularraum, aber auch in den Blutstrom, abgegeben werden und ganz verschiedene Wirkungen zeigen. Auch Neurotransmitter sind genau genommen Gewebehormone.

Die **Kinine** sind Polypeptide mit sehr unterschiedlichen Wirkungen, von denen Vasodilatation und Steigerung der Capillarpermeabilität erwähnt seien. Sie spielen eine wichtige Rolle bei der Entzündungsreaktion und entstehen aus in der Leber gebildeten Vorstufen. Die **Eicosanoide**, zu denen eine Vielzahl hochaktiver Wirkstoffe wie **Prostaglandine, Leukotriene, Thromboxane** u. a. gerechnet wird, werden in den meisten Zellen des Wirbeltierorganismus aus Arachidonsäure, einer langkettigen, ungesättigten Fettsäure, gebildet. Die Eicosanoide wirken meistens als lokale Wirkstoffe und beeinflussen so verschiedenartige Vorgänge wie Kontraktion und Erschlaffung der glatten Muskelzellen, die Aktivierung von Entzündungszellen, die Aggregation von Thrombocyten, die Sensibilisierung schmerzleitender Nervenfasern und die Auslösung von Fieber.

Hämopoetische Wachstumsfaktoren und Cytokine stimulieren Differenzierung und Proliferation der Blutzellen. Wachstumsfaktoren werden vorwiegend von Fibroblasten des Knochenmarks freigesetzt und wirken lokal. Vergleichbare Faktoren sind der epidermale und der Nervenwachstumsfaktor.

2. Endokrine Organe bei Wirbellosen

Hormone werden bei Wirbellosen ganz überwiegend von neurosekretorischen Nervenzellen gebildet. Bei Arthropoden gibt es aber auch typische endokrine Organe, und im Darmepithel vieler Wirbelloser kommen wie im Darm der Wirbeltiere zahlreiche endokrine Einzelzellen vor. Viele Botenstoffe der Wirbellosen sind mit denen der Wirbeltiere identisch oder doch ähnlich, z. B. Serotonin, Dopamin, Melatonin, Steroide und ADH, und auch die Membran- sowie die intrazellulären Hormonreceptoren ähneln sich bei Wirbellosen und Wirbeltieren. So besitzen z. B. *Caenorhabditis* und *Drosophila* wie die Wirbeltiere einen Insulinreceptor vom Tyrosinkinase-Typ. Insulinähnliche Moleküle (IGFs) sind, wie bei Wirbeltieren, vorwiegend Wachstumsfaktoren.

Bei **Protozoen** *(Tetrahymena)* sind sowohl Hormonreceptoren (Steroidreceptoren und Membranreceptoren) als auch Steroid- und Peptidhormone nachgewiesen, deren Funktionen aber noch weitgehend unbekannt sind.

Cnidarier und **Ctenophoren** besitzen sehr wahrscheinlich nur Neurohormone, die v. a. an der Steuerung von Wachstum, Reproduktion und Regeneration beteiligt sind. Bei höheren Wirbellosen werden zusätzlich viele andere Funktionen, z. B. Herztätigkeit, Farbwechsel und Osmoregulation, von Neurohormonen reguliert.

Bei Hydrozoen sind Neurohormone bekannt, die Wachstum, Gonadenreifung und Regeneration beeinflussen. *Hydra* bildet mehr als 30 verschiedene Neuropeptide, deren z. T. gemeinsame Vorstufen von wenigen Genen codiert werden. An der Regeneration z. B. des Polypenkopfes von *Hydra* sind mehrere Neurohormone beteiligt. Diese gehören mehrheitlich zu den *Hydra*-RFamiden oder *Hydra*-LWamiden. In solchen biologischen Amiden ist die OH-Gruppe einer Carboxylgruppe durch NH_2 ersetzt.

Plathelminthen besitzen zahlreiche neurosekretorische Neurone, die verschiedene biogene Amine und Neuropeptide bilden. Die biogenen Amine, z. B. Serotonin und Dopamin, sind wohl zu einem Teil Neurotransmitter, können aber wahrscheinlich auch Hormoncharakter haben und beeinflussen die Regeneration. Auch Neuropeptide sind an der Regulation von Zellproliferation und Regeneration beteiligt.

Nematoden besitzen Neurohormone, von denen ein Teil wahrscheinlich die Häutung steuert.

Anneliden besitzen in ihrem Nervensystem zahlreiche hormonbildende Neurone. Die Hormone werden z. T. ins Kreislaufsystem und z. T. ins Coelom abgegeben und im Körper verteilt. Bei Egeln und anderen Anneliden sind Neurohämalorgane beschrieben. Die Neurohormone beeinflussen Wachstum, Regeneration, Gonadenreifung und vermutlich auch Osmoregulation (einige Polychaeten). Die Eiablage wird bei Oligochaeten und Hirudineen vom Hormon Annetocin gesteuert, das dem Vasopressin (= ADH) und dem Ocytocin ähnelt.

Auch **Mollusken** besitzen ein hoch entwickeltes System neurosekretorischer Nervenzellen. Mehrere Neurohormone steuern z. B. Fortpflanzung, Geschlechtswechsel, Gonadenumbau (Pulmonata), Dotterbildung, Osmoregulation und Herzschlag. Cephalopoden besitzen neben Neurohormonen auch hormonbildende periphere Drüsen, von denen die optische Drüse (Augendrüse) die Fortpflanzung beeinflusst. Die Speicheldrüsen bilden das Hormon Eleidosin, das an der Steuerung des Verdauungstraktes beteiligt ist.

Echinodermen bilden in allen Abteilungen ihres Nervensystems Neurohormone (biogene Amine, z. B. Serotonin, Amide und Neuropeptide), deren Funktionen aber erst wenig bekannt sind. Regeneration und Gonadenreifung sind abhängig von Neurohormonen. Wie bei anderen Wirbellosen wurden bei ihnen mehrere Neuro-

peptide gefunden, die identisch bei Wirbeltieren vorkommen, z. B. das Somatostatin. Möglicherweise lassen sich die Proteine, die das innervierte mutabile Bindegewebe beeinflussen, auch zu den Neurohormonen zählen. Bei der Reifung der Eizellen arbeiten zwei Hormone zusammen: das GSS (gonadenstimulierende Substanz) aktiviert Follikelzellen (= nichtgametogene Zellen) im Ovar. Diese Zellen geben 1-Methyladenin (= MIS = reifungsinduzierende Substanz) ab, das die Reifung der Eizellen fördert.

Die **Acrania** bilden Neurohormone, besitzen aber auch zahlreiche endokrine Darmzellen. Im Endostyl entsteht jodiertes Tyrosin, das dem Thyroxin entspricht, sodass das Endostyl als Vorläufer der Schilddrüse anzusehen ist. Die Hatschek-Grube von *Branchiostoma*, die der Rathke-Tasche der Wirbeltiere entspricht, nähert sich dem ventralen Boden des Gehirns und ist offensichtlich der Adenohypophyse homolog. Bei *Branchiostoma belcheri* wurde sogar ein Homologon der Neurohypophyse beschrieben. Die Hatschek-Grube gibt Polypeptidhormone, z. B. ein cholecystokininähnliches Peptid, ins Blut ab. In den Ovarien wurden steroidbildende Zellen gefunden.

Insekten besitzen ein hoch entwickeltes System von Neurohormonen, typische endokrine Drüsen und auf allen Entwicklungsstadien zahlreiche endokrine Darmzellen. Zu den besonders wichtigen Hormonen der Insekten zählen diejenigen, die Metamorphose, Häutungszyklen, Fortpflanzung, Diapause und Darmtätigkeit regulieren; aber auch Stoffwechsel und Osmoregulation werden von spezifischen Hormonen reguliert. Im Darmepithel werden eine Reihe von Hormonen gebildet, u. a. Polypeptide, die auch bei Wirbeltieren vorkommen, wie pankreatisches Polypeptid, Somatostatin, Insulin und TRP (s. u.), aber auch ein Ecdysteroid, das die Häutung beeinflusst. Die Polypeptide steuern lokal die Darmtätigkeit.

Wie bei Wirbeltieren kommen bei Insekten funktionell eng verbundene neuroendokrine Nervenzellen und periphere endokrine Organe vor. Die Neurohormone werden vielfach in Neurohämalorganen in die Hämolymphe abgegeben. Die paarigen **Corpora cardiaca** sind das wichtigste Neurohämalorgan. In ihnen enden Axone verschiedener Hirnregionen. Sie können zudem eigene Hormone bilden. Die **Corpora allata** sind klassische endokrine Drüsen, enthalten aber auch neurosekretorische Afferenzen. Bei manchen Insekten sind diese primär paarigen Organe zu einem einheitlichen Organ (Corpus allatum) verschmolzen. Die paarige **Prothorakaldrüse** (Ecdysialdrüse) ist eine weitere wichtige endokrine Drüse, die aber in den einzelnen Insektengruppen in unterschiedlicher Morphologie und Lokalisierung auftritt. Jedes Entwicklungsstadium der Insekten wird durch eine Häutung beendet, in deren Verlauf die alte Cuticula abgelegt und eine neue, größere aufgebaut wird. Die gesamte Entwicklung durch alle Larvalstadien bis zum adulten Organismus wird Metamorphose genannt. Sie besteht bei holometabolen Insekten aus mehrfachem, vollständigem Umbau des Körpers und zumindest beim Übergang vom Larven- zum Adultstadium auch kompletten Wechsel der Lebensweise. Im Puppenstadium zerfallen die meisten larvalen Organe und werden von Makrophagen abgebaut. Aus bis dahin ruhenden Zellgruppen, den Imaginalanlagen, wird das Adultstadium, die Imago, neu aufgebaut.

An Häutung und Metamorphose der Insekten sind drei Hormone beteiligt. Der Beginn einer **Häutung (Ecdysis)** wird durch das **Prothorakotropin** (= prothorakotrophes Hormon = PTTH) eingeleitet. Dieses Hormon entsteht im Gehirn und wandert in den Axonen der neurosekretorischen Neurone in die Corpora cardiaca, wo es zunächst gespeichert wird. Am Ende einer Larvalphase wird es dann in die Hämolymphe abgegeben und erreicht die Prothorakaldrüsen, die daraufhin das **Ecdyson**, das Häutungshormon, abgeben. Zielzellen dieses Steroidhormons sind v. a. die Epidermiszellen. Es löst hier alle Stoffwechselschritte aus, die zum Abbau der alten und zum Aufbau der neuen Cuticula nötig sind. Ecdyson wird, wie manche Steroidhormone der Wirbeltiere, erst im Zielgewebe in die aktive Form überführt. Es bindet an einen cytoplasmatischen Receptor, der mit dem Hormon in den Kern wandert und hier die Genexpression steuert. Die Synthese dieses Hormons setzt komplexe chemische Vorstufen, v. a. Cholesterin bei omnivoren Arten, in der Nahrung voraus. In vielen Pflanzen wurden Substanzen entdeckt, die von phytophagen Insekten aufgenommen und in Ecdyson umgewandelt werden. Sie können selbst bereits häutungsinduzierende Wirkung haben (Phytoecdyson, z. B. in Farnen und Eiben). Da häufige Häutungen eine Gefährdung für Insekten darstellen, sind diese Phytoecdysone u. U. ein Schutzmechanismus gegen Insektenfraß.

Ecdyson kontrolliert nicht, welche Entwicklungsphase bei der folgenden Häutung erreicht wird. Das entscheidet das **Juvenilhormon,** das von den Corpora allata sezerniert wird. Ein hoher Juvenilhormonspiegel in der Hämolymphe bewirkt, dass der Larvalzustand bei einer Häutung erhalten bleibt. Im Laufe mehrerer Häutungen sinkt der Spiegel an Juvenilhormon ständig ab. Fällt er unter einen Grenzwert, entwickelt sich die Larve bei der nächsten Häutung zum adulten Organismus. Bei Insekten mit Puppen sinkt der Juvenilhormonspiegel schon vor der Häutung zur Puppe ab. Bei der Häutung Puppe-Imago fehlt es völlig, erst jetzt entsteht die typische adulte Cuticulastruktur. Da dieses Hormon die Entwicklung zum adulten Tier hemmt, kann es zur Bekämpfung von Schadinsekten eingesetzt werden.

Zwei Polypeptidhormone kontrollieren die kritische Phase des Schlüpfens: das **Eclosionshormon** (EH) und das **Ecdysis-Triggerhormon** (ETH). Das Eclosionshormon wird von cerebralen neurosekretorischen Neuronen gebildet und in den Corpora cardiaca freigesetzt. Bei *Drosophila* wird dieses Hormon ca. 40 Minuten vor dem Schlüpfen in die Hämolymphe abgegeben. EH stimuliert endokrine Zellen in den Epitrachealdrüsen, die daraufhin ETH abgeben, das über Stimulation bestimmter Zellen im Gehirn zusammen mit dem EH typische Bewegungsmuster auslöst, die für die erfolgreiche Häutung erforderlich sind. Besonders kritisch sind Ablösung der alten und Bildung der neuen Cuticula in den feinen Tracheen (Gefahr der Verstopfung und des Erstickens der Tiere). Das Neurohormon **Bursicon**, ein Protein, härtet die zunächst noch dehnbare und weiche Cuticula. Die **adipokinetischen Hormone (AKH)** und die **trachykininverwandten Peptide (TRP)** spielen eine wichtige Rolle im Fett-, Kohlenhydrat- und Proteinstoffwechsel. Beide sind Neurohormone, die in den Corpora cardiaca abgegeben werden. Die AKH umfassen eine ganze Gruppe von kleinen Neuropeptiden (acht bis zehn Aminosäuren), deren Ziel v. a. der Fettkörper ist, der ja Leberfunktion hat. AKH löst auch motorische Aktivität aus. Die TRP sind vermutlich Neurotransmitter und Neurohormone. Als Hormone haben sie Einfluss auf den Stoffwechsel der Muskulatur und anderer Gewebe. Sie werden auch von endokrinen Darmzellen produziert und spielen vermutlich eine zusätzliche Rolle im Regelkreis Nahrungsaufnahme und Ernährungszustand.

Proctolin ist ein kleines Peptidhormon, das von Motoneuronen freigesetzt wird und als Neuromodulator Darmmotorik, Herzfrequenz und andere muskuläre Bewegungsvorgänge steigert.

Ähnlich wie bei Crustaceen gibt es bei Insekten Hormone, die die Pigmentierung beeinflussen (**pigment dispersing hormones** = **PDHs**) und die mit circadianen Schrittmacherneuronen zusammenspielen.

Viele Insekten machen zu bestimmten Zeiten, z. B. im Winter oder in einer Trockenzeit, einen Entwicklungsstillstand (**Diapause**) durch. In dieser Zeit sinkt der Stoffwechsel auf ein Minimum ab, und das Wachstum kommt zum Erliegen. Dieser Stillstand kann durch viele Faktoren, z. B. O_2-Mangel, Vitaminmangel, Nahrungsmangel, alte Blätter in der Nahrung, hohe Temperaturen, Tageslänge (s. S. 388) u. a. bewirkt werden, die vermutlich sowohl direkt auf den Stoffwechsel als auch durch Unterdrückung eines **Wachstumshormons** wirken. Ein solches Hormon scheint bei den Insekten jedoch keine grundlegende Voraussetzung für den Wachstumsprozess als solchen zu sein. Ihm kommt eher Signalcharakter für den Beginn des Wachstums oder koordinierende Funktion zu. Der Entwicklungsstillstand kann regelmäßig zu einem fixierten Zeitpunkt des Lebens auftreten, der jedoch oft mit bestimmten Umweltbedingungen korreliert ist; z. T. kann er beliebig durch die Umweltbedingungen ausgelöst werden. Das Wachstumshormon, dessen Bildung vor Beginn der Diapause gehemmt wird, entsteht im Gehirn. Seine Reaktivierung erfolgt gegen Ende der Diapause.

Auch die Eier der Insekten machen z. T. Diapausestadien durch, die bei Heuschrecken 1–2 Jahre dauern können. Hier spielen nur bei Arten, bei denen sich ein bereits weit entwickeltes Embryonalstadium in der Eihülle befindet, neurohormonale Mechanismen eine Rolle.

Bekannt ist auch die Diapause der frühen Embryonalstadien von *Bombyx mori*, die bei Eiern zu finden ist, welche vor Beginn des Winters abgelegt werden. Solche Diapauseeier besitzen eine braun pigmentierte Serosa; sie werden nur von weiblichen Tieren gelegt, die selbst unter Langtagbedingungen und bei hohen Temperaturen (25 °C) aufwuchsen, also im Sommer. Diese Weibchen bilden ein **Diapausenhormon** im Suboesophagealganglion, das wiederum von einem im Gehirn produzierten Hormon kontrolliert wird.

Ebenso wie bei Insekten liegt bei **Krebsen** eine sehr enge Verbindung zwischen Nervensystem und peripheren endokrinen Organen vor. Wichtige neuroendokrine Zellgruppen bauen z. B. die **X-Organe** in Ganglien des Augenstieles (Abb. 95) oder des Kopfes auf (das Sinnesporen-X-Organ = SP-X-Organ, ist aber nur Neurohämalorgan). Ein besonders bedeutsames X-Organ ist das

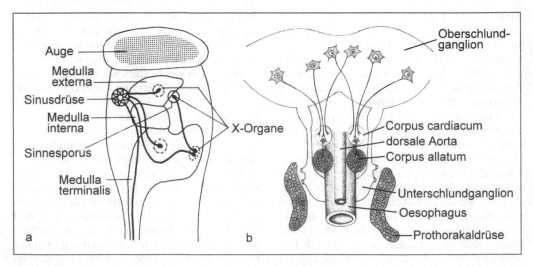

Abb. 95 Endokrine und neuroendokrine Systeme bei Arthropoden. **a)** Verteilung der neuroendokrinen Zellgruppen im Augenstiel des Krebses *Palaemon*. **b)** Schematische Darstellung hormonbildender und -freisetzender Strukturen bei Insekten

Medulla-terminalis-X-Organ (MTG-X-Organ), dessen Hauptneurohämalorgan die **Sinusdrüse** ist, in die aber auch andere Neurone projizieren. Andere neurosekretorische Neurone liegen im Gehirn und enden mit ihren Axonen im Postkommissuralorgan, wo die Hormone in die Hämolymphe freigesetzt werden. In der ventralen Ganglienkette kommen neuroendokrine Zellen vor, deren Neurohämalorgane an der Einmündung großer Venen in den Pericardialsinus liegen. Die bisher bekannten Neurohormone sind Polypeptide. Periphere endokrine Organe sind insbesondere das **Y-Organ, Ovarien** und **androgene Drüsen.** Erwähnt sei, dass in Neuronen des Augenstieles von Krebsen Enkephalin und Substanz P gefunden wurden.

Die **Häutung** der Krebse ist besonders kompliziert und nimmt mit der Vorbereitungsphase einen beträchtlichen Zeitraum ein. Man kann folgende Stadien der Häutung unterscheiden:
1. **Proecdysis:** Vorbereitungsphase mit Ausdünnung der Cuticula und Speicherung von anorganischen Substanzen im Hepatopankreas oder bei nichtmarinen Arten auch in der Magenwand.
2. **Ecdysis** (eigentliche Häutung): Aufplatzen der alten Cuticula, abrupte Größenzunahme mittels rapider Wasseraufnahme.
3. **Postecdysis:** Rasche Ablagerung von Chitin und anorganischen Salzen in der neuen Cuticula sowie Gewebewachstum.
4. **Interecdysis:** Relatives Ruhestadium zwischen zwei Häutungen mit Speicherung von Stoffen für die nächste Häutung. *Cambarus* häutet sich im ersten Lebensjahr in Intervallen von zwölf bis dreizehn Tagen. Später sind nur noch zwei Häutungen pro Jahr zu beobachten.

Der Häutungsvorgang wird hormonal gesteuert. Ein häutungshemmendes Hormon wird in der Sinusdrüse freigesetzt, Bildungsstätte ist das Medulla-terminalis-X-Organ. Häutungsförderndes Hormon ist das **Crustecdyson** des Y-Organs, dessen Entfernen Häutungen vollständig unterdrückt. Offenbar bildet das MTG-X-Organ ein Hormon, das das Y-Organ hemmt und das während Post- und Interecdysis gebildet wird. Seine Produktion hört in der Proecdysis auf, sodass das Y-Organ nicht mehr gehemmt wird und die Häutung einleiten kann. Das Crustecdyson entspricht dem Ecdyson der Insekten. Außer Ernährungszustand, Temperatur, Licht, Parasiten, Reproduktionsphase u. a. spielen noch weitere Hormone eine Rolle bei der Häutung. Aus MTG-X- und SP-X-Organ ist ein häutungsbeschleunigendes Hormon extrahiert worden. Im Einzelnen gibt es Ausnahmen von dem oben gegebenen Schema der Häutung bei Krebsen, z. B. ist bei den Larvalhäutungen mancher Arten der häutungshemmende Mechanismus des MTG-X-Organ-Sinusdrüsen-Komplexes noch nicht in Aktion.

Eine Reihe von Hormonen beeinflusst die Fortpflanzungstätigkeit. Das MTG-X-Organ bildet wahrscheinlich (außer dem bereits erwähnten häutungshemmenden Hormon) ein Hormon, das die Oogenese und hier besonders die Dotterbildung kontrolliert. Es wird auch in der Sinusdrüse freigesetzt und unterdrückt das Ovarialwachstum während des Herbstes und des Winters; seine Ausschüttung wird vermutlich durch abnehmende Lichtmenge stimuliert. Ein weiteres Neurohormon hemmt bei Weibchen, die die Eier unter ihren Pleopoden tragen, die Frühjahrshäutung, bis die Jungtiere freigesetzt sind.

Bei männlichen Krebsen wird in den **androgenen Drüsen** ein Hormon gebildet, das die Entstehung primärer und sekundärer männlicher Geschlechtsmerkmale fördert. Diese Drüse wird z. T. von parasitischen Krebsen zerstört, sodass die befallenen Tiere weibliche Körpermerkmale ausbilden können. Weibliche Körpermerkmale entstehen zumindest z. T. unter dem Einfluss eines Ovarialhormons. Sehr wahrscheinlich sind noch weitere Hormone am Ablauf der Gonadenreifung und Fortpflanzung beteiligt.

Die z. T. sehr auffälligen Pigmentwanderungen in den Augen der Krebse sind wie auch bei anderen Tieren wichtige Voraussetzung für die Adaptation an wechselnde Lichtmengen. In jedem Ommatidium lassen sich unterschiedliche Pigmentgruppen nachweisen:
1. Das distale Retinapigment (Ommochrom oder Melanin) befindet sich in Zellen, die den mehr distalen Teil des dioptrischen Apparates umgeben. Es wird auch Irispigment genannt und lagert im dunkeladaptierten Auge nur distal, bei normalem Tageslicht ist es proximal in der Nähe des Rhabdoms konzentriert.
2. Das chemisch ähnliche proximale Retinapigment liegt in den Retinulazellen, wandert bei Dunkelheit von den Rhabdomen nach basal, bei Licht wieder nach distal.
3. Die dritte Pigmentart, reflektierende purin- und pteridinhaltige Substanzen, liegt in Dun-

kelheit um die Rhabdome herum und wandert bei Licht nach basal.

Diese kurz angedeuteten Pigmentverschiebungen werden nicht nur von Licht, sondern auch von Hormonen (pigment dispersing hormones, PDHs) und vermutlich auch Nervenzellen beeinflusst. Am besten bekannt ist das **Retina-Pigment-Hormon**, ein kurzes Peptid, das aus dem Augenstiel und Suboesophageal-Ganglion einiger Krebse extrahiert wurde. Wird ein Augenstielextrakt eines lichtadaptierten Tieres, z. B. *Palaemonetes,* in ein im Dunkeln gehaltenes Tier injiziert, dann wandern vorwiegend dessen Iris- und reflektierende Pigmente in die für lichtadaptierte Augen typische Position. Bei niedrigen Hormondosen wird nur das Irispigment beeinflusst. Ein eigenes Neurohormon fördert die Dunkeladaptation des distalen Retinapigments. Das Zusammenspiel dieses Hormons und des Retinapigment-Hormons wird von Lichtmenge und Tagesrhythmus gelenkt.

Endokrine Faktoren beeinflussen bei Krebsen auch den Herzschlag. Aus dem Augenstiel wurde ein frequenzsteigernder Faktor extrahiert. Weiterhin sezernieren neurosekretorische Neurone ein Hormon in den Perikardialsinus. Die Abgabestelle dieses Hormons, eines Polypeptids, sind die sog. Perikardialorgane. Im Vordergrund seiner bei einzelnen Krebsen teilweise unterschiedlichen Wirkungen steht Frequenzerhöhung.

Zahlreiche experimentelle Untersuchungen lassen vermuten, dass auch die Chromatophoren des Integumentes, Stoffwechselrate, Glucosespiegel in der Häutungslymphe, Wasser- und Salzausscheidung sowie Darmperistaltik hormonell beeinflusst werden.

Über andere Arthropoden ist viel weniger bekannt als über Insekten und Krebse. *Limulus,* Spinnen und Myriapoden haben neurosekretorische Neurone. Bei Spinnen und Myriapoden wurden auch Neurohämalorgane gefunden und z. T. auch Organe, die den Prothorakaldrüsen der Insekten ähneln.

Pheromone (Exo- oder Ectohormone)

Diese Stoffe sind den Hormonen vergleichbar, werden aber nicht in Hämolymphe oder Blut, sondern als Duftstoffe in die Umwelt abgegeben. Sie lösen bei Artgenossen spezifische Reaktionen aus. Ein Beispiel sind die **Sexuallockstoffe** verschiedener Insekten, die der Anlockung und Erregung der Geschlechtspartner dienen und in eigenen Drüsen der Weibchen gebildet werden. Bei Seiden- und Schwammspinnern handelt es sich um ungesättigte Alkohole (Abb. 90), die noch in äußerst geringen Konzentrationen von den Männchen recipiert werden. Zu den Pheromonen gehören weiterhin die **Alarmstoffe** (**Schreckstoffe**) vieler Fische, bei denen sie Schreck- und Fluchtreaktionen hervorrufen. Bei vielen sozialen Insekten lösen sie erhöhte Erregung, Angriffslust oder Flucht aus. Auch die Stoffe, die zur Markierung von Territorien oder zum Legen einer Duftspur abgegeben werden, rechnet man zu den Pheromonen (soziale Insekten, viele Säugetiere). Neben den bisher aufgeführten olfaktorisch wirksamen Pheromonen gibt es solche, die durch den Mund aufgenommen werden. Ein Beispiel ist die **Königinsubstanz** der Bienen, eine ungesättigte Fettsäure (Abb. 90), die in der Mandibulardrüse gebildet wird. Sie wird von Arbeiterinnen aufgenommen und hemmt deren Ovarialentwicklung. Manche Termiten scheiden ähnliche Stoffe mit dem Kot ab.

Kommunikation über Duftstoffe spielt bei Säugetieren eine große Rolle. Auch beim Menschen geben die apokrinen Drüsen der Achselhöhlen, der Brustwarzen und der Genitalregion Duftstoffe ab, die über die Sinneszellen der Riechschleimhaut und des Vomeronasalorgans neuroendokrine, vegetative und motorische Reaktionen auslösen.

Zu den Stoffen, die von Duftdrüsen der Säugetiere abgegeben werden, gehören n-aliphatische Verbindungen, die sich in Kettenlänge und funktioneller Gruppe (z. B. Aldehyde, Alkohole, Alkane) unterscheiden.

9 Ernährung und Verdauung

Energiegewinnung und Synthese körpereigener Stoffe gehen immer von relativ einfachen chemischen Verbindungen aus. Die Nahrung der meisten Tiere besteht jedoch aus einem Gemisch makromolekularer organischer Stoffe (heterotrophe Ernährung) und muss in das Lumen des Verdauungstraktes aufgenommen (**Ingestion**), für den Zellstoffwechsel zubereitet, d. h. mechanisch zerkleinert und enzymatisch zerlegt und in Zellen aufgenommen werden (**Resorption**). Nicht verwendbare, unverdauliche Stoffe passieren den Darmkanal und werden als Kot (Faeces) abgegeben (**Defäkation**). Sie bleiben also streng genommen immer außerhalb des Körperbinnenmediums (vgl. Exkretion-Defäkation). Der chemische Abbau der Nährstoffe wird **Verdauung** (**Digestion**) genannt, ein Prozess, der von der Resorption unterschieden werden muss. Die Verdauung erfolgt bei vielen Tieren sowohl außerhalb der resorbierenden Zellen, also in einem Darmlumen (**extrazelluläre Verdauung**), als auch innerhalb spezifischer Organellen in resorbierenden Zellen (**intrazelluläre Verdauung**). Beide Formen der Verdauung finden sich schon bei Cnidaria und niederen Bilateria; hoch entwickelte Formen wie Cephalopoden und Säugetiere besitzen nur extrazelluläre Verdauung.

Aufgenommene Nahrung kann unter dem Gesichtspunkt der Energetik und dem des Stoffbedarfs betrachtet werden.

Energie wird für mechanische, osmotische und chemische Arbeit (u. a. Biosynthesen) benötigt. Der Energiebedarf kann mittels Sauerstoffverbrauch oder Kohlendioxidproduktion gemessen werden. Er ist von der Temperatur abhängig und unterliegt im gesamten Tierreich großen Schwankungen. Bei Ectothermen besteht eine fast lineare Abhängigkeit zwischen Energiebedarf und Temperatur (Abb. 96a), bei Endothermen sind die Verhältnisse komplizierter: In einer thermischen Neutralzone, die Artunterschiede aufweist, ist der Stoffwechsel niedrig, tiefere und höhere Temperaturen bewirken eine Steigerung

(Abb. 96a). Der Energiebedarf steht auch in einer Beziehung zur Körpermasse. Große Säugetiere benötigen mehr Energie als kleine, bei denen jedoch die relative Stoffwechselrate, auf Kilogramm Körpermasse und Zeiteinheit bezogen, höher als bei großen ist (Abb. 96b).

Der **Stoffbedarf** zeigt bezüglich Menge und Qualität im Tierreich breite Schwankungen, bestimmte Hauptkomponenten müssen jedoch als Grundnährstoffe (Proteine, Fette, Kohlenhydrate), Phosphatide, Cholesterinester, Nucleinsäuren, Vitamine (S. 31) und Mineralstoffe immer vorhanden sein.

Proteine liefern Aminosäuren, die nach der Resorption nach Maßgabe der DNA zu körpereigenen Eiweißen synthetisiert werden (S. 40). Viele Aminosäuren können im Tier hergestellt, andere müssen aufgenommen werden (essentielle Aminosäuren). Für den erwachsenen Menschen sind Isoleucin, Leucin, Lysin, Methionin, Phenylalanin, Threonin, Tryptophan und Valin essentiell.

Fette können zum größten Teil im Tier synthetisiert werden; das gilt jedoch oft nicht für die ungesättigten Fettsäuren wie Linol-, Linolen- und Arachidonsäure, die eine bedeutende Rolle beim Aufbau von Membranen spielen (S. 3). Auch sie bezeichnet man als essentiell.

Obwohl **Kohlenhydrate** in der Nahrung oft mengenmäßig an der Spitze stehen, fehlen vielen Tieren die zum Aufschluss von Cellulose nötigen Enzyme. Sie besitzen dann oft Symbionten, welche den Abbau ermöglichen (S. 221). Beispiele für Tiere, die Cellulase besitzen, findet man unter holzbohrenden Formen (z. B. *Teredo*).

Phosphatide, Cholesterinester, Nucleinsäuren, Vitamine und viele Mineralstoffe werden in relativ kleinen Mengen benötigt.

Die erste chemische Aufbereitung der Nahrung erfolgt durch **Verdauungsenzyme**, unter denen man grundsätzlich Endo- und Exoenzyme unterscheiden kann. Erstere greifen in der Mitte von Molekülen an und erzeugen große Bruch-

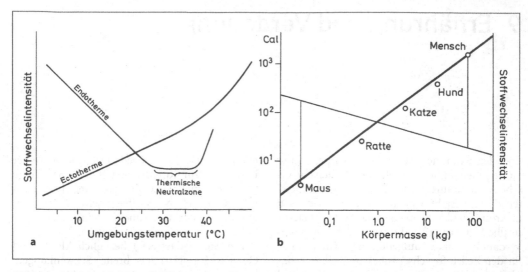

Abb. 96 a) Abhängigkeit von Stoffwechselintensität und Umgebungstemperatur, **b)** Beziehungen von Energiebedarf und Stoffwechselintensität von der Körpermasse. In a wird gezeigt, dass die Stoffwechselintensität bei Ectothermen mit steigender Temperatur zunimmt, während es bei Endothermen eine thermische Neutralzone gibt, in welcher die Stoffwechselintensität gering und temperaturunabhängig ist. In b wird veranschaulicht, dass der Energiebedarf (10^1–10^3 Cal) großer Organismen größer ist als der von kleinen (dicke, aufsteigende Linie), während die auf Kilogramm Körpermasse bezogene Stoffwechselintensität den umgekehrten Trend zeigt (dünne, absteigende Linie)

stücke, letztere spalten kleine Endstücke ab. Man klassifiziert Enzyme nach den Stoffen, die sie zerlegen (= Substrate). Alle bekannten Verdauungsenzyme sind **Hydrolasen.**

Gemäß den Grundnährstoffen unterscheidet man **Proteasen (Peptidasen), Lipasen (Esterasen)** sowie **Carbohydrasen (Glykosidasen),** dazu kommen **Phosphatidasen, Cholesterinesterasen** und **Ribo-** sowie **Desoxyribonucleasen.** Diese Enzymgruppen kommen in allen Tierstämmen vor. Unter den Peptidasen unterscheidet man Endopeptidasen, welche die Peptidbindungen angreifen, die mehr in der Mitte der Aminosäureketten liegen, und Exopeptidasen, die endständige Aminosäuren von der Kette abspalten. Letztere können vom Carboxylende oder vom Aminoende eines Proteinmoleküls ausgehend spalten (Carboxypeptidasen, Aminopeptidasen). Letztlich benötigt jedes Tier aus der Nahrung oft nur bestimmte Bausteine, aus denen körpereigene Substanz aufgebaut wird. Ein solcher Baustein ist die Acetylgruppe, die aus Kohlenhydraten und Fetten stammt und zur Synthese von Fettsäuren, Steroiden, Elektronentransportsystemen, Aminosäuren usw. verwendet wird.

Bezüglich der Elemente unterscheidet man solche, die in großer, und solche, die nur in geringerer Menge benötigt werden, deren Vorkommen jedoch in beiden Fällen in g/kg Körpermasse ausgedrückt werden kann. Zur ersten Gruppe gehören die in den Grundnährstoffen dominierenden Elemente Kohlenstoff, Sauerstoff, Wasserstoff und Stickstoff, zu letzteren Calcium, Chlor, Magnesium, Phosphor, Kalium, Natrium und Schwefel. Mineralstoffe, die nur in sehr geringer Menge benötigt werden und nur in mg oder mg/kg Körpermasse vorkommen, heißen **Spurenelemente.** Zu ihnen zählen Silicium, Vanadium, Chrom, Mangan, Eisen, Cobalt, Nickel, Kupfer, Zink, Arsen, Selen, Molybdän und Jod. Natürlich gibt es hier erhebliche Unterschiede zwischen einzelnen Tiergruppen. Der Gehalt der Spurenelemente wird innerhalb einer bestimmten Konzentration homoeostatisch geregelt, bei erhöhtem Angebot wirken sie toxisch. Da sie nur in sehr geringen Mengen benötigt werden, erhebt sich die Frage, wie sie im Körper erkannt und zu ihrem Wirkungsort transportiert werden und wie sie wirken. Sie sind im Allgemeinen sehr spezifisch wirkende Bestandteile von großen Molekülen, z. B. von respiratorischen Pigmenten und

Enzymen. In solchen Molekülen, die auf größere Substratmengen wirken, haben sie einen Verstärkereffekt. Ihr Transport erfolgt, wenigstens zum Teil, durch bestimmte Trägermoleküle, z. B. durch Transferrin (für Eisen) und Metallothionein (für Zink u. a.). Diese sind im Normalfall nicht vollständig besetzt, sodass eine Reservebindekapazität existiert, die bei höherem Angebot genutzt werden kann. Hinzu kommt noch, dass solche Trägermoleküle, z. B. Metallothioneine, bei Bedarf vermehrt gebildet werden. Hieraus erklärt sich, dass sehr verschieden hohe Mengen in der Nahrung tolerierbar sind, die durchaus um eine Zehnerpotenz auseinander liegen können. Die Ausscheidung überflüssiger Spurenelemente erfolgt bevorzugt über Nieren und Darm.

Nahrungserwerb

Sehr unterschiedlich ist die Form des Nahrungserwerbs. Man denke nur an den Geparden, der seiner Beute kurzfristig mit einer Geschwindigkeit von 100 km/h folgt, und Cnidaria, die vielfach sessil sind, aus deren Verwandtschaftskreis aber die schwersten Gifte im Tierreich stammen, die zum Beuteerwerb eingesetzt werden (S. 85). Auch die Häufigkeit der Nahrungsaufnahme ist großen Schwankungen unterworfen, sie kann sporadisch erfolgen, z. B. bei Schlangen, und ist dann oft mit ausgeprägtem Hungervermögen verbunden, welches mehrjähriges Überleben ohne Nahrungsaufnahme ermöglicht. Sie kann aber auch mehr oder weniger kontinuierlich stattfinden. Nach der vorherrschenden Nahrungsquelle unterscheidet man Tiere, die sich vorwiegend von Phytomasse ernähren (**Herbivore**), die besonders von Zoomasse leben (**Carnivore**), und Allesfresser (**Omnivore**).

Im Folgenden wird die Vielfalt der Ernährungsweisen detaillierter klassifiziert, wobei zu beachten ist, dass es zum Teil Übergangsformen gibt.

1. **Absorbierer.** Viele Tiere nehmen einen Teil ihrer Nahrung in gelöster Form aus dem umgebenden Wasser auf. Das gilt in besonderem Maße für weichhäutige Meerestiere. Selbst Stoffe, die nur in äußerst geringen Konzentrationen vorkommen, wie z. B. Glucose und Aminosäuren, können aufgenommen werden. Bei darmlosen Formen, z. B. bei Endoparasiten wie Cestoden, Rhizocephalen

und der Schnecke *Enteroxenos*, ist dieser Aufnahmeweg der einzige.

2. **Säftesauger.** Ihre Nahrung besteht aus pflanzlichen oder tierischen Säften, die im Allgemeinen durch Einstechen von Mundwerkzeugen erschlossen und durch Pumpen in den Darm transportiert werden. Oft werden große Mengen aufgenommen und gespeichert (z. B. bei Blutsaugern); vielfach reicht das Stoffangebot nicht, dann greifen Symbionten in das Geschehen ein (S. 221). In anderen Fällen enthält die aufgenommene Flüssigkeit lebensnotwendige Stoffe in sehr geringem Maße, dann wird sie scheinbar im Überfluss aufgenommen und gefiltert. Das ist bei Pflanzensaftsaugern wie Zikaden, Blatt- und Schildläusen der Fall, die den zuckerreichen, aber aminosäurenarmen Phloemsaft aufnehmen. Ihr Mitteldarm besteht im Prinzip aus drei Teilen, von denen nur der mittlere resorbiert, während der vordere und der hintere dem raschen Durchfluss zuckerhaltiger Flüssigkeit dienen (Abb. 97a). Dieser schnelle Flüssigkeitstransport führt zur Abgabe umfangreicher Mengen von »Zuckerwasser« oder »Honigtau«, jenem klebrigen Produkt, das im Sommer die Blattoberflächen von Pflanzen kennzeichnet, die Blattlauskolonien beherbergen.

Besonders bekannt wurde Manna, ein von der Schildlaus *Trabutina mannipara* hergestelltes Produkt, das zu über 55% aus Saccharose besteht. Auch Tannenhonig geht auf den Honigtau von Blattläusen (Lachnidae) zurück, der von Bienen aufgesammelt wurde.

3. **Suspensionsfresser** (Mikrophage). Sie nehmen im Wasser suspendierte Nahrungspartikel auf. Diese müssen vor der weiteren Verarbeitung abgefangen, konzentriert und meist auch in brauchbare und unbrauchbare Anteile sortiert werden. Zu den Suspensionsfressern rechnet man:

a. **Strudler.** Durch Wimperschlag erzeugen sie einen Wasserstrom, aus dem sie ihre Nahrung abfangen, meist mit Schleim verkleben und den Resorptionsorten zuleiten. Sie sind oft festsitzend (sessil) oder hemisessil (Porifera, Tentaculata, Bivalvia, Pterobranchia, Crinoidea), aber auch freischwimmend (Rotatoria, Larven der Mollusca). Oft sind Tentakelkronen ausgebildet, die mit Wimperbändern besetzt sind (Tentaculata, viele Polychaeta, Pterobranchia, Crinoidea [Abb. 97b, c]), der Strudelapparat kann aber auch im Inneren lie-

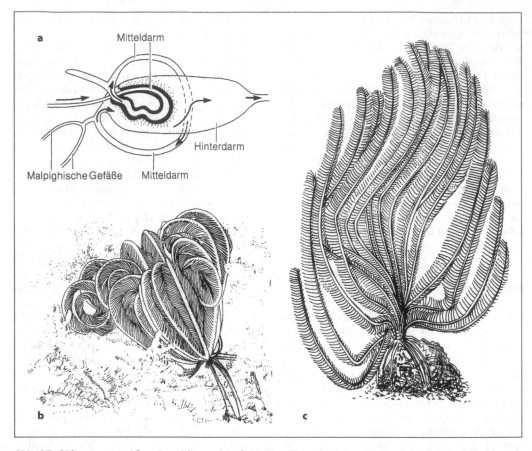

Abb. 97 Säftesauger und Strudler. **a)** Darm einer Schildlaus *(Lecanium)*. Aus dem vorderen Teil des Mitteldarmes wird aufgenommene Flüssigkeit durch das Epithel (dicke Begrenzung) hindurch direkt in den Hinterdarm transportiert (gefiltert). **b)** Haarstern *(Heterometra)* in Ruhestellung, **c)** in Fangstellung im Wasserstrom. Die Nahrung wird durch Tentakel und Wimpern zum Mund transportiert

gen, z. B. von Schalenklappen geschützt (Brachiopoda, Bivalvia), oder einen Teil des Darmkanals darstellen (Kiemendarm der niederen Chordata). Eine Besonderheit stellen die Schwämme mit ihren Geißelkammern dar: Die Zellen, welche die oft sehr effektive Wasserströmung hervorrufen, resorbieren auch und leisten oft schon einen Teil der Verdauung.

b. Filtrierer (Abb. 98). Bei ihnen wird Wasser mit Muskelkraft durch ein Filter getrieben. Dabei kann das Filtrat die Nahrung darstellen (Druckfiltration im Magen vieler Krebse, Abb. 98b) oder aber der Überstand. Letzteres ist der weiter verbreitete Fall. Viele Kleinkrebse wie Copepoden und Wasserflöhe gehören hierher,

aber auch sehr große Formen wie Bartenwale (Abb. 98 c) und einzelne Haie (Riesen- und Walhai, Abb. 98a). Filter können Partikel mit einem Durchmesser von weniger als 1 µm zurückhalten.

4. Weidende Tiere. Sie nehmen Vegetation und/oder festsitzende Tiere auf. Sie verfügen über Mechanismen zum Abbeißen bzw. Abschaben ihrer Nahrung und oft über besonders harte Strukturen. Diese sind in drei Tiergruppen in besonderem Maße entstanden (Mollusken, Arthropoden und Vertebraten), die auch als die einzigen in großem Umfang höhere Pflanzen als Nahrung erschlossen haben. Mit ihren harten Zähnen bzw. Mundwerkzeugen können sie die Cellulosewand der Pflanzenzellen

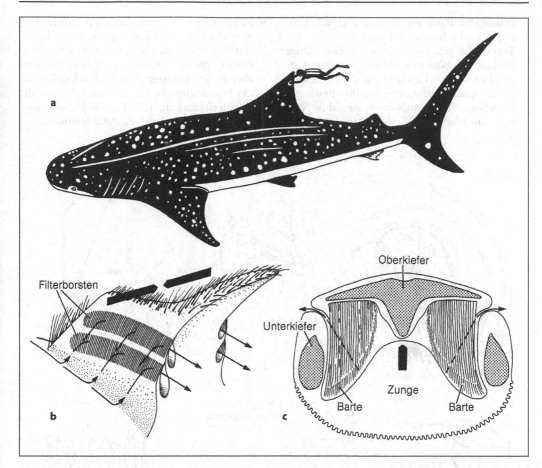

Abb. 98 Filtrierer. **a)** Walhai *(Rhincodon typus)*, bis 18 m langer Filtrierer der Tropenmeere. **b)** Filterapparat aus dem Magen eines Krebses (Amphipoda). Die dünnen Pfeile zeigen, wie der Flüssigkeitsstrom von vorn kommend durch die Filterborsten in die darunter liegenden Filterrinnen und schließlich nach hinten in die anschließenden Mitteldarmdrüsen getrieben wird, in denen die Resorption erfolgt. Die starken Pfeile zeigen, wie seitliche Magenteile Druck auf das Filtersystem ausüben. **c)** Querschnitt durch den Kopf eines Bartenwales *(Balaenoptera)*. Wenn die Zunge gegen den Gaumen gedrückt wird (starker Pfeil), wird Wasser aus dem Mundraum durch die Barten gepresst (unterbrochene Pfeile). Die Nahrung wird zurückgehalten

und Lignin zerstören (Abb. 99). Damit hängt zusammen, dass diese drei Gruppen in Landlebensräumen besonders erfolgreich sind; im Meer können die Seeigel als sehr wirkungsvolle Weidetiere angesehen werden.

5. **Substratfresser.** Sie verzehren den Boden, in dem sie leben. Oft fressen sie sich durch den Boden und bilden so Gänge. Ihr Darminhalt kann zu 96% aus anorganischen Teilen bestehen. Im Meer gibt es viele Sand- und Schlammfresser unter den Anneliden, Sipunculiden, Enteropneusten und Echinodermen,

am Land ebenfalls unter den Anneliden (Regenwürmer). Ähnlich ist die Situation der Endophagen, also der vielen Insektenlarven, die eingeschlossen im Nährsubstrat leben, z. B. als Minierer in Blättern oder im Holz.

6. **Sammler.** Sie suchen zerstreut liegendes Nährmaterial und nehmen es selektiv auf. Oft besteht es aus Samen und Früchten. Viele Fische, Vögel und Affen sind Sammler.

7. **Jäger.** Sie jagen ihre bewegliche Beute und töten sie durch Biss oder Gift. Unter den Säugern gehören viele Insektenfresser, Fleder-

mäuse und Raubtiere hierher, auch alle Krokodile und Schlangen sind Jäger.

8. **Tentakelfänger.** Diese Tiere strecken lange Tentakel ins Wasser, an denen Beutetiere festgehalten werden. Cnidaria sind die bekanntesten Beispiele hierfür, sie töten ihre Beute mit Nesselkapseln. Ctenophora halten ihre Nahrung mit Klebzellen (Kolloblasten) fest.

9. **Fallensteller.** Sie bauen Fangapparate für bewegliche Beute. Musterbeispiele sind Spinnen mit ihren Netzen, die aus Sekret der Spinndrüsen gebaut werden. Fangnetze werden aber auch von wasserlebenden Insektenlarven, der Wurmschnecke *Vermetus* u. a. hergestellt. Trichterfallen bauen die Larven der Ameisenjungfern *(Myrmeleon)*, die Ameisenlöwen.

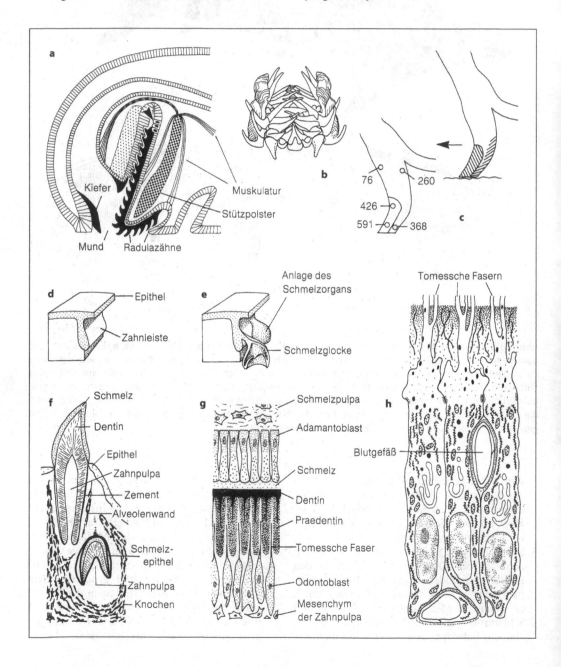

10. **Anlocker.** Manche Tiere locken ihre Beute durch bestimmte Signale an, so die Anglerfische *(Lophius)*, die aus einem Flossenstrahl der Rückenflosse eine bewegliche Lockangel gebildet haben. Bei Tiefseeformen kann sie sogar ein Leuchtorgan tragen. Die Schnappschildkröte lockt mit ihrer wurmförmigen Zunge Fische zu ihrer Mundöffnung. Die Fangheuschrecke *Idolium* mit ihrem blütenförmig gestalteten und gefärbten Vorderkörper lockt Insekten in den Bereich ihrer Fangbeine.

11. **Schlinger.** Manche Tiere, z. B. Suctoria und viele Cnidaria, nehmen ungewöhnlich große Nahrungsbrocken auf, die manchmal größer als sie selbst sind.

Symbiose

Viele Tiere sind nicht imstande, die von ihnen aufgenommene Nahrung selbst zu verarbeiten.

Sie nehmen dafür Mikroorganismen, z. B. Bakterien, Hefen, Flagellaten oder Ciliaten in Anspruch, die als Symbionten in ihrem Darmtrakt oder in besonders für sie eingerichteten Organen (Mycetomen) leben.

Ein generelles Problem stellt für Tiere der Abbau von Pflanzenzellwänden dar. Hierbei helfen verschiedene Symbionten, die gleichzeitig für ihre Wirte eine Quelle für Aminosäuren, Proteine, Vitamine und weitere Stoffe darstellen. Bei Schaben, Termiten, Wiederkäuern, Nagern, Hasenartigen u. a. sind bestimmte Darmabschnitte (Enddarm, Pansen, Blinddarm) darauf spezialisiert, große Mengen von symbiotischen Mikroorganismen zu beherbergen.

Bei Termiten können die im Darm lebenden Flagellaten mehr als die Hälfte des Körpergewichts ausmachen. Bei Kaninchen werden 40% des anfallenden Harnstoffes von im Blinddarm lebenden symbiotischen Bakterien verwendet. Kaninchen produzieren zwei Formen von Kot, einen harten und einen weicheren. Letzterer enthält zahllose Bakterien und wird gefressen (Koprophagie). 50–80% des Kaninchenkotes werden auf diese Weise wiederverwendet.

Auch Pflanzensaft- und Blutsauger benötigen Symbionten; im Darm des Blutegels ist die Darmflora *(Pseudomonas hirudinis)* für den Aufschluss von Erythrocyten verantwortlich.

Eine enge Symbiose gehen viele Protozoa, Cnidaria, Turbellaria und Mollusca mit einzelligen Algen ein. Sind diese grün, spricht man von **Zoochlorellen**, gelbe Formen werden als **Zooxanthellen** bezeichnet. Erstere kommen meist im Süßwasser vor *(Chlorella)*, letztere meist im Salzwasser (Dinoflagellata, z. B. *Gymnodinium*). Die einzelligen Algen versorgen den Wirt mit Sauerstoff, fördern oft die Kalkskeletbildung (Korallen, *Tridacna*) und liefern verschiedene organische Stoffe. Sie erhalten Kohlendioxid sowie Produkte des Protein- und Purinstoffwechsels (Stickstoffverbindungen). Die einzelligen Algen können in der Gastrodermis leben (Cnidaria), im Bindegewebe *(Convoluta)* und in Amöbocyten *(Tridacna)*.

Abb. 99 Zähne. **a–c)** Radula. **a)** Schema des Radulaapparates einer Lungenschnecke (Sagittalschnitt, Radula in Funktionsstellung); die Radulazähne werden über ein Stützpolster gezogen und reiben Nahrung vom Substrat ab. Der Pfeil zeigt, wo neue Zähne gebildet werden. **b)** Vorderansicht der Radula eines Tintenfisches. **c)** Radulazähne mit Angabe der Härte (Vickershärte) und der Richtung, in der der Zahn über das Substrat geführt wird (Pfeil). **d–h)** Zahnbildung bei Säugetieren. **d), e)** Zwei Frühstadien der Zahnentwicklung, **f)** Schnitt durch einen Kiefer mit durchgebrochenem Milchzahn, bestehend aus Krone und Wurzel und Anlage eines Dauerzahnes. Zwischen Zement und Knochen des Kiefers (Alveolenwand) liegt Bindegewebe (Desmodontium) mit Kollagenfasern, das die Zähne in der Alveole befestigt. **g)** Aufbau der embryonalen Zahnwand. Die ectodermalen Adamantoblasten bilden den Schmelz, die neuroectodermalen Odontoblasten das Dentin, das aus einer mineralfreien Vorstufe, dem Praedentin, entsteht. Die Tomes-Fasern sind Fortsätze der Odontoblasten, die in feinen Kanälchen des Dentins liegen. Im Inneren der ectodermalen Schmelzglocke sind die Epithelzellen aufgelockert (Schmelzpulpa). Sie spielen eine wichtige Rolle bei der Vermittlung des Stofftransportes von den Blutcapillaren, die dem äußeren Schmelzepithel aufliegen, und den schmelzbildenden Adamantoblasten (inneres Schmelzepithel). **h)** Ultrastruktur von Odontoblasten. Es handelt sich um sekretorisch aktive Zellen, die Kollagen und Proteoglykane des Praedentins synthetisieren; sie enthalten ein reich entwickeltes endoplasmatisches Reticulum und Golgi-Apparate; seitlich sind sie über Desmosomen und Zonulae occludentes verknüpft. Zwischen den Odontoblasten liegen capilläre Blutgefäße

Verdauungssysteme
bei Proto- und Metazoa

a. **Protozoa:** Protozoen nehmen ihre Nahrung durch **Resorption** und **Endocytose** (meist in Form der **Phagocytose**) auf. Dies kann an allen Orten der Oberfläche stattfinden (z. B. bei Amöben), läuft aber bei Formen mit fester Hülle (Pellicula) bevorzugt an einer Stelle ab, die **Zellmund** oder **Cytostom** genannt wird. *Noctiluca* (Abb. 190b) ernährt sich durch Phagocytose und nimmt dabei sogar Copepodenlarven auf; ausschließliche Resorption der Nahrung durch die Zellmembran kennzeichnet Trypanosomen, die im Blut von Säugetieren leben. Oft finden beide Prozesse nebeneinander statt. Die Verdauung ist fast immer intrazellulär; lediglich einzelne Heliozoen, z. B. *Vampyrella*, scheinen Verdauungsenzyme in ihre Beuteorganismen abzugeben. Viele Ciliaten besitzen ein Cytostom am Anfang einer oft mit Mikrotubuli versteiften Einsenkung der Zelloberfläche (**Cytopharynx**). Manche Ciliaten verschlingen ihre Beute; so ist *Didinium nasutum* imstande, andere Ciliaten zu fressen. Viele Wimpertiere erzeugen mit ihren Cilien eine Wasserströmung und strudeln Nahrung zum Cytostom. Allgemein wird die Nahrung der Protozoen, welche endocytotisch aufgenommen wurde, nicht unmittelbar dem Plasma einverleibt, sondern bleibt in einer Vakuole eingeschlossen, die als **Nahrungsvakuole** durch die Zelle wandert (**Cyclose**). In ihr findet die Verdauung statt; ihr Inhalt macht typische pH-Änderungen durch (bei *Paramecium*: alkalisch – sauer – alkalisch). Verdauungsenzyme werden in die Nahrungsvakuole sezerniert, Abbauprodukte werden resorbiert und die unverdaulichen Reste als Faeces wieder abgegeben. Bei Ciliaten ist hierfür eine besondere Membrandifferenzierung, der **Zellafter** (**Cytopyge**), ausgebildet.

b. **Metazoa: 1.** Viele **niedere Metazoa** besitzen Organe zur Nahrungsaufnahme, deren Struktur noch deutliche Unterschiede zum Darmrohr der typischen höheren Metazoa aufweist. Der Körper der **Porifera** wird von einem Kanal- und Kammersystem durchsetzt, durch das ein lebhafter Wasserstrom hindurchgestrudelt wird. Das Wasser tritt durch kleine Poren an der Oberfläche in den Körper ein und verlässt ihn über eine oder wenige große Öffnungen (**Oscula**). Es enthält kleine Nahrungspartikel (Plankton, Detritus), die im Allgemeinen von den **Choanocyten** der

Geißelkammern aufgenommen werden. In Nahrungsvakuolen dieser Zellen beginnt bei den Kalkschwämmen auch die ausschließlich intrazelluläre Verdauung, die in Nahrungsvakuolen der **Amöbocyten** (**Trophocyten**) fortgesetzt wird.

Bei anderen Schwämmen sind die Choanocyten relativ klein und nehmen die Nahrung nur auf; die Verdauung findet im Wesentlichen in Amöbocyten statt; da diese aber die Choanocyten nicht mit den abgebauten Nährstoffen zu versorgen scheinen, besitzen die letztgenannten Zellen offenbar doch auch eigene Verdauungsmechanismen. Diese sind wohl in Lysosomen lokalisiert.

2. Cnidaria haben ein entodermales Hohlraumsystem, das primär nur eine Öffnung an der Körperoberfläche hat, die Mund-After genannt wird. Dieses System hat Funktionen eines Darmes und gleichzeitig eines die Nahrung verteilenden Blutgefäßsystems und wird **Gastrovaskularsystem** genannt. Es ist bei Medusen besonders hoch entwickelt. Viele Cnidarier sind makrophage Organismen, sogar Schlinger, die ihre Beute mit Hilfe der einzigartigen **Nematocysten** (s. S. 85) lähmen oder töten. Manche Aktinien, z. B. *Metridium*, sind mikrophag und halten ihre Nahrung in Schleimstraßen fest und strudeln sie mit Cilien dem Mund-After zu. Ähnlich fängt *Aurelia* an der Körperoberfläche in Schleim Nahrungspartikel, die über Wimperbahnen der Arme in das Gastrovaskularsystem transportiert werden. Die Verdauung verläuft extra- und intrazellulär.

3. Turbellaria und Trematoda besitzen mehrheitlich eine Art **Gastrovaskularsystem** mit nur einer Öffnung, einem Mund-After, der aber wegen komplexer nachgeschalteter Gebilde, wie z. T. ausstülpbarer Pharynxstrukturen, oft eher den Charakter eines Mundes hat. Das Gastrovaskularsystem der Acoelen besitzt kein Lumen, sondern besteht aus dicht gepackten Darmzellen. Die Verdauung ist intrazellulär (Acoela, das triclade Turbellar *Polycelis*, viele Landplanarien) oder extrazellulär (das polyclade Turbellar *Cycloporus*, das von Tunicatenkolonien lebt).

4. Tiere mit Darmrohr: Bei allen anderen Tierstämmen ist der **Magen-Darm-Trakt** (**Gastrointestinaltrakt**) meist ein durchgehendes Rohr, dessen Anfangs- und Endteil oft von Ectoderm ausgekleidet wird (**Stomodaeum, Proctodaeum**)

und dessen mittlerer Abschnitt entodermales Epithel besitzt. Nahrung wird durch die Mundöffnung aufgenommen, unverdauliche Reste werden durch den After wieder abgegeben. Der Transport findet entweder durch Cilienschlag statt wie bei den meisten Protostomierstämmen (außer Arthropoden und einigen Aschelminthen, deren Darm cilienfrei ist) und den Deuterostomiern (mit Ausnahme der meisten Wirbeltiere) oder durch Muskulatur, deren Tätigkeit durch einen Darm-Nerven-Plexus koordiniert wird. Die Muskulatur bewirkt die **Peristaltik** und damit den Nahrungstransport. Gegenläufige Kontraktionswellen (**Antiperistaltik**) spielen beim Regurgitieren eine Rolle, das von Spinnen und Wiederkäuern bekannt ist.

Im Laufe der Passage durch den Verdauungstrakt wird die Nahrung oft mechanisch zerkleinert, immer jedoch extrazellulär und oft auch noch intrazellulär enzymatisch abgebaut. In manchen Fällen werden die Verdauungsenzyme in die Nahrung gespritzt, und nur verdaute Beute wird dann in den Gastrointestinaltrakt aufgenommen (**extraintestinale Verdauung**): Spinnen, Carabiden, Neuropterenlarven und Onychophoren. Bei Seesternen wird der Magen vorgestülpt und die Beute (Muscheln, Korallen) vor dem Mund verdaut.

Man unterscheidet im Magen-Darm-Trakt mehrere Abteilungen, die in verschiedenen Tierstämmen aber nicht homolog sein müssen: Der erste muskulöse Abschnitt wird **Schlund (Pharynx)** genannt, es folgen die muskelschwächere **Speiseröhre (Oesophagus)**, die in den erweiterten **Magen** führt, und der eigentliche **Darm**, das **Intestinum**. Sein vom Entoderm ausgekleideter Teil wird bei Wirbellosen oft als **Mitteldarm**, der vom Ectoderm ausgekleidete oft als **Enddarm** bezeichnet.

Interessant ist, dass der ursprünglich vorhandene **After** nicht selten zurückgebildet wird, z. B. bei manchen Rotatorien und Schlangensternen.

Der durchgehende Darmtrakt erfährt zahlreiche Differenzierungen, die mit seinen Aufgaben im Zusammenhang stehen und sich folgendermaßen ordnen lassen:

a. Vergrößerung der inneren (resorbierenden) Oberflächen. Bei Herbivoren (Pflanzenfressern) ist der Darm länger als bei Carnivoren (Fleischfressern). Faltenbildungen vergrößern die Oberfläche: Typhlosolis (dorsale Längsfalte) bei vielen Oligochaeten, Spiralfalte im Darm vieler primiti-

ver Fische. Zusätzlich zu Falten bilden Wirbeltiere oft dicht stehende finger- oder blattförmige Ausstülpungen (Zotten) aus. Darmverzweigungen treten z. B. bei Opisthobranchiern in großem Umfang auf.

b. Bildung von Anhangsorganen, die Enzyme produzieren (**Speichel-** und **Mitteldarmdrüsen**).

Solche Drüsen bilden nicht nur Verdauungsenzyme, sondern oft auch Schleimsubstanzen (Mucine), die das Gleiten der Nahrung erleichtern und die vermutlich auch Schutzschichten gegen chemische und mechanische Irritationen aufbauen. Ihre Funktionen können vielfältig abgewandelt werden. Sie können Gifte (z. B. bei Schlangen) oder blutgerinnungshemmende Stoffe (z. B. bei Hirudineen) sezernieren, die Ausscheidung von Stoffen übernehmen (z. B. bei Cephalopoden), energiereiche Stoffe – wie Glykogen und Lipide – speichern und auch phagocytierende und resorptive Funktionen haben. Weiterhin können Darmanhangsdrüsen bikarbonatreiche Flüssigkeit zur Neutralisierung des sauren Magensaftes bilden (bei Wirbeltieren). Vögel (z. B. Segler) setzen Sekret der Speicheldrüsen zum Nestbau ein.

c. Ausbildung eines muskulösen Bewegungs- und Zerkleinerungsapparates. Der Muskelapparat des Darmes ist bei Arthropoden und Wirbeltieren sehr hoch entwickelt. Wirbeltiere bilden meist hoch differenzierte Muskelschichten aus und haben auch in den Darmzotten Muskulatur (s. S. 224, Abb. 100). Verschiedene Darmabschnitte können durch einen Sphinkter gegeneinander abgegrenzt werden. Die Muskulatur ist Grundlage für die Peristaltik, die u. a. auch Schaukelbewegungen umfasst, welche eine Vermischung von Nahrung und Enzymen bewirken.

Besonders reich entwickelt sind in den verschiedenen Tiergruppen die Zerkleinerungsapparate, die die Nahrung mechanisch zerlegen, wodurch die Verdauungsenzyme günstigere Bedingungen für einen raschen Abbau erhalten. Komplizierte Beißwerkzeuge finden wir z. B. schon bei Rotatorien (Kaumagen, **Mastax**, Abb. 220); Mollusken besitzen eine **Radula**, welche bei sehr vielen Formen der Gastropoden aus zahlreichen (bis 75 000) kleinen Einzelzähnchen besteht, die im Allgemeinen in Querreihen angeordnet sind und deren Gestalt an unterschiedliche Funktionen bei der Nahrungsaufnahme angepasst ist (Abb. 99). Mit der Radula wird primär Nahrung von einem Substrat abgeschabt. Der Radulaapparat kann zu Stichorganen *(Conus)* umgestaltet sein und mit Kieferstrukturen, die bei Cephalopoden Gebissfunktionen haben, zusammenarbeiten. Diverse Kieferstrukturen finden sich auch bei Anneliden, v. a. bei Polychaeten und Hirudineen: Sie dienen dem

Ergreifen von Beute oder bei Hirudineen dem Durchtrennen der Haut der Tiere, von deren Körpersäften sie sich ernähren. Eine ungewöhnlich große Mannigfaltigkeit hinsichtlich Form und Funktion bieten die Mundwerkzeuge der Arthropoden (Abb. 264). Eine gewisse Prädisposition für diesen Reichtum ist darin zu sehen,

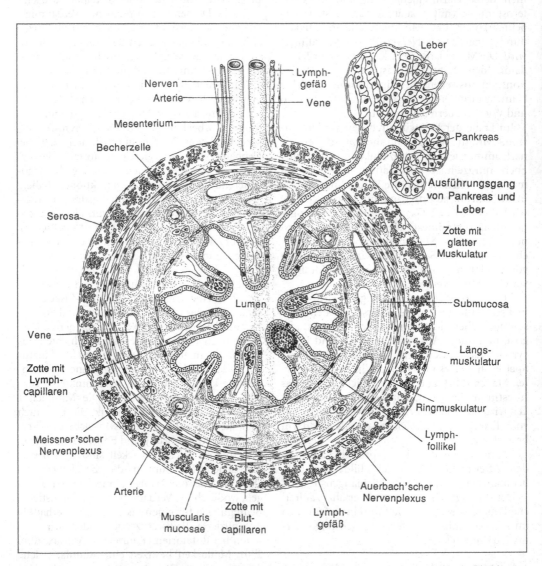

Abb. 100 Schematisierter Querschnitt durch den Darmtrakt eines Wirbeltieres mit Anhangsdrüsen. Die Mucosa (Schleimhaut) bildet in das Darmlumen vorspringende Falten oder Zotten, die alle grundsätzlich gleich gebaut sind; in den Zotten der Abbildung wurden jeweils unterschiedliche Bestandteile (Lymph- und Blutcapillaren, Lymphfollikel, glatte Muskulatur) hervorgehoben. Die Einsenkungen an den Zottenbasen werden Lieberkühn-Krypten genannt; sie habe z. T. Drüsencharakter (z. B. Bildung antimikrobieller Peptide), und von ihrem Epithel geht die Regeneration des Zottenepithels aus, dessen resorbierende Zellen Enterocyten heißen

dass diese Mundwerkzeuge aus bereits sklerotisierten Extremitäten entstehen. Unter den Echinodermen haben die Seeigel einen komplexen Zahn- und Kieferapparat (**Laterne des Aristoteles**) hervorgebracht (Abb. 277), der beim Abweiden von Nahrung eingesetzt wird.

Die Wirbeltiere bilden in ihrer Mundhöhle **Zähne** aus, die modifizierte Teile des Hautskelets sind. Ihr Hauptbauelement ist das **Dentin,** auf dem der besonders harte **Schmelz** eine Kappe bildet. Wesentlicher Bestandteil der Hartsubstanzen Dentin und Schmelz ist **Hydroxylapatit,** eine komplexe Calcium-Phosphor-Verbindung. Im Schmelz macht Apatit ca. 97% der Hartsubstanz aus, im Dentin ca. 72%; **Dentin** ähnelt Knochen dadurch, dass es in seiner organischen Grundsubstanz **Kollagen** enthält. Die Zahnwurzeln werden von einer weiteren Hartsubstanz, dem knochenähnlichen **Zement** bedeckt. Zur Embryonalentwicklung der Zähne s. Abb. 99. Die Schmelzbildner sind ectodermal, die Dentinbildner leiten sich vom Neuroectoderm der Neuralleiste ab. Der Zahnbau spiegelt speziell bei den Säugetieren die Ernährungsweise wider. Insektivore Formen besitzen im Allgemeinen vielspitzige Zahnkronen, andere carnivore Arten Zähne mit scharfen Schneidekanten und hohen, spitzen Höckern. Pflanzenfresser haben dagegen Zähne mit breiten Kronen, die Leistensysteme bilden, mit deren Hilfe die Pflanzenteile zerrieben werden.

d. Entstehung funktionell verschiedener Darmabschnitte, in denen z. B. verschiedene pH-Bereiche unterschiedlichen Enzymen optimale Wirkungsmöglichkeiten verschaffen.

e. Auftreten von zusätzlichen Enzymen durch symbiotische Organismen (Darmflora, s. o.).

f. Regulationsmechanismen für das geordnete Ineinandergreifen verschiedener Vorgänge erreichen ihre höchste Ausbildung bei Wirbeltieren, wo der Magen-Darm-Trakt unter autonomer, zum Teil hoch differenzierter nervöser und hormonaler Kontrolle arbeitet. Vom Darmtrakt der Wirbeltiere geht generell die Bildung zahlreicher endokriner Strukturen aus, wie Langerhans-Inseln und Schilddrüse.

Darmstruktur und -funktionen der Wirbeltiere

Wirbeltiere besitzen einen Darm mit einem Pharynx, der wenigstens in der Embryonalentwicklung seitliche Taschen oder Öffnungen aufweist. Bei wasserlebenden Formen wird Wasser in den Vorderdarm aufgenommen und über diese Öffnungen wieder abgegeben, deren Wände als gefäßreiche Kiemen ausgebildet sind (Kiemendarm).

1. **Mund:** Bei manchen Wirbeltieren werden die Mundränder von weichen, beweglichen Haut-Muskel-Strukturen gebildet, den **Lippen.** Bei *Myxine* tragen sie Tentakel, bei Neunaugen bilden sie ein Saugrohr, bei Vögeln und Schildkröten sind sie als Schnabel entwickelt, der in seiner Funktion das rückgebildete Gebiss ersetzt. Bei Säugern sind die Lippen allgemein hoch entwickelt; durch Einlagerung mimischer Muskulatur bekommen sie besondere Bedeutung für das Sozialleben. Der Mundboden bildet oft eine Zunge aus, die sehr vielgestaltig sein kann, z. B. bei Anuren und Fledermäusen.

In den Mundraum der Tetrapoden münden **Speicheldrüsen,** die eine schleimreiche Gleitflüssigkeit sezernieren. Der Gehalt an Verdauungsenzymen scheint innerhalb der Speicheldrüsen der Wirbeltiere stark zu variieren: Bei Säugern, Vögeln und Anuren sind Amylasen, d. h. Carbohydrasen, nachgewiesen, die Stärke zu Maltose, Maltotriose und α-Grenzdextrinen spalten. Neugeborene Säuger, die Milch als Hauptnahrung zu sich nehmen, bilden in ihren Speicheldrüsen oft auch Lipasen. Im Speichel finden sich außerdem Lysozym, Immunglobulin A, Natriumchlorid und Hydrogencarbonat.

In der Mundhöhle finden sich modifizierte Teile des Hautskelets, die Zähne (s. o.).

2. **Darmwandung:** Sie lässt in verschiedenen Abschnitten des Verdauungstraktes bei den einzelnen Wirbeltierklassen grundsätzliche Übereinstimmungen im Bau erkennen (Abb. 100). Das Darmrohr wird von einer **Schleimhaut** (**Tunica mucosa**) ausgekleidet, die aus dem **Darmepithel** (**Lamina epithelialis mucosae**), einer **Bindegewebslage** (**Lamina propria mucosae**) und einer feinen **Muskelschicht** (**Lamina muscularis mucosae**) besteht. Es schließt sich eine bindegewebige, blut- und lymphgefäßreiche Schicht an, die **Tela submucosa,** worauf die für die

Darmperistaltik verantwortliche **Tunica muscularis** folgt, die sich aus einer inneren Ring- und einer äußeren Längsmuskellage zusammensetzt. Die erste kann den Darm verengen, die letztere örtliche Verkürzungen hervorrufen. Der größte Abschnitt des Darmes liegt in der sekundären Leibeshöhle und wird daher vom Coelomepithel umgeben, welches zusammen mit einer dünnen Bindegewebslage die **Tunica serosa** bildet.

Die Peristaltik des Magen-Darm-Traktes wird durch zwei weitgehend eigenständige intramurale (= in der Darmwand gelegene) Nervenplexus gesteuert: den **Auerbach-Plexus** (Plexus myentericus), der in der Tunica muscularis ein Geflecht bildet, und den **Meissner-Plexus** (Plexus submucosus), der in der Submucosa liegt und mit Ausläufern die Mucosa erreicht. Diesem Plexus gehören effektorische und sensible Fasern an, die Muskel-, Drüsen- und Epithelzellen versorgen.

Im Anschluss an Mund und Rachen lässt sich der Verdauungstrakt höherer Wirbeltiere in Speiseröhre (Oesophagus), Magen, Dünn- und Dickdarm (Colon) untergliedern (Abb. 101). Bei niederen Wirbeltieren ist eine solche Untergliederung aber oft nicht möglich; ein eigener Magen fehlt beispielsweise den Agnatha, Chimären, Lungenfischen und manchen Teleosteern. Die Trennung in Dünn- und Dickdarm ist oft ebenfalls schwierig. Der Abschnitt bis zum Magenende wird vielfach auch Vorderdarm, die anschließenden Teile Mittel- und Enddarm genannt. An der Grenze Mittel – Enddarm sind oft **Blinddärme** (**Caeca, Coeca**) in Ein- oder Zweizahl ausgebildet, die spezifische Verdauungsfunktion besitzen oder als lymphatische Organe fungieren.

3. Oesophagus (Speiseröhre): Der Oesophagus verbindet Rachen und Magen und hat meist nur die Aufgabe des Nahrungstransportes.

4. Magen: Der Magen dient der Speicherung und beginnenden Aufbereitung der Nahrung und zeigt entsprechend dem Verlauf seiner Muskulatur oft eine Untergliederung in Anfangs- (**Cardia**), Mittel- (**Fundus, Corpus**) und Endabschnitt (**Pylorus**). Bei vielen Säugern sind diese Regionen durch einen eigenen Schleimhauttyp gekennzeichnet. Die tubulären Fundus-Corpus-Drüsen beherbergen **Hauptzellen**, die **Pepsinogen** (Vorstufe des proteolytischen Enzyms Pepsin), und **Belegzellen**, die **Salzsäure** bilden (Abb. 102). Die Bedeutung der Salzsäure liegt in der

Denaturierung der Nahrung, in der Aktivierung des Pepsinogens und in der Schaffung eines optimalen pH-Wertes für dieses Enzym sowie in der Abtötung von Bakterien. Weitere wichtige Sekrete der Magenschleimhaut sind hochmolekulare **Schleimsubstanzen,** die die Magenwand gegen Säure und Selbstverdauung schützen, und der in den Belegzellen gebildete Intrinsic Factor (Glykoprotein mit einem Molekulargewicht von 42 kD), der die Resorption von Vitamin B_{12} im Ileum ermöglicht.

Außer **Schleimsubstanzen (Mucinen)** sezerniert das Oberflächenepithel des Magens auch aktiv **Bicarbonat,** das zusammen mit den Schleimen **protektive Aufgaben** hat. Zwischen der Zelloberfläche des Oberflächenepithels (pH 7) und dem Magenlumen (pH 2–4) kann dadurch ein sehr beachtlicher pH-Gradient aufrechterhalten werden.

Aus der Vielfalt der Magentypen sollen die **gekammerten Mägen der Paarhufer** hervorgehoben werden (Abb. 103). Es lassen sich bei allen Paarhufermägen aufgrund der Anordnung der Wandmuskulatur drei Regionen unterscheiden: **Fornix, Corpus** und **Hintermagen.** Die Hintermagenregion (bei den Ruminantia als **Labmagen** oder **Abomasus** bezeichnet) ist stets einfach gebaut und enthält Magendrüsen, die Salzsäure und proteinspaltende Enzyme bilden. Hier findet enzymatische Verdauung statt, wie sie auch bei Säugetieren mit einfachem Magen anzutreffen ist.

Im Bereich des Fornix ist bei Schweinen ein kleiner, z. T. mit verhorntem Epithel ausgekleideter Blindsack zu finden, dessen Wand reich an lymphatischem Gewebe ist. Bei den anderen Paarhufern (z. B. Tayassuidae, Hippopotamidae, Camelidae und Pecora) dagegen sind im Fornix- und Corpusbereich voluminöse **Vormagenkammern** zu finden. Sie weisen verhorntes Epithel auf, dessen Oberfläche durch Zotten bei den Flusspferden auf das ungefähr Dreifache, bei den Wiederkäuern auf das bis weit über 20fache vergrößert wird. Das verhornte Epithel stellt eine Barriere für die in den Vormägen lebenden Bakterien und Protozoen dar, erlaubt aber, wie für Ruminantia nachgewiesen wurde, die Resorption von kurzkettigen flüchtigen Fettsäuren durch die Vormagenwand. Bei den Tayassuidae und Cameliden enthalten die Vormägen neben verhorntem Epithel auch Regionen mit Zylinderepithel, durch das bei den Kamelen Wasser transportiert wird.

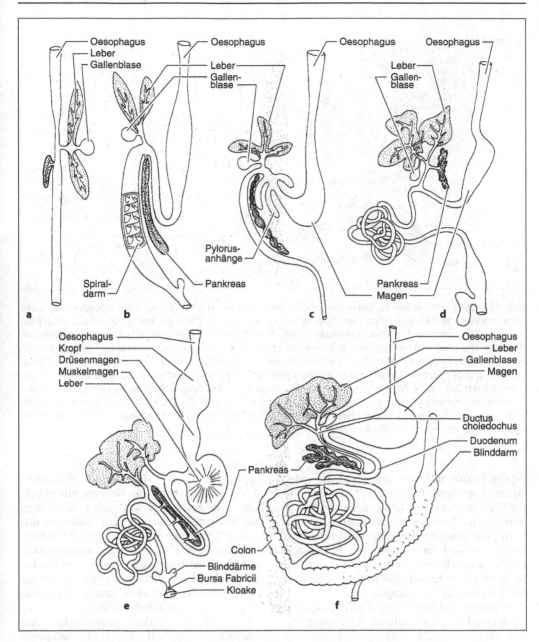

Abb. 101 Magendarmkanal mit den großen Anhangsdrüsen (Leber, Pankreas) bei verschiedenen Wirbeltieren. **a)** *Myxine* (Agnatha), **b)** Hai, **c)** Barsch, **d)** Frosch, **e)** Taube, **f)** Kaninchen. Das endokrine Pankreasgewebe liegt bei Agnatha und Teleosteern meist vom exokrinen Drüsenteil räumlich getrennt, bei den übrigen Formen ist es in Form der Langerhans-Inseln in das exokrine Drüsengewebe eingelagert. Bei den Säugetieren ist der Verlauf von Leber- und Pankreasausführgängen besonders variabel. Außerdem bestehen in den einzelnen Säugetiergruppen große Unterschiede in Bezug auf Größe und Zahl der Blinddärme

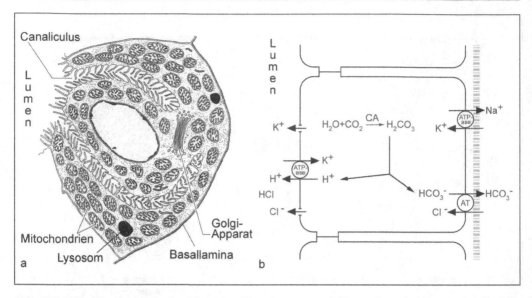

Abb. 102 Belegzellen in den Fundusdrüsen des Säugetiermagens. **a)** Ultrastruktur einer Belegzelle mit vielen Mitochondrien, die die Energie für die HCl-Bildung liefern. Der Zellapex bildet tiefe Einstülpungen (Canaliculi), die mit Mikrovilli gesäumt sind und der Oberflächenvergrößerung dienen. **b)** Schematische Darstellung der Salzsäure (HCl)-Sekretion durch die luminale Membran einer Belegzelle. Aus H_2O und CO_2 entsteht unter katalytischer Wirkung von Carboanhydrase (CA) H_2CO_3, aus der Protonen (H^+) und HCO_3^- hervorgehen. Von einer H^+/K^+-ATPase (Protonenpumpe) werden H^+-Ionen ins Magenlumen gepumpt und hier angereichert. Für jedes sezernierte H^+-Ion verlässt ein HCO_3^--Ion die Zelle auf der Bindegewebsseite (auf der Abbildung rechts), wo es über einen Anionentauscher (Anionenantiportprotein) gegen Chlorid (Cl^-) ausgetauscht wird. Das intrazellulär angereicherte Chlorid verlässt die Zelle über einen Chloridkanal in der luminalen Zellmembran. Pro H^+-Ion gelangt ein Cl^--Ion ins Lumen, wo aus diesen zwei Ionen Salzsäure entsteht

Bei den Pecora und Camelidae werden die beiden ersten Vormägen **Pansen** oder **Rumen** (in der Fornixregion) und **Netzmagen** oder **Reticulum** (entspricht dem Corpus) genannt. Bei den horn- oder geweihtragenden Wiederkäuern, den Pecora, existiert ein weiterer, mit verhorntem Epithel ausgekleideter Vormagenabschnitt, der Blättermagen (**Omasus, Psalter**) am Übergang von Corpus und Hintermagen.

In Pansen und Netzmagen der Tylopoda und Pecora wird die aufgenommene Nahrung gründlich durch zyklische Vormagenkontraktionen mit dem reichlich geschluckten Speichel sowie den symbiotischen Bakterien und Protozoen (v. a. Ciliaten) durchmischt und so die Möglichkeit mikrobiellen Abbaus gegeben. Die hierbei entstehenden kurzkettigen Fettsäuren können nach der schon erwähnten Resorption durch die Vormagenwand einen großen Teil des Energiebedarfs dieser Tiere decken. Der Weitertransport von Nahrungspartikeln findet erst nach weiterer

Zerkleinerung statt. Hierbei sind Wiederaufstoßen (**Regurgitieren**) der Nahrung und gründliches erneutes Kauen von großer Bedeutung. Das zerkleinerte Material wird wieder in den Pansen-Netzmagen-Raum abgeschluckt und von dort aus in den Blättermagen weitergegeben. Sind die Nahrungspartikel beim Wiederkauen nicht ausreichend zerkleinert worden, kann der Vorgang des Regurgitierens, Kauens und erneuten Schluckens wiederholt werden.

Die Vormägen bei den Wiederkäuern – und sicherlich auch bei den anderen Artiodactylen – bieten die vorteilhafte Möglichkeit, die Passage der schwer aufzuschließenden Nahrung durch den Magen zu verlangsamen und Bakterien und Protozoen Einwirkung zu ermöglichen. Durch die Synthese von mikrobiellem Eiweiß wird die Nahrung qualitativ verbessert.

Die Magensekretion der Säuger und anderer Vertebraten wird neural und hormonal reguliert und lässt sich in drei Phasen gliedern: Während

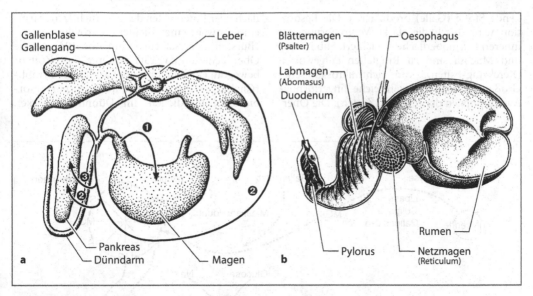

Abb. 103 a) Endokrine Beeinflussung der Verdauung durch verschiedene Hormone im Magen-Darm-Trakt der Säugetiere. 1: Gastrin wird im distalen Magen (Pylorusregion) gebildet und löst Abgabe von HCl und Proteasen (vor allem Pepsinogen) aus. 2: Cholecystokinin stimuliert die Abgabe von Pankreasenzymen und bewirkt die Kontraktion der Gallenblase. 3: Sekretin bewirkt Abgabe einer alkalischen Flüssigkeit des Pankreas, hemmt die Säuresekretion im Magen und regt den intrahepatischen Gallenfluss an. **b)** Wiederkäuermagen mit den verschiedenen Regionen; im Bereich des Blättermagens befindet sich eine Verengung, der Isthmus, der die Weiterleitung der Nahrung in den Labmagen steuern kann

der ersten, der **cephalen Phase,** führen Reize über verschiedene periphere Receptoren unter Vermittlung des zentralen Nervensystems und des Nervus vagus zu einer Stimulation der Magensekretion. So kann diese z. B. durch Geruchs- oder Geschmacksempfinden und das Ansehen von Speisen oder auch psychische Erregungen ausgelöst werden. Ist die Nahrung in den Magen gelangt, beginnt die zweite, die **gastrische Phase,** die durch chemische oder mechanische Reizung der Magenwand eingeleitet wird. Durch einige Nährstoffe, v. a. Eiweiße und Eiweißabbauprodukte, wird das Polypeptidhormon Gastrin aus der Schleimhaut in den Blutstrom abgegeben und stimuliert dann die Sekretion der Fundusdrüsen (Abb. 103). Die dritte, die **intestinale Phase,** setzt ein, wenn der angesäuerte Magenbrei (Chymus) den ersten Abschnitt des Dünndarmes, das Duodenum (Zwölffingerdarm), erreicht. Die Mechanismen der Stimulation der Magensekretion vom Dünndarm aus sind weniger gut bekannt, erfolgen aber vermutlich auch hormonal. Ein Eiweißabbauprodukte enthaltendes Mahl, das in den Dünndarm gebracht wird, stimuliert z. B. die Magensekretion, aber nicht die Gastrinfreisetzung. Die Hemmung der Magensekretion erfolgt auf mehreren Wegen: Abfall des pH-Wertes im Magen unter 3, Säure im Duodenum, Hyperglykämie, Fett im Duodenum u. a. Es wird vermutet, dass der Abfall des pH-Wertes im Magen Somatostatin stimuliert, das dann die Sekretion von Gastrin hemmt; u. U. hemmt Somatostatin auch die Belegzellen selbst. Säure im Duodenum ruft über Sekretin eine Hemmung der Magensekretion hervor, Fett im Duodenum bewirkt die Hemmung vermutlich über die Ausschüttung des den Magen hemmenden Hormons (gastric inhibitory peptide = GIP).

5. Dünndarm und Pankreas: Im Bereich des Dünndarmes findet der Hauptanteil von Verdauung und Resorption statt (Abb. 100, 104).

Entsprechend diesen Funktionen liegen hier bei höheren Wirbeltieren umfangreiche Drüsen (Brunner-Drüsen und Lieberkühn-Krypten, Pankreas, Leber), die Enzyme, Bicarbonat und im Dienste der enzymatischen Aufbereitung stehende Stoffe (Galle) produzieren. Die Resorption wird durch die starke Vergrößerung der inneren Darmoberfläche erleichtert. Submucosa und Mucosa sind zu Ringfalten aufgeworfen (Kerckring-Falten), von lichtmikroskopischer Größenordnung sind zahlreiche fingerförmige Ausstülpungen der Mucosa (Zotten). Die Oberfläche der Enterocyten des einschichtigen Darmepithels weist einen dichten Mikrovillisaum auf (Bürsten- oder Stäbchensaum, Abb. 104), der die Oberfläche um das 15fache vergrößert. Zottenbewegungen (Zottenpumpe) wirken auf Lymph-(Chylus-)gefäße, welche dem Abtransport resorbierter Fette dienen. Im Dünndarm wirken

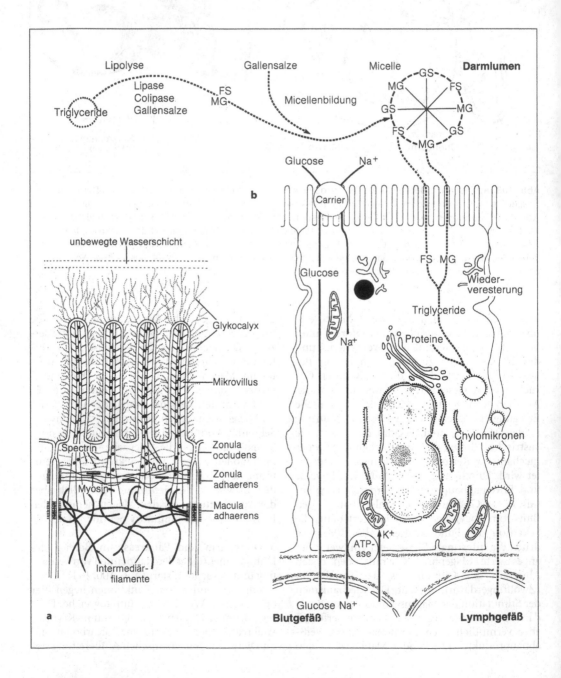

die Verdauungsenzyme der Bauchspeicheldrüse (Pankreas) auf die Nahrung ein. Das enzymreiche Sekret des Pankreas reagiert alkalisch und wird v. a. durch die beiden Darmhormone Cholecystokinin (Pankreasenzyme) und Sekretin (alkalischer Pankreassaft) freigesetzt (Abb. 103). Die Abgabe beider Hormone wird durch die Anwesenheit von Säure, Fetten, Oligosacchariden und Aminosäuren im Duodenum stimuliert. Durch den alkalischen Dünndarminhalt (Alkalinität hervorgerufen durch Pankreassekret, Sekret der Brunner'schen Drüsen und Galle) wird die Salzsäure neutralisiert und die Sekretinabgabe zum Stillstand gebracht. Wie im Magen, so wirken auch im Dünndarm die Nahrungsstoffe direkt auf die Enzymabgabe. Nach ihrem Eintritt in den Dünndarm steigt der Enzymgehalt der Darmsäfte vermutlich auch durch den Einfluss des vegetativen Nervensystems.

Kohlenhydrate werden z. T. bereits durch Speicheldrüsenenzyme, v. a. die α-**Amylase** Ptyalin, in der Hauptsache aber erst im Dünndarm durch die pankreatische α-Amylase verdaut und im Bereich der Mikrovilli der resorbierenden Darmepithelzellen (Saumzellen, Enterocyten, Abb. 104) in Hexosen zerlegt. Säuger können nur Monosaccharide resorbieren, weswegen Oligo- und Disaccharide durch Enzyme der Mikrovilli gespalten werden müssen. Drei Disaccharidasen sind besonders wichtig: β-Galactosidase (**Lactase**) und die α-Glucosidasen **Saccharase** und **Maltase**. Sie spalten Lactose in Glucose und Galactose, Saccharose in Glucose und Fructose sowie Maltose in zwei Moleküle Glucose. Glucose und Galactose werden dann im aktiven Symport mit Natrium in die Enterocyten aufgenommen (Abb. 104). Aus dem Darmepithel gelangen die Zuckermoleküle dann mit dem Pfortaderblut in die Leber, wo aus ihnen Glykogen synthetisiert werden kann.

Die **Fettverdauung** beginnt z. T. schon im Magen, spielt sich dann aber vorwiegend im Dünndarm ab, wo die Lipide v. a. unter Einwirkung von **Pankreaslipasen** zu Fettsäuren und Monoglyceriden zerlegt werden. Die Hydrolyse der **Triglycéride** durch die Pankreaslipase ist ein komplexer Vorgang, an dem die Lipase, eine Colipase und Gallensalze beteiligt sind. Die Gallensalze werden aus **Cholesterin** in der Leber synthetisiert und über die Gallenwege in den Dünndarm gegeben. Die Lipase bindet sich an die Fett/Wasser-Grenzfläche eines Fettpartikels. Die Detergenseigenschaften der **Gallensalze** ermöglichen der Lipase den Zugang zu den wasserunlöslichen Lipiden. Die Gallensalze machen die Fett/Wasser-Grenzfläche frei, indem sie vom Nahrungsfett endogene und exogene Proteinanteile ablösen. Die Colipase, ein pankreatisches Protein, verankert die Lipase am Fetttropfen. Lipase, Colipase und Gallensalze sowie zwei Triglyceride bilden einen Komplex (gemischte Micellen), aus dem Fettabbauprodukte (Monoglyceride und Fettsäuren) freigesetzt werden.

Die gemischten Micellen dringen in die wässrige Oberflächenschicht ein, welche den Mikrovilli aufliegt. Unmittelbar an der Membran der Mikrovilli verlassen Monoglyceride und Fettsäuren die Micellen und diffundieren in die Darmzellen, wo die Fettsäuren mit spezifischen Proteinen eine Bindung eingehen können. Fettsäuren und Monoglyceride, die langkettigen Triglyceriden (z. B. mit C-16- bis C-18-Fettsäuren) entstammen, werden rasch wieder zu Triglyceriden aufgebaut. Diese interagieren dann mit spezifischen Apolipoproteinen, Cholesterin und Phos-

---

Abb. 104 Resorbierendes Darmepithel. **a)** Apex eines Enterocyten mit feinstrukturellen und makromolekularen Komponenten. Die Mikrovilli enthalten Actinfilamente, die mit der Zellmembran verbunden sind und durch Bündelungsproteine räumlich zusammengehalten werden. Unterhalb der Mikrovilli enthält der Apex vorwiegend horizontal ausgerichtete filamentäre Moleküle (terminales Netz), das Spectrin verbindet hier das Actin, das aus den Mikrovilli in das apikale Cytoplasma einstrahlt. Die intermediären Filamente, hier Keratine, sind mit den Maculae adhaerentes verknüpft. Zur Barriere des Darmepithels gehören nicht nur Zonulae occludentes, sondern auch eine Glykocalyx mit einer Schicht unbewegten Wassers, die u. a. ein Hindernis für langkettige Fettsäuren ist. **b)** Schematische Darstellung der Resorption von Fetten und Glucose. Fettresorption: im Darmlumen Triglyceridabbau und Bildung gemischter Micellen; Aufnahme von Fettsäuren und Monoglyceriden in die Zelle; intrazelluläre Resynthese der Triglyceride und Aufbau von großen Lipidpartikeln, den Chylomikronen, die in Lymphgefäße abgegeben werden. Glucoseresorption: Glucose wird wie auch Galactose aktiv im gekoppelten Transport mit Natrium aufgenommen. FS: Fettsäuren, MG: Monoglyceride, GS: Gallensalze

pholipiden und bilden Chylomikronen sehr niedriger Dichte. Solche Molekülkomplexe sammeln sich zunächst in der Golgi-Region der resorbierenden Darmzellen und gehen dann in die Lymphgefäße des Darmes über. Fettsäuren, die von mittelkettigen Triglyceriden herstammen (z. B. C-8- bis C-12-Fettsäuren), werden nur zu einem ganz geringen Teil wieder zu Triglyceriden verestert. Sie gelangen rasch in das Venensystem des Darmes, aus dem sie, an Albumin gebunden, der Leberpfortader zugeführt werden. Der größte Teil der Gallensalze wird rückresorbiert und der Leber (s. u.) und dem Dünndarm erneut zugeführt (enterohepatischer Kreislauf).

Cholesterin und **Cholesterinester** werden unabhängig von den Triglyceriden resorbiert. Cholesterinester werden durch pankreatische und an den Mikrovilli lokalisierte Esterasen gespalten. Freies Cholesterin tritt dann in die Darmzellen ein, wo jedoch schnell wieder Ester aufgebaut werden.

Die **Eiweißverdauung** beginnt im Magen. Dort werden einige Peptidbindungen des Nahrungsproteins durch Pepsin gespalten. Vermutlich nur im Magen junger Wiederkäuer kommt außerdem das **Labferment (Rennin)** vor, das Milch zum Gerinnen bringt. Das pH-Optimum des Pepsins liegt bei 1,6–3,2; es wird bei Eintritt in das Duodenum (pH ca. 6,5) inaktiviert. Im Dünndarm werden Proteine unter Einfluss der proteolytischen Enzyme **Trypsin, Chymotrypsin** und **Carboxypeptidase** zu Poly- und Dipeptiden sowie Aminosäuren gespalten. Die Zerlegung in einzelne Aminosäuren durch **Dipeptidasen** erfolgt z. T. im Bereich der Mikrovilli, z. T. erst in den Enterocyten. Di- und auch Tripeptide werden z. T. sogar in größerer Menge resorbiert als freie Aminosäuren. Für die einzelnen Aminosäuretypen existieren ebenfalls verschiedene Transportmechanismen, die aber im Einzelnen noch nicht genau bekannt sind. Wie bei Monosacchariden sind für die Aufnahme der Aminosäuren Natriumionen erforderlich.

Obwohl üblicherweise Proteine wie auch die anderen Nahrungsbestandteile im Dünndarm verdaut werden, können in besonderen Situationen sogar vollständige Proteine aufgenommen werden; so werden bei neugeborenen Säugern Immunglobuline resorbiert. Im Rahmen der **Immunantworten** des Darmimmunsystems sind die M-Zellen über den Peyerschen Plaques (S. 253) wichtig, die Antigene endocytotisch aufnehmen.

Die Resorption wasserlöslicher **Vitamine** erfolgt rasch im oberen Dünndarm, diejenige fettlöslicher Vitamine (A, D, E, K) ist von der Fettresorption abhängig. Calcium- und Eisenresorption sind weitgehend vom Bedarf des Organismus abhängig. Calciumresorption wird durch Vitamin D, Lactose und Eiweiß gefördert. Die Eisenresorption ist ein energieverbrauchender, aktiver Vorgang, der vorwiegend im oberen Dünndarm abläuft. Wasserresorption erfolgt in Dünn- und Dickdarm; Wasser folgt osmotischen Gradienten, die durch Elektrolyttransport errichtet werden.

6. Leber (Abb. 105): Die Leber wird in der Ontogenese vom Darmepithel aus angelegt. Ihre Aufgabe besteht ursprünglich in der Absonderung von Sekreten für die Verdauung (exokrine Drüse). Diese Funktion tritt allgemein hinter andere Aufgaben zurück.

a. In der Leber werden aus vielen im Darm resorbierten Stoffen, die ihr über die Pfortader zugeführt werden, körpereigene Substanzen synthetisiert, so Glykogen, Proteine (Fibrinogen, Prothrombin), Antithrombin (= Heparin), Fett. Auch die aus dem Muskelstoffwechsel der Kohlenhydrate stammende Milchsäure kann in der Leber zu Glykogen synthetisiert werden, Kohlenhydrate werden hier in Fett verwandelt.

b. Die Leber ist für Glykogen und oft auch für Fette Speicher (Lebertran), außerdem werden in ihr die Vitamine A, B_2, B_{12} und D angereichert.

c. Die Leber sorgt für Entgiftung und Ausscheidung zahlreicher, meist lipophiler Substanzen. Verschiedene Gifte (wie Schlafmittel und Alkohol) werden hier unschädlich gemacht. Zwischenprodukte der bakteriellen Eiweißfäulnis im Darm können entgiftet werden. Die lipophilen auszuscheidenden Substanzen werden an Glucuronsäure, Acetat, Glutathion, Glycin oder Sulfat gekoppelt und so wasserlöslich gemacht. Sie können dann über die Niere oder die Galle ausgeschieden werden.

d. Die Leber hat Anteil an den Aufgaben des Makrophagensystems (Kupffer'sche Sternzellen, Phagocytose von Fremdstoffen).

e. Produktion von Galle, einer komplexen Flüssigkeit, u. a. bestehend aus Gallensalzen (-säuren), Cholesterin, Phospholipiden, Gallenfarbstoffen (Abbauprodukten des Hämoglobins) und Natrium-, Kalium-, Chlorid-

und Bicarbonationen. Hier wirkt die Leber gleichzeitig als Sekretions- und Exkretionsorgan.

f. Harnstoffsynthese: Entgiftung von Ammoniak aus den abgebauten Aminosäuren; bei Vögeln und vielen Reptilien wird stattdessen Harnsäure synthetisiert.

g. Außerdem dient die Leber als Blutspeicher, in der Embryonalzeit auch als Blutbildner.

Entsprechend diesen vielfältigen Leistungen gehen beim Menschen 12% des gesamten Sauerstoffs des arteriellen Blutes an die Leber; die hohe Stoffwechselintensität bewirkt, dass das Leberblut mit 40 °C beim Menschen wesentlich über der durch-schnittlichen Körpertemperatur liegt. Demnach ist die Leber der wichtigste Wärmeerzeuger des Organismus. Sie steht unter nervöser und hormonaler Kontrolle.

Die Leber bleibt stets durch einen Gang mit dem Dünndarm verbunden, durch den die in ihr gebildete **Gallenflüssigkeit (Galle)** in den Darm abgegeben wird. An diesen Gang kann eine Gallenblase angeschlossen sein, in der die Gallenflüssigkeit eingedickt und gespeichert werden kann. Die Galle enthält einerseits auszuscheidende Stoffe (aus dem Abbau des Hämoglobins), andererseits Substanzen, die für die Verdauung und Resorption der Fette von wesentlicher Bedeutung sind, die Gallensalze (Abb. 104b).

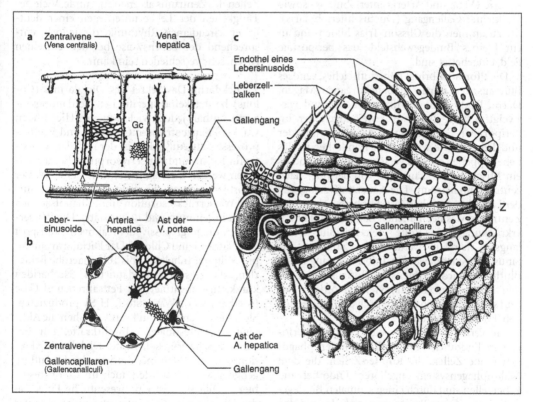

Abb. 105 Säugerleber. **a)** Vereinfachter Längsschnitt durch ein Leberläppchen mit Blutzufluss durch Arteria hepatica und Vena portae. Über die Lebersinusoide fließt das Blut in die Vena centralis, von dort in die Vena hepatica. Die Gallenflüssigkeit fließt über Gallencapillaren (Gallencanaliculi, Gc) und Gallengang ab. **b)** Vereinfachter Querschnitt durch ein Leberläppchen. **c)** Blockdiagramm eines Ausschnittes aus einem Leberläppchen. Das Bild zeigt, dass es sich bei den Lebersinusoiden um besonders weite Capillaren handelt, die zwischen Leberzellbalken zur Zentralvene (Z) laufen. Zwischen dem Endothel der Sinusoide und den Leberzellbalken liegt ein schmaler Raum (Disse-Raum). Entgegengesetzt zum Blutstrom verläuft der Gallenabfluss in Lücken zwischen den Leberzellen (Gallencapillaren, Gallencanaliculi). Dieses Lückensystem mündet am Rand des Läppchens in die größeren Gallengänge, die von einem kubischen Epithel ausgekleidet werden

Während die Leber der Myxinoiden noch den Aufbau einer tubulären, exokrinen Drüse besitzt, besteht sie bei den höheren Formen aus vielfach miteinander verbundenen Zellbalken und Zellplatten mit Poren, zwischen denen zahlreiche Blutgefäße verlaufen. Bei Säugetieren und z. T. auch bei niederen Wirbeltieren zeigt die Leber eine sog. **Läppchengliederung**, d. h., die Leberzellplatten sind radiär um eine Zentralvene angeordnet (Abb. 105). Bei einzelnen Säugetieren, z. B. dem Schwein, sind die im Querschnitt oft sechseckigen Läppchen vollständig von Bindegewebe umgeben. Ihr Durchmesser beträgt 1–2 mm. In den Winkeln, in denen 3 Läppchen aneinander grenzen, finden sich neben Lymphgefäßen je ein Endast der Leberpfortader und -arterie (Vena und Arteria interlobularis) sowie ein kleiner Gallengang (Ductus interlobularis), die zusammen die Glisson-Trias bilden und in ein kleines Bindegewebsfeld, das periportale Feld, eingebettet sind.

Die **Pfortader** bringt nährstoffreiches, venöses Blut aus den unpaaren Bauchorganen Magen, Darm, Pankreas und Milz zur Leber und verzweigt sich in ihr. Endverzweigungen der im periportalen Feld gelegenen Äste von Pfortader und Leberarterie treten vom Rande her in das Leberläppchen ein und verschmelzen hier, sodass ein Mischblut die Läppchen von peripher nach zentral durchströmt. Die Sauerstoffversorgung der Läppchenperipherie ist stets besser als die des Zentrums, was bei manchen Lungen- und Herzerkrankungen eine Rolle spielt. Das Blut strömt langsam in relativ weitlumigen Capillaren, die Sinusoide genannt werden. Infolge des langsamen Blutflusses wird ein intensiver Stoffaustausch mit den Leberzellen (**Hepatocyten**) gefördert. Das Blut sammelt sich in den Zentralvenen, die es den Lebervenen zuführen.

Im Verband des bei vielen Säugern perforierten Endothels der Capillaren liegen phagocytierende Zellen, die **Kupffer-Zellen**, die dem Makrophagensystem angehören. Endothel und Leberzellen sind durch einen schmalen Bindegewebsraum (**Disse-Raum**) getrennt, der für den Stoffaustausch zwischen Leber und Blutstrom wichtig ist und in dem Vitamin-A speichernde

Zellen (Ito-Zellen) vorkommen. Die Gallenflüssigkeit wird in ein interzelluläres Lückensystem (**Gallencanaliculi**) abgegeben, fließt zur Läppchenperipherie und sammelt sich dann im System der Gallengänge, die in den aus der Leber austretenden Ductus hepaticus einmünden.

Trotz der vielfältigen Funktionen der Leber sind die einzelnen Leberzellen einander strukturell sehr ähnlich. Bei vielen Arten lässt sich aber im Läppchen eine funktionelle Zonierung nachweisen, die mit der unterschiedlichen Sauerstoffversorgung zusammenhängt: Dem Läppchenrand steht mehr O_2 zur Verfügung als dem Zentrum, dementsprechend können im Randbereich oxidative Prozesse besonders intensiv ablaufen, und bei Sauerstoffmangel gehen die Zellen des Zentrums als erste zugrunde. Viele der Tätigkeiten der Leber unterliegen einer deutlichen circadianen Rhythmik, die jedoch, entsprechend der Lebensweise bei den einzelnen Arten, sehr verschieden sein kann.

7. Dickdarm: Das Sekret des Dickdarmes (Colons) besitzt keine spezifischen Verdauungsenzyme, enthält jedoch viele Mucine. Hier finden v. a. bei Pflanzenfressern Gärungs- und Fäulnisprozesse statt. Außerdem ist der Dickdarm wichtig für Ionen- und Wasserresorption. Beim Menschen werden hier täglich etwa 1,5 Liter Wasser resorbiert, was zur Eindickung des Kotes führt (die Wasserrückresorption findet hauptsächlich schon in Jejunum und Ileum statt). Die Wasserresorption folgt passiv dem aktiven Transport von Natrium und Chlorid. Der Dickdarm enthält pro Milliliter Inhalt 10^{11} bis 10^{12} anaerobe Bakterien, die aus nichtverdaulichen Sacchariden kurzkettige absorbierbare Fettsäuren und Gase (Methan, CO_2, Wasserstoff, H_2S) produzieren. Sie bilden auch Vitamin K und erhöhen die Aktivität der intestinalen Abwehrkräfte. Für bestimmte Schwermetalle ist der Dickdarm Exkretionsort. Die Vitamine, die von der Darmflora gebildet werden, werden auch im Colon resorbiert. Schließlich ist eine wesentliche Funktion des Dickdarmes die Weitergabe nichtverdauter Nahrungsreste, die dann in konzentrierter Form ausgeschieden werden.

10 Kreislaufsystem

Die Blutgefäße sind die Transportwege des Blutes, das seine vielfältigen Aufgaben ohne ein intaktes und regelrecht gesteuertes Gefäßsystem zumindest bei den höheren Tieren nicht erfüllen kann. Vor einer Darstellung des Gefäßsystems sollen kurz die wesentlichen Funktionen des Blutes aufgeführt werden, um damit die Bedeutung der Gefäßbahnen hervorzuheben. Das Blut hat: 1. Die Funktion, die **Atemgase zu transportieren;** Sauerstoff wird von den Atemorganen zu den Geweben und Kohlendioxid wird von den Geweben zum Atmungsorgan transportiert. 2. **Ernährende Funktion,** die durch Transport von Stoffen zu den Zellen, die diese für Aufbau und Stoffwechselaktivität benötigen, gekennzeichnet ist. 3. **Reinigungsfunktion,** worunter der Abtransport von z. T. toxischen Stoffwechselprodukten der Zellen verstanden wird. 4. **Pufferfunktion,** mit deren Hilfe eine weit gehende Konstanthaltung des Säure-Basen-Gleichgewichts erreicht wird. 5. **Wärmetransportfunktion,** die aber nur bei den höheren Wirbeltieren und einigen Insekten eine wichtige Rolle spielt. 6. **Transportfunktion** für Hormone; damit ist das Blut wesentlich an der chemischen Steuerung des Gesamtorganismus beteiligt. 7. **Skeletfunktion** in erektilen Strukturen wie dem Penis von Säugetieren und dem Fuß vieler Muscheln. 8. **Abwehrfunktion,** deren auffälligster Anteil der Transport von Antikörpern und weißen Blutzellen ist.

Damit sind Blut und Blutgefäßsystem wesentlich an der **Aufrechterhaltung des inneren Milieus** – der Homöostase – beteiligt, wobei sie in enger Zusammenarbeit mit anderen Organsystemen wie Atmungsorganen, Nierenorganen, Darm und Leber stehen.

Bei sehr kleinen Tieren ist allerdings ein Gefäßsystem nicht erforderlich. Hier diffundieren Nährstoffmoleküle, Atemgase und Moleküle der Stoffwechselendprodukte frei durch Interzellularräume und bedeckende Epithelien. Auch einige größere Tiere (z. B. manche Cnidarier) benötigen aufgrund ihrer einfachen epithelialen Organisation kein eigenes Gefäßsystem.

Bei vielen Medusen, Ctenophoren und Plathelminthen wird das Fehlen eines Gefäßsystems durch ein verzweigtes Darmsystem, das mit seinen Ausläufern wichtige Organe erreicht, teilweise kompensiert (**Gastrovaskularsystem**). Alle höheren Tiere mit größerer Körpermasse, gesteigertem Stoffwechsel und verstärkter motorischer Aktivität benötigen aber ein leistungsfähiges Kreislaufsystem, in dem ein mehr oder weniger gerichteter Blutstrom erfolgen kann.

In vielen Gruppen kann sekundär das Gefäßsystem rückgebildet werden, z. B. bei kleinen Crustaceen. Auch bei den Plathelminthen ist das Fehlen des Gefäßsystems wohl als sekundär anzusehen. Bei manchen Egeln wird das zunächst wohlausgebildete Gefäßsystem funktionell durch Coelomkanäle ersetzt. Auch bei Crinoiden übernehmen Coelomkanäle die Funktion von Blutgefäßen.

Phylogenetisch entstehen die Gefäße als Kanäle zwischen den Coelomräumen. Ihr Lumen besteht also aus Resten der primären Leibeshöhle, des Blastocoels, ihre Wand aus Coelomepithelien, die in ihren dem Gefäßlumen zugewandten basalen Zellanteilen Myofilamente enthalten und damit kontraktil sind (Abb. 108).

Das Gefäßsystem hat einen entscheidenden Einfluss auf die **Hämodynamik.** Hierunter werden die Gesetzmäßigkeiten des Blutflusses und des Blutdruckes verstanden. Druck und Geschwindigkeit des Blutes sind keine Konstanten. Mit zunehmender Entfernung vom Herzen tritt Druckverminderung ein, da der Gesamtwiderstand zunimmt, die Gefäße dort zunehmend enger und der Reibungswiderstand an ihren Wänden größer wird. Nach dem Hagen-Poiseuille'schen Gesetz ändert sich der Gesamtwiderstand in einem engen Gefäßrohr mit der 4. Potenz des Radius, sodass kleinste Weitenänderungen der Gefäße große Widerstands- und damit Durchblutungsänderungen bewirken (Abb. 106).

Große Wirksamkeit kommt der Elastizität der Blutgefäße zu; wären sie starre Röhren, würde das Blut nach jeder Kontraktion des Herzens fast zum Stillstand kommen und müsste dann wieder angetrieben werden. Infolge ihrer dehnbaren Wände, die besonders reich an elastischen Fasern sind, nehmen die herznahen Gefäße zwischen zwei Herzschlägen größere Blutmengen auf und geben sie während der Erschlaffung der Herzmuskulatur ab (Windkesseleffekt). Auf diese Weise wird die rhythmische Pulsationswelle des aus dem Herzen ausgestoßenen Blutes in eine mehr oder weniger kontinuierliche Strömung umgewandelt. Auch die Unterschiede der Geschwindigkeit in einzelnen Abschnitten des Gefäßsystems sind wichtig. Allgemein ist in hintereinander geschalteten Rohrabschnitten die lineare Geschwindigkeit einer Flüssigkeit dem Rohrquerschnitt umgekehrt proportional (Abb. 106). Da der Querschnitt der Aorta dem Gesamtquerschnitt der nachgeschalteten Capillaren weit unterlegen ist, ist in letzteren die Fließgeschwindigkeit weit geringer (50 cm/sec in großen Arterien, 0,5 mm/sec in Capillaren). Es wird also in den Capillaren durch die langsame Geschwindigkeit ein Stoffaustausch großen Umfangs ermöglicht.

Im Folgenden soll ein Überblick gegeben werden über das Gefäßsystem und seine Anpassungsfähigkeit an die Bedürfnisse des Organismus.

Bei allen Metazoen spielt die **Körperbewegung** eine beträchtliche Rolle bei der Bewegung der Körper- und Blutflüssigkeit. Bei den Säuge-

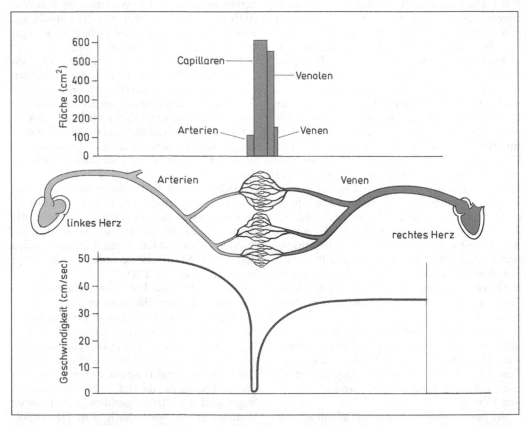

Abb. 106 Beziehung zwischen Gesamtquerschnittsfläche der Gefäße und Strömungsgeschwindigkeit beim Menschen. Beachte die starke Zunahme der Querschnittsfläche im Bereich der Capillaren und Venolen. Da die Strömungsgeschwindigkeit umgekehrt proportional der Querschnittsfläche ist, fließt das Blut durch die Capillaren etwa hundertmal langsamer als durch die großen Arterien und Venen. Linkes Herz = linke Herzhälfte, rechtes Herz = rechte Herzhälfte.

tieren unterstützt die Kontraktion der Skeletmuskulatur den Strom in Venen und Lymphgefäßen; bei manchen niederen Formen sind Körperbewegungen sogar die Hauptantriebskraft für die Zirkulation der Flüssigkeiten im Inneren der Tiere. Der Druck in der Leibeshöhle von Holothurien steigt z. B. von 1 mm Hg im ruhenden Tier auf 25 bis 30 mm Hg im aktiv kriechenden Tier an. Effektiver wird der Fluss des Blutes, wenn in der Wand der Gefäße selbst Muskulatur vorhanden ist, die durch rhythmische Kontraktionen die Flüssigkeit antreibt. Dies geschieht bei niederen Formen z. T. noch recht ungeordnet, sodass das Blut zumindest in manchen Körperregionen abwechselnd in die eine oder die andere Richtung fließt, z. B. in den Parapodien mancher Polychaeten. Höhere Formen besitzen rhythmisch pulsierende Gefäßabschnitte (Herzen, in Ein- oder Mehrzahl), die als Pumpen arbeiten und die den Flüssigkeitsstrom im Gefäßsystem mit Hilfe von ventilartigen Klappen in eine Richtung lenken. Durch den regelmäßigen Schlag des Herzens und einen zunehmend komplizierten Wandbau der Gefäße, der eine charakteristische Elastizität bedingt, kann nicht nur eine gleich bleibende Strömungsrichtung, sondern auch ein gleich bleibender Blutdruck gewährleistet werden. Der konstante Druck ist z. B. wichtig für die gleich bleibende Versorgung lebenswichtiger Organe mit empfindlichen Zellen wie dem Gehirn, für die Filtration in Nierenorganen oder für den Durchtritt von Molekülen durch die Capillarwände.

Mikrozirkulation bei Säugetieren

Der Stoffaustausch zwischen Blut und den Zellen der Organe erfolgt im Bereich der Blutcapillaren und der postcapillären Venolen. Die Capillaren bilden ein enges, dreidimensionales Netzwerk, das Capillarbett genannt wird und den wesentlichen Teil der Mikrozirkulation repräsentiert. Der Durchmesser der Capillaren der Säugetiere beträgt 5–15 µm, ihre Länge misst ca. 1 mm. Die Wand besteht nur aus Endothelzellen mit ihrer Basallamina (Endotheldicke ca. 100 bis 150 nm). Capillarwände können Fenestrationen aufweisen (Abb. 108c, d).

Die Durchblutung des Capillarbettes wird v. a. durch die zuführende Arteriole mit ihrer Sphinktermuskulatur (»präcapillarer Sphinkter«) bestimmt. Normalerweise ist nur ein Teil

der vorhandenen Capillaren durchblutet, oft ist die Mehrzahl kollabiert. Die Durchblutung des Capillarbettes kann in Sekunden wechseln, und die Zahl der durchblutenden Capillaren kann z. B. im Skeletmuskel bei körperlicher Aktivität um das 25- bis 30fache gesteigert werden (pro mm³ des Muskelgewebes in Ruhe: 100 offene Blutcapillaren, bei Muskeltätigkeit 2 000 bis 3 000 offene Capillaren). Die zuführende Arteriole besitzt eine Anastomose mit der abführenden Venole. Über die Anastomose kann in unterschiedlichem Ausmaß Blut am Capillarbett vorbei direkt in das Venensystem geleitet werden.

Die Austauschvorgänge durch das Capillarendothel sind weitgehend passiv, nur in relativ undurchlässigen Capillarwänden, wie denen der Hirncapillaren, spielen aktive Transportprozesse eine größere Rolle. Wasser und gelöste Stoffe werden zum großen Teil mittels Diffusion transportiert. Bei Stoffen, wie O_2, CO_2, Harnstoff, Glucose und vielen Elektrolyten ist die Stoffmenge, die ausgetauscht wird, von der Durchblutung abhängig. Bei anderen, weniger leicht durchtretenden Stoffen ist die Menge an austauschbarem Stoff von der Diffusionsgeschwindigkeit abhängig. Sie nimmt mit steigendem Molekülradius ab.

Beim Menschen wurde berechnet, dass durch Diffusion im gesamten Kreislaufsystem in beiden Richtungen (aus dem Blut ins Gewebe und aus dem Gewebe ins Blut) täglich ca. 75 000 Liter Wasser ausgetauscht werden.

Lipidlösliche Stoffe dringen relativ leicht durch die Endothelwand. Wasserlösliche Stoffe werden v. a. über den Interzellularspalt zwischen benachbarten Endothelzellen (parazellulär) oder auch mittels Pinocytosebläschen oder, wenn vorhanden, über Fenestrationen durch das Endothel geschleust.

Wasser tritt auch in erheblicher Menge mittels **Filtration** durch die Capillarwand. Diese Filtration wird von hydrostatischen und kolloidosmotischen Druckdifferenzen zwischen Blutraum und dem interstitiellen Raum in der Umgebung der Capillaren bestimmt. Eine weitere Rolle spielen das Ausmaß der Oberfläche und die hydraulische Leitfähigkeit der Capillarwand. Der Flüssigkeitsstrom erfolgt entweder gewebewärts (Auswärtsfiltration) oder ins Lumen der Capillaren (Reabsorption).

Das Starling-Gesetz besagt, dass der effektive Filtrationsdruck der Differenz zwischen hydrostatischem und osmotischem Druck innerhalb und außerhalb der Capillare entspricht. Der hydrostatische Druck in den Capillaren ist der Druck des fließenden Blutes. Er beträgt im Körperkreislauf des Menschen im Mittel 25 mm Hg und ist am Anfang der Capillaren (arterieller Teil der Capillaren) höher als in ihrem Endbereich (venöser Teil der Capillaren). Der hydrostatische Druck im interstitiellen Raum ist gering (die Angaben schwanken zwischen +5 und −5 mm Hg) und relativ konstant.

Der kolloidosmotische Druck wird insbesondere durch die Proteine des Blutplasmas und der interstitiellen Proteine erzeugt. Er beträgt im Blutplasma im Mittel 25 mm Hg. Er nimmt vom arteriellen Teil der Capillaren zum venösen Teil stetig zu. Der kolloidosmotische Druck des interstitiellen Raums ist in den einzelnen Organen variabel, wird aber zumeist mit 0 (Null) angegeben. Normalerweise ist der hydrostatische Druck im arteriellen Teil der Capillaren so hoch, dass hier ein Flüssigkeitsausstrom ins Gewebe erfolgt. Im venösen Teil der Capillaren herrscht ein relativ hoher kolloidosmotischer Druck, sodass hier ein Flüssigkeitsrückstrom in die Capillare erfolgt. Wasser, das nicht in die Blutcapillaren zurückfließen kann, wird über die Lymphcapillaren abtransportiert. Die Lymphgefäße münden in das obere Hohlvenensystem ein. Normalerweise stehen Flüssigkeitsaus- und -rückstrom sowie die über die Lymphe abfließende Flüssigkeitsmenge im Gleichgewicht.

Faktoren, die die Durchblutung eines Capillarbettes beeinflussen, sind v. a. lokale Faktoren. Das vegetative Nervensystem spielt hier keine Rolle.

Bei Störungen der Zusammensetzung der Blutproteine, z. B. beim Albuminmangel hungernder Menschen oder bei Nierenkrankheiten, entstehen Gewebeödeme, weil zu viel Wasser im interstitiellen Raum verbleibt. Der Flüssigkeitsabfluss über die Lymphgefäße kann auch z. B. durch Tumormetastasen oder Parasiten (Filarien) behindert werden. Dann entsteht vor der Obstruktion im Allgemeinen auch ein Ödem. Ödeme können auch durch erhöhten Capillardruck entstehen, wie bei Herzinsuffizienz. Erhöhte Durchlässigkeit von Capillarwänden und Ödembildung können bei vielen Krankheitsprozessen auftreten, z. B. durch mechanisches oder thermisches Trauma, durch bakterielle oder chemische Stoffe, bei allergischen Reaktionen und generell im Rahmen der Entzündungsreaktion.

Blutgefäßsysteme sind vermutlich ursprünglich geschlossen, können aber auch offen sein. Ein **geschlossenes Blutgefäßsystem** (Abb. 107) besteht aus einem oder mehreren Herzen und einem mit ihm verbundenen, ununterbrochenen Gefäßsystem. Die zu transportierende Flüssigkeitsmenge ist relativ gering, bei Tintenfischen entspricht sie z. B. 15% des Körpervolumens, bei Säugern 6−8%. Druck- und Fließgeschwindig-

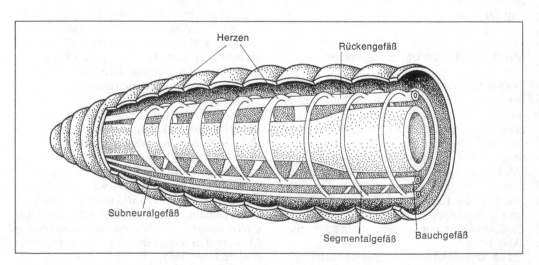

Abb. 107 Kreislaufsystem eines Oligochaeten *(Lumbricus)*. Vorderende mit Hauptblutgefäßen. Fünf Herzpaare pumpen das Blut aus dem Rücken- in das Bauchgefäß, in dem es nach hinten fließt (nur in den ersten sechs Segmenten nach vorn). Ein Teil des dorsalen Blutes gelangt auch in das Subneuralgefäß

keit sind in einem geschlossenen Blutgefäßsystem relativ hoch. Die Gefäße, die das Blut vom Herzen fortführen, heißen **Arterien**, diejenigen, die das Blut dem Herzen zuführen, **Venen**; deren Wandbau zeigt Abb. 108. Diese Begriffe beziehen sich also grundsätzlich auf die Strömungsrichtung des Blutes und nicht auf dessen Sauerstoffgehalt, obwohl Arterien oft sauerstoffreiches und Venen oft sauerstoffarmes Blut führen. Die sehr engen Gefäße, die Arterien und Venen verbinden, heißen Capillaren (Haargefäße).

Oft geht vom Herzen eine einzige große Arterie aus, die bei vielen Tieren **Aorta** genannt wird und die sich dann im Körper zunehmend verzweigt und mit ihren Ästen in alle Organe eindringt. Hier erfolgt eine weitere Aufspaltung der Arterien bis zu den nur wenige Mikrometer dicken **Capillaren**, die ein sehr dichtes Netzwerk bilden, das die Körperzellen umspinnt und sie entsorgt. Die Wand der Blutcapillaren besteht bei Wirbeltieren aus dünnen Epithelzellen (= **Endothelzellen**) und deren Basallamina (Abb. 108) sowie einzelnen kontraktilen Pericyten.

Wirbeltiere besitzen zwei Capillarnetze, von denen eins in den Atmungsorganen (Kiemen, Lungen) liegt und dem Gasaustausch dient, wohingegen das zweite der Ernährung und der Sauerstoffversorgung der Gewebe dient bei gleichzeitiger Aufnahme von Abbauprodukten. Die Capillaren verbinden sich dann zu kleinen Venen (Venolen), die wiederum zu größeren Venen zusammentreten, welche die Organe verlassen. Die Organvenen führen das Blut schließlich in eine, zwei oder mehr große venöse Blutleiter, die in das Herz einmünden.

In einem **offenen Blutgefäßsystem** (z. B. bei vielen Mollusken, manchen Polychaeten, Arthropoden und Tunicaten) fehlen zwischen Arterien und Venen die verbindenden Capillargefäße. Das Blut verlässt also die Arterien und tritt in die Leibeshöhle oder weite Räume zwischen den Organen, sodass die Gewebe in Blutflüssigkeit gebadet werden. Aus diesen Räumen findet das Blut, das in offenen Gefäßsystemen auch **Hämolymphe** genannt wird, den Weg zurück in die offenen Venen, die es dem Herzen zuführen. Die zu transportierende Flüssigkeitsmenge ist relativ groß (bei Schnecken ca. 50% des Körpervolumens), weil fast die gesamte extrazelluläre Flüssigkeit in den Kreislauf einbezogen ist. Arterien und Venen sind bei Tieren mit offenem Gefäßsystem unterschiedlich gut ausgebildet, z. T. fehlen Venen, sodass das Blut direkt in Öffnungen des Herzens

eintritt (meiste Arthropoda), auch die Arterien können bis auf kurze Stücke reduziert sein. In manchen Körperregionen (z. B. in den Kiemen von Krebsen) können capillarähnliche Netze feinster Gefäße ausgebildet sein. Das offene Blutgefäßsystem der Insekten dient nicht dem Transport der Atemgase, den das Tracheensystem übernimmt.

Die **Herzen** lassen in Hinsicht auf ihre Struktur zwei Haupttypen unterscheiden: röhrenförmige und gekammerte.

Röhrenförmige Herzen finden wir bei der Mehrzahl der Arthropoden (Abb. 109). Sie liegen dorsal und entsprechen einem spezialisierten Abschnitt des Dorsalgefäßes der Anneliden. Ihre Länge variiert beträchtlich; bei Insekten und Krebsen wie *Artemia* erstrecken sie sich über größere Körperabschnitte, bei vielen Krebsen bilden sie kurze muskuläre Organe. Ihre Wand enthält quergestreifte Muskulatur. Das Blut tritt in das Herz seitlich durch Öffnungen (Ostien) oder seltener auch durch hinten gelegene Venen ein und verlässt es über eine vorn gelegene, mit Klappen versehene Arterie. Das Herz liegt in einem flüssigkeitsgefüllten Raum, dem **Perikardialsinus**, und ist seitlich über elastische Bänder oder Muskelfasern an der Körperwand und an dem ventral von ihm liegenden festen Perikardialseptum befestigt. Bei Kontraktion des Herzens (**Systole**) wird das Blut in die vordere Arterie getrieben, und die elastischen Bänder und die Muskulatur werden unter Spannung gesetzt. Bei Erschlaffen der Herzmuskulatur (**Diastole**) bewirkt Entspannung die Öffnung der Ostien und eine Dilatation des Herzens, sodass Blut angesaugt wird und in das Herz einströmen kann. Verbreitet finden sich bei Arthropoden akzessorische Pumpeneinrichtungen, die die Herztätigkeit unterstützen, und deren Muskulatur sich oft von der Körpermuskulatur herleitet. Bei den Insekten sind die Hilfsherzen notwendig zur Versorgung der verschiedenen Körperanhänge (Antennen, Beine, Flügel).

Gekammerte Herzen finden wir v. a. bei Mollusken und Wirbeltieren. Neben der Saugpumpenkomponente ist hier infolge der mächtigen Entwicklung der Muskulatur in der Wand der Herzkammer die Druckpumpenkomponente stark entwickelt. Hierdurch wird ein Mitteldruck erreicht, an dessen Zustandekommen auch die elastischen herznahen Gefäße beteiligt sind. An der Füllung des Herzens kann auch ein in der Perikardhöhle herrschender Unterdruck

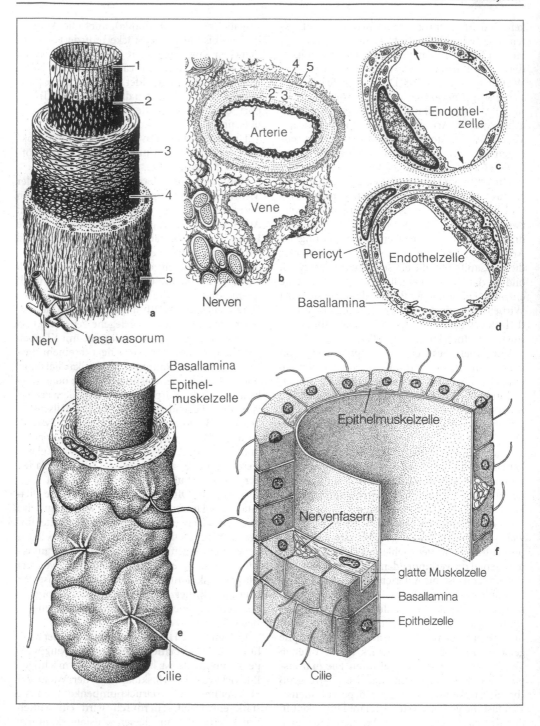

1
2
3
4
5

a

Nerv   Vasa vasorum

4 5
2 3
1
Arterie

Vene

b

Nerven

Endothel-
zelle

c

Pericyt   Endothelzelle

Basallamina

d

Basallamina
Epithel-
muskelzelle

Epithelmuskelzelle

Nervenfasern

glatte Muskelzelle

Basallamina

Epithelzelle

e

Cilie   Cilie

f

Abb. 108 Blutgefäße. **a)** Arterie (vom muskulären Typ) eines Säugetieres mit typischer Wandgliederung. 1: Endothel, 2: Elastica interna (kräftige, dicht gelagerte elastische Fasern und Membranen), 1 + 2 = Tunica intima, 3: Tunica media (aus glatter Muskulatur, Kollagen- und elastischen Fasern), 4: außen gelegene elastische Fasern (Elastica externa), 5: Tunica adventitia (aus Kollagen und Fibroblasten). In der Peripherie finden sich kleine Blutgefäße (Vasa vasorum) und Nerven, die die Gefäßwand versorgen. **b)** Histologischer Schnitt durch eine Arterie und Vene, bei denen die elastischen Fasern angefärbt wurden. Bezeichnungen wie in a). Beachte den klar gegliederten kompakten Aufbau der Arterienwand im Vergleich zur dünneren, locker gebauten Wand der Vene. **c), d)** Säugetier-Capillaren. **c)** Capillare vom fenestrierten Typ, z. B. in endokrinen Organen, Endothel mit Fenestrierung (Pfeile). **d)** Capillare vom kontinuierlichen Typ, z. B. in der Skeletmuskulatur, Endothel durchgehend (ohne Fenestrationen), Pericyten entsprechen vermutlich modifizierten glatten Muskelzellen. **e)** Blutgefäß eines Brachiopoden. Der Blutraum wird von der Basallamina der anschließenden Coelomepithelzellen begrenzt, die als Epithelmuskelzellen ausgebildet sind. **f)** Anschnitt durch einen Gefäßraum eines Stachelhäuters. Auch hier wird der Blutraum von der Basallamina des Coelomepithels begrenzt, das oft in verschiedene Zelltypen differenziert ist: normale bewimperte Coelomepithelzellen, bewimperte Epithelmuskelzellen und glatte Muskelzellen. Im Coelomepithel kommen stets Nervenfasern vor

---

beteiligt sein. Die **Perikardhöhle** ist ein flüssigkeitsgefüllter Coelomraum, der das Herz umgibt. Seine Wand kann recht fest und mit der Umgebung verwachsen sein. Bei Schnecken entsteht in ihm bei der Kontraktion ein beträchtlicher Unterdruck, der Blut in das Atrium saugt. Bei Haien herrscht in der Perikardhöhle ein Unterdruck von ca. −5 mm H_2O, Zerstörung des Perikards führt zu Senkung des Blutdruckes.

Für die Füllung des Herzens sind weiterhin die Ausdehnung der Herzräume in der Diastole sowie bei Wirbeltieren auch der Venendruck verantwortlich.

Um sich wirksam kontrahieren zu können, muss die dickwandige, muskuläre Kammer, die **Ventrikel** genannt wird, vorgedehnt werden; dies wird durch den dünnwandigen vorgeschalteten Vorhof, das **Atrium**, unterstützt, dessen deutlich

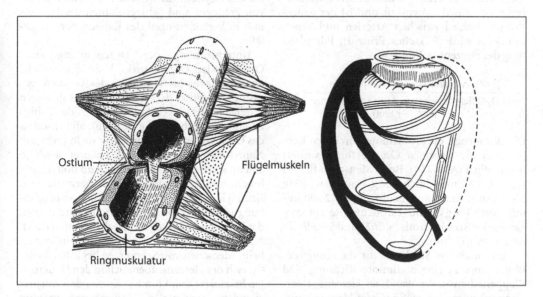

Ostium

Flügelmuskeln

Ringmuskulatur

Abb. 109 Links: Räumliche Darstellung des Insektenherzens. Das Blut tritt in der Diastole über die Ostien in den Hohlraum des Herzens ein. Die Herzwand ist im Wesentlichen aus Ringmuskulatur aufgebaut, deren Hauptantagonist elastische Fasern in den Aufhängebändern des Herzens sind. Die funktionelle Bedeutung der Flügelmuskeln für die Herzfunktion ist eher untergeordnet, z. T. sind sie elektrisch gar nicht reizbar, z. T. kontrahieren sie sich mit viel geringerer Frequenz als das Herz. Rechts: Hauptverlaufsrichtung der Muskelzüge im linken Ventrikel des Säugerherzens. Nur wenige Muskelzüge der geschlossenen Muskelschicht sind eingezeichnet

schwächere Muskulatur das Blut in den Ventrikel treibt. Diese Kombination von dünn- und dickwandiger Pumpe ist für das Herz der Mollusken und Wirbeltiere besonders typisch. Bei den Cephalopoden sind neben dem Hauptherzen zwei sog. **Kiemenherzen** ausgebildet, die das Blut durch das System der engen Kiemencapillaren treiben. Die Wirbeltiere besitzen zunächst ein Herz, das aus einer Reihe von hintereinander geschalteten Kammern besteht. Die komplizierten Umbildungen des Herzens im Laufe der Wirbeltierevolution werden auf S. 248 dargestellt. **Nebenherzen** lassen sich z. B. im Gefäßsystem von *Myxine* (Portalherz, Cardinalherzen, Caudalherz), im Lymphgefäßsystem der Anuren und in den Flügelvenen der Fledermäuse finden.

Die **Pumpleistung** des Herzens ist abhängig vom Volumen, das mit jeder Kontraktion befördert wird (**Schlagvolumen**), und von der Frequenz der Schläge. Bei einem gesunden jungen Mann werden in der Minute 5–6 l Blut aus dem Herzen gepumpt oder anders ausgedrückt 80 ml/kg · min (**Herzminutenvolumen**). Das Minutenvolumen eines Hahnes beträgt ca. 350 ml (180 ml/kg · min), das einer Stockente ca. 420 ml (beim Tauchen nur 25 ml). Das Minutenvolumen wird oft berechnet, indem a) der Sauerstoffverbrauch aus der Atemluft und b) der Sauerstoffunterschied zwischen Arterien und Venen gemessen wird (Ficksches Prinzip): Pumpleistung des Herzens (ml/min) =

$$\frac{O_2\text{-Aufnahme der Lungen (ml/min)}}{O_2\text{-Differenz zwischen Arterien und Venen (ml/Liter Blut)}}$$

Die Blutmenge, die pro Minute durch den Körper und die einzelnen Organe fließt, variiert beträchtlich (Abb. 110). Beim Menschen fließen z. B. ca. 2 ml/min durch 100 g Haut bzw. 100 g Muskulatur unter Ruhebedingungen, 2 000 ml/min durch 100 g Glomus caroticum (Receptororgan an der Arteria carotis, S. 267) und 50 ml/min durch 100 g Gehirn.

Eine wichtige Struktur zur Lenkung des Blutstromes in eine bestimmte Richtung sind Klappen, die von der Wand des Herzens (**Herzklappen**) oder der Gefäße (**Gefäßklappen**) ausgehen. Sie sind beweglich und erlauben den Blutdurchtritt nur in einer Richtung; sollte sich der Blutstrom umkehren, verschließen sie das Lumen. Klappen findet man in besonders vielgestaltiger Art im Herzen, wo sie v. a. einen Rück-

strom des ausgestoßenen Blutes verhindern. In Arterien sind sie selten (Schwanzregion der Haie), in Venen und Lymphgefäßen dagegen häufiger. Bei den Wirbeltieren können bestimmte Gewebeareale vorübergehend völlig von der Durchblutung ausgeschlossen werden (z. B. zur Thermoregulation oder bei tauchenden Tieren), indem sich zuführende kleine Arterien (Arteriolen) so stark kontrahieren, dass sich ihr Lumen verschließt.

Blutdruck. Die folgende Zusammenstellung gibt eine Übersicht über die Druckverhältnisse im Gefäßsystem einiger Tiere. Oft werden systolischer und diastolischer (z. B. 120/80) oder nur der mittlere Druck angegeben (in mm Hg):

Mensch, Hund und Katze 120/80, Frosch 30/20, Lachs (ventrale Aorta) 30/22, *Mytilus* 1,9/0, *Octopus* (Aorta) 44/22, *Locusta* (dorsale Aorta) 6,3/ 2,3.

Die Bedürfnisse der Gewebe erfordern eine kontinuierliche Versorgung mit Blut. Das Gefäßsystem muss aber auch in der Lage sein, sich deren wechselnden Anforderungen, die sich aus unterschiedlicher Aktivität der Zellen ergeben, anzupassen. Die wesentlichen Möglichkeiten, die das Gefäßsystem hat, bestehen in Veränderungen von Frequenz und Schlagvolumen des Herzens und in Veränderungen des Kalibers der Blutgefäße.

Unterbrechung der Durchblutung eines Organs oder Organbezirks kann dramatische Folgen haben, bis zum Tod des Gesamtorganismus. So führt der Verschluss eines größeren arteriellen Gefäßes (Infarkt) in Herz oder Gehirn zu einer Unterbrechung der Blutzufuhr, sodass das Organ oder der Organbezirk nicht mehr mit Nährstoffen und Sauerstoff versorgt wird. In einem solchen Fall wird die Funktion unterbrochen oder zumindest stark beeinträchtigt. Beim Herzen besteht die Funktionseinschränkung in einer verminderten Pumpleistung, weil das betroffene Muskelgewebe abstirbt und durch Narbengewebe ersetzt wird. Ein Herzinfarkt ist beim Menschen von Schmerzen begleitet, die im Bereich des Herzens, aber auch in den Hautarealen lokalisiert sein können, die von den entsprechenden segmentalen Nervenfasern versorgt werden (linke Schulter, linker Oberarm). Ist das Gehirn betroffen, kommt es zum Schlaganfall (Hirninfarkt). Dieser wird nicht von Schmerzen begleitet, sondern die Funktionsausfälle im Gehirn treten bei Schädigungen im motorischen

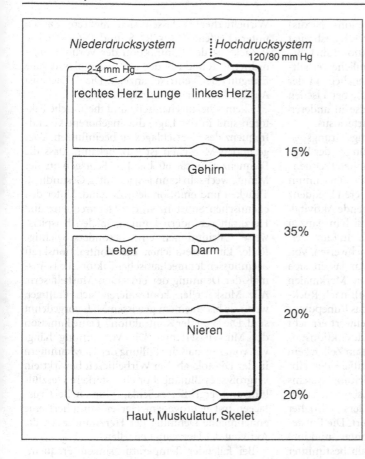

Niederdrucksystem | Hochdrucksystem
120/80 mm Hg

2-4 mm Hg

rechtes Herz Lunge linkes Herz

Gehirn 15%

Leber Darm 35%

Nieren 20%

Haut, Muskulatur, Skelet 20%

Abb. 110 Schematische Darstellung des Blutkreislaufs der Säugetiere mit Angabe des Druckabfalles (oben) in mm Hg. Das arterielle System (rechts) mit seinen starken Wänden und größerem Widerstand reicht vom linken Ventrikel bis zum Capillarsystem (Hochdrucksystem). Der restliche Teil des Gefäßsystems (links) mit relativ dünner und dehnbarer Wand wird Niederdrucksystem genannt. Das Herz ist in linkes und rechtes Herz (=linke und rechte Herzhälfte) aufgeteilt. Rechtes Herz und Lunge gehören zum Niederdrucksystem. Rechts die prozentuale Verteilung des Blutvolumens in einzelnen großen Organen

Anteil des Gehirns als Lähmungen und bei sensorischen Ausfällen als Sensibilitäts- oder Sinnesstörungen zutage. Als akute Therapie ist, wenn möglich, eine Auflösung des Blutgerinnsels (Thrombolyse) anzustreben, was eine schnelle Klinikeinweisung voraussetzt und gegenwärtig beim Herzinfarkt schon häufiger als beim Schlaganfall möglich ist. Langfristig stehen Rehabilitationsmaßnahmen im Vordergrund, die eine möglichst weit gehende Restitution der gestörten Funktion, u. a. durch dosiertes Kreislauftraining beim Herzinfarkt und beispielsweise motorisches Training beim Schlaganfall, zum Ziel haben.

Die Kontraktion des Herzens kann einmal durch die spontane, regelmäßige und rhythmische elektrische Aktivität (Autonomie) spezialisierter Herzmuskelzellen ausgelöst werden (**myogene Herzen**), zum anderen durch Impulse von Nervenzellen (**neurogene Herzen**). Myogene Herzen besitzen die Wirbeltiere, Tunicaten und

Mollusken sowie manche Anneliden. Neurogene Herzen finden sich bei manchen Anneliden und den meisten Arthropoden.

Die besonderen Muskelzellen, von denen die Erregungen zur Kontraktion ausgehen, werden auch **Schrittmacherzellen** genannt. Sie sind oft verhältnismäßig groß, arm an Myofibrillen und reich an Glykogen.

Bei Vögeln und Säugern besteht das erregungsbildende Gewebe aus folgenden Anteilen (**Erregungsleitungssystem**): 1. dem Sinusknoten, 2. dem atrioventrikulären (AV-)Knoten, 3. dem His-Bündel mit zwei Hauptschenkeln (den Tawara-Schenkeln) und 4. den Purkinje-Fasern. Die elektrische Erregung beginnt im **Sinusknoten** des rechten Vorhofes (dem eigentlichen Schrittmacher, Automatiezentrum), wandert bei Säugern und Vögeln über die normale Vorhofmuskulatur zum **AV-Knoten** und wird von hier über **His-Bündel**, **Tawara-Schenkel** und **Purkinje-Fasern** in die eigentliche Herzmuskulatur geleitet, wo sie sich über gap junctions (Nexus) zwischen den Herzmuskelzellen rasch ausbreitet und zu einer geordneten Kontraktion führt. Bei niederen Vertebraten scheinen ähnliche Verhältnisse vorzuliegen, der Sinusknoten liegt in der Wand des Sinus venosus (Name), bei Fischen liegt Schrittmachergewebe teilweise in anderen Regionen, u. a. auch im Truncus arteriosus.

Obwohl alle Zellen des Erregungsleitungssystems zu spontaner Erregungsbildung in der Lage sind, dominiert aufgrund seiner hohen Frequenz der Sinusknoten. Bei dessen Ausfall übernimmt der AV-Knoten mit seiner langsameren Frequenz die Führung. Die elektrische erregende Aktivität, die vom Sinusknoten ausgeht und sich im ganzen Herzen ausbreitet, lässt sich sowohl an Einzelzellen als auch am ganzen Herzen nachweisen. Von den einzelnen Schrittmacherzellen lassen sich Aktionspotentiale mit besonderen Merkmalen ableiten (**Schrittmacherpotentiale**): nach Rückgang des Aktionspotentials steigt das Ruhepotential wieder an, bis es den Schwellenwert erreicht und sich erneut ein steil ansteigendes Aktionspotential ausbildet. Es gibt also in diesen Zellen kein stabiles Ruhepotential. Die Potentiale der einzelnen Regionen des Erregungsleitungssystems unterscheiden sich etwas. Im Sinusknoten ist der Anstieg des Ruhepotentials besonders steil, daher erreicht es rasch den Schwellenwert. Die Entstehung dieser Potentiale erfolgt spontan, und ihre Frequenz ist genetisch – innerhalb bestimmter Grenzen – festgelegt. Ähnlich verhalten sich die Nervenzellen in den Ganglien der neurogenen Herzen. Ein bekanntes Tier mit neurogenem Herzen ist *Limulus*. Bei ihm liegt dem Herzen dorsal eine Reihe von Ganglien auf, von denen die erregende Aktivität ausgeht. Jede Muskelzelle wird von mindestens sechs Nervenzellen innerviert.

Die elektrische Gesamtaktivität des myogenen Herzens, die sich aus zahllosen Einzelzellpotentialen zusammensetzt, lässt sich mit Hilfe des von der Körperoberfläche abgeleiteten **Elektrokardiogramms (EKG)** darstellen. Es entstehen charakteristische Kurven, deren einzelne Zacken der Erregung bestimmter Herzregionen entsprechen (Abb. 111). Jede Tierart hat einen eigenen EKG-Typ. Einfache sackförmige Herzen, wie die mancher Brachyuren, zeigen im EKG nur eine einzige Zacke, das zweikammerige Herz von Muscheln weist zwei Zacken auf, von denen die erste der Kontraktion des Atriums, die zweite der des Ventrikels entspricht. Bei den komplizierteren Wirbeltierherzen lassen sich mehrere Zacken unterscheiden: P-, Q-, R-, S- und T-Zacken. Die P-Zacke ist der Kontraktion der Vorhöfe zugeordnet, Q, R und S bilden einen Komplex, der die Erregung der Ventrikel anzeigt. Die T-Zacke ist Ausdruck der Erregungsrückbildung.

Chemische, mechanische und thermische Faktoren sind in der Lage, die angeborene Grundfrequenz des Herzschlages zu beeinflussen. Vom gesunden Menschen ist z. B. bekannt, dass die Frequenz von ca. 60 bis 180 Schlägen in der Minute wechseln kann je nach Alter, Gesundheit, Tätigkeit und emotionalem Zustand. Unter den chemischen Substanzen, die Herzfrequenz und Herzkraft verändern können, spielen beispielsweise Calciumionen eine besonders wichtige Rolle. Ein wesentlicher, die Kontraktionskraft beeinflussender mechanischer Faktor ist das Ausmaß der Dehnung der einzelnen Muskelfasern. Alle Muskelzellen kontrahieren sich kräftiger, wenn sie bis zu einem gewissen Maß vorgedehnt sind. Die Kraft der Kontraktion ist eine Funktion der Muskelfaserlänge. Die Vordehnung hängt v. a. vom Ausmaß der Füllung der Herzkammern in der Diastole ab. Bei Wirbeltieren bewirkt ein vergrößertes Blutangebot eine stärkere Herzfüllung und vergrößertes Schlagvolumen. Bei Crustaceen mit neurogenem Herzen stimuliert eine zunehmende Dehnung der Herzwand auch die Aktivität der Herzganglienzellen.

Bei fallender Temperatur sinken Frequenz, Kontraktionskraft und Schlagvolumen, bei steigender nehmen diese Parameter zu (RGT-Regel, S. 382).

Besonders wichtig ist die Beeinflussung des Herzens durch das Nervensystem. **Chemo- und Druckreceptoren** in der Wand des Gefäßsystems leiten Informationen in herz- und gefäßsteuernde Neuronengruppen des zentralen Nervensystems (Herz- und Kreislaufzentrum) in der Medulla oblongata. Von hier aus erreichen hemmende (inhibitorische) oder erregende (akzelerierende) Fasern das Herz. Bei den Wirbeltieren ist im Allgemeinen Noradrenalin der Transmitter der erregenden Fasern und Acetylcholin der Transmitter der hemmenden. Bei Wirbellosen werden myogene Herzen im Allgemeinen durch Acetylcholin gehemmt und neurogene durch diese Substanz stimuliert. Auch Neurohormone beeinflussen den Herzschlag. Extrakte des **Perikardialorgans** vieler Krebse steigern die Amplitude des Herzschlages und steigern oder senken – je nach untersuchter Art – seine Frequenz. Das

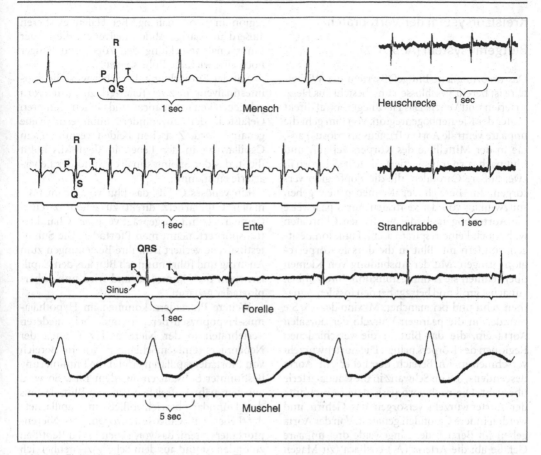

Abb. 111 Elektrokardiogramme verschiedener Tiere

Perikardialorgan ist ein Neurohämalorgan, dessen Perikaryen im ZNS liegen.

Ein komplexes Gebiet mit herzsteuernden Neuronengruppen, auch Herzzentrum genannt, in der Medulla oblongata des Nervensystems der Wirbeltiere ist die zentrale Schaltstelle der Herzreflexe. In ihm kommen inhibitorische und akzelerierende Nervenzellgruppen vor. Ebenso wurden in bestimmten Ganglien von Mollusken, Krebsen, Skorpionen, *Limulus* u. a. Herzzentren gefunden. Zum Teil scheinen nur inhibitorische oder akzelerierende Nervenzellen vorzuliegen. Die Receptoren, die mit dem Herzzentrum verbunden sind, liegen bei Fischen in den Kiemengefäßen. Ein Anstieg des Blutdruckes in ihnen verlangsamt die Herztätigkeit (Kiemen-Depressor-Reflex). Bei Tetrapoden kommen solche **Druckreceptoren** in der Wand der Aorta, der Arteria carotis (Sinus caroticus), der großen Venen und der Vorhöfe des Herzens vor. Von ihnen werden Erregungen über sensible Fasern der hinteren Kiemenbogennerven (Nervus glossopharyngeus, Nervus vagus) dem Herzzentrum zugeleitet. Zunehmender Blutdruck führt zu vermehrten Impulsen der Receptoren, was eine Stimulation der hemmenden, efferenten Neurone, die auch dem Nervus vagus angehören, zur Folge hat, sodass die Herzaktion herabgesetzt wird (Frequenz, Kontraktionskraft und Amplitude verringern sich). Als Konsequenz sinkt der Blutdruck.

Bei Tetrapoden geht auch von den Chemoreceptoren der Glomusorgane (S. 268) ein Einfluss auf die Herztätigkeit aus, was im Bereich der herzsteuernden Neuronengruppen (s. o.) integriert wird; z. B. führt Anstieg des pCO_2 zu Anstieg der Herzfrequenz.

Kreislaufsystem der Vertebraten

Blutgefäßsystem (Abb. 112)

Das ursprüngliche Blutgefäßsystem der Wirbeltiere ist bereits geschlossen und besteht aus Herz, Arterien und Venen. Das Herz liegt ventral direkt hinter der Kiemenbogenregion. Von ihm geht die unpaare ventrale Aorta (Truncus arteriosus) aus, die in der Mittellinie des Körpers verläuft und Blut nach vorn transportiert. Sie teilt sich vorn in zwei äußere Carotiden, die die Kopfregion versorgen. Im Bereich der Kiemenspalten gehen spitzwinklig von der **ventralen Aorta** paarweise die **Aortenbögen** ab, die bei frühen Chordaten wohl noch keine respiratorische Funktion besitzen, sondern nur Blut in die dorsale Körperregion bringen. Mit der Ausbildung von Kiemen übernehmen sie Atmungsfunktion. Ihre Zahl ist zunächst groß und beträgt bei den fossilen Agnathen zehn und bei manchen Myxinoidea 15. Sie münden in die paarigen Wurzeln der **dorsalen Aorta** ein, die das Blut in die verschiedenen Regionen des Körpers bringt. Die Aortenwurzeln verschmelzen im Bereich der Leber zur **Aorta descendens,** die im Schwanz in die Caudalarterie übergeht. Die nach vorn gerichteten Abschnitte der Aortenwurzeln versorgen das Gehirn und werden innere Carotiden genannt. Von der Aorta gehen im Bereich der Eingeweide drei unpaare Gefäße ab: die Arteria (A.) coeliaca (zu Magen und Leber), A. mesenterica superior (Dünndarm), A. mesenterica inferior (Enddarm). Die Gefäße zu Nieren, Gonaden und Körperwand sind paarig.

Das **Venensystem** (Abb. 112) ist komplizierter aufgebaut. Im Schwanzbereich führt die Caudalvene das Blut ab und mündet in einen venösen Analring. Vom Analring gehen paarige, seitlich verlaufende Cardinalvenen ab, die ursprünglich Blut aus den Gonaden, Nieren und der Körperwand sammeln. Bei den meisten Fischen und niederen Tetrapoden ist, vereinfacht gesprochen, in ihren Verlauf die Niere eingeschaltet (s. u.). Das Blut des Darmbereiches wird dem Herzen über die **Subintestinalvene** zugeführt. Von vorn kommen zwei vordere **Cardinalvenen,** die in Höhe des Herzens mit den hinteren auf jeder Körperseite zu je einer Vena cardinalis communis zusammenfließen. Diese Gefäße werden auch **Ductus Cuvieri** genannt; sie gehen in das Herz über. Ein weiteres wichtiges Gefäßpaar, die Subcardinalvenen, führt Blut aus der Abdominal-region in den Analring. Bei Haien existieren außerdem paarige Abdominalvenen, die in der Embryonalentwicklung der Vögel und Säuger noch eine wichtige Rolle spielen.

Mit der Entwicklung der Leber wird die Subintestinalvene in zwei Teile zerlegt: in die vorn gelegene Vena hepatica und einen hinteren Gefäßteil, der unverändert Subintestinalvene genannt wird. Zwischen beiden vermittelt ein Capillarnetz in der Leber, in dem Mischblut fließt, das der Subintestinalvene und der Leberarterie entstammt.

Ein venöses Gefäß, das Blut von einem normalen Capillarnetz direkt zu einem zweiten Capillarnetz mit ausgeprägt venösem Charakter transportiert, nennt man **Pfortader.** Die Subintestinalvene verliert früh ihre Beziehungen zum Analring und führt nur noch Blut aus den Capillarnetzen des Darmes ab und wird nun **Leberpfortader** genannt.

Weitere Pfortadern kommen im Hypothalamus-Hypophysen-Bereich und bei niederen Vertebraten in der Niere und z. T. auch der Nebenniere (einigen Schlangen) vor. Im Bereich von Pfortadercapillaren erfolgt die Eliminierung bestimmter Substanzen aus dem Blut. So wird aus dem nährstoffreichen venösen Blut, das aus dem Dünndarmbereich abfließt, im Capillarnetz der Leber z. B. Glucose entzogen. Das **Nierenpfortadersystem,** das von Haien bis zu Reptilien zu finden ist und aus dem Schwanzvenenbereich gespeist wird, hat sich vermutlich mit der Besiedlung des Süßwassers durch die Vertebraten entwickelt. Der damit verbundenen Gefahr, wichtige Bestandteile der Körperflüssigkeiten an das hypotonische Süßwasser zu verlieren, konnte neben dem Knochenpanzer auch das Nierenpfortadersystem begegnen, indem es Mineralien und andere Bestandteile des Primärharns rückresorbiert.

Bei den Säugern ist die Nierenpfortader wieder verloren gegangen. Hier fließt das Blut, das der Niere über die Nierenarterie zugeführt wird, nach Passage durch ein arterielles (in den Glomeruli) und ein arteriovenöses Capillarnetz durch die Nierenvene wieder ab.

Das gesamte Blut der Eingeweide, des Rumpfes und der hinteren Extremitäten fließt bei den Säugern letztlich über eine unpaare **Vena cava posterior** (hintere Hohlvene; beim Menschen: untere Hohlvene) dem Herzen zu. Dieses Gefäß ist aus sehr unterschiedlichen Vorläufern bei den Amphibien und Reptilien entstanden.

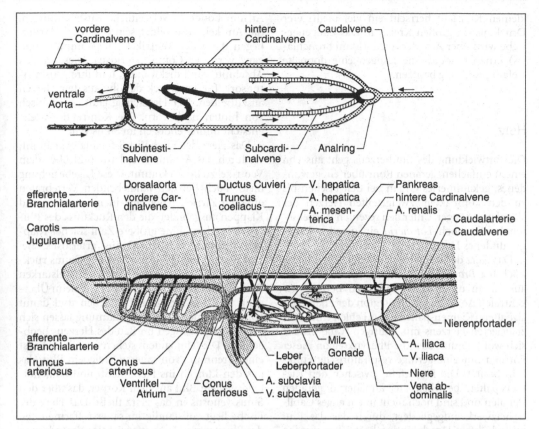

Abb. 112 Oben: Venensystem eines ursprünglichen Wirbeltieres (Ventralansicht). Vordere und hintere Cardinalvene münden in den Ductus Cuvieri (Vena cardinalis communis) ein. Unten: Blutgefäßsystem eines Haies. Gefäße mit O_2-reichem Blut schwarz, mit O_2-armem Blut punktiert

Das Blut aus Kopf- und vorderer Rumpfregion wird bei Fischen über die vordere und die gemeinsamen Cardinalvenen dem Herzen zugeführt. Bei den Amphibien entwickeln sich aus den vorderen Cardinalvenen die inneren und äußeren Jugularvenen. Die Venae cardinales communes nehmen mit Entwicklung einer Halsregion einen Längsverlauf an und bilden die Fortsetzung der Jugularvenen. Sie werden bei den Tetrapoden **Venae cavae anteriores** oder vordere Hohlvenen (beim Menschen: obere Hohlvene) genannt. Auf ihrem Weg zum rechten Vorhof nehmen sie die Venae subclaviae, die aus den vorderen Extremitäten kommen, auf. Bei zahlreichen Säugern entwickelt sich zwischen den zwei vorderen Hohlvenen eine diagonal verlaufende Anastomose, die Vena innominata, die das Blut aus der linken vorderen Körperhälfte auf kürze-

rem Wege dem Herzen zuführt. Diese Vene ist ein typisches embryonales Gefäß, das dann vielfach erhalten bleibt. Bei vielen Formen, z. B. Carnivoren, verschwindet dann auch beim erwachsenen Tier der proximale Teil der linken vorderen Hohlvene.

Lungenkreislauf

Ein eigener Lungenkreislauf (= kleiner Kreislauf) lässt sich bei Lungenfischen und Tetrapoden vom übrigen Körperkreislauf (= großer Kreislauf) abgrenzen. Die Lungenarterien, die sich vom 6. Kiemenbogengefäß herleiten, führen sauerstoffarmes Blut in die Lungen. Lungenvenen transportieren O_2-reiches Blut in das Herz, in das sie im Bereich des linken Vorhofes einmünden. Im kleinen Kreislauf herrscht ein viel niedrigerer Druck als im großen Kreislauf. Das Lungengewebe wird über Äste der Aorta (Rami bronchiales) ernährt, sodass die Lungen eine doppelte Gefäßversorgung besitzen.

Herz

Die Entwicklung des Blutherzens geht aus von einem einfachen, geraden Rohr über ein gewundenes, gekammertes Organ bei den Fischen bis zu den kompakten, zweigeteilten Herzen der Vögel und Säuger. Unter den rezenten Wirbeltieren besitzt noch *Latimeria* ein gerades, kaum gewundenes Herz.

Das Herz der Wirbeltiervorläufer, wie es heute noch bei *Branchiostoma* anzutreffen ist, besteht aus einem unscharf abgegrenzten Bereich der ventralen Aorta hinter der Region der Pharyngealspalten (Kiemenspalten). Das Fehlen eines spezialisierten Herzens mit kräftiger Wand erklärt sich wohl daraus, dass die Pharynxregion dieser Formen nur eine geringe respiratorische Funktion besitzt. Die Blutgefäße zwischen den Kiemenspalten bestehen aus annähernd geraden Kanälen und sind noch nicht in ein enges Capillarnetzwerk aufgegliedert, durch das das Blut mit erhöhtem Druck hindurchgetrieben werden muss. Die pulsierenden Gefäßabschnitte (Bulbilli) an der Basis der Kiemenbögen bei *Branchiostoma* sind eine Sonderbildung.

Bereits bei den ältesten Fischen hat die Haut infolge des sich entwickelnden Knochenpanzers ihre Funktion als Atmungsorgan verloren. Diese Rolle wurde von der Pharynxspaltenregion übernommen, die damit nicht mehr ausschließlich im Dienst der Nahrungsaufnahme steht. Das capillare Netzwerk, das sich jetzt in diesem Bereich ausbildet, macht ein kräftiges Herz erforderlich, das das Blut von der ventralen zur dorsalen Aorta durch die engen Capillaren pumpt. Das **Herz der Fische** erfüllt zwei Aufgaben: zum einen sammelt es das gesamte Blut aus dem Körper, und zum anderen treibt es das Blut mit kräftigem Druck in die Kiemenregion (= Region der Pharynxspalten mit Atmungsfunktion). Diesen beiden Aufgaben entspricht die Gliederung des Fischherzens in vier hintereinander liegende Abschnitte. Hinten liegt der **Sinus venosus,** vor ihm das **Atrium** (Vorhof). Diese zwei Abschnitte sind dünnwandig und sammeln das Blut. Am

Atrium können zwei seitliche Ausbuchtungen, die Aurikel, ausgebildet sein. Vor dem Atrium liegen dann der **Ventrikel** (Herzkammer) und ganz vorn der **Conus arteriosus.** Diese beiden Abschnitte sind dickwandig, und ihre Muskulatur sorgt für den Druck, das Blut aus dem Herzen auszutreiben. Der Herzschlag läuft peristaltisch von hinten nach vorn. Die Kontraktionswelle entsteht immer endogen im Sinus venosus.

Das Herz der Fische ist S-förmig gekrümmt, wodurch das Atrium dorsal vor und über dem Ventrikel zu liegen kommt. Diese Lagebeziehung bleibt auch bei den landlebenden Vertebraten erhalten. Zwischen den einzelnen Kammern sind Klappen ausgebildet, die den Rückfluss des Blutes verhindern. Eine größere Zahl solcher Klappen befindet sich im Conus arteriosus. Bei Holosteern und Teleosteern ist der Conus rückgebildet und z. T. durch einen muskelstarken **Bulbus arteriosus** ersetzt (Abb. 113). Beim Übergang vom Wasser- zum Landleben und damit von der Kiemen- zur Lungenatmung lassen sich auch Veränderungen im Bau des Herzens beobachten. Die Umbauten stehen v. a. im Dienst einer Trennung von sauerstoffreichem Blut, das aus den Lungen ins Herz fließt, und kohlendioxidreichem Blut aus dem Körper, das über den Sinus venosus in das Herz fließt. Das Herz der Fische liegt vollständig im sauerstoffarmen Teil des Blutstromes. Die erste wichtige Veränderung besteht in der Unterteilung des Atriums in zwei Räume, von denen der rechte das sauerstoffarme Blut aus dem Sinus venosus und der linke das sauerstoffreiche aus der Lungenvene empfängt (Abb. 114). Bei rezenten Lungenfischen und Urodelen ist das Atrium zum Teil, bei Anuren, Reptilien, Vögeln und Säugern völlig in zwei Räume getrennt.

Im **Conus arteriosus** der **Amphibien** ist ein zusätzliches schraubiges Septum ausgebildet, das den Blutstrom in zwei Richtungen lenkt: 1. Das O_2-reiche Blut gelangt vorwiegend in die vorn und ventral gelegenen Gefäße der ventralen Aorta. 2. Das O_2-ärmere Blut gelangt überwiegend in das hintere dorsale Gefäßpaar, die Lungenarterien, die bei Anuren einen großen Stamm zur Haut abgeben. Der Sinus venosus ist bei den Amphibien reduziert. Für Fische, deren Blutfluss in den Venen durch den höheren Wasserdruck behindert ist, ist eine große aufnehmende Kammer, die wenig Widerstand bietet, wichtig. Bei landlebenden Formen, auf denen nur ein relativ geringer atmosphärischer Druck lastet, ist ein

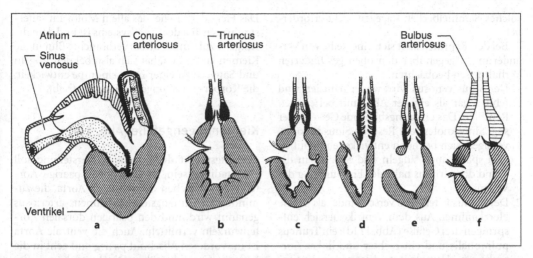

Abb. 113 Herzen verschiedener Fische. **a)** Lungenfisch; **b)** *Petromyzon* (Agnatha); **c)** *Scyliorhinus* (Hai); **d)** *Lepisosteus* (Holosteer); **e)** *Amia* (Holosteer); **f)** Teleosteer. An den Ventrikel schließt sich der mit Klappen versehene Conus arteriosus (= Bulbus cordis) an. Es folgt der Truncus arteriosus, dessen herznaher Teil bei Teleosteern zum muskelstarken Bulbus arteriosus wird. Beachte, dass nur in Abb. 113a das Herz vollständig gezeichnet wurde, in 113b–f sind nur Ventrikel, Conus arteriosus und Truncus arteriosus dargestellt

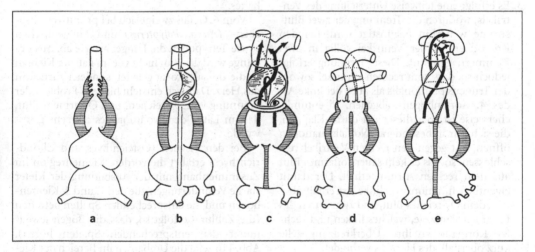

Abb. 114 Schematische Darstellung der Hauptformen von Wirbeltierherzen. Die einzelnen Herzabschnitte sind hintereinander gezeichnet, Ventrikelwand waagerecht schraffiert, ebenso Septen in Atrium und Ventrikel. Besonders berücksichtigt ist die Torsion des Truncus arteriosus. **a)** Fischherz, keine Torsion; **b)** Herz eines Lungenfisches *(Neoceratodus)*, beginnende arterielle Torsion; **c)** Zwischenform von Amphibien und Reptilien, Ausbildung eines Vorhofseptums und einer offenen conotruncalen Trennwand. Deutliche Torsion am arteriellen Herzende; **d)** Reptilienherz, starke Torsion, drei Schlagadern: Arteria pulmonalis, linke und rechte Aorta, weitergeführte Septierung. Scheidewände im conotruncalen Bereich nicht eingezeichnet; **e)** Säugerherz, vollständige Septierung, komplette, 180° betragende Torsion. Das Vogelherz ist ähnlich gebaut, nur verläuft hier der Aortenbogen nach rechts

solches Sammelbecken dagegen nicht erforderlich.

Bei den **Reptilien** lässt sich eine Reihe von Veränderungen gegenüber den oben geschilderten Verhältnissen beobachten.

1. Der **Sinus venosus** wird weiter reduziert und fehlt sogar als eigener Abschnitt bei einigen Reptilien. Das erregungsbildende Gewebe, der sog. Sinusknoten, ein Rest des Sinus venosus, verlagert sich bei hoch entwickelten Reptilien und später auch Vögeln und Säugern in die Wand des Atriums nahe der Einmündung der Venen.
2. Der **Conus arteriosus** verschwindet als eigene Herzkammer. Aus dem Ventrikelbereich entspringen drei Gefäße (Abb. 114d): ein **Truncus pulmonalis** und ein **rechter** und **linker Aortenbogen.** Komplizierte Klappeneinrichtungen sorgen dafür, dass der im rechten Herzen – also im O_2-armen Bereich – entspringende, nach links in den Körper ziehende Aortenbogen ausreichend O_2-angereichertes Blut erhält. Außerdem versorgt er vorwiegend die nicht so O_2-bedürftige Darmregion.
3. Es erfolgt eine teilweise Unterteilung des **Ventrikels,** wodurch die Trennung der zwei Blutströme weiterhin begünstigt wird. Bei den Krokodilen ist der Ventrikel völlig in zwei Kammern getrennt. Diese Trennung erfolgt jedoch so, dass vom rechten Ventrikel sowohl der Truncus pulmonalis als auch der linke Ast des 4. Aortenbogens abgehen. Eigentümlicherweise ist aber dieser Ast durch Klappen, die sich nur in besonderen Notfallsituationen öffnen, fest gegen den rechten Ventrikel verschlossen, sodass er kein sauerstoffarmes Blut aus dem rechten Atrium erhält. Der damit eigentlich funktionslose linke Ast erhält aber trotzdem O_2-reiches Blut, und zwar durch das **Foramen Panizzae,** welches linken und rechten Körperast an ihrer Überkreuzungsstelle kurz oberhalb des Herzens verbindet.

Bei Vögeln und Säugern ist die Scheidewand des Ventrikels stets vollständig, sodass O_2-reiches und O_2-armes Blut sich nicht mehr mischen können. Damit ist eine optimale O_2-Versorgung des Körpers gewährleistet. Bei Embryonen ist noch eine Öffnung zwischen linkem und rechtem Vorhof vorhanden (Abb. 115), wodurch der Lungenkreislauf umgangen werden kann. Zwischen allen Herzabschnitten sind Klappen ausgebildet, die einen Rückfluss des Blutes verhindern.

Das Herz der Fische, das allein Motor im sauerstoffarmen Teil des Gefäßsystems ist und dem die Aufgabe zukommt, dieses verbrauchte Blut in die Kiemen zu treiben, hat sich also bei den Vögeln und Säugern zu einer Doppelpumpe entwickelt, die Körper- und Lungenkreislauf antreibt.

Kiemenbogengefäße (Abb. 116)

Ausgangspunkt der folgenden Darstellung soll ein Stadium sein, in dem sechs paarige Aortenbögen zwischen der ventralen Aorta, die zumindest im Anfangsteil oft Truncus arteriosus genannt wird, und den paarigen dorsalen Aortenwurzeln vermitteln. Auch die ventrale Aorta ist im vorderen Abschnitt paarig und geht in die äußeren Carotiden über. Die Aortenbögen dienen dem Gasaustausch in den Kiemen, die sich in den Wänden der Kiemenspalten bilden und ein Capillarnetz besitzen. Diese stark capillarisierten Kiemen nehmen nicht nur O_2 auf und geben nicht nur CO_2 ab, sondern dienen auch der Exkretion und Homöostase des Elektrolythaushaltes.

Vom 6. Gefäß zweigt sich bei primitiven Knochen- (*Amia, Polypterus*) und Lungenfischen sowie Tetrapoden die **Lungenarterie** ab. Aus der Lunge wird das Blut nicht wie im Fall der Kiemen in die dorsale Aorta geleitet, sondern zurück in das Herz. Dadurch entsteht hier das Problem der Trennung von O_2-reichem und O_2-armem Blut, das im Laufe der Evolution des Herzens gelöst wurde.

Bei den Fischen (Osteichthyes und Chondrichthyes) erfährt die vordere Kiemenregion im Zusammenhang mit der Ausbildung der Kiefer starke Veränderungen, die den 1. und 2. Kiemenbogen und die entsprechenden Spalten betreffen (die Zählung erfolgt so, dass die Bögen jeweils hinter den entsprechenden Spalten liegen). Abb. 116 zeigt die Umbauten im Bereich der Kiemenbogenarterien innerhalb der Wirbeltiere. Bei erwachsenen Amphibien sind schließlich die Kiemenspalten verschwunden. Die Amphibien besitzen im Anschluss an den Conus arteriosus paarige (Anuren) oder unpaare Trunci arteriosi, die sich dann in die Aortenbögen aufspalten.

Eine Modifizierung bei vielen Reptilien besteht in der Teilung des Truncus arteriosus in drei Gefäße (Abb. 116d). Eins davon bildet den gemeinsamen Stamm der Lungenarterien (6. Bogen), der mit dem rechten Ventrikel in Verbin-

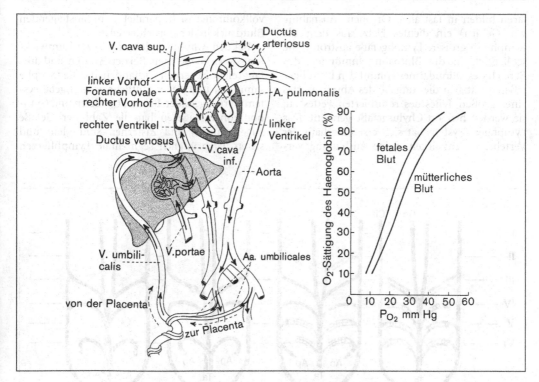

Abb. 115 Links: Kreislauf im Säugetierfetus. Sauerstoffreiches Blut fließt aus der Placenta über die Vena (V.) umbilicalis in das Herz. Hier wird es durch eine Öffnung in der Wand zwischen rechtem und linkem Vorhof, das Foramen ovale, in die linke Herzhälfte geleitet und durch die Aorta in den Körper gepumpt. Sauerstoffreiches Blut aus der Placenta, das in den rechten Ventrikel gelangt, und sauerstoffarmes Blut, das aus der Vena cava superior hierher gelangt, werden in die Arteria pulmonalis geleitet und, da die Lungen noch keine Atmungsfunktion haben, über den in der Embryonalzeit noch offenen Ductus arteriosus (D. Botalli) der Aorta zugeführt. Dadurch ist das Aortenblut vor dem Ductus arteriosus, das den Kopf versorgt, sauerstoffreicher als hinter seiner Einmündung. Rechts: Hämoglobindissoziationskurve des fetalen und mütterlichen Blutes. Die fetalen Erythrocyten enthalten fetales Hämoglobin (HbF), das besonders gute O_2-Bindungs- und Transporteigenschaften besitzt

dung steht. Von den beiden anderen Gefäßen ist eins in Verbindung mit dem linken Ventrikel und setzt sich in den rechten 4. Aortenbogen fort, und das andere steht in Verbindung mit dem rechten Ventrikel und setzt sich in den linken Bogen fort.

Bei Säugern geht ein großer Teil des rechten 4. Bogens verloren (sein Ursprung geht auf im Abgangsstück der rechten A. subclavia), sodass der Körper in der Hauptsache vom linken 4. Bogen versorgt wird. Bei den Vögeln verschwindet der linke 4. Bogen.

Lymphgefäßsystem

Das Lymphgefäßsystem ist im Gegensatz zum Blutgefäßsystem kein Kreislaufsystem, sondern besteht aus blindendigenden Kanälen, die interstitielle Flüssigkeit der Organe sammeln und dem Blutgefäßsystem zuführen. Die **Lymphgefäße** sind praktisch ein supplementäres Drainagesystem, das Stoff und Flüssigkeit aufnimmt, die nicht von den Blutcapillaren abtransportiert werden. Beim Menschen treten durch den Filtrationsdruck große Mengen an Flüssigkeit pro Tag aus den Blutcapillaren in das interstitielle Gewebe über; davon wird das meiste vom Blutcapillarsystem reabsorbiert, der Rest wird vom Lymphgefäßsystem abgeleitet. Die **Lymphcapil-**

laren bilden in fast allen Organen (Ausnahme v. a. Gehirn) ein dichtes Netz, aus dem die Lymphe in größere Lymphgefäße abströmt, die schließlich in die Blutbahn einmünden. Im Bereich des Dünndarmes kommt den Lymphgefäßen zusätzlich die Aufgabe des Abtransportes eines großen Teiles des resorbierten Fettes zu; sie werden hier oft **Chylusgefäße** genannt. Das Lymphgefäßsystem hat sich erst innerhalb der Vertebraten entwickelt. Seine Ausbildung vervollkommnet sich parallel zum ansteigenden Blutdruck in der Wirbeltierreihe.

Bei den Amphibien lassen sich zwei Entwicklungswege beobachten. Bei den Anuren sind umfangreiche Zisternen vorhanden, die die Lymphe sammeln, und das eigentliche Lymphgefäßsystem ist rückgebildet. Bei den Urodelen und Gymnophionen dagegen hat die Zahl der Gefäße zugenommen, und Zisternen sind klein und selten. Ursprünglich segmentale **Lymphherzen**

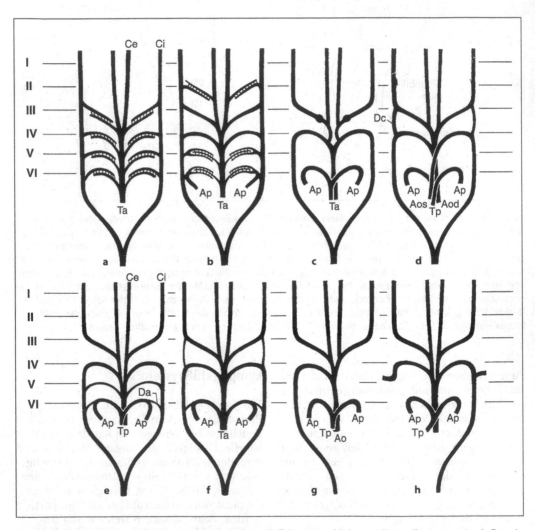

Abb. 116 Ventralansicht der Kiemenbogenarterien. **a)** Teleosteer; **b)** Lungenfisch *(Protopterus);* **c)** Frosch; **d)** Eidechse; **e)** Salamander *(Salamandra);* **f)** Molch *(Triturus);* **g)** Vögel; **h)** Säuger. I–VI Arterien der Branchialbögen. Ao: Arcus aortae (Aortenbögen); Aod: Arcus aortae dexter (rechter Aortenbogen); Aos: Arcus aortae sinister (linker Aortenbogen); Ap: Arteria pulmonalis; Ce: Carotis externa; Ci: Carotis interna; Da: Ductus arteriosus; Dc: Ductus caroticus; Ta: Truncus arteriosus; Tp: Truncus pulmonalis (Stamm der Lungenarterien)

beschleunigen den Lymphfluss. Die Lymphherzen stehen im Gegensatz zum Blutherzen ausschließlich unter nervöser Kontrolle.

Bei den Reptilien ist ein gut ausgebildetes Lymphgefäßsystem mit zwei Lymphherzen vorhanden.

Die Vögel und Säugetiere besitzen meist keine Lymphherzen. Eine Neuentwicklung sind die Klappen im Lymphgefäßsystem, die den Flüssigkeitsstrom in eine Richtung lenken. Motor des Lymphstromes sind die Körperbewegungen, Sog des Venensystems und glatte Muskulatur in der Wand der größeren Lymphgefäße.

Bei der Mehrzahl der Säuger laufen die Lymphgefäße des Körpers zu einem größeren Kanal (dem Ductus thoracicus) zusammen, der oberhalb des Herzens in eine große Vene einmündet.

Mit Lymph- und Blutgefäßen stehen die sehr variabel gestalteten **lymphatischen Organe** in Beziehung, die bei niederen Wirbeltieren oft nur schlecht abgegrenzten Ansammlungen von Lymphocyten und anderen Blutzellen entsprechen. Eigene Organe sind Thymus, Milz, Lymphknoten, die Peyer-Plaques im Darm und bei Vögeln die Bursa Fabricii.

11 Atmung

Unter Atmung (Respiration) versteht man zwei miteinander verbundene Vorgänge:

1. Als **Zellatmung** werden die enzymatisch katalysierten Stoffwechselvorgänge bezeichnet, die der Energiegewinnung in der Zelle dienen. Sie sind im Allgemeinen auf Sauerstoff angewiesen; in ihrem Verlauf entsteht als gasförmiges Endprodukt Kohlendioxid (Kapitel 1).
2. Der Austausch und Transport von O_2 und CO_2 (**Gaswechsel**); hier unterscheidet man äußere und innere Atmung.

a) Als **äußere Atmung** bezeichnet man bei landlebenden Wirbeltieren die Vorgänge in der Lunge: die Aufnahme von O_2 aus der eingeatmeten Luft in das Blut und die Abgabe von CO_2 aus dem Blut in die Lungenalveolen. Dieser Gasaustausch wird durch eine große Oberfläche der Alveolen (Mensch: $100-140\,m^2$) und der Erythrocyten ($3800\,m^2$) sowie die Verlangsamung des Blutstromes in den Lungencapillaren gefördert. Außerdem sind die zu überbrückenden Entfernungen äußerst gering; zwischen Blutgefäß und Luftraum (Alveole) findet sich eine trennende Gewebsschicht von weniger als 1 µm Dicke (Abb. 117): **Blut-Luft-Schranke**.

Bei wasserlebenden Tieren kann sich die äußere Atmung an der Oberfläche von Kiemen abspielen, wo die Gewebeschicht zwischen Wasser und Blut oft auch sehr dünn ist (unter 1 µm).

b) **Innere Atmung** ist die Abgabe von O_2 aus dem Blut in die Körperzellen und der umgekehrte Transport des CO_2.

Der Gasaustausch folgt dem jeweiligen Partialdruckgefälle, d.h., für Sauerstoff ist der Partialdruck in den Lungenalveolen größer als im Blut und hier wieder größer als im Gewebe. Für das Kohlendioxid liegen die Verhältnisse umgekehrt. Die Bedeutung der Atembewegungen liegt darin, einen Gasaustausch herbeizuführen, d.h. CO_2-angereicherte Lungenluft zu entfernen und O_2-reiche atmosphärische Luft in die Lunge aufzunehmen. Die atmosphärische Luft enthält ca. 21% O_2 und 0,03% CO_2, die Ausatmungsluft beim Menschen 17% O_2 und 4% CO_2.

Aufnahme und Abgabe der Gase erfolgen an der Oberfläche rein physikalisch und durch Diffusion, der Transport im Tier findet meist durch lockere chemische Bindung an Blutfarbstoff statt.

Der Sauerstoffverbrauch zeigt eine große Variationsbreite. Sessile und sich langsam bewegende Tiere benötigen weniger Sauerstoff als lokomotorisch aktive Formen, selbst wenn letztere in Ruhe gemessen werden. Ausgedrückt in µl $O_2/g\cdot h$ verbraucht eine Pythonschlange 6,2, ein Mensch 200, ein Tagschmetterling (*Vanessa*) 600. In Phasen hoher Aktivität steigen diese Raten bei auf Ausdauer trainierten Menschen auf das 20fache ($4\,000\,µl/g\cdot h$), bei *Vanessa* auf das 170fache($102\,000\,µl/g\cdot h$).

Hautatmung

Vielen Tieren fehlen spezielle Atmungsorgane, der Gasaustausch durch Haut und z.T. Darm genügt. Es sind 1. Tiere, die eine im Verhältnis zum Körpervolumen große Oberfläche besitzen wie Cnidaria, die nur aus zwei Epithellagen bestehen, und kleinere Formen mit flachem oder lang gestrecktem Körper (Turbellarien, Nematoden u.a.) und 2. Tiere mit geringer Stoffwechselintensität. Selbst wenn spezielle Atmungsorgane entwickelt sind, deckt die Hautatmung oft noch einen großen Teil des Gasaustausches. Bei Fischen schätzt man den Anteil der Hautatmung auf 5–30%, bei Amphibien auf 30–60%; jedoch können in beiden Gruppen auch wesentlich höhere Werte erreicht werden (Frösche atmen in der Winterruhe nur über die Haut). So kann beim Aal die Hautatmung noch 60% der Gesamtatmung ausmachen und bei wasserlebenden Molchen noch höhere Werte erreichen. Bei

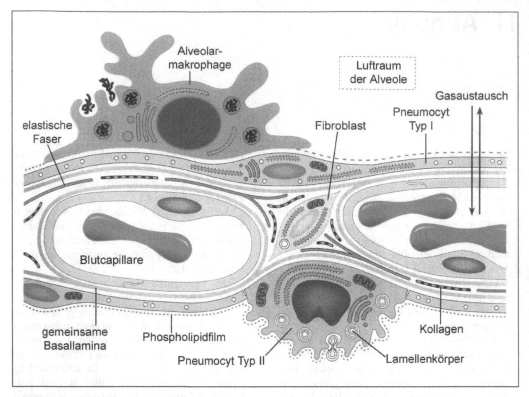

Abb. 117 Feinstruktur eines Alveolarseptums beim Säugetier. Das Alveolarepithel besteht aus den flachen Pneumocyten I und den kissenförmigen Pneumocyten II. Die Pneumocyten II bilden in ihren Lamellenkörpern einen Oberflächenfilm („Surfactant"), der aus Proteinen und Phospholipiden besteht und sich auf dem Alveolarepithel ausbreitet. Er setzt die Oberflächenspannung des feuchten Alveolarepithels herab. Das Alveolarseptum enthält zahlreiche Blutcapillaren. Alveolarepithel, Capillarendothel und zugehörige Basallaminae bilden die Blut-Luftschranke, über die der Gasaustausch erfolgt. Alveolarmakrophagen phagocytieren in die Alveolen eingedrungene Schmutzpartikel, Mikroorganismen oder Erythrocyten, die aus geplatzten Capillaren ausgetreten sind

Fledermäusen sind die Flughäute mit über 10% beteiligt. Mit der Ausbildung einer Chitincuticula oder einer Hornhaut sinkt der Anteil der Hautatmung, sie beträgt beim Menschen nur ca. 1%. CO_2 diffundiert leichter durch die Haut als O_2, die CO_2-Abgabe durch die Haut kann bei Insekten noch 25% betragen. Gasaustausch kann auch im Darmtrakt stattfinden, oft in der Mundhöhle, mehrfach aber auch im Enddarm. Dann wird durch den After Wasser in den Enddarm befördert und wieder entleert. **Enddarmatmung** haben viele Oligochaeten (z. B. Naididen, Tubificiden), Kleinkrebse (Copepoden, Cladoceren, z. B. *Leptodora*) und Insektenlarven (Libellen). Das Wasser wird durch Wimpern (Oligochaeten) oder durch Muskelkontraktionen (Insekten) in den Enddarm befördert.

Kiemenatmung

Kiemen der Wirbellosen. Im Wasser lebende Tiere bilden als Atmungsorgane Kiemen aus, d. h. dünnhäutige Ausstülpungen der Körperoberfläche, in denen der Gasaustausch bevorzugt erfolgt. Sie sind blatt- oder fadenförmig, oft verzweigte Büschel oder fiederförmig. Die Lage der Kiemen am Körper ist recht verschieden, bei Mollusken liegen sie in der Mantelhöhle, bei Arthropoden und Polychaeten an Extremitäten, oder Teile der Extremitäten sind zu Kiemen geworden. Ihre zarte Struktur macht die Kiemen sehr verletzbar, und so bilden sich über ihnen oft Schutzeinrichtungen in Form von Kiemendeckeln. Bei vielen Krebsen sind es die Seitenteile des Panzers (Carapax), die die Kiemenregion überwachsen und sie in einer Atemhöhle bergen, bei den Mollusken liegen sie primär in der Mantelrinne, bei Asseln bedecken einzelne verbreiterte Beine oder Beinteile (Exopodite) die als Kiemen fungierenden Beine. Durch diese Verlagerung in eine Kiemenhöhle entsteht aber die Notwendigkeit, diese Höhle ständig mit frischem Wasser zu versorgen. Das besorgen Wimpern auf und neben den Kiemen (Mollusken) oder Teile von Extremitäten (Krebse). In einer Kiemenhöhle wird der Wasserstrom gerichtet geleitet, an ihrem Eingang werden daher meist eine Ein- und eine Ausströmungsöffnung herausgebildet, die bisweilen zu Röhren verlängert sind. Mit dem Atemwasser werden aber Fremdkörper in die Atemhöhle geführt. Einer Verschmutzung wird auf zwei Wegen vorgebeugt. Entweder es wird am Eingang des Atemstromes vor den Kiemen ein Filter aus Drüsensekret oder Borsten eingebaut, oder auf den Kiemen werden die Partikel durch Drüsensekret festgehalten und durch einen Schleimstrom abgeleitet. Nahrungspartikel aus dem Wasser, die in diesem Schleimstrom enthalten sind, werden zum Mund geleitet (Muscheln, Schnecken, z. B. *Crepidula*). So können Kiemen zu Nahrungsaufnahmeorganen werden.

Kiemen der Wirbeltiere (Abb. 118). Die Kiemen der Wirbeltiere liegen an Spalten des Vorderdarmes (**Kiemenspalten**). Der Kiemendarm ist hier ursprünglich Filterapparat für die Ernährung (Tunicaten, *Branchiostoma*), er wird – umgekehrt wie bei Muscheln – sekundär zum Atemapparat. Die Kiemenblättchen bilden sich an den Rändern der Kiemenspalten, der Wasserstrom wird vom Mund durch sie nach außen geleitet. Auch hier werden Kiemendeckel und Abfangvorrichtungen für Partikel an der Innenwand der Kiemenspalten gebildet (sog. Reusenapparat).

Bei Teleosteern befinden sich an jedem Kiemenbogen zwei Reihen von **Demibranchien** (**Kiemenfäden**). Auf diesen sitzen die **Kiemenblättchen** (Abb. 118c). In Ruhe berühren sich die Enden der Demibranchien benachbarter Kiemenbögen (Abb. 118c), und das Wasser strömt an den Kiemenblättchen entlang. Bei vielen Fischen wird der Wasserstrom außer durch Bewegung der Kiefer- und Kiemenbogenmuskulatur stark durch Bewegungen des Kiemendeckels beeinflusst. Wasser wird bei Knochenfischen durch den Mund eingesaugt und dann durch die Kiemen gepresst (Abb. 118b). Aktive

Schwimmer (Makrelen) schwimmen ständig mit geöffnetem Mund und führen keine Atembewegungen in der Kiemenregion aus. Sie regulieren den Wasserstrom nur durch den unterschiedlich weit geöffneten Mund.

Der Gasaustausch erfolgt im Bereich der Kiemenblättchen (Abb. 118e), hier strömen Blut und Wasser in entgegengesetzter Richtung aneinander vorbei (Gegenstromprinzip, Abb. 118f). Dabei kommt es zur Sauerstoffbeladung des Blutes. Manche Teleosteer vermögen so dem Wasserstrom bis zu 85 % des Sauerstoffes zu entziehen.

Äußere Kiemen werden von dorsalen Kiemenblättchen gebildet, die bei Larven nach außen vorragen, z. B. bei Amphibien, Dipnoern und Haien. Kiemenähnlich werden die Bauchflossen des Lungenfisches *Protopterus* während der Betreuung der Eier. Die Kiemenfäden sondern hier aber O_2 für die Brut ab.

Luftatmung

Für Landtiere ist das umgebende Medium Luft. Sie enthält ca. 21 % O_2, und dieser O_2-Gehalt ist relativ stabil, während Süßwasser bei günstigen Bedingungen bei 0 °C bis ca. 10,5 %, Meerwasser bis ca. 8 % gelösten Sauerstoff enthält, und in beiden der O_2Gehalt bis auf nahe 0 % absinken kann. Vom O_2-Gehalt aus ist Luftatmung günstiger. Wenn Fische trotzdem an der Luft ersticken, beruht dies auf dem Verkleben der Kiemenblättchen, was die Größe der Atmungsfläche herabsetzt. Schwieriger wird die Luftatmung durch die austrocknende Wirkung der Luft, die zarthäutige freie Kiemen nicht zulässt. Daher sind Luftatmungsorgane in den Körper eingestülpt. Lungen und Tracheen sind die Hauptformen der Luftatmungsorgane.

Lungen sind umfangreiche, lufterfüllte Hohlräume, an deren dünnen Wänden der Gasaustausch zwischen Luft und Blut erfolgt. Ihre Entstehung ist bei Wirbellosen und Wirbeltieren ganz verschieden. Bei Wirbellosen sind es Einstülpungen von der Oberfläche, sie sind also ectodermal. Bei **Landschnecken** und **decapoden Landkrebsen** wird einfach die Kiemenhöhle zur Lungenhöhle. Der Gasaustausch erfolgt an den Wandungen der Atemhöhle, die Kiemen werden schrittweise zurückgebildet. Die Lungen der **Spinnentiere** gehen auf eingestülpte, ehemals kiementragende Extremitäten zurück. Die Lungenblätter sind durch feine Chitinborsten gegen-

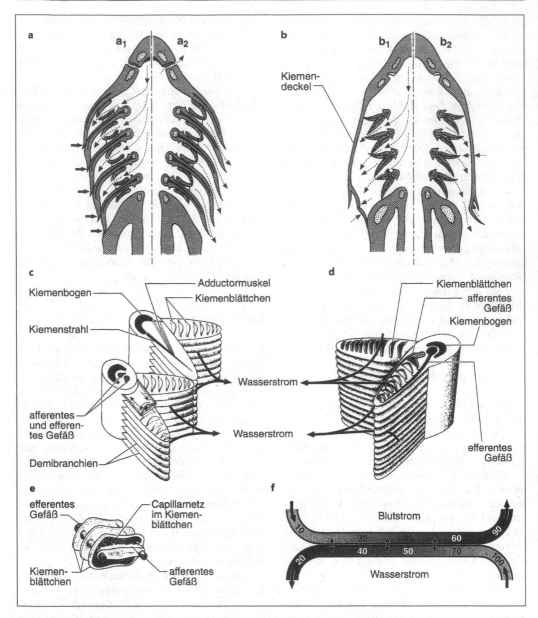

Abb. 118 Fischkiemen, **a), b)** Atemmechanismus bei Selachiern und Teleosteern. **a)** Hai, Horizontalschnitt, a_1: Inspiration (Einatmung), a_2: Exspiration (Ausatmung), **b)** Knochenfisch, Horizontalschnitt. b_1: Inspiration, b_2: Exspiration. Ausgezogene Pfeile: Bewegungsrichtung von Teilen des Kiemenapparates; unterbrochene Pfeile: Richtung des Wasserstromes, **c)** Schematische Darstellung zweier Kiemenbögen mit je zwei Reihen von Demibranchien und ihren Kiemenblättchen bei einem Teleosteer. Der Wasserstrom (dicke Pfeile) geht von der Mundhöhle in den Raum unter den Kiemendeckeln. Der Kiemenstrahl ist ein stützender Knorpelstab. Kleine Pfeile in der Demibranchie: Richtung des Blutstromes. **d)** Kiemenbogen mit zwei Reihen von Demibranchien. Das Blut strömt in einem zuführenden (afferenten) Gefäß in die Demibranchie und verlässt sie über ein abführendes (efferentes) Gefäß. Zwischen beiden Gefäßen ist ein Capillarnetz ausgebildet, das sich in den Kiemenblättchen befindet. **e)** Demibranchie mit Kiemenblättchen und Blutgefäßen. **f)** Gegenstromsystem aus Blutstrom und Wasserstrom. Die Zahlen geben den prozentualen Anteil von Sauerstoff in den beiden Strömen an

einander abgestützt, sodass die Luft zwischen ihnen zirkulieren kann. Entsprechend ihrer Herkunft von Abdominalbeinen sind die Lungen der Spinnentiere in mehreren Paaren vorhanden (bei Skorpionen vier, manchen Webspinnen zwei), ihre Zahl vermindert sich aber rasch, und bei den meisten Arten werden sie durch röhrenförmige Tracheen (**Röhrentracheen**) ersetzt. Gleichfalls an Abdominalbeinen entstehen die kleinen Lungen oder weißen Körper von **Landasseln**. Diese Beine sind schon bei Wasserasseln Atemorgane, besonders ihr Innenast (Endopodit). Bei manchen Landasseln, z. B. der Kellerassel, entstehen nun in den Außenästen (Exopoditen) durch Einsenkung lufterfüllte Taschen, die als Lungen fungieren. Primär sind fünf Paare, später zwei Paare vorhanden.

Bei **Wirbeltieren** entstehen die Lungen ventral vom Darm aus, sie werden von entodermalem Epithel ausgekleidet. Die Luftzufuhr erfolgt über die Nase oder Nase und Mund durch eine Luftröhre (**Trachea**), die durch den Kehlkopf (**Larynx**) gegen den Schlund (**Pharynx**) verschlossen werden kann. Die Trachea gabelt sich in die **Hauptbronchien**, die in die Lungen hineinziehen. Während bei Fischen mit Lungen, Amphibien und manchen Reptilien zentral noch ein einheitlicher Hohlraum in der Lunge ausgebildet sein kann, spalten sich die Hauptbronchien der Säugetiere zu einem umfangreichen **Bronchialbaum** auf, dessen Endverzweigungen mit kleinen Bläschen (**Alveolen**) enden (Abb. 119), die reich mit Blutgefäßen versorgt werden. Die Alveolen sind der Ort des Gasaustausches. Ihre Zahl beträgt beim Menschen ca. 300–400 Millionen.

Blut und Luft bleiben stets durch die Epithelien der Blut-Luft-Schranke (Abb. 117) getrennt. Bei Ausatmung können die Alveolen z. T. kollabieren. Ihre Entfaltung wird wesentlich erleichtert durch Herabsetzung der Oberflächenspannung der wässrigen Flüssigkeitsschicht, welche die Alveolen auskleidet. Dies wird durch einen Phospholipid-Proteinfilm (»**Surfactant**«) erreicht, der aus dem Sekret der Pneumocyten II (Abb. 117 und 119) hervorgeht. Er liegt der wässrigen Schicht auf.

Die Lunge der Tetrapoden hängt zunächst als sackförmiges Gebilde frei in der Leibeshöhle. Bei Reptilien mit leistungsfähiger Lunge kommt es vielfach dazu, dass sie an der Rumpfwand festwächst (Schildkröten, Warane, Krokodile); bei Vögeln ist die Lunge stets mit ihrer Umgebung verwachsen. Bei Säugern ist sie in die **Pleurahöhle** (= **Lungenhöhle**), ein Coelomderivat, eingeschlossen. Die Pleurahöhle ist nur ein enger flüssigkeitshaltiger Spaltraum (Pleuraspalt), der die Bewegungen der Lunge bei Ein- und Ausatmung ermöglicht. Die äußere Wand der Pleurahöhle, die **Pleura parietalis** (= **Rippenfell**) verwächst mit der Thoraxwand, die innere Wand der Lungenhöhle, die **Pleura visceralis** (= **Lungenfell**) bildet die Oberfläche der Lunge. Die Lunge der Säuger wird also vom Epithel der visceralen Pleura bedeckt und ist in der Pleurahöhle verschiebbar. Am **Lungenhilus**, der Stelle, an der die Lunge in die Lungenhöhle eingewachsen ist, gehen viscerale und parietale Pleura ineinander über. Hier befinden sich die Hauptbronchien und die großen zu- und abführenden Gefäße sowie größere Lymphknoten.

Ausreichender Gasaustausch in den Lungen wird durch dauernde Lufterneuerung (**Ventilation**) erreicht. Amphibien und manche Reptilien befördern Luft durch Schluckbewegungen in die Lungen. Für die Erweiterung des Brustkorbes (Einatmung) sind bei Säugern im Wesentlichen die **Zwischenrippenmuskeln**, die die Rippen vorwärts bewegen, und das **Zwerchfell**, welches sich abflacht, verantwortlich (Abb. 120). Dass die Lungen der Erweiterung des Brustkorbes folgen und dabei mit Luft gefüllt werden, beruht darauf, dass der schmale Raum (Pleurahöhle, Pleuralspalt) zwischen Lunge und Rippen mit Flüssigkeit (nicht dehnbar!) gefüllt ist. Die Lungen müssen also der Bewegung des Brustkorbes folgen. Die Plattenepithelien, die die Lungen außen bedecken und den Brustkorb innen auskleiden, gleiten aneinander vorbei. Entzündliche Verklebungen (Rippenfellentzündung) können die Atmung stark behindern. Normalerweise ist die Lunge in der Ruhelage gedehnt.

Die Atemmuskulatur bewirkt also beim **Einatmen** eine Erweiterung des Brustraumes. Dadurch nimmt der Druck in der Pleurahöhle (Normalwert minus 1,5 mm Hg) auf minus 6 mm Hg ab, d. h., der Unterdruck wird stärker. Die Lungen erweitern sich. Da der Druck in den Alveolen etwas niedriger ist als der Atmosphärendruck, wird Luft in die Alveolen hineingesaugt.

Bei der **Ausatmung** kontrahieren sich die Zwischenrippenmuskeln, und das Zwerchfell entspannt sich. Die Rippen bewegen sich nach hinten (vierfüßige Säuger) oder unten (bipede Säuger). Dadurch vermindert sich der Raumin-

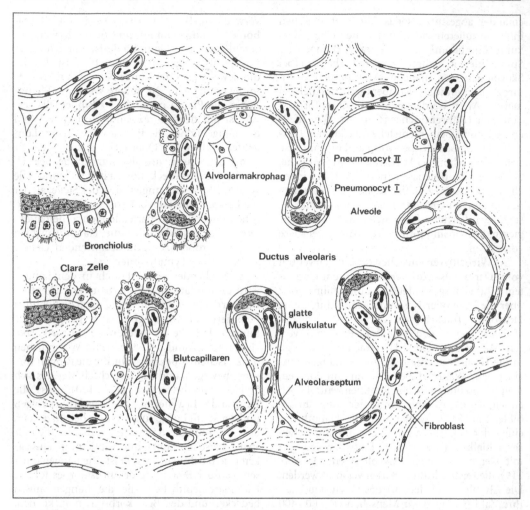

Abb. 119 Histologischer Aufbau des Endabschnittes der Luftwege (Bronchiolen) und der gasaustauschenden Region (Alveolen) der Lungen großer Säugetiere. Die Alveolen werden von einem dünnen Plattenepithel ausgekleidet, das aus Pneumocyten I (auch Pneumonocyten genannt) besteht und in dessen Verband die surfactant-produzierenden Pneumocyten II liegen. Die Alveolarmakrophagen räumen in die Alveolen eingedrungene Partikel ab. Die Clara-Zellen sind sekretorisch tätig und auch an Entgiftungsprozessen beteiligt. Die Weite der Eingänge in die Alveolen kann durch glatte Muskelzellen verändert werden

halt des Brustkorbes. Der Druck in der Pleura-höhle erreicht wieder Werte um minus 1,5 mm Hg, wird also geringer, das elastische Lungengewebe kehrt in seine Ausgangslage zurück. Der Druck in den Alveolen ist jetzt höher als der Atmosphärendruck, und die verbrauchte Luft wird in die Umgebung herausgepresst.

Das **Respirationssystem der Vögel** ist mit Abstand das leistungsfähigste der Wirbeltiere. Es ist in zwei Anteile gegliedert: die **Lungen,** deren

Aufgabe der Gasaustausch ist, und mehrere **Luft-säcke,** die ähnlich Blasebälgen deren Ventilation besorgen. Am Gasaustausch zwischen Luft und Blut nehmen letztere praktisch nicht teil.

Die **Lungen** der Vögel sind relativ starre Organe, die in allen Atmungsphasen ein annähernd konstantes Volumen aufweisen. Sie sind allseitig mit ihrer Umgebung – der dorsalen Körperwand, den Rippen und einem ventralen horizontalen Septum – verwachsen. Ihre Austausch-

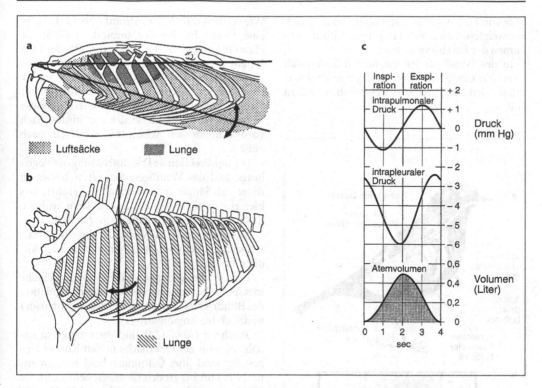

Abb. 120 Links: **a)** Atembewegung bei Vögeln: Blasebalgartige Bewegungen mit maximaler Hubhöhe über den abdominalen Luftsäcken. **b)** Atembewegung bei Säugetieren: Heben der Brustwand und Abflachung des Zwerchfells mit dem Effekt der Thoraxerweiterung und Lungendehnung. Bei Amphibien und manchen Reptilien wird die Lunge durch Schluckatmung gefüllt. **c)** Druckänderungen in Lunge und Lungenhöhle beim Menschen

fläche für Gase ist pro Volumeneinheit etwa zehnmal so groß wie bei Säugern und liegt nicht in blindendigenden Alveolen wie bei diesen, sondern in viel engeren **Luftcapillaren** (Alveolendurchmesser: 60–300 µm; Luftcapillarendurchmesser: 3–10 µm). Die engen, verzweigten Luftcapillaren bilden mit dem Blutcapillarensystem ein dreidimensionales Netzwerk, das in der Wand der **Parabronchien** liegt, eines besonderen Röhrensystems der Vogellunge (s. u.).

Die **Luftsäcke** liegen v. a. unter und hinter den Lungen. Sie sind mehrheitlich mit ihrer Umgebung verwachsen; nur das abdominale Paar liegt frei beweglich in der Bauchhöhle.

Von Lungen und Luftsäcken gehen lufthaltige Ausstülpungen aus, die in Knochen und Bindegewebe vieler Organe eindringen. Einen Eindruck von Lunge und den fünf Luftsackgarnituren mag das Schema auf Abb. 121a geben. Dieses System nimmt etwa 15% des Körpervolumens von Vögeln ein. Folgende Aspekte erscheinen

besonders wichtig: Die Trachea teilt sich in zwei Haupt- oder Primärbronchien, die nicht nur in die Lunge eindringen, sondern einen direkten Zugang zu dem abdominalen Luftsackpaar haben (Abb. 121a–c). Gleiches gilt im Prinzip auch für das hintere thorakale Luftsackpaar, sodass beide Garnituren in den Schemata in Abb. 121b und c zusammengefasst wurden (4 + 5). Von den Hauptbronchien gehen vorn mehrere Gruppen von Sekundärbronchien ab, die sich weiter verzweigen. Mit ihnen sind die drei vorderen Luftsackgarnituren verbunden, weswegen auch diese auf Abb. 121b und c zusammengefasst wurden (1–3).

Von den Sekundärbronchien zweigen die schon erwähnten **Parabronchien** (**Lungenpfeifen**) ab. Ihr Durchmesser beträgt 0,5–2 mm. Sie stellen gerade, beiderseits offene und parallel laufende Röhren dar (Abb. 121), in denen die Luft unidirektional strömt. In ihrer 200–500 µm dicken Wand findet sich das bereits erwähnte

Netz von Luft- und Blutcapillaren. Die mehrfach verzweigten Luftcapillaren gehen seitlich vom Lumen der Parabronchien ab.

In der Wand der Parabronchien finden sich weiterhin elastische Fasern und glatte Muskulatur, die den Luftdurchfluss wesentlich verändern können.

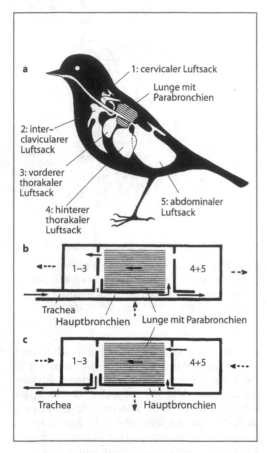

Abb. 121 Vogellunge. **a)** Topographie von Lunge und den fünf Luftsackgarnituren: 1: cervikaler Luftsack, 2: interclavicularer Luftsack, 3: vorderer, 4: hinterer thorakaler Luftsack, 5: abdominaler Luftsack. Jede Lunge wird von einem Hauptbronchus versorgt, der durch die Lunge zu den hinteren Luftsäcken (4 und 5) führt. Weiter vorn ist der Hauptbronchus mit den vorderen Luftsäcken (1–3) verbunden **b), c)** Schema des Respirationssystems eines Vogels bei Inspiration **(b)** und Exspiration **(c)**. Die durchbrochenen Pfeile zeigen an, dass die Luftsäcke bei Einatmung erweitert, bei Ausatmung verkleinert werden. Die durchgezogenen Pfeile bezeichnen die Luftströme, die Kreuze dagegen Orte, wo die Luft nicht strömt

Wie verläuft nun der Luftstrom? Abb. 121b, c gibt eine Übersicht: Bei der Inspiration fließt die Hauptluftmenge in die hinteren Luftsäcke (4 + 5), ein kleinerer Teil in die Lunge (von hinten nach vorn!), die sich gleichzeitig ausdehnenden vorderen Säcke nehmen Lungenluft auf. Bei der Exspiration entleeren sich die hinteren Luftsäcke in die Lunge (die also wieder von hinten nach vorn durchflossen wird), die vorderen nach außen.

Die **unidirektionale Durchströmung** der Vogellunge und das Vermögen, Sauerstoff besser zu nutzen als Säuger, hat zur Annahme geführt, dass hier ein spezielles Gasaustauschsystem vorliegt, das einem Gegenstromaustauscher ähnelt.

Morphologische Vorstufen der Vogellunge lassen sich bei Schildkröten, Waranen und Krokodilen finden.

Die Wirbeltierlunge erfüllt auch manche metabolische Aufgaben, z. B. bei der Regulation des Blutdruckes (Umwandlung des Angiotensin I in das aktive Angiotensin II).

Tracheen (Abb. 122) sind verzweigte Luftkanäle, die von der Oberfläche in den Körper eingestülpt sind (ihre Öffnungen heißen **Stigmen**) und die Luft bis zu den Geweben befördern. Sie übernehmen den Transport der Atemgase, den sonst die Körperflüssigkeiten durchführen. Tracheen sind für Arthropoden charakteristisch; sie kommen nicht nur bei den Tracheaten vor, sondern auch bei vielen Spinnentieren. Da sie leicht aus dünnen Hautstellen entstehen, sind sie fünf- bis sechsmal unabhängig entstanden. Bei Spinnentieren wachsen sie aus den Atemhöhlen der Lungen in ein oder zwei Paaren ins Körperinnere oder bilden sich an Einstülpungen oder Muskelansätzen (Entapophysen). Onychophoren tragen Stigmen über den ganzen Körper verstreut. Bei Tracheaten sind die Tracheen ursprünglich segmental und paarig und münden an den Körperseiten; hier sind oft komplizierte Reusenapparate gegen das Eindringen von Fremdkörpern und Verschlussapparate ausgebildet. Von diesem Grundschema gibt es folgende Abweichungen: Die einzelnen Tracheen bleiben nicht isoliert, sondern werden verbunden, und zwar rechte und linke Tracheen eines Segmentes durch Queranastomosen und hintereinander liegende Längskanäle. So entsteht ein einheitliches Luftröhrensystem im Körper. Dieser Zustand ist bei den pterygoten Insekten und unter den Spinnentieren bei Solifugen erreicht. Er ermöglicht eine Reduktion der Zahl der Stigmen, es bleiben bald vordere und hintere bestehen, bald nur vordere, bald nur hintere. Vielfach sitzen an den Tracheenstämmen Luftsäcke, besonders bei gut fliegenden Insekten.

Sonderfälle innerhalb der Tracheaten sind die Kopftracheen der Symphylen und einiger Collembolen sowie die unpaaren Rückentracheen der Notostigmophora unter den Chilopoden.

Als Einstülpungen der Haut sind die Tracheen mit einer Cuticula ausgekleidet (Intima), die von der Epidermis gebildet wird. Die Chitincuticula ist aber schwach, die Endocuticula fehlt meist. Das Zusammendrücken der feinen Luftkanäle wird durch lokale Chitinverdickungen verhindert, die meist als schraubige Fäden (**Taenidien**) ausgebildet sind. In den inneren

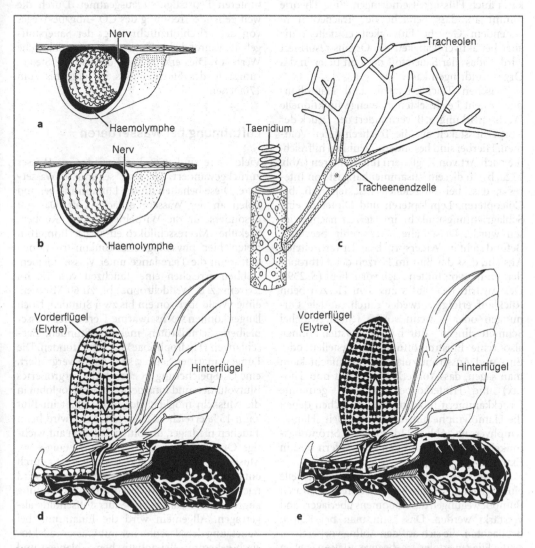

Abb. 122 Tracheensystem der Insekten. **a), b)** Blockdiagramme von Flügeladern. **a)** Entspannte Trachee, von viel Hämolymphe umgeben, **b)** gedehnte Trachee, von wenig Hämolymphe umgeben. **c)** Feiner Tracheenzweig mit Tracheenendzelle und Tracheolen, die bis in ihre letzten Verzweigungen von Cytoplasma der Endzelle umgeben werden. **d), e)** Tracheenventilation im Nashornkäfer *Oryctes* infolge der Hämolymphverschiebungen (Pfeile); **d)** Luftaufnahme in Flügeln und im Vorderkörper infolge Hämolymphabstrom in den Hinterkörper; **e)** Luftaufnahme in Tracheen des Hinterkörpers infolge Hämolymphabstrom in den Vorderkörper

Bereichen der fein verzweigten Luftkanäle, den **Tracheolen,** wird die Cuticula auf ein Minimum reduziert, und hier findet hauptsächlich der Gasaustausch statt. Die Tracheolen bilden ein feines Geflecht an allen Organen und dringen in Muskeln ein. Meist liegen am Übergang von den größeren Tracheen zu den Tracheolen die sternförmigen **Tracheenendzellen,** in denen dann die feinen Tracheolen liegen (Abb. 122c). In diese kann auch Flüssigkeit eindringen. Eine Theorie nimmt an, dass Bereiche der Tracheolen in ruhendem Gewebe Flüssigkeit enthalten, die aber bei aktiver Tätigkeit des Organs resorbiert wird, sodass der Sauerstoff der Luft tiefer in das Organ eindringen kann.

Zwischen Tracheensystem und Hämolymphe besteht bei Insekten eine enge funktionelle Wechselwirkung, z. B. vermindert der Druck der Körperflüssigkeit auf die Tracheen deren Volumen. Hierbei sind besondere Taenidien hilfreich, die nach Art von Zugfedern funktionieren (Abb. 122a, b). In diesem Zusammenhang ist von Interesse, dass bei zahlreichen Insekten, z. B. bei Coleopteren, Lepidopteren und Dipteren, eine Schlagrichtungsumkehr im Herzen nachgewiesen wurde. Dieser alte, aber wenig beachtete Befund steht im Widerspruch zu der verbreiteten Ansicht, dass das Blut im Herzen der Arthropoden immer von hinten nach vorn fließt (S. 239). Der Austritt des Blutes aus dem Herzen beim Rücklauf erfolgt entweder durch caudale Öffnungen oder – wenn solche fehlen, wie bei Schmetterlingen – durch Ostien. Ostien können also reine Einströmöffnungen darstellen oder Ein- und Ausstrom zulassen. Vereinfacht kann man sagen, dass Vorderkörper (Kopf und Thorax) und Hinterkörper wie zwei getrennte Druckkammern funktionieren, zwischen denen die Hämolymphe hin- und herpendelt (Hämolymphversatz, Abb. 122d, e). Eine Strömungsumkehr wurde auch in den Flügeladern und in Extremitäten beobachtet.

Die mit dem Pendeln der Hämolymphwelle einhergehende Tracheenventilation kann durch Pumpbewegungen des Abdomens überlagert und verstärkt werden. Das kann man bei Käfern beobachten, die sich auf den Abflug vorbereiten.

Bei Fliegen erfolgt Tracheenventilation (neben dem periodischen Hämolymphversatz durch Herzschlagumkehr) zusätzlich durch ein akzessorisches Pumpsystem im hinteren Kopf, dessen Druckpulse so stark sind, dass sie sich noch in der Brust messen lassen.

Gute Flieger unter den Insekten haben ein sehr leistungsfähiges Atemsystem. Bei den meisten wird die Atemluft bereits durch Verformung der zwischen den Flugmuskeln liegenden Luftsäcke bewegt. Schwärmer (Sphingidae) erzeugen mit ihrem Flugapparat einen gerichteten Atemluftstrom. Beim Flügelabschlag wird Frischluft durch die vorderen Bruststigmen angesaugt; beim Flügelaufschlag wird die CO_2-haltige Luft durch die hinteren Bruststigmen ausgeatmet. Durch die weit gehende Trennung des CO_2-Abgabe-Weges von der Frischluftzufuhr steigt der Sauerstoffgehalt während des Fluges auf atmosphärische Werte an. Dies erklärt auch die enorme Steigerungsrate des Stoffwechsels im Flug bis zum 170fachen.

Luftatmung bei Wassertieren

Viele Tiere sind vom Land wieder ins Wasser zurückgewandert. Sie sind sekundäre Wassertiere. Diese behalten oft die Luftatmung bei und holen an der Wasseroberfläche Luft. Das gilt besonders für die Wirbeltiere (Wale, Robben, Seekühe, Meeresschildkröten u. a.). Immerhin treten hier physiologische Umkonstruktionen auf, wenn die Tiere lange unter Wasser bleiben. Robben erreichen eine Tauchzeit von 15, im Extrem (z. B. Weddellrobbe) bis zu 60 Minuten, einige Wale aber von ein bis zwei Stunden. Noch länger können wechselwarme Tiere unter Wasser bleiben; Schildkröten mehrere Stunden, Seeschlangen (Hydrophiinae) bis acht Stunden. Die Lungen mariner Säuger sind kaum vergrößert, eine O_2-Speicherung ist aber durch vergrößertes Blutvolumen und Einlagerung von Myoglobin in die Muskeln möglich; der CO_2-Gehalt im Blut kann 15% erreichen. Der Herzschlag wird beim Tauchen niedriger, die Blutzirkulation auf wichtige Organe, besonders das Gehirn, eingeengt. Muskeln arbeiten verstärkt anaerob, der dadurch entstehende Überschuss an Milchsäure wird nach dem Auftauchen durch verstärkte Atmung abgebaut und damit die »Sauerstoffschuld« abgetragen. Allgemein wird die Einatmung bei Benetzung der Nasenlöcher mit Wasser reflektorisch gehemmt. Bei aquatischen Schlangen und Gymnophionen (*Typhlonectes*) sind die Lungen z. T. stark vergrößert. Solche Lungen erleichtern das Schwimmen und sind möglicherweise auch ein Luftspeicher. Aufnahme von Wasseratmung ist bei Wirbeltieren selten. Vereinzelt tritt verstärkte Hautatmung ein, z. B. bei der Leder-schildkröte *Dermochelys*, durch Aufnahme von Wasser in die Mundhöhle (Schildkröten) oder Kloake (Seeschlangen).

Recht weit gehen in ihrer Anpassung an erneute Wasseratmung die **Schnecken**. Unter ihnen sind sekundäre Wassertiere Tellerschne-cken (Planorbidae), Teichschnecken (Lymnae-idae), Physidae und Ancylidae. Die meisten behalten die Luftatmung bei und holen durch die Öffnung des Atemloches in der Mantelfalte Luft. Einige nehmen aber einfach wieder Wasser in die Lunge auf, die aus der Kiemenhöhle entstanden ist, z. B. Ancylidae, kleinere Planorbiden *(Armi-ger crista)*. *Radix ovata* füllt im Flachwasser die Lungen mit Luft, in der Tiefe mancher Seen mit Wasser. Neue Kiemen werden nur vereinzelt und in geringerem Umfang ausgebildet (*Planorbarius corneus* am Mantelrand).

Eigenartig und vielgestaltig verhalten sich die **Wasserarthropoden**. Viele Wasserkäfer, -wanzen und Mückenlarven sind echte Tracheenatmer. Meist dienen die hinteren Stigmen der Luft-aufnahme an der Wasseroberfläche; bei wenig beweglichen Formen sind sie in eine oft lange Atemröhre verlängert (Nepidae, Larve der Schlammfliege, *Eristalis*). Manche Formen stel-len einen Gang zur Wasseroberfläche her, indem sie die Luftkanäle von Wasserpflanzen anzapfen, z. B. die Larven der Schilfkäfer (Donaciinae) und Mückenlarven *(Mansonia)*.

Manche **Spinnen** (*Argyroneta*, Abb. 252e) und viele Insekten nehmen eine Luftblase mit unter Wasser, die am behaarten Abdomen oder unter den Flügeln getragen wird. Sinkt in ihr der O_2-Partialdruck unter den des umgebenden Was-sers, diffundiert Sauerstoff in sie hinein. Gleich-zeitig diffundiert Stickstoff aus der Blase heraus, die dadurch kleiner wird und schließlich erneu-ert werden muss.

Tracheenatmung im Wasser ohne Luftholen ermöglichen die **Tracheenkiemen**, wie sie bei Larven von Eintagsfliegen, Libellen u. a. vorhan-den sind (Abb. 123). Diese haben ein normales Tracheensystem, das oft nicht nach außen mün-det, da Stigmen fehlen. Der Sauerstoff muss also durch die Hautschicht in das Tracheensystem diffundieren. Das wird erleichtert durch meist bewegbare Kiemenanhänge, in die die Tracheen hineinziehen (Abb. 123). Einige Insekten mit offenem Tracheensystem sind völlig unabhängig von der Wasseroberfläche. Sie besitzen einen nur wenige Mikrometer dünnen Luftmantel (**Plas-tron**). Das Tracheensystem kann schließlich völ-

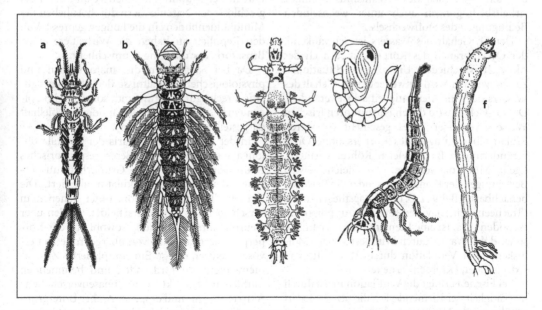

Abb. 123 Atmungsorgane wasserlebender Entwicklungsstadien von Insekten. **a)** *Ephemera,* **b)** *Sialis,* **c)** *Rhyaco-phila,* **d)** *Culex,* **e)** *Dytiscus,* **f)** *Chironomus.* **a–c** mit abdominalen Tracheenkiemen, **d, e** müssen zum Luftholen an die Wasseroberfläche kommen; **f** mit Blutkiemen

lig verschwinden und die Atmung durch Hautatmung oder **Blutkiemen** (bei Larven von Chironomiden, Abb. 123f) ablaufen.

Süßwasser kann periodisch O_2-arm werden,
und Bewohner solcher Gewässer können durch
Schlucken von Luftblasen das Wasser im Munde
mit O_2 anreichern, wie z. B. viele Knochenfische.
Auf dieser Grundlage haben sich als Speicher
verschluckter Luft die Lungen schon vor dem
Übergang zum Landleben entwickelt, wie es
Lungenfische (Dipnoi), *Polypterus* u. a. zeigen.
Viele Teleosteer haben auf diesem Wege zusätz-
liche Luftatmungsorgane unter Kiemendeckeln
(**Labyrinthfische**), am Vorderdarm usw. ausge-
bildet. Solche Doppelatmer kommen auch bei
Schnecken vor. Die Ampullariidae haben ihre
Atemhöhe in Kiemen- und Lungenbezirk geteilt.
Einzelne Holothurien *(H. tubulosa)* nehmen
Luftblasen in den Enddarm auf. Viele Tiere des
Gezeitengebietes können je nach dem Wasser-
stand Wasser- oder Luftatmer sein *(Littorina)*.

Regulierung der Atmung

Die Atmung wird so gesteuert, dass pO_2, pCO_2
und pH als die wesentlichen regulierten Größen
weitgehend konstant gehalten werden. Damit
erhalten die Zellen des Organismus optimale
Arbeitsbedingungen auch unter wechselnden
Bedingungen des Stoffwechsels.

Der O_2-Gehalt des Wassers ist schwankend,
der O_2-Verbrauch des Körpers ist je nach der
Aktivität verschieden. Um extreme Situationen
zu überwinden, wird entweder der O_2-Gehalt des
Wassers oder die Atemtätigkeit selbst verändert.
Der O_2-Gehalt wird durch Hinzuführen frischen
Wassers verbessert; dies geschieht oft durch
Schlängelbewegungen des Körpers ohne Orts-
veränderung, z. B. bei vielen Röhrenwürmern,
Egeln, Mückenlarven u. a. Das Gleiche leisten
Bewegungen der Kiemen selbst oder ein Bewegen
benachbarter Beine, z. B. bei Eintagsfliegenlarven
(Tracheenkiemen), vielen Krebsen (Amphipoden,
Isopoden) u. a. Ist eine Kiemenhöhle vorhanden,
so wird das Wasser durch Wimpernschlag (Mol-
lusken) oder Ventilation durch Abschnitte von
Extremitäten (Krebsen) erneuert.

Bei Fischen erfolgt die Ventilation meist durch
die Tätigkeit der Kiemendeckel, die bei O_2-Bedarf
erhöht wird. Neunaugen können durch ihre
Kiemenlöcher ein- und ausatmen, Rochen nehmen durch die zum Spritzloch (Spiraculum)
abgewandelte vordere Kiemenspalte das Atemwasser auf und geben es durch die übrigen Kiemenspalten ab.

Schwierig wird die Ventilation bei den Luftat-
mern, da die Atmungsorgane im Inneren liegen
und nur durch kleine Öffnungen mit der Außenwelt kommunizieren. Allerdings können diese
durch normale Bewegungen mit ihrem Muskel-
spiel die Erneuerung fördern, besonders bei Tracheenatmung. Ferner kann bei Landschnecken
und z. T. bei Insekten durch Erweiterung der
Atemlöcher die Ventilation gefördert werden.
Besonders wirksam sind aber In- und Exspira-
tionsbewegungen. Bei Insekten kann eine aktive
Ausatmung durch Dorsoventralmuskeln erfolgen, die das Körpervolumen vermindern, z. B. bei
Schaben und Käfern, während die Einatmung
durch die Elastizität des Exoskelets unterstützt
wird. Hymenopteren verfügen über Ein- und
Ausatmungsmuskulatur. Ihre Luftsäcke stehen
unter einer Grunddehnungsspannung. Diese
wird durch Änderung des Umgebungsdruckes
erhöht oder erniedrigt.

Komplizierter sind die Atembewegungen bei
den Landwirbeltieren. Bei ihnen erfolgt auch die
Einatmung aktiv. Die Amphibien und manche
Reptilien haben Schluckatmung. Durch rasche
Bewegungen des Mundhöhlenbodens wird die
Luft in der Mundhöhle erneuert und dann bei
geschlossenen Nasenlöchern durch Anheben des
Mundhöhlenbodens in die Lungen gepresst. Von
den Reptilien an haben die Wirbeltiere einen
Brustkorb, der die Lungen umschließt.

Da bei Säugetieren die anatomischen und
physiologischen Verhältnisse der Atmungsregulation recht gut bekannt sind, sollen sie im Folgenden bei diesen für die Tetrapoden beispielhaft
dargestellt werden (Abb. 124).

In der **Formatio reticularis** der Medulla oblongata existiert ein größeres respiratorisches
Neuronenfeld, das einen Grundrhythmus erzeugt, der die Atemmuskulatur aktiviert. Die
Nervenzellen dieser Region, unter denen man
verschiedene Typen unterscheidet, werden über
Neurone ihrer Umgebung sowohl aus der Kör-
perperipherie als auch von übergeordneten ner-
vösen Zentren erregt. Ein kompliziertes Zusammenwirken von fördernden und hemmenden
Einflüssen bewirkt eine phasenverschobene
Aktivierung in- und exspiratorischer Untergruppen der respiratorischen Neurone. Der **Atmungs-
zyklus** beginnt mit Aktivierung inspiratorischer
Neurone, die die Motoneurone der Inspirations-

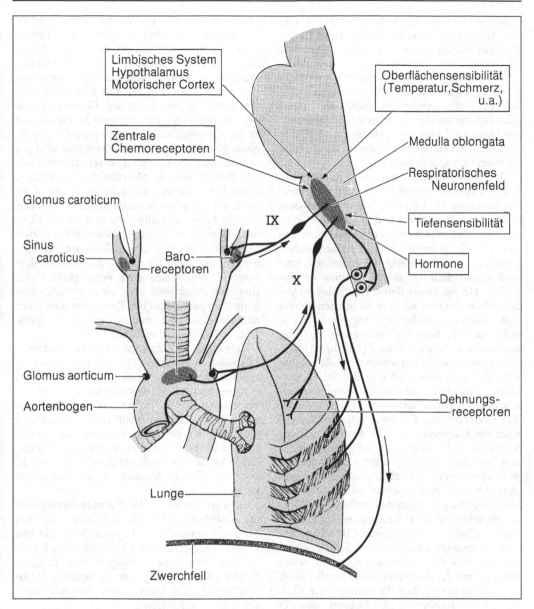

Abb. 124 Schematische Darstellung funktioneller und struktureller Komponenten der Atmungsregulation bei Säugetieren. Das respiratorische Neuronenfeld (Atmungszentrum) in der Medulla oblongata wird einerseits von spezifischen peripheren Chemoreceptoren (Glomus caroticum und Glomus aorticum) und spezifischen Baro- (Aortenwand, Carotissinus) sowie Dehnungsreceptoren (Lunge) beeinflusst; andererseits wirken verschiedene Regionen des Zentralnervensystems sowie Hormone und Receptororgane in Haut, Muskulatur und Zentralnervensystem (schwarz umrandet) auf das respiratorische Neuronenfeld ein. Wichtigste Atemmuskeln sind Zwerchfell und Zwischenrippenmuskulatur. IX: Nervus glossopharyngeus, X: Nervus vagus. Die Pfeile geben die Richtung der Erregungsleitung beteiligter Nerven an

muskulatur – vor allem des Zwerchfells und von Anteilen der Intercostalmuskulatur – erregen; gleichzeitig werden die übrigen Neurone gehemmt. Diese Hemmung wird stufenweise schwächer, bis die sog. Postinspiration erreicht wird, ein Augenblick des Atemvolumenstillstandes, dem die Exspiration folgt. Diese wird zunächst mittels der elastischen Rückstellkräfte von Lunge und Thorax eingeleitet und durch die exspirativen Neurone, die Exspirationsmuskulatur innervieren, aktiv beendet.

Der Grundrhythmus der Atmung kann von vielen Faktoren verändert werden. Receptormechanismen in der Lunge selbst setzen dem Ausmaß von Inspiration und Exspiration Grenzen. **Dehnungsreceptoren** in der Lunge hemmen reflektorisch die Inspiration mit zunehmendem Volumen, und bei starker Volumenabnahme wird reflektorisch eine kräftige Inspiration eingeleitet (**Hering-Breuer-Reflex**). Antriebsfördernde Einflüsse können aus dem limbischen System (z. B. durch psychische Erregung), vom Hypothalamus (z. B. durch Verhaltensänderung) oder vom sensomotorischen Cortex (z. B. durch Startreaktionen) ausgehen. Hormone, z. B. Adrenalin, Schilddrüsenhormone oder in der Schwangerschaft Progesteron, können die Atmung antreiben; Gleichartiges vermögen Thermo- oder Schmerzreceptoren. Erregung von Pressoreceptoren des Blutkreislaufes (Carotissinus, Aortenbogen) bewirkt Abnahme von Atemfrequenz und Atemtiefe; ihre Erregungen werden über N. glossopharyngeus (Carotissinus) und N. vagus (Aortenbogen) dem Nucleus solitarius in der Medulla oblongata zugeleitet. Einflüsse aus **Muskelspindeln** und **Golgi-Receptoren** der Sehnen regen auch die Atmung an, was z. B. bei körperlicher Anstrengung deutlich wird. Schließlich sei erwähnt, dass die Aktivität der respiratorischen Neurone mit der des Sympathicus parallel läuft. Dies beruht darauf, dass die unmittelbare Aktivierung der respiratorischen Neurone aus der Formatio reticularis heraus erfolgt, in der auch der zentrale Sympathicus seinen Ursprung hat. Ein erhöhter Sympathicustonus führt z. B. zu erhöhtem Herzzeitvolumen; gleichzeitig wird sinnvollerweise automatisch das Atemvolumen erhöht.

Zunahme des arteriellen pCO_2 regt die Atmung besonders intensiv an. Beim Menschen erreicht die CO_2-stimulierte Atmung ein Maximum bei 75 l/min, darüber hinausgehende CO_2-Werte in der Atemluft lähmen die respiratorischen Neu-

rone. Auf O_2- und pH-Veränderungen spricht die Atmung nur relativ langsam an, Abnahme des O_2-Gehaltes und des pH-Wertes stimulieren die Atmung. Auf Änderungen der CO_2- und O_2-Werte sowie auf Änderungen des pH-Wertes reagieren **periphere** und **zentrale Chemoreceptoren**. Erstere liegen in den sog. **Glomusorganen** des Aortenbogens (versorgt vom N. vagus) und in der Carotisgabel (Versorgung durch den N. glossopharyngeus). Die Glomusorgane sind gut durchblutete Paraganglien, deren chemosensitive Hauptzellen der Neuralleiste entstammen. Zentrale Chemoreceptoren liegen in der Nähe der respiratorischen Neurone nahe der ventralen Oberfläche der Medulla oblongata. Da die CO_2- und O_2-Werte sowie der pH-Wert im Blut mittels Ventilation im Allgemeinen konstant gehalten werden, spielen die Chemoreceptoren normalerweise für den Atemantrieb keine große Rolle. Ihre Bedeutung wird aber unter Notfallbedingungen, in pathologischen Zuständen oder unter abnormen äußeren Bedingungen (z. B. große Höhen, Tauchen) offenkundig.

Störungen der Atmungsfunktion werden beim Menschen in zwei Gruppen unterteilt: obstruktive und restriktive Ventilationsstörungen. Bei den obstruktiven Ventilationsstörungen ist der Widerstand in der Trachea und den Bronchien erhöht. Dies führt zu erhöhter Atemarbeit und langfristig zu einer Überblähung der Lunge (Emphysem). Ein Beispiel ist das Asthma bronchiale, bei dem es anfallsweise zu einer Kontraktion der glatten Muskulatur der Bronchien kommt.

Bei den restriktiven Ventilationsstörungen ist die Ausdehnungsfähigkeit der Lunge oder des Thorax vermindert, sodass das Atemvolumen weniger gesteigert werden kann. Beispiele für restriktive Ventilationsstörungen sind Lungenfibrose (Anreicherung von Kollagenfasern im Bindegewebe der Lunge) und Verwachsungen der beiden Pleurablätter.

Der Transport der Atemgase

Die Aufnahme von Sauerstoff an den Grenzflächen des Körpers erfolgt durch **Diffusion**. Diese kann aber nur bis ca. 2 mm Tiefe die Zellen ausreichend mit O_2 versorgen, genügt also nur bei kleinen Tieren. Größere benötigen Transportmittel. Als solches dienen die Blutgefäße oder Coelomräume, deren Flüssigkeit O_2 gelöst enthält. Um die O_2-Kapazität zu erhöhen, wird der Sauerstoff bei vielen Tieren vorübergehend chemisch an **Blutfarbstoffe** (= **Atmungspigmente, respiratorische Pigmente**) gebunden. Zu ihnen gehören **Hämoglobin** (Hb), **Chlorocruorin, Hämocyanin und Hämerythrin.**

Hämoglobin ist das am weitesten verbreitete Atmungspigment. Nicht nur Wirbeltiere (außer der Leptocephalus-Larve des Aales und den antarktischen Weißblutfischen), auch viele Wirbellose haben Hämoglobin, jedoch kommt es bei ihnen nur sporadisch vor, z. B. bei Turbellarien, Nematoden, Mollusken, Anneliden, Arthropoden und Echinodermen.

Hämoglobin ist ein dunkelrotes Chromoprotein, das aus einem Proteinanteil (**Globin**) und einer prosthetischen Gruppe (**Häm**, Abb. 31) besteht. Das Häm, ein Porphyrinring, enthält ein **Eisenatom** im Zentrum. Während das Häm überall gleich ist, sind die Globine, die etwa 98% des Molekulargewichtes ausmachen, artlich verschieden und können sogar innerhalb einer Tierart unterschiedlich aufgebaut sein. Die Bedeutung des Hämoglobins und der anderen respiratorischen Farbstoffe besteht in der Vergrößerung der O_2-Kapazität des Blutes und dem Transport der Atemgase. Der Sauerstoff wird an das Eisen des Häms angelagert, das beim O_2-Transport immer zweiwertig bleibt. Das O_2-beladene hellrote Hämoglobin (HbO_2) nennt man **Oxihämoglobin,** den Vorgang der Sauerstoffaufnahme **Oxigenierung.**

Die Hämoglobine der meisten Wirbeltiere bestehen aus vier Untereinheiten, von denen jede aus einer Peptidkette und einem Häm besteht. Jeweils zwei Peptidketten sind miteinander identisch. Das Molekulargewicht dieser Hämoglobine liegt bei 68 000. Einige Hämoglobinarten von Wirbellosen (Anneliden, Gastropoden), die sog. **Erythrocruorine,** sind im Blutplasma gelöst. Die Erythrocruorine sind aus vielen nicht kovalent verbundenen Untereinheiten zusammengesetzt und bilden große Moleküle mit Molekulargewichten bis zu 4 Millionen. Bei Wirbeltieren liegt das Hb in den Erythrocyten.

Eine Besonderheit weist das Hämoglobin der Pogonophoren auf, die nahe heißen Tiefseequellen leben: Es bindet auch Schwefelwasserstoff, der aus der Umgebung aufgenommen und an symbiotische Bakterien abgegeben wird (s. S. 507).

Myoglobin in der Muskulatur vieler Wirbelloser (Zuckmückenlarven, Chironomiden) und der Wirbeltiere ist ein dem Hämoglobin verwandter Sauerstoffträger und besteht aus einer Peptidkette und einer Hämkomponente. Sein Molekulargewicht liegt größenordnungsmäßig bei 17 000.

Wie hoch der Gehalt des HbO_2 bei verschiedenen Sauerstoff-Partialdrucken ist, wird durch die O_2-Bindungskurve gezeigt (Abb. 125). Die Bindungskurve der aus vier Untereinheiten aufgebauten Hämoglobine verläuft S-förmig; das ist darauf zurückzuführen, dass durch die Beladung einer Untereinheit das Hämoglobinmolekül verändert wird (kooperativer Effekt), sodass die folgenden drei Sauerstoffmoleküle schneller gebunden werden. Das aus einer Peptidkette und einem Häm bestehende Myoglobin besitzt dagegen eine hyperbolische Sättigungskurve. Die S-förmige Bindungskurve der Hämoglobine zeigt, dass die O_2-Abgabe in den Geweben erleichtert wird, da schon geringe Verminderung des pO_2 stark vermehrte Freisetzung von O_2 nach sich zieht. Die O_2-Affinität ist artlich sehr stark unterschieden, sie kann durch den p_{50}-Wert gekennzeichnet werden, das ist der O_2-Partialdruck, bei dem 50% des Atmungspigmentes oxigeniert sind.

Senkung des physiologischen pH-Wertes (**Acidose**), z. B. durch die Erhöhung des pCO_2, bewirkt bei vielen respiratorischen Farbstoffen – v. a. der Wirbeltiere – eine Abnahme der O_2-Affinität. Diese Erscheinung ist als **Bohr-Effekt** bekannt (Abb. 125). Durch den hohen pCO_2 in den Geweben wird folglich die O_2-Abgabe gefördert, durch den niedrigen pCO_2 in den Atmungsorganen die O_2-Aufnahme. Auch die Temperatur beeinflusst den Verlauf der O_2-Bindungskurve (Abb. 125): Steigt sie, sinkt die O_2-Affinität des respiratorischen Farbstoffes. Das bedeutet für homoiotherme Tiere, dass durch die niedrigen Temperaturen in der Lunge die O_2-Aufnahme gefördert wird, durch die höheren Temperaturen in anderen Organe dagegen die O_2-Abgabe.

Durch Hyperventilation kann der pH-Wert des Blutes erhöht werden (**Alkalose;** übermäßig hohe CO_2-Abgabe).

Zu **Kohlenmonoxid** haben die meisten Hämoglobine noch höhere Affinität als zum Sauerstoff. Derart beladene Pigmente fallen für den O_2-Transport aus, darauf beruht die Gefährlichkeit des Kohlenmonoxids.

Verschiedentlich sind respiratorische Pigmente zunehmender Sauerstoffaffinität in einer Transportkette hintereinander geschaltet. So hat das Myoglobin in der Muskulatur vieler Tier-

stämme eine höhere O_2-Affinität als der Blutfarbstoff, von dem es den Sauerstoff aufnimmt.
Das Hämoglobin des Säugerfetus hat eine größere O_2-Affinität als das der Mutter (Abb. 115).

In verschiedenen Tiergruppen, z. B. bei tauchenden Vögeln und Säugern sowie Würmern
der Gezeitenzone wie dem Polychaeten *Arenicola*
und dem Echiuriden *Urechis* ist Hb ein wichtiger
O_2-Speicher.

Das grüne **Chlorocruorin** ist dem Hb sehr
ähnlich. Ein Eisenatom steht im Zentrum eines
Porphyrinringes, der sich von dem des Häms nur
dadurch unterscheidet, dass an einem Pyrrolring
eine Vinylseitenkette durch einen Formylrest
ersetzt ist. Wie beim Hb wird pro Fe-Atom ein O_2
gebunden. Das Chlorocruorin kommt extrazellulär im Blut einiger Polychaeten vor (Sabelliden,
Serpuliden). Bei einigen *Serpula*-Arten treten Hb
und Chlorocruorin im selben Tier auf.

Neben Hämoglobin ist **Hämocyanin** im Tierreich als Atmungspigment sehr weit verbreitet
(Abb. 31). Hämocyanin enthält im aktiven Zen-

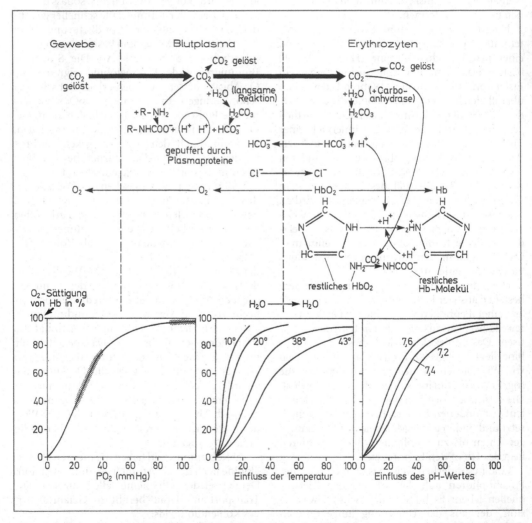

Abb. 125 Gastransport im Blut. Oben: CO_2-Transport. Unten: Sauerstoffbindungskurven. Links: Sauerstoffbin-
dungskurve (Dissoziationskurve); gestrichelt sind jene Bereiche der Kurve, die dem Gasaustausch in der Lunge
(oben) und in den Geweben (unten) entsprechen. Mitte: Einfluss von Temperatur. Rechts: Einfluss des pH-Wertes
auf die Bindungskurve

trum direkt an das Protein gebunden zwei Kupferatome, die ein Sauerstoffmolekül binden können. Die immer im Plasma gelösten Hämocyanine sind in sauerstoffbeladenem Zustand blau, sonst farblos. Sie kommen bei Mollusken und Arthropoden vor, sind hier aber auf bestimmte Gruppen beschränkt. Unter Arthropoden trifft man Hämocyanine bei Merostomata, Arachnida, Crustacea und Myriapoda an, unter Mollusken bei Amphineura, Gastropoda, Cephalopoda und vereinzelt auch bei Bivalvia. Die Schnecke *Buccinum* enthält in der Muskulatur Hämoglobin, im Blut Hämocyanin. Der Molekülaufbau der Hämocyanine ist bei Arthropoden und Mollusken unterschiedlich. Die **Mollusken-Hämocyanine** sind zylinderartig strukturiert und bestehen aus zehn bis 20 Untereinheiten, von denen jede eine riesige Polypeptidkette aus acht sauerstoffbindenden funktionellen Domänen repräsentiert. **Arthropoden-Hämocyanine** bestehen aus heterogenen Polypeptidketten (Abb. 31), die sich zu Hexameren formieren.

Hämerythrin enthält wie Hämoglobin **Eisen**, aber im Gegensatz zu diesem direkt an das Protein gebunden. O_2-haltig ist es violett, O_2-frei farblos. Zwei Eisenatome binden ein Sauerstoffmolekül. Hämerythrin tritt meist als Octamer auf. Eine trimere Form wurde bei dem Sipunculiden *Phascolosoma lurco* gefunden, eine monomere Form (Myohämerythrin) findet man in Muskeln dieser Tiere. Hämerythrine kommen in Blutzellen vor bei dem Brachiopoden *Lingula*, bei Priapuliden, Sipunculiden und dem Polychaeten *Magelona*.

Kohlendioxid reagiert im Blut langsam mit Wasser und bildet Kohlensäure, die dann schnell in Hydrogencarbonat- und Wasserstoffionen zerfällt und dadurch den pH-Wert des Blutes absenkt. Dieser Umstand bedeutet eine Gefährdung des inneren Milieus. CO_2 wird bei Wirbeltieren auf unterschiedliche Weise im Blut transportiert (Abb. 125). Ein geringer Teil bleibt im Blutplasma gelöst. Der größte Teil diffundiert in die Erythrocyten, wo das CO_2 durch die **Carboanhydrase** (Kohlensäureanhydratase) schnell zu H_2CO_3 hydratisiert wird. H_2CO_3 dissoziiert in H^+ und HCO_3^-; H^+ wird vorwiegend durch Hb gepuffert, während Hydrogencarbonat im Austausch gegen Cl^- (**Chloridverschiebung**) ins Blutplasma diffundiert. Die Pufferkapazität des venösen Blutes ist besser als die des arteriellen, da nichtoxigeniertes Hb mehr H^+ bindet als HbO_2. Ein Teil des CO_2 reagiert in den roten Blutzellen

mit Aminogruppen des Hämoglobins, sodass **Carbamino**-Verbindungen entstehen. In kleinem Ausmaß entstehen an den Proteinen des Blutplasmas ebenfalls Carbaminogruppen. Auch hier ist CO_2-Transport im venösen Blut erleichtert, da nichtoxigeniertes Blut Carbaminoverbindungen leichter bildet als oxigeniertes. Die Abgabe des CO_2 erfolgt in der Lunge oder in Kiemen. Die Gesamtmenge an transportiertem CO_2 ist bei lungenatmenden Tieren größer als bei kiemenatmenden. Bei Wirbellosen wird das CO_2 vermutlich ebenfalls in der Hauptsache in Form von Hydrogencarbonat transportiert.

Die Eintrittstellen für O_2 und die Abgabestellen von CO_2 sind an den Atemflächen nicht immer identisch. Insekten können 25% ihres CO_2 an dünnen Hautstellen abgeben, bei Fischen ist die **Pseudobranchie**, eine abgewandelte vordere Kieme, wohl für die CO_2-Ausscheidung tätig. Bei Muscheln kann das CO_2 zum Aufbau des Schalenkalkes herangezogen werden.

Leben ohne Sauerstoff

Viele aquatische Tiere, z. B. Anneliden und Bivalvia, können Perioden mit erniedrigtem O_2-Partialdruck (**hypoxische Bedingungen**) oder ohne Sauerstoff (**anoxische Bedingungen**) überleben. Gleiches gilt für Tiere der Gezeitenzone, z. B. Muscheln, die sich bei Ebbe wegen der Gefahr der Austrocknung durch Schalenschluss schützen. In solchen Perioden des Sauerstoffmangels reduzieren die meisten Tiere ihren Energieverbrauch, und der Stoffwechsel wird von aerober Atmung auf anaerobe Atmung umgeschaltet, d. h., die aus den Substraten gewonnenen Elektronen werden nicht mehr auf molekularen Sauerstoff übertragen, sondern auf organische Substanzen. Eine Möglichkeit der Energiegewinnung ohne Sauerstoff stellt **Glykolyse** dar, die auch z. B. bei Krebsen unter Sauerstoffmangel erhöht werden kann. Als Endprodukt tritt verbreitet **Lactat** auf (welches durch Reduzierung aus Pyruvat entsteht, S. 35), das dann in allen Geweben in recht hoher Konzentration anfällt und hier oxidiert wird. Bei erfolgreichen Anaerobiern spielt Lactatbildung keine nennenswerte Rolle, sie besitzen andere Pyruvatreduktasen. Diese kondensieren Pyruvat mit Aminosäuren reduktiv unter Beteiligung von NADH zu **Iminosäuren**. Pyruvat und Alanin ergeben **Alanopin**, Pyruvat und Arginin **Octopin**, Pyruvat und Glycin **Strombin**. In den dargestellten Fällen wird das ganze Tier vom Sauerstoffmangel erfasst (biotopbedingte Anaerobiose). Im Abschnitt über die Muskulatur wurde schon darauf hingewiesen, dass diese partienweise ebenfalls zur Anaerobiose imstande ist. Diese Fähigkeit wird besonders bei bzw. nach raschen Bewegungsabläufen genutzt, die Flucht oder Beutefang vermitteln. In solchen Situationen reicht das Sauerstoffangebot nicht aus, da der Energieverbrauch stark erhöht ist. Meist wird dieser durch Octopingärung und Phosphagenabbau gedeckt (Transphosphorylierung).

12 Exkretion, Ionen- und Osmoregulation

a Exkretion

Die beim Zellstoffwechsel entstehenden Energiebeträge stammen zum größten Teil aus dem oxidativen Abbau von Verbindungen, die aus Kohlenstoff, Wasserstoff und Sauerstoff bestehen. Bei den vorbereitenden Reaktionen werden alle anderen Anteile abgespalten, die den Stoffwechsel behindern, wenn sie nicht abtransportiert werden. Die Ausscheidung nicht mehr benötigter oder sogar giftiger Stoffe, die für den Stoffwechsel schädlich sind, nennt man **Exkretion**. Dabei kann es sich um Ionen, wie z. B. Na^+, Cl^- oder HPO_4^{--}, Metabolite, Endprodukte des Stoffwechsels, wie z. B. Ammoniak oder Kreatinin, sowie mit der Nahrung aufgenommene Fremdstoffe, wie z. B. Steroide und Coffein oder Medikamente, wie z. B. Penicillin, handeln. Da Kohlenhydrate und Fette im Wesentlichen zu Wasser und Kohlendioxid abgebaut werden, kann auch die Abgabe dieser Verbindungen aus dem Stoffwechselgeschehen hierher gerechnet werden (CO_2-Abgabe wurde in Kapitel 11 behandelt).

Beim Proteinabbau entsteht **Ammoniak**, wenn eine Aminogruppe von einer Aminosäure entfernt wird. Da NH_3 ein Gift ist, muss es aus dem Organismus eliminiert werden.

Viele Wassertiere, z. B. Protozoen, Poriferen, Cnidaria, Echinodermen, viele Teleosteer, wasserlebende Amphibien und andere geben Ammoniak als **Ammonium** mit verschiedenen Anionen direkt ins umgebende Medium ab (**ammoniotelische Tiere**). Landtiere dagegen bauen NH_3 in ungiftige Verbindungen ein und synthetisieren meist Harnstoff und Harnsäure (Abb. 126).

Harnstoff ist das wichtigste Endprodukt des Eiweißstoffwechsels vieler Wirbeltiere (Selachier, terrestrische Amphibien, Säuger): **ureotelische Tiere**. Bei Wirbellosen kommt Harnstoff seltener in großen Mengen vor. Harnstoff ist gut wasserlöslich, bei seiner Anreicherung entsteht daher ein hoher osmotischer Druck. Größere Harnstoffmengen können nur ausgeschieden werden, wenn genug Wasser zur Verfügung steht und der Organismus imstande ist, hoch konzentrierten Harn zu produzieren. Die Harnstoffsynthese erfolgt bei Wirbeltieren in der Leber (**Harnstoffzyklus, Ornithinzyklus**, Abb. 127).

Die **Harnsäure** ist in Wasser kaum löslich; sie erzeugt keinen hohen osmotischen Druck und wird in konzentrierter, oft kristalliner Form abgegeben. Harnsäureabscheidend (**uricotelisch**) sind v. a. Tiere, die unter Bedingungen des Wassermangels leben wie Insekten, terrestrische Pulmonaten, Reptilien und Vögel. Harnsäure kann auf zwei Arten entstehen: 1. über Desaminierung und Oxidation beim Abbau der **Purinbasen** Guanin und Adenin und 2. durch Synthese von Aminosäureanteilen. Der erste Bildungsmodus kommt bei allen Tieren vor, der zweite nur bei uricotelischen Formen. Die Harnsäuresynthese läuft bei Sauropsiden in Leber und Niere ab.

Außerdem kommen noch andere Exkretstoffe des Proteinstoffwechsels vor. Echinodermen, Mollusken, Crustaceen geben **Aminosäuren** ab. Für viele Spinnen (Arachniden) ist **Guanin** typisch. **Trimethylaminoxid** (Abb. 127) ist ein wichtiges Exkret mariner Teleosteer. Bei seiner bakteriellen Zersetzung wird Trimethylamin frei, das den charakteristischen Geruch toter Meeresfische bedingt. **Kreatinin** (Abb. 127) entsteht aus Kreatinphosphorsäure und kommt im Harn der Wirbeltiere in geringen Mengen vor.

Tiere einer Verwandtschaftsgruppe, die aber in verschiedenen Lebensräumen vorkommen, und solche, die im Laufe ihrer Entwicklung den Lebensraum wechseln, haben oft verschiedene Exkretstoffe. So geben Landpulmonaten hauptsächlich Harnsäure ab, während marine Prosobranchier Ammoniak ins umgebende Meerwasser abscheiden. Die wasserlebenden Amphibienlarven sind ammoniotelisch, nach der

Metamorphose zum Landtier geben die Erwachsenen vorwiegend Harnstoff ab. Der afrikanische Lungenfisch *Protopterus,* der Trockenperioden eingegraben in der Erde überdauert, ist während der Dürrezeit ureotelisch, sonst ammoniotelisch.

Exkretspeicherung. In spezialisierten Zellen (Exkretophoren) vieler Tiere werden schwerlösliche Exkrete konzentriert und gespeichert. Oft liegen derartige Zellen im Gewebe fest und können die Exkrete an passierende Körperflüssigkeiten abgeben, in anderen Fällen werden sie beweglich und durchbrechen Organ- und Gewebsgrenzen, um ihre Exkrete abzutransportieren. Sie werden dann als **Athrocyten** bezeichnet. Allgemein werden die Exkretablagerungen in den Zellen als Konkremente oder Pigmente sichtbar, in vielen Fällen bewirken sie die Färbung der betreffenden Art. Der Silberglanz der Fischschuppen und das Kreuz der Kreuzspinne sind z. B. auf Exkrete zurückzuführen. Bei Anne-

liden sind oft Coelomepithelzellen zu Speicherzellen differenziert. Derartiges Exkretophorengewebe umgibt den Darm und wird oft in das Herz vorgeschoben (**Herzkörper**). Bei Oligochaeten ist das dem Darm aufliegende Coelothel zu einem hohen Exkretophoren- oder **Chloragogepithel** umgewandelt. Das Exkretophorengewebe der Hirudineen durchzieht als schwammiges **Botryoidgewebe** die Räume zwischen Darm und Hautmuskelschlauch und speichert v. a. Abbauprodukte von Hämoglobin.

Es ist nicht sicher, ob die Exkretophoren ihre Inhaltsstoffe aus anderen Zellen oder der Körperflüssigkeit nur aufnehmen und lediglich als Speicher dienen. Es wird auch angenommen, dass alle gespeicherten Exkrete in den betreffenden Zellen selbst gebildet werden. Demnach bestünde die Aufgabe dieser Zellen darin, Nährstoffe freizusetzen und Exkrete in konzentrierter Form zurückzuhalten. Vermutlich können diese Zellen z. T. auch stickstoffhaltige Exkretstoffe,

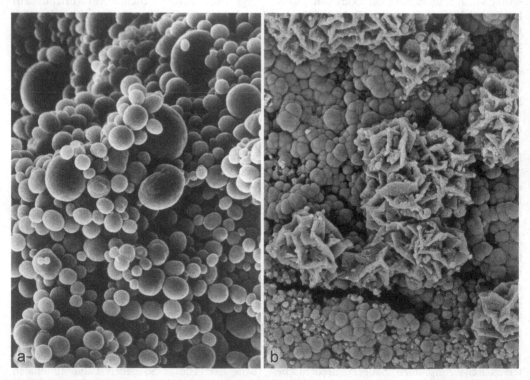

Abb. 126 Rasterelektronenmikroskopische Aufnahmen des weißen, breiigen Harns von Vögeln. **a)** Sperlingspapagei, **b)** Ara. Der Harn der Vögel verliert in der Kloake den Großteil seines Wassers. Abgegeben wird eine Masse, die bis 80 % Harnsäure enthält und besonders häufig in kugelförmigen Aggregaten von 1–10 µm Durchmesser, aber auch in Form kristalliner Tafeln vorliegt

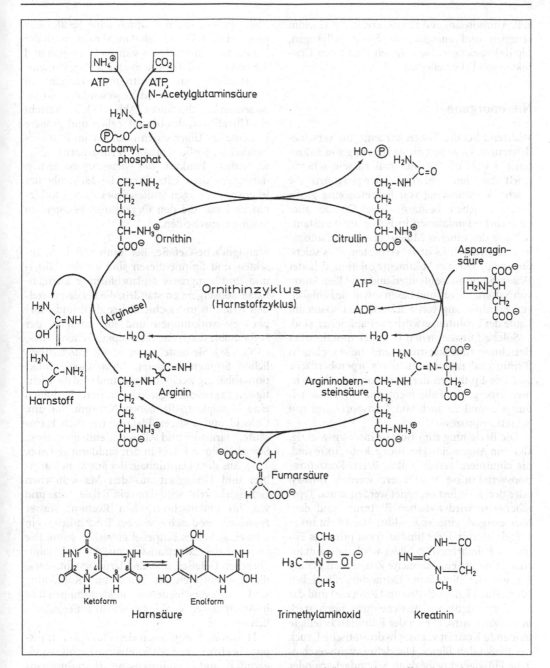

Abb. 127 Oben: Ornithinzyklus (Harnstoffzyklus). Ausgangsmaterialien der Harnstoffsynthese sind Ammonium und Kohlendioxid. Die Synthese erfolgt im Zyklus, wobei es zur Umwandlung der Aminosäure Ornithin in Citrullin und dann in Arginin kommt. Von Arginin wird durch das Enzym Arginase Harnstoff abgespalten, wodurch Ornithin regeneriert wird. Ammonium und Kohlendioxid werden durch Trägermoleküle, von denen das wichtigste Carbamylphosphat ist, in den Zyklus eingebracht. Das Carbamylphosphat reagiert mit Ornithin. Die Umwandlung in Arginin erfolgt in zwei Schritten: Die notwendige NH_2-Gruppe wird von Asparaginsäure geliefert, die unter ATP-Verbrauch mit Citrullin zur Argininobernsteinsäure zusammentritt. Diese Verbindung wird enzymatisch in Fumarsäure und Arginin gespalten. Unten: Strukturformeln verschiedener Exkretstoffe

z. B. Ammonium und Harnsäure, in das Coelom abgeben und energiereiche Stoffe (Glykogen, Lipide) speichern. Sie nehmen damit den Charakter von Leberzellen an.

Nierenorgane

Während bei den vorgenannten, ganz verschiedenartigen Geweben die Ablagerung von Exkreten ein wesentliches Merkmal zu sein scheint, spielt bei den typischen Nierenorganen die rasche Ausscheidung von **Exkreten** eine große Rolle, daneben besitzen diese Organe aber zusätzliche Funktionen in Bezug auf Konstanthaltung des inneren Milieus (**Isoionie, Isotonie** und **Isohydrie**). Es ist zu vermuten, dass solche Organe primär der Volumenregulation, d. h. der Wasserhomöostase, dienten und dass Regulation von Salzen, Säuren und Basen sowie die Fähigkeit zur Eliminierung von Stickstoff erst später im Laufe der Evolution erworbene Funktionen sind.

Solche Organe stehen in enger funktioneller Beziehung zum Blutstrom, sind meist schlauchförmig und münden an der Körperoberfläche aus. Die Epithelien der Nierenorgane übernehmen eine große Fülle nicht nur von Ausscheidungs-, sondern auch von Transport- und von Sekretionsprozessen.

Die Beziehung zum Blut ist insofern wichtig, als es im Allgemeinen im Blut gelöste Stoffe sind, die eliminiert werden sollen, deren Konzentrationsverhältnisse modifiziert werden müssen oder deren Verlust begegnet werden muss. Typischerweise wird zwischen Blutraum und dem Nierenorgan eine sog. »**Blut-Harn-Schranke**« aufgebaut, durch die hindurch ein primäres Filtrat (= **Primärharn**) gebildet wird, das in mancher Hinsicht eine ähnliche Zusammensetzung hat wie die Blut- bzw. Extrazellularflüssigkeit (ihm fehlen jedoch Zellen und Proteine) und das vor der endgültigen Ausscheidung noch stark modifiziert wird. Die an der Filtration beteiligte treibende Kraft ist v. a. der hydrostatische Druck des fließenden Blutes. Die definitiv ausgeschiedene Flüssigkeit heißt dann **Sekundärharn** oder **Endharn** (= Urin).

Bei vielen Tieren (z. B. Phoronidea, Mollusca, Annelida, Arthropoda, Hemichordata, Echinodermata und Chordata) besteht die Filtrationsbarriere aus speziellen Coelomepithelzellen, den **Podocyten,** und ihrer Basallamina. Diese Zellen bilden zahlreiche miteinander verzahnte

Füßchen aus, die nur durch feine Spalträume getrennt sind. Das molekulare Maschenwerk der Basallamina mit vielen negativen Ladungen und die von einer Glykoproteinschicht (Schlitzmembran) überspannten Spalträume zwischen den Podocytenfortsätzen sind die wesentlichen Komponenten des Blutfilters (Abb. 131). Es entsteht ein **Ultrafiltrat,** das bis auf Zellen und größere Proteine im Allgemeinen noch alle im Blut vorhandenen Stoffe enthält (Primärharn). Eine wesentliche Funktion der Nierenorgane besteht darin, aus dem Ultrafiltrat die Mehrzahl der lebensnotwendigen Stoffe wieder zu reabsorbieren und nur die den Organismus belastenden Stoffe auszuscheiden.

Malpighi'sche-Gefäße. Bei Tausendfüßern, Insekten und Spinnentieren sind an der Mittel- und Enddarmgrenze schlauchförmige Darmanhänge konvergent entstanden, die bei den einzelnen Arten in unterschiedlicher Zahl und Morphologie vorkommen und die meist in der Leibeshöhle flottieren: die Malpighi'schen Gefäße (Abb. 128). Sie bestehen meist aus unterschiedlichen Segmenten, deren Morphologie funktionsabhängig wechseln kann, und sind die wichtigsten Exkretionsorgane dieser Tiere. Sie bilden eine Flüssigkeit, die neben Natrium, Kalium, Chlorid und anderen Elektrolyten auch Harnsäure, Harnstoff und Allantoin enthalten kann. Sie geben ihren Inhalt in den Enddarm ab (Abb. 128). Aus dem Darminhalt, der aus Mitteldarmbrei und Flüssigkeit aus den Malpighi'schen Gefäßen besteht, wird dann ein Teil der Salze und v. a. im Endabschnitt, dem Rectum, Wasser resorbiert, wodurch – v. a. bei Trockenheit – ein sehr eingedicktes Kotpellet entstehen kann. Die Struktur des Exkretionssystems, das aus Malpighi'schen Gefäßen und Enddarm besteht, sowie die Mechanismen der Harn- und Kotbildung sind in den verschiedenen Insektengruppen und in Abhängigkeit vom Lebensraum außerordentlich variabel.

Hormone beeinflussen den Flüssigkeitstransport, bei Insekten sind diuretische (harnflusssteigernde) und antidiuretische (harnflusshemmende) Hormone beschrieben.

Protonephridien. Sie entstehen aus röhrenförmigen Einstülpungen der Epidermis und sind blind endende Kanäle mit einer terminalen Wimperzelle, deren Cilien für eine Strömung im Tubulussystem sorgen (Abb. 129).

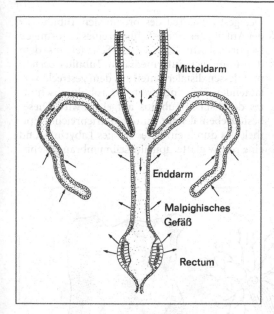

Abb. 128 Malpighi'sche Gefäße und Enddarm von Insekten. Anatomische Struktur und Richtung der Wasserbewegung (Pfeile); im Mitteldarm kann Wasser vermutlich sowohl aus dem Lumen in die Hämolymphe des Körperinneren resorbiert werden als auch aus dem Körperinneren in das Darmlumen abgegeben werden; Wasser fließt aus den Malpighi'schen Gefäßen in den von einer Cuticula ausgekleideten Enddarm und wird hier speziell in den hohen Epithelzellen des Rectums (Rectaldrüse) resorbiert

An der terminalen Wimperzelle (= **Terminalzelle**) erfolgt die Primärharnbildung. An sie schließen sich die tubulusbildenden Zellen direkt an. Die Terminalzelle bildet einen Hohlraum, in dem Cilien schlagen (Abb. 129). Der Wimpernschlag erzeugt einen Unterdruck gegenüber der Leibeshöhle, wodurch der für die Filtration notwendige hydrostatische Druckgradient entsteht. Die Filterstrukturen der Terminalzelle, durch welche die Filtration erfolgt, sind in den verschiedenen Tiergruppen ganz unterschiedlich gestaltete, ultrastrukturelle und makromolekulare Reusensysteme (Abb. 129). Protonephridien kommen v. a. bei Tiergruppen ohne Coelom vor, bei Plathelminthen, Nemertinen, einigen Aschelminthen sowie bei Larven von Mollusken und Anneliden. Trägt die **Terminalzelle** nur eine besonders lange Cilie (Geißel), so sprechen wir von **Solenocyten**. Man findet sie bei manchen Polychaetenfamilien.

Metanephridien (Nephridien). Sie sind offen mit dem Coelom verbundene Kanäle, die zum Teil auf röhrenförmige epidermale Einstülpungen zurückgehen. Sie haben vermutlich primär die Doppelfunktion der Ausleitung der Geschlechtszellen und des Harns. Die Ultrafiltration erfolgt im Allgemeinen durch eine podocytenhaltige Region des Coelomepithels in der Nähe der Öffnung des Metanephridiums in das Coelom, d. h., die Coelomflüssigkeit entspricht hier funktionell dem Primärharn.

Die Metanephridien bestehen aus **einem Wimpertrichter** und einem ausführenden **Tubulus** (Abb. 130). Man findet sie z. B. bei Articulaten, Mollusken, Tentaculaten, niederen Deuterostomiern und Vertebraten, bei denen sie aber meist abgewandelt sind.

Die metanephridialen Tubuli der Wirbellosen können morphologisch und funktionell hoch differenziert sein und sehr lange, geknäulte Strukturen bilden (Abb. 130a).

Wirbeltiernieren. In den Wirbeltiernieren wird ein nahezu eiweißfreies Filtrat des Blutplasmas gebildet, das in metanephridialen Strukturen, den **Nierentubuli (Nierenkanälchen)** aufgefangen wird (**Primärharnbildung**). Das Volumen des Primärharns wird in der Niere durch **Rückresorption (Reabsorption)** massiv vermindert, und seine Zusammensetzung wird zusätzlich durch die **Sekretion** von gelösten Stoffen verändert

Die anatomische und funktionelle Einheit der Wirbeltierniere ist das **Nephron**. Es ist ein gewundener **Tubulus** (Nierentubulus, Nierenkanälchen), in dessen Anfangsauftreibung (= **Bowman-Kapsel**, Coelomderivat) sich ein Blutcapillarknäuel (= **Glomerulus** bzw. Glomerulum) mit zu- und abführender Arteriole einsenkt. Das Bindegewebe zwischen den Capillarschlingen heißt **Mesangium**, seine Zellen besitzen kontraktile Eigenschaften. Die Gesamtheit von Bowman-Kapsel und Glomerulus wird **Malpighi-Körperchen** (Nierenkörperchen) genannt (Abb. 131). Zwei Zellschichten und eine kräftige dazwischenliegende Basallamina trennen Blutstrom und Lumen des Nephrons: das meist mit Poren durchsetzte Capillarendothel und die innere Epithelschicht der Bowman-Kapsel, deren Zellen Podocyten sind. Porengröße und elektrostatische Eigenschaften der Basallamina und der Schlitzmembran sind der wesentliche Filter gegen den Durchtritt von Proteinen (Abb. 131).

Die einzelnen Abschnitte des Nephrons sollen zunächst am Beispiel der Säugetierniere dargestellt werden (Abb. 132, 133).

Das Ultrafiltrat im Filtrationsraum der Bowman-Kapsel wird vom **proximalen Tubulus** aufgenommen, der in einen gewundenen und einen gestreckt verlaufenden Teil gegliedert ist. Das mitochondrienreiche Epithel der proximalen Tubuli besitzt einen hohen Mikrovillisaum (Abb. 132).

Der gestreckte Teil des proximalen Tubulus ist der Anfang der **Henle-Schleife**, eines U-förmigen Nephronabschnittes, dessen Scheitel aus dem dünnwandigen **intermediären Tubulus** besteht und dessen distaler Anteil aus dem gestreckt verlaufenden Teil eines weiteren Tubulusabschnittes, des **distalen Tubulus**, aufgebaut wird. Dieser besitzt ebenfalls ein mitochondrienreiches Epithel, das durch ein tiefes basales Labyrinth und eine relativ glatte, apikale Zellmembran gekenn-

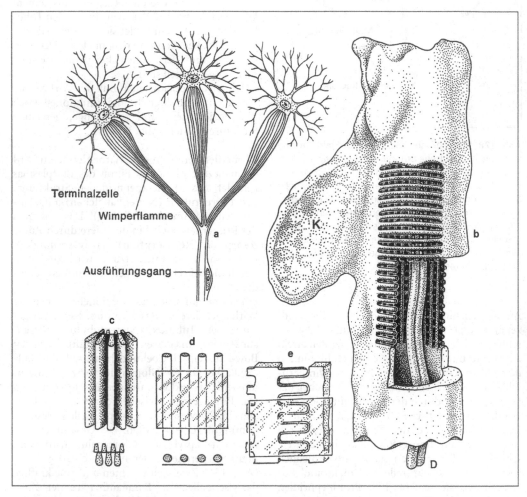

Abb. 129 Protonephridien **a)** Protonephridium mit drei Terminalzellen (Bandwurm, lichtmikroskopisch). **b)** Terminalzelle von *Stenostomum* (Turbellar) mit Doppelgeißel (D). Reusenapparat seitlich eröffnet. Die Gestalt der Terminalzellen kann sehr unterschiedlich sein. Bei a sind sie mit langen Fortsätzen versehen, bei b mit einem kurzen Fortsatz, der den Kern (K) enthält. **c–e)** Reusenformen verschiedener Terminalzellen. **c)** Trematode. Die Reuse ist aus zwei Garnituren parallel verlaufender Stäbe aufgebaut (oben Blockdiagramm, unten Querschnitt). **d)** *Lymnaea*. Einfache Garnitur von Stäben, außen Filter»membran«. **e)** *Urnatella* (Kamptozoa). Mäanderförmige Spalten in der Wand der Terminalzelle

zeichnet ist (Abb. 132). Die distalen Tubuli besitzen einen geknäuelten Endabschnitt, der in ein Sammelrohr einmündet. Die Sammelrohre münden an der Nierenpapille aus (Abb. 132). Die Henle-Schleifen sind bei den einzelnen Säugern unterschiedlich lang, sie erstrecken sich im Allgemeinen von der Rindenregion der Nieren bis ins Mark und zurück in die Rinde. Der distale Tubulus bildet am Ende der Schleife eine komplexe Kontaktstelle mit der zuführenden Arteriole seines Glomerulus. Hier differenziert der distale Tubulus die **Macula densa,** die mit reninbildenden Zellen der zuführenden Arteriolenwand strukturellen und funktionellen Kontakt aufnimmt.

Der der Macula densa folgende Tubulusabschnitt wird manchmal auch allein als distaler Tubulus bezeichnet. Die Sammelrohre nehmen mehrere distale Tubuli auf und münden in das Nierenbecken.

Die Niere wird außerordentlich stark durchblutet, beim Menschen fließen pro Minute 1,2 l Blut (pro Tag ca. 1 800 l) durch ihr Gewebe. In den Glomeruluscapillaren herrscht ein verhältnismäßig hoher Druck, der zum Abpressen von Blutplasma in die Tubuli führt. Die glomeruläre Filtrationsrate (GFR) beträgt beim Menschen ca. 180 l/Tag, die Harnflussrate ca. 1,8 l/Tag. Die efferente Arteriole geht einmal in ein normales Capillarnetz über, das die in der Rinde gelegenen Tubulusanteile umspinnt, und zum anderen in lange, haarnadelförmig verlaufende Capillaren, die parallel zu den Henle-Schleifen in die Markregion der Niere hinabziehen (Abb. 132, 133).

Der größte Teil des Primärharns (bei Säugern stets mehr als 90%, oft um 99%) wird im Nierenkanälchen wieder rückresorbiert. Diese sog. **tubuläre Rückresorption** bedient sich verschiedener Mechanismen (Abb. 133). Eiweiße werden vermutlich durch Pinocytose rückresorbiert.

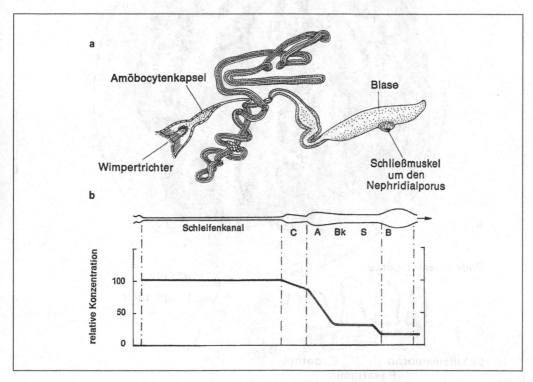

Abb. 130 a) Metanephridium von *Pontoscolex* (Oligochaeta). Die Zellen der Amöbocytenkapsel phagocytieren größere Partikel; der Nephridialporus kann durch einen Sphinkter (Schließmuskel) verschlossen werden. **b)** Schema eines entrollten Metanephridiums von *Lumbricus*. Die Kurve gibt die osmotischen Konzentrationen, die in den einzelnen Tubulusabschnitten gemessen wurden, bezogen auf die Konzentration der Coelomflüssigkeit, wieder. C: Cilienkanal, A: Ampulle, Bk: Bläschenkanal, S: Stäbchenkanal, B: Blase

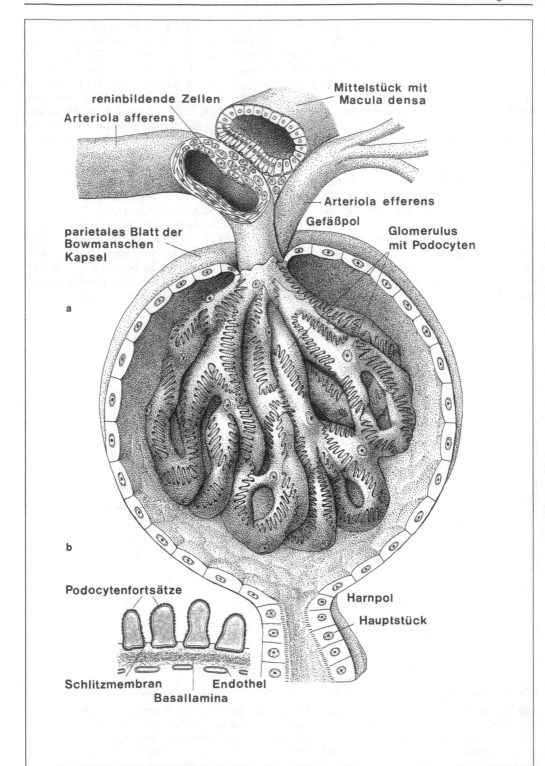

reninbildende Zellen

Arteriola afferens

Mittelstück mit
Macula densa

Arteriola efferens

Gefäßpol

parietales Blatt der
Bowmanschen
Kapsel

Glomerulus
mit Podocyten

a

b

Podocytenfortsätze

Harnpol

Hauptstück

Schlitzmembran

Endothel

Basallamina

Eine Reihe von niedermolekularen Substanzen, wie Glucose, Fructose, Aminosäuren, Harnsäure, Acetessigsäure und Buttersäure sowie Natriumchlorid, Kalium und Phosphat werden aktiv gegen Konzentrationsgradienten rückresorbiert. Bicarbonat wird mit Natrium v. a. im Anfangsteil der gewundenen Hauptstücke reabsorbiert. Dieser Prozess läuft mittels eines Natrium-Protonen-Austauschmechanismus ab und ist abhängig von einer im Bürstensaum und im Cytoplasma lokalisierten Carboanhydrase. Reabsorption von Glucose und Aminosäuren ist an den Natriumtransport gekoppelt. Wasser folgt dem osmotischen Gradienten, der durch den aktiven Transport der gelösten Substanzen entsteht, passiv; im Sammelrohr fördert **ADH** (S. 200) die Wasserrückresorption. Die Mehrzahl der aktiven Transportmechanismen liegt im proximalen Tubulus, Natrium kann mit verschiedenen Mechanismen in allen Tubulusanteilen resorbiert werden. Im gewundenen Anteil des distalen Tubulus und im Sammelrohr fördert Aldosteron die Reabsorption von Natrium. Manche Transportmechanismen können in beiden Richtungen transportieren, manche tauschen eine Substanz gegen eine andere aus (z. B. Rückresorption von Natrium im Austausch für Wasserstoff oder Kalium). Harnstoff kann je nach Tierart aktiv oder passiv transportiert werden.

Bei der Ausscheidung von Stoffen durch die Niere spricht man von **Sekretion,** wenn diese Substanzen aus dem Blutstrom vom Tubulusepithel aufgenommen und in das Tubuluslumen abgegeben (transzelluläre Sekretion) oder in den Epithelzellen (zelluläre Sekretion) gebildet werden. Sekretorische Mechanismen liegen im proximalen und distalen Tubulus. Beispiele von sekretorisch ausgeschiedenen Substanzen sind Sulfate, Glucuronide, Harnsäure, Penicillin, Diuretica und Abbauprodukte von Steroidhormonen; Ammoniak wird erst in den Epithelien der Nieren gebildet.

Die Rückresorption des Wassers kann verändert werden, ohne dass die Gesamtausscheidung der gelösten Substanzen betroffen ist. Bei Abgabe von konzentriertem Harn wird relativ viel Wasser im Blut zurückgehalten, bei verdünntem Harn wird dem Blut mehr Wasser als gelöste Substanzen entzogen. Beide Möglichkeiten sind für die Regulation der Osmolarität der Körperflüssigkeit wichtig. Bei manchen Säugern werden über 99% des filtrierten Wassers rückresorbiert. Der ausgeschiedene Harn ist beim Menschen maximal viermal konzentrierter als das Blutplasma; einen besonders konzentrierten Harn scheiden Wüstennager aus. Etwa zwei Drittel des filtrierten Wassers werden im proximalen Tubulus, 5% im Bereich des intermediären Tubulus der Henle-Schleife und der Rest unter dem Einfluss des antidiuretischen Hormons im gewundenen Anteil des distalen Tubulus und vor allem im Sammelrohr rückresorbiert.

Die Harnkonzentration erfolgt vorwiegend im Nierenmark, wo die parallelen, gegensinnig durchströmten, haarnadelförmigen Henle-Schleifen mit Parallelschaltung der Markgefäße und der Sammelrohre einen Konzentrierungsprozess nach dem **Gegenstromprinzip** ermöglichen. Treibende Kraft sind aktiver Chlorid- sowie passiver (intermediärer Tubulus) und aktiver sowie passiver (gestreckt verlaufender distaler Tubulus) Natriumtransport aus den aufsteigenden Schenkeln der Henle-Schleifen in das umgebende Gewebe. Die Epithelien des distalen Tubulus im aufsteigenden Schenkel der Henle-Schleife sind nicht wasserdurchlässig. Der absteigende Schenkel ist dagegen gut wasserdurchlässig, und aus ihm wird auch Wasser in das Interstitium transportiert. Das Wasser wird zum großen Teil über die Blutgefäße abgeführt. Insgesamt baut sich

Abb. 131 Nierenkörperchen (Malpighi-Körperchen) der Säugetierniere. **a)** Übersicht. Das Blut wird über die Arteriola afferens in das Capillarknäuel (Glomerulus) geleitet und über die Arteriola efferens wieder abgeführt. Die Podocyten bedecken das Capillarknäuel und entsprechen dem inneren (visceralen) Blatt der Bowman-Kapsel und gehen am Gefäßpol des Nierenkörperchens in das parietale Blatt der Bowman-Kapsel über. In den Raum zwischen beiden Blättern wird das Ultrafiltrat abgegeben. Der distale Tubulus (Mittelstück) des Nephrons bildet an der Arteriola afferens die Macula densa, die aus vermutlich chemoreceptiven Epithelzellen besteht. Diese sind mit den reninbildenden Zellen der Arteriola afferens funktionell verbunden. Hauptstück = proximaler Tubulus. **b)** Feinstruktur der Blut-Harn-Schranke. Wesentliche Komponenten dieser Schranke sind: 1. das von Poren durchsetzte Endothel der Blutcapillaren, 2. die gemeinsame Basallamina von Endothel und Podocyten und 3. die aus dem Protein Nephrin und dem Adhäsionsmolekül P-Cadherin bestehende Schlitzmembran zwischen den fingerförmigen, kleinen Podocytenfortsätzen (= Pedicellen)

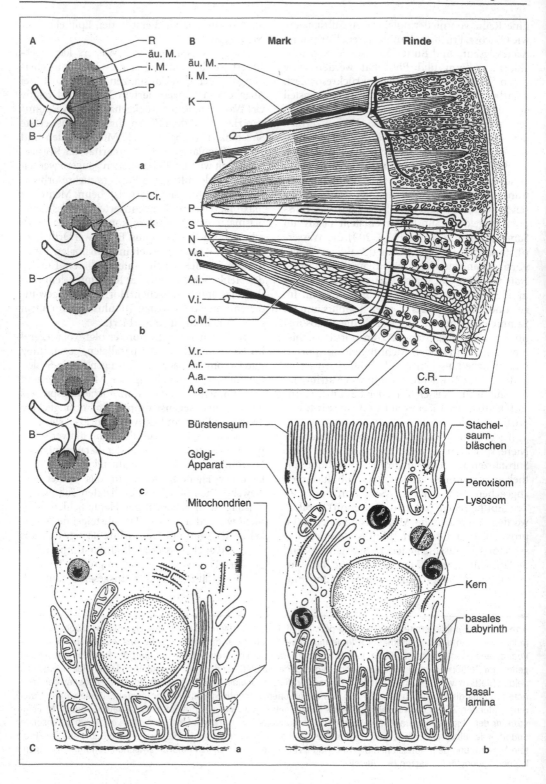

A

R
äu. M.
i. M.
P
U
B

a

Cr.
K
B

b

B

c

B   **Mark**   **Rinde**

äu. M.
i. M.
K
P
S
N
V.a.
A.i.
V.i.
C.M.
V.r.
A.r.
A.a.
A.e.
C.R.
Ka

Bürstensaum
Golgi-Apparat
Mitochondrien

Stachel-saumbläschen
Peroxisom
Lysosom
Kern
basales Labyrinth
Basallamina

C   a   b

von der Basis zur Spitze der Schleifen sowie im Nierenmark eine osmotische Konzentrations-differenz auf.

Der Harn, der im proximalen Tubulus isoton und im intermediären Tubulus hyperton war, ist am Übergang des aufsteigenden Schenkels zum gewundenen distalen Tubulus **hypoton**. Unter dem Einfluss von **Aldosteron** (S. 209) wird im gewundenen distalen Tubulus und im Sammelrohr aktiv Natrium reabsorbiert. Dieser Natriumtransport ist variabel an Kalium- und Protonensekretion gekoppelt. In den letzten Abschnitten des distalen Tubulus und dann v. a. im Sammelrohr übt das antidiuretische Hormon (S. 200) seine Wirkung aus, indem es durch Einbau von Aquaporinen (molekularen Wasserkanälen) die Durchlässigkeit des Epithels für Wasser stark erhöht. Eine Hauptzelle im Sammelrohrepithel besitzt 10^7 solcher Kanäle in ihrer Membran, und zwar in der apikalen Membran das regelbare Aquaporin 2 und in der basolateralen Membran die vermutlich konstant vorhandenen Aquaporine 3 und 4. Geregelt wird die Wasserdurchlässigkeit durch Ein- und Ausbau des Aquaporins 2, das in der Membran von Vesikeln in der apikalen Zellregion gelagert ist. Dieses Aquaporin kann unter Einfluss des ADH in wenigen Minuten in die apikale Membran eingebaut werden. Im Sammelrohr wird der Harn wieder hyperton, und das Wasser strömt in das Markgewebe und die dort befindlichen Gefäße. Harnpflichtige Substanzen folgen dem Wasserausstrom aus den Sammelrohren nur in geringem Ausmaß.

Die Reabsorption der Flüssigkeit aus den Tubuli wird auch von physikalischen Faktoren beeinflusst, v. a. von hydrostatischem und onkotischem (= kolloidosmotischem) Druck, der über die Wände der peritubulären Blutcapillaren ausgeübt wird. Der onkotische Druck der Capillaren ist hoch, da sie nach Passage des Blutes durch die Glomeruli relativ eiweißreich sind. Die efferenten Arteriolen verursachen einen beträchtlichen Abfall des hydrostatischen Druckes. Beide Phänomene begünstigen die Flüssigkeitsrückresorption.

Das Nephron hat in der Evolution vielfältige Entwicklungen und Veränderungen erfahren. Es ist daher oft anders gebaut als das oben schematisch beschriebene Säugernephron (Abb. 134).

a) Bei Elasmobranchiern, Süßwasserteleosteern und Amphibien ist der Glomerulus und damit die Filtratmenge relativ groß.
b) Bei Reptilien und marinen Teleosteern ist der Glomerulus klein oder kann bei letzteren sogar fehlen (**aglomerulärer Typ** des Nephrons). Die Wasserabgabe kann entsprechend gering gehalten werden.
c) Bei Vögeln und Säugern ist der Glomerulus verhältnismäßig groß. Im Unterschied zu den

◀

Abb. 132 Säugerniere. **A)** Nierentypen der Säugetiere. **a)** einfache Niere mit einer Papille; **b)** zusammengesetzte Niere mit mehreren Papillen; **c)** gelappte Niere; U: Ureter, R: Rinde, B: Nierenbecken, P: Nierenpapille, äu. M.: äußere Zone des Marks, i. M.: innere Zone des Marks, Cr.: Columna renalis, K: Kelch.
B) Schema vom Aufbau der menschlichen Niere; oben sind Nierenkanälchen, Rinde, Mark und Markstrahlen dargestellt. In der Mitte ist ein Nephron (N) mit Sammelrohr (S) eingezeichnet. Unten Schema der Gefäßversorgung: Über die A. interlobaris (A. i.) strömt der Rinde sauerstoffreiches Blut zu. Es erreicht über die A. radiata (A. r.) und die Arteriolae afferentes (A. a.) die Glomeruli, aus denen es über die Arteriolae efferentes (A. e.) wieder austritt. Ein Teil des arteriellen Blutes erreicht auch ein Gefäßnetz unter der Kapsel (Ka). An die Arteriolae efferentes schließt sich ein Capillarnetz an (C. R. = Capillaren der Rinde), das die Nierenkanälchen umspinnt. Auch das Mark erhält sein Blut (C. M. = Capillaren des Marks) zum größten Teil über die Arteriolae efferentes, v. a. aus denen der marknahen Glomeruli. Das venöse Blut der Rinde sammelt sich in den Venae radiatae (V. r.), das des Markes erreicht die Venae arcuatae (V. a.), die an der Grenze Rinde/Mark verlaufen und in die ebenfalls die Venae radiatae einmünden. Es fließt über die Venae interlobares (V. i.) ab. Glomeruli und gewundene Anteile von proximalen und distalen Tubuli liegen in der Rinde, in die die Markstrahlen eindringen. Diese bestehen aus Sammelrohren und gestreckten Anteilen von proximalen und distalen Tubuli. In der Außenzone des Marks kommen Sammelrohre, gestreckte Anteile von proximalen, intermediären und distalen Tubuli vor, in der Innenzone nur Sammelrohre und intermediäre Tubuli. Die Sammelrohre münden an der Papille (P) in die Kelche (K) aus, äu. M.: äußeres Mark, i. M.: inneres Mark.
C) Elektronenmikroskopischer Aufbau von Epithelzellen aus dem distalen- (a) und dem proximalen Tubulus (b). Beachte die Stachelsaumbläschen und die tiefen Einfaltungen an der Basis des Bürstensaumes der Epithelzelle des proximalen Tubulus. Das basale Labyrinth ist im proximalen und distalen Tubulus gut ausgebildet.

anderen Gruppen ist zwischen gewundenem, proximalem und gewundenem, distalem Tubulus die oft lange **Henle-Schleife** eingefügt. Ultrafiltration in großem Umfang ist mit beträchtlicher Rückresorption verbunden (die

Vorgänge in einem solchen Nephron wurden oben dargestellt).

Der unter a) genannte Typ kommt bei Tieren vor, die in einem Medium leben, welches eine gerin-

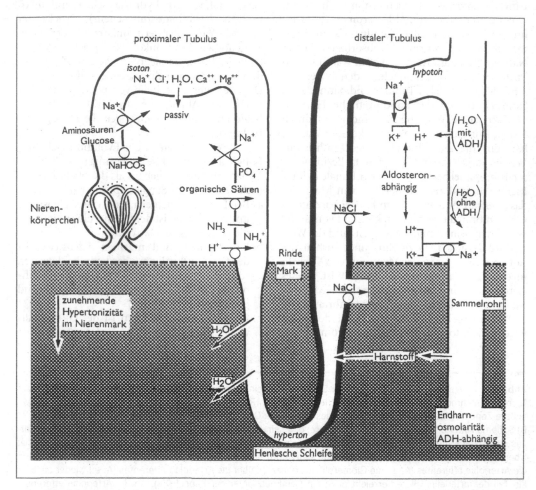

Abb. 133 Schematische Darstellung eines Säugetiernephrons mit Angabe von Transportfunktionen in den verschiedenen Abschnitten. Proximaler und distaler Tubulus lassen sich in gewundene und gestreckte Abschnitte gliedern; die gestreckt verlaufenden Abschnitte bilden mit dem intermediären Tubulus (»dünnes Segment«) die U-förmige Henle-Schleife. Die Grenze zwischen Rinde und Mark sowie der zunehmende osmotische Druck im Mark sind angegeben. Die dicke Konturierung des distalen Tubulus deutet seine geringe Wasserdurchlässigkeit an. Aktive Transportmechanismen sind durch Kreise in der Wand der Tubuli angegeben. Reabsorption von Glucose und Aminosäuren ist an Natriumtransport gekoppelt. Zwei Drittel des filtrierten Natriums und Wassers werden bereits im proximalen Tubulus rückresorbiert; der aldosterongeförderte Natriumtransport im Endabschnitt des distalen Tubulus und im Sammelrohr ist variabel an Protonen- oder Kaliumsekretion gekoppelt. NH_4^+ entsteht im Tubuluslumen aus H^+ und NH_3; letzteres entsteht vorwiegend intrazellulär im Tubulusepithel aus Glutamin. Der Harnstoff diffundiert aus dem Sammelrohr ins Interstitium und trägt dort zur Erhaltung der Hypertonizität bei. Im Tubulus wechselt der Harn von *isoton* über *hyperton* zu *hypoton*. Im Sammelrohr wird er wieder hyperton. ADH: antidiuretisches Hormon

gere Ionenmenge besitzt als die Körperflüssigkeit. Durch Osmose nehmen die Tiere daher
dauernd Wasser auf, welches wieder eliminiert
werden muss. Süßwasserfische und Amphibien
geben täglich bis zu 30% des Körpergewichtes an
Harn ab. Meeresfische dagegen sind der Entwässerung ausgesetzt, da das umgebende Milieu eine
höhere Salzkonzentration aufweist. Das Wasser
muss also zurückgehalten werden, dafür müssen
aber Salze abgegeben werden. Der Filtrationsap-
parat fehlt daher oder ist doch rückgebildet. Salze
und Exkrete werden auch an anderen Körper-
oberflächen eliminiert, v. a. in den Kiemen. In
den aglomerulären Nephronen erfolgt die Harnbildung durch tubuläre Sekretion und durch
transepitheliale Diffusion in die Nierentubuli.
Glucose kann in den aglomerulären Nephronen

mariner Teleosteer offenbar überhaupt nicht
ausgeschieden werden. Landwirbeltiere haben
ähnliche Probleme wie marine Fische: Sie müssen das Wasser in ihrem Körper zurückhalten.
Reptilien besitzen ein reduziertes Nierenkörperchen, ähnlich wie die Knochenfische des Meeres.
Bei Vögeln und Säugern erreicht die intensive
Rückresorption die höchsten Werte im Tierreich.
Besondere Verhältnisse sind bei den Haien zu
beobachten. Obwohl marin, besitzen sie verhältnismäßig große Glomeruli. Ihr Blut wird durch
einen hohen Harnstoffgehalt mit dem Meereswasser isotonisch gehalten – eine Anpassung, die
auch den im Salzwasser lebenden südostasiatischen Frosch *Rana cancrivora* kennzeichnet.

Die Beschreibung von Aufbau und Funktion
der Nieren hat gezeigt, dass deren Funktion kei-

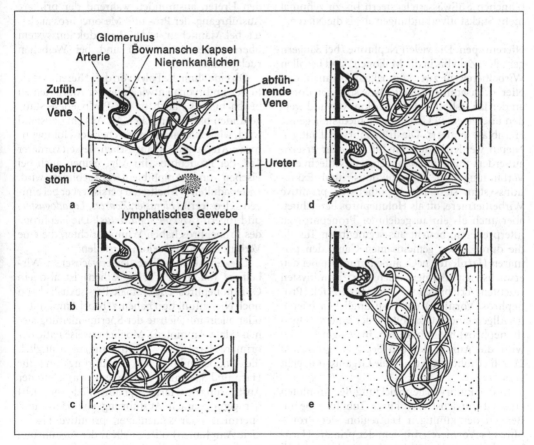

Abb. 134 Nephrontypen der Wirbeltiere und ihre Blutgefäßversorgung. Links jeweils Coelom, Arterie und eine
zuführende Vene, rechts abführende Vene und Harnleiter. **a)** Selachier, sekundäre Abtrennung des Nephrostoms,
das in lymphatischem Gewebe endet. **b)** Teleosteer, Normalfall. **c)** Teleosteer, aglomeruläres Nephron. **d)** Urodelen, oben ohne, unten mit Nephrostom. **e)** Säuger, eine zuführende Vene fehlt

neswegs nur in der Exkretabgabe besteht. Vielmehr findet hier eine Regulation des Wasser- und Salzhaushaltes statt. Das Regulationsvermögen tritt z. B. dadurch zutage, dass bei erhöhter Flüssigkeitsaufnahme viel schwach konzentrierter Harn, bei Durst jedoch wenig stark konzentrierter Harn abgegeben wird. Außerdem wirkt die Niere bei der Aufrechterhaltung der Absolutreaktion des Blutes mit, indem sie bei Gefahr der Blutübersäuerung (Acidose) Säure, bei Gefahr der Verschiebung zum alkalischen Bereich (Alkalose) basische Stoffe im Überschuss abgibt. Entsprechend diesen lebenswichtigen Funktionen, die der Organismus dauernd zu erfüllen hat, wird die Durchblutung der Niere recht konstant gehalten. Dass die Exkretabgabe nur eine und oft untergeordnete Funktion der Niere ist, zeigen viele Knochenfische: Haut und Kiemen geben bei manchen Süßwasserteleosteern bis zu zehnmal mehr Stickstoffverbindungen ab als die Nieren.

Nierentypen. Die vielen Nephrone (bei Säugern geht ihre Zahl bis in die Millionen) sind bei allen Wirbeltieren zu zwei kompakten Organen, den **Nieren**, zusammengefasst. Diese springen dorsal an der Leibeshöhle in das Coelom vor und werden über je einen Gang in eine median liegende Harnblase entleert. Die frühembryonal tätigen Nieren werden später modifiziert oder ersetzt; außerdem findet im männlichen Geschlecht eine Verbindung von Reproduktions- und Exkretionssystem statt. Die hypothetische primitive Wirbeltierniere, oft als **Holonephros** bezeichnet, aber auch als ein ausgedehnter Pronephros zu interpretieren, besteht aus segmentalen Tubuli, die durch einen gemeinsamen Gang, den **primären Harnleiter,** nach außen münden. Bei den erwachsenen Formen auch der primitivsten rezenten Vertebraten wird der vordere Teil (**Pronephros, Vorniere**) der ursprünglichen Nieren im Allgemeinen rückgebildet, der hintere (**Opisthonephros**) bleibt bestehen. In seinem Bereich wird die Anzahl der pro Segment gebildeten Tubuli erhöht, die segmentale Organisation geht verloren.

In der Embryonalentwicklung der Amnioten entsteht zunächst eine kurze Tubulusreihe im Bereich der künftigen Halsregion, der **Pronephros** (= **Vorniere**), mit dem der primäre Harnleiter in Verbindung steht. Diese vorderen Tubuli funktionieren gar nicht oder nur kurze Zeit (Reptilien). Caudal schließt sich dann ein weiteres Tubulussystem an, das zum Opisthonephros

gehört und das während der größten Zeit des Embryonallebens der Säuger die Ableitung von Exkreten übernimmt. Diese embryonale Struktur wird **Mesonephros (Urniere)** oder **Pars sexualis des Opisthonephros** genannt, weil sie beim Erwachsenen in das System der Ausführgänge der Hoden übernommen wird. Abführender Gang des Mesonephros ist auch der primäre Harnleiter. Im Gegensatz zu den Pronephrostubuli, deren Glomeruli oft fehlen oder doch verkleinert sind, entsprechen die Mesonephroselemente dem oben beschriebenen Schema eines Nephrons. Später (bei Reptilien erst nach der Geburt bzw. dem Schlüpfen, bei den Säugern früher) wird auch der Mesonephros ersetzt durch den weiter caudal liegenden **Metanephros** (**Nachniere, Pars renalis des Opisthonephros**), der durch einen neuen (**sekundären**) **Harnleiter,** den **Ureter,** ausmündet, während der primäre Ausführgang, der Pro- und Mesonephros ausleitet, bei Männchen in das Reproduktionssystem übernommen (Abb. 135) und bei Weibchen rückgebildet wird.

Ob eine ähnliche Folge von drei Nieren, wie sie in der Embryonalentwicklung der Amnioten zu beobachten ist, auch in der Phylogenese stattgefunden hat, ist unsicher. Als Ausgangszustand wird, wie schon angedeutet, eher der Holonephros (= Archinephros) angesehen, dessen vorderer Teil, der Pronephros, im Allgemeinen auch bei Fischen und Amphibien rückgebildet wird. Unter adulten Wirbeltieren persistiert er bei einigen Teleosteern (*Fierasfer, Zoarces, Lepadogaster*) und Ingern (*Myxine, Eptatretus*). Die Nephrone des Pronephros haben Wimpertrichter, die eine Verbindung zum Coelom herstellen.

Die eigentliche Niere der erwachsenen Wirbeltiere (auch die der Agnathen) ist also ein Opisthonephros. Die craniale Pars sexualis kann noch Nierenfunktion haben, z. B. bei Amphibien, oder allein im Dienste der Spermienleitung stehen (Haie, Amnioten). Möglicherweise hatte der primäre Harnleiter (= **Wolff-Gang**) ursprünglich die Doppelfunktion als Ausführungsgang für Harn und Spermien, heute dient er a) allein der Ausführung des Harns (Agnathen, Teleosteer), b) der gemeinsamen Ausführung von Harn und Spermien (Harnsamenleiter, primitive Fische, viele Amphibien) oder c) allein der Ausführung der Spermien (Haie, Rochen, manche Amphibien, Amnioten). Der neu gebildete Harnleiter der Amnioten, der Ureter, wächst ontogenetisch meist von der Kloake aus.

Die in diesem Text für embryonale Entwicklungsstufen genannten Begriffe Meso- und Metanephros werden oft auch für die Niere erwachsener Formen verwendet, die Nieren der Anamnier heißen dann Mesonephros, die Amnioten-Nieren Metanephros.

Kiemen, Rectal- und Salzdrüsen

Wie schon angedeutet, können bei den Wirbeltieren auch verschiedene andere Organe, v. a. die Kiemen, Nierenfunktionen übernehmen. Die Kiemen der marinen Teleosteer scheiden stickstoffhaltige Stoffwechselendprodukte aus und sind in hohem Maße an Osmo-, Ionen- und Säure-Basenregulation dieser Tiere beteiligt. Die **Chloridzellen** der Kiemen transportieren Chlorid und Natrium in das umgebende Medium. In gleicher Weise funktionieren die **mitochondrienreichen Zellen** der Rectaldrüsen der Elasmobranchier. Spezielle orbitale Hautdrüsen (Salzdrüsen), v. a. mariner Vögel, scheiden recht konzentriert Natriumchlorid aus. Der Besitz dieser Drüse ermöglicht es Meeresvögeln, Meerwasser zu trinken und damit ihren Wasserbedarf zu decken, ohne dass die Osmolarität ihrer Körperflüssigkeiten aus dem Gleichgewicht gerät. Grundsätzlich kann noch eine Reihe weiterer Organe, z. B. der Darmtrakt, exkretorisch tätig sein. Er ist bei vielen Tieren nicht nur für Verdauung und Defäkation zuständig, sondern gibt auch Exkrete ab, d. h. Stoffe, die aus der Körperflüssigkeit durch das Darmepithel in das Darmlumen abgegeben werden. Bei vielen Wassertieren ist auch die Haut wesentlich an der Exkretion beteiligt.

b Ionen- und Osmoregulation

Der Wasser- und Salzhaushalt der Tiere unterliegt in Meeres-, Brack- und Süßwasser sowie am Land deutlich verschiedenen Anforderungen. Je nach ihrer Geschichte zeigen Organismen zudem deutliche Unterschiede in ihrer biochemischen und physiologischen Anpassung an einen Lebensraum.

Primäre Meerestiere, wie z. B. Seesterne, Opisthobranchia und viele Muscheln, haben extrazelluläre Flüssigkeiten, deren Ionenzusammensetzung und osmotische Konzentration große Ähnlichkeit mit denen des Meerwassers haben (Abb. 136 oben). Ihre intrazelluläre Flüssigkeit unterscheidet sich – wie generell bei Tieren – bei gleichem osmotischen Druck immer deutlich von der extrazellulären Flüssigkeit: Die Konzentrationen von Natrium und Chlorid sind niedriger, von Kalium, Aminosäuren u. a. organischen Substanzen höher als extrazellulär. Eine artspezifische **Ionenregulation**, die für bestimmte Elektrolyte (z. B. Magnesium) einen Gradienten zwischen innerem Milieu (= extrazellulärer Flüssigkeit) und äußerem Milieu (= Umwelt) aufrechterhält, findet man aber auch bei primären Meerestieren. Sekundäre Meerestiere wie z. B. Knochenfische, die aus dem Süßwasser eingewandert sind, halten eine osmotische Konzentration aufrecht, die weit unter der des Meeres liegt (**Hypotonieregler**), und sie verfügen über eine Blutsalzkonzentration die bei 25–50% des Meerwassers liegt (Abb. 136 oben). Sie verlieren dauernd mit dem osmotischen Gradienten Wasser, müssen also gegen einen beträchtlichen osmotischen Gradienten **Osmoregulation** betreiben. Außerdem geht mit dem Harn Volumen verloren, das Volumen wird aber durch Trinken von Meerwasser wieder ergänzt (**Volumenregulation**). Die Tiere trinken relativ große Mengen Salzwasser, pro Tag 4–8% ihres Körpergewichtes. Allerdings nehmen sie damit auch große Mengen an Salz auf. Dieses wird gegen einen hohen Ionengradienten über die Kiemen ausgeschieden. Die Niere von Fischen kann keinen Urin produzieren, der hyperosmotisch zum Blut ist, und spielt daher bei marinen Fischen für die Osmoregulation nur eine untergeordnete Rolle.

Bei **Süßwassertieren**, d. h. auch bei Süßwasserfischen, haben Nieren eine herausragende Bedeutung bei der Regulation des Salz- und Wasserhaushaltes. Süßwassertiere halten immer eine höhere osmotische und ionale Konzentration ihres inneren Milieus gegenüber dem Außenmilieu aufrecht (**Hypertonieregler**) (Abb. 136 oben).

Diese Konzentrationsgradienten begünstigen einen permanenten osmotischen Wassereinstrom sowie einen Salzausstrom. Um die Konzentration zu halten, müssen die Tiere eingeströmtes Wasser wieder abgeben und den Salzverlust durch aktive Aufnahme aus dem salzarmen Medium kompensieren. Organe der Wasserausscheidung sind die zuvor beschriebenen Nierenorgane, die bei vielen Süßwassertieren beträchtliche Mengen an Harn erzeugen, d. h. pro Tag ein Vielfaches des eigenen Körpergewichtes. Bei Protozoen erfolgt die Wasserabgabe durch sich rhythmisch nach außen entleerende Vakuolen (**pulsierende Vakuole**), die bei marinen Formen zurücktreten oder fehlen. Die meisten Süßwassertiere können einen bluthypotonischen Harn bilden, mit dem nur wenig Salz verloren geht. Die Ionenaufnahme erfolgt bei Süßwasserfischen und -krebsen über die Kiemen, bei Mückenlarven über sog. Analpapillen.

Terrestrische Tiere haben wie Süßwassertiere eine geringere Ionenkonzentration in der extrazellulären Flüssigkeit als primäre Meerestiere (Abb. 136 oben). Bei Landtieren besteht die Gefahr, Wasser durch Verdunstung zu verlieren. Außerdem benötigen sie für die Ausscheidung der Stickstoffendprodukte eine Mindestmenge an Wasser für die Harnbildung. Viele Formen leben dementsprechend in Habitaten mit hoher Luftfeuchtigkeit (Oligochaeten, Mollusken, Landturbellarien, Landnemertinen, Krebse, Landfische, Amphibien usw.) oder sind nachtaktiv (größere relative Feuchte bei niedrigeren Temperaturen). In Trockenbiotopen bilden sie oft Ruhestadien (z. B. Schnecken in Wüsten). Wasserverlust erfolgt durch die Haut, Exkret- und Kotabgabe sowie durch respiratorische Oberflächen. Dem wird durch die verringerte Durchlässigkeit der Haut (Verhornung, Cuticula, Schleim), Konzentrierung des Harnes usw. entgegengewirkt. Trotzdem müssen die meisten Landtiere ihren Wasserverlust durch Aufnahme von Wasser durch die Haut (die meisten Wirbellosen, Frösche) oder durch Trinken ausgleichen. Manche Tiere haben ihre Wasserabgabe so weit eingeschränkt, dass sie mit dem bei der biologischen Oxidation anfallenden Wasser ihren Bedarf decken können (Larven des Mehlkäfers *Tenebrio,* Känguruhratte *Dipodomys* u. a.).

In konstanter Umwelt befinden sich die Tiere in einem Fließgleichgewicht (steady state) mit ihrer Umgebung. Viele Wassertiere sind auf

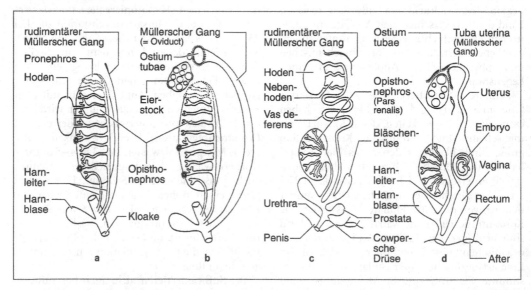

Abb. 135 Urogenitalsystem von Amphibien (**a:** männliches, **b:** weibliches Tier) und Säugern (**c:** männliches, **d:** weibliches Tier). Zur Nomenklatur der Niere s. Text. Harnleiter (= Ureter) proximal der Harnblase, Harnröhre (Urethra) distal der Harnblase. Bläschendrüse, Prostata und Cowper-Drüse (= Bulbourethraldrüse) sind Anhangsdrüsen der Geschlechtswege männlicher Säugetiere, deren Sekrete die Hauptmasse des Ejakulates ausmachen. Im Sekret der Bläschendrüse kommt Fructose, im Sekret der Prostata das Prostataspezifische Antigen (PSA, eine Protease) und saure Phosphatase vor

gleich bleibende Ionenkonzentration des Außenmediums angewiesen, sie tolerieren nur geringe Veränderungen (**stenohaline Tierarten**) (Abb. 136 oben). Hierzu gehören Hochseefische, Echinodermen, Tunicaten, viele Cnidaria, Mollusken, Crustaceen und ein Großteil der Polychaeten. Andere Vertreter der Polychaeten, Mollusken, Crustaceen u. a. Tiergruppen kommen sowohl im Meerwasser als auch bis in das verdünnte

Brackwasser hinein vor (**euryhaline Tierarten**) (Abb. 136 unten).

Blutkonzentrationen sind artspezifisch. Bei euryhalinen Tieren gilt das auch für ihr jeweiliges Anpassungsmuster, d. h. die Blutkonzentrationen, die sich einstellen, wenn die Tiere an unterschiedlich konzentriertes Außenmedium akklimatisiert sind. Man unterscheidet verschiedene Anpassungsmuster (Abb. 136 unten). **Poikilos-**

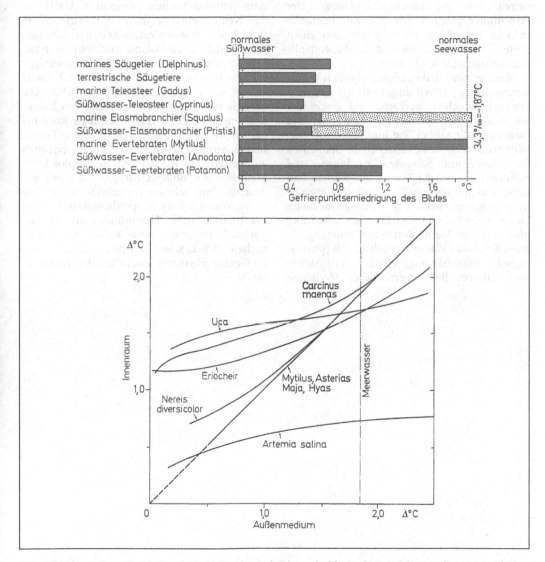

Abb. 136 Oben: Osmotischer Druck (Gefrierpunktserniedrigung in °C) des Blutes einiger mariner, terrestrischer und limnischer Tiere. Durch Punktierung ist bei den Elasmobranchiern der auf den hohen Harnstoffgehalt im Blut zurückzuführende Anteil an der Gesamtgefrierpunktserniedrigung hervorgehoben. Unten: Abhängigkeit der Konzentration des Innenmediums mariner Tiere von der Konzentration des Außenmediums

motische Tiere (Konformer) wie z. B. die Mies-muschel *(Mytilus)*, halten ihre Hämolymphe bei jeder Außenkonzentration annähernd isoosmo-tisch mit dem Medium, betreiben aber Ionenre-gulation und besitzen biochemische Anpassun-gen auf zellulärer Ebene, die es ihren Enzymen ermöglicht, auch bei den niedrigen osmotischen Konzentrationen weiter zu arbeiten. **Homoios-motische Tiere** (Regulatoren), wie z. B. die Win-kerkrabbe *(Uca)*, die **Hypertonieregulation** betreibt, oder der Salinenkrebs *(Artemia)*, der **Hypotonieregulation** wie die Knochenfische betreibt, halten ihre Hämolymphe über einen weiten Konzentrationsbereich des Außenmedi-ums konstant (Abb. 136 unten).

Manche Tiere sind häufigen, schnellen Verän-derungen der Umwelt ausgesetzt, wie z. B. dem Wechsel zwischen feuchtem und trockenem Wetter oder dem Wechsel zwischen hoher und niedriger Salinität bei Flut und im verregneten Watt bei Ebbe. Damit ändern sich die Gradienten für Wasser und Salz zwischen Innen- und Außenmilieu, und der Wasser- und Salzhaushalt gerät zunächst aus dem Gleichgewicht. Dasselbe kann passieren, wenn z. B. ein ausgetrocknetes Landtier viel Wasser trinkt. Die Tiere haben aber physiologische Mechanismen zur Verfügung, die ihren Salz- und Wasserhaushalt schnell (**physio-logische Stabilisierung**) einem neuen steady state zuführen. Bei Säugern sind die Mechanis-

men der Osmo- und Volumenregulation gut untersucht. Hier wird die osmotische Konzentra-tion des Blutes von speziellen Zellen, den **Osmo-receptoren**, im Hypothalamus, registriert. Steigt die osmotische Blutkonzentration, z. B. nach einer salzreichen Mahlzeit oder unter Dursten nur um wenige mosmol/l, so ändert sich die Membranspannung der Osmoreceptoren und damit die elektrische Pulsrate ihrer Axone, die damit auf nervösem Weg die Abgabe von Adiu-retin (antidiuretischem Hormon = ADH) aus der Neurohypophyse ins Blut bewirkt. ADH steigert die Wasserpermeabilität der Sammel-rohre und damit die Volumenrückresorption aus dem Sekundärharn, wodurch die Nieren weniger Wasser ausscheiden (Antidiurese) und soviel Wasser wie möglich im Körper verbleibt. Die nervöse und hormonale Steuerung von Exkre-tionsorganen spielen eine wesentliche Rolle bei der Osmo- und Volumenregulation von Tieren. Inzwischen sind neben Volumenreceptoren auch Ionenreceptoren wie der Chloridreceptor beim Medizinischen Blutegel nachgewiesen worden. Andere Tiere tolerieren regelmäßige größere Schwankungen ihrer Körperflüssigkeit. Das im Brackwasser nahe Flussmündungen lebende Turbellar *Procerodes ulvae* ändert den osmo-tischen Druck seiner Körperflüssigkeit sogar im Gezeitenrhythmus jeweils um den Faktor 10 bis 20.

13 Fortpflanzung

Fortpflanzung ist ein wesentliches Kennzeichen aller Lebewesen. Sie ist mit der Weitergabe genetischer Substanz von einem Individuum an das nächste verbunden und kann geschlechtlich oder ungeschlechtlich erfolgen. Gewöhnlich ist mit Fortpflanzung eine Vermehrung der Individuenzahl verbunden. Verschiedene Fortpflanzungstypen können einander in der Generationsfolge abwechseln (Generationswechsel).

Stark vereinfacht kann man zwei Fortpflanzungsstrategien unterscheiden, r- und K-Strategie.

Bei der **r-Strategie** stehen Produktion vieler Nachkommen und Tendenz zum Verlassen des Wohngebietes (**Migration, Dispersion**) im Vordergrund; r bedeutet die Summe von Geburtenrate und Sterberate und gibt Wachstum (r > 0) oder Abnahme (r < 0) einer Population an. Mit der Massenproduktion von Nachkommen sind kleine Körpergröße und kurze Generationendauer sowie umfangreiche Populationsschwankungen verbunden. Durch verstärkte Dispersion sowie nach Populationseinbrüchen, z. B. durch ungünstige Umweltverhältnisse, kommt es zur Selbstverstärkung (= positiver Rückkopplung)

auf die Fortpflanzung der verbliebenen Individuen. Diese Strategie tritt in kurzfristig existierenden Lebensräumen auf, so in ephemeren Gewässern (Wasserflöhe, Rädertiere) und in der Vegetation unserer Klimazonen (Blattläuse). Sie ermöglicht eine »Überschwemmung« von Habitaten und lässt manche dieser Organismen zu Schädlingen werden (S. 405).

Die **K-Strategie** ist auf den Erhalt einer etwa konstanten Population ausgerichtet, welche die Umweltkapazität (S. 408) erreicht hat; K steht für die Kapazitätsgrenze der Umwelt. Geringe Zahl der Nachkommen, hohe Investition in die einzelnen Nachkommen und lange Lebensdauer sind für sie typisch. Sie kommt in einer sich nur langsam verändernden Umwelt vor. Säuger und Vögel unterliegen im Allgemeinen der Selektion auf K-Strategie, das antarktische marine Ökosystem enthält wichtige K-Strategen (Wale, Krill).

Beide Strategien sind nicht starre, entgegengesetzte Enden eines eindimensionalen Spektrums, vielmehr gibt es Übergänge, Komplizierungen und schließlich das Umschalten von der einen auf die andere, so bei Blattläusen von r- auf K-Strategie in einer Vegetationsperiode (S. 309).

a Geschlechtliche (sexuelle) Fortpflanzung

Diese Fortpflanzungsform ist durch die Ausbildung **haploider Keimzellen** (Gameten) gekennzeichnet, die zu einer Zygote mit einem diploiden Kern (**Synkaryon**) verschmelzen können. Dieser Vorgang – auch **Gametogamie, Syngamie** oder **Zellkopulation** genannt – setzt sich aus zwei Teilprozessen zusammen: der Vereinigung der Zellen (**Plasmo-** oder **Cytogamie**) und der Kernverschmelzung (**Karyogamie**). Bei Protozoen legen sich verschiedentlich Vorstadien der Gameten (**Gamonten**) aneinander und bringen erst später

Gameten oder Gametenkerne hervor, die dann verschmelzen (**Gamontogamie**, S. 304).

Gameten. Bei allen Vielzellern treten die Gameten als Samenzellen (Spermien, Spermatozoen, Abb. 137) und Eizellen (Abb. 138) auf.

Spermien sind beweglich, sie suchen die meist unbeweglichen Eizellen auf. Primitive Spermien bestehen aus Kopf, Mittelstück und Schwanz. Der Kopf enthält den rundlichen Kern und an dessen Vorderende meist das Acrosom. Im Kern wird DNA mittels verschiedener Protamine (an

Arginin reiche Proteine aus 32 Aminosäuren) in die dichteste bekannte Packung überführt. Das Acrosom entsteht durch Fusion von Golgi-Vesikeln. Seine Enzyme vermitteln das Durchdringen der Eihülle(n). Hinter dem Kern liegen ein oder zwei Centriolen. Diese Region wird – wenn sie gegen Kopf und Mittelstück abgesetzt ist (Abb. 137d, e) – als Hals bezeichnet. Darauf folgen Mitochondrien. Sie bauen das eigentliche Mittelstück auf und sind bei primitiven Spermien in Vier- oder Fünfzahl vorhanden (Abb.

137a, c). Die Achse des Mittelstückes wird von Mikrotubuli eingenommen, die vom Centriol ausgehend in den Schwanz ziehen, der eine lange, bewegliche Geißel darstellt.

Dieser primitive **flagellate (begeißelte) Spermientyp** ist bei Wirbellosen mit äußerer Befruchtung verbreitet (z. B. bei Polychaeten, Mollusken, Echinodermen, Acrania). Bei Vertretern derselben Tiergruppen, deren Eier entweder im weiblichen Körper oder in gallertumhüllten Gelegen befruchtet werden, ist der Spermienkopf

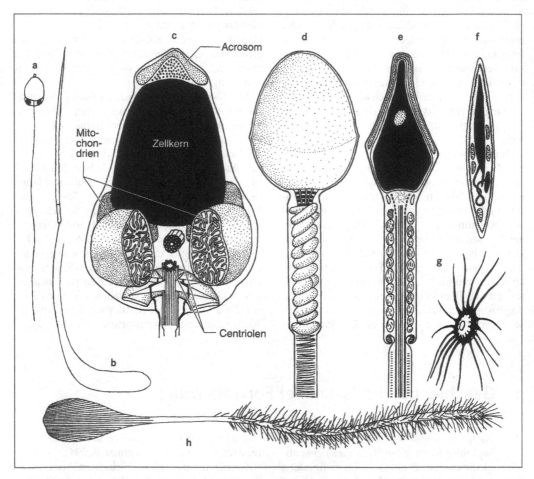

Abb. 137 Spermien. **a)** Primitives Spermium mit kugeligem Kern, an dem vorn das Acrosom und hinten Mitochondrien liegen, in deren unmittelbarer Nähe eine lange Geißel entspringt. **b)** Abgeleitetes Spermium mit langem Kopf. **c)** Spermium eines Sipunculiden nach elektronenmikroskopischen Befunden. **d), e)** Vorderende der Spermien eines Mannes. **d)** Aufsicht, **e)** Schnitt. Beachte das mehr als die Hälfte des Kopfes umfassende Acrosom und die lange Mitochondrienmanschette. **f)** Spermium einer Schnabelmilbe. Seitlich liegt das Acrosom, das durch ein dünnes Filament mit dem lang gestreckten Kern verbunden ist. **g)** Spermium eines Flusskrebses. **h)** Großes, apyrenes Spermium eines Prosobranchiers *(Opalia)* mit zahlreichen an ihm festgehefteten kleinen, normalen Spermien (kleine Fortsätze in rechter Bildhälfte)

stark verlängert (Abb. 137b) und die Mitochondrienzahl verändert. Bei vielen Säugetieren, auch beim Menschen (Abb. 137d, e) sind die Spermienköpfe stark abgeflacht und die relativ zahlreichen Mitochondrien schraubig um die Mikrotubuli des Mittelstückes arrangiert.

Einige Tiergruppen haben **aflagellate Spermien**, also Samenzellen ohne Geißeln. Hierher gehören Nematoden, Milben und Decapoden (Abb. 137f, g).

Spermien mariner Wirbelloser werden in der Regel erst nach Abgabe ins Meerwasser beweglich und befruchtungsfähig. Diesen Prozess bezeichnet man als **Kapazitation**. Bei vielen Tieren wird die Kapazitation im Genitaltrakt des Weibchens durch bestimmte Sekrete induziert. Dieser Vorgang kann mit starken Formveränderungen verbunden sein.

Verschiedentlich kommen außer den typischen Spermien mit haploidem Chromosomensatz regelmäßig atypische mit verringerter Kern-DNA vor (**oligopyrene, apyrene Spermien**). Sie kommen nicht zur Befruchtung, ihre Bedeutung ist unklar. Sie können bei manchen Schnecken besonders groß sein und die normalen Spermien transportieren. Solche Spermienaggregate werden **Spermiozeugmen** genannt (Abb. 137h).

Die Zahl der Spermien ist meist groß. In einem Ejakulat befinden sich beim Menschen etwa 200 bis 300 Millionen Spermien, beim Pferd sogar um 20 Milliarden.

Eizellen (Abb. 138) sind meist unbewegliche, runde oder längliche Zellen, die sich von Gruppe zu Gruppe durch die Menge, Verteilung und Beschaffung des Dotters unterscheiden. Demgemäß ist die Größe der Eizellen recht verschieden. Die dotterreichen Eizellen der Vögel erreichen ca. 1–10 cm Durchmesser, die der lebend gebärenden Säugetiere nur ca. 0,1–0,2 mm. Die Zahl der produzierten Eier wechselt mit der Lebensweise. Sie ist besonders hoch (bis Millionen pro Jahr) bei Parasiten und Wassertieren mit äußerer Befruchtung (Muscheln, z. T. Fische), gering bei Tieren mit Brutpflege und bei kurzlebigen Tieren, z. B. Rotatorien. An der Oberfläche von Eizellen befinden sich Receptoren für spermien- und artspezifische Erkennungssubstanzen.

Gonaden. Die Reifung der Keimzellen erfolgt bei den meisten Vielzellern in abgegrenzten Gonaden (Keimdrüsen), die Eier entstehen in Eierstöcken (Ovarien), die Spermien in Hoden (Testes). Die Gonaden enthalten außer den Keimzellen und ihren Bildungsstadien Hilfszellen und Bindegewebe, das meist eine feste Hülle bildet. Zahl und Lage der Gonaden variieren sehr. Oft liegen sie in Anhängen (im Mantel bei Muscheln, in Stiel und Beinen bei Cirripediern, im Hodensack bei Säugetieren u. a.). Ihre Zahl beträgt zwei oder eins, bisweilen jedoch über 100 (Plathelminthen, Nemertinen).

Geschlechter. Die Geschlechter sind bei Tieren meist getrennt. Besonders die hoch entwickelten Wirbeltiere, Gliedertiere und Tintenfische enthalten fast nur **getrenntgeschlechtige Arten. Zwitter** (= **Hermaphroditen**) sind Tiere, die Hoden und Ovarien tragen. Sie sind z. B. für Plathelminthen (Abb. 139a), Oligochaeten (Abb. 139b), Hirudineen, Opisthobranchiern und Pulmonaten (Abb. 139c–e) sowie Tunicaten die Norm. Eine extreme Form des Zwittertums ist die Zwittergonade, bei der in der gleichen Gonade Eier und Spermien gebildet werden (Opisthobranchia, Pulmonaten [Abb. 139c], manche Ascidien). Eine Tendenz zum Zwittertum ist besonders bei festsitzenden Tieren (Cirripedier, Ascidien) und bei parasitischen Gruppen vorhanden. Nur ausnahmsweise finden sich bei Geschlechtertrennung nicht Weibchen und Männchen, sondern Zwitter und Männchen, z. B. bei manchen Nematoden und Cirripediern. Bei letzteren sind die Weibchen sekundär Zwitter geworden, bei manchen Arten existieren neben ihnen noch Ersatzmännchen. Bei getrenntgeschlechtigen Arten kommen abnorme Mischformen (Gynandromorphismus; Gynander, oft auf der einen Seite männlich, auf der anderen Seite weiblich) oder meist fortpflanzungsunfähige Zwischenformen (Intersexe) vor.

Geschlechtsdimorphismus. Männchen und Weibchen einer Art sind vielfach in Bau und Größe sehr verschieden. Als primäre Geschlechtsmerkmale bezeichnet man oft die Unterschiede im Geschlechtssystem von den Gonaden über die Leitungswege bis zu den Begattungsorganen. Neben ihnen trifft man vielfach sekundäre Geschlechtsmerkmale (Hahnenkamm und -federn, Geweih der Hirsche), die sich folgendermaßen ordnen lassen:

a) Ausbildung von **Klammerorganen** des ♂ zum Festhalten am ♀: Saugnäpfe an den Vorderbeinen der Gelbrandkäfer (Dytiscidae), 1. Antennen der Copepoden, 2. Antennen bei Cladoceren, Brustbeine bei Amphipoden,

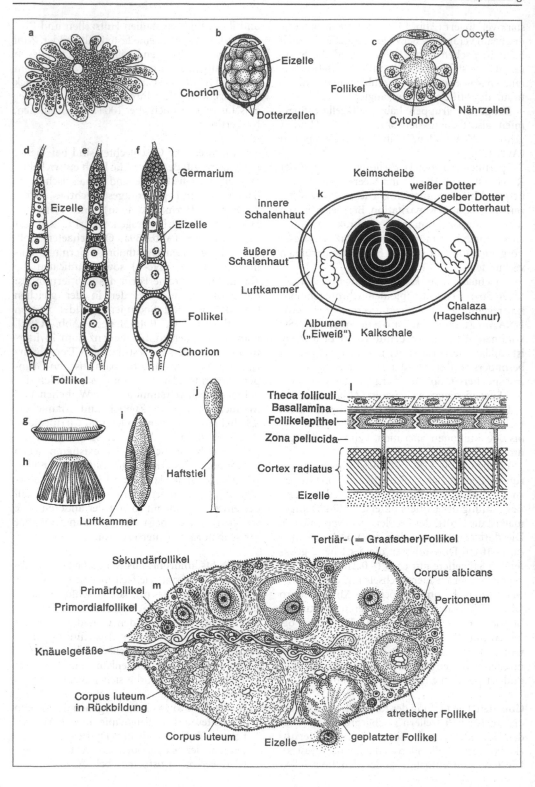

a

b
Eizelle
Chorion
Dotterzellen

c
Oocyte
Follikel
Nährzellen
Cytophor

d   e   f
Germarium
Eizelle
Eizelle
Follikel
Chorion
Follikel

k
Keimscheibe
weißer Dotter
gelber Dotter
innere Schalenhaut
Dotterhaut
äußere Schalenhaut
Luftkammer
Chalaza (Hagelschnur)
Albumen („Eiweiß")   Kalkschale

g
h
i
j
Haftstiel
Luftkammer

l
Theca folliculi
Basallamina
Follikelepithel
Zona pellucida
Cortex radiatus
Eizelle

m
Tertiär- (= Graafscher)Follikel
Sekundärfollikel
Corpus albicans
Primärfollikel
Primordialfollikel
Peritoneum
Knäuelgefäße
Corpus luteum in Rückbildung
atretischer Follikel
geplatzter Follikel
Corpus luteum   Eizelle

Antennen bei Psocopteria, Brunftschwielen an Arm und Fingern der Anura (Frösche) usw.

b) Hilfsorgane für die **Brutpflege** bei dem brutpflegenden Geschlecht, das meist das Weibchen, aber nicht selten das Männchen ist (Amphibien, viele Teleosteer, manche Vögel). Hier können Brutbeutel oder Futterdrüsen (Milchdrüsen) entwickelt sein.

c) **Signalcharaktere** für Erkennen, Anlocken und Stimulationen des anderen Geschlechtes. Die Ausbildung solcher Signalcharaktere eines Geschlechtes bedingt oft die stärkere Ausbildung entsprechender Sinnesorgane beim anderen Geschlecht. Unter Insekten sind chemische Lockstoffe bei Weibchen häufig; dementsprechend sind die Fühler der Männchen vergrößert. Optische Signale sind oft besondere Farbflecken, z. B. im Gefieder der männlichen Fasanen und Paradiesvögel, und viele Hochzeitskleider von Fischen. Die Färbung beim brutpflegenden Geschlecht – gleichgültig, ob es das weibliche oder das männliche ist – ist dagegen meist unauffällig.

d) **Waffen** treten bei Männchen meist dort auf, wo diese um ein Territorium oder die Weibchen kämpfen oder die Verteidigung der Gruppen übernehmen: große Eckzähne bei Primatenmännchen, Geweihe bei Hirschen, Zangen der Hirschkäfer usw. Diese Waffen bzw. Imponiercharaktere können gleichzeitig als Signale auf Weibchen wirken.

Größenunterschiede sind verbreitet. Männchen mit Kampfverhalten sind meist größer als Weibchen (Säuger, viele Vögel, Hirschkäfer), sonst ist es meist umgekehrt. Zu Zwergmännchen werden die Männchen reduziert, wenn sie nur während einer kurzen Fortpflanzungszeit leben. Das ist bei Süßwassertieren (Rotatorien, Cladoceren), im Meer bei *Dinophilus* (Anneliden) und im extremen Maße bei *Bonellia* (Echiuriden) der Fall. Hier lebt das nur wenige Millimeter große ♂ in den Genitalgängen des ♀, dessen Körper hühnereigroß ist und dessen Rüssel sogar 1 m Länge erreichen kann. Bei Zwergmännchen ist oft der Darm rückgebildet.

Bildung der Keimzellen (Gametogenese). Die Entstehung der ersten Anlagen der Keimzellen lässt sich noch über die Bildung der Gonaden hinaus zurückverfolgen (**Keimbahn**). In manchen Fällen sind von den ersten Zellteilungen der Zygote an die Zellen, die später zu Keimzellen werden, irgendwie markiert. Meist enthalten sie besondere Einschlüsse (**Keimbahnkörper, Ectosomen**), die den Körperzellen (**Somazellen**) fehlen. Solche Keimbahnkörper kennen wir in Ein- oder Vielzahl von Rotatorien, Cladoceren, Copepoden, Chaetognathen u. a.

In anderen Fällen (z. B. bei Insekten) ist schon im Cytoplasma des Eies ein Bereich erkennbar, das Polplasma am hinteren Ende, aus dem später Keimzellen hervorgehen.

Abb. 138 Eier und Ovarien. **a)** Ei von *Hydra viridissima* (Hydrozoen) mit pseudopodienartigen Fortsätzen. **b)** Zusammengesetztes Ei eines Bandwurmes *(Diphyllobothrium latum)*. Die Eihülle (Chorion) besitzt einen abhebbaren Deckel. **c)** Zusammengesetzes Ei eines Piscicoliden (Egels). Von zwei Oogonien bildet eine eine Hülle (Follikel); die andere teilt sich mehrfach, doch bleiben alle so entstandenen Tochterzellen untereinander durch eine zentrale Cytoplasmamasse (Cytophor) verbunden. Eine wird zum Ei, die anderen zu Nährzellen. **d–f)** Ovariolen (Eiröhren) von Insekten. **d)** Panoistische Ovariole. An der Spitze liegen nur Keimzellen (Germarium). Die Keimzellen wandern basalwärts und werden hier von Follikelzellen umhüllt. **e), f)** Meroistische Ovariolen. Im Germarium liegen Keim- und Nährzellen. **e)** Polytrophe Ovariole. Mehrere Nährzellen rücken mit einer Eizelle basalwärts und bilden zwischen Eikammern Nährkammern. **f)** Telotrophe Ovariole. Die Nährzellen bleiben im Germarium. Sie erhalten die Verbindung zu den Eizellen durch Nährstränge aufrecht. **g–j)** Eier verschiedener Insekten mit spezialisiertem Chorion. **g)** *Tortrix,* **h)** *Panolis* (Schmetterlinge), **i)** *Anopheles* (Mücke), **j)** *Chrysopa* (Florfliege), **k)** Vogelei. **l)** Schematische Darstellung des elektronenmikroskopischen Aufbaus der Follikelwand eines Teleosteers. Zwischen Eizelle und Follikelepithel, deren Mikrovilli miteinander in Verbindung stehen, liegen verschiedene extrazelluläre Schichten. **m)** Längsschnitt durch das Ovar einer Frau. In der oberen Hälfte ist die Reifung der Eizelle im Primordialfollikel (flaches, einschichtiges Follikelepithel) über Primärfollikel (kubisches, einschichtiges Follikelepithel), Sekundärfollikel (mehrschichtiges Follikelepithel) und Tertiärfollikel (mehrschichtiges Epithel mit flüssigkeitsgefülltem Hohlraum) dargestellt. Rechts: rückgebildeter (atretischer) Follikel. Unten: geplatzter Follikel (Eisprung, Ovulation) und Corpus luteum (Gelbkörper). Das narbengewebige Corpus albicans entsteht durch Rückbildung aus dem Corpus luteum. Die Follikel werden von den Thekazellen umgeben, die im Bindegewebe des Ovars liegen und wie die Follikelzellen (= Granulosazellen) weibliche Geschlechtshormone bilden

Eine andere Art der Keimbahnmarkierung wurde bei *Ascaris* und *Cyclops* gefunden. Hier bleiben nur in der Zellenfolge, die zu den Keimzellen führt, die Chromosomen intakt; in allen anderen Zellen, die Körpergewebe (Soma) liefern, zerfallen sie. *Ascaris* verliert in den somatischen Zellen etwa 80% Chromatin (**Chromatindiminution**), wohl ausschließlich hochrepetitive Abschnitte, während die singulären DNA-Sequenzen anscheinend erhalten bleiben. Bei Insekten kommt es zum Verlust ganzer Chromosomen (**Chromosomenelimination**). Nur in den Keimzellen bleiben alle erhalten.

Diese Beobachtungen des Eigenweges der Keimzellen von der Furchung an haben zur Keimbahntheorie geführt, welche besagt, dass bei Metazoen allgemein bereits in einem frühen Stadium eine Arbeitsteilung erfolgt: Die Keimzellen

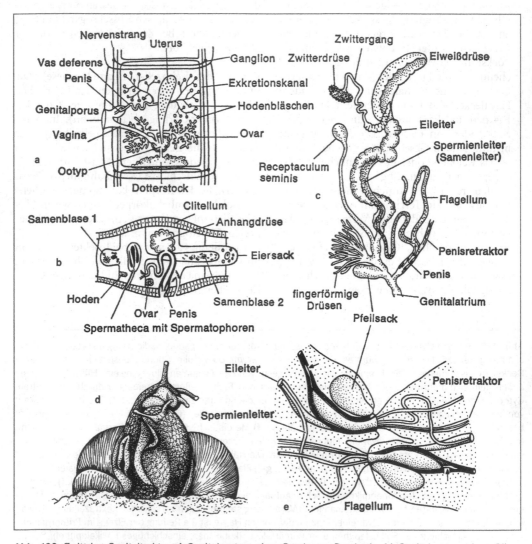

Abb. 139 Zwittrige Genitaltrakte. **a)** Genitalsystem einer Bandwurm-Proglottis, **b)** Genitalsystem eines Oligochaeten (Tubificidae, Plesiopora); **c)** Genitalsystem einer Lungenschnecke (*Helix*, Weinbergschnecke), **d)** Weinbergschnecken in Kopulation. Genitalatria und Penis sind ausgestülpt; **e)** Wechselseitige Begattung bei *Helix*: Ausschnitt der miteinander verschränkten Genitalsysteme bei der Spermatophorenübertragung (Pfeile deuten auf Spermatophoren)

für die nächste Generation trennen sich von den Körperzellen. Ausgangspunkt ist eine asymmetrische Zellteilung: Aus einer Tochterzelle werden Körperzellen, aus der anderen Keimzellen. Das Einwandern in die späteren Gonaden ist als sekundärer Vorgang anzusehen: Bei Säugern entstehen Keimzellen z. B. im Dottersack und besiedeln von dort die Gonaden.

Die Zellen, die sich in den Gonaden angesiedelt haben, werden als **Urkeimzellen**, und zwar im Ovar als **Oogonien**, im Hoden als **Spermatogonien** bezeichnet. Ihre Weiterentwicklung zur Eizelle (**Oogenese**) bzw. Spermium (**Spermatogenese**) erfolgt in vier Phasen: Vermehrungs-, Wachstumsphase, Reifeteilungen und Ausbildung der Gameten.

1. Vermehrungsphase. In ihr werden die wenigen Urkeimzellen, die die Gonaden zunächst enthalten, durch rasche Teilungen an Zahl sehr vermehrt. Die Zellen sind diploid, die Teilungen mitotisch. Entsprechend der größeren Zahl der Spermien teilen sich die Spermatogonien öfter als die Oogonien.

Bei Tieren, die mehrmals laichen, bleibt oft eine Anzahl Oogonien in Reserve, die dann bei der nächsten Fortpflanzungsperiode in eine Vermehrungsphase eintritt. Andererseits kann die ganze einmalige Vermehrungsphase in frühembryonalen Stadien ablaufen, beispielsweise bei Rotatorien. Auch bei Säugetieren ist die Vermehrungsphase in den Ovarien auf die Embryonalzeit und die erste Jugendzeit beschränkt; sie erfolgt beim Menschen nur bis zum Zeitpunkt der Geburt, zu dem in den Ovarien 1–2 Millionen Primordialfollikel liegen, von denen eine große Zahl auf verschiedenen Entwicklungsstadien noch im Ovar zugrunde geht (Follikelatresie, Abb. 138m).

2. Wachstumsphase. Nach der Vermehrungsphase treten die Zellen in eine Wachstumsphase ein, in der keine Teilungen stattfinden, wohl aber eine starke Vermehrung des Cytoplasmas. Diese Zellen werden am Ende der Wachstumsphase als **Oocyten 1. Ordnung** bzw. **Spermatocyten 1. Ordnung** bezeichnet. Entsprechend der Größe der Eier ist das Wachstum der Oocyten viel stärker als das der Spermatocyten.

3. Reifeteilungen (Meiose, Abb. 23). In zwei Teilungen werden die diploiden Zellen zu haploiden (S. 49). Das Ergebnis sind jeweils vier haploide,

genetisch verschiedene Zellen (Gonen), die aus einer diploiden Zelle hervorgegangen sind.

Der äußere Ablauf der Reifeteilung ist bei Ei- und Spermienbildung sehr verschieden. Bei der Spermienbildung entstehen aus beiden Teilungen vier im Prinzip gleiche Zellen (**Spermatiden**), während bei der Eizelle beide Teilungen sehr ungleich sind. Nur eine der Zellen wird zur Eizelle, die übrigen bleiben kleine, **abortive Zellen** (= **Richtungs-** oder **Polkörper**). Die erste Reifeteilung teilt so Oocyt I in Oocyt II und Richtungskörper I. Die zweite Teilung liefert Eizelle und Richtungskörper II. Nur selten führt der Richtungskörper I die zweite Teilung durch, dann entstehen insgesamt drei Richtungskörper, meist sind es zwei.

4. Ausbildung der Gameten. Die Keimzellen erwerben noch Sonderstrukturen. Besonders auffällig ist das bei der Umwandlung der Spermatiden in Spermien (**Spermiocytogenese**, Abb. 140). Die männlichen Keimzellen machen während Mitose und Meiose keine Cytokinesen durch. Es bleiben also die sich differenzierenden Tochterzellen miteinander verbunden (Abb. 140c). In diesem umfangreichen Verband kann die Spermatidendifferenzierung durch die Produkte beider elterlichen Chromosomensätze beeinflusst werden. Das ist insbesondere vor dem Hintergrund wichtig, dass X-Chromosomen (die ja den Y-Spermien fehlen) Gene tragen, die für die Entwicklung von Y-Spermien nötig zu sein scheinen. Das Ei erhält durch Nährstoffbildung (Dotter) und Hüllen Eigenmerkmale.

Nährstoffbildung des Eies. Das Ei ermöglicht die Entwicklung des Embryos bis zum Zeitpunkt, wo dieser selbst Nahrung aufnehmen kann. Für diese Aufgabe werden in ihm Reservestoffe gespeichert, die als **Dotter (Vitellum)** deponiert werden. Chemisch ist Dotter nicht eine einheitliche Substanz, sondern besteht aus Lipiden und Proteinen, seltener aus Kohlenhydraten, ferner Vitaminen. Seine Menge steht mit der Art der Entwicklung in Zusammenhang. Dotterreich (**polylecithal**) sind die Eier vieler Landtiere, sowohl der Arthropoden als auch der Wirbeltiere, sofern sie nicht lebend gebärend sind (Säuger). Ferner haben z. B. hoch entwickelte Wassertiere mit direkter Entwicklung dotterreiche Eier (viele Fische, Cephalopoden). Dotterarme (**oligolecithale, alecithale**) Eier finden wir besonders bei Meerestieren mit frühzeitig schlüpfenden

Larven und den lebend gebärenden Säugern. Die Bildung der Nährstoffe für das Ei kann auf dreierlei Weise erfolgen.

1. Primäre Nährstofflieferung (solitäre Dotterbildung). Die Oocyten synthetisieren den Dotter selbst. Sie verzögern den Abschluss der Meiose I, verfügen also über einen doppelten diploiden Chromosomensatz (Abb. 23b) und damit über besonders viel DNA für die RNA-Synthese. Dar-

über hinaus werden in vielen Fällen rRNA-Gene spezifisch amplifiziert, bei Amphibien millionenfach.

2. Sekundäre Nährstofflieferung (nutrimentäre Dotterbildung) erfolgt, wenn Hilfszellen im Ovar Nährstoffe für die Eizellen liefern. Solche Hilfszellen können Stadien der Keimzellen selbst sein, z. B. Oocyten, die von der normalen Entwicklung ausgeschlossen werden (Ammenzel-

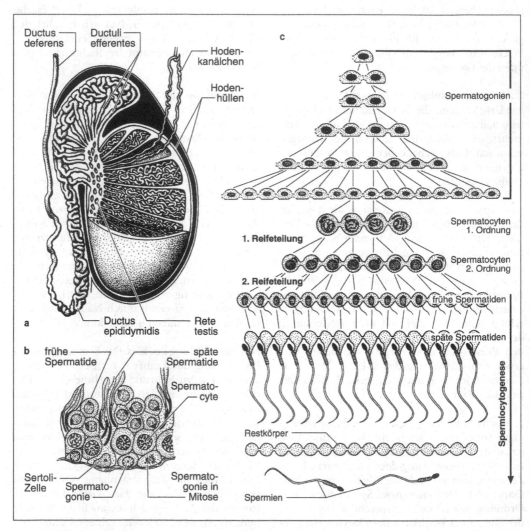

Abb. 140 a) Hoden eines Säugers. Die Spermien werden in den Hodenkanälchen gebildet (von denen eins aus dem Hoden herausgenommen wurde, um seine Länge zu zeigen); **b)** Verschiedene Stadien der Spermienentwicklung im Epithel der Hodenkanälchen (= Keimepithel); **c)** Schematische Darstellung von Spermatogenese und Spermiocytogenese. Beachte, dass die männlichen Keimzellen zunächst über Cytoplasmabrücken miteinander in Verbindung stehen

len). Sie sind mit den sich entwickelnden Oocyten über cytoplasmatische Brücken verbunden, die auch den Übergang großer Moleküle gestatten. Es können aber auch somatische Zellen des Ovars die Aufgabe der Nährstoffproduktion übernehmen (Follikelzellen). Diese umschließen die Eizelle epithelartig und sind mit ihm über gap junctions verbunden, die den Transport von kleinen Molekülen erlauben. Follikelbildung kennen wir z. B. von den Wirbeltieren, bei denen der Follikel mehrschichtig wird. Innerhalb des Follikels tritt bei Säugern noch ein Hohlraum auf, der mit Flüssigkeit gefüllt ist (Liquor folliculi). Das Ei wird dann durch Platzen des Follikels frei (Follikelsprung, Abb. 138m).

Dotter wird bei oviparen Wirbeltieren als Vorstufe (Vitellogenin) in der Leber synthetisiert, ins Blut abgegeben und von Oocyten endocytotisch aufgenommen. Dort wird Vitellogenin in die eigentlichen Dotterproteine, das Lipovitellin und das phosphathaltige Phosphatin, gespalten.

Mehrfach übernimmt ein besonders differenzierter Teil des Ovars ausschließlich die Nährstoffaufnahme. Von hier aus wird der Dotter in Schläuchen den wachsenden Eizellen zugeführt. So wird bei Rotatorien ein Teil des Ovars zu einem syncytialen **Dotterstock** (**Vitellarium**) umgebildet und der Dotter durch einen Schlauch in die jeweils heranwachsenden Oocyten befördert. Ähnlich bildet sich das Ende der Eiröhren vieler Insekten zu einem Nährfach (Vitellarium) um, das den Eizellen gleichfalls in Schläuchen Nährstoffe zuführt (telotropher Ovariolentyp, Wanzen und manche Käfer, Abb. 138f).

Ein Sonderfall ist die Dotterbelieferung bei den Plathelminthen, v. a. bei Saug- und Bandwürmern. Hier sondert sich der Dotterstock (Vitellarium) schrittweise vollkommen vom Keimstock (Germarium). Dotterstock und Keimstock haben eigene Gänge, und erst wo diese zusammentreffen, kommen Dotter- und Eizellen zusammen und werden in einem Kokon vereinigt. Hier werden also nicht nur Nährstoffe, wie bei Rotatorien und Insekten, vom Dotterstock geliefert, sondern ganze Dotterzellen werden dem Ei mitgegeben, die erst vom Embryo aufgezehrt werden.

3. Tertiäre Nährstofflieferung liegt vor, wenn erst im Eileiter Nährstoffe sezerniert und dem Ei mitgegeben werden. So ist das »Eiweiß«, das im Vogelei das »Eigelb« (= Eizelle) umgibt, ein Sekret des Eileiters. Große Eiweißdrüsen trägt

auch der Eileiter von Pulmonaten und von Egeln. Auch hier wird die Nährflüssigkeit erst vom Embryo verbraucht, der oft einen provisorischen Embryonalpharynx zum Schlucken der Nährmassen bildet.

Hüllenbildung des Eies. Die meisten Eier sind von gallertigen oder festen Eihüllen umgeben. Auch diese können auf ganz verschiedene Weise entstehen.

Primäre Eihüllen werden vom Ei selbst gebildet, z. B. bei Seeigeln, Rotatorien u. a.

Sekundäre Eihüllen sind das Produkt von Follikelzellen im Ovar. Diese bilden bei Insekten die feste Eischale (Chorion) und einen Teil der Zona pellucida des Wirbeltiereies (Abb. 138l).

Tertiäre Eihüllen entstehen im Eileiter durch Sekrete von Drüsen. Sowohl die faserigen Hüllen als auch die Kalkschale des Vogeleies sind tertiäre Eihüllen, ebenso die Kalkschalen der Schneckeneier, die Gallerthüllen, die die Eier vieler Wassertiere (Frösche, Schnecken, Köcherfliegen) zu einem Laich zusammenkleben, die festen Eikapseln der Haie und vieler Prosobranchier. Mehrere verschiedene Eihüllen können gleichzeitig das Ei umgeben. Hüllen um Eigelege (Kokons) können auch aus Drüsen der Haut stammen. So bildet bei Regenwürmern und Egeln das Drüsenfeld des Clitellums die Kokonkapsel, bei Spinnen die Spinndrüsen die Kokonhülle usw.

Die festen Hüllen bilden ein Problem für die Befruchtung. Vielfach erfolgt ihre Bildung vor der Befruchtung, z. B. bei den Insekten. Dann ist in der Schale eine Öffnung oder ein Porenfeld ausgespart (Mikropyle), durch das das Spermium eindringen kann. Die Mikropyle der Teleosteer wird durch eine spezielle Follikelepithelzelle (Zapfenzelle) hervorgebracht.

Ernährung der Spermien. In den Hodenkanälchen der Wirbeltiere werden Hilfszellen (**Sertoli-Zellen**) gebildet. In Einbuchtungen dieser epithelialen Zellen reifen die Spermatiden heran, bevor sie in das Lumen der Hodenkanälchen entlassen werden. In den Ausführgängen leben die Spermien in einer von verschiedenen Drüsen sezernierten Samenflüssigkeit.

Im Weibchen werden die Spermien oft in einem Behälter (**Receptaculum seminis**) aufbewahrt, z. B. bei vielen Gastropoden und den meisten Arthropoden.

Spermien werden oft erst spät beweglich, ihr größter Energieverbrauch ist also zeitlich begrenzt. Bei Säugern löst u. a. die alkalische Flüssigkeit der weiblichen Genitalgänge, bei Meerestieren bisweilen der Eintritt ins Meerwasser die Motilität der Spermien aus.

Die Geißelbewegung wird durch Hydrolyse von in den Mitochondrien erzeugtem ATP bewirkt.

Die Spermien des Menschen leben im Oviduct kaum länger als ein bis drei Tage. Bei manchen Fledermäusen erfolgt die Begattung im Herbst, die Befruchtung aber erst im Frühjahr. Bei Molchen reicht eine Befruchtung für mehrere Eilegeperioden und bei den Bienenköniginnen eine oder einige Begattungen bald nach dem Schlüpfen für ihr ganzes Leben.

Angesichts der relativ weiten Wege, die Spermien oft zurücklegen müssen, ist die Stabilisierung ihrer DNA gegenüber Umwelteinflüssen notwendig. Diese erfolgt durch Protamine (s. S. 291).

Spermatophoren. Um Spermienportionen kann eine feste Hülle gebildet werden. Solche Spermatophoren finden wir z. B. bei den Copepoden, Cephalopoden, manchen Anneliden (*Hesionides,* Hirudinea), Onychophoren, Urodelen (Abb. 141d) und v. a. bei Arthropoden (Spinnentieren und Insekten). Durch erstarrende Sekrete wird eine Kapsel um eine Spermienmasse gebildet. Durch Quellungsvorgänge werden dann oft die Spermien ausgepresst. Solche Spermatophoren können komplizierte Gebilde sein, z. B. bei Grillen, Cephalopoden u. a. Die Spermatophoren werden einfach am Boden abgesetzt und vom Weibchen aufgenommen (viele Spinnentiere, Collembolen, viele Urodelen), vom Männchen dem Weibchen angeheftet oder in die Genitalöffnung gebracht.

Befruchtung. Beim Eindringen des Spermiums in das Ei – bisweilen Besamung oder Imprägnation genannt – sendet dieses ihm oft ein kleines Pseudopodium entgegen (**Empfängnishügel**). Vielfach tritt nur der Vorderteil des Spermiums ins Ei ein, der Schwanz wird abgestoßen. Diesem Vorgang geht die **Acrosomreaktion** voraus, in deren Verlauf das Acrosom eröffnet wird und Enzyme (Hyaluronidase, Proteinasen) entlässt, die die Eihülle zersetzen (Abb. 142). Es kommt zur Fusion von Spermien- und Oocytenmembranen und zu Veränderungen des Membranpotentials. Dann kontrahiert sich die Eizelle bisweilen und scheidet eine feste **Befruchtungshülle** ab,

die das Eindringen weiterer Spermien verhindert. Das Spermium bringt Kern und Centriol mit, sein Centriol dirigiert die Kernteilungen, das Centriol des Eies ist rückgebildet und inaktiv. Der haploide Kern des Spermiums vergrößert sich unter Entmischung von Protaminen und DNA. Dies erlaubt die folgende Replikation, den Eintritt der Zygote in den Zellzyklus und die Ermöglichung der ersten Transcription in der ersten G_1-Phase. Der männliche Kern, jetzt Vorkern genannt, erreicht an Umfang den des Eikerns, der sich ihm oft nähert. Das eingedrungene Spermium aktiviert das Entwicklungsprogramm (Eiaktivierung). Mit der Verschmelzung der beiden haploiden Kerne zum diploiden »Synkaryon« ist die Befruchtung beendet. Nicht immer erfolgt diese Verschmelzung im Ei, bisweilen sind während der ersten Furchungsteilungen Eikern und Spermakern getrennt und teilen sich synchron nebeneinander, um erst später zu verschmelzen. Das Eindringen des Spermiums kann vor oder nach den Reifeteilungen erfolgen. Wenn Eizellen von Follikelzellen, die durch Hyaluronsäure verbunden sind, umgeben werden, bedarf es einer großen Zahl von Spermien, um genügend Hyaluronidase zu produzieren; erst dann wird die Oocytenmembran zugänglich.

Vereinzelt – besonders bei dotterreichen Eiern – dringen zahlreiche Spermien in ein Ei ein (**Polyspermie**); nur ein Kern vollzieht allerdings die Karyogamie, die anderen gehen zugrunde oder können sich – so bei Haien und Vögeln – an der Aufschließung des Dotters beteiligen (Merocytenkerne).

Die Befruchtung hat zweierlei Bedeutung: 1. Durch die Verschmelzung der Kerne werden zwei haploide Genome zu einem diploiden vereinigt. Da die Eltern fast stets verschieden sind, wird eine neue, einmalige Genkombination hergestellt. 2. Das Eindringen des Spermiums wirkt auslösend auf die Entwicklung des Eies. Dass diese zwei Funktionen getrennt sind, zeigen die Fälle von **Pseudogamie** (**Merospermie**). In diesen Fällen dringt zwar ein Spermium in das Ei ein und löst seine Entwicklung aus, sein Kern wird aber aufgelöst, sodass die Entwicklung nur mit dem Genbestand des Eies durchgeführt wird. Pseudogamie kommt bisweilen als Normalfall vor, z. B. bei manchen Nematoden, Planarien und Fischen, bei denen sich die Weibchen in Laichschwärme verwandter Arten mischen, deren Spermien die Entwicklungsanregung liefern.

Androgenese liegt vor, wenn nach Selbstbefruchtung der Zellkern der Eizelle eliminiert wird. Sie kommt bei Muscheln *(Corbicula)* vor. **Kleptogamie** ist ein Spezialfall, der von einigen Ameisen bekannt ist: Eine Königin lässt sich von einem artfremden Männchen begatten; der Nachwuchs bildet die Arbeiterkaste.

Parthenogenese. Bei vielen Arten ist eine Eientwicklung ohne Spermium möglich (Parthenogenese, Jungfernzeugung). Als Normalfall kommt sie besonders bei Arten vor, die einen zur Verfügung stehenden Lebensraum durch rasche Vermehrung anfüllen (Blattläuse [Abb. 147], Daphnien, Rotatorien). Da bei dieser Parthenogenese alle Nachkommen Weibchen (nicht 50%

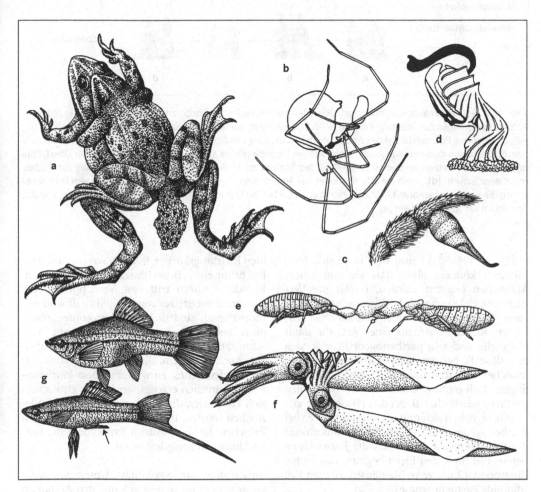

Abb. 141 Einige Mechanismen der Spermaübertragung. **a)** Pärchen des grünen Wasserfrosches *(Rana esculenta)* während des Laichgeschäftes. **b)** Paarungsstellung eines Webspinnenpärchens *(Theridium);* das kleinere Männchen führt gerade seinen Taster (Pedipalpus, schwarz) in die weibliche Genitalöffnung ein. **c)** Palpus einer männlichen Webspinne *(Segestria)* mit seitlichem Kopulationsapparat. Soweit bekannt, setzt das Spinnenmännchen sein Sperma zunächst auf ein eigens dafür angefertigtes Netz (Spermanetz), von diesem wird es in den Kopulationsapparat des Palpus aufgenommen und schließlich dem Weibchen eingeführt. **d)** Spermatophore eines Molches *(Triturus).* **e)** Paarung von Pseudoskorpionen *(Chernes);* zwischen beiden auf dem Substrat eine Spermatophore. **f)** Paarungsstellung von Tintenfischen *(Loligo);* das Männchen (unten) führt seinen Hectocotylus (Pfeil) in die Mantelhöhle des Weibchens ein. **g)** Pärchen des Schwertträgers *(Xiphophorus).* Das Männchen (unten) weist eine zum Begattungsorgan umgeformte Afterflosse auf (Pfeil)

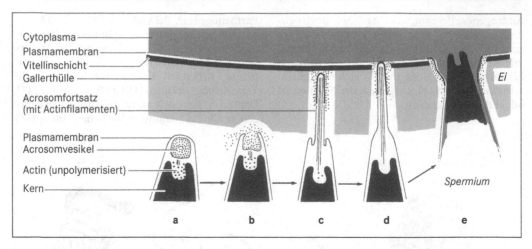

Abb. 142 Acrosomreaktion beim Seeigel. Oben: Teil der Eizelle. Unten: Vorderende eines Spermiums in zeitlicher Abfolge (**a–e**). Wenn das Spermium (**a**) die Gallerthülle berührt, kommt es zur Exocytose des Acrosomvesikels (**b**), gefolgt von einer Polymerisation des Actins und der Ausbildung des Acrosomfortsatzes, der die Gallerthülle durchbohrt (**c**). Die von dem Acrosomvesikel freigesetzten Proteine (kleine schwarze Punkte) haften an der Oberfläche des Acrosomfortsatzes; sie dienen zur Bindung des Spermiums an die Vitellinschicht und gleichzeitig zur Verdauung dieser Schicht (**d**). Wenn die alte Membran des Acrosomvesikels (die die Spitze des acrosomalen Fortsatzes bildet) die Eiplasmamembran berührt, verschmelzen die beiden Membranen, die Actinfilamente zerfallen, und das Spermium dringt in das Ei ein (**e**)

♀♀ und 50% ♂♂) sind und diese sich fortpflanzen können, ohne dass sie von einem Männchen begattet wurden, erfolgt die Vermehrung viel rascher als bei bisexueller Vermehrung. Parthenogenese findet sich auch bei einzelnen Rassen innerhalb einer Art, die dann bisexuelle und rein parthenogenetische Rassen enthält, z. B. bei der Assel *Trichoniscus, Triops,* manchen Ostracoden und einzelnen Schmetterlingen. Gelegentlich entstehen die Männchen parthenogenetisch, z. B. bei den Hymenopteren.

Wie verhalten sich nun die Chromosomen bei Parthenogenese? In vielen Fällen unterbleibt die Reduktionsteilung, sodass die Entwicklung bereits mit diploiden Eiern beginnt. Das ist bei Rotatorien, Cladoceren, Blattläusen usw. der Fall (diploide Parthenogenese).

In manchen Fällen entwickeln sich haploide Eier (haploide Parthenogenese). Ihr weiteres Schicksal ist verschieden, a) Es entstehen daraus haploide Organismen. Das ist z. B. meistens bei den Männchen der Hymenopteren (Bienen) der Fall, hier fehlt dann die Reduktionsteilung bei der Spermienbildung. b) Das Ei macht die Reduktionsteilung rückgängig. Das geschieht durch Wiederverschmelzung mit einem haplo-

iden Richtungskörper. Es tritt also eine Ersatzbefruchtung ein, z. B. bei Rassen von *Artemia.* c) Im Ei oder Embryo tritt eine Verdoppelung des Chromosomensatzes von haploid zu diploid ein, indem eine zusätzliche Chromosomenteilung ohne vollendete Kernteilung oder eine Verschmelzung zweier Kerne (regulative P.) stattfindet. Auch bei Arten, die sich in der Natur nur nach Befruchtung entwickeln, kann Parthenogenese künstlich erzeugt werden: So entwickeln sich Froscheier, die mit einer Platinnadel angestochen werden, in einigen Fällen zu haploiden Fröschen, Lithium löst im Experiment die Entwicklung von Seeigeleiern aus.

Entstehung der Sexualität. Unter Sexualität versteht man im weitesten Sinne den Austausch von Erbsubstanz. Dieser ist schon bei Prokaryoten verbreitet und geht wohl auf DNA-Reparatur-Systeme zurück (prokaryotische Rekombination). Bei Eukaryota ist Sexualität im Allgemeinen mit Meiose und anschließendem reziproken Chromosomenaustausch verbunden (meiotische Sexualität).

Speziell auf der Stufe einzelliger Eukaryoten existiert eine große Vielfalt (Abb. 143).

1. Stufe: Hologamie. Ein Unterschied zwischen Normalindividuen, die sich durch Teilung vermehren, und Gameten, die kopulieren, besteht in Größe und Form nicht. In einer wachsenden, sich durch Teilung vermehrenden Population fehlt die Befruchtung; setzt diese ein, so vermindert sich die Zahl der Individuen. Meist tritt nachher eine Phase der Teilungsruhe auf. Beispiel: manche Phytoflagellaten. Die Befruchtungsbereitschaft wird durch Außenbedingungen induziert.

2. Stufe: Merogamie. Die Gameten unterscheiden sich in Größe und Form von den Normalindividuen. Fast stets sind sie kleiner als diese. Die Gameten entstehen durch eine besondere Zellteilungsfolge aus einer Gametenmutterzelle, dem Gamonten. Das Normalindividuum wird jetzt als Agamont bezeichnet. Es gibt zwei Zellteilungsfolgen: 1. die Teilung der Agamonten, die Normalindividuen liefert = **Agamogonie,** 2. die Teilungen der Gamonten, die Gameten liefern = **Gamogonie (Gametogonie).** Nur die Gameten können kopulieren. Auf dieser Stufe sind zwei Kategorien unterscheidbar, die allerdings durch zahlreiche Übergänge verbunden sind. 1) Die Gameten beiderlei Geschlechts sind gleichgroß und gleichgestaltet = **isogame Merogamie (Isogamie, Isogametie).** 2) Die Gameten sind der Größe nach in große (**Makrogameten**) und kleinere (**Mikrogameten**) gesondert = **anisogame Merogamie (Anisogamie, Anisogametie),** im Extremfall sind bewegungslose große und begeißelte kleine Gameten ausgebildet – **Oogamie (Oogametie).** Beiderlei Gameten können von verschiedenen Gamonten gebildet werden (getrenntgeschlechtig), aber auch von ein und demselben (Zwittrigkeit). Mit der anisogamen Merogamie ist das Stadium erreicht, das alle vielzelligen Tiere kennzeichnet. Die Agamogonie entspricht dabei allen Zellteilungen der befruchteten Eizelle (Zygote). Während die Zellen sich aber bei den Protozoen voneinander trennen und isoliert leben, bleiben sie bei Metazoen während der Furchung zusammen und bauen nach Arbeitsteilung den Körper auf. Die Gamonten sind die Urkeimzellen, der Gamogonie entspricht die Ei- und Spermienbildung.

Bedeutung der Sexualität. Die sexuelle Fortpflanzung ist eine im Tierreich weit verbreitete Methode der Fortpflanzung, bei der Männchen fast immer in die einzelnen Nachkommen weni-

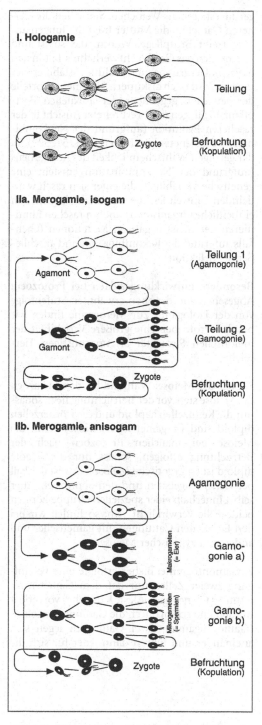

Abb. 143 Schematische Darstellung von Hologamie, isogamer und anisogamer Merogamie. Für nähere Erläuterungen s. Text

ger investieren als Weibchen. Sie stellen die kleineren Gameten, die Mutter trägt die Jungen aus bzw. treibt Brutpflege. Warum das so ist und warum sich das Geschlechtsverhältnis 1 : 1 in den meisten Tiergruppen als evolutionsstabil erwiesen hat, wird noch diskutiert. Allgemeine Vorteile der sexuellen gegenüber der asexuellen Fortpflanzung liegen nach verbreiteter Ansicht in der rascheren Evolution (aufgrund der Neukombination des genetischen Materials, S. 51, 379), in der geringen Wahrscheinlichkeit des Aussterbens (aufgrund der Neukombination entsteht eine genetische Variabilität, die einer sich rasch wandelnden Umwelt leichter standhält als genetisch einheitliche Organismen) und im raschen Eliminieren der meist negativen Mutationen (ebenfalls aufgrund der Rekombination und anschließender Selektion).

Besondere Entwicklungszyklen bei Protozoen: Abgesehen von der eben erwähnten Stufenfolge von der Hologamie zur Merogamie finden wir bei den Protozoen eine größere Variabilität der meiotischen Sexualität als im sonstigen Tierreich:

1. Lage der Meiose. Während bei den Metazoen die Meiose stets vor der Befruchtung liegt, sodass nur die Keimzellen haploid und die Körperzellen diploid sind (= gametische Meiose), kann die Meiose bei manchen Protozoen nach der Befruchtung erfolgen, sodass nur die Zygote diploid ist (= zygotische Meiose). Das ist der Fall bei vielen Flagellaten und den Sporozoen. Aber selbst innerhalb einer speziellen Gruppe können beide Fälle verwirklicht sein; so finden wir bei den Flagellaten Gattungen mit gametischer und andere mit zygotischer Meiose.

2. Gamontogamie. Bisher erfolgte eine Vereinigung zweier Zellen nur auf dem Gametenstadium (= Gametogamie), sie kann aber vorverlegt werden und schon durch die Gamonten erfolgen (Gamontogamie). Zwei Gamonten legen sich aneinander und führen dann jeder für sich die

Gamogonie durch. Die fertigen Gameten können die Kopulation vollziehen. Dieser Vorgang kann mit einem Verschmelzen des Ectoplasmas der Gamonten verbunden sein (manche Flagellata), in anderen Fällen bleiben die Partner zwar getrennt, umgeben sich aber mit einer gemeinsamen Hülle (Gamontocyste; Gregarinen), oder es bleibt beim Aneinanderlegen. Über Cytoplasmabrücken erfolgt dann die Kernübertragung in den Partner (Konjugation; Ciliata).

Meist sind beide Partner morphologisch gleich (Isogamonten). Bei Ciliaten kann es zu starken Verschiedenheiten der Gamonten (Anisogamonten) kommen. Bei den festsitzenden Glockentierchen *(Vorticella)* bleibt der eine Gamont auf dem Stiel sitzen, während der andere sich vom Stiel löst, auf den anderen zuschwimmt und mit ihm verschmilzt. Die Gamontogamie der Ciliaten weist einige Besonderheiten auf, man nennt sie Konjugation (Abb. 144).

3. Vereinfachung der Gamogonie. Ursprünglich besteht die Gamogonie in einer Folge von mehreren bis vielen Kern- und Zellteilungen, die schließlich zu den Gameten führen. Bei vielen Protozoen wird nun die Zahl der Teilungen in der Gamogonie vermindert, mehrfach findet nur eine Teilung des Gamontenkerns statt. Ist diese Teilung eine Reduktionsteilung, so spricht man von einer Einschrittmeiose. Schließlich kann der haploide Gamont ohne jede Kernteilung direkt zum Gameten werden; das ist z. B. bei dem Makrogamonten der Malariaerreger *(Plasmodium)* der Fall.

Auch die Selbstbefruchtung mancher Protozoen geht auf eine Vereinfachung der Gamogonie zurück. Man unterscheidet Pädogamie und Autogamie. Unter Pädogamie versteht man die Kopulation genetisch identischer Geschwisterzellen, die von demselben haploiden Gamonten abstammen (Foraminifer *Rotaliella*). Bei der Autogamie ist der Befruchtungsvorgang besonders stark reduziert: Zwei haploide Kerne verschmelzen innerhalb einer Zelle, die als Gamont anzusehen ist (kann bei Ciliaten auftreten).

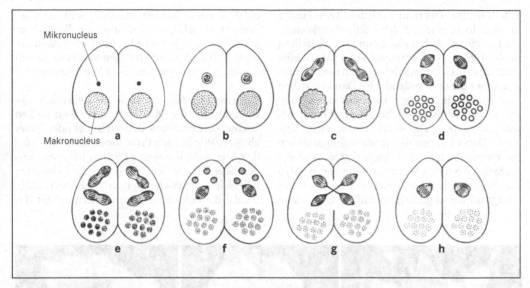

Abb. 144 Schema der Konjugation (Gamontogamie) bei Ciliaten. Die beiden Partner sind zunächst äußerlich nicht voneinander zu unterscheiden (Isogamontie) **(a)**. Sie enthalten je einen diploiden Mikronucleus (klein, schwarz) und einen Makronucleus mit erhöhtem DNA-Gehalt (groß, punktiert). Die ersten Veränderungen bestehen in einer Vergrößerung der Mikronuclei **(b)**. Während dieser Größenzunahme spielen sich in den Chromosomen die Vorgänge ab, die der meiotischen Prophase entsprechen. Jeder Mikronucleus teilt sich rasch hintereinander **(c–e)**. Verbunden damit ist die Chromosomenreduktion. So entstehen vier haploide Tochterkerne, von denen drei resorbiert werden **(f)**. Der übrig gebliebene Kern teilt sich abermals **(f)**. Durch diese postmeiotische Teilung entstehen die beiden Gametenkerne. Der eine bleibt in seiner Zelle liegen (Stationärkern), der andere wandert in den Partner hinüber (Wanderkern) **(g)**. In jeder Zelle verschmelzen dann Stationär- und Wanderkern miteinander zu einem Zygotenkern (Synkaryon) **(h)**. Es findet also eine Wechselbefruchtung statt, anschließend trennen sich die Partner und teilen sich mehrfach. Der alte Makronucleus zerfällt während der Konjugation; ein neuer entsteht im Laufe der folgenden Kern- und Zellteilung

b Ungeschlechtliche (vegetative) Fortpflanzung

Die ungeschlechtliche Fortpflanzung der Einzeller erfolgt in Form der Agamogonie. Auch Vielzeller können sich vegetativ fortpflanzen. Dieser Modus ist bei festsitzenden und einfach organisierten Tieren verbreitet. Den hoch entwickelten Arthropoden, Mollusken und Vertebraten fehlt sie völlig bzw. ist auf einige Fälle embryonaler Teilung beschränkt (eineiige Mehrlinge). Immerhin können sich so komplizierte Tiere wie Planarien, Medusen und Seesterne noch teilen.

Bei höherer Organisation entsteht folgendes Problem: Bei einfacher Durchschnürung des Elterntieres (Architomie) enthält jedes Tochtertier nur die Hälfte der Organe; so besitzt bei Planarien nach einer Teilung das vordere Tier zwar Gehirn und Augen, aber keinen Pharynx und Mund, das aus der hinteren Hälfte hervorgegangene Mund und Pharynx, aber kein Gehirn. Infolgedessen entsteht zunächst eine gefährdete Phase, bis die Teiltiere die fehlenden Organe ergänzt haben. Diese wird vermieden, wenn die Organe schon vor der Teilung neugebildet werden (Paratomie). Bei dem Turbellar *Microstomum* und den Naididen (Oligochaeta) werden Mund, Pharynx und Gehirn vor vollzogener Teilung angelegt, sodass nach der Teilung jedes Tochtertier die volle Garnitur der Organe besitzt.

Der äußere Ablauf der vegetativen Fortpflanzung ist verschieden (Abb. 145, 146).

1. Teilung. Das Tier trennt sich durch eine Furche in zwei Tochtertiere. Solche Teilungen können bei Einzellern (Abb. 145a–c) und bei Vielzellern (Abb. 146a,b) vorkommen. Meist ist es eine Querteilung. Gelegentlich beginnen neue Teilungen, bevor die erste vollendet ist. Dann entstehen Tierketten, z. B. bei den Turbellarien *Stenostomum* und *Microstomum*, bei einigen Oligochaeten und manchen Sylliden (Polychaeten, Abb. 146f). Dabei können die neuen Teilungsfurchen hintereinander auftreten (die jüngsten vorn) wie bei Sylliden oder auch dem strobilierenden Polyp der Scyphozoen. Die Zerteilung eines Tieres erfolgt oft bei ungünstigem Milieu. Dann kann ein Nemertine in viele Teilstücke und mancher Seestern *(Linckia)* in seine Arme zerfallen. Dieser scheinbar pathologische Vorgang führt dadurch, dass die Teilstücke durch Regeneration zu ganzen Tieren heranwachsen, zu einer Vermehrung.

2. Knospung. An verschiedenen Stellen des Tieres kann sich die Oberfläche vorwölben und so Tochtertiere erzeugen, die sich früher oder später ablösen. Wie bei den Protozoen kommt auch bei den Metazoen Knospung fast nur bei festsitzenden oder halbsessilen Tieren vor. Die bekannten Beispiele finden sich unter den Hydrozoen (Abb. 202d). Bei koloniebildenden Tieren erfolgt das

Abb. 145 Vegetative Fortpflanzung. **a–c)** Der Ciliat *Didinium* in aufeinander folgenden Stadien der Querteilung. (Fotos J. Tröger, K. Hausmann, Berlin), Vergr. etwa 500 ×, **d, e)** Gemmula, **d)** Gemmula des amazonischen Süßwasserschwammes *Drulia,* Durchmesser der Gemmula etwa 600 µm, **e)** Gemmula-Skleren des selben Schwammes, Durchmesser der Sklere etwa 20 µm. (Fotos D. Janussen, Frankfurt/Main)

Wachstum der Kolonie fast stets durch Knospen, die ihre Verbindung mit dem Muttertier nicht lösen.

3. Stolonenbildung. Vom Stammtier geht ein sprossender Fortsatz (Stolo prolifer) aus, an dem durch Knospung oder auch Zerteilung neue Individuen entstehen (Abb. 146g). Auch diese Knospung durch Stolonen dient vorwiegend dem Wachstum von Kolonien und führt dann meist zur Vermehrung.

4. Dauerknospen (Gemmulae, Hibernacula, Statoblasten). Sessile Tiere können ungünstige Zeiten mit Hilfe besonderer Knospen überdauern. Im einfachsten Fall sammelt sich eine Anzahl Zellen der absterbenden Kolonie beim Eintritt der ungünstigen Jahreszeit und umgibt sich mit einer festeren Hülle. Die komplizierteste Form der Dauerknospen sind die Gemmulae der Schwämme (Abb. 145d, e; 201g) und Statoblasten der Bryozoen (Abb. 146c, d), beide besonders bei limnischen Arten ausgebildet. Im Inneren des Körpers sammeln sich zahlreiche Zellen, die von einer Hülle umgeben werden, welche noch Haken oder Skeletnadeln tragen kann (Abb. 145d, e). Bei Schwämmen können die Gemmulae im Skelet des abgestorbenen Elterntieres bleiben und dieses nach dem Schlüpfen wieder mit neuen Schwammkörpern besiedeln, sie können aber auch im Wasser transportiert werden und der Verbreitung der Art dienen. Bryozoen entlassen sogar Statoblasten ins freie Wasser (sog. Flottoblasten). Hibernacula entstehen bei Bryozoen als äußere Knospen.

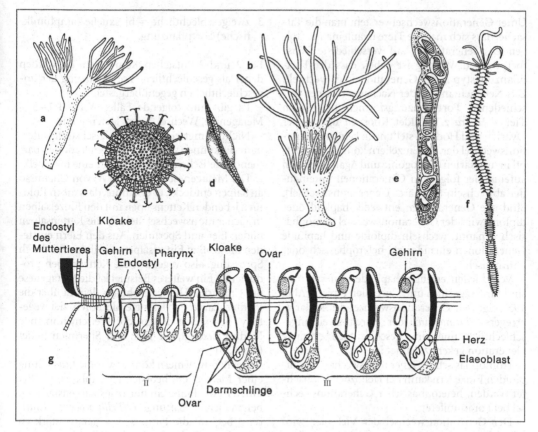

Abb. 146 Ungeschlechtliche (vegetative) Fortpflanzung bei Metazoen. **a)** Längsteilung von *Hydra,* **b)** Querteilung von *Gonactinia,* **c)** Statoblast von *Cristatella* (Bryozoa), **d)** Statoblast von *Lophopus* (Bryozoa), **e)** Gefurchtes Ei der Schlupfwespe *Agenaiaspis,* aus dem mehrere Embryonen hervorgegangen sind (Polyembryonie), **f)** Kette des Polychaeten *Autolytus,* **g)** verschiedene Generationen (I–III) aus dem Stolo prolifer einer Salpe

5. Polyembryonie. In mehreren Fällen ist die vegetative Vermehrung auf embryonale Stadien beschränkt; durch Zerteilung eines Embryos entstehen so eineiige Mehrlinge. Polyembryonie kennen wir von manchen marinen Bryozoen (Cyclostomata), bei denen in dem tonnenförmigen Geschlechtstier (Gonozoid) die Embryonen in Sekundärembryonen zerfallen, diese in Tertiärembryonen. Wir kennen sie ferner bei parasitischen Schlupfwespen (Abb. 146e) und bei Strepsipteren. Hier können eineiige Tausendlinge gebildet werden. Polyembryonie tritt auch bei Säugern auf. Eineiige Zwillinge sind bei vielen als gelegentliches Vorkommnis bekannt; bei manchen Gürteltieren *(Dasypus)* sind eineiige Vier- oder Achtlinge der Normalfall.

Eine vegetative Vermehrung kann auch später, z. B. im Larvenstadium, einsetzen. So bildet die Finne des Hundebandwurmes *Echinococcus granulosus* durch Sprossung zahlreiche Scolices und Tochterblasen (Abb. 216g). Auch die Larven sessiler Tiere, wie z. B. von Bryozoen und koloniebildenden Ascidien, beginnen nach dem Festheften mit der Bildung von Knospen, während sie selbst sich nicht weiter entwickeln. Diese Fälle leiten zum Generationswechsel über.

c   Generationswechsel

Unter Generationswechsel versteht man die Tatsache, dass sich manche Tiere in aufeinander folgenden Generationen auf verschiedene Weise fortpflanzen. Wichtig ist dabei, dass der Fortpflanzungstyp in der Generationsfolge wechselt. Das Nebeneinander oder Nacheinander der verschiedenen Fortpflanzungsformen bei einem Tier – *Hydra* z. B. bildet Knospen und später Ovarien und Hoden – stellt noch keinen Generationswechsel dar. Bei Einzellern können die Fortpflanzungsarten Gamogonie und Agamogonie in aufeinander folgenden Generationen miteinander abwechseln (primärer Generationswechsel). Sind alle Generationen entweder haploid oder diploid, wird der Generationswechsel homophasisch genannt, wechseln diploide und haploide Generationen einander ab, heterophasisch oder antithetisch.

Verschieden erzeugte haploide Generationen sind für Gregarinen und Coccidien typisch. Abb. 195 zeigt den Generationswechsel des Malariaerregers *Plasmodium,* der durch zwei ungeschlechtlich und eine geschlechtlich erzeugte Generation gekennzeichnet ist.

Homophasischer Generationswechsel bei diploiden Einzellern kann bei Heliozoen beobachtet werden, heterophasischer Generationswechsel bei Foraminiferen.

Der Generationswechsel der Vielzeller wird sekundär genannt; hier kommen drei Fortpflanzungsweisen vor:
1. ungeschlechtliche = vegetative Fortpflanzung,
2. eingeschlechtliche = parthenogenetische,

3. zweigeschlechtliche = bisexuelle (amphimiktische) Fortpflanzung.

Bei 2 und 3 entstehen Keimzellen, sie werden daher als geschlechtliche Fortpflanzung der ungeschlechtlichen gegenübergestellt.

Es gibt nun folgende Fälle: Wechsel 1–3 = Metagenese, Wechsel 2–3 = Heterogonie.

Nicht immer erfolgt der Wechsel streng alternativ. Es können sich mehrere Generationen parthenogenetisch vermehren, dann eine bisexuell.

Die **Metagenese** wurde von A. von Chamisso an Salpen entdeckt; er erkannte, dass die in Kolonien lebenden Kettensalpen mit den Einzelsalpen in Generationswechsel stehen; die Kettensalpen bilden Eier und Spermien. Aus den Eiern entstehen die großen Einzelsalpen, die ihrerseits durch Sprossung, also vegetativ, die Kettensalpen produzieren. Ein weiteres Beispiel ist die Metagenese der Cnidarier. Hier entsteht aus dem Ei über die Planula-Larve der festsitzende Polyp, der vegetativ bei vielen Arten die freischwimmende Meduse erzeugt, die Eier und Spermien bildet (Abb. 201).

Bei Bandwürmern können wir die Entstehung einer Metagenese beobachten (Abb. 216g). Bei ihnen ist die Finne ein normales Larvenstadium, bei manchen Gattungen *(Echinococcus, Multiceps)* beginnt die Finne sich vegetativ stark zu vermehren. Dadurch wird die einheitliche Generation vom Ei bis zum Bandwurm in zwei zerlegt; jetzt reicht die erste Generation vom Ei bis zur Finne, an ihr entsteht vegetativ die zweite Generation von den Tochterfinnen bis zum Bandwurm. Ähnlich entsteht die Metagenese mancher sessiler Tiere (Bryozoen, Ascidien). Hier vollendet die freischwimmende Larve nicht ihre Entwicklung zum fertigen Tier, sondern beginnt nach ihrer Festheftung sofort durch Knospung die neue Generation zu bilden, die erst die volle Organisation ausbildet. Diese Fälle einer vegeta-

tiven Vermehrung der Larven schließen eng an die Polyembryonie an.

Eine andere Entstehung einer Metagenese zeigen uns Polychaeten. Bei manchen Arten enthält der Hinterkörper allein die Gameten, wird zur Schwärmzeit abgestoßen und führt so eine Zeitlang ein Eigendasein (Palolo-Wurm). Meist aber bildet das Vordertier durch Sprossung am Hin-

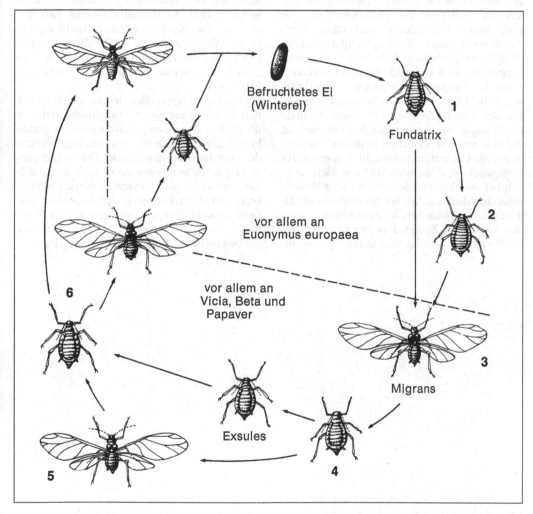

Abb. 147 Entwicklungsgang der Rübenblattlaus *(Aphis fabae)*. Das befruchtete Winterei überwintert z. B. auf *Euonymus* (Pfaffenhütchen), dem Winterwirt. Aus ihm schlüpft die Stammutter (Fundatrix, 1), die parthenogenetisch Weibchen erzeugt, welche sich ebenfalls parthenogenetisch fortpflanzen (Virgines). Diese können ungeflügelt (2) oder geflügelt sein (3). Letztere (Migrantes) wandern auf krautige Pflanzen (Sommerwirte, z. B. *Beta*) und gebären Junge (Exsules), die ungeflügelt (4) oder geflügelt (5) sind. Die letzte Generation der Virgines auf dem Sommerwirt (6) bringt im Herbst geflügelte Männchen und Gynopare (»Weibchenerzeuger«) hervor, die auf den Winterwirt zurückfliegen. Letztere gebären hier ungeflügelte Weibchen. Dann kommt es zur Begattung und zur Ablage befruchteter Eier

terende ein oder mehrere Geschlechtstiere, die auch im Bau abweichen und nach ihrer Trennung allein die Schwärmphase und Vermehrung durchführen (*Autolytus*, Abb. 146f).

Heterogonie. Parthenogenetische und bisexuelle Vermehrung kommen bei vielen Tieren nebeneinander vor. Nacheinander in verschiedenen Generationen sind sie nur in wenigen Gruppen als Heterogonie ausgebildet. Unter den Süßwassertieren finden wir eine echte Heterogonie bei Rotatorien (Monogononta) und Wasserflöhen (Cladoceren), unter den Pflanzenparasiten bei Blattläusen (Aphidina, Abb. 147), Gallwespen (Cynipidae) und Gallmücken (Cecidomyiidae), unter den Tierparasiten bei Trematoden (Digenea, Abb. 214) und einzelnen Nematoden (*Strongyloides, Heterotylenchus)*. Oft folgen mehrere parthenogenetische Generationen aufeinander, die also nur aus Weibchen bestehen, ehe eine bisexuelle Generation auftritt. Im Gegensatz zur Metagenese sind die verschiedenen Generationen bei der Heterogonie einander sehr ähnlich, besonders die Weibchen bei Rotatorien und Cladoceren. Die Männchen der bisexuellen Generation werden zu Zwergmännchen reduziert, die bei Rotatorien darmlos und kurzlebig sind. Bei

den parasitischen Trematoden ist die bisexuelle Generation zwittrig, dafür sind die parthenogenetischen Weibchen (Sporocyste, Redie) in ihrer Organisation stark vereinfacht (Abb. 214).

Strukturelle Unterschiede können auch zwischen den parthenogenetischen Generationen der Heterogonie auftreten, also verschiedenes Aussehen bei gleicher Fortpflanzungsart. Das ist besonders bei Pflanzenparasiten der Fall, wenn die Generationen verschiedene Lebensweisen haben. Bei Blattläusen treten zwischen den ungeflügelten Generationen parthenogenetischer Weibchen geflügelte Weibchengenerationen auf, die der Verbreitung dienen und oft von einer Pflanzenart auf eine andere überwechseln (Abb. 147).

Die Eier der bisexuellen Generation sind meist hartschalige Dauereier, die ungünstige Perioden überstehen. Aus ihnen gehen dann die Weibchen hervor, die eine neue Generationsfolge begründen (Fundatrix bei Blattläusen). Die Eier der parthenogenetischen Generation sind meist sich rasch entwickelnde Subitaneier, die sich vielfach bereits im Mutterkörper entwickeln, sodass diese Generation vivipar ist (Trematoden, viele Blattläuse, manche Rotatorien). Nur die Dauereier der bisexuellen Generation werden abgelegt.

14 Entwicklung (Ontogenie)

Bei den Protozoen besteht die individuelle Entwicklung nur in einer Umgestaltung der Einzelzelle, etwa eines geißelbesetzten Jugendstadiums zu einem amöboiden Adultus. Bei beschalten Foraminiferen kommt es zu Kern- und Kammervermehrung. Komplizierte Umformungen existieren nur bei festsitzenden Arten, so ist das Jugendstadium der Suctorien ein bewimperter Schwärmer, das erwachsene Tier dagegen festsitzend und unbewimpert.

Bei Metazoen besteht der Körper aus vielen unterschiedlich differenzierten Zellen. Entsprechend kompliziert sind die Entwicklungsprozesse, in deren Verlauf aus der befruchteten Eizelle ein vielzelliger Organismus mit z. T. extrem unterschiedlich differenzierten Zellen entsteht. Im Zuge der sexuellen Fortpflanzung werden von beiden Geschlechtern haploide Keimzellen gebildet. In der Eizelle steckt entsprechend die gesamte genetische Information, die die Mutter an die Nachkommen weitergibt. Das Gleiche gilt für das Spermium des Vaters. Da die Furchungsteilungen der Zygote Mitosen sind, weisen sämtliche Furchungszellen (Blastomeren) identische genetische Ausstattung auf (genomische Äquivalenz). Die im Laufe der Furchung gebildeten Zellen ordnen sich im Embryo in ganz bestimmter Art und Weise an, und jede Zelle erfährt durch Interaktionen mit ihren Nachbarn Informationen über ihre Lage und differenziert sich dann entsprechend ortsgemäß. So entsteht in der ersten Phase der Entwicklung, der **Embryonalphase**, das Jungtier bzw. die Larve.

Die zweite Phase, die **Jugendentwicklung**, bringt zwar noch intensives Wachstum, aber die Organbildung betrifft vorwiegend die sekundären Geschlechtscharaktere. Die dritte Phase (erwachsenes Tier, **Adultphase**) ist auf längere Zeit weit gehend stationär, bis in der vierten Phase, der **Seneszenz**, Abbauprozesse in den Vordergrund treten, die bis zum Tode führen.

Diese einzelnen Phasen der Individualentwicklung sind bei verschiedenen Tiergruppen unterschiedlich lang. Bei der nordamerikanischen Zikade *Magicicada septendecim* dauert die Larvalzeit 17 Jahre, die Adultphase nur wenige Wochen. Bei Säugetieren dagegen nimmt die Adultphase den längsten Lebensabschnitt ein, wenngleich die Reife auch manchmal erst spät erreicht wird (Elefanten: nach 12–15 Jahren, Gibbons: nach 8–10 Jahren, Nashörner: nach bis zu 20 Jahren). Bei Säugetieren sind die großen Formen meist langlebiger als die kleinen (Löwe: 20–30 Jahre, Hausmaus ca. 2 Jahre). Manche in Gefangenschaft gehaltenen Vögel (z. B. Gänsegeier, Kakadus und Krähen) wurden über 100 Jahre alt. Die Lebensdauer kann infolge ungünstiger Lebensbedingungen bei einigen niederen Tieren durch Encystierung verlängert werden. Wasserflöhe und Rädertiere können Dauereier ausbilden, Schwämme und Bryozoen Dauerknospen (Gemmulae, Statoblasten). Hierher gehören auch die Anabiosestadien der Tardigraden und Rotatorien, die einer Trockenstarre entsprechen.

Die postembryonale Entwicklung kann direkt oder indirekt verlaufen. **Indirekte Entwicklung** liegt vor, wenn der Embryo über Jugendstadien mit Sondercharakteren (Larven), die den Erwachsenen fehlen, zum Adultus heranwächst. Larven können Verbreitungs- oder Fressstadien darstellen. Bei der **direkten Entwicklung** der Vögel und Säugetiere unterscheidet man **Nesthocker und -flüchter**. Nesthocker kommen hilflos zur Welt; bei Vögeln können ihnen z. B. noch die Federn fehlen und die Augen verschlossen sein, sodass sie einer Brutpflege bedürfen. Nestflüchter dagegen kommen gut entwickelt zur Welt. Die Megapodiden (Großfußhühner) SO-Asiens und Australiens z. B. legen ihre Eier in umfangreiche Erd/Laubnester, wo sie von der Sonne oder durch Gärungswärme ausgebrütet werden. Bei manchen Formen verlassen die Jungtiere die Nester, ohne ihre Eltern kennen gelernt zu haben.

a   Embryonalentwicklung

Die Embryonalentwicklung lässt sich in vier Abschnitte gliedern: 1. Furchung, 2. Keimblätterbildung, 3. Organbildung und 4. Gewebebildung (hier nicht behandelt; vgl. Knochenbildung, S. 59).

Die frühen Entwicklungsphasen bis zur Organanlage werden bei Säugern auch Embryonalperiode im engeren Sinn genannt, der die bis zur Geburt währende Fetalperiode folgt. Der Keim wird in diesem zweiten Zeitraum als Fetus oder Fötus bezeichnet.

Im Embryo lässt sich die Zellvermehrung als sigmoide Kurve darstellen: Die ersten Teilungen führen zu einer exponentiellen Zellvermehrung.

Schließlich kommt es zu einer sog. stationären Phase, in der etwa so viele Zellen absterben wie neu gebildet werden (beim Menschen 20 Millionen pro Sekunde). An diesem Turnover nehmen die Gewebe jedoch in sehr unterschiedlichem Maße teil, Nerven- und Muskelgewebe mancher Tiergruppen z. B. gar nicht, Blut in sehr großem Umfang.

1. Furchung

Die ersten Furchungsteilungen der Zygote laufen in aller Regel sehr rasch ab. Bei *Caenorhabditis elegans* sind nach ca. sechs Stunden alle Embryonalzellen entstanden, nach zwölf bis dreizehn Stunden schlüpft der Jungwurm. Während der raschen Furchungsteilungen ist der Zellzyklus der Blastomeren durch nahezu komplettes Fehlen von G_1- und G_2-Phase extrem verkürzt. Lediglich die Replikation der DNA (S-Phase) und die Mitose mit Teilung des Kerns und unmittelbar anschließender Cytokinese (Zellteilung) finden statt. Das heißt dann aber auch, dass ein solcher früher Keim seine eigenen Gene im Sinne von Transcription und Translation nicht nutzen kann. Die Transcripte, die der Keim in dieser Zeit braucht, wurden während der Oogenese in der Eizelle eingelagert und stammen von mütterlichen (maternalen) Genen, und zwar auch von solchen Genen, die bei der Meiose der Eizelle in einen Polkörper gelangt sind. Dieses regelmäßig in der Ontogenie auftretende Phänomen wird als **maternaler Effekt** bezeichnet. Erst wenn sich der Zellzyklus im Embryo normalisiert, d. h. wenn G_1- und G_2-Phase je nach Zell-

typ verlängert werden, können die embryoeigenen Gene exprimiert werden. Man kann das Ende der Furchung also nicht nur durch das Ende der raschen Teilungen definieren, sondern auch durch die erstmalige Nutzung embryoeigener Gene. Nach der Befruchtung werden in der Zygote die Bestandteile des Cytoplasmas umsortiert, sodass die ursprüngliche Eiarchitektur sehr stark verändert wird. Diese Umsortierung des Cytoplasmas in der Zygote wird **ooplasmatische Segregation** genannt. Durch das anschließende Zellteilungsmuster der Furchung gelangen einzelne Komponenten des Eicytoplasmas nun in bestimmte Blastomeren. Dieses Zusammenspiel von Furchungsmuster und Verteilung ooplasmatischer Komponenten stellt die Grundlage der Regionalisierung des Keimes und der anschließenden Zelldifferenzierungen dar.

Zunächst stellen die Blastomeren ein mehr oder weniger kompaktes Gebilde dar (**Morula**). Am Ende der Furchung ordnen sie sich bei vielen Taxa um einen zentralen Hohlraum herum an; es entsteht eine **Blastula**. Das sie aufbauende Epithel wird Blastoderm, der zentrale Hohlraum Blastocoel (Furchungshöhle) genannt. Aus ihm geht im Zuge der Gastrulation die primäre Leibeshöhle hervor.

Der äußere Ablauf der Furchung wird vorwiegend durch Verteilung und Menge von Dotter und Cytoplasma in der Eizelle bestimmt. Er kann gleichmäßig in der ganzen Zelle auftreten (**isolecithal**) oder vorwiegend in der vegetativen Hemisphäre konzentriert sein (**telolecithal**). Eier mit wenig Dotter werden als **oligolecithal,** solche mit viel Dotter als **polylecithal** bezeichnet. Unter den polylecithalen Eiern sind die Entwicklung des extrem telolecithalen Eies der Vögel und die **centrolecithalen** Eier der Insekten in Abb. 149 und 150 dargestellt. Im Vogelei liegen Zellkern und Organellen in einem schmalen, peripheren Areal der Eizelle, im Insektenei befindet sich der Zellkern zentral.

Nur bei geringem Dottergehalt sind die Furchungszellen völlig voneinander getrennt (**totale = holoblastische Furchung**). Die erste Teilung verläuft durch **animalen** und **vegetativen Pol** (Zweizellenstadium), die zweite, rechtwinklig darauf stehende ebenfalls (Vierzellenstadium); sie werden als meridional bezeichnet. Die dritte Furchungsteilung läuft bei der Radiärfurchung

(s. u.) äquatorial, trennt also animale und vegetative Hemisphäre (Acht-Zellen-Stadium). Auch weitere Teilungen können alle Blastomeren gleichzeitig erfassen, also synchron verlaufen; dann folgen jedoch asynchrone Teilungsschritte.

Ein hoher Dottergehalt setzt dem Teilungsprozess bald eine Grenze, sodass tatsächlich nur eine Furchung des dotterfreien Cytoplasmas eintritt, der Dotter aber ungeteilt bleibt (**partielle = meroblastische Furchung**). Beide Furchungstypen werden noch untergliedert:

a) **Total-äquale Furchung** (total-adäquale F.): Die entstehenden Zellen sind nahezu gleichgroß. Vorkommen z. B. bei Porifera, Cnidaria, Tentaculata, Hemichordata, Echinodermata, Acrania, Eutheria.

b) **Total-inäquale Furchung** (Abb. 148): Durch die Teilung entstehen verschieden große Zellen, am vegetativen Pol große (Makromeren), am animalen kleine (Mikromeren). Verbreitet bei Ctenophoren, vielen Spiraliern und Amphibien.

c) **Partiell-discoidale Furchung** (Abb. 149): Bei dotterreichen Eiern, deren Kern und dotterfreies Cytoplasma kappenartig der Dottermasse aufsitzen, beschränken sich die Teilungen auf dieses Gebiet, das als »Keimscheibe« der ungeteilten Dottermasse aufsitzt. In manchen Fällen bildet sich noch eine kleine spaltartige primäre Leibeshöhle unter der Keimscheibe (Discoblastula), meist aber bleiben die Zellen direkt auf dem Dotter. Dieser Typ kommt bei dotterreichen Wirbeltiereiern (Haie, Teleosteer, Reptilien, Vögel, Monotremen) und bei den Cephalopoden unter den Mollusken vor.

d) **Partiell-superfizielle Furchung** (Abb. 150): Bei den dotterreichen Arthropoden-Eiern liegt der Kern im Allgemeinen inmitten der Dottermasse. Es setzt hier zunächst eine Kernteilung ein, jedoch erfolgt keinerlei Zellteilung. So entsteht ein dotterreiches, vielkerniges Ei. Die Furchungskerne (mit Ausnahme der Vitellophagen, S. 318) wandern nun zur Oberfläche, wo Zellbildung (= Blastodermbildung) erfolgt.

Der Furchungstyp ist meist stärker von der Eizellarchitektur (Menge und Verteilung des Dotters) abhängig als von der Zugehörigkeit einer Art zu einem bestimmten Taxon. Bei Mollusken z. B. findet sich generell Spiralfurchung. Cephalopoden aber, deren Eizellen extrem dotterreich und voluminös sind, besitzen Discoidal-furchung. Bei Schlangensternen kommen in wärmeren Zonen dotterarme Eier vor, während in arktischen Gebieten meist sehr dotterreiche Eier vorherrschen. Zwischen den genannten Furchungstypen gibt es manche Übergänge.

Außer der genannten Einteilung der Furchung existiert noch eine andere, und zwar nach der Lage der Blastomeren.

1. **Radiärfurchung** (Abb 148l, m): Die Furchen zerteilen entsprechend den Meridianen und Breitengraden regelmäßig die Blastula; die Zellen liegen also geordnet über- und nebeneinander. Kommt z. B. bei Poriferen und Echinodermen vor.

2. **Spiralfurchung** (Abb. 148n, o): Die ersten beiden Furchungsteilungen können äqual oder inäqual verlaufen. Bei inäqualen Blastomeren wird im 4-Zell-Stadium jeweils die größte als D bezeichnet. Sie stellt den dorsalen Quadranten dar. Bei der 3. Furchungsteilung (Übergang vom 4-Zell- zum 8-Zell-Stadium) stehen die Teilungsspindeln nicht parallel zur animal-vegetativen Achse wie bei der Radiärfurchung, sondern in einem schrägen Winkel dazu. Man gewinnt dadurch den Eindruck, als sei der Kranz der vier animalen gegenüber dem der vier vegetativen Blastomeren spiralig verschoben. Die Drehrichtung dieser »Spirale« wechselt dabei von Teilung zu Teilung. Die vier ersten Blastomeren nennt man A, B, C, und D. Nach der 3. Furchungsteilung bilden die Blastomeren 1A, 1B, 1C und 1D das vegetative Quartett, die Blastomeren 1a, 1b, 1c, und 1d das animale Quartett. 1A teilt sich dann in 2A und 2a, 1a teilt sich in $1a^1$ und $1a^2$. Die Kleinbuchstaben kennzeichnen stets die animalwärts gelegenen Blastomeren. Der Exponent 1 wird immer an die in Richtung zum vegetativen Pol liegende Zelle vergeben, der Exponent 2 an die animalwärts gelegene Zelle. Da mit jeder Teilung weitere Indices bzw. Exponenten dazukommen, wird die Benennung bald unübersichtlich. Nach der 6. Furchungsteilung taucht die Zelle 4d auf. Sie stellt die Stammzelle des dritten Keimblattes (Mesoderm) dar. Die korrekte Bezeichnung dieser Furchung, die man bei den Spiralia (Annelida, Mollusca und anderen) findet, lautet Spiral-Quartett-4d-Furchung. Dieser Begriff fasst die charakteristischen Eigenschaften des Furchungstyps zusammen.

3. **Bilateralfurchung:** Bei Auftreten bilateraler Anordnung (Rechts-Links-Gleichheit) in frü-

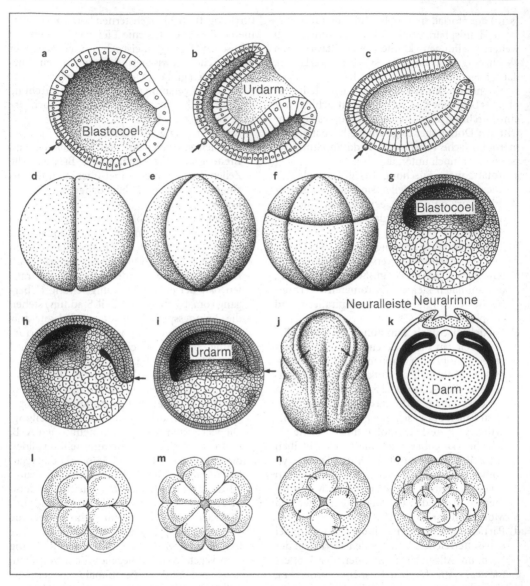

Abb. 148 Furchung und Keimblätterbildung (holoblastischer Typ). **a–c)** *Branchiostoma,* Keime im Längsschnitt, links unten (Pfeil) jeweils der Polkörper. **a)** Blastula, **b)** Invagination kurz vor dem Abschluss, **c)** Gastrula; das Entoderm legt sich dem Ectoderm an, sodass das Blastocoel verdrängt wird. **d–k)** Erste Entwicklungsstadien der Anuren. **d)** Zweizellenstadium, **e)** Vierzellenstadium, **f)** Achtzellenstadium, **g–i)** Längsschnitte. **g)** Blastula; **h), i)** Entodermbildung; der Pfeil zeigt auf die dorsale Blastoporuslippe. **j)** Neurula, Aufsicht; die Pfeile zeigen auf die Neural-(Medullar-)wülste, **k)** Querschnitt durch Neurula. Das Gewebe von Neuralrinne und anschließenden Neuralleisten ist punktiert, die darunterliegende Chorda weiß, der darunterliegende Darm abermals punktiert, das Mesoderm schwarz gezeichnet. **l), m)** Radiärfurchung; **n), o)** Spiralfurchung, Blick bei **l–o** auf animalen Pol

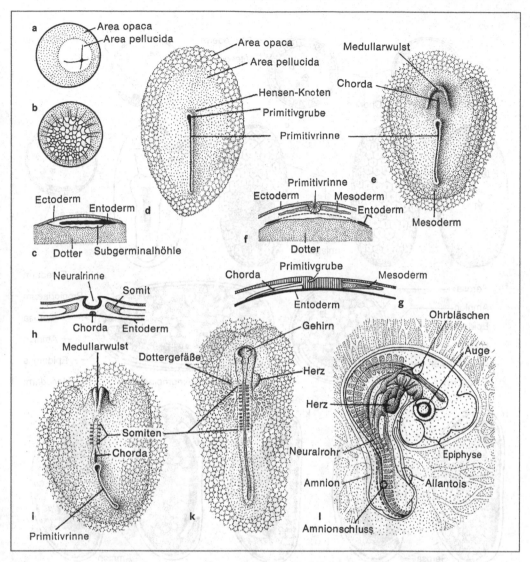

Abb. 149 Entwicklung eines Vogels. **a)** Keimscheibe mit den ersten beiden (meridionalen) Furchen. **b)** Weiter fortgeschrittenes Stadium nach unregelmäßig abgelaufenen Zellteilungen. **c)** Zweischichtiger Keim (Stadium der Eiablage) im Schnitt. **d)** Stadium nach etwa 14- bis 17-stündiger Bebrütung. Man unterscheidet einen zentralen Teil, der durchscheinend ist (Area pellucida) und unter dem ein Hohlraum liegt (Subgerminalhöhle, Blastocoel), und eine periphere Area opaca, in der der Keim dem Dotter aufliegt. Der zweischichtige Keim bildet am ersten Bebrütungstag einen medianen verdickten Streifen aus (Primitivstreifen), der sich zum Teil einsenkt (Primitivrinne). Sein Vorderende ist zum Primitivknoten (Hensen-Knoten) verdickt, der eine grubenförmige Vertiefung enthält (Primitivgrube). Die Primitivrinne entspricht dem Blastoporus. **e), f)** Vom Primitivknoten wächst die Chorda dorsalis aus (»Kopffortsatz«); davor werden die Neuralwülste (Medullarwülste) sichtbar, das Mesoderm wächst zwischen Ecto- und Entoderm vom Primitivstreifen aus (als etwa herzförmige Struktur einen Großteil der Keimscheibe einnehmend, bei **f)** im Querschnitt). Nach der Entstehung des Mesoderms verschwindet der Primitivstreifen allmählich. **g)** Längsschnitt durch Stadium e: Vor der Primitivgrube liegt die Medullarplatte, aus der Gehirn und Rückenmark hervorgehen. **h)** Querschnitt durch fortgeschrittenes Stadium mit Neuralrinne, Somiten und Coelom, **i)** Keimscheibe mit Somiten und sich vereinigenden Medullarwülsten (27–31 h Bebrütungsdauer), **k)** Stadium von 40–45 Stunden, **l)** Stadium von 70–75 Stunden Bebrütungsdauer

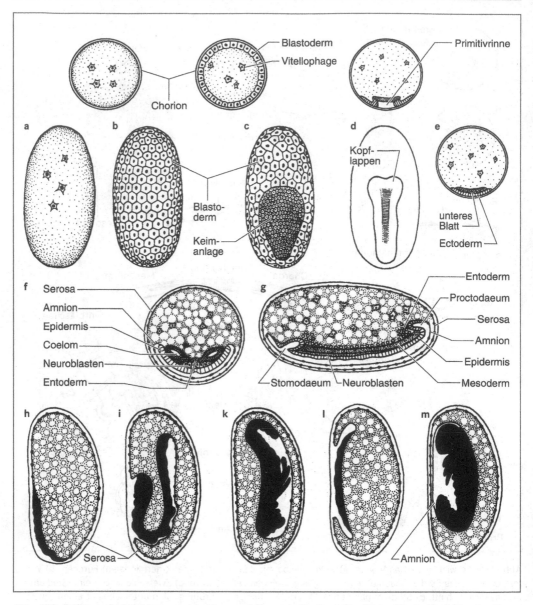

Abb. 150 Embryonalentwicklung von Insekten. **a–e)** Querschnitte (kreisförmig) und Ventralansichten (oval) verschiedener Furchungsstadien. **a)** Stadium mit vier Kernen, die in die Peripherie wandern. **b)** Stadium mit vollständigem, aber noch undifferenziertem Blastoderm. **c)** Stadium mit ventral zur Keimanlage differenziertem Blastoderm. **d)** Ausbildung der zweischichtigen Keimanlage, die durch Einfaltung eines Teiles der Keimanlage entsteht. **e)** Stadium mit zweischichtiger Keimanlage. **f), g)** Spätere Stadien mit Keimhüllen (Amnion und Serosa), die jetzt die Keimanlage überdecken. Beachte, dass sich die Serosa in das außerhalb der Keimanlage liegende Blastoderm fortsetzt. Zu diesem Zeitpunkt hat sich das untere Blatt der zweischichtigen Keimanlage **(e)** in Entoderm und Coelomsäckchen differenziert. **f)** Querschnitt, **g)** Längsschnitt (mit Stomodaeum und Proctodaeum). **h–m)** Entstehung der Keimhüllen, Keim: einheitlich schwarz **h–k)** Einrollung des Keimstreifs (Invagination); **l), m)** Einsinken des Keimstreifs (Immersion). Die Bewegungen des Keimes werden als Blastokinese bezeichnet. Beachte, dass für Insekten und Wirbeltiere identische Begriffe mit unterschiedlicher Bedeutung Anwendung finden. Das Chorion der Insekten ist eine Eihülle, das Chorion der Wirbeltiere ist eine Embryonalhülle

hen Stadien. Typisch für Gastrotrichen, Nematoden, Ascidien und Acrania.

4. **Blastomerenanarchie:** Dieser merkwürdige Sonderfall kommt unter den Turbellarien bei Tricladen vor. Innerhalb eines Kokons entsteht aus Dotterzellen eine Dottermasse. In diese wandern die zunächst völlig voneinander isolierten Furchungszellen ein und treten erst später zur Bildung eines Keimes zusammen.

2. Gastrulation, Keimblätter

Mit der Gastrulation, die sich an die Furchung anschließt und im Verlaufe derer der Keim mehrschichtig wird, beginnen in großem Umfang mRNA-Synthese und Differenzierung in verschiedene Zellen sowie Bewegungen der Zellen gegeneinander (morphogenetische Bewegungen). Der Zellzyklus wird verlängert; erstmals treten jetzt G_1- und G_2-Phase auf.

Oft kann man schon bestimmten Zellarealen der Blastula bestimmte Entwicklungsschicksale zuordnen (Anlagenplan, fate map). Bei vielen Tiergruppen lassen sich drei Areale des Blastoderms unterscheiden, die im Zuge der Gastrulation unterschiedliche räumliche Zuordnung erlangen. Diese werden als Keimblätter bezeichnet. Das den Keim nach der Gastrulation bedeckende Keimblatt nennt man **Ectoderm**. Aus ihm entstehen im Wesentlichen Epidermis und Nervengewebe. Das innen liegende Keimblatt, das schließlich die innere Auskleidung des Darmtraktes und seiner Anhangsorgane bildet, wird **Entoderm** genannt, das dazwischen liegende **Mesoderm**. Aus letzterem gehen z. B. Bindegewebe, Muskulatur, Dermis, Blutgefäße, Nephridien und Gonaden hervor. Neben triploblastischen Metazoen mit diesen drei Keimblättern gibt es auch diploblastische Metazoen. Ihnen fehlt ein Mesoderm.

Ectodermbildung

Die Zellen, die bei der Gastrulation außen bleiben, nennt man Ectoderm. Im Verband der Ectodermzellen differenziert sich bei Wirbeltieren entlang der dorsalen Mittellinie das Neuroectoderm, aus dem das Nervensystem hervorgeht. Mesectoderm nennt man Zellverbände aus randlichen Regionen des Neuroectoderms (Neuralleiste, s. u.), die Bindegewebsstrukturen wie Hirnhäute, Knor-

pel, Knochen, glatte Muskulatur in Gefäßwänden u. a. aufbauen. Plakoden sind ectodermale Verdichtungen, die in das subepidermale Gewebe auswandern und sich z. B. am Aufbau von Sinnesstrukturen wie dem Innenohr beteiligen.

Entodermbildung

Entodermbildung erfolgt durch Einstülpung (Invagination), Umwachsung (Epibolie), Einwanderung (Immigration) und Abblätterung (Delamination). Sie resultiert in einem zweischichtigen Keim, der außen aus Ectoderm, innen aus Entoderm besteht.

a) **Invagination** (= Embolie, Abb. 148b): Ein Teil der Blastulawand stülpt sich nach innen ein und verdrängt dadurch zunehmend die primäre Leibeshöhle, bis ein zweischichtiger Keim entsteht, die Gastrula. Die außen gebliebene Zellschicht ist nunmehr das Ectoderm, die innere das Entoderm. Dieses umkleidet einen neuen inneren Hohlraum, den Urdarm (Archenteron = Gastrocoel), der sich nach außen durch einen Urmund (Blastoporus) öffnet, dessen Ränder Urmundlippen heißen. Invagination ist weit verbreitet: bei Schwämmen (*Oscarella*), Cnidariern (Scypho- und Anthozoen), Echinodermen, manchen Krebsen und *Branchiostoma*.

b) **Epibolie:** Die Epibolie ist eine Abwandlung der Invagination, die durch die Existenz großer Blastomeren am vegetativen Pol der Blastula notwendig geworden ist. Der massive Block dieser Zellen kann nicht die Einstülpungsbewegung durchführen. Er gelangt durch Umwachsung durch die sich rege teilenden Mikromeren (= Ectoderm) ins Innere. Bei Ctenophoren und Mollusken.

c) **Immigration** (Einwanderung): Hier lösen sich Zellen aus dem Verband des Blastoderms, wandern in den Innenraum und erfüllen diesen bald mit einer Zellmasse. Erst in dieser tritt als Spalt sekundär die Urdarmhöhle auf; der Urmund bricht sekundär nach außen durch, und die Zellen ordnen sich ebenfalls sekundär zu einem Urdarmepithel. Die Zahl der einwandernden Zellen ist verschieden; im Extremfall geht das Entoderm auf eine einzige einwandernde Zelle zurück (Urentodermzelle), z. B. bei manchen Cnidariern.

d) **Delamination** (Abblätterung): Hier erfolgt die Einwanderung von Zellen des Blastoderms von allen Seiten der Hohlkugel (multipolar) ins Innere. Bisweilen teilt sich das Blastoderm in je eine äußere (Ectoderm) und eine innere (Entoderm) Zellschicht. So entsteht das Entoderm gleich an der Peripherie des Innenraumes; dieser wird dadurch direkt in die Urdarmhöhle umgewandelt. Der Urmund bricht sekundär nach außen durch. Zerstreut in verschiedenen Stämmen, z. B. bei Cnidariern.

Auch bei der Entodermbildung treten abweichende Spezialfälle auf, die vorwiegend durch große Dottermassen bedingt sind. Bei sehr dotterreichen Eiern sondern sich vom Entoderm auswandernde Dotterzellen (Vitellophagen) zur Dotteraufarbeitung ab, die entweder zerfallen oder sich an der Bildung der Darmwand beteiligen. Bei Insekten können primäre Dotterzellen schon bei der Kernteilung im Inneren zurückbleiben, sekundäre von der Urmundregion einwandern, und der Mitteldarm kann von vorn und hinten einwandernden neuen Zellformationen gebildet werden. Auch in anderen Fällen kann die Entodermbildung mehrphasig sein. Unter den Chordaten ist bei *Branchiostoma* (Abb. 148a–c) noch eine echte Invagination vorhanden, bei Amphibien und anderen eine abgewandelte Invagination (Abb. 148h, i). Die dotterreichen Zellen des vegetativen Pols werden zunächst nicht eingefaltet. Der Einfaltungsprozess erfolgt um diesen Zellbereich herum, sodass erst ein ringförmiger Urmundrand entsteht. Auch die Urmundrinne bildet sich nicht überall gleichzeitig; sie beginnt als Sichel »dorsal« und bildet die obere Urmundlippe. In ihrem Gebiet vollzieht sich nun eine intensive Einwärtsverlagerung von Zellmaterial, das das Urdarmdach bildet (Chordamesodermplatte, da sowohl Chorda als auch Mesoderm aus ihr hervorgehen). Die Masse der vegetativen Zellen gelangt als künftiges Entoderm ins Innere, bleibt aber durch seitliche Spalten von der Chordamesodermplatte getrennt, die deckelartig diesen trogförmigen Teil des Entoderms überdacht. Er liefert später das den Darm auskleidende Epithel.

Mesodermbildung

Bei allen Bilateria entsteht noch ein drittes Keimblatt, das Mesoderm. Sein Entstehungsweg ist verschieden.

a) **Abfaltung (Enterocoelbildung):** Vom Urdarm bilden sich seitliche Taschen, die sich später vollkommen vom Darm abschnüren und nun als flüssigkeitsgefüllte Hohlräume zwischen Ecto- und Entoderm liegen. Das Wandepithel dieser Räume ist das Mesoderm. Der Hohlraum wird als sekundäre Leibeshöhle (Coelom) bezeichnet. In vielen Gruppen, z. B. bei Echinodermata, Hemichordata und *Branchiostoma*.

b) **Abwanderung (Emigration):** Vom Entodermgebiet schiebt sich eine Zellschicht vor, die beiderseits Mesodermstreifen bildet. In diesen erfolgt dann sekundär Hohlraumbildung und epitheliale Anordnung der Zellen (auch als Cavitation bezeichnet).

c) **Urmesodermzellen (Urmesoblasten):** Die Abwanderung kann so früh erfolgen, dass sich aus dem noch wenigzelligen Entodermbereich nur eine oder einige Zellen trennen (Urmesodermzellen). Sie bilden dann durch Vermehrung paarige Urmesodermstreifen und schließlich Coelomhöhlen. Urmesodermzellen finden wir besonders bei Anneliden, Mollusken und z. T. bei niederen Würmern (Polycladen). Sie entstehen hier aus einer Zelle des 4. Quartetts vom D-Quadranten (Zelle 4d).

Die Abfaltung (Enterocoelbildung) spiegelt wohl die stammesgeschichtliche Entstehung des Coeloms aus Urdarmtaschen wider. Ursprünglich entstehen drei Coelomgebiete, ein unpaariges im Kopf (Proto- = Axocoel) und zwei Paare (Meso- = Hydrocoel und Meta- = Somatocoel) im Rumpf. Später erfolgt bei gegliederten Tieren die Bildung zahlreicher hintereinander liegender Coelomsackpaare (Articulata) bzw. Somiten (Vertebrata). Sie bilden die erste Grundlage zur Gliederung eines Körpers in gleichartig organisierte, hintereinander liegende Teilabschnitte (Metameren, Segmente), wie sie in klarster Form die Anneliden zeigen.

Die Coelomräume breiten sich meist so weit zwischen Darm- und Körperwand aus, dass sich ihre Mesodermwände von rechts und links ober- und unterhalb des Darmes berühren und so die Mesenterien bilden. Die übrige Innenwand des Mesoderms liegt dem Darm an (**splanchnisches oder viscerales Mesoderm = Splanchnopleura**) und bildet die Darmmuskulatur. Die Außenwand lagert dem Ectoderm der Körperwand an (**parietales Mesoderm = Somatopleura**). Die

Wände hintereinander liegender Coelomräume nennt man **Dissepimente** oder **Septen**.

Bei manchen Tiergruppen wandern vor dem Beginn der Gastrulation Zellen einzeln aus dem Bereich des späteren Mesoderms ins Blastocoel. Diese Zellen werden dem Mesoderm zugerechnet, da sie später meist typische mesodermale Strukturen bilden. Sie werden als Mesenchym bezeichnet. Beim Seeigel z. B. treten vor dem Beginn der Invagination des Urdarmes Zellen aus dem zentralen vegetativen Bereich in das Blastocoel über, ordnen sich später rechts und links vom Urdarm an und bilden das larvale Skelet. Sie stellen das primäre Mesenchym dar. Wenn der Urdarm bereits zu etwa einem Drittel eingestülpt ist, treten aus seinem Dach sekundäre Mesenchymzellen aus, die den Urdarm mithilfe muskelartiger Fortsätze weiter in den Keim hineinziehen. Charakteristisch für Mesenchym ist, dass seine Zellen keine Epithelien bilden.

3. Organbildung (Organogenese)

Die Organbildung ist in den Tiergruppen sehr verschieden. Das **Ectoderm** liefert das Hautepithel mit seinen Drüsen, die Sinnesepithelien der Sinnesorgane und meist das Nervensystem (Neurulation, Abb. 148j, k). Als Einstülpung entstehen vom Ectoderm die Exkretionsorgane vieler Wirbelloser sowie die Luftkanäle des Atmungsapparates der Insekten. Ferner schiebt sich das Ectoderm in die Endgebiete der Körperöffnungen ein; das ist besonders auffallend beim Darm, dessen Anfangsabschnitt bei vielen Cnidariern (Anthozoen) von einem ectodermalen Schlundrohr gebildet wird. Bei den Bilateria besitzen Mund- und Afterregion eine ectodermale Auskleidung (Stomodaeum, Proctodaeum). Dem ectodermalen Enddarm entstammen die Exkretionsschläuche (Malpighi'sche Gefäße) der Insekten.

Aus dem Mundhöhlendach entsteht bei Wirbeltieren vor dem Kiemendarm außerdem die ectodermale Adenohypophyse (Rathke'sche Tasche, Abb. 151).

Material des **Neuroectoderms**, das nicht bei der Bildung des ZNS verbraucht wurde, bleibt zunächst parallel zu Gehirn und Rückenmark als Neuralleiste liegen. Aus ihr entwickeln sich bei allen Vertebraten u. a. Spinalganglien sowie Pigmentzellen und bei wasserlebenden Vertebraten Teile des Seitenliniensystems. Neuralleisten- und

Plakodenmaterial sind qualitativ und quantitativ ganz wesentlich am Aufbau des Wirbeltierkopfes beteiligt, eine Tatsache, der auch phylogenetisch große Bedeutung zugeschrieben wird.

Das **Entoderm** bildet den Mitteldarm mit seinen Anhängen, den Mitteldarmdrüsen der Evertebraten und Leber sowie Bauchspeicheldrüse der Wirbeltiere, außerdem die Kiementaschen, die sich als Kiemenspalten nach außen öffnen können. Da Lungen und Schwimmblase der Wirbeltiere den hintersten Kiementaschen entstammen, sind auch sie entodermal. Besonders vielgestaltig sind bei den Säugern die Strukturen, die aus dem Bereich des ehemaligen Kiemendarmes entstehen (branchiogene Organe, Abb. 151). Es sind dies endokrine Organe (Parathyroidea, Ultimobranchialkörper) und lymphatisches Gewebe, v. a. Epithel der Tonsillen und epitheliales Grundgerüst des Thymus. Im Rachenboden entsteht bei Chordaten das Endostyl oder die Schilddrüse.

Das **Mesoderm** schließlich liefert fast die ganze Muskulatur, das Bindegewebe, die Blutgefäße einschließlich Herz, das Innenskelet (Knochen, Knorpel, Kalkplatten), die Nephridien, also die Nieren vieler Wirbelloser und der Wirbeltiere, sowie die Geschlechtsleiter. Um fast alle Organe bildet das Mesoderm Bindegewebshäute und unter der Epidermis oft eine Lederhaut (Dermis) mit straffem Bindegewebe, Kalkplatten oder Hautknochen. Im Mesoderm bilden sich auch die Gonaden der Bilateria.

Nicht das gesamte Keimblattepithel geht in der Organbildung auf. Dass das Ectoderm wenig verändert im Hautepithel und das Entoderm im Darmepithel als Blatt, d. h. Epithel, weiterbestehen, ist selbstverständlich; aber auch vom mesodermalen Wandepithel bleiben meist umfangreiche Teile als Auskleidung des Coeloms bestehen. Hierher gehören Pleura-, Perikard- und Peritonealepithel der Wirbeltiere.

Bei Wirbeltieren gliedert sich das Mesoderm als epithelialer Zellverband vom Urdarmdach ab. Aus seinem zentralen Bereich entsteht die **Chorda dorsalis**, die das ursprüngliche Achsenskelet bildet (z. B. bei *Branchiostoma*). Der seitlich von der Chorda gelegene Bereich gliedert sich segmental. Die einzelnen segmentalen Abschnitte werden als **Somiten** oder **Ursegmente** (Abb. 151) bezeichnet. Der im Kopf und im Schlundbereich gelegene Anteil dieses Mesodermmaterials ist nur relativ undeutlich in sog. Somitomeren gegliedert. Ventral bildet das

Mesoderm einen Gewebestreifen, die **Seitenplatten**, der im Inneren einen lang gestreckten ungegliederten Hohlraum umfasst. Die Somiten stehen mit den Seitenplatten jeweils über einen **Ursegmentstiel** (**Nephrotom**) in Verbindung. Die in Somiten und Ursegmentstielen eventuell vorhandenen Hohlräume und der von den Seitenplatten eingeschlossene Hohlraum stellen Coelomräume dar. Das Seitenplattencoelom entwickelt sich zur definitiven Leibeshöhle. Zellen der Seitenplatten bilden Muskulatur des Herzens, der Darm- und Körperwand sowie der Extremitäten und auch die Mesenterien als Aufhängebänder des Darmes. Aus den Nephrotomen gehen die Bowman'schen Kapseln der Exkretionsorgane und Teile der Ausleitungskanäle hervor. Die Somiten bestehen aus drei

Anteilen, die unterschiedliche Entwicklungsschicksale haben. Das mehr laterale **Dermatom** bildet die mesodermalen Hautanteile sowie Hautknochen und Hautmuskulatur, die z.B. an Federn oder Haaren ansetzt. Das mehr ventrale **Myotom** liefert Skeletmuskulatur. Die dem Neuralrohr anliegenden Teile des Somiten bilden das **Sklerotom**, aus dem die Wirbelsäule entsteht. Bindegewebe geht ebenfalls aus Zellen der Somiten und der Seitenplatten hervor.

Embryonalhüllen

In verschiedenen Tiergruppen bilden sich aus Zellen des Embryos Hüllen, die diesen umgeben. Einfache Embryonalhüllen gibt es bei Cestoden,

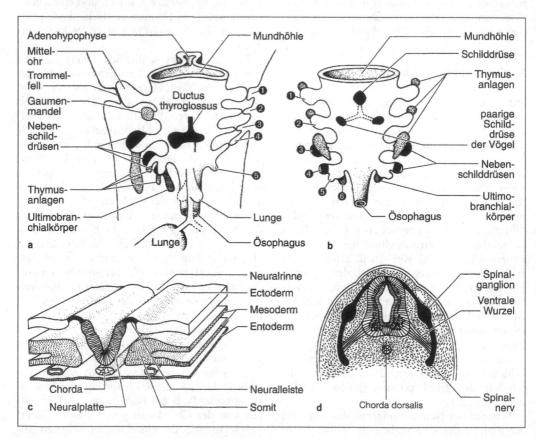

Abb. 151 Branchiogene Organe. a) Derivate des Kiemendarmes bei Säugern, rechts im Bild früheres Stadium als links. 1–5: Kiemenfurchen. **b)** Kiemendarm der Sauropsida und seine endokrinen Derivate. 1–6: Kiementaschen. **c)** Blockdiagramm der Dorsalseite eines Embryos: die Neuralrinne faltet sich ab, und die Neuralleiste wird erkennbar. **d)** Die Neuralleiste gliedert sich in die dorsalen Wurzeln der Spinalnerven und Spinalganglien auf und wächst peripher aus. Die Somiten sind vollständig in Mesenchym umgewandelt

Oligochaeten und anderen. Bei Nemertinen kann die ganze Larve dem späteren Wurm, der aus Imaginalscheiben entsteht (s. u.), als Hülle dienen. Bei Insekten und Amnioten sind Embryonalhüllen besonders hoch entwickelt. Bei vielen **Insekten** wird der Keimstreif in die umgebende Dottermasse eingesenkt (Abb. 150); die entstehende Rinne wird durch zwei seitlich vorwachsende Zellschichten überdeckt (außen **Serosa**, innen **Amnion**), sodass der Embryo sich in einer flüssigkeitsgefüllten Höhle (**Amnionhöhle**) entwickelt.

Bei den **Amnioten** kommt es zur Ausbildung von Embryonalhüllen, die vom Rand des Keimes ausgehen und im Zusammenhang mit dem Landleben stehen (Abb. 152). Um den Embryo

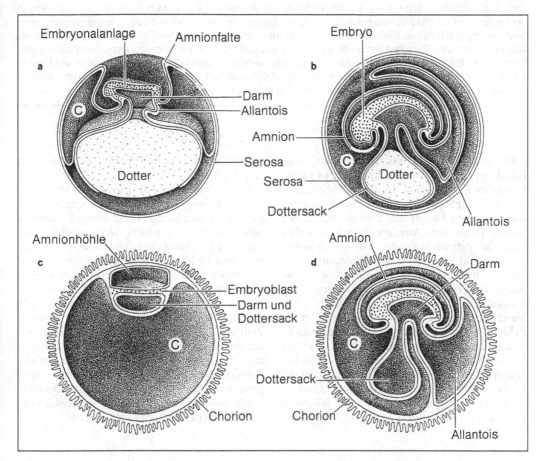

Abb. 152 Embryonalhüllen bei Wirbeltieren. **a), b)** Bildung der Embryonalhüllen beim Reptil- oder Vogelembryo. Vorderes Körperende des Keimes links. **a)** Früheres Stadium. Der Embryo hat sich etwas vom Dotter abgehoben. Darm und Dottersack stehen in breiter Verbindung. Der Dotter ist noch nicht vollständig vom Entoderm umwachsen. Vor und hinter dem Embryonalkörper erheben sich die Amnionfalten. Ihre Außenwand wird zur Serosa. Die Bildung der Allantoisanlage ist angedeutet. **b)** Älteres Stadium. Die Embryonalhüllen sind ausgebildet, der Dotter ist vollständig in den Dottersack eingeschlossen. **c), d)** Entwicklung der Embryonalhüllen bei Primaten. Im Embryoblasten sind zwei Hohlräume entstanden: ventral Dottersack und Darmlumen, dorsal die Amnionhöhle. Zwischen den beiden Hohlräumen liegt die Keimscheibe. Schon früh schiebt sich zwischen Ectoderm und Entoderm embryonales Bindegewebe ein, das von der äußeren Umhüllung, dem Trophoblasten, abstammt. Die Zotten des Trophoblasten werden Chorionzotten genannt. Der Begriff Chorion wird uneinheitlich gebraucht: außer für Embryonalhüllen auch für Eihüllen (Abb. 150). Oft werden Serosa und Chorion gleichgesetzt, oft wird auch nur eine Serosa mit Zotten als Chorion bezeichnet. C: extraembryonales Coelom

Abb. 153 Placenta von Säugetieren. **a–f)** Placenta-Typen nach der Verteilung der Zotten. a) Placenta diffusa (Schwein), **b)** Placenta cotyledonaria (= Pl. multiplex) (Rind), **c)** Placenta zonaria (Katze); **d–f)** Placenta discoidalis (Mensch), **d), e)** Placenta bei der Geburt; **d)** Ansicht von der fetalen Seite, die vom Amnion bedeckt wird und von der die Nabelschnur abgeht, **e)** Ansicht von der mütterlichen Seite, die aus zahlreichen Vorwölbungen (Cotyledonen) besteht, zwischen die Fortsätze der Uterusschleimhaut ziehen. Aus der Uterusschleimhaut wurde ein Rechteck herausgetrennt, **f)** Placenta mit Nabelschnur im Uterus. **g)** Schema der Placenta des Menschen, oben fetale, unten mütterliche Seite. Das mütterliche Blut zirkuliert frei im intervillösen Raum und ist vom fetalen Blutstrom durch Epithelien und Bindegewebe der Zottenbäume sowie durch das Endothel der fetalen Blutgefäße in den Zotten getrennt. Auf der linken Bildhälfte ist das Blut im intervillösen Raum dunkel eingezeichnet. Auf der rechten Bildhälfte sind das fetale Gefäßsystem im Zottenbaum und die Richtung des mütterlichen Blutstroms dargestellt. Das mütterliche Blut tritt aus den Spiralarterien aus, zirkuliert im intervillösen Raum und läuft über Venen der Uteruswand ab. Das Fibrinoid entspricht Ablagerungen aus dem Blutstrom und zugrunde gegangener Gewebeanteile. **h), i)** Schnitte durch die Kontaktzone von Mutter und Fetus. **h)** Epitheliochoriale Placenta (Vorkommen: Wale, viele Huftiere). Zwischen den Blutströmen von Fetus und Mutter liegen folgende sechs Gewebeschichten: Endothel (1), Bindegewebe (2) und ein das Chorion abschließendes Epithel (3) auf der fetalen Seite und Uterusepithel (4), Uterusbindegewebe (5) sowie Endothel (6) auf der mütterlichen Seite. Bis auf eine können alle Gewebsschichten rückgebildet werden (haemoendotheliale Placenta **(i)**, von einigen Nagetieren bekannt)

entwickelt sich eine Falte (**Amnionfalte**) aus Ectoderm und der darunter liegenden extraembryonalen Coelomwand. Die Falte schließt sich über dem Embryo, sodass dieser von zwei ectomesodermalen Hüllen umgeben ist: außen der **Serosa**, innen dem **Amnion**. Zwischen beiden liegt das extraembryonale Coelom; zwischen Amnion und Embryo die vom Ectoderm ausgekleidete flüssigkeitsgefüllte Amnionhöhle. Die **Allantois** ist eine Ausbuchtung der embryonalen Kloake, die vom Entoderm ausgekleidet wird. Sie erfüllt zwei Hauptfunktionen: Sie dient als Exkretspeicher (Harnsäure) und als Atmungsorgan. Im Laufe der Entwicklung wächst sie in das extraembryonale Coelom vor und erreicht bei Sauropsiden die Schalenwand des Eies, an der ein reiches Gefäßnetz entsteht, über das der Gasaustausch und die Versorgung des tiefer gelegenen Keimes erfolgen. Ebenfalls entodermal ausgeklei-

det ist der **Dottersack** (Abb. 152), der allmählich resorbiert wird.

In der Entwicklung der placentalen Säugetiere wird ein vergleichbares Entwicklungsstadium mit Keim, Amnionhöhle, Allantois, Dottersack usw. sekundär auf andere Weise erreicht: Am Ende der Furchung des relativ dotterarmen Eies steht eine Hohlkugel (**Blastocyste**), deren Wand von einem Epithel gebildet wird (**Trophoblast**), das Kontakt mit der Uterusschleimhaut aufnimmt und am Aufbau der Placenta (Abb. 153) beteiligt ist. Der Keim wird aus einer inneren Zellmasse (**Embryoblast**) gebildet. Bei Primaten treten im Embryoblasten zwei Hohlräume auf, der obere wird zur ectodermbegrenzten Amnionhöhle, der untere zum entodermbegrenzten Dottersack. Aus dem zwischen Amnionhöhle und Dottersack gelegenen Bereich entwickelt sich der Embryo (Abb. 152c, d).

b Larvalentwicklung

In vielen Tiergruppen folgen auf die frühen Entwicklungsstadien Larven; diese sind durch Merkmale gekennzeichnet, welche dem Erwachsenen (Adultus) fehlen.

Bei der folgenden kurzen Übersicht sollen zunächst die Larven vorgestellt werden, deren Entwicklung zum Adultus kontinuierlich ver-

läuft. Hierher gehören beispielsweise die Wimperlarven der Porifera und Cnidaria, die bei mehreren Protostomia-Gruppen – den Spiralia – verbreitete Trochophora und der Nauplius vieler Krebse. In allen Fällen handelt es sich um Verbreitungsstadien im Plankton, während die Erwachsenen überwiegend bodenlebend sind.

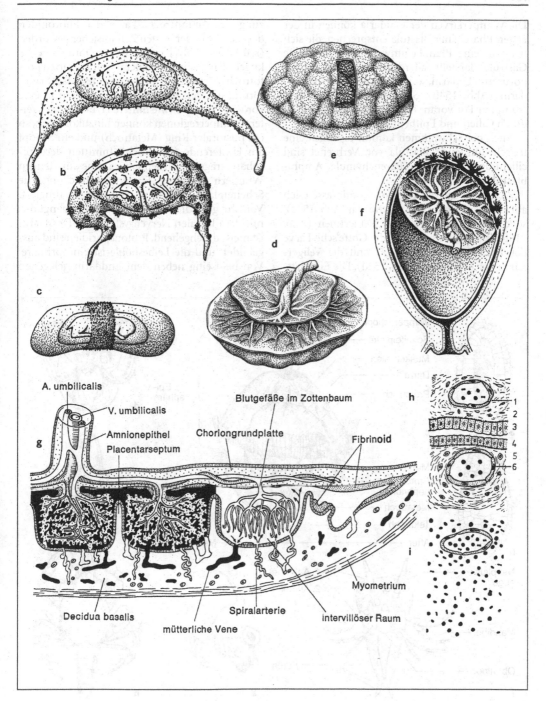

A. umbilicalis

V. umbilicalis

Amnionepithel

Placentarseptum

Blutgefäße im Zottenbaum

Choriongrundplatte

Fibrinoid

g

h

1
2
3
4
5
6

i

Myometrium

Decidua basalis

mütterliche Vene

Spiralarterie

intervillöser Raum

Die Wimperlarven der **Cnidaria** können in der ersten Phase einer Blastula entsprechen, die sich dann in eine **Planula** umwandelt, welche eine Gastrula darstellt, allerdings oft ohne Blastoporus und Urdarm, sondern mit massivem Entoderm (Abb. 154b). Sie schwimmen mit dem stumpfen Pol voran. Ihre Fortbewegung erfolgt durch Cilien und Epithelmuskelzellen.

Auch bei **Schwämmen** kommt bisweilen eine freischwimmende Blastula vor. Verbreitet sind cilientragende Larven (**Parenchymula, Amphiblastula,** Abb. 199i, k).

Zahlreiche Larven der **Protostomia** lassen sich auf die **Trochophora** zurückführen (Abb. 154c), so die **Pilidium-Larve** der Nemertinen (Abb. 219f), die **Müller'sche** und die **Götte'sche Larve** der Polycladen (Turbellaria) und die **Veliger-Larve** der Mollusken (Abb. 154d). Die Einschät-

zung der **Actinotrocha-Larve** der Phoroniden dagegen ist in der letzten Zeit unsicher geworden (s. u.). Die Polychaeten-Trochophora ist etwa kugelförmig. Ein präoraler Wimperkranz (Prototroch), der der Fortbewegung dient, läuft ringförmig um den Körper und teilt diesen in eine vordere Epi- und eine hintere Hyposphäre. Weitere Wimperregionen können hinzukommen, so ein postoraler Ring (Metatroch) und ein Schopf am Hinterende (Telotroch). Inmitten der Episphäre trägt die Trochophora eine mit langen Wimpern versehene Epidermisverdickung, die Scheitelplatte, welche als Sinnesorgan fungiert. Von ihr geht die Anlage des Cerebralganglions mit dem larvalen Nervensystem aus. Der Darm ist meist durchgehend, Protonephridien sind ausgebildet, und die Leibeshöhle ist eine primäre. Von beidseitig neben dem Enddarm gelegenen

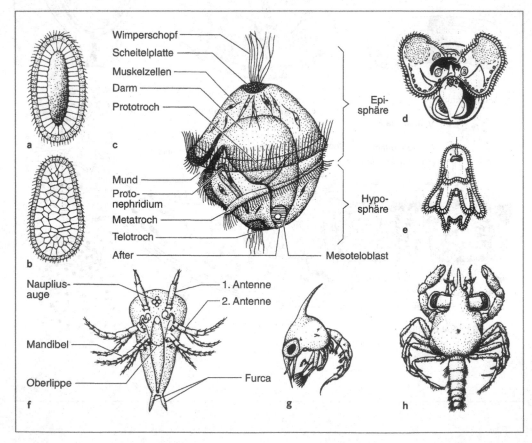

Abb. 154 Larvenformen. **a), b)** Planulae mit **(a)** und ohne Urdarm **(b)**, **c)** Trochophora, **d)** Veliger, **e)** Müller'sche Larve der Polycladen, **f–h)** Crustaceen-Larven, **f)** Nauplius, **g)** Zoëa, **h)** Megalopa-Stadium, das aus einer Zoëa hervorgegangen ist und zu einer Krabbe wird

Zellen (Urmesodermzellen) geht die Ausbildung des Coeloms aus; hat dieser Vorgang begonnen, nennt man die nunmehr etwas gestreckte Larve **Metatrochophora**; sind wenig später bei Polychaeten Borsten und Kopfanhänge ausgebildet, spricht man von einer **Nectochaeta**.

Abweichungen von der beschriebenen Trochophora betreffen beispielsweise das Prototrochgebiet, das gelappt sein kann (Polycladiden-Larve, Pilidium, Veliger, Abb. 154d); Protonephridien können fehlen (Pilidium).

Ebenfalls eine einfache Larve ist der **Nauplius** (Abb. 154f) vieler Krebse. Er besteht aus drei Segmenten, die als Extremitäten 1. und 2. Antennen sowie Mandibeln tragen. Typische Larvenmerkmale sind das Naupliusauge, der Spaltfußcharakter der Mandibel und das verbreitete Vorkommen von Kauladen an den 2. Antennen. Über weitere Larven, die jeweils durch Häutungen getrennt sind, wird das Adultstadium erreicht.

Eine bekannte Larve der Krebse ist auch die **Zoëa** (Abb. 154g), die z. B. bei Decapoden vorkommt. Sie trägt ein langes Abdomen mit Extremitätenknospen. Die vorderen Thoraxbeine dienen der Fortbewegung; die hintere Thoraxregion dagegen ist kaum segmentiert; die Extremitäten bleiben in der Entwicklung zunächst zurück. Ein Carapax ist vorhanden.

In einer weiteren Gruppe von Larven werden umfangreiche Teile ihres Körpers nicht in den Adultus übernommen, sondern aufgelöst und neu gebildet oder abgeworfen. Hierher gehören beispielsweise die Larven der Echinodermen, vieler Insekten und Amphibien. Die eigentliche Metamorphose erfolgt in den Endstadien der Larvalentwicklung. Das erste Larvenstadium vieler Echinodermen (Abb. 274) weist wichtige Gemeinsamkeiten (z. B. Coelomgliederung) mit der **Tornaria-Larve** der Hemichordaten und der Actinotrocha der Phoroniden auf. Letztere erinnern in anderen Merkmalen (Protonephridium) außerdem an die Trochophora.

Das weitere Verständnis der Echinodermenentwicklung setzt genauere Kenntnisse der Organisation des Adultus voraus und wird daher erst bei dieser Gruppe abgehandelt (S. 553, Abb. 274).

Die Postembryonalentwicklung der **Insekten** ist meist durch Larvenstadien gekennzeichnet, die jeweils mit einer Häutung enden, die nach dem nachfolgenden Stadium benannt wird. Nach Resorption der Endocuticula werden bei der Häutung Exo- und Epicuticula abgestoßen,

sodass eine umfangreiche Volumensteigerung möglich ist, die durch Luftaufnahme ins Tracheensystem unterstützt wird. Die damit verbundene Vergrößerung der Epidermis wird durch Mitosen vor der Häutung vorbereitet. Stark vereinfachend kann man die Entwicklung der Insekten in zwei Typen gliedern: **Hemi-** und **Holometabolie**, wobei diese Bezeichnungen allerdings nicht immer einheitlich verwendet werden.

Bei den Hemimetabolen zeigt das Jungtier oft schon weitgehend Ähnlichkeit mit den Erwachsenen (Imagines). Merkmale, die in voller Ausprägung nur den Imagines zukommen (z. B. Flügel und äußere Genitalanhänge), treten in einfacher Form frühzeitig in Erscheinung und werden von Häutung zu Häutung stärker ausgeformt.

In dieser Gruppe sind zwei Typen zu unterscheiden. Der erste wird repräsentiert durch Eintagsfliegen, Steinfliegen und Libellen mit ihren wasserlebenden Larven, die über spezielle imagoferne Merkmale verfügen. Nur sie werden oft als Hemimetabole bezeichnet. Der zweite Typ umfasst beispielsweise Schaben und Heuschrecken, Läuse und Wanzen mit ihren landlebenden Jugendstadien, die von Häutung zu Häutung mehr der Imago ähneln. Sie werden auch als Ametabole bezeichnet.

Bei den Holometabolen dagegen sind Larve und Imago sehr verschieden. Der Imago ist ein zur Nahrungsaufnahme nicht befähigtes, meist kaum bewegliches Puppenstadium vorgeschaltet. Nach der Puppenhäutung treten erstmals Anlagen der Flügel und Genitalanhänge äußerlich hervor; aus der dem Puppenstadium folgenden Imaginalhäutung entsteht die Imago, die sich im Allgemeinen nicht mehr häutet. In der Puppe erfolgt der innere Umbau von der Larval- zur Imaginalorganisation. Mehrere Organe des erwachsenen Insektes entstehen aus einzelnen undifferenziert gebliebenen Zellen oder vielzelligen Aggregaten (**Imaginalanlagen**), die epithelial angeordnet sein können und dann Imaginalscheiben genannt werden. Einige sind in Abb. 155 dargestellt.

Die postembryonale Entwicklung der **Amphibien** läuft meist über wasserlebende Larven, die bei den Urodelen den Erwachsenen ähneln. Als Sonderbildungen haben sie äußere Kiemen, Kiemenspalten und paarige, stabförmige Sinnes- und Haftorgane am Kopf (Rusconische Häkchen, Abb. 155o).

Die Larvalentwicklung der Anuren (Abb. 155q–v) geht von einem mundlosen Stadium aus, das sich so lange von seinem Dottervorrat ernährt, bis die Organentwicklung abgeschlossen ist. Es lebt mit zwei Saugnäpfen festgeheftet am Substrat und weist äußere Kiemen auf, die bald von einer Hautfalte überwachsen und dann reduziert sowie durch innere Kiemen ersetzt werden. Die Hautfalte umschließt eine Kiemenhöhle, die durch eine Öffnung (Atemloch) meist

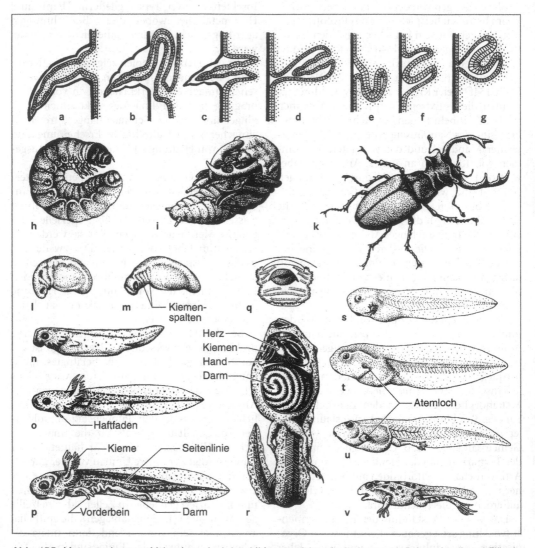

Abb. 155 Metamorphose. **a–k)** Insekten, **l–v)** Amphibien. **a–g)** Imaginalanlagen von Beinen (**a–d)** und Flügeln (**e–g)**. **a)** Äußere Imaginalanlage, das imaginale Bein findet unter der Cuticula des larvalen Beines Platz; **b)** freie Imaginalanlage, das Bein wird erst nach der nächsten Häutung gestreckt, **c)** versenkte Imaginalanlage; **d)** gestielte Imaginalanlage; **e)** reverse Flügelanlage, **f)** versenkte Flügelanlage, **g)** gestielte Flügelanlage; **h–k)** Entwicklung von *Lucanus cervus* (Hirschkäfer), **h)** Larve (Engerling), **i)** Puppe, **k)** Imago (männliches Tier; **l–p)** Entwicklung von Urodelen *(Ambystoma);* **l)** späte Neurula; **m), n)** spätembryonale Schwanzknospenstadien, **o), p)** Larven mit Extremitätenknospen und äußeren Kiemen. **q–v)** Entwicklung von Anuren *(Rana);* **q)** Kaulquappenmund mit Hornzahnreihen; **r)** aufpräparierte Kaulquappe; **s)** Schwanzknospenstadium; **t)** frühe Kaulquappe mit linksseitigem »Atemloch«; **u)** Kaulquappe mit Hinterextremitäten, **v)** weit gehend fertiger Frosch, Schwanz in Rückbildung

ventral oder linksseitig nach außen mündet. Inzwischen ist die Mundöffnung ausgebildet; sie ist mit transitorischen Hornkiefern bewaffnet und wird von Zähnchenreihen umgeben. Die Ernährung erfolgt durch Abraspeln von Pflanzenmaterial, die Fortbewegung mit Hilfe eines langen, flossenumsäumten Schwanzes. Diese Kaulquappe geht jetzt zu carnivorer Lebensweise über, formt ihren langen, spiralig gewundenen Darm um, legt die hinteren Extremitäten an, dann die vorderen (die zunächst in der Kiemenhöhle liegen), schmilzt den Schwanz ein, erweitert den Mund und bildet die Kiemen zurück. Die Lungen – die schon früher angelegt waren – werden funktionstüchtig.

Neben diesen beschriebenen Larvenformen gibt es zahlreiche weitere, die z. T. in Teil B dieses Buches behandelt werden. Es hat natürlich nicht an Versuchen gefehlt, diese Vielfalt zu klassifizieren. Dazu gehört auch die Gliederung in Larven, die für eine Gruppe als phylogenetisch ursprünglich angesehen werden (Primärlarven) und solche, die innerhalb einer Gruppe erst sekundär erworben wurden (Sekundärlarven). Als Beispiel seien die freischwimmende Veliger-Larve (**Primärlarve**, Abb. 154d) vieler Mollusken und das an Fischen parasitierende Glochidium (**Sekundärlarve**, Abb. 237d) einiger Süßwassermuscheln genannt sowie die diversen Sekundärlarven von Trematoden und Cestoden (S. 477 und 480).

c   Oviparie, Viviparie, Brutpflege

Viele Tiere legen befruchtete oder unbefruchtete Eier ab (**Oviparie**). Bei Meerestieren werden sie häufig einzeln ins Wasser abgegeben; oft treiben sie eine Zeitlang pelagisch im Meer. Bei Süßwassertieren ist die Vereinigung zahlreicher Eier durch gallertartige Abscheidungen zu einem Laich häufig (Trichopteren, Frösche u. a.). Landtiere legen ihre Eier einzeln oder als Gelege an das Nährsubstrat der Jungen oder in deren Lebensraum (Mehrzahl der Insekten). Leben die Larven im Wasser (Libellen, Steinfliegen u. a.), werden die Eier auf verschiedene Weise ins Wasser gebracht. Landwirbeltiere legen ihr Gelege in Höhlungen oder in Nester.

Lebendgebären (**Viviparie**) ist in vielen Gruppen entwickelt. Es setzt eine innere Befruchtung voraus, entweder durch Begattung oder durch aufgenommene Spermatophoren (Milben, Collembolen, Molche u. a.). Da die Entwicklung bald nach der Befruchtung erfolgt, beginnt diese schon in den Eileitern. So sind die Eier, die Vögel ablegen, eigentlich beschalte Embryonen. Von solchen Fällen bis zu echter Viviparie gibt es alle Übergangsstufen. Verläuft die Entwicklung des Embryos fast ganz im Mutterkörper und bleibt er hier in den Eihüllen eingeschlossen, spricht man von Ovoviviparie (*Lacerta vivipara*). Verläuft die Entwicklung über ein Larvenstadium, so kann dessen Ausbildung im Mutterkörper erfolgen. Larvipar ist z. B. der Feuersalamander; das Weibchen setzt die Larven ins Wasser ab. Larvipar sind

auch einzelne Eintagsfliegen (*Cloeon dipterum*), Käfer (*Chrysomela*) u. a. Verpuppt sich die Larve gleich nach der Geburt, spricht man von Pupiparie, z. B. bei der Tsetsefliege *Glossina* und den Lausfliegen (Hippobosciden).

Bei voller Viviparie wird der Embryo im Mutterkörper bis zur Geburt ernährt. Beispiele finden sich in fast allen Tiergruppen, neben Säugern auch bei Reptilien (Skinken), einzelnen Molchen und Gymnophionen, in über 50 Familien der Fische u. a. Selten ist Viviparie bei Insekten und Spinnentieren (Skorpionen); fast allgemein kommt sie bei Onychophoren vor.

Die **Ernährung der Embryonen** geschieht auf folgende Weisen: a) Von den zahlreichen Eiern in Eileiter oder Uterus entwickeln sich nur je eins oder wenige; die übrigen zerfallen zu einem Nährbrei und werden von den bevorzugten Embryonen gefressen (Oophagie), z. B. beim Alpensalamander, manchen Haien (*Lamna*) und Barschen. Das Auffressen zahlreicher Geschwisterembryonen kommt bei manchen Haien und Zahnkärpflingen vor (Embryonenkannibalismus, Adelphophagie). b) Das Muttertier scheidet nährende Flüssigkeit in den Uterus ab. Diese ist vermischt mit Leukocyten und Geweberesten. Die Embryonen nehmen diese »Uterusmilch« auf. Komplizierungen können in folgender Weise auftreten: Das Muttertier bildet zur Intensivierung Sekretionszotten oder -fäden aus. Sie können durch das Spritzloch (Rochen) oder die Kiemen (Teleosteer) das Nährsekret direkt in den Darm des Embryos befördern. Umgekehrt kann der Embryo resorbierende Fortsätze (Trophotaenien) ausbilden, z. B. von den unpaaren Flossen aus, vom Dottersack, von der Umgebung des Afters oder vom Perikard aus. Diese können vorwachsen und zum Teil als Falten den Vorderkörper umgeben. Die genannten Varianten finden sich alle bei Zahnkarpfen. Ebenso mannigfaltig ist die Ernährung des Embryos bei Zahnkarpfen, deren Eier im Follikel des Ovars befruchtet wer-

den und die sich in ihm entwickeln, c) Ernährung durch Placenta, also durch innigen Kontakt von Bezirken des Embryos mit Bezirken des Uterus oder des Eileiters. Hierbei wird zunehmend das Blut Lieferant der Nährstoffe. Abgesehen von Säugern (Abb. 152, 153) kommen Placenten bei Eidechsen (Scincidae), Zahnkärpflingen, einigen Haien, wo sie schon Aristoteles bei *Mustelus* beschrieben hat, bei Onychophoren u. a. vor.

Betreuung außerhalb des Mutterleibes geschieht auf folgenden Wegen (Abb. 156): 1. Bewa-

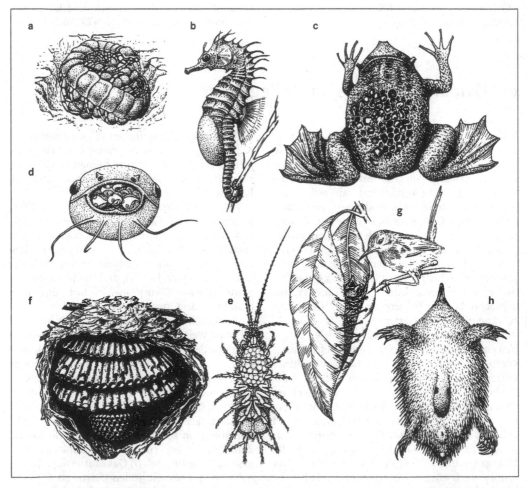

Abb. 156 Brutpflege. **a)** Weibchen eines Scolopenders *(Scolopendra)*, um sein Gelege geringelt, **b)** Männchen eines Seepferdchens *(Hippocampus)* mit ventraler Bruttasche, **c)** Weibchen der Wabenkröte *(Pipa)* mit Jungen in Waben auf dem Rücken, **d)** Vorderansicht eines maulbrütenden Welses (Männchen von *Arius*), **e)** Weibchen der Wasserassel *(Asellus)* mit ventraler Brutkammer, **f)** geöffnetes Nest einer Wespe *(Vespa)*, **g)** Schneidervogel *(Orthotomus)* mit genähtem Nest, **h)** weiblicher Schnabeligel *(Tachyglossus)* mit ventralem Brutbeutel, in dem jeweils ein Ei ausgebrütet wird. Am Rand sind die Milchdrüsen sichtbar

chung des Geleges oder der Brut. 2. Festheften der Eier und eventuell der Brut am Körper (viele Rüsselegel, einige Wanzen, mehrere Krebse und Fische) oder in Brutbeuteln (Hirudineen, Amphipoden, Isopoden, Cladoceren, Beutelfrösche, Beuteltiere u. a.). 3. Sorge für die Ernährung der Brut: a) durch Legen der Eier an das Nährsubstrat der Larve (Mehrzahl der Insekten), Füttern mit herbeigebrachter Nahrung (Vögel, Säuger) und

Bereitung von Nahrungsdepots (Bienen, Wegwespen u. a.), b) Bereitung der Nahrung (z. B. bei Käfern: Pillendreher, Totengräber, Blattroller), Ernährung durch Sekrete des Körpers (Futterdrüsen der Bienen und Ameisen, Kropfmilch der Tauben, Milch der Säuger), c) Anlernen der Jungen (Vögel, Säuger). Mehrere dieser Varianten können von einer Art gleichzeitig oder nacheinander praktiziert werden.

d Molekulare Grundlagen der Entwicklung

Wie bereits eingangs festgestellt, besteht ein Metazoenkörper aus vielen Zellen, die in den Organen und Geweben ganz spezifische Differenzierungen aufweisen, obgleich ihre genetische Ausstattung im Normalfall identisch ist. Während der Embryonalentwicklung des Spulwurmes *(Ascaris)* war in den achtziger Jahren des 19. Jahrhunderts beobachtet worden, dass die beiden sog. Sammelchromosomen nur in der Keimbahn, also bei den Stammzellen der Spermatocyten und Oocyten, vollständig erhalten bleiben. In den somatischen Zellen zerfallen sie in Fragmente, und ihre endständigen Bereiche (bis 25% der DNA) werden eliminiert. Es handelt sich dabei um hochrepetitive Sequenzen, deren Funktion noch nicht genau bekannt ist. Dieses als **Chromatindiminution** bekannte Phänomen findet man auch beim Copepoden *Cyclops* und bei der Gallmücke *Mayetiola*. Die bei *Ascaris* im Lichtmikroskop erkennbare Differenzierung in Keimbahn- und Somazellen wurde eine Zeitlang als Modellfall der Zelldifferenzierung angesehen. Wir wissen heute, dass die Festlegung einer Zelle auf ein bestimmtes Entwicklungsschicksal (**Determination**) und die anschließende Ausprägung dieses Schicksals (**Differenzierung**) normalerweise nicht mit dem Verlust von Genen einhergeht, wohl aber mit der temporären oder endgültigen Inaktivität der meisten Gene einer Zelle, nämlich derjenigen, welche die differenzierte Zelle nicht benötigt, um ihren Differenzierungszustand beizubehalten. Erythrocyten der Säugetiere entledigen sich im ausdifferenzierten Zustand sogar aller Gene: Sie stoßen ihren Kern aus der reifen Zelle aus. Diese Erythrocyten leben im Mittel nur etwa drei Monate (wobei bemerkenswert ist, dass viele kernhaltige

Zellen viel kürzere Zeit leben, Darmepithelzellen z. B. nur fünf Tage) und translatieren in dieser Zeit die Transcripte, die in der Zelle angehäuft wurden, als sie ihren Kern noch besaß. Umgekehrt kann eine Zelle auch bestimmte Gene amplifizieren (**Genamplifikation**). Dabei werden diese Gene (häufig rRNA-Gene, aber auch Gene, die mRNA transcribieren) selektiv repliziert. Die Transcriptionsrate kann dadurch enorm gesteigert werden. Bei *Xenopus* (Krallenfrosch) werden bereits im Ei große Mengen an rRNA gespeichert, die an amplifizierten Genen transcribiert wurden. Vor der Befruchtung und vor Beginn der Furchung sind in der Amphibieneizelle Hunderte von Nucleoli sichtbar, die rRNA produzieren. Auch mRNA wird so bereits vor der Furchung in der Eizelle eingelagert. Da bei manchen Oocyten die homologen Chromosomen während der Vitellogenese bereits gepaart sind (Synapsis, Prophase der 1. meiotischen Teilung) und damit das Chromatin bereits z. T. kondensiert ist, kann nur an solchen Loci transcribiert werden, deren dichte Chromatinpackung aufgelockert ist. Dazu treten jeweils lokal DNA-Schleifen aus den vier Chromatiden der Tetraden hervor. Solche Chromosomenpaare werden aufgrund ihres Aussehens als Lampenbürstenchromosomen bezeichnet. Ähnlich sind die Riesenchromosomen (Abb. 21d). An den Orten, wo jeweils transcribiert werden soll, lockert sich die Struktur der Riesenchromosomen auf. Nur an solchen Puffs (Abb. 21e) bzw. Balbiani-Ringe genannten Stellen kann DNA transcribiert werden. Hier sieht man im Lichtmikroskop das räumlich-zeitlich unterschiedliche Muster der Aktivität von Genen (Abb. 21d). Das Muster der Puffs ist gewebespezifisch und verläuft in den Geweben auch nach einem spezifischen zeitlichen Muster. Die Erklärung dafür, dass embryonale Zellen sich trotz gleichen Genbestandes unterschiedlich differenzieren, liegt also in der **differentiellen Genaktivität**. Es bleibt die Frage, wie diese von Genen in Zellen und Geweben geregelt wird.

Es zeigte sich bei den Untersuchungen an *Ascaris*, dass am vegetativen Pol der Oocyte und dann der Zygote eine Substanz vorkommt, die Chromatindiminution verhindert. Es handelt sich dabei um P-Granula. Wann immer eine Zelle diese früher als Keimplasma bezeichnete Substanz enthält, wird das Chromatin dieser Zelle bei der nächsten Teilung nicht diminuiert. Das Keimplasma markiert demnach die Keimbahn, die P-Zelllinie (P = Propagation). Dieses Ergebnis ist **ein** Schlüssel zum Verständnis der differentiellen Genaktivität, die als Basis für unterschiedliche Zelldifferenzierung in unterschiedlichen Bereichen des Embryos dient. Man kann annehmen, dass in einer Eizelle schon vor der Befruchtung Substanzen vorhanden sind, die auf die Genaktivität Einfluss nehmen können. Werden diese Substanzen nach der Befruchtung durch die ooplasmatische Segregation in der Zygote neu verteilt und dann durch die Furchung nach einem bestimmten Muster bestimmten Blastomeren zugeteilt, lässt sich differentielle Genaktivität wenigstens teilweise erklären. Man weiß außerdem, dass embryonale Zellen oder ganze Bereiche des Embryos auf stofflicher Basis interagieren können. Für diese Zell-Zell-Kommunikation sind verschiedene Signale verantwortlich. Jede Zelle, auch differenzierte Zellen, benötigen externe Signale, z. B. für Überleben, Teilung und Differenzierung. Ohne sie sterben Zellen ab (Apoptose). Dieser Zelltod ist programmiert und normaler Prozess der Entwicklung. Bei *Caenorhabditis elegans* sterben viele Zellen nach einem festen räumlichen und zeitlichen Muster. Die Tetrapoden-Extremität entsteht als flächige Struktur. Erst wenn bestimmte Zellen durch programmierten Zelltod absterben, werden die distalen fünf Strahlen frei. Die externen Signalmoleküle werden meist an spezifische Receptoren an der Zelloberfläche gebunden. Diese Bindung löst eine komplizierte **Signalkaskade** (**Signaltransduktion**) aus, an deren Ende schließlich intrazelluläre Prozesse stehen, die den Stoffwechsel, das Cytoskelet oder die Genexpression beeinflussen können.

Signalmoleküle können nur wirksam werden, wenn die Zielzellen die entsprechenden Receptoren tragen. Auch die Synthese und Exposition der Receptoren oder deren Fehlen ist eine Möglichkeit der Regulation der Genaktivität. Wenn dabei Proteine oder andere polare Signalmoleküle beteiligt sind, werden sie von Receptoren an der Zellmembran gebunden. Es handelt sich bei den Receptoren um Transmembranproteine, deren intrazelluläre Domäne z. B. Kinasefunktion (Tyrosin-Kinase, Serin/Threonin-Kinase) hat. Zur Regulation der Genaktivität werden schließlich Transcriptionsfaktoren im Kern durch Bindung an die entsprechende DNA-Sequenz wirksam.

Ein System, an dem die differentielle Genaktivität besonders gut untersucht werden kann, ist das **Stressantwort- oder Hitzeschocksystem**. Die Stressantwort sorgt dafür, dass ein Organismus, der einmal einer bestimmten Belastung (einem Stress) ausgesetzt war, einen zweiten Stress besser übersteht. Unter Stress versteht man Einflüsse, die den normalen Metabolismus beeinflussen. Dabei kann es sich um letztlich schädigenden **Distress** handeln oder um eine positive Beeinflussung (**Eustress**). Sog. Stressoren sind beispielsweise Schwermetalle, Alkohol, Sauerstoffüberangebot oder -entzug sowie die Veränderung der Temperatur.

Mikroskopisch lässt sich die Stressantwort und die damit verbundene differentielle Genregulation am besten an den Riesenchromosomen in den Speicheldrüsen von *Drosophila* demonstrieren. Bei ihnen führt eine Erhöhung der Temperatur von 25 °C auf 37 °C zu einer drastischen Veränderung des normalen entwicklungsspezifischen Puffmusters. Dabei werden für 25 °C typische Puffs zurückgebildet (die RNA-Synthese wird eingestellt und damit auch die Synthese entsprechender Proteinprodukte) und neue Puffs (Hitzeschockpuffs) an vorher inaktiven Genorten ausgebildet, an denen für den Hitzeschock spezifische RNA transcribiert wird, die für die Synthese von Hitzeschockproteinen verantwortlich ist. Grundlage für diese differentielle Genaktivität ist, dass alle Hitzeschockgene gemeinsame DNA-Segmente besitzen (sog. Hitzeschock-Konsensussequenzen). Diese DNA-Segmente dienen als Bindungsstelle für spezifische Proteine (Transcriptionsfaktoren), die gewährleisten, dass diese Gene nach erfolgter Stressinduktion koordiniert angeschaltet werden.

Die bisher genannten äußeren Signale können ein Gen an- oder abschalten. Viele dieser Signale sind **Transcriptionsfaktoren**, die festlegen, wann und wie lange ein Gen transcribiert wird. Die Genaktivität kann auch durch Veränderungen von Transcripten und/oder Translationsprodukten kontrolliert werden. Bei Eukaryoten bestehen Gene aus Introns und Exons. Introns sind nichtcodierende Regionen, während Exons die tatsächliche Aminosäuresequenz der Proteine festlegen. Bevor ein Primärtranscript als mRNA fungieren kann, müssen aus diesem die Introns herausgeschnitten und die Exons wieder miteinander verbunden werden. Durch Verwendung unterschiedlicher Exons desselben Gens in unterschiedlichen Geweben oder Organen kommt es zu einer großen Variation. Während z. B. ein Gen in den C-Zellen der Schilddrüse für das Hormon Calcitonin codiert, wird das Primärtranscript des identischen Gens in der Hypophyse durch Nutzung anderer Exons zur Synthese von CGRP (Calcitonin gene related protein) verwendet. Außerdem unterliegen Proteine oft einer posttranscriptionellen Veränderung. Sowohl Calcitonin als auch CGRP werden als Prohormone synthetisiert; von den Prohormonen werden dann bestimmte Sequenzen abgetrennt, und nur der Rest dient als funktionelles Hormon. Durch sog. **RNA-Editing** können in Exons auch einzelne Basen direkt verändert werden. Adenosin-Desaminase wandelt durch Desaminierung Adenosin in Inosin um, das wie Guanin abgelesen wird. Cytidin kann zu Uracil werden. Dieses RNA-Editing ist ein gewebsspezifischer Prozess, bei dem unterschiedliche Anteile der RNA verändert werden können. Auch auf diese Weise lässt sich der Proteinbestand einer Zelle modulieren.

Bereits auf dem Niveau der DNA können im Laufe der Zelldifferenzierung **Rearrangements von Genen** beobachtet werden. Besonders spektakulär ist dieses Phänomen bei den immunkompetenten Zellen der Wirbeltiere, z. B. bei den B-Lymphocyten, deren ausdifferenzierte Zellformen, die Plasmazellen, Antikörper bilden (S. 99). Antikörper bestehen aus vier Proteinketten, die ihrerseits jeweils aus Regionen mit stark konservierten Aminosäurensequenzen und einer endständigen Region mit stark variabler Primärstruktur bestehen. Diese vier nebeneinander liegenden hypervariablen Regionen stellen die Bindungsstelle für das Antigen dar. Geht man davon aus, dass es in jedem Individuum vermutlich deutlich mehr als eine Million Zellen bzw. Zellklone gibt, die Antikörper unterschiedlicher Spezifitäten produzieren, dann stellt sich die Frage, ob für die dazu benötigte Riesenanzahl

von Genen nicht ein zu großer Anteil der DNA benötigt wird. Das Problem wird dadurch gelöst, dass im Zuge der Differenzierung der antikörperproduzierenden Plasmazellen wenige Gene für die konstanten Regionen mit jeweils unterschiedlichen Genen für die variable Region im Zuge einer **somatischen Rekombination** verknüpft werden. So ist jede Plasmazelle in der Lage, einen spezifischen Antikörper zu produzieren, und die Menge an DNA, die man dafür benötigt, ist deutlich geringer als ursprünglich berechnet. Es kann demnach durch die somatische Rekombination aus einer einheitlichen Stammzelle eine große Zahl unterschiedlich differenzierter antikörperproduzierender Zellen entstehen.

Auch durch den Zeitpunkt, wann RNA aus dem Kern exportiert und wie lange sie außerhalb des Kerns vor Translation geschützt wird, kann die Genaktivität reguliert werden. Maternale mRNA kann sehr lange im Ei aufbewahrt werden, ohne dass sie translatiert wird.

Das Genom von Eukaryoten ist hochkomplex strukturiert. Besonders auffällig sind neben der Existenz von Introns und Exons die repetitiven Sequenzen. Bei *Drosophila* besteht das Genom zu etwa 10% aus hochrepetitiven DNA-Abschnitten. Bis zu einer Million Kopien einer kurzen Basensequenz liegen nebeneinander vor. Auch die Gene für tRNA, rRNA und Histone, die insgesamt ca. 85% der DNA ausmachen, liegen in repetierten Einheiten vor, wobei die Zahl der Kopien von 20 bis 60 000 schwanken kann. Wegen der hohen Komplexität von Eukaryotengenomen sagt die absolute DNA-Menge wenig über den Komplexitätsgrad (»Entwicklungshöhe«) der betreffenden Art aus. Molche besitzen z. B. etwa zehnmal so viel DNA in einem Zellkern wie der Mensch.

Entwicklung kann man nur verstehen, wenn man neben der biochemischen und molekularen Maschinerie einer Zelle auch die Interaktionen von Zellen analysiert. Die Beeinflussung embryonaler Zellen oder Gewebe untereinander kennt man seit langem. Als Hans Spemann in den zwanziger Jahren des 20. Jahrhunderts seine Experimente an Molchkeimen machte, war über differentielle Genaktivität noch nichts bekannt. Spemanns Ergebnisse zeigten, wie einzelne Bereiche des Molchembryos andere so beeinflussen, dass sie auf ein bestimmtes Entwicklungsschicksal festgelegt werden und sich dann auch entsprechend differenzieren. Ein wichtiges Experiment bestand in der Transplantation der dorsalen Urmundlippe des gastrulierenden Keimes. Transplantiert man diesen Bereich in einen gleich alten Embryo auf die ventrale Seite, so entsteht ein Doppelembryo, der zwei Längsachsen besitzt (d. h. jederseits eine Chorda und ein Neuralrohr). Spemann bezeichnete diesen transplantierten Gewebsbereich als Organisator. Das Phänomen wird als **embryonale Induktion** bezeichnet. Der transplantierte Organisator, die dorsale Urmundlippe, induziert an der »falschen Stelle« einen zweiten kompletten Dorsalbereich eines Embryos. Von den Zellen der dorsalen Urmundlippe geht eine Wirkung aus, die das umgebende Gewebe zu einer bestimmten Entwicklungsleistung veranlasst. Offensichtlich werden die Zellen, die bei der Gastrulation über die dorsale Urmundlippe einwandern, bei der Passage durch diesen Bereich determiniert und differenzieren sich nach Einwanderung ins Keimesinnere entsprechend.

Die bei Chordaten weit verbreitete embryonale Induktion läuft in mehreren Schritten ab und beruht auf unterschiedlichen Mechanismen. Bei Amphibien lässt bereits die Eizelle eine Gliederung in eine animale dunkelpigmentierte und eine vegetative helle Halbkugel erkennen, die die animal-vegetative Polarität etablieren. Die definitiven Achsen des Körpers werden durch die vorgegebene animal-vegetative Polarität, die Eintrittsstelle des Spermiums (das Spermium heftet sich nur auf der animalen Hälfte an, gegenüber dem Eintrittsort entsteht der Urmund) und die Schwerkraft bestimmt.

Nach der Befruchtung kommt es zu Rotationsbewegungen des peripheren Cytoplasmas der Eizelle (corticale Rotation). Das periphere Cytoplasma rotiert um 30 °C um die innere Cytoplasmamasse. Dabei gerät Cytoplasma des vegetativen Zellpoles in den Bereich, in dem sich später der Urmund entwickelt. Bei Anuren – nicht jedoch bei *Xenopus* – ist die Region des späteren Urmundes pigmentiert und wird grauer Halbmond genannt. Hier setzt später die Gastrulation ein. Insgesamt entstehen schon auf dem Stadium der frühen Blastula die Achsen dorsalventral und vorn-hinten.

Der Bereich der Blastula/Gastrula, in dem sich die obere Urmundlippe bildet, nannte Spemann Organisator. Ein Organisator ist eine Region, die Induktionssignale aussendet und durch die oft Zellen hindurchwandern, die hier durch Induktion hinsichtlich ihres späteren Schicksales festgelegt werden. Der Spemann-Organisator ist komplex strukturiert und gliedert sich in vorn gelegenen Kopf- und weiter hinten gelegenen Rumpforganisator.

Induktionsprozesse beginnen schon vor Bildung der oberen Urmundlippe, und zwar sobald die in verschiedene Regionen verteilte maternale RNA zu translatieren beginnt. Es lassen sich verschiedene frühembryonale Induktionssysteme unterscheiden: 1. der Induktionsweg, der zur Mesodermalbildung führt. Von vegetativen Zellen der Blastula gehen Signale (z. B. FGF-Proteine [fibroblast growth factor protein], Nodal und Activin) aus, die eine ringförmige Zellzone am Äquator (Marginalzone) befähigt, später mesodermale Strukturen zu bilden. Infolge der Induktion exprimieren die Zellen der Marginalzone das Protein Brachyury. Aus diesen Zellen entwickelt sich im Laufe der Gastrulation und Verlagerung ins Innere das Urdarmdach, aus dem Chorda dorsalis und Mesoderm (Somiten und Seitenplatten) entstehen. In der Chorda bleibt Brachyury besonders lange aktiv; ein weiteres Protein der Chorda, das auf dem Induktionsweg aktiviert wird, ist Goosecoid. 2. Ein komplexes Induktionssystem führt zur Bildung von dorsalen Strukturen und zur Etablierung des Spemann-Organisators. Im Zuge der mesodermalen Induktion und der Gastrulation wird auch die künftige Rückenseite der Region des Urmundes festgelegt. Der Urmund, der gegenüber der einstigen Eintrittsstelle des Spermiums entsteht und aus dem später der After wird, markiert den späteren Schwanzpol des Körpers und damit indirekt auch den gegenüberliegenden Kopfpol, wodurch die anterior-posteriore Körperachse festgelegt ist.

Zur Entstehung des Spemann-Organisators gibt es die Auffassung, dass ihm im Bereich des grauen Halbmondes der Anuren oder des entsprechenden Gebietes anderer Amphibien ein früher eigener Organisator, das Nieuwkoop-Zentrum, vorausgeht. Dieses Zentrum gibt Signale ab, die zur Entstehung des Spemann-Organisators führen. Möglicherweise sind aber Nieuwkoop-Zentrum und Spemann-Organisator nur Entwicklungsphasen ein und desselben Organisators. Dass nur die Zellen des Organisatorbereiches zu solchen werden, liegt u. a. daran, dass das Protein BMP-4 (bone morphogenetic protein) für die anderen animalen Zellen als Inhibitor der Induktion wirkt. Für den Bereich des Organisators muss diese Inhibition also lokal aufgehoben

werden. Werden im Embryo die BMP-4-Recep-
toren blockiert, so entwickelt sich die gesamte
Marginalzone zu einem Organisator. Entfernt
man bei *Xenopus* den Organisator, so entsteht ein
Embryo ohne die für Chordaten typischen Axial-
organe (Neuralrohr, Chorda dorsalis) und auch
ohne Kiementaschen. Da die Zellen des Organisators selbst das Material für Chorda dorsalis und
Kiementaschen liefern, ist das nicht verwunder-
lich. 3. Die neuralisierende Induktion. Von der
frühmesodermalen Marginalzone gehen schon
Signale in die animale Hälfte der Blastula aus,
welche die Synthese der zukünftigen Adhäsionsmoleküle (N-CAM) initiieren. Weitere Signale
kommen vom Spemann-Organisator und von
der Chorda dorsalis; Chordin und Noggin sind
z. B. neuralisierende Proteine. Eine bedeutsame
Rolle spielt auch das Protein sonic hedgehog
(SHH), das in der dorsalen Urmundlippe und
dann insbesondere in der Chorda dorsalis exprimiert wird. Die Chorda induziert mit SHH die
Differenzierung der Bodenplatte im über ihr liegenden Neuralrohr, die dann ihrerseits SHH produziert, was Voraussetzung für die Entstehung
der ventral im Neuralrohr gelegenen Motorneu-
rone ist. In den Zellen des vorderen Bereiches des
Neuralrohres werden durch regionsspezifische
Expression verschiedener Gene die einzelnen
Gehirnregionen spezifiziert. Sonic hedehog hat
viele weitere Funktionen in der Entwicklung,
z. B. bei der Organisation von Rechts-Links-
Asymmetrien im Körper, bei der Entwicklung
der Extremitäten und bei der Bildung der Wirbelkörper. Zunächst sind die Zellen der Somiten
nicht determiniert. Die unterschiedlichen Bereiche der Somiten sind aufgrund ihrer Lage unterschiedlichen äußeren Einflüssen ausgesetzt. SHH
veranlasst die in der Nähe des Neuralrohres
befindlichen Somitenzellen, zu Sklerotomzellen
zu werden und Richtung Neuralrohr zu wandern. Sie bilden dort die Wirbelkörper. Die in der
Nähe der dorsalen Epidermis und des dorsalen
Neuralrohrbereiches verbleibenden Somitenzellen werden durch das Protein BMP-4 dazu
gebracht, Dermatomzellen zu werden. Die restlichen Zellen, die entweder keines dieser Proteine
oder beide empfangen, entwickeln sich zu Muskelzellen.

Es existieren weitere Induktionssysteme, z. B.
gibt es ventralisierende Signalketten, die ventrale
mesodermale Strukturen, z. B. das Herz, induzieren und in der ventralen Epidermis die Entstehung neuralen Gewebes unterdrücken.

Auch bei der Ausbildung einzelner Organe der
Wirbeltiere spielt Induktion eine wichtige Rolle.
Transplantiert man z. B. bei Amphibien einen
Augenbecher unter die Epidermis an eine Stelle,
wo normalerweise kein Auge entsteht, so induziert der Augenbecher in der darüber liegenden
Haut die Entstehung einer Linse. Die Erklärung
der Induktion besteht auch hier darin, dass der
Induktor über Signalmoleküle in den induzierten Zellen die Aktivierung derjenigen Gene bewirkt, die für die Entstehung der induzierten
Struktur notwendig sind. Induktive Wechselwirkungen treten allerdings nur während relativ
kurzer Embryonalphasen auf. Das liegt daran,
dass das induzierende Gewebe nur eine Zeitlang
die induktiven Signale freisetzt und dass das
Gewebe nur eine kurze Zeit für Induktionssignale empfänglich ist.

Bereits die Transplantationsexperimente an
Molchkeimen zeigten, dass im Laufe der Entwicklung in verschiedenen Blastomeren oder
Keimbereichen zu unterschiedlichen Zeiten
Determinationsprozesse und dann Differenzierungen ablaufen. Früher nannte man Keime, bei
denen bereits sehr früh einzelne Blastomeren
irreversibel determiniert sind, **Mosaikkeime.**
Beispiele für Mosaikentwicklung sind die Keime
von Nematoden oder Spiraliern. Bei manchen
Keimen werden embryonale Bereiche oder
Gewebe erst spät im Laufe der Entwicklung
determiniert. Man spricht dann von **Regula-
tionskeimen.** Dieser Name rührt daher, dass bei
solchen Keimen z. B. die Entfernung einzelner
Blastomeren keinerlei Einfluss auf die weitere
Entwicklung hat. Der Verlust wird dadurch reguliert, dass andere Zellen die Funktion der ausge-
fallenen übernehmen können, weil zum Zeitpunkt der Entfernung der Blastomere die Zellen
des Keimes noch nicht oder nicht endgültig
determiniert waren. Der Unterschied zwischen
Mosaik- und Regulationsentwicklung besteht
also lediglich in der zeitlichen Abfolge der Determination. Beim Seeigelkeim kann man die zeitliche Abfolge der Determination gut verfolgen.
Trennt man im 2-Zell-Stadium die beiden oder
im 4-Zell-Stadium die vier Blastomeren voneinander, so kann im Prinzip jede dieser Zellen eine
zwar verkleinerte, aber ansonsten normale Plu-
teus-Larve ausbilden. Trennt man im 8-Zell-Sta-
dium die vier animalen von den vier vegetativen
Blastomeren, so entwickeln die beiden Zellkränze sich nicht zu normalen Pluteus-Larven.
Geht man davon aus, dass für die harmonische

Entwicklung die Interaktion eines animalen und eines vegetativen Gradienten notwendig ist, so wird dieses Ergebnis verständlich. Während die beiden ersten Furchungsteilungen meridional verlaufen, die vier ersten Blastomeren also jeweils einen Teil des animalen und des vegetativen Materials der Zygote erhalten, schneidet die dritte Furchungsteilung horizontal ein, und das animale Material wird auf die vier animalen, das vegetative auf die vier vegetativen Blastomeren verteilt. Trennt man nun die beiden Zellkränze, so kann die normale Interaktion beider Gradienten nicht stattfinden. Das Ergebnis der Blastomerentrennung nach der ersten und zweiten Furchungsteilung spricht also für Regulationsentwicklung, das Ergebnis der Blastomerentrennung nach der dritten Furchungsteilung für Mosaikentwicklung.

Die Untersuchungen an *Drosophila* hatten für das Verständnis der molekularen und molekulargenetischen Grundlagen der Ontogenie Pioniercharakter. Insbesondere die Etablierung der polaren Körpergrundgestalt und die Untergliederung des Körpers in Segmente waren bei *Drosophila* Gegenstand der Untersuchungen (Abb. 157). Inzwischen ist die Kenntnis der molekularen Entwicklungsbiologie des Nematoden *Caenorhabditis elegans*, der Zebrabarbe *(Danio rerio)* und der Labormaus *(Mus musculus)* ebenfalls sehr weit gediehen, und es haben sich teilweise überraschende Parallelen ergeben.

Das *Drosophila*-Ei ist länglich und enthält innen den Dotter, der peripher von einer dünnen dotterfreien Schicht von Cytoplasma (Periplasma) umgeben ist. Bereits bei der Eizelle werden die Begriffe dorsal, ventral, anterior und posterior im Hinblick auf die entsprechenden Regionen der Larve verwendet. Dies mag insofern gerechtfertigt sein, als die Körperachsen der Eizelle bereits in ihrem Follikel in der Ovariole eingeprägt werden. Dazu werden Transcripte (mRNA) und Proteine als Produkte der maternalen Gene in einem ganz bestimmten Muster in der Eizelle verteilt. Ursprünglich entsteht die Eizelle im Germarium. Eine Stammzelle macht dort vier Mitosen durch. Die Zellteilungen bleiben inkomplett; so entsteht ein Verband von 16 Zellen, die ein ganz bestimmtes Muster von Zell-Zell-Verbindungen aufweisen. Eine Zelle wird zur Eizelle, die anderen entwickeln sich zu Nährzellen, werden polyploid und sammeln sich an einem Pol des Eies. Dieser Pol wird später zum Vorderpol der Larve. Den Beweis dieser

Annahme und einen Hinweis auf die zugrunde liegende Kausalität liefert eine Mutante *(bicephalic)* von *Drosophila*, bei der die Nährzellen sich in zwei Gruppen an beiden Eipolen sammeln. Die aus solchen Eiern entstehenden Larven besitzen kein Abdomen, sondern an beiden Enden jeweils Kopfstrukturen (Abb. 157 g).

Ei- und Nährzellen sind von Follikelzellen umgeben, die somatischen Ursprungs sind. Während der Wanderung eines Follikels durch die Ovariole wächst das Ei heran. Die Nährzellen liefern dazu über die Fusome (cytoplasmatische Verbindungsstränge) Dotter und RNA (maternale Transcripte). Schließlich werden die Nährzellen von der Eizelle resorbiert. Es folgt die Befruchtung und sogleich danach die Eiablage. Im noch diploiden Ei laufen dann die beiden meiotischen Teilungen ab, allerdings ohne die Ausbildung regulärer Polkörper. Von den vier haploiden Kernen werden drei resorbiert. Die Furchung verläuft zunächst ohne Zellteilungen. Lediglich Kernteilungen finden statt. Wenn etwa 500 Kerne vorhanden sind, wandern die meisten davon ins Periplasma. Ein Teil der Furchungskerne bleibt im Dotter. Sie werden von einer Membran umgeben; die so entstandenen Zellen (**Vitellophagen**) schließen den Dotter auf und machen ihn für den Embryo nutzbar. Wenn etwa 6 000 Kerne im Periplasma liegen (syncytiales Blastoderm), bilden sich um die Kerne Zellmembranen aus. Der Dotter ist nun von einem Epithel umgeben, das als Blastoderm bezeichnet wird. Danach beginnt die Gastrulation mit einer umfangreichen Verlagerung von Blastodermzellen ins Keimesinnere. Äußerlich wird später eine Gliederung des Keimes in Abschnitte sichtbar, die schließlich zu den definitiven Segmenten werden.

Bevor das Blastoderm zellularisiert wird, entstehen bereits am posterioren Pol des Keimes ca. 35 Zellen (Polzellen). Sie stellen die Stammzellen der Keimzellen dar. Transplantiert man das Plasma des posterioren Poles vor der Einwanderung von Kernen an den Vorderpol eines anderen Keimes, so entstehen dort ebenfalls Polzellen. Die Qualität des Polplasmas bestimmt also, dass die dort entstehenden Zellen zu Keimzellen werden. Offenbar ist im Polplasma etwas enthalten, was letzten Endes die Genaktivität in diesen Zellen so regelt, dass aus ihnen schließlich Eizellen oder Spermien werden. Dies ist ein anschauliches Beispiel dafür, wie durch programmierte Verteilung von plasmatischen Substanzen (Determinanten)

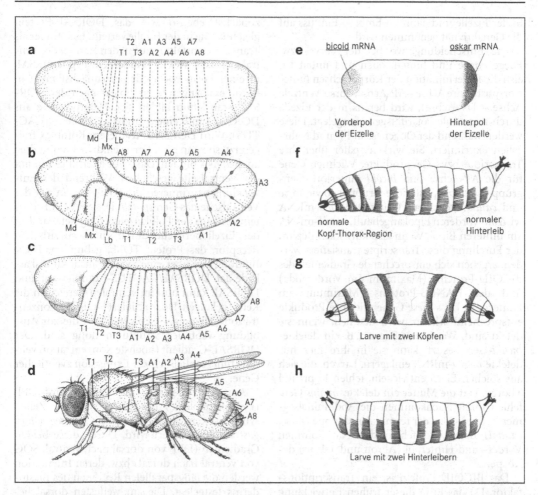

Abb. 157 Entwicklung der Fruchtfliege *Drosophila*. Kurz nach der Blastodermbildung werden einzelne Regionen darauf festgelegt, bestimmte Körperstrukturen zu bilden. **a)** Die Segmente erscheinen als Streifen (Md: Mandibelsegment, Mx: Segment der ersten Maxillen, Lb: Labiumsegment, T: Thoraxsegmente, A: Abdominalsegmente). **b)** Die Abdominalsegmente haben sich über die Dorsalseite nach vorn verschoben; die Segmente teilen sich in zwei Kompartimente auf. **c)** Der Embryo hat sich wieder verkürzt. Es folgt die Verpuppung. **d)** Imago. **e)– h)** Mechanismen bei der Etablierung der anterior-posterioren Körperachse, die von Master- oder Selektorgenen der Mutter festgelegt wird. Die Produkte dieser Gene (mRNA, Proteine) werden in spezifischer Verteilung in der Eizelle deponiert. Sind die Gene defekt, kommt es zu z.T. grotesken Fehlbildungen. **e)** In der normalen Eizelle wird die von Gen *oskar* gebildete mRNA am hinteren Zellpol, die *bicoid* mRNA am Vorderpol deponiert. Durch das *oscar* Genprodukt, das Protein OSKAR, wird am Hinterpol ein weiteres maternales Gen aktiviert, *nanos*, dessen Protein für die Entwicklung eines normalen Hinterleibes Voraussetzung ist. Ist *nanos* defekt, entsteht kein Hinterleib. *Bicoid* ist für die Ausbildung der Kopf-Thorax-Region verantwortlich. Ist *bicoid* defekt, entsteht keine Kopf-Thorax-Region. **f)** Eine normale Larve entsteht, wenn die Proteine BICOID und NANOS typische Gradienten aufbauen, BICOID vom Kopf bis zur Mitte, NANOS vom Hinterende bis zur Mitte. **g)** Wird experimentell an beiden Enden der Eizelle ausschließlich *bicoid* mRNA konzentriert, entsteht eine zweiköpfige Larve, wie sie auch als Mutante *bicephalic* vorkommt. **h)** Wird an beiden Enden der Eizelle *oskar* mRNA deponiert, entsteht eine Larve mit zwei Hinterleibern, wie sie auch bei der Mutante *bicaudal* auftritt

in der Eizelle und dann im Embryo Einfluss auf die Genaktivität genommen wird.

Die Entscheidung, wo bei der Larve bzw. Fliege vorne und hinten, oben und unten ist, also die **Determination der Körperachsen** (anterior-posteriore Achse – AP-Achse, dorso-ventrale Achse – DV-Achse), wird bereits in der Eizelle durch maternale Polaritätsgene festgelegt. Diese werden während der Oogenese in Ei- und Nährzellen exprimiert. Sie wirken später über ihre Transcripte bzw. Genprodukte. Wichtige Gene für die AP-Achse sind *bicoid* (anteriore Gengruppe), *nanos* (posteriore Gruppe) sowie *torso* und *caudal* (terminale Gruppe). *Bicoid*-mRNA wird am vorderen Eipol angehäuft, *nanos*-mRNA am hinteren Eipol. Wenn also kurz nach Beginn der Furchung diese Transcripte translatiert werden, ergeben sich entsprechende Gradienten des BICOID-Proteins (Maximum am Vorderende) und des NANOS-Proteins (Maximum am Hinterpol). Dass diese Gene und ihre Produkte entsprechend wirken, wird deutlich, wenn sie defekt sind. Wenn eine Fliege z. B. ein defektes *bicoid*-Gen besitzt, kann sie in ihre Eier nur defekte *bicoid*-mRNA einlagern. Larven, die sich aus solchen Eiern entwickeln, fehlen Kopf und Thorax. Hat die Mutter ein defektes *nanos*-Gen, fehlen ihren Nachkommen die Abdominalsegmente. Sind Gene der terminalen Gruppe *(torso, caudal)* defekt, so fehlen den Nachkommen Vorder- und Hinterpol (Akron und Telson) des Körpers.

Das BICOID-Protein ist ein Transcriptionsfaktor. Da das Ei in dieser frühen Entwicklung noch einen einheitlichen Raum darstellt, kann BICOID auch in die Kerne der Zellen des syncytialen Blastoderms gelangen, wobei wegen des *bicoid*-mRNA-Gradienten Kerne am Vorderpol mehr enthalten als weiter hinten liegende. BICOID bindet in den Kernen über eine spezifische Bindestelle (Homoeodomäne, abgeleitet von der Homoeobox des Gens) an DNA und setzt die Expression zygotischer Gene in Gang. Das NANOS-Protein wirkt nicht als Transcriptionsfaktor. Es verhindert im hinteren Eibereich die Translation der mRNA solcher Gene, deren Produkte die Ausbildung eines Abdomens hemmen würden.

Für die korrekte Ausbildung dorsaler und ventraler Strukturen sind die maternalen Gene *dorsal* und *Toll* wichtig.

Wenn *dorsal* defekt ist, fehlt den Embryonen die Ventralseite. Die maternale *dorsal*-mRNA ist zunächst ebenso wie das DORSAL-Protein gleichförmig in der Eizelle verteilt. Es soll aber als Transcriptionsfaktor nur in den Kernen der Ventralseite aktiv werden. Außerdem liegt DORSAL in einer Form vor, in der es zunächst nicht in Kerne eindringen kann. Sofort nach der DORSAL-Translation bilden sich Heterodimere aus DORSAL und einem anderen Protein (CACTUS). Wird DORSAL aus diesem Komplex freigesetzt, so kann es in Kerne eindringen und dort an die DNA binden. Das sollte allerdings nur auf der Ventralseite geschehen. Während der Entwicklung exprimieren die Follikelzellen auf der Ventralseite das Gen *spätzle*. Das SPÄTZLE-Protein wird aus den Follikelzellen freigesetzt und an der Eizelloberfläche durch einen spezifischen Receptor, das Protein TOLL, gebunden. Diese Bindung löst über eine Signaltransduktionskaskade den DORSAL/CACTUS-Komplex auf, und DORSAL kann nun im ventralen Bereich in die Kerne gelangen. Dort aktiviert DORSAL konzentrationsabhängig diejenigen Gene, die zur Ausbildung ventraler Strukturen nötig sind. Der DORSAL-Gradient (höchste Konzentration ventral) führt schließlich zur Expression zygotischer Gene.

Auf der Dorsalseite des Keimes wird DPP (Dekapentaplegic) produziert. Ventrale Zellen synthetisieren SOG, das vom Gen *sog (short gastrulation)* codiert wird. Durch diese beiden Gradienten (DPP von dorsal nach ventral, SOG von ventral nach dorsal) bzw. deren Interaktion werden die längsparallelen Regionen des Blastoderms festgelegt. Die am weitesten dorsal liegenden Zellen des Blastoderms werden so zu Amnion und Serosa determiniert (vgl. Abb. 150f, g). Darunter liegt beiderseits eine Zone, die zur Epidermis wird. Ihr schließt sich ebenfalls beiderseits eine Zone an, die sowohl Epidermis- als auch Nervenzellen bilden kann. Die Gene *Notch* und *Delta* treffen hier die Entscheidung über die weitere Entwicklung. Die Zellen der ventralen Mittellinie des Blastoderms schließlich bilden das Mesoderm, das bei der Gastrulation sehr früh ins Keimesinnere einwandert.

Am Ende der Furchung werden Gene in mehreren in ihrer Expression zeitlich aufeinander folgenden Gruppen aktiv und bewirken die metamere Untergliederung des Embryos. Die erste Gruppe sind die Lückengene (gap genes). Fallen sie aus, werden größere Bereiche im späteren Segmentmuster nicht gebildet. Hierzu gehören auch *krüppel* und *knirps*. Die Expression der

Lückengene zieht die Expression der zweiten Gruppe nach sich, die Paarregelgene. Die bekanntesten davon sind *even skipped* und *fushi tarazu*. Im Phänotyp der jeweiligen Mutante fehlen Segmente. *Fushi tarazu* heißt »zu wenige Segmente« und *even skipped* bedeutet, dass jedes geradzahlige Segment fehlt. Die dritte Gruppe nennt man Segmentpolaritätsgene (hierzu gehören z. B. *engrailed* und *wingless*). Sie legen die Vorder- und Hinterränder der definitiven Segmente sowie die Mittelzone fest.

Die genannten Gruppen werden nicht nur zeitlich nacheinander exprimiert, sondern aktive Gene mit ihren Produkten aktivieren bzw. inaktivieren später aktive Gene. Dabei wird der Keim in immer engere Bereiche gegliedert, die schließlich zur Ausbildung von einzelnen Segmenten führen.

Welcher besondere Charakter schließlich einem Segment zugewiesen wird, erfolgt nach Maßgabe der **homoeotischen Gene**. Ohne sie wären die Segmente der Fliege gleichförmig (homonom). Bei *Drosophila* liegen sie vorwiegend auf Chromosom 3 und sind eng benachbart. Sie werden in zwei Komplexen zusammengefasst: *Antennapedia* und *bithorax*. Wird z. B. dem 3. Thoraxsegment die Qualität eines Mesothorax zugewiesen (statt eines Metathorax, wie es normal wäre), dann hat diese Fliege zwei aufeinander folgende Mesothoraxsegmente, die jeweils ein Flügelpaar tragen. Das Metathoraxsegment mit den Halteren wird dann nicht ausgebildet.

Die Gene des *Antennapedia*-Komplexes (Ant-C) werden fast nur in vorderen Körperregionen (Kopf, Thorax) exprimiert, während diejenigen des *bithorax*-Komplexes (*BX*-C) in hinteren Segmenten (Thorax, Abdomen) exprimiert werden. Sehr bemerkenswert ist die Tatsache, dass die Gene beider Komplexe auf dem Chromosom genau in der Reihenfolge angeordnet sind, wie es der zeitlichen Abfolge ihrer Expression entlang der AP-Achse entspricht.

Bei Wirbeltieren (*Xenopus*, Maus, Mensch) gibt es entsprechende homoeotische Genkomplexe, die ebenfalls in dieser Weise angeordnet sind. Während bei *Drosophila* von HOM-Genen gesprochen wird, heißen sie bei der Maus HOX-Gene. Solche homoeotischen Gene finden sich außer bei Arthropoden und Wirbeltieren u. a. auch bei Cnidariern, Nematoden und Polychaeten.

Regeneration. Die meisten Tiere haben die Fähigkeit, verloren gegangene Körperteile wieder neu zu bilden; allerdings ist diese sehr unterschiedlich ausgeprägt:

1. Totalregeneration: Ein Teilstück kann den ganzen Organismus neu bilden. *Hydra* und Planarien können aus einem Zwanzigstel ihres Körpers wieder ganze Tiere bilden, Regenwürmer aus einem Teilstück von wenigen Segmenten einen vollständigen Wurm, Seesterne aus einem einzigen Arm einen vollständigen Seestern. Bei höheren Tieren ist diese Fähigkeit höchstens in frühen Embryonalstadien vorhanden: Entstehung eineiiger Zwillinge oder Mehrlinge bei Säugern durch Trennung von Blastomeren.

2. Organregeneration: Es werden einzelne verlorene Organe neu gebildet. Molche können Augen und Beine regenerieren, manche Insekten und Krabben ihre Beine.

3. Gewebsregeneration: Hierunter versteht man die Verheilung von Verletzungen an einzelnen Geweben.

4. Zellregeneration: Ersatz gealterter und abgestorbener Zellen aus uni- oder pluripotenten Zellen (z. B. bei Blutzellen).

5. Zellteilregeneration: Nur Teile von Zellen werden ersetzt. Das gilt für die konstantzelligen (eutelen) Tiere, z. B. Rotatorien, aber wohl auch für das Nervensystem der Wirbeltiere.

Oft nimmt die Regenerationsfähigkeit im Laufe der Entwicklung ab. Bisweilen existieren präformierte Bruchspalten, an denen Gliedmaßen leicht abbrechen, z. B. am Schwanz der Eidechsen und an den Beinen von Krebsen (Krabben, Asseln). Bei Krebsen erfolgt Regeneration nur von diesen Stellen aus; geht ein Beinteil distal von der Spalte verloren, so wird der Stumpf so lange am Körper gerieben, bis das Bein an der richtigen Stelle abgebrochen ist (**Autotomie**).

Stammzellen sind nicht oder gering differenzierte, stets teilungsfähige Zellen, die sich einerseits selbst erneuern und andererseits in spezifischer Weise differenzieren können (Integument, S. 89; Blutbildung, S. 65, I-Zellen der Cnidaria und Neoblasten von Turbellarien, Oligochaeten und Ascidien). Bei Säugetieren – und beim Menschen – unterscheidet man embryonale und adulte Stammzellen.

Unter **embryonalen Stammzellen** versteht man die Blastomeren und die Zellen des Embryoblasten (der inneren Zellmasse) der Blastocyste. Beim Menschen sind die Blastomeren bis höchstens zum 16-Zellstadium totipotente Stammzellen, d. h., aus jeder einzelnen Zelle kann noch ein vollständiger Embryo mit Placenta entstehen. Nach dem 16-Zellstadium werden die Einzelzellen zu pluri- (= multi-)potenten Stammzellen. Einzelne Zellen des Embryoblasten können sich zunächst noch zu Zellen aller drei Keimblätter des Embryos entwickeln, aber nicht mehr zu Trophoblast- und Placentazellen. Im Laufe der weiteren Frühentwicklung engt sich die Entwicklungspotenz der frühen Embryoblastenzellen zunehmend ein. Es entstehen dann Stammzellen für größere Zell- oder Gewebesysteme, z. B. die Stammzellen für alle Blutzellen (hämopoetische Stammzelle) oder für alle neuronalen Zellen (neuronale Stammzelle). Solche Zellen mit zwar eingeschränkten, aber immer noch relativ weiten Entwicklungsmöglichkeiten, werden auch pluripotente Stammzellen genannt.

Mit embryonalen Stammzellen wird experimentell im Rahmen des sog. therapeutischen Klonens gearbeitet. Ziel solcher Forschung ist die Gewinnung von Zellen, die Gewebe oder Organbereiche neu aufbauen können, welche durch Krankheit verloren gingen.

Adulte Stammzellen sind Zellen in Organen und Geweben erwachsener Tiere und Menschen, von denen physiologischerweise der Ersatz verbrauchter Zellen ausgeht. Solche Zellen sind besonders wichtig in Epithelien, die zumeist einen hohen Zellumsatz aufweisen. Die Epithelzellen des Dünndarmes des Menschen leben z. B. nur etwa fünf Tage. Sie werden durch proliferierende Zellen (Stammzellen) in den Darmkrypten ständig ersetzt. Solche Stammzellen ersetzen im Allgemeinen ein oder zwei Zelltypen, die für das jeweilige Epithel oder Gewebe typisch sind. In der Epidermis gibt es z. B. unipotente Stammzellen, die die verhornenden Keratinocyten (leben ca. 28 Tage) ständig ersetzen. Auch beim Erwachsenen existieren noch pluripotente Stammzellen, wie die Stammzellen der Blutzellen.

Mit den Blutstammzellen werden heute beim Menschen schon Leukämien therapiert. Mit eigenen Stammzellen der Epidermis, die unter Zellkulturbedingungen vermehrt werden, kann die Heilung großflächiger Hautverbrennungen vorgenommen werden. Stammzellen des Knorpelgewebes können zur Behandlung defekter Menisken und Zwischenwirbelscheiben herangezogen werden.

15 Vererbung

Tiere bringen Nachkommen hervor, die dieselben Eigenschaften wie sie selbst besitzen können (bei ungeschlechtlicher Fortpflanzung) oder ihnen doch sehr ähnlich sind (bei geschlechtlicher Fortpflanzung): Sie übertragen Erbanlagen (genetische Informationen). Wie das im Einzelnen erfolgt, wird von der Vererbungslehre (Genetik) bearbeitet. Es geht um folgende Fragen:
1. Wie sieht der Träger der Erbanlagen aus?
2. Nach welchen Mechanismen wird die genetische Information in der Generationskette weitergegeben (Verteilungsproblem)?
3. Wie wirkt sich die Erbinformation, die für den gesamten Organismus in der befruchteten Eizelle (der Zygote) niedergelegt ist, auf die Ausprägung der Gestalt und der Leistung eines Individuums in dessen Entwicklung aus (ontogenetisches Problem der Vererbung)?
4. Bis zu welchem Grad sind Merkmale abwandelbar (Frage nach der Modifikabilität)?
5. Welchen Veränderungen kann das genetische Material selbst unterworfen sein (Frage nach der Mutabilität)?
6. Wie können die nach Beantwortung der Fragen 1–5 gewonnenen Kenntnisse Anwendung finden (Tierzucht, Humangenetik)?

Frage 1 ist bereits in Kapitel 1 behandelt worden, Frage 2 z. T. (Zellteilung) ebenfalls in Kapitel 1, Frage 3 (differentielle Genaktivität, Genamplifikation) in Kapitel 14.

Mendel's sche Gesetze

Die Lösung der Fragen der Vererbung wurde von Mendel 1865 zunächst für das Verteilungsproblem erarbeitet. Mendels Entdeckungen blieben erst unbeachtet und wurden im Jahr 1900 von Correns, Tschermak und de Vries bestätigt. Der Erfolg Mendels beruhte z. T. darauf, dass er Einzelcharaktere untersuchte (Blütenfarbe, Struktur der Samenschalen sowie Wuchs bei Erbsen) und die Zahlenverhältnisse in der Nachkommenschaft genau feststellte. Seine Beobachtungen ergaben drei Gesetze, die als **Mendel'sche Gesetze** bezeichnet werden. Im Folgenden wird die Ausgangsgeneration in einem solchen Vererbungsversuch als **P-Generation** (von parentes = Eltern), ihre Nachkommengeneration als F_1 (= 1. **Filialgeneration**, 1. Tochtergeneration), die aus der Paarung innerhalb gleicher F_1-Tiere hervorgegangene Enkelgeneration als F_2-**Generation** bezeichnet. Tiere, die von beiden Eltern gleiche Erbanlagen erhalten, sind in Bezug auf diese Anlagen **homozygot (gleicherbig, reinrassig)**, Individuen, die aus erbverschiedenen Gameten entstehen, **heterozygot (= verschiedenerbig, Bastarde, Hybriden)**. Kreuzt man Individuen, die in einem Merkmal unterschiedlich sind, spricht man vom monohybriden Erbgang, bei zwei Merkmalen vom dihybriden Erbgang usw.

1. Gesetz (Uniformitätsgesetz). Die Nachkommen homozygoter Individuen sind untereinander gleich (Abb. 158). Diese F_1-Tiere gleichen oft völlig dem einen Elternteil. Man bezeichnet dann dieses Merkmal als **dominant**, das im F_1-Bastard nicht sichtbare des anderen Elterntieres als **rezessiv**. In anderen Fällen nimmt aber der F_1-Bastard eine Mittelstellung zwischen beiden Elternmerkmalen ein, er ist dann **intermediär**. Zwischen dominant-rezessiver und intermediärer Vererbung gibt es alle möglichen Übergangsfälle, auch kann die Dominanz im Laufe der Entwicklung wechseln.

Streut ein Merkmal in weiten Grenzen, spricht man von partieller Dominanz (kommt z. B. bei der Haarfarbe von Hausrindern vor).

Schließlich ist der Dominanzgrad von anderen Genen und bestimmten Umweltfaktoren eines Tieres abhängig.

2. Gesetz (Spaltungsgesetz). In der F_2-Generation, die aus der Kreuzung innerhalb der F_1-Generation hervorgeht, treten die Ausgangscha-

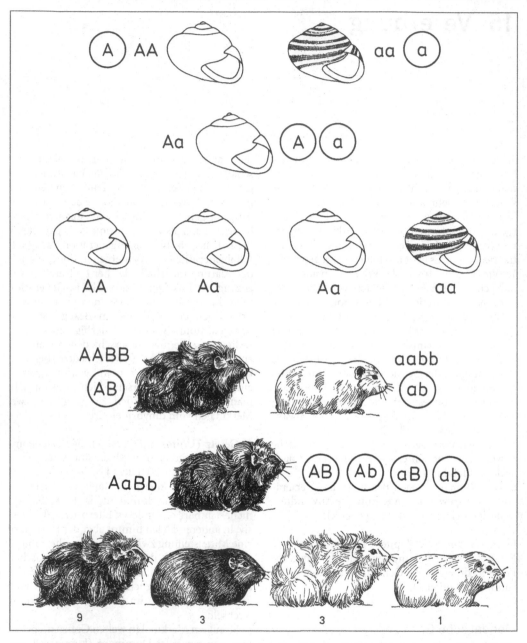

Abb. 158 Dominant-rezessive Erbgänge. Oben: Monohybrider Erbgang bei Schnirkelschnecken *(Cepaea).* Die Ausgangstiere sind homozygot in Bezug auf die Schalenfärbung (AA, aa). Das Gen für die einheitlich gefärbte Schale (A) dominiert über das Allel, welches die Streifung bewirkt (a). Entsprechend der Homozygotie kann von jeder Ausgangsrasse im Hinblick auf die Schalenfärbung nur ein Keimzellentyp gebildet werden (A bzw. a; in Kreisen). Daraus resultieren Uniformität und Heterozygotie in der folgenden Generation (Aa) (1. Mendel'sches Gesetz). Diese Generation – die F_1 – bildet im Hinblick auf die Schalenfärbung zwei Keimzelltypen (A und a; in Kreisen). In F_2 kommt es demgemäß zur Aufspaltung (2. Mendel'sches Gesetz) 3:1 (phänotypisch) bzw. 1:2:1 (genotypisch). Unten: Dihybrider Erbgang bei Meerschweinchen *(Cavia).* Die Symbole sind dieselben wie beim Erbgang von *Cepaea* (s. o.) und wie auf dem Kombinationsquadrat Abb. 159a

raktere wieder rein hervor, und zwar in einem festen, berechenbaren Zahlenverhältnis (**Spaltung**). Bei einem Merkmalsunterschied (**monohybride Spaltung**) treten in F_2 auf: a) bei Dominanz ¾ mit dominanten Anlagen und ¼ mit ausschließlich rezessiven Anlagen, kurz, die Spaltung 3:1; b) bei intermediärer Vererbung je ¼ der Individuen mit einem der beiden Ausgangsmerkmale und ½ intermediäre Individuen, Spaltung 1:2:1 (Abb. 158).

Wichtiger als die Feststellung dieser beiden Gesetze waren die Schlüsse, die Mendel aus ihnen für das Wesen der Erbträger zog. Die Tatsache, dass die rezessiven Charaktere bei dominanter Vererbung in F_2 wieder erscheinen, zeigt, dass die Erbträger auch in der F_1-Generation, die sie äußerlich nicht zeigen, anwesend waren: Es besteht also eine Kontinuität der Erbträger durch die Generationen. Der Vergänglichkeit der Individuen steht die Kontinuität der Erbträger gegenüber. Diese werden als Gene bezeichnet und durch Buchstaben symbolisiert. Die dominanten Gene werden mit großen Buchstaben, die rezessiven mit kleinen charakterisiert.

Ein zweiter wichtiger Punkt ist das Verhalten der Gene in den Bastarden. Nach Mendel können zwar die Bastardindividuen Mischcharaktere zwischen beiden Elternrassen zeigen, nicht aber die Gene. Sie bleiben im Bastard getrennte Einheiten, die zusammenwirken, aber nicht verschmelzen, und die sich wieder trennen.

Aus den gesetzmäßigen Spaltungsverhältnissen ergibt sich schließlich noch eine Forderung an das Verhalten der Gene: Sie müssen in den Körperzellen der reinrassigen Individuen doppelt vorhanden sein (diploid), wobei je eines vom Vater und eines von der Mutter stammt, in den Keimzellen aber nur einfach (haploid). Diese Forderung wird durch cytologische Befunde bestätigt: Die Körperzellen enthalten zwei Chromosomensätze, deren Chromosomen einander paarweise entsprechen; die Chromosomen eines Paares werden homolog genannt. Der Zufall entscheidet, ob von zwei homologen Chromosomen das väterliche oder das mütterliche in einen Gameten hineingelangt. Heterozygote Individuen haben also nicht nur erbverschiedene Eltern, sondern bilden auch erbverschiedene Gameten im Verhältnis 1:1.

Mit diesen Grundtatsachen lassen sich die Mendel'schen Gesetze nicht nur erklären, sondern künftige Kombinationen in ihrer Wirkung voraussagen. So müssen von den ¾ F_2-Indivi-

duen mit dominanten Genen ¼ homozygot und ⅔ heterozygot sein. Kreuzt man ein heterozygotes Tier mit einem rein rezessiven, also Aa × aa, so muss Aa zweierlei Gameten (A und a) im gleichen Verhältnis bilden, aa nur einerlei (a), die Befruchtung muss eine Spaltung von Aa- und aa-Tieren im Verhältnis 1:1 ergeben.

Aus der Dominanz mancher Merkmale ergibt sich, dass aus dem äußeren Erscheinungsbild nicht eindeutig auf den Bestand an Genen geschlossen werden kann. F_1-Tiere und rein dominante Elterntiere sind äußerlich gleich, aber erbverschieden, die einen AA, die anderen Aa. Dieser Unterschied führt zu verschiedener Bezeichnung: Die äußere Erscheinung eines Lebewesens wird als **Phänotypus**, der Bestand an Erbanlagen (Genen) als **Genotypus** bezeichnet. AA und Aa sind phänotypisch gleich, aber genotypisch verschieden; AA ist homozygot, Aa heterozygot. Die Gene A und a nennt man Allele. Sie liegen auf homologen Chromosomen an einander entsprechenden Stellen (Genort, Genlocus).

Ein Vergleich der Genotypen zeigt, dass Geschwister untereinander und Enkel mit Großeltern 0–100% der Erbanlagen gemeinsam haben können. Mithin können schon Großeltern aus der Weitergabe der Erbanlagen eines Wesens ausgeschaltet sein.

3. Gesetz: Gesetz der freien Kombination der Gene. Bisher war unklar geblieben, ob die Erbanlagen einer Rasse mit all ihren Sondercharakteren eine Einheit bilden oder ob sie etwa nach der Zahl der Charaktere in eine Vielzahl von Einzelgenen zerfallen. Den Aufschluss ergibt die Kreuzung von Rassen mit zwei oder mehr Merkmalsunterschieden. Erfolgt in F_2 auch dann stets eine einfache Mendel-Spaltung 3:1 bzw. 1:2:1, so trifft die erste Möglichkeit zu. Treten in F_2 die Merkmale in neuen Kombinationen auf, so gilt die zweite. Das Experiment entschied für die zweite Möglichkeit. Den Verlauf einer solchen Kreuzung bei zwei Merkmalsunterschieden (**dihybride Spaltung**) zeigen Abb. 158 und Abb. 159. Wir sehen, dass in F_2 9/16 der Tiere die beiden dominanten Charaktere einer Ausgangsrasse besitzen, 1/16 die beiden rezessiven der anderen Rasse. Zweimal 3/16 der Tiere sind aber Merkmalskombinationen, sie tragen ein dominantes und ein rezessives Merkmal vereint. Die freie Kombination der Gene zeigt sich bei der Gametenbildung des F_1-Bastards, er bildet vier Game-

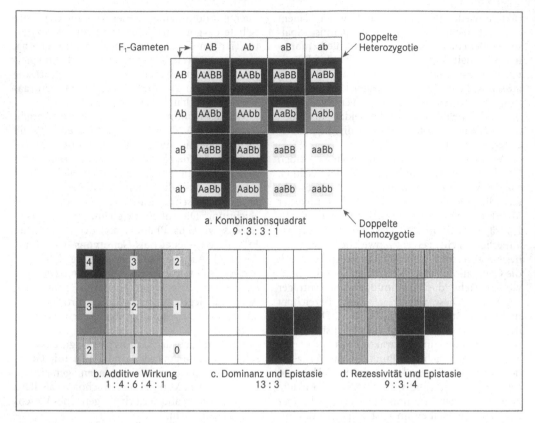

Abb. 159 **a)** Kombinationsquadrat. In den 16 kleinen Quadraten sind die 16 Genotypen einer F_2 aus einem dihybriden Erbgang dargestellt; in den Rechtecken der linken Vertikalreihe und den Rechtecken der oberen Horizontalen die Gameten der F_1. Bei dieser Anordnung erscheinen in den Pfeilebenen die doppelt hetero- bzw. homozygoten Individuen, links oben eine Rasse mit doppelter Dominanz und rechts unten mit doppelter Rezessivität (beide sind zudem homozygot). Bei dieser Kombination ergibt sich das phänotypische Verhältnis 9:3:3:1. Vgl. Abb. 158 (Erbgang von *Cavia*). **b–d)** Entsprechende Kombinationsquadrate bei additiver Genwirkung **(b)**, bei Dominanz und Epistasie **(c)** und bei Rezessivität und Epistasie **(d)**; Erklärungen im Text

tentypen (AB, Ab, aB, ab). Jeder enthält eines der beiden Genpaare (Allele). Aus diesen vier Keimzellentypen folgt aufgrund der Befruchtungsmöglichkeiten das Spaltungsverhältnis in F_2 von 9:3:3:1 (Abb. 159). Jedes Merkmalspaar für sich allein ausgezählt ergibt 12:4 (= 3:1), die Komplikation resultiert sich aus der Überlagerung beider Merkmalspaare infolge der freien Kombination. Diese hat wichtige praktische Konsequenzen; durch sie ist es dem Züchter möglich, für ein Zuchtziel erwünschte Eigenschaften, die auf verschiedenen Rassen verteilt sind, in einer Rasse zu vereinen.

Mit zunehmender Zahl der Erbunterschiede wächst die Komplikation der Spaltung enorm an. Diese sich rasch steigernde Mannigfaltigkeit erschwert die Voraussage bestimmter Erbkombinationen bei geringer Nachkommenzahl. Bei nur zehn Erbunterschieden – und das wäre bei zwei beliebigen Menschen eine extrem niedrige Zahl – ergeben sich schon bei Dominanz $2^{10} = 1024$ erbverschiedene Phänotypen. Das zeigt die folgende Tabelle.

Zahl der Gen-unterschiede	Zahl der Keimzellen-typen der F_1	Zahl der Phänotypen (F_2) bei Dominanz	Spaltungszahlen in F_2
1	$2^1 = 2$	$2^1 = 2$	$3 + 1$
2	$2^2 = 4$	$2^2 = 4$	$(3 + 1)^2 = 9 : 3 : 3 : 1$
3	$2^3 = 8$	$2^3 = 8$	$(3 + 1)^3 = 27 : 9 : 9 : 9 : 3 : 3 : 3 : 1$
n	2^n	2^n	$(3 + 1)^n$

Koppelung und Austausch, Genkarten, abweichende Spaltungsverhältnisse

Das Gesetz der freien Kombination der Gene kann nur erfüllt werden, wenn Gene in verschiedenen Chromosomen liegen. Befinden sie sich in einem Chromosom, spricht man von Koppelung (Abb. 160). Die genaue Untersuchung der Koppelung zeigte, dass zwei Gene nur in verschiedenen oder im selben Chromosom liegen. Zwei Gene sollten sich demnach entweder frei kombinieren oder völlig gekoppelt sein. Koppelung ist aber meist nur angenähert vorhanden; die nur bei freier Kombination zu erwartenden Formen fehlen nicht ganz, sondern sind in einem gewissen Prozentsatz vorhanden (Austausch, Abb. 160).

Das Erscheinen der Austauschtiere mit freier Kombination ist nicht völlig regellos, sondern tritt in einem festen Prozentsatz auf, der als Austauschwert bezeichnet wird. Diese Erscheinung ist nur unter der Annahme erklärbar, dass homologe Chromosomen gelegentlich gleichzeitig an der gleichen Stelle zerbrechen und die Teilstücke unter Wechsel der Partner wieder je zu einem vollen Chromosom verheilen. Die Möglichkeit eines solchen Chromosomenstückaustausches (**crossing-over**) bietet die Chromosomenpaarung. Hier legen sich ja Chromosomen der Länge nach aneinander. In diesem Stadium kann durch Verklebung oder verschiedene Trennung die beobachtete Erscheinung eintreten.

Aus dieser »Störung« der Koppelung durch Austausch berechnete Morgan die ersten Genkarten, in denen die Lage der Gene im Chromosom dargestellt wird. Die Wahrscheinlichkeit der Trennung zweier Gene durch einen Bruch ist umso größer, je weiter diese auseinander liegen. Indem nun der Austauschwert als Maß der Entfernung der Gene gewählt wurde, ergaben sich Genkarten.

Durch Einwirkung von Röntgenstrahlen lassen sich Chromosomen zertrümmern, oft heftet sich dann ein isoliertes Chromosomenstück an ein anderes, nichthomologes Chromosom an (Translokation).

Es gibt Strecken, an denen Brüche gehäuft auftreten, und andere mit geringerer Bruchhäufigkeit.

Abweichungen von den Spaltungsverhältnissen, die nach den Mendel'schen Gesetzen zu erwarten sind, können auf verschiedene Ursachen zurückgehen und sich zu verschiedener Zeit der Entwicklung auswirken.

1. Während der Entwicklung können Umweltfaktoren den Phänotypus abändern. So dominiert bei Rindern die schwarze Haarfarbe über die rote. Unzureichende Ernährung, Krankheit und Klimaeinflüsse können jedoch bei Heterozygoten die Intensität der schwarzen Farbe stark herabsetzen, sodass die rote Farbe in Erscheinung tritt.

2. Tiere können Genkombinationen erhalten, die schon in der frühen Entwicklung tödlich wirken (**Letalfaktoren**). Das gilt z. B. für bestimmte gelbfarbige, heterozygote Mäuse; ihre homozygot-dominanten Feten sterben frühzeitig ab. Die Wurfzahl ist um $\frac{1}{4}$ verringert. Das Gleiche gilt für den Platinfuchs, der nicht rein weiter gezüchtet werden kann. Das Gen für Platinfarbe ist in doppelter Dosis letal, die homozygoten Feten werden vom Uterus resorbiert. Platinfüchse sind also immer heterozygot, das Platingen dominiert über das Gen, welches die normale Fellfarbe bewirkt.

3. Nicht alle Gameten müssen gleichermaßen zur Befruchtung gelangen (**selektive Befruchtung** von Eiern, unterschiedliche Geschwindigkeit der Spermien auf dem Weg zu den Eiern). Diese Tatsache spielt oft bei der Geschlechtsbestimmung eine Rolle. Beim Menschen beispielsweise bewegen sich Y-Spermien schneller als X-Spermien, letztere haben eine längere Lebensdauer im weiblichen Genitale.

4. Durch Unterbleiben der Reduktionsteilung können polyploide Organismen entstehen (vgl. S. 349, Genommutationen).

Die Chromosomenkonjugation wird bei Kreuzung innerhalb einer Art selten gestört, häufig aber bei Kreuzung verschiedener Arten. Im F$_1$-Bastard paart sich nur ein Teil der Chromosomen, ein Teil bleibt ungepaart. Wir haben dann neben einer Zahl von **Bivalenten** eine Reihe von **Univalenten**. Diese werden bei der Reduktion zufällig und wahllos auf die Keimzellen verteilt. Bei vier Chromosomenpaaren und drei ungepaarten Chromosomen entstehen also Keimzellen mit 4 + 0, 4 + 1, 4 + 2 und 4 + 3 Chromosomen. Es entsteht eine Vielzahl genetisch verschiedener Keimzellen, von denen eine Reihe nicht lebensfähige Nachkommen ergibt. Solche Aufspaltungen sind daher unübersichtlich und kaum berechenbar.

5. Gene rufen nicht nur qualitative Merkmale hervor, die alternativ auftreten, sondern auch quantitative, die ineinander übergehen. Solche Merkmale können von Genen bestimmt werden, deren Wirkung sich addiert. Abb. 159b

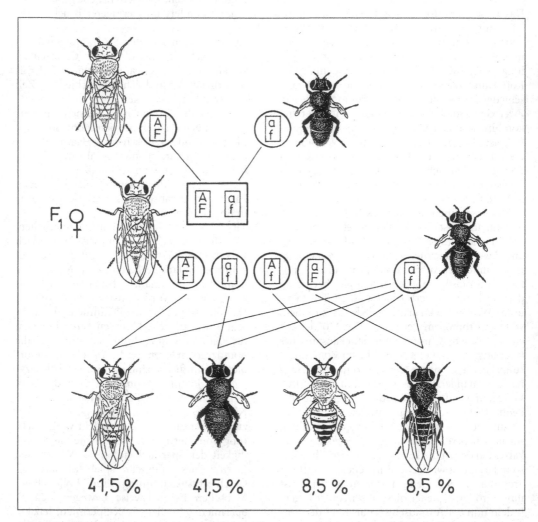

Abb. 160 Genkoppelung. Ausgangspunkt sind zwei homozygote Individuen von *Drosophila melanogaster*, die je einen Gametentyp bilden (AF bzw. af). Die Gene für die Färbung (A: grau, a: schwarz) und die Flügelform (F: lang-, f: stummelflügelig) sind gekoppelt. F$_1$-Weibchen können vier Gametentypen bilden (AF, af, Af, aF), die z.T. (Af, aF) durch Koppelungsbruch zustande kommen und nicht in gleicher Zahl gebildet werden. Mit einem schwarzen, stummelflügeligen Männchen verpaart, ergeben sich vier Genotypen, die in unterschiedlichen Prozentsätzen auftreten

erläutert die **additive Genwirkung:** Bei den 16 möglichen Kombinationen kann die Anzahl der »Plusgene« (Großbuchstaben auf Abb. 159a) 0 bis 4 betragen. Addiert man die Felder mit gleicher Plusgen-Zahl, kommt man zum Spaltungsverhältnis $1:4:6:4:1$.

6. Es gibt Fälle, in denen ein dominantes Gen nicht nur die Wirkung seines rezessiven Allels hemmt, sondern auch die eines weiteren Gens (**Epistasie**). Abb. 159c demonstriert diesen Fall, in dem das Spaltungsverhältnis $13:3$ auftritt. Die drei schwarzen Felder weisen die Kombination aaB auf, die bei bestimmten Hühnerrassen eine Federpigmentierung bewirkt. Alle anderen Individuen sind weiß, z. T. durch die epistatische Wirkung von A (12 Felder), z. T. durch die Homozygotie von bb und das Fehlen von A (1 Feld).

   Ein rezessives Gen kann im Homozygotiezustand auch epistatisch über ein dominantes Gen eines weiteren Paares sein (Abb. 159d). Dieser Fall ist bei der Haarfarbe von Kaninchen realisiert. Das Spaltungsverhältnis $9:3:4$ erklärt sich folgendermaßen: 9 Felder weisen die Kombination AB auf (wildfarben), 3 aaB (schwarz), 4 bb (weiß, auch wenn das dominante Gen A vorhanden ist, über das bb epistatisch wirkt).

7. Es können **Kreuzungsneuheiten** entstehen, so kann der Genbestand aabb des Kombinationsquadrates auf Abb. 159a ein qualitativ neues Merkmal bedeuten (s. u., Kammformen bestimmter Hühnerrassen, Abb. 161).

8. Veränderungen der Chromosomenstruktur (Mutationen, S. 350).

Genotyp und Phänotyp

Der Genotyp besteht aus einer großen Zahl von Genen, der Phänotyp aus einer großen Zahl von Merkmalen (**Phaenen**) wie Haarfarbe, Größe etc. Wir haben bisher einem Gen ein bestimmtes Merkmal zugeordnet. Es können aber auch mehrere Gene ein Merkmal bedingen (**Polygenie**), oder ein Gen kann gleichzeitig mehrere Merkmale beeinflussen (**Pleiotropie = Polyphaenie**). Hierfür einige Beispiele:

1. **Kreuzungsneuheiten.** Werden zwei reine Hühnerrassen (Abb. 161) mit den Kammformen Rosenkamm (RRpp) und Erbsenkamm (rrPP) gekreuzt (der Unterschied betrifft ein Merkmal, das von zwei Genpaaren gesteuert wird),

so entsteht in F_1 ein völlig neuer Kammtyp, der Walnusskamm (RrPp), und in der F_2 bei $1/16$ ein weiterer Kammtyp, der Normalkamm (rrpp). Die F_2 enthält also vier Kammformen im Verhältnis 9 (Walnuss-) zu 3 (Rosen-) zu 3 (Erbsen-) zu 1 (Normalkamm). Hier entsteht der Walnusskamm, wenn die dominanten Faktoren für Rosenkamm (R) und Erbsenkamm (P) zusammentreffen, die Kombination ppR ergibt den Rosenkamm, Prr den Erbsenkamm; der Normalkamm tritt auf, wenn beide Faktoren rezessiv sind. Es können also Rassen mit neuen Merkmalen aus der Kreuzung anderer Rassen entstehen, nicht nur Rassen, die durch neue Kombination vorhandener Merkmale neu sind.

2. **Abhängige Merkmale.** Aus der Kreuzung bestimmter reiner Rassen weißer und schwarzer Mäuse entsteht eine graue F_1 und eine F_2, die $9/16$ graue, $4/16$ weiße und $3/16$ schwarze Mäuse enthält. Auch hier eine Kreuzungsneuheit, die graue Maus. Folgende Tatsachen ergeben die Erklärung dieses Falles: Für die Ausbildung einer Farbe im Säugetierhaar ist ein Gen C notwendig; alle Tiere, denen es fehlt, also alle cc-Tiere, sind Albinos. Ist C vorhanden, dann kann die Wirkung eines anderen Gens sichtbar werden, des Gens B; dieses ruft dominant schwarze, rezessiv rote bis gelbe Haare hervor. Ein drittes Gen A (Aguti) verteilt nun den schwarzen Farbstoff auf bestimmte Zonen des Haares, dieses wird geringelt, das Fell wirkt grau (wildfarben). In der oben angeführten Kreuzung war also die weiße Maus AABBcc, es hinderte cc die Wirkung von A und B, die schwarze Maus enthielt aaBBCC. Im F_1-Bastard (AaBBCc) ermöglicht C das Wirken von A und B; das Haar ist geringelt, also grau. Die F_2 behält natürlich in allen Tieren das homozygote BB, es spalten die heterozygoten Paare Aa und Cc und ergeben folgende Kombinationen: $9/16$ erhalten AC homo- oder heterozygot, sind also grau, $3/16$ erhalten C, aber aa, sie sind schwarz, $3/16$ erhalten A und cc, sie müssen weiß sein, dasselbe gilt von dem $1/16$ völlig rezessiver Tiere aacc, mithin sind $3/16 + 1/16 = 4/16$ weiß. Eine Kreuzung schwarz-weiß kann demgemäß auch anders aufspalten: Ist die weiße Rasse aaBBcc, so ergibt sie mit aaBBCC = schwarz eine einfache Mendelspaltung: F_1 schwarz, F_2 schwarz zu weiß im Verhältnis 3:1. Die Wirkung bestimmter Gene ist also abhängig von der Existenz anderer Gene, selbst

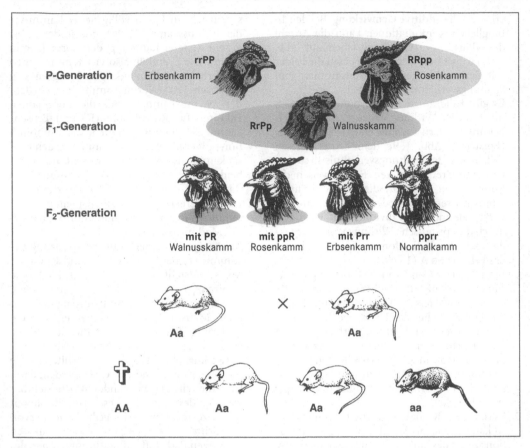

Abb. 161 Oben: Erbgang zweier Hühnerrassen mit Erbsenkamm (rrPP) und mit Rosenkamm (RRpp). Erklärungen im Text. Unten: Erbgang zweier heterozygoter gelber Mäuse (Aa). AA-Individuen sind nicht lebensfähig (Letalwirkung), aa-Tiere haben ein graues Fell

rezessive Gene (cc) können andere dominante an ihrer Entfaltung hemmen.

3. **Modifikationsgene.** Vielfach wirken solche beeinflussenden Gene nicht absolut hemmend, sondern beeinflussen nur die Wirkung anderer Gene, indem sie ihre phänotypische Auswirkung verstärken, schwächen oder abändern. Solche Modifikationsgene können sowohl den **Merkmalsgrad (Expressivität)** als auch die **Merkmalshäufigkeit (Penetranz)** beeinflussen.

Bei den Fällen 1–3 ergibt sich, dass Gene nicht isoliert feste Merkmale (Phaene) entfalten, sondern in ihrer Wirkung von dem übrigen Genbestand abhängig sind.

4. Wichtige Folgerungen ergeben sich aus der Tatsache, dass oft verschiedene Gene in ver-

schiedenen Chromosomen gleiche Merkmale am Phänotypus bilden. Es kommen hierbei in Betracht:

a) Die Gene steigern sich in ihrer Wirkung nicht, ein einzelnes Gen leistet dasselbe wie zwei oder mehrere. Es gibt demnach phaenotypisch gleiche Rassen, die genotypisch verschieden sein können.

b) Die Gene steigern sich in ihrer Wirkung. A und B ergeben eine stärkere Wirkung als jedes Gen für sich. Auf diese Weise können durch Kreuzung neue Rassen entstehen, die eine Leistungssteigerung zeigen.

c) Die Gene steigern sich in ihrer Wirkung, aber schon innerhalb eines Genpaares wirkt der homozygote Zustand AA doppelt so stark wie der heterozygote.

Auch physiologische Unterschiede sind durch Gene bedingt. Rassen mit scheinbar belanglosen äußeren Unterschieden können gleichzeitig in physiologischen Charakteren unterschieden sein, äußeres und physiologisches Merkmal sind also Wirkung eines Genbestandes. Bei dem Spanner *Ptychopoda seriata* zeigt z. B. eine dunklere Rasse eine geringere Sterblichkeit bei hohem Feuchtigkeitsgrad und niederen Temperaturen als die normale graue Rasse. Bei geringer Feuchtigkeit und höheren Temperaturen ist aber die Sterblichkeit der grauen Rasse geringer. Bei *Drosophila funebris* gedeiht die Wildrasse am besten bei mittleren Temperaturen (24–25 °C), sie ist aber gegen hohe Temperaturen (28–30 °C) sehr empfindlich; die Rasse bobbed verträgt Kälte von 15–16 °C fast gar nicht, ihr Optimum liegt bei 28–30 °C. So gehört also zu wohl jeder Erbkombination ein anderes Lebensoptimum und oft auch eine andere Breite der Lebensmöglichkeiten. Diese Erscheinungen lassen eine absonderliche Vererbung verständlich erscheinen, die der Letalfaktoren (Letalgene) (Abb. 161). Als Letalfaktoren bezeichnen wir Gene, deren Träger nur in heterozygotem Zustand lebensfähig bleiben, die Homozygoten sind lebensunfähig und sterben meist schon als Embryonen ab. Letal kann sowohl ein dominantes als auch ein rezessives Gen sein. Dominanz und Rezessivität sind an den begleitenden körperlichen Merkmalen erkennbar.

Bei dominanten Letalgenen sind Aa und aa lebensfähig, es sterben die AA-Tiere. Rassen, die durch solche Gene charakterisiert sind, spalten in F_2 2:1, da die $\frac{2}{4}$ Aa und die $\frac{1}{4}$ aa-Tiere lebenbleiben, die $\frac{1}{4}$ AA-Tiere ausfallen (sie sind oft noch als Embryonen oder Fehlgeburten nachweisbar). Eine solche Rasse ist nicht rein züchtbar, da ja der spaltende heterozygote Zustand vorherrscht. Beispiele hierfür sind eine gelbe Rasse der Maus, die Haubenrassen mancher Vögel, bei denen ein Federschopf auf dem Kopf ausgebildet ist (z. B. Haubenkanarienvogel). Bei rezessiven Letalgenen sind Aa und AA lebensfähig, es sterben die aa-Tiere. Erbstämme mit rezessiven Letalgenen dürften eigentlich kaum erkennbar sein, die Kreuzung Aa × Aa ergibt nämlich keine Spaltung im Phänotypus, sondern scheinbare Reinzüchtung, da nur die AA- und Aa-Tiere am Leben bleiben, die ja dasselbe Aussehen haben wie die Eltern Aa. Die äußerlich abweichenden aa-Tiere fallen aber aus.

Erkennbar sind **rezessive Letalfaktoren** in folgenden Fällen:

1. Wenn die aa-Tiere noch als Embryonen, Fehlgeburten oder absterbende Jugendstadien nachweisbar sind.
2. Wenn im äußeren Erscheinungsbild die Aa-Tiere von den AA-Tieren unterschieden sind, A sich in seinen körperlichen Merkmalen also etwa intermediär vererbt. In solchen Fällen spalten die Aa-Tiere im Verhältnis 2:1 ($\frac{2}{4}$ Aa, $\frac{1}{4}$ AA), gleichen also im Verhalten dominanten Letalgenen. Die AA-Tiere (Kerry-Rind) haben normale Größe und Beinlänge, die Aa-Tiere (Dexter-Rind) sind kleiner, Beine und Schnauze etwas verkürzt. Die aa-Tiere werden als Bulldogkälber mit ganz kurzen Beinen und verkürzter Schnauze als Fehlgeburten geboren.
3. Durch verminderte Fortpflanzungsrate bei Letalgenen ergibt die Kreuzung Aa × Aa nur 75% der Nachkommenschaft gegenüber Normaltieren, da die 25% rezessiv homozygoter Gene entfallen. Dieser Effekt ist besonders leicht kenntlich bei geschlechtsgebundenen Letalgenen. Hier stirbt von den männlichen Nachkommen eines heterozygoten Muttertieres (Aa) die Hälfte, nämlich alle Söhne, die das X-Chromosom mit rezessivem a enthalten. Die Töchter bleiben als AA und Aa alle am Leben. Zur Befruchtung der Aa-Weibchen kommen nur A-Männchen in Betracht, da ja a-Männchen wegen der Letalwirkung nicht existieren.

Rezessive Letalfaktoren sind in großer Zahl bekannt, bei *Drosophila* sind viele neu entstehende Erbänderungen (Mutationen) letal. Für die Praxis ist wichtig, dass Rassen mit Letalgenen nicht unter sich gekreuzt werden, da hierdurch ein Nachkommenverlust von 25% entsteht. Die Letalgene sind durch zahlreiche Übergänge mit den Normalgenen verbunden. Bei sog. Semiletalgenen entstehen die Homozygoten, sie sind aber in ihrer Entwicklung gehemmt oder krankheitsanfällig. So werfen z. B. die getigerten Dunkerhunde (Aa), untereinander gepaart, 50% getigerte Hunde (Aa), 25% schwarze (AA) und 25% weiß gesprenkelte Hunde (aa). Diese letzteren haben missgebildete Augen, sind oft blind, meist auch taub und von sehr geringer Widerstandsfähigkeit gegenüber Krankheiten.

Entsprechende Tatsachen erklären auch, dass Bastarde häufig kräftiger und größer als die Elternrassen sind. Diese Erscheinung wird als Luxurieren oder **Heterosis** bezeichnet. In diesen

Fällen ist der heterozygote Zustand meist der günstigere für die Entwicklung der Tiere. Er wird daher unter bestimmten Umständen auch in der Tier- und Pflanzenzucht angestrebt, um höhere Leistungen zu erreichen (Gebrauchszüchtung, S. 362).

Multiple Allele

Bisher hatten wir immer nur ein Paar alleler Gene (Aa). Viele Gene kommen jedoch in mehr als zwei allelen Formen vor: multiple Allele. Man wurde auf sie aufmerksam, als sich herausstellte, dass eine ganze Reihe meist abgestufter Verschiedenheiten der gleichen Stelle im Chromosom entsprechen. Jede Stufe ergibt mit jeder anderen gekreuzt eine einfache Mendel-Spaltung (3:1). Bei Säugetieren kann das Gen c^+, das die normale Dunkelfärbung des Felles steuert, nicht nur mit Allel c^a (vollständiger Pigmentmangel), sondern auch mit anderen Allelen ein Allelpaar bilden, die eine minder intensive Ausfärbung des dunklen Pigmentes bewirken. Mit Allel c^n gepaart, färben sich – unter normalen Temperaturbedingungen – nur die Körperspitzen dunkel (Schnauze, Ohren, Füße, Schwanz). Diese Erscheinung (Akromelanismus) ist von Meerschweinchen, Russenkaninchen und den siamesischen Katzen bekannt. Andere multiple Allelserien verursachen Selbststerilität. Bei *Ciona* wird z. B. dadurch verhindert, dass Spermien und Eier desselben Tieres befruchtete Eizellen bilden. Solche Tiere besitzen lange Allelserien eines Gens. Spermien mit Allel d^1 können ein Ei mit demselben Allel nicht befruchten (Inkompatibilität). Beim Menschen beruht die Ausbildung der AB0-Blutgruppen auf multiplen Allelen.

Mutationen

Mutationen sind spontan auftretende Veränderungen des genetischen Materials. Die entstandenen Organismen nennt man Mutanten. Mutationen treten normalerweise relativ selten auf, die Mutationsrate beträgt 10^{-5} bis 10^{-9} pro Gen und Generation.

Mutationen, die in Körperzellen außerhalb der Keimzellen auftreten, nennt man **somatische Mutationen**. Täglich sollen beim Menschen in ca. 10^4 Körperzellen derartige Mutationen auftreten, die aber meist nur sehr schwer nachzuweisen

sind. Sie können zur Bildung von Zellverbänden führen, die sich von ihren Nachbarzellen z. B. durch andersartige Färbung oder Größe unterscheiden. Beispiele sind möglicherweise die braunen Flecken in der blauen Iris und die Leberflecken der Haut. Somatische Mutationen haben keinen Einfluss auf das Erbgut eines Individuums, ein solcher wird nur ausgeübt von **Keimzellmutationen**, die in den Geschlechtszellen auftreten.

Mutationen haben im Allgemeinen eine negative Wirkung: Mutiert ein rezessives Allel einer Keimzelle zu einem dominanten Allel, tritt das dominante Merkmal schon in der kommenden Generation phaenotypisch hervor, entsteht ein rezessives Allel, tritt die Belastung erst in späteren Generationen bei Homozygotie auf.

Welche Bedeutung eine Mutation für ein Individuum hat, wird erst unter verschiedenen Umweltbedingungen deutlich. An Beispielen aus Haustierzucht und Schädlingskunde sei das erklärt:

1. Helle Schweinerassen sind gegenüber pigmentierten in heißen Klimaten benachteiligt. Es kommt leichter zu Sonnenbrand. In sonnenarmen Regionen dagegen ist der Pigmentmangel von Vorteil, weil das Sonnenlicht besser für den Aufbau von Vitamin D ausgenutzt wird.

Der relativ hohe Wärmeverlust, der Lockenhühner gegenüber Normalhühnern auszeichnet, ist bei niedrigen Außentemperaturen nachteilig, bei höheren jedoch von Vorteil.

2. Resistenz gegen Pestizide spielte für Spinnmilben und Blattläuse vor der Herstellung der Gifte durch Menschen keine Rolle, heute ermöglichen diese Mutanten ihnen das Überleben.

Zahlreiche Mutanten sind von Haustieren bekannt und weitergezüchtet worden.

Dazu gehörten das Ancon-Schaf, ein kurzbeiniges Schaf (Abb. 162a), das Ende des 18. Jahrhunderts in den USA auftrat und später noch einmal in Norwegen, das schon erwähnte Lockenhuhn, Angora- und Rexkaninchen, das einhufige Schwein, Schweine mit erhöhter Rippenzahl und viele andere.

Nach dem cytologischen Befund lassen sich die mutativen Vorgänge im Zellkern in drei Gruppen einteilen: Genommutationen (Ploidiemutationen), Chromosomenmutationen und Genmutationen.

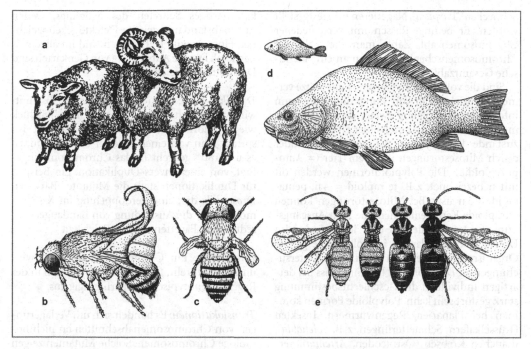

Abb. 162 Mutationen **(a–c)** und Modifikationen **(d, e)**. **a)** Ancon-Schafe, **b), c)** Flügelmutationen von *Drosophila;* **d)** zwei Karpfen aus einem Gelege; einer wurde unter Hungerbedingungen gehalten, der andere gemästet; e) Modifikationen in der Pigmentierung einer Schlupfwespe *(Habrobracon),* die durch unterschiedliche Temperaturen induziert wurden (links: 35 °C, rechts: 16 °C, dazwischen Zwischenwerte)

Genommutationen. Der Chromosomensatz (das Genom) besteht jeweils aus einer bestimmten Anzahl von Chromosomen (manche Spulwürmer 1, Mensch 23). Tiere enthalten im Allgemeinen zwei Chromosomensätze in ihren Körperzellen, sie sind diploid (2 n; Mensch 46). In den Gameten befindet sich nach der Reduktionsteilung nur noch ein Chromosomensatz (haploid, n). Zahlenmäßige Veränderungen von diesem Zustand werden als Genommutationen bezeichnet. Wenn nur einzelne Chromosomen hinzugefügt oder aus dem Genom entfernt wurden, spricht man von Aneuploidie. Organismen mit derartig vermehrter Chromosomenzahl sind hyperploid (= polysom), mit herabgesetzter hypoploid. Sie gehen auf Gameten zurück, die nach unkorrekter Meiose entstanden sind (Nichttrennen der Chromosomen in der Meiose, nondisjunction). Derartige Mutationen bedeuten im Allgemeinen eine starke Herabsetzung der Lebensfähigkeit.

Aneuploidien des Menschen sind als schwere Krankheiten bekannt. Beim Down-Syndrom tritt das Chromosom 21 in diploiden Kernen dreimal auf. Verzögerte geistige Entwicklung, flaches Gesicht, breite Nase, abnorme Schlitzaugen, Herzfehler und andere Störungen kennzeichnen diese Krankheit. Beim Klinefelter-Syndrom, das bei männlichen Patienten beobachtet wird, ist das X-Chromosom verdoppelt. Es resultieren u. a. kleine Genitalien, überdurchschnittliche Körpergröße und Infertilität. Fehlt bei Frauen ein X-Chromosom, spricht man vom Turner-Syndrom. In solchen Fällen sind die Ovarien stark rückgebildet, und es wird die kindliche Stufe des Sexualhabitus beibehalten. Ein besonders schwerer Defekt ist die Trisomie 18; solche Menschen sterben meist bald nach der Geburt. Trisomien der größeren Chromosomen sind immer letal.

Abweichungen von der Chromosomenzahl können dadurch auftreten, dass zwei einschenklige Chromosomen an ihren Spindelansatzstellen zu einem zweischenkligen verschmelzen und dadurch eine Verminderung der Gesamtzahl hervorrufen. Dieser **Robertson-Effekt** ist bei

Schnecken *(Purpura)*, Nagetieren u. a. festgestellt worden. Er bedingt Rassen mit verschiedener Chromosomenzahl. Zählt man die Zahl der Chromosomenschenkel, erhält man eine identische Gesamtzahl.

Sind die vollständigen Chromosomensätze vermehrt, spricht man von **Polyploidie**. Sie kann infolge der Vereinigung zweier diploider Chromosomensätze im Rahmen einer Hybridisierung zustande kommen (= **Allopolyploidie**) oder durch Mitosestörungen in einem Tier (= **Autopolyploidie**). Die Polyploidformen werden oft mit n bezeichnet: z. B. tetraploid = 4 n, pentaploid = 5 n usw. Bei Mitosestörungen können tetraploide Kerne entstehen, die zum Ausgangspunkt für tetraploide Teile des Tieres werden. Im Unterschied zu Pflanzen ist Polyploidie ganzer Organismen im Tierreich selten. Von Untersuchungen an *Drosophila* ist bekannt, dass bei derartigen Individuen die Geschlechtsbestimmung stark gestört sein kann. Polyploide Formen kommen bei Planarien, Regenwürmern, Insekten (Rüsselkäfern, Schmetterlingen, z. B. *Solenobia*), manchen Krebsen (Ostracoden, *Artemia*), vereinzelt auch bei Fischen und Amphibien vor. Über die Polyploidie bei höheren Wirbeltieren herrscht keine völlige Klarheit. Polyploide Zellen sind jedoch weit verbreitet (erhöhte Proteinsynthese; ein Teil der Leberzellen sowie Megakaryocyten bei Säugetieren).

Chromosomenmutationen. Diese Mutationsform ist durch Veränderungen der Struktur eines oder mehrerer Chromosomen gekennzeichnet; sie lassen sich vier Typen zuordnen: Deletion, Duplikation, Inversion und Translokation.

Deletionen: Ein Teilstück eines Chromosoms an dessen Ende (terminaler Chromosomenstückverlust = Defizienz) oder in dessen Mitte (interkalarer Chromosomenstückverlust) wird entfernt. Im ersten Fall wird ein Fragment nach einem Chromosomenbruch abgetrennt, im zweiten Fall wird nach zwei Brüchen ein interkalares Stück des Chromosoms herausgebrochen, und die Bruchflächen beiderseits des Fragmentes verwachsen wieder. In beiden Fällen entsteht also ein verkürztes Chromosom. Die Beeinträchtigung der Deletionsmutanten hängt von der Größe des Fragmentes und den in ihm lokalisierten Genen ab. Das Katzenschrei-Syndrom des Menschen geht auf einen Stückverlust von Chromosom 5 zurück: Der Defekt ist durch helles,

katzenartiges Schreien des Säuglings, weiten Augenabstand und geistige Defekte gekennzeichnet. Homozygote Defizienzen sind im allgemeinen letal. Für die Aufstellung von Genkarten sind Deletionen hilfreich gewesen.

Duplikationen: Ein Chromosomenabschnitt wird verdoppelt. Wenn das zusätzliche Teilstück wie im normalen Chromosom lokalisiert ist, spricht man von einer Tandem-Duplikation; ist es um 180° gedreht in das Chromosom eingefügt, von einer Invers-Duplikation. Ein Beispiel für Duplikationen stellt die Mutante »Bar« von *Drosophila* dar, eine Verdoppelung im X-Chromosom, die die Ausbildung von Bandaugen mit reduzierter Facettenzahl zur Folge hat.

Inversionen: Ein Chromosomenabschnitt wird um 180° gedreht. Inversionen wirken sich in der Regel phaenotypisch nur geringfügig aus.

Translokationen: Es handelt sich um Verlagerungen von Chromosomenabschnitten an nichthomologe Chromosomen. Solche Mutanten zeigen im allgemeinen keine Abweichungen von der Ausgangsform. Die translocierten Gene gehören jedoch einer neuen Koppelungsgruppe an, wodurch die Entstehung neuer Rassen begünstigt wird, allerdings bei Pflanzen mehr als im Tierreich.

Genmutationen. Genmutationen sind Veränderungen im Bereich eines Gens wie Duplikation, Deletion und Inversion (die sich bei den Chromosomenmutationen über mehrere Gene erstrecken) und betreffen die Veränderung der Anzahl der Nucleotide in einem Gen oder den Austausch eines Nucleotids (Punktmutation). Werden Nucleotide aus der DNA eines Gens entfernt oder einem Gen zugefügt, spricht man von Raster-(Frameshift) Mutationen. Für Verlagerung oder Entfernung längerer DNA-Abschnitte eines Gens hat man den Begriff Segmentmutation eingeführt. Basenaustauschmutationen klassifiziert man in Transitionen (ein Purinderivat wird gegen ein anderes ausgewechselt) und Transversionen (es kommt zum Tausch von Purin- gegen Pyrimidinderivat).

Genmutationen sind meistens negativ, selten verhalten sie sich neutral oder stellen einen Vorteil dar. Da Genmutationen vorwiegend rezessiv sind, kann die genetische Belastung einer Population sehr viel umfangreicher sein als augenblicklich phaenotypisch erkennbar ist. Genmutationen können geringfügige Abwandlungen bewirken (Kleinmutationen) oder den Organismus stark verändern (Großmutationen). So trägt die Mutante tetraptera von *Drosophila* beispielsweise vier Flügel, das Ordnungsmerkmal »Zweiflügeligkeit« der Dipteren ging also verloren.

Häufig treten bei verwandten Arten ähnliche Mutationen auf, die als Parallelmutationen bezeichnet werden, z.B. Scheckung und Albinismus bei Haustieren. Mutative Veränderungen können schließlich durch abermalige Mutation rückgängig gemacht werden (Rückmutationen), sodass der Ausgangsstatus wieder erreicht wird. Unterdrückt dagegen eine neue Mutation die Wirkung einer älteren einer anderen Stelle, spricht man von einer Suppressor-Mutation.

Mutagenese. Als mutationsauslösend (mutagen) wurden in den 20er Jahren zuerst Röntgenstrahlen erkannt. In den 40er Jahren entdeckte man, dass durch Einwirkung von Chemikalien ebenfalls Mutationen induziert werden können. Inzwischen sind mehrere Strahlenformen und Substanzen als mutationsauslösend erkannt worden.

Mutagenese durch Strahlung. Ultraviolettes Licht hat sein mutagenes Maximum bei 260 nm und führt zu Veränderungen der Pyrimidine. Bevorzugt entstehen Thymin-Dimere, wodurch die DNA-Replikation gehemmt wird. Die Wirkung von Alpha-, Beta-, Gamma- und Röntgenstrahlen kann in der Zerstörung von Purinen und Pyrimidinen liegen, die von den Strahlen getroffen wurden, oder in sekundären Veränderungen im genetischen Material, nachdem die Umgebung (bei Mikroorganismen das Nährmedium) bestrahlt wurde.

Mutagenese durch Chemikalien. Zahlreiche Substanzen wirken mutationsauslösend, so zum Beispiel Nitrit und Strukturanaloga von DNA-Basen.

a) Nitrit: Salpetrige Säure wirkt desaminierend, sodass aus Cytosin Uracil, aus Adenin Hypoxanthin und aus Guanin Xanthin wird. Es handelt sich also um Transitionen. Hypoxanthin wird dann wie Guanin bei der folgenden Replikation gehandhabt, Xanthin paart sich wie Guanin (aus dem es entstanden ist) mit Cytosin. Die Folge der Desaminierung ist also bei den einzelnen Basen unterschiedlich,

b) Strukturanaloga von DNA-Basen: DNA-Basen-Analoga wie 5-Bromuracil werden bei der DNA-Replikation statt Thymin in die DNA eingebaut. Wenn 5-Bromuracil in der Ketoform vorliegt, paart es sich wie Thymin mit Adenin, geht es jedoch in die Enolform über, paart es sich mit Guanin.

Die genannten und weitere Mutagene rufen Genom-, Chromosomen- und Genmutationen hervor; Polyploidie wird z.B. durch Colchicin, das Alkaloid der Herbstzeitlose, induziert, welches als Teilungsspindelgift wirkt. Mutationsfördernd wirken schließlich höhere Temperaturen und pH-Wert-Verschiebungen, wodurch Purine abgespalten werden können. Oft entstehen Mutationen auch ohne erkennbare äußere Einflüsse (spontane Mutabilität). Einzelne Nucleotide in den Genen mutieren bevorzugt (hot spots).

DNA-Reparatur. Es gibt mehrere Mechanismen, die Mutationen wieder rückgängig machen, indem sie die DNA reparieren. Das gilt sowohl für Kopiefehler als auch für umweltinduzierte Veränderungen der DNA.

Verbreitet ist die **Excisionsreparatur.** Sie tritt in Aktion, wenn ein Pyrimidindimer entstanden ist, z.B. durch UV-Einwirkung. Das Dimer wird geöffnet, und eine Exonuclease schneidet das Dimer und einige benachbarte Nucleotide heraus. DNA-Polymerase und -Ligase stellen die Kontinuität des Polynucleotidstranges wieder her.

Ein weiterer Reparaturmechanismus ist die **Postreplikationsreparatur.** Ausgangspunkt ist wiederum ein Pyrimidindimer. Wenn dieses im Matrizenstrang der DNA liegt, kommt die DNA-Polymerase darüber nicht hinweg; der replizierte Tochterstrang enthält eine Lücke, während der zweite Tochterstrang intakt ist. Jetzt kann es zum Austausch von DNA-Material zwischen den beiden Replikationsprodukten kommen und damit zur Strangkontinuität.

Es gibt eine Reihe von Krankheiten, deren Ursachen in Mängeln der DNA-Reparatur liegen. Am bekanntesten ist Xeroderma pigmentosum. Diese Krankheit wird autosomal-rezessiv vererbt und geht mit mangelhaftem Herausschneiden von Pyrimidindimeren einher. Homozygote Träger müssen vor jeglicher UV-Einwirkung geschützt werden, da die induzierten DNA-Defekte zu Hauttumoren führen.

Transformation, Transposition

Unter **Transformation** (Gentransfer) wird hier die Aufnahme der DNA eines Spenders in die Zelle eines Empfängers verstanden. Man entdeckte sie an *Pneumococcus,* einem Erreger der Lungenentzündung. Unter diesen Bakterien sind nichtvirulente Stämme ohne und virulente mit einer Polysaccharidkapsel bekannt. Sie werden R- und S-Stämme genannt (R = rough [rauh], S = smooth [glatt]). DNA aus S-Stämmen wurden in Kulturen von R-Stämmen übertragen. Letztere übernahmen zu einem geringen Prozentsatz die DNA und wandelten sich zum S-Stamm um, wurden also virulent.

Bei Tieren wurden vergleichbare Gentransplantationen experimentell erreicht. Bei der Bewertung dieser Versuche sind die gegenüber Bakterien komplizierten Verhältnisse zu berücksichtigen: Das genetische Material liegt im Kern des Eucyten nicht als reine DNA vor, sondern als DNA-Protein-Komplex. Es ist zudem von der Kernhülle umgeben.

Trotzdem hat man durch Einlegen von Embryonen und Zellkulturen in eine Lösung mit DNA und durch Injektionen in Keime erreichen können, dass die Empfänger DNA in ihre Zellen inkorporierten. Der Spender kann derselben Art, aber auch einer entfernten angehören, z. B. bauen Wirbellose offenbar *Escherichia-coli*-DNA ein. Generell sind die Transformationsraten nach bisher vorliegenden Ergebnissen klein. Die Spender-DNA kann wahrscheinlich an verschiedenen Stellen in die Chromosomen eingebaut und z. T. auch bei der Meiose an die nächste Generation weitergegeben werden. Die Spender-DNA kann alternierend mit dem Empfängergenom abgelesen werden, in einzelnen Fällen vermag das Exosom die Meiose zu durchlaufen, sodass es zur Weitergabe in die nächste Generation kommen kann. DNA-Viren können in das Genom von Eukaryoten integriert und mit ihm repliziert werden. Auch die Übertragung in die Keimbahn ist möglich. Manchmal nehmen sie sogar Wirts-DNA mit und übertragen diese auf andere Arten.

Unter **Transposition** versteht man eine Rekombination zwischen nichthomologen DNA-Sequenzen. Einige genetische Elemente nehmen keinen festen Platz in der DNA ein, weswegen sie auch als springende Gene bezeichnet werden. Sie bestehen aus DNA-Sequenzen definierter Länge (10^2 bis 10^5 Basenpaare) und können bis 10% eines Genoms ausmachen. Viele transponierende Elemente codieren für Enzyme, welche für die Transposition benötigt werden (Transposasen).

Die einfachsten transponierenden Elemente sind Insertionssequenzen von einigen hundert Basenpaaren. Vor der Transposition kommt es zur Replikation. Sie kommen bei Prokaryoten vor; Transposonen sind größer als Insertionssequenzen und bei Eukaryoten verbreitet. Sie sind durch terminal repetierte Sequenzen gekennzeichnet. Eine wichtige Rolle spielen beim Gentransfer auch Viren, z. B. Retroviren, bei denen die Transposition über eine RNA-Zwischenstufe erfolgt. Sie können Tumoren und AIDS induzieren und vermögen Gene ihrer ursprünglichen Wirtszelle zu übertragen, auch über die Artgrenzen hinweg.

Modifikationen

Abänderungen von Organismen, die auf den Phänotyp beschränkt sind (Modifikationen), können durch Einwirkung verschiedener Außenfaktoren hervorgerufen werden. Im Vordergrund stehen Ernährung, Temperatur, Licht, Tageslänge und Wirkungen durch die lebende Umwelt. Die Merkmale verschieden modifizierter Individuen können fließend miteinander verbunden sein (**fluktuierende Modifikabilität,** Abb. 162e) oder nicht (**alternative Modifikabilität**). Modifikationen sind nicht erblich. Manchmal sind sie nur in einer bestimmten Zeit induzierbar (sensible Periode). Vielfach werden sie nach Abklingen des Reizes, durch den sie hervorgerufen wurden, wieder rückgängig gemacht, oft bleiben sie auch bis zum Lebensende bestehen, selten treten sie noch bei nachfolgenden Generationen auf (Dauermodifikationen). Solche Dauermodifikationen sind von abnorm gestalteten Wasserflöhen *(Daphnia)* sowie von gift- und wärmeresistenten Protozoen und *Drosophila* bekannt.

Die stärksten modifikativen Abänderungen kennen wir von den Kasten sozialer Insekten. Die tief greifenden Unterschiede, die in Bau und Verhalten bei Bienenkönigin und Arbeitsbiene oder den Kasten der Ameisen (Soldaten, Arbeiter, Königin) bestehen, sind bekanntlich durch die Ernährung der Larven hervorgerufen worden. Die Larven sind zunächst noch umstimmbar, dann aber in ihrer weiteren Entwicklung festgelegt. In manchen Tiergruppen kann auch eine Geschlechtsumwandlung stattfinden (S. 356, modifikatorische Geschlechtsbestimmung). Alternative Modifikationen sind weiterhin bekannt von einigen Farbmustern: Manche Säugetiere haben im Sommer ein braunes Fell, in der kälteren Jahreszeit ein weißes. Russenkaninchen, deren Fell weiß ist und deren Akren, wie Ohren, Pfoten und Nase, schwarzes Fell tragen, werden nach Rasur weißer Haare an dieser Stelle schwarze ausbilden, wenn die betreffende Körperstelle gekühlt wird, aber weiße, wenn man sie warm hält. Die Schlupfwespe *Habrobracon juglandis* ist bei einer Zuchttemperatur von 35 °C hell, zwischen 30 °C und 20 °C treten zunehmend schwarze Pigmente auf, bei 16 °C sind die Tiere fast schwarz (Abb. 162e).

Weniger deutlich ausgeprägt sind kontinuierliche Modifikationen. Sie können in verschiedenen Zeiten auftreten (Temporalmodifikationen) oder an verschiedenen Standorten (Standortmodifikationen). Temporalmodifikationen sind eingehend untersucht bei verschiedenen Planktonorganismen, z. B. Rotatorien und Daphnien, die im Verlauf des Jahres verschiedene Körpergestalten ausbilden. Standortmodifikationen haben zunächst Verwirrung in der Systematik hervorgerufen. So können Schnecken (*Lymnaea*) in bewegtem und ruhigem Wasser unterschiedliche Gehäuse bilden.

Da unter natürlichen Bedingungen zahlreiche Umweltfaktoren auf die Lebewesen modifizierend einwirken, kommt es dazu, dass selbst ein erbreiner Stamm, der beispielsweise durch Selbstbefruchtung oder Parthenogenese erzeugt wurde (Biotypus), nicht völlig identische Lebewesen enthält. Die Mehrzahl entspricht einem Mittelwert, Abweichungen von diesem werden zum Maximum und zum Minimum zunehmend seltener. Im Mittelwert der Kurve halten sich fördernde und hemmende Bedingungen die Waage, die größten sind die »Glückskinder«, bei denen alle fördernden Bedingungen zufällig zusammenkamen, die kleinsten die »Pechvögel« mit Häufung aller hemmenden Faktoren. In ein Koordinatensystem eingetragen, ergibt sich die Modifikationskurve, die der Binomialkurve entspricht. Die Plus- und die Minusabweichung vom Mittelwert geben die Gesamtvariabilität des Merkmals an.

Die allgemeine Bedeutung der Modifikabilität liegt darin, dass sich ein Individuum auf unterschiedliche Umweltbedingungen einstellen kann in einer biologisch sinnvollen Weise, die vielleicht aber in der folgenden Generation schon keinen Sinn mehr zu erfüllen hat.

Der Sachverhalt, dass manche Modifikationen nur zu einem bestimmten Zeitpunkt in der Entwicklung induziert, dann aber in dem betreffenden Individuum nicht mehr rückgängig gemacht werden können, ist für den Menschen von großer Bedeutung: Kinder, deren Mütter während der ersten Zeit der Schwangerschaft von bestimmten Krankheiten befallen wurden, können phänotypisch geschädigt sein (Phänopathien). Solche Beeinträchtigungen können auch durch Strahlung, mangelhafte Ernährung (Avitaminosen), mechanische Einwirkungen (Abtreibungsversuche) und physiologische Abnormitäten (Einnistungsstörungen, Sauerstoffmangel) sowie durch Alkohol und Medikamente hervorgerufen werden. Am bekanntesten wurde in den Jahren 1959 bis 1962 das Thalidomid-Syndrom mit schweren Phänopathien (6000 bis 8000 betroffene Kinder), die durch das Schlafmittel Thalidomid (Contergan) hervorgerufen wurden, welches von Schwangeren während der ersten Graviditätsmonate genommen worden war. Phänopathien sind grundsätzlich von Genopathien, d. h. Mutationen, zu unterscheiden.

Form und Ausprägung des Phänotypus werden von zwei Kräften bestimmt: vom Genotypus und von der Umwelt. Vererbt wird stets nur eine Anlage, d. h. die Fähigkeit, unter bestimmten Bedingungen in bestimmter Weise zu reagieren, also eine **Reaktionsnorm.** Da ferner die Abänderungsmöglichkeit eines Merkmals durch wechselnde Umwelt nicht grenzenlos ist, sondern eine obere und eine untere Grenze hat, bedeutet Vererbung gleichzeitig die Weitergabe einer Reaktionsbreite. Diese ist bei einzelnen Anlagen verschieden. Es gibt **umweltlabile Anlagen,** bei denen wechselnde Umweltbedingungen sehr unterschiedliche Phänotypen hervorrufen, und **umweltstabile Anlagen** mit enger Reaktionsbreite, bei denen die Umwelt kaum einen Einfluss auf die Ausprägung des Phänotypus ausübt. Vorwiegend umweltstabile Charaktere, die vereinzelt in einer Bevölkerung auftreten, werden oft als erbliche Charaktere bezeichnet, weil sie infolge ihrer Umweltstabilität den Erbgang leicht erkennen lassen (z. B. Abnormitäten wie Kurzfingrigkeit, Albinismus usw.).

Zwillinge

Besonders aufschlussreiche Befunde zum Problem Erbgut-Umwelt liefert die Zwillingsforschung. Dabei stehen zwei Fragestellungen im Vordergrund:

1. Unterschiede zwischen **eineiigen Zwillingen (EZ)** und **zweieiigen Zwillingen (ZZ)** verdeutlichen die Bedeutung von Erbanlagen und Umwelt.
2. Der Vergleich der Unterschiede zwischen getrennt und gemeinsam aufgezogenen EZ-Geschwistern wirft ein Licht auf die Möglichkeiten der Umwelt.

Die Entstehung von ZZ beruht auf der gleichzeitigen Freisetzung von zwei Eizellen aus dem Ovar. Bei vielen Säugetieren ist diese Erscheinung die Regel, beim Menschen ist sie bei Europiden und Negriden häufiger als bei Mongoliden. Eineiige Zwillinge entstehen in gleicher Häufigkeit bei den drei Menschenrassen. Bei einigen Gürteltieren sind eineiige Mehrlinge die Regel. Verhalten sich Zwillinge in einem Merkmal gleichartig, wie es bei eineiigen Zwillingen bei voll penetranten Merkmalen der Fall ist, nennt man sie in Bezug auf dieses Merkmal konkordant, verschiedenartiges Verhalten in Bezug auf ein Merkmal nennt man dagegen diskordant.

Ein Vergleich von EZ und ZZ zeigt, dass die Konkordanz bei EZ in sehr vielen Merkmalen sehr viel höher ist als bei den ZZ. Dies betrifft anatomische, physiologische, seelische und geistige Merkmale, z. B. Blutdruck, Einsetzen der Menstruation, Lebensdauer, erste Gehversuche, Klumpfuß, Masern, Zuckerkrankheit, Tuberkulose, Rachitis, Neigungen. Auch die zeitliche Aufeinanderfolge der Vorgänge beim Altern läuft bei eineiigen Zwillingen erstaunlich gleichartig ab, was deutliche Hinweise für eine erbliche Manifestation des Gesamtablaufs der im Leben des Individuums sich abspielenden physiologischen und psychischen Prozesse gibt.

Es treten aber auch Unterschiede zwischen EZ auf. Diese liegen oft in der ungleichmäßigen Blutversorgung der Zwillinge während der Schwangerschaft begründet; besonders häufig treten Unregelmäßigkeiten auf, wenn die Zwillinge in einem Chorion gelegen haben. Pränataler Tod eines Zwillings ist z. B. bei EZ häufiger als bei ZZ. Eineiige Zwillinge, gemeinsam oder getrennt aufgezogen, weisen eine größere Übereinstimmung in ihrer geistigen Leistungsfähigkeit auf als zweieiige Zwillinge, die gemeinsam aufwachsen. Aus Beobachtungen zur Frage von Intelligenzleistungen lässt sich der Schluss ziehen, dass die gemeinsame Basis für die Fähigkeit

zu geistiger Leistung bei EZ deutlich einheitlicher ist als bei ZZ. Ein erheblicher Anteil der Intelligenz ist genetisch bedingt, aber unter dem Einfluss verschiedener Umweltbedingungen (Elternhaus, Schulbildung usw.) besteht eine deutliche Modifizierbarkeit. Wie groß der Anteil des Erbgutes oder der Umwelt in solchen Fällen ist, steht zu keiner Zeit und für keinen Ort fest. Nur eine beträchtliche Verschiedenheit der Umwelt bei EZ ist imstande, geistige Fähigkeiten deutlich zu beeinflussen. Hier liegen Spielraum und Möglichkeiten, aber auch Grenzen des Bildungs- und Erziehungsprozesses.

Geschlechtsbestimmung und geschlechtsgekoppelte Vererbung

Die Geschlechtsbestimmung kann durch Chromosomen erfolgen (genotypische Geschlechtsbestimmung) oder durch Umwelteinflüsse (modifikatorische = phaenotypische Geschlechtsbestimmung).

a) **Der verbreitete Mechanismus.** Bei den meisten Tieren werden Eier und Spermien von verschiedenen Individuen gebildet: Weibchen und Männchen, die in etwa gleicher Zahl existieren. Das eine Geschlecht ist heterozygot (= heterogametisch) und produziert zweierlei Gameten. Das andere ist in dieser Hinsicht homozygot (= homogametisch) mit einer Gametensorte. Meist ist das Männchen heterogametisch, das Weibchen homogametisch, doch kommen auch umgekehrte Verhältnisse vor (Vögel, Schmetterlinge, Köcherfliegen u. a.). Das heterogametische Geschlecht hat sehr oft ein Chromosomenpaar mit ungleichen Partnern (XY) oder nur ein unpaares (XO), das homogametische Geschlecht zwei gleiche X-Chromosomen (XX). Man bezeichnet die X- und Y-Chromosomen als **Geschlechtschromosomen** oder **Gonosomen**, die bei beiden Geschlechtern gleichen Chromosomenpaare als **Autosomen**. In den meisten Fällen steht dem euchromatischen X-Chromosom ein heterochromatisches Y-Chromosom gegenüber, das nur wenige Erbfaktoren trägt und dessen DNA hochrepetitive Sequenzen enthält. Beim XX/XY-Mechanismus – also auch beim Menschen – haben weibliche Individuen doppelt so viele X-chromosomal gekoppelte Gene wie männliche. Diese Ungleichheit wird jedoch ausgeglichen (**Dosiskompensation**).

In weiblichen Zellen wird eines der beiden X-Chromosomen inaktiviert; es kann mütterlicher oder väterlicher Herkunft sein. Diese Inaktivierung erfolgt in der frühen Keimentwicklung und betrifft in einem Individuum mal das mütterliche, mal das väterliche X-Chromosom. Die chromosomale Konstitution des weiblichen Organismus ist also ein genetisches Mosaik. In der Oogenese wird das inaktive X-Chromosom reaktiviert.

Mikroskopisch ist das inaktivierte X-Chromosom als dunkler Körper im Zellkern sichtbar (Sexchromatin, Barr-Body, in Leukocyten auch Drumstick genannt).

Fehlt ein Y-Chromosom, spricht man vom XO-Typ.

Geschlechtsrealisatoren sind Erbfaktoren, die Gene, welche mit der Ausdifferenzierung der Geschlechter zu tun haben, und ein Geschlecht unterdrücken oder fördern können.

b) Sexuelle Zwischenstufen. Bei getrenntgeschlechtigen Arten treten als Abnormitäten gelegentlich Tiere auf, die zwischen beiden Geschlechtern stehen (Gynandromorphe und Intersexe).

1. Als **Gynandromorphe** bezeichnet man Individuen, die mosaikartig aus Anteilen beider Geschlechter zusammengesetzt sind. Am bekanntesten sind Halbseitengynandromorphe, deren eine Hälfte männlich, deren andere weiblich ist. Solche Gynandromorphe kennt man von Vögeln, Rochen, Schmetterlingen, Bienen u. a. Ihre Entstehung ist aus dem XX/XO-Mechanismus zu erklären.

a) Bei frühembryonalen Zellteilungen von XX-Tieren kann in der Anaphase einer Kernteilung ein X-Chromosom keinen Anschluss an den entstehenden Ruhekern gewinnen und im Cytoplasma verschwinden. Aus einer solchen Teilung entsteht eine Zelle mit XX und eine mit X. Alle Gewebe, die der abnormen Zelle mit einem X entstammen, werden männlich, alle Körperteile mit XX-Zellen weiblich. Beispiel: bestimmte Formen von *Drosophila*.

b) Bei Insekten bleibt der Richtungskörper mehrfach im Eiplasma liegen. Bei weiblicher Heterogametie (Schmetterlinge) kann dann ein Ei den normalen Kern (mit X) und den des Richtungskörpers (ohne X) enthalten. Werden abnormerweise beide Kerne durch Spermien befruchtet, erhält das Ei XX- und

XO-Kerne und kann Gewebe beider Geschlechter liefern.

c) Bei den Bienen kann verspätete Befruchtung eintreten, nachdem das Ei mit seinem haploiden Kern schon die parthenogenetische Entwicklung zur Drohne begonnen hat. Von den zwei oder mehr schon vorhandenen haploiden Kernen wird dann einer befruchtet und dadurch diploid. Er liefert allein weibliche Bezirke.

2. **Intersexe** sind unfruchtbare oder schwach fruchtbare Zwischenstufen zwischen den Geschlechtern. Sie sind äußerlich nicht immer leicht von Gynandromorphen zu unterscheiden und können auf verschiedene Weise entstehen (z. B. durch Störungen im Hormonhaushalt). Uns interessieren hier nur die erbbedingten Intersexe. Bei *Drosophila* traten Intersexe auf, die normalerweise 2 X-Chromosomen, aber drei Autosomengarnituren besaßen. Die Geschlechtschromosomen waren hier normal, abgeändert aber die Autosomen. Sie hatten offenbar die Abwandlung des Weibchens zum Intersex bewirkt. Durch Analyse zahlreicher Fälle ergab sich, dass nicht die Zahl der X-Chromosomen, sondern die Verhältniszahl von Autosomen zu X-Chromosomen über das Geschlecht entscheidet. Das Geschlecht ist also das Ergebnis der Wirkung der X-Chromosomen und der Autosomen.

3. **Geschlechtsumwandlung.** Die Umwandlung eines Tieres von einem Geschlecht zum anderen beruht auf verschiedenen Ursachen:

a) Eine scheinbare Geschlechtsumwandlung liegt vor, wenn ein Zwitter nacheinander erst die männliche und dann die weibliche Phase durchläuft oder umgekehrt. Einen solchen Geschlechtswechsel von Zwittern kennen wir bei vielen Mollusken (Austern, Pantoffelschnecken), Turbellarien u. a.

b) Eine äußere Geschlechtsumwandlung betrifft nur die sekundären Geschlechtsmerkmale, also bei Hühnern Kamm, Sporen, Schwanzfedern, bei Säugetieren Milchdrüsen, Geweih usw., nicht die primären Geschlechtsunterschiede. In der Natur kommen teilweise Umwandlungen durch Hormone vor. Werden zweieiige Zwillingskälber geboren, deren Blutgefäße in Verbindung standen, so ist bei verschiedener Geschlechtsanlage das eine ein Männchen, das andere aber ein Intersex (Zwicke). In Wirklichkeit ist dieses Tier ein Weibchen, das unter dem Hormoneinfluss seines Zwillingsbruders zum Intersex wurde. Das Auftreten sekundärer Geschlechtscharaktere des anderen Geschlechts bei alternden Tieren beruht darauf, dass in der Fortpflanzungszeit bestimmte Organe durch im Ovar produzierte Hormone gehemmt werden. Nach Erlöschen der Ovarialfunktion treten sie hervor.

c) Genetische Geschlechtsumwandlung liegt vor, wenn Tiere sich nicht zu dem Geschlecht entwickeln, das man nach ihrem Chromosomenbestand erwarten sollte. Entwickeln sich z. B. beim Grasfrosch Eier nach verlängertem Aufenthalt im Eileiter und verspäteter Befruchtung (überreife Eier) oder unter hohen Temperaturen, so ergibt die Nachkommenschaft einen Männchenüberschuss, im Extremfalle fast ausschließlich Männchen. In diesem Fall sind nicht nur die XY-Tiere, sondern auch die XX-Tiere Männchen geworden.

c) **Geschlechtsgekoppelte Vererbung.** X- und Y-Chromosomen sind nicht nur Träger geschlechtsbestimmender Gene; auch Gene, die andere Merkmale beeinflussen, liegen in ihnen. Den Vererbungsmodus solcher Gene in den Geschlechtschromosomen bezeichnet man als geschlechtsgekoppelt (= geschlechtsgebunden). Ein Beispiel beim Menschen ist die Rot-Grün-Farbenblindheit, ihr Erbgang wird durch folgende Tatsachen verständlich: 1. Die in Frage kommenden Gene liegen im X-Chromosom. 2. Normale Farbwahrnehmung dominiert über Farbblindheit. Das Y-Chromosom spielt für die Farbwahrnehmung keine Rolle; Männer sind daher im Genotyp entweder für das normale Gen oder für das Allel für Farbblindheit hemizygot, während Frauen (2 X-Chromosomen) drei Typen angehören können: homozygot-normal, homozygotfarbenblind oder heterozygot-farbtüchtig.

Jeder Mann erhält sein X-Chromosom von der Mutter und gibt es nicht an seine Söhne weiter. Jede Frau bekommt ein X-Chromosom von jedem ihrer Eltern. Ihre Söhne erben entweder das eine oder das andere der mütterlichen X-Chromosomen, ebenso die Töchter, die außerdem ein X-Chromosom ihres Vaters erhalten. Hieraus ergibt sich, dass die Söhne eines farbenblinden Mannes und einer genetisch normalsichtigen Frau den Sehdefekt des Vaters nicht erben (kreuzweise Vererbung, Abb. 163). Jedoch sind alle Töchter heterozygote Träger und bringen, unbeeinflusst von der Farbsichtigkeit ihrer Männer, normale und farbenblinde Söhne zur

Welt. Falls die betreffenden Männer selbst farbenblind waren, würden 50% ihrer Töchter heterozygote, die anderen 50% homozygote Träger der Farbenblindheit sein. Die Söhne eines normalen Mannes und einer farbenblinden Frau sind alle farbenblind, die Töchter dagegen sind heterozygot, im Phänotyp also farbtüchtig. Farbenblinde Frauen können entstehen, wenn eine heterozygote Frau einen farbenblinden Mann heiratet. Diese Frau bildet zu 50% Eier mit dem rezessiven Faktor, und da 50% der Spermien des Mannes ihn auch enthalten, werden also 50% der Töchter homozygot-rezessiv, d. h. farbenblind sein. Bei Europiden beträgt die Zahl der farbenblinden Männer ca. 8% (bei Frauen sehr selten).

Auch die Bluterkrankheit wird geschlechtsgekoppelt vererbt. Merkmalsträger sind meist Männer, sehr viel seltener Frauen, bei denen dann aber die Menstruation nicht gestört ist.

d) **Modifikatorische Geschlechtsbestimmung.** Es kann auch das Geschlecht rein oder weitgehend durch Umwelteinwirkungen determiniert werden. Bei dem Echiuriden *Bonellia* z. B. kann der CO_2-Gehalt des Wassers der entscheidende Faktor sein; eine Larve, die sich im freien Wasser entwickelt, wird zum Weibchen; setzt sie sich jedoch an der Körperoberfläche eines erwachsenen Weibchens fest, wird sie unter Versuchsbedingungen im Allgemeinen zum Männchen. Auch bei einigen anderen Echiuriden-Gattungen, z. B. bei *Hamingia,* sind die Männchen nur 1–3 mm kleine Zwergmännchen.

Nichtchromosomale (plasmatische) Vererbung

Neben der DNA des Zellkerns gibt es auch Erbträger im Cytoplasma, in tierischen Zellen v. a. in Mitochondrien. Die Gesamtheit der im Cytoplasma befindlichen Erbträger nennt man **Plasmon (Plasmotyp)** und stellt sie dem Genotyp, den Anlagen des Kerns, gegenüber. Wie im Kern fungiert auch in den Mitochondrien DNA (mtDNA) als Informationsträger. Im gesamten Anlagenbestand einer Zelle (**Genotyp + Plasmotyp = Idiotyp**) macht sie wohl im Allgemeinen nur Bruchteile von 1% aus. Funktionell scheinen Kern-DNA und Mitochondrien-DNA übereinzustimmen (Reduplikation, Transcription).

Man geht davon aus, dass Mitochondrien ausschließlich über die Eizelle an die nächste Gene-

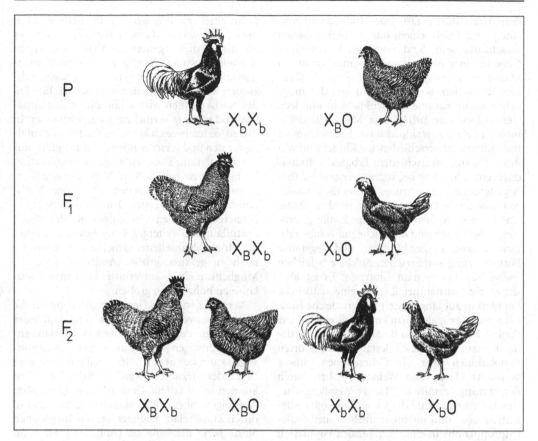

Abb. 163 Geschlechtsgebundene Vererbung der Streifenzeichnung bei Hühnern. Hühner sind wie Vögel allgemein homogametisch im männlichen und heterogametisch im weiblichen Geschlecht. Demgemäß kann der Hahn homo- oder heterozygot für Gene im X-Chromosom sein, Hennen besitzen die Gene im X-Chromosom nur in einfachem Satz, sind also hemizygot. X_B: dominantes Gen für Streifung, X_b: rezessives Gen für schwarze Federfärbung. Die Abbildung veranschaulicht die kreuzweise Vererbung in F_1, (man erhält gestreifte Hähne und schwarze Hennen bei Kreuzungen von schwarzen Hähnchen und gestreiften Hennen). Vgl. Rot-Grün-Farbenblindheit

ration weitergegeben werden. Welche Mitochondrien der Mutter in die Eizelle gelangen, scheint zufallsabhängig zu sein. Da mitochondriale DNA bei Tieren eine etwa fünf- bis zehnmal so hohe Mutationsrate hat wie Kern-DNA, besitzen somatische Zellen mehrere unterschiedliche mt-DNAs, und auch Oocyten eines Individuums sind in dieser Hinsicht recht verschieden.

Im Falle von Störungen der mt-DNA kann es zu verschiedenen Krankheiten kommen (Mitochondriopathien), von denen man beim Menschen mehrere kennt. Sie können z. B. mit neurologischen Störungen verbunden sein (Atrophie des Sehnervs; epilepsieartige Anfälle). Ein pathologisches Merkmal wird erst ausge-

prägt, wenn der Anteil der Mitochondrien mit mutierter mt-DNA einen kritischen Schwellenwert erreicht hat.

Populationsgenetik

Die Frage, wie sich die Erbfaktoren in einer Art unter natürlichen Bedingungen verhalten, wurde an einzelnen Populationen untersucht. Eine Art (Species) besiedelt oft nicht kontinuierlich ihr ganzes Areal, sondern gliedert sich in einzelne Populationen. Wichtig ist, dass Arten aus einer großen Anzahl erbverschiedener Individuen bestehen. Bei zweigeschlechtig sich fortpflanzenden Arten dürfte fast jedes Individuum von einem anderen in einem oder mehreren Genen verschieden sein. Sind nur 1 000 verschiedene Gene in einer Art vorhanden – man kennt bei *Drosophila* mehr –, so ergeben sich 2^{1000} Genkombinationen, sodass nur ein Teil der möglichen Kombinationen verwirklicht ist und jede Generation neue bringt. Der Mensch und die meisten Lebewesen sind also von Individuum zu Individuum erbverschieden, die Kinder sind von ihren Eltern erbverschieden. Erbgleiche Individuen entstehen nur bei vegetativer und parthenogenetischer Vermehrung, bei der die Erbanlagen unverändert weitergegeben werden. Daher sind beim Menschen nur eineiige Zwillinge erbgleich. Bei Tieren sind zahlreiche Individuen erbgleich, wenn eingeschlechtige und vegetative Fortpflanzung vorherrschen. Solche erbgleichen Individuen nennt man Biotypen. Es ist aber sicher ein Ausnahmefall, dass eine natürliche Population auf längere Zeit nur erbgleiche Individuen umfasst, als Norm enthält sie einen Gene Pool, d. h. einen ganzen Bestand von verschiedenen Genen. Bleibt dieser Bestand in ungestörten Populationen über die Generationen hinweg konstant? Hardy und Weinberg haben durch Berechnung ermittelt (Hardy-Weinberg'sches Gesetz), dass die Zahl der Gene (Gen- oder Allelenfrequenz) und ihr prozentualer Anteil (Allelenproportion) in einer sog. idealen Population in der Generationenfolge konstant bleiben. Es wechseln lediglich die Kombinationen der Gene in den Individuen (vgl. Abb. 158). Die Bedingungen, die an eine ideale Population zu stellen sind, sind erfüllt,

1. wenn die Population unendlich groß ist;
2. wenn Panmixie herrscht, d. h. keine Partnerbevorzugung bei der Begattung oder Befruchtung existiert, und jede Variante sich mit jeder gleichmäßig paart;
3. wenn die Population isoliert ist, also kein Einstrom (Genfluss) von Genen durch Einwanderung von Tieren aus anderen Populationen erfolgt;
4. wenn der Genbestand nicht durch Auftreten von Mutationen verändert wird;
5. wenn alle Individuen gleich lebenstüchtig sind und sich gleich vermehren.

Kaum eine dieser Bedingungen ist in natürlichen Populationen erfüllt, und so entsteht die Frage, wie diese Abweichungen von einer idealen Population den Genbestand verändern.

1. In einer endlich großen Population kann der Zufall seltene Gene ausschalten, oder er begünstigt diese (**genetische Drift**). Das ergibt sich aus folgender Überlegung: In einer Population entstehen durch die Vermehrung mehr Individuen als zur Fortpflanzung kommen. Ein Teil der Nachkommen wird schon durch den Situationstod von der Vermehrung ausgeschlossen In diesen Verlustbereich können seltene Gene zufällig geraten und verschwinden dann endgültig aus der Population. Diese zufällige Genelimination ist bei Tieren mit hohem Nachkommenüberschuss größer als bei solchen mit geringer Nachkommenzahl. Im ersten Fall ist der Verlustbereich von Genen viel größer als der durch Fortpflanzung weitergegebene Bestand, mithin die Möglichkeit seltener Gene, in den Verlustbereich zu geraten, größer. Andererseits ist die Möglichkeit eines Genverlustes in kleinen Populationen höher als in großen.

Verstärkt wird die Genelimination durch die Populationswellen. Die Bevölkerungszahl jeder natürlichen Population unterliegt Schwankungen; in günstigen Jahren nimmt sie zu, in ungünstigen kann sie auf einen Bruchteil ihres früheren Bestandes dezimiert werden. Beim Absinken können leicht seltene Gene verschwinden, beim Aufsteigen aber »überlebende« Gene ebenso durch Zufall relativ häufiger werden. Im gleichen Sinne wirkt die Isolation (Abb. 164). Sie kann passiv durch Zerteilung einer Population in einer Gruppe von Zwergpopulationen, aktiv durch Auswandern einzelner Tiere mit Begründung einer neuen Population entstehen. Die neue Population beginnt mit einem geringen Genbestand, da von den wenigen Gründern nur ein Teil des ursprünglichen Genbestandes mitgebracht wird. Dadurch kann ein bisher seltenes Gen, etwa von 0,01% Häufigkeit, wenn es sich bei einem der Erstbesiedler befindet, sofort eine hohe Häufigkeit, etwa 10%, in der nun anwachsenden Population gewinnen. Diese Situation ist besonders bei der Besiedlung von Inseln oder isolierten Bergen gegeben, wo sich Populationen einer Inselkette sehr bald genotypisch und phaenotypisch unterscheiden.

2. **Panmixie**, also zufällige und wahllose Begattung von Partnern, kommt bei Arten mit Aufsuchen der Geschlechter selten vor, dürfte aber bei Tieren, die Eier und Spermien ins Wasser entlassen, häufig sein. Eine Abweichung von der Panmixie ist die Homogamie. Darunter versteht man

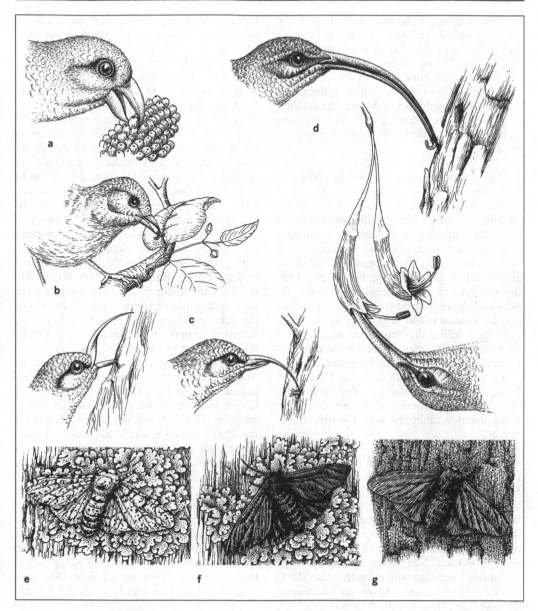

Abb. 164 a–d) Kleidervögel (Drepanididae) einer Unterfamilie (Psittarostrinae), die auf den Hawaii-Inseln eine adaptive Radiation durchgemacht haben. **a)** *Psittarostra psittacea:* ernährt sich zum erheblichen Teil von den kleinsamigen Früchten von *Freycinetia arborea.* b) *Loxops coccinea.* Sammelt Insekten von Blattoberflächen und Knospen ab. **c)** *Hemignathus wilsoni* mit verschieden langem Ober- und Unterschnabel, die zum Fang von Insekten unter Baumrinde eingesetzt werden. **d)** *Hemignathus procerus:* Insektenfresser und Besucher von Blüten (hier *Clermontia.*) **e–g)** *Biston betularia* (Birkenspanner). **e)** Normalform auf Flechten, gut getarnt; **f)** melanistische Form auf Flechten, nicht getarnt; **g)** melanistische Form auf dunkler (rußiger) Unterlage, gut getarnt

die Bevorzugung gleichgestalteter Partner für die Paarung. Am besten kennt man sie von der Körpergröße: Große Tiere paaren sich bevorzugt mit großen usw. Die Homogamie führt ähnlich wie die Inzucht zur Zunahme von Homozygoten. Zahl und Prozentsatz der Gene ändern sich dadurch nicht, wohl aber die Variabilität des Phänotyps, da durch Addition gleichwirkender Gene Steigerungen der Merkmalsausprägung erreicht werden.

3. Nur wenige Populationen bleiben völlig isoliert, etwa auf fernen Inseln oder in Seen. Meist werden von anderen Populationen Individuen eindringen oder dorthin verdriftet werden. Wenn sie in die Paarungsgemeinschaft der Population aufgenommen werden, bringen sie neue Gene in den Bestand mit (Migrationsdruck, **Genfluss**; gene flow bzw. gene exchange; bei ferner stehenden Gruppen auch **Introgression** genannt). Das Schicksal dieser eingeführten Gene ist verschieden. Sie können wieder verloren gehen, wenn sie nicht dem Milieu der Population adäquat sind oder wenn sie so selten eingeführt werden, dass sie durch den Zufall eliminiert werden. Sie können aber auch, besonders wenn das Eindringen häufiger erfolgt, ein Bestand der Population werden und durch Kombination mit den alten Bestandsgenen zahlreiche neue Genotypen bilden.

4. Einen Zuschuss von Genen in einer Population liefern **Mutationen**. Eine einzelne neue Mutante hätte jedoch wenig Chancen, dauernd im Gene-Pool der Population zu bleiben oder sich durchzusetzen, wenn ihre Lebenseignung dieselbe ist wie die aller anderen. Da sie ein Einzelfall ist, würde sie durch die Gendrift bald eliminiert werden. Nun treten aber gleichartige Mutationen mehrfach auf, es besteht eine Mutationsrate. Bei der großen Masse der Mutationen ist diese sehr gering, durchschnittlich etwa 10^{-6}, d. h. unter Millionen Individuen erleiden einzelne die gleiche Mutation. Dieser Wert liegt noch in dem Bereich, der infolge der Genelimination das Verbleiben des Gens gefährdet. Allein durch den Mutationsvorgang wird also ein Gen nur sehr selten in der Population bleiben oder sich sogar vermehren. Hier können Isolierung und v. a. Selektion helfen.

5. Der stärkste Motor für einen dauernden Wechsel des Genbestandes ist die ungleiche Lebenseignung der genotypisch verschiedenen Individuen. Diese Ungleichheit führt zur **Konkurrenz**, d. h. die besser Angepassten geben ihre Gene verstärkt weiter, der Genbestand der schlechter Angepassten wird in der Generationenkette reduziert. Diesen Vorgang nennt man Selektion. Dass er nicht zum Durchsetzen nur einer einzigen Genkombination führt, liegt daran, dass praktisch jeder Lebensraum einer Population verschiedene Nischen besitzt, die für jeweils andere Genkombinationen das Optimum darstellen. Der missverständliche Begriff Nische ist in diesem Zusammenhang nicht nur räumlich zu verstehen, sondern er bezeichnet die Gesamtheit der abiotischen und biotischen Umweltfaktoren, die auch in einem kleinen Lebensraum recht unterschiedlich sein können. Die Selektion wirkt primär auf der Ebene des Individuums und fördert damit bestimmte Gene. Vom Standpunkt des Genflusses durch die Generationen kann man so den einzelnen Organismus als den Transporteur von Genmaterial ansehen, das Schritt für Schritt optimiert und maximiert wird. Welche Bedeutung ein einzelnes Gen hat, hängt vom übrigen Genbestand und von der Umwelt ab. Die Auslese ist in trockenen Sommern eine andere als in feuchten usw. Dadurch gerät die Substanz an Genen in einen dauernden Fluss. Die Sichelzellenanämie des Menschen beweist, dass selbst krankheitserregende semiletale Gene unter bestimmten Bedingungen bevorzugt sind.

Bei dieser Anämie ist in der β-Peptidkette des Hämoglobins in Position 6 Glutaminsäure durch Valin ersetzt. Dieser Austausch hat weit reichende Konsequenzen: Bei Sauerstoffmangel kommt es zur Polymerisation von β-Ketten und zur sichelförmigen Verformung der Erythrocyten. Das wiederum führt zu Capillarverstopfungen, also kleinen Infarkten. Im Falle der Homozygotie treten verformte Erythrocyten schon bei Desoxygenierung auf, und es liegt eine schwere Anämie vor, da derartige Blutzellen rascher als normale abgebaut werden. Bei Heterozygotie enthalten die Erythrocyten etwa 25–50% verändertes Hämoglobin; das ist tolerabel, wenn man von Situationen mit sehr starkem Sauerstoffmangel absieht. Dieser Nachteil wird dadurch mehr als ausgeglichen, dass der erythrocytäre Entwicklungsgang des Malariaerregers *Plasmodium falciparum* (S. 449) nun stark gehemmt oder sogar beendet wird. Entsprechend diesem großen Vorteil eines Semiletalgens gegenüber normalen Genen sind in Malariagebieten bis 40% der

Bevölkerung heterozygot für Sichelzellenanämie: Ihre Überlebenschancen sind bei Malariainfektionen wesentlich höher als die von Menschen mit normalem Hämoglobin.

Formal gliedert man bisweilen in drei **Selektionstypen**, die eine Population in unterschiedlicher Art beeinflussen:

Bei der **stabilisierenden Selektion** werden vorliegend die Extrema eliminiert; die Variationsbreite wird also vermindert.

Bei der **gerichteten (= dynamischen) Selektion** werden über oder unter dem Mittelwert der Population liegende Individuen gefördert, d. h., eine Population wird z. B. auf große oder auf kleine Körpermaße selektioniert.

Bei der **disruptiven Selektion** werden Individuen über und unter dem Mittelwert gefördert, sodass – um wieder als Beispiel die Größe zu nehmen – aus einer Binomialverteilung der Körpermaße einer Population eine Verteilung mit zwei Maxima entsteht.

Eine weitere Gliederung von Selektionsvorgängen geht von den unterschiedlichen Fortpflanzungsstrategien aus (S. 291). Die **r-Selektion** wirkt auf eine Population, deren Dichte weit unter der Umweltkapazität (S. 408) liegt und die daher noch stark im Wachstum begriffen ist. Bevorzugt werden kleine Körpergröße und rasche Fortpflanzung; diese Selektionsform spielt in sich rasch verändernden Lebensräumen eine bedeutende Rolle und ermöglicht die Besiedlung von kurzfristig auftretenden Nahrungsquellen (ephemere Gewässer, Monokulturen, Nahrungsspeicher des Menschen). Manche dieser Formen sind zu wichtigen Schädlingen geworden (S. 405).

K-Selektion wirkt auf eine Population, deren Dichte der Umweltkapazität entspricht. Aus ihr resultiert das Erhalten einer nahezu konstanten Population, deren Individuen viel in die einzelnen Nachkommen investieren (z. B. Wale und andere Großsäuger).

Tatsächlich handelt es sich hier um Extrema, die durch viele Übergänge verbunden sind (**r-K-Kontinuum**).

Tierzucht, Haustiere

Eine Reihe von Tierarten hat der Mensch züchterisch umgestaltet, um sie als Nutz-, Laboratoriums- oder Liebhabertiere zu halten. Die ersten Anfänge der **Domestikation** reichen mehrere Jahrtausende zurück, und schon etwa ein halbes Jahrhundert vor Entdeckung der Vererbungsgesetze wurden über Haustiere genaue Unterlagen gesammelt, im Rahmen einer Buchführung festgehalten und Zuchtziele erreicht.

Die Domestikation ist eine der ganz großen kulturellen Leistungen der Menschheit. Sie hat eine verlässliche Nahrungsgrundlage für eine immer größere Zahl von Menschen geschaffen und dokumentiert eine Coevolution in großem Maßstab. Eine Entwicklung von *Homo sapiens* ohne Haustiere wäre vermutlich nicht wesentlich über den Stand im Neolithikum hinausgekommen.

Die Vielfalt der Haustiere umfasst bei verschiedenen Arten eine intraspezifische Variabilität, die bei den dazugehörigen Wildformen nicht erreicht wird: Wären die Hunderassen Chihuahua (Körpermasse 1–2 kg) und Bernhardiner (70 kg) lediglich als Fossilien bekannt oder auch lebend aus der freien Wildbahn, so würde man sie wohl als Vertreter verschiedener Gattungen beschreiben. In der Tat ist diese intraspezifische Variabilität ausgeprägter als die interspezifische zwischen Wolf, Schakal und Kojote.

Man unterscheidet über 400 moderne Hunderassen, die jeweils durch gezielte Inzucht geschaffen wurden. Kaum eine andere Tierart zeigt eine solche phänotypische Diversität bei ausgeprägter Homogenität innerhalb der Rassen.

Die Aufgabe der landwirtschaftlichen Tierzucht besteht darin, Veränderungen von Haustieren unter dem Einfluss von Züchtungs-, Fütterungs- und Haltungsmaßnahmen zu untersuchen und positiv zu beeinflussen. Je nach Art und Rasse verfolgt man bestimmte Zuchtziele. Rinderrassen können mehr auf Fleischerzeugung, zur Milchgewinnung oder als Arbeitstier gezüchtet werden, Schafe auf Fleisch-, Milch- oder Wollerzeugung. Bei Hühnern wird einerseits auf Legeleistung (Zahl der Eier, Gewicht, Form und Farbe des Eigelbs), andererseits auf schnelle Ausbildung von Muskulatur gezüchtet. Neben diesen vom Menschen verwerteten Leistungen (Nutzleistung) sind auch die Leistungen zur Erhaltung des Bestandes wichtig (Zuchtleistung). So erscheint bei Pferd und Rind die Einzelgeburt vorteilhaft, bei Schweinen werden Würfe um 12–14 Ferkel/Wurf angestrebt.

Das Zuchtziel kann sich im Laufe der Zeit ändern, wie die zu verschiedenen Zeiten »modernen« Hunderassen zeigen; ein weiteres Beispiel ist die Kuhmilch, die über lange Zeit auf erhöhten Fettgehalt, dann auf erhöhten Proteingehalt (v. a. hinsichtlich des Caseins) gezüchtet wurde.

Um die erbrachten Leistungen objektiv festzustellen, wurden **Leistungsprüfungen** eingeführt, in denen Einzelwerte oft nach internationalen Maßstäben festgehalten werden (z. B. Milchleistungsprüfung, Mast- und Schlachtleistungsprüfung).

Ist man nicht an bestimmten Nutzleistungen interessiert, so spielt der Formalismus eine Rolle (z. B. in der Hundezucht). Man züchtet innerhalb einer Rasse (Reinzucht), um einem bestimmten Ziel näherzukommen.

Wichtige Hilfsmittel bei der Erreichung von Zuchtzielen sind die künstliche Besamung und die in letzter Zeit praktizierte Einführung von befruchteten Eiern in weibliche Tiere, die nur zum Austragen dienen. Auf diese Weise können von Hochleistungstieren sehr viel mehr Nachkommen produziert werden als auf natürlichem Wege. Während ein Bulle pro Jahr nur 50 bis 200 Kühe belegen kann, ist bei künstlicher Besamung eine Nachkommenschaft von 50 000 pro Bulle möglich. Zu diesem Zweck wird das Ejakulat auf $1/10$–$1/100$ verdünnt und u. U. in Samenbanken tiefgefroren und bis zum Bedarf aufbewahrt.

Von den verschiedenen **Zuchtverfahren** seien nur einige einfache erwähnt:

Bei der **Verdrängungszüchtung** werden die Erbanlagen eines Züchtungsbestandes (P_1) durch die eines anderen homozygoten Typs (P_1) ausgetauscht. Die Filialgenerationen werden jeweils mit P_1 gekreuzt, bis das Ziel erreicht ist.

Die Kombinationskreuzung stellt ein Verfahren dar, bei dem die F_1-Individuen, die aus der Kreuzung zweier Rassen hervorgegangen sind, untereinander gepaart werden. In der F_2 kann der angestrebte Kombinationstyp ausgelesen werden.

Die **Gebrauchszüchtung** basiert auf der Beobachtung, dass Bastarde oft ihre reinrassigen Eltern leistungsmäßig übertreffen (**Heterosis, Luxurieren der Bastarde**). Die heterozygote F_1 wird genutzt, aber nicht weitergezüchtet. Die Auffüllung des Bestandes erfolgt jeweils durch Nachzüchtung aus den Ausgangstypen, bei denen es sich um Rassen einer Art, aber auch um verschiedene Arten handeln kann. Ein Beispiel für letzteres ist das Maultier, eine Kreuzung aus Eselhengst und Pferdestute, die besonders ausdauernd ist, aber nicht fortpflanzungsfähig.

Bei der **Wechselzüchtung** wird unter Ausnutzung der Heterosis ein möglichst **hoher Heterozygotiegrad** erreicht.

Schließlich kann auch umgekehrt die Züchtung von neuen homozygoten Genotypen erstrebt werden. Eine solche Paarung von nahe verwandten Tieren wird als **Inzucht** bezeichnet. Engste Inzucht, z. B. die Paarung von Eltern mit ihren Kindern, nennt man **Inzestzucht.** Inzucht ist eine wirksame Züchtungsmethode, die aber Probleme birgt: So wie erwünschte Gene in zunehmendem Maße homozygot auftreten, nehmen natürlich auch rezessive im Homozygotiegrad zu. Sind sie ungünstige Merkmalsträger, kommt es zu Inzuchtschäden (**Inzuchtdepression**).

Die Leistungen, die die Tierzucht erbracht hat, kann man einerseits an der großen Zahl der durch Eingriffe des Menschen entstandenen Rassen aufzeigen, andererseits an der Produktivitätssteigerung unserer Nutzhaustiere: Ein Bankivahuhn legt pro Jahr etwa zehn Eier à 35 g, gegenwärtige Haushuhnrassen können täglich ein Ei von 50–70 g legen. Bei Wildrindern kann man mit etwa 600 l Milch während der Saugzeit des Kalbes rechnen. Leistungsstarke Kühe in Mitteleuropa geben derzeit 6 000 l pro Jahr, wobei der Milchfluss zwei Monate vor einer Geburt aussetzt. Von einer Hochleistungskuh wurden in einem Jahr 20 000 l Milch produziert.

An drei Beispielen sei gezeigt, in welch kurzer Zeit Leistungssteigerungen erzielt werden können:

1. In einem geprüften Kuhbestand in Ostfriesland wurde von 1905 bis 1960 die Jahresmilchleistung pro Kuh um etwa 1 000 l (von 3 545 auf 4 598 l) erhöht unter gleichzeitiger Steigerung des Fettgehaltes von 3,09% auf 3,93%.

2. In einem anderen Gebiet wurde von 1933 bis 1958 die Wurfzahl der Sauen pro Jahr von 1,4 auf 1,9 gesteigert. Gleichzeitig stieg die Zahl der je Sau geborenen Ferkel pro Jahr von 14,8 auf 21,2, die Zahl der aufgezogenen Ferkel von 12 auf 18.

3. Das durchschnittliche jährliche Schurgewicht von Schafwolle wurde in Australien in 60 Jahren von 1,8 auf 4 kg/Tier erhöht. Vereinzelt lieferten Schafe 19 kg, genug für acht Herrenanzüge!

Abschließend sei nochmals darauf hingewiesen, dass es zu diesen Leistungssteigerungen kam, weil der Mensch den Genotyp der Haustiere veränderte und ihre Umwelt (Haltung, Fütterung) verbesserte. Für die Zuchtplanung ist es wichtig, beide Anteile in ihrer Bedeutung zu kennen. Den genetischen Anteil an der gesamten phaenotypischen Variation bezeichnet man als Erblichkeitsanteil oder **Heritabilität**.

Die Überführung von Tieren in den Hausstand (Domestikation) war ein wichtiger Schritt in der Geschichte des Menschen. Haustiere stammen von Wildarten ab und weisen gegenüber diesen Unterschiede auf, die ihre Ursache in der bewussten Selektion von Merkmalen durch den Menschen haben. Auffallend ist die geringe Hirngröße, besonders die des Endhirns, mehrerer – nicht aller – Haustierarten im Vergleich zu der der Wildart. Das Gehirngewicht z. B. des Hausschweines ist um gut 30% geringer als das des Wildschweines. Im Zusammenhang mit diesen Veränderungen sind sicher auch Abwandlungen im Verhalten vieler Haustiere zu sehen, verändertes soziales Verhalten, geringere motorische Aktivität, schwächere Aggression usw.

Die ersten Haustierrassen gab es bereits in der Altsteinzeit, vor allem aber im Neolithikum; frühe Schwerpunkte ihrer Herausbildung waren das Mittelmeergebiet, Ostasien und Mittelamerika. Hausschaf und -ziege sind seit ca. 12 000 Jahren nachweisbar (Kleinasien), Hunde seit etwa 14 000 Jahren (Einzelfund bei Bonn), Hausrinder seit ca. 8 000 (Griechenland), Hauspferde seit ca. 6 000 Jahren (Mesopotamien).

Bei der wissenschaftlichen Bezeichnung der Haustiere geht man folgendermaßen vor: Dem wissenschaftlichen Namen der Wildart wird der Name der domestizierten Form als »forma« (f.) angehängt; die Benennung des Hausschweines lautet z. B. *Sus scrofa f. domestica (Sus scrofa* ist das Wildschwein).

Unter den **Rodentia** wurde in Südamerika das Meerschweinchen domestiziert; es entstammt vermutlich der Wildart *Cavia aperea* und wurde zunächst nur als Fleischlieferant gezüchtet.

Aus der Gruppe der **Lagomorpha** wurde das Wildkaninchen *(Oryctolagus cuniculus)* domestiziert.

Unter den **Carnivora** sind Frettchen, Hauskatze und Haushund seit langer Zeit Haustiere. Das Frettchen stammt vom Iltis *(Mustela putorius)* ab, die Hauskatze von der Wildkatze *(Felis silvestris)*. Die Stammform des Haushundes ist wohl der Wolf *(Canis lupus)*, diskutiert wurde auch eine Abstammung des Hundes von Schakal *(Canis aureus)* und Koyote *(Canis latrans)*.

Für den Wolf als Stammvater des Hundes spricht u. a. sein besonderes Sozialverhalten. Ca.

10 000 Jahre alte Funde vom Hund stammen von verschiedenen Orten (England, Türkei, Nordamerika); es ist daher zu vermuten, dass die Domestikation bereits früher und vermutlich mehrfach erfolgte. Primitive Hunderassen finden sich heute noch in Australien, Neu-Guinea und Indien. Bereits die alten Ägypter und Babylonier kannten zahlreiche verschiedene Hunderassen. Heute unterscheidet man mehr als 400.

Aus der Gruppe der **Perissodactyla** wurden Pferd und Esel domestiziert. Die Stammform des Pferdes ist nach verbreiteter Ansicht der asiatische *Equus przewalskii,* der heute noch in zoologischen Gärten sowie wild vielleicht noch in der Mongolei vorkommt. Sehr alte Funde von Hauspferden wurden in Mesopotamien gemacht, sie sind ca. 6 000 Jahre alt. Das Pferd war zunächst Trag- und Zugtier. Erst vor 4 000 Jahren züchtete man hochgewachsene Pferde, die Streitwagen zogen.

Esel wurden wahrscheinlich schon vor 8 000 bis 9 000 Jahren in Nordafrika domestiziert; die Stammart ist der Wildesel *Equus africanus.*

Unter den **Artiodactyla** wurden Schwein, Rinder, Schaf, Ziege, Rentier und Kamele domestiziert.

Die Stammform des Hausschweines ist das eurasische Wildschwein *(Sus scrofa)*. Das Schwein ist ein sehr altes Haustier.

Die vielen Hausrinder lassen sich auf fünf Stammformen zurückführen. Der Auerochse (= Ur, *Bos primigenius)* ist Stammvater der bekannten sog. taurinen Rinder einschließlich des Zebus. In Tibet und Westchina wurde der Wildyak *(Poëphagus mutus)* domestiziert. Der Hausyak ist heute im ganzen Himalayagebiet und in Gebirgsgegenden Nordchinas verbreitet. Das Balirind lässt sich auf den Banteng *(Bos javanicus)* zurückführen. Das ebenfalls südostasiatische Gayal ist aus der Wildart *Bos gaurus,* dem Gaur, gezüchtet worden. Der für den Reisanbau so wichtige und heute weit verbreitete Wasserbüffel hat als Wildart *Bubalis arnee,* die heute noch in Vorder- und Hinterindien lebt.

Das Hausschaf wurde aus dem eurasischen Wildschaf *Ovis ammon,* die Hausziege aus der Wildart *Capra aegagrus,* der Bezoarziege, gezüchtet.

Die Stammart des Hausrens ist *Rangifer tarandus.* Das Rentier ist das einzige Haustier, an dessen Lebensweise sich der Mensch in besonderem Maße angepasst hat, indem er den Wanderungen der Tiere folgt (Herdenfolger); es handelt sich

offenbar um ein primitives Stadium der Haus-
tierhaltung.

Die Frage nach den Stammarten der domestizierten Kamele ist noch sehr umstritten. Nach
einer Ansicht stammen alle südamerikanischen
Hauskamele (Lama, Alpaka) vom Guanako (*Lama
guanicoë*) ab, nach anderer Ansicht ist das Alpaka
auf die Wildart Vicugna und das Lama auf die
Wildart Guanako zurückzuführen.

Schwierig ist die Situation auch im Falle der
altweltlichen Hauskamele (Trampeltier und
Dromedar). Möglicherweise stammen beide von
einer inzwischen ausgerotteten zentralasiatischen
Wildart (*Camelus ferus*) ab. Vielleicht besitzen
aber beide eine eigene Stammart, die des Dromedars (ein Höcker) lebte nach dieser Ansicht auf
der arabischen Halbinsel, die des Trampeltieres
(zwei Höcker) lebte in Zentralasien. Die Domestikation des Dromedars erfolgte vermutlich vor
ca. 6 000 bis 7 000 Jahren in Mesopotamien, die
ältesten Funde des Trampeltieres sind ebenfalls
gut 6 000 Jahre alt (Persien).

Die bisher genannten Haussäugetiere sind seit
langer Zeit domestiziert. Jüngere Haustiere sind
Nutria, Chinchilla, Nerz, Silber- und Blaufuchs,
Goldhamster, Labormaus und Laborratte.

Auch **Vögel** stellen zahlreiche Haustiere. Die
Haustauben gehen auf die Felsentaube (*Columba
livia*) zurück, die Hausgänse auf die Graugans
(*Anser anser*) und die ostasiatischen Höcker-
gänse auf die Schwanengans (*Anser cygnoides*).
Die Wildart der Hausenten ist die Stockente
(*Anas platyrbynchos*); in Mittelamerika wurden
Cairina moschata (Moschusente) und *Meleagris
gallopavo* (Truthuhn) domestiziert. Die vielen
bekannten Haushuhnformen gehen auf das süd-
asiatische Bankivahuhn (*Gallus gallus*) zurück. In
Afrika wurde das Helmperlhuhn (*Numida meleagris*) domestiziert. Weitere Haustiere unter den
Vögeln sind Kanarienvögel (Wildform: *Serinus
canaria*) und Wellensittich (Wildart: *Melopsitta-
cus undulatus*).

Auch **Fische** wurden domestiziert. Vom Karpfen (*Cyprinus carpio*) wurden verschiedene
Formen gezüchtet; man unterscheidet Schup-
penkarpfen (mit großen Schuppen bedeckt),
Spiegelkarpfen (mit wenigen großen Schuppen,
Abb. 299a) und den schuppenlosen Lederkarpfen
(Abb. 162d). Besonders bekannt sind weiterhin
die aus Ostasien stammenden Goldfische (*Carassius auratus*) und Kampffische (*Betta splendens*).

Bei der Domestikation vieler Vögel und Fische
standen nicht nur Erwägungen der Nützlichkeit
im Vordergrund, sie wurden oft einfach aus
Freude an ihrer Schönheit gehalten und züchterisch verändert.

Unter den **Insekten** ist die Honigbiene (*Apis
mellifera*) ein besonders wichtiges Haustier. Ihre
Hauptbedeutung bestand für den Menschen
zunächst in der Produktion von Honig und
Wachs, heute sind Bienen besonders wichtig als
Bestäuber vieler Kulturpflanzen.

Seit Tausenden von Jahren ist auch der Sei-
denspinner (*Bombyx mori*) im Hausstand des
Menschen. Der kaum flugfähige weiße Schmetterling stammt von einer dunkelbraunen Wildform in Ostasien ab. Die Seide, die den Puppen-
kokon aufbaut, erreicht bei der Wildform 200 m
Fadenlänge, bei der domestizierten 3,5 km.

Als weiteres wichtiges »Haustier« unter den
Insekten sei die Fruchtfliege (*Drosophila*) genannt,
ein Standardobjekt der Genetik.

16 Evolution

Die heute auf der Erde lebenden Organismen haben sich im Laufe von wenigstens 3,5 Milliarden Jahren zunächst im Wasser, dann auch auf dem Lande entwickelt (Evolution der Organismen). So alt sind die ältesten Mikrofossilien aus der Warrawoona-Formation Westaustraliens.

Vorher entstanden komplizierte organische Moleküle aus anorganischen (präbiotische Evolution). Die Länge des Zeitabschnittes dieser Evolutionsphase wird sehr unterschiedlich veranschlagt. Das Alter der Erde beträgt etwa 4,5 Milliarden Jahre.

a Entstehung des Lebens auf der Erde

Zu Beginn besaß die abkühlende, lebensfreie Erde eine reduzierende Atmosphäre ohne freien Sauerstoff, die vorwiegend aus Wasserdampf und Stickstoff sowie kleinen Anteilen Wasserstoff und Kohlendioxid sowie Spuren von Kohlenmonoxid bestand. Viele der damals ablaufenden Reaktionen wurden durch UV-Licht induziert, das ungehindert bis zur Erdoberfläche vordrang, weil der Strahlenschutzschirm aus Ozon noch fehlte.

Die Verhältnisse der **Uratmosphäre** wurden im Laborversuch nachgeahmt: Unter Einwirkung verschiedener Energieformen (UV-Licht, Temperatur und Elektrizität) gelang es, aus Bestandteilen der Uratmosphäre Aminosäuren, Adenin, Guanin, Thymin, Uracil, Glucose, Fructose, Harnstoff usw. zu bilden. Es konnte so gezeigt werden, dass auf abiogene Weise, d. h. ohne Mitwirken von Organismen, organische Verbindungen aus anorganischen entstehen können. Als weitere Quelle für organische Stoffe auf der unbelebten Erde erkannte man bestimmte Meteoriten, die kohligen Chondriten. Außerdem sind in neuerer Zeit weitere Mechanismen der abiogenen Entstehung organischer Stoffe unter terrestrischen Bedingungen bekannt geworden. Wichtig ist, dass unter den so gebildeten organischen Verbindungen solche zahlreich vertreten sind, die im Stoffwechsel von Organismen eine Schlüsselstellung einnehmen, z. B. die Pentosen Ribose und Desoxyribose, oder Purin- und Pyrimidinkörper, die am Aufbau von Nucleotiden beteiligt sind und

Bestandteile von Coenzymen darstellen. Es gelang auch, Makromoleküle aus einzelnen der genannten Stoffe zu synthetisieren. Erhitzen eines Gemisches von Aminosäuren liefert z. B. Aminosäurenketten, die Proteinoide genannt werden. Diese abiogen entstandenen Verbindungen haben viele chemisch-physikalische Gemeinsamkeiten mit den biogen entstehenden Proteinen. Den Proteinoiden kommt große evolutive Bedeutung zu, da sie enzymatische Wirkung besitzen und auch Hormonwirkung zeigen. Weiterhin konnten abiogen Nucleinsäuren und Polysaccharide erzeugt werden. Es wird vermutet, dass der Ozean in der präbiotischen Phase eine ca. 10%ige Lösung organischer Materialien darstellte (Ursuppe). Wie aus ihr organisierte Gebilde wie Zellen entstanden sind, ist bisher nur hypothetisch zu beantworten. Eine Annahme geht davon aus, dass an den Anfang Mikrosphären zu stellen seien, die aus Proteinoiden bestehen, welche sich zu kleinen Kugeln zusammenlagern. Sie besitzen an ihrer Oberfläche Membranen, die denen von Zellen ähneln. Diese Partikel besitzen Eigenschaften, die denen von Organismen vergleichbar sind, wie Beweglichkeit, Wachstum, Knospung, Fortpflanzungsfähigkeit und katalytische Aktivität. Sie nehmen aus einem Proteinoidnährmedium anorganische und organische Stoffe auf, sind also primär heterotroph. Strukturell ähneln sie über 3 Milliarden Jahre alten Mikrofossilien aus Südafrika (Fig Tree Formation).

Ein wesentlicher Schritt bei der Lebensentstehung war das Zusammenwirken von Infor-
mationsmolekülen (DNA) und Funktionsmole-
külen (Proteinen). Man stellt sich vor, dass die
erste Nucleotidsequenz (»Urgen«) zugleich als
Matrize für die eigene Vermehrung und zur Herstellung eines Proteins diente, dessen Funktion in
der enzymatischen Förderung eben dieser Vermehrung lag. Es mussten natürlich Vermeh-
rungsraten erreicht werden, die die Zerfallsrate
dieses Systems übertrafen. Eine Hypothese
besagt, dass solche Reaktionsabläufe zyklisch
miteinander verbunden wurden (Hyperzyklus)
und untereinander in Konkurrenz standen. Seit
Entdeckung der Enzymwirkung der RNA wird
auch dieser eine besondere Bedeutung bei der
Lebensentstehung zugeschrieben. Da UV-Licht
auf die Erbsubstanz zerstörerisch wirkt, müssen
an dieser Stelle Schutz- bzw. Reparaturmechanis-
men der Nucleinsäuren entstanden sein.

Im Gegensatz zu den heute lebenden Tieren,
die sich ebenfalls heterotroph ernähren, lebten
die primär heterotrophen Organismen von abiogen entstandenen organischen Substanzen und
ohne Sauerstoff. Sie lebten in einem Zeitraum
von 1 bis 2 Milliarden Jahren, dann verschlech-
terten sich ihre Lebensbedingungen, da mit ihrer
Vermehrung der Bestand an organischen Stoffen
im Urozean ständig abnahm. Dieses war die erste
große Umweltkatastrophe in der Evolution.

Wie Organismen zunächst aussahen, die nach
Erschöpfung der organischen Bestandteile der Ur-
ozeane anaerob lebten, zeigen noch manche heute
vorkommenden Bakterien. Hier sind v. a. die Formen von Interesse, die aus anorganischen Stoffen
mit Hilfe der Sonnenenergie Kohlenhydrate aufbauen können (photoautotrophe Bakterien).

Eine wichtige Veränderung im Laufe der weiteren Entwicklung bestand darin, dass sich Organismen herausbildeten, die Sauerstoff produzieren. Es handelt sich um Cyanobakterien, später

v. a. um die grünen Pflanzen, die als Endprodukt
der Photosynthese O_2 freisetzen. Dadurch entstand langsam die O_2-reiche Atmosphäre, die wir
heute kennen, und die die Entstehung aerober
Organismen ermöglichte. Die älteren anaeroben
Formen überlebten in sauerstofffreien Refugien
oder starben aus. Molekularer Sauerstoff, biogen
produziert, war für sie Giftgas.

Ein weiterer wichtiger Schritt in der Evolution
war die Entstehung des Eucyten (s. u.) der Pflanzen und Tiere.

Die Kennzeichen des heutigen tierischen
Lebens haben sich sukzessiv herausgebildet.
Lebewesen unterscheiden sich von unbelebter
Materie durch a) ihren **chemischen Aufbau,** der
besonders gekennzeichnet ist durch makromolekulare Kohlenstoffverbindungen, v. a. Eiweiße,
Nucleinsäuren, Porphyrinderivate, Kohlenhydrate und Lipide. Sie alle verfügen über einen Pro-
grammspeicher (DNA) und einen universellen
Informationsverarbeitungsmechanismus (Proteinsynthese), b) **Zelluläre Organisation;** Ele-
mentareinheit aller tierischen Lebewesen ist die
membranbegrenzte Zelle mit Kern und Organellen, c) **Stoffwechsel,** der durch Stoffaufnahme,
-umwandlung und -abgabe gekennzeichnet ist;
diese Prozesse befinden sich im Fließgleichgewicht. Durch Steuerungs- und Regelungsvor-
gänge wird trotz sich ändernder Umwelt ein
bestimmter Zustand erhalten (**Homoeostase**).
d) **Wachstum** (mit Gestaltbildung und Differenzierung nach einem Entwicklungsprogramm),
e) **Fortpflanzung** und **Artbildung,** f) **Reizbarkeit,** worunter die Fähigkeit verstanden wird, auf
Reize in sinnvoller Weise zu reagieren, g) **Anpassungsfähigkeit.**

Der Temperaturbereich, in dem Leben zu existieren vermag, ist offenbar wesentlich größer als
bis vor kurzem angenommen. Bakterielles Leben
gibt es auch über 100 °C.

b   Evolution des Eucyten

Die ersten Zellen, die vor ca. 3,5 Milliarden Jahren entstanden, waren die Procyten (prokaryotische Zellen). Sie sind sehr kleine Zellen ohne
Zellorganellen und ohne Zellkern. DNA, RNA
und Proteine liegen frei im Cytoplasma. Die
DNA umfasst oft nur 1 000 bis 4 000 Gene und ist

häufig ringförmig. Diese Zellen, die meist von
einer festen Wand umgeben sind, kennzeichnen
heute z. B. Bakterien.

Vor ca. 1,5 Milliarden Jahren entstanden die
Eucyten. Sie sind viel größer als Procyten (linear
ca. zehnmal, volumenmäßig tausendmal größer).

Ihre DNA ist in einem eigenen Kompartiment, dem Zellkern, untergebracht, das Cytoplasma enthält die membranbegrenzten Organellen und ein differenziertes Cytoskelet. Die Organellen – z. B. Golgi-Apparat und Lysosomen – erfüllen jeweils bestimmte eigene Funktionen. Das Cytoskelet ist ein System verschiedenartiger Proteinfilamente, das der Zelle mechanische Festigkeit verleiht, ihre Form kontrolliert und an Bewegungen beteiligt ist. Den Eucyten der Tiere fehlt eine rigide Wand, sodass sie sich im Allgemeinen leicht bewegen und verformen können. Sie können mit vesikulären Mechanismen Stoffe und kleine Objekte aufnehmen; die Aufnahme solcher kleinen Partikel, bis hin zu Bakterien, nennt man Phagocytose. Möglicherweise waren die ersten Eucyten räuberische Zellen, die sich mithilfe der Phagocytose ernährten. Offenbar war die Fähigkeit zur Phagocytose auch Voraussetzung für die Aufnahme von Prokaryoten ins Cytoplasma, die hier nicht abgebaut wurden, sondern im Schutz der Membran des Phagosoms ein Eigenleben führen können und sich sogar als nützliche und schließlich sogar als essentielle Bewohner und Organellen der Eucyten entwickelten (**Endosymbiontentheorie**). Auf diese Weise sind die Mitochondrien in die Zellen der Tiere gelangt.

Die Mitochondrien sind kleine, bewegliche, gestaltlich veränderliche und teilbare Zellorganellen, die von zwei Membranen umgeben sind; die äußere Mitochondrienmembran entspricht der Membran des ursprünglichen Phagosoms, die innere der Zellmembran des ursprünglichen Procyten. Sie können Sauerstoff aufnehmen und aus Nährstoffen Energie gewinnen, die in ATP gespeichert die Zellfunktionen antreibt. Sie haben, wie Bakterien, eine eigene ringförmige DNA und eigene Ribosomen und eine eigene tRNA. Mitochondrien gehen auf sauerstoffnutzende (aerobe) Eubakterien zurück, die vermutlich vor 1,5 Milliarden Jahren in Eucyten aufgenommen wurden – zu einem Zeitpunkt, als der Sauerstoffgehalt in der Atmosphäre zunahm.

Das Genom des Eucyten hat also doppelten Ursprung, zum einen entstammt es dem Genom des ursprünglichen Eucyten, zum anderen ist es prokaryotischen Ursprungs. Ganz überwiegend ist heute das Genom in der Kern-DNA lokalisiert, aber ein kleiner Teil ist in der mitochondrialen DNA (mDNA) verblieben. In einer Zelle des Menschen besteht das mitochondriale Genom nur noch aus 16 569 Nucleotidpaaren, die für 13 Proteine, zwei ribosomale RNAs und 22 Transfer-RNAs codieren. Die Mehrzahl der mitochondrialen Gene ist auf noch unbekannte Weise in den Kern gewandert und dort im Genom inkorporiert. Die Kern-DNA enthält viele Gene, die für Proteine in Mitochondrien codieren. Die Proteine werden über Receptormoleküle in beiden Mitochondrienmembranen ins Innere der Mitochondrien transportiert.

Das Genom der Eucyten ist sehr umfangreich, was z. T. mit der erheblichen Größe und Differenzierung dieser Zellen zu tun hat. Vielfach kam es zu Genduplikation, sodass Gen- und Proteinfamilien entstanden. Eucyten besitzen aber nicht nur viel mehr Gene, die für Proteine codieren, sondern ihre DNA enthält im Gegensatz zu der der Bakterien auch sehr viel nichtcodierende DNA. Beim Menschen sind ungefähr 98,5% der DNA nichtcodierend (bei Bakterien wie *Escherichia coli* nur 11%). Die Bedeutung dieser umfangreichen nichtcodierenden DNA ist nicht bekannt. Es wird vermutet, dass ein erheblicher Teil davon »DNA-Müll« (»junk DNA«) ist. Wichtig sind aber nichtcodierende DNA-Abschnitte, die die Expression benachbarter Gene regulieren. Solche regulatorischen Mechanismen ermöglichen eine komplexe Steuerung der Genaktivität, wie sie für die komplexen Leistungen der Eucyten erforderlich ist.

Eucyten leben sehr erfolgreich als Einzelzellen (Protozoen, Protisten), haben sich aber bei den Vielzellern (Metazoen) zu Zellverbänden zusammengeschlossen und im Rahmen dieser Verbände in verschiedene Richtungen spezialisiert, z. B. zu Drüsen-, Muskel- und Nervenzellen. Beim Menschen unterscheidet man gut 200 Zelltypen. In diesen Zellen ist immer nur ein Teil des Gesamtgenoms aktiv.

c Evolution der Tiere

Aus der Geschichte der Tiere liegt umfangreiches Tatsachenmaterial vor, dessen Bearbeitung Aufgabe der **Abstammungs- = Deszendenzlehre** ist. Diese widmet sich dem Ablauf (der **Phylogenese**) und den Ursachen der Evolution.

Ablauf der Evolution

Man schätzt, dass im Laufe der Evolution weit über 90% aller Arten wieder verschwanden. Abgesehen von der heutigen, in großem Maßstab erfolgenden Ausrottung von Tierarten durch den Menschen (S. 418), haben mindestens fünf große Episoden von **Massenaussterben** stattgefunden: im späten **Ordovizium** (vor 440–450 Millionen Jahren), im **Oberdevon** (vor 360–370 Millionen Jahren), am Ende des **Perm** (vor 250–255 Millionen Jahren), am Ende der **Trias** (vor etwa 200 Millionen Jahren) und an der **Kreide-Tertiär-Grenze** (vor 65 Millionen Jahren).

Die Ursachen für diese Episoden des Massenaussterbens, auch Faunenschnitte genannt, werden noch diskutiert.

Im Folgenden wird die Bedeutung einzelner Forschungsrichtungen für die Aufklärung der Phylogenese dargestellt:

a) **Paläontologie.** Die Umbildung von Organisationstypen wird durch Fossilfunde fast aller Tiergruppen dokumentiert, die in den einzelnen Erdepochen kennzeichnend verschieden waren.

a) Mit dem Abstand von der Gegenwart wird die Ähnlichkeit von fossiler und rezenter Fauna immer geringer. Im Pleistozän existierten noch zahlreiche rezente Arten, im Tertiär wird ihre Zahl gering, aber besonders im Spättertiär sind noch viele rezente Gattungen erhalten, im Alttertiär sind es meist andere Gattungen, aber oft noch gleiche Familien, bis dann im Paleozän großenteils Arten existieren, die wegen ihrer Entfernung von den rezenten in andere Ordnungen gestellt werden.

b) Gruppen, die heute in ihrer Organisation isoliert sind, werden durch fossile Formen mit anderen Gruppen verbunden, sodass die Organisationslücken zwischen den rezenten Lebewesen zunehmend durch Fossilfunde ausgefüllt werden (Abb. 165).

Die einzehige Extremität der heutigen Pferde, die der fünfstrahligen der ursprünglichen Säuger sehr fern steht, wird durch eine Reihe von Fossilformen in zeitlicher Folge dem Normaltyp der Extremität angeschlossen (Abb. 167). Die Entwicklung der Pferde geht von kleinen Formen im Eozän aus *(Hyracotherium = Eohippus).* Diese besaßen vierzehige Vorder- und dreizehige Hinterextremitäten und gehen auf die noch ältere Gattung *Phenacodus* mit fünf Zehen zurück. Es folgten im Oligozän Formen, die an allen Extremitäten drei Zehen besaßen *(Mesohippus),* im Miozän wandelten sich die Pferde von Wald- zu Steppenbewohnern um *(Parahippus),* und die Vorläufer der modernen Pferde *(Merychippus)* erschienen. Mit einer Reduktion der Seitenzehen fand dann eine Verstärkung der Mittelzehe statt. Parallel mit einer erheblichen Größenzunahme verlängerte sich der Gesichtsschädel, und aus niedrigen Höckerzähnen wurden hohe Mahlzähne mit flacher Krone, kompliziertem Schmelzleistenmuster und weit offener Wurzel. Das Telencephalon nahm relativ an Größe zu und wurde zunehmend gefaltet. Ähnliche Reihen gibt es bei Elefanten und anderen Gruppen.

Besondere Bedeutung besitzen Fossilien, die Merkmale bestimmter Klassen vereinigen (**Bindeglieder, connecting links**). Das gilt z. B. für den Urvogel *Archaeopteryx* aus dem Jura, der Merkmale fossiler Reptilien (Thecodontia) und von Vögeln zeigt (Abb. 165b). Säuger sind durch eine Kette fossiler Formen (Theromorpha; Abb. 165d zeigt die triassische Gattung *Cynognathus*) mit primitiven Reptilien verbunden. Die Ichthyostegalia mit *Ichthyostega* (Abb. 165c) aus dem Devon sind Zwischenformen von Fischen und Amphibien.

c) Fossile Arten, die in einer geologisch wenig gestörten Schichtenfolge längere Zeit verfolgt werden können, zeigen eine allmähliche Umformung ihrer Organisation. Derartige Fälle kennt man zahlreich bei Mollusken, Ostracoden, Wirbeltieren u. a.

Sehr unterschiedlich ist die Geschwindigkeit der Evolution. Während manche Tierstämme eine rasche **Höherentwicklung** (**Anagenese**) erlebt haben, blieben andere über lange geologische Zeiträume fast unverändert. Diese letzteren nennt man **lebende Fossilien** (Abb. 166). Eine

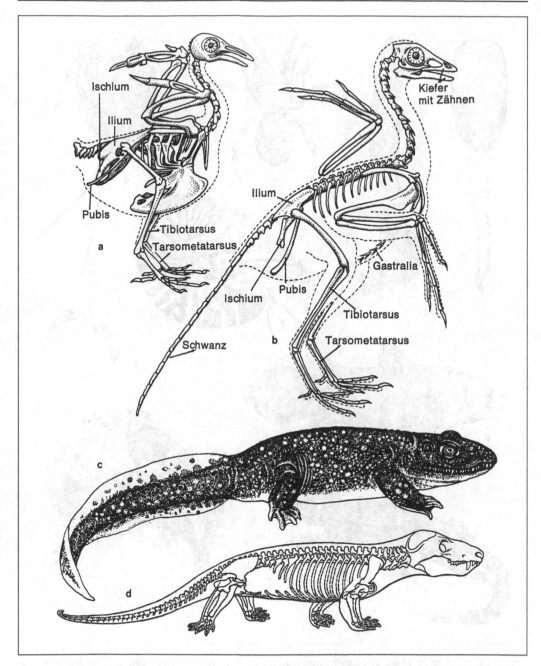

Abb. 165 Übergangsformen bei Wirbeltieren. Vergleich des Skelets einer Taube **(a)** mit dem rekonstruierten Skelet von *Archaeopteryx* **(b)**, einer Übergangsform von Reptilien und Vögeln, **c)** Rekonstruktion von *Ichthyostega,* Übergangsform Crossopterygier – Amphibien; **d)** *Cynognathus,* hoch entwickeltes säugerähnliches Reptil, Übergangsform Reptilien – Säugetiere

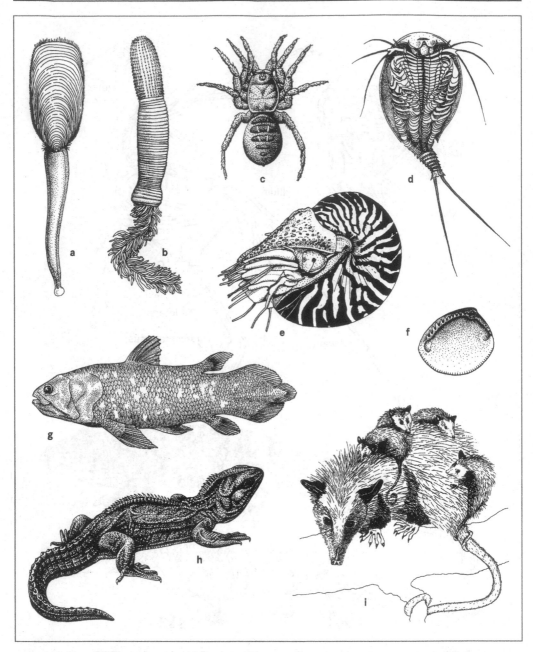

Abb. 166 Lebende Fossilien. **a)** *Lingula* (Brachiopoda), **b)** *Priapulopsis* (Priapulida), **c)** *Liphistius* (Araneae), **d)** *Triops* (Phyllopoda), **e)** *Nautilus* (Cephalopoda), **f)** *Nucula* (Bivalvia), **g)** *Latimeria* (Quastenflosser, Crossopterygii), **h)** *Sphenodon* (Brückenechse, Rhynchocephalia), **i)** *Didelphis* (Opossum, Marsupialia)

Begründung für ihre langsame Evolution kann bisher nicht vollständig zufrieden stellend gegeben werden. Im Falle des Quastenflossers *Latimeria* (Abb. 166g) gibt es Fakten, die dessen besonders lange Existenz bei hoher Strukturstabilität erklären könnten: *Latimeria chalumnae* lebt in 200–700 m Wassertiefe insbesondere um die Komoren, einem nahrungsarmen Lebensraum. Die Tage werden dümpelnd, d. h. energiesparend, in Höhlen verbracht, nachts driften die bis 2 m langen Tiere durch das offene Wasser und nehmen saugschnappend Beutetiere (Fische) auf. Ihr O_2-Verbrauch ist extrem gering; der Nahrungsbedarf wird auf etwa 20 g/24h geschätzt (s. auch S. 592).

Bei dem Brachiopoden *Lingula*, der seit dem frühen Paläozoikum bekannt ist, sieht die Situation völlig anders aus. *Lingula* (Abb. 166a) lebt in der Gezeitenzone der Tropen, die sicher nicht als nahrungs- und konkurrenzarmes Refugium angesehen werden kann, und erreicht dort hohe Populationsdichten.

Die ältesten lebenden Fossilien unter den Metazoen gehören zu den Priapuliden. *Priapulus* und *Priapulopsis* (Abb. 166 b) haben große Ähnlichkeit mit der karbonischen Gattung *Priapulites*. Die kambrischen Gattungen *Ottoia* und *Maotianshania* ähneln dem rezenten *Halicryptus*, der z. B. in der Ostsee vorkommt.

Unter den Mollusca sind *Neopilina* (Abb. 228c, 229c,d), *Pleurotomaria* (Abb. 232b) und *Nautilus* (Abb. 166 e) besonders bekannte lebende Fossilien.

Neopilina geht wohl auf eine kambrische Radiation in küstennahen Regionen zurück, *Pleurotomaria* ist seit dem Devon bekannt und in Mitteleuropa aus verschiedenen geologischen Epochen sehr gut dokumentiert. Gleiches gilt für *Nautilus*, dessen naher Verwandter *Germanonautilus* das Muschelkalkmeer (in der Trias) besiedelte, welches Teile von Europa bedeckte.

Unter den Chelicerata werden *Limulus* (Abb. 251) und *Liphistius* (Abb. 166c) als lebende Fossilien angesehen, unter den Krebsen *Triops* (Abb. 166d). Ein naher Verwandter von *Limulus*, die fossile Gattung *Mesolimulus*, wird heute z. B. in den Jura-Kalken der Fränkischen und der Schwäbischen Alb gefunden.

Wie weit sich die Fossilgeschichte innerhalb einer Gattung zurückverfolgen lässt, ist – das muss einschränkend gesagt werden – auch von der Interpretation der jeweiligen Untersucher abhängig. Gattungen sind Konstrukte von Systematikern und weniger klar zu definieren als Arten (S. 438).

Wirbellose haben eine längere Geschichte – auch als lebende Fossilien – als Wirbeltiere. Unter den Fischen wurde *Latimeria* schon erwähnt, unter den Säugern sei *Didelphis* hervorgehoben (Abb. 166i). Da die große Säugerradiation erst im Känozoikum erfolgte, ist der Hauptteil ihrer Fossilgeschichte relativ kurz, gut 50 Millionen Jahre alt (gegenüber gut 500 Millionen Jahre bei Priapuliden).

b) Tiergeographie. Nicht nur die Verteilung der Organismen in verschiedenen Epochen zeigt große Unterschiede, sondern auch ihre Verteilung auf der Erde. Ihre Verbreitung ist nicht nur durch die verschiedenen Klimate bedingt, denn ähnliche Klimazonen haben oft vollständig verschiedene Faunen (Arktis – Antarktis, tropische Regenwälder der verschiedenen Kontinente). Ganze Gruppen sind auf bestimmte Regionen beschränkt (S. 428). Diese Situation kann nur durch die Evolution erklärt werden.

Wir kennen viele Beispiele, die den Beginn eines Trennungsprozesses einer Art in zwei erkennen lassen. Nebel- und Rabenkrähe bilden in einem schmalen Streifen in Mitteleuropa noch Paare, wenn auch Fremdpaarung seltener ist als Gleichpaarung. Nebel- und Rabenkrähe bilden also nur unvollständig getrennte Fortpflanzungsgemeinschaften einer Art, der Aaskrähe. Ähnlich verhalten sich Haus- und Weidensperling z. B. in Nordafrika und manche Salamander in Nordamerika. Besonders instruktiv sind die überlappenden Verbreitungsgebiete, wie sie manche Arten bilden. Solche Arten bestehen in ihrem Verbreitungsgebiet aus einer Reihe geographischer Subspecies, die in ihren Grenzgebieten eine Fortpflanzungsgemeinschaft bilden. Nennen wir sie A, B, C, D, E. Bei ringförmiger Verbreitung kommen aber A und E im gleichen Raum zusammen und verhalten sich hier wie getrennte Arten. Beispiele sind Herings- und Silbermöwe, die wir bei uns als getrennte Arten führen, die in ihrer zirkumpolaren Verbreitung aber ringförmig zusammenhängen. Sterben in einem solchen überlappenden Ring die mittleren Subspecies aus, so sind aus einer Art zwei geworden.

c) Vergleichende Anatomie. Weiterhin ist für die Verwandtschaftsforschung die vergleichende Untersuchung rezenter Formen von Wichtigkeit.

Sie nahm ihren Ausgang von der vergleichenden Anatomie, deren zentraler Begriff bei der Bewertung von Strukturen der der **Homologie** ist. Es handelt sich um einen empirisch gewonnenen Begriff, der auf der Abstammungsidentität verschiedener Strukturen beruht. Die Identifikation wird durch mehrere, in bestimmter Rangordnung anzuwendende Kriterien vollzogen:

1. *Kriterium der Lage.* Strukturen werden als homolog angesehen, wenn sie in vergleichbaren Gefügesystemen gleich angeordnet (homotop) sind. Lageunstimmigkeiten wie die der Säugerhoden in der Bauchhöhle oder in einem Scrotum, die Lage der Gonaden im Thorax von decapoden Krebsen wie dem Flusskrebs und im Abdomen wie beim Einsiedlerkrebs lassen durch die Verbindungen der Organe dennoch Homologisierung zu.

Erste Voraussetzung für die Anwendung des Kriteriums der Lage ist die Übereinstimmung der Zahl der Bauelemente. Ausfall oder Hinzutreten eines Elementes kann die Homologisierung nach diesem Prinzip unsicher machen. Die zweite Voraussetzung für seine Anwendbarkeit ist die Konstanz der Verknüpfungen. Wenn diese nicht eingehalten wird, kann das erste Kriterium nicht angewendet werden.

2. *Kriterium der speziellen Qualität der Strukturen.* Ähnliche Strukturen können auch ohne Rücksicht auf die Lage homologisiert werden, wenn sie in zahlreichen Sondermerkmalen übereinstimmen, also homomorph sind. Die Sicherheit wächst mit dem Grad der Komplexität und Übereinstimmung der verglichenen Strukturen. Dieses Kriterium ermöglicht es uns, sogar isolierte Organe, z. B. Knochen, ohne weiteres zu erkennen (Paläontologie).

3. *Kriterium der Verknüpfung durch Zwischenformen (Stetigkeitskriterium).* Die verschiedenen Ausbildungsformen eines Organs treten meist nicht regellos in allen möglichen Varianten auf, sondern bilden Reihen, deren Extrema durch Zwischenglieder verbunden sind. Die Zwischenformen können der Ontogenese der Strukturen entnommen oder systematische Zwischenformen sein. Dieser Sachverhalt spielt eine wichtige Rolle bei der Homologisierung von unähnlichen Strukturen.

Homonomie: Als homonom bezeichnet man ursprünglich gleichartig gebaute Teile ein und

desselben Organismus, so die Wirbel eines Wirbeltieres, Parapodien eines Polychaeten usw.

Analogie und Konvergenz (Abb. 168). Organe ähnlichen Baues, welche nicht homolog sind, aber gleiche Funktionen erfüllen, nennt man analog (Flügel der Insekten und der Wirbeltiere, Lungen der pulmonaten Schnecken und der Wirbeltiere). Bilden sich analoge Ähnlichkeiten von homologen Organen aus, spricht man von Homoiologien (Flügel der Fledermäuse und Pterosaurier sind als Vorderextremitäten homolog, als Flügel jedoch analog). Werden Ähnlichkeiten von ganz verschiedenen Grundorganen aus aufeinander zustrebend erreicht, spricht man von **Konvergenz** (Beispiel: Medusenform bei Protozoen [*Craspedotella*, Abb. 190c] und Cnidariern, Abb. 201). Analoge Merkmale treten insbesondere bei stammesgeschichtlich nicht verwandten Formen, die übereinstimmende Lebensräume nutzen, auf. Man spricht auch von Lebensformtypen (Abb. 168). Selbst Ein- und Mehrzeller können einander ähnliche Formen hervorbringen: Medusenformen (s. o.), sessile, habituell ähnliche Gattungen wie *Stentor* (Abb. 196i), *Ptygura* (Rotatoria) sowie polypenkolonieähnliche Suctorien (*Dendrosoma*). Allerdings braucht in einem Lebensraum nicht nur ein Lebensformtyp oder ein spezielles Anpassungsmerkmal aufzutreten. Im Plankton finden sich Arten mit langen Fortsätzen (Chaetoplankton), mit stabförmiger Körperstreckung (Rhabdoplankton) (Abb. 168h–k), mit blasenartiger Auftreibung des Körpers (Physoplankton) und mit scheibenförmiger Abplattung des Körpers (Discoplankton).

Aufbau des natürlichen Systems, Stammbaumproblem: Ist ein bestimmtes Organ über eine Anzahl von Organismen verbreitet, so existiert meist eine größere Anzahl weiterer homologer Strukturen in gleicher Verbreitung. Über 40 000 Wirbeltierarten haben in gleichartiger Verteilung folgende Organe gemeinsam: paarige Seitenaugen, deren Netzhaut dem Gehirn entstammt, Spinalganglien, eine bestimmte Gehirnorganisation mit speziellen Hirnnerven, eine Schilddrüse, ein ventrales Herz usw. Keins dieser Organe kehrt in homologer Form außerhalb der Wirbeltiere wieder, bei denen die Korrelation dagegen absolut ist. Diese gleichartige Verbreitung verschiedener homologer Strukturen ermöglicht die Aufstellung natürlicher Systemgruppen und, da

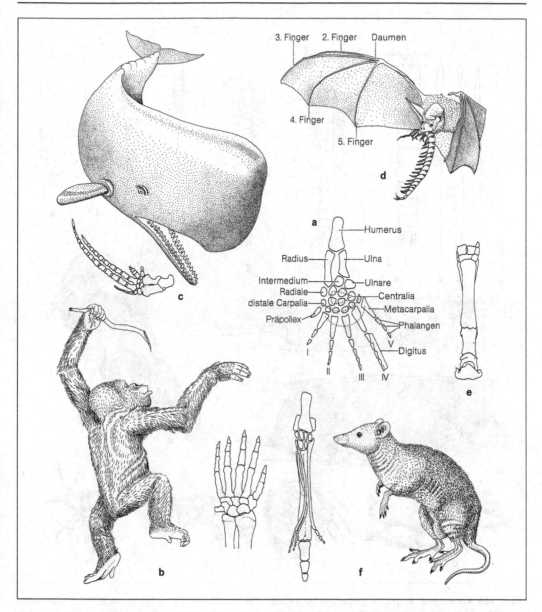

3. Finger 2. Finger Daumen

4. Finger

5. Finger

d

a

Humerus

Radius — Ulna

Intermedium — Ulnare
Radiale — Centralia
distale Carpalia — Metacarpalia
Präpollex — Phalangen

I — V

II III IV — Digitus

e

c

b

f

Abb. 167 Die pentadactyle Extremität der Wirbeltiere mit einigen Abwandlungen bei Säugetieren mit ganz unterschiedlichen Bewegungsweisen. **a)** Bauplan einer Vorderextremität. Die zahlreichen kleinen Knochen zwischen Radius und Ulna sowie den Metacarpalia werden Carpalia genannt; diese bestehen aus einer proximalen Reihe (Radiale, Intermedium, Ulnare), einer zentralen Gruppe (Centralia) und einer distalen Reihe (distale Carpalia). Dieser primitiven Vorderextremität sind die vielseitig bewegbaren Hände der Primaten noch ähnlich. **b)** Junger Gorilla *(Gorilla gorilla)* und das Skelet seiner Hand. **c)** Pottwal *(Physeter macrocephalus)*, daneben die Vorderextremität eines Grindwales *(Globicephala melaena)*. Wale haben vier oder fünf Finger. **d)** Die amerikanische Fledermaus *Antrozous pallidus,* eine Vespertilionide, nimmt Bodenarthropoden auf, z. B. Skolopender. Bei diesen Flughautfliegern werden die Skeletelemente in der Vorderextremität in Ruhe und Flug sichtbar. **e)** Vorderextremität eines Pferdes *(Equus).* **f)** Unter den etwa 60 rezenten Känguruharten ist *Hypsiprymnodon* besonders primitiv, daneben die Hinterextremität einer weiter entwickelten Form *(Macropus),* bei der der 4. Strahl besonders stark entwickelt ist, 2 und 3 sind teilweise überkreuzt und verwachsen, Strahl 1 fehlt

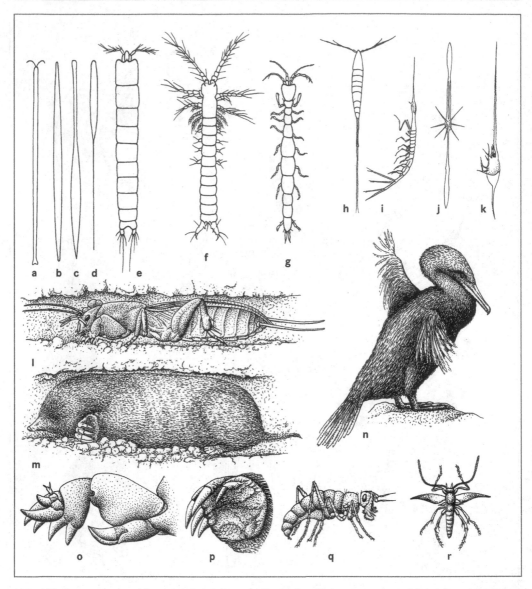

Abb. 168 Konvergenz. **a–g)** Lang gestreckte Formen, die das Sandlückensystem besiedeln; **a)** *Protodrilus* (Archiannelida), **b)** *Coelogynopora* (Turbellaria), **c)** *Trachelocerca* (Ciliata), **d)** *Urodasys* (Gastrotricha), **e)** *Pararenosetella* (Copepoda), **f)** *Derocheilocaris* (Mystacocarida), **g)** *Microcerberus* (Isopoda). **h–k)** Lang gestreckte Planktonorganismen (Rhabdoplankton), **h)** *Microsetella* (Copepoda), **i)** *Rhabdosoma* (Amphipoda), **j)** *Amphilonche* (Radiolaria), **k)** Zoëa von *Porcellana* (Decapoda). **l), m)** Grabende Tiere; **l)** *Gryllotalpa* (Maulwurfsgrille), **m)** *Talpa* (Maulwurf), **o), p)** Grabbeine von *Gryllotalpa* **(o)** und *Talpa* **(p)**. **n–r)** Flugunfähige Inseltiere, **n)** *Nannopterum harrisi* (Galapagos-Kormoran), **q)** *Calycopteryx* (Fliege: Kerguelen), **r)** *Embryonopsis* (Schmetterling: Kerguelen)

auch die räumliche Anordnung der Teile meist gleichartig ist, die Aufstellung eines Typus (Bauplanes).

Die durch gemeinsame Homologien geeinten natürlichen Gruppen stehen nicht völlig isoliert nebeneinander, sondern sind gesetzmäßig ineinander gefügt. Die kleineren Homologiekreise werden von größeren umschlossen (Abb. 169). Die Gattung *Sciurus* steht neben zahlreichen Gattungen im Homologiekreis der Nagetiere, die Nagetiere mit anderen Ordnungen im Homologiekreis der Säugetiere, diese mit Reptilien und Vögeln in dem der Amnioten, es folgen Vertebraten, Chordaten usw., schließlich Eukaryoten, deren Zellen einen echten Kern besitzen. Jeder Vertreter der kleineren Gruppe hat die Merkmale der größeren.

Diese Verteilung der Homologiekreise gilt nicht ausnahmslos. So sind die Monotremen echte Säuger und durch den Besitz von Haaren, Umbildung von Quadratum und Articulare zu Gehörknöchelchen (Incus, Malleus), Umgestaltung des Angulare zum Tympanicum usw. in diesem Homologiekreis fest eingeschlossen. Und doch haben die Monotremen auch Reptilienmerkmale, d. h. Bildungen, die in einem anderen Kreis verbreitet sind, den übrigen Säugern aber fehlen, z. B. die Interclavicula, einen Deckknochen des vorderen Extremitätengürtels. Hieraus ergibt sich eine Gesetzmäßigkeit: Ist eine natürliche Gruppe des Systems durch eine Homologiebrücke mit zwei anderen verbunden, so sind diese untereinander nicht durch weitere Homologiebrücken verbunden. Als Beispiele seien Reptilien, Vögel und Säuger genannt. Es bestehen Brücken von Reptilien zu Vögeln, von Reptilien zu Säugern, aber nicht zusätzlich von Vögeln zu Säugern, auch nicht auf dem Umweg über andere Gruppen außer den Reptilien.

Auf diesen Tatsachen beruht das **Stammbaum- oder Gabelungsschema (Dendrogramm, Kladogramm)** der biologischen Systematik, denn die Homologiebrücken gestatten, Verbindungslinien zwischen den systematischen Gruppen zu ziehen; diese in ihrer Gesamtheit ergeben das Gabelungsschema. Das Stammbaumschema ist die klarste Ausdrucksform des natürlichen phylogenetischen Systems. Für viele Bereiche ist diese Feststellung zunächst nur ein Ziel. Oft überblicken wir zwar die großen Linien der Verzweigung, ohne jedoch die Abzweigungs- und Verbindungsstellen festlegen zu können. Aus diesen und anderen Gründen wählt man oft die aufzählende Darstellung des natürlichen Systems in einer Folge von Klassen, Ordnungen, Familien usw. Die logisch reinste Form einer Transformierung des Stammbaumschemas in Systemeinheiten (Taxa) ist die auf Abb. 169 dargestellte. Taxa niederen systematischen Ranges (z. B. 1 auf Abb. 169) werden zusammen mit anderen, die ihnen gleichgeordnet sind (ihrer jeweiligen Schwestergruppe) von höheren (z. B. 2 auf Abb. 169) umschlossen. Verschiedene Taxa verfügen z. T. über von gemeinsamen Ahnen übernommene, **ursprüngliche (plesiomorphe) Merkmale,** z. T. haben sie »neue«, d. h. **abgeleitete (apomorphe) Merkmale** entwickelt. Beide Merkmalsarten treten in jeder Art in einer bestimmten Kombination auf, man spricht von **Heterobathmie.** Als Indiz für eine nahe Verwandtschaft wird eine Übereinstimmung in abgeleiteten Merkmalen (**Synapomorphien**) gewertet.

Gruppen, welche Stammart und deren Nachkommen umfassen, werden **monophyletisch** genannt. Dieses Schema – in Abb. 169 noch mit einer Zeitachse versehen – lässt sich bisher jedoch nur für wenige Tiergruppen mit ausreichender Sicherheit entwerfen.

Die in diesem Buch dargestellten Stammbäume (Bilateria: Abb. 208, Schnecken: Abb. 233, Insekten: Abb. 260, Fische: Abb. 294, Tetrapoden: Abb. 300) entsprechen noch nicht der geschilderten Idealform eines Stammbaumschemas, spiegeln aber die Verwandtschaftsverhältnisse wider, wie sie sich uns heute darstellen.

d) Biochemie. Natürlich ist das Homologieprinzip nicht nur auf anatomische Strukturen anwendbar; auch die Verwendung biologischer, physiologischer und biochemischer Besonderheiten ist möglich.

Die Evolution lässt sich z. B. an Änderungen auf molekularer Ebene nachweisen. Hier wurden v. a. Proteine, z. B. Hämoglobin, Cytochrome und Hormone, auf ihren Wert für die Verwandtschaftsforschung untersucht. Vergleicht man die Proteine im selben Organ bei verschiedenen Wirbeltieren, die gleiche Funktion erfüllen (homologe Proteine), stellt man fest, dass bestimmte Aminosäuresequenzen identisch sind, andere jedoch nicht. Die übereinstimmenden Abschnitte dürften für die biologische Funktion verantwortlich sein. Eine stabile Eigenschaft der Proteine kann ihre Länge sein; alle bisher untersuchten Cytochrom-c-Moleküle bestehen bei Wirbeltieren aus 104 Aminosäuren. Von diesen nimmt

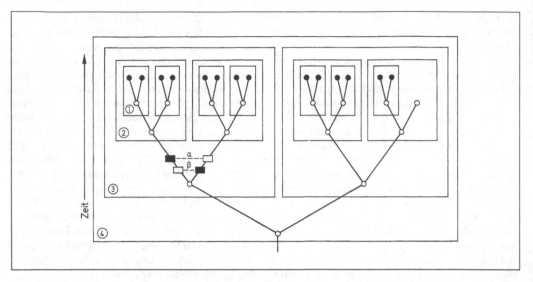

Abb. 169 Stammbaumschema. Logische Ordnung der Systemgruppen, α und β bezeichnen zwei verschiedene Merkmale, die unverändert bleiben (weißes Rechteck; ursprüngliches = plesiomorphes Merkmal) bzw. verändert werden (schwarzes Rechteck, abgeleitetes = apomorphes Merkmal). Vgl. Text

etwa die Hälfte bei den einzelnen Tierarten die gleiche Position im Molekül ein. Die Lage der Hämgruppe ist konstant. Die Evolution manifestiert sich bei diesem Molekül nur durch die Substitution von Aminosäuren. Diese Substitutionen sind innerhalb einer Säugerordnung gering (Mensch-Makak: 1), zwischen den Ordnungen zahlreicher (Mensch-Pferd: 12). Es ist jedoch zu berücksichtigen, dass in manchen Positionen Substitutionen sehr viel häufiger sein können als in anderen.

Da die Unterschiede in der Proteinausstattung auf Unterschiede in der DNA zurückgehen, spielen auch die Basensequenz und die DNA-Menge eine Rolle bei der Interpretation phylogenetischer Zusammenhänge. Generell nimmt mit der Komplexität der Organismen auch ihre DNA-Menge zu, allerdings mit einigen bemerkenswerten Ausnahmen: Bei manchen nahe verwandten Tieren (z. B. verschiedenen Froscharten) werden große Unterschiede in der DNA-Menge beobachtet. Diese gehen darauf zurück, dass hier 10–90% der DNA in repetitiven Sequenzen vorliegen. Bezüglich der singulären Sequenzen, also ihrer Sequenzkomplexität, sind sie einander jedoch ähnlich.

Insgesamt unterliegt die DNA größeren Variationen als die entsprechenden Proteine (degenerierter Code, S. 40), sodass letztere für die

Erfassung verwandtschaftlicher Beziehungen vermutlich geeigneter sind.

e) Verhaltenslehre. Auch Verhaltensweisen unterliegen einer Evolution und sind damit anhand der Homologiekriterien analysierbar. Das kann sich in der Balz von Vögeln oder in der Lautfolge in Vogelgesängen äußern wie auch im Bau von Spinnennetzen u. v. a. Die Feststellung der Verwandtschaft aufgrund des Verhaltens allein ist jedoch aus verschiedenen Gründen schwierig:

1. Parallelentwicklungen sind besonders häufig. So entstand das Maulbrüten bei Knochenfischen wohl dreimal unabhängig voneinander; das Verleiten, d. h. das Ablenken eines Feindes von den eigenen Jungen durch ein Elterntier, das sich lahm stellt, ist bei bodenbrütenden Vögeln offenbar mehrfach entstanden und auch von Säugetieren bekannt.

2. Stellt man Bauplan und Verhaltenstyp gegenüber, dann fällt auf, dass ein Bauplan für kleine und große Systemeinheiten aufgestellt werden kann, ein Verhaltenstyp aber vorwiegend für kleine. Bei der Familie der Araneidae (Kreuzspinnen) kann der komplizierte Bau des bekannten Radnetzes zur Aufstellung eines Verhaltenstyps herangezogen werden, für die Ordnung der Webspinnen (Araneae) kann man als Gemein-

samkeit die Spermaübertragung angeben, ein Verhaltenstyp der Arthropoden lässt sich schon kaum noch erstellen.

3. Eine Besonderheit zahlreicher Tiere besteht darin, dass sie Handlungen anderer imitieren und dass es zur Tradition kommen kann. Schimpansen lernten von einem »Entdecker« das Fangen von Termiten mit Stöcken (Abb. 86), Makaken lernten das Waschen von Bataten, Lerchen können von Schäfern produzierte Melodien in die eigenen einbauen usw. Man hat also hier eine »tradigenetische Evolution« mit sog. Traditionshomologien von einer »biogenetischen Evolution« mit den oben erklärten phylogenetischen Homologien zu unterscheiden.

f) Entwicklungsgeschichte. Viele Erscheinungen in der Individualentwicklung lassen sich ebenfalls nur durch die Evolution erklären (s. u.). Manche in der Embryonalentwicklung auftretenden Organe werden vor Erreichen des Erwachsenenstadiums wieder abgebaut oder abgestoßen. Die Chorda dorsalis ist bei adulten ursprünglichen Chordaten das zentrale Stützorgan, bei den höheren Wirbeltieren verliert sie diese Funktion, bei ihren Embryonen besitzt sie aber noch die Funktion eines Induktors.

Eine Rolle als Indizienbeweise für die Evolution spielen auch Rudimente und Atavismen.

Die **Rudimentation** ist ein Vorgang, in dessen Verlauf eine Organfunktion zurückgedrängt wurde. Man hielt rudimentäre Organe daher grundsätzlich für funktionslose Strukturen, deren Anwesenheit nur aufgrund der Existenz funktionierender Organe von Vorfahren zu begründen sei. Oft ist jedoch für rudimentäre Organe noch eine Funktion nachweisbar: Der Wurmfortsatz des Blinddarmes ist beim Menschen ein Organ mit immunologischen Funktionen; die rudimentären Flügel des Straußes dienen noch der Balance und werden bei der Balz bewegt; die isolierten Beckenknochen der Wale sind noch Ursprungsstellen für Penismuskeln. Die Hauptfunktion ist jedoch in diesen Fällen aufgegeben worden; es ist zu einem Funktionswechsel gekommen.

Atavismen sind Rückschläge auf Ahnen, die bei manchen Individuen einer Art auftreten können. Ein Beispiel eines Kreuzungsatavismus ist auf Abb. 161 dargestellt (Entstehung des Normalkammes bei bestimmten Hühnern). Weitere Beispiele, die Menschen betreffen, finden sich in Abb. 170.

Aus den aufgeführten Forschungsrichtungen stammt das umfangreiche Tatsachenmaterial der Abstammungslehre. Aus ihnen abgeleitete Regeln, oft Gesetze genannt, können als Argumentationshilfe dienen.

1. Biogenetische Regel. In der Entwicklung treten oft Strukturen, Funktionen und Verhaltensweisen auf, die später wieder rückgebildet werden. Viele zahnlose Säuger, z. B. Bartenwale und Schnabeltier, legen als Embryonen Zähne an; Huftiere ohne Schlüsselbeine haben solche als Embryo; luftatmende Wirbeltiere haben als Anlagen Kiementaschen; Flöhe besitzen als Puppe Flügelanlagen. All diese Organe sind bei primitiveren Verwandten Dauerorgane. Auch in den Entwicklungsgang einzelner Organe sind oft Umwege eingeschaltet, die den phylogenetischen Ablauf widerspiegeln (**Palingenese**). Der Vogelflügel hat im Embryo Finger und zahlreiche Handwurzelknochen. Säuger legen erst das primäre Kiefergelenk aus Quadratum und Articulare an, das die übrigen Wirbeltiere kennzeichnet, und bilden erst später das sekundäre Kiefergelenk. Vogelembryonen bilden zunächst Ammoniak als Exkretionsprodukt, dann Harnstoff und zuletzt Harnsäure. Lerchen, die von baumlebenden Vögeln abstammen, bewegen sich als Jungtiere zunächst hüpfend fort – wie Baumvögel –, dann laufend. Zahlreiche solcher Parallelen zwischen Ontogenese und Phylogenese führten zur Aufstellung der biogenetischen Regel, nach der die Ontogenese den Ablauf der Phylogenese in verkürzter Form wiederholt. Es gibt aber nicht wenige Ausnahmen: 1. können die Embryonen oder Larven Spezialorgane für eine bestimmte Zeit ihrer Existenz ausbilden (**Caenogenesen**). Sie rekapitulieren nicht Dauerorgane der Ahnen, sondern sind neuerworbene Spezialanpassungen. Beispiele: Embryonalhüllen der Wirbeltiere, Larvalorgane von Insekten, etwa Saugnäpfe und Fangapparate von Mückenlarven in Fließgewässern. 2. Die Keimblätterbildung, z. B. die Entstehung von Entoderm und Mesoderm, sowie die ersten Schritte der Organbildung wechseln stark innerhalb enger Verwandtschaftsgruppen.

2. Regeln der Internation und Konzentration. Die Regel der Internation besagt, dass Organe zunächst an Oberflächen auftreten, bei weiterer Entwicklung aber ins Innere versenkt oder überdeckt werden. Die Höherentwicklung von Sin-

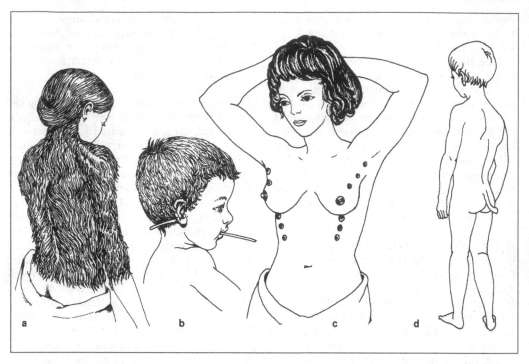

Abb. 170 Atavismen. **a)** Mädchen mit starker Behaarung, **b)** Junge mit Halsfistel, d.h. offener Kiemenspalte, durch die ein Schlauch geführt wurde, **c)** junge Frau mit zusätzlichen Brustwarzen, **d)** Junge mit Schwanz

nesorganen ist z. B. fast stets mit einer Versenkung des Sinnesepithels verbunden. Das gilt für Mechanoreceptoren (Statocysten) ebenso wie für Photoreceptoren (Gruben-, Blasenaugen) (Abb. 59). Unter Konzentration verstehen wir das räumliche Aneinanderrücken erst getrennter Teile. So werden Ganglien zu Komplexen konzentriert wie bei verschiedenen Arthropoden. Aber auch der umgekehrte Prozess kann eintreten: Die Geschmacksknospen haben sich, wie noch aus ihrer Innervierung zu entnehmen ist, bei manchen glatthäutigen Knochenfischen sekundär über weite Flächen des Körpers ausgedehnt.

3. Spezialisationsregel. Spezialisierung soll hier aufgefasst werden als eine genaue Einpassung eines Organismus in einen speziellen Lebensraum oder in eine bestimmte Lebensweise. In diesem Sinne sind z. B. extreme Höhlentiere und Tiefseeformen, also stenöke Arten, spezialisiert gegenüber euryöken, die in einer Anzahl verschiedener Lebensräume existieren können. Der Vorgang der Spezialisation ist also verbunden

mit einer Einengung des Lebensraumes oder der Lebensart, wobei allerdings die Anpassung an diese Bedingungen gegenüber dem Ausgangszustand stark gesteigert sein kann. Der Gegensatz zu »spezialisiert« ist in diesem Fall »generalisiert«.

Oft wird die Spezialisationsregel in dem Sinne formuliert, dass ein Rückweg aus einer Spezialisation nicht möglich ist. Tatsächlich gibt es aber oft entgegengesetzte stammesgeschichtliche Abläufe. So können die Flossen der Fische neben ihrer Hauptfunktion neue Nebenfunktionen erwerben. Sie können Stützorgane (Dipnoer), Kopulations- und Brutpflegeorgan usw. werden. Die Nieren des Stichlings und die Malpighi'schen Gefäße des Käfers *Lebia* haben zu ihrer ursprünglichen Funktion als Exkretionsorgan die Fähigkeit erworben, ein Klebsekret zu produzieren. Zahlreiche euryöke Arten sind keineswegs primitiv, sondern haben diese Euryökie erst sekundär wieder erworben. So stammen die stark euryhalinen Stichlinge, die einen Bereich von 0–40‰ Salzgehalt tolerieren, von marinen Arten ab. Insgesamt verbleiben von der Spezialisationsregel in der Form, dass eine Spezialisierung nicht rückgängig zu machen sei, nur geringe verwertbare Reste: Bei Änderungen des Lebensraumes können sich spezialisierte Formen weniger schnell an neue Bedingungen anpassen als generalisierte.

Ursachen der Evolution

Die Frage nach den Faktoren, die die Evolution hervorrufen, ist im Prinzip von Darwin im Jahr 1859 beantwortet worden. Darwin lässt durch seine Selektionstheorie die Anpassung aus einer ungerichteten Variabilität entstehen, die – wie man heute weiß – auf Mutationen zurückzuführen ist. Durch die selektive Bevorzugung werden bestimmte Varianten durch die Umweltfaktoren ausgelesen. Darwin zeigte an der Mannigfaltigkeit der Haustauben die Veränderlichkeit einer Art: Sie alle stammen von der Felsentaube *Columba livia* ab. Die Selektion der jeweils Geeigneten wirkt, wie Experimente zeigen, sehr schnell. Es ist keineswegs nötig, dass nur bestimmte Varianten leben bleiben und alle anderen sofort durch den Kampf ums Dasein vernichtet werden. Es genügt, wenn die Überlebensrate bzw. die durchschnittliche Nachkommenzahl bestimmter Varianten nur um ein geringes höher ist als die anderer, um sich schließlich in der Population durchzusetzen. Durch Konkurrenzzuchten im gleichen Milieu ist vielfach nachgewiesen, dass Erbstämme einer Art, z. B. *Drosophila melanogaster*, meistens verschiedene Vitalität besitzen, deren Ausmaß durch Umweltfaktoren beeinflusst wird. So haben z. B. die Raupen des Schmetterlings *Ptychopoda seriata* in ihrer dunklen (melanistischen) Form eine höhere Überlebensrate in feuchtem, kühlem Milieu, während umgekehrt die graue Form in warmem, trockenem Milieu überlegen ist. Natürlich sind für diese Selektion nicht Varianten einer Art zu verwenden, die erbgleich und nur durch verschiedene Umwelteinflüsse hervorgerufene Modifikationen sind. In der Natur sind fast alle Populationen aus zahlreichen erbverschiedenen Varianten zusammengesetzt, sodass die Selektion wirken kann, und zwar sowohl die künstliche, die der Mensch bei Züchtung von Nutztieren und Pflanzen anwendet, als auch die natürliche. Je reichhaltiger an Erbanlagen eine Population ist, desto intensiver kann Selektion bei Umweltveränderungen umbildend wirken. In der Züchtungspraxis hat man deswegen laufend verschiedene Rassen und Stämme gekreuzt, um ein reiches Grundmaterial für die Selektion zu erhalten.

Die moderne Evolutionstheorie (synthetische E.) unterscheidet sieben **Evolutionsfaktoren**: 1. Mutation, 2. Gentransfer, 3. Rekombination, 4. Selektion, 5. Populationswellen, 6. Isolation und 7. Annidation.

Mutation und **Gentransfer** schaffen neues Erbmaterial. Mutationen sind durch verschiedene Umwelteinflüsse hervorgerufene oder spontan auftretende Erbveränderungen, die meist negative Konsequenzen für den Organismus haben (S. 348). Unter Gentransfer versteht man die Einfügung von neuem genetischen Material in einen Genotyp (vgl. z. B. Transformation, S. 352). Dieser Vorgang wurde besonders an Bakterien bearbeitet. Auch die Transduktion gehört hierher; darunter versteht man die DNA-Übertragung durch Viren oder Bakterien auf andere Organismen.

Rekombination ist das Entstehen neuer Genotypen durch Neuordnung von Erbfaktoren. Im Sinne der Mendel'schen Gesetze kommt es zur Neuverteilung der Chromosomen (S. 339), im Zuge des crossing-over besteht außerdem die Möglichkeit des interchromosomalen Austausches (S. 49).

Während die Bedeutung des Gentransfers für die Evolution von Eukaryota noch nicht abgeschätzt werden kann, besteht über Mutation und Rekombination prinzipiell Klarheit: Sie sind die Quelle ständig neu entstehender Varianten, die sich in der Selektion bewähren können.

Bei der **Selektion** (S. 361) handelt es sich um einen statistischen Vorgang, der auf der unterschiedlichen Eignung der Individuen basiert: Wer stärker als das Durchschnittsindividuum zur Fortpflanzung kommt, sichert seinen Genen eine größere Verbreitung als dieses. Wie schnell Selektion erfolgen kann, ist beispielsweise aus Laborzuchten bekannt: In DDT-behandelten *Drosophila*-Zuchten entstanden in relativ kurzer Zeit in allen Chromosomen Resistenzallele gegen dieses Insektizid.

Unter **Populationswellen** versteht man starke Bestandsschwankungen in einer Population. Die Geschwindigkeit, mit der sich genetische Veränderungen durchsetzen, ist in kleinen Populationen besonders hoch. Dieses als genetische Drift bezeichnete Phänomen ist ebenfalls aus der Resistenzentstehung bekannt: Eingriffe in den Massenwechsel von Schadorganismen mit Insektiziden führen zu starker Verringerung der Population und zu einem anschließenden Neuaufbau einer selektierten Restgruppe mit Resistenzfaktoren.

Kommt es zur **Isolation** besonderer Genotypen, so können sie zum Ausgangspunkt für abweichende Populationen werden.

Ähnlich ist die Situation bei der **Annidation,** bei der einzelne Varianten in einem bestimmten Lebensbereich besonders günstige Lebensverhältnisse finden.

17 Ökologie

Die Ökologie erforscht die Wechselwirkungen zwischen den Lebewesen und ihrer Umwelt. Viele Reaktionen der Organismen sind direkt abhängig von spezifischen Umweltfaktoren (Licht, Temperatur, Nahrung usw.). Durch ihre Leistungen (Nahrungsaufnahme, Atmung, Exkretion) verändern Lebewesen zudem dauernd ihre Umwelt. Diese Wechselwirkungen können von zwei Ansatzpunkten ausgehend erforscht werden:

1. Man untersucht die Lebensansprüche einer Art (Species) oder Unterart (Subspecies) und prüft, wie diese in die Umwelt hineinpassen: **Autökologie.**

2. Man geht von der Vielfalt miteinander lebender Arten (Tiere, Pflanzen und Prokaryoten) aus, die gemeinsam als **Lebensgemeinschaft** (**Biozönose**) in einem **Lebensraum** (**Biotop**) existieren und erforscht das Beziehungsgefüge in diesem als **Ökosystem** bezeichneten Komplex: **Synökologie.**

Biotope sind von einheitlicher und gegenüber ihrer Umgebung abgrenzbarer Beschaffenheit (z. B. eine Höhle, ein Teich, ein Buchenwald). Im Englischen erfolgt oft eine Gleichsetzung mit Habitat (S. 409).

Die Faktoren, die ökologisch wirksam sind, gliedert man in **abiotische** (= physikalische und chemische) **Umweltfaktoren** und **biotische** (= Einwirkung der lebenden Organismen aufeinander).

Jede Tierart besiedelt nur einen Ausschnitt der Umwelt, in der Leben möglich ist. In den Tropen leben andere Arten als in Polargebieten, im Meer andere als im Süßwasser. Nicht nur der Lebensraum ist von Art zu Art verschieden, sondern auch die Breite der Lebensmöglichkeiten; es gibt Arten mit breitem Existenzspektrum (= **euryöke Arten**) und solche mit engerem (= **stenöke Arten**). Diese verschiedene Existenzbreite gilt auch für Einzelfaktoren: Eurytherm sind Tiere mit einer breiten Toleranz für Temperaturschwankungen, stenotherme Arten sind auf einen engen Temperaturbereich angewiesen. **Euryphage** (= **polyphage**) **Arten** besitzen ein breites Nahrungsspektrum (Wanderratte), **stenophag** sind z. B. der Koala, der sich nur von wenigen *Eucalyptus*-Arten ernährt, und die vielen monophagen Insekten, die auf eine Pflanzenart angewiesen sind. Innerhalb der Existenzbreite einer Art ist meist ein Bereich unter bestimmten, gegebenenfalls rasch wechselnden Randbedingungen optimal. Theoretisch müssten das Einzelwesen und auch die Art die Grenze der Existenz erreichen, wenn nur einer der lebensnotwendigen Faktoren unter das Minimum herabsinkt (**Gesetz vom Minimum**). Praktisch kann diese Grenze überschritten werden, wenn die Tiere ein eigenes Klima erzeugen, wie z. B. die Homoiothermen oder Bienen und Ameisen (innerhalb ihres Stockes). Sie bauen also eine eigene Umwelt auf, sodass die Extrema der Außenwelt weniger wirksam werden.

Wenn eine Art euryök, eurytherm usw. ist, muss nicht notwendigerweise jedes Individuum dieser Art gleichfalls euryök, eurytherm usw. sein. Vielmehr ist bei vielen Arten eine intraspezifische Inhomogenität zu beobachten. Außerdem kann das Präferendum, welches von einem Tier aufgesucht wird, auch innerhalb einer Art z. B. je nach Tages- und Jahreszeit wechseln.

Die Fähigkeit, durch Eigenbewegung die optimale Umweltsituation aufzusuchen, ermöglicht den Tieren eine viel höhere Einpassung in den jeweiligen Lebensraum als es Pflanzen möglich ist. Enchytraeidae (Oligochaeta), die bei gleichmäßiger Feuchtigkeit im Ackerboden verteilt leben, konzentrieren sich bei Austrocknung auf die Stellen, die am längsten Feuchtigkeit halten. Zugvögel und Zugschmetterlinge *(Danaus)* können Tausende von Kilometern wandern, um ungünstigen Bedingungen ihres Brutgebietes auszuweichen. Küstenseeschwalben, die im Sommer im nördlichen Polargebiet leben, ziehen während des Nordwinters in das Südpolargebiet, also in den Südsommer.

a Abiotische Faktoren

Licht. Licht kann in ganz verschiedener Weise auf Tiere wirken (Wellenlänge, Rhythmus, Intensität usw.) und ruft Reaktionen in ganz verschiedenen Organen hervor (Haut, Augen, Pinealorgan, Symbionten). Im Gegensatz zu den assimilierenden Pflanzen ist Licht allerdings für viele Tiere nicht notwendig. Tiere kommen deshalb auch in den Tiefen der Ozeane und in lichtlosen, unterirdischen Gebieten vor. Die normalerweise tagaktiv lebende *Drosophila* konnte ohne Schädigungen 220 Generationen im Dunkeln gezüchtet werden. Licht kann sogar für Tiere schädlich sein und den Tod herbeiführen. Besonders wirksam sind die kurzwelligen Strahlen. Für die Wassertiere ist dies von geringerer Bedeutung, da die kurzwelligen Strahlen hier stark absorbiert werden. Die Landtiere haben aber durch Chitin, Hornschichten, Schalen und durch Pigmente einen Strahlenschutz, der beim Menschen mit schwacher Pigmentierung allerdings nicht ausreicht, um ihn vor Sonnenbrand bei starker UV-Bestrahlung zu schützen. **Lichttod** lässt sich bei vielen Tieren experimentell erzeugen, in der Natur tritt er selten auf. Regenwürmer, die bei Ansteigen des Wassers in ihrem Lebensraum wegen O_2-Mangels an die Oberfläche kommen, erliegen hier oft dem Lichttod.

Zunahme des Lichts kann viele biologische Reaktionen auslösen. Es wirkt aufweckend für viele Vögel (Weckhelligkeit) und aktivierend auf viele Taginsekten. Es löst – oft zusammen mit einer Erhöhung der Temperatur – das Schlüpfen von Insekten aus der Puppe und Schlüpfen der Jugendstadien aus dem Ei bei Insekten und Trematoden aus. Bei nächtlich lebenden Tieren, z. B. Fledermäusen, wirkt die Lichtabnahme in der Dämmerung als Weckreiz.

Als tief greifend erweist sich der tägliche Wechsel von Licht und Dunkelheit. Diese **Photoperiodik** ändert sich besonders in den gemäßigten Zonen innerhalb der Jahreszeiten beträchtlich (Kurz- und Langtag). Die Zunahme der Tageslänge bewirkt bei Vögeln und z. T. bei Säugern die Aktivierung der Gonaden, sodass bei Zugvögeln der Heimzug ins Brutrevier ausgelöst wird. Auch Abbau der Fettdepots und Mauserung werden durch verschiedene Tageslänge beeinflusst. Das Licht stimuliert über die Augen und die Epiphyse die Hypophyse, worauf diese gonadotrope Hormone ausschüttet. Experimen-

tell lässt sich durch Verlängerung der Tagesdauer die Gonadenaktivität zu abnormen Zeiten herbeiführen. Sehr vielseitig ist die Wirkung verschiedener Tageslängen (Photoperioden) auf Insekten. Vielfach wirkt abnehmende Tageslänge entwicklungshemmend, speziell auf die Gonaden; sie kann auch Entwicklungsstillstand (**Diapause**) bewirken. Der **Saisondimorphismus,** also die Existenz zweier verschieden aussehender Generationen im Jahr, wird sowohl bei dem Tagfalter *Araschnia levana* (Abb. 171) als auch bei Zikaden (einige *Euscelis-Arten*) durch die verschiedene Tageslänge ausgelöst.

Temperatur. Die wichtigste Wirkung der Temperatur ist die Beschleunigung der chemischen Abläufe. Die **RGT-Regel** (Reaktionsgeschwindigkeit-Temperatur-Regel, van't-Hoffsche-Regel) trifft im Allgemeinen auch für die Organismen zu. Sie besagt, dass mit steigender Temperatur die Aktivität der Tiere und die Entwicklungsgeschwindigkeit zunehmen. Diese Aussage findet ihre Grenze in den Reaktionen des Cytoplasmas, das meist bei etwa 50 °C denaturiert. Nur wenige Bewohner heißer Quellen (Protozoen, Dipterenlarven) ertragen höhere Temperaturen. Bei Wassertieren erfolgt der Wärmetod vielfach schon bei tieferen Temperaturen. Der **Kältetod** tritt bei sehr unterschiedlichen Temperaturen ein und ist artlich und auch individuell sehr verschieden. Die typischen Riffkorallen sterben unter 18 °C, Rotatorien, Tardigraden und Protozoen können als Dauerstadien sogar die Temperatur flüssiger Luft ertragen. Die Kälteresistenz ist weitgehend vom Gehalt an freiem Wasser in den Zellen abhängig (Eiskristallbildung). Zahlreiche Insekten verhindern bei niedrigen Temperaturen Gefrieren des Blutes durch Bildung von Glycerin, verbreitet sind auch **Gefrierschutzproteine.** Vögel und Säuger machen die Körpertemperatur weitgehend von der Außentemperatur unabhängig. Sie sind **homoiotherm (endotherm,** gleichwarm). Die Mehrzahl der Tiere ist jedoch **poikilotherm (ectotherm,** wechselwarm), d. h., die Körpertemperatur wechselt mit der Außentemperatur. Die Grenze zwischen homoio- und poikilotherm ist nicht scharf. Viele Wirbellose sind zwar in einem mittleren Temperaturbereich wechselwarm, bei Erhöhung der Temperatur bleibt aber ihre Körpertemperatur niedriger, in

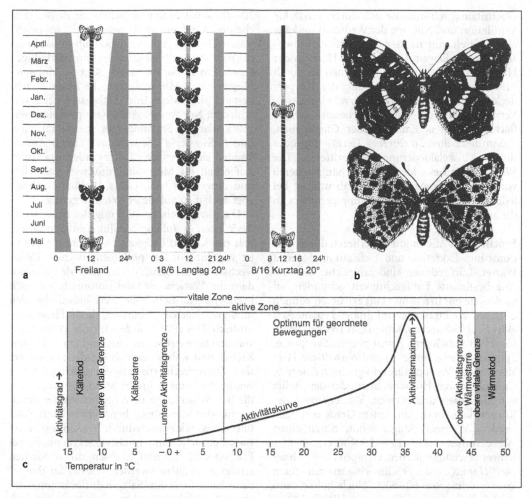

Abb. 171 a) Einfluss der Tageslänge auf das Entstehen der saisondimorphen Generationen von *Araschnia levana* (Landkärtchen). Dunkel: *prorsa*-Form. Heller: *levana*-Form. Links: unter natürlichen photoperiodischen Verhältnissen; Mitte: unter Dauerlangtag (18 Stunden Helligkeit pro Tag); rechts: unter Dauerkurztag (8 Stunden Helligkeit pro Tag). Eizeit punktiert, Larvenzeit hellgrau, Puppenzeit schraffiert, Puppendiapause schwarz. **b)** *prorsa*-Form (oben) und *levana*-Form (unten), **c)** Aktivitätsstufen der Eiraupe von *Lymantria monacha* (Nonne, Schmetterling) in Abhängigkeit von der Temperatur

tieferem Bereich höher als die der Umgebung. Für bestimmte Leistungen kann die Körpertemperatur also erhöht werden, z. B. bei Insekten kurz vor dem Flug auf über 30 °C. Bei einigen Homoiothermen, z. B. niederen Säugern, wechselt die Temperatur noch in einem beschränkten Maße mit der Außentemperatur. Eine besondere Anpassung zeigen die Winterschläfer unter den Säugern (Igel, Hamster, Siebenschläfer, Murmeltiere, Ziesel u. a.). Sie senken im Winter die Körpertemperatur auf 5–9 °C. Die Vorgänge des

Winterschlafes werden z. T. hormonal gesteuert, bei seiner Auslösung wirkt die Photoperiode mit (S. 386).

Die Regulation der Körpertemperatur erfolgt bei Poikilothermen v. a. durch Ortswechsel: Sonnenstrahlung erhöht die Körpertemperatur, Schatten und Verdunstung senkt sie. Steigerung der Körpertemperatur vor dem Abflug wird bei vielen Insekten durch Muskelaktivierung erreicht.

Homoiotherme sind gegen Schwankungen generell empfindlicher als Poikilotherme. Gegen

Überhitzung schützen sie sich durch verstärkte Ventilation und Nutzung der Verdunstungskälte (Exponieren von nackten Hautstellen, Schwitzen, Ohrenschlagen der Elefanten, Hecheln der Hunde). Der Unterkühlung begegnen sie durch Erhöhung der Isolationswirkung der Körperdecke (Sträuben von Feder- bzw. Haarkleid), Verminderung der wärmeabgebenden Oberfläche (Einrollen, Einziehen der Gliedmaßen, Zusammenballen mehrerer Tiere) und/oder durch Muskelaktivierung (Kältezittern). Die Wirksamkeit dieser Mechanismen hängt generell von der Umgebungstemperatur ab und ist bei jeder Art Resultat eines Anpassungsprozesses an die artspezifische Umgebung.

Feuchtigkeit. Alle Landtiere verlieren durch Verdunstung, Exkretion und Defäkation dauernd Wasser. Infolgedessen sind zahlreiche Tiere an eine bestimmte Luftfeuchtigkeit gebunden, sei es, dass sie nur in feuchter Luft existieren können oder nur zu Tageszeiten mit hoher Feuchtigkeit aktiv sind (Schnecken, Kröten). In Trockengebieten leben vorwiegend Arthropoden (Skorpione, Spinnen, Asseln, Insekten) und Wirbeltiere. Herabsetzen der Verdunstung erfolgt durch eine feste Cuticula, durch Hornschichten oder den Besitz von Gehäusen und Schalen. Wasserverlust des Körpers kann in verschiedenem Grade vertragen werden. Während Säuger schon durch einen Wasserverlust von 10–15% des Körpergewichtes schwer geschädigt werden, ertragen Nacktschnecken (*Limax*), manche Oligochaeten u. a. einen Wasserverlust von 60–80%. Noch höher kann der Wasserverlust bei Tieren sein, die die Fähigkeit zur Anabiose besitzen. Selbst manche Mückenlarven (*Polypedilum*) können in Trockenstarre bei 99% Wasserverlust drei Jahre lebensfähig bleiben. Tiere, die ohne Trockenstarre in Trockengebieten aktiv bleiben, sind Wassersparer, d. h., sie entziehen Kot und Harn durch Rückresorption weit gehend das Wasser. *Dipodomys* (Rodentia) und manche Arthropoden können ihren Wasserbedarf ausschließlich mit Oxidationswasser decken.

Salzgehalt. Der gesamte Salzgehaltsbereich der Gewässer von 0–32% ist von Tieren besiedelt, allerdings sehr ungleichmäßig. Es existieren zwei Maxima, eines im Meerwasser im Bereich von 30–45‰, das andere im Süßwasser. Beide Bereiche sind durch ein artenarmes Gebiet im Brackwasser (3–8‰) getrennt. Oberhalb 45‰ nimmt die Artenzahl schnell ab, in extrem salzhaltigen Gewässern leben aber noch Krebse (*Artemia*), Fliegen- und Mückenlarven. In ihrem Artenbestand sind Meer und Süßwasser ganz verschieden. Nur wenige Arten (einige Rotatorien, Mückenlarven, Stichlinge) existieren im Meer und Süßwasser (holeuryhaline Tiere). Andere können sich bei ihren Laichwanderungen vom Aufenthalt im Meer auf Süßwasser umstellen und umgekehrt (Aal, Lachs, Wollhandkrabbe), aber auch die Zahl dieser Arten ist gering.

Die physiologische Wirkung des Salzgehaltes des Wassers (= äußeres Medium) auf den Salzgehalt der Körperflüssigkeit (= inneres Medium) ist verschieden. Bei **poikilosmotischen Tieren** wechselt der Salzgehalt des inneren Mediums mit dem des Wassers, sie sind isotonisch, oft auch leicht hypertonisch. Viele Tiere haben aber den inneren Salzgehalt stabilisiert, sie sind **homoiosmotisch**. Das gilt besonders für die Wirbeltiere, von den höheren Fischen an, und auch für viele Krebse und wahrscheinlich für die Süßwassertiere. Die Aufrechterhaltung eines gleichmäßigen Binnenmediums erfordert Mechanismen, durch die bei Wassereinstrom vermehrt Wasser durch Darm oder Niere abgegeben werden kann. Salzüberschuss, wie er auch durch Trinken von Meerwasser entsteht, kann durch Salzsekretion, die bei Fischen und höheren Krebsen durch Kiemen erfolgt, ausgeglichen werden. Wie bei der Temperatur kann sich beim Salzgehalt die Isotonie auf einen Bereich beschränken, ober- und unterhalb dessen Regulationen einsetzen (s. auch S. 287).

Die Faktoren Licht, Wärme, Feuchtigkeit und Salzgehalt wirken nicht isoliert, sondern können sich in ihrer Wirkung wechselseitig fördern oder hemmen. Das Schlüpfen vieler Insekten wird durch Licht- und Temperaturzunahme ausgelöst. Hohe Temperatur kann die Resistenzgrenze des Salzgehaltes erhöhen oder vermindern usw. Wichtige abiotische Faktoren sind ferner: Wasserstoffionenkonzentration, Sauerstoffgehalt, Schwefelwasserstoffgehalt, Calciumgehalt usw. Auch rein physikalische Faktoren (Wasserbewegung, Luftbewegung, Struktur des Bodens usw.) sind oft bestimmend für das Fehlen oder Vorkommen von Arten.

b   Bioindikation

Als Bioindikatoren bezeichnet man Organismen, die auf bestimmte Umweltfaktoren in ganz spezifischer Weise reagieren, sodass sich diese und die daraus resultierenden Veränderungen in der Natur eng korrelieren lassen. Grundsätzlich kann jeder Organismus als Indikator verwendet werden. Es bedarf nur der Kenntnis seiner Reaktionen. Besondere Bedeutung hat die Bioindikation (auch Monitoring genannt) im Zusammenhang mit der Einschätzung von Gefahrenquellen, die ihren Ursprung in den Aktivitäten des modernen Menschen haben. Das Ziel der Bioindikationsforschung besteht in einer verbesserten **Umweltüberwachung** und **Naturpflege** sowie in der Entwicklung verlässlicher Verfahren zur **Risikoabschätzung** und **Prognose**. Wie in den folgenden Abschnitten über Produktionsbiologie (S. 414) und Naturschutz (S. 418) gezeigt wird, haben die Eingriffe des Menschen in Ökosysteme mittlerweile globale Probleme heraufbeschworen und zur Zerstörung weiter Landschaftsräume und zur Ausrottung vieler Arten geführt. Allerdings verstehen wir bisher weder naturnahe noch intensiv genutzte Ökosysteme so gut, dass in Belastungssituationen quantitative Prognosen gestellt werden können.

Die Bioindikation kann auf verschiedenen Organisationsniveaus eingesetzt werden, von Molekülen, Zellen, Geweben, Organen, Organismen und Populationen bis zu Biozönose und Ökosystem. **Biologische Indikationssysteme (Biomonitoren)** unterscheiden sich grundsätzlich von physikalischen und chemischen Messgeräten: Sie zeigen direkt die biologische Wirkung an, demonstrieren oft Zusammenwirken (Synergismus) von belastenden Faktoren (Stressoren), die durch chemische und physikalische Messungen nicht erfasst werden, und zeigen **Akkumulationen** an, die durch chemische und physikalische Messmethoden nicht vorausgesagt werden können. Akkumulation beispielsweise von Schwermetallen erfolgt bevorzugt in bestimmten Organen, Geweben und Zellen, bei Wirbeltieren in Leber und Niere, bei Krebsen und Mollusken in der Mitteldarmdrüse, bei Oligochaeten im Chloragog-Gewebe. Akkumulation kann erhebliche Konsequenzen haben, wenn sie in der Nahrungskette ihre Fortsetzung findet. Das wurde in den 60er Jahren des 20. Jahrhunderts durch spektakuläre Erkrankungen in Japan

deutlich, als viele Menschen an Cadmiumvergiftung (Itai-itai) und Quecksilberintoxikation (Minamata-Krankheit) erkrankten bzw. starben. Da die Akkumulation von äußeren und inneren Faktoren abhängig ist, sind Bilanzierungen nicht einfach aufzustellen, jedoch sind Aufnahme- und Abgabekinetik wichtig, um eine Schadwirkung abzuschätzen.

Man setzt die Bioindikation für qualitative und quantitative Belange ein. Zur Früherkennung von Gefahrenquellen benutzt man Organismen im **passiven** oder **aktiven Monitoring**. Im ersten Fall untersucht man freilebende Formen auf Schädigungen, im anderen hält man die Testorganismen unter Standardbedingungen im Freiland oder im Laboratorium. Die Testorganismen müssen reproduzierbare Ergebnisse gewährleisten, sie müssen also in hinreichender Zahl und gleich bleibender Qualität verfügbar sein.

Zunehmend werden **Biomonitore** zur Schadstoffermittlung und -überwachung herangezogen. Hierbei nutzt man bestimmte Organismen oder bestimmte physiologische oder biochemische Reaktionen als Parameter für die Belastung der Umwelt. Insbesondere bei der Überwachung großer Gewässer haben **kontinuierliche Biomonitore** (z. B. Bewegung von Fischen und Daphnien, Schließbewegungen von Muschelschalen) eine große Bedeutung erlangt.

Eine verbreitete Unterscheidung zwischen den Begriffen **Bioindikator** und **Biomonitor** liegt in ihrem Informationsgehalt. Während Bioindikatoren nur Informationen über die Qualität der Umweltveränderungen geben, lassen sich aus den Reaktionen von Biomonitoren Aussagen über die Quantität von Umweltveränderungen ableiten. Letztere sind daher z. B. zur Emissionsüberwachung besonders geeignet. Im Angelsächsischen wird auch häufig der Begriff **Biomarker** verwendet, unter dem ein messbarer biologischer Parameter auf suborganismischer Ebene verstanden wird, dessen Veränderung dazu geeignet ist, Umwelteinflüsse und Schadstoffwirkungen qualitativ und z. T. auch quantitativ anzuzeigen. Enzyminduktion von Cytochrom $P_{450}1A$ durch halogenierte und polyzyklische Kohlenwasserstoffe, Induktion von Metallothioneinen durch Schwermetalle sowie Veränderungen in Geweben und in der Ultrastruktur an Zellen nach

Schadstoffexposition sind Beispiele für verbreitete Biomarker.

Angesichts der immer größer werdenden Zahl von Chemikalien, die vom Menschen hergestellt und in die Umwelt entlassen werden, bemüht man sich in vielen Ländern um die Erarbeitung von **Testverfahren,** die nach Möglichkeit den Naturhaushalt einschließlich der Menschen vor Schaden bewahren sollen. Verbreitete Testorganismen unter den Tieren sind außer den bekannten »Labortieren« Ratte, Maus und zahlreichen Insekten Fische wie die Goldorfe *(Leuciscus idus melanotus),* der Zebrabärbling *(Danio rerio)* und der Guppy *(Poecilia reticulata)* sowie die Krebse *Daphnia magna* (Phyllopoda) und *Mysidopsis bahia* (Mysidacea). Die Palette dieser Organismen muss im Sinne einer verlässlichen Prognose wesentlich erweitert werden. Während in der Umweltüberwachung zunächst akute Testverfahren überwogen haben – die als Endpunkt in der Regel die Mortalität des Testorganismus messen –, hat sich in den letzten Jahren die Einsicht durchgesetzt, auch **spezifische Wirkungen** (z. B. auf das Hormonsystem oder auf das Erbgut; endokrine und gentoxische Wirkung) stärker zu berücksichtigen. Wenn auch die Entwicklung derartiger biologischer Testverfahren und ihr

Einsatz zu begrüßen sind, so ist doch immer zu bedenken, dass eine direkte Übertragung auf Freilandverhältnisse nicht möglich ist und dass die Tests daher nur als Entscheidungshilfe anzusehen sind.

Wenn quantitativer Stofftransport durch bestimmte, besonders intensiv bearbeitete Testtiere und Wirkungsmechanismen sowie Synergismen bei gleichzeitiger Einwirkung verschiedener Stoffe noch unzureichend bekannt sind, dann gilt das in noch ausgeprägterem Maße für ganze Ökosysteme (vgl. S. 414, Produktionsbiologie). Bei der Abschätzung von Gefahrenquellen kann man sich hier der Verschiebung des Artenspektrums bzw. des Artenfehlbetrages bedienen, die ebenfalls Zeigerwert haben. Der **Artenfehlbetrag** ist die Differenz zwischen der Artenzahl, die in einem naturbelassenen Lebensraum existiert, und der Artenzahl in einem vergleichbaren Lebensraum, jetzt allerdings unter Einwirkung des Menschen. Manchmal sind die Einwirkungen scheinbar gering, die Konsequenzen jedoch groß: Mähen von Grasland und Vegetation an Wegrändern zum falschen Zeitpunkt – vielerorts alljährlich zu beobachten – reduziert beispielsweise die Zahl der vorkommenden Insektenarten drastisch.

c Biologische Periodik (Chronobiologie)

Nicht nur die Faktoren, die auf einen Organismus einwirken, sind variabel, sondern auch die Organismen sind veränderliche Systeme, die in Abhängigkeit von ihrem Zustand auf identische Faktoren unterschiedlich reagieren. Ratten sterben beispielsweise nach abendlicher Röntgenbestrahlung ziemlich schnell, während sie morgendliche Bestrahlung lange überstehen; aus *Entamoeba coli* gewonnenes Gift wirkt abends auf Mäuse stark, nach Mitternacht jedoch weniger; die Schwerkraft bewirkt beim Kornkäfer *Sitophilus* tags positive Geotaxis, d. h., er wandert nach unten, nachts jedoch negative Geotaxis, Augen von Arthropoden ändern ihre Empfindlichkeit im Tagesverlauf. Derartige Beispiele ließen sich fast beliebig aneinander reihen. Sie beruhen darauf, dass viele Lebensprozesse in einer Periodik (Rhythmik) ablaufen, die mit Schwankungen in der Umwelt synchronisiert ist,

welche sich wiederum mit Erd- und Mondbewegungen in Beziehung bringen lassen: Tages- (Circadian-), Gezeiten-, Lunar- und Jahresrhythmik.

Die Tagesrhythmik ist mit der 24 Stunden währenden Eigendrehung der Erde synchronisiert, die **Gezeitenrhythmik** mit dem ca. 12,4-stündigen Gezeitenrhythmus, die **Lunarrhythmik** mit dem ca. 29,5-tägigen Mondphasenwechsel und die **Jahresrhythmik** mit dem Umlauf der Erde um die Sonne (Jahreszeiten).

Von vielen Organismen weiß man, dass ihre Periodik endogen ist, also auch bei gleich bleibenden Außenbedingungen beibehalten wird. Man spricht daher von einer **inneren (physiologischen) Uhr,** mit deren Hilfe eine Zeitmessung erfolgt.

Die biologische Bedeutung der Zeitmessung ist vielfältig. Im Tageslauf ist sie beispielsweise für die **Umkomposition von Biozönosen** verantwortlich: Jedes Tier hat in seiner Aktivitätsperiodik ein bestimmtes Muster, sodass man stark vereinfacht folgende Typen unterscheiden kann: **tagaktive, nachtaktive, dämmerungsaktive Tiere** und solche mit **Mischbigeminus** (ein Maximum während der Photoperiode [Lichtzeit] und eines während der Nacht). Eine wichtige Rolle kann die innere Uhr beim Zusammentreffen der Geschlechtspartner spielen, v. a. wenn diese nur kurz leben. Ein Extrem stellt die marine Mücke *Clunio tsushimensis* dar, deren Weibchen nach dem Schlüpfen aus der Puppe nur 20 Minuten lebt. Das Schlüpfen kann zudem nur mit Hilfe des Männchens erfolgen, das eine Lebenserwartung von einer Stunde hat. Ohne eine exakte Zeitmessung wäre der Fortbestand dieser Art nicht möglich. Außerdem können Tiere mit Hilfe der inneren Uhr und des Sonnenstandes die Himmelsrichtung bestimmen.

a) Tagesrhythmik. Von den erwähnten Rhythmen wurde der weit verbreitete Tagesrhythmus am genauesten untersucht. Abb. 172a zeigt mehrere tagesperiodische Aktivitäten eines Organismus; dabei achte man besonders darauf, dass die Maxima verschiedener Funktionen zu unterschiedlichen Tageszeiten auftreten.

Im Gehirn der Säugetiere hat der Nucleus suprachiasmaticus (NSC) die Funktion einer Zentraluhr. Das Genom besitzt verschiedene Gene, die Tagesrhythmik steuern.

Hält man Organismen mit ausgeprägter Circadianperiodik unter konstanten Bedingungen, so tritt im Allgemeinen eine geringfügige **Phasenverschiebung** auf (Abb. 172b), die individuell verschieden ist; die physiologische Uhr läuft also nicht völlig exakt. In der natürlichen Umwelt erfolgt eine Korrektur durch **Zeitgeber,** das sind synchronisierende Umweltgrößen, allen voran der Licht-Dunkel-Wechsel, weiterhin z. B. der 24-stündige Temperaturzyklus.

Durch künstliche Zeitgeber kann man viele Tiere von ihren Aktivitätsrhythmen etwas abbringen, beim Zurückkehren unter konstanten Bedingungen kommt jedoch ihr angeborener **Circadianrhythmus** wieder zum Tragen. Den meisten Tieren kann man künstliche Tageslängen unter 21 und über 26 Stunden nicht aufzwingen, sie behalten dann ihren eigenen Circadianrhythmus bei.

Es sei noch erwähnt, dass die Temperatur nur einen geringen Einfluss auf die Periodendauer hat und dass auch künstlich veränderte Perioden in frühen Entwicklungsstadien die Periodik nicht verändern können. Die Circadianperiodik ist also angeboren.

b) Gezeitenrhythmik. Die Gezeitenrhythmik ist für jene Tiere wichtig, die im **Eulitoral** der Meere leben, das ist die schmale Zone am Strand, die regelmäßig bei Ebbe trockenfällt und bei Flut wieder überschwemmt wird (Gezeitenzone). Mit den Gezeiten ist ein umfangreicher Aktivitäts- und Faunenwechsel verbunden: Viele aus dem Meer stammende Eulitoraltiere entfalten ihre Hauptaktivität bei Flut (z. B. Filtrierer und Strudler); währenddessen dringen viele Sublitoralbewohner in den Gezeitenbereich vor (v. a. Fische). Bei Ebbe dagegen werden die vom Land eingewanderten Eulitoraltiere aktiv (v. a. Arthropoden), und Vögel dringen vom Land her ein. In warmen Klimaten sind auch Landkrebse (*Coenobita, Uca*) und amphibische Fische (*Periophthalmus*) während der Ebbe im Eulitoral aktiv.

Diese gezeitensynchrone Aktivität wird von einem Teil der Eulitoralbewohner auch im Labor beibehalten. In diesem Zusammenhang wurde das Turbellar *Convoluta roscoffensis* mit seinen grünen Symbionten bekannt, das bei Ebbe tags an die Wattoberfläche kommt und bei auflaufendem Wasser wieder im Substrat verschwindet.

c) Lunarrhythmik. Die Fortpflanzung vieler Meerestiere findet mit einer lunaren Periodizität statt; sie kann einen Rhythmus mit einer Periodenlänge von ca. 30 Tagen und einen semilunaren mit etwa 15-tägigen Zeitabständen aufweisen.

Die lunare Rhythmik wird dadurch kompliziert, dass die Fortpflanzung zudem oft an eine bestimmte Jahreszeit und einen bestimmten Wasserstand gebunden ist.

So laicht der Knochenfisch *Leuresthes* an der kalifornischen Küste an nur wenigen Winterabenden bei Hochwasser. Die reifen Tiere lassen sich von den Wellen auf den Strand tragen, wo die Eier abgelegt und besamt werden; schon die nächsten Wellen spülen die Eltern wieder ins Meer. Die Eier machen nahe der Hochwasserlinie die Embryonalentwicklung durch und schlüpfen bei der folgenden Springflut, von der sie ins Meer getragen werden. Die Meeresmücke *Clunio* dagegen schwärmt während des niedrigsten Wasserstandes. Der südpazifische Palolowurm, der Polychaet *Eunice viridis,* schwärmt nur im letzten Mondviertel im Oktober oder November eines

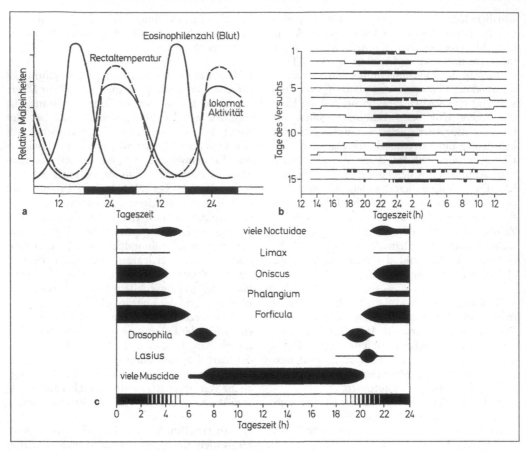

Abb. 172 Biologische Periodik. **a)** Tagesperiodische Veränderungen dreier messbarer Größen einer Maus. **b)** Tageszeiten, in denen ein unter konstanten Bedingungen in einer Dunkelkammer gehaltenes Flughörnchen lokomotorisch aktiv ist. Der Versuch zeigt, dass sich im Laufe von 15 Untersuchungstagen der Beginn der Aktivität von etwa 20 auf etwa 24 Uhr verschiebt. **c)** Tageszeitlich unterschiedliches Auftreten verschiedener Tiere an gärendem Obst

jeden Jahres in wenigen Stunden jeweils in zwei oder drei aufeinander folgenden Nächten.

d) Jahresrhythmik. Unter den zahlreichen Aspekten der Jahresrhythmik soll hier nur einer herausgegriffen werden: die Überbrückung ungünstiger Perioden. Solche Zeitabschnitte werden von Tieren oft in einem energiesparenden Zustand durchgemacht (**Dormanz**). Dabei kann es sich um eine durch die Umwelt ausgelöste Einstellung des Stoffwechsels handeln, die mit weit gehender Entwässerung einhergeht (**Kryptobiose, Anabiose**). Sie kommt beispielsweise bei Protozoen, Rotatorien, Nematoden und Tardigraden vor und ermöglicht diesen Tieren die Besiedlung von Lebensräumen mit starken Schwankungen von Temperatur und Luftfeuchte (Abb. 173). In anderen Fällen können wechselwarme Tiere bei eingeschränktem Stoffwechsel und unter Entwicklungsstillstand ungünstige Zeiträume überbrücken. Setzen sie sogleich nach Wiedereintritt günstiger Außenbedingungen ihre Entwicklung fort, spricht man von **Quieszenz.** Beruht die Entwicklungsruhe jedoch auf besonderen physiologischen Mechanismen wie hormonal bedingter Sollwertverstellung des Stoffwechsels, spricht man von **Diapause.** Letztere ist bei Insekten und Spinnentieren verbreitet und kann verschiedene Entwicklungsstadien betreffen. Diapause kann durch Außenfaktoren induziert werden, aber auch unabhängig von diesen sein, z. B. als Eidiapause.

Abb. 173 Moderne Zweckbauten und Fugen zwischen Bodenplatten weitgehend versiegelter Böden können lebende Organismen beherbergen, die hier sogar oft in hohen Populationsdichten auftreten: **a)** Kopf der Pharao-ameise *Monomorium pharaonis,* **b)** Moospflänzchen und die Hornmilbe *Scutovertex* sowie die Bärtierchen *Echiniscus* und *Milnesium,* **c)** Diatomeen (*Navicula nivaloides, Pinnularia borealis* und *Navicula mutica*) aus einer Pflasterfuge. Fotos von Milbe und Tardigraden: G. Alberti (Greifswald)

Unter den Homoiothermen können einige Vögel (z. B. Nachtschwalbenarten, Mauersegler, Kolibris und in geringerem Maße auch andere Formen, z. B. Meisen) und Säugetiere (Beutelmäuse, Weißfußmaus, einige Fledermäuse u. a.) bei absinkender Temperatur oder Nahrungsmangel für kurze Zeit (oft nur einige Stunden) in Starrezustand (**Torpor**) fallen mit herabgesetzter Stoffwechselrate und Körpertemperatur, wodurch eine beträchtliche Energiemenge eingespart wird. Man spricht auch von **Heterothermie.** Ein Kolibri würde z. B. 10,4 kcal/24 h verbrau-

chen, wenn er während des Nachtschlafes nicht in Starre fiele; mit nächtlichem Starrezustand verbraucht er dagegen nur 7,6 kcal/24 h. Die **Winterruhe** mancher Carnivoren (Bären, Dachse) entspricht einem besonders tiefen Schlaf und erfolgt bei annähernd normaler Körpertemperatur und herabgesetzter Herzfrequenz. Winterruhende Tiere verlassen auch in der kalten Jahreszeit ab und zu ihre Höhlen und streifen umher.

Manche Säuger überstehen die kalte Jahreszeit im **Winterschlaf;** diesem sehr ähnlich ist in vieler

Hinsicht der **Trockenschlaf** einiger Arten (Tenrecs, Nager) in warmtrockenen Klimaten. Beim echten Winterschlaf handelt es sich um eine eigene Form der Anpassung an kalte Temperaturen, die mit einer großen Fülle von physiologischen Besonderheiten in vielen Organen einhergeht. Während z.B. bei der Mehrzahl der Säugetiere Nerven bei 10–15°C keine Impulse mehr leiten, sind sie bei den Winterschläfern noch bei 2–4°C erregbar. Das Herz winterschlafender Igel weist noch bei 4–5°C einen Spontanrhythmus auf, während es bei der nicht winterschlafenden Ratte bei 16–18°C aufhört zu schlagen. Eine weitere Besonderheit der winterschlafenden Homoiothermen besteht darin, dass sie keiner von außen zugeführten Wärme bedürfen, um wieder in den Zustand normaler Temperatur und Aktivität zu gelangen. Damit unterscheiden sie sich auch von Poikilothermen, wie z.B. Fröschen, die weit gehend von äußerer Wärme abhängig sind, um ihre Körpertemperatur wieder ansteigen zu lassen. Kleine Fledermäuse benötigen nur 30 bis 60 Minuten, um aus dem Starrezustand aufzuwachen, dabei steigen die Herzfrequenzen von 25/min auf 400/min (und im Flug über 1000/min), der O_2-Verbrauch von 0,03 ml pro Gramm Körpergewicht pro Stunde auf 3,0 ml und die Körpertemperatur von 6°C auf 36°C (und im Flug 41°C) an.

Die echten Winterschläfer, z.B. Haselmaus, Siebenschläfer, Murmeltiere, einzelne Fledermäuse und unter den Vögeln eine nordamerikanische Nachtschwalbenart, nehmen im Winterschlaf eine bestimmte Haltung ein – meist sind sie eingerollt –, die Körpertemperatur sinkt auf ca. 5–10°C, bei manchen Arten auf 2°C, und die Muskulatur wird starr. Auch die echten Winterschläfer befinden sich im Allgemeinen nicht während des gesamten Winters im Starrezustand, obwohl das von einigen Fledermäusen und Schläfern berichtet wurde. Sie werden durch Wärme und extreme Kälte geweckt, ihr Wärmeregulationszentrum wird nie ganz ausgeschaltet. Im Einzelnen verhalten sich die Winterschläfer recht unterschiedlich. Igel verfallen z.B. oft zunächst erst für einige Tage in Schlaf, dann werden sie wieder aktiv, fallen abermals in Schlaf usw. Längere Schlafperioden treten oft erst im tiefen Winter ein. Hamster fressen in kurzen Wachperioden Nahrungsvorräte, die sie im Herbst gesammelt hatten. Viele Winterschläfer werden vor Schlafbeginn recht fett. Ein Teil des Fettes wird in das gut durchblutete und reich innervierte braune Fettgewebe eingelagert, das rasch Wärme produzieren kann und daher beim Aufwachen wichtig ist. Die plurivakuolären Zellen dieses Fettgewebes sind sehr mitochondrienreich. Die Wärmebildung erfolgt ohne Zitterbewegungen. Die Atmung wird z.T. unregelmäßig und langsam, der Herzschlag wird z.T. sehr langsam, er fällt oft von 300–400 auf 10–20/min, der Blutzuckerspiegel sinkt, der Magnesiumgehalt steigt z.T. stark an, z.B. beim Igel um 80–90%, bei manchen Fledermäusen schwillt die Milz bis um das Siebenfache an (Blutspeicher). Die Blutgerinnungsfähigkeit ist herabgesetzt.

d Synökie

Die Organismen eines Lebensraumes stehen untereinander in komplizierten Wechselbeziehungen. Fast jede ihrer Aktivitäten wirkt auf andere Tiere fördernd (**probiotisch**) oder hemmend (**antibiotisch**).

Oft gehen verschiedene Tierarten oder Tiere mit Pflanzen oder Bakterien Wechselbeziehungen ein, die von einer lockeren Gemeinschaft bis zu lebensnotwendiger Bindung reichen. Dieser Komplex, hier mit dem Begriff Synökie belegt (der oft viel enger angewendet wird), wird durch verschiedene Autoren sehr unterschiedlich gegliedert und durch stark divergierende Definitionen abgegrenzt. Der Leser möge die Lebensäußerungen im Vordergrund sehen, nicht die Definitionen.

Ebenso wie viele Pflanzen als Epiphyten auf anderen Pflanzen leben, ohne Parasiten zu sein, gibt es viele Tierarten, die als **Epizoen** auf anderen Tieren leben, bisweilen nur an bestimmten Körperstellen (**Symphorismus**). Es handelt sich meist um strudelnde, filtrierende oder mit Fangtentakeln sich ernährende Tiere, also um Ciliaten, Hydroidpolypen, Bryozoen, Rotatorien, Cirripedier usw. In einzelnen Fällen haben diese Wassertiere ihre Träger auch beim Übergang ans

Landleben begleitet: Zwischen den stets feucht gehaltenen Hinterleibsbeinen verschiedener Landasseln hat sich eine symphoretisch lebende Protozoenfauna erhalten.

Wenn Tiere nur kurzfristig von anderen als Transportmittel benutzt werden, spricht man von **Phoresie**. Phoresie ist von Nematoden, Milben und Pseudoskorpionen bekannt, die von fliegenden Insekten verbreitet werden können. Der Schiffshalter *(Echeneis)* heftet sich mit seiner zu einem Saugorgan umgebildeten Rückenflosse an große Fische und Schiffe und lässt sich transportieren.

Viele Tiere benutzen Bauten und Hohlräume anderer Tiere als Wohnstätten, ohne Parasiten zu sein. Man nennt sie Einmieter oder **Inquilinen**. Sie finden sich in großer Zahl in Röhren und Bauten von Meeres- und Landtieren (Krabben in Röhren des Polychaeten *Chaetopterus*, Gobiidae in den Bauten von Garnelen). Besonders zahlreiche Inquilinen leben in den Bauten sozialer Insekten. Einmieter (nicht Parasiten) in Körperhöhlen anderer Tiere werden als Entöken bezeichnet, z. B. *Carapus (= Fierasfer)* im Enddarm von Seegurken. In den beschriebenen Fällen erfolgt die Ernährung des Tieres, das auf oder bei einem anderen Tier Quartier bezogen hat, selbstständig und unabhängig vom Träger. Nicht selten beteiligen sich aber die Gäste an den Mahlzeiten ihrer Wirte (**Kommensalismus**). Solche Mitesser (Kommensalen) sind z. B. Turbellarien, die an den Mundgliedmaßen von Krabben und den Beinen von *Limulus* leben. Häufig kommen Kommensalen bei sozialen Insekten vor. Hier betätigen sich Collembolen, Lepismatiden, Milben und Käfer; oft nehmen sie ihren Wirten die Nahrung weg, wenn diese gerade ihre Stockgenossen füttern (Abb. 174c).

In den bisher genannten Fällen liegt der Vorteil des Zusammenlebens auf einer Seite. Das Wirtstier bleibt ohne Förderung, bei stärkerer Besiedlung kann es geschädigt werden. In vielen Fällen wirkt aber das Zusammenleben für beide Partner lebensfördernd (probiotisch), d. h., es liegt ein **reziproker phaenotypischer Altruismus** vor (vgl. S. 193). Dieser hat in vielen Fällen zu einer weitgehenden Abhängigkeit der beteiligten Organismen voneinander geführt, die eine sehr eng miteinander verbundene Evolution durchgemacht haben. Man spricht daher auch von **Coevolution**. Wie im Folgenden gezeigt wird, sind es ganze Ökosysteme und große Taxa, deren Entstehung mit diesem reziproken Altruismus ein-

hergegangen ist: Die Entwicklung der Angiospermen verlief seit dem Mesozoikum in enger Abstimmung mit ihren Bestäubern, v. a. Insekten, die Entfaltung der modernen tropischen Korallenriffe ging mit symbiotischen intrazellulären Dinoflagellaten einher (S. 441, 465). Im Folgenden unterscheiden wir Allianz, Mutualismus und Symbiose.

Bei der **Allianz** leben zwei oder mehrere Arten oft gemeinsam in einer Herde (z. B. Strauße und Antilopen). Der Strauß kann Feinde besser optisch erkennen, die Antilope mit dem Geruchssinn. Die Fluchtreaktion von Tieren einer Art löst die der ganzen Herde aus.

Beim **Mutualismus** fördern verschiedene Arten ihr Gedeihen durch bestimmte Verhaltensweisen, leben aber meist voneinander getrennt. Ein Musterbeispiel für Mutualismus sind die Wechselbeziehungen von Blütenpflanzen und meist flugfähigen Tieren (Insekten, Vögeln, Fledermäusen), die auch unter dem Begriff **Blütenökologie** zusammengefasst werden. Die Tiere transportieren den Pollen von einer Blüte zu einer anderen und erhöhen so die Wahrscheinlichkeit einer Bestäubung. Dabei leben sie teilweise vom Blütenstaub und bekommen oft noch spezielle Nahrungsmittel dargeboten.

Mit der Insektenbestäubung entstanden Klebrigkeit des Pollens, Zwittrigkeit der Blüten, ein spezieller anlockender Duft, Blütenfarben und als besondere Beköstigungseinrichtungen Nektarien, Organe der Pflanzen, die Zuckerlösungen (Nektar) produzieren. Dem Anlocken der Bestäuber dienen in manchen Fällen sterile Lockblüten.

Pflanzen, die den bestäubenden Insekten nur oder vorwiegend Pollen bieten, nennt man Pollenblumen; dazu gehören z. B. *Papaver* (Mohn), *Rosa* (Heckenrosen) und *Paeonia* (Pfingstrose). Pflanzen, die wenig oder – in weiblichen Blüten – keine Pollen, aber viel Nektar anbieten, nennt man Nektarblumen. Dazu gehören z. B. die eingeschlechtlichen Blüten von *Salix* (Weide). Zwischen beiden Typen gibt es zahlreiche Übergänge.

Neben Pollen und Nektar gibt es verschiedene Pflanzenteile, die zu speziellen Futtergeweben umgewandelt sein können (Beköstigungsantheren, Futterhaare usw.). Nahe den Stellen, an denen die Blüten Futter anbieten, befinden sich oft besondere Farbmale, die als Pollen- bzw. Saftmale bezeichnet werden und den Bestäubern den Weg weisen.

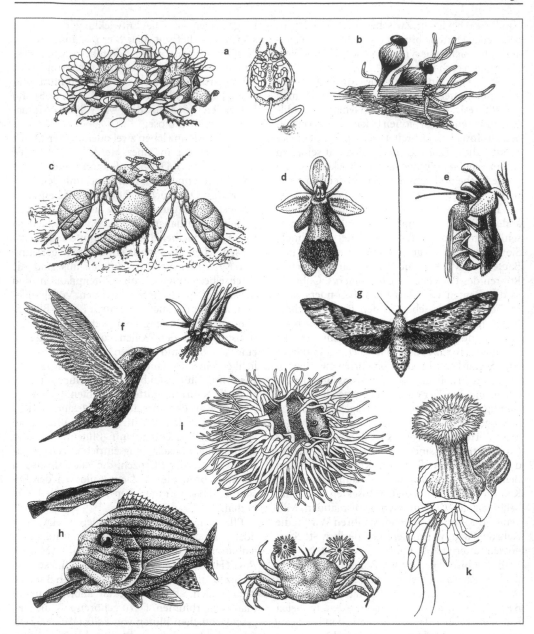

Abb. 174 Synökie. **a)** Links: Ein Käfer *(Onthophagus)* ist von zahlreichen Deutonymphen einer Milbe (Uropodidae) besetzt, die sich mit einem elastischen Stiel befestigt haben. Dieser besteht aus einer Kittsubstanz, die aus der Analöffnung abgegeben wird, rechts einzelne Milbe. **b)** Zwischen *Pilobolus*-Pilzen winkende Nematodenlarven, die phoretisch von Insekten verschleppt werden. **c)** Ameisenfischchen *(Atelura,* Thysanura) frisst von Nahrungstropfen, den Ameisen einander übergeben. **d), e)** Reaktion von Insektenmännchen auf weibchenähnliche Orchideenblüte. **d)** Blüte von *Ophrys insectifera,* **e)** Männchen einer Langhornbiene beim Kopulationsversuch auf dieser Blüte, **f)** Kolibri bei Nektaraufnahme, **g)** *Xanthopan morgani* mit extrem langem Rüssel; **h)** Ein großer Barsch *(Plectorhynchus)* wird von Putzerfischen *(Labroides dimidiatus)* nach Parasiten abgesucht. **i)** Aktinie und Clownfisch *(Amphiprion);* **j)** Krabbe *(Lybia)* mit zwei Aktinien in den Scheren, die zur Verteidigung gebraucht werden, **k)** Einsiedlerkrebs mit Aktinie *(Calliactis)* auf dem Schneckenhaus

Die Abhängigkeit zwischen Bestäuber und Blüte ist unterschiedlich weit fortgeschritten. Während zahlreiche Pflanzenarten von vielen Tieren aufgesucht werden, sind einige nur von einzelnen Arten zu bestäuben. Besonders eng ist die Symbiose von Orchideen und Insekten: Die madagassische Orchidee *Angraecum sesquipedale* mit ihrem 25 cm langen Blütensporn wird von dem Schwärmer *Xanthopan morgani* mit einem ebenso langen Rüssel aufgesucht (Abb. 174g). *Ophrys*-Arten mit ihren Blüten, die bestimmten Insekten ähneln und Sexualduft ausströmen, induzieren bei den entsprechenden Insektenmännchen Kopulationsbewegungen (Abb. 174e).

Unter den Insekten treten als **Blütenbestäuber** Hymenopteren (Hautflügler), Lepidopteren (Schmetterlinge) und Dipteren (Zweiflügler) hervor (Abb. 175).

Die Hymenopteren machen etwa die Hälfte der blütenbestäubenden Insekten aus. Allen voran sind die sozialen Aculeaten zu nennen, v. a. Bienen und Hummeln. Durch ihre Blütenstetigkeit werden sie zu besonders wichtigen Bestäubern zahlreicher Kulturpflanzen, z. B. im Obstbau, bei Kreuzblütlern (Raps) und Schmetterlingsblütlern (Klee). Pflanzen, die nur oder fast ausschließlich von Bienen und Hummeln bestäubt werden (Bienen- und Hummelblumen), sind sehr vielgestaltig, oft sind ihre Blüten zygomorph (bilateral; Schmetterlingsblütler, viele Lippenblütler, Rachenblütler und Orchideen).

Die Schmetterlinge enthalten wenige Pollenfresser mit Beißmandibeln (Micropterygidae); die meisten sind mit einem langen Saugrüssel ausgestattet (Abb. 264) und saugen Nektar. Sie sitzen dabei auf der Blüte oder halten sich unter Flügelschwirren an ihr fest oder stehen im Schwirrflug frei vor der Blüte und saugen. Typische Schmetterlingsblumen haben eine lange Blütenkronröhre, z. B. *Dianthus* (Nelke) und *Saponaria* (Seifenkraut).

Groß ist auch die Zahl der Blütenbestäuber unter den Dipteren. Nur auf Dipterenbesuch eingestellte Blüten sind jedoch selten *(Aristolochia clematitis*, Osterluzei). Wichtige Familien sind Syrphidae (Schwebfliegen) und Bombyliidae (Woll- oder Hummelschweber) sowie als Bestäuber von Kesselfallenblumen (Aronstab, Osterluzei) Psychodidae (Schmetterlingsmücken), Chironomidae (Zuckmücken) und Ceratopogonidae (Gnitzen).

Blütenbesuchende Vögel gehören zu etwa 50 Familien, hervorgehoben seien die neuweltlichen Kolibris (Trochilidae), die im Schwirrflug vor den Blüten stehend Nektar aufnehmen (Abb. 174f.), die altweltlichen Nektarvögel (Nectariidae) und unter den Papageien die in Südostasien und Australien beheimateten Pinselzüngler (Trichoglossidae). Bei den spezialisierten Blütenbesuchern kann die Zunge verlängert und zu einem Saugrohr umgebildet sein. Vogelblumen sind oft arm an Duft, aber leuchtend (oft rot) gefärbt entsprechend der vorwiegend optischen Orientierung der Vögel.

Fledermausblumen dagegen entwickeln v. a. nachts einen starken, für Menschen oft unangenehmen Geruch, z. B. die Blüten des Kapokbaumes, einer in den Tropen verbreiteten Nutzpflanze. Neben Fledermäusen spielen noch einige kleine Beuteltiere Australiens unter den Säugern eine Rolle bei der Blütenbestäubung.

Nicht nur zwischen Tieren und Pflanzen existieren mutualistische Beziehungen, sondern auch unter verschiedenen Tieren. Hierher zählen die Beziehungen zwischen Ameisen und Blatt- sowie Schildläusen. Die Blattläuse liefern durch ihren zuckerhaltigen Kot Nahrung für die Ameisen (vgl. Kapitel 7, Abb. 88c), die Ameisen verteidigen sie gegen ihre Feinde. Solche Fälle (auch als **Trophobiose** bezeichnet) leiten über zur Symbiose. Ähnliches gilt für die Putzer: Zahlreiche Tiere sammeln anderen Parasiten von ihrer Haut ab, so Vögel *(Buphagus)* in Afrika auf Großsäugern. Aus der Meeresfauna ist v. a. der Putzerfisch *Labroides* bekannt geworden (Abb. 174h), der seinen Wirten sogar ins geöffnete Maul schlüpfen kann; auch verschiedene Garnelen betätigen sich als Putzer an Fischen.

Besonders eng sind die mutualistischen Beziehungen zwischen einigen tropischen Meeresfischen *(Amphiprion, Premnas)* und Aktinien *(Heteractis* Abb. 174i). Die Fische bedecken ihre Oberfläche mit Sekreten der Aktinien und werden von diesen dann nicht genesselt. Ihre Planktonnahrung nehmen sie direkt über der Aktinie auf, stürzen sich aber bei Beunruhigung zwischen deren Tentakel, die andere Fische nesseln. Schließlich verteidigt *Amphiprion* ihre Wirtsanemone gegen andere Fische.

Die Abgrenzung dieser Fälle zu echter **Symbiose** fällt nicht immer leicht, daher werden sie alle auch oft unter dem Symbiosebegriff subsumiert.

Echte Symbiose liegt vor, wenn die Partnerarten räumlich eng zusammenleben und das Zusammensein durch besondere Handlungen

erhalten. Sind beide Partner in der Größe deutlich unterschieden, nennt man die kleineren Symbionten, den größeren Wirt. Lebt der Symbiont außerhalb des Wirtes, spricht man von Ectosymbiose, lebt er im Wirt, von Endosymbiose.

Bekannte Beispiele sind die Symbiosen zwischen Krebsen und Nesseltieren, besonders die zwischen Einsiedlerkrebsen und Aktinien. Die Bindung zwischen Krebs und Aktinie ist verschieden. *Eupagurus prideauxi* und *Adamsia palliata* kommen nur zusammen vor. Die Aktinie wird durch den Krebs transportiert und beteiligt sich z. T. an seiner Mahlzeit. Der Krebs erhält durch ihre Nesselkapseln Schutz, und sofern die Nesseltiere über den Rand des Schneckenhauses vorwachsen, wird die Notwendigkeit des Umzuges in ein größeres Schneckenhaus weniger dringlich. Bei diesem Umzug nimmt der Krebs die Aktinie auf sein neues Haus mit. Diese löst sich auf bestimmte Berührungsreize von ihrer Unterlage. Bei Nahrungsmangel frisst der Krebs seine Aktinie.

Oft leben Tiere und Pilze in Symbiose. Die Pilzzucht der Ameisen und Termiten ist ein bekanntes Beispiel. Sie ist aber auch bei Insekten verbreitet, deren Larven im Holz leben, z. B. bei Borkenkäfern, Holzwespen und Werftkäfern (Lymexylonidae). Die Sporen der Pilze werden vom Weibchen im Vorderdarm (Borkenkäfer), in einer Hauttasche (Holzwespen) oder in einer Tasche der Vagina (Werftkäfer) transportiert und den ins Holz gelegten Eiern beigegeben, sodass die geschlüpfte Larve vom Pilz durchwuchertes Holz vorfindet. Weit verbreitet sind **Endosymbiosen**. Tiere kultivieren hier im Darm, in Geweben oder bestimmten Organen (**Mycetomen**) niedere Organismen, v. a. einzellige Algen, Pilze (Hefen) oder Bakterien. Diese können in spezialisierten Zellen (**Mycetocyten**) liegen. Unter den Darmsymbionten, die im Darminhalt leben, finden wir neben Bakterien auch Flagellaten (bei Termiten) und Ciliaten (Ophryoscoleciden im

Pansen der Wiederkäuer). Bei Wassertieren sind **Algensymbiosen** verbreitet. Als Symbionten dienen einzellige grüne Algen (Zoochlorellen), gelbe bzw. braune Algen (Zooxanthellen), seltener Diatomeen und fädige Grün- oder Rotalgen. **Zoochlorellen**-Symbiosen kommen im Süß- und Meerwasser vor, im Süßwasser z. B. bei *Hydra viridissima*, einigen Turbellarien (*Dalyellia viridis*), Rotatorien und Ciliaten, im Meer im Turbellar *Convoluta*. **Zooxanthellen** sind im Meer verbreitet in Foraminiferen, Radiolarien und Cnidariern (v. a. bei Korallen). Sie kommen aber auch in Schnecken (Nudibranchia) und Muscheln (Mantelrand der Riesenmuschel *Tridacna*) vor. Sie leben in den Entodermzellen, z. B. bei *Hydra*, oder in Bindegewebszellen. Die biologische Wirkung der symbiotischen Algen ist unterschiedlich, nur in manchen Fällen dienen die Algen bzw. ihr Vermehrungsüberschuss der Ernährung des Wirtes, z. B. bei dem Turbellar *Convoluta*, das nach Infektion mit Zoochlorellen den Mund rückbildet, bei manchen Korallen (Xeniidae) und bei der Muschel *Tridacna*, bei denen Amöbocyten Symbionten fressen. Unter den Endosymbiosen mit Bakterien nehmen die **Leuchtsymbiosen** eine besondere Stellung ein. Sie sind bei Meerestieren verbreitet (Tintenfische, Fische, manche Tunicaten [Pyrosomen]). Die übrigen Endosymbiosen mit Bakterien, Hefen oder Protozoen sind besonders häufig bei Tieren mit einseitiger Ernährung, bei Blutsaugern, Säftesaugern an Pflanzen, Holz- und Pflanzenfressern, die die Cellulose nicht durch eigene Enzyme aufschließen können. Der **Cellulosezersetzung** dienen einige Ciliaten im Pansen der Wiederkäuer, die Flagellaten im Enddarm von Termiten sowie v. a. Bakterien. Ein Teil der Symbionten wird verdaut und dient so der Ernährung. In manchen Fällen liefern die Symbionten lebensnotwendige Vitamine. Nagetiere fressen den speziellen Kot, der aus ihrem Blinddarm stammt und eine reiche Bakterienflora enthält (**Caecotrophie**). Sofern die Symbionten lebens-

Abb. 175 Arthropoden auf einem Doldenblütler *(Angelica):* **a)** Faltenwespe *(Paravespula,* Vespidae), **b)** Krabbenspinne *(Misumena,* Thomisidae), **c)** Schwebfliege *(Helophilus,* Syrphidae), **d)** Erdhummel *(Bombus,* Apidae), **e)** Streifenwanze *(Graphosoma,* Pentatomidae), **f)** Schwebfliege *(Syrphus,* Syrphidae), **g)** Goldfliege *(Lucilia,* Calliphoridae), **h)** Schwebfliege *(Cheilosia,* Syrphidae), **i)** Blütenbock *(Leptura,* Cerambycidae), **k)** Weichkäfer *(Cantharis,* Cantharidae), **l)** Kreuzspinne *(Araneus,* Araneidae), **m)** Raubwanze *(Rhinocoris,* Reduviidae), **n)** Schwebfliege *(Eristalis,* Syrphidae), **o)** Marienkäfer *(Anatis,* Coccinellidae), **p)** Blattläuse, **q)** Grüne Stinkwanze *(Palomena,* Pentatomidae)

wichtig sind, müssen ihre Nachkommen im Besitz der Wirtsart bleiben. Das geschieht auf folgenden Wegen:

1. durch Zufallsinfektion. Die Symbionten sind auch außerhalb ihrer Wirte verbreitet, z. B. die Zoochlorellen und die Leuchtbakterien, sodass zuerst symbiontenfreie Jugendstadien auftreten. Das ist z. B. beim Turbellar *Convoluta* der Fall.
2. Von Drüsen oder Taschen des Elterntieres werden Stadien der Symbionten bei der Eiab-

lage auf die Eischale deponiert. Beim Schlüpfen erhält das Jungtier die Symbionten (viele Insekten, manche Tintenfische).

3. Die Infektion findet bereits im Mutterkörper statt. Bei der grünen *Hydra* dringen Zoochlorellen unter Durchbrechung der Stützlamelle vom Entoderm aus in das sich bildende Ei. Bei den Feuerwalzen (Pyrosomen) nehmen Follikelzellen des Eies Leuchtbakteriensporen aus dem Blut auf und kriechen mit ihnen in den sich entwickelnden Embryo.

e Parasitismus

Parasiten ernähren sich von Geweben, Körperflüssigkeiten oder von im Darm befindlicher Nahrung anderer Organismen (ihren Wirten), auf oder in denen sie leben. Viele Gruppen im Tierreich leben rein parasitisch, z. B. Sporozoen, Trematoden, Cestoden, Mesozoen, Acanthocephalen und Pentastomiden. Zahlreiche Parasiten finden wir unter den Flagellaten, Nematoden, Milben, Copepoden und Insekten. Die meisten anderen Tiergruppen stellen einzelne Parasiten; diese fehlen unter den Tentaculaten und bei Deuterostomiern einschließlich der Wirbeltiere weitgehend.

Nur selten verbringen die Parasiten ihren gesamten Lebenszyklus im (am) Wirtstier (*Trichinella, Trypanosoma*, manche Läuse). Meist ist ein Lebensabschnitt freilebend, häufig ist dies ein eingekapseltes Dauerstadium, also ein Ei oder eine Cyste. Beispiele: Bandwürmer, Acanthocephalen, Spulwürmer, *Entamoeba* u. a. Die sog. Eier der Parasiten enthalten meist schon Embryonen oder Larvenstadien: embryonierte Eier. Oft haben Parasiten ein freilebendes Jugend- oder Larvenstadium. Dieses sucht den Wirt auf oder wird von ihm passiv mit der Nahrung aufgenommen. Beispiele: Miracidien und Cercarien vieler Trematoden. Lebt der Parasit nacheinander in verschiedenen Wirten (Wirtswechsel), so können in seinem Gesamtzyklus zwei verschiedene freilebende Larven auftreten, so bei den digenen Trematoden Miracidium und Cercarie. Nicht selten ist aber gerade das Larvenstadium parasitisch und das geschlechtsreife Tier freilebend. Das kennen wir besonders von Insekten (parasitischen Fliegenlarven und Hymenopte-

renlarven), aber auch von den Teichmuscheln (Unionidae). Manche Parasiten verlassen zur Eiablage ihren Wirt und nehmen dann keine Nahrung mehr zu sich (Copepoden [Monstrilliden]). **Endwirt** ist das Tier, in dem der Parasit geschlechtsreif wird, **Zwischenwirt** die Art, in der er als Larve oder in einer besonderen Generation mit vegetativer oder parthenogenetischer Vermehrung lebt.

Manche Parasiten passieren zwei Zwischenwirte, bevor sie den Endwirt erreichen (*Dicrocoelium, Diphyllobothrium*). Gelangt das Dauerstadium eines Parasiten in einen Wirt und entwickelt sich dort nicht weiter, so spricht man von einem **paratenischen Wirt**. Meistens muss dieser von einem anderen Tier gefressen werden, damit der Parasit sich weiter entwickelt. Der Parasit kann aber auch nach einiger Zeit in einem paratenischen Wirt zur Weiterentwicklung kommen. Dies wurde beim Acanthocephalen *Leptorhynchoides* gefunden. Zwischenwirte für die ersten Stadien sind Amphipoden; gelangen sie älter als 32 Tage in einen kleinen Fisch, so werden sie in dessen Darm zum geschlechtsreifen Tier. Erfolgt die Aufnahme in den Fisch jedoch in einem früheren Alter, so kapseln sich die Larven ein und werden erst, wenn dieser Fisch Beute eines Raubfisches geworden ist, in diesem dritten Wirt geschlechtsreif.

Ectoparasiten leben auf der Oberfläche eines Wirtes, saugen Blut oder fressen Hautgewebe (Egel, monogene Trematoden, viele Copepoden, Milben, Läuse u. a.). **Endoparasiten** leben im Inneren des Tieres, sind aber hier auf bestimmte Organe spezialisiert. Den Ectoparasiten stehen die Endoparasiten nahe, die Kiemen, Kiemenhöhle oder Mundhöhle besiedeln. An sie schließen sich Parasiten lufterfüllter Hohlräume an, z. B. Lungenparasiten bei Wirbeltieren (Milbe, Trematoden, Pentastomiden) und Parasiten des Tracheensystems (Milben). Umfangreich ist der Bestand an Darmparasiten (Amöben, Gregarinen, Trematoden, Cestoden, Acanthocephalen, Nematoden, Fliegenmaden). Die Leibeshöhle ist oft Sitz von Jugendstadien; das Blutgefäßsystem enthält wichtige Protozoen, die Malariaparasiten und andere in Blutkörperchen, die Trypanosomen in der Blutflüssigkeit, aber nur wenige Metazoen (*Schistosoma*, Blutfilarien). In Bindegewebe, Muskeln und Gehirn leben meist nur eingekapselte Jugendstadien (Muskeltrichine, Finnen), im Nierenbecken der Raubtiere der große Nematode *Dioctophyme*, in der Harnblase des Frosches *Polystoma*. Selbst in Eiern leben Parasiten, so die Schlupfwespe *Trichogramma* in Insekteneiern. Die Geschlechter der Parasiten sind oft in Lebensweise und Gestalt verschieden. Mehrfach ist nur das Weibchen Parasit, es wird dann vor dem Eindringen in den Wirt begattet. Beispiele: *Allantonema* (Nematode), Milben, Sandflöhe. In diesen Fällen bleibt das Männchen kleiner. Bei einigen Asseln und Copepoden parasitiert das kleine Männchen an dem parasitischen Weibchen. Bei der Milbe *Pyemotes ventricosus* sitzen viele Männchen auf dem Leib des Weibchens und begatten deren Töchter gleich nach der Geburt.

Die **Dauerparasiten** werden entweder durch die Nahrung übertragen (Trichine) oder durch blutsaugende Insekten (Malariaparasiten, Blutfilarien, Trypanosomen). Parasiten mit freien Dauerstadien gelangen zufällig mit der Nahrung in das Wirtstier. Anders ist die Situation, wenn freilebende, bewegliche Stadien existieren. Sie suchen mittels ihrer Sinnesorgane aktiv ihren Wirt auf oder bohren sich bei zufälligem Kontakt in ihn ein (Miracidien, Cercarien, Larve III vieler Nematoden, Larven parasitischer Copepoden und Cirripedier). Gelegentlich können Parasiten in Tiere eindringen, ohne sich weiterzuentwickeln; so dringen in Seen Europas gelegentlich Vogelbilharzien in die Haut badender Menschen ein und rufen Entzündungen hervor. Sie kommen aber nur in Vögeln zur Weiterentwicklung.

Bei den Insekten mit **Larvenparasitismus** hilft die Mutter bei der Wirtsfindung, indem sie die Eier in, an oder in der Nähe von Wirten ablegt. Das entspricht der weit verbreiteten Eigenart der Insekten, die Eier an die Nahrung der Larven oder in deren Lebensraum zu bringen (Brutfürsorge).

Der Übergang von einem Zwischenwirt zu einem räuberischen Endwirt kann dadurch erreicht werden, dass der Parasit den Zwischenwirt schwächt, sodass dieser leichter eine Beute des nächsten Wirtes wird. Die Cercarien der Strigeidae (Trematoden) leben in der Augenlinse oder im Glaskörper von Fischen und führen im Extremfall zur Erblindung. Von den Cercarien des kleinen Leberegels, die von einer Ameise gefressen werden, dringt eine in das Unterschlundganglion und ruft einen Mandibelkrampf hervor, durch den die Ameise an einem Grashalm festgehalten und so leichter von Schafen gefressen wird. Parasiten von Parasiten werden **Hyperparasiten** genannt; sie kommen z. B. bei Hymenopteren vor.

Körperliche Besonderheiten der Parasiten sind zahlreich. Ectoparasiten bilden starke **Haftorgane** aus (Abb. 176), wie sie sonst nur bei Bewohnern rasch fließender Bergbäche vorkommen. Saug- oder Haftnäpfe finden wir bei Egeln, Trematoden, Nemertinen (*Malacobdella*), Krebsen (*Argulus*) und Milben. Öfter sind starke Haken als Haftapparate entwickelt (Monogenea); bei Arthropoden sind Extremitäten zu Klammerbeinen umgebildet (Copepoden, Milben, Läuse). Umgestaltet werden bei den Ectoparasiten auch Mund und Vorderdarm, sofern sie vom Wirt Blut oder Lymphe aufnehmen. Die Nahrungsaufnahme erfordert einen Stech- oder Saugapparat. Beide Funktionen vollzieht der Rüssel der Rüsselegel, der aus dem Vorderdarm gebildet wird. Der Stechrüssel der Arthropoden wird aus den Mundwerkzeugen gebildet, wobei die eigentlichen Stechwerkzeuge umgewandelte Mandibeln und Maxillen sind; bei Milben werden die Cheliceren als Stechwerkzeuge benutzt. Die Kieferegel besitzen zum Eröffnen der Haut ihrer Wirte mit Sägezähnen versehene Hartteile (»Kiefer«) im Mundraum.

Bei Endoparasiten werden im Allgemeinen die großen Sinnesorgane reduziert. Stark entwickelt werden dagegen die Gonaden, Spul- und Bandwürmer legen bis zu 60 Millionen Eier jährlich. Bei dem Nematoden *Sphaerularia bombi* wird der Uterus so mit Eiern angefüllt, dass er als langer Schlauch aus der Geschlechtsöffnung hervortritt (Abb. 224c). Eine hohe Vermehrungsrate wird auch durch Einschaltung vegetativer oder parthenogenetischer Vermehrung erreicht.

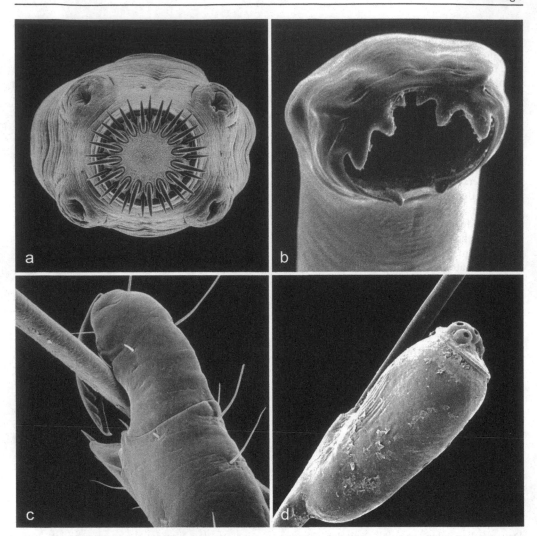

Abb. 176 Haftorgane bzw. -strukturen verschiedener Parasiten im rasterelektronenmikroskopischen Bild. **a)** Scolex des Bandwurmes *Taenia,* Vergr. 40×, **b)** Bezahnte Mundöffnung des Fadenwurms *Ancylostoma,* Vergr. 90×, **c)** Endglied eines Läusebeins *(Haematopinus),* an einem Haar festgeklammert, Vergr. 130×, **d)** Nisse einer Menschenlaus *(Pediculus),* an einem Haar befestigt, Vergr. 100×. Fotos W. Böckeler (Kiel), H. Mehlhorn (Düsseldorf)

Einige Schlupfwespen vermehren sich im Wirt durch Polyembryonie. Männliche und weibliche Parasiten leben oft in dauernder Paarbildung *(Schistosoma, Diplozoon, Syngamus).* Verschieden ist die Abänderung des Verdauungssystems. Manche Gruppen behalten Mund und Darm auch als Endoparasiten bei (Trematoden, Nematoden). Oft wird aber der Darmkanal reduziert, so bei Bandwürmern, Acanthocephalen, manchen Trematodengenerationen und dem Glochidium der Unioniden. In diesen Fällen übernimmt die Haut die Nahrungsaufnahme.

Parasiten des Menschen

Zahlreiche Parasiten, v. a. Protozoen, verschiedene Würmer und Arthropoden, leben an oder in Menschen. Die wichtigsten werden im Folgenden zusammengestellt, genauere Angaben finden sich im Teil B dieses Buches.

Protozoen. *Trypanosoma-* und *Leishmania*-Arten rufen wichtige Krankheiten hervor (Schlafkrankheit, Chagas-Krankheit, Orientbeule, Kala-Azar u. a.), die durch Insekten übertragen werden (s. u., S. 441). *Trichomonas*-Arten leben in Darm und Urogenitalsystem des Menschen, *Chilomastix* im Darm. *Entamoeba histolytica* kann Amöbenruhr hervorrufen (S. 445). *Plasmodium* ist Erreger der Malaria, die Krankheit wird durch Mücken übertragen (s. u., S. 448); *Toxoplasma*-Befall bleibt oft ohne Symptome, kann aber auch gefährlich werden (S. 450). *Cryptosporidium* (S. 450) lebt im Bereich des Bürstensaumes des Darmtraktes und vermag Enteritis hervorzurufen. *Pneumocystis* (S. 450) kann besonders bei abwehrgeschwächten Menschen Pneumonie auslösen. Verzehr von Rind- und Schweinefleisch, das mit *Sarcocystis* infiziert ist, kann erhebliche Verdauungsbeschwerden hervorrufen. *Balantidium*, ein Ciliat, der normalerweise im Darm von Schweinen lebt, kann eine Form der Ruhr (Balantidien-Ruhr) bewirken.

Würmer. Mehrere parasitische Würmer sind Ursache von Krankheiten, die heute noch v. a. in Tropen und Subtropen Menschen sehr stark beeinträchtigen. Unter diesen »**Helminthosen**« (**Wurmkrankheiten**), wie sie insbesondere in der medizinischen Literatur genannt werden, sind Bilharziose, Filariose und Ancylostomatose am häufigsten. Mit Helminthen (parasitischen Würmern) kann sich der Mensch auf verschiedene Weise infizieren: durch den Mund (per os) mit infizierter Nahrung oder nicht hinreichend zubereitetem Fleisch verschiedener Tiere, durch blutsaugende Insekten oder indem sich die Parasiten aktiv in seine Haut einbohren (Percutaninfektion).

Die wichtigsten Wurmparasiten des Menschen gehören zu den Plathelminthen (Trematoden und Cestoden, S. 477, 480) sowie den Nematoden (S. 486), wo ihre Zyklen ausführlich dargestellt sind.

Durch Verzehr rohen Fleisches besteht die Möglichkeit der Infektion mit folgenden Wurmparasiten: dem Nematoden *Trichinella* (Trichine) durch Jugendstadien (Muskeltrichinen) enthaltendes (trichinöses) Fleisch von Carnivoren oder Omnivoren (v. a. Schwein), den Cestoden *Taenia solium* (Schweinebandwurm) durch larven-

besetztes (finniges) Schweinefleisch, *Taenia saginata* (Rinderbandwurm) durch finniges Rindfleisch, *Diphyllobothrium latum* (Fischbandwurm) durch finniges Fleisch von Süßwasserfischen und den Trematoden *Opisthorchis* (Chinesischer Leberegel) durch Fischfleisch, das mit Larven (Metacercarien) infiziert ist, und *Paragonimus* (Lungenegel) durch mit Metacercarien besetztes Krebsfleisch.

Durch verschiedene Nahrungsmittel, an denen sich Entwicklungsstadien wie Eier oder Cysten befinden, infiziert man sich mit folgenden Helminthen: den Nematoden *Enterobius* (Madenwurm), *Ascaris* (Spulwurm), *Dracunculus* (Medinawurm), *Trichuris* (Peitschenwurm), dem Trematoden *Fasciolopsis* (Darmegel) und den Cestoden *Hymenolepis* (Zwergbandwurm) und in seltenen Fällen *Taenia solium* (Schweinebandwurm) sowie *Echinococcus* (Fuchs- und Hundebandwurm).

Aktiv bohren sich Cercarien des Trematoden *Schistosoma* (Pärchenegel) in stehenden Süßgewässern in die Haut des Menschen ein, außerdem Jugendstadien der Nematoden *Ancylostoma* (Hakenwurm), *Necator* und *Strongyloides* auf infiziertem Boden.

Durch Insektenstiche werden einige besonders unangenehme Nematoden übertragen *(Wuchereria, Onchocerca, Loa)*.

Arthropoden. Die Arthropoden, die am Menschen Blut saugen, rufen oft als Überträger (Vektoren) von Viren (**Arboviren** = arthropod borne viruses), Bakterien, Protozoen und Würmern Krankheiten hervor. Eine Zusammenstellung besonders wichtiger Überträger findet sich in Abb. 177.

Läuse (Anoplura) kommen am Menschen mit zwei Arten vor. Die um 3 mm lange Menschenlaus *(Pediculus humanus)* lässt sich in zwei Rassen gliedern: Kopf- und Kleiderlaus. Etwas kleiner ist die Filz- oder Schamlaus *(Pthirus pubis)*. Beide Arten heften ihre Eier (Nissen) mit einem schnell erhärtenden, nicht wasserlöslichen Sekret an der Unterlage fest. Kopfläuse bevorzugen Kopfhaare, Filzläuse Schamhaare, Kleiderläuse heften ihre Eier v. a. an rauhe Stoffe der Kleidung. Läuse und ihre Larven verlassen den Menschen nicht (permanente Parasiten), jedes Stadium ist auf Blutnahrung angewiesen; der gesamte Entwicklungsgang umfasst etwa drei Wochen. Übertragung der Läuse von Mensch zu Mensch findet bei engem Körperkontakt statt. Durch die Stiche

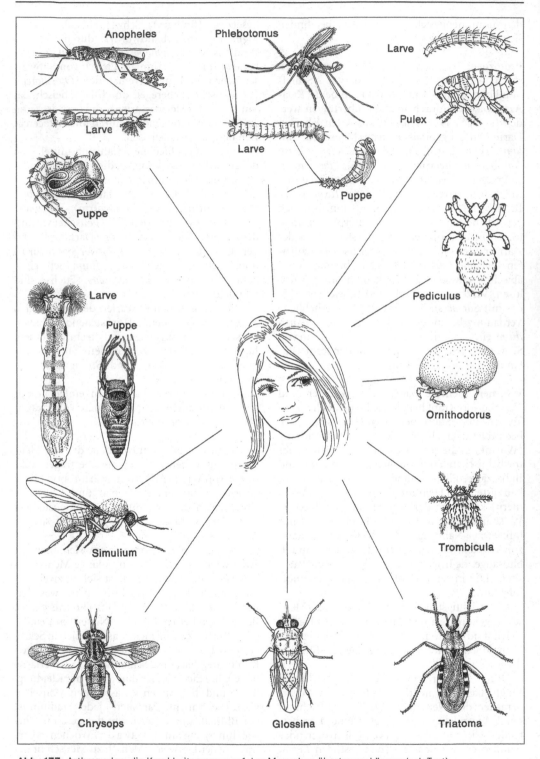

Abb. 177 Arthropoden, die Krankheitserreger auf den Menschen übertragen können (vgl. Text)

wird ein heftiger Juckreiz bewirkt. Kratzen begünstigt die Übertragung mehrerer gefährlicher Krankheiten von Läusen auf Menschen.

Besonders wichtig sind die Kleiderläuse als Überträger von Rickettsien, die das **Läusefleckfieber (Flecktyphus)** hervorrufen. Man infiziert sich durch Einkratzen von Läusekot. Die Letalität erreicht beim Menschen 20−40%. Das Fleckfieber gehörte in den gemäßigten Klimazonen zu den schlimmsten Erkrankungen. In Mitteleuropa wurde die Bevölkerung zur Zeit des 30-jährigen Krieges stärker durch diese Infektionskrankheit als durch direkte Kriegseinwirkung reduziert. Napoleons Armee verlor auf dem Russlandfeldzug etwa 200 000 Soldaten durch Epidemien, v. a. Fleckfieber. In der Sowjetunion wurden 1921/22 2 Millionen Todesfälle durch Fleckfieber registriert.

Spirochaeten rufen das **Läuserückfallfieber** hervor. Infektion des Menschen erfolgt durch Zerquetschen von parasitierten Läusen und Einkratzen der Erreger. Die Letalität bei dieser Krankheit ist recht hoch.

Unter den Wanzen (Heteroptera) sind Vertreter aus zwei Familien (Cimicidae und Reduviidae, Unterfamilie Triatominae) Blutsauger bzw. Krankheitsüberträger am Menschen.

Cimex lectularius (Gemeine Bettwanze) und C. *hemipterus* (Tropische Bettwanze) sind tags in Behausungen des Menschen verborgen. Nachts suchen die flügellosen, etwa 5−7 mm langen Tiere (Abb. 268e) Schlafende auf. Ihre Stiche hinterlassen ungleichmäßig gestaltete Quaddeln, die stark jucken können. Durch Kratzen werden Entzündungen begünstigt. Die Eier werden beispielsweise an Möbeln abgelegt, die Entwicklung bis zum Adultus erstreckt sich über fünf Larvenstadien, die dem Adultus immer ähnlicher werden. Jedes Stadium muss Blut zu sich nehmen. Als Vektoren von Krankheitserregern spielen Bettwanzen keine Rolle.

Triatominen (Gattung *Triatoma*, Abb. 177) sind vorwiegend nachtaktive Insekten, die in Nestern von Vögeln und Säugetieren sowie Behausungen des Menschen ihren Entwicklungszyklus durchlaufen. Die meisten Triatominen sind auf Amerika beschränkt. Sie müssen in allen Stadien Blut saugen, dabei können sie sich mit *Trypanosoma cruzi* infizieren (**Chagas-Krankheit**, S. 444).

Flöhe (Siphonaptera) suchen den Menschen ebenfalls nur zeitweilig auf (temporäre Parasiten). Sie legen ihre Eier z. B. in Fußbodenritzen

ab. Hier finden auch Larvenentwicklung und Verpuppung statt. Am Menschen saugen nur die Adulten, z. B. des Menschen- oder Schweineflohes *(Pulex irritans,* Abb. 177), des Katzenflohes *(Ctenocephalides felis)* oder des tropischen Ratten- oder Pestflohes *(Xenopsylla cheopis).* Der Sandfloh *(Tunga penetrans)* ist dadurch ausgezeichnet, dass das Weibchen sich nach der Begattung in die Haut des Menschen einbohrt und hier erbsengroß anschwillt. Die reifen Eier werden nach außen abgegeben.

In der Menschheitsgeschichte haben Flöhe als Pestüberträger Katastrophen bewirkt. Unter den vielen **Pestepidemien** war die des 14. Jahrhunderts in Europa besonders verheerend; es starb ein Viertel der Bevölkerung. Heute sind nur noch wenige Gebiete (v. a. Süd- und Südostasien) durch Menschenpest gefährdet. Hervorgerufen wird sie durch ein Bakterium *(Yersinia [Pasteurella] pestis),* das sich im Flohdarm vermehrt und erbrochen oder mit dem Kot abgegeben wird. Im Menschen kommt es zum Befall von Lymphknoten, die eitern und aufbrechen, zu Fieber und schließlich zum Tod (Beulenpest). Die Infektion kann sich auch als Lungenentzündung (Lungenpest), Blutvergiftung oder Darmerkrankung äußern.

Zahlreiche Blutsauger, die vielfach auch Krankheiten übertragen, stellen die Zweiflügler (Diptera).

Zu den wichtigsten Vektoren für verschiedene Erreger gehören Arten der Stechmücken (Culicidae, Abb. 178). Nur die Weibchen nehmen Blutnahrung zu sich, die Männchen saugen Pflanzensäfte. Der Lebenszyklus der Culiciden ist ans Wasser gebunden. Die Larven schlüpfen im Wasser, auch die Puppen sind aquatisch. Zum Luftholen müssen beide an die Oberfläche kommen.

Über 100 Species dieser Familie sind als Virusüberträger bekannt. Unter ihnen überträgt *Aëdes aegypti* das Gelbfiebervirus. **Gelbfieber** war früher eine der schlimmsten Tropenkrankheiten. So starben beim Bau des Panamakanals 1904 über 80% der Arbeiter durch Gelbfieber und die ebenfalls durch Stechmücken übertragene Malaria. Nach einer Inkubationszeit von wenigen Tagen treten Fieber, Leberschädigungen und Gelbfärbung der Haut auf, Erbrechen von Blut usw. Die Sterblichkeitsquote liegt bei 30%. Heute kommt dieser Krankheit aufgrund von Schutzimpfungen nur noch untergeordnete Bedeutung im tropischen Afrika und in Südamerika zu. Andere Viruserkrankungen, die durch Stechmücken

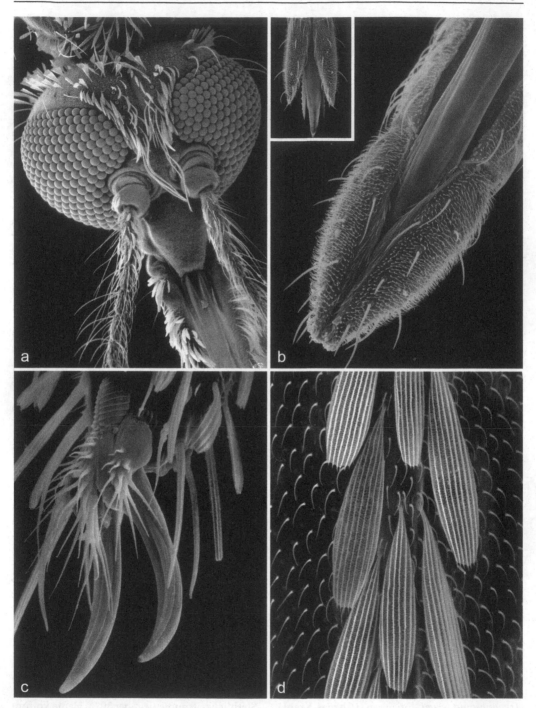

Abb. 178 *Anopheles*-Weibchen im rasterelektronenmikroskopischen Bild. **a)** Kopf mit Facettenaugen, Antennen und Stechrüsselbasis. Vergr. 100×, **b)** Rüsselspitze, Vergr. 400×, Inset: austretende Stechborsten, **c)** Tarsus, Vergr. 1 500×, **d)** Flügelader mit Schuppenhaaren, Vergr. 800×

übertragen werden, sind das grippeähnliche **Siebentage-** oder **Dengue-Fieber** und verschiedene Formen von Encephalitis (Gehirnentzündung).

Anopheles-Arten (Abb. 177, 178) übertragen *Plasmodium,* den Erreger der **Malaria** (S. 448), *Culex-* und *Aëdes-*Arten sind Vektoren für die Jugendstadien des Nematoden *Wuchereria* (S. 489), die sich nachts im peripheren Blut des Menschen aufhalten, wenn die Überträger stechen (Mikrofilaria nocturna). Tags finden sie sich in Lungencapillaren. *Wuchereria-*Infektion kann beim Menschen zu **Elephantiasis** führen.

Sandmücken (Phlebotominen, Abb. 177) gehören zu den bei uns häufigen Schmetterlingsmücken (Psychodidae). Sie sind in Tropen und Subtropen weit verbreitet. Die *Phlebotomus-*Weibchen sind Blutsauger an Reptilien und Säugetieren. Sie legen ihre Eier bei hoher Luftfeuchtigkeit ab und machen Larvalentwicklung und Puppenruhe an Land durch. An den langen Borsten am Hinterleibsende kann man die Entwicklungsstadien erkennen, an den dachartig schräg über den Körper gelegten behaarten Flügeln die Imagines, die 1,5–3 mm lang werden. *Phlebotomus-*Arten sind besonders wichtig als Überträger von **Leishmaniosen,** von Flagellaten hervorgerufenen Erkrankungen (S. 443). Außerdem übertragen sie Bartonellen (Bakterien) und Viren. Bartonellen werden in Südamerika von *Phlebotomus* auf den Menschen übertragen. Sie befallen die Erythrocyten und vermehren sich in ihnen. Die Erkrankung (Carrion'sche Krankheit) ist von hohem Fieber begleitet und kann tödlich enden. Viren, die das harmlose Dreitagefieber (Pappataci-Fieber) in warmen Gebieten Europas, Asiens, Amerikas und in Ostafrika hervorrufen, werden ebenfalls von *Phlebotomus* übertragen.

Kriebelmücken (Kribbelmücken, Simuliidae, Abb. 177) machen ihre Entwicklung in gutdurchlüftetem Wasser durch. Adulte *Simulium* sind etwa 3 mm lang und wirken durch ihren erhöhten Thorax buckelig. Nur die Weibchen saugen Blut. Als Überträger von Nematoden der Gattung *Onchocerca* sind sie für den Menschen in Afrika und Amerika von Bedeutung (S. 489).

Bremsen (Tabanidae) sind verhältnismäßig große Fliegen. Wie bei den erwähnten Mücken stechen die Weibchen und saugen Blut. Die Eiablage erfolgt am Rand von Gewässern, die Larven begeben sich in diese hinein und verpuppen sich wiederum am feuchten Land. Die Hauptaktivität der blutsaugenden Weibchen liegt um die Mittagszeit. Sie sind meist nur durch ihren Stich

unangenehm, *Chrysops* (Abb. 177) überträgt zudem die Wanderfilarie *Loa loa* (S. 489), deren Jugendstadien (Mikrofilaria diurna) sich tagsüber im peripheren Blut des Menschen befinden. Sie entwickeln sich im Fettkörper der Insekten und gelangen durch deren Stich in einen neuen Wirt, wo sie sich im Laufe von Jahren zum geschlechtsreifen Wurm entwickeln.

Tsetsefliegen (Glossinidae, Abb. 177), sind in Afrika weit verbreitet. Man kann sie leicht an ihrem vorgestreckten Rüssel und den auf dem Hinterleib zusammengelegten Flügeln erkennen. Beide Geschlechter saugen Blut, besonders tags. *Glossina* durchläuft die Larvalentwicklung im Muttertier; es werden verpuppungsreife Larven geboren. Diese leben in lockerer Erde und verpuppen sich dort. Mehrere *Glossina-*Arten sind Überträger der **Schlafkrankheit,** die von den Flagellaten *Trypanosoma rhodesiense* und *T. gambiense* hervorgerufen wird (S. 444). Als *Trypanosoma-*Reservoir kommen verschiedene Schweine und Antilopen in Betracht, die durch die Infektion nicht beeinträchtigt werden.

Außer den besprochenen Dipteren, deren vorrangige Bedeutung darin liegt, durch ihren Stich Krankheitserreger auf den Menschen zu übertragen, gibt es Fliegenlarven, die beim Menschen parasitieren können.

Die Larve der tropisch-afrikanischen Kongofliege *Auchmeromyia* ernährt sich nachts als Blutsauger von Mensch und Säugetieren, tags bleibt sie wie *Cimex* verborgen. Andere Fliegenlarven verursachen verschiedene Krankheitserscheinungen, die als **Madenfraß** (**Myiasis**) bekannt sind. Für den Menschen ist *Dermatobia* von Bedeutung, die in Lateinamerika verbreitet ist. Das Weibchen legt seine Eier an blutsaugende Insekten. Die Larve entwickelt sich im Ei und bohrt sich beim Saugen des Transportwirtes in die Haut des Menschen oder von Säugetieren ein. Die Verpuppung findet wiederum im Boden statt. Zahlreiche andere Fliegenlarven bohren in der Haut von großen Wiederkäuern, wo sie furunkulöse Geschwüre hervorrufen (Dasselbeulen). Ebenfalls am Menschen lebt die afrikanische Tumbufliege *(Cordylobia anthropophaga).* Sie legt ihre Eier in den Boden. Die Larven bohren sich in die Haut von Mensch und Säugetieren ein und rufen Dasselbeulen hervor. Die Verpuppung findet im Boden statt. Verwandte der Goldfliege *(Lucilia)* und der Fleischfliege *(Sarcophaga)* legen ihre Eier bzw. Larven bisweilen am Körper des Menschen ab. Ihre Larven wurden in

Gehörgang, Nase und anderen Körperhöhlen, Augen und offenen Wunden gefunden, von wo sie tiefer eindringen können.

Schließlich gibt es eine Reihe von Fliegen, die in oder an Behausungen des Menschen leben: **synanthrope Fliegen.** Unter ihnen hat nur der Wadenstecher *(Stomoxys calcitrans;* Abb. 269 n) stechende Mundwerkzeuge. Er hält sich v. a. in Ställen auf und spielt bei der Verbreitung von Krankheitserregern keine besondere Rolle. Die anderen »Hausfliegen« besitzen dagegen Tupfrüssel; hierher gehören die Stubenfliegen *Musca* und *Fannia,* Goldfliegen *(Lucilia),* Fleischfliegen *(Sarcophaga)* und Schmeißfliegen *(Calliphora, Phormia).* Ihre Larven entwickeln sich meist in Exkrementen, die Erwachsenen wechseln häufig zwischen verschiedenen Nahrungsquellen und können daher zahlreiche Krankheitserreger übertragen, z. B. Viren (Augentrachom Nordafrikas und Asiens, kann zur Erblindung führen), Bakterien (Ruhr), Amöben (Amöbenruhr), Darmflagellaten und Wurmeier.

Unter den Spinnentieren stellen die Milben (Acari) zahlreiche Blutsauger und Krankheitsüberträger.

Die nur einen halben Millimeter langen sechsbeinigen Larven der Laufmilben (Trombiculidae, Abb. 177) saugen am Menschen und übertragen von Ost- bis Südasien und in Nordaustralien Rickettsien, die das Buschfieber (Tsutsugamushifieber, Japanisches Flussfieber) hervorrufen, das in günstigen Fällen nach zwei Wochen überstanden ist, aber auch zum Tode führen kann.

Schildzecken (Ixodidae) sind große Milben, deren verschiedene Entwicklungsstadien auf einem oder mehreren Wirtstieren heranwachsen können oder auf verschiedenen. Die meisten Schildzecken, z. B. der Holzbock *Ixodes ricinus* (Abb. 254), *Amblyomma* und *Dermacentor* müssen in jedem Stadium einen neuen Wirt finden. Abgesehen davon, dass Zeckenstiche an Hinterkopf und in Wirbelsäulennähe zu Lähmungen und Tod führen können (**Zeckenparalyse**),

sind viele Ixodiden Vektoren von Viren und Bakterien. Durch verschiedene Viren wird **Encephalitis** hervorgerufen. In manchen Gebieten Mitteleuropas sind Impfungen gegen die **Frühsommermeningoencephalitis (FSME)** für Personen angezeigt, die sich sehr oft in zeckenreichen Biotopen aufhalten. An FSME erkranken in Deutschland etwa 250 Personen/Jahr. Rickettsien bewirken verschiedene fiebrige Erkrankungen, die oft sehr gefährlich sind (**Fleckfieber**). Andere Bakterien, die durch Schildzecken übertragen werden, rufen eine fiebrige Erkrankung hervor, die als **Tularaemie** bezeichnet wird und auf der Nordhemisphäre weit verbreitet ist. Die Infektion erfolgt nicht durch den Stich, sondern das Einkratzen des Zeckenkotes. In den letzten Jahren wurden zunehmend Infektionen mit der **Lyme-Borreliose** bekannt, deren Erreger Spirochäten sind, die durch Zecken übertragen werden *(Borrelia burgdorferi).* Die Borreliose ist derzeit mit etwa 100 000 Neuinfektionen/Jahr nach der Salmonellose die zweithäufigste Infektionskrankheit in Deutschland.

Lederzecken (Argasidae) nehmen nur verhältnismäßig kurz Blutnahrung auf (selten mehr als eine Stunde). Für den Menschen besonders wichtig ist die afrikanische *Ornithodorus moubata* (Abb. 177), die Spirochaeten überträgt, welche das **Afrikanische Zeckenrückfallfieber** hervorrufen.

Diese Krankheit ist durch hohe Letalität der Befallenen gekennzeichnet. Andere Rückfallfieberformen werden in warmen Gebieten Asiens und Amerikas durch *Ornithodorus* übertragen.

Ein lästiger Parasit unter den Milben ist die **Krätzmilbe** *(Sarcoptes scabiei,* Abb. 254a, b). Die befruchteten Weibchen bohren in der Epidermis Gänge, in denen Eier abgelegt werden. Die Übertragung findet gewöhnlich durch engen körperlichen Kontakt von Mensch zu Mensch statt. *Demodex folliculorum* lebt in Talgdrüsen (Abb. 254f, g).

f Schädlingskunde

Große Teile der Erde werden vom Menschen land- und forstwirtschaftlich genutzt. In diesen Gebieten wurde das biozönotische Gleichgewicht gestört und bestimmten Organismen die Möglichkeit zur Massenentfaltung gegeben. Sie wurden zu **Schadorganismen** (Schädlingen) und werden vom Menschen intensiv bekämpft. Der Begriff Schädling ist also auf die Interessen des Menschen bezogen und umfasst Gesundheitsschädlinge (z. B. Parasiten und Krankheitsüberträger, s. o.), Pflanzen-, Vorrats- und Materialschädlinge. **Pflanzenschädlinge** können in der Kulturlandschaft aller Regionen auftreten, **Vorratsschädlinge** in großen Speichern, aber auch in Haushalten, **Materialschädlinge** in Lagern, an Bauwerken und Kunstgegenständen aus Holz. Einige in Mitteleuropa auftretende Schädlinge unter den Insekten sind auf Abb. 179 wiedergegeben.

Man schätzt, dass die Verdoppelung der Ernteerträge pro Flächeninhalt, die in den letzten 100 Jahren erreicht wurde, zu 50 % auf mineralische Düngung, zu 30 % auf Züchtung leistungsfähiger Sorten, zu 10 % auf rationellere Bodenbearbeitung und zu 10 % auf Pflanzenschutzmaßnahmen zurückzuführen ist. Im Rahmen des Pflanzenschutzes spielen tierische Schädlinge eine wichtige Rolle.

Mit dem Anlegen von Monokulturen hat man Massenentfaltungen von Tieren gefördert, die an den betreffenden Kulturpflanzen schon unter natürlichen Verhältnissen auftraten, aber auch solche, die vorher vorwiegend an anderen Pflanzenarten lebten. Schließlich hat der Mensch durch Verschleppung von Organismen oft den Schädling und seine (neue) Nahrung erst zusammengebracht. Solche neuen Faunenelemente (**Neozoen**, S. 431) haben sich oft besonders stark ausgebreitet. Der Großteil der mitteleuropäischen Vorratsschädlinge stammt aus warmen Ländern, ein beträchtlicher Anteil der nordamerikanischen Pflanzenschädlinge wurde dagegen aus Europa eingeschleppt.

Die meisten Schadorganismen werden von den geflügelten Insekten gestellt, allen voran Käfern mit über 3 500 und Schmetterlingen mit über 3 000 Arten. In Mitteleuropa sind Blattläuse besonders wichtig, v. a. als Virusüberträger. Außer den Insekten sind vorwiegend Nematoden, Milben und verschiedene Nagetiere zu nennen. Der Umfang des Schädlingsbefalls im Freiland ist stark abhängig von Umweltfaktoren, v. a. von Landschaftsstruktur, Boden und Klima.

Die **Wirkung der Landschaftsstruktur** sei am Beispiel von Großem Kohlweißling und Feldmaus erläutert. Kohlweißlinge *(Pieris brassicae)* beschränken in weiträumigen Kohlanbaugebieten ihre Eiablage vorwiegend auf Feldränder (Randbefall); kleine Parzellen werden dagegen vollständig durchdrungen. Der Kohlbestand leidet also umso weniger, je größer die Anbaufläche ist. Anders liegt der Fall bei Feldmäusen *(Microtus arvalis)*, die vorwiegend in weiträumigen Gebieten Massenentwicklungen durchmachen, nicht aber z. B. in der abwechslungsreichen Heckenlandschaft Schleswig-Holsteins, wo auch ihre Gegenspieler häufig sind.

Neben dem Landschaftscharakter sind Boden und Klima wichtige Faktoren für die Schadwirkung eines Organismus. *Heterodera schachtii* (Abb. 224) und *Globodera rostochiensis* schädigen Rüben bzw. Kartoffeln auf leichteren Böden stärker als auf schweren. Kartoffeln werden von Virosen besonders in trockenen und warmen Klimaten heimgesucht, wo sich das Optimum der Pfirsichblattlaus *(Myzus persicae)* befindet, des wichtigsten Virusüberträgers unter den Insekten, der den Winter am Pfirsich verbringt. Auch an Waldbäumen tritt v. a. außerhalb ihres optimalen Vitalitätsbereiches Schaden auf; z. B. macht der Buchdrucker *(Ips typographus*, Abb. 179k) immer wieder Massenvermehrungen in den durch Menschen angelegten Forsten durch, innerhalb der natürlichen Verbreitungsgrenze der Fichte dagegen weniger.

Ein wichtiges Problem ist der Neubefall von Pflanzen. In den Tropen ist bei gleich bleibenden klimatischen Verhältnissen ein kontinuierlicher Befall von Kulturpflanzen möglich, in Zonen mit periodischem Klimawechsel wird diese Kontinuität erschwert. Die Schädlinge verfügen über vier Überbrückungsmöglichkeiten, mit denen Winter oder durch Fruchtwechsel bedingte Pausen überstanden werden können.

a) Der Schädling bleibt – z. B. in winterharten Kulturen – an der lebenden Kulturpflanze. Insekten können so als Ei, Larve oder Imago den Winter überstehen und einen kontinuierlichen Befall ermöglichen. Das gilt für viele Obstschädlinge, z. B. Schmetterlinge wie *Operophtera* (Frostspanner) und *Cydia*

(Apfelwickler, Abb. 179d), Käfer wie *Antho-nomus pomorum* (Apfelblütenstecher, Abb. 179e) und Homoptera wie *Quadraspidiotus perniciosus* (San-José-Schildlaus, Abb. 268i).
b) Der Schädling überwintert im Boden. Das gilt für Nematoden *(Heterodera)*, Insekten-

larven mit mehrjähriger Entwicklung, z. B. Drahtwürmer, die Larven der Elateridae (Schnellkäfer, Abb. 179b) und Engerlinge, die Larven der Scarabaeidae, und die Puppen mehrerer Gemüsefliegen *(Psila, Pegomyia, Hylemyia)*.

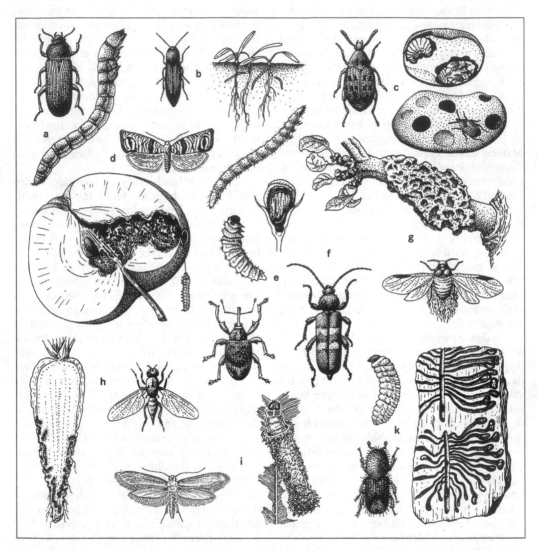

Abb. 179 Schadinsekten (in verschiedenen Maßstäben). **a)** *Tenebrio,* Imago (Mehlkäfer) und Larve (Mehlwurm); **b)** *Agriotes* (Schnellkäfer), Imago, Larven beim Fraß an Sämlingen und vergrößerte Larve (Drahtwurm); **c)** *Acanthoscelides* (Speisebohnenkäfer), Imago und befallene Bohnen; **d)** *Cydia* (= *Carpocapsa, Laspeyresia,* Apfelwickler), Imago und von Raupe infizierter Apfel; **e)** *Anthonomus* (Apfelblütenstecher), von der Larve infizierte Knospe, Larve, Imago; **f)** *Hylotrupes* (Hausbock), dessen Larve z. B. Dachstühle zerstört; **g)** *Eriosoma* (Blutlaus), Apfelzweig, der durch Saugtätigkeit verändert wurde, und geflügeltes Tier mit Wachssekreten; **h)** *Psila* (Möhrenfliege), von Larven zerfressene Möhre und Imago; **i)** *Tineola* (Kleidermotte), Imago und Raupe in Gespinströhre, **k)** *Ips* (Buchdrucker), Larve, Imago und Gangsystem unter der Borke eines Baumes

c) Der Schädling befällt Nebenwirte (Überhälterpflanzen) auf den Kulturflächen. So gehen Kohlwanzen *(Eurydema)*, Rüsselkäfer der Gattung *Ceutorhynchus* und der Rapsglanzkäfer *(Meligethes aeneus)* an Cruciferen-Unkräuter, die Rübenwanze *Piesma quadrata* an *Atriplex* (Melde). Ein Fruchtwechsel muss also keinen Einbruch der Schädlingspopulation mit sich bringen.

d) Der Schädling verlässt die Kulturfläche und sucht anderswo ein Winterlager auf. Das betrifft zahlreiche Insekten, die auf Rüben-, Cruciferen- oder Leguminosenfeldern Schaden anrichten. Sie können nahe dem Feld im Bereich von Hecken, Waldrändern oder Feldrainen überwintern (Nahüberwinterer) oder Ansprüche stellen, denen sie nahe dem Feld nicht genügen können (Fernüberwinterer).

Die umfangreichen Einbußen, die Menschen durch Schadorganismen hinnehmen mussten, haben schon früh zu Bekämpfungsmaßnahmen geführt. Im Alten Testament wird von Heuschreckeninvasionen berichtet; gegen sie setzt man heute in Afrika Hubschrauber ein, die Insektengifte (Insektizide) versprühen. Verschiedentlich waren Militäreinsätze gegen Schädlinge notwendig, in Europa gab es im Mittelalter Sammeltage (Raupenlese, Abraupung), aber auch Gerichtsprozesse gegen Schädlinge, z. B. Maikäfer. Etwa Mitte des 19. Jahrhunderts entstand die wissenschaftliche Schädlingskunde.

Unter den Bekämpfungsmaßnahmen steht heute die chemische Bekämpfung im Vordergrund, die durch verschiedene Gesetze geregelt wird, die z. B. Quarantäne, Import, Bekämpfungsart und anzuwendende Mittel betreffen. Unter integrierter Bekämpfung versteht man eine Kombination verschiedener Bekämpfungsmethoden, die sich nicht allein auf den Schädling richten, sondern die ganze Lebensgemeinschaft als System berücksichtigt.

Im Rahmen der **biologischen Bekämpfung** werden z. B. mikrobielle Krankheitserreger (mikrobiologische Schädlingsbekämpfung), Räuber oder Parasiten auf Schädlinge angesetzt. Unter den Bakterien hat sich *Bacillus thuringiensis* als besonders geeignet erwiesen. Er ist in mehreren Ländern schon als Handelspräparat zugelassen und wird gegen verschiedene Insekten eingesetzt. Den lebend gebärenden Zahnkarpfen *Gambusia* hat man von Amerika in alle warmen Klimate zur Bekämpfung von Mückenlarven gebracht (Moskitofische); die Blattlaus *Eriosoma lanigerum* wurde in Europa ab 1920 mit der Schlupfwespe *Aphelinus mali* erfolgreich bekämpft, die San-José-Schildlaus *(Quadraspidiotus perniciosus)* nach dem Zweiten Weltkrieg mit der ebenfalls importierten Schlupfwespe *Prospaltella perniciosi*. In Kalifornien rettete man Ende des vorigen Jahrhunderts die Orangenplantagen, die von der Schildlaus *Icerya purchasi* heimgesucht wurden, durch Einfuhr des Marienkäfers *Novius cardinalis*, der als Larve und Imago die Schildläuse frisst. Die zeitweise in Italien für die Seidenraupenzucht wichtigen Maulbeerbäume wurden von der amerikanischen Schildlaus *Diaspis pentagona* befallen und durch die amerikanische Schlupfwespe *Prospaltella berlesei* gerettet.

Eine weitere wichtige Möglichkeit der biologischen Schädlingsbekämpfung stellt das **Selbstvernichtungs- oder Autocidverfahren** dar. Es beruht darauf, dass man defekte Individuen einer Art in die Freilandpopulation einschleust, die man vernichten will. Es kann sich um durch Chemikalien oder energiereiche Strahlung sterilisierte Tiere handeln oder auch um solche, die über eine natürliche, genetische Unverträglichkeit (Inkompatibilität) verfügen, d. h., es findet eine Begattung statt, aber aus den abgelegten Eiern schlüpfen keine Larven.

Einen großen Erfolg mit der Selbstvernichtungsmethode hatte man in Amerika bei der Bekämpfung der Fliege *Cochliomyia hominivorax*, deren Larven in Wunden von Rindern und Ziegen leben. Man sterilisierte Puppen mit Gammastrahlung und brachte sie mit Flugzeugen aus; auf Curaçao wurde diese Art schnell ausgerottet, ebenso in verschiedenen Gebieten der USA. Der Erfolg wurde dadurch begünstigt, dass die Weibchen dieser Art nur einmal begattet werden.

Wichtige Fortschritte in der Schädlingsbekämpfung gehen auch auf die Resistenzzüchtung zurück: So gibt es gegen die Kartoffelnematoden *Globodera rostochiensis* und *G. pallida* resistente Kartoffeln.

g Populationsökologie

Ein wichtiger Aspekt der Populationsökologie ist die zeitliche Veränderung von Populationen (**Populationsdynamik**). Dabei sind folgende Merkmale wichtig: **Populationsgröße** (= Anzahl der Individuen), **Populationsdichte** (Anzahl der Individuen in einem Raum oder auf einer Fläche; **Abundanz**), **Altersaufbau** und **Verteilung**. Häufig sind die Individuen einer Population zufällig im Raum verteilt; sie können auch gleichmäßig ein Areal besiedeln (Reviere vieler brütender Vögel) oder fleckenweise gehäuft auftreten (Aggregationsverteilung).

Populationen erhalten durch Einwanderung (**Immigration**) oder Fortpflanzung (**Natalitäts- = Geburtenrate**) Zuwachs, Abnahme erfolgt durch Auswanderung (**Emigration**) oder Tod (**Mortalitäts- = Sterberate**). Da diese vier Prozesse niemals gleichen Umfang aufweisen, kommt es zu Populationsschwankungen (Massenwechsel). Diese können innerhalb einer Generation erfolgen (**Oszillationen**) oder von einer Generation zur nächsten (**Fluktuationen**). Führen letztere zu Massenentfaltungen, spricht man von Übervermehrungen oder **Gradationen**. Welchen Umfang sie erreichen können, hängt von der Umweltka-

pazität ab. Besonders starke Massenvermehrungen suchen unsere Monokulturen heim. Kommt es umgekehrt zu starkem Absinken der Populationsdichte, kann ein kritischer Wert (**untere Dichtegrenze**) erreicht werden, der die Fortpflanzung (bei zweigeschlechtigen Formen) nicht mehr gewährleistet und dann zum Aussterben der Population führt (**Extinktion**).

Wird eine Population in einem geeigneten Lebensraum von wenigen Individuen neu gegründet, so wächst sie zunächst langsam, dann exponentiell (Abb. 180a), später wieder langsamer, bis die zur Verfügung stehenden **Ressourcen** (= Lebensgrundlagen, z. B. Nahrung, Raum und Entgiftungskapazität) ein weiteres Wachstum nicht mehr zulassen. Die Ressourcengrenze bezeichnet die **Kapazität** des Lebensraumes. Die Abnahme des Wachstums vor Erreichen der Dichtegrenze ist durch Abnahme der **Reproduktion** und Zunahme der **Mortalität** bedingt. Diese resultieren aus der abnehmenden Vitalität der Individuen infolge zunehmender Konkurrenz um die begrenzten Ressourcen. Natürliche Tierpopulationen gelangen selten an die durch Ressourcenknappheit bedingte Dichtegrenze.

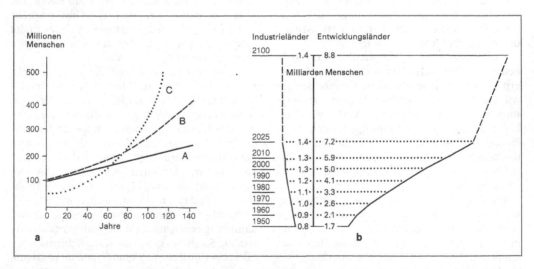

Abb. 180 Entwicklung der Menschheit und damit verbundene Konsequenzen. **a)** Arithmetisches und exponentielles Wachstum. Kurve A: Ausgangspopulation von 100 Millionen Menschen wächst arithmetisch (d. h. mit gleichem absoluten Zuwachs); Kurve B: Ausgangspopulation von ebenfalls 100 Millionen Menschen wächst exponentiell mit 1% pro Jahr; Kurve C: Ausgangspopulation von nur 50 Millionen Menschen wächst exponentiell mit 2% pro Jahr (in einigen Regionen wächst die Bevölkerung derzeit mit über 4% pro Jahr), **b)** Entwicklung des Bevölkerungswachstums in Industrie- und Entwicklungsländern (nach Definition und Schätzung der Vereinten Nationen)

Schwache Individuen werden durch starke schon vorher zum Abwandern gezwungen (**Territorialität**); der Anstieg der Populationsdichte begünstigt außerdem den Anstieg der Dichte von Räubern, Parasiten und Krankheitserregern. Diese und andere unvorhersagbar eintretende Störungen und Katastrophen reduzieren die Dichten je nach Art und Standort mehr oder weniger drastisch und mehr oder weniger regelmäßig. Durch Intensivierungsmaßnahmen in der Landwirtschaft (Monokulturen, Massentierhaltung) hat der Mensch die Kapazität für bestimmte Schadorganismen an Nutzpflanzen und -tieren in der Kulturlandschaft erheblich erhöht. Gegen ihr massenhaftes Auftreten (**Kalamitäten**) setzt er sich zur Wehr (künstliche Regulation).

Hinsichtlich seiner eigenen Populationsentwicklung (Abb. 180a, b) nimmt der Mensch in der Natur insofern eine Sonderstellung ein, als es ihm gelingt, nahezu alle zugänglichen Ressourcen, sowohl die in der Erdgeschichte gespei-cherten fossilen Energievorräte als auch die, die bisher von anderen Arten genutzt wurden, für sein Populationswachstum zu nutzen und natürliche Begrenzungsfaktoren auszuschalten. Grundsätzlich unterliegen aber auch menschliche Populationen ökologischen Zwängen, d. h., zunehmende Dichte verschärft die intraspezifische Konkurrenz, die Folge sind Verteilungskämpfe mit negativen Auswirkungen auf Politik, Gesellschaft und Lebensbedingungen des Individuums. Die Erhaltung der Lebensgrundlagen und Vielfalt der Natur sowie die Aufrechterhaltung humaner Prinzipien als Grundlage des gesellschaftlichen Zusammenlebens sind dadurch weltweit bedroht. Ob sie erhalten werden können, hängt davon ab, ob es gelingt, eine als vernünftig erkannte Reduktion der Bevölkerungsdichte und Ressourcennutzung praktisch umzusetzen. Zurzeit ist ein ernsthafter politischer Wille hierfür nirgends erkennbar. Abb. 180 und 181 sollten zum Nachdenken Anlass geben.

h Biozönose, ökologische Nische, Konkurrenz

Die **Synökologie** erforscht Lebensgemeinschaften (**Biozönosen**). In ihnen leben Pflanzen, Tiere und Bakterien in einem Ordnungsgefüge. Diese Ordnung sichert den Bestand der Lebensgemeinschaft, auch wenn ihre Teile, die einzelnen Lebewesen, ausgewechselt werden: die kurzlebigen Organismen in Stunden oder Tagen, die langlebigen in Jahren. Die Synökologie bildet das Bindeglied zur Geographie. Hier seien nur wenige Gesichtspunkte gebracht.

Jedes Lebewesen hat einen Abhängigkeits- und einen Wirkungsbereich. Eine Tierart kann nur dann auf die Dauer in einem Ökosystem existieren, wenn die Umwelt die Existenzbedingungen für die Art mit allen ihren Stadien (Ei, Larve, Männchen, Weibchen) bietet und die normale Vermehrung ermöglicht. Zu den Existenzbedingungen gehören Temperaturbereich, Feuchtigkeit und Lichtintensität als abiotische Faktoren, Nahrung usw. als biotische Faktoren. Innerhalb der Biozönose sind die für eine Art notwendigen Existenzbedingungen meist nur in Teilbereichen gegeben, etwa unter der Rinde, in der Streuschicht des Bodens, an den Blättern einer Pflanzenart. Diesen Lebensraum einer Art bezeichnet man als **Habitat**. Natürlich ist das Habitat im Laufe der Entwicklung eine wechselnde Größe, besonders bei Arten mit Larven, die oft einen ganz anderen Lebensraum haben als die erwachsenen Tiere. Die Raupen des Wolfsmilchschwärmers leben nur an einigen Wolfsmilcharten, die Puppen in der Erde, der Schwärmer in einem weiten Bereich als Blütenbesucher. Der Wohnbezirk kann auch in Sommer und Winter, bei Tag und Nacht verschieden sein. Auch kann die gleiche Tierart in verschiedenen Biozönosen unterschiedliche Habitate besetzen.

Vom Begriff des Habitats ist der der **ökologischen Nische** abzugrenzen. Darunter versteht man das Wirkungsfeld einer Art. Man vergleicht es bisweilen mit einem Beruf, während das Habitat als Anschrift anzusehen wäre.

Ob eine neue Art in einer Lebensgemeinschaft eine ökologische Nische findet – ihren »Beruf« ausüben kann –, lässt sich schwer beurteilen. Wer hätte voraussagen können, dass die Einnischung von Wollhandkrabbe, Türkentaube, Girlitz u. v. a. so schnell vollzogen wird? Die vielen Beispiele von importierten Schädlingen (S. 405)

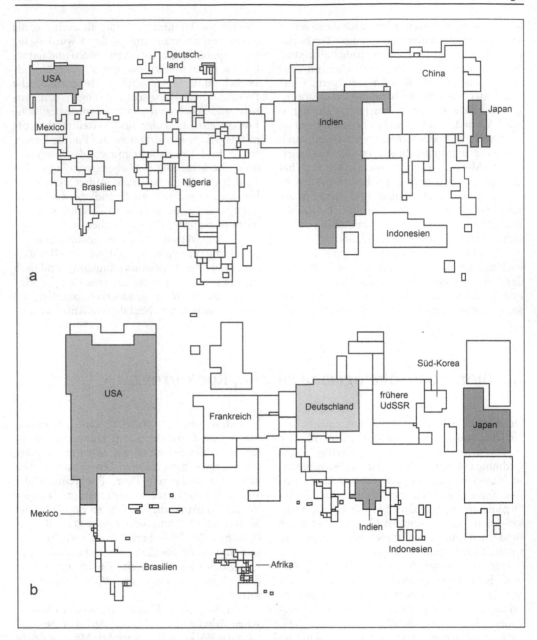

Abb. 181 Weltkarten – nicht topographisch: **a)** demographische Weltkarte (Flächen der Länder sind proportional zu ihrer Geburtenzahl), **b)** ökonomische Weltkarte (Flächen der Länder sind proportional zu ihrem Bruttosozialprodukt). Original H. Birg (Bielefeld)

haben gezeigt, dass man die Einnischung nicht vorausgesehen hat.

Manche Nischen kann man durch Vergleich ermitteln. Die Rinder, die in Australien eingeführt worden waren, bedeckten allmählich die Weideplätze so stark mit ihrem Kot, dass der Graswuchs behindert wurde, weil der Kot nicht, wie in anderen Regionen, durch spezifische Insekten, Würmer u. a. aufgearbeitet wurde. Hier war also eine freie Nische entstanden, und durch Einführung koteingrabender Käfer nach Australien beseitigte man die Kalamität. Phylogenetisch entstand durch den Kot der Huftiere eine ähnliche Situation, und zahlreiche Tiere haben im Laufe des Tertiärs diese Nische eingenommen. Neben den bekannten Dungkäfern *(Aphodius)* und den Mistkäfern einschließlich des Heiligen Skarabäus leben im Kuhdung Fliegenmaden, zahlreiche Fadenwürmer (Nematoda), ganz zu schweigen von Protozoen und Bakterien.

Welche Vorgänge laufen ab, wenn sich eine Art in einen vollbesetzten Lebensraum ohne offensichtliche Nische einfügt? Es besteht die Möglichkeit, dass die konkurrierenden Mitglieder der Lebensgemeinschaft eine Einschränkung erfahren. Die Existenzmöglichkeit vieler Arten ist breiter als ihre Existenznorm, und diese wiederum kann eingeschränkt werden. Das Eindringen einer Art in ein Ökosystem kann auch zur Vernichtung anderer Arten führen.

Das Wirkungsfeld einer Art wird durch Vermehrung, Nahrung und Milieuveränderung (Bauen von Nisthöhlen, Umarbeitung des Bodens usw.) bestimmt. Da jede Art viel mehr Nachkommen hervorbringt, als zur Erhaltung des Individuenbestandes notwendig sind, üben alle einen Vermehrungsdruck innerhalb des Ökosystems aus. Da dieses aber nur stabil bleiben kann, wenn die Individuenzahl und damit ihr Wirkungsbereich etwa konstant bleibt, muss der Vermehrungsdruck abgefangen werden. Dies geschieht durch die Beschränkung der Vermehrung auf die zur Erhaltung notwendige Zahl, den Vernichtungsdruck, der viele Komponenten enthält, z. B. abiotische Faktoren wie Wetterkatastrophen und Klimaanomalien. Es kann schon das Überschreiten der Toleranzgrenze eines Umweltfaktors starke Wirkungen haben, da nach dem Gesetz vom Minimum jeweils der Faktor den Bestand am meisten reguliert, der in der Nähe der Toleranzgrenze liegt.

Sehr wirksam sind auch die biotischen Faktoren, v. a. die Räuber und Parasiten als Zehrer am Individuenbestand einer Art. Ebenso wirksam wie die Räuber-Beute-Beziehung ist die Konkurrenz zwischen Arten mit ähnlichen Lebensansprüchen. Sie hemmt den Vermehrungsdruck. Allgemein verbreitet ist die Konkurrenz um Nahrung. Lebensnotwendigkeiten stehen oft nur in beschränktem Ausmaß zur Verfügung. Bei Höhlenbrütern ist die Zahl der Nistplätze begrenzt, sofern sie nicht wie Spechte eigene Bruthöhlen herstellen. Um die Bruthöhlen konkurrieren die Angehörigen einer Art (**intraspezifische Konkurrenz**) wie auch andere Species mit ähnlichen Bedürfnissen (**interspezifische Konkurrenz**). Auch die Besetzung und Verteidigung von Territorien, wie sie bei Wirbeltieren (Vögeln) verbreitet ist, ist mit erhöhter Sterblichkeit und verringerter Nachkommenzahl für die Erfolglosen verbunden. Durch die Territorien, die in beschränktem Ausmaß zur Verfügung stehen, gibt es also einen „Numerus clausus" im Tierreich. Bei Säugern (Nagetieren) tritt bei Massenvermehrung eine Störung des Hormonhaushaltes durch Vergrößerung der Nebenniere auf, die mit zunehmender Sterilität und Sterblichkeit verbunden ist. Eine andere Möglichkeit der Dichteregulation ist der Aufbruch von Massenschwärmen aus zu dicht besiedelten Gebieten, wie wir sie von Wanderheuschrecken, Libellen, Lemmingen, Eichhörnchen, Vögeln u. a. kennen.

Die Annahme einer Konstanz der Individuenzahl einer Art in einem Ökosystem ist also nur annähernd erfüllt, d. h. nur auf einem Durchschnittswert über lange Zeiträume. Die Umweltbedingungen wie Wetter und Klima schwanken, und jede Schwankung begünstigt Wachstum und Vermehrung bestimmter Arten und hemmt die anderer. Daraus ergeben sich **Bestandsschwankungen = Fluktuationen = Populationswellen**. Sie sind bei Tieren mit mehrjähriger Entwicklungszeit langsamer als bei Arten mit rascher Generationsfolge. Sie sind in artenreichen Ökosystemen ausgeglichener als in artenarmen und daher groß auf Kulturflächen, v. a. in Monokulturen, wo sie zu Schädlingskalamitäten führen. Der Massenwechsel einer Art bedingt Bestandsschwankungen anderer Arten. Die Zunahme einer Art hat die Abnahme ihrer Nahrungstiere und -pflanzen im Gefolge und die Zunahme ihrer Feinde. Diese erfolgt mit einer Verzögerung, die Zunahme der Feinde senkt die Individuenzahl der Art. So pendeln Arten in gleichem Rhythmus, aber mit verschobenen Maxima und Minima der Kurve.

Einrichtungen zur Herabsetzung des Vernichtungsdruckes sind in großer Mannigfaltigkeit ausgebildet. Es gibt Arten, die nur in konkurrenzarmen Lebensräumen existieren können, weil sie dem Selektionsdruck in anderen nicht gewachsen sind. Dies sind natürliche Schutzgebiete für irgendwie leistungsschwache Lebewesen. Solche Schutzgebiete bestehen dort, wo oft ungünstige Umgebungsfaktoren die normalen Bestände an Lebewesen vertreiben. Die Stärke der Leistungsschwachen ist also ihre Resistenz gegen solche extremen abiotischen Faktoren. So existieren am Meeresstrand viele Tiere nicht, weil sie Salz benötigen, sondern weil sie hier der Konkurrenz entgehen. Das gilt auch für viele Lebewesen trockener Dünengebiete; Bodenbewegung und periodische Trockenheit sind hier ihre Beschützer.

Schließlich muss betont werden, dass Konkurrenz dazu führte, dass im Laufe der Evolution sehr viele Arten ausgestorben sind. Wir zeichnen Stammbäume meist in Einzellinien, die zu heute lebenden Gruppen führen. In Wirklichkeit gehen von jeder Stelle zahlreiche blindendigende Zweige aus. Fast alle der in der Evolution entstandenen Arten ist nach kürzerer oder längerer Zeit wieder ausgestorben. Das bedeutet, dass auch Ökosysteme einem ständigen Wechsel unterliegen.

Besonders bekannte Einrichtungen zur Herabsetzung des Vernichtungsdruckes sind die Reaktionen auf Feinde, Flucht und Abwehr. Diese reichen von der mechanischen Abwehr durch ein Stachelkleid oder Schutz durch einen festen Panzer bis zu einer chemischen Abwehr durch giftige oder abschreckende Sekrete. Es können dabei Chinone und Blausäure (Tausendfüßer) verwendet werden. Der Bombardierkäfer erzeugt in Wehrdrüsen ein explosives Gemisch. Am besten ist das optische Schutzverhalten untersucht (Abb. 182):

1. Umgebungstrachten. Das Tier stimmt in Farbe wie in Muster mit der Umgebung überein. Im einfachsten Fall ist diese Tracht unveränderlich und erbbedingt, z. B. bei Schmetterlingen. Oft wird aktiv für die Ruhe ein Platz aufgesucht, der dem Farbkleid entspricht. Viele Tiere haben aber die Fähigkeit, sich dem Untergrund durch Farbwechsel anzupassen. Er ist besonders bei Sandbewohnern deutlich, bei Fischen (Plattfischen), Krebsen (*Crangon*) u. a. Im Extremfall wird auch die Struktur des Untergrundes

kopiert. Plattfische, auf ein Schachbrett gelegt, »bemühen« sich, dieses in ihrer Haut nachzuahmen. Die Farbanpassung geschieht meist über Farbzellen mit verschiebbaren Pigmenten, d. h. durch Pigmentwanderung. Die Farbanpassung kann aber auch durch Übernahme von pflanzlichen Farbstoffen erfolgen. So werden manche Schnecken in ihrem Weichkörper nach Fressen von grünen Pflanzen grün, von Rotalgen rot. Bei Tarnung besetzen oder bedecken sich einige Tiere mit Teilen des Untergrundes oder ihres Wohnbezirks. Krabben stecken Algenteile auf hakenförmige Stacheln ihres Rückens, Blattlauslöwen (Larven von *Hemerobius*) bedecken sich mit den Häuten ausgesogener Blattläuse, Raupen (Gabelschwanz) befestigen Rindenstücke an ihrem Kokon.

2. Mimese. Das Tier nimmt Gestalt, Farbe und Haltung eines Teiles seines Lebensraumes an, sodass optisch eingestellte Feinde es nicht von diesen Teilen unterscheiden können (Abb. 182). Bekannt sind Blattnachahmer: zahlreiche Insekten, aber auch Fische (*Monocirrhus, Phyllopteryx, Nerophis*) und Chamaeleons. Zweignachahmer sind Stabheuschrecken, Spannerraupen u. a. Auch tote Objekte können kopiert werden, z. B. Steine durch Heuschrecken und Fische (*Synanceja*).

3. Mimikry. Eine Tierart, die selbst harmlos ist, ahmt in Gestalt, Farbe und oft auch in ihren Bewegungen eine giftige, ungenießbare oder wehrhafte Tierart nach. Die Feinde (meist Vögel oder Eidechsen) lernen durch Erfahrung das ungenießbare Vorbild zu meiden und verschonen dabei auch den ungeschützten Nachahmer. Viele Mimikry-Fälle sind bei tropischen Schmetterlingen bekannt, bei uns ist eine Nachahmung von Wespen (Vespidae) nicht selten, z. B. bei Fliegen (Syrphiden), Käfern, Schmetterlingen (*Trochilium*). Auch Nachahmer von Bienen (*Eristalis*), Hummeln, Ameisen, Marienkäfern u. a. sind bekannt. Die ungenießbaren Vorbilder haben oft eine auffällige Zeichnung (Warntracht). Sie erleichtert die Dressur des Räubers auf das geschützte Objekt, die dem Nachahmer Vorteil bringen kann. Sogar Blüten können als Nachahmer fungieren, z. B. Orchideenblüten als Attrappen von Hymenopteren-Weibchen.

4. Abwehrtrachten. Viele Tiere verändern bei Störung intensiv ihre Gestalt und demonstrieren in Ruhestellung verdeckte Farbmuster. Viele

Abb. 182 Optische Schutztrachten **a)** Plattfisch auf unterschiedlichen Substraten, denen er sich weit gehend anpassen kann. **b)** Tarntrachten des Sargassofisches *(Histrio)*, der zwischen *Sargassum*-Algen lebt. **c)** Masken-krabbe *(Maja)*, die sich mit Stücken von Algen, Schwämmen und Polypenkolonien maskiert, die sie auf ihrem Rücken befestigt; **d), e)** Mimikry, **d)** *Prosoplecta* (Schabe von den Philippinen), die in Farbmuster und Verhalten einem für Insektenfresser ungenießbaren Blattkäfer (e: *Oides*) ähnelt und von ihren räuberischen Feinden ver-schont wird; **f)** Stabheuschrecken (links in Bewegung, rechts in Schutzstellung); **g)** *Automeris* (Pfauenspinner aus Südamerika). Bei Beunruhigung zeigt er schnell die »Augenflecken« der Hinterflügel und schreckt so insekten-fressende Vögel ab. **h)** Spannerraupe in Schutzstellung

Nachtfalter spreizen die Flügel, sodass die bisher verborgenen Hinterflügel mit ihren roten oder gelben Farben sichtbar werden. Ähnlich verhal-ten sich Heuschrecken. Der plötzlich demon-strierte Teil trägt nicht selten augenähnliche Muster (Abendpfauenauge u. a.). Diese Trachten sind wie alle Schutzmittel kein absoluter Schutz, sonst nähme die Art explosiv an Zahl zu. Sie füh-ren aber zu einer Herabsetzung des Vernich-tungsdruckes.

i   Produktionsbiologie

Das Ökosystem stellt ein Raum-Zeit-Gefüge dar, das die Organismen und die unbelebte Umwelt umschließt. Ein Ökosystem ist ein Beziehungsgefüge; die Organismen stellen die Lebensgemeinschaft (Biozönose) dar, die unbelebte Umwelt nennt man Biotop. Die gesamte Organismenmasse in einem Ökosystem ist die **Biomasse**, sie kann als Lebendgewicht, Trocken- oder Kohlenstoffgewicht oder in anderen Einheiten gemessen werden, die sich für Vergleichszwecke eignen. Wie Organismen sind auch Ökosysteme offene Systeme, d. h., sie stehen mit ihrer Umwelt in **Stoff- und Energieaustausch.** Stoffe (Materie) können von denselben Organismen mehrfach genutzt werden: Ein Kaliumion im Blatt einer Pflanze beispielsweise kann von einem Phytophagen aufgenommen werden, der von einem Zoophagen gefressen wird. Nach dessen Tod gelangt das betreffende Ion in den Boden und kann schließlich von der erwähnten Pflanze wieder aufgenommen werden. Diesen Kreislauf nennt man **Stoffkreislauf** oder **biogeochemischen Zyklus.**

a) **Sauerstoffkreislauf.** Die heutigen 21 Volumen-Prozent Sauerstoff der Erdatmosphäre gehen zu über 99% auf die Photosynthese der Pflanzen zurück. Dieser Wert ist zwar in geologisch kurzen Zeiten konstant, aber erst im Laufe der Erdgeschichte entstanden (S. 365). Vor Einsetzen der Photosynthese gab es in der Atmosphäre höchstens 0,02% abiogen entstandenen Sauerstoff. Mit der O_2-Zunahme wurden Sauerstoffmoleküle in größerem Maße gespalten, sodass sich das dreiatomige Ozon bilden konnte. Dieses absorbiert einen Teil des lebensfeindlichen UV-Lichtes (200–300 nm) und ermöglichte so die Besiedlung des Landes. Es bildet einen Schutzgürtel um die Erde, obwohl seine Masse nur weniger als ein Millionstel der Atmosphäre ausmacht.

Heute herrscht in der Atmosphäre ein Gleichgewicht zwischen O_2-Produktion und -Verbrauch sowie eine stabile Ozonkonzentration in der Stratosphäre. Was Pflanzen produzieren, verbrauchen die Organismen in ihrer Gesamtheit wieder (Abb. 183).

Dieses Gleichgewicht sowie die Ozonschicht werden jedoch durch die technisierte Welt beeinflusst.

1. Wie Abb. 183 zeigt, werden derzeit jährlich schätzungsweise etwa 14% (= $1,3 \times 10^{10}$ t) der durch Photosynthese erzeugten Sauerstoffmenge irreversibel in der Technik verbraucht und nicht ersetzt. Das hat zur Folge, dass – unter Zugrundelegung der derzeitigen Verhältnisse – der O_2-Gehalt in den kommenden 1000 Jahren um 1% sinken wird – ein Vorgang, der jedoch als unproblematisch angesehen wird.

2. Als bedenklich wird dagegen die Beeinflussung der Ozonschicht beurteilt. Die Ozonkonzentration wird unter natürlichen Umständen über Distickstoffoxid (N_2O) reguliert, das aus Denitrifikationsprozessen (s. u.) im Boden hervorgegangen ist, d. h., der Neubildung von Ozon durch UV-Strahlung steht seine Zerstörung durch Stickoxide gegenüber (Abb. 183).

Eine Senkung des Ozongehaltes erfolgt beispielsweise durch stickstoffhaltigen Dünger (aus Nitraten entsteht vermehrt Distickstoffoxid) und durch Fluorchlorkohlenwasserstoffe (CF_2Cl_2, $CFCl_3$), die zur Herstellung von Isoliermitteln verwendet werden und als Kühlmittel in Kühlaggregaten und als Treibmittel in Sprühdosen dienen (aus ihnen wird in der Stratosphäre atomares Chlor frei, welches Ozon zerstört).

In welchem Maße biogeochemische Zyklen miteinander vernetzt sind, wird z. B. dadurch dokumentiert, dass man neuerdings Reaktionen zwischen Stickoxiden und Kohlenwasserstoffen (aus Luftverunreinigungen) als Quelle stark oxidativer Substanzen ansieht, die wiederum örtlich hohe, sogar pflanzenschädigende Ozonkonzentrationen zur Folge haben.

b) **Stickstoffkreislauf.** Wie auf Abb. 183 gezeigt, nimmt die Vegetation Stickstoff im Allgemeinen als Nitrat (NO_3^-) aus dem Boden auf. Sie legt ihn vorwiegend in Proteinen fest, die von Tieren genutzt werden können. Durch sich zersetzende Organismen sowie durch Ausscheidungen (z. B. die N-haltigen Exkrete der Tiere) gelangt der Stickstoff wieder in den Boden zurück. Im Laufe mikrobiellen Abbaus entsteht Ammoniak, dieses wird über Nitrit zu Nitrat oxidiert (**Nitrifikation**), das dann den Pflanzen wieder zur Verfügung steht.

Aus diesem Kreislauf wird durch ebenfalls von Bakterien bewirkte Reduktion des Nitrats (**Denitrifikation**) dauernd Stickstoff als N_2 und N_2O ausgeschleust und in die Atmosphäre entlassen. Auf die Bedeutung des N_2O für die Ozonregulierung wurde schon hingewiesen. Umgekehrt wird in diesen Kreislauf aus der Atmosphäre stets Stickstoff eingeführt, der durch Mikroorganismen gebunden wurde.

c) **Wasserkreislauf.** An seinem Beispiel soll erläutert werden, welche Konsequenzen Störungen des Wasserhaushaltes haben können:

In Zentraleuropa stammt etwa die Hälfte der Niederschläge aus Wasser, welches über dem Land verdunstete (unmittelbar oder über Transpiration der Pflanzen), die andere Hälfte aus verdunstetem Meerwasser. Reduzieren wir die Menge des am Land vorhandenen Wassers, dann wird sich das auf die Niederschlagsmenge auswirken, in welchem Ausmaß, können wir jedoch kaum abschätzen.

In größeren Landgebieten, in denen kaum Regen fällt, der aus Verdunstung über dem Meer stammt, ziehen derartige Eingriffe erhebliche negative Konsequenzen nach sich. Das gilt für aride Gebiete, die zu Wüsten werden können, aber auch für große Regenwaldgebiete (Amazonas und Kongo). Wird hier viel Wasser entfernt (z. B. durch weitflächiges Abholzen), führt das dazu, dass sich über dem vegetationslosen Boden die Temperatur erhöht. Über heißem Boden fallender Regen verdunstet vielfach, bevor er diesen erreicht. Das Wasser wird den Organismen also entzogen. Großräumige Klimaveränderungen werden die Folge sein.

Stammt der Regen eines Gebietes vorwiegend aus dem Meer (atlantische Gebiete Europas wie

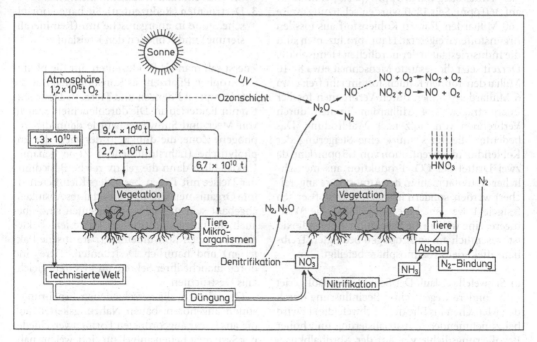

Abb. 183 Sauerstoff- und Stickstoffkreislauf zwischen Atmosphäre und Organismen des Festlandes sowie Eingriffe durch die technisierte Welt (links: Doppelkonturen). Links: Sauerstoffkreislauf. Die Vegetation produziert jährlich $9,4 \times 10^{10}$ t Sauerstoff, die durch die Gesamtheit der Organismen wieder veratmet werden. Für technische Prozesse entnimmt der Mensch der Atmosphäre jährlich $1,3 \times 10^{10}$ t O_2, deren O_2-Gehalt also abnimmt. Rechts: Stickstoffkreislauf. Die organischen stickstoffhaltigen Verbindungen, hier dargestellt durch Vegetation und Tiere, werden durch Mikroorganismen abgebaut. Im Laufe der Nitrifikation wird der Stickstoff den Pflanzen als Nitrat wieder zugänglich gemacht. Zufuhr von Stickstoff erfolgt durch mikrobielle N_2-Bindung (rechts), Verlust durch Denitrifikation (links), in deren Verlauf molekularer Stickstoff und Distickstoffoxid entstehen. Letzteres wird photochemisch in der Stratosphäre umgesetzt (rechts oben). Dabei wird Ozon zerstört, das N_2O aber dauernd regeneriert, abgesehen von einem Teil, der letztlich als Salpetersäure mit Regen in den Boden gelangt

Irland), dann kann das Abholzen von Wäldern eine ganz andere Folge haben: Der Wald als »Wasserverdunster« fällt aus, der Niederschlag sammelt sich an, es entstehen Feuchtgebiete, die Baumbewuchs nicht wieder aufkommen lassen.

d) **Kohlenstoffkreislauf.** Die Erdatmosphäre enthält 750 Milliarden Tonnen Kohlenstoff in Form von Kohlendioxid (CO_2), davon werden jährlich 110 Milliarden Tonnen photosynthetisch gebunden und aufgrund des Abbaus von Pflanzenmaterial wieder freigesetzt. Für die Ozeane gelten ähnliche Werte. Das bedeutet, dass die Gesamtmenge des Kohlendioxids der Atmosphäre im Austausch mit terrestrischer Vegetation und Ozeanen einmal alle drei bis vier Jahre umgesetzt wird.

Seit Beginn der Industrialisierung beeinflusst der Mensch dieses Gleichgewicht erheblich: Der CO_2-Anteil stieg von 270 ppm (parts per million) auf 360 ppm. Seit 1860 wurden schätzungsweise 160 Milliarden Tonnen Kohlenstoff aus fossilen Brennstoffen freigesetzt. Hauptproduzenten sind die Industriestaaten der nördlichen Hemisphäre. Derzeit setzt die gesamte Menschheit etwa 8–10 Milliarden Tonnen Kohlenstoff im Jahr frei: etwa 6 Milliarden Tonnen durch Verbrennen fossiler Energieträger, 2–4 Milliarden Tonnen durch Verbrennen von Holz nach Waldrodung. Das bedeutet allerdings »nur« eine Steigerung der Kohlendioxidkonzentration von 1,5 ppm/Jahr, da zwei Drittel der CO_2-Produktion aus menschlicher Aktivität nicht in der Atmosphäre angereichert werden, sondern in sog. Kohlenstoffsenken festgelegt werden. Eine Senke sind die Weltmeere, eine weitere die Vegetation. Kohlendioxid ist wesentlich am anthropogen bedingten **Treibhauseffekt** der Erdatmosphäre beteiligt.

e) **Schwefelkreislauf.** Der Schwefelkreislauf geriet insbesondere wegen seiner Beeinflussung durch den Menschen ins Blickfeld. Schwefeldioxid wird bei zunehmender Industrialisierung und hoher Bevölkerungsdichte v. a. auf der Nordhalbkugel in erhöhtem Maße durch Verbrennung fossiler Energieträger freigesetzt. Saure Niederschläge sind die Folge, die besonders auf ungepufferten Böden erhebliche Auswirkungen haben (Absinken des pH in Gewässern und in Böden, Freisetzen von Metallen, Absterben der Organismen, Waldsterben). Während man in der Agrarlandschaft bei uns seit etwa einem Jahrhundert intensiv kalkt (also Carbonate zuführt), ist die Puffer-

kapazität der Carbonate in den Waldarealen großer Anteile Europas erschöpft.

In Ökosystemen lassen sich prinzipiell drei Ernährungsstufen (**trophische Ebenen**) unterscheiden:

1. **Produzenten,** die aus anorganischen Stoffen organische aufbauen. Sie schaffen primär lebende Materie (**Urproduktion, Primärproduktion**).
2. **Konsumenten.** Sie produzieren aus organischen Stoffen andere organische Stoffe (sekundäre lebende Materie, **Sekundärproduktion**). Man unterscheidet Konsumenten 1. Ordnung (primäre Konsumenten), das sind Phytophage, Konsumenten 2. Ordnung (sekundäre Konsumenten), das sind Zoophage, die sich von Phytophagen ernähren, und Konsumenten 3. Ordnung (tertiäre Konsumenten), die von sekundären Konsumenten leben.
3. **Destruenten (Reduzenten).** Sie bauen organische Stoffe in anorganische um (**Remineralisierung**) und schließen den Kreislauf.

Zuerst sah man als Produzenten nur die photoautotrophen Pflanzen, als Konsumenten nur die heterotrophen Pflanzen und Tiere, als Destruenten nur Bakterien an. Die durchleuchtete Schicht von Meer und Süßwasser wurde dann die trophogene Zone, die dunkle in der Tiefe die tropholytische (nährstofflösende) Zone genannt. Unklar blieb dann die relativ reiche Besiedlung der Tiefsee mit Tieren, besonders Kleintieren, da tote Organismen schon während ihres Absinkens abgebaut sein mussten. Produzenten sind aber auch die chemoautotrophen Bakterien. Bakterien sind auch Konsumenten (parasitische Bakterien) und natürlich Destruenten. Tiere sind durch manche ihrer Sekrete und Exkrete gleichfalls Destruenten.

Organismen, die verschiedenen Ernährungsstufen angehören, bauen **Nahrungsketten** auf, die aus linear angeordneten Formen verschiedener Systemeinheiten aufgebaut sind, welche nahrungsmäßig aufeinander angewiesen sind. In einer Nahrungskette verläuft der Stoffstrom nur in einer Richtung. Die einfachste theoretisch mögliche Nahrungskette besteht aus einer Tierart ohne Feinde, die nur von einer Pflanzenart lebt, welche von keiner weiteren Tierart genutzt wird. In Wirklichkeit sind Nahrungsketten länger und verlaufen nicht parallel, sondern durchkreuzen einander (**Nahrungsnetz**).

Der **Energiestrom** durchfließt den Organismus nur einmal. Ein Lichtquant, das einem Organismus zugeführt wird, wird in Wärme verwandelt oder in chemischer Energie festgelegt, es kann von der betreffenden Zelle nicht abermals aus der Umwelt absorbiert werden. Der Energiestrom ist einseitig gerichtet und verringert sich.

Die energetischen Verhältnisse im Verlauf der Passage von Materie durch verschiedene Ernährungsstufen werden durch das Energieflussdiagramm dargestellt. Etwa die Hälfte der auf grüne Pflanzen (Produzenten) auftreffenden Strahlungsenergie wird durch den Photosyntheseapparat aufgenommen. 1–5% der absorbierten Energie werden in chemischer Energie der Primärproduktion festgelegt. Von diesem Bruttowert ist die Energie abzuziehen, die durch Atmungsvorgänge wieder aus der chemischen Bindung frei wird, sodass eine Nettoprimärproduktion zurückbleibt, die potentiell als Nahrung für Phytophage zur Verfügung steht. Die Nettoprimärproduktion liegt etwa 10% unter dem

Bruttowert. Bei jedem Übergang organischer Substanz und damit chemisch gebundener Energie auf einen anderen Organismus wird ein Großteil der Energie als Wärme abgegeben, sodass nur 10% als chemische Bindungsenergie übertragen werden. Aus diesem Grund sind Nahrungsketten relativ kurz. Das Wesentliche der sekundären Produktion wird deutlich, wenn man die quantitativen Beziehungen der Ernährungsstufen zueinander durch Individuenzahlen ausdrückt. Individuenzahl, Energie und Biomasse nehmen von primären zu sekundären Konsumenten und tertiären Konsumenten ab (**Zahlenpyramide**).

Die **Produktivität einzelner Regionen der Erde** ist sehr unterschiedlich. In Landökosystemen lässt sich die Primärproduktion aufgrund der Niederschläge und der Vegetationszeit abschätzen (Abb. 184a), große Meeresgebiete können beispielsweise aufgrund ihrer Fischereierträge und der Vogeldichte (Abb. 184b) beurteilt werden. Dabei stellt sich heraus, dass die Gebiete

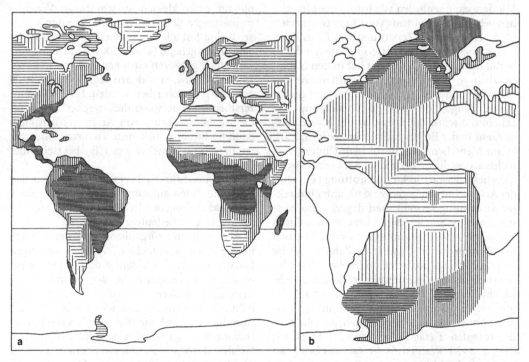

Abb. 184 Primärproduktion in terrestrischen **(a)** und marinen **(b)** Ökosystemen. Zunehmend dichter Raster kennzeichnet steigende Produktivität. Die Berechnung der Primärproduktion der Landökosysteme beruht v. a. auf der Niederschlagsmenge und der Länge der Vegetationszeit; höchste Produktion äquatorial und zwischen den Wendekreisen. **b)** Dichte der Meeresvögel im Atlantik, wie sie bei Zählungen vom Schiff aus festgestellt wurde; indirekter Hinweis auf die Primärproduktion, die in den Kaltgebieten am höchsten ist

höchster Produktion in terrestrischen und marinen Lebensräumen nicht auf gleicher geographischer Breite liegen. Gründe für die unterschiedliche Produktivität verschiedener Meeresgebiete liegen z. B. in der Verfügbarkeit von Nährstoffen im oberflächennahen Wasser. Schelfgebiete sind Regionen großer Produktion (Wasserbewegung, Zufuhr von Süßwasser mit Nährstoffen).

Gleiches gilt für den antarktischen Bereich, wo Tiefenwasser aufsteigt. Hier liegt das größte Gebiet produktiven Oberflächenwassers aller Ozeane. Geringe Produktion kennzeichnet Tropenmeere, in denen vertikale Wasserströmungen weit gehend fehlen (Ausbildung von Sprungschichten); zudem geht ihre Primärproduktion zu einem erheblichen Teil auf sehr kleine Flagellaten (Nanoplankton) zurück, die nur von relativ wenigen Tieren direkt genutzt werden können.

Produktivität ist zweifellos ein wichtiger Aspekt von Ökosystemen, aber auch **Diversität** (Mannigfaltigkeit) ist bedeutsam. Sie kann sich auf die Arten beziehen (**Arten- oder Speciesdiversität**), die in einer Lebensgemeinschaft vorkommen, oder auf die räumlichen Bedingungen in einem Lebensraum (**Strukturdiversität**).

Die Artendiversität nimmt vom Äquator (tropischer Regenwald, Korallenriffe) zu den Polen hin ab. Als Maßzahl verwendet man einen **Diversitätsindex,** der bei hoher Artenzahl und gleicher Abundanz der Arten einen maximalen Wert erreicht. Es ist die Diversität, die durch den Menschen in unserer Zeit drastisch reduziert wird.

k   Naturschutz und -bewirtschaftung, Aquakultur

Mit dem exponentiellen Wachstum der Menschheit gehen die **Ausrottung** von Organismenarten (Abb. 185) und die Zerstörung von Lebensräumen einher – zwei Ereignisse, die miteinander in Verbindung stehen. Keine Art hat in den Naturhaushalt so folgenschwer eingegriffen wie der Mensch, v. a. der zeitgenössische. Wir sind gegenwärtig Zeugen der größten Vernichtung von Leben, die selbst die Episoden des Massenaussterbens in der Erdgeschichte übertrifft (S. 368). Wenn Menschen Tiere in solchem Umfang vernichten, dass die Existenz einer Art beendet wird, sprechen wir von **direkter Ausrottung** (ihr kann der **Artenschutz** entgegenwirken); unter **indirekter Ausrottung** versteht man dagegen das Aussterben einer Species, deren Lebensraum durch Menschen zerstört wurde (gegen sie richtet sich der **Biotopschutz**). Geschätzte Zahlen, welche den Ausrottungsprozess belegen sollen, divergieren stark, da die Gesamtzahl der Tierarten nicht bekannt ist. Aufgrund von vielen tausend stichprobenhaften Aufsammlungen, v. a. in den Tropen, können wir jedoch annehmen, dass die Zahl der rezenten Tierarten bei etwa 30 Millionen liegt, also viel höher ist als die Zahl der beschriebenen (ca. 1,5 Millionen).

Wenn seit dem 17. Jahrhundert etwa 150 Säuger- und 120 Vogelarten durch den Menschen vernichtet wurden – davon etwa die Hälfte im 20. Jahrhundert –, so handelt es sich hierbei sicher nur um einen kleinen Ausschnitt, der Verallgemeinerungen kaum zulässt. Die rezenten Vogelarten sind fast alle beschrieben (etwa 9 000), die Säuger weitgehend (etwa 4 500), nicht jedoch die wesentlich größeren Gruppen z. B. der Insekten (ca. 1 Million), von denen täglich weltweit 20 neue Arten beschrieben werden. Da die Biotopzerstörung heute wesentlich rascher erfolgt als die Neubeschreibung von Arten, werden auch dauernd bisher unbekannte Tierarten ausgerottet: derzeit wohl mehrere pro Tag bei steigender Tendenz.

Als Gründe für die direkte Ausrottung spielen bis heute Töten aus Vergnügen, Erwerbsmotive und Bekämpfung der Tiere als Konkurrenten des Menschen eine bedeutende Rolle.

Als omnivorer Organismus hat der Mensch immer einen wesentlichen Teil seines Nahrungsbedarfs mit Jagdobjekten gedeckt. Bei einem bestimmten Verhältnis in der Räuber-Beute-Beziehung ändern sich die Populationsverhältnisse langfristig dadurch kaum. Als die Bisonherden Nordamerikas lediglich von Prärie-Indianern bejagt wurden, war die Art nicht in Gefahr. Als jedoch die eingewanderten Europäer Abschussbrigaden einsetzten und Vergnügungsjagden veranstalteten (bis 250 Tiere sollen von Spezialisten pro Tag abgeschossen worden sein), hatte man die Art schnell an den Rand des Aussterbens gebracht. Zu spät kamen Rettungsversuche in Nordamerika für die **Wandertaube** *(Ectopistes migratorius)*, die einst die individuenreichste Vogelart war; einzelne Schwärme wurden auf 2 Milliarden Tiere geschätzt. Noch in der zweiten Hälfte des 19. Jahrhunderts gab es etwa 5 000 professionelle Taubenfänger, Ende des Jahrhunderts machte man kaum noch Freilandfunde der Wandertaube, 1914 starb das letzte Zootier.

Dass aus diesen Fehlern genug gelernt wurde, kann man nicht sagen. Mit schwimmenden Waltötungs- und Verarbeitungsfabriken, Radar und Bordflugzeugen wurde der Walfang intensiviert. Zwar haben wissenschaftliche Kommissionen Empfehlungen über Schutz und Abschussquoten ausgearbeitet, aber nicht alle Nationen befolgen diese.

Das unkontrollierte Sammeln von Vogeleiern ist eine weitere Ursache für den Tod einer Art. Im 19. Jahrhundert wurde so der flugunfähige **Riesenalk** *(Pinguinus impennis*, Abb. 185d) des Nordatlantik ausgerottet. Manche Schildkrötenarten wurden und werden auf diese Weise ebenfalls dezimiert.

Abb. 185 Durch Menschen ausgerottete Tiere (Maßstab unterschiedlich). **a)** Ur oder Auerochse *(Bos primigenius)*, Wildform des europäischen Hausrindes, im 17. Jahrhundert ausgerottet. Ursprünglich hatte der Ur das gemäßigte Europa und Asien bewohnt. Mit 180 cm Schulterhöhe übertraf er die Hausrinder deutlich an Größe. **b)** Quagga *(Equus q. quagga)*, einst häufiges Zebra in Südafrika. Ausrottung um 1880. **c)** Beutelwolf *(Thylacinus cynocephalus)*, Beuteltier Tasmaniens. Das letzte bekannte Exemplar starb 1936 im Zoo von Hobart. **d)** Riesenalk *(Pinguinus impennis)*, größte Alkenart, flugunfähig, kam an Küsten des Nordatlantik vor. Ausrottung: um 1850 **e)** Dronte *(Raphus cucullatus)*, truthahngroßer Vogel von Mauritius mit kurzen Flügelstummeln. Darstellung nach zeitgenössischen Abbildungen. Ausrottung um 1680

Außer der Nahrungssuche ist die Verarbeitung von Integumentbildungen (Häuten, Fetten, Federn) eine wichtige Erwerbsgrundlage. Besonders groß waren die Einbußen beim Seeotter *(Enhydra)* des Nordpazifik, dem kleinsten Meeressäuger, der das dichteste Haarkleid aller Säugetiere haben soll. Um 1850 setzte die Russisch-Amerikanische Kompanie über 100 000 Felle um, 1910 waren es noch 400. Wenig später glaubte man, die Art sei ausgerottet. Heute hat sich der Bestand wieder erholt. Derzeit sind mehrere Robbenarten aus gleichem Grunde von der Ausrottung bedroht. Ähnliches gilt für einige Großkatzen wie Gepard und Leopard. Herstellung von Reiseandenken und Tierhandel sind weitere Erwerbsquellen, die das Eintreten des Artentodes beschleunigen können. Derzeit ist z. B. der weltweite Handel mit Korallen und Molluskengehäusen besorgniserregend. Korallenriffe weiter Gebiete des Indopazifiks sind schon zerstört. Elfenbein (fast ausschließlich vom Afrikanischen Elefanten) ist immer noch in großem Umfang im Handel. Rhinoceroshörner werden in der fernöstlichen Medizin verarbeitet und als Jagdtrophäen und Dolchgriffe sowie Messerscheiden im Nahen Osten angeboten. Nashörner sind dadurch drastisch zurückgegangen. Der zeitweilige Rückgang der Wanderfalken in Mitteleuropa ist ebenfalls wesentlich auf den Tierhandel zurückzuführen (Aushorsten und Verwenden der Tiere als Beizvögel).

Oft stehen der Mensch oder seine Haustiere und Nutzpflanzen mit anderen Organismen in Konkurrenz (s. Schädlingskunde, S. 405). Während sich heute in vielen Fällen die Ansicht durchsetzt, man solle die Populationsgröße reduzieren – hier wie dort –, hat man über lange Zeit die Ausrottung von Wildtieren angestrebt. So wurden unter Großsäugern in Afrika der **Blaubock** *(Hippotragus equinus leucophaeus)* und das **Quagga** *(Equus q. quagga,* Abb. 185b) vernichtet, in Tasmanien der **Beutelwolf** *(Thylacinus cynocephalus,* Abb. 185 c).

Während bei der direkten Ausrottung oftmals Habgier und Rücksichtslosigkeit eine wichtige Rolle spielen, gegen die zunehmend gesetzliche Barrieren errichtet werden (**Artenschutzabkommen**), geht die indirekte Ausrottung gemeinhin mit Ignoranz und Gleichgültigkeit einher.

Die indirekte Ausrottung hat viel weiter reichende Konsequenzen als die direkte: Es werden außer dem Lebensraum ganze Gruppen von Arten betroffen und in vielen Fällen letztlich der Mensch selbst. Wegen der komplizierten Zusammenhänge werden die Fehlentwicklungen zudem oft erst erkannt, wenn es zu spät ist. Von den etwa 1 000 weltweit gefährdeten Wirbeltierarten sind nur einzelne direkt von der Nachstellung durch Menschen betroffen, die meisten durch Zerstörung ihrer Habitate.

Etwa zwei Drittel aller Tierarten lebt in den Tropen, hier ist aber nur 1/10 der existierenden Insektenarten bekannt, und hier finden durch massive Eingriffe Veränderungen in tropischen Regenwäldern statt, die nicht reparabel sind. Entsprechendes gilt für Korallenriffe. Die Ressourcen werden ausgebeutet – unter Beteiligung praktisch aller Nationen – und zerstört. Besonders betroffen sind große Säuger und Vögel, Arten mit engem Verbreitungsareal (= endemische Arten) wie Inselbewohner und solche, die in enger Coevolution z. B. mit bestimmten Pflanzen entstanden sind. Wenn man weiß, dass im Malawi-See (Njassa-See) mehr Fischarten als in irgendeinem anderen Süßgewässer leben und dass die 200 Cichlidenarten fast alle endemisch sind, wird deutlich, welche Folgen die Verschmutzung gerade dieses Sees hat. Entsprechendes gilt z. B. für Victoria- und Baikalsee. In letzterem sind drei Viertel der Tierarten endemisch.

Zur Beurteilung von Biotopzerstörungen ist weiterhin wichtig zu wissen, dass die meisten Tierarten selten sind, nur ein geringer Prozentsatz von Generalisten und r-Strategen ist häufig und breitet sich noch aus. Dementsprechend ist es kein Zufall, dass Listen bedrohter Arten einen hohen Anteil von K-Strategen enthalten (Großsäuger, Greifvögel), während in Urban- und Agrarlandschaften r-Strategen rasch überhand nehmen und Bekämpfungsmaßnahmen erfordern (Ratten, Kaninchen, Stare; s. auch Schädlingskunde, S. 405).

Jede Nacht sterben Abermillionen von Insekten, vor allem Nachtfalter, an künstlichen Lichtquellen (Straßenbeleuchtung, Autoscheinwerfer, Schaufenster usw.).

Große Einbußen sind weiter für Tiere in **Feuchtbiotopen** zu erwarten. Die Mehrheit der Menschen lebt in Wassernähe und wandelt Feuchtgebiete zur eigenen Nutzung um. Noch stärker als die Zahl der Menschen steigt derzeit die Zahl der Nutztiere und damit der Bedarf an Weideflächen. Gruppen wie Amphibien und Gastropoden werden dadurch beschleunigt vernichtet.

Die umfangreichste Bekämpfungsaktion von tierischen Organismen durch Menschen ist die **chemische Schädlingsbekämpfung** in der Agrarlandschaft, die gegen bestimmte Organismen gerichtet ist, diese aber wohl in keinem Fall ausgerottet, dafür aber die Artenvielfalt wesentlich reduziert hat.

Als Kategorien des **Naturschutzes** kann man konservierende und restituierende Maßnahmen sowie Naturbewirtschaftung (Wildlife Management) unterscheiden.

Im **konservierenden Naturschutz** versucht man Bestehendes z. B. durch Unterschutzstellung zu erhalten oder durch Hegemaßnahmen zu fördern. Eine wichtige Rolle nehmen Schutzgebiete ein, in denen das Tierleben weit gehend ungestört vonstatten gehen kann, die jedoch ständig überwacht und in die nötigenfalls korrigierend eingegriffen werden muss. Naturparks und Reservate nehmen derzeit etwa 1% der Festlandfläche der Erde ein. Das ist zu wenig, um langfristig alle bedrohten Lebensräume und Arten zu erhalten. Bezüglich der Größe von Schutzgebieten ist es wichtig zu wissen, dass kleine Gebiete viel weniger Arten zu halten vermögen als große, gleich strukturierte. Wenn man dann die weitflächige Zerstörung z. B. der tropischen Regenwälder, der borealen Wälder insbesondere an der Pazifikküste Nordamerikas und in Sibirien sowie der Korallenriffe beobachtet, die einen Großteil der rezenten Fauna beherbergen, wird deutlich, dass hier eine Entwicklung abläuft, die die Artenzahl rapide verringert.

Die Fläche, die von Naturparks eingenommen wird, hat man in den vergangenen Jahrzehnten stark vergrößert. Seit dem ersten Beginn in den 70er Jahren des 19. Jahrhunderts hat man heute etwa 4 Millionen km² in über 120 Ländern so geschützt, dass sie in die »United Nations List of National Parks and Equivalent Reserves« aufgenommen werden konnten. Allein von 1970 bis 1980 hat man doppelt so viele Parks eingerichtet wie vorher existierten.

Auch die Tiergärtnerei kann einen Beitrag leisten, indem sie Arten hegt und zur Fortpflanzung bringt, die im Freien bedroht oder schon ausgerottet sind. Als Beispiel sei der Davidshirsch (*Elaphurus davidianus*) genannt, der heute in zahlreichen Zoos der Erde lebt, nachdem er Mitte des 19. Jahrhunderts nur noch in Pekings kaiserlichen Palastgärten zu Hause war.

Zuchterfolge hatte man mittlerweile in Zoos mit einer Reihe von Arten, so mit dem Asiatischen Wildpferd, dem Indischen Panzernashorn, dem Orang-Utan und der Hawaii-Gans.

Im **restituierenden Naturschutz** bemüht man sich um die Wiederherstellung naturnaher Zustände, sei es durch Säuberung von Gewässern, Aufforstungen oder Neubesiedlung durch Organismen. Ein zunehmendes Gesetzeswerk liefert in verschiedenen Ländern dafür die Grundlage.

Die **Naturbewirtschaftung** (Wildlife Management) schließlich setzt sich zum Ziel, Nutzungsmöglichkeiten der Natur zu erarbeiten. Naturschützerische und wirtschaftliche Gesichtspunkte sollen damit in Einklang gebracht werden (integrierter Naturschutz). Als Beispiel sei die innerasiatische Saigaantilope genannt. Im 19. Jahrhundert wurde sie fast ausgerottet. Heute wird diese in großen Herden lebende Art – nachdem man in drei Jahrzehnten den Bestand von 1 000 (1930) auf 1,5 Millionen Tiere (1960) gehoben hatte – intensiv genutzt. Selbst der Bison wird in Nordamerika schon wieder genutzt.

Ähnliches gilt für den afrikanischen Strauß, den größten rezenten Vogel. Wegen seiner Federn stellte man ihm nach und dezimierte den Bestand. Dann kam es zur Zucht von Straußen, und heute werden in Südafrika etwa 90 000 Tiere in Farmen gehalten. Schlachttiere haben ein Alter von durchschnittlich 18 Monaten (zur Gewinnung guter Federn müssen die Tiere älter sein), ihre Häute werden zu Leder verarbeitet. 40 000 Tiere werden pro Jahr in Südafrika verwertet. In kleinerem Maßstab wird auch der australische Emu genutzt.

In manchen Gebieten der Erde können Wildtierherden wesentlich erfolgreicher bewirtschaftet werden als Haustiere, die in diese Gebiete exportiert wurden. Das gilt beispielsweise für Teile Afrikas wegen der geringeren Anfälligkeit ihrer Wildtiere gegen Krankheitserreger wie *Trypanosoma* (S. 444), ihrer größeren Widerstandskraft gegen Hitze und Wassermangel (S. 116) und der besseren Ausnutzung der Vegetation (eingeführte Rinder und Ziegen führen in manchen vegetationsarmen Gebieten zu Kahlfraß).

Verschiedene Organisationen haben sich auf internationaler Ebene dem Naturschutz verpflichtet:

Der Worldwide Fund of Nature (WWF) konzentriert sich besonders auf die freilebende Tierwelt. Die International Union for Conservation of Nature and Natural Ressources (IUCN) gibt die »Red Data Books« heraus, in denen gefähr-

dete Arten erfasst werden. Der Welttierschutz-
bund (World Federation for the Protection of
Animals, WFPA) vertritt etwa 300 Tierschutzver-
eine aus ca. 60 Ländern. Eine seiner Hauptaufga-
ben sieht er im Schutz von Tieren einschließlich
Haus- und Labortieren vor Missbrauch.

Dem größten Naturschutzabkommen der
Welt, dem **Washingtoner Artenschutzüberein-
kommen** (Washington Convention von 1973/75)
haben sich mittlerweile über 100 Länder angeschlossen. Sein Zweck besteht in der Kontrolle
internationalen Handels, um gefährdete Arten zu
schützen.

Die Unterstützung der Aktivitäten dieser
Organisationen kann aus verschiedenen Gesichtspunkten erfolgen: aus ästhetischen, ethischen,
wissenschaftlichen (z. B. ökologischen und genetischen), aber auch aus ökonomischen. Die Zerstörung von Lebensräumen wird letztlich auf den
Menschen hart zurückschlagen. In Zeiten, in
denen ein einmaliges und profitables Ausbeuten
von Naturgütern erfolgt, ist das vielen noch nicht
hinreichend deutlich geworden.

Vom Wildlife Management kann die Domestikation (S. 361) weiterer Tierarten ausgehen.
Diesen Übergang beobachtet man heute bei
einer Reihe von Meerestieren, deren natürliche
Bestände oft weit gehend ausgebeutet wurden
und die man nun in Kultur genommen hat
(**Aquakultur**). Besonders wichtige Tiergruppen
sind Teleosteer, Crustaceen und Mollusken.
Obwohl die Erdoberfläche zu über 70% von
Wasser bedeckt ist, beträgt der Weltfischereier-
trag zurzeit nur etwa 95 Millionen Tonnen/Jahr,
dazu kommen die Erträge aus der Aquakultur
mit etwa 35 Millionen Tonnen; momentan stam-

men etwa 80% der Aquakulturprodukte aus Ost-
und Südostasien, wo dieser Erwerbszweig als
Teichwirtschaft Jahrtausende zurückreicht. Zum
Vergleich seien die Werte für andere tierische
Produkte genannt (jeweils in Millionen Ton-
nen/Jahr): Milch (570), Fleisch (240), Eier (40).

Unter den Fischarten der Aquakultur lassen
sich vier Kategorien unterscheiden.
1. Arten, die in Gefangenschaft bisher nicht vermehrt werden können (Milchfisch, Gelb-
   schwanz, Aal, Meeräsche). Ihre Larven bzw.
   Jungfische müssen im natürlichen Biotop
   gefangen werden.
2. Arten, deren Eier man in Gefangenschaft ohne
   zusätzliche Manipulationen bisher nicht zur
   vollen Reife bringen konnte. Diese wird durch
   Injektion von Gonadotropinen induziert
   (Chinesische Gras- und Silberkarpfen).
3. Arten, die die volle Laichreife erlangen, aber in
   Gefangenschaft nicht ablaichen (Forellen,
   Lachs, Steinbutt). Ihre Eier müssen abgestreift
   und künstlich besamt werden.
4. Arten, die sich in Gefangenschaft ohne spezielle Eingriffe des Menschen vermehren lassen (Karpfen).

Dieser Problematik Rechnung tragend, wird ein
Teil der Forschungskapazität in der Aquakultur
auf die Fortpflanzung von Fischen und anderen
Tieren konzentriert. Einen weiteren Schwerpunkt stellt die Herstellung optimaler Nahrung
dar (z. B. *Artemia, Brachionus*, S. 527 und 485).

Verschiedentlich arbeitet man in der Teichwirtschaft mit Polykulturen, d. h., in einem Teich
werden mehrere Arten herangezogen, die verschiedene Areale im Wasserkörper einnehmen.

18 Verbreitung

a Tiergeographie

Jede Tierart bewohnt ein bestimmtes Areal (**geographische Verbreitung**). In diesem Gebiet lebt sie jedoch im Allgemeinen nicht gleichmäßig verteilt, sondern in einer bestimmten Lebensgemeinschaft (**ökologische Verbreitung**). Die Gesamtheit der Tiere in einem bestimmten Gebiet wird Fauna genannt. Die Tiergeographie ist der Wissenschaftszweig, der sich mit der geographischen Verbreitung der Tiere und den Faktoren, die dafür verantwortlich sind, beschäftigt.

Das Areal, das eine Tierart bewohnt, wird durch verschiedene Faktoren bestimmt. Infolge des Populationsdruckes, der durch die Produktion überzähligen Nachwuchses entsteht, besteht die Tendenz, das Verbreitungsgebiet zu vergrößern (Ausbreitung [dispersal] im Unterschied zu Verbreitung [distribution]). Durch Nahrungsmangel, Krankheiten, Raubtiere, Klimaveränderungen und andere Faktoren kann das Verbreitungsareal verkleinert werden. Die Verbreitung ist also stets veränderlich. Beispiele für Tiere, die ihr Verbreitungsgebiet in letzter Zeit stark erweitert haben, sind Girlitz und Türkentaube. Die Gründe für die Ausweitung des Areals sind allerdings bei diesen Arten unbekannt.

Areale sind kontinuierlich oder disjunkt. Im ersten Fall besiedelt eine Art ein zusammenhängendes Gebiet; im zweiten Fall ist das Areal in einzelne Siedlungsräume zerlegt, die durch weite Strecken getrennt sind (Abb. 186). Kleinere Teilareale werden **Exklaven** genannt; beispielsweise besiedelt der Mornellregenpfeifer in Nordeuropa ein Hauptareal und in einigen mittel- und südeuropäischen Gebirgen Exklaven. Disjunkte Areale sind oft Relikte eines früher geschlossenen Verbreitungsgebietes, im Falle der Blauelster jedoch (Abb. 186) geht das iberische Vorkommen auf Verschleppung zurück.

Kosmopoliten besitzen weltweite Verbreitungsgebiete; **Endemiten** bewohnen ein engbegrenztes Gebiet. Paläoendemiten sind Überbleibsel einer Art, die früher ein größeres Gebiet besiedelt hatte, Neoendemiten sind vergleichsweise junge Arten.

Umweltfaktoren, die die Verbreitung bestimmen, sind z. B. Klimafaktoren wie Temperatur, Feuchtigkeit, Sonnenlicht und Wind. Weiterhin können Ausbreitungsschranken das Vordringen in bewohnbare Gebiete behindern. Ausbreitungsschranken können für Landtiere, Flüsse und Meere oder andere unüberwindbare Barrieren sein, z. B. für Waldtiere Steppen und Hochgebirge; für viele Tiere stellen Verkehrsstraßen und Bereiche intensiver Landnutzung unüberwindbare Hindernisse dar.

Durch den Menschen sind die Ausbreitungsschranken vieler Tiere aufgehoben worden, z. B. durch die Verschleppung von Tieren durch Schiffe, durch Verbindung von Flusssystemen durch Kanäle und durch absichtliche Einführungen (Kaninchen, Haussperling). Bewusste Aussetzungen (Ziege, Schwein u. a.) haben z. T. zu Katastrophen geführt. Ziegen haben oft den Waldbestand ganzer Regionen vernichtet.

Da Wanderwege und Ausbreitungsschranken in geologischer Zeit stark verändert wurden, ist die Verbreitung der Tiere ohne die geologischen Veränderungen der Kontinente und Meere nicht zu verstehen (**historische Tiergeographie**). Die Verbreitungswege und -schranken sind bei Land-, Süßwasser- und Meerestieren sehr verschieden. Infolgedessen weicht auch ihre Tiergeographie stark voneinander ab.

a. Meer. Alle Meere (excl. Kaspisches Meer) stehen in Verbindung miteinander; selbst die tropischen Meere, die heute durch Kontinente getrennt sind, waren noch im Tertiär durch das Tethysmeer verbunden. Die Ausbreitungsschranken sind daher vergleichsweise gering. Die Aus-

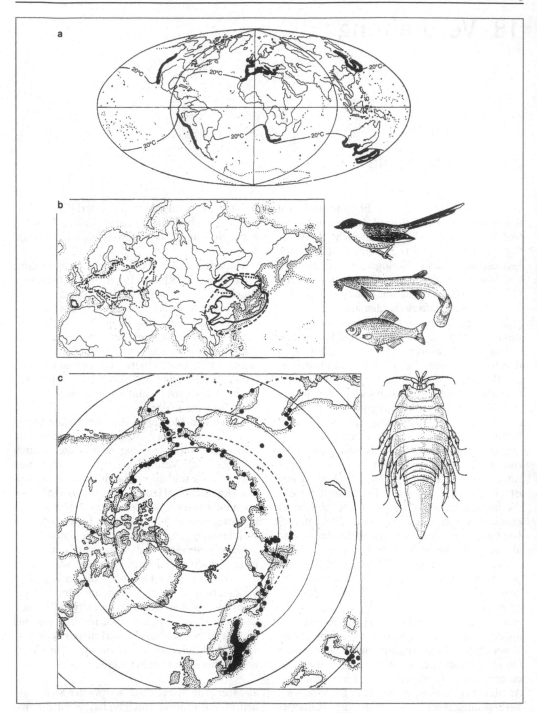

Abb. 186 a) Disjunkte Verbreitung der Fischgattung *Sardina* nördlich und südlich der 20°-Isotherme. **b)** Beispiele für europäisch-ostasiatische Disjunktion. Dick umrandet: Blauelster, gestrichelt umrandet: Schlammpeitzger, punktiert umrandet: Bitterling. **c)** Verbreitung der arktischen Assel *Saduria (Mesidotea)* zur Veranschaulichung der Reliktfundorte in der Ostsee, den südschwedischen Seen und dem Kaspischen Meer

breitung wird durch die Meeresströmung erleichtert, besonders für Tiergruppen mit planktischen Larven. Daher ähneln sich die Faunen verschiedener Meere gleichen Klimas sehr. Viele Gattungen sind sogar weltweit verbreitet. Auch die Tiere der Meiofauna (mikroskopische Organismen, die von einem Netz mit 42 μm Maschenweite zurückgehalten werden), die keine pelagischen Verbreitungsstadien aufweisen, haben oft ein sehr großes Verbreitungsareal. Eine Ausnahme bilden 1. viele Tiere des brackigen Kaspischen Meeres, das als Rest eines größeren tertiären Meeresbeckens zahlreiche eigene Gattungen (Muscheln wie *Adacna*, *Monadacna*, Krebse) enthält, die auch im brackigen Asowschen Meer vorkommen, 2. die Halbmeerestiere wie Robben und Pinguine, die sich an Land fortpflanzen (Pinguine v. a. in kalten Meeren des Südens). Für Bewohner des Litorals stellen klimatische Faktoren und die Tiefsee oft Barrieren dar, für Tiefseebewohner sind Schelfgebiete Ausbreitungshindernisse.

b. Süßwasser. Die Süßgewässer sind stark isoliert. Jedes Flusssystem und viele Seen sind von benachbarten getrennt. Die tiergeographische Sonderung ist deswegen stärker als im Meer, aber geringer als bei der Landfauna. Die Gründe hierfür sind folgende:
1. Die Flusssysteme ändern sich in der Erdgeschichte (vgl. die Urstromtäler Europas). Nur wenige Seen reichen bis ins Tertiär zurück (z. B. Baikal-, Ochrid-, Victoria-, Tanganjika-See).
2. Nur wenige Süßwassertiere werden durch die Luft verbreitet:
a. durch Bildung trockenresistenter Cysten (Protozoen, manche Copepoden), von Dauereiern (Rotatorien, Cladoceren), Dauerknospen (Gemmulae der Schwämme, Statoblasten der Bryozoen) oder Eintrocknungsstadien (Anabiose-Stadien bei Tardigraden und bdelloiden Rotatorien). Diese können wie Staub weit durch die Luft transportiert werden.
b. durch Anheften von Stadien an fliegende Tiere. Das kann durch die unter a genannten Stadien geschehen, wobei Wasservögel die Transporttiere sind. Darüber hinaus können der Laich von Süßwassertieren (Schnecken) und kleine Tiere selbst durch Vögel verbreitet werden. Viele Wassermilben bilden ein spezifisches Transportstadium aus, das angeheftet an Wasserinsekten die Verbreitung der Art besorgt.

c. Viele Insekten des Süßwassers verbringen nur ihre Larvenzeit im Wasser oder haben die Fähigkeit, es fliegend zu verlassen. Im Gegensatz zum Meer haben die größeren Tiere des Süßwassers keine pelagischen Larvenstadien. Selbst Einwanderer aus dem Meer bilden solche Stadien rasch zurück. Ausnahmen: die Muschel *Dreissena*, z. T. Schwämme und Bryozoen. Die meerwärts gerichtete Strömung im Süßwasser entwertet solche Stadien. Infolgedessen ist die Makrofauna des Süßwassers stark regionalisiert. Ihre Verbreitung ähnelt der der Landtiere.

c. Land. Weitaus die Mehrzahl der Landtiere ist auf die Verbreitung durch aktive Bewegung der adulten Tiere angewiesen, die zudem insbesondere bei Wirbeltieren durch Reviertreue eingeengt wird. Viele Arten entsenden aber besonders bei Überbevölkerung Wanderschwärme oder Wanderzüge bis über Tausende von Kilometern (Wanderheuschrecken, Lemminge, Steppenhühner, Wanderfalter wie Distelfalter, Gammaeule, Windenschwärmer u. a.), die die Ausbreitung begünstigen. Passive Verbreitung erfolgt bei Landtieren a. durch Windverdriftung. Man findet sie unter kleineren Arthropoden nicht nur bei geflügelten, sondern auch bei flügellosen Formen, z. B. Collembolen, Raupen usw. Junge Spinnen vieler Arten spinnen Fäden als Schwebevorrichtungen (Altweibersommer); b. durch zufälligen Transport auf schwimmenden Gegenständen über Flüsse und z. T. Meeresgebiete hinweg. Auf diesem Weg haben manche Nagetiere isolierte Inseln erreicht; c. durch Phoresie, d. h. durch Anheftung an andere Tiere. Phoresie kennen wir von Bücherskorpionen, Käfern u. a. Besondere Transportformen finden wir bei Nematoden, die ein schwingendes Winkerstadium ausbilden, das sich bei Kontakt an Insekten anheftet (Abb. 174b), und bei vielen Milben, die ein Jugendstadium (Deutonymphe) mit Haftorganen als Transportstadium ausbilden (Abb. 174a). Starke regionale Sonderung finden wir bei Formen mit geringem Aktionsradius ohne Transportstadien, also bei Landasseln, Tausendfüßern, Schnecken, Amphibien, Reptilien und Säugern.

Tierwanderungen. Von vielen Tierarten ist bekannt, dass sie regelmäßig oder unregelmäßig Wanderungen unternehmen; bekanntes Beispiel sind die Wanderungen der Zugvögel. Über die

Ursachen und auslösenden Faktoren ist bei zahlreichen Arten noch nicht viel bekannt. Allgemein lässt sich sagen, dass Tiere Wanderungen ausführen, um ungünstigen Umweltverhältnissen auszuweichen oder um bestimmte Brutgebiete aufzusuchen oder weil eine starke Bevölkerungsvermehrung stattfand. Von den land- und wasserlebenden Tieren sollen hier nur die auffälligsten Ortsveränderungen von Schmetterlingen, Heuschrecken, Fischen, Vögeln und Säugern erwähnt werden.

Bekanntes Beispiel wandernder Falter ist der nordamerikanische Monarch *(Danaus plexippus)*, der im Herbst vom südlichen Kanada in die südlichen Staaten der USA und bis nach Mexiko fliegt. Er überwintert hier und tritt im Frühjahr den Rückflug an. Vermutlich entsteht im Verlaufe des Rückfluges eine neue Generation, die dann die Ausgangsregion erreicht. In Europa fliegen im April und Mai, manchmal auch im Juni, regelmäßig Falter aus dem Mittelmeergebiet über die Alpen weit nordwärts; Beispiele sind Distelfalter, Admiral, Taubenschwänzchen und Gammaeule. Diese Falter können dann im Norden ein bis drei Generationen hervorbringen. Eine Rückwanderung der letzten Generation im Herbst nach Süden wurde in einigen Fällen, z. B. bei Distelfalter und Admiral, festgestellt. Viele Tiere kommen jedoch bei der Rückwanderung um.

Wanderheuschrecken leben normalerweise solitär, gelegentlich erfolgen eine Massierung und ein Aufbruch, die zur Katastrophe für landwirtschaftlich genutzte Gebiete werden können. Voraussetzung für die Wanderschwärme ist eine Massenentwicklung (gregarigene Areale); sobald eine große Populationsdichte erreicht ist, beginnen die Jungtiere sich umzuformen. Farbe, Körperproportionen und Aktivität werden im Verlaufe der weiteren Entwicklung verändert. Die Vollendung der Umformung benötigt zwei Generationen. Die jungen Larven der entstandenen Wanderform streben aufeinander zu, bilden Gruppen, und es entsteht ein Marsch in fester Richtung. Der Larvenstrom geht ohne Unterbrechung vorwärts; wenn mit der letzten Häutung die Flügel voll entwickelt sind, kann der Schwarm auch in die Luft aufsteigen. Bei manchen Wanderheuschrecken ist ein ziemlich regelmäßiger Hin- und Rückflug zwischen bestimmten Gebieten nachgewiesen worden, so bei *Schistocerca gregaria* in Afrika. Gelegentlich sind jedoch auch Schwärme nach Mitteleuropa vorgedrungen *(Locusta migratoria)*. Es wurden

Schwärme beschrieben, die viele Kilometer Durchmesser hatten.

Die Wanderungen vieler Fische stehen im Dienste der Nahrungsbeschaffung (Fresswanderungen, Thunfisch) oder der Fortpflanzung (Laichwanderungen). Manche marinen Arten wandern zum Laichen einfach in Küstengewässer oder Flussmündungen (Makrelen, Sardellen); andere (Meerneunaugen, Störe, Lachse) dringen in Flüsse ein und wandern stromaufwärts, wo sie ganz bestimmte Laichplätze aufsuchen (anadrome Arten). Von amerikanischen Lachsarten ist bekannt, dass sie mehr als 3 000 km flussaufwärts ziehen können, bis der Laichplatz erreicht wird. Während der Wanderung nehmen sie keine Nahrung zu sich. Viele Tiere gehen nach dem Laichgeschäft zugrunde; von europäischen Lachsen, die im November und Dezember laichen, weiß man aber, dass sie ins Meer zurückwandern können, um dann nach ein oder zwei Jahren erneut zur Fortpflanzung zu kommen. Beim Meeresneunauge wird vermutet, dass alle erwachsenen Tiere nach der Ablage der Eier und ihrer Befruchtung sterben.

Der Aal unternimmt ebenfalls weite Wanderungen, um den Laichplatz zu erreichen; er wandert aus Süßgewässern stromabwärts ins Meer, ist also eine katadrome Art. Nach klassischer Ansicht wandert der reife europäische Aal 5 000–6 000 km bis ins Sargasso-Meer (Westatlantik), wo er in der Tiefe laicht und anschließend stirbt. Auch nordamerikanische Aale wandern in dieses Gebiet. Die Larven (Leptocephali) bzw. Jungtiere ziehen nach dem Schlüpfen nach Europa zurück und erreichen dessen Küsten nach ungefähr zwei Jahren mit einer Länge von 6–7 cm (Glasaale). Diese steigen flussaufwärts und wachsen im Süßwasser zu Gelbaalen heran. Nach acht bis zehn (Männchen) oder zehn bis achtzehn (Weibchen) Jahren legen die Aale ihr Laichkleid an (Silber-, Blankaal) und wandern wieder ins Meer. Diese Blankaale bilden Gonaden aus, vergrößern ihre Augen und reduzieren den Darmkanal. Nach anderer Ansicht stammen die europäischen Aale von nordamerikanischen Eltern ab, deren Larven durch die Meeresströmung nach Europa verdriftet wurden.

Unter den Vögeln finden wir besonders viele wandernde Arten. Diese sind mit den Standvögeln, also Arten, die nicht ziehen, durch viele Zwischenformen (»Strichvögel«) verbunden. Diese zerstreuen sich in unregelmäßiger Weise und witterungsabhängig im Winter über ein größeres Gebiet (Zerstreuungswanderung). Manche Arten lassen dabei eine Vorzugsrichtung erkennen. Die echten Zugvögel wandern regelmäßig hin und her (Pendelzug). Solche Formen findet man nicht nur in den kalten und gemäßigten Zonen beider Hemisphären, sondern auch in den Tropengebieten, in denen zyklische Umweltveränderungen auftreten. Die geringste Zahl an ziehenden Arten gibt es in den tropischen Regenwäldern mit ihren konstanten Umweltbedingungen.

Sogar innerhalb einer Art können alle Übergänge vom Stand- zum Zugvogel ausgebildet sein. Beim europäischen Rotkehlchen überwintert z. B. ein Teil der Individuen im Brutgebiet, ein anderer Teil wandert bis nach Nordafrika und Persien. Bei der Singdrossel wandert die Mehrzahl der Individuen im Herbst nach SW-Europa und Nordafrika, und nur manche Individuen der Population der Britischen Inseln überwintern im Brutgebiet. Unterschiede im Zugverhalten können auch alters- und geschlechtsbedingt sein. Bei weiblichen Tieren ist der Zugtrieb manchmal stärker ausgebildet als bei männlichen (z. B. beim Buchfinken); Weibchen verlassen oft das Brutgebiet früher und wandern weiter, gelegentlich überwintern die Männchen allein im Brutgebiet. Jungvögel weisen oft einen stärkeren Zugtrieb auf als adulte Individuen. Beim westeuropäischen Basstölpel überwintern z. B. junge Tiere vor der westafrikanischen Küste, während adulte Individuen nur bis an die westeuropäische Atlantikküste wandern. Der stärkere Zugtrieb der Jungtiere kann der Vergrößerung des Verbreitungsgebietes dienen.

In den Tropen wandern v. a. insectivore, fruchtfressende und polyphage Vögel der Savannen. Körnerfresser sind – wie in Europa – eher Standvögel.

Viele Arten der Paläarktis räumen im Herbst ihre Brutareale völlig und wandern mit großer Regelmäßigkeit entlang gut bekannter Zugwege in bestimmte Überwinterungsquartiere. Viele europäische Limikolen, beispielsweise die Uferschnepfe, überwintern in den Senegalniederungen.

Auf dem Wege nach Afrika stellen für die europäischen Zugvögel die Alpen, das Mittelmeer und die Sahara Hindernisse dar. Daher kommt es zur Ausbildung zweier Hauptzugrichtungen der europäischen Zugvögel: 1. nach SW über Gibraltar und das westliche Nordafrika, 2. nach SO über Bosporus, Palästina, Sinai, Rotes Meer und Niltal. Von vielen Arten ist aber bekannt, dass sie auch ohne Schwierigkeiten das Mittelmeer und die Sahara überfliegen können. Nordasiatische Arten können ihre Überwinterungsgebiete sogar durch Überfliegen des Himalaya erreichen.

Hin- und Rückflug der Zugvögel erfolgen oft unterschiedlich schnell (der Herbstzug ist meist langsamer als der Frühjahrszug).

Küsten- und Meeresvögel können besonders weite Strecken zurücklegen. Die Küstenseeschwalbe zieht aus der nördlichen Holarktis bis in das Südpolargebiet (40 000 km/Jahr), der Kurzschwanz-Sturmtaucher von Südaustralien bis zu den Aleuten und Kalifornien.

Die **Orientierung** der Zugvögel bietet immer noch viele Rätsel. Zahlreiche Beobachtungen und v. a. Verfrachtungsexperimente beweisen die Existenz eines Richtungssinnes bei Vögeln. Verfrachtete Vögel sind imstande, aus allen Richtungen zur Brutstelle zurückzufinden, sind also nicht nur auf die Zugrichtung eingestellt; sie sind im Besitz eines navigatorischen Sinnes. Bei Tauben zeigte sich, dass sie einen Richtungssinn (allgemeine Richtung), einen Navigationssinn (erlaubt Korrekturen) und einen optischen Orientierungssinn besitzen.

Versuche mit Staren zeigten, dass diese sich mit Hilfe des Sonnenstandes orientieren (Sonnenkompass). Da die Zugrichtung bei verändertem Sonnenstand gleich bleibt, sind sie also in der Lage, die Stellungsveränderungen der Sonne mit Hilfe eines sehr feinen Zeitsinnes zu kompensieren. Stare verlieren die Orientierung, wenn der Himmel ganz bedeckt ist. Nachtzieher orientieren sich wohl am Magnetfeld der Erde und an der Bewegung der Sternbilder um einen Rotationsmittelpunkt. Wichtig zu wissen ist, dass bei verschiedenen Vogelarten offenbar verschiedene Orientierungsweisen vorliegen. Prinzipiell wird die **Richtungs-/Kompassorientierung** von der **Zielorientierung** unterschieden. Zielorientierung setzt die Fähigkeit zur **Navigation** voraus, bei der Richtungsorientierung dagegen besitzen die Vögel lediglich eine Information über die Sollrichtung, nicht jedoch über die Lage des eigentlichen Zielgebietes. Diese Richtungsorientierung kann mit Hilfe von **Landmarken,** über den Sonnen-, den Sternen- und/oder den **Magnetkompass** erfolgen. Bei manchen Arten (Gänse, Störche) lernen jüngere Tiere den Zugweg erst durch erfahrene Tiere, welche die Führung übernehmen.

Experimentelle Untersuchungen (v. a. an der Mönchs- und Gartengrasmücke zeigen, dass

Zugaktivität und Zugrichtung eine ausgeprägte **genetische Basis** haben, wobei hohe genetische Variabilität schnelle Anpassung entsprechender genetischer Programme an neue Umweltbedingungen ermöglichen. So ist seit ca. 30 Jahren zu beobachten, dass mitteleuropäische Mönchsgrasmücken, die traditionell nach Süden abwandern, in steigenden Zahlen nach Westen oder Nordwesten wandern und auf den Britischen Inseln überwintern. Dies ist infolge des reichlichen Nahrungsangebots möglich und bietet eine Reihe von Vorteilen.

Zugauslösende Faktoren sind vermutlich sowohl endogen (innere Uhr, deren Mechanismen und Bestandteile aber noch wenig bekannt sind; vermutlich gehören als Kompartimente Gonadenzyklus [v. a. beim Rückzug Hypophyse und Schilddrüse] dazu) als auch exogen (Lichtmenge, Tageslauf, Temperatur, aktueller Nahrungsmangel). Dabei stehen diese Faktoren nicht beziehungslos nebeneinander, sondern weisen viele gegenseitige Beziehungen auf. So wird wohl bei vielen Vögeln die Aktivität von Teilen des Endokriniums durch die Photoperiode bestimmt, und so herbeigeführte Veränderungen im Zusammenspiel der Hormone lösen dann den Zug aus. Von vielen nordeuropäischen und nordamerikanischen Arten ist bekannt, dass sich Ankunftstermin im Brutgebiet und Abflugtermin symmetrisch um den Mittsommertag, also den Tag mit der größten Lichtmenge, gruppieren.

Unter den Säugern gibt es einmal Arten, die größere Wanderungen ausführen, wenn die Individuenanzahl in einem Gebiet sehr stark anwächst (Lemminge), zum anderen Arten, die Ortswechsel ausführen, weil das Nahrungsangebot in einem Gebiet in einer Jahreszeit zu gering wird (Karibu, und früher der Bison in Nordamerika). Kürzere Wanderungen führen einige Gebirgstiere (z. B. Rothirsche) im Winter aus, indem sie in die Täler absteigen. Unter den Fledermäusen wandern nur auffallend wenige Arten (Nordamerika, Australien), in Osteuropa unternimmt der Abendsegler recht weite Wanderungen. Ausgedehnte Wanderungen unternehmen im Meer lebende Säuger. Beispielsweise wandert der Nördliche Seebär nach der Fortpflanzungsperiode von den Pribiloffinseln (nördlich der Aleuten vor der Küste Alaskas) in den Golf von Alaska (adulte Männchen) oder vor die südkalifornische Küste (Weibchen und Jungtiere). Viele der großen, fast ausgerotteten Bartenwale wandern bzw. wanderten regelmäßig zwischen

antarktischen und subtropischen Gewässern hin und her. Die Südpolargebiete suchen sie im antarktischen Sommer auf. Die Geburt der Jungtiere erfolgt in gemäßigten oder subtropischen Gewässern, in denen die Adulten kaum Nahrung aufnehmen.

Säuger können auch Wanderungen ausführen, wenn irgendwo das Nahrungsangebot besonders gut ist, z. B. wandern Braunbären in Nordamerika regelmäßig an Flüsse, wenn diese wandernde Lachse enthalten.

Die **tiergeographischen Regionen des Landes** sind im Folgenden aufgeführt. Ihre Einteilung geht v. a. auf A. R. Wallace zurück, der als Erster erkannte, dass auf der Erde einige Großgebiete mit typischer Fauna existieren.

1. Paläarktische Region: Sie umfasst Europa, Nordafrika, Vorder-, Nord- und Mittelasien (bis Iran, Afghanistan, Himalaya und Nordchina). Typische Tiere sind: Braunellen, Reh, Saiga, *Ellobius* (Pulmonata), verschiedene Insectivora *(Neomys)* und Rodentia (Dipodidae, *Arvicola*).

2. Nearktische Region: Sie umfasst Nordamerika einschließlich Grönlands und Mexikos. Kennzeichnende Tierarten sind: Truthühner, Spottdrosseln, Gabelbock, Schneeziege.

Paläarktische und nearktische Regionen besitzen manche Übereinstimmungen in der Faunenzusammensetzung und werden daher auch als **holarktische Region** zusammengefasst. Gemeinsame Formen sind: Elch, Rothirsch/Wapiti, Ren/Karibu, Braunbären, Biber, Maulwürfe, Hecht, Alken, Bänderschnecken.

3. Äthiopische Region: Sie umfasst Afrika südlich der Sahara und Südarabien. Typische Tiere: Nilpferd, Giraffen, Gorilla, Schimpansen, Paviane, Strauß, Perlhühner, Schuhschnabel, Sekretär, Mormyriden.

4. Madagassische Region: Zu ihr gehören Madagaskar und die nördlich von Madagaskar liegenden Inseln. Typische Tiere: Lemuriformes (Lemuren, Fingertier [*Daubentonia*], *Propithecus* u. a.), Erdracken.

5. Orientalische Region: Sie umfasst Indien und Hinterindien incl. der westlichen großen Sundainseln (einschließlich Bali). Im südchinesischen Raum vermischen sich paläarktische und orientalische Fauna. Typische Tiere: *Tupaia*, Gibbons, *Tarsius*, Blattvögel, Bankivahuhn, Panzernashorn. Übereinstimmungen mit der äthiopischen Region: Schuppentiere, Antilopen, Nektarvögel; mit der paläarktischen: Hirsche, Bären, Meisen.

6. Indoaustralisches Zwischengebiet (Wallacea): Es umfasst Sulawesi (Celebes), die kleinen Sundainseln und die Molukken. Typische Tiere: *Babyrousa* (Hirscheber), Anoa, *Cynopithecus*, Komodowaran.

7. Australische Region (= Notogaea): Ihr gehören Neuguinea, Australien, Neuseeland und Melanesien an. Typische Tiere: Kloaken- und Beuteltiere, Großfußhühner, Paradiesvögel, Kakadus.

8. Neotropische Region (= Neogaea): Sie umfasst Mittel- und Südamerika. Typische Tiere: Gürtel-, Faultiere, Ameisenbären, Lamas, Tukane.

9. Antarktische Region: Sie ist v. a. durch die Pinguine gekennzeichnet und besitzt keine echten Landwirbeltiere.

Neben der genannten Einteilung der Erde in neun tiergeographische Regionen gibt es noch andere Untergliederungsmöglichkeiten. So werden z. B. orientalische, äthiopische und madagassische Region zur Paläotropis zusammengefasst, oder Paläarktis, Nearktis, äthiopische, orientalische und madagassische Region zur Arctogaea. Neuseeland, Ozeanien und Antarktis werden auch als Ozeanis zusammengeschlossen. Diese Einteilungen beziehen sich v. a. auf Säuger und Vögel, z. T. auch auf Reptilien.

Nicht immer waren Kontinente und Ozeane so angeordnet wie in unserer Zeit (Abb. 187). Im ausgehenden Paläozoikum existierte ein umfangreicher Kontinent (**Pangaea**), im Mesozoikum waren es ein Nord- (**Laurasia**) und ein Südkontinent (**Gondwana**) sowie ein umfangreiches Meer, die **Tethys**, zwischen den beiden, welche

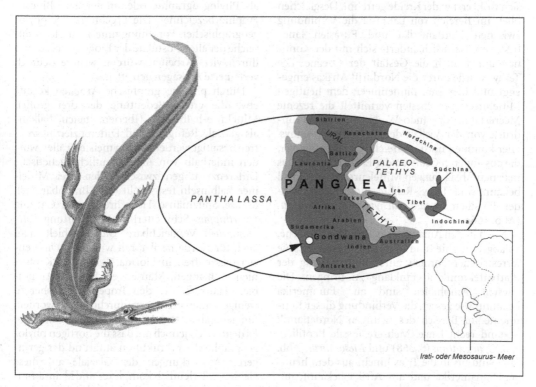

Abb. 187 Verteilung der Kontinente im ausgehenden Paläozoikum (vor 250 Millionen Jahren). Zwischen dem späteren Südamerika und dem späteren Afrika lag das Irati- oder Mesosaurus-Meer, in dem z. B. Mesosaurier vorkamen, die heute fossil nur in Südamerika und in Afrika gefunden werden

die Erdoberfläche prägten. Wenn es auch bezüglich der Datierung noch erhebliche Diskrepanzen gibt, so besteht doch darin Übereinstimmung, dass diese Kontinente nicht nur zerbrachen, sondern auch ihre Lage veränderten. Man spricht von Kontinentaldrift oder von Plattentektonik; der zweite Begriff trägt der Tatsache Rechnung, dass verschobene Platten auch unterseeisch liegen können.

Aus Laurasia gingen Nordamerika, Grönland und Eurasien hervor. Gondwana zerfiel fortschreitend von Osten nach Westen und ist heute durch Australien, Antarctica, Indien, Afrika und Südamerika repräsentiert. Australien war schon im Paleozän fast vollständig vom Meer umgeben und behielt weit gehend seine ursprüngliche Fauna, Antarctica driftete südwärts und verlor viele seiner Lebensformen. Unter Berücksichtigung der heutigen Verhältnisse ist interessant, dass auch Indien aus Gondwana hervorgegangen ist. Es nahm einen Teil der Südkontinent-Fauna mit. Afrika und Südamerika schließlich waren lange in kontinentaler Verbindung und haben sich wohl erst in der Kreide getrennt. Desgleichen blieb im Bereich von Laurasia die Verbindung zwischen Nordamerika und Eurasien lange bestehen. Natürlich änderte sich mit der Kontinentaldrift auch die Gestalt der Ozeane. Die Tethys wurde durch die Norddrift Afrikas eingeengt und hier zum Binnenmeer, dem heutigen Mittelmeer. Am ehesten vermittelt die rezente Meeresfauna des Indo-Westpazifik einen Eindruck von der Vielfalt der Tierwelt der Tethys. Hier kommen noch zahlreiche Tiergruppen vor, die aus anderen Gebieten der Erde, z. B. auch aus marinen Ablagerungen Mitteleuropas, nur fossil bekannt sind. Tethys-Relikte sind z. B. die lebenden Fossilien *Lingula*, *Tachypleus* und *Nautilus* (Abb. 166e).

Noch in den Anfängen stecken viele Versuche, Paläogeographie und aktuelle Tiergeographie terrestrischer Formen unter Einbeziehung der **Plattentektonik** in Einklang zu bringen. Die ältesten Amphibien sind aus Euramerika bekannt; wie gesagt, die Verbindung dieser Kontinente im Bereich des heutigen Nordatlantik bestand recht lange. Mehrere fossile Reptilien, z. B. *Cynognathus* (S. 368) und *Mesosaurus* (Abb. 187) sind bis in die Trias hinein aus dem heutigen Südamerika und aus Afrika bekannt, mit ihnen war der Farn *Glossopteris* verbreitet, ein altes Gondwana-Element, das man von allen oben genannten Gondwana-Abkömmlingen aus

Fossilstätten kennt. Säugetiere sind seit der Trias bekannt. Die Marsupialia entstanden vermutlich in Amerika, haben Antarctica erreicht und in Australien eine adaptive Radiation erlebt, die zur heutigen Vielfalt geführt hat. Die Placentalia sind wohl eurasiatischen Ursprungs.

In der Biogeographie wurden in der Vergangenheit aufgrund von Übereinstimmungen in Verbreitungsmustern von Arten und Unterarten, also durch chorologische Untersuchungen, Rückschlüsse auf die Lage glazialer Refugial- und Differenzierungsräume gezogen. Diese Methode ist jedoch mit gewissen Unsicherheiten behaftet, da Verbreitungsmuster durch zahlreiche Faktoren beeinflusst werden und somit ihre Interpretation zuweilen auch irreführend sein kann. Deshalb waren die Einführung genetischer Analysemethoden (z. B. verschiedene DNA-Techniken wie DNA-Sequenzierung, Allozymuntersuchungen) für die Überprüfung der Postulate der Biogeographie von wissenschaftlichem Interesse. Der sich hieraus in den letzten beiden Jahrzehnten entwickelnde neue Wissenschaftszweig wird als **Phylogeographie** oder **molekulare Biogeographie** bezeichnet. Die Ergebnisse der phylogeographischen Forschung untermauerten zahlreiche der alten Postulate der Biogeographie, und durch viele Arbeiten wurden weitere deutlich verfeinerte Aussagen getroffen.

Durch phylogeographische Arbeiten konnte etwa die große Bedeutung der drei großen Mittelmeerhalbinseln (Iberien, Italien, Balkan) als glaziale Refugial- und Differenzierungszentren bestätigt werden. In den meisten Fällen wurden innerhalb von Arten deutliche genetische Differenzierungen zwischen den drei Mittelmeerhalbinseln festgestellt (z. B. Braunbär, Igel, Mäuse, Spitzmäuse, Heuschrecken der Gattung *Chorthippus*, Schmetterlinge der Gattung *Polyommatus*). Vergleichbare Daten erhielt man auch für Nordamerika, mit wichtigen Differenzierungszentren in Florida, Texas und Kalifornien (Schlangen, Mäuse, verschiedene Amphibien, Laufkäfer). In den Tropen sind bisher zu wenige Untersuchungen durchgeführt worden, um generalisiertere Aussagen treffen zu können. Es deutet sich jedoch an, dass die dortigen phylogeographischen Strukturen aufgrund der geringeren Auswirkungen der Glaziale auf diese Gebiete z. T. deutlich komplexer und kleinräumiger sind als in den außertropischen Bereichen. So zeigt sich etwa in Nordostaustralien, dass Wechsel zwischen trockenen und feuchten Perioden deutliche Auswirkungen auf die Entwicklung von unterschiedlichen phylogeographischen Linien bei Amphibien und Reptilien hatten.

Auch über postglaziale Arealänderungen können wichtige Aussagen auf der Basis von phylogeographischen Untersuchungen gemacht werden. So wurden etwa für europäische Landtiere drei Grundtypen der postglazialen Arealexpansion nach Norden definiert: 1. Expansion aus allen drei großen Differenzierungszentren nach Norden (Igel), 2. Expansion nach Norden nur aus Iberien und aus dem Balkan, die italienischen Linien wurden durch den Alpenbogen an der Ausbreitung nach Mitteleuropa gehindert (Braunbär) und 3. Expansion ausschließlich aus dem balkanischen Differenzierungszentrum, Expansion aus den beiden westlichen Differenzierungszentren Iberien und Italien wurden durch die Barrieren der Pyrenäen und Alpen verhindert (z. B. Heuschrecken der Gattung *Chorthippus*). Generell konnte aber nachgewiesen werden, dass solche Arealexpansionen meist mit deutlichen genetischen Verarmungen einhergehen (z. B. Salamander, Schmetterlinge).

Für Süßwasserorganismen ergeben sich teilweise abweichende Muster. Von großer Bedeutung als genetisches Differenzierungszentrum scheint das danubische System zu sein, wie auch der pontokaspische Raum, aber auch andere große europäische Abflusssysteme wie die Rhône.

Durch die genetischen Analysen kann man oft Rückschlüsse über die genutzten Wanderungsrouten in Europa ziehen. Als Beispiel für die hohe Auflösungskraft genetischer Verfahren sei die postglaziale Besiedelung Deutschlands durch den Silbergrünen Bläuling *Polyommatus coridon* dargestellt. Für diese Art konnte gezeigt werden, dass dieser Deutschland auf zwei unterschiedlichen Wegen besiedelte, einmal westlich der Vogesen in den westdeutschen Raum, und zum anderen durch die Burgundische Pforte (tief gelegener Bereich zwischen Jura und Vogesen) in den süddeutschen Bereich. Von dort ausgehend wurde dann der süddeutsche Bereich auf einer westlichen Achse entlang des Rheins und einer östlichen Achse entlang der Schwäbischen Alb und des Frankenjura besiedelt.

b   Invasionsbiologie

Mit dem Erscheinen des modernen Menschen, dem immer dichter werdenden Netz von Verkehrswegen und dem immer rascheren Transport kommt es zunehmend zu Veränderungen in der Zusammensetzung von Fauna und Flora.

Als **Neozoen** bezeichnet man Tiere, die durch den Menschen aus ihrem ursprünglichen Verbreitungsgebiet in andere Gebiete, die oft auf anderen Kontinenten liegen, verschleppt wurden. In einer engeren Definition sind Neozoen Tiere, die nach der Entdeckung Amerikas durch Kolumbus (1492) und unter Mitwirkung von Menschen nach Europa gelangt sind. Mittlerweile sind fast 2% der Tierarten Europas gebietsfremd. Etwa die Hälfte von ihnen entfällt auf Insekten, 14% auf Vögel, 2% auf Säugetiere. Allein im Rhein gibt es derzeit fast 100 etablierte Neozoen-Arten.

Vor 1492 nach Europa eingeführte oder eingeschleppte Arten, z. B. Hausmaus *(Mus musculus)* und Karpfen *(Cyprinus carpio)*, werden als **Archaeozoen** bezeichnet.

In manchen Fällen hat man sich bei der Einfuhr fremder Arten Nutzen versprochen; nicht selten ist es jedoch zu erheblichem Schaden gekommen. Wegen des großen Umfangs der Neuzugänge hat sich ein eigenes Fachgebiet etabliert, die **Invasionsbiologie**. Eine generelle Bewertung der Faunen- und Florenverfälschung lässt sich für Mitteleuropa nicht geben, weswegen im Folgenden nur Fallbeispiele dargestellt werden.

Cordylophora caspia (Keulenpolyp): Dieses koloniale Hydrozoon wurde wohl über Schiffe aus dem Gebiet des Kaspischen Meeres nach Mitteleuropa eingeschleppt. Seit dem Zweiten Weltkrieg erfolgt eine Ausbreitung, und heute ist die Art in allen großen Flusssystemen Mitteleuropas zu finden, kommt aber auch in stehenden Gewässern vor. Sie ist sehr salztolerant und auch im Brackwasser zu finden.

Craspedacusta sowerbii (Süßwassermeduse): Die bis 20 mm im Durchmesser erreichende einzige

Süßwassermeduse Mitteleuropas stammt aus Ostasien. Ihre Ausbreitung begann bei uns zu Beginn des 20. Jahrhunderts; vorher war sie in Mitteleuropa nur aus Warmwasserbecken botanischer Gärten bekannt. Heute findet man sie bei uns in allen große Flusssystemen und in vielen stehenden Gewässern (in Baggerseen bisweilen Massenvermehrungen). Interessanterweise sind bei uns nur weibliche Medusen nachgewiesen, in Neuseeland nur männliche. Der tentakellose Polyp erreicht eine Länge von 2 mm.

Dugesia tigrina (Gefleckter Strudelwurm): Diese Art stammt aus Nordamerika und ist wohl über Aquarienhaltung zu Beginn des 20. Jahrhunderts nach Mitteleuropa gelangt, wo sie mittlerweile verbreitet vorkommt.

Potamopyrgus antipodarum (Neuseeländische Zwergdeckelschnecke): Auch diese kleine Schnecke gelangte wohl über Aquarienhaltung zu uns. Ursprünglich stammt sie aus Neuseeland.

Corbicula-Arten (Körbchenmuschel): Seit den 80er Jahren des 20. Jahrhunderts sind diese kleinen dickwandigen Muscheln ein auffälliges Element in unseren Süßgewässern und bilden hier vielerorts einen hohen Anteil an der Biomasse bodenlebender Organismen. Ihre Herkunft ist nicht mit Sicherheit bekannt; vermutlich sind sie aus Asien über Amerika nach Europa gelangt.

Dreissena polymorpha (Dreikant- oder Wandermuschel): Seit dem 19. Jahrhundert ist diese aus dem pontokaspischen Raum stammende, mit Byssus festsitzende Muschel zu einem wesentlichen Bestandteil von Bodenlebensgemeinschaften unserer limnischen Gewässer geworden. Die freischwimmenden Veliger-Larven bilden im Sommer einen erheblichen Teil des Planktons mitteleuropäischer Flüsse. Bei Massenentwicklungen kann es zu Verstopfungen von Wasserleitungen kommen. Die von *Dreissena* gebildeten Muschelbänke können 10 000e von Individuen/m² beherbergen. *Dreissena* kam übrigens vor der letzten Eiszeit in Mitteleuropa vor und wurde im Zuge der Vereisung in den pontokaspischen Raum zurückgedrängt.

Ensis americanus wurde Ende der 70er Jahre des 20. Jahrhunderts aus Nordamerika bei uns eingeschleppt und besiedelt die Nordsee heute in hoher Populationsdichte im untersten Gezeiten-

bereich und im Sublitoral. Allem Anschein nach kamen Veliger-Larven dieser Art 1978 mit Ballastwasser eines Schiffes nach Europa.

Branchiura sowerbyi (Kiemenwurm): Dieser bis knapp 20 cm lange kiementragende Oligochaet hat seine Heimat in Süd- und Südostasien und ist in Europa seit dem späten 19. Jahrhundert bekannt, jedoch zunächst nur aus Warmwasserbecken. Der erste Freilandfund in Mitteleuropa erfolgte 1961 im Rhein. Heute geht man von einer weiten Verbreitung aus, auch in Gewässern, die im Winter eisbedeckt sind. Die Art lebt im Schlammboden stehender oder langsam fließender Gewässer.

Ein Unglück spezieller Art scheint mit *Varroa jacobsoni* passiert zu sein. Diese Milbe, die in Bienenstöcken erheblichen Schaden anrichtet, wurde zum Zweck der Forschung importiert.

Eriocheir sinensis (Wollhandkrabbe): Die Heimat der Wollhandkrabbe ist China; von hier kam sie mit Handelsschiffen um 1912 nach Deutschland, wo sie rasch Flüsse und Kanäle besiedelte. Es kam – und kommt heute wieder – zu Massenvermehrungen, die zur Schädigung der Fischerei führten. Ihre bis fast 1 m langen Wohnbauten verursachen Schäden an Uferböschungen und Dämmen. Im Sommer wandern die geschlechtsreifen Tiere ins Meer, zunächst die Männchen, die im Unterlauf der Flüsse eine »Sperre« bilden, dann die Weibchen. Hier findet die Kopulation statt; die Weibchen wandern dann weiter ins Wattenmeer. Sie verbleiben hier bis zum Schlüpfen der Larven aus den Eiern, die sie am Körper tragen. Im Alter von zwei Jahren wandern die Jungtiere flussaufwärts.

Orconectes limosus (Amerikanischer Flusskrebs; Kamberkrebs): 1890 wurde diese relativ anspruchslose Art aus Nordamerika importiert. Es sollten die durch Krebspest *(Aphanomyces)* dezimierten Bestände einheimischer Flusskrebse ergänzt werden. Inzwischen leben bei uns weitere ähnliche Flusskrebse aus verschiedenen Gattungen.

Gammarus tigrinus (Tigerflohkrebs): Dieser Amphipode aus Nordamerika wurde bei uns wegen seiner enormen Populationsdichte zu einem wichtigen Bestandteil der Nahrung von Süßwasserfischen. Vermutlich ist er mit Ballastwasser über den Atlantik gekommen; der Erstnachweis in der Alten Welt stammt aus England (1931). 1957 setze man *Gammarus tigrinus* in der Werra aus, um die durch die Salzfracht dieses Flusses verarmte Fauna anzureichern. Die derzeitige Massenvermehrung des Tigerflohkrebses führte zur Verdrängung einheimischer *Gammarus*-Arten. Mittlerweile gibt es bei uns mehrere Neozoen, die zu den Amphipoden gehören.

Viteus vitifolii (Reblaus): Die Reblaus wurde Mitte des 19. Jahrhunderts aus Nordamerika nach Europa eingeschleppt und entwickelte sich hier zu einem der bedeutendsten Schadorganismen im Weinbau.

Quadraspidiotus perniciosus (San-José-Schildlaus): Diese vivipare Schildlaus saugt an Hunderten verschiedener Blütenpflanzen. Zu uns kam sie aus Nordamerika (dorthin vermutlich von China) und wurde in Mitteleuropa ein besonders wichtiger Schädling an Äpfeln.

Cameraria ohridella (Rosskastanien-Miniermotte): Diese Miniermotte ist ein besonders auffälliger Neubürger der letzten Jahre. Nach Mitteleuropa kam sie wohl vom Balkan; ihre Raupen minieren in Rosskastanienblättern, die sich schon im Sommer verfärben und abfallen. Die Rosskastanie selbst stammt aus Südeuropa.

Leptinotarsa decemlineata (Kartoffelkäfer): Ursprünglich war dieser kleine Blattkäfer auf ein relativ kleines Gebiet in den USA (Colorado-Plateau) beschränkt, wo er auf Nachtschattengewächsen lebte. Mit der Ausbreitung der Kartoffel wurde er zu einem Großschädling (Abb. 270i). Seit 1876 kennt man ihn aus Deutschland. Verschiedentlich wurde behauptet, er sei auch in Kriegen eingesetzt worden, um den Gegner zu schädigen.

Monomorium pharaonis (Pharaoameise) ist eine winzige Ameise, die aus Afrika oder Indien stammt. Sie hat sich bei uns in Gebäuden etabliert (Abb. 173a) und kann in Krankenhäusern lästig werden.

Oncorhynchus mykiss (Regenbogenforelle): Als Nutzfisch wird die Regenbogenforelle (seit einigen Jahren zur Gattung Pazifischer Lachs = *Oncorhynchus* gezählt) in vielen Ländern gezüchtet. Ursprünglich stammt sie aus Nordamerika. Eine

Reihe weiterer Fischarten hat sich in heimischen Gewässern etabliert, nachdem sie von Aquarianern ausgesetzt worden war, so *Ictalurus nebulosus* (Zwergwels), *Lepomis gibbosus* (Sonnenbarsch) u. a.

Rana catesbeiana (Ochsenfrosch): Mit seinen 20 cm Körperlänge übertrifft der aus Nordamerika stammende Ochsenfrosch die einheimischen Froscharten deutlich an Größe. Zu seiner Nahrung gehören neben Insekten, Weichtieren und Fischen auch andere Frösche, Reptilien sowie Junge von Vögeln und Säugern. Der Ochsenfrosch wird mit vier bis fünf Jahren geschlechtsreif; die Männchen leben territorial, die Territorien werden heftig verteidigt. Aus den 10 000–20 000 Eiern schlüpfen in einer Woche Kaulquappen, die ein bis drei Jahre für ihre Entwicklung benötigen. Der Ochsenfrosch wurde ursprünglich zur Produktion von Froschschenkeln in den 30er Jahren des 20. Jahrhunderts nach Italien eingeführt, wenig später aus dem selben Grund auch nach Deutschland. In Italien etablierte er sich im Freiland, in Deutschland wurden die Bestände kurz darauf wieder vernichtet. Später wurde der Ochsenfrosch jedoch wieder eingeführt und etabliert sich jetzt abermals, v. a. im südwestdeutschen Raum.

Streptopelia decaocto (Türkentaube) stammt ursprünglich aus Südasien und ist dort ein Bewohner von Halbwüsten. Bei uns besiedelt sie vorwiegend menschliche Siedlungen.

Psittacula krameri (Halsbandsittich): Dieser leuchtendgrüne Papagei scheint besonders konkurrenzstark zu sein. Er stammt aus Süd- und Südostasien, kommt auch in Ostafrika vor und hat in Mitteleuropa mittlerweile stabile Populationen aufgebaut. In Deutschland wurde er erstmals um 1970 nachgewiesen. Heute gehören kreischende Schwärme von Halsbandsittichen in zahlreichen Städten zum gewohnten Bild, z. B. in Heidelberg, Mainz, Bonn oder Köln.

Phasianus colchicus (Fasan): Der Fasan ist ein verbreiteter Standvogel der Kulturlandschaft Mitteleuropas. Sein ursprüngliches Verbreitungsgebiet liegt in Asien. Heute kommt er auf mehreren Kontinenten vor. Nach Europa wurde er vielleicht schon vor den Römern eingeführt. Später, bis in 19. Jahrhundert, wurden Fasane z. B. in Klöstern in sog. Fasanerien gezüchtet und gemästet. Zeitweise galten sie als »königliches Wild«, dessen Jagd dem »gewöhnlichen Volk« nicht erlaubt war.

Cervus dama (Damhirsch): Der Damhirsch ist ein altes Faunenelement Europas und verschwand erst in der letzten Eiszeit. Heute ist er auf mehreren Kontinenten anzutreffen; bei uns existiert er wieder seit dem Mittelalter. Besonders in Norddeutschland (Schleswig-Holstein) gibt es große Populationen. Er wird auch zur Fleischproduktion gehalten.

Procyon lotor (Waschbär): Die Heimat des Waschbären reicht von Kanada bis Panama. In Deutschland wurde er zuerst 1934 im Bereich des Edersees (Hessen) angesiedelt. In anderen Regionen entwichen Tiere aus Pelztierfarmen oder wurden ausgesetzt. Inzwischen ist er in Mitteleuropa weit verbreitet. Ein Bestand von 1 Million wird hier für möglich gehalten.

Myocastor coypus (Nutria): Diese an Gewässer gebundene, wärmeliebende, große Nagetierart (Kopf-Rumpf-Länge bis 60 cm) stammt aus Südamerika. Sie lebt in Kolonien, gräbt Gangsysteme in Uferböschungen und wurde in Europa zunächst durch entkommene Tiere aus Pelzfarmen etabliert, später auch durch gezielte Ansiedlungsversuche.

Ondatra zibethicus (Bisamratte): Die Bisamratte ist mit 35 cm Kopf-Rumpf-Länge der größte Vertreter der Wühlmäuse. Sie stammt aus Nordamerika und legt Erdbaue oder Burgen aus Pflanzenmaterial in Wassernähe an. Die Eingangsöffnung, die zu ihrem Wohnkessel führt, liegt immer unter dem Wasserspiegel.

Neozoen haben speziell auf Inseln erheblichen Schaden angerichtet. Neuseeland und Hawaii stehen für Gebiete, in denen besonders viele einheimische Arten ausgerottet wurden. Auf Guam sind allein durch die aus Neuguinea und/oder Australien eingeschleppte Nachtbaumotter *(Boiga irregularis)* zehn Vogelarten ausgerottet worden.

B Systematische Zoologie

Einleitung

Tiere lassen sich in einem hierarchischen System gliedern (S. 372), dessen Grundeinheit die **Art (Species)** ist. Seit Linné werden Arten mit zwei Namen (**binär**) bezeichnet, z. B. *Blatta orientalis*. Der erste Name ist der **Gattungsname**, der zweite das **Epitheton**; beide zusammen ergeben den Artnamen. Oft wird das Epitheton auch vereinfachend **Artname** genannt. Dahinter stehen meist noch der Name des Autors, der die Art zuerst beschrieben hat, und das Jahr der Erstbeschreibung. Ist der ursprüngliche Gattungsname geändert worden, weil die Art in eine andere Gattung gestellt oder aufgeteilt wurde, so wird der Autorenname in Klammern gesetzt.

Eine Art ist nicht einheitlich, sondern besteht aus einer großen Zahl phäno- und genotypisch verschiedener Individuen. Die äußere Verschiedenheit wird besonders deutlich beim Generationswechsel, z. B. Polyp-Meduse, oder bei extremem Sexualdimorphismus. Weit verbreitete Arten lassen sich meist in eine Anzahl geographischer Rassen (= Subspecies) gliedern. Wenn sie in ihren Merkmalen ineinander übergehen, nennt man sie auch **clines**. Meist treten unter normalen Individuen stark abweichende Einzeltiere auf, sei es in der Farbe (Albinismus, Melanismus, Rufinismus, Scheckung) oder in der Struktur (Fehlen oder Verdoppelung von Strukturen). Diese Aberrationen entsprechen den Mutanten der Genetik.

Die Trennung der Arten ist oft schwierig, und häufig ist erst nach langer Arbeit die Gliederung einer Gruppe in Arten erkennbar. Definitionsgemäß sind Arten natürliche Fortpflanzungsgemeinschaften (**biologischer Artbegriff; biologische Art**). Diese eigentlich klare Definition birgt jedoch Probleme:

1. Es gibt innerhalb einer Art, insbesondere wenn sie aus mehreren Unterarten besteht (polytypisch ist), schon abgestufte Fruchtbarkeitsraten.
2. Der Nachweis einer geschlossenen Fortpflanzungsgemeinschaft wurde nur für eine Minderheit von Species geführt.

Die Fortpflanzung getrennter Arten wird auf verschiedenen Wegen verhindert:

a) Das gegenseitige Erkennen als Geschlechtspartner funktioniert nicht, da jede Art durch Balz, Gesänge (Vögel, Heuschrecken), Leuchtsignale oder Lockstoffe ein eigenes Signalsystem besitzt.

b) Die Kopulationsorgane passen nicht ineinander. Die artlich so verschiedenen Kopulationsorgane bei Arthropoden haben die Auffassung aufkommen lassen, dass sie nach dem Schlüssel-Schloss-Prinzip nur die artgemäße Paarung ermöglichen. Paarungen zwischen verschiedenen Arten zeigen, dass dieses Prinzip nur beschränkte Geltung hat, am ehesten bei Spinnen.

c) Spermien erreichen nicht die Eier. Dieser Fall scheint seltener zu sein, da ein Eindringen art- und gattungsverschiedener Spermien im Experiment oft eintritt (Fische, Seeigel). Bei etwa gleichzeitiger Besamung eines Weibchens mit Spermien verschiedener Arten haben die der eigenen Art oft einen Vorsprung, und die eigentliche Befruchtung, also die Verschmelzung von Ei- und Spermakern, findet statt. Es kann allerdings das Eindringen des Spermiums eine Entwicklung auslösen, die nur mit dem Erbgut des Eies erfolgt (Pseudogamie).

d) Die F_1-Bastarde entwickeln sich zunächst, doch ist die Entwicklung später gestört. Wenn sie erwachsen werden, sind sie steril, oft nur in einem Geschlecht. Dieser Fall ist bei nahe verwandten Arten häufig.

e) F_1 und F_2 sind in Gefangenschaft fruchtbar, z. B. die Kreuzung Eisbär – Braunbär, in der Natur jedoch nicht vorhanden und wohl wegen der biologischen Verschiedenheit der Eltern nicht dauernd existenzfähig.

Im Gegensatz zu den Pflanzen sind **Artbastarde** bei Tieren in der freien Natur sehr selten. Sie kommen z. B. bei Weißfischen (Cyprinidae), Entenvögeln, Schwärmern (Sphingidae) vor, meist als seltene Individuen, seltener als Bastard-populationen.

Entstehung neuer Arten aus Artbastarden durch Addieren der vollen elterlichen Chromo-somensätze (Allopolyploidie), die bei Pflanzen so häufig ist, ist bei Tieren selten. Ein Beispiel ist wohl der einheimische Wasserfrosch (*Rana esculenta*, Abb. 141a).

Von **Zwillingsarten** (sibling species) spricht man, wenn zwischen zwei Gruppen eine Repro-duktionsbarriere existiert, aber morphologisch keine wesentlichen Unterschiede bestehen.

Nicht alle tierischen Organismen sind nach der obigen Definition in Arten zu gliedern, z. B. die nur aus Weibchen bestehenden Bdelloidea unter den Rotatorien und viele Protozoen, die sich nur vegetativ vermehren (**Agamospecies**).

In solchen Fällen muss man mit der »**Morphospecies**« arbeiten, d. h., Gruppen von beson-ders ähnlichen Individuen werden als Art definiert. In der Tat beruht ein Großteil der be-schriebenen Arten auf der Morphospecies-Defi-nition.

Arten können auf unterschiedliche Weise ent-stehen. Zunächst ist eine Umwandlung im Laufe der Zeit möglich (**Chronospecies, phyletische Artbildung**). Eine Art hat also in verschiedenen Epochen der Erdgeschichte ein ganz verschiede-nes Aussehen (z. B. *Homo erectus, Homo sapiens*).

Verbreitet ist die Entstehung von zwei oder mehr Arten aus einer (**Artaufspaltung; diver-gente Artbildung**). Das kann auf folgende Weise geschehen:

a) **Geographische Separation.** In verschiedenen Gebieten entwickeln sich Populationen, deren Genfluss untereinander zunehmend einge-schränkt ist (**allopatrische Artbildung**).

b) **Isolation.** Isolationsmechanismen entstehen in Populationen eines Areals (**sympatrische Artbildung**). Isolation kann beispielsweise durch Verhaltensweisen, strukturelle Unter-schiede in Kopulationsorganen oder durch herabgesetzten Befruchtungserfolg zustande kommen.

Oberhalb der Art werden die Tiere in verschiede-nen Kategorien (**Taxa**, Singular: **Taxon**) zusam-mengefasst. Man unterscheidet grob: **Gattungen** (**Genera**), **Familien, Ordnungen, Klassen** und **Stämme (Phyla)**. Die Anwendung dieser Begriffe beruht auf Konventionen, die insbesondere bei Wirbellosen nicht einheitlich gehandhabt wer-den. Im folgenden Text werden sie daher bei die-sen im Allgemeinen nicht gebraucht.

Wie in Abb. 188a dargestellt, ist die Artenzahl verschiedener Tiergruppen sehr unterschiedlich. Insgesamt sind etwa 1,5 Millionen rezente Tier-arten beschrieben worden, wobei ¾ aller Arten auf Insekten entfallen. Die tatsächliche Zahl wird auf mehrere Millionen geschätzt. In Mitteleu-ropa kommen über 40 000 Arten vor; davon gehören mehr als 30 000 zu den Insekten.

Wesentlich höher ist die Zahl der ausgestorbe-nen Tierarten zu veranschlagen. Da jedoch nur Formen mit Skelet in größerem Umfang fossil erhalten geblieben sind (v. a. Protozoa, Porifera, Cnidaria, Tentaculata, Mollusca, Arthropoda, Echinodermata, Vertebrata), ist die Zahl der beschriebenen Arten vergleichsweise niedrig und mit etwa 300 000 zu veranschlagen; davon gehö-ren ungefähr 30 000 zu den Insekten.

Es sind nicht die artenreichsten Taxa, die im Folgenden besonders ausführlich dargestellt sind; vielmehr soll ein Überblick über die Mannig-faltigkeit der Baupläne gegeben werden, wobei phylogenetisch bedeutungsvolle und für den Menschen sehr wichtige Formen wie Parasiten, Schadorganismen und Nutztiere besondere Be-rücksichtigung finden.

In der Komplexität ihrer Baupläne und in der Artenzahl (Abb. 188b) übertreffen Tiere Pflanzen bei weitem. Umgekehrt liegen die Verhältnisse in der Biomasse: Hier stehen die Pflanzen weit vor den Tieren (Abb. 188c).

Auf dem Niveau der Einzeller gibt es in ver-schiedenen Gruppen enge Verwandtschaftsbe-ziehungen zwischen auto- und heterotrophen Formen. Dieser Erkenntnis trug man schon um die Jahrhundertwende vom 19. zum 20. Jahrhun-dert Rechnung, indem man alle Einzeller – pflanzliche und tierische – als **Protista** zusam-menfasste. Hinsichtlich ihrer Verwandtschafts-verhältnisse und ihrer DNA-Sequenzen sind Protisten untereinander stärker differenziert als die vielzelligen Tiere, Pflanzen und Pilze, und ihre Verwandtschaftsbeziehungen sind noch um-stritten.

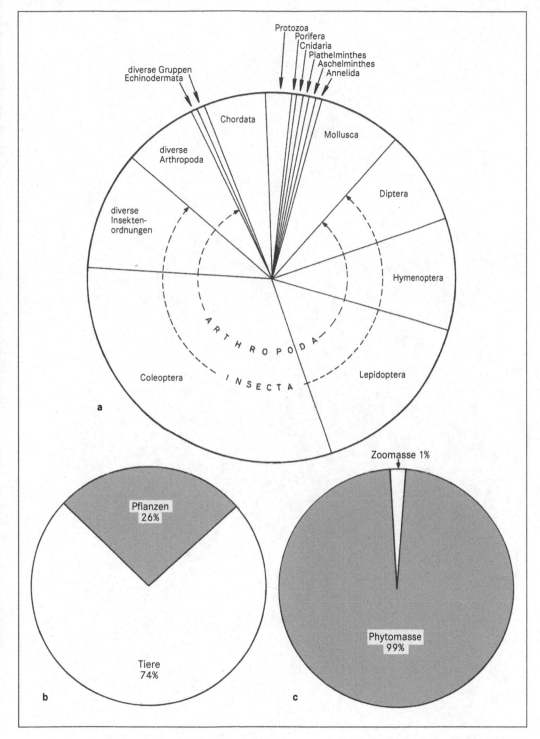

Abb. 188 a) Geschätztes Verhältnis der bekannten Tierarten verschiedener Systemeinheiten. **b)** Zahlenverhältnis von Tier- zu Pflanzenarten, **c)** Verhältnis der Zoomasse zur Phytomasse

Protozoa (Einzellige Tiere)

Die Organismen, die wir als Tiere zusammenfassen, stehen auf dem Niveau der über 40 000 Arten umfassenden Einzeller mit Pflanzen in engem Zusammenhang. Hier sind es bestimmte Flagellatengruppen, die Autotrophe (= Pflanzen; Phytoflagellata) und Heterotrophe (= Tiere; Zooflagellata) umfassen.

Beispiele finden sich unter den **Dinoflagellata** (Peridinea, Abb. 189a), die meist einen Cellulosepanzer besitzen. Hierher gehören das chlorophyllhaltige *Ceratium* (Abb. 190a) und *Noctiluca* (Abb. 190b), die Meeresleuchten hervorrufen können. *Gymnodinium* und *Gonyaulax* verursachen bei Massenvermehrung in manchen Meeren Rotfärbung des Wassers (red tide) und Vergiftungen, die zum Massensterben von Fischen u. a. führen können. *Gambierdiscus* ist im Bereich von Indopazifik und Atlantik Ursache zahlreicher Vergiftungen (Ciguatera) von Menschen nach Verzehr von Meerestieren, die diese Dinoflagellaten gefressen haben. *Symbiodinium* kommt als Symbiont zum Beispiel in Korallen vor.

Unter den **Euglenoidina** sind beispielsweise *Phacus* und *Euglena* (Abb. 190d) autotroph, die farblose *Astasia* ist heterotroph und fakultativ parasitisch.

Die **Choanoflagellata** sind planktische oder sessile, autotrophe oder heterotrophe Formen, die am Vorderende einen »Plasmakragen« (elektronenmikroskopisch: Ring von Mikrovilli [Abb. 190h]) tragen. Sie stehen der Wurzel der Metazoa besonders nahe. Viele von ihnen gehören zum marinen Nanoplankton. Sie sind 3–6 μm lang und ernähren sich von Bakterien.

Ein zufrieden stellendes System der Protozoa existiert bisher nicht, wenngleich Fortschritte in Ultrastrukturforschung und Molekularbiologie in den letzten Jahren immer wieder zu neuen Arrangements geführt haben. Hinsichtlich ihrer DNA-Sequenzen sind sie untereinander verschiedenartiger als die Vielzeller.

Die im Folgenden aufgeführten Gruppen der Zooflagellata und Rhizopoda sind keine monophyletischen Gruppen.

1 Zooflagellata

Mit einer bis mehreren Flagellen (Geißeln) ausgestattete Formen in Salz- und Süßwasser, Boden, Pflanzen und Tieren.

Kinetoplastida: Wichtige Parasiten des Menschen sind *Trypanosoma* und *Leishmania* (Abb. 189b, 191) aus der Familie der Trypanosomidae, die durch einen besonderen **Polymorphismus** gekennzeichnet sind. Folgende Modifikationen seien genannt (Abb. 191):

1. **amastigotes Stadium,** geißellos, Zelle kugelig;
2. **promastigotes Stadium,** Geißel am Vorderende entspringend, Zelle wie bei den folgenden Formen lang gestreckt;
3. **epimastigotes Stadium,** Geißel entspringt in der Zellmitte nahe dem Kern; bis zum Vorderende ist sie über eine undulierende Membran mit der Zelle verbunden;
4. **trypomastigotes Stadium,** Geißel entspringt hinter dem Kern am Hinterende und ist bis zum Vorderende mit dem Zellkörper über eine undulierende Membran verbunden.

Unter einer **undulierenden Membran** versteht man eine Geißel, die mit dem Zellkörper über eine längere Strecke in Verbindung steht (Abb. 189b). Als weitere cytologische Besonderheit tritt

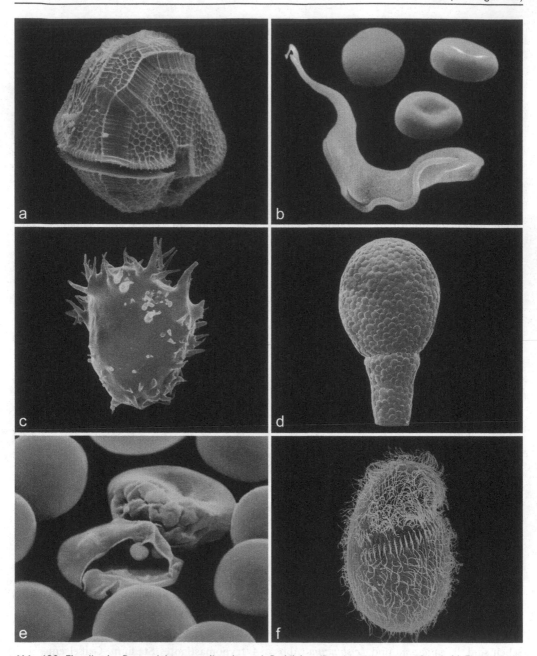

Abb. 189 Einzeller im Rasterelektronenmikroskop. **a)** *Peridinium* (Durchmesser etwa 40 µm), **b)** *Trypanosoma* und drei Erythrocyten, deren Durchmesser etwa 7 µm beträgt, **c)** *Mayorella*, eine bodenlebende Amöbe von etwa 40 µm Länge, **d)** *Nebela*, eine Schalenamöbe (Testacea), 150 µm lang, die vorwiegend andere Testacea frisst, deren Schalen sie zum Bau ihres eigenen Gehäuses verwendet, **e)** *Plasmodium*, Erreger der Malaria, der Erythrocyten (Durchmesser etwa 7 µm) zerstört, **f)** *Colpidium*, ein etwa 120 µm langer Ciliat verschmutzter Gewässer, der von Bakterien lebt. Fotos W. Foissner (Salzburg) (a, c, d, f), K. Vickerman (Glasgow) (b), Nilsson (Boehringer Ingelheim) (e)

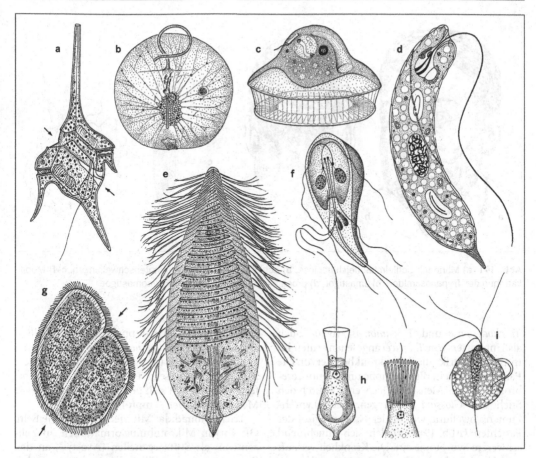

Abb. 190 Flagellatenformen. **a)** *Ceratium*, in Teilung (Pfeile), **b)** *Noctiluca*, **c)** *Craspedotella*, **d)** *Euglena*, **e)** *Spiro-trichonympha*, **f)** *Giardia duodenalis*, **g)** *Opalina*, in Teilung (Pfeile), **h)** *Salpingoeca*, Choanoflagellat in lichtmikro-skopischer (links) und elektronenmikroskopischer Darstellung (rechts) des Kragens, **i)** *Trichomonas vaginalis*

bei diesen Flagellaten ein **Kinetoplast** auf. Es handelt sich um ein besonders differenziertes Mitochondrium mit DNA in Basalkörpernähe, das lange Ausläufer bilden kann.

Pro- und epimastigotes Stadium werden v. a. in Wirbellosen ausgebildet, das trypomastigote in Wirbeltieren. Das amastigote Stadium kommt bei Wirbeltieren intrazellulär, bei Wirbellosen extrazellulär vor.

Leishmania-Arten werden von Schmetterlingsmücken (*Phlebotomus*, Abb. 177) auf den Menschen übertragen.

L. donovani kommt in Südamerika, den Mittelmeerländern und in mehreren Ländern des tropischen Afrikas und Asiens vor. Sie ruft die **Eingeweide-Leishmaniose (Kala-Azar)** hervor.

Die Parasiten leben im Makrophagensystem des Menschen. Anämie, Verminderung der Leukocytenzahl und Neigung zu Entzündungen sind die Folge. In Indien wurden Letalitätsquoten von mehr als 90% verzeichnet. Behandlung mit Chemotherapeutika führt zur Ausheilung.

L. tropica ruft beulenförmige Hautgeschwüre hervor, die als **Orientbeule** bekannt sind. Die Erkrankung kommt im Mittelmeerraum, in Westafrika und von Vorderasien bis Indien vor.

L. brasiliensis ist der Erreger der **Haut-** und **Schleimhaut-Leishmaniosen** in Lateinamerika (Abb. 191a).

Trypanosoma-Arten werden durch Fliegen (**Tsetse-Fliege**, *Glossina*) und **Raubwanzen** (*Triatoma)* auf den Menschen übertragen (Abb. 175).

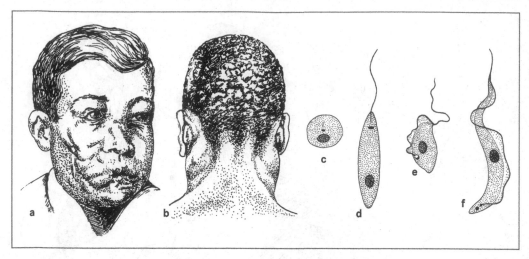

Abb. 191 a) Mann mit Schleimhautleishmaniose, **b)** Schlafkranker mit Lymphknotenschwellungen, **c–f)** Modifikationen der Trypanosomiden. **c)** amastigot, **d)** promastigot, **e)** epimastigot, **f)** trypomastigot

T. rhodesiense und *T. gambiense* (beide auch als Unterarten von *T. brucei* angesehen) rufen im tropischen Afrika die **Schlafkrankheit** hervor. Die Parasiten leben in Blut, Lymphe und Liquor cerebrospinalis des Menschen. Sie werden durch den Stich von *Glossina* übertragen. Nach Lymphknotenschwellung v. a. in der Nackenregion der Patienten (Abb. 191b) stellen sich zunehmend schwerere Symptome ein. Die Krankheit verläuft unbehandelt über apathische Zustände, schweren körperlichen und geistigen Verfall bis zum Tod.

T. cruzi wird durch den Kot von infizierten Raubwanzen *(Triatoma)* Lateinamerikas übertragen. Gerät der Kot auf die Bindehaut des Auges oder in Hautverletzungen (durch Kratzen), so ist die Übertragung vollzogen. Durch den Stich kann sie nicht eintreten. Die Parasiten finden sich zunächst im Makrophagensystem des Menschen, dann in verschiedenen anderen Geweben, z. B. der Herzmuskulatur. Die Krankheit **(Chagas-Krankheit)** befällt v. a. Kinder, hält sich aber über 10–20 Jahre. Schweres Siechtum führt meist zum Herztod.

Verschiedene Trypanosomen rufen Viehseuchen hervor, in Afrika z. B. *T. brucei* die **Naganaseuche** und in Lateinamerika *T. equinum* die **Kreuzlähme**. Überträger sind jeweils Fliegen. Beim Deckakt von Pferden wird *T. equiperdum* übertragen **(Beschälseuche)**.

Diplomonadida: Diese bilateralsymmetrischen Tiere sind Doppelindividuen, besitzen zwei Kerne und einen doppelt angelegten Geißelapparat. *Giardia duodenalis* (Abb. 190f) ist einer der häufigsten Darmparasiten des Menschen. Mit Haftgruben setzt er sich am Darmepithel fest. Man infiziert sich peroral über Cysten; viele Menschen bleiben symptomfrei.

Trichomonadida: Mit vier bis sechs Geißeln. Oft wirken Mikrotubulusformationen im Zellzentrum als Stützorganellen (Axostyl), an den Basalkörpern der Cilien liegen häufig Golgi-Apparate **(Parabasalkörper)**. *Pentatrichomonas hominis* im Dickdarm des Menschen, *Trichomonas tenax* im Mund: Beide sind harmlose Kommensalen. *T. vaginalis* (Abb. 190i) in Vagina und Urethra von Menschen und *T. foetus* in den Geschlechtsorganen von Rindern führen oft zu Fortpflanzungsstörungen.

Hypermastigida: Mit zahlreichen Geißeln, Axostyl und oft großen Golgi-Apparaten; ohne Mitochondrien.

Sie leben als Darmbewohner in Schaben und Termiten und ernähren sich von Holz (z. B. *Spirotrichonympha*, Abb. 190e).

Opalinida: Die ganze Zelloberfläche ist gleichmäßig mit Flagellen besetzt. Kerne in Zwei- oder Mehrzahl, Parasiten, Fortpflanzung durch schräge Zweiteilung (sonst bei Flagellaten meist durch Längsteilung). *Opalina ranarum* (Abb. 190g) im Darm von Fröschen.

2 Rhizopoda (Wurzelfüßer)

Rhizopoda sind durch Pseudopodien (Zellausläufer, die im Dienst von Fortbewegung und Beutefang stehen) gekennzeichnet, die in vier Formen vorkommen können:

1. Als **Lobopodien** bezeichnet man die breiten Zellausläufer der Amoebina, mit denen größere Nahrungspartikel umschlossen werden können (Phagocytose). Sie bestehen aus granulärem **Endoplasma** und äußerem, hyalinem **Ectoplasma**.
2. **Filopodien** sind fadenförmig und bestehen überwiegend aus Ectoplasma (bei manchen Testacea).
3. **Axopodien** nennt man die schlanken Fortsätze, deren Zentrum von Mikrotubuli ausgefüllt wird. Sie sind für Heliozoen und Radiolarien typisch.
4. **Rhizopodien (Reticulopodien)** sind verzweigt und kommen bei Foraminiferen vor.

Die **Amoebina** (Amöben) besitzen keine feste Gestalt, ihr Cytoplasma besteht oft aus granulärem Endoplasma und hyalinem Ectoplasma. Die meisten Süßwasserarten können sich bei Eintreten ungünstiger Umweltbedingungen encystieren. Die Fortbewegung erfolgt durch Pseudopodien.

Mehrere Amöbenarten sind intensiv untersuchte Labortiere, an denen Grundprinzipien bearbeitet wurden (z. B. Zellmotilität, Endocytose und Membran-Recycling). *Amoeba proteus* (Abb. 192a), die mitochondrienfreie *Pelomyxa palustris*, die tausendkernige Art *Chaos carolinense* und das kollektive *Dictyostelium discoideum* gehören hierher. Zahlreiche Formen kommen im Darm höherer Tiere vor. Die meisten sind Kommensalen. *Entamoeba gingivalis* lebt bei den meisten Menschen im Belag der Zähne (Übertragung wie bei *Trichomonas tenax* durch Küssen), *Entamoeba coli* im Dickdarm. *E. histolytica* (Abb. 192b, c) parasitiert im Darm des Menschen. Die entstehende Krankheit (**Amöbenruhr**) ist in warmen Ländern weit verbreitet und nach Malaria und Schistosomiasis die dritthäufigste durch tierische Parasiten hervorgerufene schwere Erkrankung des Menschen. Behandlung mit verschiedenen Chemotherapeutika. *E. histolytica* kann vom Darm auch in andere Organe eindringen (v. a. Leber) und schwere, auch makroskopisch sichtbare Schädigungen hervor-

rufen. Übertragung in Form von Cysten, die mit der Nahrung aufgenommen werden. Unter dem Begriff »**Limax-Amöben**« werden fakultative Parasiten der Gattungen *Acanthamoeba* und *Naegleria* zusammengefasst, die über die Nase ins Gehirn eindringen und eine akut verlaufende **Meningoencephalitis** hervorrufen können. Virulente Stämme von *Naegleria fowleri* pflanzen sich noch in über 30 °C warmem, gechlortem Wasser fort, weswegen ungepflegte Schwimmbecken eine Infektionsquelle darstellen können.

Die **Testacea** (Thekamöben) besitzen eine ungekammerte Schale aus organischem Material, die oft mit anorganischen Partikeln bedeckt wird. *Arcella* (Abb. 192d) und *Difflugia* sind Beispiele von in Mitteleuropa im Süßwasser lebenden Thekamöben.

Die **Foraminifera** (Abb. 192e, f) besitzen eine oft von Poren durchsetzte Schale aus organischen Substanzen (Tektin), verklebten Fremdkörpern oder Calciumcarbonat. Aus einkammerigen (**Monothalamia**) haben sich im Laufe der Phylogenie vielkammerige Arten gebildet (**Polythalamia**), deren Gehäuseform die Mannigfaltigkeit der Schneckengehäuse noch übertrifft. Sie leben marin, vorwiegend am Boden, und bilden durch ihre feinen, verzweigten Pseudopodien (Reticulopodien, Rhizopodien) ein Netz für den Beutefang. Manche Foraminiferenarten sind pelagisch (Globigerinidae, Globorotalidae); sie spielen wegen ihrer großen Biomasse eine wichtige Rolle. Viele Foraminiferen scheinen sich ausschließlich asexuell zu vermehren (Knospung, Vielteilung), bei anderen wurde ein antithetischer Generationswechsel gefunden. Sie gehören zu den wichtigsten Kalkbildnern und sind dementsprechend wesentlich am Aufbau von marinen Sedimenten beteiligt (Abb. 193). Darüber hinaus spielen sie in der Stratigraphie eine bedeutende Rolle. Wichtige **Leitfossilien** sind z. B. die palaeozoischen Fusulinen und die Nummuliten, die im Alttertiär besonders häufig waren. Eozäner Nummulitenkalk wurde z. B. als Baumaterial ägyptischer Pyramiden verwendet (Abb. 193). Die größten Nummuliten erreichten über 10 cm Durchmesser.

Die **Radiolaria** bilden mit ihren Kieselskeleten eine riesige Formenfülle (Haeckel: Kunstformen der Natur; s. auch Abb. 193). Ihr Körper ist kugelig, Pseudopodien (als Axo-, Filo- oder Rhizopo-

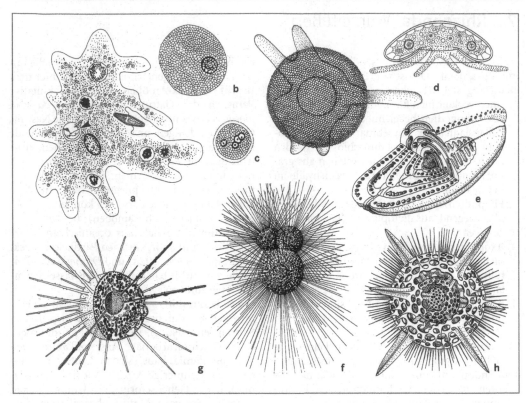

Abb. 192 Rhizopodenformen. **a)** *Amoeba proteus,* eine Diatomee phagocytierend. Die Pfeilspitze weist auf ein Rotator (Vielzeller!), welches in einer Nahrungsvakuole eingeschlossen ist. **b), c)** *Entamoeba histolytica,* **b)** Gewebsform, **c)** vierkernige Cyste, **d)** *Arcella,* Aufsicht (links) und Seitenansicht (rechts), **e)** *Fasciolites* (Foraminifera), **f)** *Globigerina* (Foraminifera), **g)** *Actinophrys* (Heliozoa), **h)** *Hexacontium* (eröffnetes Skelet eines Radiolars)

dien) strahlen nach allen Seiten. Eine intrazellulare Kapsel trennt das Cytoplasma in zwei Areale, ist aber von Poren durchbrochen. Radiolarien leben pelagisch v. a. in warmen Meeren, sie meiden schwachsalzige Gebiete. Auch sie sind am Aufbau mariner Sedimente beteiligt, v. a. in der Tiefsee niederer Breiten. *Hexacontium* (Abb. 192h).

Eine gewisse Ähnlichkeit mit den Radiolarien besitzen die im Süß- und im Salzwasser vorkom-

menden **Heliozoa** (Sonnentierchen), denen eine intrazellulare Kapsel fehlt; aber auch bei ihnen ist ein oft dichtes Endoplasma von einem grobvakuolären Ectoplasma geschieden. Geschlechtsvorgänge sind nur in Form von Paedogamie beobachtet worden. Verbreitete Gattungen in Mitteleuropa sind *Actinophrys* (einkernig, Abb. 192g) und *Actinosphaerium* (vielkernig).

Abb. 193 Foraminifera und Radiolaria in Landschaft und Architektur. **a)** Verbreitung von Globigerinen- und Radiolarienschlamm in den Weltmeeren. **b)** Cheops- und Chephren-Pyramide bei Kairo, aus Nummulitenkalk bestehend. Inset: einzelne Nummuliten, Durchmesser etwa 2 cm), **c)** Malta, frühe Tempelreste aus Globigerinenkalk. Inset: *Globigerina,* Durchmesser etwa 400 μm, **d)** Palmenstrand am Indischen Ozean, der zu einem erheblichen Teil aus Foraminiferen-Gehäusen besteht. Die rasterelektronenmikroskopischen Bilder zeigen Schalen von *Bulimia, Calcarina, Elphidium* und *Sorites,* die besonders häufig sind, **e)** Tor zur Pariser Weltausstellung im Jahre 1900. Als Vorbild diente die Darstellung eines Radiolars von Ernst Haeckel

3   Sporozoa (Apicomplexa, Sporentierchen)

Die Sporozoa enthalten nur Endoparasiten und sind daher in ihrer systematischen Position schwer zu beurteilen. Als natürliche Verwandtschaftsgruppe werden derzeit die Formen angesehen, welche einen elektronenmikroskopisch nachweisbaren Komplex von Zellbestandteilen haben, der zum Eindringen in Wirtszellen dient (**Apicomplexa** mit Gregarinea, Coccidea und Haematozoea). Weitere Gruppen sind in ihrer systematischen Stellung unsicher. Die Sporozoen machen einen **Generationswechsel** durch, bei dem sich eine geschlechtliche Fortpflanzung (**Gametogonie**) und ungeschlechtliche Vielteilung (**Sporogonie**) miteinander abwechseln. Oft ist noch eine weitere ungeschlechtliche Vielteilung, die **Schizogonie,** dazwischengeschaltet.

Die **Gregarinea** leben überwiegend extrazellulär, sie sind hauptsächlich Darmparasiten von Anneliden und Arthropoden. Ihre Gamonten können einfach oder gegliedert sein (Abb. 194).

Die **Coccidea** leben v. a. intrazellulär, sie besitzen immer eine Schizogonie.

Eimeria lebt in Leber und Darm verschiedener Haustiere und ruft die **Rote Ruhr** der Rinder hervor.

Zu den **Haematozoea** gehört als wichtiger Blutkörperparasit mit obligatorischem Wirtswechsel *Plasmodium,* der **Malaria**-Erreger (Abb. 195). Bei ihm ist eine Schizogonie ausgebildet, die in den Erythrocyten des Menschen stattfindet. Der dabei verbleibende Restkörper ruft den Malariaanfall (hohes Fieber) hervor. Überträger sind die Weibchen der Mücke *Anopheles* (Abb. 177). In ihnen findet die ungeschlechtliche Vermehrung (Sporogonie) statt, außerdem wird hier die geschlechtliche Vermehrung (Gametogonie), die im Menschen eingeleitet wird, vollendet. Die Malaria ist die am weitesten verbreitete schwere Tropenkrankheit, die durch Tiere hervorgerufen wird (300 Millionen Kranke). Europa ist bis auf kleine Gebiete auf dem Balkan heute malariafrei. Etwa die Hälfte der Malariafälle wird durch *P. falciparum* hervorgerufen (Tropica), etwas weniger durch *P. vivax* (Tertiana) und ein kleiner Teil durch *P. malariae* (Quartana). Der Tertiana-Erreger ist auf eine Mindesttemperatur von 16 °C während seiner Entwicklung in der Mücke angewiesen und kommt in gemäßigten und subtropischen Zonen vor. Alle zwei Tage erfolgt ein Fieberanfall. Bei der Quartana tritt ein Fieberanfall

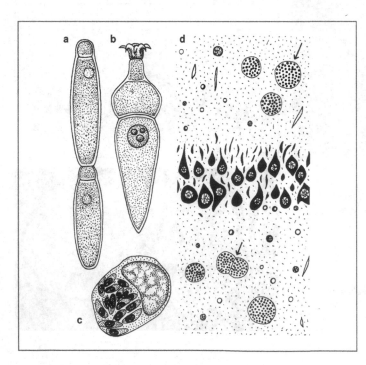

Abb. 194 Sporozoa,
a), b) Gregarinen **a)** *Gregarina* in Paarung, **b)** *Corycella,*
c), d) *Toxoplasma,*
c) Makrophage, weitgehend von Toxoplasmen ausgefüllt,
d) Schnitt durch Säugetiergehirn mit Perikaryen von Ganglienzellen (schwarz) und *Toxoplasma*-Cysten (Pfeile)

nach zwei fieberfreien Tagen auf. Der Tropica-Erreger kommt nur in den Tropen und Subtropen vor. Die von ihm hervorgerufenen Fieberanfälle sind besonders lang und können mit schweren Bewusstseinsstörungen verbunden sein.

Auch nach medizinischer Behandlung sind Malariarückfälle nach vielen Jahren möglich. Verschiedene Mittel dienen der Prophylaxe.

Toxoplasma gondii (Abb. 194c, d) ist ein halbmondförmiger, weltweit verbreiteter Parasit, der

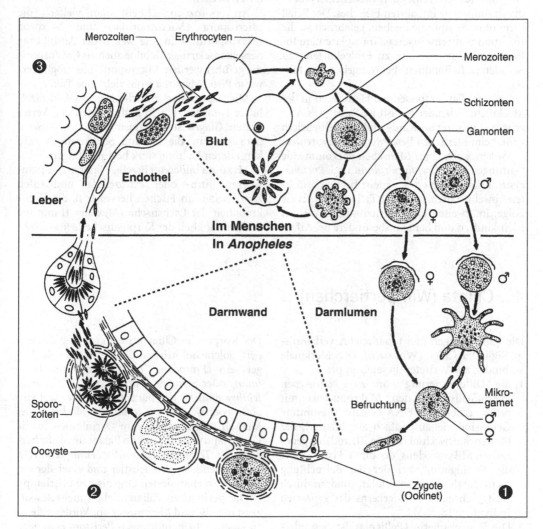

Abb. 195 Entwicklung von *Plasmodium* mit Wirts- und Generationswechsel. Im Blut des Menschen gebildete Gamonten, die hier mehrere Wochen am Leben bleiben können, müssen von der Mücke *Anopheles* aufgenommen werden, in deren Magen sie zu Mikro- und Makrogameten werden, die zur beweglichen Zygote (Ookinet) verschmelzen (Gametogonie, 1). Diese durchbohrt die Magenwand, rundet sich ab und wächst an der Außenseite des Darmes zur Oocyste heran, in der sich Sichelkeime (Sporozoiten) nach Reduktionsteilung bilden (Sporogonie, 2). Diese werden nach etwa zwei Wochen frei und gelangen dann v. a. in die Speicheldrüsen von *Anopheles*. Wenn der infektiöse Speichel einer *Anopheles* beim Stechen in den Menschen dringt, werden die Sporozoiten auf ihn übertragen. Hier dringen sie zunächst in Leberzellen ein und vermehren sich durch Schizogonie (3) (sog. exoerythrocytäre Stadien). Die hier gebildeten Merozoiten begeben sich in die Blutbahn und infizieren die Erythrocyten, wo sie in eine parasitophore Vakuole eingeschlossen werden und sich abermals durch Schizogonie vermehren. Bei Zerfall der Erythrocyten bleiben Restkörper zurück

beim Menschen und verschiedenen Wirbeltieren **Toxoplasmose** hervorruft. In Europa und Nordamerika machen schätzungsweise 40–50% der Bevölkerung eine Infektion durch. Die Übertragung der Toxoplasmose erfolgt über engen Kontakt mit Katzen (Oocysten-Ausscheider) oder durch Aufnahme infizierten Fleisches. Der Befall kann ohne Symptome bleiben, gefährlich ist die Infektion von Schwangeren. Transplacentare Infektion des Keimes kann zu Fehlgeburten und Schäden (z. B. Blindheit) bei Neugeborenen führen.

Ein bei pflanzenfressenden Haustieren in der Muskulatur lebender Parasit ist *Sarcocystis.* Verzehr von infiziertem Rind- und Schweinefleisch kann beim Menschen Beschwerden hervorrufen.

Weitere auch beim Menschen vorkommende Gattungen sind *Cryptosporidium* und *Pneumocystis.* Erkrankung erfolgt meist bei geschwächten Abwehrkräften. Im ersten Fall ist Enteritis die Folge, im zweiten Lungenentzündung, v. a. bei Kleinkindern und heute insbesondere bei AIDS-Kranken. *Pneumocystis* wird auch zu den Pilzen gestellt.

Zu den **Piroplasmida** gehört der Blutparasit *Babesia,* der Fieber und Blutharn bei Rindern hervorruft; v. a. in den Tropen. Übertragung durch Zecken.

An Sporozoen schließt man vielfach die Microspora (Microsporidia) und Myxozoa (Myxosporidia) an, die wegen der Ausbildung nesselkapselartiger Gebilde auch als **Cnidosporidia** geführt werden. Microspora sind möglicherweise Pilze, Myxozoa wohl vielzellige Tiere.

Microspora sind mitochondrienlose, intrazelluläre Parasiten, v. a. in Arthropoden und Vertebraten. *Glugea* ist ein Parasit in Fischen, *Nosema* parasitiert in Bienen und Seidenraupen und kann deren Haltung stark beeinträchtigen.

Myxozoa bilden mehrzellige Sporen. Sie parasitieren intra- oder extrazellulär und rufen Krankheiten an Fischen hervor, z. B. die Drehkrankheit der Lachsfische *(Myxosoma)* und die Beulenkrankheit der Karpfenfische *(Myxobolus).*

4 Ciliata (Wimpertierchen)

Die Ciliata tragen meist zahlreiche, verhältnismäßig kurze Cilien (Wimpern). Drei Merkmale verbinden alle Vertreter dieser Gruppe:
1. die Differenzierung von zwei Kerntypen (**Kerndualismus**), den **Makronucleus** mit meist erhöhtem DNA-Gehalt (bestimmte Gene sind vieltausendfach amplifiziert), der für den Stoffwechsel wichtig ist, und den generativen **Mikronucleus,** der diploid ist;
2. die **Konjugation,** bei der die Befruchtung nicht durch Gameten erfolgt, sondern durch Austausch eines Wanderkerns der gepaarten Individuen (S. 305).
3. Die Zellperipherie (**Pellicula**) ist besonders differenziert. Unter der Zellmembran liegen membranbegrenzte Säcke und Mikrotubuli, die in ihrer Gesamtheit eine verhältnismäßig feste Körperform verleihen. Bei vielen Ciliaten, aber auch bei anderen Protozoen, kommen im peripheren Cytoplasma **Extrusome** vor – geformte Sekrete, die bei Reizung abgegeben werden. Besonders bekannt sind die Trichocysten von *Paramecium* (Abb. 196a).

Der Körper der **Ciliaten** ist oft allseitig bewimpert. Solche holotrichen Ciliaten können Schlinger sein *(Prorodon, Coleps, Lacrymaria, Didinium)* oder Strudler *(Paramecium,* Abb. 196a). *Ichthyophthirius* lebt parasitisch in der Haut von Süßwasserfischen. *Balantidium coli* kann bei Mensch und Schwein vom Darmlumen in die Darmwand eindringen und Balantidienruhr hervorrufen. *Tetrahymena* ist neben *Paramecium* ein viel verwendetes Versuchstier und einer der am genauesten analysierten Organismen überhaupt.

Die **peritrichen Ciliaten** leben meist festsitzend in Süß- und Meerwasser. Ihr Vorderende ist zu einem scheibenförmigen Peristom erweitert, auf dem zwei links gewundene, schraubig angeordnete Wimperbänder zum Cytostom führen. *Vorticella* (Glockentierchen, Abb. 196d) einzellebend, *Carchesium* und *Zoothamnium* in Kolonien, alle mit kontraktilen Stielen. *Trichodina* (Abb. 196b) ist sekundär wieder freischwimmend und kommt beispielsweise auf Süßwasserpolypen vor (Polypenlaus).

Die **spirotrichen Ciliaten** sind durch ein Cilienband charakterisiert, welches in rechtsläufiger Schraube zum Cytostom führt. Hierher gehören sehr verschiedene Lebensformtypen. *Metafolliculina* lebt in einem Gehäuse, *Spirostomum* ist über die ganze Oberfläche gleichmäßig bewimpert (*Sp. ambiguum* ist eins der größten Protozoen, bis 4 mm lang). *Stentor* (Trompeten-

tierchen, Abb. 196i) sitzt meist fest, kann aber auch frei schwimmen. Einige (Hypotricha) sind abgeplattet und laufen auf ventralen, funktionell verbundenen Cilien (Cirren), die Cilien der Körperoberseite dienen als »Tastborsten«; hierher gehört *Stylonychia* (Abb. 196f). Entodiniomor-

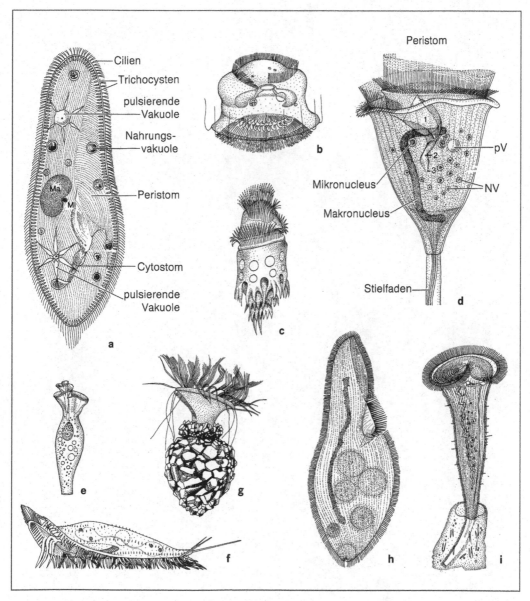

Abb 196 Ciliatenformen. **a)** *Paramecium* (Pantoffeltierchen), Ma: Makronucleus, Mi: Mikronucleus, **b)** *Trichodina*, **c)** *Ophryoscolex*, **d)** *Vorticella* (Glockentierchen), 1: Mundvorraum (Vestibulum), 2: Zellmund, 3: Zellschlund (Cytopharynx), pV: pulsierende (kontraktile) Vakuole, NV: Nahrungsvakuolen. **e)** *Spirochona*, **f)** *Stylonychia*, **g)** *Tintinnopsis*, **h)** *Blepharisma*, **i)** *Stentor* (Trompetentierchen)

pha z. B. im Pansen von Wiederkäuern (*Ophryo-scolex*, Abb. 196c). Tintinnoidea stellen wichtige Meeresplankter, sie leben in Gehäusen (*Tintinnopsis*, Abb. 196g). *Blepharisma* (Abb. 196h) ist ein viel verwendetes Untersuchungsobjekt.

Die artenarmen **Chonotricha** sind sessil, ihr Vorderende ist zu einem trichterförmigen Stru-delapparat umgestaltet, ansonsten ist der Zell-körper unbewimpert. Chonotricha leben auf Krebsen. *Spirochona* (Abb. 196e).

Die **Suctoria** (Acineta) sind sessil, sie nehmen ihre Nahrung durch Tentakel auf. Als Schwärmer sind sie bewimpert und freischwimmend. *Ephelota, Tokophrya.*

Metazoa (Vielzellige Tiere)

Alle folgend aufgeführten Tiere bestehen aus vielen Zellen (ein Fadenwurm aus 10^3, ein Mensch aus 10^{13}). Damit muss nicht eine entsprechende Körpergröße einhergehen. Viele Metazoen sind wesentlich kleiner als Einzeller und können von diesen sogar gefressen werden (s. Amöbe und Rädertier in Abb. 192a).

Ein wesentliches Phänomen bei der Entstehung der Metazoa ist die Vergrößerung des Genoms und, speziell bei Wirbeltieren, seine Verdoppelung, z. T. sogar Vervier- oder Verachtfachung. Dadurch entsteht eine Gen-Redundanz, die eine Spezialisierung von Genen für neue Funktionen und Strukturen ermöglicht hat.

Der Entwicklungsweg von einzelligen zu mehrzelligen Tieren ist nicht durch fossile und kaum durch rezente Zwischenformen belegt; wir sind daher bei der Rekonstruktion dieser Etappe vorwiegend auf die Ontogenie der Metazoen angewiesen. Da sich in der Entwicklung der Metazoen die Abkömmlinge der Zygote in fast allen Tierstämmen zu Zellkugeln und oft zu einer Hohlkugel (Blastula) ordnen, gilt ein entsprechendes freischwimmendes Stadium einer Zellkolonie (**Blastaea**) als wahrscheinliche Übergangsform zwischen Proto- und Metazoen.

Nach verbreiteter Ansicht wurzeln die Metazoen in Choanoflagellaten (S. 441). Letztere bilden häufig Kolonien, und viele niedere Metazoen besitzen Geißelepithelien (uniflagellate Zellen).

Die niedersten Vielzeller sind bereits zweischichtig gebaut. Ihr hohler Innenraum, der **Urdarm (Archenteron)**, wird von einer Zellschicht ausgekleidet, dem Entoderm. Er mündet durch einen einheitlichen Mund-After, den **Blastoporus (Urmund)**, nach außen. Am Urmundrand geht die innere Zellschicht (Entoderm) in die äußere (Ectoderm) über. Ein solches Stadium, als **Gastraea** bezeichnet (Abb. 197a), hat Ernst Haeckel in seiner **Gastraeatheorie** als allgemeine Ahnform der Metazoen aufgestellt, und es gibt zur Zeit keine andere Auffassung, die auch nur annähernd so viel Erklärungswert besitzt.

Die Umbildung der einschichtigen Hohlkugel (Blastaea) in die zweischichtige Gastraea lässt Haeckel durch eine fortschreitende Einstülpung der Hinterwand der Blastaea vor sich gehen, also an der der Schwimmrichtung entgegengesetzten Seite, dem vegetativen Pol. Durch die Einstülpung erfolgte eine Bevorzugung der Nahrungszufuhr und -verarbeitung in dieser Region, so dass der eingestülpte Zellbereich zum Darmepithel und der umschlossene Hohlraum zum Urdarm wurde. In der Ontogenese tritt eine solche Entstehung des Entoderms durch Invagination noch vielfach auf, doch kommen selbst innerhalb einer engen Verwandtschaftsgruppe auch andere Formen der Entodermbildung vor. Die Gastraea mag in Gestalt freischwimmender (Abb. 197a) und bodenlebender Formen (**Bilaterogastraea** [Abb. 197e], **Plakula** [Abb. 197f]) existiert haben. Nach entsprechend benannten Theorien werden diese an die Basis der Metazoen gestellt.

Ein anderer Gedankenansatz geht von der **Parenchymula (Parenchymella,** Abb. 197g) aus, aus welcher acoele Turbellarien entstanden sein sollen.

Abgesehen von der Zahl der Zellen, den Junktionen zwischen ihnen, ihrer Koordination und Differenzierung sind die Metazoa durch weitere Merkmale von den Einzellern abgesetzt:
1. Der aus der Vereinigung von Gameten hervorgehende Organismus bleibt diploid, Reifeteilungen und damit eine Reduktion erfolgen erst bei der Gametenbildung. Viele Protozoa dagegen sind haploid.
2. Die Zellen eines Individuums erkennen einander als zusammengehörig und aggregieren, wenn sie aus dem Gewebeverband in eine Kulturlösung gebracht werden. Die molekulare Basis für diesen Vorgang sind Glykoproteine der Zelloberfläche (Zelladhäsionsmoleküle). Mit der Aggregation gehen Steigerung der RNA- und Proteinsynthese und Verdoppelung der DNA einher. Auch Zellen fremder Indi-

viduen werden als solche erkannt, wenn sie genetisch verschieden sind. Im Organismus wird der Eindringling im Allgemeinen getötet; seine auf den Zelloberflächen lokalisierten Moleküle der Gewebespezifität wirken im

Fremdgewebe als Antigene, worauf mit der Bildung von cytotoxischen Stoffen reagiert wird.
3. Als Gerüstproteine der extrazellulären Matrix dienen Kollagene beim Aufbau größerer Gewebeverbände. Sie fehlen bei Protozoa.

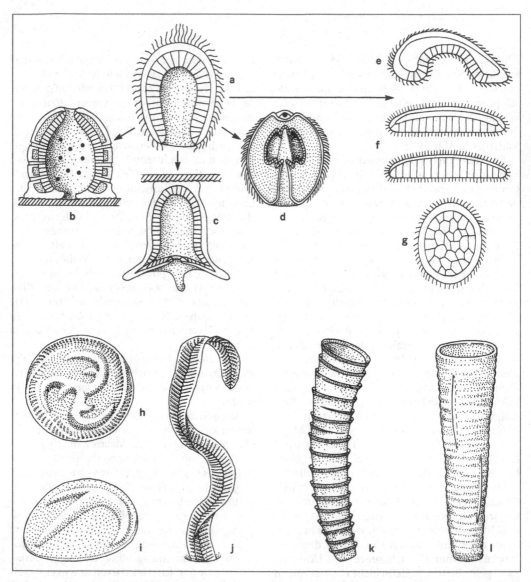

Abb. 197 Die freischwimmende, zweischichtige Gastraea **(a)** und verschiedene Ableitungen **(b–g)**, **b)** Schwamm (mit oralem Pol festgeheftet), **c)** Cnidarier (mit aboralem Pol festgeheftet), **d)** Ctenophore (meist freischwimmend), **e)** Bilaterogastraea (bilateralsymmetrische Gastraea), **f)** Plakula, **g)** Parenchymula (Parenchymella), **h–l)** präkambrische Metazoen-Fossilien (Ediacara-Fauna), die zwar besonders alt sind, aber nicht notwendigerweise der Wurzel der Metazoa besonders nahe stehen. **h)** *Tribrachidium,* **i)** *Parvancorina,* **j)** *Pteridinium,* **k)** *Cloudina,* **l)** *Sinotubulites*

Die Metazoa lassen sich aufgrund ihrer Konstruktion folgendermaßen gliedern: Placozoa, Porifera (Schwämme), Cnidaria (Nesseltiere), Ctenophora (Rippenquallen) und Bilateria. Insbesondere die letzte Gruppe hat eine organisatorische Höherentwicklung durchgemacht, alle übrigen bleiben trotz reicher Artentfaltung niedere Metazoen. Sie werden daher oft als Coelenterata (Hohltiere) zusammengefasst und bestehen aus zwei Keimblättern (diploblastisches Niveau). Die Bilateria werden von drei Keimblättern aufgebaut (triploblastisches Niveau).

Die ältesten fossilen Metazoa stammen aus dem Präkambrium, sind bis zu 600 Millionen Jahre alt und z. B. aus Australien, Namibia und Südchina bekannt (**Ediacara-Fauna**). Etwa zwei Drittel sind wohl Cnidaria, andere lassen sich nicht mit Sicherheit einordnen. Einige wurden in Abb. 197h–l zusammengestellt.

A Placozoa

Es ist ungewöhnlich, wenn für nur eine Tierart eine so hohe Systemkategorie gewählt wird wie in diesem Fall, jedoch ist *Trichoplax adhaerens* (Abb. 198) keinem anderen Taxon zuzuordnen und zudem in der rezenten Fauna der einzige bekannte Repräsentant des Übergangsfeldes zwischen Ein- und Vielzellern. *Trichoplax* stellt im Wesentlichen eine Platte von 2–3 mm Durchmesser dar, die aus einem dorsalen (Ectoderm) und einem ventralen Epithel (Entoderm) besteht. Zwischen beiden liegt ein Netzwerk von Zellen, in denen oft Bakterien vorkommen. Eine Symmetrie ist nicht erkennbar, Organe fehlen. *Trichoplax* bewegt sich gleitend durch Cilien-

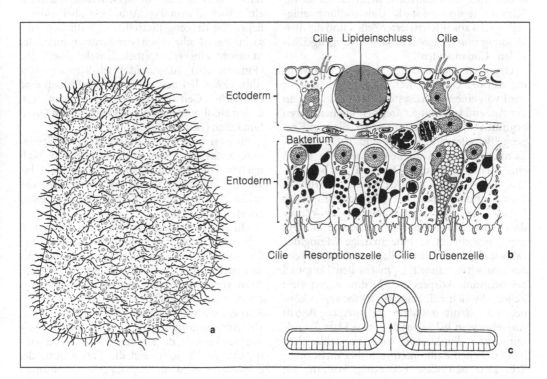

Abb. 198 *Trichoplax adhaerens*. **a)** Dorsalansicht, **b)** histologischer Querschnitt, **c)** Schnitt durch gesamtes Tier, das sich bei der Nahrungsaufnahme über seine Beute wölbt und diese aufnimmt (Pfeil)

schlag fort, zusätzlich kann sie sich amöbenartig bewegen. Als Nahrung werden Protozoen und Algen über das ventrale Epithel aufgenommen, welches Drüsenzellen enthält. Bei der Nahrungsaufnahme verformt sich der plattenförmige Körper halbkugelförmig. Jetzt erinnert er an eine Gastrula, ein Entwicklungsstadium, das von vielen Vielzellern durchlaufen wird. Die Fortpflanzung kann durch Zweiteilung und Knospenbildung erfolgen. Sexuelle Vorgänge sind nicht aufgeklärt. Die Furchung verläuft äqual. *Trichoplax* ist in der Küstenzone warmer Meere verbreitet.

B Porifera (Schwämme)

Die Schwämme sind sessile Tiere, die mit über 5 000 Arten verschiedene Lebensräume des Meeres besiedeln, besonders Hartböden in sinkstoffreichen Gewässern. Nur wenige (z. B. Spongillidae) sind in das Süßwasser vorgedrungen. Eine Sonderstellung der Schwämme aufgrund ihrer histologischen Differenzierung lässt sich nicht mehr aufrechterhalten. Ihr Bindegewebe entspricht im Wesentlichen dem anderer Metazoen. Ob bereits Vorläufer eines Nervensystems ausgebildet sind, ist umstritten. Kennzeichnend für Schwämme sind die starke Umwandlungsfähigkeit bereits ausdifferenzierter Zellen und die Auskleidung innerer Hohlräume mit **Kragengeißelzellen (Choanocyten)**.

Organisatorisch sind die erwachsenen Schwämme von der Gastraea weit entfernt. Ihr Körper wird von einem Kanalsystem durchsetzt, das an der Außenfläche mit zahlreichen kleinen **Poren** beginnt und in Hohlräume führt, die von Kragengeißelzellen ausgekleidet sind. Diese **Geißelkammern** münden direkt oder indirekt durch eine **Ausströmöffnung (Osculum)** nach außen. Das Kanalsystem ist gleichzeitig Nahrungs-, Exkret- und Geschlechtsweg. Pro Tag kann es das 20 000fache des Körpervolumens an Wasser durch den Schwammkörper pumpen. Es liegt meist eingebettet in eine massige **Mesogloea (Mesohyl)**, welche dem kollagenen Bindegewebe der Wirbeltiere ähnelt. Es macht den Hauptteil des Schwammkörpers aus. In ihm liegen viele Zellen, die sich z. T. amöboid fortbewegen können und dann mit dem allgemeinen Begriff **Amoebocyten** belegt werden. Eine klare Zuordnung von Funktionen zu den zahlreichen beschriebenen Zellformen ist bisher nicht möglich. Eine besondere Bedeutung kommt den **Archaeocyten** zu, die amöboid beweglich sind und phagocytieren. Sie machen zahlreiche Mitosen durch und sind offenbar Ausgangspunkt für andere Zellformen, z. B. **Sclerocyten** (Skeletbildner), **Spongocyten** (Sponginbildner) und **Lophocyten** (Kollagenbildner).

Auch **Thesocyten** und **Trophocyten**, an der Gemmula-Bildung beteiligt, werden in engen Zusammenhang mit Archaeocyten gebracht. **Myocyten** sollen an Kontraktionsvorgängen beteiligt sein.

Der von Kragengeißelzellen ausgekleidete Raum bleibt nur bei wenigen Kalkschwämmen einheitlich (**Ascon-Typ**, Abb. 199a), bei anderen liegen die Kragengeißelzellen in seitlichen Aussackungen (Radialtuben) des Zentralraumes, der nunmehr selbst von Epithelzellen der Oberfläche (**Pinakocyten**) ausgekleidet wird (**Sycon-Typ**, Abb. 199b). Bei den meisten Schwämmen sind zahlreiche Geißelkammern ausgebildet, von denen abführende Kanäle das Wasser zum Osculum leiten (**Leucon-Typ**, Abb. 199 c).

Eine reiche Entfaltung erfährt das **Skeletsystem**. Kalk- und Kieselnadeln treten in zahlreichen Formen auf. Daneben durchzieht bei vielen Demospongiae das vom Badeschwamm bekannte Spongingerüst den Körper (von Spongocyten gebildet).

Die **Entwicklung** verläuft bei manchen Schwämmen über eine typische Blastula und Gastrula (*Oscarella, Plakina*). Die Gastrula heftet sich an der Unterlage mit ihrem Urmund fest, der damit verschlossen wird. Als funktioneller Mundersatz entstehen später an der Oberfläche des Körpers die vielen Poren und Einstromkanäle. Die Ausstromöffnung ist eine Neubildung, die nur funktionell dem After der Bilateria entspricht. Im Übrigen zeigt die Entwicklung der Schwämme viele Abweichungen vom Normaltyp. Die Spermien dringen bei Formen des Sycon-Typs in Choanocyten ein, die dann aus dem Epithelverband auswandern und das eingekapselte Spermium zum Ei transportieren.

Die freilebenden **Larven** bewegen sich mit Wimpern fort. Die **Amphiblastula** (Abb. 199k) schwimmt im freien Wasser mit der bewimperten Seite voraus, setzt sich mit dieser fest und stülpt das Wimperepithel in den Körperhohlraum ein. Aus den Cilienzellen entstehen Choanocyten, die großen unbewimperten Zellen liefern Ectoderm und Mesogloea. Ein anderer Larventyp der Schwämme ist die **Parenchymula** (Abb. 199i). Bei *Spongilla* geht das Wimperepithel der Parenchymula zugrunde. Choanocyten entstehen aus dem larvalen Innengewebe, z. T. schon in der noch freischwimmenden Larve.

1. Calcarea (Kalkschwämme): Skelet aus Kalknadeln. Nur bei ihnen kommen Ascon- und Sycon-Typ vor. Einheimisch: *Leucosolenia* und *Sycon* (Abb. 199d, e).

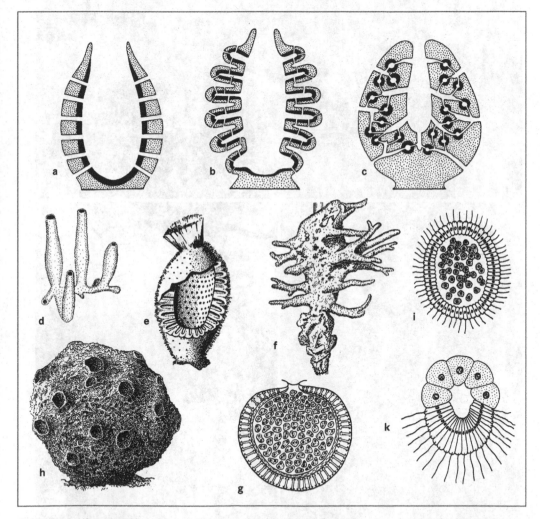

Abb. 199 Porifera (Schwämme). **a–c)** Baupläne; **a)** Ascon-Typ, **b)** Sycon-Typ, **c)** Leucon-Typ. Die dicke schwarze Linie kennzeichnet den Choanocytenverband. Beachte, dass die drei Typen sehr verschieden groß sind, der Ascon-Typ im Bereich von 1 cm, der Sycon-Typ etwas größer und der Leucon-Typ bis 2 m. **d)** *Leucosolenia,* **e)** *Sycon* (Teil der Wandung eröffnet, sodass Zentralraum und Radialtuben sichtbar werden). **f)** *Spongilla,* **g)** Gemmula von *Ephydatia,* **h)** *Euspongia* (*Spongia,* Badeschwamm), **i)** Parenchymula (= Parenchymella), **k)** Amphiblastula (Ectoderm durch Punktierung hervorgehoben)

Abb. 200 Riffkalke bilden Felsformationen. **a)** Zwölf Apostel: Felsen im Altmühltal bei Solnhofen (Fränkische Alb),
b) Treuchtlinger Marmor mit zahlreichen fossilen Kieselschwämmen, **c)** Donau bei Beuron (Knopfmacherfelsen;
Schwäbische Alb). Auch diese Landschaft wird wesentlich durch Schwamm-Algen-Kalke geprägt. Fotos a) und b)
H. Polz (Geisenheim)

2. Hexactinellida (Glasschwämme): mit dreistrahligen, rechtwinklig zueinander stehenden Kieselnadeln. Sie dringen weit in die Tiefsee vor und steigen nur mit wenigen Ausnahmen über 150 m Wassertiefe auf. Bisweilen sind sie mit langen Nadelschöpfen im Schlamm eingesenkt. Die bekannteste Form ist der Gießkannenschwamm *(Euplectella).*

3. Demospongiae: Diese Gruppen umfasst 95% der rezenten Schwammarten. Die meisten besitzen ein Kieselskelet. Hierher gehören der Bohrschwamm *(Cliona),* der sich in Kalkstein und Molluskenschalen einbohrt, und der häufigste Schwamm unserer Küsten, *Halichondria panicea. Euspongia officinalis* (Abb. 199h) wird als Badeschwamm genutzt. Er besitzt kein Kieselskelet. Der ähnliche Pferdeschwamm *Hippospongia communis* nimmt Sandkörner in die Mesogloea auf, welche dann von Spongocyten in das Songinfaser-Skelet eingebaut werden. Die Süßwasserschwämme *Spongilla* (Abb. 199f) und *Ephydatia* kommen im flachen Wasser auf Steinen, Wurzeln o. a. vor und umwachsen Pflanzen-, v. a. Schilfstängel. Oft leben sie in Symbiose mit einzelligen Algen. Süßwasserschwämme überdauern den Winter in Form von Dauerknospen (Gemmulae, Abb. 199g): Um kugelige Ansammlungen von Thesocyten scheiden Spongocyten Spongin ab. Im Frühjahr keimen die Gemmulae wieder aus.

Die Schwämme sind ein früher Seitenzweig der Metazoen. Vermutlich stammen sie von Choanoflagellaten ab. Die Übereinstimmung der Kragengeißelzellen mit den Choanoflagellaten geht bis in Einzelheiten. In ihre Verwandtschaft gehören auch die palaeozoischen **Archaeocyatha.**

Im Paläozoikum und im Mesozoikum haben die Schwämme Riffe gebildet und andere benthische Tiere an Biomasse übertroffen.

Manche Regionen im Binnenland Mitteleuropas, die wir wegen ihrer landschaftlichen Schönheit schätzen, werden wesentlich durch fossile Schwämme marinen Ursprungs geprägt. Das gilt insbesondere für Teile der Fränkischen und Schwäbischen Alb (Abb. 200a, c). Speziell auf der Fränkischen Alb wird in umfangreichen Steinbrüchen der Jura-Marmor abgebaut und von dort über Deutschlands Grenzen hinaus exportiert. Das etwa 150 Millionen Jahre alte Sedimentgestein findet insbesondere als Treuchtlinger Marmor (Abb. 200b) Verwendung und ist allerorten als Fußbodenbelag, Gebäudefassade oder in Form von Fensterbrettern zu finden. Die Makrofauna des Treuchtlinger Marmors besteht weitgehend aus Kieselschwämmen, enthält aber auch Brachiopoden, Ammoniten und Belemniten (Abb. 226d), alles Faunenelemente aus dem tropischen Jurameer.

C Cnidaria (Nesseltiere)

Die über 9000 Arten umfassenden Cnidaria stehen in ihrer Organisation der Gastraea am nächsten. Urdarm und Urmund bleiben erhalten, und man kann die Polypen als mit dem aboralen Pol festsitzende Gastraea bezeichnen (Abb. 197c). Die Festheftung erfolgt also anders als bei Schwämmen.

Die Cnidaria charakterisieren folgende Merkmale:

1. **Nesselkapseln (Cniden;** Abb. 43), die innerhalb von Zellen (**Cnidoblasten**) gebildet werden. Da sie nur einmal funktionieren, müssen sie immer wieder aus bestimmten Bildungszellen nachgeliefert werden.

2. Die Bildung der Muskelfilamente erfolgt in Fortsätzen der Epithelzellen von Ecto- und Entoderm (**Epithelmuskelzellen,** Abb. 39a).

3. Das Nervensystem kann ectodermal oder entodermal sein. In beiden Schichten liegt es als Netz basal zwischen den Epithelzellen. Am Glockenrand mancher Medusen ist das Netz zu Strängen konzentriert (Ringnerven). Im Entoderm fehlt das Nervensystem mehrfach.

Cnidaria treten in zwei Formen auf: als **Polyp** und als **Meduse,** die im **Generationswechsel** miteinander stehen: Der meist festsitzende Polyp erzeugt ungeschlechtlich die Meduse, die als

Geschlechtsgeneration mit Ovarien oder Hoden ausgestattet ist (Abb. 201d, e). Aus dem Ei entsteht eine Wimperlarve (**Planula**, Abb. 154a, b). Sie setzt sich fest und wächst wieder zum Polypen heran. Vielfach ist die Medusengeneration vereinfacht; bei den Hydrozoen finden wir sämtliche Rückbildungsstadien bis zur direkten Gametenbildung am Polypen *(Hydra, Protohydra)*,

seltener fehlt das Polypenstadium (Mehrzahl der Trachylina, *Pelagia*).

Die Cnidaria umfassen drei große Klassen (Hydrozoa, Scyphozoa und Anthozoa) und eine kleinere (Cubozoa).

1. Hydrozoa. Sie enthalten etwa 2 700 Arten. Ihre Polypen sind meist klein und koloniebildend,

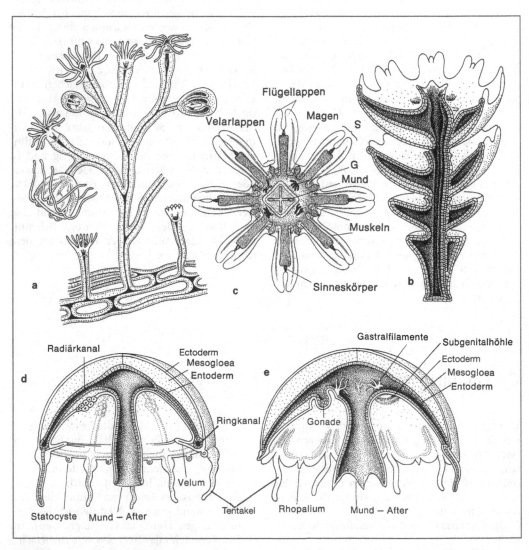

Abb. 201: a–c) Generationswechsel bei Cnidariern. **a)** Hydrorhizale Kolonie des Hydrozoons *Bougainvillia* mit knospenden Medusen; **b)** Scyphopolyp (von *Aurelia)* in Strobilation; **c)** Ephyra (Jugendstadium) von *Aurelia*. Zwischen den acht Stammlappen (S), die distal in zwei kleine Flügellappen ausgezogen sind, entstehen später acht Velarlappen, die dieselbe Länge wie die Stammlappen erreichen. G: Gastralfilamente, **d)** Hydromeduse, **e)** Scyphomeduse

deren Urdarm ist einfach (Abb. 203a), ihre Mesogloea zellfrei.

Wächst von Primärpolypen basal ein Röhrensystem (**Stolonen, Hydrorhiza**) aus, an welchem weitere Polypen entstehen, spricht man von einer stolonialen oder hydrorhizalen Kolonie (Abb. 201a). Außerdem können Knospen am Polypenrumpf entstehen, meist unter dem Kopf (**Hydranth**) oder am Stiel (**Hydrocaulus**). Wird die Hauptachse der Kolonie vom Hydrocaulus des Primärpolypen gebildet, sprechen wir von einer monopodialen Kolonie; wird die Hauptachse der Kolonie von Hydrocauli aufeinander folgender Polypengenerationen gebildet, die ihr Wachstum nach Bildung eines Polypen jeweils aufgegeben haben, nennen wir die Kolonie sympodial. Da Polypen durch Sprossung unter Beteiligung von Ecto- und Entoderm entstehen, sind alle Glieder eines Stockes durch ein gemeinsames Darmsystem verbunden. Das Skelet der Hydropolypen bleibt einfach, meist handelt es sich nur um eine biegsame Cuticula; selten verkalkt sie (Milleporidae, Stylasteridae).

Die Medusen entstehen durch seitliche Knospung am Stock, sie enthalten Radiärkanäle und einen Ringkanal; die Glocken bilden einen nach innen vorspringenden ectodermalen Hautsaum (**Velum**, Abb. 201d), die Gonaden liegen im Ectoderm oder zwischen Ecto- und Entoderm und entleeren ihre Keimzellen durch das Ectoderm nach außen.

Die Hydrozoen umfassen drei Ordnungen: Hydroidea, Trachylina und Siphonophora.

Die **Hydroidea** gliedert man in **Athecata** und **Thecata**. Bei den Athecata bleibt das Polypenköpfchen frei von umhüllender Cuticula, ihre hohen Medusen tragen Augenflecke als Sinnesorgane, ihre Gonaden liegen am Mundrohr. Zu dieser Gruppe gehören die vereinfachten Formen der Süßwasserpolypen (Hydridae, Abb. 202b, d). Die 1–2 mm lange *Protohydra* aus dem Brackwasser hat ihre Tentakel rückgebildet. Manche Arten leben symbiotisch mit Zoochlorellen. Der Großteil der Athecata lebt im Meer, so die mit einem Kalkskelet ausgestatteten Milleporiden, die neuerdings auch als eigene Ordnung (Hydrocorallia) geführt werden. Neben den Madreporaria (s. u.) sind diese einer der wichtigsten rezenten Riffbildner. Sie weisen außer Fresspolypen Wehrpolypen auf. Letztere können auch den Menschen empfindlich nesseln (»Feuerkorallen«). Während bei den Hydridae gar keine Medusen mehr auftreten, werden diese bei vielen

anderen Athecaten rückgebildet und verbleiben als **Gonophoren** am Polypen *(Tubularia)*. Vielgestaltigkeit der Polypen, die der Verteidigung, der Fortpflanzung und der Ernährung dienen, tritt z. B. bei *Hydractinia* auf, einer Form, die auf von Einsiedlerkrebsen bewohnten Schneckenschalen lebt. Zu den Athecata zählt auch *Velella* (Abb. 202f).

Bei den Thecaten bildet die Epidermis eine chitinhaltige Cuticula (**Periderm**), die sich im Bereich des Hydranthen ablöst und diesen als Kelch (**Hydrotheca, Theca,** Abb. 202a) umhüllt. Ein Periderm ist auch bei Athecaten ausgebildet, fehlt jedoch am Hydranthen. Die thecaten Polypen stehen mit flachen Medusen im Generationswechsel, die ectodermale Statocysten am Velum besitzen und deren Geschlechtszellen an Radiarkanälen entstehen. Sie sind rein marin. Häufig in Nord- und Ostsee. *Laomedea* (Polyp) und *Obelia* (Meduse) *Sertularia* (Abb. 202h) und *Hydrallmania* werden als Seemoos grün gefärbt auf den Andenkenmarkt gebracht.

Eine Reduktion des Polypen erfolgt bei der zweiten Ordnung, den **Trachylina**. Er ist hier nur bei wenigen Arten vorhanden *(Gonionemus, Craspedacusta)*, bei letzterer bereits tentakellos *(Microhydra)*. Die Medusen tragen Statocysten, deren Klöppel verkürzte Tentakel sind und entodermale Statolithen enthalten. Hierher gehört auch die kleine im Sandlückensystem der Meeresstrände lebende *Halammohydra* (Abb. 202c).

Am erstaunlichsten ist die dritte Ordnung. Es sind die **Siphonophora** (Staatsquallen), freischwimmende Kolonien, bei denen die Einzelwesen durch Arbeitsteilung und Umgestaltung zum Wert eines Organs an einem übergeordneten Wesen herabgesunken sind (Abb. 202e, g). Derartiger **Polypenpolymorphismus** kommt auch – in geringerem Umfang – bei den anderen Hydrozoengruppen vor. Man unterscheidet allgemein **Trophozoide**, die zur Ernährung der Kolonie dienen, und solche Tiere, deren Tentakel und Mund-After rückgebildet sind. Letztere werden **Blastozoide (Gonozoide)** genannt, wenn sie Medusen hervorbringen, und **Wehrpolypen**, wenn sie besondere Ansammlungen von Cniden besitzen und der Verteidigung des Stockes oder auch seiner Säuberung dienen.

Bei den Siphonophoren sitzen an einem Zentralpolypen mit einer aboralen Schwimmblase oder Ölkugel verschieden differenzierte Tiere. Wie aus Protozoen durch Koloniebildung und Differenzierung der Einzeltiere Metazoen geworden sind, so wird hier durch einen ähnlichen Prozess eine dritte Individualstufe erreicht, mit Metazoen als Bausteinen. *Physalia* (Abb. 202g) ragt mit einem Gasbehälter aus dem Wasser.

2. Cubozoa. Gewöhnlich kleine Formen (Medusen 2–4 cm im Durchmesser; *Chironex* allerdings bis 25 cm). Polyp ähnlich dem der Hydrozoa, Schirm der Meduse würfelförmig (Würfelqual-

len). Vor allem in küstennahen Gewässern der Tropen. Greifen mit ihren Tentakeln Fische. Einige Arten für den Menschen gefährlich (S. 85). *Chironex, Chiropsalmus.* Etwa 30 Arten.

3. Scyphozoa. Etwa 200 Arten umfassende marine Gruppe meist mit großen Medusen und im Allgemeinen kleinen, einzellebenden Polypen (Abb. 203b). Ihr Gastralraum enthält vier **Septen**

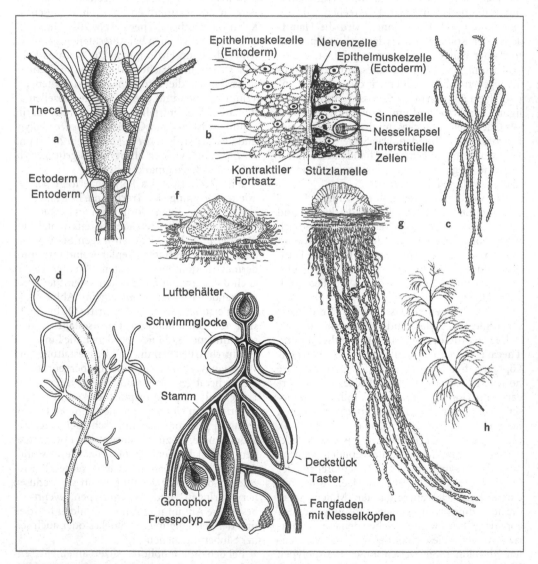

Abb. 202 Hydrozoa. **a)** Längsschnitt durch den Kopf eines thecaten Polypen *(Laomedea),* **b)** Schnitt durch die Körperwand von *Hydra.* **c)** *Halammohydra,* winzige Meduse aus dem Sandlückensystem der Meere, **d)** *Pelmatohydra* mit Knospen und Hoden (unter den Tentakeln), **e)** schematische Darstellung einer Staatsqualle, **f)** *Velella,* **g)** *Physalia,* **h)** *Sertularia*

(Abb. 203b), in die ectodermale Trichter (**Septaltrichter**) hineinziehen, welche die Hauptlängsmuskeln bilden. Die Medusen haben fingerförmige Fortsätze, die von der Magenwand in den Magenhohlraum ragen (**Gastralfilamente**), und eine oft von Zellen durchsetzte Schirmgallerte. Sie entleeren Eier und Spermien durch den Mund. Die Sinnesorgane (Augen, Statocysten, Wimperfelder) sind auf Klöppeln lokalisiert, die von Tentakeln abzuleiten sind; oft trägt der Schirmrand Lappen.

Meist wird der Polyp durch Ringfurchen in mehrere Medusenanlagen geteilt, die tellerartig ineinander liegen (**Strobilation**, Abb. 201b). Das freischwimmende Jugendstadium nennt man **Ephyra** (Abb. 201c). Gelegentlich entsteht die Meduse durch eine Umwandlung der Polypen, sodass der Polyp als festsitzendes Larvenstadium der Meduse erscheint. Es gibt vier Ordnungen:

Stauromedusae (Lucernarida, Stielquallen) sind festsitzend, der Schirm ist aboral zu einem Stiel verlängert (Abb. 204a). Die vier breiten Gastraltaschen bleiben erhalten. Stauromedusen leben auf Algen und nehmen deren Pigment durch die Fußscheibe auf, Nahrung fangen sie mit Tentakelquasten. In der Nordsee kommen *Lucernaria*, *Haliclystus* und *Craterolophus* vor.

Coronatae (Tiefseequallen) entwickeln sich aus oft reich verzweigten Stöcken ihrer Polypen, die Exumbrella (äußerer Teil der Schirmglocke) der Medusen ist durch eine tiefe Ringfurche geteilt. *Nausithoë*, *Stephanoscyphus*.

Semaeostomeae (Fahnenquallen) stellen die häufigsten Scyphomedusen der heimischen Meere. Ihr flacher Schirm kann einen Durchmesser von 2 m erreichen, die langen Tentakel 40 m. *Chrysaora hysoscella* (Kompassqualle, Abb. 204c) ist ein proterandrischer Zwitter; die anderen Arten sind getrenntgeschlechtlich. Blaue und gelbe *Cyanea* werden als Feuer- oder Nesselquallen bezeichnet, *Aurelia aurita* ist die Ohrenqualle (Abb. 204b).

Bei den **Rhizostomeae** (Wurzelmundquallen) sind die Mundfalten zu Röhren verwachsen, die sich durch Poren nach außen öffnen, Schirmtentakel fehlen. Hierher gehört *Rhizostoma*. *Cassiopea* lebt in Lagunen der Tropenküste. Sie

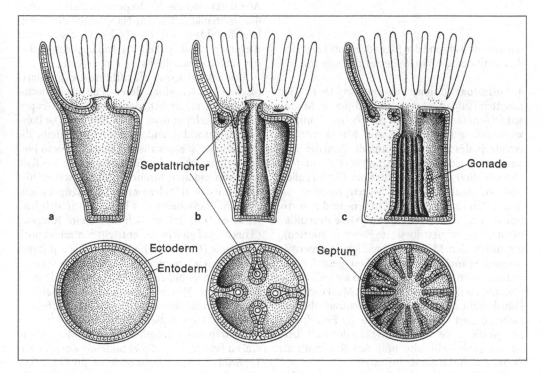

Abb. 203 Schematisch dargestellter Aufbau von Hydro- **(a)**, Scypho- **(b)** und Anthozoenpolyp **(c)**. Oben: Längsschnitte, unten: Querschnitte

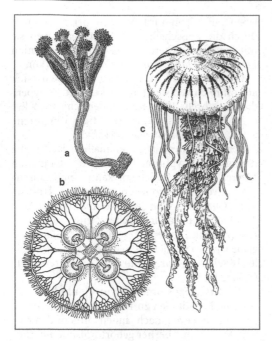

Abb. 204 Scyphozoa. **a)** *Lucernaria*, **b)** *Aurelia* (Ohren-qualle), **c)** *Chrysaora* (Kompassqualle)

schwimmt während der Jugendzeit und legt sich dann mit der aboralen Seite auf das Substrat.

4. Anthozoa. Zu ihnen gehören zwei Drittel der rezenten Cnidaria-Arten. Sie sind marin; Medusen fehlen. Der Polyp weist die höchste Komplexitätsstufe auf (Abb. 203). Am Mund tritt ein **ectodermales Schlundrohr** auf; die Zahl der **Septen** beträgt sechs (bei Antipatharia), acht (bei Octocorallia) oder mehr – bis über 100 (bei allen anderen Anthozoa). Die Septen besitzen an ihrem Rand besondere mit Drüsen- und Resorptionszellen versehene Falten (**Mesenterialfilamente**) und oft nesselbesetzte Fäden (**Akontien**), die durch den Mund oder seitliche Körperöffnungen (**Cincliden**) nach außen geschleudert werden können. Außerdem tragen sie seitlich die Gonaden und starke entodermale Muskelstränge (**Muskelfahnen**), die als Retraktoren dienen. Neben diesen Differenzierungen der Einzelpolypen ist die große Mannigfaltigkeit der Anthozoa auf die Koloniebildung und den Reichtum an Skelettstrukturen zurückzuführen.

Die Mesenterien treten gewöhnlich zunächst als sechs Paar Protomesenterien auf. Je eines dieser Mesenterienpaare heftet sich an jede Schmalseite des Schlundrohres und begrenzt eine Gastraltasche, die als **Richtungsfach** bezeichnet wird (Richtung der Symmetrieebene).

Die Entwicklung kann über eine Gastrula laufen. Systematische Gliederung in Hexacorallia und Octocorallia.

a) Hexacorallia: Gruppe solitärer und stockbildender Anthozoen, benannt nach den anfänglich sechs Septenpaaren vieler Aktinien und mancher Steinkorallen, die auch äußerlich als sechszählige Radiärsymmetrie in Erscheinung tritt. Tentakel ungefiedert.

Solitär sind die auch in Nord- und Ostsee verbreiteten **Actiniaria** (Abb 205e). *Actinia equina* verträgt Trockenfallen bei Ebbe; ins Brackwasser der Ostsee dringen *Sagartia, Tealia, Metridium, Halcampa* und *Edwardsia* ein, die letzten beiden leben eingebohrt im Meeresschlamm. Alle Aktinien sind carnivor: Entweder verschlingen sie größere, durch Cnidengift gelähmte Beutetiere (*Actinia, Anemonia, Tealia*) oder transportieren kleine Partikel mit Wimperschlag zur Mundöffnung (*Metridium, Halcampa, Sagartia*).

Stammesgeschichtlich eng verbunden mit den Actiniaria sind die **Madreporaria (Scleractinia)**, die als Steinkorallen den Hauptanteil der Korallenriffe bilden. Ihre Geschichte lässt sich dank der guten Erhaltbarkeit des kalkigen Außenskelets auch paläontologisch gut verfolgen.

Madreporaria sind oft **riffbildende (hermatypische)** Hexacorallia, deren Fußscheibenectoderm Kalk sezerniert, der das für die Gruppe typische Skelet aufbaut (Abb 205a, d). Die Polypen der stockbildenden Arten sind klein, die Muskulatur ist stark rückgebildet. Eine von jungen Polypen abgeschiedene **Basalplatte** aus Kalk wird von radiären Streifen verdickt, sodass hier Grate entstehen (**Sclerosepten**), die emporwachsend die Fußscheibe des Polypen vor sich herschieben. Oft bildet sich auch ein **Ringwall** (**Theca**). Auf gleiche Art entsteht zentral oft noch eine Säule (**Columella**). Viele derartig auf ihrem Skelet hoch wachsende und miteinander verbundene Polypen bilden eine Kolonie. Nach einer bestimmten Wachstumsperiode scheiden sie Querböden ab, der basale Anteil stirbt. **Riffe** können viele Meter in die Höhe wachsen.

Madreporaria kommen in allen Meeren vor, v. a. an Felsenküsten. Stockbildende Korallen wie *Lophelia* und *Amphihelia* bilden in größerer Tiefe am Schelfabfall Nord- und Westeuropas Riffe. Ansonsten kommen Riffkorallen an lichtdurch-

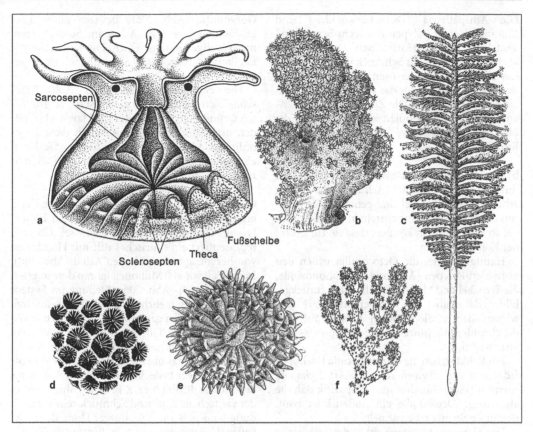

Abb. 205 Anthozoa. **a)** Bauplan eines Madreporaria-Polypen mit Exoskelet. Sarcosepten = Mesenterien = Septen. **b)** *Alcyonium* (Korkpolyp, Tote Mannshand) **c)** *Pennatula* (Seefeder), **d)** *Favites* (Madreporaria), **e)** *Urticina* (Actiniaria), f) *Paramuricea* (Gorgonaria)

fluteten Küsten der Tropen vor. Da sie meist mit einzelligen Algen (**Zooxanthellen**) in Symbiose leben, trifft man sie nur bis zu etwa 50 m Tiefe an. Die Algen versorgen die Polypen mit Assimilationsprodukten und profitieren von deren Kohlendioxid sowie von stickstoffhaltigen Exkreten. Die Kohlendioxidaufnahme durch die Algen fördert außerdem die Kalkbildung der Korallen, die bei Arten mit Symbionten zehnfach höher liegt als bei solchen ohne Algen. Wichtige Riffbildner sind *Acropora, Porites, Montipora, Pocillopora* und *Stylophora.* Riffe können in verschiedener Ausprägungsform vorkommen:

Verbreitet sind **Saumriffe,** die in unmittelbarer Nachbarschaft parallel zur Küstenlinie verlaufen.

Barriereriffe liegen dagegen weit vor der Küste. Das größte rezente Riff, das 2 000 km lange und 260 000 km² umfassende Große Barriereriff

vor der nordostaustralischen Küste, gehört großenteils diesem Typ an.

Atolle sind ringförmig und umschließen eine zentrale Lagune. Diese Wuchsform kommt auf verschiedene Art zustande. Viele Atolle der Südsee haben saumartig vulkanische Inseln umgeben, die langsam abgesunken sind, während die Korallen in gleicher Geschwindigkeit emporwuchsen. Der Großteil der Atolle entsteht jedoch anders: Wegen des hohen Sauerstoffbedarfs der Korallen ist ihr Wachstum im Wesentlichen auf die Brandungszone beschränkt. Die inneren Teile eines Korallenblockes veröden und fallen ein, sodass hier eine Lagune im ringartig weiterwachsenden Riff entsteht. Zerstören Stürme diesen Ring, so kann sauerstoffreiches Wasser in die Lagune einströmen und das Wachstum neuer Korallenblöcke und kleiner Atolle ermöglichen.

Die **Antipatharia** (Dörnchenkorallen) sind Kolonien kleiner Polypen mit sechs Septen und Tentakeln; ihre Hornachsen werden als »Schwarze Koralle« zu Schmuck verarbeitet. Die **Ceriantharia** (Zylinderrosen) leben als Einzeltiere im Sediment, über das sie ihre großen Tentakelkronen erheben. Die **Zoantharia** (Krustenanemonen) sind Kolonien kleiner Polypen, die über feste Unterlagen wachsen, auch über andere Korallen.

b) **Octocorallia:** Koloniebildende Formen, die ihren Namen nach der Achtzahl der Septen erhielten. Ihre Tentakel sind gefiedert. Sie besitzen ein Innenskelet aus einzelnen Kalkskleriten, die so zahlreich sein können, dass sie zur Stütze der Kolonie werden.

Häufig besitzen die Octocorallia neben den normalen Polypen (**Autozoiden**) **Siphonozoide,** die Tentakel und Mesenterialfilamente zurückgebildet, dafür aber die Wimperrinne stark entwickelt haben. Sie nehmen Wasser auf und durchspülen die ganze Kolonie (Atmungs- und Stützfunktion).

Ein Relikt stellen die **Coenothecalia** (**Helioporida**) mit der einzigen rezenten Art *Heliopora coerulea* (Blaue Koralle) im Indopazifik dar, die als einzige Octokoralle ein Außenskelet baut, womit sie Steinkorallen ähnelt.

Die **Alcyonaria** besitzen ein Skelet, welches in den ältesten Teilen des Stockes zusammenhängend sein kann, sonst aber aus einzelnen Skleriten besteht. In unseren Meeren kommt der Korkpolyp (Tote Mannshand, *Alcyonium,* Abb. 205b) vor, rötliche oder weißliche Kolonien bildend, deren Mesogloea von zahlreichen Querkanälen durchzogen wird, die die einzelnen Polypen verbinden. Der Stock schwillt zweimal täglich an, wenn die Polypen Wasser in die Gastralräume aufnehmen.

Gorgonaria (Abb. 205f) besitzen außer Einzelskleriten eine feste Achse im Stockinneren, meist weitgehend aus Horn. Die Kalkachse der Edelkoralle *(Corallium)* wird als Schmuck gehandelt.

Die **Pennatularia** (Seefedern, Abb. 205c) schließlich bestehen aus einem stark vergrößerten Gründungspolypen, der die Hauptachse bildet, und zahlreichen, symmetrisch dazu angeordneten Auto- und Siphonozoiden. Sie leben eingepfählt in Sand- oder Weichboden. *Pennatula.*

Cnidaria haben als besonders prominente Kalkbildner umfangreiche Fossillagerstätten hinterlassen. Die schwedische Ostseeinsel Gotland repräsentiert ein silurisches Riff mit Hunderten von hervorragend erhaltenen Arten (Abb. 206). In der Zeit vor 400 Millionen Jahren dominierten Stromatoporen (Abb. 206a; Stellung im System unsicher), die mehrheitlich solitären Rugosa, auch Tetracorallia genannt (Abb. 206b), und die koloniebildenden Tabulata (Abb. 206c). All diese Gruppen starben noch im Paläozoikum aus. In Mitteleuropa, das über längere Zeit im Paläozoikum vom Meer bedeckt war, hinterließen sie als devonische Riffbildner z. B. den Lahnmarmor, der vielfach als Bau- und Schmuckstein Verwendung fand, z. B. im Würzburger Dom, der Moskauer U-Bahn und in der Eingangshalle des Empire State Building in New York.

Fossile Scleractinia-Riffe sind in besonderer Fülle aus dem Jura der Schwäbischen Alb bekannt, von wo man mittlerweile über 100 Arten kennt, die z. T. in eigens dafür eingerichteten Korallenmuseen ausgestellt werden, z. B. in Gerstetten.

D Ctenophora (Rippenquallen)

Die Ctenophora sind eine etwa 100 Arten umfassende Gruppe, die im Meer vorwiegend pelagisch lebt, *Tjalfjella* ist mit dem Mund am Boden festgeheftet, *Gastrodes* ist Parasit, und einige kriechen plattwurmartig (*Coeloplana, Ctenoplana,* Abb. 207e).

Der Fang der Beutetiere erfolgt bei den Rippenquallen mit **Klebzellen** (**Kolloblasten,** Abb. 207). Die beiden extrem dehnbaren Tentakel enthalten kein Entoderm wie bei den Cnidaria. Es sind in der Mesogloea Muskelzellen ausgebildet, Epithelmuskelzellen fehlen.

Abb. 206 Korallenkalk-Küste der Insel Gotland bei Irevik (Foto R. Reinicke, Stralsund),
a) Stromatopor, **b)** Tetrakoralle *(Goniophyllum)*, **c)** tabulate Koralle *(Halysites)*

Weitere Merkmale sind die inäquale Furchung der Ctenophoren sowie ihre Fortbewegungsweise durch Wimpern, die, zu Membranellen verwachsen, in acht meridionalen Streifen (= **Rippen**) die Körperoberfläche bedecken. Am aboralen Pol liegt ein **Sinneszentrum,** welches aus einem statischen Apparat und Polfeldern unbekannter Funktion besteht (Abb. 207c). Das Nervensystem aus Marksträngen liegt vorwiegend unter den Rippen. Ovarien und Hoden liegen in Seitentaschen des Darmes, die Ausleitung

der Genitalprodukte erfolgt durch den Mund, der mit einem ectodermalen Schlundrohr versehen ist (gelegentlich erfolgt die Ausleitung der Spermien direkt). Die umfangreiche Mesogloea enthält Zellen und komplizierte Fasersysteme. Ctenophoren können zweimal geschlechtsreif werden (**Dissogonie**): *Pleurobrachia pileus* bildet gleich nach dem Schlüpfen aus dem Ei in einer Länge von etwa 1 mm Gonaden aus, reduziert diese wieder und bildet später noch einmal Genitalprodukte, die Eier sind dann etwa doppelt so

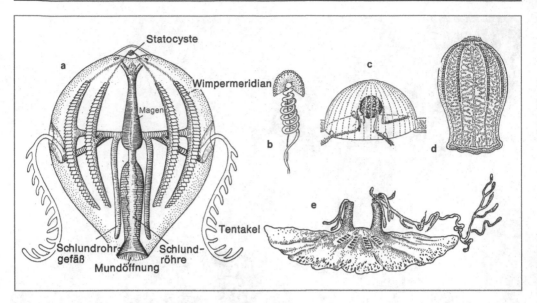

Abb. 207 a) Bauplan einer Ctenophore; **b)** Klebzelle (Kolloblast), bestehend aus einem schraubigen Cilienderivat, in dessen Zentrum ein fadenförmiger Zellanteil mit dem Nucleus liegt. Oben (apical) werden Sekretkugeln abgegeben; **c)** Aboralfeld von *Pleurobrachia;* unter der transparenten Glocke aus verschmolzenen Cilien liegt das Schweresinnesorgan; **d)** *Beroë,* tentakellose Ctenophore mit reich entwickeltem Gastrovaskularsystem; **e)** *Ctenoplana,* kriechende Ctenophore

groß wie die der ersten Fortpflanzungsperiode. Fast alle Rippenquallen sind Zwitter. Ihr Gastrovaskularsystem besitzt zunächst vier etwa radiär angelegte Taschen, später besteht es aus einem kompressen Schlund, in dem die Verdauung bevorzugt stattfindet, einem Zentralmagen, dessen großer Durchmesser um 90° gegen den des Schlundes verschoben ist, und einem Röhrensystem von Radiär- und Meridionalkanälen (Abb. 207a).

Der pelagische Typ der Ctenophoren, entsprechend den Gattungen *Cydippe* und *Pleurobra-*chia, ist der ursprüngliche. Die festsitzende Ctenophore sowie die kriechenden Gattungen durchlaufen in ihrer Entwicklung noch ein Cydippe-Stadium. Auch der bandförmige, bis 1,5 m lange Venusgürtel *(Cestus)* ist eine abgeleitete Form. Tentakel fehlen bei *Beroë* (Abb. 207d), die auch in der Nordsee vorkommt. Sie hat einen breiten Schlund und ist darauf spezialisiert, andere Ctenophoren zu verschlingen.

E   Bilateria

Die Ableitung der Bilateria ist eines der schwierigsten Probleme der Phylogenetik und nach wie vor umstritten. Verbindende Fossilfunde für diesen Vorgang, der lange vor dem Kambrium abgelaufen ist, sind nicht vorhanden. Man ist daher auf vergleichende Untersuchungen an rezenten Tieren angewiesen.

Im Folgenden wird die **Archicoelomaten-Enterocoel-Theorie** dargestellt, weil für sie besonders viele Tatsachen sprechen. Daneben existiert die **Planula-Theorie,** nach der die Turbellarien an der Basis der Bilateria stehen sollen. Zwischen beiden Theorien versucht die auf elektronenmikroskopischen Daten basierende Vorstellung zu vermitteln, dass Formen ohne typisches Coelom (z. B. Plathelminthes und Aschelminthes) von Larven bzw. Jugendstadien coelomater Vorfahren abzuleiten seien, die noch kein Coelom ausgebildet hatten.

Wenn man in dieser Frage Klarheit gewinnen will, muss man erst die Ausgangsform der Bilateria aufgrund von Homologien zu rekonstruieren versuchen. Man darf sich dabei nicht zu sehr von der Forderung leiten lassen, das Einfache ohne weiteres als ursprünglich zu erklären. So oft auch das Tierreich im Allgemeinen eine Entwicklung vom Einfachen zum Komplizierten zeigt, so erfolgen doch im Einzelnen zahlreiche Rückbildungen von Organen, und zwar nicht nur bei parasitischen und festsitzenden Tieren. Mehrfach werden innerhalb der Bilateria Enddarm und After reduziert (Rotatoria, Gastrotricha, Brachiopoda, Seesterne, Schlangensterne), oft auch Blutgefäßsystem, Coelom, Atmungsorgane usw. Die Rekonstruktion der Ausgangsform wird dadurch erleichtert, dass die beiden Entwicklungslinien der Bilateria, die Protostomia und Deuterostomia, an ihrer Basis einander recht nahe stehende Gruppen aufweisen, denn die Tentaculaten (Protostomia) sind den Hemichordaten (Deuterostomia) so ähnlich, dass eine Reihe homologer Strukturen festgestellt werden kann.

Wir behandeln zunächst die Ableitung der wichtigsten Neuerscheinungen bei den Bilateria: After, Coelom, Blutgefäße, Gehirn und Exkretionsorgane.

1. After. Erst durch die Ausbildung zweier Öffnungen, Mund und After, wird der Urdarm zum eigentlichen Darmkanal. Für die Beziehungen zwischen diesen beiden Öffnungen und dem Urmund ergeben sich folgende Möglichkeiten: a) Urmund wird zum Mund, After sekundärer Durchbruch; b) Urmund wird zum After, Mund sekundärer Durchbruch; c) Mund und After durch Zerteilung des Urmundes entstanden. Die Ontogenie, die uns allein zur Klärung dieser Frage Material liefern kann, scheint durch die Mannigfaltigkeit der Erscheinungen eine vieldeutige Antwort zu geben. Es kann der Urmund der Larve bzw. des Embryos zum definitiven Mund werden und der After neu durchbrechen (viele Protostomia), es kann der Urmund zum After werden und der Mund neu entstehen (viele Deuterostomia, *Viviparus* unter den Protostomia), es kann sich der Urmund verschließen, und beide Öffnungen entstehen neu, es kann sich

auch der Urmund in Mund und After teilen (manche Annelida). Obwohl dieser letzte Fall nicht häufig ist, entspricht er wahrscheinlich der stammesgeschichtlichen Herkunft, denn auch bei den anderen Formen entstehen Mund und After ganz nahe beieinander auf einem Urmundfeld, erst später entfernen sich Mund und After voneinander. Wir halten also eine Ableitung von Mund und After durch Zerteilung des einheitlichen Urmundes der niederen Metazoen für am wahrscheinlichsten, und zwar auf einem Stadium, auf dem bereits ein ectodermales Schlundrohr vorhanden war, denn allgemein liegt am Mundgebiet ein ectodermaler Anfangsteil des Darmes (**Stomodaeum**) und ein entsprechender Bezirk am After (**Proctodaeum**), sodass nur der Mitteldarm, das **Mesenteron**, dem entodermalen Urdarm entspricht.

2. Mesoderm, Coelom. Coelomräume sind Körperhöhlen, die von einer epithelialen Wand umschlossen werden, dem Coelomepithel. Sie stellen eine Leibeshöhle dar, die als **sekundäre Leibeshöhle** (im Gegensatz zur Blastulahöhle = **primäre Leibeshöhle**) bezeichnet wird. Über die Ableitung dieses Hohlraumsystems bestehen verschiedene Auffassungen. Eine davon ist die Enterocoeltheorie. Sie führt die Coelomräume auf Gastraltaschen zurück, leitet sie also von Urdarmtaschen ab, die völlig vom Darm abgeschnürt wurden. Für diese Ableitung sprechen sowohl die Entwicklungsgeschichte, die gerade bei ursprünglichen Formen diesen Vorgang noch wiederholt (Hemichordata, Echinodermata, *Branchiostoma*, Tentaculata), als auch die Tatsache, dass die Coelomwand vielfach aus Epithelmuskelzellen mit Cilien besteht, exkretorisch tätig sein kann und die Gonaden beherbergt. All dies trifft bereits für die Gastraltaschen der Cnidaria und Ctenophora zu, und so wird heute die Herleitung der Coelomräume aus Gastraltaschen vielfach bejaht. Die Bilateria zeigen sowohl bei den Tentaculaten unter den Protostomia als auch bei den Deuterostomia zunächst fünf Coelomräume, einen unpaaren präoral (**Protocoel** = **Axocoel**), paarige im Mundgebiet (**Mesocoel** = **Hydrocoel**) und paarige im Rumpfbereich (**Metacoel** = **Somatocoel**). Durch diese fünf Coelomräume erhält der Körper eine erste Gliederung (**Metamerie**), es ist die **Archimetamerie**. Der vordere Körperabschnitt wird **Protosoma** oder **Epistom** genannt, der mittlere **Mesosoma**, der hintere **Metasoma**.

3. Blutgefäße. Die Blutgefäße entstehen aus der primären Leibeshöhle (Blastulahohlraum). Ihre Wandungen werden allerdings vom Mesoderm, zuerst von den benachbarten Coelomwänden, geliefert, die mit ihren Zellen (und zwar der Zellbasis) diese Räume mit Wandungen umgeben (Abb. 108e). Das Gefäßsystem tritt zuerst in der Umgebung des Darmes (Darmblutsinus) und als Rücken- und Bauchgefäß auf, die durch seitliche Schlingen miteinander verbunden sind.

4. Gehirn. Das Gehirn als Zentralorgan des Nervensystems entwickelt sich bei vielen Bilateria aus einer Scheitelplatte am aboralen Pol der Larve, die mit Sinnesorganen (Augen, Mechanoreceptoren) eng verknüpft ist. Das Gehirn ist auf die Sinnesplatte zurückzuführen, die in geringem Ausmaß bei Aktinienlarven, stark entwickelt aber bei Ctenophoren vorhanden ist.

5. Exkretionsorgane. Kontroverse besteht über die Proto- und Metanephridien (= Nephridien). **Protonephridien** treten als Larvalorgane bei der Trochophora-Larve auf, die z. B. Anneliden und Mollusken kennzeichnet, **Metanephridien** sind in der Doppelrolle des Harn- und Geschlechtsleiters nicht nur bei vielen Protostomia, sondern auch bei den Wirbeltieren vorhanden. Das spricht dafür, dass die Urform der Bilateria als erwachsenes Tier Metanephridien als Harn-Geschlechtsleiter besaß. Diese werden aber bei *Phoronis* als larvale Protonephridien, entsprechend denen der Trochophora, vorgebildet, andererseits können aus Metanephridien durch Verlust oder Verschluss des Wimpertrichters Organe von protonephridialem Charakter entstehen (*Chaetogaster, Bonellia*-Männchen).

Rückblickend kommen wir zu einer Rekonstruktion der Ur-Bilateria. Da sowohl die Tentaculaten (Protostomia) als auch die Pterobranchier (Deuterostomia) am Mundgebiet zwei Träger bewimperter Tentakel (Lophophore) entfalten, waren vielleicht auch diese bereits Kennzeichen der Ausgangsform. Diese lässt sich nun auf eine vierstrahlige radiäre Form mit vier Gastraltaschen, Urmund und ectodermalem Schlundrohr und aboralem Sinnespol zurück-

führen. Ein solcher Typ ist sowohl bei Aktinienlarven als auch bei Ctenophoren vorhanden. In einem frühen Stadium ist wahrscheinlich vierstrahliger Bau vorhanden gewesen, der sich sowohl bei Cnidariern als auch in der Entwicklung vieler Bilateria findet.

Bei bilateral-symmetrischen Tieren sind folgende Lagebezeichnungen gebräuchlich: Im Kopfbereich gelegene Strukturen befinden sich **cranial, rostral, anterior** oder **oral**; am Körperende gelegene **caudal, anal** oder **posterior**. Die Unterseite (Bauchseite) wird **ventral**, die Oberseite (Rückenseite) **dorsal** genannt; **medial** weist auf eine Lage in der Körpermitte, **lateral** auf eine seitliche hin. **Proximal** liegen Teile, die näher am Mittelpunkt des Körpers oder an einem wichtigen Bezugspunkt liegen, **distal** Teile, die weiter entfernt in randlichen Abschnitten liegen. Aus den genannten Adjektiven sind durch Anfügen der Endigung -ad Begriffe gebildet worden, die eine Bewegung in eine bestimmte Richtung anzeigen, z. B. dorsad usw.

Beim Menschen sind oft infolge der aufrechten Körperhaltung die Adjektive anterior und posterior durch superior und inferior ersetzt, ebenso ventral und dorsal durch anterior und posterior. In der Histologie bezeichnet man v. a. in Epithelien Strukturen, die in Nähe von Oberflächen liegen, als **apikal** (z. B. Bürstensaum in Darmepithelzellen), solche, die in der Nähe der Basallamina liegen, als **basal**.

Die Gliederung der Bilateria erfolgt unterschiedlich (Abb. 208).
a. Die Stämme können in zwei Reihen angeordnet werden: **Protostomia** und **Deuterostomia,** die sich basal nahe stehen.
b. Die basalen Gruppen werden als **Archicoelomata** zusammengefasst, aus ihnen sind **Spiralia** und **Chordata** abzuleiten.
c. Besonderes Gewicht wird auf die Häutung der chitinhaltigen Cuticula (**Ecdysozoa**) und auf entwicklungsgeschichtliche Abläufe (**Lophotrochozoa**) gelegt.

Diese Einteilungen stehen nicht im Widerspruch zueinander, sondern stellen nur unterschiedliche Merkmale in den Vordergrund.

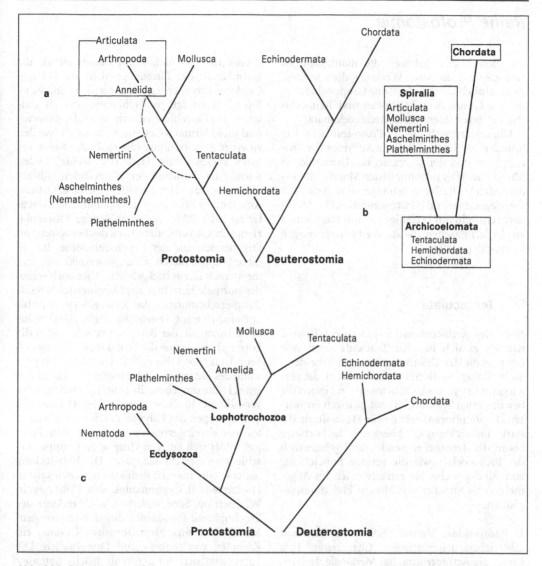

Abb. 208 Die wichtigsten Stämme der Bilateria = Coelomata in ihren gegenseitigen Beziehungen. **a)** Gliederung nach der Ausbildung des Urmundes in Proto- und Deuterostomia. **b)** Gliederung der Bilateria in Archicoelomata, Spiralia und Chordata, **c)** Gliederung der Bilateria nach ausgewählten molekularen und entwicklungsgeschichtlichen Daten

Reihe Protostomia

Zu dieser Reihe gehören die mannigfaltigen Gruppen der »niederen Würmer«, die stammesgeschichtlich keine einheitliche Gruppe sind, ferner die Gliedertiere, Mollusken und Tentaculaten. Letztere zählen zu den Archicoelomata.

Charakteristisch für die Protostomia (= Urmünder) sind das verbreitete Auftreten der Trochophora und der Übergang des Urmundes in Mund und After oder nur in den Mund (selten in den After). Die Nervenstränge entwickeln sich vorwiegend ventral (**Gastroneuralia**). Das Mesoderm entsteht nur bei einigen primitiven Formen aus Urdarmtaschen, meist aus einer oder einigen Urmesodermzellen.

I.   Tentaculata

Nach der Archicoelomaten-Enterocoel-Theorie handelt es sich bei den Tentaculata um eine Gruppe, die der Urform der Bilateria nahe steht. Sie enthalten an die 6 000 rezente Arten, die vorwiegend marin sind. Gemeinsam sind ihnen die bewimperten Tentakel, die auf paarigen Fortsätzen (**Lophophoren**) neben dem Mund sitzen, die starke Entwicklung des Mesocoels, das Fortsätze bis in die Tentakel entsendet, und gelegentlich des Protocoels sowie die geringe Entwicklung von Bindegewebe. Sie ernähren sich im Allgemeinen als Strudler von kleinen Planktonorganismen.

1. Phoronidea. Marine »Röhrenwürmer« mit zahlreichen ursprünglichen Charakteren. Ihre Larve, die **Actinotrocha,** hat Merkmale der Trochophora-Larve. Aus ihr entsteht der Rumpf des fertigen Tieres durch eine bruchsackartige Vorstülpung der Ventralseite. Dadurch bleiben Mund-, After- und Metanephridienöffnungen nahe am Vorderende. Etwa 15 Arten. *Phoronis.*

2. Bryozoa (Moostiere). Etwa 5 600 rezente und 16 000 fossile Arten umfassende Gruppe mit vielgestaltigen Kolonien (Abb. 209), die in ihrem Aussehen manchmal Hydroidpolypen, gelegentlich auch Korallen ähneln. Die Kolonien entstehen durch Knospung, aber die neuen Tiere bilden sich nur aus Ecto- und Mesoderm des Muttertieres. Der Darm wird vom Ectoderm

jeweils neu gebildet, infolgedessen stehen die Darmkanäle der Einzeltiere nicht wie bei den Cnidaria-Kolonien miteinander in Verbindung. Trotzdem erfolgt ein Nährstoffaustausch zwischen den Einzeltieren durch verbindendes ecto- und mesodermales Gewebe. Es kommt bisweilen zu einer Arbeitsteilung innerhalb der Kolonien. Stark rückgebildete Tiere (**Kenozoide**) bilden Stielglieder, Ranken oder Wurzelfäden (**Rhizoide**), andere (**Heterozoide**) Geschlechtstiere, Ammentiere oder die vogelkopfähnlichen **Avicularien** (Abb. 209c) oder stabförmige **Vibracularien.** Letztere verhindern wohl das Festsetzen von Organismen auf der Bryozoenkolonie. Bei all diesen Spezialtieren sind Tentakelkrone und meist auch Darm rückgebildet. Aber auch schon das normale Einzeltier zeigt bestimmte Rückbildungserscheinungen, das Blutgefäßsystem ist bis auf einen Strang (**Funiculus,** Abb. 209a) reduziert. Innerhalb der Bryozoen verschwinden die Lophophore, sodass die Tentakel ringförmig den Mund umgeben. Kompliziert wird die Körperwand des Einzeltieres, der Hinterkörper wird von einer Hülle umgeben, die gallertig, chitinig oder verkalkt ist. In diese Kapsel (**Cystid**) kann der Vorderkörper, das **Polypid,** durch starke Retraktormuskeln eingezogen werden. Über dem Polypid bildet sich ein von Gruppe zu Gruppe verschiedener Verschlussapparat. Die Entwicklung bietet wieder manche Reduktionserscheinungen. Die Larve (z. B. **Cyphonautes,** Abb. 209b) zeigt in Wimperring, Scheitelplatte usw. Charaktere der Trochophora; Protonephridien fehlen, vor dem Mund liegt ein »**birnenförmiges Organ**«, ein Komplex von Sinnes- und Drüsenzellen. Die Larve setzt sich mit der Ventralfläche fest, aber nur ein Teil ihrer Organe geht in das erste Tier der Kolonie (**Ancestrula**) über, v. a. der larvale Darmkanal wird rückgebildet. Er fehlt oft schon in der Larve.

Obwohl die Bryozoen fossil seit dem Ordovizium reich überliefert sind, ist ihre phylogenetische Entwicklung im Einzelnen wenig bekannt.

Die ursprünglichste Gruppe, die **Phylactolaemata** (**Lophopoda**), bei der noch ein Lophophor vorkommt, lebt mit Reliktformen im Süßwasser (*Cristatella, Plumatella*). Sie ist fossil unbekannt.

Die **Stenolaemata** und **Gymnolaemata** sind seit dem Ordovizium bekannt. Zu ihnen gehören verbreitete Gattungen wie *Crisia, Bugula, Electra*

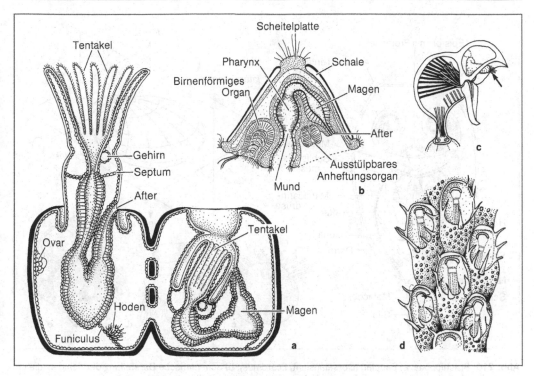

Abb. 209 Bryozoa (Moostierchen). **a)** Zwei Tiere einer Kolonie im Sagittalschnitt, mit ausgestrecktem (links) und in das Cystid eingezogenem (rechts) Vorderteil (Polypid); **b)** Cyphonautes-Larve. **c)** Avicularium von *Bugula* (Pfeil weist auf reduziertes Polypid); **d)** Ausschnitt einer Kolonie von *Electra (Membranipora)*

und *Membranipora* (Abb. 209d), die auch in Nord- und Ostsee vorkommen.

3. Brachiopoda. Die gut 300 rezenten Arten sind marin und stellen nur einen kleinen Rest der früher weit verbreiteten Gruppe dar. Bisher wurden etwa 1 700 fossile Gattungen mit 30 000 Arten beschrieben.

Die Brachiopoden ähneln äußerlich Muscheln, aber die beiden **Schalenklappen** liegen nicht rechts und links wie bei diesen, sondern auf Rücken- und Bauchfläche; das **Schalenschloss** nicht auf der Rückenseite, sondern am Hinterende; der Strudelapparat wird bei Muscheln von Kiemen, bei den Brachiopoden von den Lophophoren mit ihren Tentakeln gebildet. Besonders primitiv sind die Brachiopoden in der vollen Erhaltung der Coelomräume und ihrer Entstehung durch Abfaltung vom Urdarm; das Blutgefäßsystem entspricht dem Grundschema.

Etwa 30% der bekannten kambrischen Tierarten zählen zu den Brachiopoden. Die ursprüng-lichen Formen waren ohne Schalenschloss: Ecardines (Abb. 210a, c). Ihr Hinterkörper (Stiel) war groß und lang, die Lophophore noch beweglich, nicht durch ein von der Dorsalschale gebildetes Armgerüst festgestellt. Hierher gehört als lebendes Fossil *Lingula* (Abb. 166a), die als Gattung schon im Silur vorhanden war. Während *Lingula* noch eingebohrt im Schlamm lebt, sind die meisten Brachiopodenarten festgewachsen. Die Festheftung erfolgte zunächst mit dem nunmehr verkürzten Stiel. Es legte sich dann aber der Körper so um, dass er mit einer Schale, meist der ventralen, der Bodenfläche auflag, und schließlich heftete sich die Schale am Substrat fest. Dieser Prozess erfolgte schon innerhalb der Ecardines. Hierher gehören weiterhin die heute lebenden Discinidae und Craniidae.

Die **Testicardines** (Abb. 210d, e), deren Schalenklappen durch ein Schloss verbunden sind, waren gleichfalls schon im Paläozoikum reich entwickelt und bildeten im Karbon Großformen (Productidae, 25 cm). Im Mesozoikum wurden

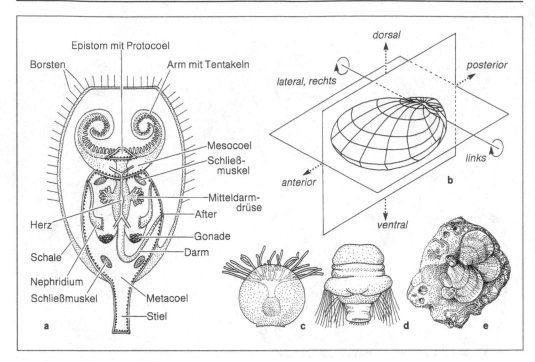

Abb. 210 Brachiopoda. **a)** Bauplan (Dorsalansicht, Ecardines), **b)** Schematische Darstellung der Schalen, die um eine Querachse gegeneinander beweglich sind (durch kreisförmige Pfeile angedeutet). **c)** Larve von *Lingula* (Ecardines) mit Tentakeln, **d)** Larve von *Terebratella* (Testicardines) mit Borsten, **e)** Mehrere Exemplare von *Terebratulina,* die auf einem Stein festgeheftet sind

die Terebratulida artenreich, die auch heute noch die Mehrzahl der Arten stellen.

Spiralia (II–XI)

Die zahlreichen Stämme der Protostomia außerhalb der Tentaculaten sind großenteils durch die **Spiralfurchung** geeint und werden als Spiralia zusammengefasst. Das Mesoderm entstammt der Zelle 4d, die eine oder einige Urmesodermzellen liefert. Das aus diesen hervorgehende Mesoderm bzw. Coelom entspricht nur dem Metacoel. Das Proto- und Mesocoel, denen anlagemäßig die Zellen 4a (Protocoel), 4b, 4c (Mesocoel) entsprechen, entwickeln sich nicht mehr. Die Spiralfurchung findet sich am reinsten bei Anneliden, Mollusken, Nemertinen und unter den Plathelminthen bei den Polycladida (Turbellarien). Obwohl ihre Entwicklung nur noch selten Andeutung an die Spiralfurchung aufweist, müssen aber auch die Arthropoden den Spira-

liern zugeordnet werden, da sie mit den Anneliden zusammen die natürliche Gruppe der Articulaten bilden. Gleichfalls aus Gründen der Morphologie dürfen auch die Aschelminthes angeschlossen werden, sodass die Spiralia eine Gruppe von großem Umfang darstellen.

Innerhalb der Spiralia bereiten die Verwandtschaftsbeziehungen einer Reihe einfach organisierter »Würmer« dem Verständnis noch große Schwierigkeiten. Nach dem Bau der Leibeshöhle werden die Plathelminthes als **Schizocoelia** angesehen (der Raum zwischen Darm und Körperwand ist bis auf Spalträume mit Muskeln und Bindegewebe ausgefüllt), die Gruppen der Rotatoria, Acanthocephala, Gastrotricha, Nematoda, Kinorhyncha, Priapulida und Loricifera als **Pseudocoelia** (sie besitzen eine Leibeshöhle, die nicht von einem Epithel ausgekleidet wird). Elektronenmikroskopischen Untersuchungen hat die Gliederung Schizocoel-Pseudocoel-Coelom nicht standgehalten, sodass darauf ein System nicht mehr errichtet werden sollte.

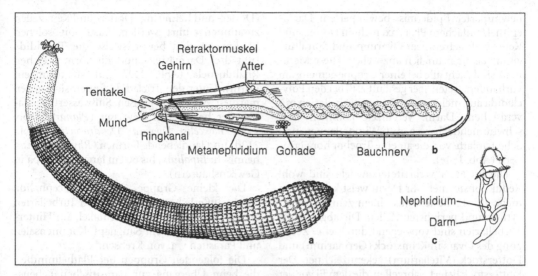

Abb. 211 Sipunculida. **a)** *Sipunculus,* **b)** Bauplan mit ausgestülptem Vorderkörper, der durch kräftige Retraktormuskeln in den Hinterkörper eingezogen werden kann, **c)** Larve

II.   Sipunculida

Die Sipunculiden (Abb. 211) tragen um den Mund bewimperte Tentakel, deren innere Hohlräume mit einem ringförmig den Mund umgebenden Coelomraum kommunizieren. Das erinnert an das Mesocoel der Tentaculaten. Auch die einheitliche Rumpfhöhle (Metacoel) mit ihren Gonaden und den als Geschlechts- und Harnleitern dienenden Nephridien entspricht dem Urtyp. Daneben sind Reduktionen unverkennbar. Das Blutgefäßsystem ist bis auf ein Darmnetz reduziert, der Kopflappen fehlt, und sollte sich die für manche Formen angegebene Segmentierung des embryonalen Mesoderms bewahrheiten, so würde die Deutung der Sipunculiden als sekundär vereinfachte Formen an Wahrscheinlichkeit gewinnen. Sie bewohnen mit über 300 Arten marine Böden bis zu 7 000 m Tiefe. *Sipunculus, Phascolion.*

III.   Plathelminthes (Plattwürmer)

Plathelminthes sind die freilebenden Turbellarien (Strudelwürmer) und die parasitischen Trematoden (Saugwürmer), Monogenea und Cestoden (Bandwürmer). Ihnen fehlen Enddarm und After, Blutgefäßsystem, Coelom und Metanephridien. Recht ursprüngliche Charaktere zeigt

das Nervensystem mit seinem netzartigen Bau und drei bis sechs Paaren von Längsnerven (Abb. 72). Kennzeichnend für die Turbellarien ist ferner die extrem wechselnde Lage der Organe. Der Mund kann am Vorderende liegen, ventral, aber auch am Hinterende. Die Geschlechtsöffnungen können getrennt oder vereint sein, ventral oder dorsal, mit dem Mund gemeinsam oder von ihm weit entfernt. Weiterhin wechselt die Zahl der Organe beträchtlich: Ovarien, Hoden, Dotterstöcke sind in Einzahl bis zu Hunderten vorhanden, der ganze Genitalapparat kann vervielfacht werden. Im Gegensatz zu dem sonst einfachen Körperbau steht die hohe Komplikation des zwittrigen Genitalapparates. Die Befruchtung ist stets eine innere, Kopulationsorgane sind vorhanden. Nach diesen Besonderheiten könnte man die Plathelminthen für eine isolierte Gruppe halten, die kaum mit den übrigen Bilateria näher verwandt ist, wenn nicht die Spiralfurchung mancher Turbellarien (Polycladida) einen solchen Schluss verböte. Sie gleicht bis in viele Einzelheiten der der Anneliden, die Zelle 4d liefert das Mesoderm.

1. Turbellaria (Strudelwürmer). Von ihnen sind mehrere tausend Arten bekannt. Sie sind besonders im Meer, aber auch im Süßwasser und sogar in Feuchtgebieten des Landes weit verbreitet. Innerhalb der Turbellarien ist eine Form mit

bewimperter Epidermis, bewimpertem Darmepithel, einfachem Pharynx, nicht in Dotter- und
Keimstock getrenntem Ovarium und Spiralfurchung als ursprünglich anzusehen. Diese Merkmale sind nicht alle bei einer Gruppe gemeinsam
vorhanden, treten aber gehäuft z. B. bei den **Polycladida** auf, meist großen Meeresturbellarien mit
verästeltem Darm. Vereinzelt kommen freischwimmende Larven mit Wimperlappen und
Scheitelplatte vor, die an eine Trochophora erinnern (Abb. 154e).

Die im Meer verbreiteten **Acoela** sind wohl
Reduktionsformen. Ihr Darm weist kein Lumen
mehr auf. Er besteht aus einem zentralen Syn-
cytium und peripheren Zellen. Die abgeleiteten
Turbellarien sind vorwiegend durch eine Zerle-
gung des Ovars in **Keimstock (Germarium)** und
Dotterstock (Vitellarium) gekennzeichnet. Der
Dotterstock liefert Nährzellen, die dem Ei vor der
Ablage mitgegeben werden und die sich an der
Bildung der Eikapsel beteiligen. In mehreren
Gruppen entfernen sich Keim- und Dotterstock
so voneinander, dass erst durch besondere Gänge

(Dotter- und Keimgang) Dotter- und Keimzellen
zusammengeführt werden. Taxa mit solchen
Merkmalen sind beispielsweise die **Tricladida**
(mit drei Darmästen) und die formenreichen
Rhabdocoela (Abb. 212f; mit stabförmigem
Darm). Unter den Tricladida finden sich neben
marinen Arten die großen Süßwasserturbella-
rien der heimischen Gewässer (*Planaria*, Abb.
212e, *Polycelis, Dugesia, Dendrocoelum*, Abb.
212d) und landlebende Formen (*Rhynchodemus*,
heimisch; *Bipalium*, bis 60 cm lang, in Europa in
Gewächshäusern).

Die kleine Gruppe der **Temnocephalida**
weicht äußerlich stark von anderen Turbellarien
ab; am Vorderende stehen Tentakel, am Hinterende befindet sich ein Saugnapf. Kommensalen
und Parasiten v. a. von Krebsen.

Die folgenden Gruppen der Plathelminthes,
die beim Übergang zur parasitischen Lebensweise ihre Epidermis abwerfen und eine neue,
syncytiale Körperbedeckung (Neodermis) bilden, werden auch als **Neodermata** bezeichnet.

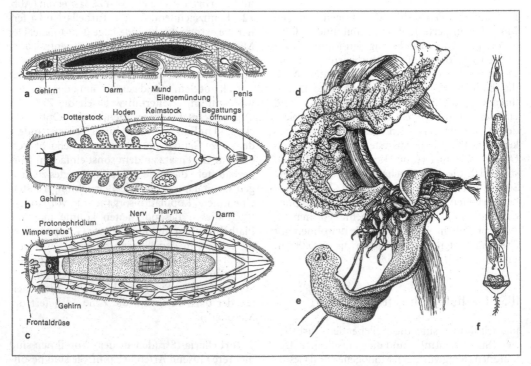

Abb. 212 Turbellaria (Strudelwürmer). **a)** Sagittalschnitt, **b)** Dorsalansicht mit Genitaltrakt, **c)** Dorsalansicht mit
Darm, Nervensystem und Protonephridien, **d)** *Dendrocoelum* (1 cm lang), **e)** *Planaria* (1 cm lang), eine Wasserassel fressend, **f)** *Cheliplanilla* (Rhabdocoela, Kalyptorhynchia; 1 mm lang)

2. Trematoda (Saugwürmer). Über 6 000 endoparasitisch lebende Arten mit Generationswechsel (Digenea).

Sie leben in Darm, Leber, Lunge, Bindegewebe und Blutgefäßsystem und sind durch einen **Wirtswechsel,** der mit kompliziertem **Generationswechsel (Heterogonie)** verbunden ist, gekennzeichnet (Abb. 214). Die erwachsenen Tiere zweier Generationen leben meist in Mollusken; sie sind in ihrer Organisation stark vereinfacht und vermehren sich parthenogenetisch und vivipar (**Sporocyste** und **Redie**). Eine Generation erreicht die volle zwittrige Organisation (**Distomum**), lebt in Wirbeltieren und legt befruchtete Eier. Aus diesen schlüpfen Wimperlarven (**Miracidien**), die im ersten Zwischenwirt zur Sporocyste werden. Auch die Distomum-Generation entwickelt sich über eine meist freischwimmende Larve (**Cercarie**).

Mehrere digene Trematoden sind auch Parasiten des Menschen.

Der Darmegel *(Fasciolopsis buski)* lebt im Dünndarm und ist in Süd-, SO- und Ostasien anzutreffen. Seine **Metacercarien** (encystierte Cercarien) finden sich an Früchten und Blättern der Wassernuss *Trapa natans,* über die sich der Mensch per os infiziert.

Der Chinesische Leberegel *(Clonorchis sinensis)* kommt in Ostasien vor. Er lebt bevorzugt in den Gallengängen, dringt bei Massenbefall aber auch in Pankreas und Duodenum ein. Der Mensch infiziert sich durch Verzehr von Fischen, die als zweite Zwischenwirte die Metacercarien beherbergen.

Der Lungenegel *(Paragonimus westermani),* ebenfalls in Ostasien heimisch, lebt in der Lunge und ruft Bluthusten hervor. Als besondere Komplikationen der Infektion können sich die Egel auch im Gehirn festsetzen; auch *Paragonimus* hat zwei Zwischenwirte. Der Mensch infiziert sich durch Verzehr rohen Krebsfleisches, die Metacercarien machen vom Darm eine Wanderung durch Bauchhöhle und Zwerchfell, um in die Lunge zu gelangen.

Ein sehr unangenehmer Parasit des Menschen ist der getrenntgeschlechtliche, 1–2 cm lange Trematode *Schistosoma,* früher *Bilharzia* genannt (Abb. 213b, c). Bei der Passage der Eier durch verschiedene Gewebe treten Blutungen auf. *Schistosoma haematobium* lebt in blasennahen Gefäßen und verursacht **Blasenbilharziose** (Blutharnen), *Schistosoma mansoni* **Darmbilharziose.** Die Cercarien – aus einem Miracidium entstehen

200 000 von ihnen – bohren sich durch die Haut des Menschen ein. *Schistosoma*-Arten sind in allen tropischen Ländern anzutreffen; man schätzt, dass 250 Millionen Menschen infiziert sind.

Ein seltener Parasit des Menschen ist der Große Leberegel *(Fasciola hepatica,* Abb. 215b), der bei Pflanzenfressern (Schaf, Rind usw.) häufig vorkommt. Die Infektion erfolgt über die Nahrung (Gras, Sauerampfer, Fallobst), an der die Metacercarien encystiert leben. Die Distoma treten in den Gallengängen auf.

Der Kleine Leberegel *(Dicrocoelium dendriticum,* Abb. 215a) hat zwei Zwischenwirte. Sein

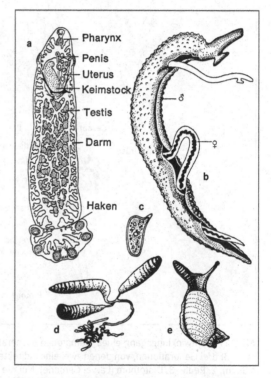

Abb. 213 **a)** *Polystoma* (Monogenea), **b)** *Schistosoma mansoni* (Pärchenegel)*;* das größere Männchen trägt sein Weibchen in einer Bauchfalte (Canalis gynaecophorus). Das schlanke Weibchen nimmt etwa zehnmal so viel Blut auf wie das Männchen, legt etwa 300 Eier pro Tag und kann zu diesem Zweck in kleine Gefäße eindringen. Die Partnerschaft kann Jahre währen. **c)** Bestacheltes Ei von *Schistosoma;* **d)** Sporocyste von *Leucochloridium macrostomum;* **e)** *Succinea* (Bernsteinschnecke), mit einer *Leucochloridium*-Sporocyste infiziert, die einen Ausläufer in den linken Schneckenfühler geschoben hat

Miracidium schlüpft erst in einer Landschnecke *(Zebrina, Helicella)*, die die Eier aufgenommen hat. In ihrer Atemhöhle sammeln sich später von ihrem eigenen und den Sekreten der Schnecke umhüllte Cercarien an, die abgegeben und von Ameisen *(Formica)* aufgenommen werden. Wäh-

rend die meisten Cercarien in die Leibeshöhle der Ameise eindringen, wandert eine in das Unterschlundganglion und ruft wie auch andere Ameisenparasiten einen Mandibelkrampf hervor. Die infizierten Ameisen beißen sich an Pflanzen fest und können so besonders leicht von

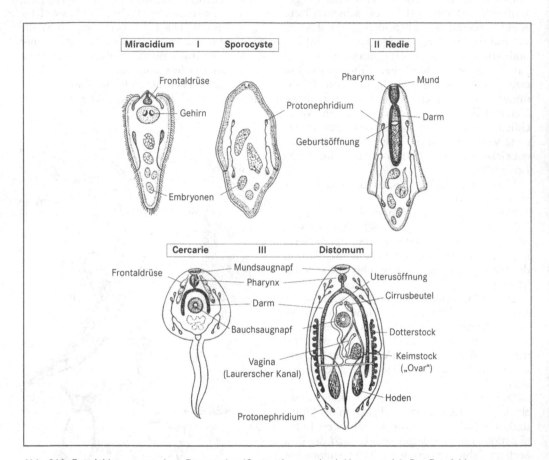

Abb. 214 Entwicklungsgang eines Trematoden (Generationswechsel, Heterogonie). Der Entwicklungsgang umschließt drei Generationen, von denen zwei eine indirekte Entwicklung durchmachen: 1. Sporocyste (Larve: Miracidium), 2. Redie, 3. Distomum (Larve: Cercarie). Nur die letzte Generation (Cercarie-Distomum) entwickelt einen vollständigen zwittrigen Geschlechtsapparat. Das im Wasser freischwimmende Miracidium sucht Süßwasserschnecken auf (z. B. *Lymnaea).* Seine Körperoberfläche ist bewimpert. Es besitzt vorn einen Bohrapparat, ein Gehirn mit Lichtreceptoren, Protonephridien und Keimballen (Embryonen). In der Schnecke verliert es Wimperkleid und Augen und wächst zu der sehr einfach organisierten Sporocyste heran. Deren Embryonen durchbrechen die Sporocystenwand und werden als zweite Generation (Redien) bezeichnet. Sie besitzen Mund, Darm, Zentralnervensystem, Speicheldrüsen und eine Geburtsöffnung. Wie alle Stadien haben auch sie Protonephridien. Sie wandern zur Mitteldarmdrüse der Schnecke, wo sie an Größe zunehmen. In ihrem Inneren wächst die nächste Generation heran, die Cercarien. Diese besitzen schon weit gehend die Organisation der erwachsenen Tiere. Ihnen fehlen allerdings die Geschlechtsorgane. Sie leben im freien Wasser und bewegen sich mit ihrem Larvenschwanz fort. Nach kurzer Zeit encystieren sie sich an einer Pflanze und umgeben sich mit einer Hülle, in der sie mehrere Wochen überleben können (Metacercarien). Werden sie von Wirbeltieren aufgenommen, entwickeln sie sich in diesen zu den adulten Distoma. Die Cercarien von *Schistosoma* bohren sich direkt in den Wirt ein

Schafen – den Endwirten – aufgenommen werden, in deren Gallengängen sie leben.

Ein biologisch interessanter Parasit ist *Leucochloridium*. Vögel infizieren sich, indem sie die Sporocysten mit den jungen Distoma aufnehmen, die in den auffallend umgestalteten Fühlern von Schnecken *(Succinea)* leben (Abb. 213d, e).

3. Monogenea sind durch eine einfache Entwicklung gekennzeichnet. Ihre bewimperten Jugendstadien setzen sich an den Wirt, meist an Epidermis, Kiemen oder das Harnblasenepithel von Fischen und Amphibien. An ihrem Hinterende sind cuticularisierte Haken als Haftapparate ausgebildet (Abb. 213a).

Gyrodactylus lebt an der Haut von Karpfenfischen. Bevor die Embryonen dieses viviparen Parasiten entlassen werden, entwickeln sich in ihm weitere »Generationen«. Man fasst diese Erscheinung als **Polyembryonie** auf; es bleiben pluripotente Furchungszellen übrig, die ihre Entwicklung später beginnen. Auf diese Weise können vier verschiedene Altersgruppen in einem Tier beherbergt werden (vielleicht handelt es sich auch um einen Generationswechsel).

Polystoma lebt in der Harnblase von Fröschen und entlässt seine Eier, wenn das Wirtstier zur Kopulation ins Wasser geht. Aus den Eiern können neotenische Formen entstehen, die sich abermals stark vermehren. Erst diese Generation

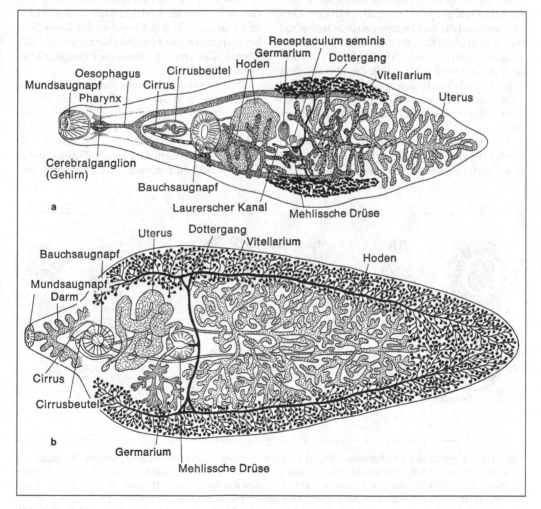

Abb. 215 a) *Dicrocoelium dendriticum* (Kleiner Leberegel), **b)** *Fasciola hepatica* (Großer Leberegel)

befällt dann ältere Kaulquappen und wandert bei der Metamorphose in die Harnblase der adulten Tiere ein.

Diplozoon kommt auf Kiemen von Süßwasserfischen vor und verwächst in Begattungsstellung.

4. Cestoda (Bandwürmer). Etwa 3 500 Arten, die als Darmparasiten leben, ihren eigenen Darm rückgebildet haben und sich **parenteral** ernähren. Die mit dem Parasitismus einhergehende Produktionssteigerung der Geschlechtsorgane wird nicht durch die Vergrößerung des einen Genitalapparates erreicht wie bei den Trematoden, sondern die Genitalorgane selbst werden vervielfacht. Durch äußere Abgliederung (Abb. 217) dieser Genitalabschnitte entstehen Glieder (**Proglottiden**), die in einer **Sprossungszone** hinter dem Kopf neugebildet werden. Mit dem Kopf (Scolex) sind die Bandwürmer an der Darmwand von Wirbeltieren festgeheftet. Neben Saugnäpfen sind auch Haken ausgebildet (Abb. 217). Außerdem wirken sie der Peristaltik des Darmes ihres Wirtes durch Muskelbewegungen entgegen. Ihre Länge kann die Länge des Wirtsdarmes deutlich übertreffen (s. u.); 30 m (!) wird als Maximalwert angegeben.

Die Entwicklung der zwittrigen Cestoden erfolgt bei ursprünglichen Formen mit doppeltem Wirtswechsel (Krebs-Fisch-Endwirt [z. B.

Mensch]); oft kommt einfacher Wirtswechsel vor; manchmal fehlt er.

Als Parasiten des Menschen sind folgende Arten wichtig: Fischbandwurm *(Diphyllobothrium latum)*, der bis 15 m Länge erreichen kann, dann aus 3 000 bis 4 000 Proglottiden besteht und im Dünndarm des Menschen lebt. Der Scolex weist zwei Sauggruben auf. *Diphyllobothrium* legt ca. 1 Million Eier pro Tag im Darm ab. Diese entwickeln sich im Wasser. Aus dem Ei schlüpft eine **Wimperlarve (Coracidium**, Abb. 216a), die eine **Sechshakenlarve (Oncosphaera)** enthält. Von Kleinkrebsen gefressen, entwickelt sich diese zum **Procercoid** (Abb. 216c), einer weiteren Larvenform. Werden derartig infizierte Copepoden von Fischen gefressen, entwickelt sich das Procercoid in ihnen zum **Plerocercoid** (Abb. 216d), das in Eingeweide und Muskulatur des Fisches lebt und jetzt für den Menschen infektionsfähig ist. Man findet den Fischbandwurm v. a. in seenreichen Gebieten, in denen viel (ungekochter) Fisch gegessen wird.

Die *Taenia*-Arten *Taenia solium* (Schweinebandwurm) und *Taenia saginata* (Rinderbandwurm) besitzen ein anderes Larvenstadium, die **Finne (Cysticercus**, Abb. 216f, 217f), die in Schweinen bzw. Rindern lebt. Der Mensch infiziert sich mit rohem Fleisch, die Finne wandelt sich im Darm zum erwachsenen Bandwurm um.

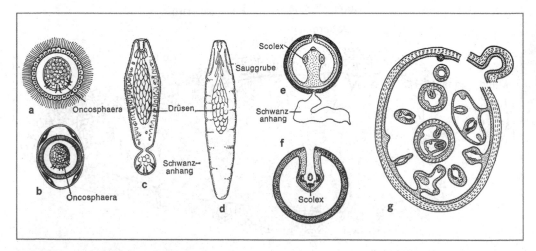

Abb. 216 Larvenstadien von Bandwürmern. **a)** Coracidium (Wimperlarve) mit eingeschlossener Oncosphaera (Hakenlarve) von *Diphyllobothrium;* **b)** Oncosphaera von *Taenia* in Embryonalhüllen; **c)** Procercoid von *Diphyllobothrium;* **d)** Plerocercoid von *Diphyllobothrium;* **e)** Cysticercoid von *Hymenolepis;* **f)** Cysticercus von *Taenia* (»echte Finne«); **g)** Finne von *Echinococcus.* Bei *E. granulosus* werden Hunderttausende Tochterfinnen ins Innere der Finnenblase abgegeben, bei *E. multilocularis* nach außen (oben rechts)

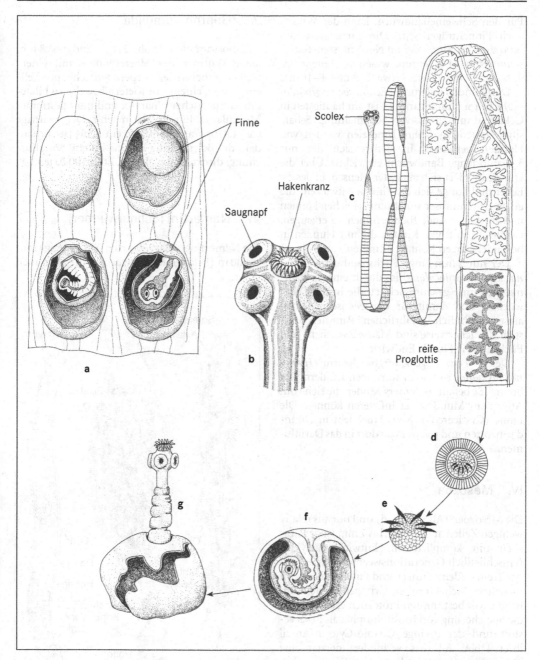

Abb. 217 Kreislauf des Schweinebandwurmes *(Taenia solium)*. Die Finnen leben in der Muskulatur des Schweines **(a)** und werden vom Menschen per os aufgenommen. In dessen Darm wächst der 2–8m lange Bandwurm heran, der sich mit den Saugnäpfen und einem Hakenkranz des Kopfes (Scolex) **(b)** in der Dünndarmschleimhaut befestigt und bis 1 000 Proglottiden bildet **(c)**. Diese werden im reifen Zustand mit dem Stuhl abgegeben und enthalten schon das erste Larvenstadium (Oncosphaera), das zunächst von einer Hülle umschlossen wird **(d)** und im Schweinedarm schlüpft **(e)**. Diese 20 μm messende Larve durchbohrt die Darmwand und entwickelt sich zur Finne (Cysticercus **(f)**, Durchmesser 1 cm) mit eingestülptem Scolex. Dieser wird im Darm des Endwirtes (Mensch) ausgestülpt **(g)**

Für den Schweinebandwurm kann der Mensch auch Finnenträger sein. Die Larve setzt sich bevorzugt im Auge oder im Nervensystem fest. *T. solium* ist in Mitteleuropa wesentlich seltener als *T. saginata* und kleiner (etwa 2–8 und 4–10 m).

Der Hundebandwurm *(Echinococcus granulosus)* lebt im Hundedarm, er ist am häufigsten in Gebieten mit intensiver Schafhaltung. Schafe sind Finnenträger, ihre Innereien werden von Hunden gefressen, in denen sich der nur 3–6 mm lange Bandwurm entwickelt. Über die Hunde infiziert sich auch der Mensch, in dessen Leber und Lunge sich die Finnen entwickeln, die einen Durchmesser von 40 cm erreichen können und imstande sind, Tochterfinnen zu erzeugen. Gefährdet sind v. a. Kinder, die mit Hunden in besonders engen Kontakt kommen.

Der nur 2 mm lange Fuchsbandwurm *(Echinococcus multilocularis)* ist durch eine vielkammerige Finne gekennzeichnet, die in der Leber wuchert und damit für den Menschen einen außergewöhnlich gefährlichen Parasiten darstellt. Üblicherweise sind Mäuse Zwischen- und Füchse sowie Hunde Endwirte.

Der 3–4 cm lange Zwergbandwurm *(Hymenolepis nana)* ist v. a. in wärmeren Ländern verbreitet. Er befällt besonders Kinder, die sich vom After zum Mund selbst infizieren können. Die Finne (Cysticercoid, Abb. 216e) lebt in Dünndarmzotten und gelangt von dort in das Darmlumen.

IV. Mesozoa

Die Mesozoen (Abb. 218a–d) sind nur aus relativ wenigen Zellen aufgebaute, bis 7 mm lange Parasiten mit kompliziertem Entwicklungszyklus (einschließlich **Generationswechsel**), der an den der Trematoden erinnert, und **Eutelie**, die sie mit manchen Aschelminthen-Gruppen gemeinsam haben. Mit bestimmten Protozoen verbinden sie die Speicherung von Inositphosphat als Reservestoff und der geringe Guanin-Cytosin-Anteil ihrer DNA. All dies verhindert derzeit eine sichere Einordnung in das System. Die **Rhombozoa** leben in den Nieren von Cephalopoden. Sie ernähren sich parenteral, ihr Stoffwechsel arbeitet anaerob. Die **Orthonectida** parasitieren in verschiedenen Meerestieren, *Rhopalura* z. B. in den Bruttaschen des Schlangensterns *Amphiura*, dessen Gonaden dadurch geschädigt werden (parasitische Kastration). Ca. 80 Arten.

V. Gnathostomulida

Gnathostomulida (Abb. 218e) sind bis 3 mm lange Würmer des Meeresbodens mit einem Geißelepithel an der Körperoberfläche (pro Zelle eine Cilie), einem mit Kiefern bewehrten bilateralsymmetrischen Pharynx und quer gestreifter Muskulatur. Ein Enddarm fehlt. Der zwittrige Genitalapparat ist einfach, ein Penis ist vorhanden, die Befruchtung ist eine innere; Spiralfurchung; direkte Entwicklung. Etwa 100 Arten.

VI. Nemertini (Schnurwürmer)

Die Nemertinen (ca. 900 Arten) sind wenige mm bis 30 m (!) lange Meereswürmer, die aber auch

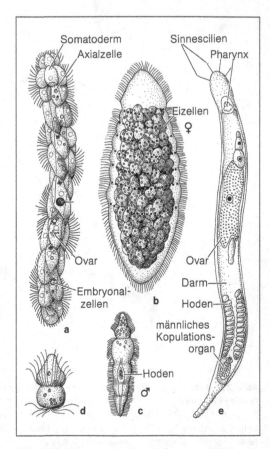

Abb. 218 Mesozoa (a–d) und Gnathostomulida (e).
a) *Dicyema,* **b–d)** *Rhopalura,* **b)** Weibchen mit Eiern,
c) Männchen, **d)** Larve, **e)** *Gnathostomula*

mit einigen Formen ins Süßwasser *(Prostoma)* und aufs Land vorgedrungen sind *(Geonemertes)*. Durch ihre drüsenzellreiche, bewimperte Haut ähneln sie den Turbellarien. Die sonstige Organisation ist jedoch tief greifend verschieden (Abb. 219). Nemertinen sind getrenntgeschlechtig mit zahlreichen, einfach gebauten, sackförmigen Gonaden, die seitlich liegen und mit Poren direkt nach außen münden. All die Komplikationen, die die Ausleitungsgänge der Turbellarien kennzeichnen, fehlen. Das »Blutgefäßsystem«, welches wohl ein kompliziertes Coelom darstellt, hat seitliche Hauptgefäße und steht in enger Verbindung mit den Protonephridien. Eine Sonderbildung stellt der ausstülpbare **Fangrüssel** dar, der dorsal vom Darm den größten Teil des Rumpfes durchzieht. Er ist keine Bildung des Darmkanals, sondern eine Einstülpung des Vorderendes. Bei primitiven Nemertinen hat der Rüssel keine Verbindung mit dem Darmkanal (Abb. 219b). Ein After ist vorhanden.

Die vereinfachte und z. T. primitive Trochophora-Larve (**Pilidium**, Abb. 219f), die viele Nemertinen aufweisen, verrät wenig über ihre nähere Verwandtschaft, sodass man sie nur als teilweise vereinfachte, teilweise komplizierte niedere Spiralia ansprechen kann.

In Nord- und Ostsee kommen zahlreiche Nemertinen vor, darunter eine Form *(Malacobdella)*, die regelmäßig in Muscheln *(Arctica)* als Kommensale festgesaugt lebt.

VII. Aschelminthes (Rundwürmer)

Die Aschelminthes enthalten äußerlich so verschiedene Tiergruppen wie Micrognathozoa, Rotatoria (Rädertiere), Acanthocephala (Kratzer), Gastrotricha, Nematoda (Fadenwürmer), Nematomorpha (Saitenwürmer), Kinorhyncha, Priapulida und Loricifera, sodass oft an ihrer näheren Verwandtschaft untereinander gezwei-

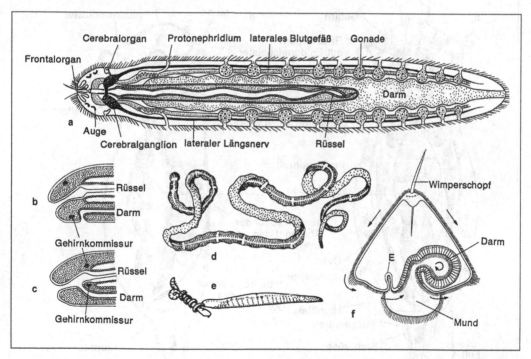

Abb. 219 Nemertini (Schnurwürmer). **a)** Organisationsschema (Dorsalansicht). Frontal- und Cerebralorgan stellen Sinnes- und Drüsenzellansammlungen dar. **b), c)** Sagittalschnitte durch Vorderenden; bei b münden Rüssel und Vorderdarm getrennt, bei c gemeinsam. **d)** *Tubulanus,* **e)** *Prostoma,* einen Oligochaeten *(Chaetogaster)* mit seinem Rüssel fangend. **f)** Pilidiumlarve mit blindendigendem Darm, Seitenansicht. E: Ectodermeinstülpung. Ectodermeinstülpungen treten bei der Metamorphose auf. Sie schieben sich zentralwärts vor, umwachsen Bindegewebe und Darmkanal und bilden die Epidermis des Jungwurmes. Die Pfeile zeigen den Weg der Nahrungspartikel

felt wird. Eine Reihe spezieller Übereinstimmungen lässt jedoch ihre Zusammengehörigkeit als plausibel erscheinen: Ihr Vorderdarm ist stark entwickelt; er bildet einen muskulösen und mit mannigfachen cuticularen Skeletelementen versehenen Pharynx. Ein Blutgefäßsystem fehlt. Die Leibeshöhle hat keine epitheliale Auskleidung. Nicht selten finden sich **Syncytien**. Auffällig ist die **Zell- bzw. Zellkernkonstanz (Eutelie)** mehrerer Gruppen (bei Rotatorien und Nematoden ca. 1 000). Die Entwicklung ist meist direkt.

Die Zahl der beschriebenen Arten beträgt etwa 18 000.

1. Micrognathozoa. Im Jahre 2000 etabliertes Taxon, basierend auf einer in kaltem Süßwasser Grönlands entdeckten mikroskopischen Form *(Limnognathia)*. Kieferapparat ähnlich dem der Rotatoria und der Gnathostomulida.

2. Rotatoria (Rädertiere, Abb. 220, 221). Diese Gruppe erinnert mit ihren Wimperkränzen und Protonephridien an die Trochophora-Larve. 1 500 Arten.

Die Rotatorien sind vorwiegend Süßwassertiere. Die primitivste Ordnung (**Seisonidea**) ist jedoch marin und lebt ectokommensalisch an dem Krebs *Nebalia*. Die Hauptentfaltung zeigen die **Monogononta**, die mit zahlreichen freischwimmenden oder festsitzenden Arten im Süßwasser verbreitet sind. Bei ihnen ist **Generationswechsel (Heterogonie)** mit Umbildung der Männchen zu **Zwergmännchen** (ein Zehntel der Größe der Weibchen!) eingetreten. Im unpaaren

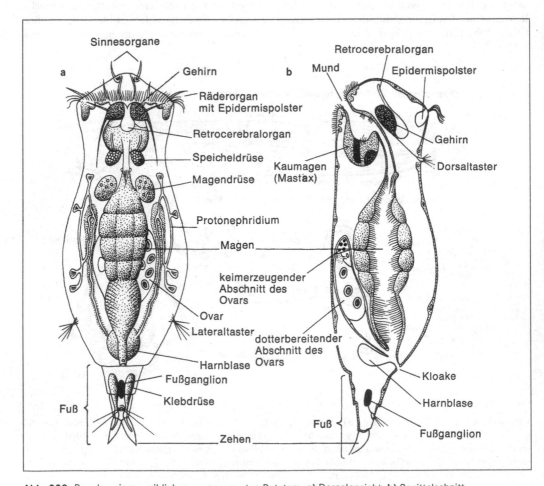

Abb. 220 Bauplan eines weiblichen monogononten Rotators. **a)** Dorsalansicht, **b)** Sagittalschnitt

Ovar werden die Eier durch einen besonderen Organteil mit Dotter versorgt. Dasselbe ist bei der dritten Ordnung, den **Bdelloidea,** der Fall, die aber paarige Ovarien besitzen. Die Männchen fehlen diesen ganz; es existieren nur parthenogenetisch sich vermehrende Weibchen.

Alle Rotatorien neigen zur Syncytienbildung und Eutelie. Regeneration verlorener Körperteile ist nicht möglich. Bdelloide Rädertiere sind gegenüber Frost und Trockenheit besonders resistent. Sie leben in Moospolstern und können dort austrocknen (**Kryptobiose, Anabiose**) und im Experiment bis – 270 °C aushalten. Monogononte Rädertiere der Gattung *Brachionus* werden vielfach in Massenkulturen gehalten und dienen als Futter für Fischbrut.

3. Acanthocephala (Kratzer, Abb. 222 c–e). Diese Gruppe schließt sich an die Rotatorien an. Es handelt sich um Darmparasiten der Wirbeltiere, die ähnlich vielen Bandwürmern mit einem hakenbesetzten Vorderende in der Darmwand befestigt sind. Die Ernährung erfolgt **parenteral.** Ein durchgehender Darmkanal fehlt. Als Darm-Homologon gilt ein den Körper durchziehender **Ligamentstrang,** und die hinteren Teile der Genitalgänge gehören dem Enddarm an, sodass die Acanthocephalen ebenso wie die Rotatorien eine Kloake besitzen, in die Gonaden und Protonephridien münden.

Ihre Entwicklung vollzieht sich mit Wirtswechsel in ein oder zwei Zwischenwirten. Die Furchung der Eier erinnert an die der Rotatorien.

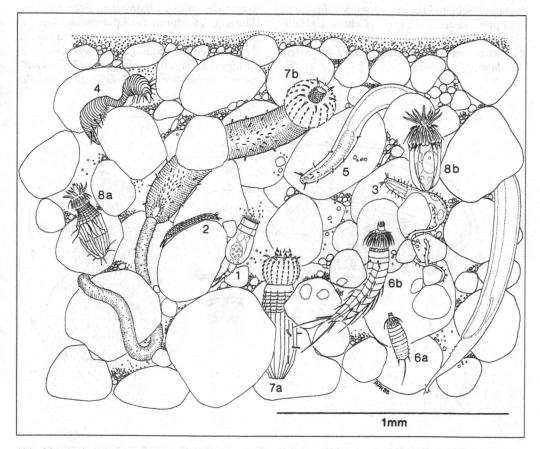

Abb. 221 Aschelminthes aus dem marinen Sandlückensystem. 1. *Proales* (Rotatoria), 2. *Heterolepidoderma* (Gastrotricha), 3. *Urodasys* (Gastrotricha), 4. *Metepsilonema* (Nematoda), 5. *Comesoma* (Nematoda), 6a, b. *Echinoderes* (Kinorhyncha, junges und adultes Tier), 7a, b. *Tubiluchus* (Priapulida, Larve und adultes Tier), 8a. *Pliciloricus* (Loricifera, Larve). 8b. *Nanaloricus* (Loricifera, Adultus)

Im ersten Zwischenwirt, meist einem Krebs, in den die Embryonen in ihrer Eikapsel mit der Nahrung gelangen, bildet sich eine Larve mit hakenbesetztem Vorderende. Ihre Organisation wird beim Übergang in ein Ruhestadium großenteils wieder eingeschmolzen. *Echinorhynchus, Macracanthorhynchus.* Etwa 1 000 Arten.

4. Gastrotricha (Abb. 221). Es handelt sich um bis 2 mm lange, ventral bewimperte Organismen. Sie sind Zwitter und leben vorwiegend im Meer, besonders im Sand. Ins Süßwasser vorgedrungen sind Formen, die in Parallele zu den bdelloiden Rotatorien parthenogenetisch sich vermehrende Weibchen enthalten. Dieser Zustand wurde hier aber nicht durch Reduktion der Männchen, sondern nur durch Rückbildung der Hoden zwittriger Formen erreicht. Im Darmkanal mit seinem Pharynx, dessen Myofilamente im Epithel liegen, der Lage des Gehirns als Halbring oder Ring um den Pharynx ähneln die Gastrotrichen den Nematoden. Etwa 400 Arten. *Urodasys, Chaetonotus.*

5. Nematoda (Fadenwürmer, Abb. 223, 224). Sie haben bei auffallend gleich bleibender Organisation die verschiedensten Lebensräume mit großer Artenzahl erobert. Etwa 16 000 wurden bisher beschrieben. Sie leben überall in Meeresbenthal (Abb. 221) und -phytal, im Süßwasser, in feuchter Erde, und in zahlreichen Linien sind sie zum Parasitismus übergegangen (Abb. 224). In Böden können sie die überwiegende Mehrzahl der Metazoen-Individuen stellen. Die über 150 Arten, die im Weideland Mitteleuropas nachgewiesen wurden, erreichen Individuenzahlen von mehreren Millionen/m². Sie leben von Bakterien, Pilzen, Pflanzen oder auch als Räuber. Ihre Länge variiert von etwa 80 µm (*Greeffiella*; marin) bis über 8 m (*Placentonema*; Parasit in der Placenta des Pottwals).

Die wesentlichen Organisationsmerkmale der Nematoden sind Zellkonstanz, dicke Cuticula, Häutung, Anordnung der Epidermiszellkerne in längs verlaufenden Leisten, zwischen denen ebenso angeordnet Muskelzellen liegen, ein ringförmiges Gehirn, eine umfangreiche Leibeshöhle sowie Ventraldrüse und H-Zelle. Die Zahl der

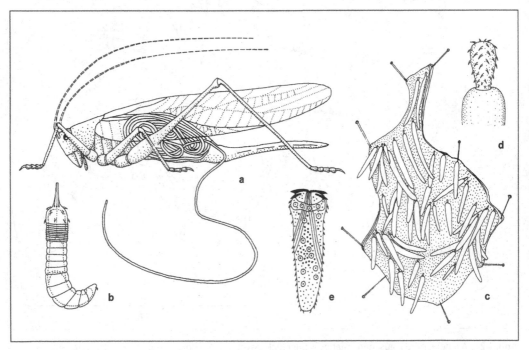

Abb. 222 Nematomorpha (a, b) und Acanthocephala (c–e). **a)** Heuschrecke, die von einem adulten Nematomorphen befallen ist. **b)** Larve. **c)** Stück des aufpräparierten Darmes eines Wirbeltieres mit anhaftenden adulten Acanthocephalen, **d)** Vorderende eines Kratzers, **e)** Acanthor-Larve mit Haken und Retraktormuskeln

Zellkerne beträgt um 1 000; etwa die Hälfte ist schon beim Schlüpfen aus der Eihülle ausgebildet. Bei manchen Formen wird die Kern-DNA der meisten Zellen nach wenigen Teilungen drastisch abgebaut. Der kleine Nematode *Caeonorhabditis elegans* ist das erste Metazoon, dessen Genom vollständig sequenziert wurde, und das einzige Metazoon, dessen gesamten »Zellstammbaum« man kennt: Ein adulter Hermaphrodit besteht aus 959, ein adultes Männchen aus 1 031 Zellen; dazu kommt eine nicht ganz genau festgelegte Zahl von Keimzellen.

Die dicke, kollagenhaltige Cuticula, welche viermal gehäutet wird, ist eine feste Hülle. Sie hat einem hohen Binnendruck standzuhalten, der bei großen Spulwürmern über 200 mm Hg erreichen kann. Die Muskelzellen sind in Längsrichtung angeordnet. Sie senden Ausläufer zu den Neuronen, nicht – wie üblich – umgekehrt. Da sich in einer Körperregion jeweils die ventrale oder die dorsale Muskulatur kontrahiert, erfolgt die Bewegung durch schlängelnde Verkrümmung. Es kann aber auch zur Kontraktion aller Muskeln einer Seite kommen, dann rollt sich das Tier ein. Im Zuge der Häutung werden die Epidermis-Cuticula-Kontaktstellen eingeschmolzen, daraus resultiert dann eine vorübergehende Bewegungslosigkeit.

Ventraldrüse und **Seitenkanalsystem (H-Drüse)** wurden lange als die ausschließlichen Exkretionsorgane der Nematoden angesehen. Erstere liegt in der hinteren Pharynxregion und mündet etwas weiter vorn durch einen schmalen Gang (Abb. 223). Es handelt sich um eine exokrine Drüse, die z.B. Enzyme für extrazelluläre Verdauung sezernieren kann.

Das Seitenkanalsystem hat bei mehreren Nematodengruppen die Gestalt eines lang gestreckten H. Die längs verlaufenden Schenkel liegen in den lateralen Epidermisleisten und werden von je einem Kanal durchzogen, dessen Flüssigkeit reich an Na^+- und K^+-Ionen ist.

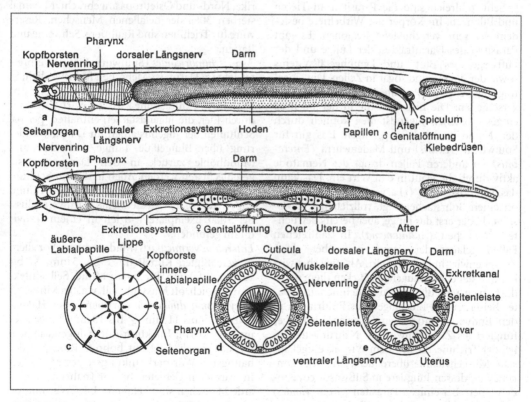

Abb. 223 Organisationsschema der Nematoden. **a)** Männchen in Seitenansicht, **b)** Weibchen in Seitenansicht, **c)** Vorderende in Aufsicht, **d)** Querschnitt durch Nervenringregion, **e)** Querschnitt durch den Rumpf eines Weibchens

Durch einen oder mehrere Kanäle werden sie im Querbalken des H verbunden. Von hier oder vom linken Längskanal führt ein Gang nach außen. Die Bedeutung dieses Systems wird in der Aufrechterhaltung des Ionengleichgewichtes und in der Abgabe überschüssiger Flüssigkeit gesehen. Exkretorisch fungiert wohl v. a. der Darm.

Sinneszellen liegen insbesondere an Papillen und Borstenbasen; einige Formen wie *Parasymplocostoma* und *Deontostoma* besitzen Ocellen. Vorn gelegen sind die Amphiden (cilientragende Receptoren), hinten die Phasmiden; am Mund, um die Genitalöffnung und am Hinterende treten verschiedene Papillen auf, die vermutlich Chemo- und Mechanoreceptoren entsprechen.

Die Mundregion trägt oft spezielle Einrichtungen zur Nahrungsaufnahme wie Lippen, Zähne oder hakenförmige Kiefer. Der Pharynx ist meistens eine kräftige Saugpumpe. Der Darm verläuft gestreckt; sein Epithel trägt apikal einen hohen Bürstensaum. Kinocilien treten im Darm nur ausnahmsweise auf *(Eudorylaimus)*.

Sehr zahlreich sind die Parasiten an Tieren und Pflanzen. Im Körper der Wirbeltiere besiedeln sie sehr verschiedene Regionen. Es gibt Parasiten des Darmtraktes, der Lunge und der Luftwege, des Blut- und Lymphgefäßsystems sowie der Nieren und sogar in Zellen. Die Übertragungswege der Parasiten auf den Wirt sind verschieden: Die Eier bzw. die in der Eikapsel eingeschlossenen Jugendstadien können durch den Mund in den Wirt gelangen. Das gilt für Spulwurm *(Ascaris)* und Madenwurm *(Enterobius)*. In anderen Fällen dringt der Nematode aktiv durch die Haut in den Wirt ein. Das kann das Jugendstadium (»Larvenstadium« III), das oft einen Bohrstachel trägt, vollziehen *(Ancylostoma)* oder erst das junge, aber bereits befruchtete Weibchen *(Allantonema)*. In zahlreichen Fällen gelangt der Parasit erst über einen Zwischenwirt in den Endwirt. Als Zwischenwirt können dabei blutsaugende Mücken dienen, die die Larven beim Blutsaugen aufnehmen und später bei erneutem Blutsaugen das Eindringen in den Endwirt ermöglichen (Filarien). Häufiger fungiert als Zwischenwirt ein Nahrungstier, so bei der Trichine, die in einem Wirt als eingekapselte Muskeltrichine überdauert, und von *Dracunculus,* dessen Jungtiere in Süßwassercopepoden leben. Bei einigen Parasiten *(Strongyloides)* ist nur eine (die parthenogenetische) Generation parasitisch, während die folgende getrenntgeschlechtig und freilebend ist.

Der Mensch kann insgesamt etwa 50 Nematodenarten beherbergen, ungefähr ein Dutzend davon vermag erhebliche Probleme für die Gesundheit hervorzurufen:

Trichinella spiralis (**Trichine**). Die erwachsenen Würmer ($♀$ 4 mm, $♂$ 1,5 mm lang) leben im Dünndarm verschiedener Tiere und des Menschen. Infektion erfolgt durch Aufnahme von rohem Fleisch, welches eingekapselte 1 mm lange Jugendstadien (**Muskeltrichinen**, Abb. 224b) enthält. Im Darm werden die Jugendstadien frei und häuten sich mehrfach. Die viviparen Weibchen bringen in der Darmwand bis über 1 000 Junge (»Larven«) hervor, die über Blut und Lymphe zu verschiedenen Organen gelangen. Sie bevorzugen Muskulatur von Zwerchfell, Thorax und Kehlkopf. Hier werden sie zu Muskeltrichinen, die von Kalkkapseln eingeschlossen sind. Als solche können sie 30 Jahre leben. In Mitteleuropa spielt die Trichine aufgrund der gesetzlich vorgeschriebenen Fleischbeschau als Parasit des Menschen keine Rolle mehr. Vorsicht ist in Nordamerika, Nord- und Osteuropa angebracht. Maximal sterben 30% der befallenen Menschen. Reservoire für Trichinen sind Raubtiere, Schweine und Ratten.

Ascaris lumbricoides (**Spulwurm**). Weit verbreitet, lebt im Darm des Menschen freibeweglich; $♀$ bis 40 cm, $♂$ bis 25 cm, ovipar (200 000 Eier pro Tag); Entwicklung ohne Zwischenwirt; Infektion durch Eier, die Jugendstadien enthalten, per os, Schlüpfen der Jugendstadien im Darm, Wanderung über Blutgefäße, Lunge, Luftröhre und Mundhöhle zurück in den Darm, wo sie geschlechtsreif werden. Auch in diesem Stadium kommen oft noch Wanderungen im Darm und außerhalb vor. Bei Massenbefall Darmverschluss; bis 5 000 Exemplare wurden in einem Individuum gefunden.

Enterobius vermicularis (**Madenwurm**). Vor allem in gemäßigten Klimaten, $♂$ bis 5 mm, $♀$ bis 12 mm. Infektion durch den Mund, Selbstinfektion möglich, oft Massenbefall, v. a. bei Kindern.

Ancylostoma duodenale (**Gruben- oder Hakenwurm**). $♂$ bis 11 mm, $♀$ bis 18 mm. Blutsauger im Dünndarm; Infektion durch Jugendstadien, die sich durch die Haut bohren. Ruft eine der häufigsten Wurmerkrankungen des Menschen in wärmeren Gebieten hervor (nahezu 1 Milliarde Menschen sind befallen). Eine Wurmbürde von über 5 000 Parasiten pro Person führt zum Tode. Ähnlich ist die Biologie von *Necator americanus,* der jedoch weniger gefährlich ist.

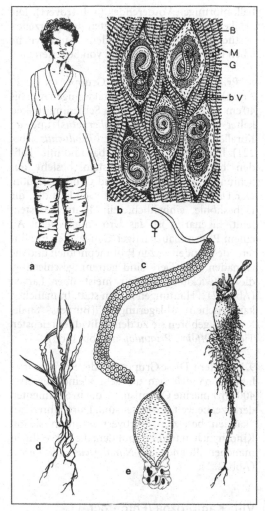

Abb. 224 Parasitische Nematoden und ihre Schadwirkung. **a)** Elephantiasis-Kranke (Infektion mit *Wuchereria bancrofti*), **b)** Muskeltrichinen *(Trichinella)* in quergestreifter Muskulatur; B: Bindegewebskapsel. M: Muskelfaser, G: Gewebsreste, bV: beginnende Verkalkung; **c)** *Sphaerularia;* weibliches Tier mit ausgestülptem Uterus, dessen Wand aus hexagonalen Epithelzellen besteht; Länge des Weibchens 1 mm, Länge des Uterus bis über 1 cm; **d)** Getreidepflanze mit Stauchung der Sprossachse und Wachstumsanomalien der Blätter (Stockkrankheit, von *Ditylenchus* hervorgerufen); **e)** *Heterodera* (Rübencystenälchen), Weibchen 0,4–1,1 mm lang, mit vorstehender Geschlechtsöffnung, durch die einzelne Eier ausgetreten sind; Eier in Gallerte eingeschlossen; **f)** von Rübencystenälchen befallene Zuckerrübe, die vermehrt Wurzeln (Hungerwurzeln) ausgebildet hat, aber über einen stark verringerten Zuckergehalt verfügt

Strongyloides stercoralis. Etwa 2 mm lang, Tropen und Subtropen v. a. Asiens. Darmbewohner, Infektion percutan.

Trichuris trichiura (**Peitschenwurm**). ♂ 3,5 bis 4,5 cm, ♀ bis 5 cm. Auf den Menschen beschränkt, Verbreitung weltweit. Meist im Blinddarm, mit schlankem Vorderende in Darmschleimhaut eingebohrt. Infektion durch Aufnahme embryonierter Eier.

Dracunculus medinensis (**Medinawurm**). Dieser Parasit kommt von Indien bis Ägypten und von Somalia bis Senegal vor. Weibchen bis 1 m, Männchen 2–4 cm. Die Weibchen leben in Hautpartien des Menschen, die besonders oft mit Wasser in Berührung kommen. Über ein Hautödem werden die Larven ins Wasser abgegeben. Weiterentwicklung der Larven in Copepoden. Infektion des Menschen über Copepoden, die mit dem Trinkwasser aufgenommen wurden.

Einige lange, außerordentlich dünne Nematoden werden als **Filarien** bezeichnet. Die Weibchen bringen Larven hervor, die in die Blutbahn geraten. Aus peripheren Capillaren werden sie durch Insekten aufgenommen, in denen sie sich weiterentwickeln. Sobald sie das dritte Jugendstadium erreicht haben, wandern sie in den Stechrüssel und kommen beim Stich wieder in den Wirbeltierwirt. Die Tagesperiodik der Jugendstadien (**Mikrofilarien**) im Blutgefäßsystem des Menschen ist auf die Stechgewohnheiten der Überträger abgestimmt. Sie befinden sich tags im peripheren Blut, wenn die Überträger tags stechen (**Mikrofilaria diurna**, Jugendstadien von *Loa loa*, durch *Chrysops* [Abb. 177] übertragen), nachts dagegen in den Lungencapillaren. Bei der **Mikrofilaria nocturna** liegen die Verhältnisse umgekehrt: Die Jugendstadien von *Wuchereria bancrofti* werden nachts von Mücken übertragen.

Wuchereria bancrofti (**Haarwurm**), ♂ bis 4 cm, ♀ bis 10 cm. Lebt in Lymphgefäßen und Lymphknoten, die oft nicht durchbrochen werden können, und blockiert den Lymphabfluss. Hier sterben die Tiere in Knäueln; sie rufen **Elephantiasis** hervor (Abb. 224a). Überträger sind verschiedene Mücken; in den Tropen verbreitet.

Onchocerca volvulus (**Knotenwurm**), ♂ bis 4 cm, ♀ bis 50 cm. Reife Würmer in subcutanen Bindegewebsknoten und in Augen (Erreger der **Flussblindheit**). Zentral- und Westafrika, Mittel- und Südamerika. Überträger: *Simulium* (Abb. 177).

Loa loa (**Wanderfilarie**), ♂ bis 3 cm, ♀ 5 bis 7 cm. Wandert im subcutanen Gewebe umher, zuweilen im Auge. Zentral- und Westafrika. Überträger: *Chrysops* (Abb. 177).

Für verschiedene Nematoden von Haushund und -katze ist der Mensch Fehlwirt. In gemäßigten Klimaten ist v. a. der Hundespulwurm *Toxocara canis* von Bedeutung. Seine Eier bleiben z. B. in Gartenerde und Sand von Spielplätzen jahrelang infektionsfähig. Nach oraler Aufnahme schlüpfen die Jugendstadien im Dünndarm und besiedeln dann vorwiegend Leber und Zentralnervensystem, wo sie eingekapselt jahrelang überleben. Das Krankheitsbild (Syndrom der **Larva migrans**) ist vielfältig; betroffen sind v. a. Kinder.

In der Leibeshöhle von Meeresfischen treten bisweilen Jugendstadien von *Anisakis* auf, die nach Verzehr beim Menschen Darmverstimmungen hervorrufen können.

Schaden rufen verschiedene kleine Nematoden auch an Nutzpflanzen hervor: *Ditylenchus dipsaci* lebt in vielen Kulturpflanzen in Interzellularräumen des Sprosses und bewirkt verschiedene Schäden (Stockkrankheit, Abb. 224d). *Heterodera*- und *Globodera*-Arten, deren Weibchen cystenartig anschwellen [Abb. 224e], rufen mit mehreren Arten Schaden an Wurzeln hervor (Kartoffel-, Rüben-, [Abb. 224f], Hafer-, Erbsencystenälchen usw.). *Meloidogyne*-Arten: Weibchen flaschenförmig, induzieren Wurzelgallen. *Aphelenchoides*-Arten leben in Blättern vieler Kulturpflanzen. *Turbatrix aceti* (Essigälchen) lebt bevorzugt in Essig, der weniger als 6%ig ist. *Panagrellus silusiae* wurde aus Bierdeckeln bekannt; jetzt auch Labortier.

6. Nematomorpha (Abb. 222a, b). Diese artenarme Gruppe (300 Arten) gleicht in mancher Hinsicht (Nervensystem, äußere Gestalt) den Nematoden. Die Cuticula zeigt in ihrem Aufbau Ähnlichkeit mit der der Anneliden. Die Entwicklung läuft über eine Larve mit hakenbesetztem Bohrapparat, mit dem sie sich in einen Arthropoden einbohrt. Aus diesem gelangt sie in einen zweiten Arthropoden, wo sie zum adulten Tier heranwächst. Die geschlechtsreifen Tiere leben frei, Gordiidae mit *Gordius* im Süßwasser, *Nectonema* im Meer.

7. Kinorhyncha. Etwa 150 Arten kleiner Meerestiere (bis 1 mm lang), die durch ihre Körpergliederung von den übrigen Aschelminthen abweichen (Abb. 221). Die Fortbewegung erfolgt durch Ein- und Ausstülpen des mit »Haken« besetzten ballonförmigen Vorderendes (= **Introvert**). Die »Haken« sind mit cilienbesetzten Receptorzellen bestückte Sensillen (= **Skaliden**). Kinorhyncha leben in den obersten 1–2 cm von Sedimenten.

8. Priapulida. Sehr kleine Gruppe (etwa 20 Arten) wurmförmiger Tiere von wenigen mm bis 40 cm Länge. Sie kommen in Schlammgebieten kalter Meere *(Priapulus, Halicryptus)* und im Korallensand der Tropen vor (*Tubiluchus*, Abb. 221). Ihr Introvert ist einziehbar und mit Skaliden besetzt, ihr Nervensystem besteht aus Schlundring, Bauchstrang und Caudalganglion. Der Darm ist gerade, der After endständig, die Leibeshöhle einheitlich, ein Blutgefäßsystem fehlt. Eigenartig ist das Urogenitalsystem: An einem Paar schlauchartiger Gänge, die am Hinterende münden, sitzen Protonephridien und die Gonaden. Die Tiere sind getrenntgeschlechtig, die Entwicklung verläuft meist über Larven (Abb. 221). Häutungen finden statt. In manchen kambrischen Ablagerungen (Burgess Shale, Kanada) gehören sie zu den individuenreichsten Tieren *(Ottoia). Priapulopsis* (Abb. 166b).

9. Loricifera. Diese Gruppe wurde 1983 beschrieben. Es handelt sich um sehr kleine (bis etwa 400 µm) marine Organismen, die in Sedimenten der Ozeane weit verbreitet sind. Durch ihren mit Skaliden besetzten Introvert erinnern sie an Kinorhynchen und Priapuliden; die Larve ähnelt manchen Rotatorien. *Nanaloricus, Pliciloricus* (Abb. 221).

VIII. Kamptozoa (Entoprocta)

Diese aus etwa 150 festsitzenden Arten bestehende Gruppe lebt vorwiegend im Meer, entweder auf Steinen oder Algen oder epizoisch auf anderen Tieren. Der Körper ist meist in einen bewegbaren Stiel und einen Kelch gesondert (Abb. 225), der von einem Kranz bewimperter Tentakel umsäumt wird. Die Entwicklung führt über eine Larve mit Scheitelplatte, Wimperkränzen und Protonephridien, die einer Trochophora ähnelt. Die Stellung im System ist unklar. Früher wurden sie den Bryozoen als Entoprocta eingereiht, aber die Ähnlichkeiten mit diesen sind Konvergenzen. Sie unterscheiden sich stark von ihnen durch die Lage des Afters innerhalb des Tentakelkranzes, das Fehlen des Coeloms und den Besitz von Protonephridien. *Pedicellina.*

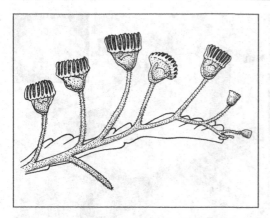

Abb. 225 Kolonie von *Pedicellina*

IX. Cycliophora

Im Jahre 1995 etabliertes Taxon, basierend auf *Symbion*, einer mikroskopischen Form, die auf den Mundwerkzeugen des Norwegischen Hummers *(Nephrops)* lebt. Äußerlich sessilen Rotatorien und Kamptozoen ähnlich. Zwei Larvenformen, Zwergmännchen.

X. Mollusca (Weichtiere)

Die Mollusken umfassen nach manchen Autoren über 130 000 Arten – andere gehen von vielen Doppel- oder sogar Mehrfachbeschreibungen aus – und sind in fast allen Lebensräumen vertreten. Ihre Schalen stellen in vielen warmen Gebieten der Erde Grundlage für eine **Schmuckindustrie** (shellcraft) dar, ihre Weichteile sind eine wichtige **Proteinquelle** für viele Menschen, v. a. nahe der Küsten.

Weltweit werden jährlich etwa 18 Millionen Tonnen angelandet bzw. in der Aquakultur produziert, wovon über die Hälfte auf Muscheln entfällt und ungefähr ein Drittel auf Kopffüßer.

Mollusken sind als wichtige Kalkbildner fossil besonders reich überliefert und kommen mancherorts in solchen Mengen vor, dass sie in Sedimentgesteinen (und dem daraus hergestellten Baumaterial) sehr auffallende Elemente darstellen. Ein Zeitabschnitt der Trias wurde sogar entsprechend benannt: Muschelkalk. Schnecken, Muscheln und Kopffüßer sind die auffälligsten und häufigsten Fossilien unter den Mollusca.

Fossile Schnecken können in extremer Dichte auftreten, so im Hydrobienkalk (Abb. 226a). Er geht auf den letzten Meeresvorstoß in Mitteleuropa vor etwa 25 bis 16 Millionen Jahren zurück. Das Meer hinterließ im Mainzer Becken umfangreiche kalkige Ablagerungen, z. B. Cerithien- und *Corbicula*-Schichten, benannt nach den charakteristischen Turmschnecken *(Cerithium)* und Muscheln *(Corbicula)*. Den Abschluss dieses letzten Meeresvorstoßes bildet der Hydrobienkalk, der durch Mengen etwa 3 mm langer, fossiler Schnecken *(Hydrobia)* gekennzeichnet ist.

Muscheln sind in zwei völlig verschiedenen Formen oft auffällige Elemente von Bausteinen. Im Mittelmeerraum findet man häufig Verwandte der Kamm- oder Pilgermuschel *(Pecten)* in guter Erhaltung (Abb. 226b). Ebenfalls im Mittelmeerraum ist Rudistenkalk als Baustein verbreitet. Rudisten waren bis 2 m hohe, aberrante Muscheln, die im Erdmittelalter umfangreiche Bestände bildeten und lange vor dem Entstehen der känozoischen *Pecten*- und *Hydrobia*-haltigen Kalksteine entstanden. Sie sind heute wichtiges Erdölspeichergestein.

Kopffüßer sind in verbautem Stein so häufig, dass wohl jeder Leser dieser Zeilen schon darüber gelaufen ist. Treuchtlinger Marmor, vor etwa 150 Millionen Jahren im Jurameer entstanden, wird in Mitteleuropa in großem Umfang für Bodenplatten (in Privathäusern, öffentlichen Gebäuden sowie Kirchen) verwendet und auch für Fensterbänke sowie Fassaden eingesetzt. Belemniten (Abb. 226d) und Ammoniten kommen darin als auffällige Fossilien vor. Insbesondere in Nordeuropa ist der paläozoische Orthocerenkalk ein vielfach verwendeter Baustein. Abb. 226c zeigt eine Felsküste der schwedischen Insel Öland, die von diesen ursprünglichen Kopffüßern geprägt wird. Sie lebten vor mehr als 400 Millionen Jahren.

Der Körper der Mollusca mit der Dreiteilung in Kopf, Fuß und den schalenbedeckten Eingeweidesack (Abb. 227) kontrastiert scharf mit dem wurmförmigen Körper anderer Bilateria. Dennoch lässt sich die Organisation der Mollusken ohne besondere Schwierigkeit auf das Grundschema der Bilateria zurückführen.

Der **Kopf** umfasst die Scheitelplattenregion der Larve und trägt oft komplizierte Sinnesorgane (Tentakel, Augen) sowie den Mund.

Der **Fuß** ist aus einer Verstärkung der ventralen Lage der Körpermuskulatur (Hautmuskel-

Abb. 226 Fossile Mollusken in Architektur und Landschaft. **a)** Häuserfront in Eppelsheim (Rheinhessen; südlich von Mainz) aus Hydrobienkalk. Dieser Stein besteht aus einer äußerst dichten Packung kleiner Prosobranchia der Gattung *Hydrobia* (Inset), **b)** Stadtzentrum von Volterra in der Toscana (Italien). Die gezeigten Gebäude, speziell die Basilica, enthalten große Mengen fossiler Kammmuscheln (*Pecten* u. ä.; Inset), **c)** Westküste von Öland (Byrums Raukar; Orthocerenkalk). Der Ausschnitt zeigt das angeschliffene Gehäuse eines der hier so häufigen ordovizischen Cephalopoden (Foto R. Reinicke, Stralsund), **d)** Heidelberg, Alte Universität: Wie in Tausenden anderer Gebäude in Mitteleuropa bestehen die Bodenplatten aus Treuchtlinger Marmor. In ihm treten als Mollusken insbesondere Belemniten (*Hibolithes*; Ausschnitt) und Ammoniten (*Aulacostephanus*) auf

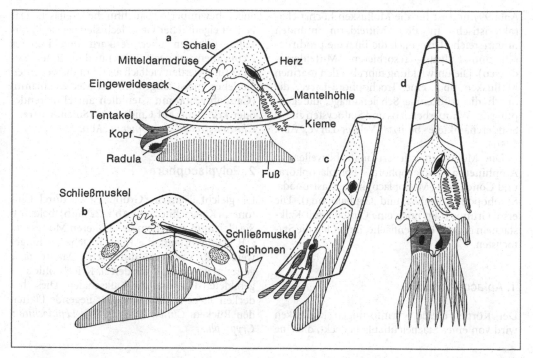

Abb. 227 Conchiferenbaupläne. **a)** Ausgangsform mit besonders engen Beziehungen zu den Gastropoden; **b)** Muschel; **c)** Scaphopode; **d)** Cephalopode

schlauch) entstanden. Er ist ursprünglich ein Kriechorgan.

Die dorsale Epidermis samt der sie unterlagernden Bindegewebs- und Muskelschicht wird **Mantel (Pallium)** genannt. Im Unterschied zu den drüsenzellreichen und großenteils bewimperten Regionen des Kopfes und Fußes wird sie ursprünglich von einer dicken Cuticula bedeckt, die einen ersten Schutzschild der Rückenfläche darstellt. In der Cuticula liegen Kalkstacheln, die von der Epidermis gebildet werden. Eine solche Rückencuticula zeigen noch heute die Aplacophoren. Die Molluskenschale, wie wir sie von Schnecken und Muscheln kennen, hat sich erst innerhalb der Mollusken aus einer solchen Cuticula herausgebildet. Erst hier wölbt sie sich über den **Eingeweidesack** empor, in dem Magen, Mitteldarmdrüsen, Gonaden usw. liegen.

Der Mantel bildet peripher eine Rinne, die eine oft geräumige Mantelhöhle umschließt. In ihr liegen z. B. die Kiemen (Abb. 227).

Die Frage, ob die Mollusken von ungegliederten Formen abstammen oder von metamer gegliederten Vorfahren, ist noch nicht eindeutig zu beantworten. Aus der Sicht des Archicoelomaten-Konzeptes beruht die Gliederung der Mollusken auf Deutometameren. Vom Coelom bleiben bei den Mollusken ein Raum um das Herz (Perikard) und die Gonadenhöhle; es unterliegt also einer weitgehenden Reduktion. Die Stützfunktion des Coeloms (Hydroskelet, S. 507) wurde weitgehend von der Schale übernommen.

Das **Nervensystem** der Mollusken enthält einen Schlundring, in den drei Ganglienpaare eingelagert sind: dorsal die **Cerebralganglien**, seitlich die **Pleural-** und ventral die **Pedalganglien**. Den Körper durchziehen zwei Paar Hauptstränge: ventral die **Pedalstränge**, seitlich die **Pleuralstränge**; in ihnen können noch weitere Ganglien liegen (**Parietal-, Visceralganglien**). Verbreitet sind ursprünglich fiederförmige **Kiemen (Ctenidien)**, von denen das Blut durch ein bis zwei Paar dorsale Quergefäße (Vorkammern) zum Herzen geleitet wird. Am Vorderdarm entsteht aus cuticularen chitinigen Zähnen ein kompliziertes Schabeorgan (**Radula**).

Dieses besteht aus zahlreichen Zähnchenreihen und einem Stützpolster (»Radulaknorpel«;

Abb. 99) und ist für die Mollusken höchst charakteristisch. In den Mitteldarm münden umfangreiche Divertikel, die Enzyme produzieren und Nahrung resorbieren (**Mitteldarmdrüsen**). Die Entwicklung führt bei den marinen Mollusken über eine Trochophora-Larve, die durch die frühzeitige Schalenanlage, die Lappung des Wimperbereichs und Statocysten einige Sondercharaktere besitzt (**Veliger-Larve**, Abb. 154d).

Die Mollusken gliedert man bisweilen in **Amphineura** (Aplacophora, Polyplacophora) und **Conchifera** (Monoplacophora, Gastropoda, Scaphopoda, Bivalvia und Cephalopoda). Die erste Gruppe trägt noch eine Cuticula mit Kalkstacheln auf der Rückenfläche, ihr fehlen die Statocysten.

1. Aplacophora

Der Körper dieser wurmförmigen Mollusken wird von einer Stachelcuticula bedeckt, die eine enge, bewimperte Bauchfurche freilässt. Das Fehlen eigentlicher Geschlechtsleiter (die Keimzellen gelangen über Perikard und hinteres Nephridienpaar nach außen) und die innere Befruchtung werden vielfach als sekundär gedeutet. Sie leben meist eingebohrt im Meeresschlamm (**Caudofoveata**, mit Ctenidien am Hinterende) oder kriechend auf Cnidariern (**Solenogastres**). *Chaetoderma, Rhopalomenia* (Abb. 228a).

2. Polyplacophora

Die gleichfalls marine Gruppe ist v. a. durch Chitonen (Käferschnecken; Abb. 229a, b) bekannt. Sie gleicht in manchem den höheren Mollusken, z. B. dadurch, dass die Rückenfläche (= Eingeweidesack) vom Fuß durch eine Mantelrinne getrennt ist, sowie durch den als Kriechsohle ausgebildeten Fuß und die Kalkschalen. Diese bedecken als acht hintereinander liegende Platten den Rücken. *Chiton* (Abb. 228b), *Lepidochiton, Cryptoplax.*

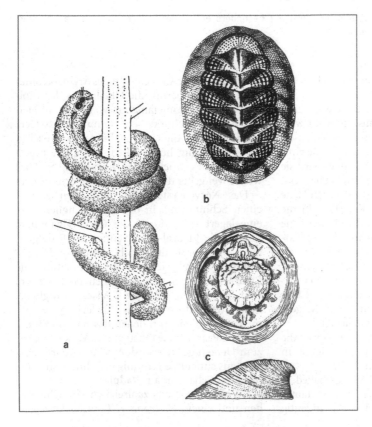

Abb. 228 a) *Rhopalomenia* (Aplacophora),
b) *Chiton* (Polyplacophora),
c) *Neopilina* (Monoplacophora, Ventral- und Lateralansicht)

3. Monoplacophora

Die Zugehörigkeit dieser Gruppe zu den Conchiferen beweisen die paarigen Statocysten (die Aplacophoren und Polyplacophoren fehlen) und die Schale, die aus einer äußeren **organischen Schicht (Periostracum)**, einer kalkigen **Prismenschicht (Ostracum)** sowie einer inneren **Perlmuttschicht (Hypostracum)** besteht. Außerdem liegt im Darmtrakt ein Kristallstiel, der sonst bei vielen Gastropoda und Bivalvia vorkommt, nicht jedoch bei den Amphineuren. Die rezenten Neopilinidae stehen der Wurzel der Conchiferen besonders nahe. Sie besitzen sechs Paar Nephridien, von denen zwei Paar gleichzeitig Geschlechtsleiter sind, fünf bis sechs Paar Kiemen und 8 Paar Dorsoventralmuskeln. Diese Organe zeigen ebenso wie die Querkommissuren zwischen den Längsnervensträngen eine seriale Anordnung, wie Abb. 229 zeigt. Wichtig ist ferner,

dass die Coelomhöhlen umfangreicher sind als bei den übrigen Mollusken. Die Coelomräume sind nicht durch Septen gegliedert. *Neopilina* (Abb. 228c); *Scenella* (Kambrium).

4. Gastropoda (Schnecken)

Bei den besonders artenreichen Gastropoden (Abb. 230) hat sich der Eingeweidesack mit der Schale um 180° gedreht, sodass die Mantelhöhle vorn liegt (**Torsion**). Da Fuß und Kopf in ursprünglicher Lage bleiben, müssen die Pleuroviszeralnerven, die in den Eingeweidesack hineinziehen, überkreuzt werden (**Chiastoneurie**, Abb. 721). Maßgebend für die Schnecken ist auch die einsetzende **Asymmetrie**. Die Schale, ursprünglich napfförmig oder in der Medianebene eingerollt, neigt sich und wird schraubig (Abb. 231a). Von Kiemen, **Osphradien** (Sinneszellen-

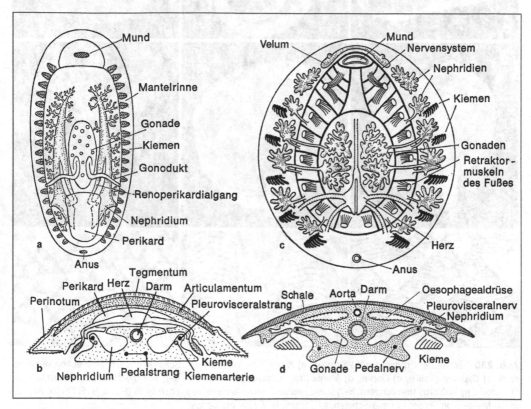

Abb. 229 a), b) Polyplacophora, **a)** Organisationsbild (Dorsalansicht), **b)** Querschnitt, **c), d)** Monoplacophora, **c)** Organisationsbild (Dorsalansicht, Darmkanal und Coelomräume weggelassen), **d)** Querschnitt durch Gonadenbereich. Die Hohlräume über den Gonaden wurden früher als Coelom angesehen, sind jedoch Oesophagealdrüsen

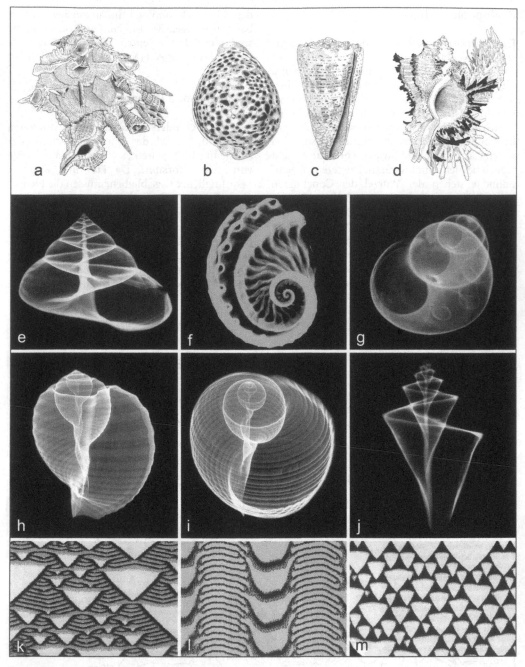

Abb. 230 Vielfalt der Prosobranchia-Schalen. **a)** *Xenophora* (Gehäuse mit Schalen anderer Schnecken verwachsen), **b)** *Cypraea* (Kauri), **c)** Conus, **d)** *Murex* (mit aufsitzenden Austern), **e–j)** Röntgenbilder. **e)** *Pleurotomaria*, **f)** *Haliotis*, **g)** *Viviparus* (mit Jungen), **h–i)** *Tonna*, verschiedene Ansichten, **j)** *Thatcheria* (Fotos: R. F. Foelix, Aarau). **k–m)** Muster von Prosobranchia-Schalen. **k)** *Clithon*, **l)** *Natica*, **m)** *Conus*

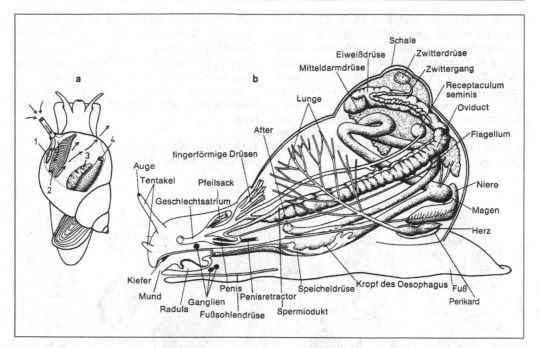

Abb. 231 a) Aufsicht auf Neogastropoden mit Verlauf des Wasserstromes durch Sipho über Osphradium (1), Kieme (2) entlang von Hypobranchialdrüse (3) und After (4); **b)** Bauplan einer pulmonaten Schnecke *(Helix)*

anhäufungen in der Mantelhöhle) und Herzvorhöfen werden die primär linken reduziert, von den Nieren bleibt die primär linke bestehen, während die rechte Genitalgang wird. Die Geschlechtsöffnungen liegen ursprünglich in der Mantelhöhle, die Befruchtung ist oft eine äußere. Bei vielen Arten erfolgt aber eine Begattung, der Penis bildet sich an der rechten Kopfseite, z. T. am rechten Fühler *(Viviparus)*. Die Spermien werden diesem Penis von der entfernt stehenden Geschlechtsöffnung durch eine Wimperrinne auf der Körperoberfläche zugeleitet. Die Radula ist bei Schnecken hoch entwickelt. Der Fuß trägt meist an seiner Oberseite einen Deckel, der dem Verschluss des Gehäuses dient, wenn der Körper durch den **Columellarmuskel** (= Rückziehmuskel) eingezogen worden ist.

Schnecken mit gedrehtem Eingeweidesack sind schon aus dem Kambrium bekannt, es sind **Prosobranchia** (Streptoneura, Vorderkiemer) aus der Gruppe der Pleurotomariaceen (Abb. 232b), die heute noch als Reliktformen auftreten.

Die 1. Ordnung der Prosobranchier bilden die **Archaeogastropoda** mit meist paarigen Kiemen und Herzvorhöfen (daher auch Diotocardia

genannt), einer Perlmuttschicht der Schale und äußerer Befruchtung im Wasser. Schon innerhalb der Archaeogastropoden können diese primitiven Charaktere abgewandelt werden. Den eben genannten Pleurotomariaceen (Zeugobranchia) gehören noch die am felsigen Meeresstrand verbreiteten Haliotiden, Scissurelliden (Abb. 232c) und Fissurelliden (Abb. 232e) an, die schließlich sekundär eine napfförmige Schale mit oberer Öffnung der Atemhöhle erwerben. Schon an der Basis der Pleurotomariaceen zweigte sich die Reihe der Trochonemaceen ab, an die sich im Mesozoikum Trochaceen (Abb. 232g) und Patellaceen (Abb. 232d) anschließen. Deren napfförmiges, symmetrisches Gehäuse ist nicht primitiv, es hat ebenso wie bei Vertretern anderer Entwicklungslinien diese Form in Anpassung an bewegtes Wasser erworben. Ein artenreicher weiterer Zweig sind die Neritaceen (Abb. 232f), zu denen *Theodoxus fluviatilis* unserer Gewässer gehört. Nahe oder aus dem Zweig der Trochaceen oder Trochonemaceen entspringt die

2. Ordnung: **Mesogastropoda** (Taenioglossa). Ihre primitivsten Vertreter sind im Süßwasser und auf dem Lande die Cyclophoraceen (Archi-

taenioglossa) mit *Viviparus* (Abb. 232h), im Meer die Littorinaceen (Abb. 232k). Die Mesogastropoden spalten sich in zahlreiche Linien auf, z. B. Cypraeacea (Abb. 232l), Strombacea (Abb. 232m) und Heteropoda. Die Strombacea zeigen eine Zweiteilung des Fußes in einen Vorder- und einen Hinterabschnitt. Aus ihnen haben sich unter Rückbildung der Schale die pelagischen Heteropoden mit *Carinaria, Pterotrachea* u. a. entwickelt. Insgesamt jungen Datums ist die

3. Ordnung der **Neogastropoda** (Stenoglossa), zu denen die Buccinacea (Abb. 232o), Muricacea (Abb.232q), Volutacea, Conacea (Abb. 232p) u. a. gehören. Sie entstammen einer späteren Abzweigung der Mesogastropoden, den Tonnacea.

Meso- und Neogastropoda werden auch als Monotocardia (ein Herzvorhof) zusammengefasst.

Euthyneura. Die beiden restlichen Unterklassen der Schnecken, die Opisthobranchia (Hinterkie-

Abb. 232 Prosobranchia-Formen. **a)** *Bellerophon* (fossil), Zwischenform zwischen Monoplacophoren und Gastropoden mit bisymmetrischer Schale, **b)** *Pleurotomaria,* seit Unterkambrium bekannt (lebendes Fossil), Schale mit Längsschlitz, durch den der Kot direkt ins Wasser abgegeben wird, **c)** *Puncturella,* mit Schalenschlitz, **d)** *Helcion* (*Patella,* Napfschnecke), **e)** *Fissurella,* **f)** *Nerita,* **g)** *Trochus* (Kreiselschnecke), **h)** *Viviparus* (Sumpfdeckelschnecke), **i)** *Turritella,* **j)** *Natica;* bohrt Mollusken mit der Radula an, **k)** *Littorina* (Strandschnecke), **l)** *Cypraea* (Porzellanschnecke), **m)** *Ceratosiphon* (Strombacea). Die Strombaceen besitzen als erwachsene Tiere häufig einen flügelartig verbreiterten Mundrand der Schale; Fuß zweigeteilt, der hintere Teil trägt den langen, messerförmigen Deckel, mit dem die Tiere auch Menschen verletzen können, wenn sie ihn schnell bewegen; die Augen stehen auf langen Stielen und können gegen Objekte gerichtet werden, **n)** *Siliquaria,* **o)** *Buccinum* (Wellhornschnecke), die ihre Schale zwischen die Schalenhälften einer Herzmuschel geschoben hat, die sie anschließend frisst, **p)** *Conus,* Radulazähne kanülenartig, durch sie wird Gift der Speicheldrüsen in Opfer gespritzt. Manche Arten können auch für den Menschen tödlich sein. **q)** *Murex,* Hypobranchialdrüse sondert Substanz ab, die am Sonnenlicht Purpurfarbe annimmt. Archaeogastropoda: b–g, Mesogastropoda: h–n, Neogastropoda: o–q

mer) und Pulmonata (Lungenschnecken), werden als Euthyneura zusammengefasst.

Die **Opisthobranchia** haben sich fast ausschließlich im Meer weiterentwickelt, die Pulmonata im Süßwasser und auf dem Lande. Die ursprünglichsten Vertreter der Opisthobranchia (Abb. 234) haben noch eine schraubige Schale mit Deckel (Acteonidae, Abb. 234a). Innerhalb der Opisthobranchia wird die Mantelhöhle mit Kiemen nach rechts und hinten zurückgedreht, sodass die Kieme rechts hinter dem Herzen zu liegen kommt. Es besteht dann die Tendenz, die Kiemenhöhle mit Kieme (Kammkieme, Ctenidium) sowie die Schale zurückzubilden, und die

Mehrzahl der Arten sind bunte »Nacktschnecken« mit z. T. bizarren Körperauswüchsen. Auch pelagische Formen gehören hierher.

Nahe der Basis der Opisthobranchia liegt der Ursprung der Lungenschnecken (**Pulmonata,** Abb. 233, 235). Der Verlust der Nervenüberkreuzung (Chiastoneurie) erfolgt durch Verkürzung der Pleuroviszeralnerven. Chiastoneurie kommt jedoch vereinzelt vor. Die Kiemenhöhle der Pulmonaten ist durch Vaskularisierung der Wände zu einer Lunge geworden – ein Merkmal, welches auch bei einigen landlebenden Prosobranchiern ausgebildet ist. Die Pulmonaten haben sich sofort an ihrem Ursprung in zwei große Linien

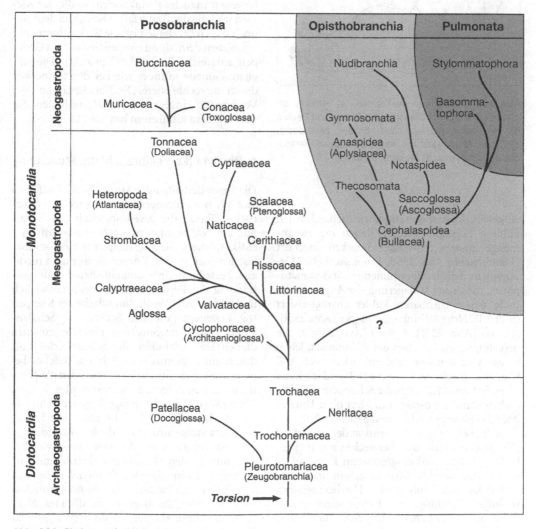

Abb. 233 Phylogenetische Beziehungen der Schnecken

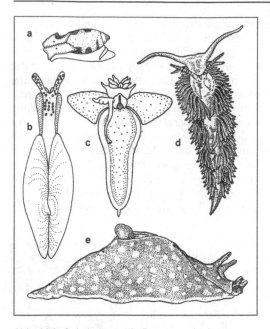

Abb. 234 Opisthobranchia-Formen. **a)** *Acteon,* ursprünglicher Opisthobranchier mit Schale und Deckel, **b)** *Berthelinia (Tamanovalva),* Schale zweiklappig, **c)** *Clione,* Mantelrand mit seitlichen Lappen (Parapodien), Walnahrung, **d)** *Facelina,* **e)** *Aplysia*

aufgeteilt, die **Basommatophora** mit basal an den Fühlern liegenden Augen, denen die Hauptmenge unserer Süßwasserschnecken angehört (*Planorbarius,* Abb. 235d; *Lymnaea,* Abb. 235e; *Physa*), und die landbewohnenden **Stylommatophora**, die durch Verlagerung der Augen an das Ende der einziehbaren Fühler charakterisiert sind, z. B. *Helix* (Weinbergschnecke [Abb. 235i], *Arianta* [Abb. 235f], *Cepaea* [Abb. 235c]). Die ursprünglichen Familien der Pulmonaten leben in der Gezeitenzone und entwickeln sich z. T. über eine Trochophora-Larve (Ellobiidae). Es ist nicht zu bezweifeln, dass die Schnecken wie viele andere Landtiere direkt vom Meer ohne Umweg über das Süßwasser das Land besiedelten.

Auch bei Pulmonaten entstanden mehrfach »Nacktschnecken«, d. h. Schnecken mit rückgebildeter Schale und eingeebnetem Eingeweidesack (Mantelschild) (Wegschnecken, Arionidae, Limacidae u. a., Abb. 235b). Hierher gehören wichtige Schädlinge an Kulturpflanzen z. B. *Arion ater, Deroceras reticulatum* und *Limax maximus.*

5. Scaphopoda (Kahnfüßer)

Eine marine Gruppe mit 350 Arten sind die Scaphopoden (Abb. 227) mit der Gattung *Dentalium.*

Ihre Schale ist ein langer Köcher, der zwei Öffnungen, eine untere und eine obere, trägt. Zunächst wird sie zweiklappig angelegt und erinnert an Muschelschalen. Noch andere Charaktere weisen in dieselbe Richtung: die Rückbildung des Kopfes und der stempelartige, zum Graben dienende Fuß. Es ist daher durchaus möglich, dass die Scaphopoden ein früher Seitenzweig der zu den Muscheln führenden Linie sind. Dass es sich um einen Seitenzweig handelt, beweisen manche Reduktionen, so die der Kiemen und die des Blutgefäßsystems, von dem nur noch das Herz erhalten ist; die Vorkammern fehlen. Neben dem Mund entspringen in zwei Gruppen zahlreiche Tentakel (Captacula). Die unpaare Gonade mündet wie bei den Schnecken durch die rechte Niere. Die Tiere leben mit dem Vorderende eingegraben im Meeresboden. Sie sind seit dem Kambrium bekannt. *Dentalium.*

6. Bivalvia (Lamellibranchiata, Muscheln)

Die Besonderheiten der Muscheln sind auf zwei biologisch zusammenhängende Eigenarten zurückzuführen: die Zweiklappigkeit der Schale und die Ernährungsweise als Suspensionsfresser (Mikrophage). Die zweiklappige Schale umhüllt fast stets den ganzen Körper, sie ist durch mediane Zerteilung einer einheitlichen Schale entstanden; das Periostracum ist noch einheitlich und bildet an der Verbindungsfläche der Klappen sog. **Ligamente**, die dem Sperren der **Schalenklappen** als Antagonisten der **Schließmuskeln** dienen. Die Verbindung der Schalen erfolgt oft durch ein dorsomedianes **Schloss**, welches bei ursprünglichen Muscheln oft aus vielen gleichartigen Zähnen aufgebaut ist (taxodontes Schloss, Abb. 237a). Die mikrophage Ernährung führte zum Verlust von Kopf und Radula; die Erzeugung des Wasserstromes und die Aussonderung der Partikel aus dem Wasserstrom sowie ihre Zuleitung zu den Mundlappen übernehmen die großen und komplizierten Kiemen. Nur bei den primitiven Nuculaceen kommt es noch vor, dass Anhänge der Mundlappen zu direkter Nahrungsaufnahme aus der Schale hervorgestreckt werden. Der von den Schalen bzw. den ihnen

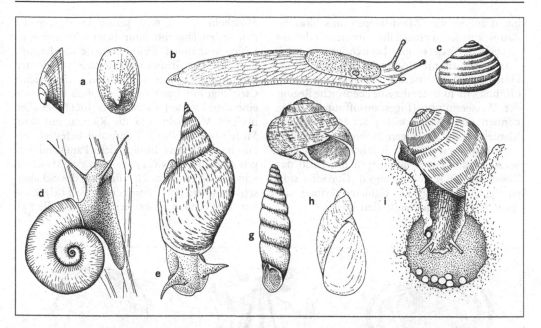

Abb. 235 Pulmonata-Formen. **a)** *Ancylus,* kappenförmige Schale, in Fließgewässern, **b)** *Arion* (Wegschnecke, Schale auf Kalkkörper reduziert, die unter dem Mantelschild liegen, vorn rechts Atemloch), **c)** *Cepaea* (Schnirkel-schnecke), **d)** *Planorbarius* (Posthornschnecke), **e)** *Lymnaea* (Schlammschnecke), **f)** *Arianta,* **g)** *Clausilia* (linksge-wunden), **h)** *Succinea* (Bernsteinschnecke), **i)** *Helix* (Weinbergschnecke) bei der Eiablage. Basommatophora: a, d, e, Stylommatophora: b, c, f, g, h, i

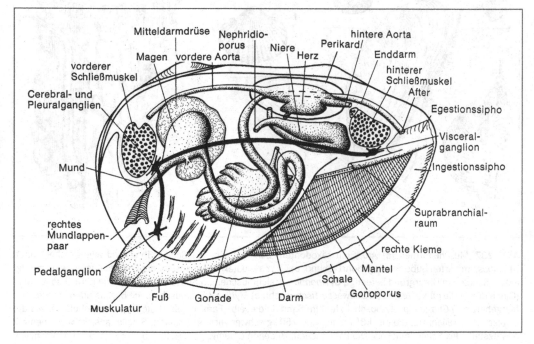

Abb. 236 Bauplan einer Muschel (Seitenansicht)

innen anliegenden Mantellappen umschlossene Raum wird so zu einer Filterkammer, in der ein geregelter Wasserstrom dadurch erzielt wird, dass eine bestimmte Region der Mantelspalte am Hinterende der Wasserausfuhr dient (**Egestionsöffnung**), dicht unter ihr eine ebensolche Region der Wassereinfuhr (**Ingestionsöffnung**). Beide können unter Verwachsung der begrenzenden Mantelränder zu langen Röhren (**Siphonen**) werden, die weit aus der Schale hervorragen. Fuß, Schale und Kiemen unterliegen innerhalb der Klasse starken Umwandlungen, Gonaden sind paarig, Ausleitung der Gameten erfolgt ursprünglich über die Nephridien.

Muscheln traten sehr selten im Kambrium auf, waren aber im Silur bereits in mehreren Linien vorhanden. Eine bis heute überlebende ursprüngliche Gruppe sind die meist taxodonten **Protobranchia**. Ihre Kiemen sind noch echte Ctenidien mit freier Achse, der Fuß zeigt noch eine Kriechsohle (*Nucula*, Abb. 166f). Bei allen übrigen Muscheln sind die Kiemen mit ihrer Mittelrippe an der Körperwand befestigt, der Fuß ist abgeändert. Infolge vieler Parallelbildungen sind die Entwicklungslinien der Muscheln schwer zu verfolgen. Der Bildung des Schalenschlosses wird dabei besonderer Wert beigemessen. Zwei Linien lassen sich erkennen, die sich

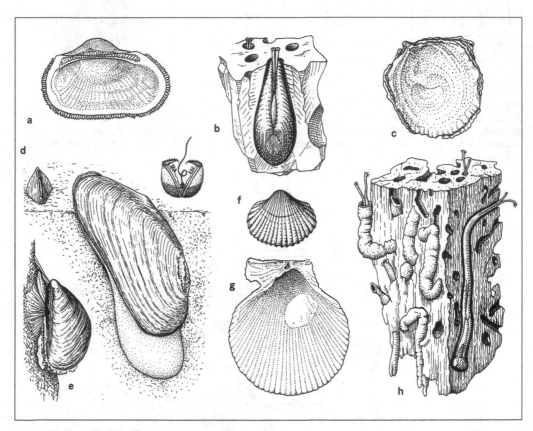

Abb. 237 Muschelformen. **a)** *Arca;* mit taxodontem Schloss, d. h. die Schloßzähne sind alle gleichgestaltet; **b)** *Pholas,* im harten Substrat eingebohrt lebend; **c)** *Ostrea* (Auster), Innenansicht der Schale. Austern sind mit der linken Schale am Untergrund befestigt, **d)** *Anodonta* (Teichmuschel) im Substrat, daneben die parasitische Larve (Glochidium), die für kurze Zeit an Süßwasserfischen lebt; **e)** *Mytilus* (Miesmuschel), mit Byssusfäden am Substrat festgeheftet, **f)** *Cardium* (Herzmuschel); lebt im Sand. In dieselbe Familie gehört die Riesenmuschel *Tridacna* der tropischen Korallenriffe, die bis 1,35 m lang und 250 kg schwer wird. **g)** *Chlamys;* Schalenansicht von innen mit Ansatzstelle des Schließmuskels. Die Pectinaceen, zu denen *Chlamys* gehört, liegen oft frei und können schwimmen. Ihr Mantelrand kann mit vielen Augen besetzt sein, **h)** *Teredo* (Schiffsbohrwurm)

bereits im frühen Paläozoikum getrennt haben: die **Anisomyaria** und die **Eulamellibranchiata**. Bei den ersten wird der vordere Schließmuskel schrittweise reduziert, die Schloßzähne entstehen an den Enden innerer Schalenrippen. Hierher gehören als basale Gruppe die Miesmuscheln (Mytilacea) mit *Mytilus* (Abb. 237e) und die Austern (Ostreacea) mit *Ostrea* (Abb. 237c), als höher entwickelte Linie die Pilgermuscheln (Pectinacea) mit *Pecten* und *Chlamys* (Abb. 237g). Von dem zweiten Weg, den Eulamellibranchiata, haben sich seit der Trias die Unionacea, zu denen die Malermuscheln *(Unio)* des Süßwassers gehören, abgespalten. Den Hauptzweig bilden die Heterodonta, denen die große Mehrzahl der Muschelfamilien angehört, die zum größten Teil erst im Mesozoikum erscheinen. Heute gibt es etwa 10 000 Bivalvia-Arten.

In zunehmendem Maße werden Muscheln in der Aquakultur gehalten. Gattungen wie *Mytilus*, *Anadara*, *Pinctada* und *Crassostrea* spielen eine bedeutende Rolle. Als Strudler können sie in großer Dichte herangezogen werden. Nicht selten kommt es allerdings nach Verzehr von Muscheln zu Vergiftungen, die sogar tödlich ausgehen können, z. B. die Lähmungsvergiftung (= paralytic shellfish poisoning) durch Saxitoxin, das von *Gonyaulax* (S. 441) produziert wird.

7. Cephalopoda (Kopffüßer)

Die am höchsten entwickelte Klasse der Mollusken sind die heute mit etwa 700 Arten vorkommenden Cephalopoden. Sie erreichen in vielen Charakteren auffallende Ähnlichkeit mit Wirbeltieren (knorpelige Schädelkapsel mit kompliziertem Gehirn, Augenhöhlen, Augen mit Iris, Pupille, Cornea und Ciliarkörper, kräftige Kiefer als Beißwerkzeuge (Abb. 238), weitgehend geschlossenes Blutgefäßsystem, seitliche Flossen mit Knorpelstützen), sodass man früher an nahe Verwandtschaft gedacht hatte. Einzelne Gehirnregionen zeigen im Bau und dem Auftreten von Assoziationsgebieten (Lernvermögen) deutliche Analogien zum Pallium der Wirbeltiere.

Am Beginn der Cephalopodenentwicklung sind zwei biologische Vorgänge entscheidend:

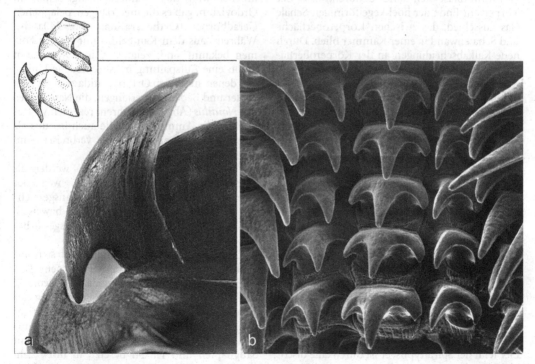

Abb. 238 Cephalopoden-Vorderdarm. **a)** Schnabel, Makroaufnahme und Zeichnung, **b)** Radula im rasterelektronenmikroskopischen Bild. Vergr. etwa 80 ×

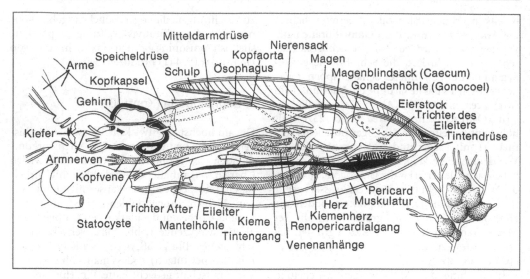

Abb. 239 Bauplan eines Cephalopoden *(Sepia)*; daneben ein Gelege

1. der Übergang zur pelagischen Lebensweise mit »Schwimmblase«; 2. die Erbeutung der Nahrung durch zahlreiche lange Tentakel. Die »Schwimmblase« entstand dadurch, dass der Körper am Ende der hochkegelförmigen Schale Gas ausschied, das zwischen Körperoberfläche und Schalenwand in einer Kammer blieb. Durch neue Kalkabscheidungen an der Körperoberfläche (Septen) wurde sie innen abgegrenzt, und wenn sich der Körper bei weiterem Wachstum schubweise aus dem Schalenende zurückzog, entstanden immer neue Septen und neue Gaskammern. Mit einem dünnen Strang blieb allerdings der Körper mit der Schalenspitze verbunden, sein Bereich ist an Öffnungen in den Septen oder als Rohr kenntlich. Die langen Fangtentakel werden vom Fuß aus gebildet und demnach vom Pedalganglion innerviert. Sie rückten entsprechend ihrer Funktion um den Mund und schoben sich zwischen Augen und Mund auf das Kopfgebiet vor (Name: Kopffüßer). Der hintere Teil des Fußes bildet ein Trichterrohr vor der Öffnung der Mantelhöhle und leitet bei den höheren Formen den Ausstoß des Mantelhöhlenwassers. Die Übertragung der Spermien bzw. der komplizierten Spermatophoren erfolgt bei Tintenfischen durch abgeänderte Arme (**Hectocotylus**, Abb. 240g). In der Entwicklung der dotterreichen Eier fehlt der Spiraltypus, er ist durch eine discoidale Furchung ersetzt, die Trochophora-Larve tritt nicht mehr auf.

Die Geschichte der Cephalopoden begann im Kambrium und ist recht gut bekannt. Formen wie die nur 2 cm lange Gattung *Plectronoceras* krochen wohl noch schneckenartig. Schon im Ordovizium gab es die meterlangen, pelagischen Geradhörner (**Orthoceratida**; Abb. 240a, b). Während aus dem Kambrium nur wenige Formen bekannt sind, zeigt sich im Ordovizium schon eine Aufspaltung in verschiedene Linien, von denen außer den Orthoceratida zwei größere Dauer und Bedeutung erlangen, die **Nautiloidea** mit *Nautilus* (Abb. 166e), ihrem rezenten Vertreter, und die **Ammonoidea,** die auch bei uns als Fossilien (Ammoniten) weit verbreitet sind (Abb. 240d).

Die bisher genannten Gruppen werden als **Tetrabranchiata** zusammengefasst, weil der rezente *Nautilus* durch vier Kiemen ausgezeichnet ist. Es lässt sich allerdings nicht beweisen, dass das Gleiche für die zahlreichen ausgestorbenen Gattungen gilt.

Gegen Ende des Paläozoikums hat sich aus Orthoceratiden der Typus der »modernen« Tintenfische entwickelt: **Dibranchiata (Coleoida).** Entscheidend war wieder eine Umstellung der Lebensweise: Aus Schwebern mit angelartiger Funktion der Arme entstanden aktive Schwimmer mit Greifarmen. Diese werden nun mit Saugnäpfen und Haken besetzt, in ihrer Zahl allerdings auf zehn reduziert (**Decabrachia**). Gleichzeitig entwickeln sich die Augen, die bei

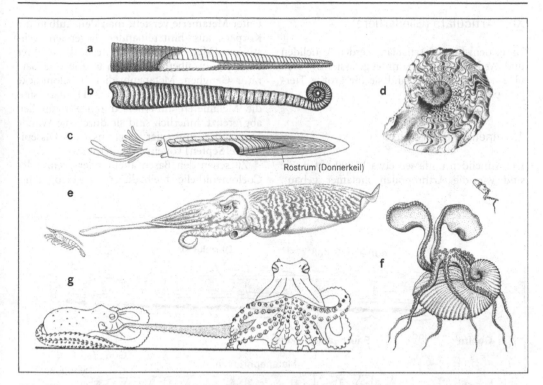

Abb. 240 Cephalopoden-Formen. **a)** *Endoceras* (ein häufiger Orthocerat, s. auch Abb. 226c), **b)** *Lituites*. Beide Gattungen waren im Ordovizium verbreitet. **c)** Rekonstruktion eines Belemniten, s. auch Abb. 226d), **d)** *Ceratites* (Ammonit), **e)** *Sepia* mit herausschießenden Fangtentakeln, mit denen eine Garnele gefangen wird, **f)** *Argonauta*, Weibchen (20 cm lang) mit von Armen ausgeschiedener Schale und Zwergmännchen (1 cm lang), **g)** Paarungs-stellung von *Octopus*, der Begattungsarm (Hectocotylus) des Männchens (punktiert) ist in die Mantelhöhle des Weibchens eingeführt

Nautilus noch Blasenaugen ohne Linsen sind, zu den hochleistungsfähigen Augen der Dibranchi-ata. Die Orientierung wird von der Vertikallage der Orthoceratiden auf Horizontallage umge-stellt. Die Schwierigkeiten, die hierbei aus der Lage der Gaskammern am neuen Hinterende entstehen, werden zunächst durch Anbau festen Materials am Schalenhinterende (Rostrum der Belemniten, Abb. 226d, 240c), später aber durch Rückbildung der Gaskammern und der Schale kompensiert. Schalenteile bleiben am längsten dorsal erhalten, wo sie als Schulp, überdeckt vom Mantel, liegen.

Der von seiner Schalendecke befreite Teil des Mantels wird muskulös und ermöglicht die Fluchtbewegung durch Ausstoßen des Mantel-höhlenwassers durch den Trichter. Dem Schwim-men dienen seitliche Flossen. Im Mesozoikum entwickeln sich zunächst die **Belemnoidea**.

Schon im unteren Jura treten die **Kalmare (Teu-thoidea)** auf, die die Schale bald zu einem unver-kalkten Blatt reduzieren. *Loligo* (Abb. 141f) und *Alloteuthis* sind bekannte Gattungen dieser Ord-nung, *Architeuthis* ist am größten (18 m lang; Abb. 309). Erst seit dem Tertiär sind Vertreter der **Sepioidea** (*Sepia*: Abb. 32, 240e) bekannt, die zunächst die Luftkammern ventral einrollten (*Spirula*) und den dorsalen Schulp als Muskel-ansatzfläche verwendeten. Die letzte Ordnung, die meist bodenlebenden Kraken (**Octobrachia**) mit der Gattung *Octopus* (Abb. 240 g), ist eine frühe Abspaltung. Die Schalenreduktion ist bei ihnen am stärksten, das dorsale Armpaar ist ver-schwunden. Noch einmal jedoch wird in diesem Zweig eine Schale gebildet, die in ihrer äußeren Form an Ammoniten erinnert. Bei den Weibchen von *Argonauta* (Abb. 240f) wird sie von einem verbreiterten Armpaar abgeschieden.

XI. Articulata (Gliedertiere)

Unter dem Begriff Articulata werden Anneliden und Arthropoden zusammengefasst. Mit weit über 1 Million Arten sind sie die größte Tiergruppe (Abb. 188).

1. Annelida (Ringelwürmer)

Die Anneliden umfassen etwa 17 000 Arten. Sie sind wie die Arthropoden metamer gebaut.

Unter **Metamerie** versteht man den Aufbau des Körpers aus hintereinander liegenden Teilstücken (**Metameren, Segmenten**), die in ihrer Organisation übereinstimmen und je eine Garnitur Ganglien, Metanephridien, Coelomsäcke und Gonaden enthalten (Abb. 241). Meist sind die Metameren äußerlich durch Ringfurchen abgegrenzt, innerlich sind sie durch die Wände aneinander stoßender Coelomsäcke (**Dissepimente, Septen**) voneinander getrennt.

Zwischen den Basen aneinander grenzender Coelomepithelien bleibt die primäre Leibeshöhle

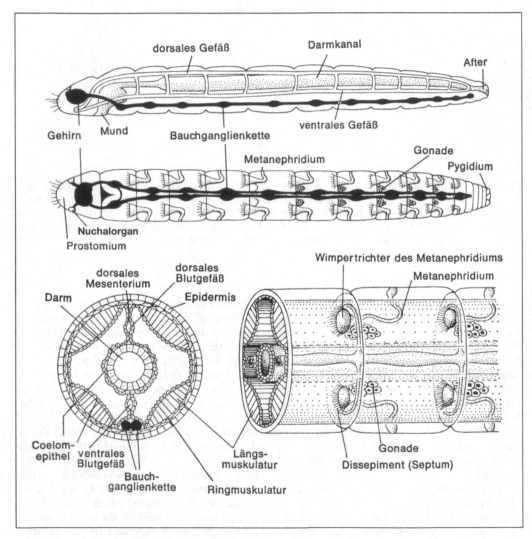

Abb. 241 Organisationsschema der Anneliden. Oben: Seiten- und Ventralansicht. Unten links: Querschnitt durch ein Segment. Unten rechts: Blockdiagramm einiger durchsichtig gedachter Segmente

als ein den Körper durchziehendes Röhrensystem bestehen. Das ist das **geschlossene Blutgefäßsystem** der Anneliden. Es hat gegenüber dem Coelom einen Überdruck, sodass es an verschiedenen Stellen, wo Podocyten ausgebildet sind, zu einer Ultrafiltration ins Coelom kommt. Metanephridien sorgen für den Abtransport der Exkretflüssigkeit bzw. für eine teilweise Rückresorption. Zirkulation des Blutes wird durch Muskulatur bewirkt, die aus dem Coelomepithel an ganz verschiedenen Stellen entwickelt werden kann. Das Herz (oder die Herzen) der Anneliden liegt oft dorsal, aber auch lateral. Der Blutstrom ist dorsal von hinten nach vorn gerichtet.

Die Körperwand der Anneliden besteht aus einer kollagenhaltigen Cuticula (Abb. 244a), einschichtiger Epidermis sowie äußerer Ring- und innerer Längsmuskulatur. Letztere ist oft in vier Feldern angelegt (Abb. 241). Dieser **Hautmuskelschlauch** enthält schräggestreifte Muskulatur und kann sich auf wesentlich mehr als die Hälfte seiner Ausgangslänge kontrahieren. Er wirkt gegen die flüssigkeitsgefüllte Leibeshöhle (**Hydroskelet**) und vermag erheblichen Druck zu erzeugen. Bei großen Regenwürmern werden, ausgehend vom Ruhedruck (1 mm Hg), rasch Werte um 50 mm Hg erreicht. Die aufeinander abgestimmte Tätigkeit von Ring- und Längsmuskulatur ermöglicht z. B. eine peristaltische Bewegung und damit ein effektives Einbohren der oft extremitätenlosen Tiere ins Substrat.

Vor dem Mund liegt der **Kopflappen** (**Prostomium, Acron**), am Körperende das **Pygidium** (**Telson**). Beiden fehlen Coelom und Metanephridien. Im Prostomium liegt ursprünglich das Gehirn, von dem das ventrale **Strickleiternervensystem** (Abb. 241) und ein **stomatogastrisches System**, welches den Darmtrakt innerviert, ausgehen.

Das Wachstum der Anneliden erfolgt durch eine **Sprossungszone**, die vor dem Pygidium liegt.

a) Polychaeta. Innerhalb der Anneliden nehmen sie die Stellung einer Basisgruppe ein. Ihnen kommen noch Spiralfurchung und **Trochophora** (Abb. 154c) zu. Sie leben mit 10 000 Arten in allen Lebensräumen des Meeres (Abb. 242); einige Arten sind ins Süßwasser und ans Land vorgedrungen. Ihre **Extremitäten** (**Parapodien**) sind meist reich mit **Chitinborsten** besetzt (Abb. 246) und sind Schwimmruder, Lauf- oder Wühlbeine; bei röhrenbewohnenden Arten sind sie oft

zu Haftwülsten reduziert. Teile der Parapodien dienen vielfach als **Kiemen**. Meist fadenförmige Anhänge nennt man **Cirren**. Am Rumpf sitzen sie als Ventral- und Dorsalcirren den Parapodien an, sie treten aber auch an Kopflappen (Tentakel, Antennen) und Pygidium (Analcirren) auf. Wichtig sind neben dem Mund gelegene **Palpen**; sie sind oft verbreitert, bisweilen – so bei strudelnden Röhrenwürmern – in eine komplizierte, bewimperte Tentakelkrone aufgespalten (Abb. 242c). Sie entstehen aus der Wimperzone der Trochophora. Die Gonaden sind meist über viele Segmente verteilt und entleeren ihre Keimzellen ins Coelom, von dem sie durch Nephridien (Coelomodukte) ausgeleitet werden. Befruchtung und erste Entwicklung erfolgen meist im freien Wasser.

Fossil sind Polychaeten seit dem Präkambrium bekannt. Heute existieren zahlreiche Familien, die freilebenden werden meist als Errantia, die abgeleiteten, oft sessilen Formen als Sedentaria bezeichnet.

Zu den **Errantia** gehören beispielsweise *Nereis* (Abb. 242a), eine häufige Form in Nord- und Ostsee, *Lepidonotus* und *Aphrodita,* deren Rückencirren z. T. als Schuppen entwickelt sind (Schuppenwürmer Abb. 242b), und *Eunice* mit dem Palolowurm, der in der Südsee gegessen wird, sowie tropische Landformen.

Zu den **Sedentaria** zählen *Arenicola*, der Wattwurm (Abb. 242e) und verschiedene Röhrenbewohner wie die in Schauaquarien häufig gezeigte *Spirographis* (Abb. 242c).

Die **Archiannelida** sind eine heterogene (und künstliche) Gruppe reduzierter Polychaeten, die v. a. im Sandlückensystem der Meere vorkommen (*Polygordius, Protodrilus, Dinophilus* [neoten, Abb. 242g], *Nerilla*). Im Süßwasser findet sich *Troglochaetus.*

Ein möglicherweise früher Seitenzweig der Polychaeten sind die **Myzostomida**, Ectoparasiten an Echinodermen, die schon im Karbon nachweisbar sind.

Ebenfalls in die Nähe der Polychaeten gehören die **Pogonophora**, lang gestreckte, marine Röhrenwürmer ohne Mund und After. An ihrem Vorderende tragen sie lange Tentakel. Die meisten Pogonophoren sind fadenförmig und kommen in kalten Meeren vor. Besonders spektakulär war die Entdeckung der Gattung *Riftia* in der Nähe von heißen, untermeerischen, schwefelwasserstoffreichen Hydrothermalquellen. *Riftia* erreicht 2 m Körperlänge und ist mehrere Zenti-

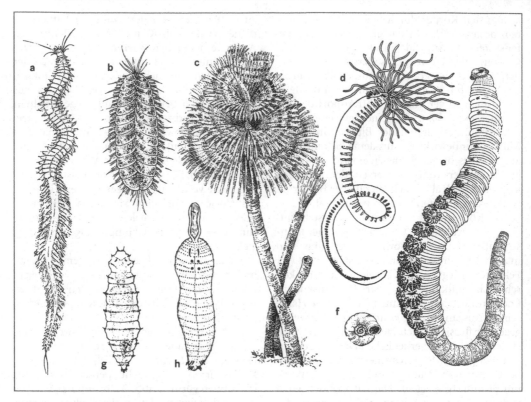

Abb. 242 Polychaeten (a–g) und Echiuriden (h). **a)** *Nereis* (in hinterer Hälfte mit Geschlechtsprodukten), **b)** *Lepidonotus* (Schuppenwurm), **c)** *Spirographis*, **d)** *Amphitrite*, **e)** *Arenicola* (Wattwurm), **f)** Kalkröhre von *Spirorbis*, **g)** *Dinophilus* (Archiannelida), **h)** *Echiurus* (Quappenwurm)

meter dick. In einem Derivat des Mitteldarmes, dem Trophosom, beherbergt diese Gattung sulfidoxidierende Bakterien. Der Schwefelwasserstoff wird über die Tentakel aufgenommen und an Hämoglobin gebunden transportiert.

b) Clitellata. Die zweite große Gruppe der Anneliden umfasst die anatomisch so verschiedenen Ordnungen der Oligochaeta (7 000 Arten) und Hirudinea (Egel, 650 Arten). Im Gegensatz zu Polychaeten besiedeln sie Süßwasser und Land. Ihnen fehlt die Trochophora-Larve, die Entwicklung ist direkt. Charakteristisch ist der Drüsengürtel der Haut, das **Clitellum,** dessen Ausscheidungen die Tiere bei der Kopulation miteinander verbinden (Abb. 243b). Die Gonaden sind auf wenige Segmente beschränkt. Die Eier werden später in Kokons abgelegt, deren Hülle vom Clitellum gebildet wird. Im Gegensatz zu den meisten Polychaeten sind die Clitellaten **Zwitter.**

Bei den **Oligochaeta** erfolgt die Ausleitung der Genitalprodukte über spezialisierte Nephridien. Die Septen zwischen den Coelomsäcken werden durch Aussackung zu **Samenblasen (Vesiculae seminales)** und **Eiersäcken** (Abb. 139b). Das Sperma gelangt jedoch meist nicht in die weibliche Genitalöffnung, sondern in besondere, von der Körperoberfläche nach innen ragende Taschen (**Samentaschen, Receptacula seminis**), die in einem oder einigen Paaren vorhanden sind. Von hier aus erfolgt die Befruchtung beim Vorbeigleiten der Eier am Körper bei der **Kokonbildung.** Ungeschlechtliche Vermehrung durch Teilung bei einigen Familien (Abb. 243c, d). Das den Darm umgebende Coelomepithel ist zu einem **Speichergewebe (Chloragog)** differenziert.

Die Oligochaeten kommen besonders im Süßwasser und in feuchten Landgebieten vor. Im Schlamm von Süßgewässern leben mit dem Vorderende eingebohrt die Tubificidae, ihr Hinter-

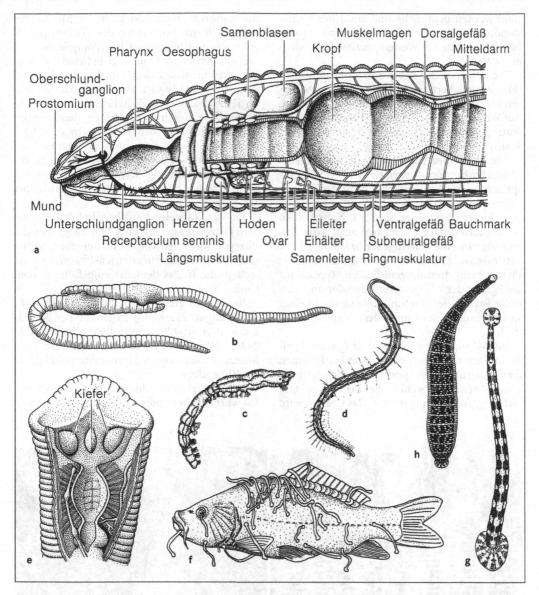

Abb. 243 Clitellata. **a–d)** Oligochaeta. **a)** Organisation des Vorderendes eines Regenwurmes. Körperwand und Darm median aufgeschnitten, Herzen z.T. abgetrennt, Nephridien weggelassen. **b)** Enchytraeiden bei der Begattung. **c)** *Chaetogaster*, **d)** *Stylaria*, **e–h)** Hirudinea. **e)** Vorderende des Blutegels *(Hirudo medicinalis)*, eröffnet. Hinter den Kiefern liegt der muskulöse Pharynx; links ist außerdem ein Teil des Nervensystems, rechts ein Gefäß zu sehen. **f)** Mit Fischegeln besetzter Karpfen. **g)** Fischegel *(Piscicola)*, **h)** *Erpobdella*

ende pendelt im freien Wasser. In sauren Böden sind die wenige Millimeter messenden Enchytraeidae (Abb. 243b) verbreitet. Branchiobdellidae (auch zu den Egeln gestellt) parasitieren an Flusskrebsen.

Regenwürmer (Lumbricidae) spielen eine bedeutende Rolle bei der Bodenverbesserung. Sie bevorzugen abgestorbene Pflanzenteile als Nahrung und ziehen diese in ihre Wohnräume, wo sie extraintestinal vorverdaut werden. Im Darm-

trakt werden organische und anorganische Bestandteile zu sog. Ton-Humus-Komplexen verbunden, welche die Wasserkapazität des Bodens
erhöhen.

Weiterhin ist der Regenwurmkot mit Mikro-
flora angereichert, sodass eine beschleunigte Zersetzung organischer Bestandteile erreicht wird.
Auf Weideland in Mitteleuropa kann eine Regen-
wurmpopulation jährlich eine 5 mm dicke Kot-
schicht ablagern.

Die **Hirudinea (Egel)** besitzen 32 Segmente
(Ausnahme: *Acanthobdella;* 29), jedoch entspricht die äußere Ringelung nicht der inneren
Segmentierung (Ganglien, Nephridien). Vordere
und hintere Segmente sind zu **Haftscheiben**
verschmolzen. Der Darmkanal zeigt viele Anpassungen an die blutsaugende bzw. räuberische
Lebensweise. Er enthält vorn einen muskulösen
Pharynx mit dreikantigem Lumen. Typisch für
die Egel ist der Antagonismus dorsaler und ventraler Partien der Längsmuskulatur, der in einer
sinusförmigen Bewegung des Körpers resultiert.

Im Mundgebiet können umfangreiche Speicheldrüsen münden, deren Sekret bei Parasiten
die Blutgerinnung verhindert. Der Magen ist mit
Blindsäcken ausgestattet, die Resorption und
Nahrungsspeicherung dienen. Das Coelom wird

durch die mächtige Entwicklung der Muskulatur
und durch eine Wucherung des Coelomepithels
zu einem umfangreichen **Botryoidgewebe** (Exkretophorengewebe) eingeengt. Es besteht schließlich aus einem dorsalen, einem ventralen und
zwei seitlichen Längskanälen, die durch ein kompliziertes System von Zwischenkanälen verbunden sind. Ein echtes Blutgefäßsystem kommt
Acanthobdella und den Rüsselegeln zu. Metanephridien sind in zehn bis 17 Paaren vorhanden. Die Ovarien bilden ein Paar Schläuche, die
mit unpaarer Öffnung im elften bis zwölften Segment münden. Die Hoden treten in acht bis über
100 Säckchen auf.

Bei den **Rüsselegeln (Rhynchobdellida;** mit
dem Fischparasiten *Piscicola,* Abb. 243g) wird der
Pharynx von einer Ringtasche umgeben, sodass
er ähnlich wie der Turbellarien-Pharynx vorge-
stoßen und in das Beutetier eingeführt werden
kann.

Bei den **Kieferegeln (Gnathobdellida;** *Hirudo,*
Haemadipsa, Haemopis) liegen in der Mundhöhle drei strahlig angeordnete Kiefer (Abb.
243e, 244b), deren Kante mit feinen Zähnchen
besetzt ist. Sie erzeugen das charakteristische Bild
des Blutegelbisses.

Der Medizinische Blutegel *(Hirudo medicinalis)* wurde früher und wird heute wieder zuneh-

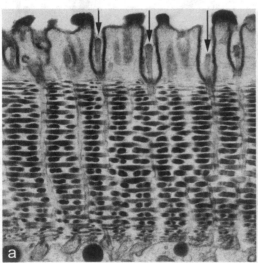 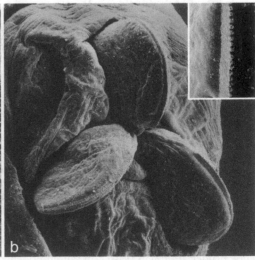

Abb. 244 Ultrastruktur von Anneliden. **a)** Transmissionselektronenmikroskopisches Bild der Cuticula eines Polychaeten *(Ceratonereis).* Wichtiges Bauelement sind zahlreiche Lagen von Kollagenfibrillen, durch die Mikrovilli
(Pfeile) hindurchziehen. Vergr. 14 000×, **b)** Rasterelektronenmikroskopisches Bild des Kieferapparates des Blutegels *(Hirudo),* Vergr. 40 ×; Inset: Vergrößerung der Schneidekante eines Kiefers. Vergr. 120 ×

mend in der Medizin eingesetzt. Mit ihrem Speichel geben sie mehrere Substanzen ab, die unterschiedliche Funktionen erfüllen. Hirudin bewirkt Gerinnungshemmung, indem es Thrombin inaktiviert; Calin verhindert für etwa 12 Stunden den Wundverschluss und verursacht Nachbluten. Weitere Stoffe haben wohl eine anästhetische Wirkung. Anwendungsgebiete sind u. a. Verhinderung von Thrombenbildung und Schmerzlinderung.

In den tropischen Urwäldern, besonders des indoaustralischen Gebietes, sind die Landblutegel (Haemadipsidae), die selbst durch kleine Öffnungen an den Körper vordringen können, oft sehr lästig. Für das Vieh sind besonders Egel, die sich an den Schleimhäuten festsetzen, gefährlich.

Die **Schlundegel** (**Pharyngobdellida**; z. B. *Erpobdella*, Abb. 243h) schließlich haben einen stark erweiterungsfähigen Pharynx.

In die Verwandtschaft der Anneliden gehören die marinen **Echiurida,** bekannt durch den Quappenwurm (*Echiurus*, Abb. 242h) und die stark geschlechtsdimorphe *Bonellia*. Sie besitzen Chitinborsten und entwickeln sich über eine Trochophora. Ihr Prostomium ist extrem entwickelt, Tentakel und Segmentierung fehlen.

2. Tardigrada (Bärtierchen)

Zu den Tardigrada (Abb. 245a–e) zählen über 500 kleine Organismen ohne Coelomepithel und Blutgefäßsystem. Der Darmkanal trägt vorn einen Stilettapparat und große Speicheldrüsen, anschließend einen muskulösen Pharynx, dessen radiär angeordnete Muskelfilamente in den Epithelzellen selbst gebildet werden. Der After liegt ventral nahe dem Hinterende. Der Hauptlebensraum der Tardigraden sind Moosrasen, wo sie hohe Besiedlungsdichten erreichen können (2 Millionen/m²). Trockenperioden überdauern sie im Zustand der **Anabiose** (Tönnchenstadium: Abb. 245d). Sie ernähren sich meist von Pflanzenzellen, die sie anstechen. Mehrere Arten leben im Süßwasser, einige im Meer, z. T. als Ectoparasiten. *Batillipes* (Abb. 245b), *Echiniscus*, *Macrobiotus* (Abb. 245c).

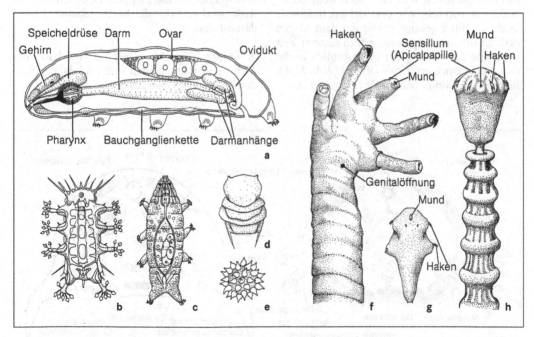

Abb. 245 Tardigrada (a–e) und Pentastomida (f–h). **a)** Bauplan, **b)** *Batillipes,* **c)** *Macrobiotus,* **d)** Tönnchen von *Echiniscus,* **e)** Ei von *Macrobiotus.* **f)** Vorderende von *Cephalobaena* (lebt in der Lunge von Schlangen, etwa 3 cm lang); **g)** Larve von *Reighardia,* einem Parasiten aus den Luftsäcken von Seevögeln, **h)** Vorderende von *Cubirea* (lebt in der Lunge von Schlangen)

3. Pentastomida (Zungenwürmer)

Die Zungenwürmer (Abb. 245f–h) parasitieren mit etwa 100 Arten in Lunge und Atemwegen von Wirbeltieren. Äußerlich ähneln sie einem gliedmaßenlosen Ringelwurm. Am Kopf befinden sich Mundöffnung und zwei Paar einschlagbarer Haken, die bei ursprünglichen Formen auf Fortsätzen inserieren (Abb. 245f). Das Strickleiternervensystem entspricht dem anderer Articulata. Die Häutung der Cuticula und die Ultrastruktur ihrer Sensillen haben sie mit Arthropoden gemeinsam. Spermienentwicklung und -bau entsprechen dem der Branchiura (Crustacea). Die Entwicklung erfolgt über eine Larve, die zuerst in einer Eikapsel eingeschlossen ist, aus der sie dann ins Freie gelangt, um in einem Wirtstier, in das sie mit der Nahrung aufgenommen wird, freizuwerden. Hier bohrt sich die Larve durch die Darmwand und gelangt über Blut- oder Lymphgefäßsystem in verschiedene Organe, wo sie eingekapselt wird. Diese ruhende Larve verändert sich unter mehrfachen Häutungen und wird zur Wanderlarve, die sich aktiv im Wirtskörper fortbewegt. Im einfachsten Fall kann sie im selben Wirt Geschlechtsreife erlangen, meist tritt aber Wirtswechsel ein, indem sie in ein Raubtier gelangt, wo sie aus dem Magen aktiv in die Atemwege wandert. In neuerer Zeit wird eine Einordnung der Pentastomida in die Crustacea favorisiert. *Cephalobaena* (Abb. 225f), *Reighardia*, *Cubirea* (Abb. 245h), *Linguatula*.

4. Arthropoda (Gliederfüßer)

Die Arthropoden sind mit über 1 Million bekannter Arten die bei weitem vorherrschende Tiergruppe. In ihrer Organisation schließen sie sich den Anneliden an. Beiden Gruppen gemeinsame Spezialmerkmale sind: a) das **Strickleiternervensystem**, das aus dem vor dem Mund gelegenen Oberschlundganglion und den paarigen Bauchsträngen mit segmentalen Bauchganglien besteht, b) die **Segmentierung**. Sowohl bei Anneliden als auch bei Arthropoden entsteht die Mehrzahl der Glieder (Metameren) aus einer vor dem After gelegenen **Sprossungszone (Tritometameren)**, während eine geringe Anzahl von Segmenten im Vorderkörper durch gleichzeitige Zerteilung des Mesodermstreifens entsteht (**Deutometameren = Larvalsegmente**). c) **Extremitäten** (Abb. 246). Die Rumpfsegmente tragen jederseits eine Extremität, die in mannigfacher Weise als Ruder oder Schreithebel dient. Allerdings fehlen den Arthropoden die versenkten Chitinborsten.

Aus dem Übergangsgebiet zwischen Anneliden und Arthropoden hat sich bis heute eine Gruppe erhalten, die Protarthropoden. Diese ermöglichen es, die Etappen, in denen sich die Arthropodenmerkmale herausgebildet haben, darzustellen.

1. Etappe: Charaktere, die an der Basis der Arthropoden entstanden sind und daher schon den Protarthropoden zukommen:

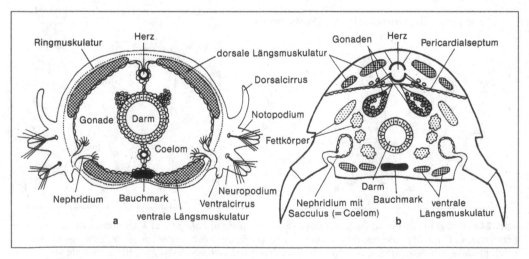

Abb. 246 Querschnitt durch einen Anneliden mit Parapodien (a) und einen Arthropoden mit Arthropodien (b)

a) **Ostien des Herzens** (Abb. 109). Das Herz, das dem Rückengefäß der Anneliden entspricht, empfängt das Blut nicht durch Venen, sondern nimmt es durch ursprünglich segmentale Öffnungen (= Ostien) aus dem umgebenden Raum auf.

b) **Bildung eines Komplexgehirns** durch Verschmelzung des ursprünglichen Gehirns im Acron mit mehreren Rumpfganglien (Abb. 72i, j, 73).

c) **Auflösung und Umbildung der Coelomhöhlen.** Die für die Anneliden charakteristischen segmentalen, paarigen Coelomhöhlen erscheinen bei Arthropoden zwar noch in der Embryonalentwicklung, ihre Wand geht aber größtenteils in Organ- und Gewebsbildung auf. Die Außenwand bildet die Muskulatur des Körpers und der Beine, das innere Blatt liefert Darmmuskulatur, Fettkörper und exkretorisches Gewebe. Die dorsalen Wandbezirke des Coeloms bleiben nach ihrem Rückzug von der Körperwand oft unter dem Herzen stehen und liefern hier das horizontale dorsale Septum (Perikardialseptum), das den das Herz umgebenden Blutraum (»Perikard«) gegen die übrige Leibeshöhle mehr oder minder abgrenzt. Echte Coelomräume bleiben erhalten: 1. als Endbläschen um die Nephridien (Sacculus), 2. als Gonaden und Gonodukte. Die definitive Leibeshöhle der Arthropoden entsteht aus Zwischenräumen zwischen Organen und Körperwand, die häufig mit Resten der Coelomhöhlen zu einem Mixocoel verschmelzen.

d) Die Körperoberfläche ist völlig von einer **Cuticula** bedeckt, die durch **Häutungen** erneuert wird.

2. Etappe: Charaktere, die erst oberhalb der Protarthropoden, aber an der Basis der Euarthropoden entstanden sind.

a) **Facettenaugen** aus vielen Ommatidien (Abb. 248a).

b) **Plattenskelet** des Rumpfes. Die Cuticula wird in feste Platten (Sklerite) und biegsame Zwischenzonen (Membranen) gegliedert. Jedes Segment enthält eine Rückenplatte (Tergit), eine Bauchplatte (Sternit) und gelegentlich feste Seitenstücke (Pleurite).

c) **Extremitäten werden gegliedert,** d. h., die Cuticula bildet an ihnen feste, röhrenförmige Abschnitte, die durch weiche Zonen verbunden und dadurch gegeneinander beweglich werden.

d) **Reduktion der Nephridien.** Sie sind bei den Euarthropoden auf ein oder zwei Paar im Vorderkörper beschränkt oder fehlen.

3. Etappe: Nach Aufspaltung der Euarthropoden in die Hauptgruppen treten in mehreren Linien unabhängig parallele Umbildungen auf, die dadurch für höhere Arthropoden charakteristisch sind, den Primitivformen der Hauptlinien jedoch meist fehlen.

a) Die Körpergliederung wird ungleichmäßig (heteronom), es entstehen Segmentgruppen (**Tagmata**, Singular: **Tagma**).

b) Von den fünf oder sechs Extremitätenpaaren, die dem Kopf angehören, wandeln sich die hinteren zu **Mundgliedmaßen** um, die für die spezielle Nahrungsaufnahme umgestaltet sind.

c) **Tracheensysteme** werden mehrfach unabhängig entwickelt.

d) **Malpighi'sche Gefäße.** Mit der Reduktion der Nephridien und demgemäß dem Zurücktreten der Abgabe von Flüssigkeiten entstehen Exkretionsorgane mit wassersparender Exkretion. Es sind Blindschläuche des Darmes, die an der Grenze Mitteldarm/Enddarm entstehen. Sie sind bei Antennaten und Arachniden unabhängig entstanden und finden sich auch gelegentlich bei Crustaceen.

e) **Superfizielle Furchung** (Abb. 150). Während sich primitive und viele vivipare Arten total furchen, dominiert ansonsten die superfizielle Furchung.

Protarthropoda

Cuticula dünn und weich, Extremitäten schwach gegliedert, einästige Stummelfüße. Mit Hautmuskelschlauch, Muskulatur schräggestreift, Bauchnerven weit voneinander getrennt, kaum gegliedert. Metanephridienpaare zahlreich, segmental, mit Bewimperung. Seitenaugen sind Blasenaugen.

Onychophora (Abb. 247). Sie sind die einzigen rezenten Protarthropoden. Als Landtiere bewohnen sie mit etwa 150 Arten die Feuchtgebiete der Südkontinente und dringen nur lokal in die Nordhemisphäre vor. Ursprünglich sind die bewimperten, segmentalen Nephridien, der schichtenreiche Hautmuskelschlauch aus schräggestreiften Muskelzellen, die einfachen Blasenaugen, das Fehlen des Platten- und Röhrenskelets der Cuticula. Sondermerkmale sind die zahlrei-

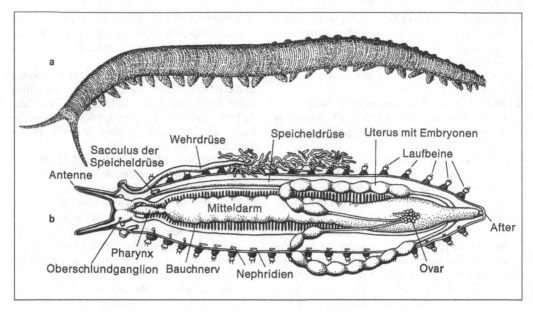

Abb. 247 Onychophora. **a)** *Macroperipatus*, **b)** *Peripatus*, weibliches Tier, dorsal aufpräpariert

chen kleinen Tracheenbüschel, die Differenzierung der Mundwerkzeuge zu Mundhaken und zu Oralpapillen (auf denen die umfangreichen Wehr- oder Schleimdrüsen münden, deren Sekret bei Verteidigung und Beutefang in Form langer, klebriger Fäden ausgespritzt wird) sowie die Reduktion des Arteriensystems. Spermatophorenübertragung. Die Embryonen werden oft (eine Seltenheit bei Arthropoden) durch eine Placenta vom Mutterkörper ernährt. *Peripatus, Peripatopsis, Cephalofovea.*

Von manchen Autoren werden verschiedene paläozoische Fossilien als enge Verwandte der Onychophoren interpretiert, z. B. *Aysheaia* (Abb. 249a) aus Kanada und *Xenusion* aus Deutschland.

Euarthropoda

Plattenskelet, echte Gliederfüße, Facettenaugen, gegliederte Bauchganglienkette, nur ein bis zwei Nephridienpaare, quergestreifte Muskulatur.

Körpergliederung: Mehrere Segmente setzen den **Kopf (Caput, Cephalon)** zusammen: 1. das Präantennalsegment, 2. das erste Antennensegment, 3. das zweite Antennensegment (= Interkalarsegment), 4. das Mandibelsegment, 5. das Segment der ersten Maxillen, 6. das Segment der

zweiten Maxillen (Labialsegment). Das Präantennalsegment ist nach Ansicht einiger Autoren extremitätenlos, andere sehen in der Oberlippe (Labrum) das Verschmelzungsprodukt seiner Extremitätenderivate.

An den Kopf schließt sich ein Abschnitt (**Thorax**) mit Lokomotionsextremitäten an, es folgt ein weiterer, oft extremitätenloser Bereich (**Abdomen**).

Prostomium und Pygidium sind vorhanden, werden aber gemeinhin **Acron** und **Telson** genannt.

Extremitäten: Die Euarthropodenbeine unterscheiden sich scharf von den Parapodien der Anneliden. Als primitiv wird eine Extremität mit einer gegliederten Hauptachse sowie Außen- und Innenanhängen (**Exo- und Endopoditen**) angesehen. Von der Hauptachse nach innen vorspringende **Endite** können als Kauladen dienen (an den Mundwerkzeugen) oder auch als Kiemen (dann auch **Epipoditen** genannt und weiter hinten im Körper liegend).

Sinnesorgane: Die Seitenaugen sind als **Facettenaugen** ausgebildet (Abb. 248a), außerdem kommt oft noch ein medianes, vierteiliges **Naupliusauge** hinzu (**Ocellen**). Mit ihren cuticularen Corneae sind die Facettenaugen fest in den Chitinpanzer

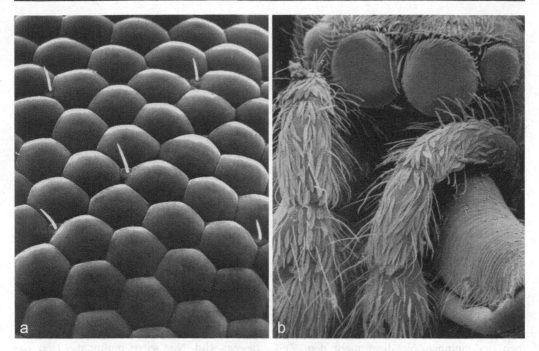

Abb. 248 Rasterelektronenmikroskopische Aufnahmen von Arthropodenaugen. **a)** Facettenauge einer Ameise *(Myrmica)*, Vergr. 900×, **b)** Augen einer Springspinne *(Salticus)*, Vergr. 25×

eingebaut, d. h., sie sind unbeweglich. Auf zwei Wegen wird aber, besonders bei Krebsen, eine Bewegbarkeit der Augen erreicht: 1. Die Augen werden durch Emporwachsen der Umgebung auf Augenstiele gestellt, die dann bewegt werden können (Stielaugen der Malacostraca). 2. Die Augen werden taschenförmig ins Innere versenkt, wobei der entstandene Augensack dünnwandig wird (Phyllopoden, *Daphnia*). Facettenaugen können einerseits durch Ausbildung verschieden funktionierender Regionen komplizierter, andererseits durch Auflösung in wenige Einzelommatidien reduziert werden (Asseln, Diplopoden u. a.).

Die Medianaugen bleiben meist klein und tragen eine einheitliche Linse. Ursprünglich liegen vier Medianaugen eng zusammen am Scheitel, meist sind es nur zwei oder drei, häufig fehlen sie. Bei Krebsen sind sie oft als Naupliusauge auf die Larvenstadien beschränkt, bei Spinnentieren können sie als Hauptaugen ausgebildet (Abb. 248b) und ebenso wie bei Copepoden die einzigen Augen sein. Unter den Insekten sind sie bei den fliegenden Arten gut ausgebildet. **Stemmata** nennt man einfache Augen, die bei den Larven

holometaboler Insekten anstelle der später entstehenden Facettenaugen stehen; sie können bisweilen neben diesen bei der Imago bestehen bleiben (Culiciden).

Typische **Statocysten** sind bei Euarthropoden selten. Sie kommen fast nur bei Krebsen (Malacostraca) vor. Bei den Decapoden liegen sie als Einstülpungen an der Basis der ersten Antenne; als Statolith fungiert ein aufgenommenes Sandkorn, das nach jeder Häutung erneuert wird. Bei pelagischen Formen kann an seine Stelle eine abgeschiedene Chitinkugel treten.

Alle übrigen Sinnesorgane der Euarthropoden entwickeln sich aus **Sensillen**, die sich aus einem Cuticulaabschnitt, der von zwei Zellen (**trichogene, tormogene Zelle**) gebildet wird, und **bipolaren Sinneszellen** zusammensetzen, die distal meist eine Cilie tragen. Bei Chemoreceptoren ist die Cuticula durchbrochen, entweder in Form einer großen Öffnung am Ende eines Sinneshaares (Kontaktchemoreceptoren) oder in Form vieler kleiner Poren (Chemoreceptoren mit niedriger Schwelle). Mechanoreceptoren können als bewegliche Haare ausgebildet sein, an die basal die Cilie einer Sinneszelle herantritt, oder als

Stiftsinnesorgane (**Scolopidien,** S. 131, Abb. 66). Gemeinsam ist den Mechanoreceptoren, dass ihre Cilien auf bestimmte Weise mit der Cuticula in Verbindung stehen (Abb. 66b) und dass sich in der Cilienspitze häufig viele zur Längsachse parallele Tubuli (**Tubularkörper**) befinden, denen man Beteiligung an der Reiztransformation zuschreibt. Die Stiftsinnesorgane liegen oft serial in Rumpf, Extremitäten und Fühlergliedern, häufig als saitenartige **Chordotonalorgane:** Druck, Zug und Vibration sind die adäquaten Reize. Aus ihnen entwickeln sich auch die Gehörgänge der Insekten, die entsprechend der weiten Verteilung der Stiftsensillen an ganz verschiedenen Körperstellen entstehen, selbst innerhalb einer Ordnung, bei Schmetterlingen z. B. am Thorax oder Abdomen, bei Orthopteren an den Tibien der Vorderbeine oder am Abdomen. In ihrer Konstruktion sind sie einfacher als die entsprechenden Organe der Wirbeltiere.

Lauterzeugung ist bei Euarthropoden weit verbreitet, nicht nur bei Insekten, sondern auch bei Krebsen (Pistolenkrebs, *Alpheus*), Skorpionen und Spinnen. Sie dient meist dem Zusammenfinden der Geschlechter bzw. Artgenossen, oft aber auch als Schrecklaut.

Atemorgane: a) **Kiemen.** Die Euarthropoden sind primär Meerestiere. Wir finden daher bei ihnen zunächst Kiemen, sofern nicht geringe Körpergröße die Ausbildung spezieller Atmungsorgane überflüssig macht. Die primären Kiemen der Arthropoden sind Außenanhänge (Epipoditen) der Basalglieder der Beine (Subcoxa, Coxa). Nicht selten treten bei Krebsen sekundäre Kiemen an verschiedenen Stellen auf, oft nach Rückbildung der primären, oft auch gleichzeitig mit ihnen. So werden die Abdominalbeine (Pleopoden) oder Teile von ihnen (Exopodit, Endopodit) Respirationsorgane und können von einem deckelartig umgebildeten Beinpaar überdacht werden (Isopoden).

b) Die Ausbildung der **Luftatmungsorgane** ist verschiedene Wege gegangen. Die **Fächertrachee** der Spinnentiere ist direkt aus Kiemen entstanden. Bei Landkrabben und -einsiedlerkrebsen wird die Kiemenhöhle ebenso wie bei Schnecken zur Lunge, indem die Kiemen reduziert werden und das Wandepithel respiratorische Funktion übernimmt. Bei Landasseln entstehen an den erst als Kiemen dienenden Abdominalbeinen durch Einstülpungen Luftsäcke (**weiße Körper**). Die

charakteristischen Atmungsorgane der Landarthropoden sind die **Tracheen** (Abb. 122).

Euarthropoden haben in großer Zahl sekundär das Wasser wiederbesiedelt, fast ausschließlich das Süßwasser (Hydracarinen, *Argyroneta* unter den Spinnen, Wasserkäfer und -wanzen, viele Insektenlarven). Wir treffen unter ihnen alle Übergangsstadien von reiner Luftatmung bis zu Wasseratmung mit Blutkiemen (Trichopteren-, Dipterenlarven).

Darmkanal: Zum Aufbau des Darmkanals s. S. 222.

Blutgefäßsystem: Das Blutgefäßsystem der Euarthropoden ist offen. Oft ist nur noch ein Rückengefäß bzw. Herz übrig (Krebse: Cladoceren, Copepoden; z. T. Insekten, Milben u. a.). Bei kleinen Arthropoden kann schließlich auch noch das Herz verschwinden (Copepoden, Ostracoden, Milben), sodass das Blut nur in Gewebslücken zirkuliert und hier durch die Darmperistaltik (Copepoden) oder die Körpermuskulatur bewegt wird. Nur selten nimmt das Herz das gesamte Rückengefäß ein *(Artemia),* die meisten Gruppen konzentrieren das Herz auf die Mittelregion des Gefäßes, sodass es schließlich ein sackförmiges muskulöses Organ mit nur wenigen Ostien bildet (Krebse: Eucariden, Cladoceren; Spinnen: Acari; Insekten: Pediculidae u. a.). Der vor dem Herzen gelegene Teil des Dorsalgefäßes wird Aorta cephalica oder anterior genannt, seltener schließt sich hinten ans Herz noch eine Aorta caudalis oder posterior an.

Das Blut enthält verschiedene Zellen. Als respiratorisches Pigment kommt Hämocyanin vor (Merostomata, Arachnida, Crustacea, Myriapoda). Den Insekten fehlen im Allgemeinen Sauerstoffträger (Ausnahme: Hämoglobin bei Chironomiden- und *Gasterophilus*-Larven).

Exkretionsorgane: Wie bei anderen Tierstämmen können auch bei Euarthropoden Bildung und Abgabe von Exkreten von verschiedenen Organen und Geweben (Haut, Darm, Kiemen usw.) ausgeübt werden. Als Exkretionsorgane im engeren Sinne kommen die von den Anneliden ererbten **Metanephridien** und die vom Darm aus neugebildeten **Malpighi'schen Gefäße** in Betracht. Bei den Euarthropoden werden höchstens vier Paar Nephridien angelegt, davon funktionieren meist nur zwei, selten fehlen auch diese (Pantopoden, Geophilomorpha). Bei den Mandibulaten bleiben sie nur im Kopf erhalten und funktionieren bei Crustaceen als **Antennenniere** (Segment der 2. Antennen) und als **Maxillarniere** (Segment der 2. Maxillen). Bei den Antennaten ist mit den 2. Antennen auch die Antennenniere verschwunden. Bei den Cheliceraten gehören die Nephridien dem 3. und besonders dem 5. Extremitätenpaar an. Das vordere dieser Paare entspricht dem Segment der 2. Maxillen der Mandibulata, das hintere gehört dem Thorax an.

Während die Nephridien innerhalb der Euarthropoden zunehmend zurücktreten, wird die exkretorische Tätigkeit des Darmes gesteigert (**Malpighi'sche Gefäße**). Diese sind stark ausgebildet bei Spinnentieren und Antennaten. Bei den ersteren sind es hintere Blindschläuche des Mitteldarmes, bei den Antennaten Ausstülpungen des ectodermalen Enddarmes. Ihre Zahl schwankt bei Insekten von 0–150. Ebenso wie die Maxillarnephridien oder auch die Nieren mancher Fische (Stichling) können sie über Funktionserweiterung zu Spinn- und Klebdrüsen werden, z. B. bei Neuropterenlarven und Käfern.

Gonaden: Die Euarthropoden sind bis auf wenige Ausnahmen getrenntgeschlechtig. Die Gonaden sind aus den Gonadenbereichen mehrerer Segmente durch Vereinigung entstanden.

In Längsrichtung des Körpers können sich die Gonaden über verschiedene Bezirke vom Kopf bis zum Rumpfende erstrecken, auch werden sie in Körperanhänge verlagert (bei Pantopoden in die Beine, bei manchen Ostracoden in die Schale, die Ovarien der gestielten Cirripedier liegen im Kopfstiel, die Hoden vieler Cirripedier auch in den Beinen). Einrichtungen für Nährstofflieferung an die Eier sind selten. Bei Phyllopoden (Cladoceren) sind einem Ei meist drei degenerierende Eizellen als Nährzellen beigegeben, unter den Insekten entstehen die polytrophen und telotrophen Eiröhren (Abb. 138f).

System: Während sich die rezenten Euarthropoden zwanglos in Chelicerata und Mandibulata gliedern lassen, gibt es viele fossile Formen unsicherer Stellung. Einige sind in Abb. 249 zu sehen.

A Trilobitomorpha

Die Trilobiten waren die beherrschende Tiergruppe der paläozoischen Meere. Über die Hälfte der aus dem Kambrium bekannten Fossilien sind

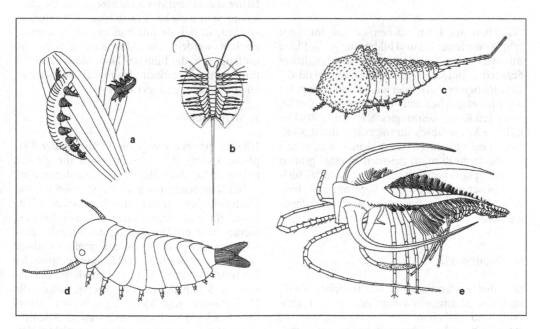

Abb. 249 Rekonstruktion kambrischer Arthropoden, deren Einordnung in das System der rezenten Formen bisher nicht vollständig gelungen ist. **a)** *Aysheaia*, **b)** *Burgessia*, **c)** *Habelia*, **d)** *Sidneyia*, **e)** *Marrella*

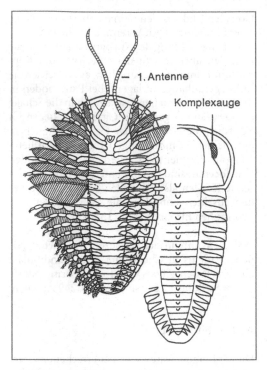

Abb. 250 Trilobitomorpha. Links: Ventralansicht, rechts: Dorsalansicht

Trilobiten, im Perm starben sie aus. Ihr Kopf trägt Komplexaugen und bildet eine große Platte mit weit gehender Markierung ursprünglicher Segmente. Ihnen gehören ventral ansitzend die 1. Antennen und drei oder vier Gliedmaßenpaare an, die, abgesehen von ihrer geringen Größe, noch den Rumpfbeinen gleichen (Abb. 250). Der mittlere Körperabschnitt trägt die Beine, das Telson ist bei primitiven Arten klein. Oft ist es mit den hinteren Rumpfsegmenten zu einer großen Schwanzplatte verschmolzen. Im Extremfall bleiben zwischen ihr und dem Kopf nur zwei freie Rumpfsegmente. *Agnostus, Asophus, Ellipsocephalus.*

B Chelicerata

Die Cheliceraten stammen von Trilobiten ab; sie umfassen Merostomata, Arachnida sowie Pantopoda und enthalten über 70 000 beschriebene Arten. Sie sind durch folgende Merkmale charakterisiert: Die 1. Antennen werden völlig redu-

ziert, die 2. Antennen werden zu dreigliedrigen **Scheren** (= **Cheliceren**) umgeformt. Zwei Segmente des Rumpfes werden dem Kopfschild mehr oder minder eng angeschmolzen. Dadurch entsteht als neuer Vorderkörper das **Prosoma** (Cephalothorax). Nur die Extremitäten des Prosoma bleiben lange, gegliederte Beine, die des Hinterkörpers (**Opisthosoma, Abdomen**) werden umgebildet bzw. reduziert. So behalten die Cheliceraten im Normalfall sechs Extremitätenpaare, die Cheliceren und fünf Schreitbeinpaare, von denen das vorderste jedoch oft in eine Schere oder einen **Taster** umgebildet und nicht mehr an der Fortbewegung beteiligt ist (**Palpen, Pedipalpen**). Die Geschlechtsöffnung ist auf dem 2. Segment des Hinterkörpers lokalisiert. Die Nephridien werden auf ein oder zwei Paare im Vorderkörper beschränkt. Sie münden meist am 3. und 5. Extremitätenpaar. Das Herz liegt im Opisthosoma und ist an elastischen Bändern (Ligamenten) im weitlumigen Perikardialsinus aufgehängt. Flügelmuskeln fehlen; die Diastole wird durch die Ligamente bewirkt. Die Beine besitzen oft ein besonderes Glied (**Patella**). Ursprüngliche Charaktere bewahren die Cheliceraten in dem extremitätenähnlichen Bau der Mandibeln und Maxillen, die hier noch Palpen bzw. Schreitbeine bleiben. Primitiv sind wohl ferner das Fehlen des Kristallkegels in den Seitenaugen und die hohe Ausbildung des Arteriensystems, in der sie nur von manchen Krebsen erreicht werden. Die Mitteldarmdrüsen sind umfangreich, die hinteren Darmblindschläuche fungieren exkretorisch (Malpighi'sche Gefäße). Die Entwicklung ist meist direkt.

1. Merostomata

Hierher gehören rezent die **Pfeilschwänze** (**Xiphosura,** Abb. 251a–c) und fossil die großen paläozoischen Eurypterida (Gigantostraca, Abb. 251d). Kennzeichen ersterer sind Ausbildung von Hinterleibsextremitäten als plattenartige Blattbeine, die zum Schwimmen und zur Atmung dienen, und die Verlagerung des Mundes zwischen die Schreitbeine, die mit großen Enditen (Kauladen) versehen sind. Das erste Beinpaar des Hinterleibes bildet eine Art Unterlippe (**Chilaria**). Die Seitenaugen bleiben Facettenaugen, die Medianaugen sind klein. Vorkommen: Meer- und Brackwasser, nordamerikanische Atlantikküste *(Limulus)*, indomalaiischer Archipel (*Tachypleus, Carcinoscorpius,* »Molukkenkrebse«).

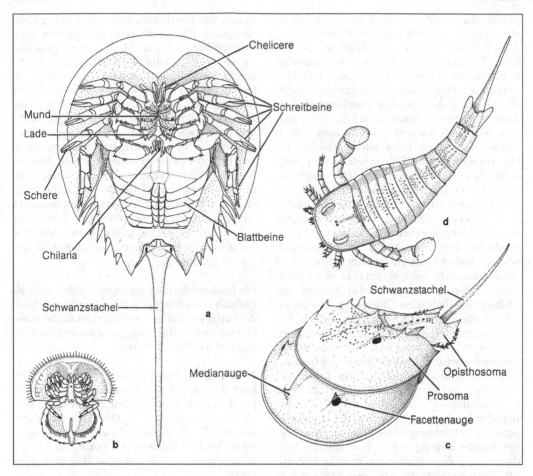

Abb. 251 Merostomata. **a–c)** *Limulus*. **a)** Ventralansicht, **b)** Larve, **c)** Häutung. Im Unterschied zu den meisten anderen Arthropoden kann sich *Limulus* während des Häutungsvorganges fortbewegen, **d)** *Eurypterus*

In großen Mengen werden Xiphosura gefangen: Örtlich werden sie von Menschen verzehrt, außerdem gebraucht man sie in der Geflügelmast und als Köder für Aale. Neuerdings steigt der Bedarf in der biomedizinischen Forschung (In-vitro-Test für Bakterienendotoxine u. a.).

Die **Eurypterida** (**Gigantostraca**) lebten vom Ordovizium bis zum Perm in Meer-, Brack- und Süßwasser. Unter ihnen finden sich die größten bekannten Arthropoden von über 2 m Länge. Sie waren offenbar rasche Schwimmer und lebten als Räuber. Die Cheliceren sind Scheren, die anderen Extremitäten sind in unterschiedlicher Weise zu Greif- und Schwimmfüßen umgestaltet.

2. Arachnida (Spinnentiere)

Sie gehören zu den ältesten Landtieren und waren bereits in Devon und Karbon in die Hauptgruppen differenziert. Viele Besonderheiten ergeben sich aus dem Landleben. Die Kiemen werden zunächst durch Einstülpung zu **Fächertracheen;** diese werden aber in vielen Ordnungen durch **Röhrentracheen** verschiedener Herkunft ersetzt, die schließlich bei den Solifugen mit Längskanälen verbunden sind und so dem Tracheensystem vieler Insekten gleichen. Der Mund wird von **Laden** überdacht, die einen Vorraum bilden, in dem bereits eine Nahrungsvorverdauung stattfinden kann. Die Laden werden meist von den Palpen (2. Extremitätenpaar), bei Skorpionen aber von den beiden folgenden Beinpaaren gebildet. Die **Cheliceren** sind kleine Scheren, Klauen (bei Webspinnen mit Giftdrüse) oder Stilette, die nächsten Extremitäten des **Prosomas** wechseln von **Laufbeinen** (Solifugae, z. T. Opiliones) zu mächtigen **Scheren** (Skorpione, Pseudoskorpione), hakenbesetzten **Fangbeinen** bis zu **Tastern** (Araneen). Die übrigen Beine des Prosomas bleiben Schreitbeine, bei einigen Milben werden die letzten Paare zurückgebildet. Am **Opisthosoma** fehlen Extremitäten am 1. Segment, die des 2. bilden **Genital- oder Lungendeckel**, die des 3. bei Skorpionen die gefiederten **Kämme**, sonst oft Lungendeckel, die des 4. und 5. Segmentes bei den Araneen die **Spinnwarzen**, bei Skorpionen sind sie ebenso wie am 6. und 7. Lungendeckel. Der Hinterkörper ist ursprünglich reich gegliedert, bei Skorpionen besteht er aus 13 Segmenten. Sehr rasch verkürzt er sich jedoch, wird sackförmig und verliert bei Araneen und Milben äußerlich seine Gliederung. Die **Augen** (Abb. 248b) sind nie Facettenaugen. Sie bestehen aus cuticularer Linse, epidermalem (zelligem) Glaskörper und everser oder inverser Retina. Hautsinnesorgane, besonders bewegliche Tast- und Vibrationshaare (**Trichobothrien**), sind reich entwickelt. Das **Nervensystem** erfährt eine starke Konzentration. Die oft komplizierten Gonaden münden konstant am 2. Segment des Hinterkörpers. Die Befruchtung ist eine innere, die Art der **Spermaübertragung** ist jedoch verschieden, z. T. durch einen Penis (Opiliones, manche Milben), oft durch Extremitäten (bei den Araneen z. B. durch die Palpen, bei manchen Solifugen und Milben durch die Cheliceren). Die Skorpione, Pseudoskorpione und manche Milben setzen Spermatophoren auf der Unterlage ab, die vom Weibchen aufgenommen werden. **Brutpflege** ist häufig, echte Viviparie kommt nur bei Skorpionen und einigen Milben vor. Der **Lebensraum** der Arachnida umfasst nahezu alle Lebensräume des Landes; sekundär ins Süßwasser und ins Meer sind einige Familien der Milben und Webspinnen vorgedrungen. Nur bei Milben treffen wir Parasiten und Pflanzenschädlinge.

1. Scorpiones (Abb. 252a). Die Skorpione haben ihren Bauplan seit dem Silur fast unverändert bewahrt. Sie bewohnen mit über 1 200 Arten die warmen Zonen aller Erdteile. Innerhalb der Arachniden haben sie viele primitive Charaktere bewahrt: die volle Gliederung des Hinterkörpers, die hohe Zahl der Fächerlungen (vier

Paare), das Bauchmark mit sieben freien Ganglienpaaren im Hinterkörper. Primitiv sind auch die hohe Zahl der Ostien des Herzens und das reich entwickelte Blutgefäßsystem. Sondercharaktere sind die Umbildung der Extremitäten des 3. Hinterkörpersegments in die **Kämme** (**Pectines**), die mit Sinneszellen besetzt sind, die Ausbildung des **Schwanzstachels** als Giftstachel und die Entwicklung. Die Embryonen wachsen entweder in Blindsäcken der Ovarien oder in den Eileitern heran und werden vom Mutterkörper ernährt (Viviparie). Einige Arten sind für den Menschen gefährlich. Man rechnet mit etwa 150 000 Unfällen durch Skorpione pro Jahr; davon ereignen sich 40 000 in Mexiko. Die Zahl der Todesfälle nach Skorpionsstichen wird auf über 1 000/a geschätzt. *Buthus* und *Euscorpius* in Südeuropa.

Die beiden folgenden Gruppen werden auch als **Pedipalpi** zusammengefasst. Gemeinsam ist ihnen der Besitz von ein bis zwei Paar Coxaldrüsen, ein bis zwei Paar Fächerlungen und einem Paar Malpighi'sche Gefäße. 400 Arten.

2. Uropygi (Geißelskorpione, Abb. 252b). Habituell den Skorpionen ähnlich. Pedipalpen wie bei diesen als Greifwerkzeuge entwickelt; vielgliedrige Schwanzgeißel. Die Geißelskorpione laufen auf sechs Beinen; die auf die Pedipalpen folgenden Extremitäten sind Tastorgane. In warmen Klimaten. *Mastigoproctus* (bis über 7 cm lang).

3. Amblypygi (Geißelspinnen, Abb. 252c). Körper stark abgeflacht. Pedipalpen als Greifwerkzeuge ausgebildet, die darauf folgenden Extremitäten als lange, bis 30 cm messende Tastorgane. Tropen und Subtropen. *Heterophrynus.*

4. Palpigradi (Abb. 230d). Diese etwa 80 Arten umfassende Gruppe sehr kleiner Arachniden (0,6–2,8 mm lang) gehört in die Nähe der Pedipalpi. Ihnen fehlen Augen und die für andere Arachniden typischen Atmungsorgane. Am Opisthosoma drei Paar Ventralsäckchen, denen eine Funktion beim Gasaustausch zugeordnet wird. Feuchtlufttiere in warmen Regionen. *Koenenia.*

5. Araneae (Webspinnen, Abb. 253). Mit etwa 38 000 Arten sind die Webspinnen eine artenreiche Gruppe.

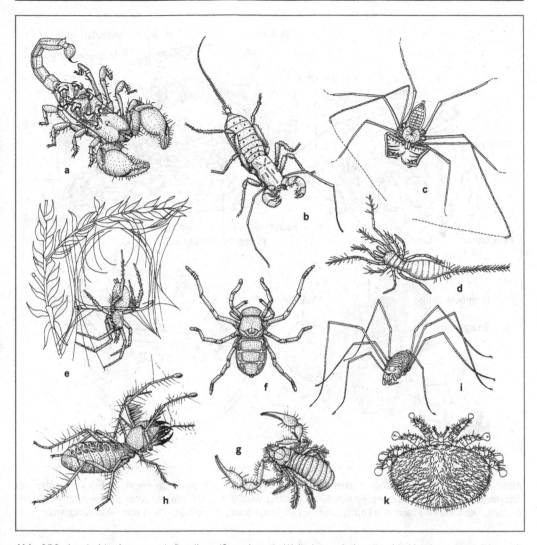

Abb. 252 Arachnidenformen. **a)** *Pandinus* (Scorpiones), Weibchen mit Jungen, **b)** *Mastigoproctus* (Uropygi), **c)** *Heterophrynus* (Amblypygi), **d)** *Koenenia* (Palpigradi), **e)** *Argyroneta* (Wasserspinne; Araneae), **f)** *Ricinoides* (Ricinulei), **g)** *Neobisium* (Pseudoscorpiones), **h)** *Galeodes* (Solifugae), **i)** *Opilio* (Weberknechte, Opiliones), **k)** *Varroa* (Bienenmilbe; Acari)

Sondercharaktere sind die **Giftdrüsen** in den Cheliceren, die die Beutetiere töten, und die vielgestaltigen und umfangreichen **Spinndrüsen**, die weite Teile des Hinterleibes erfüllen. Sie münden auf den **Spinnwarzen**, umgebildeten Extremitäten des 4. und 5. Hinterleibsegmentes. Jede Extremitätenanlage zerfällt in eine äußere und innere Spinnwarze, sodass ursprünglich vier Paare vorhanden sind *(Liphistius)*. Meist sind sie von der Mitte des Hinterleibes an dessen Hinterende verlagert. Das Sekret dient zur Bildung des Eikokons, zum Wohnröhrenbau, zum Ausschießen von Flug- und Fangfäden sowie zum Fangnetzbau.

Spinnwebfäden existieren in mehreren Typen und sind nicht einheitlich gebaut. Fäden aus Netzen können eine Dicke von 1/100 mm erreichen (andere sind weniger als 1/1 000 mm dünn) und sind stark zugbeanspruchbar. Ihre Festigkeit liegt bei 20–60 kp/mm², ihre Reißlänge übertrifft die

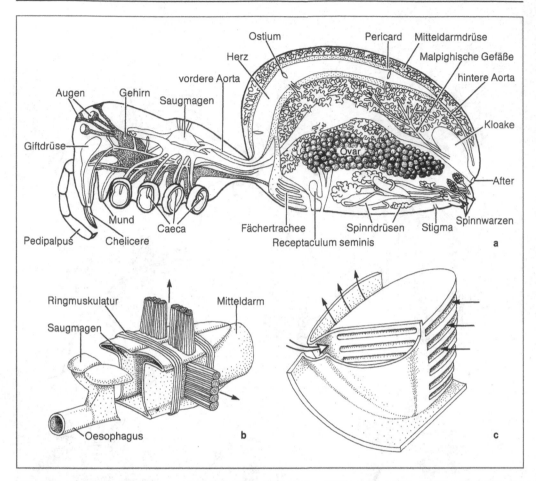

Abb. 253 a) Organisationsschema einer Webspinne (Araneae); Laufbeine abgetrennt. **b)** Blockdiagramm des Saugmagens, der durch Muskelzüge erheblich erweitert werden kann (Pfeile). **c)** Blockdiagramm einer Fächertrachee. Der helle Pfeil zeigt den Lufteinstrom in den Atemvorhof, die dunklen Pfeile den Hämolymphstrom

normalen Stahles. Fangfäden können mit Klebsekret überzogen sein (ecribellate Spinnen), oder sie stellen Doppelfäden dar, auf die eine dünne Fangwolle aufgelegt wurde (cribellate Spinnen).

Ein wesentlicher Bestandteil der Spinnwebfäden sind Aminosäuren mit kurzen Seitenketten. Polymerisation und paralleles Ausrichten der Moleküle sind wichtige Vorgänge beim Austritt des Sekretes aus den Drüsen.

Das Gift mancher Spinnen wirkt auch auf den Menschen nachhaltig. Ein besonders starkes Toxin produziert *Phoneutria*, die früher mit Bananenladungen aus Brasilien auch nach Europa gelangt ist. Das Neurotoxin bewirkt Tod binnen zwei bis fünf Stunden.

Innerhalb der Araneen geht die äußere Segmentierung des Hinterleibes verloren; neben Fächertracheen spielen Röhrentracheen eine wichtige Rolle. Die weibliche Genitalöffnung wird kompliziert, die Zahl der Hinterleibsganglien und Herzostien vermindert.

Die Araneen sind Landtiere, jedoch jagen einige auf der Wasseroberfläche *(Pirata, Dolomedes)*. Die Wasserspinne *Argyroneta* baut eine luftgefüllte Wohnglocke unter Wasser (Abb. 252e), andere Gattungen dringen in die Gezeitenzone der Meere vor. Der Begriff Spinne ist so eng mit der Vorstellung eines Fangnetzes verbunden, dass hier betont werden muss, dass nur ein Teil der Arten Fallensteller ist. Viele Arten jagen ihre

Beute (Wolfsspinnen, Vogelspinnen, Springspinnen). Die Fangnetze beginnen mit einem einfachen Fadengewirr, viele bauen nur Flächennetze und nur wenige Familien (Araneidae, Uloboridae) Radnetze nach Art der Kreuzspinne (*Araneus*). In ihnen werden v. a. kleine, langsam fliegende Insekten wie Blattläuse und Mücken gefangen.

Die Männchen sind im Allgemeinen kleiner als die Weibchen. Sie setzen das Sperma zunächst auf ein gesponnenes Netz und füllen es von hier in die umgestalteten Palpen, die in die weibliche Genitalöffnung eingeführt werden. Das Männchen wird bisweilen bei Annäherung oder nach der Kopulation vom Weibchen gefressen. Die Eier werden zu einem Kokon umsponnen, der häufig bewacht und bisweilen am Körper befestigt oder mit den Cheliceren getragen wird. Viele Arten, v. a. Jungtiere, werden an Fäden angeheftet durch Luftströme transportiert (Altweibersommer).

6. Pseudoscorpiones (Afterskorpione, Abb. 252g). Diese über 3 000 Arten umfassende Ordnung kleiner Tiere (1 cm) ähnelt durch ihre großen, scherenförmigen Palpen äußerlich den Skorpionen, steht ihnen aber im Körperbau fern. Primitiv sind der zwölfgliedrige Hinterleib mit seinem gut entwickelten 1. Segment, das breit dem Prosoma ansitzt, sowie die scherenförmigen Cheliceren. Spezialbildungen sind die Umwandlung der Lungen in Büscheltracheen, die meist am 3. und 4. Hinterleibssegment münden, die Giftdrüsen in den Palpenscheren und die Spinndrüsen in den Cheliceren, deren Sekret für den Bau eines Häutungsnetzes dient. Medianaugen fehlen. Eigenartig ist die Fortpflanzungsbiologie. Bei manchen Arten gibt es einen Balztanz, in dessen Verlauf das Männchen große Drüsenschläuche vorstülpt und gestielte Spermatophoren auf dem Boden absetzt, die das Weibchen aufnimmt. Die Eier bleiben in einem Brutsack vor der Genitalöffnung, dessen Wandung von der Vagina sezerniert wird. Die Embryonen bilden ein muskulöses Saugorgan, mit dem sie eine Nährflüssigkeit der Mutter aufnehmen, die diese im Ovar synthetisiert. Die Pseudoskorpione leben in allen Erdteilen in der Laubschicht, unter Rinde, oft in Nestern, und der Bücherskorpion war oft Einmieter in Bibliotheken. Er ernährt sich, wie fast alle Arten, von kleinen Insekten (Staubläusen) und Milben. Einige Arten dringen in die Gezeitenzone vor. *Chernes, Neobisium* (Abb. 252g).

7. Opiliones (Weberknechte, Abb. 252i). Diese Gruppe umschließt über 6 000 Arten. Relativ ursprünglich sind die dreigliedrigen, scherenförmigen Cheliceren und die bisweilen noch beinartigen Palpen. Abgeleitete Merkmale sind die hochentwickelten Medianaugen (Seitenaugen fehlen), das umfangreiche Tracheensystem, der Penis, dem beim Weibchen eine Legeröhre entspricht. Es findet eine direkte Samenübertragung statt. *Siro, Phalangium, Opilio* (Abb. 252i).

8. Solifugae (Walzenspinnen). Große räuberische Spinnentiere, die mit über 1 000 Arten besonders Steppen und Wüsten besiedeln. *Rhagodes, Galeodes* (Abb. 252h).

9. Ricinulei (Kapuzenspinnen). Etwa 60 Arten umfassende Gruppe blinder, langsamer Tiere in den Tropen Afrikas und Amerikas, deren ersten Jugendstadien wie bei Milben das letzte Beinpaar fehlt. *Ricinoides* (Abb. 252f).

10. Acari (Milben, Abb. 252k, 254). Die Milben sind die größte Gruppe der Spinnentiere (über 40 000 beschriebene Arten) und stellen die kleinsten Individuen (meist 1–2 mm lang). Ihre Organisation zeigt viele Rückbildungen. Arterien fehlen, zumeist auch das Herz. Das Nervensystem bildet eine einheitliche, vom Vorderdarm durchbohrte Masse. Die hinteren Beinpaare sind oft reduziert. Trotz dieser vereinfachten Grundorganisation haben die Milben eine enorme ökologische Anpassungsfähigkeit bei großer Artenzahl erworben. Der Bereich ihrer Nahrung (Räuber, Pflanzenfresser, Tierparasiten, Gallenbildner) und ihrer Lebensräume (Land, Süßwasser, Meer) ist größer als der anderer Ordnungen; es gibt fast keinen Lebensraum, der nicht von Milben besiedelt ist. Besonders reichhaltig ist die Milbenfauna der Böden; selbst in Spalten zwischen verbauten Steinen treten sie auf (Abb. 173). Es lässt sich eine Reihe von Sonderbildungen beobachten. Im Mundbereich sind Cheliceren- und Palpensegment zu einem neuen Abschnitt, dem **Gnathosoma**, zusammengefasst, der gegen den übrigen Körper (**Idiosoma**) bewegbar und oft einziehbar ist. Der Hinterleib ist in breiter Fläche mit dem Prosoma verschmolzen und fast stets unsegmentiert. Die Entwicklung lässt sich auf folgendes Grundschema zurückführen: auf eine **Larve** mit nur drei Beinpaaren (das hintere fehlt) folgen drei **Nymphenstadien** mit voller Beinzahl (Proto-, Deuto- und Trito-

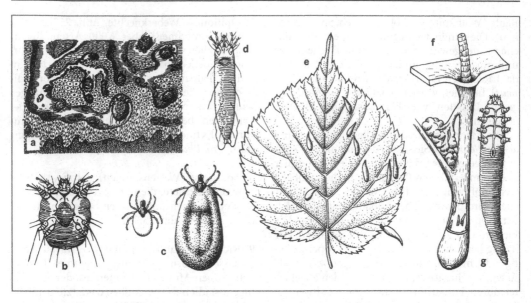

Abb. 254 Parasitische Milben. **a)** Schnitt durch die Epidermis eines Menschen, die von Krätzmilbengängen durchzogen wird; **b)** Krätzmilbe *(Sarcoptes scabiei)*, **c)** Zecke (Holzbock, *Ixodes ricinus)*, Weibchen in hungerndem Zustand und mit Blut vollgesogen; **d)** Gallmilbe *(Eriphyes)*, **e)** Lindenblatt mit Gallen, die von *Eriophyes tiliae* hervorgerufen wurden, **f)** Haar eines Menschen mit Talgdrüse und ansitzendem Muskel. Im unteren Teil wurde der Haarfollikel eröffnet, um Haarbalgmilben zu zeigen, die sich hier von Talg ernähren, **g)** Haarbalgmilbe *(Demodex folliculorum)*. Unterschiedliche Maßstäbe

nymphe), dann das erwachsene Tier. Beim Übergang von einem Stadium zum anderen tritt häufig eine Ruhepause mit teilweiser Organauflösung und -neubildung auf. Unter den Milben gibt es zahlreiche Parasiten des Menschen, z. B. die 0,5 bis 0,7 mm lange, gestreckte Haarbalgmilbe *Demodex folliculorum* (Abb. 254f, g) in Talgdrüsen und die 0,2–0,4 mm lange Krätzmilbe *Sarcoptes scabiei* (Abb. 254a, b), die Gänge in der Haut bohrt. Schildzecken (Ixodidae, Abb. 254c), Lederzecken (Argasidae) und die Larven der Laufmilben (Trombiculidae) sind Blutsauger und übertragen verschiedene Krankheiten (S. 404). Schaden an Vorräten werden v. a. durch Tyroglyphiden hervorgerufen: Mehlmilbe *(Acarus siro = Tyroglyphus farinae)* in feuchtem Mehl; Käsemilbe *(Tyroglyphus casei)* an Käse, wird zur Bereitung von speziellem Käse (in Würchwitz, Sachsen-Anhalt) gezüchtet; Hausmilbe *(Glycyphagus domesticus)*. *Dermatophagoides* (Hausstaubmilbe, Abb. 50c) kann Allergien hervorrufen. An Nutzpflanzen sind v. a. Spinnmilben (Tetranychidae), Tarsonemidae und Gallmilben (Eriophyidae, Abb. 254d, e) schädlich. In der Bienenhaltung Mitteleuropas sorgt *Varroa jacobsoni*

seit Jahren für Unruhe. Diese Milbe wurde aus Asien eingeschleppt, wo sie in den Völkern der östlichen Honigbiene *(Apis cerana)* als harmloser Mitbewohner lebt, und schädigt westliche Honigbienen *(Apis mellifera)*, indem sie insbesondere an Larven und Puppen Haemolymphe saugt. In Deutschland ist die Anzahl der Bienenvölker durch *Varroa* von 1 Million auf 600 000 zurückgegangen.

3. Pantopoda (Asselspinnen)

Pantopoda umfassen über 1 000 Arten. Sie sind bizarre Bewohner des Meeresbodens, v. a. der Bewuchszone. Das Fehlen der 1. Antennen und die Umbildung der 2. Gliedmaßen zu einer Schere sowie der Besitz einer Patella rechtfertigen die Einordnung in die Chelicerata. Die Reduktion des Abdomens zu einem kleinen Stift ist eine späte Sonderbildung, die devonischen Palaeopantopoden besitzen noch ein umfangreiches Abdomen. Primitiver als bei anderen Cheliceraten ist die Entwicklung. Sie beginnt mit einer wenig segmentierten Larve (**Protonymphon**, Abb. 255b). Primitiv sind vielleicht die Gonaden-

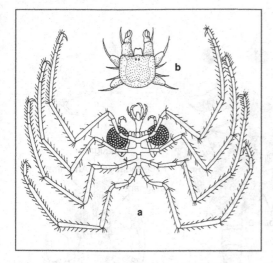

Abb. 255 Pantopoda. **a)** *Nymphon;* Männchen, das mit den dritten Extremitäten Eiballen trägt, ca. 1 cm lang; **b)** Protonymphon-Larve

öffnungen an den Basen mehrerer Beinpaare. Das Prosoma besitzt ein bis drei Segmente mehr als das anderer Cheliceraten. *Nymphon* (Abb. 255a), *Pycnogonum*.

C Mandibulata

Den Mandibulaten sind die hinter den Antennen gelegenen Mandibeln, zwei Paar Maxillen, die Kristallkegel in den Facettenaugen, die auf die Kopfregion (Segmente der 2. Antennen und 2. Maxillen) beschränkten Nephridien und das Fehlen der Patella gemeinsam. Die Mandibulaten gliedern sich in Crustacea (Diantennata, Krebse) und Antennata (Tracheata, Eutracheata).

1. Crustacea (Krebse)

Sie umfassen über 50 000 Arten und bewahren innerhalb der Mandibulata einen recht ursprünglichen Bau: Die 2. Antennen bleiben bei ihnen bestehen, die Mandibeln tragen Teile des Beines (Taster), das Nervensystem kann noch den Strickleitertypus in reiner Form darstellen; die Zahl der Seitenarterien kann hoch sein; die Mitteldarmdrüse ist oft umfangreich. Die Entwicklung verläuft in den meisten ursprünglichen Gruppen über die **Naupliuslarve.** Diese trägt nur

drei Extremitätenpaare (1. und 2. Antennen, Mandibeln als Schwimmbeine, Abb. 154f) und geht über eine wechselnde Anzahl von Stadien (z. B. **Zoëa, Megalopa;** Abb. 154g, h) unter allmählicher Segmentzunahme in das erwachsene Tier über.

Sondercharaktere haben die Krebse v. a. durch die Kopffalte erworben, die, vom Rand des Kopfes ausgehend, mehr oder weniger weit den Rumpf bedeckt. Die panzerartige Versteifung von Kopf und Kopffalte wird als **Carapax** bezeichnet. In vielen Fällen verschmilzt sie mit einer wechselnden Zahl von Thoraxsegmenten, im Extremfall liegen an beiden Körperseiten Schalen, die den ganzen Körper umhüllen. Bei den Onychura wird diese Schale zweilappig genannt, weil beide Teile dorsal ineinander übergehen, bei den Ostracoda zweiklappig, da dorsal eine Spaltung des Carapax erfolgt ist.

Die Gliederung des Körpers ist bei den Krebsgruppen verschieden. Man unterscheidet Kopf (Caput), Thorax und Abdomen (Pleon). Thoraxsegmente können mit dem Kopf verschmolzen sein (**Cephalothorax**), Abdominalsegmente mit dem Telson (**Pleotelson**). Extremitäten des Thorax (**Thoracopoden**), die im Dienste der Nahrungsaufnahme stehen, werden **Maxillipeden** genannt, Werden sie zur Lokomotion gebraucht, spricht man von **Pereiopoden**. Abdominalextremitäten (**Pleopoden**) kommen nur bei Malacostraca und Remipedia vor; die hintersten können besonders differenziert sein (**Uropoden**). Das Telson trägt primär ein Paar Anhänge (**Furca**), die keine Extremitäten darstellen.

Groß ist die **wirtschaftliche Bedeutung** der Crustaceen, speziell der Eucarida. Derzeit werden in den Meeren etwa 3 Millionen Tonnen Natantia pro Jahr gefangen, die etwa 300 Arten umfassen. In zunehmendem Maße werden Decapoden auch in **Aquakultur** genommen.

Die Krebse kann man in zwölf Gruppen unterteilen.

1. Remipedia. 1981 aus marinen Höhlen der Bahamas beschriebene, weit gehend homonom segmentierte Kleinkrebse mit Extremitäten am gesamten Körper. *Speleonectes* (Abb. 256a).

2. Cephalocarida. Bodenbewohnende, zwittrige Kleinkrebse mit 19 Rumpfsegmenten; sie gelten als recht ursprünglich. Erst in den 50er Jahren des 20. Jahrhunderts an der nordamerikanischen Ostküste entdeckt. *Hutchinsoniella.*

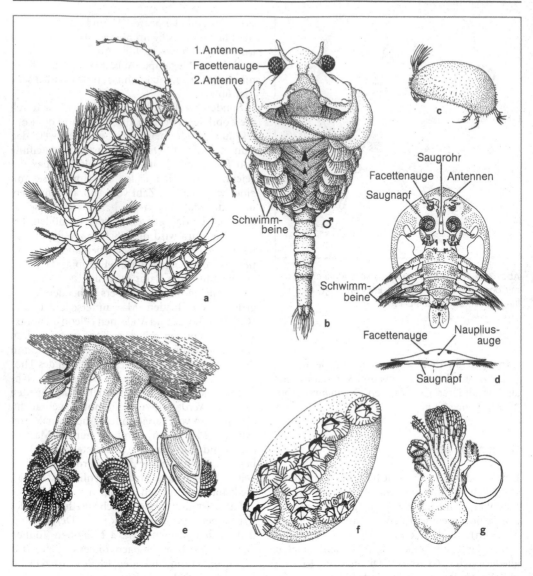

Abb. 256 Verschiedene Formen der »Entomostraca« (sog. niedere Krebse), **a)** *Speleonectes* (Remipedia); **b)** *Artemia* (Anostraca), männliches Tier mit großen 2. Antennen, die zum Ergreifen des Weibchens benutzt werden; die Tiere bewegen sich schwimmend mit dem Rücken nach unten; die Pfeile zeigen den Verlauf der filtrierten Nahrung; **c)** *Candona* (Ostracoda); **d)** *Argulus* (Branchiura), Ventral- und Vorderansicht des abgeflachten Ectoparasiten; **e–g)** Cirripedia. **e)** *Lepas* (»Entenmuschel«), mit langem Stiel an Treibholz sitzend; zwischen den Schalen werden die Fangbeine hervorgestreckt, **f)** *Balanus*-Kolonie (Seepocken), alle Schalen verschlossen, **g)** Aus ihren Schalen herauspräparierte Seepocke der Gattung *Chthamalus* mit dem seitlich herausragenden Parasiten *Chthamalophilus* (Rhizocephala)

3. Phyllopoda (Blattfußkrebse). Vorwiegend Süßwasserkrebse mit den primitiven, segmentreichen Notostraca mit einfachem Carapax und den meist segmentarmen Onychura mit zweilappigem Carapax (Abb. 257b).

Notostraca. Durch die hohe Zahl der Beinpaare (über 60), die große Zahl der Häutungen und den einheitlichen Carapax erweisen sich die Notostraca mit *Lepidurus* und *Triops* als ursprünglich. Sondermerkmale: Seitenaugen in Hauttaschen versenkt und dorsalwärts in den Carapax verlagert; Blattfüße, das sind Extremitäten, die von einer durchsichtigen Cuticula bedeckt werden, und deren Festigkeit z. T. auf den Hämolymphdruck zurückzuführen ist (**Turgorextremitäten**). Bei primitiven Formen Metanauplius (weiter entwickelte Naupliuslarve), sonst direkte Entwicklung. Notostraca leben in periodischen Süßwassertümpeln, ihre Eier sind noch nach 15 Jahren entwicklungsfähig.

Onychura. Carapax als zweilappige Schale entwickelt, die z. T. als Brutraum dient; 2. Antennen stellen kräftige Ruder dar.

a) Conchostraca. Schale kann auch den Kopf umhüllen, zehn bis 32 Rumpfbeinpaare, Metanauplius, in periodischen Süßwassertümpeln. *Lynceus, Limnadia, Estheria.*

b) Cladocera (Wasserflöhe, Abb. 257b). Die Schalenlappen lassen den Kopf frei, nur vier bis sechs Beinpaare, Seitenaugen oft zu einem bewegbaren Hauptauge verschmolzen. Entwicklung mit **Generationswechsel (Heterogonie)**. Viele Generationen von Weibchen, die parthenogenetisch rasch sich entwickelnde **Subitaneier** hervorbringen. Zu gewissen Perioden treten **Zwergmännchen** auf. Befruchtete Eier: **Dauereier.** Diese werden in modifizierten Carapaxteilen abgelegt (**Ephippium**), in denen sie ungünstige Perioden überstehen. Entwicklung meist direkt. Phylogenetische Ableitung vermutlich durch Neotenie aus Conchostraca. Die Cladoceren haben im Süßwasser mit etwa 400 Arten ihre Hauptentfaltung (*Sida, Chydorus, Daphnia* [Abb. 257b], *Bosmina, Scapholeberis, Polyphemus, Leptodora*). Wenige im Meer (*Penilia, Podon, Evadne*).

4. Anostraca. Sie stehen durch ihre Stielaugen, die Reduktion der Carapaxfalte und die andersartige Muskulatur der Blattfüße entfernt von den Phyllopoden und ähneln etwas den Malacostraca. In Süßwassertümpeln (*Branchipus, Chiro-*

cephalus), aber auch in Salztümpeln von hoher Konzentration (*Artemia*). Der phytoplanktonfiltrierende Salinenkrebs *Artemia* (Abb. 256b) hat besondere Bedeutung erlangt: Seine Naupliuslarven stellen ein wertvolles Futter für Fischbrut dar und werden zunehmend in Massenproduktion gezüchtet. In Gestalt ihrer **Dauereier (Cysten)** sind Salinenkrebse im Handel und können weltweit verschickt werden.

5. Ostracoda (Muschelkrebse). Die Ostracoden sind in Meer und Süßwasser mit ca. 12 000 Arten verbreitet und kamen in gleicher Gestalt schon im Paläozoikum vor. Ihr Körper wird von einer zweiklappigen Schale umschlossen. Durch starke Reduktion der Segmentzahl – es sind nur fünf bis sieben Extremitätenpaare einschließlich Antennen vorhanden – erweisen sich die Ostracoden als Seitenzweig, aus dem keine andere Gruppe hervorgegangen ist. Ostracoden sind **Leitfossilien** und spielen eine wichtige Rolle bei der Erdölprospektion. *Candona* (Abb. 256c), *Cypridina.*

Enger zusammen gehören die Ordnungen der Copepoda, Branchiura, Mystacocarida, Ascothoracida und Cirripedia mit ihrem sechsgliedrigen Thorax und typischen Spaltfüßen.

6. Copepoda (Ruderfußkrebse, Abb. 257a). Sie besiedeln mit zahlreichen Arten alle Lebensräume in Meer und Süßwasser, sind ein wichtiger Bestandteil des Planktons und dringen in unterirdische Gewässer sowie in Moosrasen vor; in mehreren Linien sind sie zum Parasitismus übergegangen und spielen als Fischparasiten eine wichtige Rolle.

Primitiv sind die Mandibeln, die den Extremitätencharakter weit gehend bewahren, die Spaltfüße an den sechs Thorakalbeinen, der Besitz beider Antennen, von denen die erste meist viel länger als die zweite ist, und die Entwicklung über Nauplius- und Metanaupliusstadien.

Die Carapaxfalte ist reduziert. Kopf und ein, seltener zwei Thorakalsegmente sind zu einem Cephalothorax verschmolzen, die restlichen vier oder fünf Thorakalsegmente bleiben frei. Seitenaugen fehlen, Medianaugen (Naupliusaugen) sind vorhanden. Das Herz ist nur noch bei manchen Copepoden (Calanoidea) als kleiner Sack mit einem Ostienpaar erhalten, meist fehlt es.

Copepoden haben eine feste Segmentzahl. Auf den Kopf folgen sechs Thorax- und fünf glied-

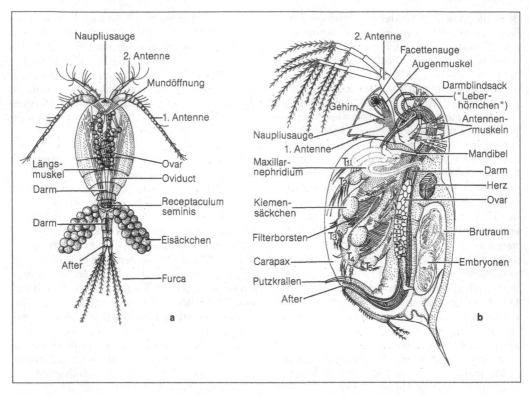

Abb. 257 a) Bauplan eines Copepoden (*Macrocyclops,* Dorsalansicht), **b)** Bauplan eines Phyllopoden (*Daphnia,* Seitenansicht)

maßenlose Abdominalsegmente. Lage der Genitalpori am l. Abdominalsegment, Übertragung der Spermien durch Spermatophoren. Die Eier werden meist als Eisäckchen oder Eischnüre an der Eileiteröffnung getragen.

Calanoidea: wichtige Plankter in Meer und Süßwasser *(Diaptomus, Calanus);* Cyclopoidea: v. a. im Süßwasserplankton *(Cyclops);* Harpacticoidea: meist Bewohner des Bodens *(Canthocamptus).* Mehrere parasitische Gruppen, deren Körper fast bis zur Unkenntlichkeit umgeformt ist (an Fischen z. B. *Caligus* und *Lernaea).*

7. Branchiura (Karpfenläuse). Paarige Facettenaugen. Abgeflachte Ectoparasiten an Fischen und Kaulquappen. Krankheitsüberträger. *Argulus* (Abb. 256d).

8. Mystacocarida. Im Sandlückensystem des Meeres, v. a. des Küstengrundwassers. *Derocheilocaris* (Abb. 168f).

9. Tantulocarida. Ectoparasiten anderer Krebse im Tiefsee-Benthos, die erst im letzten Jahrzehnt genauer bekannt wurden. Jugendstadien sind segmentiert, Adulte sackförmig, Weibchen 0,15 mm lang. *Onceroxenus.*

10. Ascothoracida. Parasiten an marinen Wirbellosen. Mit dem Mund festgesaugt. *Laura, Synagoga.*

11. Cirripedia (Rankenfußkrebse). Sie sind festsitzend und morphologisch stark abgeändert. Die **Festheftung** erfolgt mit der Region der 1. Antennen, die Drüsen enthält. Der Rumpf ist völlig von einem Mantel umschlossen, der aus einer zweiklappigen Carapaxfalte durch Verwachsung der hinter den Antennen gelegenen Region entstanden ist. In die Cuticula der Außenschicht des Mantels sind **Kalkplatten** eingelagert, sie wird nicht gehäutet, wohl aber der vom Mantel umschlossene Körper. Die sechs

Paar Thorakalbeine sind zu **Rankenfüßen** umgebildete Spaltbeine; sie werden rhythmisch aus dem Mantelschlitz hervorgestreckt, umgreifen einen Wasserbezirk und filtern beim Einziehen die im Wasser treibenden Partikel und Kleinorganismen ab (Abb. 256e). Die meisten Arten sind **Zwitter**. Wie gelegentlich auftretende Zwergmännchen beweisen, sind diese Zwitter aus Weibchen hervorgegangen. Die Ovarien liegen im Vorderkörper bzw. Stiel, die Hoden, die oft in die Beine hineinreichen, enden mit einem Penis am Abdomen, durch den die Spermien in ein benachbartes Tier übertragen werden. Die Entwicklung führt über Nauplien und ein **Cypris**-Stadium mit zweiklappiger Schale zum festsitzenden Tier.

Cirripedier besiedeln in hohen Dichten (Tausende/m²) Felsen sowie andere feste Oberflächen. In Massenansiedlungen findet man sie in der Brandungszone, wo sie ein weißes Band bilden (Seepocken [*Semibalanus, Chthamalus*], Abb. 256f). Durch Ansiedlung an Schiffen und die dadurch bedingte Erhöhung von Gewicht und Reibungswiderstand sind sie wirtschaftlich bedeutsam (*Lepas*, manche Balaniden). Von einem Schiffsrumpf entfernte man über 200 000 kg Seepocken! Eine Reihe von Cirripediern ist zu Parasiten geworden. Der Weg zum Parasitismus erfolgte über Epizoismus. Epizoen finden wir auf Krebsen, Korallen, Fischen, Schildkröten (*Chelonibia*), Walen (*Coronula*) und Seekühen. Mehrfach wird der Stiel bzw. das Vorderende durch wurzelartige Haftfortsätze in der Haut des Trägertieres verankert. In diesem Stadium setzt offenbar ein Ernährungswechsel ein. Die Haftfortsätze übernehmen die Nahrungsaufnahme und können bei den Rhizocephalen (Parasiten an Krebsen; *Sacculina, Chthamalophilus*) den Wirtskörper durchsetzen. Darm und Extremitäten verschwinden, der Rumpf wird ein ungegliederter Sack mit Gehirn und Gonaden (Abb. 256 g).

12. Malacostraca (Abb. 258a). Man bezeichnet diese Gruppe als die höheren Krebse und stellt sie bisweilen den übrigen Krebsgruppen, den Entomostraca, gegenüber. Letztere sind aber keine natürliche Gruppe und nur durch Negativmerkmale zu charakterisieren. Wenn man auf die starke Größenentfaltung der Malacostraca achtet, so hat der Begriff »Höhere Krebse« Berechtigung, denn die meisten Entomostracen sind klein, meist 0,2–20 mm, während die Malaco-

straca in Form der Krabben, Hummer und Garnelen diese Dimensionen weit übersteigen (ohne Extremitäten bis 60 cm). Nicht berechtigt ist der Begriff »höher« aber in Bezug auf die Abstammung, denn manche ursprünglichen Charaktere wie z. B. die Erhaltung der Abdominalbeine und der Seitenarterien zwingen zu der Auffassung, dass sich die Malacostracen neben den anderen Ordnungen aus primitiven Krebsen entwickelt haben. Charakteristisch sind der zum **Filterapparat** umgebildete **Magen**, die **Fixierung der Segmentzahl** auf acht Thorax- und sieben Abdominalsegmente, von denen das letzte meist mit dem Telson verwachsen ist, die Lage der weiblichen Geschlechtsöffnung im 6. und der männlichen im 8. Thorakalsegment.

Die Entwicklung kann noch mit der Naupliuslarve beginnen; es folgen dann weitere Larven, von denen die **Zoëa** am bekanntesten ist. In diesem Stadium verlassen viele das Ei.

Die Malacostracen lassen sich in sechs natürlichen Gruppen anordnen. Zwei unter ihnen sind in Arten- und Formenreichtum führend (Eucarida und Peracarida), die übrigen sind nur klein:

a. **Phyllocarida** mit den Leptostraca (*Nebalia*, Abb. 258b) im Meer.

b. **Hoplocarida** mit den Stomatopoda (Heuschreckenkrebse, *Gonodactylus, Squilla*, Abb. 258c, d) im Meer.

c. **Syncarida** als Relikte im Süßwasser, meist im Grundwasser, mit Anaspidacea in Australien und Südamerika, mit Bathynellacea auf allen Kontinenten lebend.

d. **Pancarida** mit Thermosbaenacea in Thermalquellen und Küstengrundwasser.

e. Zu den **Eucarida** gehören die **Euphausiacea**, fast ausschließlich pelagische Krebse mit Leuchtorganen, die eine wichtige Fisch- und Walnahrung darstellen, und die große Gruppe der **Decapoda**. Sie behalten die Carapaxfalte, die Epipoditen der Thoracalbeine als Kiemen, die Stielaugen, die Statocysten in der 1. Antenne usw. Mehrfach treten freie Naupliuslarven auf (Euphausiacea, Penaeidae); die Zoëa-Larve (Abb. 154g) und weitere pelagische Larvenstadien sind bei marinen Arten verbreitet. Bei den Decapoden sind die drei vorderen Thoracopodenpaare zu Maxillipeden umgebildet, sodass als Schreitbeine fünf Thoracalfußpaare bleiben (daher der Name Decapoda). Das oder die vorderen Paare können Scheren tragen.

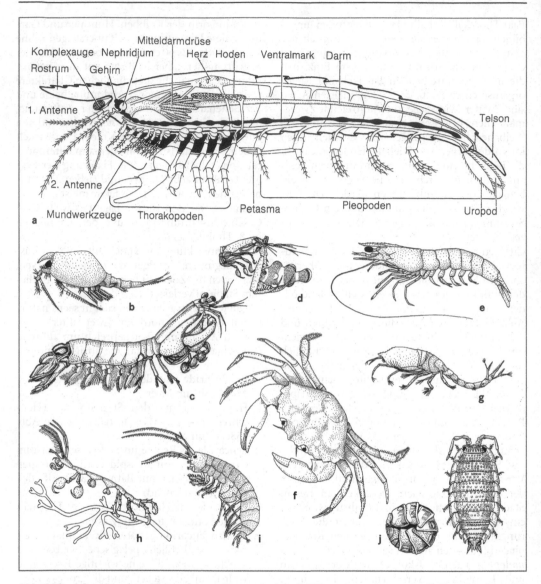

Abb. 258 a) Bauplan eines Malacostracen (Decapoden), **b–j)** Malacostracenformen, **b)** Phyllocarida *(Nebalia),* ca. 1 cm lang, marin, im Allgemeinen Bodenbewohner, die mit ihren Thoracopoden einen Wasserstrom erzeugen, aus dem sie Nahrungspartikel abfiltrieren. **c), d)** Hoplocarida. **c)** *Gonodactylus,* **d)** *Squilla* beim Fang eines Fisches. Hoplocarida sind bis über 30 cm lange marine Bodenbewohner. Sie leben in selbstgegrabenen Gängen oder in Höhlen, wo sie auf Beute lauern, die mit den Fangbeinen ergriffen wird. **e), f)** Eucarida. **e)** *Penaeus,* in warmen Klimaten vielfach kultiviert, **f)** *Carcinus* (Strandkrabbe), **g–j)** Peracarida. **g)** Cumacea, Filtrierer mariner Sedimente, ca. 1 cm lang, **h)** *Caprella* (Amphipoda), in mariner Vegetation lebend, mit Raubbeinen Beute ergreifend, **i)** *Gammarus* (Amphipoda), **j)** Isopoda: *Armadillidium* (Rollassel, zusammengerollt) und *Porcellio* (Kellerassel)

Innerhalb der etwa 80 Arten umfassenden Euphausiacea kommt der 6 cm langen **Antarktischen Krill** *Euphausia superba,* besondere Bedeutung zu. Dieser Planktonkrebs lebt im Gebiet der Antarktis und nimmt ökologisch eine Sonderstellung im Tierreich ein: Nach dem Gesamtgewicht seiner Population ist er die Tierart mit der größten Biomasse. Krillschwärme können mehrere Millionen Tonnen Gewicht erreichen, weswegen man vielerorts große Anstrengungen unternimmt, diese größte Proteinquelle der Meere auszubeuten. Krill ernährt sich vorwiegend filtrierend von Algen; selbst ist er Nahrung von Bartenwalen. In Mägen von Blauwalen fand man bis zu 4 000 kg Krill!

Innerhalb der 14 000 Arten umfassenden Decapoda sind die **Dendrobranchiata** primitiv. Ihr Bau entspricht dem ursprünglicher Decapoden und sie haben als Larve noch einen Nauplius, während alle anderen Decapoda als Zoëa schlüpfen. Zu ihnen gehört *Penaeus* (Handelsname »Gamba«, Abb. 258e). Früher fasste man sie mit den ebenfalls garnelenartig organisierten, aber nicht näher verwandten Caridea (z. B. *Crangon,* als »Krabben« oder »Granat« im Handel) und Stenopodidea zu den **Natantia** zusammen. Dieser Lebensformtypus zeichnet sich dadurch aus, dass die Tiere überwiegend mit Hilfe der Pleopoden schwimmen.

Eine weitere Gruppe, die **Reptantia**, hat das Schwimmvermögen verloren oder schwimmt sekundär mit den hinteren Thorakalbeinen (Schwimmkrabben, *Portunus, Liocarcinus* u. a.) oder rückwärts durch Schlag des Hinterleibes mit ausgebreitetem Schwanzfächer. Die Reptantia werde in fünf Untergruppen eingeteilt, die **Palinura** (1) mit Langusten *(Palinurus, Panulirus)* und Bärenkrebsen *(Scyllarus, Scyllarides)* im Meer, die **Astacidea** (2) mit den Flusskrebsen *(Astacus, Orconectes),* im Meer Hummer *(Homarus)* und Kaisergranat *(Nephrops),* die **Thalassinidea** (3) mit den Maulwurfskrebsen *(Callianassa, Upogebia)* nur im Meer.

Stammesgeschichtlich einander näher stehend sind die beiden Gruppen der **Anomura** (4) und **Brachyura** (5). In beiden Gruppen entstehen Formen, die das verkürzte Abdomen so unter den Thorax legen, dass es von oben nicht mehr sichtbar ist. Sie werden als Krabben bezeichnet. Die bekanntesten Vertreter der Anomura sind die Einsiedlerkrebse *(Pagurus, Dardanus),* die meist Schneckenschalen als Haus bewohnen und ihren Körper in auffälliger Weise an die Gegebenheiten

des Hauses anpassen (Asymmetrie des weichhäutigen Hinterleibes, Scheren als Verschlussdeckel). Einsiedlerkrebse sind in den Tropen auch Landtiere geworden, manche mit Schneckenschale *(Coenobita),* oder ohne diese (Palmendieb, *Birgus latro).* Von ihnen leiten sich auch die konvergent krabbenähnlichen Lithodidae (Scheinkrabben) ab (z. B. *Paralithodes).* Die Brachyura sind die artenreichste Gruppe, auf sie entfallen etwa die Hälfte aller Dekapodenarten. Sie bewohnen fast alle Lebensräume des Meeresbodens von den Tiefseegebieten an, in denen die Japanische Riesenkrabbe *Macrocheira kaempferi* (Beinspannweite bis 3 m) vorkommt, bis in die Gezeitenregion. Mehrere Familien (Ocypodidae mit *Ocypode,* [Reiterkrabbe], *Uca* [Winkerkrabbe] und *Dotilla* [Sandpillenkrabbe], Grapsidae und Gecarcinidae) sind in den Tropen Landtiere geworden. Im Süßwasser leben die Flusskrabben (Potamidae und andere Familien). Häufige Formen der heimischen Fauna sind im Meer *Carcinus* (Strandkrabbe, Abb. 258), *Cancer* (Taschenkrebs), *Liocarcinus* (Schwimmkrabbe) sowie *Eriocheir* (Wollhandkrabbe), die aus Ostasien eingeschleppt wurde. Sie lebt vorwiegend im Süßwasser, schüttelt aber ihre Larven im Meer ab.

f. Die **Peracarida** sind durch direkte Entwicklung gekennzeichnet, die sich in einem Brutbeutel, dem **Marsupium**, vollzieht. Dieser entsteht ventral am Thorax, er wird durch Brutlamellen, die von den Beinen gebildet werden (**Oostegite** = Epipodite), ventral abgegrenzt.

Die garnelenähnlichen **Mysidacea**, zu denen Lophogastridea und Mysidea (Glaskrebse) zählen, sind im Meer verbreitet, kommen aber auch im Süßwasser vor. An sie schließt sich eine Reihe an, in der die Stielaugen sitzend werden, die Exopodite der Brutfüße verschwinden, die Jungen auf unvollkommener Stufe schlüpfen, die Maxillarnephridien erhalten bleiben. Die Carapaxfalte wird rückgebildet, sodass ein anscheinend normaler Kopf entsteht, der aber dem Cephalon und 1. Thoraxsegment entspricht, also ein Cephalothorax ist. Zu den Peracarida gehören auch die **Cumacea** (Abb. 258g), die **Tanaidacea** und die artenreichen Isopoda (Abb. 258j).

Die **Isopoda (Asseln)** sind eine artenreiche (8 000 Arten) und die ökologisch anpassungsfähigste Krebsgruppe. Die meisten leben im Meer, einzelne im Süßwasser, viele an Land, sogar in Wüsten. Die terrestrischen Formen haben in den Außenästen der Abdominalbeine sackför-

mige Einstülpungen (weiße Körper), die als Luftatmungsorgane fungieren (Oniscidea mit *Onis-
cus* [Mauerassel] und *Porcellio* [Kellerassel]).
Zahlreiche Arten leben am Meeresboden (*Idotea,
Sphaeroma, Jaera* und die 35 cm lange Tiefsee-
riesenassel *Bathynomus*), *Limnoria* ist ebenfalls
marin und bohrt im Holz, *Ligia* lebt am Felsen-
strand. Im Süßwasser sind die Asellidae verbreitet *(Asellus)*, sogar ins unterirdische Süßwasser
sind einige vorgedrungen (Sphaeromidae, *Par-
asellus, Microcerberus*). Der Parasitismus hat viele
Asseln tief greifend umgestaltet (Gnathiidae,
Cymothoidae, Epicaridea, Parasiten an Fischen
und Krebsen).

Die **Amphipoda** (**Flohkrebse;** 8 000 Arten)
verhalten sich ökologisch ähnlich wie die Asseln,
nur ist ihr Vorstoß zur Landbesiedlung weniger
erfolgreich gewesen, da sie von höherem Feuch-
tigkeitsgehalt abhängig bleiben *(Orchestia, Tali-
trus)*. In Meer und Süßwasser kommt *Gammarus*
(Abb. 258i) vor, im Grundwasser *Niphargus,* im
Meeresplankton leben der durchsichtige, kugelige *Thaumatops* und die stabförmige *Rhabdosoma* (Abb. 168i), *Phronima* lebt in Salpen, *Hype-
ria* in Medusen, *Cyamus* (Wal»läuse«) epizoisch
auf Walen. Viele Arten am oder im Boden Röh-
renbauer *(Corophium, Haploops)*. *Chelura* Holzzerstörer. Auf Algen und zwischen Hydroiden
lauern die Caprelliden (Abb. 258h). Im Sand
Bathyporeia, Haustorius u. a.

2. Antennata (= Tracheata)

Im Gegensatz zu den Crustaceen ist der Entfal-
tungsraum der Antennata das Land; erst spät
sind einige Gruppen in das Wasser zurückgewandert. Als Landtiere erscheinen sie gleichzeitig mit den ältesten Cheliceraten (Skorpione)
im Silur, und zwar mit Tausendfüßern *(Archi-
desmus)*.

Die Antennaten unterscheiden sich von den
Crustaceen zunächst durch eine Reihe negativer
Merkmale. Es fehlen die 2. Antennen, die Taster
der Mandibeln, die also nur noch aus Grundglied
und Lade bestehen, die Mitteldarmdrüsen sowie
die Naupliuslarve. Während es sich bei diesen
Fällen um Rückbildung handelt, ist das Fehlen
des Exopoditen der Beine und der Kopffalte wohl
primitiv, denn nirgends zeigt sich eine Spur jener
bei Krebsen so komplizierten Bildungen. Der
Kopf ist stets eine kleine, abgesetzte Kapsel. Von
den Sonderbildungen sind die Tracheen, die als
Luftatmungsorgane den Körper durchziehen,

sicher nicht den Tracheen der Spinnen und Onychophora homolog, sondern Neubildungen der
Antennaten. Die Maxillarnephridien funktionieren nur bei primitiven Formen als Exkretionsorgane, meist sind sie zu Speicheldrüsen umgewandelt oder reduziert. An der Grenze von
Mittel- und Enddarm liegen die ectodermalen
Malpighi'schen Gefäße.

Die Antennaten haben sich etwa im Silur, spätestens im Unterdevon in drei Gruppen gespalten: die Chilopoden, Progoneaten und Insekten,
die noch heute vorhanden sind.

Manchmal werden Chilopoden und Progoneaten als Myriapoden (Tausendfüßer) zusammengefasst.

a) Chilopoda (Opisthogoneata)

Die Chilopoda umfassen 2 500 Arten. Sie bewahren eine Reihe ursprünglicher Merkmale (Arte-
riensystem, Lage der Genitalöffnung im vor-
letzten Segment, Sternalplatten, Subcoxae). Sie
haben aber durch Umbildung des 1. Beinpaares
in mächtige Gifthaken frühzeitig einen Sonder-
weg beschritten.

Die Notostigmophora (mit *Scutigera,* Abb.
259a) sind z. B. durch Facettenaugen, dorsome-
diane Stigmen und lassoartige Fangbeine gekennzeichnet.

Die meisten Chilopoden gehören zu den **Pleu-
rostigmophora,** so die Lithobiomorpha mit dem
Steinkriecher (*Lithobius,* Abb. 259f), die Scolo-
pendromorpha mit den bis über 25 cm langen
Scolopendern (*Scolopendra,* Abb. 259b), deren
Biss auch Menschen heftige Schmerzen zufügen
kann, und den erdbewohnenden Geophilomorpha (mit *Geophilus*).

b) Progoneata

Die Progoneaten haben ihre Genitalöffnung in
den Vorderkörper (3./4. Segment) verlagert und
die 2. Maxillen reduziert.

In Gestalt der **Symphyla** (Abb. 259e) hat sich
eine primitive Restgruppe mit 160 Arten erhalten, die mit den Gattungen *Scolopendrella* und
Scutigerella (Abb. 259e) im Boden verbreitet ist.

Die Hauptgruppe sind die **Diplopoda** (10 000
Arten), die vom 5. Rumpfsegment an eine Verdoppelung der Beinpaare, Ganglien usw. zeigen
und deren 1. Maxillen mit dem dazugehörigen
Sterniten zu einem komplizierten **Gnathochila-
rium** verwachsen sind. Im Gegensatz zu den

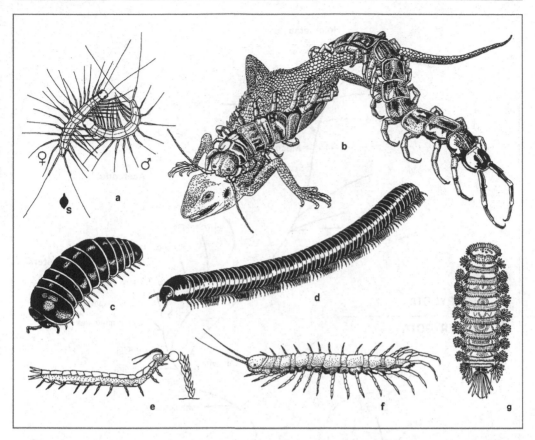

Abb.259 Chilopoda und Progoneata. **a)** Pärchen von *Scutigera* mit abgesetzter Spermatophore (S); **b)** *Scolopendra* beim Überwältigen einer Eidechse; **c)** *Glomeris;* **d)** *Julus;* **e)** *Scutigerella,* Weibchen bei Eiablage und Besamung (mit Sperma aus Taschen des Mundraumes) an Moospflänzchen; **f)** *Lithobius,* **g)** *Polyxenus*

räuberischen Chilopoden verzehren sie vorwiegend zersetzte Pflanzensubstanz. *Polyxenus* (Abb. 259g), *Julus* (Abb. 259d), *Glomeris* (Abb. 259c), *Polydesmus.*

Eine stark vereinfachte Ordnung sind die kleinen, humusbewohnenden **Pauropoda** mit 500 Arten. *Pauropus.*

c) Insecta (= Hexapoda, Insekten)

Die Zahl der beschriebenen Insekten wird auf 1 Million geschätzt, die tatsächliche Artenzahl dürfte wesentlich darüber liegen. Ihr wichtigster Differenzierungsschritt war eine Sonderung des Körpers in **Kopf** (Caput), dreigliedrigen **Thorax** (aus **Pro-, Meso- und Metathorax**) und ein **Abdomen,** das aus elf Segmenten und Telson besteht. Der Thorax trägt drei Laufbeinpaare, am

Abdomen sitzen nur abgewandelte Beinrudimente mit verschiedenen Funktionen. Die Flügel sind erst innerhalb der Insekten entstanden. Die primär flügellosen Gruppen (Thysanura, Diplura, Protura und Collembola) werden auch als **Apterygota** zusammengefasst und den primär geflügelten, den **Pterygota** gegenübergestellt. Erstere umfassen etwa 8000 Arten, letztere fast 1 Million.

Die **Thysanura** nehmen eine zentrale Stellung ein. Sie entsprechen in ihrer Organisation mit Facettenaugen, freien Maxillen mit langen Tastern, dem Auftreten von Epipoditen (Styli) an Thorakalbeinen, der hohen Zahl von Abdominalbeinen weit gehend dem geforderten Urtyp der Insekten. Auf der anderen Seite schließen sie sich besonders nahe an die geflügelten Insekten (Pterygota) an, mit denen sie sogar spezifische

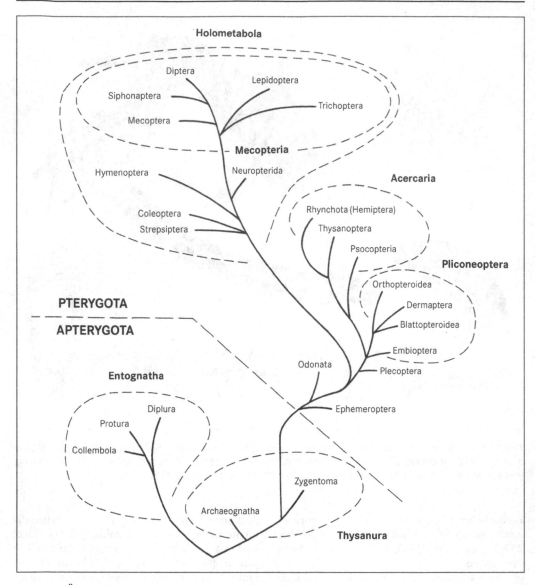

Abb. 260 Übersicht über die Verwandtschaftsbeziehung der Insekten

Charaktere gemeinsam haben, so die Umbildung der Abdominalbeine 8–9 zu einer Legeröhre, die Zerlegung der Antenne in einen Schaft mit einem Sinnesorgan (Johnston'sches Organ) und eine geringelte Geißel. Innerhalb der Thysanura sind die **Archaeognatha** ursprünglich. Zu ihnen gehören die Felsenspringer *(Dilta)*. Die Silberfischchen *(Lepisma,* Abb. 261d) dagegen zählen zu den **Zygentoma,** die den Pterygota näher stehen, so durch den Besitz von freien Mandibeln

mit zwei Gelenkhöckern. Sie kommen häufig in Wohnungen vor.

Die anderen Apterygoten-Gruppen besitzen in eine Tasche versenkte Mundgliedmaßen. Sie werden als **Entognatha** zusammengefasst.

Die **Diplura** (mit *Campodea,* Abb. 261b) und **Protura** (mit *Eosentomon,* Abb. 261a) sind durch Reduktionserscheinungen gekennzeichnet. So fehlen z. B. die Augen und bei den Proturen sogar die Antennen. Sie bewohnen meist Bodenschich-

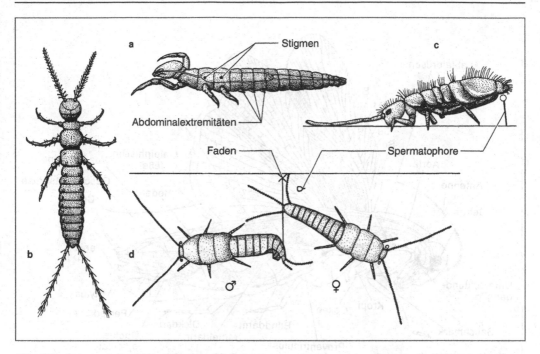

Abb. 261 Apterygote Insekten. **a)** *Protura*. Bis 2 mm, augen- und antennenlose Formen, die im Humus der Streuschicht von Wäldern vorkommen; räuberisch oder von Pilzmycelien lebend. Heimisch: *Eosentomon*. **b)** *Diplura*. Etwa 10 mm lang, Bodenbewohner. Häufige heimische Gattung: *Campodea*. **c)** *Collembola*. Meist 1–2 mm lang. Bodenbewohner. Männchen von *Orchesella* nach dem Absetzen einer Spermatophore. **d)** *Thysanura*. 5–15 mm. Silberfischchen *(Lepisma)* in Paarungsstellung. Das männliche Tier setzt nach einem komplizierten Vorspiel mit dem Weibchen eine Spermatophore ab und spinnt Fäden über den Boden, von denen einer dargestellt wurde

ten. Viel artenreicher (mit über 6 000 Arten) und vielgestaltiger sind die **Collembola,** die bereits im Devon ihre charakteristischen Eigenschaften ausgebildet hatten. Es sind kleine Formen mit reduzierter Segmentzahl des Abdomens, dessen Extremitäten zur Sprunggabel (4. Segment), zu Hafthaken (Retinaculum) (3) und zu einem röhrenförmigen Ventraltubus (Collophor) (1) umgebildet sind. Sie treten in Massen im Erdboden, in Moos und unter der Rinde sowie am Meeresstrand auf und zersetzen pflanzliche Substanzen. Einige auf Wasserflächen *(Podura, Sminthurides), Isotoma* am Rande von Gletschern (Gletscherfloh), *Orchesella* (Abb. 261c) in Wäldern.

Pterygota

Die bedeutsamste Erwerbung dieser Gruppe sind die **Flügel**. Sie entstehen aus Seitenteilen (**Paranota**) der Rückenplatten des 2. und 3. Thorax-segmentes (Meso- und Metanotum). Es sind also Hautfalten, nicht Extremitäten wie die Flügel der Wirbeltiere. Dorsal- und Ventralflächen der Falten legen sich ontogenetisch bald mit ihren Epidermisschichten aneinander. Wo ursprünglich Blutlakunen in die Flügel ziehen, bleiben Hohlräume, in die dann auch Tracheen vom Rumpf hineinwachsen, an denen Nervenfasern von den Sinneszellen der Flügel in den Körper ziehen. In ihrer Gesamtheit bilden derartige Stränge die Flügelhauptadern (Abb. 262a). Einfache Querversteifungen der Cuticula rufen die Netzaderung primitiver Insektenflügel hervor. Die Bewegung der Flügel wird von im Thorax gelegenen Muskeln geleistet. Sie können direkt an der Flügelbasis ansetzen (**direkte Flugmuskeln),** bewirken dann aber nur selten den Flügelschlag (Flügelsenker der Libellen, Abb. 263b), oft nur die Flügelstellung (Anlegen und Aufstellen). Meist erfolgt der Flügelschlag durch **indirekte Flugmuskeln** (Abb. 263c). Diese weisen eine Kontrak-

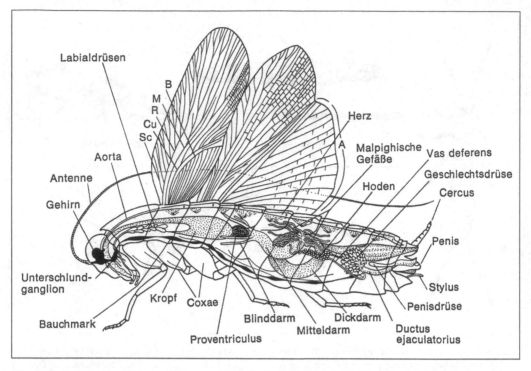

Abb. 262 Bauplan einer Schabe. B: Bogennaht, M: Media, R: Radius, Cu: Cubitus, Sc: Subcosta, A: Analfeld

tionsfrequenz auf, die zehn- bis 20-mal höher ist als die Zahl der einlaufenden Nervenimpulse. Auch sind die Kontraktionen zeitlich nicht mit den Nervenimpulsen korreliert (**asynchrone Muskulatur**). Als unmittelbarer Reiz für die Auslösung der Kontraktion dient die mechanische Dehnung der Muskulatur. Sehr unterschiedlich ist die Schlagfrequenz (Honigbiene: 200–300/sec, viele Schmetterlinge: um 10/sec). Ursprünglich sind bei den Pterygoten zwei Paar Flügel vorhanden, die bei Odonaten sogar unabhängig voneinander bewegt werden können. Der Prothorax hat bei den ausgestorbenen **Palaeodictyoptera** zwar auch breite Lappen ausgebildet, doch sind diese nie zu Flügeln geworden. Innerhalb der Insekten besteht die Tendenz, die beiden Flügelpaare durch Haftverbindungen zu einer einheitlichen Fläche werden zu lassen oder nur einem Flügelpaar die Flugleistung zu überlassen. Die Hinterflügel reduzieren z. B. viele Ephemeriden und Dipteren, bei denen sie jedoch als Sinnesklöppel (**Halteren**) mit statischer und Stimulationsfunktion erhalten bleiben. Die Vorderflügel werden oft zu Deckplatten halb oder ganz

versteift (Heuschrecken, Wanzen, Käfer) und schließlich als Flugorgane ausgeschaltet (manche Käfer, Dermaptera) oder gleichfalls zu Halteren umgebildet (Strepsiptera). Oft sind Flügel ganz rückgebildet, so bei Parasiten (Läusen, Federlingen, Bettwanzen), oft sind die Weibchen mit ihren schweren Ovarien flugunfähig (Frostspanner), vielfach verlieren aber auch freilebende Insekten in beiden Geschlechtern Flügel und Flugvermögen.

Das **Abdomen** behält meist die primären elf Segmente. Das letzte ist in das dorsale Epiproct und die seitlichen Paraprocte zerlegt, seine Gliedmaßen sind die Cerci. Die Extremitäten des 8. und 9. Segmentes sind primär beim Weibchen zu einem **Legeapparat,** ähnlich dem der Thysanuren, umgeformt (Heuschrecken, Hemiptera, Hymenoptera), der aber oft rückgebildet und manchmal durch einen sekundären Legebohrer aus dem Hinterende ersetzt ist, so bei Dipteren und Coleopteren.

Die **Jugendstadien** der Insekten besitzen nach dem Schlüpfen die volle Segmentzahl (Ausnahme: oligomere Larven mancher Schlupf-

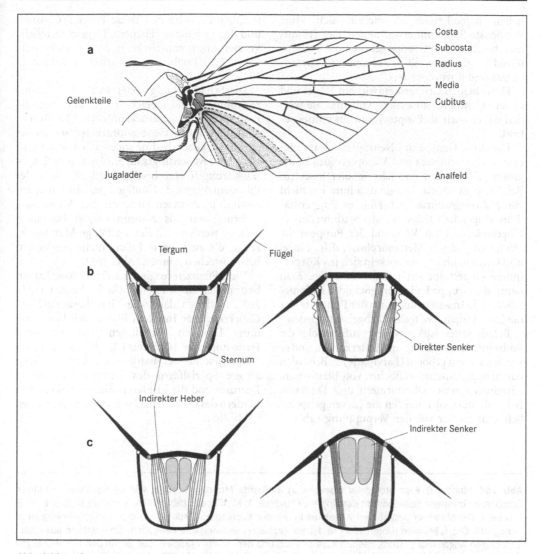

Abb. 263 a) Grundschema des Flügelgeäders der pterygoten Insekten mit Analfeld (= Neala) und basalen Gelenkteilen. **b–c)** Flugmuskulatur der Insekten. **b)** Tergalplattenmechanismus der Libellen: Nur die Flügelsenker sind direkte Flugmuskeln. **c)** Tergalwölbungsmechanismus der Neoptera

wespen). Sie sind sehr vielgestaltig, was damit zusammenhängt, dass innerhalb der Pterygoten die Jugendstadien zunehmend die langlebigen Wachstums- und Ernährungsstadien werden, während das geschlechtsreife Tier (**Imago**) zum kurzlebigen Fortpflanzungs- und Verbreitungsstadium wird. Vielfach verliert die Imago die Fähigkeit zu eigener Nahrungsaufnahme und reduziert die Mundgliedmaßen (Ephemeroptera, Plecoptera, manche Lepidoptera und Diptera).

Die Entwicklung verläuft bei den primitivsten Pterygotengruppen (Ephemeroptera, Odonata und Plecoptera) über sekundär wasserlebende Larven. Deren Atmung erfolgt über Tracheenkiemen.

Eine zweite Gruppe der Pterygoten vollzieht ihre Entwicklung vollkommen an Land, die jüngsten Stadien gleichen bis auf das Fehlen der Flügel und einiger nebensächlicher Merkmale durchaus den Erwachsenen. Diese imagoähnlichen Jugendstadien entwickeln sich ohne Puppenstadium zum erwachsenen Tier (**Hemimetabolie**). Dieser Gruppe gehören die Orthopteroidea, Blattopteroidea, Psocopteria, Thysanoptera und Rhynchota an.

Diese beiden Gruppen entwickeln Flügel und äußere Genitalien als äußere Anhänge. Sie werden daher auch als **Exopterygota** zusammengefasst.

Die dritte Gruppe mit Neuropteroidea, Coleoptera, Hymenoptera und Mecopteroidea ist die größte. Sie umfasst ungefähr $^5/_6$ aller Insekten. Bei ihnen ist vor das Imaginalstadium ein nicht zur Nahrungsaufnahme befähigtes Puppenstadium eingeschaltet, das als erstes Stadium äußere Flügelanlagen trägt. Während der **Puppenruhe** erfolgt eine **innere Metamorphose**, d. h., Flügel und Genitalanhänge entwickeln sich ins Körperinnere eingestülpt aus Imaginalscheiben. Man nennt die Gruppe **Endopterygota** oder **Holometabola**. Die Imago schlüpft aus der Puppe, in der die Larvalorgane weitgehend abgebaut wurden.

Relativ selten ist Viviparie. Häufig erfolgt die Embryonalentwicklung im Mutterkörper, und es werden Larven geboren (Larviparie), z. B. bei den parthenogenetischen Weibchen von Blattläusen, einzelnen Käfern, Ohrwürmern und Dipteren. Bei Holometabolen werden die Larven gelegentlich unmittelbar vor der Verpuppung geboren

(Pupiparie), so bei den Tsetse-Fliegen *(Glossina)* und den Pupiparae (Fliegen). Ungeschlechtliche Vermehrung kommt in Form der Polyembryonie vor (S. 308), Parthenogenese tritt häufiger auf (S. 301).

Die **Schadwirkung** vieler Insekten in Pflanzenkulturen und Speichern ist auf folgende Prädispositionen zurückzuführen: 1. Durchschnittlich kurze Generationsdauer, sodass bei günstigen Lebensbedingungen ein rascher Anstieg der Bevölkerungszahl erfolgen kann. 2. Spezialisierungen von Insekten auf alle Teile des Pflanzenkörpers. 3. Häufige Spezialisierung auf bestimmte Pflanzenarten, die bei Massenvermehrung nun als Nahrungsobjekt besonders belastet werden. 4. Leistungsfähige Mundwerkzeuge, die auch harte Pflanzenteile zerkleinern bzw. anstechen können (Abb. 264).

Viele Pflanzen reagieren auf Eier bzw. Larven bestimmter Insekten mit Gallbildungen (Abb. 265), in denen dann die Tiere heranwachsen. **Gallerzeugende Insekten** finden sich besonders unter Dipteren (Gallfliegen und -mücken), Hymenopteren (Gallwespen, aber auch Blattwespen), ferner bei Blattläusen, Käfern u. a. Eine andere Spezialform des Endoparasitismus in Pflanzen sind die **Minierer**, die im Inneren von Blättern das Gewebe in Gangsystemen ausfressen (Abb. 265).

Abb. 264 Mundwerkzeuge pterygoter Insekten. **a) Beißende Mundwerkzeuge**, wie sie bei vielen primitiven Gruppen vorkommen: Seitenansicht des Kopfes, Mandibel, 1. Maxille und Labium (Verwachsungsprodukt der 2. Maxillen). Die Mandibel besitzt zwei Angelpunkte mit der Kopfkapsel. Dadurch werden seitliche Bewegungen ermöglicht. Die 1. Maxillen (Unterkiefer) sind stark gegliedert und vielseitig beweglich. Sie bestehen aus einem dreieckigen Angelstück (Cardo), das am Kopf ansetzt, und dem Stamm (Stipes), der lateral den fühlerförmigen Maxillarpalpus (Unterkiefertaster) und medial die beiden Kauladen (Galea, Lacinia) trägt. Das Labium (Unterlippe, 2. Maxillen) entsteht aus paarigen Gliedmaßenknospen, die basal miteinander verschmelzen. Sie begrenzen das Mundfeld nach rückwärts; ihre beiden Cardines bilden mit den Resten des labialen Sternums das Postmentum, das basal am Hals ansetzt und den ventralen Abschluss des Hinterhauptsloches bildet. Am Postmentum lassen sich als Sklerite Submentum und Mentum unterscheiden, die vom Praementum, das aus den unvollkommen vereinigten beiden Stipites besteht, abzugrenzen sind. Anstelle der Maxillar- treten die Labialpalpen auf. Galeae und Laciniae entsprechen Paraglossae und Glossae. Unpaare Mundteile sind das Labrum und der Hypopharynx (nicht eingezeichnet). Das Labrum (Oberlippe) ist ein bewegliches schuppenförmiges Anhängsel vor der Mundöffnung. Der Hypopharynx ist ein weit gehend weichhäutiges, zungenförmiges Gebilde, dessen Hinterwand mit der Vorderwand des Labiums eine tiefe Falte bildet, in deren Grund die Mündung der Labialdrüsen (Speicheldrüsen) liegt. Diese Falte bildet einen Pumpenapparat, die Speicheltasche oder das Salivarum. Diese primitiven Mundwerkzeuge sind innerhalb der Pterygoten vielfältig umgewandelt worden. **b) Mundwerkzeug eines Schmetterlings;** der Querschnitt durch den Rüssel zeigt die beiden Galea mit zentralem Rohr und Muskelzellen (M), Nerven (N) und Tracheen (Tr). **c) Mundwerkzeuge einer Stechmücke** (auseinander gelegt und beim Einstich); Der Querschnitt zeigt die Komplexität des Rüssels. L: Labrum, Sr: Saugrohr, Md: Mandibel, Mx_I: 1. Maxille, Mx_{II}: 2. Maxille (Labium), Spr: Speichelrohr, Hyp: Hypopharynx

Die Eigenart, die Eier in das Nährsubstrat zu legen, hat mehrfach zu einer **Brutfürsorge** geführt, in der die Nahrung für die künftige Brut aktiv herbeigebracht, präpariert und mit den Eiern belegt wird. Einfache Beispiele sind die Knospenknicker und Tütenroller unter den Rüsselkäfern, kompliziertere die Pillendreher unter den Mistkäfern, die kompliziertesten die Brutgänge und -zellen vieler Hymenopteren (Grabwespen, solitäre Bienen), in die gelähmte Beutetiere – Spinnen oder Insekten – hineintransportiert werden oder in denen Pollen oder Honig gespeichert wird.

Nur selten erstreckt sich die Nahrungsfürsorge bei solitären Insekten auf die Larven selbst, für die fortlaufend Nahrung herbeigebracht wird. Eine solche Brutfürsorge ist der Ausgangspunkt für die **Staaten** der Insekten geworden, die letztlich Großfamilien sind (vgl. S. 184).

Die Geschichte der Pterygoten beginnt im Karbon. Schon im Steinkohlenwald erlebten sie eine erste Blüte. Sie waren hier an Arten zahlreich und erreichten bereits ihr Größenmaximum. Die Libelle *Meganeuropsis* maß 75 cm Spannweite. Die Hauptgruppen bildeten die Palaeodictyopteren.

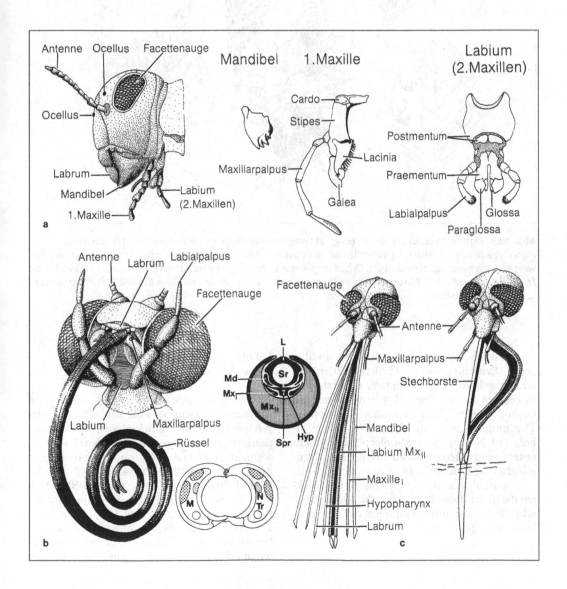

Abb. 265 Blattminen **(a, b)** und Gallen **(c–g)**. **a)** Gangmine der Fliege *Phytomyza sonchi,* **b)** Platzmine der Fliege *Phytomyza ilicis.* **c)** Fichtenzweig mit Gallen der Blattlaus *Sacchiphantes abietis,* **d)** Eichenblatt mit Gallen der Gallwespen *Cynips quercusfolii* (oben) und *Cynips longiventris* (unten), **e)** Buchenblatt mit Gallen der Gallmücke *Mikiola fagi,* **f)** Rosenzweig mit Gallen der Gallwespe *Diplolepis rosae,* **g)** Pappelblatt mit Galle der Blattlaus *Pemphigus spirothecae* am Blattstiel

Systematisch lassen sich die Insekten in drei große Evolutionsniveaus gliedern. Einer Altschicht gehören Ephemeroptera, Odonata und Plecoptera an, zu einer Mittelschicht gehören Orthopteroidea, Blattopteroidea, Psocopteria, Thysanoptera und Rhynchota. Die Holometabola mit Neuropteroidea, Coleoptera, Hymenoptera und Mecopteroidea werden als Neuschicht zusammengefasst.

Unerfreulich sind in der Systematik der Insekten die in der deutschsprachigen Literatur unterschiedlich verwendeten Endungen der Gruppenbezeichnungen.

1. Ephemeroptera (Ephemerida, Eintagsfliegen)

Besondere Kennzeichen dieser über 2500 Arten enthaltenden Gruppe sind die Häutung des geflügelten Tieres (**Subimago**) sowie die Lage der paarigen Genitalöffnungen hinter dem 7. Rumpfsegment beim Weibchen, hinter dem 9. beim Männchen. Primitive Charaktere sind die drei Hinterleibsanhänge (**Cerci, Terminalfilament**), die nicht umlegbaren Flügel, die große Zahl der Bauchganglien, Stigmen und Häutungen (über 20), der einfache Prätarsus ohne Krallen an den Beinen der Larven, deren Abdominalextremitäten und Mundwerkzeuge. Eigene Abwandlungen sind: die Reduktion der Mundgliedmaßen bei den geflügelten Stadien, die Verkleinerung der Hinterflügel, die bis zu ihrem Verlust gehen kann, das Fehlen der Gonopoden (Legeröhre) bei den Weibchen. Bei den Männchen sind die Gonopoden des 9. Bauchsegmentes als Klammerorgane (Harpagonen) erhalten. Die Imagines sind kurzlebig und bilden bei gleichzeitigem Schlüpfen oft Massenschwärme. Die Männchen, die vergrößerte Augen besitzen, ergreifen die Weibchen von unten. Das Weibchen lässt die Eier ins Wasser fallen oder begibt sich zur Eiablage unter Wasser. Die Larven leben aquatisch (Abb. 266a). *Ephemera, Ephoron, Cloëon.*

2. Odonata (Libellen)

Ursprünglich sind die nicht umlegbaren netzartigen Flügel, der aus Gonopoden gebildete Legebohrer und die kauenden Mundwerkzeuge. Die Männchen entwickeln ein **sekundäres Kopulationsorgan** ventral am 2. Abdominalsegment. Da die Genitalöffnung wie üblich am 9. Segment liegt, muß das Männchen durch Einbiegen des Hinterleibes den sekundären Kopulationsapparat vor der Begattung mit Spermien füllen. Das Weibchen wird durch zangenartige Fortsätze des 11. Segmentes hinter dem Kopf gepackt und bringt seine Genitalöffnung an das sekundäre Kopulationsorgan des Männchens. Die Imagines sind Räuber mit großen Augen und kleinen Antennen. Meso- und Metathorax stehen schräg zur Längsachse des Tieres, dadurch werden die Beine nach vorn gerichtet; Beutetiere können in der Luft ergriffen werden. Die Larven leben im Süßwasser und sind gleichfalls Raubtiere. Ihr Labium ist zu einer vorschnellbaren Greifzange, der **Fangmaske,** umgebaut (Abb. 266h). 5600 Arten.

Zygoptera (Abb. 266e, f): Atmung der Larven durch blattartige Paraprocte und das Epiproct unterstützt. Vorder- und Hinterflügel nahezu gleich groß. *Calopteryx, Lestes, Agrion.*

Anisoptera (Abb. 266 g, h): Atmung der Larven durch Enddarm. Hinterflügel größer als Vorderflügel. *Aeshna, Libellula, Sympetrum.*

3. Plecoptera (Perloidea, Steinfliegen)

Schlecht fliegende, meist dunkel gefärbte, vierflüglige Insekten in der Nähe von Gewässern, in denen ihre Larven leben (Abb. 266c, d). Über 2000 Arten. *Nemoura, Perla.*

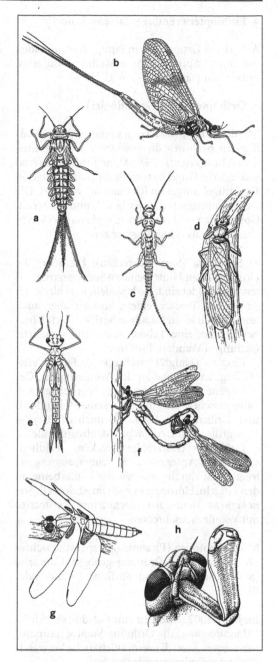

Abb. 266 Ephemeroptera **(a, b)**, Plecoptera **(c, d)**, Odonata **(e–h)**. **a)** Eintagsfliegenlarve, **b)** Imago einer Eintagsfliege, **c)** Steinfliegenlarve, **d)** Imago einer Steinfliege, **e)** Libellenlarve (Zygoptera), **f)** Libellen-Imagines in Paarung (Zygoptera), **g)** Libelle (Anisoptera) in Ruhehaltung, **h)** Kopf einer Libellenlarve (Anisoptera), seitlich von unten, Fangmaske halb ausgeklappt

4. Embioptera (Embien, Tarsenspinner)

Artenarme Gruppe, die in Europa nur im Süden vorkommt. Spinnvermögen. Weibchen flügellos. Entwicklung am Land. *Embia.*

5. Orthopteroidea (Geradflügler)

Mit den über 20 000 Arten umfassenden Geradflüglern beginnen die Insekten mit imagoähnlichen Jugendstadien. Die Mundgliedmaßen sind kauend, die Flügel stets ungleich (Vorderflügel in **Deckflügel** umgewandelt) und oft verkürzt. Die Genitalöffnung liegt zwischen 8. und 9. Sternit, **Gonopoden** sind vorhanden, und zwar bei Weibchen meist als echter **Legebohrer.**

a) **Saltatoria** (Springschrecken): Formenreiche Gruppe, deren Hinterbeine zu Sprungextremitäten umgebildet sind. Sie besiedeln in zahlreichen Arten v. a. Trockengebiete, können aber auch unterirdisch leben (Maulwurfsgrille). Nach Überbevölkerung eines Lebensraumes bilden manche Gattungen Wanderschwärme.

Ensifera (Langfühlerschrecken): Fühler vielgliedrig; Lautorgane an den Vorderflügeln, Gehörorgane an den Vordertibien. Hierher gehören Laubheuschrecken mit *Tettigonia* (Heupferd) und Grillen mit *Acheta* (Heimchen), *Gryllus* (Feldgrille) und *Gryllotalpa* (Maulwurfsgrille).

Caelifera (Kurzfühlerschrecken, Feldheuschrecken): Antennen kurz; Lauterzeugung erfolgt meist durch Bewegen der Hinterbeine an den Flügeln, Hörorgane liegen im Abdomen, *Stenobothrus* (Heuhüpfer), *Locusta* und *Schistocerca* mit Wanderheuschrecken.

b) **Phasmatodea** (Phasmida, Gespenstheuschrecken): Zu dieser Ordnung gehören *Carausius* (Stabheuschrecke) und *Phyllium* (Wandelndes Blatt).

Im Jahre 2002 wurde für eine Gattung aus Afrika *(Mantophasma)* die Ordnung **Mantophasmatodea** eingerichtet, die vermutlich in die Verwandschaft der Orthopteroidea gehört.

6. Blattopteroidea (Blattoidea)

Die Gruppe ähnelt den Orthopteroidea durch die kauenden Mundgliedmaßen, die Neigung der Vorderflügel zur Bildung von Flügeldecken u. a. Verschieden sind die Genitalöffnungen; die Ovi-

dukte münden hinter dem 7. Sternit und sind durch eine große Genitaltasche überdeckt, in die die Reste des 8. und 9. Sternits einbezogen sind. In ihr werden die großen **Eipakete (Oothecae)** gebildet. Die Hüften der Beine sind groß und einander ventral genähert, sodass die Thoracalsternite eingeengt werden. Hierher zählen über 10 000 Arten.

a) **Blattodea** (Blattariae, Schaben): Alle Beine als Schreitextremitäten ausgebildet, Kopf hypognath (Mundwerkzeuge ventrocaudad gerichtet), von dem schildförmigen Pronotum überdeckt. Flügel oft rückgebildet. Meist versteckt lebende Allesfresser warmer Länder. In Mitteleuropa einige Arten am Waldboden *(Ectobius)*, mehrere Arten in Wohnungen (*Blatta* [Kakerlak, Abb. 267c], *Blattella* [Hausschabe], *Periplaneta* [Amerikanische Schabe]).

b) **Isoptera** (Termiten, Abb. 88, 267a, b): Insekten mit hochentwickelten Staaten (S. 184) und z. T. auffälligen Bauten aus Sediment, Kot und Speichel, die besonders in den Savannengebieten Afrikas und Australiens auffallen. Flügel sekundär gleichartig mit basaler Naht, an der sie abgeworfen werden. Der meist orthognathe Kopf ist nicht von dem kleinen Prothorax überdeckt. Termiten legen überdeckte Gänge an und zerstören vorwiegend Holz, das sie mit Flagellaten (S. 443) und Bakterien aufschließen. Nach Mitteleuropa wurde *Reticulitermes flavipes* eingeschleppt.

c) **Mantodea** (Fangheuschrecken): Vorderbeine mit großen Greifhaken, meist erhoben getragen. Kopf orthognath, vom Prothorax nicht überdeckt. Lauernde oder schleichende Raubinsekten, v. a. in warmen Ländern, die Gottesanbeterin (*Mantis*, Abb. 267e) auch in Süddeutschland.

Zweifelhaft ist die Zugehörigkeit der **Dermaptera** (Ohrwürmer, Abb. 267f) zu den Blattopteroidea.

7. Psocopteria (Psocoidea)

Es handelt sich um etwa 9 000 Arten sehr kleiner Insekten mit primär kauenden Mundwerkzeugen. Die Lacinia wird zu einem Meißel oder Stilett verlängert. Flügel, soweit vorhanden, einfach; Vorder- und Hinterflügel durch Haftvorrichtungen verbunden.

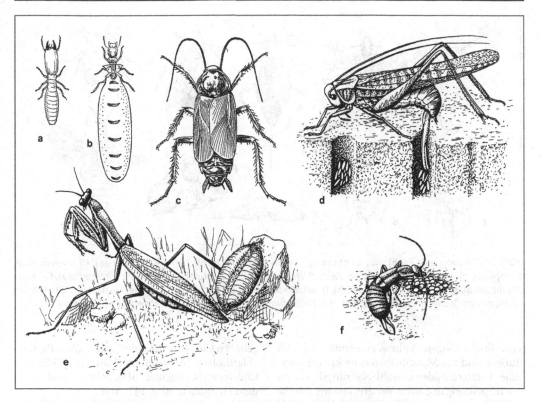

Abb. 267 Blattopteroidea **(a, b, c, e)**, Orthopteroidea **(d). a, b)** Termiten, **a)** Soldat, **b)** Königin; **c)** Schabe (Küchenschabe, *Blatta orientalis*), **d)** Springschrecke (Ensifera) bei der Eiablage, **e)** Gottesanbeterin *(Mantis)* mit Gelege, dessen Umhüllung – ein leichter, druckunempfindlicher Schaumstoff – weit gehend wasserundurchlässig ist und Schutz gegen starke Erwärmung bietet, **f)** Ohrwurm *(Forficula)* mit Gelege

a) Psocoptera (Copeognatha, Corrodentia, Flechtlinge): Sie nähren sich von Algen, Pilzen und organischen Abfällen. Psocidae mit Flügeln; Bücherlaus (*Troctes,* Abb. 268a) und Staublaus *(Trogium)* flügellos.

b) Phthiraptera mit Mallophaga, **Rhynchophthirina** (an Elefanten) und Anoplura. **Mallophaga** (Federlinge, Haarlinge): meist Horn- und Abfallfresser im Gefieder von Vögeln oder im Fell von Säugern. Beißende Mundwerkzeuge. **Anoplura** (Läuse): Mundwerkzeuge stechend-saugend, Ectoparasiten an Säugetieren. Die mit Deckeln versehenen Eier (Nissen) werden auch wie die der Mallophagen an Haare der Wirtstiere geklebt. Menschenlaus *(Pediculus humanus)* mit den Rassen Kopf- und Kleiderlaus sowie Filz- oder Schamlaus *(Pthirus pubis)* am Menschen. Z. T. wichtige Krankheitsüberträger (S. 399). *Haematopinus suis* an Hausschweinen (Abb. 268b).

8. Thysanoptera (Fransenflügler, Blasenfüße)

Die Thysanopteren sind kleine, meist pflanzensaftsaugende Insekten (Abb. 268 k), die auch schädlich werden können, z. T. durch die Übertragung von phytopathogenen Viren. Ihr Stechrüssel ist vom gleichen Typ wie der der Hemipteren, aber stark asymmetrisch. An den Fußenden sind schwellbare Haftblasen ausgebildet. Die Flügel sind sehr schmal und am Rand fransenartig behaart; sie können auch fehlen. In der Umgangssprache als Gewittertierchen bekannt. Über 5 000 Arten. *Thrips.*

9. Rhynchota (Hemiptera, Schnabelkerfe)

Wichtigstes Merkmal der Rhynchoten (100 000 Arten) sind die zu einem **Stechsauger** umgebildeten Mundgliedmaßen. Sie enthalten zwei Stilettpaare, die im Ruhezustand mit ihren Basen in

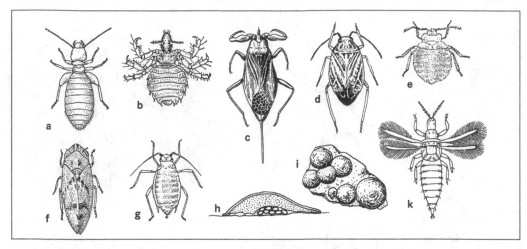

Abb. 268 Psocopteria **(a, b)**, Rhynchota **(c–i)**, Thysanoptera **(k)**; **a)** Bücherlaus (Psocoptera), **b)** Schweinelaus (Anoplura), **c)** Wasserskorpion (Heteroptera), **d)** Weichwanze (Heteroptera), **e)** Bettwanze (Heteroptera), **f)** Zikade (Homoptera), **g)** Blattlaus (Homoptera), **h), i)** Schildläuse (Homoptera), **h)** schematischer Querschnitt durch Weibchen, das im Brutraum ein Eigelege hält, **i)** Schildlausweibchen in Aufsicht, **k)** Fransenflügler (Thysanoptera)

eine Tasche eingesenkt bzw. eingerollt sind. Das äußere sind die Mandibeln, das innere die Laciniae. Letztere bilden sowohl Nahrungskanal als auch Speichelgang. Beim Vorstrecken werden die Stilette von einer gegliederten Rüsselscheide geführt, die aus dem Labium (2. Maxille) entstanden ist. Vorn überdeckt den Rüsselansatz die verlängerte Oberlippe (Labrum), seitlich die Wangen (Genae) und die Basisteile der 1. Maxillen. Die Gonopoden sind beim Weibchen oft Legebohrer.

a) Heteroptera (Wanzen): Vorderflügel in ihrer basalen Hälfte zu einer Decke (Corium) versteift, der distale Teil dünnhäutig (Membran). Die Nahrung sind Pflanzen- und Tiersäfte. Wir finden unter ihnen Pflanzenschädlinge (*Lygus;* Rübenwanze [*Piesma*] als Virusüberträger), Räuber, seltener Blutsauger wie manche Reduviiden *(Triatoma)* und die Bettwanze *Cimex* (S. 401, Abb. 268e). Die meisten Arten sind Landtiere. Manche Familien besiedeln die Wasseroberfläche (Gerridae, Veliidae, z. T. sogar auf dem Meer [*Halobates*]); echte Wasserbewohner sind die Wasserskorpione (Nepidae, Abb. 268c), Rückenschwimmer (Notonectidae), Ruderwanzen (Corixidae) u. a.

b) Homoptera: Beide Flügel sind vollständig häutig. Alle Arten sind Pflanzensauger. Hierher

gehören **Cicadina** (Zikaden, Abb. 268f), **Psyllina** (Blattflöhe), **Aleyrodina** (Mottenschildläuse), **Coccinea** (Schildläuse, Abb. 268h, i) und **Aphidina** (Blattläuse, Abb. 147, Abb. 268 g).

Durch ihre Massenentwicklung und ihre Überträgerrolle z. B. für Viren sind die Blattläuse wichtige **Pflanzenschädlinge**. Die rasche Massenentwicklung ist durch einen **Generationswechsel** begünstigt. Aus Dauereiern schlüpfen flügellose Weibchen (Fundatrices; Singular: Fundatrix), die sich rasch parthenogenetisch und meist lebend gebärend fortpflanzen. Nach einer Anzahl parthenogenetisch sich vermehrender Weibchengenerationen treten, oft in einer numerisch festgelegten Generation, Männchen und Weibchen auf, nach Befruchtung entstehen **Dauereier**. Außer diesem Wechsel tritt noch ein Wechsel von geflügelten und ungeflügelten Generationen bzw. Tieren auf. Viele Arten sind auf bestimmte Pflanzen beschränkt, andere wechseln zwischen zwei verschiedenen Arten (**Wirtswechsel** zwischen Sommerwirt und Winterwirt), z. B. die Pfirsichblattlaus zwischen Pfirsich und Kartoffel. *Myzus, Doralis.*

Bei den Schildläusen sind die erwachsenen Weibchen mit ihrem Rüssel dauernd festgeheftet. Sie bilden durch Wachsabscheidungen oder den Körper Schutzeinrichtungen über den Eiern. Die Männchen sind klein, geflügelt und ohne Mundwerkzeuge. *Quadraspidiotus.*

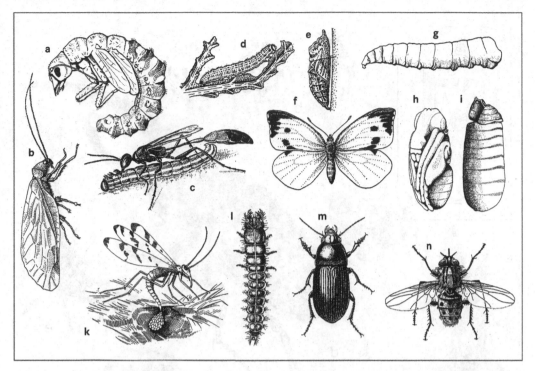

Abb. 269 Neuropterida **(a, b)**, Coleoptera **(l, m)**, Hymenoptera **(c)**, Mecopterida **(d–k, n)**, **a)**, **b)** Schlammfliege (Megaloptera), **a)** Puppe, **b)** Imago; **c)** Grabwespe (Aculeata), die eine Raupe zum Nest trägt; **d–f)** Kohlweißling (Lepidoptera), **d)** Raupe, **e)** Puppe, **f)** Imago; **g–i)** Stubenfliege. **g)** Larve, **h)** Puppe, **i)** Puparium nach dem Schlüpfen der Imago; **k)** Schnabelfliege bei der Eiablage (Mecoptera), **l–m)** Getreidelaufkäfer (Carabidae), **l)** Larve, **m)** Imago, **n)** Wadenstecher (*Stomoxys*, Diptera)

10. Neuropterida (Netzflügler i. w. S.)

Unter dem Begriff Neuropterida werden drei Ordnungen holometaboler Insekten mit häutigen und vieladrigen Flügeln zusammengefasst, deren Larven am Land oder im Wasser leben. Zu ihnen zählen 6 500 Arten.

a) Megaloptera (Schlammfliegen): Larven wasserlebend, mit gegliederten und gefiederten Tracheenkiemen, die den Abdominalbeinen entsprechen (Abb. 123b). *Sialis* (Schlammfliege, Abb. 269a, b), *Corydalis*.

b) Raphidioptera (Kamelhalsfliegen): Prothorax stark verlängert, Larven terrestrisch, Räuber. *Raphidia*.

c) Neuroptera (Netzflügler i. e. S.): Mundwerkzeuge der Larven mit Saugzangen, die aus Mandibeln und den an diese angelegten Galeae be-

stehen: Larven meist mit extraintestinaler Verdauung. Hierher gehören die Ameisenjungfer *(Myrmeleon)*, deren Larven im Sande Fallgruben bauen (Ameisenlöwen), und die Blattlauslöwen *(Hemerobius)*, die ebenso wie die Larven der Florfliegen (Chrysopiden; *Chrysopa)* vorwiegend Blattläuse aussaugen.

11. Coleoptera (Käfer)

Die Käfer sind die artenreichste Ordnung des Tierreiches. 360 000 Arten sind bekannt, davon leben über 6 000 im Mitteleuropa. Einen Einblick in ihre Vielfalt soll Abb. 270 vermitteln. Die Vorderflügel der Käfer sind schützende, feste Decken (**Elytren**). Sie können zu kurzen Decken reduziert sein (Staphylinidae, Kurzflügler). Die Hinterflügel sind die eigentlichen Flugorgane, sie sind häutig und faltbar. Der Prothorax ist groß und bewegbar, die Mundwerkzeuge kauend. Die Larven sind sehr vielgestaltig. Sie wechseln von

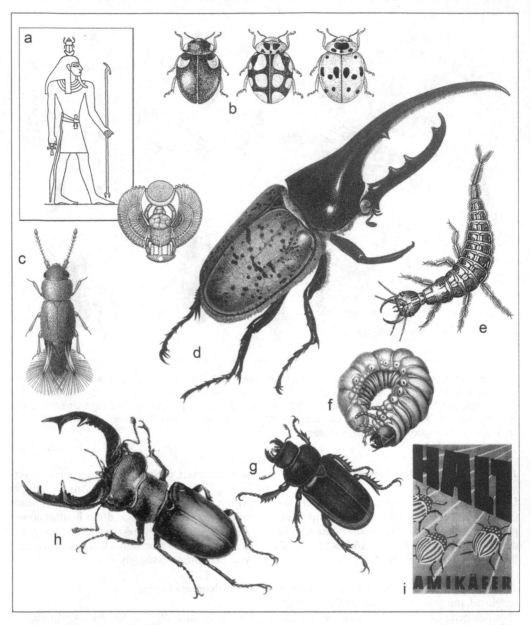

Abb. 270 Käfer – die größte Tiergruppe auf der Erde: von der Vergötterung (a) bis zur Verteufelung (i). **a)** Cheprê, Urgott der Alten Ägypter, mit *Scarabaeus* auf dem Haupt; Inset: *Scarabaeus*-Amulett; **b)** *Adalia decempunctata*, drei verschiedene Ausprägungsformen, **c)** *Ptinella*, einer der kleinsten Käfer (0,6 mm lang), **d)** *Dynastes* (Herkuleskäfer), einer der größten Käfer (17 cm lang), **e–f)** Larven, **e)** *Dytiscus* (Gelbrandkäfer), **f)** *Lucanus* (Hirschkäfer), **g–h)** *Lucanus* (Hirschkäfer), Imagines, **g)** Weibchen, **h)** Männchen, **i)** Warnung vor einem Neozoon, dem neuweltlichen Kartoffelkäfer *(Leptinotarsa),* aus der DDR

rasch laufenden campodeiden (= der Dipluren-Gattung *Campodea* ähnelnden) Larven bis zu Maden (Abb. 179k), Drahtwürmern (Abb. 179b), Engerlingen usw. Enorm ist die ökologische Vielfalt der Käfer. Sie sind Pflanzen- und Lagerschädlinge, Holzzerstörer (Abb. 179), Blütenbesucher, Aasfresser, Raubtiere u. a. Mehrere Familien sind Wasserkäfer geworden, so die räuberischen Dytiscidae und die pflanzenfressenden Hydrophilidae. Mehrere Arten sind als Larven Parasiten oder Verzehrer der Nahrungsvorräte von Hymenopteren, wie z. B. die Ölkäfer (Meloidae). Käfer sind seit dem Perm bekannt.

a. Adephaga: Ursprüngliche Gruppe; hierher gehören Laufkäfer (Carabidae, Abb. 269 l, m), Sandlaufkäfer (Cicindelidae), Schwimmkäfer (Dytiscidae), Taumelkäfer (Gyrinidae).

b. Polyphaga: Abgeleitete Gruppe; hierher gehören die meisten Käfer, z. B. Weichkäfer (Cantharidae), Leuchtkäfer (Lampyridae), Kurzflügler (Staphylinidae), Aaskäfer (Silphidae), Blatthornkäfer (Lamellicornia) mit Hirschkäfern (Lucanidae), Mist- und Laubkäfern (Scarabaeidae), Ölkäfer (Meloidae), Schwarzkäfer (Tenebrionidae, Abb. 179a), Schnellkäfer (Elateridae, Abb. 179b), Speckkäfer (Dermestidae), Marienkäfer (Coccinellidae), Bockkäfer (Cerambycidae, Abb. 179f), Blattkäfer (Chrysomelidae), Rüsselkäfer (Curculionidae, Abb. 179e).

Meist wird an die Käfer die artenarme Ordnung der **Strepsiptera** (Fächerflügler) angeschlossen. Ihre Vorderflügel sind zu Halteren reduziert. Die Larven und oft auch die darmlosen Weibchen leben endoparasitisch in anderen Insekten. Die Ordnungen der Coleoptera und Strepsiptera werden auch als »Coleopteroidea« zusammengefasst.

12. Hymenoptera (Hautflügler)

Hymenoptera sind eine weitere große Gruppe. Mehr als 130 000 Arten wurden beschrieben. Ihre vier Flügel sind häutig und durch Haftapparate miteinander verbunden. Die Vorderflügel sind größer als die Hinterflügel. Die Mundwerkzeuge sind bei primitiven Arten noch kauend, die Mandibeln bleiben stets Beißmandibeln. Die Maxillen entwickeln sich zu einem Leck- und Saugrüssel, an dem sich die stark verlängerten Galeae, Glossae und Labialpalpen beteiligen. Abdomen

zwischen 1. und 2. Segment mit Wespentaille. Diese fehlt noch den Symphyten. Ein Legestachel aus Gonopoden ist vorhanden. Er wird bei den Aculeaten unter Funktionswechsel zum Giftstachel. Die Larven sind weichhäutig; bei den Blattwespen sind sie Raupen, bei den meisten anderen Arten madenähnliche Larven ohne aktive Fortbewegung, die von dem Muttertier mit einem Nahrungsvorrat versehen oder gefüttert werden. Aus dieser Brutfürsorge (Abb. 269c) haben sich der **Larvalparasitismus** der Schlupfwespen und die **Gallbildung** der Gallwespen (Abb. 265) entwickelt. Die Imagines sind oft Räuber (Hornisse), manche Allesfresser. Wichtig ist die große Zahl der **Blütenbesucher**. Mehrere Gruppen haben unabhängig **Staatswesen** ausgebildet. Seit der Trias bekannt, Entfaltung im Tertiär.

a) Symphyta: Ohne Wespentaille, Larven oft raupenähnlich. Blattwespen (Tenthredinidae), Holzwespen (Siricidae), Halmwespen (Cephidae).

Die beiden folgenden Gruppen werden als **Apocrita** zusammengefasst, Abdomen mit Wespentaille. Sie umfassen schätzungsweise 20–25 % aller existierenden Insektenarten.

b) Terebrantes: Legeapparat noch mit ursprünglicher Funktion, Larven oft Insektenparasiten. Schlupfwespen (Ichneumonidae), Brackwespen (Braconidae), Gallwespen (Cynipidae), Erzwespen (Chalcidoidea).

c) Aculeata: Legeapparat im Allgemeinen zu einem **Wehrstachel** umgebildet, das Ei tritt an seiner Basis aus. Larven sind Maden, die von Eltern versorgt werden. Goldwespen (Chrysididae), Ameisen (Formicidae, Abb. 88a–e), Grabwespen (Sphecidae, Abb. 248c), Faltenwespen (Vespidae), Bienen und Hummeln (Apidae, Abb. 89). Die Gifte der Aculeaten können biogene Amine, Acetylcholin oder Kinine enthalten.

13. Mecopteria

Unter diesem Begriff werden mehrere große Gruppen zusammengefasst, die in enger Verwandtschaftsbeziehung zu den im Mesozoikum weit verbreiteten Mecopteren stehen und fast 300 000 Arten umfassen.

a) Mecoptera (Schnabel-, Skorpionsfliegen): Flügel gleichartig, Kopf schnabelartig verlängert,

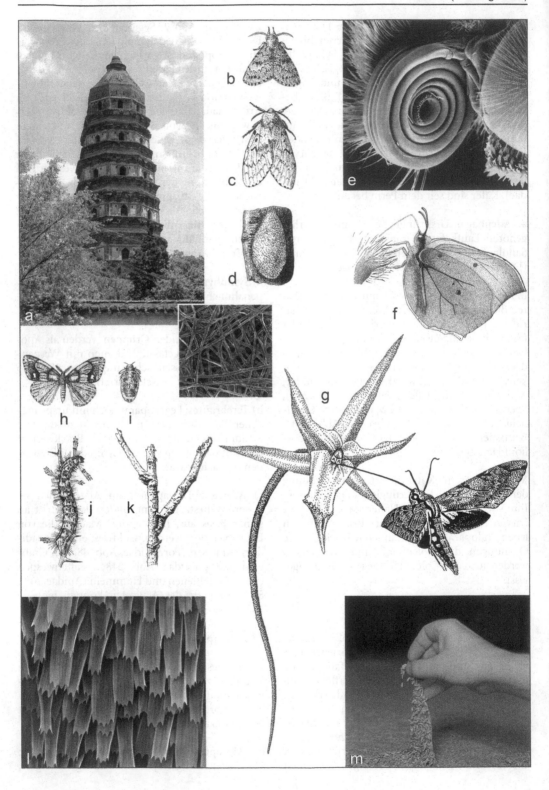

Larven raupenähnlich. Sie sind Räuber und Aasfresser. Hierher gehören *Panorpa* (Abb. 269k) und *Boreus*.

b) Trichoptera (Köcherfliegen): Die vierflügeligen Imagines ähneln mit ihren behaarten Flügeln bereits Schmetterlingen. Die Mandibeln sind klein, die Maxillen bilden unter Vorstülpung des weichen Mundfeldes einen Leckapparat, die Oberlippe ein Saugrohr. Die Larven leben fast alle im Wasser, die primitiven sind noch campodeid (d. h. äußerlich *Campodea* ähnlich) und bauen oft Fangnetze, die meisten sind eruciform (raupenähnlich) mit fadenförmigen Tracheenkiemen am Abdomen (Abb. 123), die nicht aus Extremitäten entstanden sind. Sie bauen aus Pflanzenteilen, Sandkörnern, Schneckenschalen u. a. einen Köcher (Gehäuse).

c) Lepidoptera (Schmetterlinge): Sie schließen sich eng an die Trichopteren an, das beweisen u. a. die in beiden Gruppen vorkommenden heterogametischen Weibchen. Schmetterlinge sind eine der größten und vielfältigsten Insektengruppen (Abb. 271). Die großen Flügel sind meist beschuppt, die Mundwerkzeuge bilden einen einrollbaren Saugrüssel aus den stark verlängerten Galeae, während die Mandibeln rudimentär sind. Die Larven sind Raupen mit Afterfüßen (Abb. 269d), die Puppen tragen die Gliedmaßen nicht frei wie bei den anderen holometabolen Insekten, sondern in die Körperwand eingebaut (**Mumienpuppe**, Abb. 269e). Die Schmetterlinge sind fast ausschließlich Nektarsauger, die Raupen meist Pflanzenfresser. Es kommen auch andere Ernährungsweisen vor (Kleider-, Wachsmotte; Abb. 179i). Die primitivste Familie, die Micropterygidae, besitzt noch kauende Mundwerkzeuge und freigliedrige Puppen. Schmetterlinge existieren seit dem Jura, heute sind über 120 000 Arten bekannt.

Besonders bekannte Familien sind: Motten (Tineidae), Wickler (Tortricidae), Zünsler (Pyra-lidae), Spanner (Geometridae), Eulen (Noctuidae), Spinner i. e. S. (Bombycidae), Schwärmer (Sphingidae), Bläulinge (Lycaenidae), Weißlinge (Pieridae, Abb. 269d–f), Ritterfalter (Papilionidae).

d) Diptera (Zweiflügler, Abb. 269 n): Fliegen und Mücken bilden die Hauptgruppen dieser über 130 000 Arten umfassenden Ordnung. Die Hinterflügel sind zu kleinen **Schwingkölbchen** (**Halteren**) umgewandelt. Die Mundwerkzeuge sind bei Mücken saugend unter Beteiligung aller Mundteile einschließlich Oberlippe und Hypopharynx. Stilette sind die Mandibeln und nach neueren Untersuchungen die Laciniae, nicht die Galeae. Die Oberlippe ist hauptsächlich Saugrohr, der Hypopharynx Speichelgang, das Labium Rüsselscheide. Bei den Fliegen sind die Mandibeln reduziert, den Hauptteil des Leck- oder Stechapparates bilden die 2. Maxillen (Labium), die an ihrer Vorderfläche die Oberlippe als Nahrungsgang und den Hypopharynx als Speichelgang tragen. Die Larven sind extrem vielgestaltig, stets ohne echte Extremitäten. Der Kopf ist bei den Mückenlarven noch normal (**eucephale Larven**), bei den meisten Fliegenmaden aber durch Einfaltung versenkt und z. T. reduziert (**acephale Larven**). Die Mandibeln sind dann vorstreckbare Mundhaken. Die Dipteren sind Blutsauger (Stechmücken, wie *Culex* und *Anopheles*; Stechfliegen, wie *Glossina* und *Stomoxys*, Abb. 269 n), oder Säftesauger, viele sind Blütenbesucher. Die Larven der Mücken sind vorwiegend Wasserbewohner, manche, wie z. B. die Chironomidenlarven, auch mit Wasseratmung (Abb. 123f); die Fliegenmaden leben z. T. räuberisch, z. B. die blattlausfressenden Syrphiden, z. T. ernähren sie sich von zersetzten organischen Substanzen. Viele sind Parasiten, z. B. die Dasselfliegen, Rachen- und Magenbremsen in Säugetieren, viele Tachiniden in Insekten, besonders Raupen. Zahlreiche Arten sind wichtige Krankheitsüberträger (Abb. 177).

Abb. 271 Schmetterlinge – von der Verbindung verschiedener Kulturen bis zum Verspinnen von Getreidekörnern. **a)** Pagode in Suzhou, Chinas »Seidenhauptstadt«; in ihrer unmittelbaren Nähe liegt ein Seidenmuseum. Das Inset zeigt einen Seidenkokon im rasterelektronenmikroskopischen Bild, **b–d)** Schwammspinner *(Lymantria dispar)*, **b)** Männchen, **c)** Weibchen, **d)** Kokon, **e)** rasterelektronenmikroskopisches Bild eines Schmetterlingsrüssels *(Vanessa cardui*, Distelfalter). **f)** Zitronenfalter beim Einführen seines Rüssels in eine Blüte, **g)** *Xanthopan* an der Orchidee *Angraecum*, **h–j)** Schlehenspinner *(Orgya recens)*, **h)** Männchen, **i)** Weibchen, **j)** Raupe, **k)** Spannerraupe, **l)** Schuppen eines Kleinschmetterlings *(Epirrita)* im rasterelektronenmikroskopischen Bild, **m)** Verspinnungen am Getreide durch Larven der Speichermotte *(Ephestia cantella)*. Foto e): H. Krenn (Wien), Foto m): C. Reichmuth (Berlin)

1. **Nematocera** (Mücken): Formen mit ursprünglichen Merkmalen, Fühler fadenförmig. Win-
termücken (Trichoceridae), Kohlschnaken
(Tipulidae), Schmetterlingsmücken (Psychodidae), Stechmücken (in Südwestdeutschland
auch Schnaken genannt, Culicidae), Zuckmücken (Chironomidae), Gnitzen (Ceratopogonidae = Heleidae), Kriebelmücken
(Simuliidae), Pilzmücken (Fungivoridae =
Mycetophilidae), Gallmücken (Cecidomyi-
dae = Itonididae).
2. **Brachycera** (Fliegen): Fühler meist kurz. Bremsen (Tabanidae), Hummelfliegen (Bombyliidae), Schwebfliegen (Syrphidae), Taufliegen
(Drosophilidae), Minierfliegen (Agromyzidae),
Dungfliegen (Scatophagidae), Blumenfliegen
(Anthomyiidae), Muscidae mit Stubenfliege
Musca sowie *Stomoxys,* Tachinidae mit *Sarcophaga* (Fleischfliege), *Calliphora* (Schmeißflie-
ge), *Lucilia* (Goldfliege), Dasselfliegen (Oestri-
dae), Lausfliegen (Hippoboscidae).

e) Siphonaptera (Aphaniptera, Flöhe): Blut-
sauger an Warmblütern, v. a. an Säugern. Manche
Arten verankern sich mit ihren Mundwerkzeugen dauernd am Wirt und können von dessen
Gewebe umwachsen werden, so der Sandfloh
(Tunga). Die meisten Arten sind beweglich und
besitzen die bekannte Springfähigkeit, die für
Ectoparasiten eigenartig ist. Der Stechapparat
der Mundwerkzeuge besteht aus den paarigen
Lacinien und einem unpaaren spitzen Stachel des
Epipharynx; die Palpen der 2. Maxillen umgeben
die Stechborsten mit einer Scheide. Die Eier fallen auf den Boden und entwickeln sich hier zu
fußlosen Maden mit normalem Kopf; sie ernähren sich von Abfällen und Schimmel. Die Imagines suchen jeweils ihre Wirtstiere auf und sind
meist so wirtsspezifisch, dass sie andere Wirtsarten bald wieder verlassen. Wegen des Übertra-
gens der **Pest** von Nagetieren auf den Menschen
sind einige Arten wichtig (S. 401). *Pulex* (Abb.
175), *Xenopsylla, Tunga, Ctenocephalides.*

Incertae sedis:
Chaetognatha (Pfeilwürmer)

Die Chaetognathen (Abb. 272) nehmen eine sehr
isolierte Stellung im Tierreich ein. Ihre Entwicklungsgeschichte – Übergang des Urmundes in
den After und Bildung des Coeloms durch Abfaltung vom Urdarm – zeigt Übereinstimmung mit

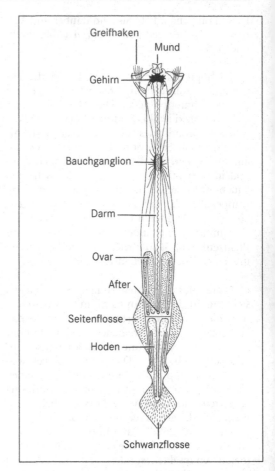

Abb. 272 Organisationsschema eines Chaetognathen

der der Deuterostomia, ihre Anatomie, z. B. Bau
und Lage des Nervensystems, zeigt eher Anklänge
an die der Protostomia (Mollusca, Aschelminthes). Chaetognathen leben kosmopolitisch z. T.
in riesigen Individuenzahlen in allen Meeren als
wenige Millimeter bis knapp 10 cm große planktische Räuber, die mit ihren am Kopf gelegenen
Büscheln von Greifhaken selbst Fische und
Euphausiaceen erbeuten. Sie spielen eine wichtige Rolle im Plankton und kommen von der
Oberfläche des Meeres bis in ca. 4000 m Tiefe
vor. Die Arten der Gattung *Spadella* leben ben-
thisch und besitzen oft Adhäsionsorgane. Alle
Arten sind hermaphroditisch und protandrisch;
Entwicklung im freien Wasser, vereinzelt Brutpflege in einem Marsupium *(Eukrohnia).* Wohl
unter 100 Arten, die wenigen Gattungen zugeteilt
werden *(Sagitta, Spadella, Eukrohnia).*

Reihe Deuterostomia

Der Blastoporus bleibt als After erhalten, der Mund entsteht neu (Neumünder). Das Nervensystem ist bei vielen Gruppen primitiv und epithelial, bei höher entwickelten Formen bildet sich ein dorsal gelegenes Zentralnervensystem durch Abfaltung von der Rückenfläche (Neuralrohr). Das Coelom ist immer vorhanden, es entsteht oft durch Abfaltung vom Urdarm; die basalen Gruppen sind archimer. Das Skelet ist mesodermal, z. T. auch neuroectodermal.

I. Hemichordata

Die Hemichordaten (Branchiotremata) sind für die Systematik eine der wichtigsten Tiergruppen, weil sie gestatten, ganz entfernte Glieder des Systems zu verknüpfen. Sie bestehen heute aus zwei äußerlich unähnlichen, aber morphologisch recht gleichartigen Klassen, den Pterobranchia und Enteropneusta und sind rein marin.

Die **Pterobranchia** (Abb. 273a) zeigen eine auffällige Ähnlichkeit mit den Tentaculaten. So wie diese an der Basis der Protostomia stehen, stehen die Pterobranchia an der Basis der Deuterostomia. Der Körper gliedert sich in einen **Kopfschild** (hier meist **Protosoma** genannt), einen **Mundbereich** (**Mesosoma**), der zwei bis sechs Paar Arme mit bewimperten Tentakeln trägt, ähnlich den Lophophoren der Tentaculaten, und einen **Rumpfabschnitt** (**Metasoma**) mit einem **Stiel**. Die Tiere sind entweder sessil und mit einem Stolo zu Kolonien verbunden oder innerhalb und oft auch außerhalb der Röhren frei beweglich, wobei sie mit dem Kopfschild kriechen können, dessen Drüsenzellen die Wohnröhre aufbauen. Übereinstimmend mit den Tentaculaten ist auch die Dreigliederung des Coeloms in Proto-, Meso- und Metacoel. Ein Paar Kiemenspalten bricht bei den Arten der Gattung Cephalodiscus vom Vorderdarm nach außen durch. Vom Vorderdarm ragt ein epithelialer Fortsatz, das **Stomochord**, in den Kopfschild; an seiner Spitze liegt das vom Perikard umschlossene Herz, das in ein ventral vom Stomochord gelegenes geknäultes Gefäß (**Glomerulus**) übergeht, dem außen Podocyten aufsitzen. Das intraepitheliale Nervensystem hat sein Zentrum in einem dorsal im Mesosoma gelegenen Ganglion, von dem aus zahlreiche Nerven zum Tentakel-

apparat ziehen, aber auch andere Körperregionen einschließlich des Darmtraktes erreichen. Vermehrung durch Knospung oder über Larven. Die gleichmäßig bewimperten Larven von Rhabdopleura entwickeln sich zunächst innerhalb der Wohnröhre, die sie nach ein bis drei Wochen verlassen, um sich für einige Stunden rotierend schwimmend im freien Wasser aufzuhalten. Danach siedeln sie sich auf einem Substrat, z. B. der konkaven Seite von toten Muschelschalen, an und entwickeln bald die Körperform der erwachsenen Tiere. Pterobranchier sind millimetergroß und mikrophag, sie strudeln mit Hilfe ihrer bewimperten Tentakel und Arme Nahrung, u. a. Kieselalgen, in den Mund. Vermutlich nur zwei Gattungen, Cephalodiscus und Rhabdopleura mit gut 20 Arten; leben einen halben Meter unter der Wasseroberfläche bis ca. 650 Meter tief. Cephalodiscus vor allem in antarktischen Meeren; dort streckenweise bestandsbildende Kolonien bildend. Rhabdopleura. z. B. im Nordatlantik.

Die im Meeresboden lebenden **Enteropneusta** (Eichelwürmer, Abb. 273b) stimmen in der Innenorganisation weit gehend mit den Pterobranchiern überein. Der Körper ist in drei Abschnitte gegliedert, das Coelom ist z. T. reduziert, weil die Coelomepithelien proliferieren und sich in glatte Muskulatur umwandeln können. Die Arme und Tentakel fehlen allerdings, der After liegt nahe dem Körperende, die Zahl der Kiemenspalten ist beträchtlich vermehrt. Diese ähneln durch ihre U-Form und das Stützgerüst auffallend denen von Branchiostoma. Auch die Gonaden sind vermehrt. Der Kopfschild ist ein schwellbares Bohrorgan geworden (**Eichel**); er enthält Stomochord, Herz, Glomerulus und Coelomporen. Das dorsale Epidermisepithel des Mesosomas (= Kragens) senkt sich mit dem Nervensystem ein und bildet ein Rohr. Dieses Merkmal und die Ausbildung eines Kiemendarmes sowie des Stomochords, das feinstrukturell der Chorda der Wirbeltiere entspricht, deuten auf eine Verwandtschaft mit den Chordaten. Die **Larve** (**Tornaria**) ähnelt in vielen Einzelheiten den Larven der Echinodermen (Abb. 274) so sehr, dass verwandtschaftliche Beziehungen zwischen diesen beiden Gruppen ebenfalls sicher erscheinen. Enteropneusten leben mikrophag oder als Substratfresser im Boden in dünnwandigen Wohnröhren oder versteckt im Schotter von

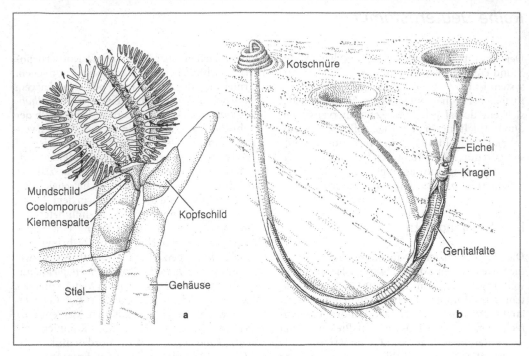

Abb. 273 Hemichordata. **a)** *Cephalodiscus*, erwachsenes Tier beim Einstrudeln von Nahrung. Die Pfeile zeigen den Wasserstrom in die Tentakelkrone hinein und aus ihr heraus. Nahrungspartikel werden auf der Außenseite der Tentakelkrone zum Mund transportiert. **b)** Enteropneust in der Wohnröhre

Korallenriffen, auch in Algen- oder Seegraswiesen von Flachmeeren bis in die Tiefsee, hier auch an warmen Quellen. Wenige Gattungen (*Ptychodera, Harrimania, Saccoglossus* u. a.), ca. 70 Arten.

Zu den Hemichordaten werden auch die **Graptolithen** gezählt, die auf das Paläozoikum beschränkt sind. Es handelt sich um marine Formen, die in Röhren lebten und wohl den Pterobranchiern besonders nahe stehen. Sessil oder pelagisch mit Schwimmblase. Sie lebten in stabförmigen, spiraligen oder verzweigten Kolonien, einige Tiere waren wohl zu Geschlechtstieren umgewandelt. Die Evolution pelagischer Formen ging mit der Entfaltung des Phytoplanktons einher. Leitfossilien aus Ordovizium und Silur.

II. Echinodermata (Stachelhäuter)

Die Stachelhäuter sind eine auf das Meer beschränkte Tiergruppe, die etwa 6 000 rezente Arten und wesentlich mehr fossile Arten umfasst.

In den meisten Organsystemen der Echinodermata herrscht **radiäre (pentaradiäre) Symmetrie,** die aber durch sekundäre Umformung eines bilateralen Bauplanes entstanden ist. In der inneren Organisation der Echinodermen treffen wir auf scheinbar ganz neue Organsysteme wie Axialorgan und Ambulakralgefäßsystem, das durch einen Steinkanal und eine Madreporenplatte mit dem Meereswasser Verbindung gewinnt und dessen Flüssigkeit die zahlreichen Ambulakralfüßchen zum Anschwellen bringt. Die Zurückführung dieser und anderer Sonderbildungen auf den allgemeinen Bauplan der Bilateria gelang durch das Studium der Ontogenie. Die verschiedenen Larvenformen der heutigen Echinodermen lassen sich auf eine theoretisch geforderte Ausgangsform zurückführen, die **Dipleurula-Larve** (Abb. 274a) genannt wird. Diese ist durch die drei ursprünglichen Coelomgebiete **Axo-, Hydro- und Somatocoel** (= **Proto-, Meso- und Metacoel**) gekennzeichnet.

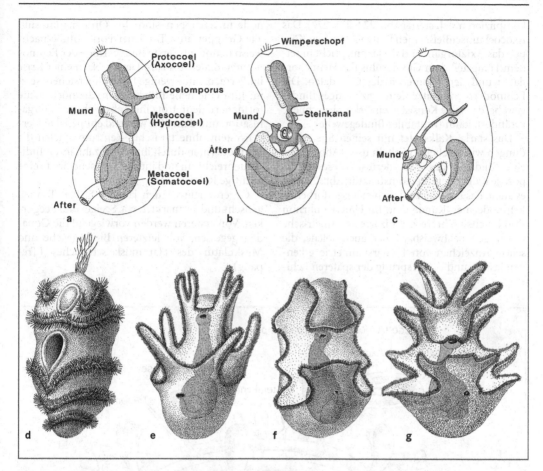

Abb. 274 Echinodermenlarven. **a–c)** Hauptstadien der ontogenetischen Umformung der Echinodermen. Beachte die Verlagerung des Mundes nach links und die Rückbildung von rechtem Protocoel (Axocoel) und Mesocoel (Hydrocoel). Das linke Protocoel bleibt über den Steinkanal mit dem linken Mesocoel verbunden, aus dem das Wassergefäßsystem (Ambulakralgefäßsystem) hervorgeht. Das linke Protocoel steht über einen nephridienähnlichen Coelomporus, aus dem die Madreporenöffnung hervorgeht, mit dem Meereswasser in Verbindung. **d–g)** Larven verschiedener Echinodermen. **d)** Doliolaria (Crinoidea), **e)** Echinopluteus (Echinoidea), **f)** Auricularia (Holothuroidea), **g)** Bipinnaria (Asteroidea)

Das Axocoel mündet durch einen Coelomporus nach außen, der sich später in die Madreporenplatte umwandelt. Die Larve der ursprünglichen Stachelhäuter heftete sich mit dem Kopflappen an der Unterlage fest und wurde so sessil. Dabei kommt es zur Verlagerung des Mundes nach links, wobei das linke Hydrocoel eingebuchtet und schließlich zu einem den Mund umgebenden Ring umgebildet wird. Das linke Hydrocoel liefert das **Ambulakralgefäßsystem** und den Verbindungsgang mit dem Axocoel (den **Steinkanal**), das **Axocoel** den Raum unter der Madre-

porenplatte. Das rechte Hydrocoel wird reduziert. Auch das **Somatocoel** wird durch die linksseitige Lage des Mundes zu einer Ringbildung um den Mund gezwungen, desgleichen das Nervensystem. Von dieser Region bilden sich die radiären Arme, sodass die Mundebene der Echinodermen meist der linken Seite entspricht. Spätere Verschiebungen des ganzen Komplexes können Mund und After auf die gleiche Fläche verlagern (Crinoidea), aber auch auf entgegengesetzte (See- und Schlangensternen, Seeigel, Seegurken). Die Coelomsäcke der Echinodermen komplizieren sich stark (Abb. 274, 275, 277). Das Axocoel umschließt einen blutgefäßreichen Körper, das **Axialorgan**, und dieser entspricht in seinem Hauptteil dem Glomerulus der Hemichordaten und den Glomeruli der Chordaten. Die Echinodermen besitzen ein einzigartiges Bindegewebe, das seine Konsistenz in Sekundenschnelle verändern kann (mutabiles Bindegewebe).

Das starke **Kalkskelet** mit seinen Spezialbildungen wie Stacheln, Wirbeln usw. (Abb. 45) ist eine Bildung des Mesoderms. Dieses meist poröse Kalkskelet (Stereomstruktur, Abb. 276) ist es auch, das uns von zahlreichen ausgestorbenen Echinodermen Kunde gibt. Im Unterkambrium sind bereits mehrere z. T. bizarre asymmetrische Gattungen nachweisbar, aber auch solche, die schon Anzeichen von Radiärsymmetrie erkennen lassen, und die Ursprung der späteren Echi-

nodermengruppen sind. Im Ordovizium sind alle Gruppen in z. T. reicher Formenfülle nachweisbar, und eine erste Blüteperiode der Echinodermen dauert bis zum Devon. Nach einer Krise im Perm, die nur wenige Linien überstehen, setzt im Jura eine neue Blütezeit ein, die noch heute fortdauert, denn trotz ihrer abweichenden Organisation und dem überwiegend epithelialen Nervensystem ohne typisches Zentrum spielen die Echinodermen durch ihre Artenzahl, ihren Individuenreichtum und ihre ökologische Breite eine wichtige Rolle im Meer.

Gegenwärtig werden jährlich 50 000 Tonnen gefischt und vermarktet, v. a. Seeigel und Seegurken. Von ersteren werden vorwiegend die Gonaden gegessen, von letzteren Bindegewebe und Muskulatur des Hautmuskelschlauches (Trepang).

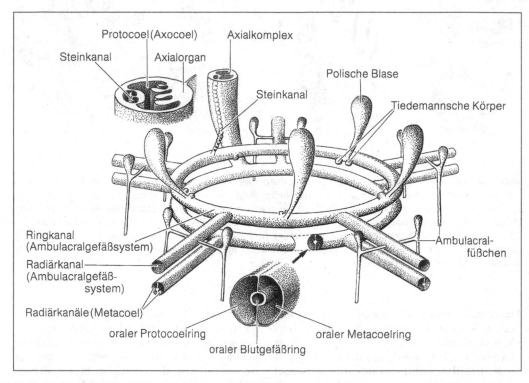

Abb. 275 Coelomdifferenzierungen im Mundbereich der Seesterne. Das Protocoel (Axocoel) bildet einen oralen Ring und einen Coelomschlauch im Axialkomplex, dessen Epithel Podocyten gegen das blutzell- und blutgefäßreiche Axialorgan ausbildet. Das Mesocoel (Hydrocoel) bildet Ring- und Radiärkanäle des Ambulakralgefäßsystems mit Anhängen wie den Poli'schen Blasen, deren Zahl bei den Seesternen schwankt (*Asterias* besitzt keine). Das Metacoel (Somatocoel) baut Ring- und doppelte Radiärkanale auf; von letzteren gehen z. T. noch seitliche Verzweigungen ab. Das Blutgefäßsystem liegt zwischen den Coelomschläuchen, deren Epithelzellen kontraktile Proteine enthalten

Die Echinodermen wurden traditionell in Pelmatozoa (festsitzende Formen) und Eleutherozoa (frei bewegliche Formen) gegliedert. Dies entspricht nicht den natürlichen Verwandschaftsverhältnissen. Hier werden sie in sechs Unterstämme unterteilt.

1. Besonders alte Echinodermen sind die **Homalozoa** (= Carpoidea, Kambrium bis Devon). Sie waren asymmetrische Tiere ohne Anzeichen einer Radiär- oder Bilateralsymmetrie. Einzelne Formen (Homostelea) näherten sich der Bilateralsymmetrie an. Die Deutung dieser ungewöhnlichen Symmetrieverhältnisse ist umstritten, möglicherweise sind sie ein abgeleitetes Merkmal.

Einige der hierher gehörenden Gattungen, z. B. *Cothurnocystites*, tragen in ihrem Rumpfpanzer Reihen von Öffnungen, die eine Deutung als Kiemenspalten nahe legen. Andere Gattungen weisen vielleicht innere Kiemenspalten und einen Peribranchialraum auf.

2. Die **Edrioasterozoa** lebten vom Kambrium bis zum Perm. Sie waren radiärsymmetrische Formen. Die spindelförmigen Helicoplacoidea besaßen triradiäre Symmetrie; die wohl sessilen, oft kissenförmigen oder pilzähnlichen Edrioasteroidea waren pentaradiär.

3. Die sehr formenreichen und vielgestaltigen **Blastozoa** lebten vom Kambrium bis zum Devon und besiedelten wohl vorwiegend Flachmeere. Sie waren aboral oft mit einem Stiel am Substrat befestigt und besaßen an ihrem Körper (Theka) respiratorische Kanal-, Schlitz- oder Porenstrukturen. Aboral führten oft bedeckte Nahrungsrinnen auf den Mund zu, die von armähnlichen Anhängen, den Brachiolen, begleitet waren.

4. Die **Crinozoa** besitzen nur eine Klasse, die **Crinoidea** (Seelilien), die an Artenfülle (650 rezente und über 6 000 fossile Arten), Variation ihrer Gestalt und Lebensdauer alle anderen Gruppen übertreffen. Fast alle Organe sind sehr plastisch; das aborale Nervensystem ist hoch entwickelt. Die Form der Arme wechselt von einzelnen einfachen Armen bis zu dichten Fiederbüscheln und blumenblattartigen Gebilden. Der Stiel ist nicht nur Festheftungs- und Ankerorgan, er kann auch Wickelschwanz werden. Seitliche Fortsätze an Stiel- und Rumpfbasis, die Cirren, können Greif-

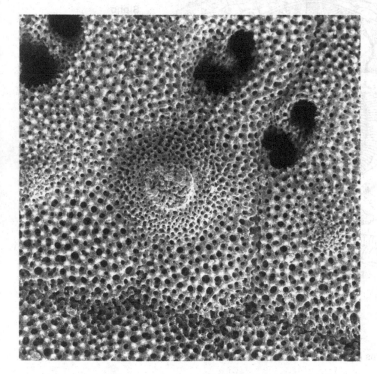

Abb. 276 Ossikel mit Stereomstruktur aus dem Panzer des Seeigels *Asthenosoma*. Durchmesser der Doppelporen gut 200 µm

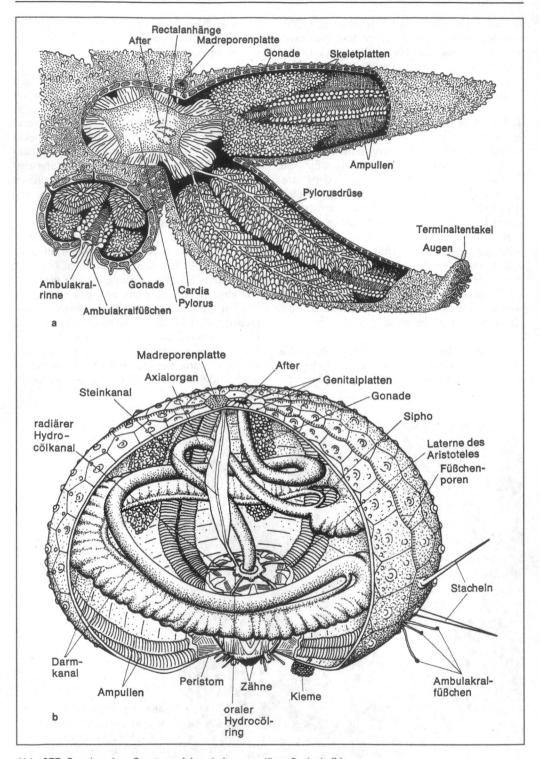

Abb. 277 Bauplan eines Seesterns **(a)** und eines regulären Seeigels **(b)**

organe werden. Die Gonaden sind in die Arme und deren seitliche Verzweigungen, die Pinnulae, verlagert, die Coelomporen und Steinkanäle sind vermehrt, der After ist oft auf einen hohen Fortsatz gestellt usw. Die Crinoidea haben im Mesozoikum Riesenformen von fast 20 m Stiellänge und 2 m Kronendurchmesser entwickelt. Sie beginnen mit einfachen Formen im frühen Ordovizium *(Aethocrinus)* und bilden schon im Paläozoikum die vorherrschende Gruppe. Im Oberen Karbon erlöschen die meisten Gruppen, nur die Inadunata überstehen mit einigen Linien. Als direkte Fortsetzung sind einige mesozoische Gattungen und vielleicht auch die rezenten *Hyocrinus* (subantarktisch), *Gephyrocrinus* (Azoren) und *Thalassocrinus* (Indik) aufzufassen. Eine weitere Ordnung, die Articulata, beginnt im Mesozoikum und wird nun die dominierende Gruppe. Eine Linie der Articulata, die Pentacriniden, sind in Jura und Kreide artenreich und vielgestaltig und noch heute mit mehreren Gattungen *(Metacrinus, Anacrinus, Neocrinus)* vertreten. Die freilebende Comatulidenreihe (die Haarsterne) entsteht gleichzeitig und ist heute v. a. im Indopazifik reich entwickelt. Hierher gehört der ostatlantische und mediterrane Haarstern *Antedon* (Abb. 278a), der wie die meisten anderen Comatuliden in der Jugend noch an einem Stiel sitzt (Pentacrinusstadium), später aber freilebend wird, sich mit Cirren an Algen oder Steinen festklammert, aber auch durch Bewegung seiner zehn Arme schwimmt. Sie besitzen auf der Oralseite ihrer Arme und Pinnulae offene Nahrungsrinnen.

Die folgenden Gruppen haben eine völlige Umorientierung ihres Körpers vollzogen. Die Mundfläche wird bei ihnen zu der dem Boden zugekehrten Kriechfläche (excl. Holothurien), die Ambulakralfüßchen sind Bewegungsorgane, der After wandert auf die aborale Seite. Die mikrophage Ernährung wird aufgegeben, und verschiedenartige Nahrung – es gibt sowohl Substrat- als auch Algenfresser und Carnivoren *(Asterias)* unter ihnen – wird durch den Mund, mit Füßchen oder besonderen Stacheln aufgenommen.

5. Die **Asterozoa** umfassen die Asteroidea (Seesterne) und die Ophiuroidea (Schlangensterne). Sie sind abgeflachte Formen mit fünf Armen und gehen auf eine gemeinsame Grundgruppe im frühen Ordovizium, die Somasteroidea, zurück.

Ihrem Bau nach sind die **Asteroidea** (Seesterne, 1 600 Arten) noch recht ursprünglich. Die Ambulakralrinnen sind offen, das ectoneurale Nervensystem liegt oberflächlich (Abb. 279). Die Seesterne erscheinen im frühen Ordovizium; nach einer ersten Blüte im Devon und einem Rückgang in Perm und Trias haben sie sich seit dem Jura zu ihrer jetzigen zweiten Blütezeit entfaltet. *Asterias* (Abb. 278c); *Solaster* (Abb. 278b).

Die **Ophiuroidea** (Schlangensterne, 2 000 Arten) sind trotz ihrer habituellen Ähnlichkeit mit den Seesternen heute anatomisch deutlich und klar von ihnen getrennt (Abb. 278d, e). Die Arme sind vom Rumpf abgesetzt, die Ambulakralrinnen mit dem Nervensystem in einen Kanal versenkt (**Epineuralkanal**), der Darm dringt nicht mit Blindsäcken in die Arme ein, die Gonaden münden in bewimperte Taschen (Bursae) neben dem Mund, die Ambulakralfüßchen haben keine Ampullen, die Madreporenplatte liegt auf dem oralen Feld, die Entwicklung verläuft über eine Pluteuslarve (bei Seesternen Bipinnaria, Abb. 274g). Trotz dieser zahlreichen Unterschiede laufen beide Klassen im Ordovizium zusammen. Schlangensterne sind besonders bewegliche Echinodermen mit ganz verschiedenen Verhaltensweisen bei der Nahrungsaufnahme. Die Form der Gelenke erlaubt entweder Bewegungen in alle Richtungen (Euryalae, z. B. die Medusenhäupter) oder ermöglicht bevorzugt seitliche Bewegungen (Ophiurae, typische Schlangensterne). Schlangensterne können auf marinen Weichböden Besiedlungsdichten von über 1 000 Individuen/m² erreichen. *Ophiura, Ophiothrix.*

6. Die **Echinozoa** umfassen die Echinoidea (Seeigel), die Holothuroidea (Seegurken) sowie die rein fossilen Ophiocystoidea. Die Ambulakralrinne wird verschlossen und in die Tiefe verlagert, wo sie den Epineuralkanal bildet. Einen Epineuralkanal gibt es auch bei den Schlangensternen, bei denen er aber offensichtlich unabhängig entstanden ist.

Bei den **Echinoidea** (Seeigeln, 860 Arten) hat sich die Oralfläche fast ganz über den ursprünglich fast kugeligen Körper ausgedehnt. Die Genitalöffnungen und die Madreporenplatte liegen in der Nähe des Afters (Abb. 277b). Die Ambulakralrinnen sind versenkt. Am Mund bildet sich ein radiärer Kauapparat mit fünf Nagezähnen (Laterne des Aristoteles). Die klassische Zweigliederung der Seeigel in Regularia (pentaradiärer

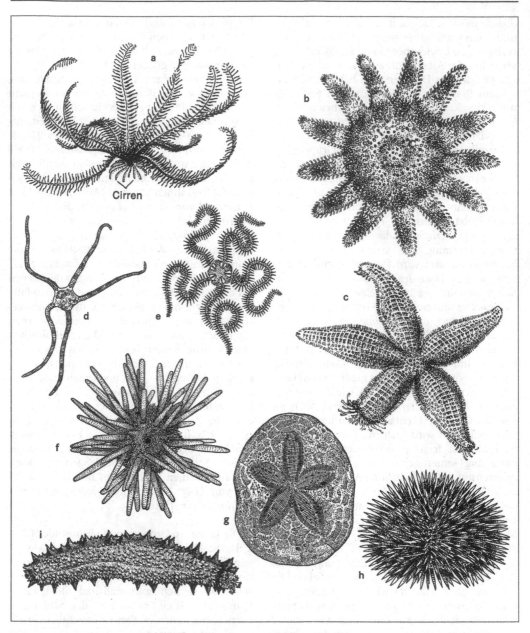

Abb. 278 a) *Antedon* (Crinoidea), **b)** *Solaster* (Sonnenstern, Asteroidea), **c)** *Asterias* (Gemeiner Seestern, Asteroidea), **d)** *Ophioderma* (Ophiuroidea), **e)** *Ophiocomina* (Ophiuroidea), **f)** *Cidaris* (Echinoidea), **g)** *Clypeaster* (Echinoidea), **h)** *Sphaerechinus* (Echinoidea), **i)** *Holothuria* (Holothuroidea)

Bau) und Irregularia (sekundär bilateral-symmetrische Formen) ist umstritten.

Regularia: Die Seeigel sind schon im Ordovizium in Gestalt der Perischoechinoidea vorhanden, meist kugelförmigen Arten mit zahlreichen Reihen von Ambulakralschilden. Sie sind vermutlich die Stammgruppe aller späteren Echinoidea, die sich in zahlreichen parallelen Linien zur Seeigelfauna der Jetztzeit entwickelten. Die ursprüngliche Ordnung der **Cidaroidea** mit ihren großen Stacheln (Abb. 278f) ist vom Unteren Karbon an zu verfolgen. Die Diadematidae leben oft in großer Zahl in tropischen Flachmeeren. Sie besitzen sehr lange schlanke, mit zahllosen kleinen Spitzen besetze Stacheln. Sie erscheinen ebenso wie die **Stirodonta** (mit Arbacidae) erst im Jura. Eng an die Stirodonta schließen sich die **Camarodonta** an. Sie beginnen in der Kreide und werden bald die herrschende Ordnung der regulären Seeigel. *Echinus, Sphaerechinus* (Abb. 278h). Die **Echinothuroidea** (Lederseeigel) besitzen im Inneren ihres flexiblen Panzers Muskeln, mit deren Hilfe sie sich abflachen können. Ihre Stacheln tragen Giftsäcke. *Asthenosoma* (Abb. 276).

Irregularia: Bei ihnen wird der radiär-symmetrische Bau aufgegeben und ein neuer bilateraler Bau in Zusammenhang mit einer gerichteten Kriechbewegung angenommen. Die neue mediane Längsebene steht schräg zu der primären Längsebene der Echinodermen. Bei den Irregularia wandert der After vom Mittelpunkt der Aboralseite an die neue Hinterseite oder sogar auf die Mundfläche. Der Mund kann sich zum neuen Vorderende vorschieben, die Gonaden können in Vier- oder Zweizahl symmetrisch angelegt sein. Im Extremfall entstehen lang gestreckte holothurienähnliche Formen (*Echinosigra*). Diese neue Bilateralsymmetrie wird in mehreren Linien unabhängig ausgebildet, v. a. in den beiden Ordnungen der Schildsceigel (Clypeasteroidea mit *Clypeaster* [Abb. 278 g] und *Echinocyamus*) und der Herzseeigel (Spantangoidea mit *Echinocardium* und *Spatangus*).

Die **Holothuroidea** (Seegurken, 1100 Arten) sind seit dem Ordovizium nachgewiesen. Die Körperwand der paläozoischen Formen besaß noch einen Skeletpanzer aus vielen Ossikeln. Dieser bildete sich bei den meisten rezenten Formen bis auf kleine isolierte Skeletplatten (Sklerite) zurück, wodurch die Körperwand flexibel und

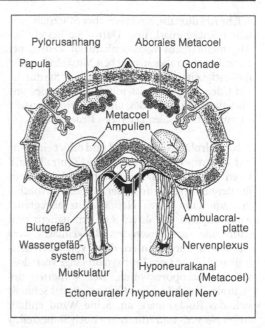

Abb. 279 Seestern, Armquerschnitt. Das Metacoel (Somatocoel) bildet im Arm nicht nur den großen zentralen Coelomraum, sondern auch doppelte Radiärkanäle, die oft Hyponeuralkanäle genannt werden, weil sie unter dem hyponeuralen Nervensystem verlaufen

Kriechbewegungen erleichtert wurden. Die Tiere sind schlauchförmig, liegen seitlich dem Boden auf und tragen Mund und After an den entgegengesetzten Körperenden (Abb. 278i). Die Holothurien haben die verschiedensten Lebensräume vom Felsufer und Brackwasser der Mangroven bis zu den größten Tiefen des Meeres besiedelt. Die Gattung *Pelagothuria* ist medusenähnlich und lebt planktisch. Schlammbewohnende Arten bilden eine Kriechsohle (Elasipoda) oder erweitern ihre Ventralfläche bei gleichzeitiger Verkürzung der Dorsalfläche, bis Mund und After wieder genähert sind (*Rhopalodina*). *Holothuria* (Abb. 278i), *Thyone*.

III. Chordata (Chordatiere)

Die Chordata umfassen über 40000 rezente Arten; zu ihnen gehören die Wirbeltiere (Vertebrata), die Acrania (Leptocardii), die pelagischen Appendicularia (Copelata) und die meist festsitzenden Tunicata. Ihre wichtigsten Kennzeichen sind:

1. **Chorda dorsalis,** ein elastischer Stützstab zwischen Rückenmark und Darm. Sie besteht im Allgemeinen aus vakuolenhaltigen Zellen, bei *Branchiostoma* aber aus flachen Muskelzellen, die ihr Festigkeit und Elastizität verleihen. Sie durchzieht den Körper, meist mit Ausnahme des unmittelbaren Vorderendes. Ontogenetisch entsteht sie aus dem dorsalen Dach des Urdarmes.

2. **Neuralrohr.** Es liegt dorsal und bildet ein Rohr mit einem zentralen Hohlraum (Zentralkanal). Es entsteht beim Embryo durch Versenken eines mittleren Längsstreifens der Rückenoberfläche, der am Rand durch Neuralwülste abgegrenzt wird, die sich mit ihren Rändern nähern und dann über der versenkten Rückenfläche verschmelzen, zuerst hinten, dann vorn. Der Zentralkanal bleibt beim Embryo oft lange vorn dorsal als Neuroporus offen. Der Vorderteil des Neuralrohres bildet das Gehirn, caudal schließt sich das Rückenmark an. Seine Wand enthält außer Nerven- und Stützzellen noch Sinneszellen (Rückenmarksaugen von *Branchiostoma*), die lateralen Augenblasen werden stets vom Gehirn gebildet.

3. **Canalis neurentericus.** Beim Embryo besteht eine Verbindung – der Canalis neurentericus – zwischen dem Hohlraum des Neuralrohres und dem Darm. Er entsteht aus dem Urmund (Blastoporus), der nahe dem späteren Hinterende liegt. Die Neuralwülste umgreifen den Urmund, und so mündet er beim Verschluss des Neuralrohres nicht mehr nach außen, sondern in dieses.

4. **Kiemendarm.** Der Vorderdarm ist von Spalten durchbrochen, deren Zahl sehr groß sein kann. Durch sie strömt das Wasser, das durch den Mund aufgenommen wurde, nach außen. Der Kiemendarm dient ursprünglich der **Nahrungsaufnahme,** er ist primär ein Filterapparat, an dem Nahrungspartikel abgefangen und in Schleim eingebettet in den Darm transportiert werden. Die Chordata sind also zunächst »innere Strudler«. Erst bei den Fischen tritt die **Atemfunktion** des Kiemendarmes in den Vordergrund (Abb. 118). Ventral bildet der Kiemendarm eine Rinne mit Wimpern und Drüsenstreifen, das **Endostyl (Hypobranchialrinne),** das bei Wirbeltieren zur Schilddrüse wird.

5. Das **Herz** liegt ventral und pumpt Blut in den Kiemendarm.

6. Die **Rumpfmuskulatur** ist segmental gegliedert (Myomere).

7. Die **Hox-Gene** werden vergleichbar exprimiert.

Diese Merkmale der Chordata sind vielfach nur im Larven- oder Embryonalstadium erhalten (Chorda der Vögel und Säugetiere, Kiementaschen der Amnioten).

Die Chordata stehen relativ isoliert. Die Entwicklung (Blastoporus in der Afterregion usw.) ist die von Deuterostomiern. Der Kiemendarm ist in ganz ähnlicher Weise bei Enteropneusten vorhanden, ein dorsaler Nerv findet sich bei Hemichordaten wieder. In der Nähe der Hemichordaten ist der Ursprung der Chordaten zu suchen.

1. Tunicata (Manteltiere)

Die Tunicata (1200 Arten) sind meist festsitzende Meerestiere. Ihre Zugehörigkeit zu den Chordata zeigt die Larve, die eine Chorda und ein Neuralrohr mit Gehirn besitzt (s. u.). Die Festheftung an den Untergrund erfolgt mit der Kehlregion, also mit der vorderen Ventralseite. Anschließend wandern Mund und After dorsalwärts, sie münden dann in einen oft röhrenartigen, kontraktilen Ingestions- bzw. Egestionssipho (Abb. 280c). Der Körper wird von einem gallertigen, zähen **Mantel (Tunica)** bedeckt. Er besteht aus einer ectodermalen Abscheidung, die aus Wasser (75–90%), Proteinen, Kohlenhydraten und anderen Komponenten besteht. Besonders hervorzuheben ist das Vorkommen von jodbindenden Proteinen und einer Form der Cellulose (Cellulose Iβ = Tunicin) in der Tunica. In diese wandern Zellen mesodermaler Herkunft und verleihen ihr einen bindegewebigen Charakter. Fortsätze des Mantels befestigen das Tier auch am Boden.

Entsprechend der sessilen Lebensweise sind Nervensystem und Sinnesorgane vereinfacht. Die Larve enthält ein Sinneshirn mit einem Auge und einem statischen Organ in seiner Wand und einen »visceralen« Hirnteil. Beide werden in einer Metamorphose rückgebildet. Die adulten Tiere besitzen ein neues, kleines, kompaktes Cerebralganglion, von dem einzelne Nerven ausgehen. Aus der Anlage des Nervensystems geht auch die sog. **Neuraldrüse** hervor, die durch eine bewimperte Pforte mit der Mundhöhle in Ver-

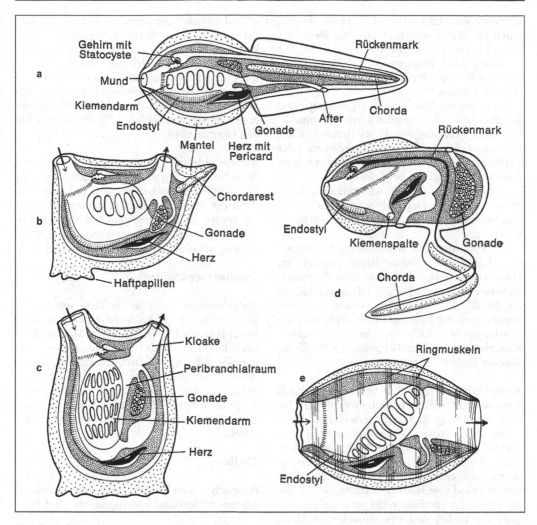

Abb. 280 Baupläne von Tunicaten und Appendicularien. **a–c)** Metamorphose einer Ascidie. **a)** Larvenstadium mit Chorda im Schwanzbereich. **b)** Umwandlungsstadium (festgeheftet, Schwanz in Rückbildung), **c)** Adultstadium, **d)** Appendicularie (ohne Gehäuse). **e)** Salpe, Ein- und Ausstromöffnung (Ingestions- und Egestionssipho) mit Pfeilen bezeichnet

bindung tritt. Das Organ ist phagocytenreich und vielleicht endokrin aktiv.

Der weite Mund führt in einen umfangreichen **Kiemendarm** (Pharynx), dessen Wände oft Tausende von Spalten enthalten und so ein dichtes Sieb bilden. Bei sekundär freischwimmenden Arten, bei denen auch Mund und After wieder entgegengesetzt liegen, ist die Zahl der Spalten geringer. Ventral durchzieht den Kiemendarm ein Endostyl, eine epitheliale Rinne, in der lateral endokrine und jodbindende Zellen auftreten.

Die Mehrzahl der Zellen bildet einen Schleimfilter, der sich innen vor die Kiemenspalten schiebt. Das eingestrudelte Wasser gelangt durch die Kiemenspalten nicht direkt nach außen, sondern in einen großen **Peribranchialraum** (= **Atrium**), der in die Kloake übergeht. Der übrige Darm ist klein, auffallend sind die Vielgestaltigkeit des Magens und sein Reichtum an verschiedenen Zellformen. Hinter ihm münden Blindschläuche (pylorische Schläuche), der Enddarm entleert sich in die Kloake.

Coelomhöhlen fehlen, bis auf die Perikardhöhle, einen Hohlraum um das Herz. Das **Herz** liegt ventral hinter dem Kiemendarm und treibt Blut in diesen. Merkwürdigerweise erfolgt bei Ascidien von Zeit zu Zeit ein Wechsel in der Richtung des Blutstromes.

Im spärlichen Bindegewebe liegen Längs- und Ringmuskeln, die bei sessilen Arten der Kontraktion und Streckung des Tieres (besonders der Siphonen) dienen, bei schwimmenden auch der Fortbewegung (Ausstoßen des Wassers durch die Egestionsoffnung, z. B. bei Salpen).

Manche Arten bilden durch Anhäufung fester Exkretstoffe in Bindegewebszellen **Speichernieren**. Vermutlich hat auch der Darm Exkretionsfunktion.

Die Tunicaten sind meist **Zwitter**. Die unpaaren Hoden und Ovarien liegen getrennt im Hinterkörper, selten sind sie zu einer Zwittergonade vereint. Samenleiter und Eileiter münden in die Kloake. Die Keimzellen werden meist ins Wasser entleert, bisweilen entwickeln sich die Eier im Peribranchialraum *(Dendrodoa)* oder in kloakalen Bruttaschen. Bei einigen, z. B. Salpen, liegt der Embryo an einer Placenta.

Fortpflanzung. Vegetative Vermehrung durch **Sprossung** ist weit verbreitet. Ort und Art der Knospenbildung sind sehr verschieden, meist erfolgt sie an Stolonen. Merkwürdig ist, dass in die Stolonen oder Knospen Stränge von verschiedenen Organen hineinwachsen, von Kiemendarm, Peribranchialraum, Nervensystem, Gonaden, Perikard usw. Hierbei verhalten sich wieder die einzelnen Familien recht verschieden. Obwohl die Embryonen eine Mosaikentwicklung haben, ist die Regenerationsfähigkeit groß. Wie andere sessile Tiere degenerieren Tunicaten bei ungünstigen Milieubedingungen; nur Anhäufungen von verschiedenen Zellen bleiben als Dauerknospen bestehen, die bei normalen Umweltbedingungen wieder Tiere bilden. Die geschlechtliche Vermehrung ist normal, die Befruchtung meist eine äußere.

Generationswechsel. Mehrfach ist eine **Metagenese** vorhanden, also ein Wechsel zwischen ungeschlechtlicher und geschlechtlicher Fortpflanzung. Aus dem Ei geht das sterile **Oozoid** (**Ammentier**) hervor, das durch Knospenbildung die **Blastozoide** (**Ascidiozoide**) liefert. Besonders deutlich ist die Metagenese bei den Salpen. Hier ist das Oozoid groß und einzel-

lebend (solitär), die kleineren Blastozoide werden schubweise an einem Stolo gebildet und als koloniale Kettensalpen freigesetzt. Sie bilden in jedem Tier zwei bis vier Eier. Das Oozoid tendiert zur Rückbildung und bleibt bei mehreren Gattungen *(Botryllus, Pyrosoma)* auf einem larvalen Stadium stehen, das sich nach Bildung der ersten Knospen rückbildet. Die Blastozoide bilden Gonaden aus.

Koloniebildung: Die vegetative Vermehrung führt bei vielen Arten zur Koloniebildung. Die Einzeltiere sind durch einen Stolo verbunden, oft fließt der Mantel zu einer gemeinsamen Masse zusammen, oft sind die Egestionsöffnungen vieler Tiere vereinigt, sodass mehrere Tiere rosettenartig um eine Kloake stehen (Abb. 281b).

Ascidiae (Seescheiden)

Bodenlebende, meist sessile Tiere von 0,1 bis über 30 cm Länge, Kolonien können mehrere Meter lang werden. Einzellebend (**Monascidien**) oder koloniebildende (**Synascidien**). In- und Egestionsöffnung genähert. Generationswechsel selten. *Clavelina, Amaroucium, Ciona* (Abb. 281a), *Ascidiella, Botryllus, Styela, Dendrodoa, Molgula, Eugyra.* Aberrant sind die Octacnemida, Tiefseeformen, die oft äußerlich Aktinien ähneln.

Thaliacea

Pelagische, stets freischwimmende Tunicaten wärmerer Meeresgebiete. Ingestions- und Eges-

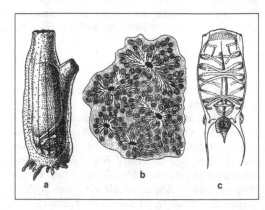

Abb. 281 Tunicata. **a)** *Ciona* (solitäre Ascidie), **b)** *Polyclinum* (koloniale Ascidie), **c)** *Thalia* (Salpe)

tionsöffnung liegen an den beiden Körperpolen. Kiemendarm und Kloake treffen fast zusammen (Abb. 280e). Fortbewegung durch Wasserausstoß aus der Kloake. Generationswechsel stets vorhanden. Oozoid solitär, Blastozoid kolonial. Die drei Ordnungen sind vielleicht nicht näher verwandt, sondern unabhängig aus sessilen Ascidien entstanden.

Pyrosomida (Feuerwalzen). Kolonien bilden einen hohlen Kegel von einem Dezimeter bis einige Meter Länge, dessen Wand aus hunderten oder tausenden Einzeltieren besteht. Die Ingestionsöffnungen aller Einzeltiere liegen außen, die Egestionsöffnungen im Kegelhohlraum. Kiemen gitterartig. Ringmuskeln schwach. Das Oozoid (Ammentier) bleibt larval und bildet durch Knospung vier Blastozoide, die durch weitere Knospung die Kolonie bilden. Leuchtbakterien in einem Leuchtorgan produzieren ein intensives Licht. Die Bakterien werden von den Follikelzellen der Eier aufgenommen und in den Embryo transportiert. *Pyrosoma.*

Cyclomyaria. Oozoid groß, tonnenförmig. Zwischen Pharynx und Kloake eine Reihe von acht bis 200 Kiemenöffnungen. Ringmuskeln bilden deutliche, geschlossene Bänder. Generationswechsel sehr kompliziert. Die ventral abgeschnürten Knospen werden durch amöboide Trägerzellen (Phorocyten) an der Oberfläche des Tieres zu dem Rückenfortsatz transportiert und dort in drei Längsreihen aufgestellt. Die lateralen Knospen werden zu sterilen Nährtieren (**Gasterozoiden**) für das Ammentier, die medianen zu Pflegetieren (**Phorozoiden**). Diese allein bringen durch Knospung die Geschlechtstiere (**Gonozoide**) hervor und lösen sich mit diesen los. Es wechseln hier also drei Generationen, von denen die zweite dimorph ist. Aus den Eiern gehen Larven mit Chorda hervor. *Doliolum.*

Desmomyaria (Salpen). Solitäre Tiere (**Oozoide**) tonnenförmig. Ringmuskeln des Körpers ventral nicht geschlossen. Im Gehirn ein Auge. Pharynx mit jederseits nur einer Kiemenspalte, die in die Kloake führt. Am ventralen Stolo entstehen schubweise die kleineren **Kettensalpen** (Blastozoide), die Gonaden bilden und mehrere Augenflecken im Gehirn tragen. Die wenigen Embryonen werden von einer Placenta ernährt. Entwicklung ohne freischwimmende Larve. *Salpa, Thalia* (Abb. 281c).

2. Appendicularia (Copelata)

Die Appendicularia (Abb. 280d) sind pelagisch und behalten zeitlebens ihren **Ruderschwanz** mit einer Chorda dorsalis. Sie werden daher auch als geschlechtsreif gewordene (neotene) Ascidienlarven betrachtet, doch haben sie so viele eigene Charaktere, dass diese Ansicht eher unwahrscheinlich ist. Ein von Zellen durchsetzter Mantel fehlt. Stattdessen scheiden bestimmte Epidermiszellen (**Oikoblasten**) ein großes, zellfreies Gallertgehäuse ab, das zugleich durch eingebaute Siebe als Filterapparat dient. Das Tier ist meist völlig von dem **Gehäuse** umschlossen, kann dieses aber einziehen, verlassen und wieder entfalten bzw. ein neues Gehäuse bauen. Da das Gehäuse als Sieb dient, ist der Kiemendarm sehr einfach. Nur ein Paar Kiemenspalten ist vorhanden, es fehlen Peribranchialraum und Kloake; Rumpf und Schwanz sind deutlich getrennt, der Schwanz ventral gerichtet und um 90° gedreht. Sein Schlag erzeugt im Gehäuse den Wasserstrom. Ein spezialisiertes Endostyl enthält nicht nur schleimbildende, sondern auch jodbindende Zellen. Letztere repräsentieren wie bei anderen wirbellosen Chordaten die Vorstufe der Schilddrüse der Wirbeltiere. Das Gehirn besteht aus ca. 100 Zellen und lässt Anklänge an den Bauplan des Wirbeltiergehirns erkennen. Rumpflänge 0,3 bis 25 mm. *Oikopleura, Fritillaria.*

3. Acrania (Leptocardii, Cephalochordata)

Zu der nur gut 20 Arten umfassenden Gruppe gehört das Lanzettfischchen *Branchiostoma* (Amphioxus), das für das Verständnis der Wirbeltierorganisation wichtig ist. Die Chorda reicht von der Körperspitze bis zum Schwanzende. Primitiver als die Wirbeltiere ist *Branchiostoma* durch die einschichtige Epidermis, die fehlenden sensiblen Spinalganglien, die Augen im Rückenmark, die zahlreichen U-förmigen Kiemenspalten und das Endostyl im Kiemendarm, die hohle, blindsackartige Leber, das umfangreiche Coelom, das ontogenetisch völlig getrennte Bläschen bildet, das Fehlen von Knorpel- und Knochengewebe, das Fehlen der paarigen Extremitäten; statt ihrer sind paarige Längsfalten am Rumpf vorhanden (**Metapleuralfalten**), die hinten in eine unpaare Flossenfalte an Hinterrumpf und Dorsalseite übergehen. Fraglich ist, ob das Fehlen des muskulösen Herzens primitiv ist, seine Stelle

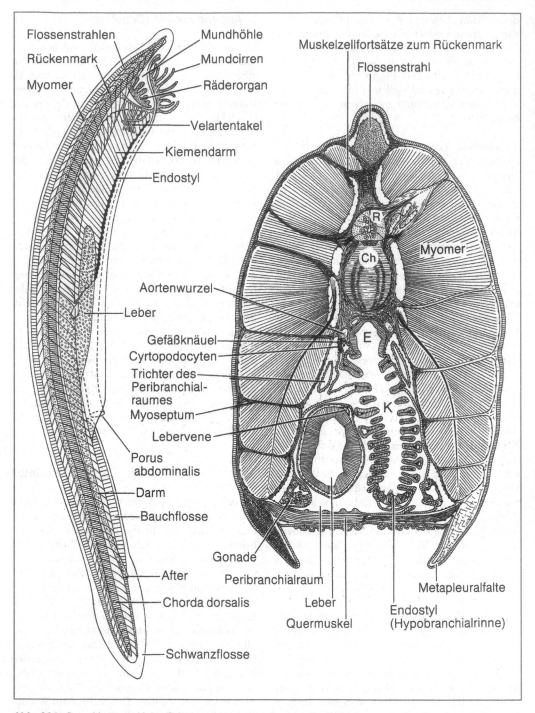

Abb. 282 *Branchiostoma:* Links: Seitenansicht, rechts: Querschnitt. R: Rückenmark, Ch: Chorda, E: Epibranchialrinne, K: Kiemendarm. Die Velartentakel sind Ausstülpungen, die den Eingang in den Pharynx umstehen. Beim Räderorgan handelt es sich um verdickte Epithelstreifen in der Mundhöhle, deren lange Cilien Nahrungspartikel in den Kiemendarm (= Pharynx) transportieren

an der Einmündung der **Ductus Cuvieri** ist vorhanden, seine Funktion wird von zahlreichen **Kiemenherzen (Bulbilli)** ventral an den Kiemenspalten und auch der Ventralarterie übernommen. Den Gefäßknäueln (Glomeruli) der Exkretionsorgane liegen spezialisierte, podocytenähnliche Coelomepithelzellen auf (**Cyrtopodocyten**), die auf Ultrafiltration hindeuten. Filtrierte Substanzen können das Coelom über kurze, in den Kiemendarm mündende Nierenkanälchen verlassen. Das zentrale Nervensystem besteht aus einem gut ausgebildeten Neuralrohr mit einem einfachen Gehirn, das molekularbiologischen und feinstrukturellen Untersuchungen zufolge aus zwei Anteilen besteht: einem vorderen, bläschenförmigen Teil, der dem Zwischenhirn der Wirbeltiere entspricht, und einem hinteren Teil, der dem Rhombencephalon homolog ist.

Das Gehirn enthält verschiedene Lichtsinneszellen. Die Mundhöhle bildet eine Grube (**Hatschek'sche Grube**) aus, die an die Anlage der Adenohypophyse erinnert und aus endokrinen Zellen sowie Flimmerepithelzellen aufgebaut ist.

Mit den Tunicaten hat *Branchiostoma* einen **Peribranchialraum** gemeinsam. Dieser mündet aber ventral mit einem **Porus abdominalis** aus. Er dürfte in beiden Gruppen unabhängig entstanden sein.

Aus den frei ins Wasser entleerten Eiern entsteht eine bewimperte, asymmetrische Larve.

Die 5–6 cm langen Tiere leben eingewühlt in kiesigem Meeressand (**Amphioxus-Sand**), meist mit der Ventralseite nach oben. Das Vorderende mit dem Mund, der von tentakelartigen Cirren umstellt ist, ragt aus dem Sand. Die Tiere können den Sand verlassen, schnell schlängelnd umherschwimmen und wieder in den Sand eintauchen. Sie sind Suspensionsfresser.

Yunnanozoon und *Haikouella* aus dem Unterkambrium Südchinas (Chengjiang-Fauna) ähneln deutlich *Branchiostoma*.

4. Conodonta

Die Conodonta waren kleine, marine, fischähnliche, räuberische Tiere, die vom Kambrium bis zur Trias lebten. Sie werden heute meistens als Wirbeltiere angesehen und repräsentieren wohl eine frühe Sonderentwicklung. Hartgewebe findet man bei ihnen nur im komplexen Zahn-

und Kieferapparat. Zum Kiemendarm ist wenig bekannt.

5. Vertebrata (Craniota, Wirbeltiere)

Folgende Strukturen kennzeichnen die Wirbeltiere: knöcherner oder knorpeliger Schädel, Kiemenbögen und Wirbelsäule, mehrteiliges ventrales Herz, hochentwickeltes Zentralnervensystem, das aus großem, vorn gelegenem, mehrteiligem Gehirn und Rückenmark besteht, komplexe zweiteilige Hypophyse (Adeno- und Neurohypophyse) ventral am Zwischenhirn, ein Paar Seitenaugen sowie Pineal- und oft auch Parietalorgan, deren Bildung vom Zwischenhirn ausgeht, Labyrinth mit Bogengängen, mehrschichtige Epidermis, einfache Kiemenspalten, eine Schilddrüse, eine komplizierte Leber und ein komplexes Immunsystem. Primitiv sind wohl die Nephridien und die Ausleitung der Keimzellen durch sie. Bei der Formenfülle der Wirbeltiere ist es nicht erstaunlich, dass manche dieser Strukturen zurückgebildet werden können, z. B. Knochen, Augen, besonders die Scheitelaugen und Kiemenspalten. Wirbeltiere sind seit dem Ordovizium bekannt. Sehr wahrscheinlich sind sie aber älter. *Haikouichthys* und *Myllokunmingia* sind fischähnliche Formen aus dem Unterkambrium Südchinas mit Kiemenbögen und vermutlich auch einem Schädel. Die Conodonta (s. o.) gehen auch bis ins Kambrium zurück.

Vor der Darstellung des Systems sollen im Folgenden kurz die kennzeichnenden Skeletstrukturen, das Muskelsystem und das Lungen-Schwimmblasenorgan vergleichend-anatomisch behandelt werden. Die übrigen Organsysteme sind im allgemeinen Teil berücksichtigt worden. Der histologische und biochemische Differenzierungsgrad der verschiedenen Formen des Bindegewebes (einschließlich der Stützgewebe, Knorpel und Knochen) ist besonders hoch. Das Bindegewebe entsteht aus Mesoderm und Neuralleisten.

Achsenskelet, Extremitätengürtel und Extremitäten

Das Achsenskelet der Wirbeltiere erreicht in Etappen das Stadium der Wirbelsäule (Abb. 283).

a. Chordastadium. Ausgangspunkt ist eine durchgehende Chorda, wie sie noch bei Agna-

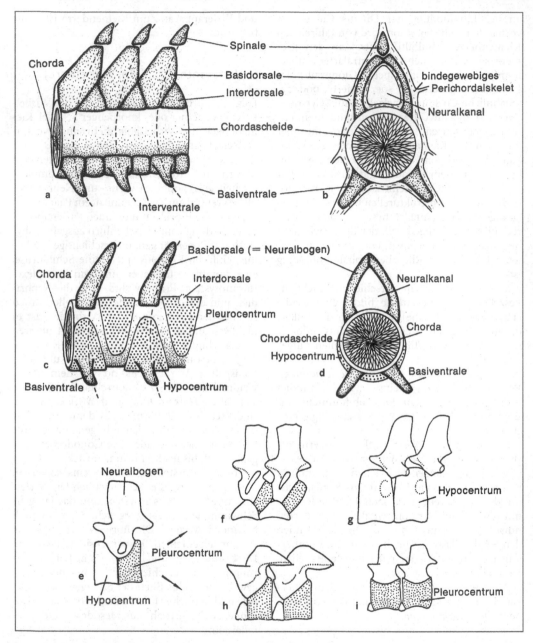

Abb. 283 Achsenskelet der Wirbeltiere. **a), b)** Bogenstadium der Wirbel (Störe), **a)** Seitenansicht, **b)** Querschnitt. Nur in b ist das bindegewebige Perichordalskelet gezeichnet; in a sind die vermutlichen Segmentgrenzen durch unterbrochene Linien angedeutet. **c), d)** Frühes Wirbelkörperstadium; die Wirbelkörper bilden noch keine vollständigen Scheiben (hemispondyle Wirbel); **c)** Seitenansicht, **d)** Querschnitt in Höhe des Hypocentrums; **e–i)** Wirbelentwicklung der Tetrapoden. **e)** Ausgangsform mit zwei gleichartigen Wirbelkörpern pro Segment (Hypo- und Pleurocentrum): embolomerer (= diplospondyler) Wirbel, frühe Labyrinthodontier. **f–g)** Entwicklung, die zu den Stereospondyliern (fossilen Amphibien) führt **(g). f)** Rhachitome Wirbel (bei Rhachitomi, fossilen Amphibien). **h–i)** Entwicklung, die zu den Reptilien **(i)** führt. **h)** Seymouriamorpha (fossile Amphibien). Nach neueren Befunden sind die Wirbel der Ausgangsformen eher rhachitom

then und manchen niederen Fischen besteht und embryonal stets angelegt wird. Sie besteht aus großen Epithelzellen mit flüssigkeitshaltigen Vakuolen und einer straffen Hülle (Chordascheide) aus Kollagen, Proteoglykanen und vermutlich elastischen Anteilen. Insgesamt entsteht so ein flexibles und festes Achsenskelet. Die Chordascheide steht in Zusammenhang mit den Bindegewebshüllen des Zentralnervensystems, mit den Bindegewebssepten (Myosepten) zwischen den Platten der Rumpfmuskulatur und mit dem Bindegewebe der Leibeshöhlenwand.

b. Bogenstadium. In den Chordascheiden bilden sich dorsal und ventral segmental angeordnete Stützelemente aus Knorpel oder Knochen. Diese sitzen mit ihrer Basis der Chorda auf, flankieren dorsal das Neuralrohr (Neuralbögen, obere Bögen), erstrecken sich im Rumpf in die Wand der Leibeshöhle und umgreifen im Schwanz die großen Gefäße (Hämalbögen, untere Bögen). Ursprünglich sind pro Muskelsegment zwei Bogengarnituren vorhanden, eine Hauptgarnitur in der Region des Myoseptenursprunges: Basidorsalia und Basiventralia sowie eine kleinere Garnitur dahinter: Interdorsalia und Interventralia.

c. Wirbelkörperstadium. Wirbelkörper (Centra) stellen einheitliche ringartige oder scheibenförmige Skeletstücke dar. Sie ergänzen die Bogenanteile um die Chorda herum und liegen ventral vom Neuralrohr. Dieses Stadium wird mehrfach schon bei Fischen durch Knorpel- oder Knochenbildung in oder um die Chordascheiden erreicht. Die Wirbelkörper sind zuerst hülsenförmig, sodass die Chorda uneingeschnürt durch sie hindurchzieht. Zunehmend dehnen sich die Wirbelkörper von der Peripherie nach innen aus, sodass hier die Chorda verdrängt wird. Sie bleibt zwischen den zunächst vorn und hinten ausgehöhlten (**amphicoelen**) **Wirbelkörpern** erhalten und übernimmt die Gelenkung zwischen den Körpern (Abb. 283). Später entstehen **biplane Wirbelkörper**, und die Chorda ist nur noch embryonal nachweisbar.

Es ist wahrscheinlich, dass ursprünglich zwei Wirbelkörper pro Segment angelegt waren (**Diplospondylie**), die knorpelig vorgebildet und ganz oder teilweise verknöchert waren. Der vordere ist das **Hypocentrum (Intercentrum)**, der hintere das **Pleurocentrum**. Es besteht aber die

Tendenz, einen Wirbelkörper pro Segment zurückzubilden, ebenso wie von den Bögen nur einer pro Segment durch gelenkige Verbindungen (**Zygapophysen**) verbunden und erhalten bleibt, und zwar das Basidorsale. Der Übergang vom Doppelstadium zum Einerstadium der Wirbelkörper wurde auf verschiedenen Wegen erreicht:

1. durch Verschmelzung beider Körper (gilt wohl für Knochenfische),
2. durch Bewahrung eines Körpers und Reduktion des anderen. Der reduzierte wird dann unter Verdrängung der Chordareste zum Gelenkgebiet zwischen den bleibenden Körpern. Er zerfällt dann in einen Gelenkkopf und eine Gelenkpfanne, die beide mit den benachbarten Wirbelkörpern verschmelzen. Liegt die Gelenkpfanne vorn am definitiven Wirbelkörper, so ist er procoel, liegt sie hinten, opisthocoel. Bei Vögeln entstehen Sattelgelenke. Bei Säugern unterbleibt die Bildung von Wirbelkörpergelenken, ihre Wirbel sind beiderseits etwa eben (biplan, acoel). Eine Zwischenwirbelscheibe (Bandscheibe) verbindet die Körper. Sie besitzt innen einen flüssigkeitsreichen Gallertkern (Nucleus pulposus) und außen einen Ring aus straffen Kollagenfasern (Anulus fibrosus). Durch diese Konstruktion werden vielseitige Beweglichkeit der Wirbelsäule und Abfederung gegen Stöße und Erschütterung erreicht.

Welcher der beiden ursprünglichen Körper den definitiven liefert, wird verschieden beurteilt. Bei den heutigen Amphibien wird wohl das Hypocentrum zum Wirbelkörper, bei den Amnioten das Pleurocentrum (Abb. 283). Neuralbögen (Basidorsalia) und Hämalbögen verwachsen und beteiligten sich am Aufbau des Körpers. Die ursprünglichen Doppelkörper bleiben noch an Atlas und Epistropheus (Axis) der Amnioten sichtbar. Das Hypocentrum des Atlas verknöchert und verwächst mit dem Neuralbogen zu einem Ring, der eine (Sauropsiden) oder zwei (Säuger) Gelenkpfannen für die Gelenkhöcker des Schädels trägt. Das Pleurocentrum des Atlas verwächst aber mit dem folgenden Wirbel, dem Epistropheus, und bildet an ihm das Zahnstück (Processus odontoideus). Da oft auch das Hypocentrum des Epistropheus verknöchert, enthält dieser Wirbel drei der ursprünglichen Wirbelkörper (Pleurocentrum 1, Hypocentrum 2 und Pleurocentrum 2), der Atlas nur einen (Hypocentrum 1). Kompliziert wird die Situation noch dadurch, dass ein Wirbelkörper zwischen Schädel und Atlas, der Proatlas, mit seinen Anteilen bald mit dem Schädel, bald mit dem Epistropheus verwächst.

Bei Fischen und einigen anderen wasserlebenden Wirbeltieren ist das Ende der Wirbelsäule im Bereich der Schwanzflosse entweder nach dorsal abgeknickt (**heterozerk**) oder nach ventral (**hypozerk**), oder sie verläuft gerade (**diphyzerk**). **Homozerke Schwanzflossen** verlaufen sekundär fast gerade, sie leiten sich von heterozerken Flossen ab.

Rippen sind knorpelig vorgebildete Knochenstäbe, die, von den Wirbeln ausgehend, die Wand der Leibeshöhle umspannen, aber verkürzt ursprünglich auch in Hals- und Schwanzregion vorkommen. Sie bilden bei Reptilien, Vögeln und Säugern den Brustkorb, indem sie z. T. in zwei oder drei gegeneinander beweglichen Teilen (Reptilien, Vögel) oder einteilig über ein knorpeliges Verbindungsstück (Säuger) das Brustbein (Sternum) erreichen. Dadurch werden u. a. verschiedene Mechanismen der Atmung möglich. Einige Fische (*Polypterus,* manche Teleosteer) haben zwei Rippengarnituren: ventrale und dorsale. Letztere entsprechen vermutlich den Rippen der Tetrapoden. Bei vielen Fischen liegen noch zahlreiche Gräten in den bindegewebigen Septen der Muskulatur, die aber nicht knorpelig vorgebildet sind.

Der **Schultergürtel** (Abb. 284) enthält wie der Schädel zweierlei Knochen: Hautknochen und knorpelig vorgebildete Ersatzknochen. Die alte Hautknochenkapsel des Vorderkörpers der ältesten Fische bedeckte auch die Region der vorderen Extremitäten, und mit deren zunehmender Beweglichkeit löste sich der Schulterpanzer vom Schädel, blieb aber noch bei vielen Fischen und älteren Amphibien dorsal mit ihm in Kontakt. Deckknochen des Schultergürtels sind dorsal die **Cleithra**. Sie werden bald reduziert und sind

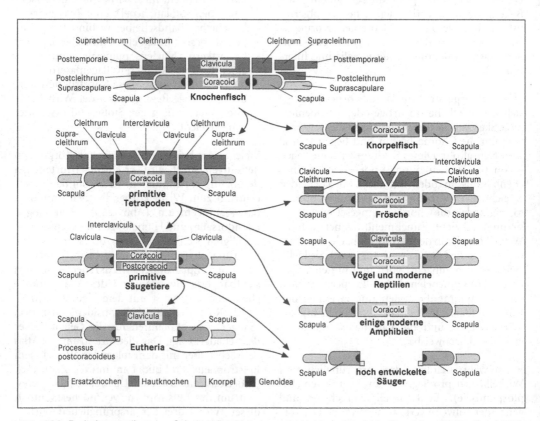

Abb. 284 Evolutionsstadien des Schultergürtels (schematisch) Ventralansicht. Glenoidea (Fossa glenoidalis): Gelenkpfanne für den Humerus

unter den rezenten Tetrapoden nur noch bei Anuren nachweisbar. Lange bleiben die ventralen Deckknochen erhalten: die paarigen **Schlüsselbeine (Claviculae)** und die unpaare **Interclavicula**. Letztere verschwindet vielfach. Sie ist bei den Säugern noch bei den Monotremen erhalten. Viele Säuger (Huftiere, Wale) verlieren auch die Claviculae als letzte Knochen des dermalen Schultergürtels.

Umgekehrt wird der ersatzknöcherne Schultergürtel zunehmend bedeutsam. Bei Fischen ist er meist nur eine Spange, die etwa in ihrer Mitte die Gelenkgrube für den Ansatz der Brustflosse trägt. Der dorsale Teil wird **Scapula,** der ventrale **Coracoid** genannt. Die Scapula bleibt sehr konstant, nur wenn der ganze Schultergürtel mitsamt den Vorderextremitäten reduziert wird (Schlangen, Gymnophionen), verschwindet auch sie. Ihre Form wechselt stark, bei Säugern wird sie platt (Schulterblatt) und trägt einen Knochenkamm (Spina scapulae) für den Muskelansatz. Sie liegt dorsal den Rippen an, nur bei den Pterosauriern gewinnt sie z. T. gelenkigen Anschluss an die Wirbelsäule. Das Coracoid der Nichtsäuger wird auch Procoracoid genannt und ist dem Coracoid der typischen Säuger nicht homolog. Die Monotremen besitzen zwei Coracoide: das Procoracoid und ein neues Postcoracoid. Das Procoracoid verschwindet bei den Eutheria, und auch das Postcoracoid wird bei ihnen reduziert und bildet lediglich einen Fortsatz (Rabenschnabelfortsatz) am Schulterblatt.

Der **Beckengürtel** (Abb. 285) besteht nur aus Ersatzknochen. Bei Fischen ist er ein kleiner Stab, der die **Gelenkpfanne (Acetabulum)** für das Skelet der Hinterextremität trägt. Bei den Landwirbeltieren wird das Becken Stütze für die Hinterbeine und gewinnt Anschluss an die Wirbelsäule. Das geschieht über eine oder mehrere verkürzte Sakralrippen, an die sich das Darmbein anschließt. Ursprünglich ist nur ein Sakralwirbel vorhanden, an dem das **Darmbein (Ilium)** des Beckens befestigt ist. Mit zunehmender Bedeutung der Hinterbeine verwachsen bei den Amnioten weitere Bezirke des Darmbeines mit der Wirbelsäule, bis diese Sakralregion bei Vögeln einen weiten Bezirk einnimmt. Ventral enthält der Beckengürtel der Tetrapoden zwei Knochen: vorn das **Schambein (Pubis)**, hinten das **Sitzbein (Ischium)**. Bei den Säugern sind die Pubes beider Seiten median auf unterschiedlicher Länge zu einer **Symphyse** verwachsen, sodass das gesamte Becken einschließlich Wirbelsäule einen knöchernen Ring bildet. Diesen müssen Eier (Monotremen) oder, bei der Geburt, die Jungen (Theria) passieren. Bei Vögeln fehlt eine Symphyse.

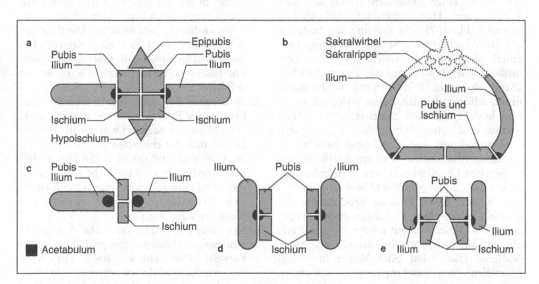

Abb. 285 Evolutionsstadien des Tetrapodenbeckengürtels. **a)** Primitivform, Ventralansicht, Epipubis und Hypoischium treten unregelmäßig auf. **b)** Primitivform, Querschnitt mit Beziehung zur Wirbelsäule. **c)** Anura, Reduktion von Pubis und Ischium. **d)** Vögel; Reduktion von Pubis und Ischium; Pubissymphyse verloren. **e)** Säuger (Primaten, Insectivoren). Pubissymphyse vorhanden. Ischia auseinander gerückt. Acetabulum: Gelenkpfanne für das Femur

Die **Extremitäten** entstehen aus Falten des Körpers, die unpaar über die Rücken- und die hintere Bauchseite, paarig etwa von der Afterregion
ventrolateral craniad ziehen. In diese Falten
wandern zur Bildung der paarigen Gliedmaßen
Muskelknospen von den Somiten ein, die die
Extremitätenmuskulatur bilden. Die älteste
Form der Gliedmaßen sind die Seitenlappen
(**Pleuropterygium**). Im basalen Fleischteil liegen
zwei Reihen von Knochen oder Knorpeln: die
proximalen **Basalia,** von denen meist eines am
Schultergürtel gelenkt, und die distalen **Radialia.** Die häutigen Teile der Flossen tragen als
Skelet Elemente des Hautskelets, wie Placoidschuppen oder von ihnen abgeleitete Flossenstacheln, Knochenstrahlen aus verwachsenen
Knochenschuppen (**Lepidotrichien**) oder vom
Mesoderm neu gebildete weiche Flossenstrahlen. Durch eine Einengung der Ansatzstelle am
Rumpf werden diese Flossen vielseitig beweglich. Ihr Fleischanteil mit Muskeln und
Innenskelet wird dabei auf die Flossenbasis
konzentriert (Actinopterygii), oder umgekehrt
erstreckt sich das Skelet mit einer Mittelachse
und Seitenstrahlen weit in die Flosse (**Archipte-
rygium**). Die Extremitäten der Landwirbeltiere
(Tetrapoden) haben trotz ihrer ganz verschiedenen Funktion als Laufbein, Grabschaufel, Flügel
oder Flosse einen einheitlichen Bauplan. Auch
Vorder- und Hinterextremität sind ähnlich
gebaut (Abb. 167). Die Extremitäten bestehen
aus drei Abschnitten: **a. Stylopodium,** liegt proximal, übernimmt die Gelenkung zum Extremitätengürtel, besteht nur aus einem Knochen
(Arm: Humerus, Bein: Femur). **b. Zeugopo-
dium,** schließt sich distal dem Stylopodium an
und besteht aus zwei Skeletelementen (Arm:
Radius und Ulna, Bein: Tibia und Fibula).
c. Autopodium, liegt distal und besteht aus
mehreren Abschnitten: 1. einem Anteil, der aus
zahlreichen Einzelknochen besteht (Handwurzel,
Fußwurzel), 2. der Mittelhand bzw. dem Mittel-
fuß, 3. den freien Fingern bzw. Zehen, die
jeweils aus einzelnen Phalangen zusammengesetzt sind. Dieser Bauplan weist zahlreiche Variationen auf, besonders im Bereich des Auto-
podiums (Reduktion oder Vermehrung von
Einzelelementen, Verschmelzung von Knochen).

Schädel, Schuppen

Der Schädel entsteht auf komplizierten Wegen
aus drei verschiedenen Anteilen (Abb. 286):

1. **Neurocranium.** Es umgibt primär Gehirn und
   die großen Sinnesorgane des Kopfes.
2. **Viscerocranium (Splanchnocranium).** Es besteht aus einer Anzahl hintereinanderliegen-
   der Spangen, den Visceralbögen, die ursprünglich den Kiemenkorb bilden.
3. **Dermatocranium.** Ein Knochenmantel dicht
   unter der Haut umhüllt den ganzen Vorderkörper und bildet auch in der Mundhöhle
   einen Knochenbelag.

Neuro- und Viscerocranium werden im Embryo
knorpelig angelegt (= **Primordial- oder Chon-
drocranium**) und verknöchern später, bestehen
also aus **Ersatzknochen.** Das Dermatocranium
entsteht durch direkte Verknöcherung im Bindegewebe der Haut, seine Knochen sind **Hautknochen** (= **Deckknochen**).

Bei Fischen und Amphibienlarven existiert
noch ein **Oralskelet** (Knorpel in der Mundregion), das bei den Agnathen mit ihrem Saugmund reich entwickelt ist.

1. **Neurocranium.** Ontogenetisch entsteht das
Neurocranium aus getrennten, verschiedenartigen, knorpelig angelegten Anteilen:
a. **Parachordalia** (Abb. 287). Sie begleiten als
   paarige Stäbe die Chorda und setzen sich nach
   hinten in die Anlagen der Wirbelkörper fort.
   Die Grenze zwischen Wirbelanlagen und
   Parachordalia ist hier unscharf. Die Parachordalia bilden meist nur eine Knorpelplatte
   unter dem Gehirn, die die Chorda umschließt
   und basal ein Fenster (Basicranialfenster) bilden kann.
b. **Trabeculae** (Abb. 287). Vor der Chorda entstehen paarige Knorpelstäbe vor und neben der
   Hypophyse, oft begleitet von einem Paar Pol-
   körperchen. Sie entstehen aus Neuralleistenmaterial und sind offenbar die oberen Teile
   des Kieferbogens und vielleicht auch des umstrittenen Prämandibularbogens, gehören also
   zum Visceralskelet und sind sekundär dem
   Neurocranium angegliedert.
c. **Sinneskapseln** (Abb. 287): Die drei großen
   Sinnesorgane bilden eigene primär knorpelige
   Kapseln. Die beiden großen Ohrkapseln
   (Labyrinthkapseln) verwachsen mit den Parachordalia und sind über dem Gehirn durch
   das Tectum synoticum verbunden. Die Augen
   können Knorpel und sogar Knochenplättchen
   (Scleralknochen) in der Sciera bilden. Diese
   verwachsen nicht mit dem Schädel. Die Nase

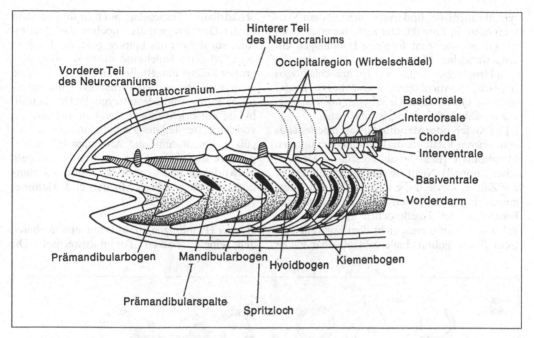

Abb. 286 Grundbauplan des Wirbeltierschädels (v. a. nach Befunden an Crossopterygiern). Die Teile des Viscerocraniums, die in das Neurocranium aufgenommen werden, sind schraffiert gezeichnet

erhält umhüllende Knorpelbecher, die mit dem Vorderbezirk des Knorpelschädels verwachsen können. Weitere Knorpel entstehen z. B. in Ohrmuscheln und Nasenflügeln.

Der Übergang in das knöcherne Stadium unterbleibt vollkommen bei den rezenten Chondrichthyes und Dipnoi, weit gehend bei rezenten Amphibien. Reste des Knorpels bleiben auch bei Säugern noch in der Nasenscheidewand. Die Verknöcherung führt bei primitiven Wirbeltieren meist zu einer einheitlichen oder nur in Vorder- und Hinterstück geteilten Knochenmasse. Bei höheren Wirbeltieren finden wir im Neurocranium eine Reihe einzelner Knochen (Abb. 287). Es sind:

a. **Die Occipitalia.** Sie umgeben das Hinterhauptsloch und bestehen aus dem basalen unpaaren Basioccipitale, den seitlichen Exoccipitalia und dem dorsalen Supraoccipitale. Alle vier verwachsen bei Säugern im Laufe des Lebens zum Hinterhauptsbein.

b. **Die Sphenoidea** (Keilbeine). Sie liegen an der Schädelbasis vor den Occipitalia und bestehen aus dem unpaaren Basisphenoid, dem vor ihm liegenden Präsphenoid und den seitlichen Orbitosphenoidea und z. T. noch den Pleurosphenoidea (Reptilien).

c. **Die Ethmoidea.** Das typische Siebbein (Ethmoid) trennt nur bei Säugern Nasen- und Hirnhöhle und ist in der Lamina cribrosa von den Durchtrittstellen der Riechnerven oft siebartig durchlöchert.

d. **Die Otica,** die das Gehör- und Vestibularorgan beherbergen. Meist sind zwei Knochen vorhanden: Prooticum und Opisthoticum, die zum Perioticum verschmelzen. Bei Säugern verbindet sich das Perioticum oft mit anderen Knochen zu einem einheitlichen Knochen, dem Os temporale.

2. Das **Viscerocranium** besteht aus paarigen Spangen zwischen den Kiemenspalten und bildet den Kiemenkorb (Abb. 288). Seine Teile werden tief greifend abgeändert und zu neuen Funktionen verwendet. Ein Kiemenbogen (Visceralbogen) besteht primär aus folgenden Teilen (von dorsal nach ventral): Pharyngo-, Epi-, Cerato- und Hypobranchiale. Die Hypobranchialia beider Seiten sind über das unpaare Basibranchiale (= Copula) ventral verbunden. Die Pharyngobranchialia sind doppelt (Supra- und Infrapha-

ryngobranchialia) und treten vorn mit dem Neurocranium in Kontakt. Der Kieferbogen ist wohl
ebenso wie der ihm folgende Hyoidbogen ein
umgewandelter Kiemenbogen. Die Bögen, die
dem Hyoidbogen folgen, werden Branchialbögen
(typische Kiemenbögen, Kiemenbögen i. e. S.)
genannt. Ob vor dem Kieferbogen noch ein sog.
Prämandibularbogen lag, ist umstritten.

I. Der **Kiefer- oder Mandibularbogen** besteht aus
dem oberen Palatoquadratum und dem unteren
Mandibulare (embryonale Vorstufe = Meckel'-
scher Knorpel). Nicht sie sind primär die Träger
der Zähne, sondern die sie bedeckenden Hautknochen; nur bei Haien liegen die Zähne nach
Reduktion der Hautknochen auf ihnen. Das
Palatoquadratum entspricht dem Epibranchiale
(sein Pharyngobranchiale geht offenbar in der

Schädelbasis [Trabeculae] auf). In ihm entsteht
in der Gelenkregion als Knochen das Quadratum, vor diesem das Epipterygoid, das bei Säugern Teil der Schädelwand wird (Alisphenoid =
großer Keilbeinflügel). Bei Knochenfischen sind
weitere Ersatzknochen vorhanden (Autopalati-
num, Supra- und Metapterygoid). Das Mandibulare entspricht einem Ceratobranchiale, ein
verknöcherter Teil des Mandibulare ist das Articulare. Quadratum und Articulare bilden das
primäre Kiefergelenk, sie wandern bei Säugern
ins Mittelohr und werden das 2. und 3. Gehörknöchelchen: **Amboss (Incus)** und **Hammer
(Malleus)**.

II. Der **Hyoidbogen** unterliegt in seinem oberen
Teil einem starken Funktionswechsel. Die

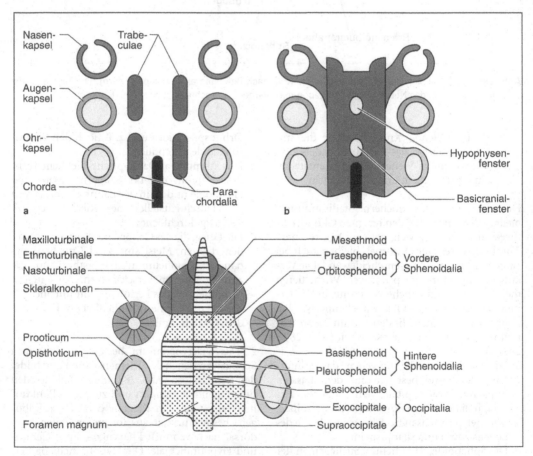

Abb. 287 Oben: Bildung des (platybasischen) Neurocraniums; Kapseln der Sinnesorgane punktiert. **a)** frühes,
b) spätes Stadium. Unten: Schematische Darstellung der Knochen des Amniotenneurocraniums und der Sinneskapseln

Hauptspange (Hyomandibula[re] = Epihyale) wird bei Haien und Actinopterygiern eine Befestigungsstange zwischen dem Neurocranium und dem Kiefergelenk, der sog. Kieferstiel.

Bei den Tetrapoden wird dieser Knochen in den Spritzlochkanal, der nun zum Mittelohr umgebaut wird, einbezogen und zum ersten

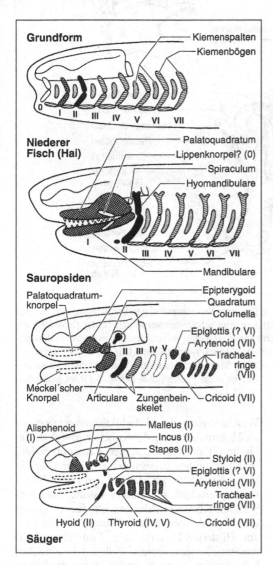

Abb. 288 Entwicklung des Viscerocraniums der Wirbeltiere. Spiraculum = Spritzloch, Prämandibularbogen: weiß, Kieferbogen: kariert, Hyoidbogen: schwarz, typische Kiemenbögen: schraffiert, Derivate der hinteren Kiemenbögen bei Tetrapoden: unregelmäßig punktiert. Der Prämandibularbogen (0) ist umstritten.

Gehörknöchelchen, der **Columella** (homolog dem **Stapes** = Steigbügel der Säuger) umgestaltet, dessen innerer Teil (Deckplatte) im ovalen Fenster (Fenestra ovalis) der Schädelwand liegt (Abb. 289). Das untere Pharyngobranchiale des Hyoidbogens wird dem Neuralschädel eingegliedert. Der untere Teil des Hyoidbogens (= Ceratohyale) wird zunehmend selbstständig und wird bei Tetrapoden zum vorderen Teil (vorderes Horn) des Zungenbeins. Der obere Bezirk legt sich bei manchen Säugern (z. B. Mensch) dem Schädel an (Styloidfortsatz).

III. Die **Branchialbögen** entsprechen in ihrer Zahl den Kiementaschen, ihre Zahl wird also in der Phylogenie geringer. Sie verschwinden jedoch mit dem Verlust der Kiemenatmung bei Tetrapoden keineswegs, sondern beteiligen sich am Zungenbein (Os hyoideum). Dies besteht aus einem unpaaren, ventralen Körper, der aus den Basibranchialia gebildet wird, und zwei bis drei paarigen Hörnern. In der Sauropsidenlinie werden die Branchialbögen 2 und 3 zunehmend reduziert; in der Säugerlinie gewinnen sie aber eine neue Bedeutung, sie bilden den großen Schildknorpel am Kehlkopf.

Verbindungen zwischen Visceralbögen und Neurocranium. Die vorderen Bögen (I und II) legen sich dorsal mit doppelter Basis dem Neurocranium an. Kieferbogen und Hyoidbogen bauen diese Verbindung auf. Ein solcher »amphistyler« Schädel ist noch bei primitiven Haien vorhanden. Von diesem Zustand führen zwei entgegengesetzte Wege weiter. Entweder wird der Kieferbogen frei beweglich und löst sich vom Neurocranium, dann übernimmt das Hyomandibulare allein seine Verankerung am Schädel. Ein solcher »hyostyler« Schädel entsteht unabhängig bei Haien und Actinopterygiern. Der Mandibularbogen bildet dann einen »Schnapp-Saugmund« zum Erfassen und Verschlingen von Beute. Es kann aber auch das Palatoquadratum mit dem Neurocranium verwachsen. Dadurch entsteht ein dorsales Widerlager für den Beißakt, und Ergreifen sowie Zerkleinerung auch von härterer Nahrung werden möglich. Das Hyomandibulare ist dann von seiner Funktion als Kieferträger entlastet und frei für andere Aufgaben. Ein solcher »autostyler« Schädel entsteht unabhängig und auf verschiedenen Wegen bei den Holocephalen, Dipnoern und Amphibien. Bei den Amniota legt sich das Epipterygoid,

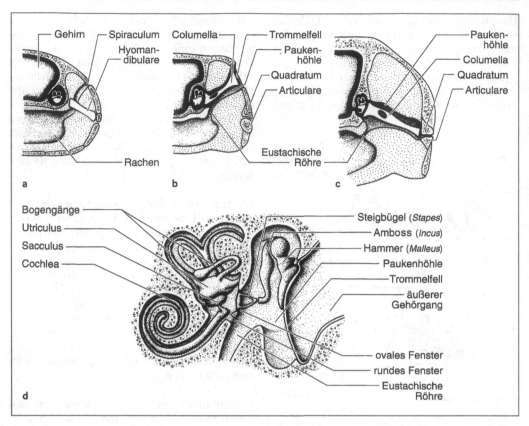

Abb. 289 Evolution des Mittelohres. **a)** Fisch, **b)** Amphib: Die erste Kiemenspalte, das Spiraculum, wird zur Eustachi'schen Röhre und zur Paukenhöhle, das Hyomandibulare zum schalleitenden Knochen, der Columella, die dem Steigbügel der Säuger homolog ist. Die Eustachi'sche Röhre ist außen verschlossen. Der Raum, in dem das Innenohr liegt, besitzt einen Zugang zum Schädelhohlraum. **c)** Säugerähnliches Reptil: Quadratum und Articulare bilden das Kiefergelenk und liegen in der Nähe der Columella. **d)** Säugetier; Quadratum und Articulare haben ihre Funktion im Kiefergelenk verloren und sind als Gehörknöchelchen in die Paukenhöhle des Mittelohres gewandert

ein Knochen des Palatoquadratum, dem Neurocranium an und wächst bei den Säugern als Alisphenoid in seine Wand ein. Das Hyomandibulare gewinnt ja bei Tetrapoden als Gehörknöchelchen eine neue Bedeutung, es kann seine Verbindung zum Kiefergelenk bzw. Quadratum-Neurocranium dabei beibehalten oder wiedererlangen (Synapsida, Schlangen).

3. Das **Dermatocranium** (Abb. 290) bildet bei den ältesten Wirbeltieren eine Knochenkapsel um Kopf und Vorderrumpf. Sein Fehlen bei den rezenten Haien, Holocephalen und Agnathen muss auf einer Reduzierung beruhen. Es besteht aus einer größeren Anzahl Knochen, die sich im Laufe der Phylogenie vermindert hat. Da hierbei

Verschmelzungen und Reduktionen erfolgen, ist die Homologisierung der Knochen innerhalb der Fische oft unsicher. Von den Crossopterygiern und Tetrapoden an verfügen wir aber über ein klares Grundschema, das anhand des Labyrinthodontierschädels erläutert werden soll. Das Schädeldach ist geschlossen, nur für die Augen und Nasenhöhlen sind Öffnungen vorhanden, am Hinterrand verrät eine Einbuchtung die Ansatzstelle des Trommelfelles. Die Knochen haben außen oft noch eine Skulptur, die Kanäle der Seitenlinien zeichnen sich als Furchen ab. Die Knochen lassen sich in folgende Gruppen ordnen:

1. Vier Kieferrandknochen jederseits: a. Prämaxillare = Intermaxillare (Zwischenkiefer),

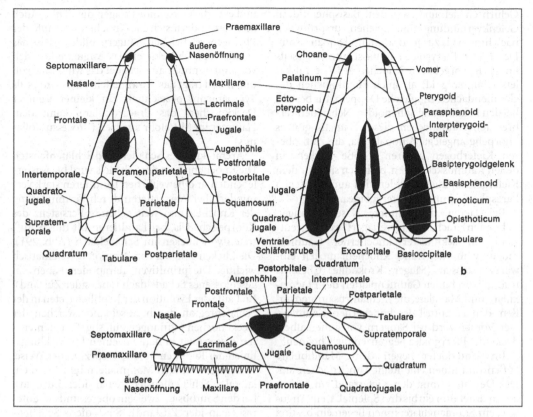

Abb. 290 Tetrapodenschädel. **a)** Dorsal-, **b)** Ventral-, **c)** Lateralansicht. Bei Säugern gehen verloren: Prae- und Postfrontale, Postorbitale, Inter- und Supratemporale, Quadratojugale; ihre Eigenständigkeit verlieren durch Verschmelzung mit dem Parietale bei Säugern: Postparietale, Tabulare; unregelmäßig treten bei Säugern auf: Septomaxillare, Parasphenoid, Ectopterygoid

b. Maxillare (Oberkieferknochen), c. Jugale (Jochbein), erreicht die Augenhöhle, den Kieferrand dagegen oft nicht, d. Quadratojugale, legt sich an das Quadratum, das zum Visceralskelet gehört, an; a. und b. tragen Zähne.

2. Vier paarige Mittelknochen: a. Nasale (Nasenbein), b. Frontale (Stirnbein), c. Parietale (Scheitelbein), mit der Öffnung der Scheitelaugen, d. Postparietale.

3. Zwischenreihe vor der Augenhöhle: a. Septomaxillare an der Nasenöffnung, b. Lacrimale (Tränenbein), c. Praefrontale.

4. Doppelte Zwischenreihe hinter der Orbita. a. Postfrontale, b. Postorbitale, beide an der Augenhöhle, c–e. Intertemporale, Supratemporale und Tabulare oberhalb der Trommelfellregion, f. Squamosum (Schuppenbein), unterhalb derselben.

Am Säugerschädel existiert nur noch die Hälfte dieser Knochen. Manche sind ganz verschwunden (Praefrontale, Postfrontale, Postorbitale, Intertemporale, Supratemporale, Quadratojugale, Septomaxillare meist), andere sind schon früh mit anderen Knochen verschmolzen, Postparietale und Tabulare mit dem Supraoccipitale, also einem Knochen des Neurocraniums. Sie sind z. T. noch als Interparietale vorhanden.

Die Hautknochen des Gaumendaches bilden große Platten. Median liegt das unpaare Parasphenoid. An den Kieferrand grenzen: a. die paarigen Vomeres (Pflugscharbeine), b. die Palatina (Gaumenbeine), c. die Ectopterygoidea. Alle drei können Zähne tragen. Nach innen schließen sich die großen Endopterygoidea an, meist einfach Pterygoidea genannt. Sie treten durch einen Fortsatz (Processus basipterygoideus) mit dem

Gehirnschädel, und zwar dem Basisphenoid, in Gelenkverbindung und reichen ursprünglich nach hinten bis zu Quadratum und Squamosum. Der Name Pterygoidea umfasst also einerseits knorpelig vorgebildete Knochen des Visceralskelets (Epipterygoid) als auch Hautknochen des Gaumendaches. Die gleiche Doppelnatur besteht bei den Palatina und Sphenoidea. Neben den verbreiteten Hautknochen dieses Namens gibt es knorpelig angelegte Autopalatina, die zum oberen Kieferbogen gehören. Große Lücken, in denen Kaumuskeln liegen, befinden sich vor dem Kiefergelenk, Lücken bilden sich auch zwischen Parasphenoid und den Pterygoidea.

Bei Tieren, deren **innere Nasenöffnungen (Choanen)** rachenwärts verlagert werden, entsteht ein sekundärer knöcherner Gaumen, indem vom Kieferrand Knochenlamellen einwärts wachsen (Säuger, Krokodile, Chelonia u. a.). Dann bilden Gaumenplatten des Praemaxillare und Maxillare, die median zusammenstoßen, den Hauptteil des knöchernen Gaumens. Der Vomer wird bei Säugern von ihnen überdeckt, die Pterygoidea begrenzen die Choanen.

Im Unterkiefer liegen dem Mandibulare außen und innen eine Reihe von Knochen auf. Das Dentale nimmt den Kieferrand ein, außen liegen unter ihm ein bis drei Splenialia, ein Angulare, ein Supraangulare; innen liegen ein bis drei Coronoidea und ein Praearticulare. Das Dentale

und evtl. die Coronoidea tragen die Zähne. Auch hier vermindern sich die Knochen im Laufe der Phylogenese. Bei den Säugern bildet allein das Dentale den Unterkiefer, das Angulare löst sich von ihm, umhüllt am Schädel das Mittelohr von unten und trägt das Trommelfell. Hier wird es als Tympanicum bezeichnet. Ein kleiner weiterer Deckknochen, das Praearticulare, kann dem Hammer im Mittelohr ansitzen (Processus folianus).

Architektur des Schädels und Schläfenfenster. Die Knochenmasse des Schädels wird bei wasserlebenden und beweglichen Landtieren stark vermindert, bei Wassertieren durch Verminderung der Knochen und weit gehende Persistenz des Knorpelschädels, bei Landtieren oft durch Auftreten von Lücken im Schädeldach (Abb. 291). Die Lücken sind bei den Amnioten systematisch wichtig. Die primitiven Tetrapoden haben ein geschlossenes Schädeldach (anapsider Zustand). Im Laufe der Evolution der Reptilien treten in der Schläfenregion durch Auseinanderweichen der Deckknochen Öffnungen auf, sog. Schläfenfenster; dies erfolgt in den einzelnen Entwicklungslinien der Reptilien in jeweils spezifischer Weise. In der Reihe zu den Mammaliern bildet sich ein laterales Schläfenfenster (synapsider Zustand), bei den Sauropsida zwei, ein oberes und ein unteres (diapsider Zustand). Sind diese Schläfenfenster umfangreich, so werden Teile der Schä-

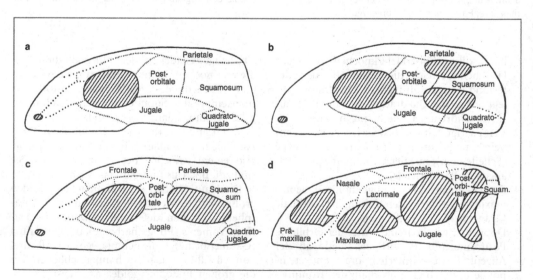

Abb. 291 Schädeltypen. **a)** anapsid, **b)** diapsid, **c)** synapsid, **d)** mit großem Praeorbitalfenster (triapsid), wie z. B. bei Archosauriern. Bei diesem Schädeltyp ist häufig auch die Nasenöffnung vergrößert

delwand zu Jochbögen reduziert. Bei den Säugern bzw. Synapsida existiert einer, bestehend aus Jugale und Squamosum, bei den Diapsida zwei; der obere wird von Postorbitale und Squamosum, der untere von Jugale und Quadratojugale gebildet. Bei einigen Säugern schließlich ist der Jochbogen reduziert, bei vielen Vögeln der obere nicht mehr vorhanden. Bei vielen Archosauriern und Vögeln tritt noch ein Praeorbitalfenster auf.

Weite Bereiche des Dermatocraniums stellen dann eine Art Strebenkonstruktion dar. Das Auftreten von Fenstern ist vor allem mit folgenden zwei Umbauten verbunden:
1. Muskeln, die unter dem Schädeldach lagen, gelangen nun mit ihren Ansatzstellen um den Fensterrand an die Außenfläche der Hautknochen. Das geschieht mit Kaumuskeln (M. temporalis) bei den Säugern. Sie schieben sich über Squamosum, Parietale und Frontale hinweg und können median über dem Hirnschädel zusammentreffen. Hier kann ein großer Knochenkamm entstehen, die Crista sagittalis. Am Kontakt von Musculus temporalis und Occipitalmuskeln entsteht bisweilen eine Crista occipitalis.
2. Die stabförmigen Knochen können beweglich werden. Das ist am deutlichsten erkennbar am Quadratum bei den Squamata, bei denen nach Auflösung des unteren Jochbogens das Quadratum als Stab vorspringt. Auch bei den Vögeln ist das Quadratum beweglich. Das hat zur Folge, dass das Kiefergelenk je nach der Stellung des Quadratums verschoben werden kann. Auch in der Schädelkapsel können bewegliche Stellen entstehen. Bei Vögeln ermöglicht eine Biegungsstelle zwischen Nasale und Frontale das Bewegen des Oberschnabels. Da keine Muskeln außerhalb dieser Hautknochen liegen, erfolgt das Heben indirekt durch Kaumuskeln. Das Quadratum wird durch sie mit dem Kiefergelenk nach vorne gedreht, und damit schiebt die Verbindungsstange aus Quadratojugale und Jugale den Oberschnabel nach oben. Eine zweite Verbindung zwischen Quadratum und Oberschnabel bilden das Pterygoid und Palatinum. In analoger Weise wird bei Schlangen (Viperidae) das bewegliche Maxillare mit den angewachsenen Giftzähnen durch eine Schiebestange aus Pterygoidea und Palatinum nach vorn gedreht. Das Maxillare inseriert gelenkig am Praefrontale. Überhaupt erreichen bei Schlangen die Isolierung und Beweglichkeit der Schädelknochen ihr Maximum, können doch auch rechte und linke Kiefer bei der Bewältigung

großer Beute auseinander weichen und selbstständig vorgeschoben werden. Hinten können ebenfalls Biegungszonen auftreten (metakinetische Schädel).

Auch bei Fischen kommen solche Schädelstrukturen vor. Bei Crossopterygiern ist sogar das Neurocranium in zwei gegeneinander bewegbare Abschnitte geteilt. Die hinteren Deckknochen des Dermatocraniums sind durch einen Spalt von den vorderen getrennt. Bei den Teleosteern isolieren sich Praemaxillaria und Maxillaria. Durch ihre Bewegung kann das Maul vorgestreckt werden (Saugwirkung).

Die Haut der Fische wird von verschieden gebauten **Schuppen** bedeckt. Den ursprünglichsten Schuppentyp besitzen die Placodermen. Sie tragen an der Oberfläche harte, spitze Fortsätze (Dentikel), der Schuppenkörper besteht aus drei Schichten, die denen der Cosmoidschuppen (s. u.) entsprechen. Bei den Chondrichthyes bleiben nur die Dentikel auf einer Basalplatte erhalten, die jetzt Placoidschuppen genannt werden (Abb. 46e), ihnen entsprechen auch die Zähne der Wirbeltiere. Bei den Choanichthyes wird dagegen die Dentikellage reduziert, es bleiben die drei basalen Schichten bestehen (Cosmoidschuppen). Sie sind aus einer basalen kompakten, lamellierten Knochenlage (Isopedinschicht) aufgebaut, der sich eine gefäßreiche Zone lockerer Knochenbälkchen anschließt. Die obere Lage, die relativ schmale Cosminschicht, ist aus Dentin aufgebaut und enthält in büschelförmiger Anordnung feine Kanälchen (Dentinkanälchen). Die Oberfläche kann von einer dünnen Schmelzschicht bedeckt sein. Bei den Dipnoern ist dieser Schuppentyp zu dünnen Knochenplättchen reduziert (Leptoidschuppen). Bei den Actinopterygiern finden wir die kompakten Ganoidschuppen; diese besitzen wieder eine dicke basale Isopedinlage, die gefäßreiche Zone ist aber weit gehend bis völlig reduziert. Bei den Palaeoniscoidea (S. 587) ist noch die Dentinschicht mit Höhlen, von denen Büschel von Dentinkanälchen ausgehen, erhalten. Die wichtigste Veränderung gegenüber der Cosmoidschuppe besteht in der Ausbildung einer mehrschichtigen abschließenden Ganoinlage, deren Härte der des Schmelzes entspricht. Auch dieser Schuppentyp ist zu Leptoidschuppen reduziert (moderne Teleosteer). Ganoin ist ein schmelzähnliches Material (Enameloid), das von Mesenchymzellen gebildet wird, die der Neuralleiste entstammen.

Muskulatur

Die Muskulatur entsteht embryonal aus zwei großen Bereichen: 1. aus dem dorsolateralen Mesoderm des Kopfes, das die Somitomeren bildet. 2. aus dem dorsolateralen Mesoderm des Rumpfes, das insbesondere die typischen Somiten und das Seitenplattenmesoderm (Hypomer) bildet. Die Muskelzellen der Hautdrüsen und auch die Irismuskulatur des Auges entstammen dem Ectoderm bzw. Neuroectoderm.

1. Die Muskulatur der Somitomeren bildet die äußeren Augenmuskeln und Muskeln des Kiefer-, des Hyoid- und des ersten Branchialbogens. Am Kieferbogen liefert sie schon bei Fischen die vom Nervus trigeminus innervierte Kaumuskulatur (Adductor und Abductor mandibulae) und bei Säugern die Masseter-, Temporalis-, Pterygoid- und Mylohyoidmuskeln. Auch am vom Nervus facialis versorgten Hyoidbogen bleiben manche Muskeln bestehen (Stapedius am Steigbügel, Stylohyoideus, Digastricus z. T.). Muskeln der Spritzlochregion (= Kiemenspalte hinter dem Kieferbogen) erobern ganz neue Bereiche. Ein Teil dieser Muskulatur breitet sich unter der Haut des Halses aus (Sphincter colli) und hilft zunächst wohl beim Abheben der verhornten Epidermis während der Häutung. Bei Säugern dehnt er sich als Platysma in das Kopfgebiet aus und bewirkt hier Hautbewegungen. Diese Leistung war die Voraussetzung zur »Gebärdensprache« des Gesichtes (Mimik), die so viele Stimmungen verrät und Signalfunktion besitzt. Das Platysma differenziert sich dabei zur mimischen Gesichtsmuskulatur um Mund, Augen sowie Ohren und besteht beim Menschen aus über 20 Muskelpaaren. Das Material für den Ausdruck von Freude und Zorn, von Lachen und Lippenbewegung liefert also ein Muskel des Spritzloches. Demgemäß wird die mimische Muskulatur vom Nervus facialis innerviert.

2. Die Somiten gliedern sich in Dermatom, Myotom und Sklerotom. Das Dermatom bildet Muskulatur der Haut, z. B. Haar- und Federmuskeln. Aus dem Myotom geht die Muskulatur hinter Kopf und Pharynx (Kiemendarm) hervor. Die Myotommuskulatur bildet zunächst eine kompakte Muskellage zwischen Haut und Rippen sowie Wirbeln. Entsprechend ihrer Herkunft ist sie in aneinander grenzende Abschnitte (Myomeren) gegliedert, die durch Bindegewebe (Myosepten) verbunden sind. Jeder Fisch zeigt diese segmentale Rumpfmuskulatur. Von den Haien

an sind die Myomeren noch durch eine horizontale Bindegewebsschicht (Septum horizontale) in einen dorsalen (= epaxialen) und ventralen (= hypaxialen) Bezirk geteilt. Übrigens stehen die Myosepten keineswegs stets vertikal, sondern sind oft gefaltet, sodass im Querschnitt konzentrisch mehrere Myosepten getroffen werden. Die Myomeren gliedern sich dann in Lagen mit verschiedener Faserrichtung und schließlich in eine große Anzahl isolierter Muskeln, die an Rippen, Wirbeln, Becken, Schulterblatt u. a. ansetzen. Außerdem bilden Myomeren noch Muskelgruppen außerhalb der Rumpfwand. Am wichtigsten sind die Muskeln der Extremitäten, die aber nur z. T. aus ventralen Teilen der Myotome entstehen. An ihrer Bildung beteiligt sich ausgeprägt auch mesenchymales Material des Seitenplattenmesoderms. Von vorderen Myotomen wandern Muskeln in die Kiemen- und Zungenregion und bilden hier Muskeln für Zunge und Kehlkopf (Lingualis, Genioglossus, Geniohyoideus), die z. T. an Unterkiefer und Zungenbein inserieren.

Bei den Säugetieren zweigt sich von einigen Rumpfmuskeln (Pectoralis und Latissimus dorsi) ein Muskelmantel unter der Haut ab (Panniculus carnosus bzw. Cutaneus maximus), der Zuckungen und Bewegungen der Haut ermöglicht. Bei Primaten ist er rückgebildet. Das Sklerotom bildet Wirbelmaterial und keine Muskulatur.

Das somatische Blatt der Seitenplatten beteiligt sich am Aufbau der Extremitätenmuskeln. Mit ihrem splanchnischen Blatt bilden die Seitenplatten die Muskulatur des Herzens, des Verdauungstraktes samt Anhangsgebilden und anderer Eingeweide. Die vom autonomen Nervensystem innervierte Muskulatur der Eingeweide wird auch viscerale Muskulatur genannt. Sie ist im Allgemeinen glatt, kann aber auch quergestreift sein, z. B. die Herzmuskulatur.

Lunge und Schwimmblase

Der Erwerb von Luftatmungsorganen zeigt bei Wirbeltieren zwei Besonderheiten: 1. Sie entstanden schon während des Wasserlebens. 2. Sie bilden sich vom Vorderdarm aus, nicht von der Außenfläche wie bei den Arthropoden. Die zweite Tatsache mag mit dem »Luftschnappen« der Fische zusammenhängen, d. h. mit der Aufnahme von Luftblasen an der Wasseroberfläche bei Atemnot. Dadurch kann sich Luft in Nischen des Vorderdarmes ansammeln.

Der wichtigste Schritt war die Entstehung des Lungen-Schwimmblasenorgans vor Entfaltung der Osteichthyes oder vielleicht der Gnathostomata.

Die Lungen entstanden wohl aus einem Paar hinterer Kiementaschen, die ihre Kiemenspalten verloren hatten. Hier sammelte sich geschluckte Luft, und die Kiementaschen wandelten sich in Lungen um. Sie wurden sicher zunächst nur zur Notatmung in sauerstoffarmem Wasser gebraucht, wie heute bei den Dipnoern und einigen primitiven Actinopterygiern (z. B. *Amia)*. Diese Luftsäcke entwickelten sich in zwei Richtungen, zur Schwimmblase der Fische und zur Lunge der Landwirbeltiere.

Die **Schwimmblase** dient den freischwimmenden Fischen als Auftriebsorgan und ermöglicht im dreidimensionalen Lebensraum Wasser den Aufenthalt in unterschiedlichen Tiefen. Dabei vollziehen sich folgende Umänderungen: Nur einer der beiden Luftsäcke wird zur Schwimmblase (der rechte). Diese wird dorsal zwischen Darm und Wirbelsäule verlagert. Auch die Mündung in den Darm liegt dorsal. Nur ein Teil der Fische behält den Verbindungsgang zum Darm zeitlebens (sog. Physostomen) und kann durch ihn Luft aufnehmen und abgeben. Viele reduzieren ihn im Laufe der ontogenetischen Entwicklung (sog. Physoclisten). Dadurch wird die Schwimmblase zu einem geschlossenen Luftsack. Da aber ihr Gasgehalt je nach der Situation vermehrt oder vermindert werden muss, sind jetzt neue Mechanismen der Gasregulation erforderlich. Gasresorption liegt schon in der ursprünglichen Leistung des Organs als Lunge. Sie wird jetzt oft auf einen neuen Bezirk (Oval) lokalisiert, der von einem Ringmuskel umgeben wird, sodass die zu resorbierende Gasmenge reguliert werden kann. Neu ist aber die Gassekretion. Sie erfolgt in einem oder mehreren »roten Körpern«, Gasdrüsen, in denen aus Blutgefäßen eines Wundernetzes (Rete mirabilis) O_2, CO_2 und N_2 in die Schwimmblase sezerniert werden. Auch bei Physoclisten erfolgt die erste Füllung der Blase bei Jungfischen oft durch Luftschlucken (der Gang ist dann noch vorhanden). Das Wundernetz besteht aus einem Netzwerk parallel angeordneter arterieller und venöser Capillaren, in denen das Blut in entgegengesetzter Richtung strömt, womit die strukturelle Basis für eine Gegenstromverstärkung gegeben ist, die bei der O_2-Füllung der Schwimmblase eine wichtige Rolle spielt.

Im Falle des Sauerstoffes beginnt die Gassekretion damit, dass in den Epithelzellen der Gasdrüse glykolytisch Lactat gebildet wird. Das Lactat führt aus zwei Gründen zu Erhöhung des O_2-Partialdrucks im Blut am Scheitel der Capillaren, der dem Drüsenepithel angelagert ist: 1. Lactat erniedrigt den pH-Wert, wodurch die O_2-Affinität des Hämoglobins im Blut vermindert wird (Bohr-Effekt); dies hat Freisetzung von O_2 aus dem Hämoglobin zur Folge; 2. Erhöhung der Lactatkonzentration im Blut vermindert die physikalische O_2-Löslichkeit (Aussalzeffekt). Das vermehrte O_2 diffundiert aus dem Capillarscheitel in das Lumen der Schwimmblase und füllt sie.

Ein Verlust an O_2 aus der Schwimmblase wird aufgrund der Gegenstromverstärkung in den parallel angeordneten Capillaren vermindert. Zwar kann wegen des hohen O_2-Gehaltes in der Schwimmblase O_2 zunächst in den Capillarscheitel diffundieren, woraufhin sich der O_2-Partialdruck in den abfließenden venösen Capillaren erhöht; der Sauerstoff diffundiert aber quer zur Verlaufsrichtung der Gefäße in die arteriellen Capillaren und wird zum Capillarscheitel zurücktransportiert. Bei einer Capillarlänge von bis zu 25 mm (Muskelcapillaren: ca. 0,5–1 mm), einer Anzahl von vielen tausend Capillaren und einer Gesamtlänge von z. T. mehreren hundert Metern stehen im Wundernetz enorme Austauschflächen zur Verfügung. Die Fähigkeit zur Gassekretion ermöglicht es den Fischen, steigenden hydrostatischen Außendruck, wie er mit zunehmender Wassertiefe entsteht, durch Erhöhung des Gasinnendrucks in der Schwimmblase zu kompensieren.

Die Form der Schwimmblase ist variabel. Sie kann zweigeteilt werden, z. B. bei Weißfischen (Karpfen), Anhangssäcke bilden, sogar sekundäre Mündungen nahe dem After ausbilden (Heringsfische), sie kann aber auch zusätzliche Funktionen erwerben. Bei Weißfischen und Welsen (Ostariophysen) werden von ihr percipierte Vibrationen durch Knöchelchen (Weber'sche K.) jederseits der Wirbelsäule auf ein Schädelfenster übertragen, dem sich innen die Perilymphe des Gehörorgans anlegt. So wird die Schwimmblase zum Hilfsorgan des Hörens. Sie kann aber auch Resonator für Laute sein, die durch Muskeln erzeugt werden. Merkwürdigerweise wird die Schwimmblase mehrfach rückgebildet, nicht nur bei Bodenfischen, sondern auch bei raschen Schwimmern (Makrelen). Bei dem rezenten

Crossopterygier *Latimeria* haben sich die Lungen in sehr fettreiche Organe umgewandelt.

Die **Lungen** werden bei den Tetrapoden das zentrale Atmungsorgan. Sie münden ventral mit einem unpaaren Gang, der Trachea (Luftröhre). Diese ist erst kurz, wird aber mit Ausbildung des Halses lang und verläuft bei Vögeln oft in komplizierten Windungen, sogar innerhalb des Brustbeines (Schwan, Kranich). Die Trachea wird von Knorpelspangen gestützt, die wahrscheinlich vom Kiemenskelet abstammen. Ihre Mündung in den Schlund bildet zunächst einen muskulösen Verschlussapparat und dann den Stimmapparat (Larynx) der Frösche, Reptilien und Säuger mit den Stimmbändern. Die Vögel entwickeln einen eigenen Stimmapparat (Syrinx) am Übergang der Trachea in die Bronchien. Er enthält schwingende Membranen in der Wand. Die Trachea gabelt sich in die Stammbronchien, die in die Lungen einmünden. Bei den homoiothermen Vögeln und Säugern ist die innere Oberfläche der Lunge, über die der Gasaustausch erfolgt, besonders vergrößert. Sie beträgt beim Menschen ca. 100–140 m².

Bei den Amphibien ist die Lunge meist noch sackartig, bei Reptilien ist sie durch Leisten und Falten, die Bindegewebe und Blutgefäße enthalten, stärker gekammert, bei Säugern ist sie schwammartig, in Millionen kleinster Hohlräume (Alveolen) gegliedert (Abb. 119). Der Mensch besitzt ca. 450 Millionen Alveolen. Die in der Lunge gelegenen Bronchien verzweigen sich dichotom (beim Menschen bis zu ca. 25 mal) und werden dabei immer enger. Während in der Lunge mit Alveolen die Luft die Lungen auf demselben Wege verlässt, wie sie in sie eintrat, gelingt den Vögeln die Herstellung einer Luftzirkulation durch Ausbildung der Lungenpfeifen (S. 261). Für diese Atmungsart sind Luftsäcke wichtig. Es sind dünnwandige Ausstülpungen der Lungenanlage. Sie treten gelegentlich auch bei Reptilien auf. Die Beziehung der Lunge zur Leibeshöhle zeigt Abb. 292.

Systematische Gliederung

Die Großgliederung der Wirbeltiere ist immer noch umstritten. Lange Zeit erfolgte eine einfache Aufteilung in Pisces (Fische) und Tetrapoda (Landwirbeltiere), die aber die bekannten verwandtschaftlichen Beziehungen nur sehr ungenügend zum Ausdruck bringt. Diese Beziehun-

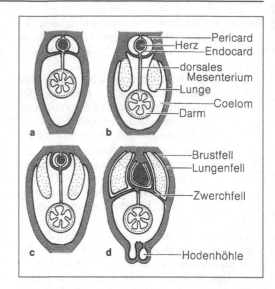

Abb. 292 Unterteilung des Coeloms und seiner Wandungen. **a)** Fische, **b)** Amphibien, **c)** Reptilien, **d)** Säuger (Männchen)

gen sind in der derzeit gängigen Gliederung in Agnatha (Kieferlose) und Gnathostomata (Kiefermünder) besser erkennbar. Neue Erkenntnisse über rezente und fossile Agnathen haben in den letzten Jahren dazu geführt, dass die Verwandtschaftsverhältnisse innerhalb der Agnathen und ihre Beziehungen zu den Gnathostomen neu bewertet wurden. Danach können die Myxinoidea als sehr isolierte Gruppe allen anderen Vertebraten zur Seite gestellt werden; letztere würden dann allein als »Vertebrata« geführt, die mit den Myxinoidea die Craniota bilden. Der Begriff Ostracodermi (fossile Agnatha) wird nicht mehr verwendet, da er keine natürliche Einheit beschreibt. Im folgenden Text werden diese neueren Erkenntnisse berücksichtigt, der eingebürgerte Begriff Agnatha jedoch noch beibehalten.

1. Überklasse: Agnatha (Kieferlose)

Die Agnathen entstanden im Kambrium und waren in Ordovizium, Silur und Devon reich entwickelt; rezent existieren nur noch zwei in mancher Hinsicht vereinfachte Gruppen. Die erste Entwicklung der Agnathen erfolgte wahrscheinlich in flachen Meeresregionen; Süßwasserformen sind erst aus dem späten Silur be-

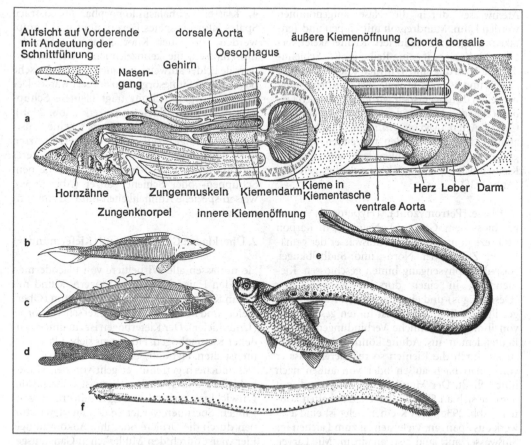

Abb. 293 Agnatha. **a)** Bauplan eines Neunauges, **b–d)** fossile Agnatha, **b)** *Hemicyclaspis* (Osteostraci), **c)** *Birkenia* (Anaspida), **d)** *Anglaspis* (Heterostraci), **e)** Neunauge an krankem Fisch festgesaugt, **f)** *Eptatretus* (Myxinoidea)

kannt. Vermutlich gliederte sich der Lebenszyklus dieser ursprünglichen Wirbeltiere, ebenso wie der der meisten wirbellosen Chordaten, in eine Larven- und eine Adultphase, wobei die Larven möglicherweise pelagische Suspensionsfresser waren oder aktiv kleine Beutetiere aus dem Plankton aufnahmen und die Adulten mikrophage Suspensionsfresser. Kiefer, die aus Kiemenbögen entstanden sind, fehlen. Der Mund ist ein Saug- oder Schluckmund, der funktionell mit einem Hornzähnchen tragenden Zungenapparat verbunden ist (Abb. 293a). Es existiert eine äußere unpaare Öffnung des Nasen-Hypophysenganges, in den sich zwei benachbarte Nasensäcke öffnen. Diese äußere Öffnung des Nasen-Hypophysenganges liegt bei Osteostraci, Anaspida und Petromyzonta dorsal. Der Nasen-Hypophysengang bildet distal die Adenohypo-

physe aus. Fünf bis fünfzehn Paar Beutelkiemen, die über je einen zuführenden Gang mit dem Pharynx und einem ausführenden Gang mit dem Außenmedium verbunden sind. Bei larvalen Petromyzonten einfachere Kiemen, die an die Kiemen der Gnathostomen erinnern. Nur zwei Bogengänge im Ohrlabyrinth. Paarige Flossen sind bei den meisten fossilen Formen vorhanden, fehlen aber den rezenten Formen.

Rezente Agnatha

1. Klasse: **Myxinoidea** (Hyperotreta = mit offenem Gaumen), Inger, Schleimaale. Isoliert stehende, seit dem Karbon (*Palaeomyxine*) nachgewiesene Agnathen; nur in Meeren, bis ca. 2 000 m tief, Nord- und Südhalbkugel. Nasenhypophysengang mündet in den vorderen Darm, sodass

Atemwasser durch die Nase aufgenommen werden kann. Mundregion mit Lippen und Tentakeln; Augen z. T. reduziert; Kiemenskelet vereinfacht; beiderseits eine Reihe großer Schleimdrüsen. Nahrung sind Würmer, tote oder kranke Fische und sogar tote Wale, deren Körperwand bisweilen durchgeraspelt wird, und in deren Leibeshöhle die Myxinoidea eindringen können. Ca. 35 Arten. *Myxine glutinosa* (Inger; Nordatlantik), die nach außen führenden Kiemengänge vereinigen sich außen jederseits zu einem Kiemenloch. *Eptatretus*, Kiemenlöcher getrennt (Abb. 293f).

2. Klasse: **Petromyzonta.** (Hyperoartia = mit geschlossenem Gaumen), Neunaugen. Karbon und rezent; im Meer- und Süßwasser der gemäßigten Zonen der Nord- und Südhalbkugel. Nasenhypophysengang hinten geschlossen, Kiemendarm in einen dorsalen Nahrungsgang (Oesophagus) und einen ventralen Kiemengang geteilt. Der Kiemengang ist hinten geschlossen; von ihm gehen seitliche Verbindungen zu den Beutelkiemen aus. Adulte können den Wasserstrom durch die Kiemen so regulieren, dass er von innen nach außen oder von außen nach innen fließt. Der Mund ist ein Saugmund, mit dem sie sich an Steine oder Tiere anheften können (Abb. 293e). Das Kiemenskelet ist ein Netzwerk aus Spangen. Viele steigen zum Laichen ins Süßwasser auf, sind also anadrom. Mit Larven (Ammocoetes), die in Sand oder Schlamm leben und Detritus und Kleinorganismen in den Mund strudeln. Als Adulte räuberisch (»parasitisch«) oder ohne Nahrungsaufnahme (»nichtparasitisch«). Letztere besitzen einen rückgebildeten Darm; ein Beispiel für nichtparasitische Formen sind die Bachneunaugen, wie *Lampetra planeri*, die nach sechsjähriger Larvalzeit als Adulte nur noch ungefähr sieben Monate leben. Etwa 40 Arten, die zu acht Gattungen gehören, z. B. *Petromyzon, Lampetra, Ichthyomyzon, Geotria, Mordacia.*

Fossile Agnatha

3. Klasse: **Pteraspidomorpha. Heterostraci:** Vermutlich Oberes Kambrium bis Oberes Devon; die jüngeren Formen mit großem dorsalen und ventralen Knochenschild am Vorderrumpf, paarige Flossen fehlen (Abb. 293d). **Thelodonti:** Grenze Ordovizium-Silur bis Oberes Devon; mit kleinen Schuppen am ganzen Körper.

4. Klasse: **Cephalaspidomorpha. Osteostraci:** Spätes Silur bis spätes Devon. Kopf und Rumpf werden von einer Knochenkapsel (»Schild«) umschlossen, die kennzeichnende laterale und dorsale Felder aufweist, in denen u. U. elektrische oder andere Sinnesorgane lokalisiert waren. Der hintere Körperabschnitt trägt kleinere Schuppen, die Schwanzflosse ist epizerk (Abb. 293b). **Galeaspida:** Unteres Devon Chinas, keine Brustflossen, kräftige Kopfschilde mit z. T. bizarren Fortsätzen. **Anaspida:** Unteres Silur bis Unteres Devon, kleinere Formen mit knöchernem Schuppen- oder Schienenpanzer (Abb. 293c), weisen spezielle Ähnlichkeiten mit Petromyzonten auf.

2. Überklasse: Gnathostomata (Kiefermünder)

Sie umfassen alle Wirbeltiere von Placodermen und den Haien bis zu den Säugern. Mund mit einem Kieferbogen aus Palatoquadratum (Oberkiefer) und Mandibulare = Meckel'scher Knorpel (Unterkiefer). Der Kieferbogen ist ein umgewandelter Kiemenbogen. Höchstens sieben Paar Kiemenspalten. Hypophysengang von den paarigen Nasenlöchern getrennt; er geht von der Mundhöhle aus und schließt sich meist während der Entwicklung. Statisches Organ mit drei Bogengängen. Spermien werden in den meisten Gruppen durch die Urniere oder ihre Abkömmlinge, Eier meist durch den Müller'schen Gang ausgeleitet.

Die wasserlebenden, basalen Gruppen der Gnathostomata und die Agnatha werden umgangssprachlich als Fische bezeichnet. Ihre Verwandtschaftsbeziehungen gehen aus Abb. 294 hervor.

1. Klasse: Placodermi

Kopf und Rumpf sind in eine Knochenkapsel aus Platten eingeschlossen (Abb. 295a). Durch Spalten wird ein Kopfteil von einem Rumpfteil gesondert. Der Kopf kann sogar Gelenke am Hautpanzer ausbilden; abgeleitet ist wahrscheinlich das Fehlen echter Zähne an den Kiefern (sie werden funktionell durch Knochenzacken ersetzt), ebenso wohl die enge Bindung des Oberkiefers an den Schädel (autostyl bzw. holostyl). Zwei Paar Extremitäten, das vordere bei einer Gruppe (Antiarchi) von Hautknochen umhüllt, das hintere ist bisweilen reduziert. Die Chorda ist persistent, Wirbelkörper fehlen, obere und z. T. untere Bögen sind verknöchert. Überwiegend marin,

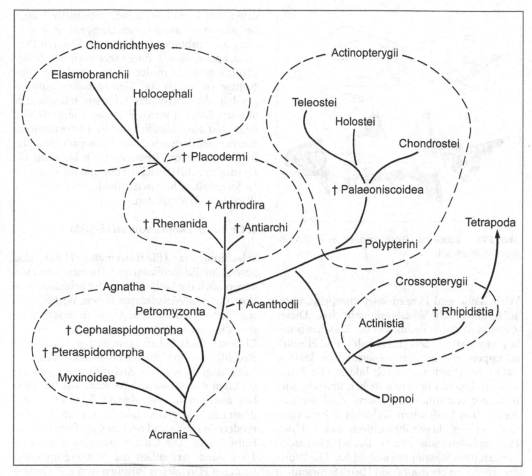

Abb. 294 Übersicht über die Verwandtschaftsbeziehungen der Fische

einige Süßwasserarten, z. T. pelagisch, mehrheitlich Bodenfische. Devon, starben im unteren Karbon aus.

Außer den beiden Hauptordnungen **Arthrodira** und **Antiarchi** eine Reihe Sonderformen mit reduziertem Hautknochenskelet (z. B. die Rhenanida mit rochenähnlichen Formen). *Pterichthyodes* (Abb. 295a); *Titanichthys* bis 8 m lang, *Coccosteus, Gemuendina.*

2. Klasse: Acanthodii

Paläozoische, meist kleine Formen (bis 30 cm) von typischem Fischhabitus (Abb. 295b). Entsprechend der freischwimmenden Lebensweise ist das Hautskelet bis auf einige Platten am Schädel und Schultergürtel reduziert. Der Rumpf ist

mit echten Schuppen bedeckt, die denen mancher Actinopterygier ähneln. Zähne sind bei manchen Arten auf den Kieferknochen ausgebildet, z. T. in spiralig angeordneten Formationen. Oft sind die Zähne rückgebildet. Kleine Kiemendeckel sind vorhanden. Die Flossen sind häutig und werden von großen Flossenstacheln an ihrem Vorderrand gestützt. Merkwürdig ist, dass oft nicht nur zwei Paar, sondern sieben Paar Flossen vorhanden sind. Vielleicht mit Actinopterygii verwandt. Oberes Silur bis Perm. *Acanthodes, Climatius* (Abb. 295b).

3. Klasse: Chondrichthyes (Knorpelfische)

Diese Gruppe umfasst heute etwa 800 Arten. Knochen fehlt im Innenskelet völlig; Schädel,

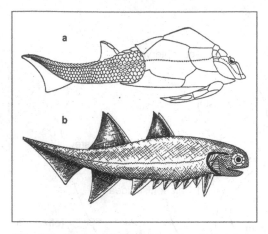

Abb. 295 Placodermi (*Pterichthyodes,* **a**) und Acanthodii (*Climatius,* **b**)

Wirbelsäule und Flossenskelet knorpelig, wenn auch oft durch Verkalkung sehr fest. Dieser Zustand ist durch Reduktion des Knochengewebes erreicht worden. Hautskelet aus **Placoidschuppen,** die an den Kieferrändern kräftige Zähne verschiedener Gestalt bilden. Die Zähne werden dauernd in neuen Reihen über die Kieferränder von innen her ersetzt. Zahl der Kiemenspalten fünf, selten sechs bis sieben, diese sind bei den Elasmobranchiern frei, bei den Holocephalen von einem Deckel überdacht. Lungen bzw. Schwimmblasen fehlen. Die Brustflossen stehen horizontal, sind beim Schwimmen ausgebreitet und dienen als Höhensteuer, bisweilen als »Flügel« (z. B. Teufelsrochen). Schwanzflosse heterozerk. Ausleitung der Spermien bzw. Spermatophoren durch den Urnieren-(Wolff-) Gang, der Eier durch lange Müller-Gänge, deren Wimpertrichter meist zu einer unpaaren Öffnung verschmolzen sind. Vielleicht ist auch die Mündung des Innenohrlabyrinths durch einen Kanal (Ductus endolymphaticus) dorsal am Kopf nach außen primitiv. Dieses Merkmal ist offenbar schon bei Placodermen vorhanden. Nicht primitiv sind die innere Befruchtung und die Umbildung der Bauchflossen des Männchens zu langen Kopulationsorganen (**Pterygopodien, Mixopterygien**). Die Eier sind groß (bis über 10 cm lang), dotterreich und werden von einer **Nidamentaldrüse** am Ovidukt mit einer festen Schale versehen. In ihnen entwickelt sich der Embryo mit Dottersack und äußeren Kiemenfäden. Mehrere Rochen- und die meisten Hai-

arten sind lebend gebärend. Geburt der Jungen bei *Manta* während hoher Luftsprünge. Ernährung des Embryos verschieden, z. T. durch Dottersackplacenta, z. T. durch sezernierende Zotten (Trophonemata) in der Eileiterwand, die sogar Nährsekret durch die Kiemenspalten eindringend in den Darm des Embryos träufeln. Die ältesten Formen waren Süßwassertiere, sie sind heute fast ausschließlich marin. Die osmotische Balance wird durch Harnstoffabgabe ins Blut hergestellt. Heute leben zwei Ordnungen: die Elasmobranchii (Selachii, Haie und Rochen) und Holocephali (Chimären). Beide sind wohl von Placodermen abzuleiten.

1. Ordnung: Elasmobranchii (Selachii)

Selachimorpha (Pleurotremata, Haie) sind bereits im Paläozoikum mit Formen vertreten, denen noch die Verlängerung der Schnauze zum Rostrum und Wirbelkörper fehlen, Wirbelbögen sind jedoch vorhanden. Ganz unterschiedlich sind die Flossen dieser altertümlichen Haie. Die Cladoselachida haben lappenartige Brust- und Bauchflossen mit mehreren Basalstücken. Die Xenacanthida besaßen Archipterygien und besiedelten das Süßwasser; *Xenacanthus,* bis 1,5 m lang aus dem Rotliegenden der Pfalz. Die Hybodonti mit *Tristychius, Hybodus* u. a. ähnelten den modernen Haien und reichen vom Devon bis ins frühe Tertiär. Die Ctenacanthoidea (Devon bis Trias) sind vermutlich die Stammgruppe der heutigen Haie, deren Familien und z. T. Gattungen ab Jura auftreten. Heute gibt es etwa 400 Haiarten, von denen schon elf auf der Roten Liste stehen. Der Weißhai wurde mittlerweile von den Vereinten Nationen unter strengen Schutz gestellt. Pro Segment sind ein bis zwei Wirbelkörper vorhanden. Sie schnüren die Chorda ein, sind also amphicoel. Die Schnauze ist meist in ein Rostrum verlängert, sodass der Mund ventral liegt. Der Oberkiefer ist an der Nasen- und Ohrregion mit dem Schädel verbunden (amphistyl) oder hängt ganz frei, nur durch das Hyomandibulare verankert (hyostyl). Haie sind z. T. Raubtiere (so der bis 9 m lange Menschenhai, *Carcharodon carcharias*), von denen einige dem Menschen gefährlich werden, vielfach Schalentierfresser mit Pflasterzähnen (Rochen u. a.). Der bis 14 m lange Riesenhai *(Cetorhinus maximus)* und der bis 18 m lange und 10 000 kg schwere Walhai *(Rhincodon typus,* Abb. 98a) fressen wie die Bartenwale Plankter, die an den Filterdornen

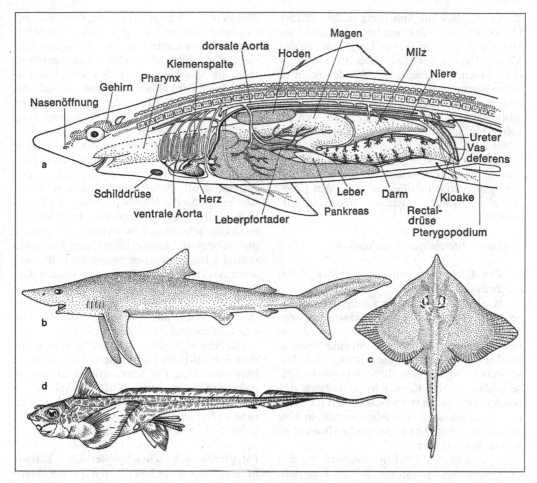

Abb. 296 Knorpelfische. **a)** Bauplan eines Haies, **b)** *Prionace* (Blauhai), **c)** *Raja* (Rochen), **d)** *Chimaera* (Holocephale)

der Kiemenspalten abgeseiht werden. Einzelne Gattungen stehen isoliert, z. B. *Chlamydoselachus* (Kragenhai), Körper lang gestreckt ohne Rostrum, *Heterodontus (Cestracion)* ähnlich den fossilen Hybodonti (Molluskenfresser). *Prionace* (Blauhai, Abb. 296b). *Squalus* (Dornhai), bei uns kommerziell genutzt, *Scyliorhinus* (Katzenhai). *Squatina* (Meerengel), rochenähnliche Form.

Batidoidimorpha (Hypotremata, Batoidea, Rochen): Kiemenspalten ventral, nur das Spritzloch liegt dorsal hinter den Augen und dient der Einatmung. Die Brustflossen vergrößern sich und sitzen dem Rumpf mit breiter Basis an, sie verlängern sich nach vorn bis in die Kopfspitze. Sie übernehmen die Fortbewegung und werden bei den Teufels- oder Adlerrochen *(Manta, Aeto-*

batis) zu großen Flügeln, die Schwanzflosse wird entsprechend verkleinert. Die Körperform ist rhombisch oder rund; das Rostrum ist bei *Rhinobatus* und dem Sägerochen *Pristis* verlängert und bildet bei *Pristis* eine zahnbesetzte Säge. *Raja* (Abb. 296c) und Zitterrochen *(Torpedo)* mit elektrischen Organen. *Trygon* (Stechrochen) mit giftigen Stacheln. *Potamotrygon* in tropischen Flüssen.

2. Ordnung: Holocephali (Chimären)

Nur etwa 30 marine Arten. Das Palatoquadratum ist völlig dem Neurocranium angegliedert (autostyl in einer speziellen Form, die holostyl genannt wird). Der Hyoidbogen ist ein normaler

Kiemenbogen, ohne Anheftung an den Schädel. Die Kiemen sind von einem häutigen Kiemendeckel überdacht, dem aber im Unterschied zu den Kiemendeckeln der Knochenfische Deckknochen fehlen. Wirbelkörper fehlen den rezenten Arten, waren aber bei fossilen vorhanden, und zwar mehrere im Segment. An den Kiefern einige große Zahnplatten, die nicht gewechselt werden. Leben nur im Meer, meist in tieferem Wasser. *Chimaera* (Abb. 296d), *Harriotta, Callorhynchus*. Ihre Ahnen sind wohl die paläozoischen Bradyodonti, die in dem holostylen Schädel und den Zahnplatten mit tubulösem Dentin den Holocephalen ähneln. Sie waren im Karbon reich entwickelt.

4. Klasse: Osteichthyes (Knochenfische)

Zu den Knochenfischen gehören etwa 25 000 beschriebene Arten.

Das Skelet besteht aus Knochengewebe. Kennzeichnend ist das **Lungen-Schwimmblasen-Organ**, primär paarige, luftgefüllte Ausstülpungen des Vorderdarmes. Die Atemfunktion ist wohl die ursprüngliche, die Leistung als hydrostatisches Organ, also als Schwimmblase, die sekundäre (S. 579). **Kiemendeckel** sind stets vorhanden, sie werden von Hautknochen (Operculum u. a.) gestützt und gehen ventral in eine dehn- und verformbare Hautpartie (Branchiostegalmembran) über.

In Hinsicht auf die Befruchtung verhalten sich die Osteichthyes primitiver als die Chondrichthyes, sie sind meistens durch äußere Befruchtung gekennzeichnet. Die Klasse ist schon im Devon artenreich und reicht wohl ins Silur zurück.

a. Actinopterygii (= Actinopteri, Strahlenflosser). Zu den Actinopterygiern gehören über 99% der heutigen Knochenfische. Sie sind weit ins freie Wasser vorgedrungen und haben in verschiedenen Vorstößen fast alle Lebensräume des Meeres und des Süßwassers erobert. Die Funktion der paarigen Flossen als Höhensteuer ist reduziert, diese Aufgabe fällt der Schwimmblase zu. Auch als Stütz- und Bewegungsorgan haben sie nur geringe Bedeutung, denn beim aktiven Schwimmen werden sie meist an den Körper angelegt. Der Fleischteil der Flossen mit Muskeln und Skelet ist verkürzt, vom Skelet bleiben nur noch wenige Radialia und Basalia an der Flossenbasis. Der Hauptanteil der Flossen wird häutig und ist von Flossenstrahlen gestützt. Der

Rumpf ist von Schuppen bedeckt, die in konzentrischen Lagen wachsen. Ihre Außenschicht besteht aus einer harten Ganoinschicht; diese wird von Zellen gebildet, die der Neuralleiste entstammen, ist also kein echter Schmelz. Die Ganoinschicht wird allmählich reduziert und fehlt den Teleosteern. Die Form der Schuppen ist erst rhombisch, dann rund (cycloid), kammförmig usw. Sekundär können der Haut verschiedene Hautknochen eingelagert werden und sogar einen Panzer bilden, z. B. bei Kofferfischen, Panzerwelsen, Seenadeln u. a. Im Labyrinth werden einzelne große Statolithen ausgebildet, deren Jahresringe für die Altersbestimmung der Fische wichtig sind. Das Telencephalon der Teleosteer weist eine sehr abgeleitete Struktur auf, palliale und subpalliale Anteile bilden eine kompakte ventral gelegene Neuronenmasse, die von einem schmalen Ventrikelraum und einer dünnen dorsalen ependymalen Schicht bedeckt wird.

Die Actinopterygier waren seit dem Devon stets artenreich. Ihre Entfaltung lässt eine alte, eine mittlere und eine neue Schicht erkennen.

Die Altschicht der Actinopterygii (**Chondrostei**) dominiert im Paläozoikum, besonders die Palaeoniscoidea. Die Schwanzflosse ist heterozerk, die Schuppen rhombisch mit dickem Ganoinbelag. Aus dieser Altschicht haben sich neben den Flösselhechten (Abb. 297a) die Störe (Abb. 297b) und Löffelstöre erhalten.

Polypteriformes (Brachyopterygii, Flösselhechte). Diesen Fischen gehören nur die Polypterini (Flösselhechte, Abb. 297a) mit den zwei Gattungen *Polypterus* und *Erpetoichthys* an. Es handelt sich um Süßwasserformen Afrikas, die viele morphologische Eigenmerkmale aufweisen. Sie können Luft über den Mund und über die Spiracula aufnehmen. Die Flösselhechte besitzen einen relativ großen Muskelanteil an den paarigen Flossen, eine große Zahl dorsaler Einzelflossen sowie gut ausgeprägte Kiemen und große, effektive Lungen. Letztere sind mit dem Pharynx über einen ventralen Gang verbunden und haben zusätzlich hydrostatische Funktion. Die Larve ähnelt der von Lungenfischen und Amphibien; sie stützt sich auf die Vorderflossen, die äußeren Kiemen sitzen aber dem verlängerten Kiemendeckel an, nicht den Kiemenbögen.

Acipenseriformes (Störe und Löffelstöre). Die Störe und Löffelstöre haben noch eine heterozerke Schwanzflosse; auch Herz, die Gonaden mit ihren Ausführgängen (Urnierengang und Müller'scher Gang) und der Besitz eines Spritzloches sind primitiv. Die weite Verbreitung von Knorpel im Skelet ist sekundär, wie die stärker verknöcherten Fossilfunde zeigen. Dies bezeugt ebenso wenig wie die zum Rostrum verlängerte Schnauze und der unterständige Mund eine Verwandtschaft mit den Haien. Wie bei den übrigen Actinopterygiern ist eine unpaare Schwimmblase vorhanden. Die Wirbelsäule besteht nur aus Bögen, die Chorda ist einheitlich. Das Schuppenkleid ist weit gehend reduziert, es kann durch Reihen von Knochenplatten ersetzt werden. Reduziert sind auch die Zähne, die nur bei Jungen noch vorhanden sind.

Die Gruppe lebt im Süßwasser und im Meer der nördlichen Kontinente. Die marinen Arten

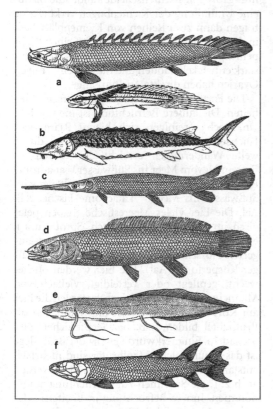

Abb. 297 Verschiedene Knochenfische. **a)** *Polypterus* (Flösselhecht), oben adultes Tier, unten Larve. **b)** *Acipenser* (Stör), **c)** *Lepisosteus* (Knochenhecht), **d)** *Amia* (Schlammfisch), **e)** *Protopterus* (afrikanischer Lungenfisch), **f)** *Eusthenopteron* (devonischer Quastenflosser, Rhipidistier)

wandern zum Laichen ins Süßwasser und legen hier zahlreiche kleine Eier ab (Kaviar). *Huso* wird 1 000 kg schwer und liefert bis zu 100 kg Kaviar. Die Acipenserini waren nie artenreich, lassen sich aber über fossile Formen (*Chondrosteus* u. a.) mit den paläozoischen Palaeoniscoidea verknüpfen.

1. Familie: Acipenseridae (Störe). Sie schwimmen dicht über dem Boden; die vor dem Mund gelegenen Barteln zeigen Nahrungsobjekte an, die durch den vorstoßbaren Mund aufgenommen werden. Mit Reihen von Knochenplatten. *Acipenser* (Abb. 297b), *Huso*. Maximum der Arten im Wolga-Kaspi-Gebiet. Nahrung: v. a. Muscheln und Würmer.

2. Familie: Polyodontidae (Löffelstöre). Das Rostrum ist eine lange Platte, mit der die Tiere ähnlich wie Sägehaie den Boden aufwühlen. Die Nahrungsteile werden in der Kiemenreuse abgefiltert. Knochenplatten des Rumpfes fehlen. Süßwasser. *Polyodon* (bis 1,8 m lang) in Nordamerika. *Psephurus* (bis 6 m lang) in China.

Die Mittelschicht der Actinopterygii (**Holostei**) war im Mesozoikum in großer Formenfülle vorhanden und ist durch »Subholostei« mit der Altschicht verbunden. Es leben heute nur noch zwei Familien im Süßwasser Nordamerikas. Primitiv sind die Ganoinlage auf den Schuppen, die noch vorhandene Atemfunktion der Schwimmblase, der Rest einer Spiralfalte im Darm, die innerlich heterozerke Schwanzflosse und der Besitz eines Conus arteriosus im Herzen (Abb. 113). Fortschrittlich ist die Ausbildung der Wirbelkörper, die bei *Lepisosteus* (Abb. 297c) mit ihren gelenkenden Wirbelkörpern (opisthocoele Wirbel) unter völliger Verdrängung der Chorda die höchste Stufe unter den Fischen erreichen.

1. Familie: Lepisosteidae (Knochenhechte). Rumpf durch einen Schuppenpanzer aus rhombischen Schuppen mit dickem Ganoinbelag starr.

Conus arteriosus noch mit zahlreichen Reihen von Klappen. Schwanzflosse heterozerk. Die Tiere sind Stoßräuber und ähneln in der Körperform dem Hecht. Länge bis zu 3 m. Mehrere Arten in Nord- und Mittelamerika. *Lepisosteus*.

2. Familie: Amiidae (*Amia,* Abb. 297d). Stehen den Teleosteern nahe, die Schuppen sind rund und haben nur einen dünnen Ganoinbelag, die Schwanzflosse ist fast homozerk gerundet, die Wirbelkörper sind beiderseits hohl (amphicoel) und durch Chordareste verbunden, im Hinterkörper allerdings je zwei Wirbelkörper auf ein Segment (diplospondyl). Der Conus arteriosus

hat nur wenige Klappen, Ausbildung eines Bulbus arteriosus, der Müller'sche Gang ist reduziert, die Eier werden durch einen kurzen Gang mit Trichter ausgeleitet. *Amia* im Süßwasser der USA, im Tertiär auch in Europa, in der Kreide waren Amiidae weltweit verbreitet.

Die phylogenetisch jüngste Schicht der Actinopterygii bilden die **Teleostei** = Knochenfische i. e. S. Sie vollzogen eine enorme Expansion der Fische sowohl in Artenzahl als auch in biologischer und ökologischer Anpassung. Sie stellen den Großteil des Weltfischereiertrages, der momentan über 90 Millionen t/Jahr beträgt. 70 Millionen t stammen aus dem Meer. Diese Menge reicht derzeit theoretisch aus, um etwa ein Viertel des minimalen jährlichen Proteinbedarfs der Menschheit zu liefern. Teleosteer haben fast alle Lebensräume des Meeres und des Süßwassers besiedelt. Viele Familien sind in die Tiefsee vorgedrungen und haben hier bizarre Formen mit Leuchtorganen und merkwürdigen Fangapparaten gebildet; andere können im Fluchtflug in die Luft vordringen wie die »fliegenden« Fische (*Exocoetus* u. a.); sie bewohnen die Flüsse von reißenden Stromschnellen, in denen sie sich mit komplizierten Haftapparaten an der Unterlage festheften, bis zur Mündung und stehende Gewässer bis zu austrocknenden Tümpeln. Die nordamerikanischen Wüstenfische leben in 40 Grad warmen Quellen. Viele sind in unterirdische Gewässer vorgedrungen unter Reduktion ihrer Augen (*Astyanax, Caecobarbus* u. a.). Am Meeresstrand sind einige zu amphibischer Lebensweise übergegangen, z. B. *Periophthalmus*. Ihre Größe reicht von 8 mm (*Trimmaton nanus*, 1981 beschrieben, ist das kleinste Wirbeltier der Erde) bis zu mehreren Metern (*Silurus glanis*, 3 m lang), ist der größte Süßwasser-Teleosteer Europas). Die Teleosteer beginnen ihre Expansion an der Grenze Jura-Kreide, sie erscheinen also später als die Säugetiere.

Was den Teleostei diese Überlegenheit und Anpassungsfähigkeit verlieh, ist nicht leicht abzuschätzen. Gegenüber den Holostei zeigen sie Rückbildungen: Verlust der Ganoinschicht der Schuppen, Verminderung der Radien in den paarigen Flossen, der Knochen in Unterkiefer, Wangen und Kehle. Umgekehrt verknöchert das Innenskelet stärker, der Knorpel wird auch in der Entwicklung eingeschränkt. Die Wirbelsäule besteht stets aus knöchernen amphicoelen Wirbeln, die durch Chordareste verbunden sind, immer ist ein Wirbelkörper pro Segment vor-

handen. Zusätzliche Verknöcherungen treten auf, die Gräten. Die unpaare Schwimmblase erreicht erst hier ihren Höhepunkt als hydrostatisches Organ, sie ermöglicht durch Anpassung ihres Gasgehaltes an die Anforderungen der Umwelt ein »Stehen« im Wasser ohne aufwendige Muskelarbeit. Gesteigert ist die Bewegungsaktivität. Das Tectum mesencephali und das Cerebellum sowie verschiedene rhombencephale Anteile sind hoch entwickelt, das Telencephalon ist relativ klein. Wichtig ist weiterhin die Lösung der Hautknochen des Oberkiefers (Maxillare, Intermaxillare) vom Schädel; dadurch ist der Mund nicht nur ein Beißmund, sondern auch ein beweglicher Saugmund, der kleine Nahrungstiere einsaugen kann.

In der sonstigen Anatomie setzen die Teleosteer die schon bei *Amia* erkennbare Umformung fort: Die Kiemenscheidewände sind bis auf eine Umhüllung der Kiemenbögen verkürzt, sie tragen dann zwei Reihen von Kiemenblättchen, im Herz ist der Conus arteriosus auf einen Klappenring reduziert, dafür ist der Bulbus arteriosus stark entwickelt, Hoden und die röhrenförmigen Ovarien haben direkte Ausführgänge.

Die Fortpflanzung zeigt enorme Verschiedenheiten. Die äußere Befruchtung ist meist erhalten, doch vereinigen sich hierzu Paare oder Laichschwärme. Laichplätze werden oft durch weite Wanderungen erreicht. Sie führen im Extremfall vom Meer ins Süßwasser = anadrome Fische, z. B. Lachs, Maifisch *(Alosa)*, seltener vom Süßwasser ins Meer = katadrome Fische, z. B. Aal. Die Eier vieler Meeresfische treiben pelagisch im Meer (Scholle, Dorsch, Sprotte u. a.), einige haben auch pelagische Larven mit verlängerten Flossenstrahlen *(Lophius)* oder blattartiger Körperform (Aal). Die Eier werden oft bewacht, gepflegt oder verteidigt, vielfach von Männchen (Stichling). Mehrfach werden die Eier am Körper getragen, wobei die Männchen oft Brutbeutel bilden, z. B. bei Seepferdchen und Seenadeln. Ein merkwürdiger Ort der Brutpflege ist das Maul. Solche Maulbrüter sind mehrfach entstanden, z. B. bei Cichliden. Ins Maul werden auch z. T. die Spermien zur Befruchtung aufgenommen. Innere Befruchtung in Eileitern oder sogar in den Follikeln kommt mehrfach vor: Aalmutter *(Zoarces)*, viele Zahnkärpflinge, bei denen eine vielseitige Ernährung des Embryos im Mutterkörper stattfindet (S. 327). Als Kopulationsorgane sind bei den Männchen oft Flossenstrahlen der Analflosse ausgebildet, oder die

Urogenitalpapille ist zu einem Pseudopenis verlängert (Cottidae u. a.). Eine Extremform sind
die Zwergmännchen mancher Lophiiformes, die
an die Weibchen angewachsen sind und durch
ihr Blut ernährt werden. Viele Rifffische, z. B.
Papagei- und Lippfische, machen eine Geschlechtsumwandlung durch.

Der Nahrungsbereich ist nicht so vielgestaltig.
Zwar reicht der Spielraum von Planktonfressern
bis zu Raubfischen, die eine Beute größer als sie
selbst bewältigen *(Chauliodus)*, doch werden
Pflanzen selten gefressen. Sonderfälle sind Koral-
lenfische, die Stücke von Korallen abbeißen (Sca-
ridae, *Balistes*), die Anglerfische (Lophiidae), die
aus isolierten Strahlen der Rückenflosse einen
Lockapparat bilden, der bei Tiefseefischen sogar
ein Leuchtorgan trägt, der Schützenfisch *Toxotes,*
der mit gezielten Wasserschüssen aus dem Mund
Insekten, die sich oberhalb des Wassers befinden,
herabholt, die Putzer, die das offene Maul größerer Fische nach Nahrungsresten und Parasiten
absuchen usw. Echte Filtrierer sind unter den
Teleosteern nicht bekannt. Planktonfresser nehmen die Nahrungstiere einzeln auf, der Reusenapparat an den Kiemenspalten verhindert ihr
Ausschwemmen.

Die **Flossen** sind in ihrem Skelet und in ihrer
Muskelmasse reduziert, manchen Teleosteern
fehlen einige Flossen völlig. Besonders die
Bauchflossen werden oft klein und rücken nach
vorn in die Brust- oder sogar Kehlregion. Die
Schwanzflosse wird dorsal und ventral gleichartig, ihr Skelet zeigt aber noch die alte Biegung
der Wirbelsäule dorsalwärts, sie ist also nur
äußerlich homozerk. Rücken- und Afterflossen
sind an Zahl und Ausdehnung sehr variabel. Die
höheren Teleosteer erhalten durch knöcherne
Hartstrahlen ein starkes Stützelement in ihren
Flossen.

Die normale und besonders die schnelle **Fortbewegung** leistet der muskulöse Schwanz mit
seiner Schwanzflosse (hiermit werden Höchstge-
schwindigkeiten erreicht: Schwertfisch 90 km/h),
doch können auch andere Flossen die normale
Fortbewegung durchführen (Abb. 298), die
Brustflossen als Ruder *(Pantodon, Pegasus)* oder
sogar als Schreithebel, z. B. bei Pediculaten und
an Land bei *Periophthalmus,* die Rückenflossen
durch undulierende Bewegungen bei Seenadeln
und Seepferdchen, bei denen der Schwanz ein
Wickelschwanz geworden ist. Eine Rücken- und
eine Afterflosse können den Schlag des Hinter-
endes unterstützen und unter Reduktion des

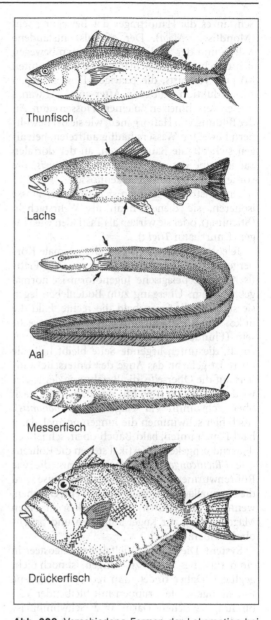

Abb. 298 Verschiedene Formen der Lokomotion bei
Teleosteern. Die mit Raster unterlegten Körperteile
(durch Pfeile bezeichnet) dienen als wesentliche Moto-
ren. Thunfisch, Lachs und Aal führen mit Körper und
Schwanzflosse periodische Schwimmbewegungen
aus, Messerfisch und Drückerfisch setzen paarige und
unpaare Flossen ein und sind zu langsamem Schwimmen und präzisem Manövrieren befähigt

Schwanzes die Hauptträger der Bewegung sein (Mondfisch, *Mola*). Der oftmals entstandene Aaltyp und der ähnliche Bandfischtyp bewegen sich durch seitliche Schlängelung des gesamten Körpers vorwärts, die paarigen Flossen neigen zur Reduktion, Rücken-, After- und Schwanzflossen verschmelzen zu einem Flossensaum. An der Bildung von Haftorganen, wie sie bei Bewohnern bewegten Wassers häufig auftreten, beteiligen sich oft die Bauchflossen, an der dorsalen Saugscheibe des »Schiffshalters« *(Echeneis)* die vorderen Strahlen der Rückenflosse.

Flossenstrahlen können sich von ihrer Flosse isolieren, sie dienen dann als Wehrstacheln (Stichling), oder sie wirken als Tastfäden wie Finger (Knurrhahn *Trigla*).

Teleosteer geben mehrfach die normale Körpergestalt auf. Bekannt ist dies von den Plattfischen. Die pelagische Jugendform ist normal gebaut, beim Übergang zum Bodenleben legen sie sich auf die Seite, bald die rechte, bald die linke – das kann sogar innerhalb einer Art wechseln (Flundern). Nun wird das Tier asymmetrisch, die unten liegende Seite bleibt hell, die obere ist gefärbt, das Auge der Unterseite wandert auf die Oberseite, die Bezahnung der Kiefer wird verschieden usw. Mit der Bauchseite nach oben schwimmt ein Nagelwels *(Synodontis)*. Auch hier schwimmen die Jungen normal, dann bald Bauch unten, bald Bauch oben, schließlich dauernd umgekehrt. Vertikal stehen die Röhrenaale *(Taeniconger)* des Meeresbodens, die wie Röhrenwürmer in Röhren leben. Zeitweise wird die Normallage aufgegeben, z. B. bei Igelfischen, wenn sie sich durch Luftschlucken in einen Magenanhang zur Kugel aufblasen und bauchoben treiben.

System. Die enorme Vielfalt der Teleosteer in ein natürliches System zu bringen, ist noch nicht geglückt. Daher findet man recht verschiedene Einteilungen. Die Gruppen mit bleibender Verbindung zwischen Darm und Schwimmblase werden als Physostomen bezeichnet, die, die den Verbindungsgang verlieren, als Physoclisten. Aber der Verlust des Ganges ist mehrfach erfolgt. Die Gruppen mit nur weichen Flossenstrahlen werden Malacopterygier genannt, die mit Hartstrahlen Acanthopterygier.

Im Folgenden werden einige Ordnungen der Teleosteer aufgeführt:

1. **Osteoglossiformes.** Zu ihnen zählen die mit elektrogenen Organen ausgestatteten Mormyri-

dae (Nilhechte, S. 129) und die Osteoglossidae mit dem bis über 3 m langen *Arapaima* aus Süßgewässern Südamerikas.

2. **Anguilliformes** (Apodes, Aalfische). Meist marin *(Conger, Muraena)*. Der Flussaal *(Anguilla)* wächst mehrere Jahre im Süßwasser heran, wandert dann ins Meer und laicht in großen Tiefen. Seine Larve, der durchsichtige, blattartige Leptocephalus, wird durch Strömung zu den Küsten verdriftet, die jungen Aale steigen als Glasaale die Flüsse hinauf.

3. **Clupeiformes** (Isospondyli, Heringsverwandte). Zu ihnen gehören die Clupeidae mit *Clupea* (Hering, Abb. 299b), *Sardina* (Sardine), *Sprattus* (Sprotte). Sie sind vorwiegend marin. *Alosa* steigt zum Laichen ins Süßwasser auf.

4. **Ostariophysi.** Unter anderem Cypriniformes (Karpfenfische), Characiformes (Salmler), Siluriformes (Welse). Sie produzieren in Epidermiszellen Schreckstoffe, die als Alarmpheromone abgegeben werden. Zwischen Schwimmblase und der mit einem Fenster zu einem perilymphatischen Raum versehenen Schädelwand liegt ein Druckübertragungssystem aus mehreren Knochen (Weber'scher Apparat). Hierher gehört die Mehrzahl der heimischen Süßwasserfische, z. B. *Cyprinus* (Karpfen, Abb. 299a), *Carassius* (Karausche), *Tinca* (Schleie), *Abramis* (Brassen) und *Rutilus* (Plötze). Zu den Salmlern gehören viele bei uns gehaltene Aquarienfische, z. B. der Neonfisch. Zu den Welsen zählt der größte europäische Süßwasserfisch (*Silurus*, bis 3 m und 300 kg). Zu den Ostariophysen gehören auch die Milchfische *(Chanos)*, die in SO-Asien in großem Umfang in der Aquakultur gehalten werden.

5. **Salmoniformes** (Lachsverwandte). Von großer wirtschaftlicher Bedeutung, leben in sommerkühlen Gewässern der Nordhalbkugel. *Salmo salar* (Lachs [Abb. 299c] mit Laichwanderung), *Salmo trutta* (Forellen), *Thymallus* (Äsche), *Coregonus* (Renke), *Osmerus* (Stint). Hierher gehören wohl auch die Hechte (*Esox*, Abb. 299d).

6. **Gadiformes** (Dorschfische). Bauchflossen stehen weit vorn. Wichtige Nutzfische der nördlichen Hemisphäre. *Gadus* (Dorsch, Kabeljau, Abb. 299h). *Melanogrammus* (Schellfisch), *Pollachius* (Köhler, Seelachs), *Theragra* (Alaska-Pollack), Nordpazifik. *Lota* (Quappe) im Süßwasser.

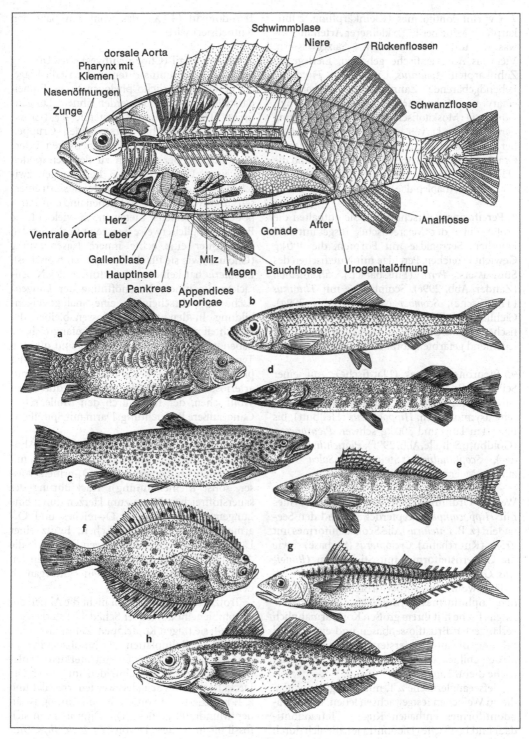

Abb. 299 Teleosteer. Oben: Bauplan (Barsch); **a)** *Cyprinus* (Karpfen), **b)** *Clupea* (Hering), **c)** *Salmo* (Lachs), **d)** *Esox* (Hecht), **e)** *Stizostedion* (Zander), **f)** *Pleuronectes* (Scholle), **g)** *Scomber* (Makrele), **h)** *Gadus* (Kabeljau)

7. **Cyprinodontiformes** (Kleinkärpfling, Zahn-
karpfen). Mit einer Fülle kleinerer Arten in Süß-
wasser und kontinentalen Salzgewässern.
Viele als Aquarienfische gehalten. Eierlegende
Zahnkarpfen: *Aphanius, Cyprinodon, Fundulus.*
Lebendgebärende Zahnkarpfen: *Xiphophorus*
(Platy und Schwertträger), *Poecilia* (Guppy).
Gambusia (Moskitofisch) ist oft zur Bekämpfung
der *Anopheles*-Larven ausgesetzt worden. Hier-
her gehört auch der Hornhecht *(Belone),* dessen
Gräten durch ihre grüne Farbe auffallen, und die
»Fliegenden Fische« (Exocoetidae) sowie die
Vieraugen (Anablepidae).

8. **Perciformes** (Barschfische). Sie enthalten die
große Fülle der Meeresfische, insgesamt 120
Familien. Serranidae mit Formen, die 400 kg
Gewicht erreichen, Percidae mit Nutzfischen des
Süßwassers: *Perca* (Flussbarsch), *Stizostedion*
(Zander, Abb. 299e). Scombridae mit *Thunnus*
(Thunfische), *Scomber* (Makrele, Abb. 299g),
Cichlidae mit *Tilapia* und zahlreichen Aquarien-
fischen, Pomacentridae und Chaetodontidae mit
leuchtend gefärbten Korallenfischen.

9. **Pleuronectiformes** (Plattfische). Auf einer
Seite dem Boden aufliegend. Kopf durch Wanderung des Auges von der Unterseite auf die Oberseite asymmetrisch. *Hippoglossus* (Heilbutt), bis
über 4 m lang und 300 kg schwer, *Pleuronectes*
(Goldbutt, Scholle, Abb. 299f), *Platichthys* (Flun-
der), *Scophthalmus* (Steinbutt), *Solea* (See-
zunge), Meer und Brackwasser.

Weitere Ordnungen sind die **Syngnathiformes**
mit *Hippocampus* (Seepferdchen) und den Seenadeln (z. B. *Entelurus),* die **Scorpaeniformes** mit
Trigla (Knurrhahn), *Cyclopterus* (Seehase) sowie
die **Gasterosteiformes** mit Stichlingen *(Pungi-
tius, Gasterosteus).*
    Ungewöhnliche Körperformen finden sich bei
den **Lophiiformes** (Armflosser), zu denen die
Anglerfische mit ihrem großen Kopf, armähnlich
verlängerten Brustflossenbasen und einer Angel
gehören, die aus dem ersten Strahl der Rückenflosse gebildet wurde und als Köder für Beute-
fische dient. *Lophius.*
    Tiefseeanglerfische z. T. mit Zwergmännchen,
die an Weibchen festgewachsen leben. Die **Tetra-
odontiformes** enthalten Kugel- (Tetraodonti-
dae) und Igelfische (Diodontidae), die sich durch
Wasser- oder Luftaufnahme in den Darmtrakt
aufblähen können. Sie enthalten z. T. das Gift

Tetrodotoxin (TTX), das wohl von Bakterien
synthetisiert wird.

b. Sarcopterygii (Choanichthyes). Der Umfang
dieser Gruppe ist umstritten, und es ist die Frage,
ob sie eine natürliche phylogenetische Einheit
darstellt. Traditionell werden ihnen Lungenfische (Dipnoer) und Quastenflosser (Crossopterygier) zugezählt. Diese beiden Gruppen
sind von besonderem phylogenetischen Interesse, weil sie Beziehungen zu den Tetrapoden
aufweisen. Die spezifischen Beziehungen zwischen Lungenfischen und Quastenflossern einerseits und zwischen diesen Fischen und den Tetrapoden andererseits bieten noch viele offene
Fragen. Möglicherweise besitzen nur die fossilen
Rhipidistier eine echte innere Nasenöffnung
(Choane), wie sie für die Tetrapoden typisch ist.
Latimeria hat keine innere Öffnung des Nasen-
sackes; die innere Nasenöffnung der Lungenfische ist wahrscheinlich eine analoge Eigen-
bildung. In den paarigen Flossen bleiben der
Fleischteil und sein Innenskelet umfangreich, sie
haben eine lange Skeletachse und sind oft vom
Typ des Archipterygiums. Im Übrigen wird der
primitive Bauplan bewahrt: Herz mit Conus
arteriosus, Ausleitung der Spermien durch den
Wolff'schen, der Eier durch den Müller'schen
Gang, äußere Befruchtung, Darm mit Spiralfalte,
einfaches Kleinhirn.
    Die **Dipnoi** (Lungenfische) haben viele Ähn-
lichkeiten mit den Amphibien und damit mit
Tetrapoden: Lungenatmung (in O_2-armem Wasser, sonst Kiemenatmung); Rückführung des
sauerstoffreichen Blutes zum Herzen durch eine
Lungenvene, sodass sich O_2-reiches und O_2-
armes Blut im Herzen mischen; Besitz einer
Längsfalte im Herzen. Die Larven haben wie die
Amphibienlarven Fiederkiemen, die oben an den
Kiemenbögen ansetzen, und ein Haftorgan an
der Kehle.
    Trotzdem sind die Dipnoi nicht die Ahnen der
Amphibien, ihr autostyler Schädel ist stark abgewandelt, sie tragen Kopfrippen. Zahnreihen sind
zu speziellen Zahnplatten verschmolzen, ein Paar
am Gaumen, ein Paar auf dem Unterkiefer (Sple-
niale), dazu zwei Zahnschneiden am Vomer. Die
Deckknochen des Schädels werden irregulär und
z. T. reduziert, die vordere Nasenöffnung ist an
den Mundrand gerückt. Die Dipnoi lassen sich
fossil bis ins Untere Devon *(Diabolichthys, Ura-
nolophus)* verfolgen und zeigen hier Anklänge
an primitive Crossopterygier. Mitteldevonische

Formen wie *Dipterus* hatten eine heterozerke Schwanzflosse und dicke Schuppen mit Cosmoidlager. Rezent drei Gattungen: *Neoceratodus* in den Flüssen Australiens hat paddelartige Extremitäten (typische Archipterygien). Die Schuppen sind groß, rundlich; nur eine Lunge; keine Larven. Die beiden anderen Gattungen (*Protopterus* in Afrika [Abb. 297e], *Lepidosiren* in Südamerika) haben zwei Lungen, Larven mit äußeren Kiemen und Haftorgan. Ihr Körper ist aalähnlich, die Schuppen sind klein, die Extremitäten zu biegsamen Stäben umgewandelt. Sie leben z. T. in periodisch austrocknenden Gewässern, graben sich ein und encystieren sich dort in einem Schleimkokon.

Als **Crossopterygii** (Quastenflosser) werden meist zwei divergente Reihen vereinigt: die ausgestorbenen Rhipidistia und die Actinistia. Beiden gemeinsam ist die Zweiteilung des knöchernen Gehirnschädels in einen Vorder- (Ethmosphenoidale) und einen Hinterschädel (Oticooccipitale) mit erhaltener Chorda im hinteren Teil. Beide Hälften sind gelenkig verbunden. Da diese Teile den ontogenetisch getrennten Parachordal- und Trabecularteilen entsprechen, ist ihre Trennung wohl ein primitives Merkmal. Die von Devon bis Perm lebenden Rhipidistia sind die Ahnen der Tetrapoden. Die meisten Knochen lassen sich klar identifizieren, in den Vorderflossen wenigstens Humerus, Radius, Ulna, Radiale, Ulnare und Intermedium. Die Zähne zeigen den gleichen gefältelten Wandbau wie die der ältesten Amphibien (Labyrinthodontia). Es existieren jederseits drei Nasenöffnungen: eine knöchern umrandete Choane, eine vordere äußere und eine hintere äußere Öffnung, die wohl dem Tränennasengang der Tetrapoden entspricht.

Die **Rhipidistia** waren räuberische Fische des Süßwassers; ihnen werden zwei Gruppen zugerechnet: a. Osteolepiformes mit *Osteolepis*, *Eusthenopteron*, *Megalichthys*, *Rhizodus*, *Panderichthys*, Stammgruppe der Tetrapoden. b. Porolepiformes mit *Glyptolepis*.

Die **Actinistia** sind fossil vom Devon bis zur Kreide bekannt, von etwa 400–70 Millionen Jahren vor heute. 1938 wurde die fast 2 m lange *Latimeria chalumnae* (Abb. 166g) rezent im Indischen Ozean entdeckt. Heute weiß man, dass eine Gruppe von einigen hundert Tieren um die Komoren vorkommt, man kennt die Art aber auch von anderen Regionen des Indischen Ozeans vor Afrika. 1998 fand man eine zweite Art vor Sulawesi in Indonesien.

Latimeria weist einige Besonderheiten auf: Sie verfügt über das größte Elektroreceptororgan aller Wirbeltiere, ihr Lungen-Schwimmblasen-Organ ist als große Fettmasse entwickelt, ihr kleines Gehirn füllt lediglich einen kleinen Teil des Schädels aus. Die Eier erreichen im Muttertier ein Gewicht von bis zu 500 g und sind die größten aller Knochenfische. *Latimeria* bringt lebende Junge hervor, die bei der Geburt (lecitotrophe Viviparie) ungefähr 35 cm lang sind und etwa die Gestalt der Adulten haben. *Latimeria* erreicht vermutlich ein Lebensalter von über 100 Jahren.

Die Actinistia geben uns noch manche Rätsel auf. Einige Charaktere erinnern an die Actinopterygier. Die Nase hatte jederseits nur eine vordere und eine hintere Öffnung, eine Choane fehlt (reduziert?), die Kerngebiete des Telencephalons liegen nebeneinander, im Labyrinth befinden sich große Statolithen. Die letzten beiden Merkmale kommen vereinzelt auch bei anderen Choanichthyes vor, das z. T. ähnliche Endhirn bei *Neoceratodus*, große Statolithen bei *Megalichthys*. Sicher sind die Actinistia ein isolierter Seitenzweig. Fossil *Coelacanthus*, *Undina*, *Macropoma* (z. B. im Solnhofener Plattenkalk).

Tetrapoda (Landwirbeltiere)

Die Wirbeltiere gingen bereits im Devon an Land, und zwar – im Gegensatz zu den meisten Wirbellosen – vom Süßwasser aus. Paarige Lungen zur Luftatmung brachten sie mit. Tief greifend ist aber die Umwandlung der paarigen Extremitäten in Schreitfüße mit festem Innenskelet, mehreren Gelenken und Hand- bzw. Fußwurzelknochen (Abb. 167). Für die Bewegung wird die hintere Extremität besonders wichtig. Das Becken gewinnt über Rippen (Sacralrippen) eine feste Verbindung mit der Wirbelsäule. Es besteht aus drei Knochen: Ilium, Ischium, Pubis. Die Wirbelsäule wird ein Tragebogen für den Körper, ihre Neuralbögen treten in gelenkige Verbindung miteinander (Prä-, Postzygapophyse), Wirbelkörper sind stets vorhanden, aber in ihrer Struktur wechselnd. Primitiv bleiben Ausleitung der Eier und der Spermien (Müller'scher Gang und Wolff'scher Gang). Rückgebildet werden: das Skelet der unpaaren Flossen, die Kiemendeckel mit ihren Hautknochen, die Kiemenspalten oberhalb der Amphibien; die vorderste, der Spritzlochkanal, wird zum lufterfüllten Mittelohr und behält über die Eustachi'sche Röhre die Verbindung mit der Mundhöhle; nach außen wird es durch ein Trommelfell abgeschlossen. Die Schallleitung vom Trommelfell zur Schädelwand wird zuerst durch das Hyomandibulare (= Columella = Stapes), dann bei den Säugern zusätzlich durch Quadratum und Articulare geleistet (Abb. 289). Die Tetrapoden stammen von den Rhipidistia unter den Crossopterygiern ab, und zwar von den Osteole

piformes. Es waren wahrscheinlich räuberische, bodenlebende Formen, die zunächst zeitweise das Wasser verließen. Alles spricht dafür, dass die Tetrapoden monophyletisch entstanden sind (Abb. 300).

1. Klasse: Amphibia (Lurche)

Die Amphibien umfassen etwa 5 000 Arten; die rezenten Formen sind mit drei Ordnungen,

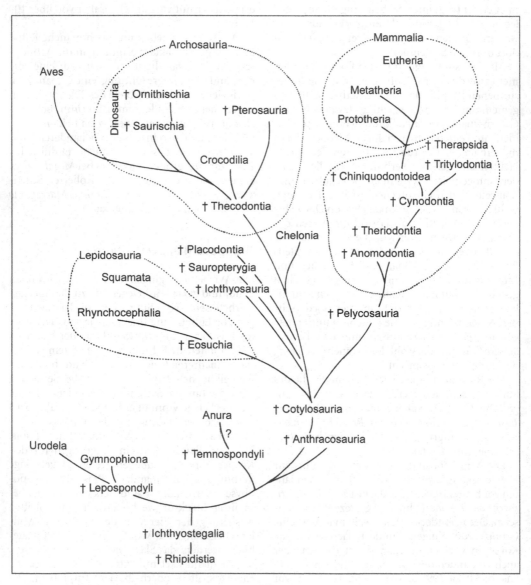

Abb. 300 Entfaltung der Tetrapoden

Schwanzlurchen, Blindwühlen und Froschlurchen, vertreten. Wie den Fischen fehlen den Amphibien die Embryonalhüllen und damit auch die Amnionhöhle. Beide werden daher oft als **Anamnia** zusammengefasst und den **Amniota** (Reptilien, Vögeln, Säugern) gegenübergestellt. Reproduktion und frühe Ontogenese sind an das Wasser gebunden. Es sind Seitenlinienorgane vorhanden. Kiemenspalten und Kiemenblättchen funktionieren als Wasseratmungsorgane, mindestens während des Larvallebens (Abb. 155). Primitiv ist auch die äußere Befruchtung vieler Amphibien. Mit den Amnioten teilen sie die allgemeinen Charaktere der Tetrapoden, bewahren aber oft primitive Zustände, z. B. im Gehirn, im Gefäßsystem, in der sehr dünnen Hornschicht der Haut. Der Schädel trägt einen oder zwei Gelenkhöcker, die mit dem ersten Wirbel verbunden sind, die vorderen Wirbel sind nicht zu Atlas und Epistropheus umgebildet. Sondermerkmale der rezenten Amphibien sind die Wirbelkörper, die aus dem vorderen Körper (Hypocentrum), nicht aus dem hinteren (Pleurocentrum) entstehen wie bei den Amnioten, ferner die Haut mit ihren sackförmigen, vielzelligen Gift- und Schleimdrüsen.

Entfaltung der Amphibien. Amphibien sind seit dem Oberen Devon überliefert. Die frühen Formen, die Ichthyostegalia (Stegocephalia), waren z. T. große Formen mit starker Verknöcherung des Hirnschädels und des Schultergürtels, voller Garnitur der Hautknochen, unpaarem Gelenkkopf des Schädels und Austrittsöffnungen für zwölf Hirnnerven. Die modernen Amphibien sind also in der Verknöcherung reduziert, der unpaare Condylus wird durch Reduktion des mittleren Teiles in einen paarigen verwandelt, nur die Hirnnerven I–X passieren die Schädelwand. Folgende Amphibiengruppen lassen sich unterscheiden:

a. Labyrinthodontia. Diplospondyle Wirbelkörper. Hypocentrum kurz und massiv ventral der Chorda, mit kräftigen hohen Neuralbögen. Pleurocentrum mit paarigen, seitlich-dorsalen Knochenkernen oder unverknöchert. Die Wirbel sind mehr oder weniger rhachitom oder embolomer (Abb. 283). Großer Schädel mit weiten Gaumenlücken.

Die **Ichthyostegalia** aus dem Devon Grönlands sind die ältesten bekannten Tetrapoden. An Fische erinnernd und besonders primitiv sind die knöchernen Flossenstrahlen in den Schwanz-

flossen und die kleinen Knochen des Kiemendeckels (Praeoperculum und Suboperculum). Äußeres und inneres Nasenloch liegen nahe beieinander am Kieferrand.

Oberhalb der Ichthyostegalia umfassen die Labyrinthodontia zwei Gruppen: die Temnospondyli und die Anthracosauria.

Temnospondyli. Zu diesen fossilen Amphibien gehört eine Fülle verschiedengestaltiger Formen vom Karbon bis zum Jura. Sie lebten oft aquatisch; den Eryopoidea und den Edopoidea gehörten auch terrestrische Arten an. Bei den Temnospondyli ist das Hypozentrum meist groß und kann sogar alleiniger Wirbelkörper werden (»stereospondyler« Zustand). Viele triassische Formen besaßen abgeflachte große Schädel, der bei *Mastodonsaurus* (Abb. 301) eine Länge von über 1 m erreichte. Larven besaßen äußere Kiemen. Unter den höheren Temnospondyliern gab es in der Gruppe der triassischen Trematosauroidea sogar marine Arten.

Eine zweite Linie, die von den Ichthyostegaliern ausgeht, sind die **Anthracosauria.** Sie führen zu den Reptilien, und bei ihnen trägt zunächst jedes Segment zwei etwa gleich große Wirbelkörper, doch zeigt sich früh ein Übergewicht des Pleurocentrums (Abb. 283), was im Gegensatz zu den übrigen Amphibien steht. Die inneren Nasenlöcher rücken medianwärts, die Gaumenknochen bleiben breit, der Condylus des Kopfes wird unpaar. An der Grenze zwischen Amphibien und Reptilien stehen u. a. die Seymouriamorpha (Abb. 300). Das Pleurocentrum ist der Hauptwirbelkörper, das Hypocentrum nur ventral verknöchert. Die vordersten Halswirbel zeigen bereits die Differenzierung in Atlas und Epistropheus. Sie haben aber noch Seitenlinienorgane und lebten zeitweise im Wasser. Da wir nicht wissen, ob sie bereits Embryonalhüllen besaßen, ist die Zurechnung zu den Amphibien ebenso berechtigt wie die zu den Reptilien. Die Solenodonsauridae werden heute vielfach für die Vorfahren der Reptilien gehalten.

b. Lepospondyli. Leiten sich auch von primitiven Labyrinthodontiern ab. Nur ein hülsenförmiger Wirbel pro Segment ist verknöchert, das Hypocentrum. Ihm sitzt ein breiter, z. T. die Chorda überdachender Neuralbogen auf, der oft mit ihm verschmilzt. In großer Zahl lebten die Lepospondyli in den Sümpfen und Gewässern der Steinkohlenzeit. Manche waren schlangenartig ohne

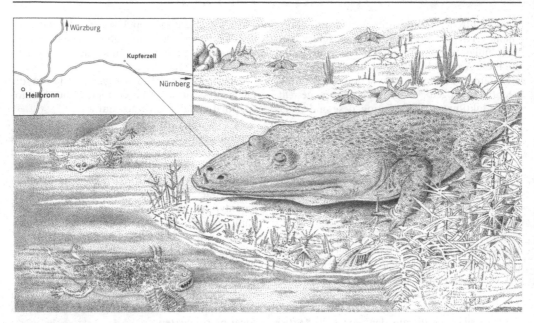

Abb. 301 *Mastodonsaurus*, mit 4 m Körperlänge das größte Amphib, welches jemals gefunden wurde. Der bislang längste Unterkiefer (1,4 m lang) wurde bei Kupferzell in Baden-Württemberg beim Bau der Autobahn von Heilbronn nach Nürnberg entdeckt (s. Karte). *Mastodonsaurus* lebte in der Trias

Extremitäten (Aistopoda), andere plump mit extrem breiten Schädeln (viele Nectridia). Die Microsauria waren vielleicht die Ahnen der rezenten Urodelen und Gymnophionen. Die Ursprungsgruppe der Anuren ist besonders umstritten, paläontologische Befunde lassen eine Herkunft aus den Temnospondyliern vermuten.

c. Lissamphibia (rezente Amphibien). Manche anatomische und embryologische Befunde sprechen dafür, dass die rezenten Amphibien eine natürliche Gruppe bilden, die Lissamphibia. Paläontologische Befunde sprechen eher gegen eine engere phylogenetische Verwandtschaft der Lissamphibia.

1. Ordnung: Urodela (Caudata, Schwanzlurche)

Molche und Salamander zeigen die typische Körperform der Urodelen; einige verlängern jedoch den Körper aalartig. Das Skelet bleibt teilweise knorpelig. Deckknochen fehlen im Schultergürtel völlig und sind im Schädel gering an Zahl, Trommelfell und Mittelohr sind reduziert. Die Wirbelkörper sind mit dem Neuralbögen fest verwachsen, sie sind meist amphicoel. Ursprüng-

liche Arten wie Riesensalamander (Cryptobranchidae) oder Winkelzahnmolche (Hynobiidae) zeigen eine äußere Befruchtung. Die höheren Schwanzlurche wie Salamander (Salamandridae) oder lungenlose Salamander (Plethodontidae) haben eine innere Befruchtung. Nach vorangegangenem Balzspiel setzt das Männchen eine gallertartige Spermatophore ab, die vom Weibchen mit der Kloake ertastet und aufgenommen wird. Auch eine direkte Übergabe der Spermatophore durch Aneinanderpressen der Kloaken ist bekannt. Die Eier mit Gallerthülle werden meist an Wasserpflanzen abgelegt. Die frisch geschlüpften Larven sind lang gestreckt, tragen gut sichtbare äußerliche Kiemenäste und besitzen Haftorgane am Kopf (Rusconi'sche Haken). Erst später entwickeln sich Hautsäume am Rumpf und am Schwanz, danach entwickeln sich zuerst die Vorderbeine und später die Hinterbeine. Jetzt ähneln sie weitgehend den Alttieren. Einige Arten sind lebendgebärend (Alpensalamander) oder larvengebärend (Feuersalamander). Mehrere Gattungen leben, meist unter Beibehaltung larvaler Merkmale, besonders der Kiemen, dauernd im Wasser (*Proteus, Typhlomolge* u. a.); daneben kommen bei manchen Arten einzelne

Tiere vor, die als Larven im Wasser heranwachsen und hier geschlechtsreif werden (Neotenie; Axolotl, Molche). Die Urodelen leben in Süßgewässern v. a. auf der nördlichen Hemisphäre (ca. 440 Arten).

1. **Unterordnung: Cryptobranchoidea.** Ursprüngliche Gruppe; äußere Befruchtung. Hynobiidae: meist Landtiere (Asien), *Hynobius, Ranodon, Onychodactylus.* Cryptobranchidae: im Wasser lebend. *Andrias (Megalobatrachus),* Riesensalamander, bis 1,5 m lang, Ostasien, im Tertiär auch in Europa; *Cryptobranchus,* Schlammteufel, Nordamerika.

2. **Unterordnung: Proteoidea,** Olme. Wasserlebend, Kiemen dauernd erhalten; *Proteus,* Grottenmolch (Grottenolm), Europa. Augen unter der Haut. In unterirdischen Gewässern des Karstes nahe der Adria. *Necturus,* Furchenmolche, in oberirdischen Gewässern Nordamerikas.

3. **Unterordnung: Amphiumoidea.** Amphiumidae, Aalmolche: aalähnlich, mit nur kleinen Extremitäten mit zwei bis drei Fingern bzw. Zehen, fast 1 m lang, aquatisch, Nordamerika.

4. **Unterordnung: Ambystomatoidea.** Ambystomatidae, Nordamerika, *Ambystoma.* Bei manchen Arten neotene Larven (Axolotl).

5. **Unterordnung: Plethodontoidea.** Plethodontidae, artenreiche Familie, Lungen fehlen, Zunge pilzförmig, oft vorstreckbar. Viele rein landlebend, Eier werden in der Erde abgelegt und vom Muttertier bewacht. Larvalstadium innerhalb der Eihülle. In Nord- und auch in Südamerika. *Spelerpes, Autodax, Plethodon,* in Italien der lebend gebärende Höhlenmolch *Hydromantes.* Neotene Formen dieser Gruppe mit Kiemen sind in unterirdischen Gewässern Nordamerikas *Typhlomolge* und *Typhlotriton.*

6. **Unterordnung: Salamandroidea.** Artenreiche Kerngruppe der Urodelen. Salamandridae: Salamander (*Salamandra,* Abb. 302d) und Molche (*Triturus,* Abb. 302c). Sirenidae (Armmolche) sind aalähnliche Urodelen ohne Hintergliedmaßen; Zähne fehlen auf den Kiefern, die mit einem Hornschnabel versehen sind. Nachtaktive, neotene Wasserbewohner im Südosten Nordamerikas, die äußere Kiemen und Kiemenspalten behalten. Überdauern Trockenperioden in einem Gehäuse aus Schleim und Schlamm. *Pseudobranchus, Siren.*

2. Ordnung: Gymnophiona (Blindwühlen)

Versteckt lebende, z. T. unterirdische, tropische Formen (ca. 170 Arten). Die bezahnten Kiefer lassen sie als Raubtiere erkennen, sie jagen in der Erde andere Tiere, von kleinen Schlangen bis zu Larven und Würmern. Primitiv sind die Knochenschuppen, die in der Haut einiger Gattungen vorkommen, und der relativ gut verknöcherte Schädel. Viele Sondercharaktere sind Anpassungen an die wühlende Lebensweise: Fehlen der Extremitäten einschließlich Schulter- und Beckengürtel, die z. T. stark rückgebildeten kleinen Augen, die Lage des Afters nahe dem Hinterende. Der Oberkiefer trägt zwei ausstülpbare Tentakel, die der Wand eines Kanals entspringen, der das Jacobson'sche Organ mit der Außenwelt verbindet. Die Befruchtung ist eine innere, die vorstülpbare Kloake des Männchens dient als Kopulationsorgan. Die Eier werden meist in den Boden abgelegt und teilweise vom Muttertier bewacht. Die Larve mit großen äußeren Kiemen bleibt in der Eihülle. Beim oder vor dem Schlüpfen werden die Kiemen zurückgebildet. Manche leben dann eine Zeitlang im Wasser, andere bleiben sofort im Boden. Einige Arten sind lebend gebärend. Die vivipare *Typhlonectes* lebt im Wasser. Verbreitung: Südamerika, Afrika, Seychellen, Indien, Südostasien. Gondwana-Elemente. *Ichthyophis* (Abb. 302e), *Caecilia, Chthonerpeton, Dermophis.*

3. Ordnung: Anura (Salientia, Froschlurche)

Die Anuren sind mit über 4000 Arten die größte Ordnung der Amphibien und über alle Erdteile verbreitet. Ihr Bau ist durch die Ausbildung des Sprungvermögens geprägt. Verlängerung der Hintergliedmaßen, Fußwurzel lang mit Intertarsalgelenk, Schwanz reduziert, seine Wirbel sind zu einem Knochenstab (Urostyl) verschmolzen, Beckengürtel mit stabförmigen Darmbeinen (Ilia). Rumpfwirbel auf fünf bis acht reduziert, Rippen höchstens in geringen Resten an einigen Querfortsätzen von Brustwirbeln nachweisbar, meist sind die Anlagen von Rippenresten mit diesem verschmolzen. Trotz der Einstellung des Körperbaus auf springende Bewegung sind Anuren zu vielen Anpassungen fähig, zum vollen Leben in Wasser *(Xenopus),* zu grabender Lebensweise *(Breviceps),* zum Leben auf den Bäumen (Hylidae); einige Formen sind sogar durch die großen Füße mit Hautflächen zwi-

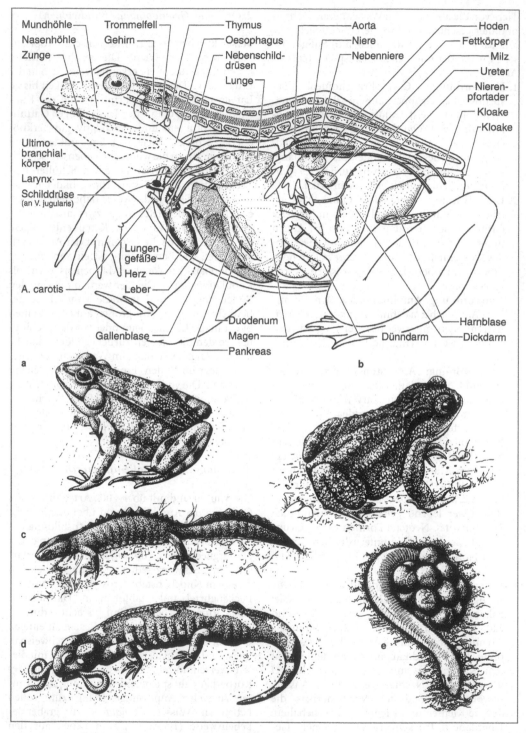

Abb. 302 Amphibien. Oben: Froschbauplan. **a)** *Rana* (Frosch), **b)** *Bufo* (Kröte), **c)** *Triturus* (Molch), **d)** *Salamandra* (Salamander), **e)** *Ichthyophis* (Gymnophiona), weibliches Tier mit Gelege

schen den Fingern und Zehen zu kurzem Gleit-flug fähig *(Rhacophorus)*. Relativ primitiv inner-halb der rezenten Amphibien bleiben die Anuren durch die häufige Bewahrung von Mittelohr und Trommelfell, durch die äußere Befruchtung, bei der das Männchen das Weibchen bei einer Paa-rung in Achsel- oder Lendenregion umklam-mert. Nur *Ascaphus* bildet aus der Kloake ein Kopulationsorgan. Die Wirbel sind meist gelen-kig verbunden, allerdings in sehr verschiedener Weise. Die Lauterzeugung erfolgt im Kehlkopf und wird durch Schallblasen verstärkt. Eine Sonderentwicklung zeigen die Larven (Kaul-quappen). Nach dem Schlüpfen aus dem Ei haben die Primitivlarven äußere Kiemen und kehlständig zwei saugnapfartige Haftorgane. In der weiteren Entwicklung überwächst eine Haut-falte die Kiemenregion und lässt nur eine Atem-öffnung (»Spiraculum«) frei. Der Mund bildet Hornkiefer und wird von Reihen von Hornzähn-chen umgeben, womit die Kaulquappen ihre vor-wiegend pflanzliche Nahrung abraspeln können. Seitlich der Kloakenöffnung entstehen beim Wachstum deutlich sichtbar die Hinterbeine. Vorerst sind die unter der Hautfalte der Kiemen-region verborgenen Vorderbeine nicht sichtbar. Zum Zeitpunkt der von der Schilddrüse gesteu-erten Umwandlung (Metamorphose) der Kaul-quappe zum Frosch werden die Vorderbeine frei, Hautsäume am Rücken und der gesamte Schwanz schrumpfen, der Darm wird aufgelöst und neu gebildet, der Mund wird erweitert, und die Kiemen werden rückgebildet. Im Regelfall gehen die Jungfrösche an Land (Lungenatmung). Nicht immer leben die Larven im Wasser. Bei brutpflegenden Arten entwickeln sie sich am Körper des Weibchens oder Männchens, oft in Taschen *(Gastrotheca)* oder in wabenartigen Ver-senkungen *(Pipa)* am Rücken. Bei *Rhinoderma* findet die Entwicklung bis zur Metamorphose im stark entwickelten Kehlsack des Männchens statt. Selten sind Frösche vivipar.

Die zahlreichen Familien lassen sich nach dem Bau der Wirbelkörper in sechs Unterordnungen gruppieren:

1. **Amphicoela.** Wirbel amphicoel. *Leiopelma,* Neuseeland. *Ascaphus,* im Nordwesten von Nordamerika.
2. **Aglossa.** Stark ans Wasserleben angepasste, zungenlose Formen. *Pipa,* Wabenkröte Süd-amerikas; *Xenopus,* Krallenfrösche Afrikas, Zehen mit Krallen, Kaulquappen mit zwei Tentakeln.
3. **Opisthocoela.** Wirbel opisthocoel. Discoglos-sidae (Zunge scheibenförmig): *Bombina,* Unken; *Alytes,* Geburtshelferkröte.
4. **Anomocoela.** Wirbel pro- oder amphicoel. Schwanzstab (Urostyl) mit Sacralwirbel ver-wachsen oder mit nur einem Gelenkkopf ver-bunden. *Pelobates fuscus,* Knoblauchkröte.
5. **Diplasiocoela.** Rumpfwirbel 1–7 procoel, der 8. amphicoel, der Sacralwirbel bikonvex mit doppeltem Condylus für Urostyl. Ranidae (echte Frösche): *Rana* (Abb. 302a) weltweit, mit einer Salzwasserart *(Rana cancrivora)* in SO-Asien. Rhacophoridae mit den Baumfrö-schen der Alten Welt; *Rhacophorus* (Flug-frosch).
6. **Procoela.** Wirbel procoel. Sacralwirbel mit doppeltem Gelenkkopf für das Urostyl. Bufo-nidae (Kröten): *Bufo* (Abb. 302b). Hylidae mit den Baumfröschen der Neuen Welt nur die Gattung *Hyla* (Laubfrösche) in der Alten Welt.

Amniota (Nabeltiere)

Alle höheren Wirbeltiere (Reptilien, Vögel, Säu-ger) bilden eine Einheit. Folgende Merkmale kennzeichnen sie: 1. Der Embryo bildet primär eine Ringfalte um den Kernembryo, die zu einer Doppelhülle mit **Amnion** (innen) und **Serosa** (= **Chorion,** außen) vorwächst. Der Embryo liegt in der mit Flüssigkeit gefüllten Amnionhöhle (Abb. 152) in einem Mikroaquarium und bleibt durch Gewebestränge mit Hüllen verbunden. 2. Die Darmanlage des Embryos stülpt – zusätzlich zum bereits bei Fischen und Amphibien vorhandenen **Dottersack** – einen weiteren Sack, die **Allantois,** in die Räume der Embryonalhüllen vor. 3. Die Wirbelkörper entsprechen dem **Pleurocentrum.** Das Hypocentrum ist nur bisweilen ventral ver-knöchert, es wird zu einer **Zwischenwirbel-scheibe** (Bandscheiben der Säuger) oder zu Gelenken an den Wirbelkörpern. 4. Die beiden vordersten Wirbel werden zu **Atlas** und **Epistro-pheus (Axis).** Der Hauptwirbelkörper des 1. Wirbels (sein Pleurocentrum) verschmilzt mit dem 2. Wirbel zum Epistropheus. 5. Es fehlen die Seitenlinienorgane. 6. Kiementaschen werden noch angelegt, doch fehlen Kiemenblättchen und Kiemenspalten. 7. Der Truncus arteriosus vor dem Herzen wird in zwei oder drei Gefäßstämme zerlegt.

Die Sondermerkmale sind in der Stammesge-schichte nacheinander erschienen. Zuerst erfolg-te die Ausdehnung des Pleurocentrums zum

Wirbelkörper, sie ist schon bei *Gephyrostegus* aus dem Karbon sichtbar. Es folgte die Umbildung der beiden ersten Wirbel zu Atlas und Axis. Sie ist bei den permischen Seymouriamorpha bereits erkennbar, die anatomisch viele Merkmale von Reptilien zeigen. Sie besitzen aber noch Larven mit äußeren Kiemen und Seitenlinien. Da wir die wichtigsten Charaktere (Bildung von Amnion, Serosa und Allantois und Anordnung der Blutgefäße) an Fossilien nicht erkennen können, ist die Diskussion, ob manche Formen noch Amphibien oder schon Reptilien waren, ohne Bedeutung. Reptilien gibt es seit dem Karbon.

2. Klasse: Reptilia (Kriechtiere)

Rezent sind etwa 8000 Reptilienarten bekannt. An ihrer Basis stehen die **Cotylosauria**, Landtiere mit geschlossenem anapsiden Schädeldach und massigem Skelet. Ihnen werden oft drei Gruppen zugezählt: die Captorhinomorpha mit *Limnoscelis, Captorhinus* u. a., die von Karbon bis Perm lebten, die plumpen Diadectomorpha mit *Diadectes*, deren systematische Stellung ganz unsicher ist, und die Procolophonia, die bis in die Trias reichen. Wie in ihnen die übrigen Amnioten wurzeln, wird noch diskutiert, wahrscheinlich sind die Captorhinomorpha ihre Stammgruppe.

In der Weiterentwicklung lassen sich zwei Hauptlinien erkennen: die **Sauropsida (Sauromorpha)**, zu denen alle rezenten Reptilien und die Vögel gehören, und die **Theropsida (Synapsida, Theromorpha)**, die mit primitiven Reptilien beginnen und schrittweise zu den Säugern führen. Die Säugetiere werden im Allgemeinen von den Theropsida systematisch abgetrennt. Die Theropsida werden auf Deutsch auch säugerähnliche Reptilien genannt.

Bei den Sauropsiden trägt der rechte Aortenbogen die Carotiden, der Truncus arteriosus wird in drei Längsgefäße gespalten, die Lungenarterie und zwei Aortenwurzeln, im Inneren des Endhirnes entwickeln sich größere Zellmassen; zu einer corticalen Organisation kommt es nicht. Bei den Theropsiden trägt der linke Aortenbogen die Carotiden, der Truncus wird in zwei Gefäße, Lungenarterie und eine Aortenwurzel, zerlegt, im Endhirn entwickeln sich corticale Areale besonders stark.

Innerhalb der Sauropsida entwickeln sich insbesondere zwei Hauptgruppen: die Lepidosauria und die Archosauria. Beide sind durch diapside Schädel gekennzeichnet.

Lepidosauria

Sie umfassen die Brückenechsen (Rhynchocephalia) und die Eidechsen und Schlangen (Squamata). In dieser Reihe bleiben die Zähne an den Knochen angewachsen, die Herzkammer ist nicht vollständig geteilt, das Parietalauge bleibt erhalten. Die Extremitäten stehen mit Oberarm und Oberschenkel seitlich vom Rumpf ab; Bewegung des Schlängelns. Die Fähigkeit, den Schwanz an vorgebildeten Bruchspalten abzustoßen und zu regenerieren, ist in der Gruppe verbreitet. Die Lepidosaurier beginnen im Unteren Perm mit Gattungen, die die typischen beiden Schläfenfenster und die beiden Jochbögen gut ausgebildet besitzen (Diapsida). Es sind die Eosuchia mit *Youngina, Prolacerta* u. a.

1. Ordnung: Rhynchocephalia (Brückenechsen)

Sie erscheinen in der Trias, waren aber nie artenreich. Heute lebt noch die 50–80 cm große Brückenechse *Sphenodon* (= *Hatteria*) auf einigen kleinen Inseln vor Neuseeland (Abb. 166h). Sie hat noch beide Schläfenfenster und Jochbögen. Die Begattung erfolgt ohne Penis durch Aneinanderpressen der Kloaken.

2. Ordnung: Squamata (Eidechsen und Schlangen)

Sie sind heute mit über 7000 Arten die führende Reptilienordnung. Am Schädel wird der untere Jochbogen aufgelöst, das Quadratum steht isoliert am Schädel und wird gegen ihn beweglich. Haut mit Hornschuppen, z. T. auch mit Hautknochen (Blindschleiche). Die Zunge ist öfter gespalten und dient zur Übertragung von Geruchsstoffen an das Jacobson'sche Organ (S. 112), das isoliert vom Nasenraum in die Mundhöhle mündet. Charakteristisch sind die paarigen, vorstülpbaren Hemipenes an der Kloake, die keinem der Begattungsorgane anderer Wirbeltiere homolog sind. Die Squamata neigen dazu, unter Rückbildung der Gliedmaßen den Schlangentyp anzunehmen; das geschieht nicht nur bei den Schlangen selbst, sondern auch in mehreren Familien der Eidechsen (Schleichen u. a.) und Amphisbaenen. Nur wenige Gattungen leben im Wasser, noch weniger im Meer, z. B. die Echse *Amblyrhynchus* auf den Galapagos-Inseln und die Meeresschlangen (Hydrophiinae). Die Eier haben kalkige oder pergamentartige Schalen.

Viele sind lebend gebärend (Kreuzotter, Blindschleiche, Bergeidechse u.a.), einige ernähren sogar den Embryo durch eine Art Placenta (Scincidae).

1. Unterordnung: Lacertilia (Sauria, Echsen). Primitive Gruppe. Extremitäten mit Schultergürtel; Trommelfell vorhanden; Parietalauge oft erhalten; Schädelknochen noch meist verwachsen (excl. Quadratum). Fünf Familiengruppen mit zahlreichen Familien, von denen nur die bekanntesten aufgeführt werden. **1. Gekkota.** Gekkonidae, Geckos. Mit verbreiterten Haftzehen, deren Hornschuppen mit feinsten Fortsätzen besetzt sind. Stimmbegabt. Tropen und Subtropen bis Südeuropa. *Tarentola, Gekko, Hemidactylus.* **2. Iguania.** Agamidae. Vielgestaltige, z.T. bunte Echsen der Alten Welt. *Agama, Calotes, Uromastyx, Moloch.* Hierher auch der Flugdrache *Draco* SO-Asiens, Gleitflieger durch Abspreizen einer von Rippen gestützten Seitenfalte des Körpers. Chamaeleonidae, Chamaeleons. Spezialisierte Baumbewohner mit Zangenfüßen (zwei Zehen gegen drei) und oft Wickelschwanz. Zunge ein weit vorschnellbarer Fangapparat. Lunge mit kleinen Luftsäcken. Tropen bis Spanien. *Chamaeleo, Rhampholeon.* Iguanidae, Leguane. Ähnlich vielgestaltige Gruppe Amerikas, *Iguana, Basiliscus, Phrynosoma,* die Galapagos-Echsen *Conolophus* und *Amblyrhynchus.* **3. Scincomorpha.** Scincidae, Wühlechsen. Zunge plump, vorn wenig zweigeteilt. *Scincus,* Apothekerskink. In Südeuropa *Ablepharus,* Johannisechse und *Chalcides,* Walzenechse. Lacertidae, die typischen Eidechsen, Zunge vorstreckbar, gespalten. Zahlreiche Arten in der Palaearktis, *Lacerta.* Teiidae, Schienenechsen. Eidechsenoder schlangenähnlich; Amerika. **4. Anguoidea.** Anguinidae, Schleichen. Haut auch mit Knochenschuppen, Extremitäten meist reduziert. *Anguis,* Blindschleiche, *Ophisaurus,* Scheltopusik, über 1 m lang, Balkan, SW-Asien. **5. Varanoidea (Platynota).** Helodermatidae, Giftechsen. *Heloderma* (Krustenechse) mit Giftdrüsen und Giftzähnen im Unterkiefer. Trockengebiete Nordamerikas. Varanidae, Warane. Größte Eidechsen der Gegenwart. Der Komodowaran bis 3 m lang. Warme Gebiete der Alten Welt. Lanthanotidae, mit einer seltenen, nachtaktiven und unterirdisch lebenden Art auf Borneo, dem Taubwaran.

2. Unterordnung: Amphisbaenia (Doppelschleichen). Wurmförmige Tiere, die unterirdisch oder in Ameisennestern leben. Sie können in den Gängen vor- und rückwärts kriechen; Augen oft reduziert; *Blanus.*

3. Unterordnung: Ophidia (Serpentes, Schlangen). Die Schlangen sind mit den Waranen verwandt. Als Besonderheit haben sie in Anpassung an große Beutetiere ihren ganzen Kieferapparat in bewegliche Spangen aufgelöst. Auch die rechten und linken Kiefer sind nicht verwachsen, sodass sie voneinander unabhängig unter Dehnung des Bandapparates nach außen bewegt und vorgeschoben werden können. Eine Ringelnatter kann sich so durch abwechselndes Vorschieben der rechten und linken Kiefer über einen Frosch hinweghangeln. Im Extremfall (Vipern) ist das Maxillare mit den Giftzähnen beweglich, und mit ihm können die Giftzähne in der Mundhöhle angelegt oder nach Drehung des Maxillare vorgeschnellt werden. Der Körper der Schlangen ist ohne Gliedmaßen und Schultergürtel, nur primitive Schlangen (*Python, Boa*) haben noch Stummel der Hinterbeine neben der Kloake und Reste des Beckengürtels. Trotz der Vereinfachung der Konstruktion sind die Schlangen zu einer Vielfalt von Bewegungen fähig, sie leben auf Bäumen, unterirdisch (Typhlopidae), im Wüstensand, im Wasser, sie können an Baumstämmen emporklettern und kurze Sprünge ausführen (*Eryx*). Die quer verlaufenden Hornschienen an der Bauchseite und die differenzierte Muskulatur der Leibeswand sind für die Fortbewegung auf der Unterlage, besonders in engen Gängen, wichtig. Das Auge ist durch eine neue, durchsichtige Schutzhaut besonders geschützt, die sog. Brille. Sie entsteht aus der Verwachsung der Augenlider, die durchsichtig geworden sind. Schon bei Eidechsen ist das nach oben gezogene untere Augenlid oft durchsichtig, es trägt ein Fenster; bei einigen Scinciden ist es sogar wie bei den Schlangen mit dem oberen verwachsen (Parallelbildung). Mit der Streckung des Körpers sind Asymmetrien der Organe verbunden. Die linke Lunge wird schrittweise zurückgebildet, die rechte wird hinten zu einem dünnhäutigen Luftschlauch, der Vorderteil verwächst mit der Trachea zur sog. Tracheallunge. Die Nieren liegen hinter-, nicht nebeneinander.

Primitiv sind die Riesenschlangen (*Python, Boa*) mit Resten der Hinterbeine und paarigen Lungen. Wie viele ungiftige Schlangen töten sie ihre Beute durch Umschlingen und Erdrücken. Sie werden in Einzelfällen maximal 15 m lang. *Boa,* Anakonda (*Eunectes*), *Python, Eryx.* Im Boden wühlen die Rollschlangen (Aniliidae), die

Schildschwänze (Uropeltidae), Xenopeltidae und die Blindschlangen Typhlopidae und Leptotyphlopidae. Die artenreichste Gruppe sind die Nattern (Colubridae mit 250 Gattungen). In Mitteleuropa leben die Glattnattern *(Coronella)*, Ringel- und Würfelnattern *(Tropidonotus = Natrix)*, Äskulapnatter *(Elaphe)*. Der Lebensbereich dieser »Normalschlangen« ist breit. Einige sind Nahrungsspezialisten. *Dasypeltis* frisst Vogeleier, andere (Dipsadinae) sind auf Gehäuseschnecken, wieder andere auf Krabben spezialisiert. Im Wasser leben zeitweise die Ringelnatter und noch mehr die Würfelnatter, in den Tropen *Cerberus*. Echte Wassertiere sind *Enhydris,* die Warzenschlangen (Acrochordidae) in den Flussmündungen und unter den Giftschlangen die Meeresschlangen (Hydrophiinae). Giftschlangen sind neben einigen Colubriden v. a. die Elapidae und Viperidae (Abb. 304c). Die Giftdrüsen sind umgewandelte Speichel- bzw. Lippendrüsen, deren Sekret auch bei sog. ungiftigen Schlangen oft giftig wirkt. Seine Wirkung gewinnt das Gift bei den Giftschlangen dadurch, dass es durch Giftzähne in die Wunde eingespritzt wird. Die Speikobras spritzen es sogar aktiv weit aus. An den Giftzähnen wird es durch eine Rinne von der Drüse zur Zahnspitze geleitet. Liegen die Giftzähne vorn im Gebiss, spricht man von proteroglyphen Schlangen, liegen sie hinten, von opisthoglyphen Formen. Bei hoch entwickelten Schlangen schließen sich die Ränder der Zahnfurche, und so entsteht ein Kanal im Zahn, der nur proximal eine Öffnung für den Eintritt des Giftes aus der Drüse und nahe der Spitze eine Öffnung für den Ausfluss des Giftes hat (solenoglyphe Schlangen). Das Gift selbst enthält Peptide. Neurotoxische Stoffe wirken auf das Zentralnervensystem, haemorrhagische zerstören die Wand der Blutgefäße, Thrombine bewirken Blutgerinnung, Haemolysine die Auflösung roter Blutkörperchen, Cytolysine lösen die Gewebe auf. Cardiotoxine bewirken eine rasche Depolarisierung der Membran von Muskelzellen. Der Anteil dieser Komponenten ist nach Arten verschieden, sodass zum Schutz des Menschen gegen Gifte verschiedener Schlangen spezifische Sera hergestellt werden müssen.

Giftschlangen sind die Elapidae (Giftnattern, Kobras) und die Viperidae (Vipern). Zu den Elapiden zählen Kobras oder Brillenschlangen *(Naja)*, Mambas *(Dendroaspis)*, Korallenschlangen *(Elaps* u. a.) und die Meeresschlangen (Hydrophiinae). Besonders hoch entwickelte

Giftzähne mit geschlossenem Kanal haben die Viperidae mit *Vipera* (Kreuzotter, Abb. 304c), *Bitis* (Puffotter u. a.), *Cerates* (Hornviper) und den Grubenottern (Crotalinae) mit *Crotalus* (Klapperschlangen, Abb. 57), *Bothrops* u. a. Die Grubenottern haben vor den Augen ein paar Gruben, die Wärmestrahlung rezipieren und für die Ortung von Beute wichtig sind.

Echte Squamata treten erst im Jura auf. In der Kreide entwickelten sich mehrere Gruppen im Meer. Die großen Mosasaurier mit *Mosasaurus, Tylosaurus, Platecarpus* waren weltweit verbreitet. In der Kreide erschienen bereits Schlangen, die volle Entwicklung der Lacertilia erfolgte erst im Tertiär.

Archosauria

Die Archosaurier erreichten den Höhepunkt der Reptilien im Mesozoikum mit den Dinosauriern (Abb. 303). Sie begannen in der Unteren Trias mit einer Reihe von Gruppen, darunter den **Thecodontiern**. Der Schädel besitzt nicht nur die beiden Schläfenfenster und die beiden Jochbögen primitiver Lepidosaurier, sondern auch ein Fenster vor den Augenhöhlen (Präorbitalfenster) und meist eines im Unterkiefer. Die Zähne sitzen in grubenartigen Vertiefungen der Kieferränder, den Alveolen. Die ältesten Formen waren bipede Läufer, die Extremitäten inserierten unter dem Rumpf. Die frühen Archosaurier der Trias hatten schon eine breite biologische Entfaltung. Es gab bipede Läufer, baumbewohnende Formen *(Scleromochlus)* und krokodilartige Meeresbewohner (**Phytosaurier**). Von den Thecodontiern aus erfolgte die große Radiation der mesozoischen Saurier v. a. die der **Dinosaurier**. Einige behielten die bipede Lebensweise bei, so die großen Raubdinosaurier, die Theropoden mit *Tyrannosaurus* und die pflanzenfressenden Ornithopoden mit *Iguanodon*. Mehrfach sind bipede Formen wieder sekundär vierfüßig (quadruped) geworden, so die großen Saurier der Sauropoda mit *Apatosaurus* (*Brontosaurus,* 22 m lang), *Diplodocus* (28 m) und *Brachiosaurus* (27 m), die Stegosauria und auch die Krokodile. Flugtiere waren die **Pterosaurier** (Abb. 303a), die schon in der Trias erschienen. Wie die Fledermäuse waren sie Flughautflieger, deren Flughaut die Hinterbeine umfasste, und von verlängerten Fingern gestützt wurde. Allerdings waren es nicht vier Finger wie bei den Fledermäusen, sondern nur einer, der 4. Finger, während die übrigen frei blieben. Pte-

Abb. 303 Verschiedene fossile Reptilien. **a)** *Eudimorphodon*, ein Pterosaurier aus der Trias Italiens, **b)** *Ophthalmosaurus*, ein Ichthyosaurier aus dem Jura Westeuropas, **c)** *Plateosaurus*, ein Dinosaurier (Saurischia, Sauropodomorpha) aus der Trias Mitteleuropas, **d)** *Thrinaxodon*, ein Cynodontier aus der Trias Südafrikas

rosaurier erreichten eine Flügelspannweite von 12 m *(Quetzalcoatlus)*. In der Oberkreide erloschen die meisten Stämme der Archosaurier, nur die Krokodile, Schildkröten und die Vögel blieben, erstere als relativ artenarme Restgruppe, die Vögel mit neuer Entfaltung.

Ordnung: Crocodilia (Krokodile)

Die mit ca 20 Arten in den Tropen lebenden und von der Ausrottung bedrohten Krokodile sind nur der Rest einer formenreichen Gruppe, in der es bipede Formen zu Beginn, aber auch schwimmende Meereskrokodile mit Flossen und großer Schwanzflosse gab (Geosauridae). Die Herzhälften sind bis auf eine kleine Öffnung (Foramen

panizzae) getrennt. Mit den Vögeln gemeinsam haben die Krokodile u. a. den Muskelmagen. Krokodile leben v. a. in Süßgewassern, sie ziehen ihre Beute unter Wasser. Das Leistenkrokodil (bis 9 m) u. a. auch im Brackwasser und am Meeresstrand. *Crocodylus, Osteolaemus, Tomistoma, Alligator, Caiman, Melanosuchus, Gavialis.*

Ordnung: Chelonia (Testudines, Schildkröten)

Zu den Schildkröten zählen etwa 220 rezente Arten. Bisweilen werden sie wegen ihres – in allerdings recht unterschiedlichem Ausmaß – geschlossenen Schädeldaches von den übrigen Reptilien isoliert und als primitiver Seitenast betrachtet oder mit den Cotylosauriern als

Anapsida zusammengefasst. Sie haben viele Sondermerkmale, das zeigen nicht nur der eigenartige Panzer, sondern auch die zahnlosen Kiefer, die mit einem Hornschnabel bedeckt sind. Nur Schildkröten der Trias haben noch kleine Zähne in Alveolen. Der Mund hat einen kleinen sekundären Gaumen, die Zahl der Schädelknochen ist reduziert, die Lungen sind schwammig und haben besondere Muskeln, v. a. die der Extremitätengürtel, für die Atmung. Der Panzer besteht aus einer Knochen- und einer Hornschale. Die Knochen sind Hautknochen, die dorsal mit den Rippen (Costalia) oder mit den Dornfortsätzen (Neuralia) verwachsen. Seitlich liegen die Randschilder (Marginalia). Der Bauchpanzer (Plastron) ist an den Seiten mit dem Rückenpanzer verwachsen und oft in der queren Mittellinie bewegbar. Auch er hat eine Hautknochenlage, in die vorn die Schlüsselbeine und die unpaare Interclavicula eingehen, sowie eine Hornplattenschicht. Neben einigen primitiven und zahlreichen eigenen Charakteren besitzen aber die Schildkröten eine Reihe spezieller anatomischer Merkmale, die sie mit den Archosauriern teilen: einen besonderen Augenmuskel (Musculus pyramidalis); die Vorderbeine werden von einer sekundären Arteria subclavia versorgt; der unpaare Penis mit Schwellkörper und Samenrinne gleicht dem der Krokodile usw. Dies zeigt, dass die Schildkröten mit den Archosauriern eine gemeinsame Wurzel haben und als Archosaurier angesehen werden können, wofür auch molekulare Merkmale sprechen.

Abgesehen von einem Abdruck eines Panzers aus dem Perm sind Schildkröten von der Trias an überliefert (*Proganochelys = Triassochelys*). Trotz

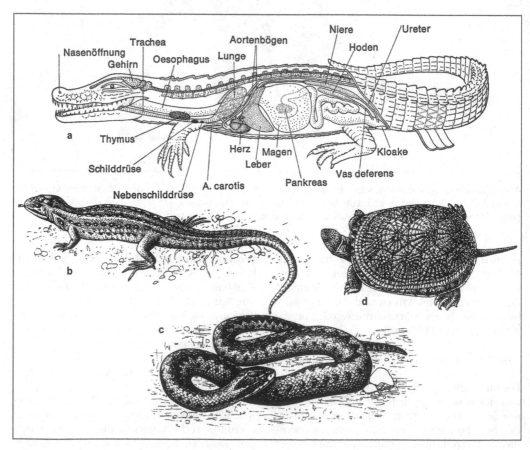

Abb. 304 Reptilien. **a)** Bauplan eines Krokodils, **b)** *Lacerta* (Eidechse), **c)** *Vipera* (Kreuzotter), **d)** *Emys* (Sumpfschildkröte)

ihres spezialisierten Baues haben sie viele Lebensräume besiedelt, das Land, das Süßwasser (Trionychidae) und das Meer *(Chelonia, Dermochelys)*.

1. Unterordnung Pleurodira. Der Kopf wird durch seitliches Abknicken des Halses unter die Ränder des Panzers gelegt. Süßwasser der Südkontinente, *Podocnemis, Chelus, Hydromedusa.*

2. Unterordnung Cryptodira. Der Hals wird beim Einziehen des Kopfes vertikal S-förmig gekrümmt. Testudinidae: Landschildkröten, meist Pflanzenfresser. Großformen bis über 200 kg schwer auf einigen Inseln des Indik und auf den Galapagos-Inseln; *Testudo.* Emydidae: Sumpfschildkröten, meist Fleischfresser; *Emys, Clemmys, Terrapene.* Die folgenden Gruppen sind ausgeprägte Wassertiere mit Rückbildungen des Panzers und zunehmender Umbildung der Gliedmaßen in Flossen. Trionychidae: Süßwasser, Hornplattenpanzer fehlt, der Knochenpanzer ist mit weicher Haut überzogen. Raubtiere, v. a. Tropen. Cheloniidae: Meeresschildkröten. Vorderflossen flügelartig. Knochenpanzer unvollkommen. Im Meer, legen die Eier an Land ab. *Chelonia, Caretta.* Dermochelydidae: Lederschildkröten, Knochenpanzer aus vielen Mosaikplättchen bestehend, Rippen und Wirbel frei, kein Hornpanzer; *Dermochelys* bis 2 m, in tropischen Meeren. Carettochelydidae, Neuguinea, N. Australien.

Synapsida (Theropsida, säugerähnliche Reptilien)

Schon vom Karbon aus lässt sich diese artenreiche Reihe verfolgen, die schließlich in die Säuger einmündet. Sie entspringt den Cotylosauriern, also der Basisgruppe der Reptilien, und zwar den Captorhinomorphen. An sie schließen sich die **Pelycosauria** an. Ihr Bau gleicht dem primitiver Reptilien, doch haben sie das eine, für Säuger typische Schläfenfenster erworben, das unten von einem Jochbogen aus Jugale und Squamosum begrenzt wird (synapsid). Es gab unter ihnen Pflanzen- und Fleischfresser, Formen mit extremen Dornfortsätzen *(Dimetrodon)* u. a. Eine höhere Stufe erreichen die **Therapsida** (nicht: Theropsida), die mit über 300 Gattungen in der Zeit Perm-Trias weit verbreitet waren. Ihre Entfaltung erfolgte in zwei Hauptlinien. Die **Anomodontia** entwickelten große, plumpe Formen. Ihr Kiefergelenk wurde zunehmend auf einen vertikalen Stiel des Schädels gestellt; eine

ihrer Gruppen, die **Dicynodontia,** reduzierten das Gebiss und erwarben Hornkiefer analog denen der Vögel und Schildkröten. Sie starben ohne Nachkommen aus. Viel interessanter ist die zweite Linie, die der **Theriodontia** mit Gorgonopsida, Therocephalia und Cynodontia. Insbesondere die Cynodontia nähern sich zunehmend den Säugern. Diese Annäherung erstreckt sich auf die Vorherrschaft des Dentale im Unterkiefer, die Bildung eines sekundären Gaumens vom Säugertyp und Einrücken des Vomer in die für Säuger typische Lage, die Bildung komplizierter Zähne und eines einmaligen Zahnwechsels, die Form des Beckens, Schultergürtels usw. Diese Umänderungen lassen sich auf folgende Besonderheiten zurückführen: Verarbeitung der Nahrung durch Kauen in der Mundhöhle mit entsprechender Muskulatur und die Extremitätenstellung unter dem Rumpf. Die Zahl der Zehenglieder erreicht schließlich die der Säugetiere: 2-3-3-3-3. Der Schädel wird Schritt für Schritt säugerähnlich. Der wichtige Kaumuskel Masseter wandert mit seinem Ansatz ganz auf das Dentale über und gibt so das Angulare für die neue Funktion als Knochenring um das Trommelfell frei. Die Cynodontier sind bis zur Oberen Trias nachweisbar. In dieser Zeit (Obere Trias) existieren die Tritylodontier und Chiniquodontier, die entweder zu den Cynodontia gezählt oder als eigene Gruppen, die sich aus den Cynodontia entwickelt haben, eingestuft werden.

Die herbivoren **Tritylodontia** waren lange Zeit nur durch einen Vorderschädel *(Tritylodon)* aus Südafrika und eine Reihe Zähne bekannt und wurden den Säugern zugerechnet. Jetzt kennen wir die Reste fast aus allen Erdteilen und nahezu vollständige Skelete, z. B. von *Oligokyphus.* Als erste Überraschung ergab sich, dass das Dentale zwar dicht an das Kiefergelenk heranreichte, aber noch nicht ein sekundäres Kiefergelenk bildete. Gleichwohl sind sie gegenüber den primitiveren Therapsiden durch eine Reihe neuer Säugermerkmale gekennzeichnet: Backenzähne mehrwurzelig, innerer Gehörgang, Verlust von Prae- und Postfrontale, ebene Grenzfläche der Wirbelkörper, Zahn des Epistropheus usw. Sie lebten in der Oberen Trias und im Jura. Als eigentliche Ahnen der Säuger scheiden sie durch hohe Spezialisierung des nagetierähnlichen Vordergebisses aus. Nach den derzeitigen Kenntnissen sind die Chiniquodontoidea mit den Chiniquodontidae, z. B. mit *Probainognathus* aus der Mittleren Trias Südafrikas und den Ictidosauria (= Tritheledontidae), z. B. mit *Diarthrognathus* aus dem Unteren Jura Südafrikas, die Stammgruppe der Säuger. Die große Bedeutung dieser Gruppe wurde sichtbar, als man feststellte, dass der Schädel ein doppeltes Kiefergelenk besitzt, innen das primäre, aber außen auch schon das sekundäre Kiefergelenk. Die lange postulierte Zwischenform war also nachgewiesen.

Paläozoische und mesozoische Meeresreptilien

Eine Reihe ausgestorbener Reptilienordnungen kann vorläufig noch keiner der Hauptlinien definitiv zugeordnet werden. Es sind 1. **Ichthyosauria** (Abb. 303), delphinähnliche Meeressaurier mit vertikaler Schwanzflosse. Sie waren lebend gebärend. Primitiv sind ihre Faltenzähne, wie sie schon am Anfang der Tetrapoden vorkamen. Besonders gut erhaltene Fundstücke kennt man aus dem Schwarzjura der Schwäbischen Alb (Holzmaden). 2. **Sauropterygia**, denen die Nothosauria und v. a. die marinen Plesiosauria angehören, die ihre Gliedmaßen ebenfalls in Flossen mit vielen kleinen Knochen umwandelten. Ihr Rumpf blieb kurz, ihr Hals wurde z. T. extrem verlängert. 3. Die **Placodontia**, die man in Mitteleuropa an vielen Orten gefunden hat, ähneln z. T. großen Schildkröten. Sie hatten Pflasterzähne, die auf eine hartschalige Nahrung schließen lassen. 4. Im Perm lebten die isoliert stehenden **Mesosauria**, eine weitere Gruppe aquatischer Saurier. Habituell ähneln sie primitiven Ichthyosauriern, doch handelt es sich hier um Konvergenz. Ihre fossilen Vorkommen in Südamerika und Afrika (Abb. 187) gaben erste Hinweise auf die Existenz der Kontinentalverschiebung.

3. Klasse: Aves (Vögel)

Die Vögel sind ein später homoiothermer Zweig der Archosaurier, der etwa 9 500 Arten umfasst. Sie entwickelten eine neue Art des Fliegens, die ihnen eine Ausbreitung in viele Lebensräume ermöglichte. Das Flugvermögen findet im ganzen Körperbau des Vogels seinen Ausdruck, das wurde schon verschiedentlich erwähnt (Integument, S. 90; Skelettbau, S. 61; Thermoregulation, S. 113; Lichtsinnesorgane, S. 121; Gehirn, S. 162; Darmkanal, S. 225; Atmung, S. 260; Exkretion, S. 275). Während die Flughaut der Pterosaurier und der Fledermäuse aus lebendem Gewebe besteht, das von Blutgefäßen versorgt wird und die Hinterbeine einschließt, bestehen die Vogel-

flügel zum großen Teil aus Federn, d. h. sehr leichten Gebilden, die aus toten, verhornten Zellen aufgebaut sind, eine feine Regulation der Luftströmung und des Luftdurchtritts gestatten und die Hinterbeine für Laufen, Springen, Hüpfen, Schwimmen, Klettern und Ergreifen von Beute freilassen. Federn entstanden aus Reptilschuppen, sind diesen also homolog. Lange Finger sind im Gegensatz zur Flughaut als Stütze für den Federflügel nicht notwendig. Einzige Drüsen der relativ dünnen Haut sind Drüsen am äußeren Gehörgang und die Bürzeldrüse, mit deren Sekret die Federn gefettet werden. In der Haut verschiedener Vögel treten luftgefüllte Räume auf, die mit dem Luftsacksystem in Verbindung stehen und gefüllt und geleert werden können. Die Färbung der Federn geht auf die Einlagerung von Pigmenten zurück oder auf Strukturfarben, die auf Interferenz oder unterschiedlicher Streuung beruhen. Im Allgemeinen lassen sich Dunen-, Juvenil-und Adultgefieder unterscheiden. Häufig zeigt das Gefieder Geschlechts- und Saisonunterschiede. Ein- oder zweimal im Jahr oder seltener wird es auf verschiedene Weise gewechselt (Mauser). Ober- und Unterkiefer sind von einer stark verhornten, harten Epidermis bedeckt, die z. T. in einzelne Felder gegliedert ist (*Fratercula, Procellaria*) oder am Schnabelrand ein feines Rillensystem ausbildet, das im Dienste der Nahrungsaufnahme steht (Entenvögel).

Anatomisch sind folgende Merkmale wichtig: Nur der rechte Aortenbogen ist vorhanden, die Herzkammern, und damit arterieller und venöser Kreislauf, sind völlig getrennt. Im Zentralnervensystem sind Telencephalon und Kleinhirn besonders entwickelt. Im Telencephalon sind palliale und subpalliale Anteile hochdifferenziert (S. 159), was sich in einem reichhaltigen Verhaltensrepertoire widerspiegelt. Die großen Sehhügel des Mittelhirns sind nach seitwärts verlagert. Im sakralen Bereich des Rückenmarks ist häufig ein Glykogenkörper ausgebildet, der aus glykogengefüllten Gliazellen besteht. In diesem Bereich des Rückenmarks sind auch Gleichgewichtsreceptoren lokalisiert. Unter den Sinnesorganen sind die Augen meistens besonders hoch entwickelt, in ihnen stehen die Receptoren sehr dicht, oft sind zwei Foveae ausgebildet (eine für das binoculare, die andere für monoculares Sehen). Die Versorgung der Retina erfolgt, wenigstens zum großen Teil, über den Pecten, eine gefäßreiche, unterschiedlich gestaltete, pigmentierte Gewebefalte, die dem Augenhintergrund entspringt. In der Fovea centralis von Greifvögeln können 1 Million Receptoren pro mm^2 stehen (ungefähr achtmal mehr als bei *Homo*). Einige höhlenbewohnende Vögel *(Collocalia, Steatornis)* orientieren sich, wenigstens z. T., mit einem Echolotsystem.

Der Magen ist, wie bei Krokodilen, meist zweikammerig; im vorn gelegenen Drüsenmagen kann bei manchen Arten (z. B. Kormoranen, Reihern, Möwen) bereits umfangreiche Verdauungstätigkeit einsetzen. Der Muskelmagen ist bei Körnerfressern sehr viel kräftiger als bei Fleisch- und Früchtefressern. In den Blinddärmen lebt oft eine besondere Bakterienflora, die Vitamine bildet und celluloseverdauende Enzyme besitzt. Für Immunreaktionen besonders wichtig ist eine dorsale Ausstülpung der Kloake, die Bursa Fabricii, in der die B-Lymphocyten determiniert werden, die sich in antikörperbildende Zellen umwandeln können. In der langen Luftröhre entsteht an der Gabelstelle der Trachea ein mit eigener Muskulatur versehenes Stimmorgan, die Syrinx, die nur selten fehlt (z. B. bei Geiern, Straußen, Störchen) und deren Hauptbestandteil schwingende Membranen zwischen den Tracheal- bzw. Bronchialknorpelspangen sind. Zum Aufbau des Lungen- und Luftsacksystems s. S. 261. Vögel, die ihre Nahrung dem Meer entnehmen (z. B. Pinguine, Möwen), besitzen oberhalb der Augen Natriumchlorid ausscheidende Salzdrüsen. Meist sind nur ein Ovar und ein Eileiter ausgebildet. Das Calcium der Eischale entstammt weit gehend dem Skelet, in dem während der Brutzeit unter dem Einfluss von Steroidhormonen besonders strukturiertes Knochengewebe (medullärer Knochen) in den Markräumen auftritt. Das Calcium der Eischale wird für den Aufbau des Skelets des Kükens herangezogen, solange es im Ei heranwächst. Bei primitiveren Formen ist noch ein unpaarer Penis vorhanden (Strauße, Entenvögel). Die Spermaübertragung erfolgt durch Aneinanderpressen der Kloaken. Am Schädel fällt die Vergrößerung der Hirnkapsel auf, die beiden Schläfenfenster sind nach Reduktion des oberen Jochbogens vereint. Ähnlich wie bei Squamaten wird das Quadratum beweglich, der Jochbogen aus Jugale und Quadratojugale wird eine Schubstange, die den Oberschnabel an seiner Biegungsstelle zwischen Nasale und Frontale heben kann (besonders deutlich bei Papageien). Im Fuß fehlen freie Fußwurzelknochen; die proximalen verschmelzen

mit der Tibia zu einem Tibiotarsus, die distalen mit den meist verwachsenen Mittelfußknochen zu einem Tarsometatarsus. Das scheinbare Fersengelenk der Vögel ist also ein Intertarsalgelenk.

Der beim Flug zwischen den Flügeln aufgehängte Rumpf ist kompakt und stoßfest (Abb. 305). Die Thorakalwirbel sind kaum oder gar nicht gegeneinander bewegbar, im Bereich des Beckens sind sie mit den Darmbeinen zu einem einheitlichen Knochen verwachsen. So finden die Beine, die genau unter dem Schwerpunkt des Vogelkörpers liegen, ein festes Widerlager. Die Eingeweide ruhen bei der meist mehr oder weniger waagerechten Körperhaltung auf dem großen Brustbein, das bei flugfähigen Vögeln einen Kamm (Carina) trägt. Es ist mit der Wirbelsäule durch drei bis neun Paar Rippen verbunden, die durch einen Knick in sich sowie durch Gelenke gegen Wirbel und Brustbein beweglich sind. Eine gewisse Versteifung des Brustkorbes ist andererseits dadurch gegeben, dass sich jeweils ein flacher hinterer Fortsatz einer Rippe auf die nächstfolgende stützt. Das große Brustbein ist Ursprungsort für wesentliche Teile der Flugmuskulatur, für die großen Senker und die viel kleineren Heber der Flügel. Insgesamt sind viele Muskeln am Flug beteiligt, ihr Gewicht kann bei besonders guten Fliegern mehr als die Hälfte des Körpergewichtes ausmachen. Der Vogelkörper ist insgesamt relativ leicht, das liegt z. B. an der Bauweise der Knochen (Abb. 28a), am Energiedepot Fett, am Exkretionsprodukt Harnsäure (S. 275) und an dem relativ kurzen Darm, in dem meist nur geringe Nahrungsmengen gespeichert werden. Der bei manchen Arten geräumige Kropf dient zum kurzfristigen Transport der Nahrung für die Jungen.

Die Halswirbelsäule besteht aus elf bis 25 Wirbeln und ist im Allgemeinen S-förmig gekrümmt (auch bei kleinen Singvögeln), der Hals also sehr beweglich. Die hinteren Schwanzwirbel sind zu einem dreieckigen Skeletstück, dem Pygostyl, verwachsen. Hier setzen die durch Muskeln bewegbaren Schwanzfedern an, die beispielsweise im Flug zum Bremsen und für Ausgleichsbewegungen benötigt werden. Gelenke, Sehnen und Muskelapparat der Beine sind so angelegt, dass beim Niederlassen auf einem Zweig oder Draht automatisch ein fester Zugriff erfolgt, der sich auch beim Schlafen nicht löst.

Die Skeletachse der Flügel besteht aus den gleichen Teilen wie bei ursprünglichen Tetrapoden (s. Kapitel 16), doch ist die Hand stark rück-

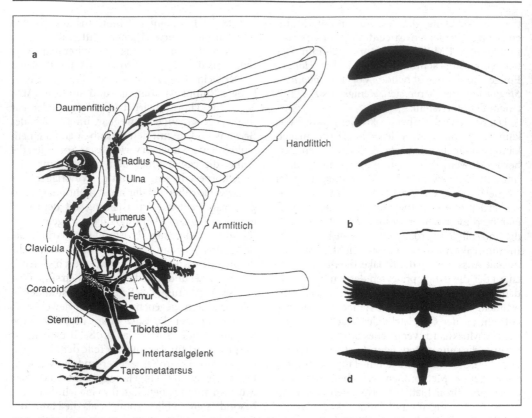

Abb. 305 a) Skelet einer Taube; Umrisse des Federkleides angegeben. **b)** Flügelquerschnitte einer Amsel vom Körper bis zum Flügelende, **c)** Flugbild eines Landseglers (Geier), **d)** Flugbild eines Meeresseglers (Albatros)

gebildet: Außer einem kurzen Daumen (trägt den Daumenfittich = Alula) sind noch zwei miteinander verwachsene Mittelhandteile und die Finger 2 und 3 vorhanden. An die Skeletachse schließt sich nach hinten die von den großen Federn gebildete Flügelfläche an (Abb. 305a): Meist zehn Schwungfedern (Handschwingen) stecken im Handteil des Flügels, die Zahl der Armschwingen beträgt bei Singvögeln meist neun bis zehn, bei Albatrossen bis 37. Ein Querschnitt durch den gestreckten Flügel zeigt ein nach oben gewölbtes Profil, das allerdings seine Gestalt von der Basis bis zum Ende des Flügels verändert (Abb. 305b). Diese Wölbung hat zur Folge, dass am Flügel beim Flug bestimmte Kräfte entstehen, die das Fliegen erst ermöglichen: Über dem Flügel gleiten die Luftschichten mit großer Geschwindigkeit vorbei und erzeugen einen Unterdruck oder Sog; unter dem Flügel wird der Luftstrom etwas verlangsamt, es ent-

steht ein geringer, nach oben wirkender Überdruck. Insgesamt resultiert eine hebende Kraft, die mit der Größe der Flügelfläche und dem Quadrat der Geschwindigkeit wächst. Die hebende Kraft wirkt quer zur Anströmrichtung und wird daher Querkraft genannt. Bei horizontalem Flug wirkt sie nach oben (Auftrieb). Allgemein nehmen Dicke des Profils und Wölbung distalwärts ab. Zudem ist das Profil mit den dauernd wechselnden Druckverhältnissen sehr rasch veränderbar.

An den Flügelspitzen tritt eine Ausgleichsströmung zwischen der Flügelunterseite (Überdruck) und der Oberseite (Unterdruck) auf, die mit Wirbelbildung verbunden ist (induzierter Widerstand). Die Gestalt der Flügel (zugespitzt oder aufgefächert) gibt der Wirbelbildung aber nur wenig Raum.

Von großer Bedeutung ist ferner die sehr dünne Luftschicht an der Flügeloberfläche

(Grenzschicht), wo die Strömung laminar oder turbulent sein kann. Mit Hilfe scharfer Flügelvorderkanten oder rauher Federstrukturen (Turbulenzgeneratoren) wird eine turbulente Grenzschicht geschaffen, die sich nicht so schnell ablöst wie eine laminare. Bei turbulenter Grenzschicht bleibt die Flügelumströmung auch bei großem Anstellwinkel weit gehend erhalten (wichtig beim Landen).

Besonders erfolgreiche Gleitflieger haben lange Flügel, die allerdings bei Landvögeln anders aussehen als bei Meeresvögeln (Abb. 282c, d). Erstere, z. B. viele langsam fliegende Greifvögel, Geier und Störche, nutzen die über dem sich erwärmenden Land aufsteigenden engen Thermikschläuche. Ihre Flügel sind lang und breit, sie sind einer geringen Flächenbelastung (= Verhältnis von Gewicht zu tragender Fläche) ausgesetzt. Drehungen im Flug können sie fast auf der Stelle ausführen. Bei günstigen Verhältnissen schrauben sie sich mehrere Kilometer in die Höhe. Meeresvögel sind auf den oft starken Wind über den Ozeanen angewiesen, dessen Geschwindigkeit von der Wasseroberfläche nach oben zunimmt. Ihre Flügel sind lang und schmal (bei einem Gewicht von etwa 7 kg haben große Albatrosse eine Spannweite von bis zu ca. 3 m) und einer hohen Flächenbelastung ausgesetzt (dynamisches Segeln).

Beim Ruderflug werden andere Anforderungen an die Flügel gestellt als beim Gleitflug. Von besonderer Bedeutung ist die richtige Einstellung der Verwindung des Handteiles gegen den Armteil. Beim Abschlag ist der körperferne, beim Aufschlag der körpernahe Flügelteil stärker belastet. Ersterer ist energieaufwendiger als letzterer, das spiegelt sich in der Muskulatur wider (s. o.). Es gibt ausgesprochene Schnellflieger mit verwindungsfesten, spitzen Flügeln (z. B. Vögel fangende Falken). Besonders auffällig ist der Bogenflug vieler Kleinvögel: Zwischen Perioden mit schnellen Flügelschlägen schießt der Vogel im Bogen dahin. Beim Aufschlag, der ja zur Erlangung von Auftrieb nicht so wichtig ist, werden die Flügel mehr oder minder an den Körper angelegt. Hohe Flügelschlagfrequenzen zusammen mit geringer Masse und der relativ hohen Muskelleistung ermöglichen Kleinvögeln sehr rasches Starten, Bremsen und Ändern der Flugrichtung. Einen Höhepunkt in Bezug auf Manövrierfähigkeit und Flugmechanik haben die Kolibris erreicht. Sie fliegen ähnlich wie Schwebfliegen blitzschnell von Blüte zu Blüte,

können plötzlich mitten im Flug anhalten, vorwärts und rückwärts fliegen. Wenn Kolibris im Schwirrflug vor einer Blüte stehen und Nektar saugen (Abb. 174f), schlagen ihre Flügel bis zu 80-mal in der Sekunde in einer horizontalen Ebene so hin und zurück, dass sie immer gegen ihre Vorderkante angeströmt werden, bezogen auf den Körper jedoch einmal von vorn, dann von hinten. Diese Bewegungen bewirken, dass eine hebende Kraft den Vogel trägt. Während beim Vorschlag die Flügeloberseite nach oben zeigt, verwindet sich der Flügel beim Rückschlag so stark, dass seine Unterseite nach oben schaut. Die für das Auftreten der Luftkräfte wichtige Flügelwölbung dreht sich zumindest im Handteil dabei auch um. Die hebende Luftströmung wird Hubstrahl genannt; die Luft unter dem Vogel wird wie unter einem Hubschrauberrotor abwärts beschleunigt. Ist der Hubstrahl senkrecht nach unten gerichtet, steht der Kolibri auf der Stelle. Verstellung der Schlagebene der Flügel lenkt den Hubstrahl um, und der Vogel kann vor- und rückwärts fliegen. Da für Vorder- und Rückschlag gleich viel Kraft gebraucht wird, sind bei Kolibris hebende und senkende Muskeln fast gleich stark.

Erstaunlich ist, dass Vögel so oft die Flugfähigkeit rückbilden. Schon in der Kreide gab es flugunfähige Vögel (Hesperornis), und heute gibt es in vielen Gruppen nicht fliegende Arten (Strauße, Pinguine, Kormorane, Rallen u. a.).

Archaeopteryx (Abb. 165b, Abb. 306a) aus dem Oberen Jura ist der älteste bekannte Vogel; sein Skelet gleicht mehr dem eines kleinen theropoden Dinosauriers als dem der echten Vögel. Die Wirbel sind amphicoel, der Flügel trägt noch 3 Finger mit getrennten Mittelhandknochen und Krallen. Der Schwanz besitzt zahlreiche Wirbel, an ihm sitzen die Schwanzfedern seitlich, nicht wie bei heutigen Vögeln in querer Reihe an einem Restknochen der Schwanzwirbelsäule (Pygostyl). Die Hakenfortsätze der Rippen fehlen, dafür sind Bauchrippen vorhanden. Beide Kiefer tragen Zähne. Wegen seiner vielen Besonderheiten wird *Archaeopteryx* oft in eine eigene Unterklasse gestellt (Archaeornithes, Saururae).

Aus der Kreidezeit sind mehrere verschiedenartige Vogelgruppen bekannt, von denen nur die Neornithes, die modernen Vögel, überlebten. Zu den ausgestorbenen Gruppen gehören u. a. die Confuciusornithiformes (Untere Kreide Chinas), die Enantiornithes (Kreide, weltweit, mit

Sinornis [China] und *Iberomesornis* [Spanien]), die Hesperornithiformes (seetaucherähnliche, flugunfähige, bezahnte Meeresvögel, *Hesperornis*, Kreide Nordamerikas) und die Ichthyornithiformes (möwenähnliche, bezahnte Meeresvögel). Die Entfaltung der modernen Vögel erfolgte von der Oberen Kreide an im Tertiär, etwa parallel der der placentalen Säuger.

Neornithes. Die heutigen Vögel hat man in zahlreiche Ordnungen (ca. 30) aufgeteilt; über die wirkliche Verwandtschaft wissen wir noch wenig. Als Ratiten werden die großen flugunfähigen Strauße, Emus, Nandus, Kasuare, Kiwis (Abb. 306b) und ähnliche, ausgestorbene Formen zusammengefasst, sie weisen primitive und abgeleitete Merkmale auf. Ihnen werden die Carinaten, alle Vögel mit einem Brustbeinkamm, gegenübergestellt. Nach dem Bau des Gaumens wurden die Vögel in Palaeognathae und Neognathae gegliedert. Die Palaeognathae umfassen Ratiten und die Steißhühner (Tinamiformes) Südamerikas, die Neognathae alle anderen Vögel.

Große flugunfähige Vögel, die ein Gewicht bis 150 kg erreichen, sind die Strauße (Struthioniformes) Afrikas und Arabiens, die Emus und Kasuare (Casuariformes) der australischen Region, die Kiwis (Apterygiformes) Neuseelands, die Nandus (Rheiformes) Südamerikas sowie die ausgestorbenen Elefantenvögel (Aepyornithiformes) Madagaskars und die Moas Neuseelands. Letztere wurden über 3 m hoch.

Eine Gruppe mit vielen Reduktionserscheinungen sind die in Süd- und Mittelamerika verbreiteten Steißhühner (Tinamiformes), deren kurze Flügel diese Tiere als sehr schlechte Flieger kennzeichnen. See- (Gaviiformes) und Lappentaucher (Podicipediformes, Abb. 306c) sind Wasservögel mit sehr weit hinten liegenden Beinen. Die Röhrennasen (Procellariiformes) umfassen die ozeanischen Albatrosse, Sturmvögel, Sturmschwalben und Lummensturmvögel. Ihnen schließen sich die Pinguine (Sphenisciformes, Abb. 306d) an, stark an das Wasserleben angepasste Vögel der Südhalbkugel, deren Flügel zu Flossen umgestaltet wurden. Eine große Gruppe weiterer Wasservögel sind die Ruderfüßler (Pelecaniformes) mit Tropikvögeln, Pelikanen, Tölpeln, Kormoranen, Schlangenhals- und Fregattvögeln. Zu den Schreitvögeln (Ciconiiformes, Abb. 306e) gehören Reiher, Hammerkopf, Störche, Schuhschnabel und Ibisse. Möglicherweise sind die Flamingos (Phoenicopteriformes) näher

mit den Entenvögeln (Anseriformes) verwandt. Alle Greifvögel (z. B. Geier, Sekretär, Adler, Bussarde [Abb. 306h], Falken) werden oft in der Ordnung der Accipitriformes vereinigt, obwohl sie vermutlich keine monophyletische Gruppe darstellen. Die Neuweltgeier (Cathartidiformes) sind eine eigene Ordnung und nicht mit den Altweltgeiern verwandt. Weltweit verbreitet sind die artenreichen Hühnervögel (Galliformes, Abb. 306k), Kranichverwandte (Gruiformes, v. a. mit Rallen, Kranichen und Trappen), Charadriiformes (= Larolimicolae, u. a. mit Blatthühnchen, Watvögeln, Raubmöwen, Möwen und Alken), Taubenvögel (Columbiformes), zu denen vielleicht auch die ausgerotteten Dodos (Dronte, Abb. 185e) gehören, und Papageien (Psittaciformes). Die afrikanischen Turakos (Musophagiformes) sind vermutlich mit den Kuckucken (Cuculiformes) näher verwandt und werden mitunter mit diesen in einer Ordnung zusammengefasst. Eulen (Strigiformes) und Nachtschwalbenverwandte (Caprimulgiformes) sind überwiegend Dämmerungs- und Nachttiere. Die Apodiformes umfassen Segler und Kolibris (Abb. 306f; Minimalgewicht: 1,6 g!); Mausvögel (Coliiformes), Trogone (Trogoniformes) und Rackenartige (Coraciiformes) sind überwiegend subtropische und tropische Vögel, die Coraciiformes dringen aber auch in gemäßigte Zonen vor (Eisvögel, Bienenfresser, Racken, Wiedehopfe). Den Piciformes werden u. a. Honiganzeiger, Tukane und Spechte (Abb. 306 g) zugerechnet. Die Sperlings- oder Singvögel (Passeriformes) bilden die größte Vogelordnung und enthalten über 5100 Arten. Ihre Jungen sind Nesthocker, die sperren. Zwei große Gruppen: a) Tyranni (Abb. 306j), schwerpunktmäßig in der Neuen Welt verbreitet, relativ einfacher Syrinxapparat; b) Passeres (Abb. 306i), schwerpunktmäßig in der Alten Welt verbreitet, komplexer Syrinxapparat.

4. Klasse: Mammalia (Säugetiere)

Die Säuger sind heute durch eine Vielzahl von Merkmalen von den übrigen Wirbeltieren unterschieden: Besitz echter **Haare**, schlauch- oder traubenförmiger **Hautdrüsen**, zu denen auch die **Milchdrüsen** gehören, deren Sekret die erste Nahrung für die Jungen liefert. Im Schädel kennzeichnet die Säuger das **sekundäre Kiefergelenk** aus Dentale und Squamosum, während das primäre Kiefergelenk aus Quadratum und Articulare ins Mittelohr wandert und zu dem einen

Abb. 306 Vertreter verschiedener Vogelordnungen. **a)** *Archaeopteryx* (Jura, Solnhofen), **b)** *Apteryx* (Kiwi), **c)** *Podiceps* (Ohrentaucher), **d)** *Pygoscelis* (Adelie-Pinguin), **e)** *Ciconia* (Schwarzstorch), **f)** *Heliomaster* (Kolibri), **g)** *Dendrocopos* (Buntspecht), **h)** *Buteo* (Rauhfußbussard), **i)** *Oenanthe* (Nonnensteinschmätzer), **j)** *Tyrannus* (Königstyrann), **k)** *Bonasa* (Haselhuhn), nicht maßstabsgetreu

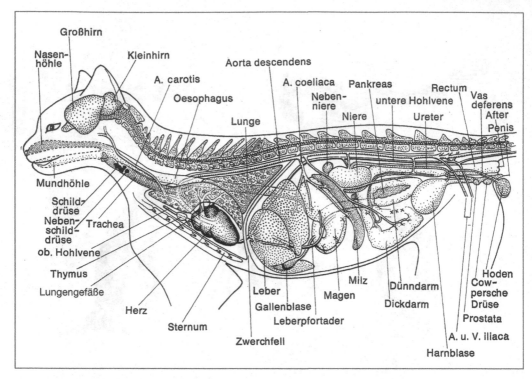

Nasenhöhle
Großhirn
Kleinhirn
A. carotis
Oesophagus
Aorta descendens
A. coeliaca Pankreas
Nebenniere
Niere
Rectum
untere Hohlvene
Ureter
Vas deferens
After
Penis
Lunge
Mundhöhle
Schilddrüse
Nebenschilddrüse Trachea
ob. Hohlvene
Thymus
Lungengefäße
Herz
Sternum
Zwerchfell
Leber
Gallenblase
Leberpfortader
Magen
Milz
Dünndarm
Dickdarm
Hoden
Cowpersche Drüse
Prostata
A. u. V. iliaca
Harnblase

Abb. 307 Bauplan eines Säugetiers (Katze)

ursprünglichen Gehörknöchelchen (**Stapes = Columella = Hyomandibulare**) noch zwei weitere hinzufügt, den **Amboss (Incus = Quadratum)** und den **Hammer (Malleus = Articulare)**. Ein Hautknochen, das Praearticulare, bildet einen kleinen Anhang am Articulare. Das Trommelfell wird von einem fast ringförmigen Knochen, dem Tympanicum, umschlossen, das später zu einem Knochenrohr unter dem Mittelohr auswächst. Es entstammt dem Unterkiefer (Angulare). Der 4. und 5. Kiemenbogen bilden den Schildknorpel, der den Sauropsiden fehlt. Im Endhirn entwickeln sich corticale Anteile des Palliums (Abb. 81) enorm. Die progressive Entfaltung neuer Hirnteile (**Neenkephalisation**) war Voraussetzung für zunehmende Plastizität des Verhaltens und vieler physiologischer Mechanismen. Vom vierkammerigen Herz geht nur ein Aortenbogen aus, und zwar der linke (bei Vögeln der rechte). Säuger sind endotherm (homoiotherm).

Viele Merkmale, die heute für Säuger charakteristisch sind, bildeten sich schon bei den ausgestorbenen Reptilvorfahren aus, z. B. das doppelte Gelenk des Hinterhauptes, dem zwei Gelenk-

pfannen am Atlas entsprechen, die Drehung des Kopfes zwischen Atlas und Epistropheus, das gegliederte Brustbein zwischen den Rippen, der knöcherne sekundäre Gaumen aus Zwischen-, Oberkiefer und Gaumenbein, die Arbeitsteilung im Gebiss mit Schneide-, Eck- und meist mehrwurzeligen Backenzähnen, der einfache Zahnwechsel mit Milch- und Dauergebiss, der Verlust zahlreicher Schädelknochen (Praefrontale, Postfrontale, Quadratojugale, Inter- und Supratemporale usw.) sowie aller Unterkieferknochen außer dem Dentale und den ins Ohr verlagerten Articulare und Praearticulare. Das muskulöse Zwerchfell ist der Hauptatemmuskel (Abb. 292). Die Säuger treten in der Oberen Trias auf, also früher als Vögel und Teleosteer. Ihre Verbindung zu den Reptilien über die Chiniquodontoidea ist gesichert. Über 100 Millionen Jahre blieben die Säuger eine nebensächliche kleine Gruppe. Sie waren früh in mehrere Linien aufgespalten: Triconodonta, Docodonta, Symmetrodonta, Multituberculata, Pantotheria. Nur die Pantotheria entwickelten sich zu den rezenten Säugern (vermutlich mit Ausnahme der Prototheria). Die starke Entfaltung begann in der Kreide und führte dazu, dass das Tertiär zum Zeitalter der Säuger wurde. Sie nahmen die zuvor von Reptilien besetzten Nischen ein. Ihre Entfaltung wurde durch Angiospermen und den mit diesen verbundenen Entwicklungsschub der Insekten begünstigt. Die frühen Säuger waren nachtaktive Insektenfresser.

1. Unterklasse: Prototheria (Monotremata, Kloakentiere)

Diese innerhalb der rezenten Säugetiere isoliert stehende Gruppe ist mit zwei Familien in Australien und Neuguinea vorhanden: den Schnabeltieren (Ornithorhynchidae) mit der einen Gattung *Ornithorhynchus* und den Ameisenigeln (Tachyglossidae = Echidnidae) mit zwei Gattungen *(Tachyglossus, Zaglossus)*. Sie sind in ihrer Organisation die primitivsten Säugetiere: Sie legen Eier, die bei Ameisenigeln in einem Brutbeutel getragen werden; das Mammaorgan mündet ohne Zitzenbildung in einem Drüsenfeld aus; die Coracoide erreichen das Brustbein, eine Interclavicula (Episternum) ist vorhanden, Halswirbel tragen noch Rippen; Genitalmündungen und After liegen in einer Kloake. Daneben sind alle Gattungen spezialisiert: Zähne sind nur noch in embryonalen Resten *(Ornithorhynchus)* vorhanden, die Kiefer tragen einen Hornschnabel. *Ornithorhynchus* ist ein gründelndes Wassertier, die Tachyglossidae sind Ameisenfresser mit langer Zunge und einem Stachelkleid.

2. Unterklasse: Theria

Die lebend gebärenden Säuger werden als Theria zusammengefasst. Sie weisen viele gemeinsame anatomische, physiologische und biochemische Merkmale auf und enthalten die Metatheria (Beuteltiere) und die Eutheria (Placentalia) sowie ausgestorbene Gruppen. Sie gehen auf die mesozoischen (Jura bis Unterkreide) Pantotheria zurück.

Metatheria (Marsupialia, Beuteltiere)

Sie bewahren eine Reihe primitiver Merkmale. Die Jungen werden sehr unvollkommen geboren und haben angeheftet an die Zitzen der Mutter eine zweite Pflegezeit am Körper. Hier sind sie meist in einem Beutel eingeschlossen, der sich oft nach vorn, mitunter aber auch nach hinten öffnet. Die Jungen der etwa 2 m hohen Riesenkänguruhs werden etwa 30 bis 40 Tage nach der Paarung geboren. Sie wiegen dann etwa 1 g; im Beutel erreichen sie in sechs bis acht Monaten ein Gewicht von 4 kg, danach können sie weitere sechs Monate oder länger gesäugt werden. Im Gehirn ist der Balken (Corpus callosum) noch klein. Im Gebiss sind pro Kieferhälfte bis fünf Schneidezähne und bis vier Molaren vorhanden, aber nur ein Zahn, der letzte Prämolar, wird gewechselt. Eigenartig ist die oft zweigeteilte Vagina, der eine Gabelung des Penis entspricht. Hodensack vor dem Penis. Die Placentabildungen sind einfacher als bei Eutheria; verbreitet kommen Dottersackplacenten vor, bei Perameliden existiert eine allantoigene Placenta. Hier handelt es sich um Konvergenzen zu den Verhältnissen bei Eutheria. Die Dottersackplacenta liegt der Uteruswand glatt an, die Serosa bildet keine Zotten.

Heute sind die Beuteltiere auf das australische Gebiet incl. Sulawesi (Celebes), aber excl. Neuseeland, und auf Amerika beschränkt, fossil sind sie aus Kreide und Tertiär Nordamerikas, Südamerikas und Europas bekannt. Parallel zu den Eutheria haben die Beuteltiere viele Lebensformtypen entwickelt. Es gibt Beutelratten, Beutelmarder, Beutelmaulwurf *(Notoryctes)*, Beuteldachse (Peramelidae), einen Beutelwolf *(Thylacinus,* Abb. 185c), mehrere Beutelflughörnchen *(Petaurus, Acrobates);* nur ins Wasser sind sie wenig vorgedrungen *(Chironectes).* Fossil gab es sogar einen Säbelzahnbeutler in Südamerika *(Thylacosmilus)* und nashorngroße Pflanzenfresser *(Diprotodon)* im Pleistozän Australiens.

Die systematische Gliederung ist umstritten. Formen mit der normalen Zahl der Schneidezähne (5) werden oft als Polyprotodontia, solche mit reduzierter Zahl der unteren Incisiven als Diprotodontia bezeichnet. Die normal hohe Incisivenzahl ist aber nur ein Primitivmerkmal. Ein weiteres Merkmal, das bei der systematischen Gliederung Berücksichtigung findet, ist die Verschmelzung von 2. und 3. Zehe des Fußes zu einer Putzklaue (Syndaktylie). Fuß- und Zahnmerkmale sind nicht durchgehend zur Deckung zu bringen. Oft wird jetzt innerhalb der Metatheria nur noch eine Ordnung Marsupialia geführt mit einer sehr unterschiedlichen Zahl von Überfamilien, unter denen die Didelphoidea eine zentrale Stellung einnehmen.

Überfamilie Didelphoidea, Beutelratten, v. a. Südamerika, nördlich bis Kanada. Polyprotodontes Gebiss. *Didelphis* u. a. (Abb. 166i).

Überfamile Caenolestoidea, spitzmausähnlich, Bergwälder der Anden.

Überfamilie Dasyuroidea, Beutelmarder, Australien. Polyprotodontes-Gebiss. *Dasyurus, Sarcophilus* (Beutelteufel), *Myrmecobius* (Ameisenbeutler).

Überfamilie Notoryctoidea (Beutelmulle), Australien, unterirdische Lebensweise, die der des Maulwurfs ähnelt. *Notoryctes.*

Überfamilie Perameloidea, Nasenbeutler, Australien und v. a. Neuguinea, Gebiss polyprotodont. Syndaktylie von 2. und 3. Zehe.

Überfamilie Phascolarctoidea (Beutelbären), Australien, mit dem Koala (*Phascolarctos*).

Überfamilie Vombatoidea, Australien, mit dem bodenlebenden, grabenden Wombat.

Überfamilie Phalangeroidea, Australien bis Sulawesi, Incisivenzahl reduziert, unten ein Incisivenpaar, oft nagezahnartig vergrößert, Syndaktylie, Zehe 4 und 5 lang, der Fortbewegung dienend. Hierbei gehören viele Formen mit verschiedener Lebensweise: die Känguruhs (Macropodidae) mit über 60 Arten, die Petauridae (u. a. mit den Gleitfliegern *Petaurus* und *Schoinobates*) u. a.

Überfamilie Tarsipedoidea, mit *Tarsipes*, dem kleinen Honigbeutler, der sich von Pollen, Nektar und Insekten ernährt.

Eutheria (Placentalia)

Sie haben sich im Tertiär explosiv zur größten Gruppe der Säuger entwickelt, sodass das Tertiär zum Zeitalter der Säugetiere wurde. Aus der Oberen Kreide sind nur einige Reste von Insectivoren bekannt, das primitive *Deltatheridium* und einige Igelartige, doch muss schon in dieser Zeit die Aufspaltung in die Hauptordnungen erfolgt sein. Die Eutheria haben eine Allantochorion-Placenta, die Jungen werden auf unterschiedlichen Entwicklungsstadien geboren. Es gibt »Nesthocker«, die ohne Fell mit geschlossenen Augen geboren werden und daher zunächst in einem Lager betreut werden (Raubtiere, Kaninchen, manche Nager), daneben aber viele Nestflüchter, deren Junge bald nach der Geburt laufen und sehen können (Huftiere, Meerschweinchen u. a.). Das Großhirn enthält ein gut entwickeltes Corpus callosum, die Zahnformel war ursprünglich 3.1.4.3 in jedem Halbkiefer, also drei Schneidezähne, ein Eckzahn, vier Prämolaren, drei Molaren. Das Milchgebiss ist vollständig, alle Zähne mit Ausnahme der Molaren werden gewechselt. Terrestrische Eutheria fehlen der australischen Region mit Ausnahme mancher Ratten und Fledermäuse. Wie bei vielen anderen Tiergruppen ist auch die Systematik der Eutheria noch nicht befriedigend abgeklärt.

1. Ordnung: **Insectivora**, Insektenfresser. Gruppe ursprünglicher Eutheria. Sieben rezente Familien, deren Verwandtschaftsbeziehungen noch umstritten sind. Die Tenrecidae leben noch relativ zahlreich auf Madagaskar; die Potamogalidae sind otterähnliche Wasserbewohner Afrikas; die Solenodontidae sind auf Kuba und Haiti zu finden; die Chrysochloridae (Goldmulle) leben ähnlich Maulwürfen in lockeren Böden im mittleren und südlichen Afrika; die Erinaceidae umfassen die Igel der Alten Welt (außer Australien); die Soricidae (Spitzmäuse, Abb. 308h) bewohnen verschiedenartige Habitate Eurasiens, Afrikas und Amerikas; die Talpidae (Maulwürfe) leben mehrheitlich unterirdisch in Eurasien und Nordamerika.

2. Ordnung: **Macroscelidea**, mit den Elefantenspitzmäusen und Rüsselhündchen Afrikas.

3. Ordnung: **Dermoptera** (Pelzflatterer), mit der einen Gattung *Cynocephalus = Galeopithecus* in Südostasien. Sie sind geschickte Gleitflieger mit umfangreicher Flughaut.

4. Ordnung: **Chiroptera** (Fledermäuse, Abb. 308a), fast 1 000 Arten. Ihre Flughaut wird von vier langen Fingern gestützt, der Daumen bleibt frei. Als Dämmerungstiere konnten sie sich neben den Vögeln entwickeln. Ihr Sehvermögen ist gering, aber sie haben durch Ausstoßen von Ultraschall durch Mund und Nase und das Auf-

Abb. 308 Vertreter verschiedener Säugetierordnungen. **a)** *Myotis* (Grossmausohr), **b)** *Canis* (Schabrackenschakal), **c)** *Callimico* (Springtamarin), **d)** *Sciurus* (Eichhörnchen), **e)** *Oryx* (Oryx-Antilope, Spießbock), **f)** *Tolypeutes* (Kugelgürteltier), **g)** *Eubalaena* (Südkaper), **h)** *Crocidura* (Hausspitzmaus), nicht maßstabsgetreu

nehmen des Echos durch das Ohr ein Ortungs-
vermögen entwickelt, das ihnen das Fangen von
fliegenden Insekten ermöglicht. Das Junge wird
von der Mutter getragen. Die **Flughunde (Mega-
chiroptera,** Pteropidae) der Alten Welt sind
Fruchtfresser. Die weltweit verbreiteten **Micro-
chiroptera,** z. B. mit Vespertilionidae und Rhinolophidae sind vorwiegend Insektenfresser, einige
aber Blütenbesucher und -bestäuber, manche
fangen Fische, jagen kleine Fledermäuse und
Vögel; *Desmodus* u. a. in Südamerika nimmt Blut
auf, auch von Menschen.

5. Ordnung: **Scandentia** (Tupaioidea), die Spitz-
hörnchen Süd- und Südostasiens. Sie zeigen
einige ursprüngliche Gemeinsamkeiten mit den
Primaten, molekular liegen einige Übereinstimmungen mit Lagomorphen vor.

6. Ordnung: **Primates.** Die Gruppe der Primaten umfasst Halbaffen, Affen und den Menschen. In ihrem Bau, z. B. dem der Extremitäten
und der Zähne, bleiben sie recht primitiv. Als
primär typische Baumtiere sind bei ihnen die
Augen Hauptsinnesorgane, sie werden zunehmend nebeneinander gestellt und nach vorn gerichtet. Die Riechfunktion nimmt ab, sie sind
meist mikrosmatisch. Das Gehirn, speziell das
Endhirn, ist bei den höheren Formen hochent-
wickelt. Die Primaten schließen eng an die Insectivoren an. Heute leben zwei Unterordnungen.

I. Strepsirhini

1. **Lemuriformes (Lemuren):** nur auf Madagaskar, im Eozän aber in Nordamerika und Eurasien. Das ringförmige Tympanicum ist einwärts verlagert. Hierher gehören *Lemur, Indri*
und das Fingertier *(Daubentonia).*
2. **Lorisiformes:** Kontinentalafrika und Süd-
und Südostasien. Das Tympanicum bildet den
äußeren Teil des Gehörganges. Die Buschbabys
(Galagidae) Afrikas sind Springkletterer, die
Loris (Lorisidae) Süd- und Südostasiens *(Nycti-
cebus, Loris)* und Afrikas *(Arctocebus, Perodicti-
cus)* träge Kletterer mit Zangenfüßen.

II. Haplorhini

1. **Tarsiiformes (Gespenstmakis):** mit *Tarsius* in
SO-Asien, spezialisierten bipeden Springern mit
verlängerten Hinterbeinen und Haftballen an

den Zehen. Die Augen sind extrem vergrößert.
Placenta haemochorial. Im Eozän auch in Europa.

Die Lemuri-, Lorisi- und Tarsiiformes werden
oft als **Halbaffen** bezeichnet, doch stimmen die
Tarsioidea in mehreren Merkmalen mit den
Affen überein (z. B. verwachsene Frontalia,
Oberlippen ohne Drüsenhaut [Rhinarium] zwischen Nasenöffnung und Mund), sodass sie
meist als Haplorhini vereint werden. Lemuroidea
und Galagoidea werden dann als Strepsirhini
zusammengefasst (Schleimhautstreifen zwischen
Mund- und Nasenspiegel, epitheliochoriale Placenta und andere Gemeinsamkeiten).

2. **Simiae (Affen).** Gehirn groß, Augen nach vorn
gerichtet, Riechepithel und Nasenmuscheln
klein, mimische Muskulatur und Ausdrucks-
fähigkeit des weit gehend nackten Gesichtes stark
entwickelt. Augenhöhle von der Schläfengrube
durch eine Knochenwand getrennt.

Die Affen waren ursprünglich Lauf- und
Springkletterer, mehrere sind Hangler (Brachia-
toren) geworden, die sich mit den verlängerten
Armen von Ast zu Ast schwingen, z. B. Gibbons
und *Ateles.* Viele Arten haben die Fähigkeit, biped
auf den Hinterbeinen zu laufen, z. B. Gibbons,
Pongidae, in Amerika *Pithecia* und *Ateles.* Diese
Bipedie ist bei den Menschen die normale Bewe-
gungsweise. Die Affen sind von einer Schicht
eozäner Primaten abzuleiten, die in den Nord-
kontinenten verbreitet waren (*Anaptomorphus,
Washakius, Cantius* u. a.). Im Oligozän Ägyptens
finden wir neben primitiven Affen (Parapitheci-
dae) bereits echte Menschenaffen (*Aegyptopithe-
cus),* die im Miozän in der Alten Welt verbreitet
waren. Die Cercopithecoidea breiteten sich erst
im Pliozän stark aus. Unklar ist, wie die Affen
nach Südamerika gelangt sind.

a. **Platyrhini (Breitnasen).** Süd- und Mittelamerika. Drei Prämolaren vorhanden. Tympanicum
ringförmig, Nasenlöcher meist auseinander gerückt (Breitnasen), nur Baumbewohner. Mehrere Familien. Callitrichidae: Kleinste Affen
(Abb. 308c), drei Prämolaren, meist zwei Molaren, häufig Zwillingsgeburten, oft bunte Haar-
trachten. Cebidae (Kapuzineraffen), Alouattidae
(Brüllaffen) und Atelidae (Spinnenaffen, Klam-
meraffen, Wollaffen) besitzen einen Greifschwanz
als fünfte Hand. Pitheciidae (Schweifaffen) mit
Spezialisierungen im Gebiss (»Kamm«, Fältelung
der Molarenoberfläche). *Callicebus* (Springaffe)

und *Aotes* (Nachtaffe) stellen relativ primitive Formen dar, die je in eigene Familien gestellt werden können.

b. Catarhini (Schmalnasen). Altweltaffen, zwei Prämolaren, drei Molaren.

Zwei große Entwicklungslinien, die Cercopithecoidea (= Cynomorpha) und die Hominoidea (= Anthropomorpha), lassen sich unterscheiden. Eine dritte Linie (Oreopithecoidea) wird durch *Oreopithecus* aus dem Miozän der Toscana repräsentiert; sie starb ohne Nachkommen aus.

Die Cercopithecoidea sind durch zwei Querjoche auf den Molaren gekennzeichnet und entfalteten sich in großer Artenzahl seit dem Mio- und Pliozän. Sie lassen sich heute in zwei Familien gliedern.

Die Colobidae (Blätteraffen, Languren) mit *Colobus* in Afrika, *Trachypithecus, Presbytis* u. a. in Süd- und Südostasien sind Blätterfresser mit durch kräftige Muskelzüge gegliedertem Magen. Die Cercopithecidae (Meerkatzenartige) besitzen oft Backentaschen. Sie sind heute mit Meerkatzen *(Cercopithecus),* Makaken *(Macaca),* Mangaben *(Cercocebus)* und Pavianen *(Papio, Theropithecus)* die verbreitetste Affengruppe und leben in Afrika, Süd-, Südost- und Ostasien. Sie sind mehrfach zu weit gehendem Leben am Boden übergegangen.

Den Hominoidea lassen sich zwei Familien zuordnen: die Hylobatidae (mit den Gibbons SO-Asiens) und die Hominidae (mit den rezenten Formen Orang-Utan, Schimpanse, Gorilla und dem Menschen). Die Hominiden gliedern sich in: 1. die im Miozän und wohl schon früher verbreiteten fossilen Dryopithecinae, in denen die anderen Unterfamilien vermutlich wurzeln; 2. die schon relativ lange einen Eigenweg verfolgenden Ponginae (mit den fossilen *Ramapithecus, Sivapithecus* und *Gigantopithecus* und dem rezenten Orang Utan); 3. die Homininae mit Gorilla, Schimpanse und Mensch mit *Homo* und dem ausgestorbenen *Australopithecus*.

Der Orang-Utan *(Pongo pygmaeus)* lebt in nur noch geringer Zahl auf Borneo und Sumatra, war aber im Pleistozän weit über Südostasien verbreitet. Die Orangs leben familienweise oder solitär und sind vorwiegend Hangler. In Zentralafrika kommen Gorilla *(Gorilla)* und Schimpanse *(Pan)* vor. Letztere leben in Horden und sind anatomisch und genetisch dem Menschen besonders ähnlich.

Die Menschen und die afrikanischen Menschenaffen besitzen zahlreiche anatomische und biochemische Übereinstimmungen und sind daher eng verwandt. Aufgrund von Berechnungen aus Vergleichen von Proteinen haben sich die Menschen und die afrikanischen Menschenaffen vor ca. 4,5 bis 8 Millionen Jahren getrennt. Zufolge des DNA-Vergleiches haben sich Schimpanse und Mensch vor ca. 6 Millionen Jahren auseinander entwickelt. Die anatomischen Besonderheiten der Menschen sind der aufrechte Gang mit angelegter großer Zehe, die Umformung des Beckens, die Zunahme des Stirnhirns sowie die Verkleinerung der Eckzähne und vorderen Prämolaren. Bei den genannten Merkmalen handelt es sich um eine Auswahl, und es sei hervorgehoben, dass sie nicht gleichzeitig entstanden. Der aufrechte Gang ist älter als die Zunahme des Schädelvolumens.

Die ältesten sicher bekannten Menschen werden den ausgestorbenen Gattungen *Ardipithecus* und *Australopithecus* zugeordnet. Sie sind 4 bis 4,5 Millionen Jahre alt, stammen aus Süd- und Ostafrika und lassen sich bis in den Zeitraum vor ca. 1 Million Jahre verfolgen. Die Australopithecinen gingen aufrecht (Anatomie des Beckens, der Bein- und Fußknochen, Nachweis ca. 3,5 Millionen Jahre alter Fußabdrücke aus Tansania), hatten aber noch ein kleines Schädelvolumen (ca. 500 cm^3). Das Gebiss war im Wesentlichen menschlich, zeigte aber mit den großen Backenzähnen auch Eigenmerkmale. Die Gattung *Australopithecus* lässt zwei Formentypen erkennen: kleinere grazile und kräftigere robuste. Die robusten Formen *Australopithecus robustus, A. aethiopicus* und *boisei* sind jünger als die grazileren Arten und waren vermutlich Pflanzenfresser. Die grazilen Formen (die Artenzahl ist umstritten; genannt seien *A. africanus* in Südafrika und *A. afarensis* in Nordost- und Ostafrika) traten als erste Menschen auf und sind nicht nur Ursprung der robusten Formen, sondern auch der Gattung *Homo*, deren systematische Gliederung besonders umstritten und noch vielfach hypothetisch ist. Diese ist besonders durch die rasch verlaufende Hirnvergrößerung gekennzeichnet und ist mit den Arten *Homo habilis* (Hirnvolumen ca. 600–770 cm^3) und *H. rudolfensis* seit ca. 2 Millionen Jahren in Süd- und Ostafrika nachgewiesen. *Homo habilis* lebte zusammen mit den robusten *Australopithecus*-Formen und war vermutlich der Hersteller von einfachen Stein- und

Knochenwerkzeugen, die seit gut 2 Millionen Jahren angefertigt wurden. Aus *Homo habilis* entwickelte sich in Afrika vor ca. 1,5 Millionen Jahren *Homo ergaster*. Er hatte ein deutlich größeres Gehirn (durchschnittlich ca. 1 000 cm³) als *Homo habilis*, war Großwildjäger und breitete sich nach Asien (China, Java) aus. Die ost- und südostasiatischen Formen (Peking-Mensch, Java-Mensch) werden in der Art *Homo erectus* zusammengefasst. Sie sind eng mit *H. ergaster* verwandt, beherrschten das Feuer und waren Großwildjäger. Sie lebten vermutlich in einem Zeitraum von vor gut 1 Million Jahren bis ca. vor 40 000 Jahren. Es ist nicht sicher, ob diese Art auch in Europa vorkam. Die in Frage kommenden Funde (Mauer bei Heidelberg, in Ungarn, Spanien und Griechenland) sind 600 000 bis 400 000 Jahre alt und werden derzeit *H. heidelbergensis* zugeordnet.

Aus *H. heidelbergensis* ist in Europa vermutlich vor ca. 250 000 Jahren der Neandertaler (*H. neanderthalensis*) entstanden. Sein Körperbau war kräftig, die Überaugenwülste deutlich ausgeprägt. Die Neandertaler besaßen hoch entwickelte Gerätschaften aus Stein, Knochen und Holz und bestatteten ihre Toten. Sie waren gut an das Klima der letzten Eiszeit angepasst und starben vor ca. 30 000 Jahren aus. Möglicherweise hielten sie dem Konkurrenzdruck der vor ca. 40 000 Jahren nach Europa einwandernden modernen Menschen (*H. sapiens*) nicht stand.

Homo sapiens, unsere eigene Art, hat sich vermutlich vor ca. 200 000 bis 150 000 Jahren in Afrika entwickelt. Sein Hirnvolumen beträgt ca. 1 250–1 450 ccm (das des Neandertalers ca. 1 250–1 750).

Der moderne Mensch ist in Europa seit ca. 40 000 Jahren nachweisbar. Bekannte Fundstellen liegen z. B. in Südfrankreich, Süddeutschland und Tschechien.

Australien wurde vor ca. 50 000, Ostasien vor ca. 67 000, Amerika vermutlich erst vor 20 000 Jahren (dieser Zeitpunkt ist besonders umstritten; Vermutungen schwanken zwischen 15 000 und 30 000 Jahren) besiedelt.

7. Ordnung: Carnivora (Raubtiere). **1. Unterordnung: Fissipedia** (Landraubtiere), sind durch Krallen, die reduzierten oder fehlenden ersten Zehen, den Brechscherenapparat im Gebiss aus dem letzten oberen Prämolaren (P⁴) und dem ersten unteren Molaren (M₁) charakterisiert. Nicht alle Raubtiere sind Fleischfresser, viele sind Allesfresser (Bären, Dachse), einige Insektenfresser (*Proteles*), der Panda ist Pflanzenfresser. Zwei Überfamilien.

1. Canoidea
Mustelidae (Marder), sehr alte Gruppe mit zahlreichen Gattungen, z. B. Marder (*Martes*), Wiesel, Iltis, Nerz (*Mustela*), Dachs (*Meles*), Stinktieren (*Mephitis*, u. a.), Vielfraß (*Gulo*) im Übergang zum Wasserleben den Fischottern (Lutrinae) und dem Seeotter (*Enhydra*), der ein echtes Meerestier geworden ist. Die Kleinbären (Procyonidae) sind in Amerika verbreitet. Hierzu gehören Waschbär (*Procyon*), Nasenbär (*Nasua*), Wickelbär (*Potos*). Zu den Ailuridae rechnet man den Kleinen Panda (*Ailurus*) Asiens. Die Bären (Ursidae) sind weit verbreitet (excl. Australien und Afrika). Aufgrund der vielen Gemeinsamkeiten in der Weichteilanatomie darf auch der Große Panda (*Ailuropoda*) Chinas zu den Ursiden gerechnet werden. Die Canidae (Hunde, Abb. 308b) leben in allen Kontinenten mit Wolf, Fuchs, Schakalen usw. Der australische Dingo wurde von Menschen mitgebracht.

2. Feloidea
Katzen (Felidae) leben in allen Kontinenten excl. Australien. Neben kleineren Wildkatzen gehören hierher größere Formen wie Luchs, Löwe, Jaguar, Tiger und Gepard. Die Viverridae (Schleichkatzen) sind eine vielgestaltige Gruppe. Sie leben in den warmen Gebieten der Alten Welt meist als Bodenbewohner. Hierher gehören Ginsterkatzen (*Genetta*), Zibetkatzen (*Viverra*) und Mungos. Die altertümliche madagassische *Cryptoprocta* lässt sich einer eigenen Familie zuweisen: Cryptoproctidae (Frettkatzen). Die Hyaenidae (Hyänen) sind geologisch jung und leiten sich von miozänen Schleichkatzen her. Sie sind heute auf Afrika und Vorderasien beschränkt und enthalten Tüpfelhyäne (*Crocuta*), Streifenhyäne (*Hyaena*) sowie Erdwolf (*Proteles*), der Termitenfresser ist.

2. Unterordnung: Pinnipedia (Robben). Sie sind Meerestiere, die nur lokal ins Süßwasser vorgedrungen sind (Ladogasee, Baikalsee). Zur Fortpflanzung suchen sie das Land oder Eisflächen auf. Hier erfolgt die Geburt und kurz darauf die neue Begattung. Die fünffingerigen Extremitäten sind durch eine Schwimmhaut zu Flossen geworden; der Schwanz ist kurz. Die Zähne sind vereinfacht.

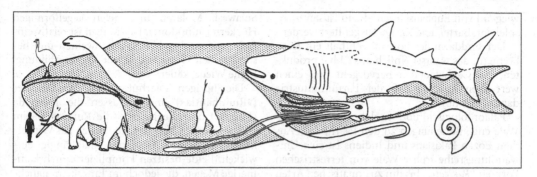

Abb. 309 *Homo sapiens* im Vergleich zu besonders großen Tieren: Strauß (über 2 m Körperhöhe, 150 kg), Elefant (über 3 m Körperhöhe, 6 000 kg), *Brontosaurus* (25 m lang), Walhai (18 m lang, 10 000 kg), großer Tintenfisch (18 m lang), Ammonit (Durchmesser über 2 m) und Blauwal (33 m lang, 136 000 kg)

1. **Ohrenrobben, Seelöwen (Otariidae)**. Mit äußeren Ohren, Hinterbeine dienen noch zur Fortbewegung an Land, Hals lang. *Zalophus*, *Arctocephalus*.
2. **Walrosse (Odobenidae)** mit großen Eckzähnen. Eine Gattung *(Odobenus)* in arktischen Meeren.
3. **Seehunde (Phocidae)**. Ohne äußere Ohren, Hals kurz, hintere Flossen können nicht mehr nach vorn gewendet werden. *Phoca*, *Cystophora*, *Mirounga* (See-Elefant), *Lobodon* (Krabbenfresser; Antarktis).

8. Ordnung: **Cetacea** (Wale). Die Wale sind bis auf die Luftatmung völlig dem Wasserleben angepasste Säuger. Sie werden in zwei Unterordnungen gegliedert: **Odontoceti (Zahnwale) und Mysticeti (Bartenwale)**, denen die größten rezenten Wirbeltiere angehören (Abb. 309). Die meisten sind marin, nur wenige Formen in Flüssen *(Platanista, Inia)*. Ihr Unterhautfettgewebe kann sehr dick sein (an einigen Körperstellen bis zu 30 cm), dadurch ist die Wärmeabgabe in kaltem Wasser sehr gering. Die recht locker gebauten Knochen sind sehr fettreich, ihr Fettgehalt macht ca. 50% des Skeletgewichtes aus. Der Riechsinn ist vielfach verloren gegangen. Der äußere Gehörgang ist reduziert. Schalleitung erfolgt über Knochen, besonders über die relativ locker am Schädel befestigte porzellanähnliche knöcherne Kapsel um Innen- und Mittelohr (Tympano-Perioticum). Die Zahnwale besitzen ein hoch entwickeltes Gehirn, was v. a. auf Vergrößerung akustischer Zentren zurückgeht. Bei den Zahnwalen wechselt die Zahnzahl von über 200 *(Delphinus)* bis zwei (Narwal), von denen bei

dieser Art einer hypertrophiert ist. Auch die Bartenwale besitzen embryonal Zähne, die aber nicht durchbrechen. Von Gaumenleisten wachsen bei ihnen randlich ausgefranste Hornplatten aus (Barten), die als Planktonfilter dienen (Abb. 98c). *Balaenoptera* besitzt davon ca. 8 000, die jeweils 2 m lang sind. Der Magen ist im Allgemeinen gekammert; in der ersten Kammer sind oft Steine und Sand vorhanden. Die Lungen liegen verhältnismäßig weit dorsal, das Capillarnetz ihrer Alveolen ist besonders dicht. Verbreitet sind arterielle Wundernetze, deren Funktion nicht bekannt ist (auch bei Ottern und vielen Robben). Der Herzschlag ist relativ langsam, bei *Tursiops* beträgt er beim tauchenden Tier 50/min, beim aufgetauchten 110/min, beim Beluga 16/min und 30/min. Die Tauchdauer kann 120 min betragen, die Tauchtiefe kann beim Pottwal 1000 m weit übertreffen. Die Muskeln besitzen eine hohe Sauerstoffspeicherkapazität, ebenso ist die Zahl der Erythrocyten erhöht (9 Millionen/mm³).

Wale gebären meist nur ein Junges, das bis zu zehn Monate gesäugt wird. Die Milch, die in den Mund des kleinen Wales eingespritzt wird, enthält 20–50% Fett, 11% Eiweiß und 1–2% Lactose. Wenige Formen *(Kogia, Platanista)* leben solitär, die übrigen Formen in Gruppen (Familien bis Schulen von über 1 000). Die Kommunikation erfolgt über Schall bzw. Ultraschall (500 bis ca. 200 000 Hz). Alle Wale sind Fleischfresser, die Zahnwale ernähren sich v. a. von Fischen, *Orcinus* von Pinguinen, Robben und Walen. Die Belugas *(Delphinapterus)* und Narwale *(Monodon)* bevorzugen eine ausgewählte Nahrung aus Fischen, Krabben, Hummern und Tintenfischen. Die Bartenwale (Abb. 308 g) ernähren sich vorwiegend von Euphausiaceen, die in Zusammenspiel von Barten und Zunge ausgefiltert werden.

Der Enddarm der Pottwale enthält ein Konkrement, das wahrscheinlich aus Abbauprodukten von Cephalopoden hervorgeht und einen wertvollen Ausgangsstoff der Parfümindustrie darstellt (Ambra).

Paläontologisch und molekular zeigen die Wale enge Beziehungen zu den Paarhufern. Aus dem Eozän Pakistans und Indiens ist eine Umwandlungsreihe früher Wale von terrestrischen Formen (*Pakicetus*) bis hin zu aquatischen Arten (z. B. *Dorudon*) bekannt geworden.

Die folgenden Ordnungen (9–18) werden oft gemeinsam Huftiere (Ungulata) genannt. Ihr Ursprung liegt wahrscheinlich in den frühtertiären **Condylarthra** (Urhuftiere). Erst innerhalb der Condylarthra entstehen Hufe, mit denen sie beim Laufen den Boden berühren. Die Zahl der Zehen wird auf zwei oder eine reduziert. Die Mehrzahl sind Pflanzenfresser. Sie komplizieren die Molaren durch Vermehrung von Höckern und Falten, die Molaren werden v. a. bei Grasfressern hochkronig (hypsodont), die Eckzähne werden oft reduziert. Im Laufe des Tertiärs entwickeln die Huftiere immer neue Formenreihen. Viele von ihnen, sogar ganze Ordnungen, sind ausgestorben. In Südamerika entfalteten sich die **Litopterna,** die wie die Pferde einzehig wurden (*Thoatherium*), die plumpen **Notoungulata, Pyrotheria,** in Afrika die **Embrithopoda** (9.–12. Ordnung). Es ist eine abgewandelte Gruppe erhalten, die Erdferkel (**Tubulidentata,** 13. Ordnung) Afrikas mit der Gattung *Orycteropus;* plumpe Tiere mit langen Krallen an den vier Fingern und fünf Zehen. Zähne ohne Schmelz und Wurzeln mit Dauerwachstum; sie bestehen aus parallelen Röhren aus Dentin. Vorderzähne rudimentär. Sie graben sich Höhlen und leben von Termiten.

14. Ordnung: Artiodactyla (Paarhufer). Sie sind heute die artenreichste und verbreitetste Gruppe der Huftiere. Ihre Zehen 3 und 4 sind verlängert, tragen den Körper und bleiben bei Tylopoden die einzigen Zehen. Primitiv sind die **Nonruminantia (Suiformes)** mit den afrikanischen Flusspferden (Hippopotamidae), den amerikanischen Nabelschweinen (Tayassuidae) und den altweltlichen Schweinen (Suidae). Die Zahnzahl zeigt in diesen Gruppen kaum Reduktionen. Die Eckzähne sind groß, die oberen bei Suidae als Hauer nach oben gebogen, extrem beim Hirscheber von

Sulawesi. Molaren mit vielen kegelförmigen Höckern (bunodont). Der Magen ist relativ einfach gebaut, aber bei Nabelschweinen und besonders den Flusspferden mit Kammerbildung. Keine Wiederkäuer.

Die übrigen Paarhufer sind **Wiederkäuer** (»**Ruminantia**«) und umfassen die **Tylopoda** (Kamele) und die **Pecora** (die Ruminantia im engeren Sinne). Vermutlich hat sich das Wiederkäuen in beiden Gruppen unabhängig entwickelt. Beide besitzen komplizierte mehrkammerige Mägen, die jedoch im Einzelnen manche Unterschiede aufweisen.

Die **Tylopoda** (Kamele), heute nur noch mit *Camelus* (Dromedar und Trampeltier) in der Alten Welt und *Lama* (Guanako und Vikunja) in den Andenländern, waren im Tertiär artenreicher und weit verbreitet.

Die **Pecora** reduzieren die oberen Schneidezähne, die unteren bilden zusammen mit dem Eckzahn eine Schneide, die gegen eine verhornte Leiste des Oberkiefers arbeitet. Eine primitive Familie ohne Hörner und Geweih, aber mit großem oberem Eckzahn sind die Tragulidae (Zwerghirsche, Südasien, Westafrika). Ebenfalls geweih- und hornlos sind das Moschustier (Gattung *Moschus*) Südasiens und das Chinesische Wasserreh *(Hydropotes),* die der Familie der Cervidae (Hirsche) zugerechnet werden, bei denen sonst die männlichen (beim Ren auch die weiblichen) Tiere ein Geweih tragen, das jährlich gewechselt wird. Das Geweih ist zunächst mit Fell überzogen, das dann beim »Fegen« abgerieben wird, sodass der Knochen freiliegt. Die Antilocapridae Nordamerikas mit gegabelten Hörnern mit Hornscheide und mit jährlichem Abwurf leiten zu den Bovidae über, die bleibende Hörner mit Knochenzapfen und Hornschale besitzen. Ihnen gehören die Rinder *(Bos),* Schafe *(Ovis),* Ziege und Steinbock *(Capra),* Gemse *(Rupicapra)* und zahlreiche Antilopen (u. a. *Gazella, Oryx* [Abb. 308e], *Connochaetes, Addax, Kobus, Saiga)* an. Die Giraffidae mit den Gattungen *Giraffa* und *Okapia* besitzen Hörner, deren Knochenzapfen nur mit Fell überzogen ist (bei alten Okapimännchen meist abgescheuert). Sie leben heute nur noch in Afrika, waren im Tertiär in der Alten Welt weit verbreitet.

15. Ordnung: Perissodactyla (Unpaarhufer). An Vorder- und Hinterfüßen wird die 3. Zehe vorherrschend. Die oberen Schneidezähne bleiben meist kräftig, sodass die Vorderzähne ein Beißgebiss und nicht ein Rupfgebiss wie bei den Wiederkäuern bilden. Canini reduziert, Clavicula fehlt, Magen einfach, großes Caecum (30 l beim Pferd).

Die Unpaarhufer lassen sich in Hippomorpha und Ceratomorpha gliedern.

Hippomorpha, heute mit einer Familie, den Equiden (Pferde, Esel, Zebras, Onager). Steppentiere, Grasfresser, leben in Herden (Harems), Afrika, Zentral- und Westasien. Im Tertiär weit verbreitet mit Steppen- und Waldbewohnern.

Ceratomorpha, mit Tapiren und Nashörnern. Fressen bevorzugt Laub und Kräuter. Die heutigen Formen der Tapire besitzen vorne noch vier, hinten drei Zehen. Ausbildung eines kurzen Rüssels. Schabrackentapir im indomalaiischen Gebiet, drei Arten in Lateinamerika. Die Nashörner besitzen stark verdickte und verhornte Haut (bis 6 cm), oft tragen sie Hörner, die epidermale Gebilde sind und bei Verletzungen nachwachsen. Bereits im Tertiär sehr große Formen: *Baluchitherium* war das größte landlebende Säugetier überhaupt. Heute drei Arten in SO-Asien, zwei in Afrika. Sie sind weitgehend haarlos, bis auf *Dicerorhinus* (SO-Asien) und das verwandte Wollnashorn der Eiszeit. Die asiatischen Nashörner sind weit gehend ausgerottet, die afrikanischen stark gefährdet.

Unter dem Namen **Subungulata** werden drei Säugetierordnungen zusammengefasst, deren heutige Vertreter einander äußerlich sehr unähnlich sind: die Elefanten, Seekühe und Klippschliefer. Diese Gruppe besitzt jedoch spezielle anatomische und molekulare Übereinstimmungen, und ihre eo- und oligozänen Vorfahren sind einander so ähnlich, dass ein gemeinsamer Ursprung wahrscheinlich ist.

16. Ordnung: **Hyracoidea** (Schliefer). Am primitivsten sind die Schliefer *(Procavia, Dendrohyrax)* geblieben, die Teile des Vorderen Orients und weite Bereiche Afrikas bewohnen. Sie ähneln äußerlich großen Meerschweinchen. Sie sind herbivor und leben in felsigen Gebieten, z. T. sind sie Baumbewohner.

17. Ordnung: **Proboscidea** (Elefanten). Die Elefanten waren im Tertiär auf der ganzen Erde (excl. Australien) verbreitet. Wie bei vielen anderen Säugern setzte in Plio- und Pleistozän ein starker Rückgang ein, sodass heute nur noch zwei Gattungen in Afrika und Südasien vorkommen. Ihr Skelet zeigt viele Anpassungen, die für große

Formen typisch sind: ausgedehntes Ilium, säulenförmige Extremitäten mit langem Femur und Humerus, Pneumatisierung der Knochen des Schädels. Die Stoßzähne entsprechen den zweiten Incisiven. Der Unterkiefer besitzt ein Kinn. In jeder Kieferhälfte entwickeln sich sechs große Zähne (drei Milchprämolaren, drei Molaren), von denen immer nur einer in Funktion ist. Nach Abnutzung wird er vom nachfolgenden Zahn aus dem Kiefer gedrängt.

Eine ungewöhnliche mio- und oligozäne Form war *Deinotherium* mit stark verlängerten, nach unten gebogenen unteren Incisiven; Fund bei Eppelsheim nahe Alzey. Im Tertiär der Alten und Neuen Welt waren die Gomphotheriidae (= Mastodontidae) eine weit verbreitete Gruppe, die in Nordamerika erst vor mehreren tausend Jahren ausstarb. Die Elephantidae, die Elefantengruppe, zu der die rezenten Formen gehören, besitzen ungewöhnlich hohe Zähne mit quer verlaufenden Leisten aus Schmelz und Dentin, zwischen denen Zement lagert. Fressen bevorzugt Laub und Zweige, in Trockenzeiten auch Gras. Nehmen am Tag ca. 150–280 kg Nahrung zu sich. Charakteristische pleistozäne Formen waren das Mammut *(Mammuthus)* der Nordkontinente und *Loxodonta antiqua* Südeuropas und Nordafrikas, die auf einigen Inseln des Mittelmeeres Zwergrassen, z. T. schweinegroß, ausbildete. Heute existieren noch *Elephas maximus* (Asiatischer Elefant) und *Loxodonta africana* (Afrikanischer Elefant), deren Existenz in vielen Ländern Afrikas und Süd- sowie Südostasiens durch Zerstörung des Lebensraumes und durch Wilderer bedroht ist.

18. Ordnung: **Sirenia** (Seekühe). Seekühe sind fast haarlose aquatische Formen mit quer gestellter Schwanzflosse. Ihre Knochen sind auffallend kompakt. Die rezenten Dugongs *(Halicore)* leben an den Küsten des Roten Meeres, des Indischen Ozeans und des westlichen Pazifik. Ihr Vorderschädel ist zu einem abgeknickten Schnabel umgebildet. Wie die übrigen Subungulaten sind sie herbivor. Hierher gehört auch die kürzlich ausgerottete *Hydrodamalis gigas,* die bis 7,5 m lange Stellersche Seekuh des Beringmeeres, bei der alle Zähne durch Hornplatten ersetzt waren. Die Manatis *(Manatus = Trichechus)* bewohnen Küsten und Flussmündungen des tropisch-subtropischen Atlantiks. Sie besitzen nur sechs Halswirbel. Ihre Zahnzahl ist auf 20 oder mehr erhöht. Die Zähne werden ähnlich wie bei den

Elefanten gewechselt. Die Tauchzeiten der Seekühe sind im Vergleich zu den Walen sehr gering
(bis 12 min), das Sauerstoffbindungsvermögen
der Muskulatur ist ebenfalls geringer. Sie haben,
gemessen an der Körpergröße, ein einfaches
Endhirn mit blasenförmigen Hemisphären ohne
Windungen und Furchen.

19. Ordnung: **Xenarthra**. Diese Ordnung hat ihr
Entwicklungszentrum in Südamerika und ist
heute nur in drei kleinen Restgruppen vertreten,
den hängend in Bäumen lebenden Faultieren
(**Tardigrada, Pilosa**), den baum- oder bodenlebenden Ameisenbären (**Vermilingua**), die wie
viele Ameisen- und Termitenfresser zahnlos geworden sind, und den grabenden Gürteltieren
mit ihrem Hautknochenpanzer (**Cingulata, Lori-
cata**). Sie haben zusätzliche Gelenke zwischen
den Wirbeln. Im Tertiär entwickelten sie viele
Linien von z. T. beträchtlicher Größe, z. B. das
Riesenfaultier *(Megatherium)* und das mit einem
Panzer aus Hautknochen versehene Riesengür-
teltier *(Glyptodon)*. Erst zu Ende oder nach der
Eiszeit starben die letzten Großformen aus. Bei
den Gürteltieren gibt es regelhafte Polyembryonie, acht eineiige, genetisch identische Mehrlinge; sie werden deswegen zu Forschungs-
zwecken über Auswirkungen von vom Menschen
herbeigeführten Umweltveränderungen in Amerika gezüchtet.

Faultiere besitzen eine Reihe von anatomischen und physiologischen Besonderheiten. Die
Zahl der Halswirbel variiert von 6–9, die Zähne
besitzen keinen Schmelz, das Dentin ist großenteils von Blutgefäßen durchzogen (Vasodentin),
das Endhirn ist oberflächlich glatt, das Riechhirn
stark entwickelt. Der Enddarm besitzt vor dem
After eine Erweiterung, in der sich Kot ansam-
melt. Defäkation und Miktion erfolgen nur alle
acht bis neun Tage am Boden. Im Gefäßsystem
sind Retia mirabilia verbreitet. Die Körpertemperatur schwankt von 28–35 °C, bei absinkender
Temperatur fallen sie in Kältestarre. *Bradypus.*

Die Ameisenbären kennzeichnet eine lange
Zunge mit klebrigem Speichel, die in Ameisen-
und Termitenbauten eingeführt werden kann;
Zähne fehlen. Die Speicheldrüsen sind enorm
ausgedehnt und größer als der Kopf. *Myrmeco-
phaga, Tamandua, Cyclopes.*

Unter den Gürteltieren besitzen die Laufgür-
teltiere *(Dasypus, Tolypeutes* [Abb. 308f] u. a.)
einen kombinierten Knochen-Horn-Panzer; die
Gürtelmulle tragen einen Schuppenpanzer, der

nur mediodorsal am Körper befestigt ist und
seitlich über den Pelz herabhängt. *Chlamyphorus.*

20. Ordnung: **Pholidota** (Schuppentiere, nur sieben Arten). Die altweltlichen Schuppentiere sind
mit Hornschuppen bedeckt, ventral kommen
noch Haare vor. Ameisen- und Termitenfresser.
Wie die Ameisenbären besitzen sie eine lange
Zunge und keine Zähne. Die Zungenmuskulatur
setzt am Sternum an. Die Speicheldrüsen sind
stark entwickelt, im Magen findet sich ein Mus-
kelwulst mit Hornbedeckung zum Zerkleinern
der Insekten. Sehr kleines Gehirn, Jacobson'sches
Organ gut ausgebildet. *Manis* in Afrika sowie
Süd- und Südostasien. *Eomanis* aus dem Eozän
wurde in der Grube Messel gefunden.

21. Ordnung: **Rodentia** (Nagetiere). Sie sind mit
etwa 1 800 Arten die größte Gruppe der »Kleinsäuger« und zugleich die artenreichste Ordnung.
Je zwei Zähne in Ober- und Unterkiefer sind
Nagezähne, dauerwachsende Meißelzähne mit
weit offener Wurzel, deren Schmelz auf die
Vorderseite beschränkt ist. Die Unterkiefer werden beim Mahlen vor- und rückwärts bewegt,
der Gelenkkopf des Kiefers ist daher länglich, die
Kaumuskeln (Masseter) erweitern ihre Ansatz-
fläche am Schädel nach vorn bis in den Vorderschädel. Durch eine große Lücke sind die Nagezähne von den Mahlzähnen getrennt, die nur aus
den Molaren und hinteren Prämolaren bestehen.
Auch sie können dauerwachsende Zähne werden. Sie ernähren sich vegetarisch oder omnivor,
oft ist der Blinddarm eine große Gärkammer.
Raubtiere fehlen, doch können Wanderratten
junge Vögel angreifen. Die meisten Arten sind
bodenlebend mit oft komplizierten unterirdischen Gängen. Mehrere Entwicklungslinien, z. B.
Blindmulle (Spalacidae) und Bathyergidae, leben
in hoch spezialisierten Sozialstrukturen (s. S.
184) ganz unterirdisch mit Reduktion der Augen
und Ohrmuscheln. Die Vorderfüße werden nur
vereinzelt und ansatzweise zu Grabschaufeln
umgebildet, beim Graben sind die Nagezähne
intensiv tätig. Lauftiere nach Art der Huftiere
sind einige Gattungen Südamerikas geworden,
die Maras *(Dolichotis)* und das Wasserschwein
(Hydrochoerus). Mehrere Familien sind bipede
Springer mit verlängerten Hinterbeinen und langem Schwanz, z. B. Springmäuse (Dipodidae)
und der Kaffernhase *(Pedetes)*. Baumtiere sind
viele Eichhörnchen (Sciuridae, Abb. 308d), Siebenschläfer (Gliridae), die Baumstachelschweine

Amerikas (Erethizontidae). Zwei Linien sind Gleitflieger mit großer Flughaut geworden: die Flughörnchen mit *Petaurista, Pteromys* und die Dornschwanzhörnchen Afrikas (Anomaluridae). Beide stützen die Flughaut durch einen accessorischen Skeletstab, er geht bei den Flughörnchen von der Handwurzel, bei den Anomaluridae vom Ellenbogen aus.

Ein Wasserleben mittleren Grades führen viele Nager, z. B. Wasserratte, Biber *(Castor)* und Bisamratte *(Ondatra)*. Nager, besonders Ratten, sind Überträger von Krankheiten, z. B. der Pest über den Rattenfloh *Xenopsylla,* und sind Wirte der Trichine u. a. Das System der Rodentia ist erst auf dem Wege der Klärung.

22. Ordnung: **Lagomorpha** (Hasenartige). Sie haben ein Nagegebiss mit zwei Schneidezahn- paaren im Oberkiefer und sind mit etwa 60 Arten weltweit verbreitet. Das Kaninchen (*Oryctolagus cuniculus*) ist vom Menschen vielfach ausgesetzt worden und erfuhr eine Massenvermehrung in Australien. Ausgehend von elf Tieren, die 1859, im Jahr als Darwins Hauptwerk erschien, ausgesetzt wurden, entwickelte sich im Laufe eines Jahrhunderts eine Population von 1 Milliarde Tieren.

Leporidae (Hasen und Kaninchen): Ohren mittel- bis sehr lang, Alte und Neue Welt, weit verbreitet. Ochotonidae (Pfeifhasen): Ohren mittelgroß und rund, stimmfreudig, mittleres und östliches Asien und westliches Nordamerika. Die Lagomorphen besitzen basal Beziehungen zu den Rodentiern.

Abbildungsnachweis

Als Vorlagen dienten Abbildungen folgender Autoren:

Adelstein, R. S., Eisenberg, E. (1980); Afzelius, B., Franzén A. (1971); Akert, K., Hummel, P. (1963); Alberti, G., Storch, V. (1976); Amann, G. (1971); Ambrose, E.J., Easty, D. M. (1974); Andres, K.-H. (1966); Ankel, W.E. (1934, 1976); Archer, M. (1985); Arey, C. (1968); Autrum, H. (1949); Ax, P. (1965); Bahl, K.M. (1942); Barrington, E.J.W. (1964); Beermann, W. (1952); Beklemishev, N. (1958); Benl, G. (1936); Benninghoff, A. (1967); Binet, R. (1900); Bird, A. F. (1971); Birg, H. (2003); Böckeler, W. (1988); Bloom, W., Fawcett, D. W. (1968); Brancucci, P. (1986); Brauns, A. (1965); Braus, H. (1956); Bresch, C. (1972); Brohmer, P., Tischler, W. (1977); Brumpt, E., Neveu-Lemaire, M. (1951); Buddenbrook, W. v. (1950–1967); Bühler, P. (1970); Bulnheim, H. P. (1962); Caldwell, R. L., Dingle, H. (1976); Carlquist, S. (1974); Carwardine, T. (1995); Cleffmann, G. (1979); Clermont, Y. (1972); Cousteau, J. Y. (1970); Cox, B., Savage, R., Gardiner, B., Harrison, C., Palmer, D. (1999); Czihak, G., Langer, H., Ziegler, H. (1976); Dales, R. P. (1963); Davenport, H. (1970); Day, D. (1981); Dettner, K. (2002); Dobzhansky, T. (1957); Doert, P. (1970); Dogiel, A. V. (1963); Dunger, W. (1964); Eakin, R. M. (1972); Ehrlich, P. R., Ehrlich, A. H., Holdren, J. P. (1975); Eibl-Eibesfeldt, I. (1974); Engelhardt, W. (1962); Faller, A. (1974); Farb, P. (1965); Fawcett, D.W. (1958, 1960, 1976); Fioroni, P. (1974); Fischer, H. J. (1999); Fisher, J., Lockley, R. M. (1954); Florey, E. (1968); Foelix, R. F. (1979, 1999, 2004); Franz, P. (1927); Freeman, W.-H., Bracegirdle, B. (1972); Frisch, K. v. (1969, 1974); Gamlin, L. (1987); Ganong, W. F. (1974); Gassen, G. (2003); Gehring, W.J. (1985); Geiler, H. (1960); Giersberg, H., Rietschel, P.E. (1969); Goldberg, N. D. (1975); Goodrich, E. S. (1958); Grassé, P.P., Poisson, R., Tuzet, O. (1961); Grassé, P.P., Devillers, C. (1965); Graszynski, K. (1963); Gravesen, P. (1993); Gray, C. H. (1967); Gregory, W. K. (1951); Grell, K. G. (1956, 1972); Greven, H. (1980); Günther, E. (1971); Haas, W. de, Knorr, F. (1965); Hadley, N. F. (1986); Haeckel, E. (1909); Ham, A.W. (1971); Harrison, T.R. (2001, 2002); Hartmann, M. (1953); Heeger, T. (1998); Heidermann, C. (1957); Heillmann, G. (1926); Hennig, W. (1964); Hertwig, R. (1922); Hesse, R., Doflein, F. (1943); Hidaka, M., Tatahashi, K. (1983); Higgins, R. P. (1988); Hoar, W. S. (1966); Hoeg, J., Lützen, J. (1985); Horridge, G. A. (1969); Hughes, G. M., Shelton, G. (1962); Imajima, M. (1966); Immelmann, K. (1970); Jacobs, W. (1954); Jacobs, W., Renner, M. (1974); Janeway, C.A., Travers, P., Walport, M., Shlomchik, M. (2001); Johannson, J., Rendel, M., Gravert, H. O. (1966); Johnsson, L. (1999); Jungermann, K., Marchant, S., Higgins, P. (1990); Möhler, H. (1979); Kaestner, A. (1959, 1965); Kanneworff, E., Nicolaison, W. (1969); Karlson, P. (1970); Kendrew, J. C. (1961); King, P.E. (1974); Klaatsch, W. (1922); Kleinig, H., Sitte, P. (1986); Knight, C. R. (1976); Koecke, H.-U. (1982); König, R. (1976); Krölling, P., Grau, E. (1960); Krstic, R. (1991); Kühn, A. (1928); Kükenthal, W. (1960); Kümmel, G., Brandenburg, J. (1962); Langman, J. (1974); Laskowski, W., Pohlit, W. (1974); Laszlo, M. (1986); Laubier, L., Desbruyères, D. (1985); Laverack, M. S. (1963); Lawick-Goodall, J. van (1971); Lentz, T. L. (1966); Leonhardt, H. (1968, 1974); Lester, S. M. (1985); Linzen, B. (1985, 1986); Lorenz, K., Tinbergen, N. (1938); Macintyre, I. (1972); Magnus, D. B. E. (1985); Margoliasch, J., Smith, P. (1965); Matthes, D. (1967); McDermott, A. (1977); McElroy, W. D. (1964); McMenamin, A. S. (1987); Meier, T. (1987); Meinhardt, H. (1995); Meisenheimer, G. (1923); Michaelsen, W. (1928); Michel, G. (1972); Miner, R. W. (1950); Möller, H., Anders, K. (1983); Morgan, T. H. Bridges, C. B., Sturtrevant, A.J. (1925); Morton, J.E. (1964); Müller, HJ. (1959); MPI Tübingen (1983); NABU (2004); Nelson, D. (1988); Newman, E. A., Hartline, P. H. (1982); Nichols, D. (1965); Noble, K. G. (1954); Novikoff, A., Holtzmann, E. (1970); Odum, E. P.

(1972); Oksche, A. (1971); Osche, G. (1974); Pauwels, F. (1970); Paweletz, N. (1983); Penzlin, H. (1970); Pfurtscheller, W. (1910); Plate, A. (1922); Plehn, K. (1924); Porter, K., Franzini-Armstrong, C. (1965); Portmann, A. (1960); Racker, E. (1975); Ramsay, J. A. (1964); Rathmayer, W. (1969); Reisinger, E. (1938); Reitter, E. (1916); Remane, A. (1936, 1940, 1956, 1967, 1971); Remane, A., Storch, V., Welsch, U. (1980, 1986); Remmert, H. (1965, 1984); Rice, M. E. (1965); Riedl, R. (1963); Romer, A. S. (1955, 1971); Rosenbluth, J. (1965); Ross, H., Hedicke, H. (1927); Rudwick, M. J. S. (1970); Rüppell, G. (1975); Ryland, J. S. (1970); Salvini-Plawen, L. (1971); Schadé, J. P. (1969); Schaffet, J. C. (1756); Schaller, F. (1952); Schmidt, R. (1969, 1972); Schneider-Orelli, K. (1947); Schmidt-Nielsen, R. (1975); Schram, F. R. (1984); Schrehardt, A. (1987); Schultze, C. A. S. (1901); Schulze, P. (1938); Schwartz, V. (1973); Schwerdtfeger, F. (1963); Sedlag, U. (1953); Sibley, P. (2003); Siewing, R. (1969); Singer, J. S. (1975); Sinnott, E. W., Dunn, L. C., Dobzhansky, T. (1961); Smith, H. M. (1961); Sobotta, J., Becher, K. (1962); Southward, B.C. (1982); Starck, D. (1970, 1975); Stavenga, D. G. (1975); Storch, O. (1914); Storch, V., Welsch, U. (1969, 1970, 1976); Storer, T. L, Usinger, R. L. (1965); Strauss, O. (1970); Sturm, H. (1956); Sutton, S. L. (1972); Svensson, L., Grant, P., Mullarney, K., Zetterstrom, D. (1999); Swanson, C. P., Webster, P. L. (1977); Tardent, P., Holstein, T. (1982); Thenius, E. (1972); Thurm, U. (1993); Tinbergen, N. (1951, 1963); Tinbergen, H., Kuenen, D.J. (1939); Tischler, W. (1955, 1970, 1975, 1979); Ushakov, P. V. (1965); Villee, C. A. (1963); Waldeyer, A. (1970); Wasserthal, L. T. (1982, 2004); Webb, P. W. (1992); Weber, H. (1954); Wehner, R. (1978); Weissmann, C. (1979); Weisz, P. (1966, 1967); Welsch, U. (2002); Welsch, U., Storch, V. (1969, 1973); Wexo, J. B. (1987); Wickler, W. (1968); Whittaker, V. P. (1975); Whittington, H. B. (1985); Wingstrand, K. G. (1987); Wulfert, K. (1969); Wurmbach, H. (1962); Yager, J. (1981); Zimmer, R. L. (1977); Ziswiler, V. (1976).

Literatur

Zum vertieften Studium können hinzugezogen werden:

Bau und Funktion der Zelle

Alberts, B., Johnson, A., Lewis, J., Raff, M., Roberts, K., Walter, P.: Molekularbiologie der Zelle. Wiley-VCH, Weinheim 2004.

Berg, J. M., Tymoczko, J. L., Stryer, L.: Biochemie. Spektrum, Heidelberg 2003.

Campbell, N. A., Reece, J. B., Markl, J. (Hrsg.): Biologie. Spektrum, Heidelberg 2003.

Fawcett, D. W.: The Cell. An Atlas of Fine Structure. Saunders, Philadelphia 1981.

Kleinig, H., Sitte, P., Maier, U.: Zellbiologie. Spektrum, Heidelberg 1999.

Lehninger, A.L., Cox, M. M., Nelson, D. L.: Biochemie. Springer, Heidelberg 2001.

Lodish, H., Berk, A., Zipursky, S. L., Matsudaira, P., Baltimore, D., Darnell, J. E.: Molekulare Zellbiologie. Spektrum, Heidelberg 2001.

Metzler, D. E.: Biochemistry – The Chemical Reactions of Living Cells. Academic Press/Elsevier, San Diego 2001/2003.

Histologie

Benninghoff, A., Drenckhahn, A.: Anatomie. Urban & Fischer, München 2004.

Bloom, W., Fawcett, D. W.: A textbook of histology. Saunders, Philadelphia 1994.

Welsch, U.: Lehrbuch Histologie. Urban & Fischer, München 2003.

Welsch, U., Storch, V.: Einführung in Cytologie und Histologie der Tiere. G. Fischer, Stuttgart 1973. (Erweiterte Englische Ausgabe: Sidgwick and Jackson, London 1976.)

Physiologie

Abbas, A. K., Lichtman, A. H.: Cellular and Molecular Immunology. Saunders, Philadelphia 2003.

Bässler, K. H., Fekl, W.Y., Lang, K.: Grundbegriffe der Ernährungslehre. Springer, Berlin 1987.

Dudel, J., Menzel, R., Schmidt, R. F.: Neurowissenschaft. Springer, Heidelberg 2001.

Eckert, R., Randell, D., Augustine, G.: Tierphysiologie. Thieme, Stuttgart 2002.

Goldsby, R. A., Kindt, T. J., Osborne, B. A., Kuby, J.: Immunology. Freeman, New York 2003.

Heldmaier, G., Neuweiler, G.: Vergleichende Tierphysiologie. Springer, Heidelberg 2003/4.

Janeway, C. A., Travers, P., Walport, M., Shlomchik, M.: Immunologie. Spektrum, Heidelberg 2002.

Klinke, R., Silbernagl, S.: Lehrbuch der Physiologie. Thieme, Stuttgart 2003.

Müller, W.: Tier- und Humanphysiologie. Springer, Heidelberg 2004.

Penzlin, H.: Lehrbuch der Tierphysiologie. Spektrum, Heidelberg 2004.

Roth, G.: Fühlen, Denken, Handeln. Suhrkamp, Frankfurt a. M. 2003.

Roitt, J., Brostoff, J., Male, D.: Immunology. Mosby, Edinburgh/New York 2001.

Schmidt, R. F., Thews, G. (Hrsg.): Physiologie des Menschen. Springer, Berlin 2000.

Thorndyke, M. C., Goldsworthy, G. J. (Hrsg.): Neurohormones in Invertebrates. Cambridge University Press, Cambridge 1988.

Urich, K.: Vergleichende Biochemie der Tiere. G. Fischer, Stuttgart 1990.

Wieser, W.: Bioenergetik. Thieme, Stuttgart 1986.

Verhaltenslehre

Alcock, J.: Animal behaviour: An evolutionary approach. Sinauer, Sunderland, Massachusetts 2002.

Eibl-Eibesfeldt, I.: Grundriss der vergleichenden Verhaltensforschung. Piper, München 1999.

Gattermann, R.: Verhaltensbiologie. G. Fischer, Stuttgart 1993.

Krebs, J. R., Davies, N. B.: Einführung in die Verhaltensökologie. Thieme, Stuttgart 1984.

McFarland, D.: Biologie des Verhaltens. VCH, Weinheim 1989.

Paul, A.: Von Affen und Menschen. Wissenschaftliche Buchgesellschaft, Darmstadt 1998.

Remane, A.: Sozialleben der Tiere. G. Fischer, Stuttgart 1976.
Tembrock, G.: Verhaltensbiologie. G. Fischer, Jena 1992.
Voland, E.: Grundriss der Soziobiologie. Spektrum, Heidelberg 2000.

Entwicklung
Fioroni, P.: Allgemeine und vergleichende Embryologie der Tiere. Springer, Berlin 1992.
Gilbert, S. F.: Developmental Biology. Sinauer, Sunderland, Massachusetts 2003.
Meinhardt, H.: The algorithmic beauty of sea shells. Springer, Heidelberg 2003.
Müller, W. A., Hassel, M.: Entwicklungsbiologie und Reproduktionsbiologie von Mensch und Tieren. Springer, Heidelberg 2003.
Siewing, R.: Lehrbuch der vergleichenden Entwicklungsgeschichte der Tiere. Parey, Hamburg 1969.
Wolpert, L., Beddington, R., Brockes, J., Jessell, Th., Lawrence, P., Meyerowitz, E.: Entwicklungsbiologie. Spektrum, Heidelberg 1999.

Fortpflanzung
Halvorson, H. O., Monroy, A. (Hrsg.): The Origin and Evolution of Sex. A. Liss, New York 1985.
Margulis, L., Sagan, D.: Origins of Sex. Yale University Press, New Haven 1986.
Miersch, M.: Das bizarre Sexualleben der Tiere. Eichborn, Frankfurt/M. 1999.

Genetik
Buselmaier, W.: Humangenetik. Springer, Heidelberg, 1999.
Gassen, H. G., Minol, K.: Gentechnik. Spektrum, Heidelberg 1996.
Hennig, W.: Genetik. Springer, Heidelberg 2002.
Knippers, R.: Molekulare Genetik. Thieme, Stuttgart 2001.
Leibenguth, F.: Züchtungsgenetik. Thieme, Stuttgart 1982.
Lewin, B.: Molekularbiologie der Gene. Spektrum, Heidelberg 2002.
Seyffert, W. (Hrsg.): Lehrbuch der Genetik. Spektrum, Heidelberg 2003.
Sperlich, D.: Populationsgenetik. G. Fischer, Stuttgart 1988.

Evolution
Kämpfe, L.: Evolution und Stammesgeschichte der Organismen. G. Fischer, Jena 1992.
Patterson, C.: Molecules and Morphology in Evolution. Cambridge University Press, Cambridge 1987.
Remane, A.: Die Grundlagen des Natürlichen Systems, der vergleichenden Anatomie und Phylogenetik. Koeltz, Königstein (Taunus) 1971.
Storch, V., Welsch, U., Wink, M.: Evolutionsbiologie. Springer, Heidelberg 2001.
Strickberger, M. W.: Evolution. Jones and Bartlett, Sudbury/Mass. 1996.

Ökologie
Fent, K.: Ökotoxikologie. Thieme, Stuttgart 2003.
Franz, J. M., Krieg, A.: Biologische Schädlingsbekämpfung. Parey, Hamburg 1982.
Müller, J.: Ökologie. G. Fischer, Jena 1991.
Nentwig, W., Bacher, S., Beierkuhnlein, C., Brandl, R., Grabherr, G.: Ökologie. Spektrum, Heidelberg 2004.
Plachter, H.: Naturschutz. G. Fischer, Stuttgart 1991.
Remmert, H.: Ökologie. Ein Lehrbuch. Springer, Berlin 1992.
Schaefer, M.: Wörterbuch der Ökologie. Spektrum, Heidelberg 2003.
Schwoerbel, J., Brendelberger, H.: Einführung in die Limnologie. Spektrum, Heidelberg 2004.
Southwick, C. H.: Global Ecology. Sinauer, Sunderland/Massachusetts 1985.
Tischler, W.: Einführung in die Ökologie. G. Fischer, Stuttgart 1993.
Tischler, W.: Ökologie der Lebensräume. G. Fischer, Stuttgart 1990.
Weidner, H., Sellenschlo, U.: Vorratsschädlinge und Hausungeziefer. Spektrum, Heidelberg 2003.
Wells, S. M., Pyle, R. M., Collins, N. M.: The IUCN Invertebrate Red Data Bock. Grasham Press, Old Woking, Surrey U. K. 1983.
Zulley, J., Knab, B.: Unsere Innere Uhr. Herder, Freiburg 2000.

Verbreitung
Cox, C. B., Moore, P. D.: Einführung in die Tiergeographie. G. Fischer, Stuttgart 1987.
Müller, P.: Biogeographie. E. Ulmer, Stuttgart 1980.

Systematik und vergleichende Anatomie
Brohmer, P., Tischler, W., Schaefer, M.: Fauna von Deutschland. Quelle und Meyer, Heidelberg 2003.

Cole, T. C.: Wörterbuch der Tiernamen. Spektrum, Heidelberg 2000.

Dettner, K., Peters, W. (Hrsg.): Lehrbuch der Entomologie. Spektrum, Heidelberg 2003.

Engelbrecht, H., Reichmuth, C.: Schädlinge und ihre Bekämpfung. Behr, Hamburg 1997.

Geissmann, T. : Vergleichende Primatologie. Springer, Heidelberg 2003.

Groombridge, B. (Hrsg.): Global Biodiversity – Status of the Earth's Living Resources. Chapman and Hall, London 1992.

Hausmann, K., Hülsmann, N., Radek, R.: Protistology. Schweizerbarth, Stuttgart 2003.

Hildebrand, M., Goslow, G. E.: Vergleichende und funktionelle Anatomie der Wirbeltiere. Springer, Heidelberg 2004.

Hofrichter, R. (Hrsg.): Das Mittelmeer. Spektrum, Heidelberg 2001 ff.

Jacobs, W., Renner, M., Honomichl, K.: Biologie und Ökologie der Insekten. Spektrum, Heidelberg 1998

Kämpfe, L., Kittel, R., Klapperstück, J.: Leitfaden der Anatomie der Wirbeltiere. G. Fischer, Jena 1993.

Kaestner, A.: Lehrbuch der speziellen Zoologie. Spektrum, Heidelberg 2003.

Lehmann, U., Hillmer, G.: Wirbellose Tiere der Vorzeit. Enke, Stuttgart 1997.

Mayr, E.: Grundlagen der zoologischen Systematik. Parey, Hamburg 1975.

Mehlhorn, H., Piekarski, G.: Grundriss der Parasitenkunde. Spektrum, Heidelberg 2002.

Müller, A. H.: Lehrbuch der Palaeozoologie. G. Fischer, Jena 1981 ff.

Riedl, R.: Fauna und Flora des Mittelmeeres. Parey, Hamburg 1983.

Romer, A. S., Parsons, T. S.: Vergleichende Anatomie der Wirbeltiere. Blackwell, Berlin 1991.

Starck, D.: Vergleichende Anatomie der Wirbeltiere auf evolutionsbiologischer Grundlage. Springer, Berlin 1982.

Storch, V., Welsch, U.: Systematische Zoologie. Spektrum, Heidelberg 2004.

Stresemann, E. u.a.: Exkursionsfauna von Deutschland. Volk und Wissen, Berlin 1992 ff.

Sudhaus, W., Rehfeld, K.: Einführung in die Phylogenetik und Systematik. G. Fischer, Stuttgart 1992.

Wägele, J. W.: Grundlagen der Phylogenetischen Systematik. Pfeil, München 2000.

Weber, H., Weidner, H.: Grundriss der Insektenkunde. G. Fischer, Stuttgart 1974.

Wenk, P., Renz, A.: Parasitologie – Biologie der Humanparasiten. Thieme, Stuttgart 2003.

Westheide, W., Rieger, R.: Spezielle Zoologie. Spektrum, Heidelberg 2004.

Wiesemüller, B., Rothe, H., Henke, W.: Phylogenetische Systematik. Springer, Heidelberg 2002.

Sachwortverzeichnis

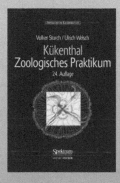